KB078761

신개념 강의노트

대기환경기사 필기

손금두 편저

일진사

머리말

국가 경제 발전에 따라 산업이 발전되고 국민 생활이 향상되어 가고 있다. 이에 따라 고도화된 산업 발달에 뒤따르게 되는 공해 문제 또한 심각한 양상에 놓이게 되었다.

문화가 발달된 나라일수록 대기 오염에 대한 학문과 관심이 많은 것은 두 말할 나위도 없다.

우리나라도 이제는 선진국 대열에 선 입장에서 대기 분야에서 측정망을 설치하고, 그 지역의 대기 오염 상태를 측정하여 다각적인 연구와 실험 분석을 통해 대기 오염에 대한 대책을 강구하고, 대기 오염 물질을 제거 또는 감소시키기 위한 오염 방지 시설을 설계, 시공, 운영하는 환경기술인이 절실하게 되었다.

이에 부응하여 한국산업인력공단에서는 대기환경기사 시험을 실시하여 환경기술인을 배출하고 있는 실정이다.

본 저자는 대기환경기사 필기시험 과목을 정확히 분석하고 면밀히 검토하여 수험자 여러분에게 도움이 될 수 있도록 다음과 같은 내용으로 구성하였다.

첫째, CBT 방식의 출제문제 유형에 따라 과목별, 단원별로 세분하여 과년도 기출문제 위주로 내용을 구성하였다.

둘째, 이론을 학습하고 이어서 연관성 있는 문제를 풀어 확인할 수 있도록 체계화하였으며, 과거 출제문제의 완전 분석을 통한 문제 위주로 구성하였다.

셋째, 부록으로 CBT 대비 실전문제를 자세한 해설과 함께 수록하여 출제 경향을 파악함은 물론, 전체 내용을 복습할 수 있도록 하였다.

이 책은 대기환경기사 자격시험을 준비하는 수험생에게 더없이 좋은 교재가 되리라 확신하며, 부족한 부분은 계속적인 수정을 통해 최고, 최상의 합격 지침서가 되도록 노력할 것을 약속한다.

끝으로 본 교재가 수험생 전원의 합격을 위한 길잡이가 되기를 기원하며, 이 책의 완성을 위해 도와주신 도서출판 **일진사** 직원 여러분께 깊은 감사를 드린다.

저자 손금두

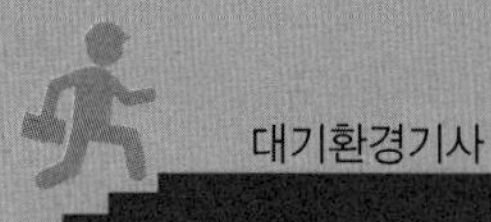

이 책의 구성과 특징

이 책은 **대기환경기사** 자격증 필기시험에 대비하는 수험생들이 효과적으로 공부할 수 있도록 과목별, 단원별로 세분화하여 기출문제 위주로 구성하였다.

1. 핵심 이론과 과년도 출제문제를 과목별로 분류

핵심 이론과 과거 출제되었던 문제들을 철저히 분석하여 과목별로 분류하고 정리했으며, 과목마다 기본 개념과 문제를 익힐 수 있도록 하였다.

2. 핵심 문제와 관련 문제

각 과목의 단원별로 핵심 문제(1, 2, …로 표시)와 관련 문제(1-1, 2-1, …로 표시)를 체계화하여 과거 출제문제의 완전 분석을 통한 문제 위주로 구성하였다

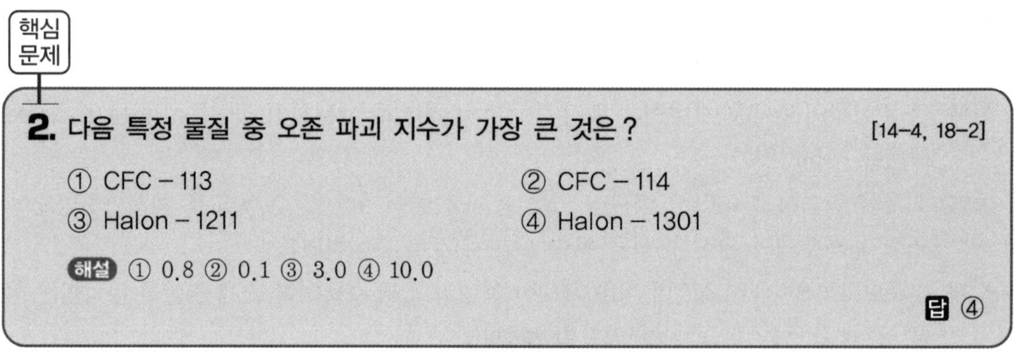

핵심 문제

2. 다음 특정 물질 중 오존 파괴 지수가 가장 큰 것은? [14-4, 18-2]

① CFC - 113 ② CFC - 114
③ Halon - 1211 ④ Halon - 1301

해설 ① 0.8 ② 0.1 ③ 3.0 ④ 10.0

답 ④

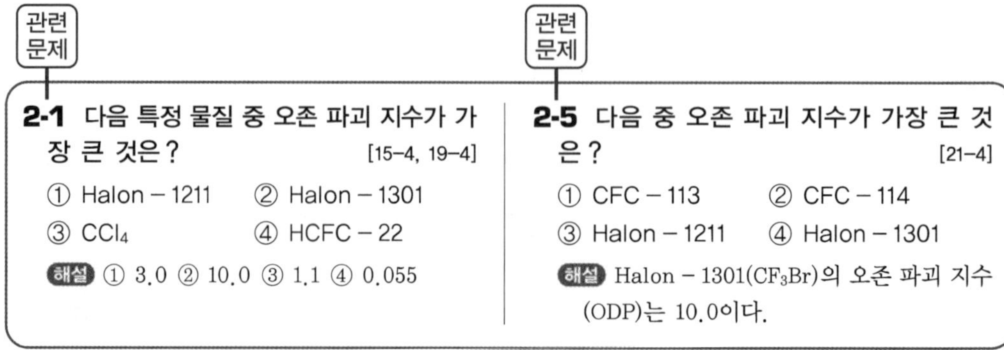

관련 문제

2-1 다음 특정 물질 중 오존 파괴 지수가 가장 큰 것은? [15-4, 19-4]

① Halon - 1211 ② Halon - 1301
③ CCl_4 ④ HCFC - 22

해설 ① 3.0 ② 10.0 ③ 1.1 ④ 0.055

관련 문제

2-5 다음 중 오존 파괴 지수가 가장 큰 것은? [21-4]

① CFC - 113 ② CFC - 114
③ Halon - 1211 ④ Halon - 1301

해설 Halon - 1301(CF_3Br)의 오존 파괴 지수(ODP)는 10.0이다.

3. 문제에 출제 연도-회 표시

출제 연도를 표기해 줌으로써 시대의 흐름과 출제 경향을 파악하고 문제 해결 능력을 기를 수 있도록 하였다.

출제 연도-회 표시

2-6 다음은 Dobson unit에 관한 설명이다. ( ) 안에 알맞은 것은? [12-1, 16-1, 19-4]

> 1 Dobson은 지구 대기 중 오존의 총량을 0℃ 1기압의 표준 상태에서 두께로 환산했을 때 ( )에 상당하는 양을 의미한다.

① 0.01 mm ② 0.1 mm
③ 0.1 cm ④ 1 cm

해설 1 mm=100도브슨

4. CBT 대비 실전문제

부록에는 CBT 대비 실전문제 3회분을 수록하여 스스로 점검하고 출제경향을 파악할 수 있도록 하였다.

1 회 CBT 대비 실전문제

제1과목

대기 오염 개론

1. 질소 산화물에 관한 설명으로 거리가 먼 것은? [16-4]

름에 감소하고 겨울에 증가하는 경향이 있다.

해설 ① 기여도가 낮다. → 기여도가 높다.
② 보다 작다. → 보다 크다.
③ 같은 원리이다. → 다른 원리이다.

대기환경기사 출제기준(필기)

직무 분야	환경·에너지	중직무 분야	환경	자격 종목	대기환경기사
○ 직무내용 : 대기분야에서 측정망을 설치하고 그 지역의 대기오염 상태를 측정하여 다각적인 연구와 실험분석을 통해 대기오염에 대한 대책을 강구하고, 대기오염 물질을 제거 또는 감소시키기 위한 오염방지 시설을 설계, 시공, 운영하는 업무					
필기검정방법	객관식	문제 수	100	시험시간	2시간 30분

필기과목명	문제 수	주요항목	세부항목	세세항목
대기오염개론	20	1. 대기오염	1. 대기오염의 특성	1. 대기오염의 정의 2. 대기오염의 원인 3. 대기오염인자
			2. 대기오염의 현황	1. 대기오염물질 배출원 2. 대기오염물질 분류
			3. 실내공기오염	1. 배출원 2. 특성 및 영향
		2. 2차 오염	1. 광화학반응	1. 이론 2. 영향인자 3. 반응
			2. 2차 오염	1. 2차 오염물질의 정의 2. 2차 오염물질의 종류
		3. 대기오염의 영향 및 대책	1. 대기오염의 피해 및 영향	1. 인체에 미치는 영향 2. 동식물에 미치는 영향 3. 재료와 구조물에 미치는 영향
			2. 대기오염사건	1. 대기오염사건별 특징 2. 대기오염사건의 피해와 그 영향
			3. 대기오염대책	1. 연료 대책 2. 자동차 대책 3. 기타 산업시설의 대책 등
			4. 광화학오염	1. 원인 물질의 종류 2. 특징 3. 영향 및 피해
			5. 산성비	1. 원인 물질의 종류 2. 특징 3. 영향 및 피해 4. 기타 국제적 환경문제와 그 대책

필기과목명	문제 수	주요항목	세부항목	세세항목
		4. 기후변화 대응	1. 지구온난화	1. 원인 물질의 종류 2. 특징 3. 영향 및 대책 4. 국제적 동향
			2. 오존층 파괴	1. 원인 물질의 종류 2. 특징 3. 영향 및 대책 4. 국제적 동향
		5. 대기의 확산 및 오염 예측	1. 대기의 성질 및 확산 개요	1. 대기의 성질 2. 대기 확산 이론
			2. 대기 확산 방정식 및 확산 모델	1. 대기 확산 방정식 2. 대류 및 난류 확산에 의한 모델
			3. 대기안정도 및 혼합고	1. 대기안정도의 정의 및 분류 2. 대기안정도의 판정 3. 혼합고의 개념 및 특성
			4. 오염물질의 확산	1. 대기안정도에 따른 오염물질의 확산특성 2. 확산에 따른 오염도 예측 3. 굴뚝 설계
			5. 기상인자 및 영향	1. 기상인자 2. 기상의 영향
연소공학	20	1. 연소	1. 연소이론	1. 연소의 정의 2. 연소의 형태와 분류
			2. 연료의 종류 및 특성	1. 고체연료의 종류 및 특성 2. 액체연료의 종류 및 특성 3. 기체연료의 종류 및 특성
		2. 연소계산	1. 연소열역학 및 열수지	1. 화학적 반응속도론 기초 2. 연소열역학 3. 열수지
			2. 이론공기량	1. 이론산소량 및 이론공기량 2. 공기비(과잉공기계수) 3. 연소에 소요되는 공기량
			3. 연소가스 분석 및 농도산출	1. 연소가스량 및 성분분석 2. 오염물질의 농도계산
			4. 발열량과 연소온도	1. 발열량의 정의와 종류 2. 발열량 계산 3. 연소실 열발생률 및 연소온도 계산 등

필기과목명	문제 수	주요항목	세부항목	세세항목
		3. 연소설비	1. 연소장치 및 연소방법	1. 고체연료의 연소장치 및 연소방법 2. 액체연료의 연소장치 및 연소방법 3. 기체연료의 연소장치 및 연소방법 4. 각종 연소장애와 그 대책 등
			2. 연소기관 및 오염물	1. 연소기관의 분류 및 구조 2. 연소기관별 특징 및 배출오염물질 3. 연소설계
			3. 연소배출 오염물질 제어	1. 연료대체 2. 연소장치 및 개선방법
대기오염방지기술	20	1. 입자 및 집진의 기초	1. 입자동력학	1. 입자에 작용하는 힘 2. 입자의 종말침강속도 산정 등
			2. 입경과 입경분포	1. 입경의 정의 및 분류 2. 입경분포의 해석
			3. 먼지의 발생 및 배출원	1. 먼지의 발생원 2. 먼지의 배출원
			4. 집진원리	1. 집진의 기초이론 2. 통과율 및 집진효율 계산 등
		2. 집진기술	1. 집진방법	1. 직렬 및 병렬연결 2. 건식집진과 습식집진 등
			2. 집진장치의 종류 및 특징	1. 중력 집진장치의 원리 및 특징 2. 관성력 집진장치의 원리 및 특징 3. 원심력 집진장치의 원리 및 특징 4. 세정식 집진장치의 원리 및 특징 5. 여과 집진장치의 원리 및 특징 6. 전기 집진장치의 원리 및 특징 7. 기타 집진장치의 원리 및 특징
			3. 집진장치의 설계	1. 각종 집진장치의 기본 및 실시 설계 시 고려인자 2. 각종 집진장치의 처리성능과 특성 3. 각종 집진장치의 효율산정 등
			4. 집진장치의 운전 및 유지관리	1. 중력 집진장치의 운전 및 유지관리 2. 관성력 집진장치의 운전 및 유지관리 3. 원심력 집진장치의 운전 및 유지관리 4. 세정식 집진장치의 운전 및 유지관리 5. 여과 집진장치의 운전 및 유지관리 6. 전기 집진장치의 운전 및 유지관리 7. 기타 집진장치의 운전 및 유지관리

필기과목명	문제 수	주요항목	세부항목	세세항목
		3. 유체역학	1. 유체의 특성	1. 유체의 흐름 2. 유체역학 방정식
		4. 유해가스 및 처리	1. 유해가스의 특성 및 처리이론	1. 유해가스의 특성 2. 유해가스의 처리이론(흡수, 흡착 등)
			2. 유해가스의 발생 및 처리	1. 황산화물 발생 및 처리 2. 질소산화물 발생 및 처리 3. 휘발성유기화합물 발생 및 처리 4. 악취 발생 및 처리 5. 기타 배출시설에서 발생하는 유해가스 처리
			3. 유해가스 처리 설비	1. 흡수 처리설비 2. 흡착 처리설비 3. 기타 처리설비 등
			4. 연소기관 배출가스 처리	1. 배출 및 발생 억제기술 2. 배출가스 처리기술
		5. 환기 및 통풍	1. 환기	1. 자연환기 2. 국소환기
			2. 통풍	1. 통풍의 종류 2. 통풍장치
대기오염공정시험기준(방법)	20	1. 일반 분석	1. 분석의 기초	1. 총칙 2. 적용범위
			2. 일반 분석	1. 단위 및 농도, 온도 표시 2. 시험의 기재 및 용어 3. 시험기구 및 용기 4. 시험결과의 표시 및 검토 등
			3. 기기 분석	1. 기체크로마토그래피 2. 자외선가시선분광법 3. 원자흡수분광광도법 4. 비분산적외선분광분석법 5. 이온크로마토그래피 6. 흡광차분광법 등
			4. 유속 및 유량 측정	1. 유속 측정 2. 유량 측정
			5. 압력 및 온도 측정	1. 압력 측정 2. 온도 측정
		2. 시료채취	1. 시료채취방법	1. 적용범위 2. 채취지점수 및 위치선정 3. 일반사항 및 주의사항 등

필기과목명	문제 수	주요항목	세부항목	세세항목
			2. 가스상 물질	1. 시료채취법 종류 및 원리 2. 시료채취장치 구성 및 조작
			3. 입자상 물질	1. 시료채취법 종류 및 원리 2. 시료채취장치 구성 및 조작
		3. 측정방법	1. 배출오염물질 측정	1. 적용범위 2. 분석방법의 종류 3. 시료채취, 분석 및 농도산출
			2. 대기 중 오염물질 측정	1. 적용범위 2. 측정방법의 종류 3. 시료채취, 분석 및 농도산출
			3. 연속자동측정	1. 적용범위 2. 측정방법의 종류 3. 성능 및 성능시험방법 4. 장치구성 및 측정조작
			4. 기타 오염인자의 측정	1. 적용범위 및 원리 2. 장치구성 3. 분석방법 및 농도계산
대기환경관계법규	20	1. 대기환경 보전법	1. 총칙	
			2. 사업장 등의 대기오염물질 배출규제	
			3. 생활환경상의 대기오염물질 배출규제	
			4. 자동차·선박 등의 배출가스의 규제	
			5. 보칙	
			6. 벌칙 (부칙 포함)	
		2. 대기환경 보전법 시행령	1. 시행령 전문(부칙 및 별표 포함)	
		3. 대기환경 보전법 시행규칙	1. 시행규칙 전문(부칙 및 별표, 서식 포함)	
		4. 대기환경 관련법	1. 대기환경보전 및 관리, 오염 방지와 관련된 기타 법령(환경정책기본법, 악취방지법, 실내공기질 관리법 등 포함)	

차례

1과목 대기 오염 개론

2과목 연소 공학

3과목 대기 오염 방지 기술

5과목 대기환경 관계법규

부록 CBT 대비 실전문제

과목

대기 오염 개론

Chapter 01

대기 오염

1-1 대기 오염의 특성

1 대기 오염의 정의

1. 지표 부근의 대기 성분의 부피 비율(농도)이 큰 것부터 순서대로 알맞게 나열된 것은? (단, N_2, O_2 성분은 생략) [17-2]

① $CO_2 - Ar - CH_4 - H_2$ ② $CO_2 - Ar - H_2 - CH_4$
③ $Ar - CO_2 - He - Ne$ ④ $Ar - CO_2 - Ne - He$

해설 N_2(78.088 %) > O_2(20.949 %) > Ar(0.93 %) > CO_2(0.0318%) > Ne(1.8×10^{-3} %) > He(5.24×10^{-4} %) 순이다.

답 ④

이론 학습

대기 오염의 정의 : 공기 중에 정상적으로 존재하지 않는 물질이 자연적이거나 인위적으로 대기 중에 방출되는 것을 말한다.

지구의 대기는 질소(N_2 : 79 %)와 산소(O_2 : 21 %)가 주성분이다.

건조 공기의 조성

성분	%(체적)	%(질량)	체류 기간
질소(N_2)	78.088	75.527	4×10^8년
산소(O_2)	20.949	23.143	6000년
아르곤(Ar)	0.93	1.282	주로 축적
이산화탄소(CO_2)	0.0318	0.0456	7~10년
네온(Ne)	1.8×10^{-3}	1.25×10^{-3}	주로 축적
헬륨(He)	5.24×10^{-4}	7.24×10^{-5}	주로 축적

메탄(CH_4)	1.4×10^{-4}	7.75×10^{-5}	2.6~8년
크립톤(Kr)	1.14×10^{-4}	3.30×10^{-4}	주로 축적
아산화질소(N_2O)	5×10^{-5}	7.6×10^{-5}	5~50년
크세논(Xe)	8.6×10^{-6}	3.90×10^{-5}	주로 축적
수소(H_2)	5×10^{-5}	3.48×10^{-6}	4~7년
이산화질소(NO_2)	1×10^{-7}	3×10^{-7}	2~5일
오존(O_3)	2×10^{-6}	6×10^{-6}	변동
아황산가스(SO_2)	2×10^{-8}	9×10^{-8}	1~4일
일산화탄소(CO)	1×10^{-5}	2×10^{-5}	0.5년
암모니아(NH_3)	1×10^{-6}	1×10^{-6}	1~7일

1-1 다음 중 지표 부근 대기 중에서 성분 함량이 가장 낮은 것은? [19-1]

① Ar ② He
③ Xe ④ Kr

1-2 지표 부근의 대기 조성 성분의 부피 농도(%)와 성분별 체류 시간이 알맞게 짝지어진 것은? [15-2]

① N_2 : 78.09%, 7~10년
② O_2 : 20.94%, 6000년
③ CO_2 : 0.035ppm, 주로 축적
④ H_2 : 0.55 %, 0.5년

1-3 대기 오염 물질 중에서 대기 내의 체류 시간 순서 배열로 옳은 것은? (단, 긴 시간 >짧은 시간) [13-2]

① $NO_2 > SO_2 > CO > CH_4$
② $O_2 > N_2 > CO > CH_4$
③ $CO > N_2 > SO_2 > CH_4$
④ $N_2 > CH_4 > CO > SO_2$

1-4 다음 중 대기 내에서의 오염 물질의 일반적인 체류 시간 순서로 옳은 것은 어느 것인가? [15-2, 18-4]

① $CO_2 > N_2O > CO > SO_2$
② $N_2O > CO_2 > CO > SO_2$
③ $CO_2 > SO_2 > N_2O > CO$
④ $N_2O > SO_2 > CO_2 > CO$

1-5 다음 오염 물질의 균질층 내에서의 건조 공기 중 체류 시간의 순서 배열(짧은 시간에서부터 긴 시간)로 옳게 나열된 것은 어느 것인가? [18-2]

① $N_2 - CO - CO_2 - H_2$
② $CO - CH_4 - O_2 - N_2$
③ $O_2 - N_2 - H_2 - CO$
④ $CO_2 - H_2 - N_2 - CO$

1-6 지표 부근 대기의 일반적인 체류 시간의 순서로 가장 적합한 것은? [19-1]

① $O_2 > N_2O > CH_4 > CO$
② $O_2 > CH_4 > CO > N_2O$
③ $CO > O_2 > N_2O > CH_4$
④ $CO > CH_4 > O_2 > N_2O$

정답 1-1 ③ 1-2 ② 1-3 ④ 1-4 ② 1-5 ② 1-6 ①

2. 다음 중 고도에 따른 대기층의 명칭을 순서대로 나열한 것은 어느 것인가? (단, 낮은 고도 → 높은 고도) [13-2, 16-2, 21-1]

① 지표 → 대류권 → 성층권 → 중간권 → 열권
② 지표 → 대류권 → 중간권 → 성층권 → 열권
③ 지표 → 성층권 → 대류권 → 중간권 → 열권
④ 지표 → 성층권 → 중간권 → 대류권 → 열권

해설 높은 고도에서부터 열, 중, 성, 대이다.

답 ①

이론 학습

(1) 대기의 수직 구조

대기의 수직 구조는 4개의 영역으로 구분할 수 있는데, 80 km 이상을 열권, 50~80 km 사이를 중간권, 12~50 km 사이를 성층권, 12 km 이하를 대류권이라 한다.

대기 오염은 주로 대류권 내에서 일어나는 문제를 다루는 것이다. 즉, 대기 오염의 문제가 되는 층은 대류권이라고 할 수 있다.

(2) 대기권의 특징

① 대류권

㈎ 대류권의 하부 1~2 km까지를 대기 경계층이라 하는데, 이 대기 경계층의 상층은 지표면의 영향을 직접 받지 않으므로 자유 대기라고도 부른다.

㈏ 대류권의 높이는 보통 저위도 지방이 고위도 지방에 비하여 높다. 그리고 겨울철에 낮고, 여름철에 높다.

㈐ 지표에서 약 12 km까지의 높이로서, 구름이 끼고 비가 오는 등의 기상 현상은 대류권에 국한되어 나타난다.

㈑ 대류권에서는 고도로 갈수록 온도가 낮아진다.

② 성층권

㈎ 성층권의 고도는 약 12 km에서 50 km까지이고, 이 권역에서는 고도에 따라 온도가 증가하고 하부층의 밀도가 커서 안정한 상태를 나타낸다.

㈏ 고도에 따라 온도가 상승하는 이유는 성층권의 오존이 태양광선 중의 자외선을 흡수하기 때문이다.

③ **중간권** : 고도에 따라 온도가 낮아지며, 지구 대기층 중에서 기온이 가장 낮은 (−93℃) 구역이 분포한다.

④ **열권** : 고도 80 km 이상인 층이며, 파장이 0.1 μm 이하의 자외선을 흡수하고, 또한 흡수하는 에너지는 많지 않지만 열용량(어떤 물질을 1℃ 올리는 데 필요한 열량)이 적기 때문에 온도는 매우 높게 된다. 그리고 오로라 발생권이다.

(3) 성층권의 오존층

① 오존층은 성층권 내(25 km 지점)에 있다.

② 오존층의 두께를 표시하는 단위는 도브슨(Dobson)이며, 지구 대기 중의 오존 총량을 표준 상태에서 두께로 환산했을 때 1 mm를 100도브슨으로 정하고 있다.

③ 오존 총량은 적도상에서 약 200도브슨, 극지방에서 약 400도브슨 정도인 것으로 알려져 있다 (평균 300 도브슨).

④ 오존은 성층권에서는 대기 중의 산소 분자가 주로 200 nm~290 nm의 자외선 흡수에 의해 광분해되어 생성과 소멸이 되풀이된다.

⑤ 대류권에서는 오존 농도가 0.04 ppm 이하(보통 0.01~0.02 ppm)인데, 성층권에서 오존층의 오존 농도는 최고 농도가 10 ppm 정도이며, 대류권에서의 최고 농도보다 250배 정도 높다.

(4) 대기의 성층

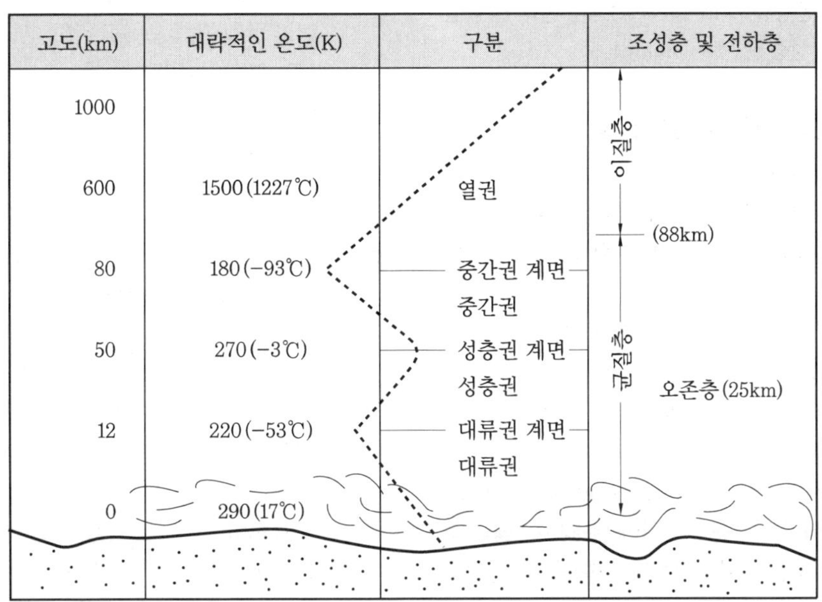

2-1 대기의 특성에 관한 설명으로 옳지 않은 것은? [12-2]

① 성층권에서는 오존이 자외선을 흡수하여 성층권의 온도를 상승시킨다.
② 지표 부근의 표준 상태에서의 건조 공기의 구성 성분은 부피 농도로 질소 > 산소 > 아르곤 > 이산화탄소의 순이다.
③ 대기의 온도는 위쪽으로 올라갈수록, 대류권에서는 하강, 성층권에서는 상승, 열권에서는 하강한다.
④ 대류권의 고도는 겨울철에 낮고, 여름철에 높으며, 보통 저위도 지방이 고위도 지방에 비해 높다.

해설 ③ 열권 → 중간권

2-2 햇빛이 지표면에 도달하기 전에 자외선의 대부분을 흡수함으로써 지표 생물권을 보호하는 대기권의 명칭은? [20-2]

① 대류권 ② 성층권
③ 중간권 ④ 열권

해설 오존층(25 km)을 내포하는 권은 성층권이다 (성층권 : 12~50 km).

2-3 오존에 관한 설명으로 옳지 않은 것은 어느 것인가? [20-2]

① 대기 중 오존은 온실가스로 작용한다.
② 대기 중에서 오존의 배경 농도는 0.1~0.2 ppm 범위이다.
③ 단위 체적당 대기 중에 포함된 오존의 분자수(mol/cm^3)로 나타낼 경우 약 지상 25 km 고도에서 가장 높은 농도를 나타낸다.
④ 오존 전량(total overhead amount)은 일반적으로 적도 지역에서 낮고, 극지의 인근 지점에서는 높은 경향을 보인다.

해설 ② 0.1~0.2 ppm → 0.01~0.02 ppm

2-4 다음 중 대기층의 구조에 관한 설명으로 옳은 것은? [20-4]

① 지상 80 km 이상을 열권이라고 한다.
② 오존층은 주로 지상 약 30~45 km에 위치한다.
③ 대기층의 수직 구조는 대기압에 따라 4개 층으로 나뉜다.
④ 일반적으로 지상에서부터 상층 10~12 km까지를 성층권이라고 한다.

해설 ② 30~45 km → 25 km
③ 대기압 → 온도 변화
④ 10~12 km → 12~50 km

2-5 대기의 수직 구조에 관한 설명으로 가장 적합한 것은? [12-4, 16-1]

① 구름이 끼고 비가 내리는 등의 기상 현상은 대류권에 국한되어 나타내는 현상이다.
② 대류권은 지상으로부터 약 20~30 km 정도의 범위를 말한다.
③ 대류권의 높이는 여름보다 겨울이 높다.
④ 대류권의 높이는 고위도 지방보다 저위도 지방이 낮다.

해설 ② 20~30 km → 지상으로부터 12 km
③ 겨울이 높다. → 겨울이 낮다.
④ 저위도 지방이 낮다. → 높다.

2-6 다음은 Dobson unit에 관한 설명이다. ( ) 안에 알맞은 것은? [12-1, 16-1, 19-4]

> 1 Dobson은 지구 대기 중 오존의 총량을 0℃ 1기압의 표준 상태에서 두께로 환산했을 때 ( )에 상당하는 양을 의미한다.

① 0.01 mm ② 0.1 mm
③ 0.1 cm ④ 1 cm

해설 1 mm=100도브슨

정답 2-1 ③ 2-2 ② 2-3 ② 2-4 ① 2-5 ① 2-6 ①

2-7 다음은 오존량 표현에 관한 설명이다. ( ) 안에 알맞은 것은? [12-4]

> 도브슨 단위(Dobson units : DU)는 지구 대기 중 오존의 총량을 0℃, 1기압의 표준 상태에서 두께로 환산했을 때 ( )mm에 상당하는 양을 말한다. 지구 전체의 평균 오존량은 약 ( ) Dobson이지만 지리적 또는 계절적으로 평균치의 ±50 % 정도까지 변화한다.

① 0.01, 3000 ② 0.01, 300
③ 0.1, 3000 ④ 0.1, 300

해설 1 mm 두께=100도브슨이므로 1도브슨=0.01 mm이다. 그리고 지구 전체의 평균 오존량은 약 300도브슨이다.

2-8 대류권 내 건조 대기의 성분 및 조성에 관한 설명으로 옳지 않은 것은? [14-2]

① 농도가 매우 안정된 성분은 산소, 질소, 이산화탄소, 아르곤 등이다.
② 이산화질소, 암모니아 성분은 농도가 쉽게 변하는 물질에 해당한다.
③ 오존의 평균 농도는 0.1~1 ppm 정도로 지역별 오염도에 따라 일변화가 매우 크다.
④ 질소, 산소를 제외하고 가장 큰 부피를 차지하고 있는 물질은 아르곤이다.

해설 ③ 0.1~1 ppm → 0.01~0.02 ppm

2-9 오존층에 관한 다음 설명 중 옳지 않은 것은? [15-1]

① 오존층이란 성층권에서도 오존이 더욱 밀집해 분포하고 있는 지상 50~60 km 정도의 구간을 말한다.
② 오존층의 두께를 표시하는 단위는 도브슨(Dobson)이며, 지구 대기 중의 오존 총량을 표준 상태에서 두께로 환산했을 때 1 mm를 100도브슨으로 정하고 있다.
③ 오존 총량은 적도상에서 약 200도브슨, 극지방에서 약 400도브슨 정도인 것으로 알려져 있다.
④ 오존은 성층권에서는 대기 중의 산소 분자가 주로 240 nm 이하의 자외선에 의해 광분해되어 생성된다.

해설 ① 지상 50~60 km → 지상 25 km

2-10 오존층의 O_3은 주로 어느 파장의 태양빛을 흡수하여 대류권 지상의 생명체들을 보호하는가? [17-4]

① 자외선 파장 450 nm~640 nm
② 자외선 파장 290 nm~440 nm
③ 자외선 파장 200 nm~290 nm
④ 고에너지 자외선 파장 < 100 nm

해설 오존층의 O_3는 자외선 파장인 290 nm 이하의 단파장을 흡수한다.

2-11 대기의 특성에 관한 설명으로 옳지 않은 것은? [15-1]

① 성층권에서는 오존이 자외선을 흡수하여 성층권의 온도를 상승시킨다.
② 지표 부근의 표준 상태에서의 건조 공기의 구성 성분은 부피 농도로 질소 > 산소 > 아르곤 > 이산화탄소의 순이다.
③ 대기의 온도는 위쪽으로 올라갈수록, 대류권에서는 하강, 성층권에서는 상승, 열권에서는 하강한다.
④ 대류권의 고도는 겨울철에 낮고, 여름철에 높으며, 보통 저위도 지방이 고위도 지방에 비해 높다.

해설 ③ 열권에서는 하강한다. → 중간권에서는 하강, 열권에서는 상승한다.

정답 2-7 ② 2-8 ③ 2-9 ① 2-10 ③ 2-11 ③

2-12 지구 대기의 성질에 관한 설명으로 옳지 않은 것은? [15-1, 18-4]

① 지표면의 온도는 약 15℃ 정도이나 상공 12 km 정도의 대류권계면에서는 약 −55℃ 정도까지 하강한다.

② 성층권계면에서의 온도는 지표보다는 약간 낮으나 성층권계면 이상의 중간권에서는 기온은 다시 하강한다.

③ 중간권 이상에서의 온도에서는 대기의 분자 운동에 의해 결정된 온도로서 직접 관측된 온도와는 다르다.

④ 대류권과 비교하였을 때 열권에서 분자의 운동 속도는 매우 느리지만 공기평균자유행로는 짧다.

해설 열권에서는 일반적으로 공기가 희박하여 이곳의 각종 입자들의 운동은 매우 활발한 편이고, 공기평균자유행로는 길다.

2-13 성층권에 관한 다음 설명으로 가장 거리가 먼 것은? [18-4]

① 하층부의 밀도가 커서 매우 안정한 상태를 유지하므로 공기의 상승이나 하강 등의 연직 운동은 억제된다.

② 화산 분출 등에 의하여 미세한 분진이 이 권역에 유입되면 수년간 남아 있게 되어 기후에 영향을 미치기도 한다.

③ 고도에 따라 온도가 상승하는 이유는 성층권의 오존이 태양광선 중의 자외선을 흡수하기 때문이다.

④ 오존의 밀도는 일반적으로 지상으로부터 50 km 부근이 가장 높고, 이와 같이 오존이 많이 분포한 층을 오존층이라 한다.

해설 ④ 50 km → 25 km

정답 2-12 ④ 2-13 ④

2 대기 오염의 원인

이론 학습

대기 오염의 원인에는

① 인구의 증가 및 도시 집중

② 공업의 발달

③ 에너지(화석 연료) 개발 등이 있다.

3 대기 오염 인자

이론 학습

① **입자상 물질** : 대기 중 고체, 액체 상태로 존재하며 크기는 0.001~500 μm(대부분 0.1~10 μm)이다.

(가) 부유입자상 물질 : 대기 중에 부유하는 10 μm 이하의 입자상 물질

(나) 강하분진 : 중력 또는 강우에 의하여 쉽게 강하하는 분진(10 μm 초과)

또 다르게 표현한 입자상 물질

㈎ 1차 입자 : 발생원으로부터 대기 중에 직접 방출하는 입자

㈏ 2차 입자 : 발생원에서 대기 중에 방출된 가스상 물질 중 광화학 반응 또는 열화학 반응으로 생성된 황산염, 질산염 및 유기 물질

② **가스상 물질** : 물질의 연소, 합성, 분해 시 또는 물리적 성질에 의하여 발생하는 SO_x, NO_x, CO, CO_2, HC, Oxidant, NH_3, HCHO, 염소와 불소 화합물 등이 있다.

최근 대기 오염 물질 중에서 중요시되고 있는 것은 SO_2(공장), CO, NO, NO_2, HC(자동차 배기가스), Oxidant(2차 오염 물질)이다.

1-2 대기 오염의 현황

1 대기 오염 물질 배출원

3. 먼지의 발생원을 자연적 및 인위적으로 구분할 때, 그 발생원이 다른 것은? [16-4]

① 질소 산화물과 탄화수소의 반응에 의해 0.2 μm 이하의 입자가 발생한다.
② 화산의 폭발에 의해서 분진과 SO_2가 발생한다.
③ 사막 지역과 같이 지면의 먼지가 바람에 날릴 경우 통상 0.3 μm 이상의 입자상 물질이 발생한다.
④ 자연적으로 발생한 O_3과 자연 대기 중 탄화수소물(HC) 간의 광화학적 기체 반응에 의해 0.2 μm 이하의 입자가 발생한다.

해설 NO_x와 HC가 반응하여 먼지 입자가 발생할 수 없다.

답 ①

이론 학습

(1) 분진(dust)

① **자연적 배출원**

㈎ 지면의 먼지가 바람에 날리는 경우

㈏ 자연적으로 생기는 오존과 탄수화물 간의 광화학적 반응

㈐ 화산의 폭발에 의한 분진과 기체 오염물 발생

② **인위적 배출원**

㈎ 가정 난방 또는 산업장 보일러 등에서의 연소 과정에 의해 생성

㈏ 주물, 시멘트, 용광로, 요업, 석탄, 도금 등의 공장에서 발생

(2) 황산화물(SO_x : SO_2, SO_3)

① **자연적 배출원** : 화산 가스에서 발생, 미생물에 의해 발생

② **인위적 배출원** : 산업장 및 화력 발전소, 공장의 보일러 및 가정 난방 시 석탄 및 중유(화석 연료)를 연료로 사용함으로써 발생

③ 배출량 중 인위적 발생량이 50 %를 차지하며 나머지 50 %가 자연적 발생원에서 배출된다.

(3) 황화수소(H_2S)

가스 공장, 황광산, 쓰레기 처리장, 도시 하수(혐기성 미생물), 펄프 공업, 석유 화학 공업, 암모니아 공업, 약품 공장에서 주로 발생

(4) 이황화탄소(CS_2)

비스코스 섬유 공업에서 주로 발생한다.

(5) 질소 산화물(NO_x) : 자동차 배기가스(실린더 내에서 질소와 산소가 화학적인 반응으로 생성)

① 연소에 따라 발생하는 양은 연료의 종류, 연소 방법, 연소 온도에 따라 다르나 90 % 이상은 NO이며, 이것이 오존과 함께 산화되어 NO_2로 된다.

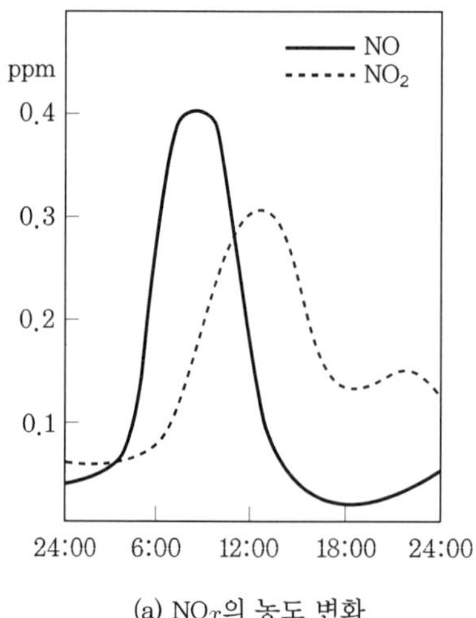

(a) NO_x의 농도 변화

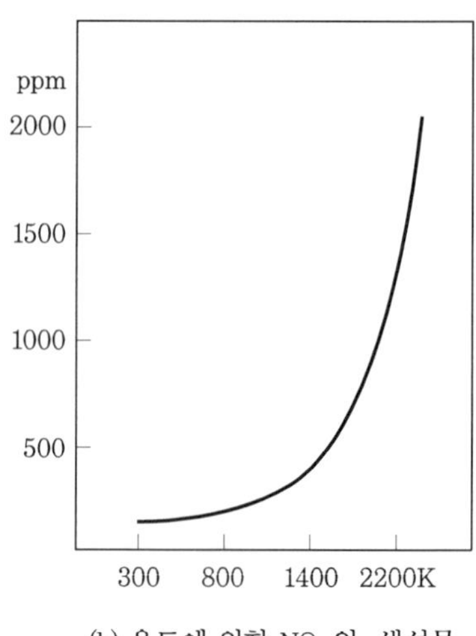

(b) 온도에 의한 NO_x의 생성물

하루 중 NO_x의 농도 변화·온도의 영향

② 발생 조건은 연소실 온도가 높아야 하고, 과잉 공기가 다량 투입되어야 한다. 이 두 가지 조건이 동시에 충족되어야 하며 2000℃ 이상에서는 급격히 발생한다.

③ 연료의 연소 과정에서도 발생하나 주로 자동차의 배기가스에서 발생한다.

④ 연소실에서 생성하는 NO_x에 대하여

㈎ 일반적으로 연소 온도(2,000℃ 이상)를 높이면 NO의 생성량은 커진다.

㈏ NO는 연료 중의 질소(연료 NO_x)와 공기 중의 질소(열 NO_x)로부터 생성된다.

㈐ 일반적으로 연소 가스의 고온 영역에서의 체류 시간이 길어지면 NO의 생성량이 많아진다.

㈑ 일반적으로 연소로서는 고체 연료, 액체 연료, 기체 연료의 순으로 NO의 생성이 저하하는 경향이 있다.

㈒ 자연적인 NO_x 방출량은 인위적인 NO_x 방출량의 7~15배 정도이다(인위적 배출량은 자연적 배출량의 10% 정도이다.)

㈓ 인위적인 NO_x는 내연 기관, 폭약, 필름 제조, 비료 제조 공장에서 주로 발생한다.

(6) 암모니아(NH_3)

비료 공장, 냉동 공장(냉매), 표백, 색소 제조 공장, 나일론 또는 암모니아 제조 공장에서 발생한다.

(7) 불소(F)

① 알루미늄 제조에서 빙정석(Na_2AlF_6)의 분해로부터 불소 화합물이 발생한다.

② 인산 제조 시 인광석($CaF_2 \cdot 3Ca_3(PO_4)_2$)에 의해 불소 화합물이 발생한다.

③ 유리 제조 공장에서 형석(CaF_2)을 사용하기 때문에 불소 화합물이 발생한다.

④ 도자기(흙) 제조 공장에서도 불소 화합물이 발생한다.

(8) 기타 오염 물질의 배출원은

기타 오염 물질의 배출원

오염 물질	배출원
염화수소(HCl)	소다 공업, 플라스틱 공업, 의약, 인조 비료, 고무 공업, 활성탄 제조, 금속 제련
염소(Cl_2)	소다 공업, 농약, 의약, 종이, 금속 공업
페놀(C_6H_5OH)	도장 공업, 타르, 화학, 염료 공업
벤젠(C_6H_6)	석유 정제, 포르말린 제조, 도장 공업, 석탄 건류, 가스 공업, 피혁
포름알데히드(HCHO)	염료, 피혁, 합성수지, 섬유 공업, 포르말린 제조
클로로술폰산(HSO_3Cl)	의약, 염료

브롬(Br_2)	의약, 염료, 농약
시안화수소(HCN)	청산 제조, 화학 공업, 제철 공업, 가스 공업, 용광로, 코크스로
메르캅탄(R-SH)	석유 정제, 석유 화학 공업, 펄프 공업
아크로레인($CH_2=CHCHO$)	합성수지 제조, 아크릴 제조 공업
탄화수소(HC)	자동차, 가스 공업, 석유 정제, 각종 산업장의 연소 시설
일산화탄소(CO)	자동차, 각종 산업장이 연소 시설
카드뮴(Cd)	아연 제련, 도금 공업(이타이이타이병 유발)
크롬(Cr)	화학 비료, 염색, 시멘트 공업, 도금, 피혁, 석판, 인쇄 공업
납(Pb)	휘발유 사용(자동차, 비행기), 인쇄, 건전지, 안료, 에나멜(정신 착란증 유발)
구리(Cu)	제련소, 도금, 농약 제조 공업
비소(As)	의약, 농약, 안료, 색소, 유리 공업
수은(Hg)	산업 활동으로 인한 수은 노출(미나마타병 유발)

3-1 도시 대기 오염 물질 중에서 태양빛을 흡수하는 아주 중요한 기체 중의 하나로서 파장 0.42 μm 이상의 가시광선에 의해 광분해 되는 물질로서 대기 중 체류 시간은 2~5일 정도인 것은? [13-4, 16-1, 19-4]

① RCHO ② SO_2
③ NO_2 ④ CO_2

해설 NO_2는 자동차 배기가스로 광화학 반응을 하는 물질이고, 대기 중 체류 시간이 약 2~5일 정도이다.

3-2 서울을 비롯한 대도시 지역에서 1990년부터 2000년까지 10년 동안 다른 오염 물질에 비해 오염 농도가 크게 감소하지 않은 대기 오염 물질은? [15-4]

① 일산화탄소(CO) ② 납(Pb)
③ 아황산가스(SO_2) ④ 이산화질소(NO_2)

해설 대기 오염 방지 기술은 매우 발전하였지만 자동차 대수가 증가하여 자동차 배기가스 중 질소 산화물(NO_x) 농도는 크게 감소되지 않았다.

3-3 질소 산화물에 관한 설명으로 거리가 먼 것은? [16-4]

① 아산화질소(N_2O)는 성층권의 오존을 분해하는 물질로 알려져 있다.
② 아산화질소(N_2O)는 대류권에서 태양에너지에 대하여 매우 안정하다.
③ 전 세계의 질소 화합물 배출량 중 인위적인 배출량은 자연적 배출량의 약 70 % 정도 차지하고 있으며, 그 비율은 점차 증가하는 추세이다.
④ 연료 NO_x는 연료 중 질소 화합물 연소에 의해 발생되고, 연료 중 질소 화합물은 일반적으로 석탄에 많고 중유, 경유 순으로 적어진다.

해설 ③ 70 % → 10 %

3-4 질소 산화물(NO_x)에 관한 설명으로 가장 거리가 먼 것은? [18-2]

① N_2O는 대류권에서는 온실가스로 성층권에서는 오존층 파괴 물질로서 보통

정답 3-1 ③ 3-2 ④ 3-3 ③ 3-4 ④

대기 중에 약 0.5 ppm 정도 존재한다.
② 연소 과정 중 고온에서는 90 % 이상이 NO로 발생한다.
③ NO_2는 적갈색, 자극성 기체로 독성이 NO보다 약 5배 정도나 더 크다.
④ NO의 독성은 오존보다 10~15배 강하여 폐렴, 폐수종을 일으키며, 대기 중에 체류 시간은 20~100년 정도이다.

해설 NO의 독성은 오존보다 약하며, 무색 기체로 CO와 같이 혈액 중의 Hb와 결합하여 산소 운반 능력을 감소시키는 기체로 공기 중에 O_2와 반응하여 NO_2로 변하므로 체류 시간은 몇 시간 되지 않는다.

3-5 대기 오염 물질과 그 발생원의 연결로 가장 거리가 먼 것은? [16-1, 16-4]

① 페놀 – 타르 공업, 도장 공업
② 암모니아 – 소다 공업, 인쇄 공장, 농약 제조
③ 시안화수소 – 청산 제조업, 가스 공업, 제철 공업
④ 아황산가스 – 용광로, 제련소, 석탄 화력 발전소

해설 암모니아 – 비료 공장, 냉동 공장, 표백, 색소 제조 공장, 나일론 또는 암모니아 제조 공장

3-6 다음 중 불화 수소(HF)의 주요 배출 관련 업종으로 가장 적합한 것은? [13-4, 17-4]

① 가스 공업, 펄프 공업
② 도금 공업, 플라스틱 공업
③ 염료 공업, 냉동 공업
④ 화학 비료 공업, 알루미늄 공업

해설 불소 화합물(HF)은 알루미늄 제조에서 빙정석(Na_2AlF_6)의 분해로 발생하고, 인산 제조 시 인광석($CaF_2 \cdot 3Ca_3(PO_4)_2$)에 의해 발생한다.

3-7 주요 배출 오염 물질과 그 발생원과의 연결로 가장 관계가 적은 것은? [18-2]

① HF – 도장 공업, 석유 정제
② HCl – 소다 공업, 활성탄 제조, 금속 제련
③ C_6H_6 – 포르말린 제조
④ Br_2 – 염료, 의약품 및 농약 제조

해설 HF는 알루미늄 제조, 인산 제조, 유리 제조, 도자기 제조 공장에서 발생한다.

3-8 다음 중 불소 화합물의 가장 주된 배출원은? [18-1, 21-4]

① 알루미늄 공업 ② 코크스 연소로
③ 냉동 공장 ④ 석유 정제

해설 알루미늄 제조에서 빙정석(Na_2AlF_6)의 분해로부터 불소 화합물이 발생한다.

3-9 배출 오염 물질과 관련 업종으로 가장 거리가 먼 것은? [13-1]

① 암모니아 : 비료 공장, 냉동 공장, 표백, 색소 제조 공장
② 염소 : 석유 정제, 석탄 건류, 가스 공업
③ 비소 : 화학 공업, 유리 공업, 과수원의 농약 분무 작업
④ 불화 수소 : 알루미늄 공업, 요업, 인산 비료 공업

해설 염소는 소다 공업, 화학 공업, 농약 제조, 의약품 등에서 발생한다.

3-10 다음 물질의 특성에 대한 설명 중 옳은 것은? [13-4, 18-4]

① 탄소의 순환에서 탄소(CO_2로서)의 가장 큰 저장고 역할을 하는 부분은 대기이다.
② 불소(Fluorine)는 주로 자연 상태에서

정답 3-5 ② 3-6 ④ 3-7 ① 3-8 ① 3-9 ② 3-10 ④

존재하며, 주 관련 배출 업종으로는 황산 제조 공정, 연소 공정 등이다.

③ 질소 산화물은 연소 전 연료의 성분으로부터 발생하는 fuel NO_x와 저온 연소에서 공기 중의 질소와 수소가 반응하여 생기는 thermal NO_x 등이 있다.

④ 염화수소는 플라스틱 공업, PVC 소각, 소다 공업 등이 관련 배출 업종이다.

3-11 제조 공정과 발생하는 오염 물질이 잘못 짝지어진 것은? [16-1]

① 화학 비료 – NH_3
② 제철 공업 – HCN
③ 가스 공업 – H_2S
④ 석유 정제 – HCl

해설 석유 정제 공업에서 HCl이 아니고 H_2S이다.

3-12 다음 중 크롬 발생과 가장 관련이 적은 업종은? [18-4]

① 피혁 공업 ② 염색 공업
③ 시멘트 제조업 ④ 레이온 제조업

해설 레이온은 비스코스 레이온으로 이황화탄소가 발생한다.

3-13 다음 중 포름알데히드의 배출과 가장 관련이 깊은 업종은? [15-4]

① 피혁, 합성수지, 포르마린 제조
② 비료, 표백, 색소 제조
③ 고무 가공, 청산, 석면 제조
④ 석유 정제, 석탄 건류, 가스 공업

해설 포름알데히드(HCHO)의 배출원은 염료, 피혁, 합성수지, 섬유 공업, 포르말린 제조업이다.

3-14 포름알데히드의 배출과 관련된 업종으로 가장 거리가 먼 것은? [21-1]

① 피혁 제조 공업
② 합성수지 공업
③ 암모니아 제조 공업
④ 포르말린 제조 공업

해설 암모니아 공업에서는 황화수소(H_2S)가 주로 발생한다.

3-15 다음 중 염소 또는 염화 수소 배출 관련 업종으로 가장 거리가 먼 것은 어느 것인가? [17-2, 20-4]

① 화학 공업
② 소다 제조업
③ 시멘트 제조업
④ 플라스틱 제조업

해설 시멘트 제조업에는 분진이 배출된다.

3-16 다음 중 대기 오염 물질의 배출원이 되는 제조 공정과 그 발생 오염 물질과의 연결로 가장 거리가 먼 것은? [15-2]

① 유리 제조, 가스 공업 – 염소 가스
② 화학 비료, 냉동 공장 – 암모니아 가스
③ 석유 정제, 포르말린 제조 – 벤젠
④ 석유 정제, 석탄 건류 – 황화수소 가스

해설 염소 가스 – 소다 공업, 농약, 의약, 종이, 금속 공업

3-17 다음 대기 오염 물질과 관련되는 업종으로 가장 거리가 먼 것은? [15-4]

① 비소 – 화학 공업, 유리 공업, 과수원의 농약 분무 작업 등
② 크롬 – 화학 비료 공업, 염색 공업, 시멘트 제조업, 크롬 도금업, 피혁 제조업 등

정답 3-11 ④ 3-12 ④ 3-13 ① 3-14 ③ 3-15 ③ 3-16 ① 3-17 ③

③ 시안화수소 – 피혁 공장, 합성수지 공장, 포르말린 제조업 등
④ 질소 산화물 – 내연 기관, 폭약, 필름 제조업, 비료 등

해설 시안화수소(HCN)의 배출원은 청산 제조, 화학 공업, 제철 공업, 가스 공업, 용광로, 코크스로이다.

3-18 다음 대기 오염 물질과 관련되는 주요 배출 업종을 연결한 것으로 가장 적합한 것은? [14-4, 20-2]

① 벤젠 – 도장 공업
② 염소 – 주유소
③ 시안화수소 – 유리 공업
④ 이황화탄소 – 구리 정련

해설 ① 벤젠(C_6H_6) : 도장 공업, 석유 정제, 포르말린 제조, 페인트 제조
② 염소(Cl_2) : 소다 공업, 화학 공업, 의약품, 농약 제조
③ 시안화수소(HCN) : 화학 공업, 가스 공업, 제철 공업, 용광로, 청산 제조업
④ 이황화탄소(CS_2) : 비스코스 섬유 공업, 이황화탄소 제조 공장

3-19 다음 오염 물질과 주요 배출 관련 업종의 연결로 가장 거리가 먼 것은? [13-4]

① 납 – 건전지 및 축전지, 인쇄, 페인트
② 구리 – 제련소, 도금 공장, 농약 제조
③ 페놀 – 타르 공업, 화학 공업, 도장 공업
④ 비소 – 석유 정제, 석탄 건류, 가스 공업

해설 비소의 배출 관련 업종은 의약, 농약, 안료, 색소, 유리 공업이다.

3-20 다음 중 납 배출 관련 업종이 아닌 것은? [16-2]

① 페인트 ② 소다 공업
③ 인쇄 ④ 크레용

해설 납 배출 업종은 휘발유 사용(자동차, 비행기), 인쇄, 건전지, 안료, 에나멜 등이다.

3-21 물질의 특성에 관한 설명으로 옳은 것은? [21-2]

① 디젤 차량에서는 탄화수소, 일산화탄소, 납이 주로 배출된다.
② 염화수소는 플라스틱 공업, 소다 공업 등에서 배출된다.
③ 탄소의 순환에서 가장 큰 저장고 역할을 하는 부분은 대기이다.
④ 불소는 자연 상태에서 단분자로 존재하며 활성탄 제조 공정, 연소 공정 등에서 주로 배출된다.

해설 ① 디젤 차량 → 가솔린 차량
③ 대기 → 바다
④ 단분자로 존재하며 → 단분자로 보다는 화합물로 존재하며, 활성탄 제조 공정, 연소 공정, 화학 비료 공업, 알루미늄 공업, 유리 제조 공업, 도자기 제조 공업

3-22 질소 산화물(NO_x)에 관한 설명으로 옳지 않은 것은? [12-2, 15-2, 19-1]

① NO_x의 인위적 배출량 중 거의 대부분이 연소 과정에서 발생된다.
② NO_x는 그 자체도 인체에 해롭지만 광화학 스모그의 원인 물질로도 중요한 역할을 한다.
③ 연소 과정에서 처음 발생되는 NO_x는 주로 NO이다.
④ 연소 시 연료 중 질소의 NO 변환율은 대체로 약 2~5 % 범위이다.

해설 ④ 약 2~5 % → 20~50 %

정답 3-18 ① 3-19 ④ 3-20 ② 3-21 ② 3-22 ④

2 자동차

4. 일반적인 자동차 배출 가스의 구성 중 자동차가 공회전할 때 특히 많이 배출되는 오염 물질은? [21-4]

① 일산화탄소 ② 탄화수소
③ 질소 산화물 ④ 이산화탄소

해설 자동차 공회전 시 일산화탄소(CO)가 가장 많이 배출된다.

답 ①

암기방법 공일, 가정질, 감탄

공전일 때 일산화탄소, 가속 또는 정상 운행 시 질소 산화물, 감속일 때 탄화수소가 많이 배출된다.

이론 학습

각종 산업체, 발전소, 가정 난방에서 배출되는 오염원을 고정 배출원이라 하며, 자동차, 비행기, 선박 등에서 배출되는 오염원은 이동 배출원이라 한다.

(1) 자동차 배기가스의 주성분

자동차 배기가스의 주성분은 CO이며, 그 외에 탄화수소(HC), CO_2, NO_x, SO_2, 매연, 납(Pb), 분진 등도 다량 배출된다. 그러나 배기의 성분은 연료의 종류와 질, 엔진의 형태, 운전 방법에 의해 달라진다.

일반적으로 사용되는 자동차용 엔진으로는 가솔린 또는 액화 석유 가스(LPG)를 연료로 하는 가솔린 엔진과 가스 엔진, 그리고 경유를 연료로 하는 디젤 엔진이 있다.

엔진이 공정하는 경우 대량의 CO가 방출되고, 가속되는 경우에는 NO_x, 감속의 경우는 HC의 방출이 많아진다. 또한 카뷰레터(기화기)와 크랭크케이스도 배출원이 될 수 있다.

자동차 대기 오염물의 배출원료별 배출도

배출원	CO	HC	NO_x	분진	Pb
배기가스	100	60	100	90	100
크랭크케이스 blow-by	0	20	0	10	0
연료 탱크 증발	0	10	0	0	0
카뷰레터	0	10	0	0	0

전형적인 자동차 배기가스의 구성

엔진 작동 상태	HC(ppm)	CO(부피%)	NO_x(ppm)	H_2(부피%)	CO_2(부피%)	H_2O(부피%)
공전	750	5.2	30	1.7	9.5	13.0
운행	300	0.8	1,500	0.2	12.5	13.1
가속	400	5.2	3,000	1.2	10.5	13.2
감속	4,000	4.2	60	1.7	9.5	13.0

이소옥탄(C_8H_{18})이 이론적으로 완전 연소하는 경우의 H_2O와 CO_2의 생성은 다음과 같다.

$C_8H_{18}+12.5O_2+12.5(3.76)N_2 \rightarrow 8CO_2+9H_2O+12.5(3.76)N_2$

여기서 공연비(Air Fuel Ratio : AFR)를 구하면

① 체적비(mole수비) $= \dfrac{공기}{연료} = \dfrac{(12.5+12.5\times3.76)\text{mol}}{1\text{mol}} = 59.5$

② 중량비 $= \dfrac{공기}{연료} = \dfrac{12.5\times32+12.5\times3.76\times28}{12\times8+1\times18} = 15.05$

4-1 일반적인 가솔린 자동차 배기가스의 구성면에서 볼 때 다음 중 가장 많은 부피를 차지하는 물질은? [14-1, 17-2]

① 탄화수소 ② 질소 산화물
③ 일산화탄소 ④ 이산화탄소

해설 오염 물질이란 말이 없으므로 가속 상태에서 가장 많이 배출되는 것은 H_2O(13.2 %), 그 다음이 CO_2(10.5 %)이다.

4-2 가솔린 연료를 사용하는 차량은 엔진 가동 형태에 따라 오염 물질 배출량은 달라진다. 다음 중 통상적으로 탄화수소가 제일 많이 발생하는 엔진 가동 형태는? [19-2]

① 정속(60 km/h) ② 가속
③ 정속(40 km/h) ④ 감속

4-3 다음은 휘발유 엔진 배기가스에 영향을 미치는 사항에 관한 설명이다. ( ) 안에 알맞은 것은? [17-2]

> ( )의 역할은 광범위한 상태하에서 엔진이 만족스럽게 작동할 수 있는 혼합비로 연료 증기와 공기의 균질 혼합물을 제공하는 것이다.

① Wankel engine ② Charger
③ Carburetor ④ ABS

해설 카뷰레터는 기화기를 말한다.

4-4 자동차 내연 기관에서 휘발유(C_8H_{18})가 완전 연소될 때 무게 기준의 공기 연료비(AFR)는?(단, 공기의 분자량은 28.95이다.) [13-2, 17-2, 18-1, 20-1, 21-4]

① 15 ② 30 ③ 40 ④ 60

해설 $C_8H_{18}+12.5O_2 \rightarrow 8CO_2+9H_2O$

공연비(AFR, 무게비) $= \dfrac{공기\ 무게}{연료\ 무게}$

$= \dfrac{12.5\times\dfrac{1}{0.232}\times32\text{kg}}{114\text{kg}} = 15.1$

정답 4-1 ④ 4-2 ④ 4-3 ③ 4-4 ①

4-5 메탄 1 mol이 완전 연소할 때, AFR은? (단, 부피 기준) [18-2, 21-2]

① 6.5 ② 7.5 ③ 8.5 ④ 9.5

해설 $AFR = \frac{\text{공기 몰(mol)수}}{\text{연료 몰(mol)수}}$

$CH_4 + 2O_2 \rightarrow CO_2 + 2H_2O$

$\therefore AFR = \frac{\frac{1}{0.21} \times O_o}{1} = \frac{\frac{1}{0.21} \times 2}{1} = 9.52$

※ 부피 기준과 mol 기준은 값이 같다.
(이유 : 1 mol=22.4 L라는 비례 관계가 있으므로)

4-6 1 mol의 프로판이 완전 연소할 때의 AFR은? (단, 부피 기준) [14-2]

① 9.5 ② 19.5 ③ 23.8 ④ 33.8

해설 $C_3H_8 + 5O_2 \rightarrow 3CO_2 + 4H_2O$
1 mol 5 mol

$AFR = \frac{\text{공기}}{\text{연료}} = \frac{\frac{5}{0.21} \text{mole}}{1\text{mole}} = 23.8$

4-7 부탄가스를 완전 연소시키기 위한 공기 연료비(air fuel ratio)는 얼마인가? (단, 부피 기준) [18-1]

① 15.23 ② 20.15
③ 30.95 ④ 60.46

해설 $C_4H_{10} + 6.5O_2 \rightarrow 4CO_2 + 5H_2O$
1 6.5

$AFR = \frac{\text{공기량}}{\text{연료량}} = \frac{\frac{6.5}{0.21}}{1} = 30.95$

4-8 아세틸렌이 완전 연소할 때의 이론 공연비(A/F ratio, 부피비)는? [14-4]

① 2.5 ② 8.9
③ 11.9 ④ 25

해설 $C_2H_2 + 2.5O_2 \rightarrow 2CO_2 + H_2O$

$AFR = \frac{\text{공기}}{\text{연료}} = \frac{\frac{2.5}{0.21}}{1} = 11.9$

정답 4-5 ④ 4-6 ③ 4-7 ③ 4-8 ③

5. 자동차 내연 기관의 공연비와 유해 가스 발생 농도와의 일반적인 관계를 옳게 설명한 것은? [15-2]

① 공연비를 이론치보다 높이면 NO_x는 감소하고, CO, HC는 증가한다.
② 공연비를 이론치보다 낮추면 NO_x는 감소하고, CO, HC는 증가한다.
③ 공연비를 이론치보다 높이면 NO_x, CO, HC 모두 증가한다.
④ 공연비를 이론치보다 낮추면 NO_x, CO, HC 모두 감소한다.

답 ②

이론 학습

(2) 자동차에서의 화학 평형

① 공연비로 보아서 공기가 풍부한 경우에 CO는 최소로 생기나 NO_x는 많이 생길 수 있다.

② 반대로 공연비를 이론치보다 낮추면 NO_x는 감소하고, CO, HC는 증가한다.

③ 여기서 연소 온도를 낮게 하면 CO 농도와 NO_x 생성을 감소시킬 수 있다.

④ 적당한 AFR일 때 연소되지 않는 HC는 생기지 않는다.

(3) 블로바이 가스(blow-by gas) : 가솔린 엔진의 연소실에서 연소된 가스가 크랭크케이스 쪽으로 누설되는 가스.

원인은 피스톤링과 실린더 사이가 치밀하지 못해서이다. 이로 인해 문제가 되는 가스는 HC(탄화수소)이다.

5-1 **연료 연소 시 공연비(AFR)가 이론양보다 작을 때 나타나는 현상으로 가장 적합한 것은?** [16-1]

① 완전 연소로 연소실 내의 열손실이 작아진다.
② 배출 가스 중 일산화탄소의 양이 많아진다.
③ 연소실 벽에 미연탄화물 부착이 줄어든다.
④ 연소 효율이 증가하여 배출 가스의 온도가 불규칙하게 증가 및 감소를 반복한다.

해설 공연비(AFR)가 이론양보다 작을 때는 불완전 연소로 열손실이 커지고, 미연 탄화물이 많고, 연소 효율이 감소하며, 배출 가스 중 일산화탄소의 양이 많아진다.

5-2 **자동차에서 배출되는 대기 오염 물질 중 크랭크케이스에서 blow by 가스로 배출되어 문제가 되는 것은?** [15-4]

① 질소 산화물 ② 탄화수소
③ 일산화탄소 ④ 납

5-3 **휘발유의 안티노킹제(anti-knocking agent)로 옥탄가를 증진시키는 물질로 최근에 널리 사용되는 물질은?**

① Cenox
② Cetane
③ TEL(tetraethyl lead)
④ MTBE(methyl tert-butyl ether)

해설 과거에는 TEL을 사용했지만 납(Pb)의 문제 때문에 현재는 MTBE를 사용한다.

5-4 **다음은 탄화수소류에 관한 설명이다. ( ) 안에 가장 적합한 물질은?** [13-4, 17-1]

> 탄화수소류 중에서 이중 결합을 가진 올레핀 화합물은 포화 탄화수소나 방향족 탄화수소보다 대기 중에서 반응성이 크다. 방향족 탄화수소는 대기 중에서 고체로 존재한다. 특히 ( )은 대표적인 발암 물질이며, 환경 호르몬으로 알려져 있고, 연소 과정에서 생성된다. 숯불에 구운 쇠고기 등 가열로 검게 탄 식품, 담배 연기, 자동차 배기가스, 석탄 타르 등에 포함되어 있다.

① 벤조피렌 ② 나프탈렌
③ 안트라센 ④ 톨루엔

해설 벤조피렌은 경유 버스 배기가스에서 발생하고, 발암성 물질로 알려졌다.

정답 5-1 ② 5-2 ② 5-3 ④ 5-4 ①

3 대기 오염 물질 분류

6. 입자상 오염 물질 중 훈연(fume)에 관한 설명으로 가장 거리가 먼 것은? [13-1]

① 금속 산화물과 같이 가스상 물질이 승화, 증류 및 화학 반응 과정에서 응축될 때 주로 생성되는 고체 입자이다.
② 20~50 μm 정도의 크기가 대부분이다.
③ 활발한 브라운 운동을 한다.
④ 아연과 납 산화물의 훈연은 고온에서 휘발된 금속의 산화와 응축 과정에서 생성된다.

해설 ② 20~50 μm → 0.03~0.3 μm

답 ②

이론 학습

(1) 입자상 물질의 분류

① **분진(particulate)** : 대기 중에 부유하거나 비산 강하하는 미세한 고체상의 입자상 물질을 말한다.

② **매연(smoke)** : 연소 시 발생하는 유리 탄소를 주로 하는 미세한 입자상 물질을 말한다.

③ **검댕(soot)** : 연소 시 발생하는 유리 탄소가 응결하여 입자의 지름이 1 μm 이상이 되는 입자상 물질을 말한다.

④ **연무(mist)** : 시정 거리 1 km 이상(시정 거리 : 낮 하늘을 배경으로 하여 물체의 형태를 확인할 수 있는 거리)

가스나 증기가 응축되어 액상이 된 것이거나 비교적 작은 물방울이 낮은 농도로 기상 중에 분산된 것을 말한다.

⑤ **연무질(aerosol)** : 매연, 안개, 연무같이 가스 내에 미세한 고체 혹은 액체 입자가 분산된 것을 말한다(입자상 물질 대표).

⑥ **먼지(dust)** : 주로 콜로이드보다 큰 고체 입자로서 공기나 가스 내에 부유할 수 있는 것을 말한다. 일반적으로 입자의 직경은 20 μm 이상이며, 5 μm 이하의 입자는 안정된 부유 상태를 이룬다(0.5~5 μm 사이의 입자가 인체에 가장 해롭다.)

⑦ **안개(fog)** : 시정 거리 1 km 미만

분산질이 액체로 눈에 보이는 연무질을 말하며, 습도는 100 %에 가깝다.

⑧ **비산회(fly ash)** : 연료 연소 시 생기는 굴뚝 연기 내의 미세한 재 입자로서 불완전 연소한 가스를 함유할 수도 있다.

⑨ **훈연(fume)** : 크기는 1 μm 이하이고, 승화, 증류, 배소, 화학 반응에 의하여 서로 충

돌 결합한 고체의 입자이다(금속 회사에서 주로 발생).

⑩ **박무(haze)** : 광화학 반응으로 생성된 물질로서 아주 작은 다수의 건조 입자가 부유하고 있는 상태를 말하며, 습도는 70% 이하이다.

⑪ **연하(smaze)** : 연기(smoke)와 박무(haze)가 혼합된 상태를 말한다.

(2) 가스상 물질의 분류

① 황 산화물(SO_x)

㈎ SO_2(아황산가스, 이산화황), SO_3(무수황산, 삼산화황), H_2SO_4, H_2S, CS_2를 총칭하여 황산화물(SO_x)이라 한다.

㈏ 연료 중에 함유된 황성분이 연소할 때 산화되어 SO_2를 생성한다.

$S+O_2 \rightarrow SO_2$(1차 오염 물질)

㈐ SO_2는 무색의 강한 자극성의 기체로 액화되기 쉽다.

$$SO_2+H_2O \rightarrow H_2SO_3,\ H_2SO_3+\frac{1}{2}O_2 \rightarrow H_2SO_4$$

㈑ SO_2는 환원성 표백제로 이용된다(환원제 : 자신은 산화되면서 다른 물질을 환원시키는 물질).

㈒ SO_2의 분자량은 64, 비중은 2.2(기체의 비중$=\frac{\text{분자량}}{29}$, 여기서 29는 공기의 분자량), 용해도는 10.5 정도로 물에 녹는다(용해도$=\frac{\text{용질}}{\text{용매}}\times 100$).

㈓ SO_3는 연소 기관으로부터 직접 생성(1차 오염 물질)되기도 하며, 대기 중 SO_2가 산화되어 SO_3가 된다(2차 오염 물질).

㈔ SO_x 중 그 양이 가장 많은 물질은 H_2S(황화수소)로서 약 80%를 차지하고 나머지는 SO_2, SO_3 등으로 약 20%를 차지한다.

㈕ H_2S는 유화수소라고도 불리며, 무색 가연성의 달걀 썩는 냄새가 나는 기체로 물에 녹고, 에탄올, 이황화탄소, 사염화탄소 등에 녹는다.

㈖ 이황화탄소(CS_2)는 유화탄소라고도 하며, 무색 내지는 엷은 노랑색이며, 강한 불쾌한 냄새가 난다.

㈗ CS_2는 물에 녹지 않으나, 유리, 황, 고무, 요오드, 노란인 등을 잘 녹이고, 인화점이 −30℃이므로 물속에 보관한다.

㈘ 바다의 미생물로 인해 디메틸 황[$(CH_3)_2S$]이 발생한다.

② 질소 산화물(NO_x)

㈎ 기체 상태의 질소 산화물은 N_2O, NO, N_2O_3, NO_2, N_2O_4 및 N_2O_5 등으로 존재하나, 대기 오염의 대상이 되는 것은 NO와 NO_2이다(자동차 배기가스).

(나) NO(일산화질소), NO_2(이산화질소)를 총칭하여 NO_x라고 한다.

(다) NO_2는 적갈색의 특수한 냄새를 가진 맹독성 기체로서 물에 녹기 쉽고, 물과 반응하여 질산(HNO_3)을 만드는 산성 산화물이다.

$(NO_2 + H_2O \rightarrow HNO_3 + \frac{1}{2}H_2)$

(라) NO는 무색의 기체로서 물에 잘 녹지 않으며, 산성 산화물의 성질도 없다. 그러나 상온에서 공기와 접촉하면 곧 NO_2로 되는 특성이 있다.

$2NO + O_2 \rightarrow 2NO_2$(2차 오염 물질)

(마) NO_2는 분자량이 46, 비중이 1.59이며, 자동차의 가속과 고온 연소 시 다량 생성된다.

(바) NO는 분자량이 30, 비중이 1.03이며, Hb(Hemoglobin, 혈색소)과 친화력이 일산화탄소(CO)보다 수백 배 정도 강하다.

> **참고** **헤모글로빈의 결합**
>
> ㉮ 정상 : 산소와의 결합 … HbO_2(옥시헤모글로빈)
>
> ㉯ 비정상 : CO와의 결합 … HbCO(카르보닐 헤모글로빈)
>
> HbCO + 페리시안화 칼륨 … MHb(메토 헤모글로빈)
>
> NO_x와의 결합 … NHb(변성 헤모글로빈 : 니트로소 헤모글로빈)

(사) N_2O는 대류권에서는 온실 가스로 알려져 있으며, 성층권에서는 오존층 파괴 물질로 알려져 있다.

③ 일산화탄소(CO)

(가) 무색, 무취, 무미의 기체로 맹독하다(연탄가스 중독).

(나) 탄소의 불완전 연소 시 발생한다.

$C + \frac{1}{2}O_2 \rightarrow CO$

(다) Hb과 친화력이 산소보다 210배 강하며, 금속 산화물을 환원시킨다.

(라) 분자량이 28, 비중이 0.97이다.

(마) CO의 인위적 주 배출원은 휘발유차 등 각종 교통 기관이다(인위적 발생량이 자연적 발생량보다 10배 정도 크다).

(바) CO는 토양 박테리아의 활동으로 CO_2로 산화됨으로써 제거된다.

④ 이산화탄소(CO_2)

(가) 실내 공기 오염의 지표로 사용한다(1,000 ppm 이하).

(나) 무색, 무미의 기체로 물에 녹아 산을 만들고, 또한 알칼리와 작용하는 대표적인 산성 산화물이다.

(다) 탄소의 완전 연소 시 발생한다.

$C + O_2 \rightarrow CO_2$

(라) 대기 중 정상 농도는 약 330 ppm이다.

(마) 분자량이 44, 비중이 1.52이며 고체 이산화탄소(dry ice)를 만든다.

(바) 대기 중에 배출되는 이산화탄소의 약 50 %는 대기 중에 축적되고, 29 %는 해수에 흡수되며, 나머지는 지상 생물에 의하여 흡수된다(자연적인 배출량 > 인위적 발생량)

⑤ 탄화수소(Hydrocarbons : HC)

(가) 탄소수가 1~4인 것은 기체, 5~15인 것은 액체, 16 이상은 고체이다.

(나) 자연계에 다량 존재하는 것은 메탄(CH_4)으로 천연가스의 원료이나 산소 부족 시에는 질식성이 있다(메탄계 탄화수소의 지구 배경 농도는 약 1.5 ppm이다).

(다) 탄화수소는 크게 지방족 화합물과 방향족 화합물로 분류한다.

(라) 포화탄화수소 및 불포화탄화수소계를 paraffin, olefin, naphthalene계로 분류한다.

(마) 광화학 스모그 발생과 디젤유 중 발암성 물질(3, 4-Benzpyrene)을 생성한다.

(바) 자연적 발생량은 전체의 99 %에 달한다.

참고 다환 방향족 탄화수소(PAH)

① 대부분 공기 역학적 지름이 2.5 μm 미만인 입자상 물질이다.

② 석탄, 기름, 쓰레기 또는 각종 유기 물질의 불완전 연소가 일어나는 동안에 형성된 화학 물질 그룹이다.

③ 고리 형태를 갖고 있는 방향족 탄화수소로서 암을 유발하며, 일반적으로 대기 환경 내로 방출되면 수개월에서 수년 동안 존재한다.

④ 물에 잘 녹지 않는다.

⑥ 산화물(Oxidant)

(가) 산화성이 강한 물질로서 O_3, PAN, H_2O_2, aldehyde, acrolein(2차 오염 물질) 등이 있다.

(나) O_3(오존)은 무색, 무미, 해초 냄새의 기체로 강한 산화력이 있어 KI 녹말 종이를 푸른색으로 변화시킨다 (대기 중에서 오존의 배경 농도는 0.01~0.04 ppm으로 알려져 있다).

(다) PAN(peroxy acetyl nitrate)은 과산화기에 의한 효과의 하나로서 $CH_3COOONO_2$ (질산 과산화아세틸)이라 한다.

(라) PPN(peroxy propionyl nitrate)의 화학식은 $C_2H_5COOONO_2$이다.

⑦ 불소 화합물(Fluoride)

(가) 불소는 결코 자연 상태에서 존재하지 않으나 불소 화합물의 형태로 흔히 식물이나 각종 광물에서 발견된다.

(나) 불소는 원자량이 19이고 비등점이 −188℃이기 때문에 통상 기체로 존재하며, 비활성 기체보다 전자를 한 개 적게 가지므로 대단히 활성이 강한 화합물을 형성한다.

(다) 불소 화합물로는 HF, SiF_4, H_2SiF_6 등으로 존재한다(F_2로 존재하기는 힘들다).

⑧ **암모니아(NH_3)**

(가) 암모니아는 대기 중에 0.006~0.02 ppm 정도 존재한다 (주 발생원 : 냉동 공장).

(나) 분자식은 NH_3이고, 분자량이 17.03인 코를 찌르는 자극취가 있는 무색의 기체이다.

(다) 증기 비중은 0.6이고, 융점은 −77.7℃이며, 비등점은 −33.35℃이고, 발화점은 651℃이다.

(라) 물에 잘 녹아 수산화암모늄(NH_4OH)이 된다.

⑨ **염화수소(HCl)**

(가) 염화수소는 유독성 기체로서 물에 잘 녹는다.

(나) 염산 가스라고 불리며 물에 녹아서 염산이 된다.

(다) 분자식은 HCl이고, 분자량은 36.5이며, 강한 자극취가 있는 무색의 기체이다.

(라) 기체 비중은 1.26이고 융점은 −114.3℃이며, 비등점은 −84.8℃이다.

(마) 공기 중에서 물에 녹기 쉬운 성질 때문에 염산의 mist로 존재한다.

⑩ **염소(Cl_2)**

(가) 황록색 기체로서 자극성 냄새를 가지며 점막을 자극하는 유독한 기체이다.

(나) 기체 비중은 2.46, 비등점은 −34.7℃, 용융점은 −103℃이다.

(다) 물에 녹기 쉬우며 그 수용액은 염소수라 한다.

⑪ **다이옥신**

(가) PCB의 부분 산화 또는 불완전 연소에 의하여 발생한다.

(나) 다이옥신류는 크게 PCDD(75개 이성질체의 다이옥신류), PCDF(135개 이성질체의 퓨란류)로 대별한다.

(다) 2, 3, 7, 8 − TCDD는 가장 유해한 다이옥신으로 표준 상태에서 증기압이 매우 낮은 고형 화합물이다.

(라) 도시 폐기물을 소각할 때 유해 폐기물 소각 때보다 수천 배의 다이옥신이 배출된다.

(마) 다이옥신이 고온에서 완전 연소될 때, 완전 분해된다고 하더라도, 연소 후 연소가스의 배출 시, 저온에서 재생성이 가능하다.

(바) 다이옥신은 2개의 산소 교량, 2개의 벤젠 고리가 연결된 일련의 유기 염화물이다.

(사) 열적으로 안정하고, 낮은 증기압, 낮은 수용성을 나타낸다(벤젠 등에 용해되는 지용성으로 토양 등에 흡수된다.)

(아) 300℃까지는 열적으로 안정하며, 700℃ 이상에서 열분해된다.

6-1 다음 기체 중 비중이 가장 적은 것은? (단, 동일한 조건) [14-4, 18-1]

① NH_3 ② NO
③ H_2S ④ SO_2

해설 기체의 비중 = $\frac{\text{분자량}}{29}$ 이므로 분자량이 적은 것이 비중이 적다.
① NH_3 : 17 ② NO : 30
③ H_2S : 34 ④ SO_2 : 64

6-2 다음은 황 화합물에 관한 설명이다. ( ) 안에 가장 알맞은 것은? [17-1]

전 지구적으로 해양을 통해 자연적 발생원 중 가장 많은 양의 황 화합물이 ( ) 형태로 배출되고 있다.

① H_2S ② CS_2
③ DMS[$(CH_3)_2S$] ④ OCS

해설 DMS=디메틸설파이드=황화메틸(지정 악취 물질)

6-3 황 산화물이 각종 물질에 미치는 영향에 대한 설명 중 틀린 것은? [16-2]

① 공기가 SO_2를 함유하면 부식성이 매우 강하게 된다.
② SO_2는 대기 중의 분진과 반응하여 황산염이 형성됨으로써 대부분의 금속을 부식시킨다.
③ 대기에서 형성되는 아황산 및 황산은 석회, 대리석, 시멘트 등 각종 건축 재료를 약화시킨다.
④ 황 산화물은 대기 중 또는 금속의 표면에서 황산으로 변함으로써 부식성을 더 약하게 한다.

해설 ④ 부식성을 더 약하게 한다. → 부식성을 더 강하게 한다.

6-4 상온에서 무색이며, 자극성 냄새를 가진 기체로서 비중이 약 1.03(공기=1)인 오염 물질은?

① 아황산가스 ② 포름알데히드
③ 이산화탄소 ④ 염소

해설 기체의 비중 = $\frac{\text{분자량}}{29}$
∴ 분자량=기체의 비중×29=1.03×29
=29.87

6-5 NO_x 중 이산화질소에 관한 설명으로 옳지 않은 것은? [19-4]

① 적갈색의 자극성을 가진 기체이며, NO보다 5~7배 정도 독성이 강하다.
② 분자량 46, 비중은 1.59 정도이다.
③ 수용성이지만 NO보다는 수중 용해도가 낮으며 일명 웃음 기체라고도 한다.
④ 부식성이 강하고, 산화력이 크며, 생리적인 독성과 자극성을 유발할 수도 있다.

해설 NO_2는 NO 보다 물에 잘 녹으며, 웃음 기체라 하는 것은 N_2O(아산화질소)를 말한다.

6-6 휘발성이 높은 액체이므로 쉽게 작업실 내의 농도가 높아져 중추 신경계에 대한 특징적인 독성 작용으로 심한 급성 또는 아급성 뇌병증을 유발하며, 피부를 통해서도 흡수되지만 대부분 상기도를 통해 체내에 흡수되는 것은? [14-4]

① 삼염화에틸렌
② 염화비페닐
③ 이황화탄소
④ 아크릴아미드

해설 CS_2는 휘발성이 높고 연소성이 강한 특수 인화물로 물속에 보관한다.

정답 6-1 ① 6-2 ③ 6-3 ④ 6-4 ② 6-5 ③ 6-6 ③

6-7 다음 [보기]가 설명하는 오염 물질로 옳은 것은? [12-4, 17-2, 20-1]

보기
① 상온에서 무색이며 투명하여 순수한 경우에는 냄새가 거의 없지만 일반적으로 불쾌한 자극성 냄새를 가진 액체 ② 햇빛에 파괴될 정도로 불안정하지만 부식성은 비교적 약함 ③ 끓는점은 약 46℃이며, 그 증기는 공기보다 약 2.64배 정도 무거움

① $COCl_2$ ② Br_2
③ SO_2 ④ CS_2

해설 기체의 분자량
=기체의 비중×공기의 분자량
=2.64×29=76.56
※ CS_2=12+32×2=76

6-8 다음 황 화합물에 관한 설명 중 ( ) 안에 가장 알맞은 것은? [20-2]

전 지구적으로 해양을 통해 자연적 발생원 중 가장 많은 양의 황 화합물이 ( ) 형태로 배출되고 있다.

① H_2S ② CS_2
③ OCS ④ $(CH_3)_2S$

6-9 다음 대기 오염 물질 중 상온에서 무색 투명하며, 일반적으로 불쾌한 자극성 냄새를 내는 액체이며, 햇빛에 파괴될 정도로 불안정하지만, 부식성은 비교적 약하고, 끓는점은 약 47℃ 정도, 인화점은 −30℃ 정도인 것은? [14-1]

① HCl ② Cl_2
③ SO_2 ④ CS_2

해설 위의 내용 중 인화성이 있는 것은 CS_2(이황화탄소) 뿐이다. CS_2는 인화점이 −30℃이고 발화점이 100℃이므로 물속에 보관하는 제4류 위험물이다.

6-10 다음 중 주로 연소 시 배출되는 무색의 기체로 물에 매우 난용성이며, 혈액 중의 헤모글로빈과 결합력이 강해 산소 운반 능력을 감소시키는 물질은? [20-1]

① HC ② NO
③ PAN ④ 알데히드

해설 Hb+NO→NOHb(니트로소 헤모글로빈=변성 헤모글로빈)

6-11 유해 가스에 대한 설명 중 가장 거리가 먼 것은? [16-2]

① Cl_2 가스는 상온에서 황록색을 띤 기체이며 자극성 냄새를 가진 유독 물질로 관련 배출원은 표백 공업이다.
② F_2는 상온에서 무색의 발연성 기체로 강한 자극성이며 물에 잘 녹고 관련 배출원은 알루미늄 제련 공업이다.
③ SO_2는 무색의 강한 자극성 기체로 환원성 표백제로도 이용되고 화석 연료의 연소에 의해서도 발생한다.
④ NO는 적갈색의 특이한 냄새를 가진 물에 잘 녹는 맹독성 기체로 자동차 배출이 가장 많은 부분을 차지한다.

해설 ④ 적갈색의 특이한 냄새를 가진 물에 잘 녹는→무색의 기체로서 물에 잘 녹지 않는

6-12 일산화탄소에 관한 설명으로 가장 거리가 먼 것은? [15-2]

① 인위적 주요 배출원은 각종 교통수단의 엔진 연료의 연소 등이다.
② 자연적 발생원에는 화산 폭발, 테르펜류의 산화, 클로로필의 분해, 산불 및 해수 중의 미생물 작용 등이 있다.

정답 6-7 ④ 6-8 ④ 6-9 ④ 6-10 ② 6-11 ④ 6-12 ④

③ 토양 박테리아에 의하여 대기 중에서 제거되거나 대류권 및 성층권에서 일어나는 광화학 반응에 의하여 제거되기도 한다.
④ 수용성이기 때문에 강우에 의한 영향이 크며 다른 물질에 흡착되어 제거되기도 한다.

해설 일산화탄소는 수용성이 아니기 때문에 강우에 의한 영향이 없으며, 다른 물질에 흡착되어 제거되지도 않는다.

6-13 CO에 대한 설명으로 옳지 않은 것은 어느 것인가? [17-1]

① 자연적 발생원에는 화산 폭발, 테르펜류의 산화, 클로로필의 분해, 산불 및 해수 중 미생물의 작용 등이 있다.
② 지구위도별 분포로 보면 적도 부근에서 최대치를 보이고, 북위 30도 부근에서 최소치를 나타낸다.
③ 물에 난용성이므로 수용성 가스와는 달리 비에 의한 영향을 거의 받지 않는다.
④ 다른 물질에 흡착 현상도 거의 나타나지 않는다.

해설 CO는 사람이 적은 적도 부근에서 최소치를 보이고, 사람이 많은 북위 30도 부근에서 최대치를 나타낸다.

6-14 일산화탄소에 관한 설명으로 옳지 않은 것은? [21-1]

① 대류권 및 성층권에서의 광화학 반응에 의하여 대기 중에서 제거된다.
② 물에 잘 녹아 강우의 영향을 크게 받으며, 다른 물질에 강하게 흡착하는 특징을 가진다.
③ 토양 박테리아의 활동에 의하여 이산화탄소로 산화되어 대기 중에서 제거된다.
④ 발생량과 대기 중의 평균 농도로부터 대기 중 평균 체류 시간이 약 1~3개월 정도일 것이라 추정되고 있다.

해설 일산화탄소(CO)는 물에 잘 녹지 않는 가스이다.

6-15 일산화탄소와 관련된 설명으로 옳지 않은 것은? [12-1]

① 탄소 및 유기물의 불완전 연소에 의해서 발생한다.
② 일산화탄소에 노출될 때, 인체에 아주 강한 영향을 받는 장기는 심장이다.
③ 일산화탄소의 비중은 공기의 약 1.4배에 해당하여 일반적으로 낮은 곳에 체류한다.
④ 인체에 대한 독성은 농도와 흡입 시간과 관계가 있다.

해설 ③ 약 1.4배 → 0.97배$\left(\frac{28}{29}=0.965\right)$

6-16 인체 내에 축적되어 영향을 주는 오염 물질 중 하나로 혈액 속의 헤모글로빈과 결합하여 카르보닐 헤모글로빈을 형성하는 것은? [13-2, 16-2]

① NO ② O_3
③ CO ④ SO_3

해설 Hb + CO → HbCO(카르보닐 헤모글로빈)

6-17 일산화탄소에 관한 설명으로 옳지 않은 것은? [13-2]

① 남위 30도 부근에서 최대 농도를 나타내며, 대기 중 배경 농도는 0.05 ppm 정도이며, 남반구는 0.1~0.2 ppm, 북반구는 0.01~0.03 ppm 정도이다.
② 일산화탄소는 토양 박테리아의 활동에 의해 이산화탄소로 산화되어 대기 중에

정답 6-13 ② 6-14 ② 6-15 ③ 6-16 ③ 6-17 ①

서 제거된다.

③ 대기 중 비에 의한 영향을 거의 받지 않는다.

④ 다른 물질에의 흡착 현상은 거의 나타내지 않는다.

해설 ① 남위→북위, 남반구→북반구, 북반구→남반구

6-18 일산화탄소(CO)에 관한 설명으로 가장 거리가 먼 것은? [14-2]

① CO는 토양박테리아에 의해 이산화탄소로 산화됨으로써 대기 중에서 제거되나 대류권 및 성층권에서 일어나는 광화학 반응에 의해 제거되기도 한다.

② 대기 중에서 CO의 평균 체류 시간은 5~10년 정도로 대기 중 배경 농도는 남반구에서는 0.1~0.5 ppm 정도, 북반구에서는 1~2 ppm 정도이다.

③ 강우에 의한 영향을 거의 받지 않으며, 유해한 화학 반응을 거의 일으키지 않는 편이다.

④ 풍향과 풍속이 일정한 경우 도로 부근의 농도는 교통량과 비례하여 CO량이 증가되는 경향을 보인다.

해설 CO의 체류 시간은 0.5년 정도이고, 배경 농도는 0.1 ppm 정도이다.

6-19 잠재적인 대기 오염 물질로 취급되고 있는 물질인 이산화탄소에 관한 설명으로 가장 거리가 먼 것은? [14-1, 18-1]

① 지구 온실 효과에 대한 추정 기여도는 CO_2가 50% 정도로 가장 높다.

② 대기 중의 이산화탄소 농도는 북반구의 경우 계절적으로는 보통 겨울에 증가한다.

③ 대기 중에 배출되는 이산화탄소의 약 5%가 해수에 흡수된다.

④ 지구 북반구의 이산화탄소의 농도가 상대적으로 높다.

해설 대기 중에 배출되는 이산화탄소의 약 50%는 대기 중에 축적되고, 29%는 해수에 흡수되며, 나머지는 지상 생물에 의하여 흡수된다.

6-20 다음 중 이산화탄소의 가장 큰 흡수원으로 옳은 것은? [20-4]

① 토양 ② 동물

③ 해수 ④ 미생물

6-21 유해 가스에 대한 설명 중 가장 거리가 먼 것은? [19-2]

① Cl_2 가스는 상온에서 황록색을 띤 기체이며 자극성 냄새를 가진 유독 물질로 관련 배출원은 표백 공업이다.

② F_2는 상온에서 무색의 발연성 기체로 강한 자극성이며 물에 잘 녹고 배출원은 알루미늄 제련 공업이다.

③ SO_2는 무색의 강한 자극성 기체로 환원성 표백제로도 이용되고 화석 연료의 연소에 의해서도 발생한다.

④ NO는 적갈색의 특이한 냄새를 가진 물에 잘 녹는 맹독성 기체로 자동차 배출이 가장 많은 부분을 차지한다.

해설 NO는 무색의 기체로서 물에 잘 녹지 않는다. 맹독성까지는 아니고 자동차 배기가스이다.

6-22 다환 방향족 탄화수소(Polycyclic Aromatic Hydrocarbons, PAH)에 관한 설명으로 가장 거리가 먼 것은? [16-4]

① 대부분 PAH는 물에 잘 용해되며, 산성비의 주요 원인 물질로 작용한다.

정답 6-18 ② 6-19 ③ 6-20 ③ 6-21 ④ 6-22 ①

② 대부분 공기 역학적 직경이 2.5 μm 미만인 입자상 물질이다.
③ 석탄, 기름, 가스, 쓰레기, 각종 유기물질의 불완전 연소가 일어나는 동안에 형성된 화학 물질 그룹이다.
④ 고리 형태를 갖고 있는 방향족 탄화수소로서 미량으로도 암 및 돌연변이를 일으킬 수 있다.

해설 다환 방향족 탄화수소는 물에 잘 녹지 않고, 산성비와 관계없다.

6-23 다음 ( ) 안에 가장 적합한 물질은 어느 것인가? [20-2]

방향족 탄화수소 중 ( )은 대표적인 발암 물질이며, 환경 호르몬으로 알려져 있고, 연소 과정에서 생성된다. 숯불에 구운 쇠고기 등 가열로 검게 탄 식품, 담배 연기, 자동차 배기가스, 석탄 타르 등에 포함되어 있다.

① 벤조피렌 ② 나프탈렌
③ 안트라센 ④ 톨루엔

해설 방향족 탄화수소 중 발암성 물질은 벤조피렌이다.

6-24 광화학 물질인 PAN에 관한 설명으로 옳지 않은 것은? [19-1]

① PAN의 분자식은 $C_6H_5COOONO_2$이다.
② 식물의 경우 주로 생활력이 왕성한 초엽에 피해가 크다.
③ 식물의 영향은 잎의 밑부분이 은(백)색 또는 청동색이 되는 경향이 있다.
④ 눈에 통증을 일으키며 빛을 분산시키므로 가시거리를 단축시킨다.

해설 PAN의 분자식을 $CH_3COOONO_2$이다. $C_6H_5COOONO_2$는 PBzN이다. 즉, 퍼옥시 벤조일 니트레이트이다.

6-25 광화학 반응의 주요 생성물 중 PAN (peroxyacetyl nitrate)의 화학식을 옳게 나타낸 것은? [16-4]

① $CH_3CO_2N_4O_2$
② $CH_3C(O)O_2NO_2$
③ $C_5H_{11}C(O)O_2N_4O_2$
④ $C_5H_{11}CO_2NO_2$

6-26 다음 중 PAN(Peroxy Acetyl Nitrate)의 구조식을 옳게 나타낸 것은? [19-2]

① $C_6H_5-\overset{\displaystyle O}{\overset{|}{C}}-O-O-NO_2$

② $CH_3-\overset{\displaystyle O}{\overset{|}{C}}-O-O-NO_2$

③ $C_2H_5-\overset{\displaystyle O}{\overset{|}{C}}-O-O-NO_2$

④ $C_4H_s-\overset{\displaystyle O}{\overset{|}{C}}-O-O-NO_2$

6-27 대기 중에 존재하는 가스상 오염 물질 중 염화수소와 염소에 관한 설명으로 옳지 않은 것은? [20-1]

① 염소는 강한 산화력을 이용하여 살균제, 표백제로 쓰인다.
② 염화수소가 대기 중에 노출될 경우 백색의 연무를 형성하기도 한다.
③ 염소는 상온에서 적갈색을 띠는 액체로 휘발성과 부식성이 강하다.
④ 염화수소는 무색으로서 자극성 냄새가 있으며 상온에서 기체이다. 전지, 약품, 비료 등에 사용된다.

해설 염소는 상온에서 황록색을 띠는 액체이고, 휘발성과 부식성이 강하다.

정답 6-23 ① 6-24 ① 6-25 ② 6-26 ② 6-27 ③

6-28 **상온에서 녹황색이고 강한 자극성 냄새를 내는 기체로서 공기보다 무겁고 표백 작용이 강한 오염 물질은?** [20-2]

① 염소 ② 아황산가스
③ 이산화질소 ④ 포름알데히드

해설 상온에서 녹황색의 기체는 염소(Cl_2)이다.

6-29 **질소 산화물(NO_x)에 관한 내용으로 옳지 않은 것은?** [21-2]

① NO_2는 적갈색의 자극성 기체로 NO보다 독성이 강하다.
② 질소 산화물은 fuel NO_x와 thermal NO_x로 구분될 수 있다.
③ NO는 혈액 중 헤모글로빈과의 결합력이 CO보다 강하다.
④ N_2O는 무색, 무취의 기체로 대기 중에서 반응성이 매우 크다.

해설 ④ 반응성이 매우 크다. → 반응성이 매우 작다.

6-30 **다음과 같은 특성을 가진 유해 물질은?** [12-2, 17-1]

- 인화성이 있고, 연소 시 유독 가스를 발생시킨다.
- 무색의 비점(26℃ 정도)이 낮은 액체이고, 그 증기는 약간 방향성을 가진다.
- 물, 알코올, 에테르 등과 임의의 비율로도 혼합되며, 그 수용액은 극히 약한 산성을 나타낸다.
- 폭발성도 강하고, 물에 대한 용해도가 매우 크다.

① 시안화수소(HCN)
② 아세트산(CH_3COOH)
③ 벤젠(C_6H_6)
④ 염소(Cl_2)

해설 보기 중 가연성이면서 독성인 가스는 HCN과 C_6H_6가 있고, 물에 잘 녹는 가스는 HCN이다.

6-31 **다음 중 다이옥신에 관한 설명으로 가장 거리가 먼 것은?** [15-4]

① 가장 유독한 다이옥신은 2, 3, 7, 8-tetrachlorodibenzo-p-dioxin으로 알려져 있다.
② PCDF계는 75개, PCDD계는 135개의 동족체가 존재한다.
③ 벤젠 등에 용해되는 지용성으로서 열적 안정성이 좋다.
④ 유기성 고체 물질로서 용출 실험에 의해서도 거의 추출되지 않는 특징을 가지고 있다.

해설 다이옥신류 PCDD계는 75개, PCDF계는 135개의 이성질체가 존재한다.

6-32 **다이옥신(Dioxin)에 관한 설명 중 옳지 않은 것은?** [15-1]

① 표준 상태에서 증기압이 매우 낮은 고형 화합물이다.
② 다이옥신류는 크게 PCDD, PCDF로 대별된다.
③ 수용성은 낮으나 벤젠 등에 용해되며 토양 등에 흡수된다.
④ 소각로에서 1000℃ 정도의 고온 온도에서 fly ash 표면에 염소 공여체와 반응하여 배출된다.

해설 ④ 1000℃ 정도의 고온 온도에서 → 300~400℃ 정도의 저온 온도에서

6-33 **A 사업장 내 굴뚝에서의 이산화질소 배출 가스가 표준 상태에서 44 mg/Sm^{3}로 일정하게 배출되고 있다. 이를 ppm 단위로 환산하면?** [13-1]

정답 6-28 ① 6-29 ④ 6-30 ① 6-31 ② 6-32 ④ 6-33 ①

① 21.4 ppm ② 24.4 ppm
③ 44.8 ppm ④ 48.8 ppm

해설 기체연료의 질량을 체적으로 고치는 방법
① 표준 상태일 때는 아보가드로의 법칙을 이용한다.
② 비표준 상태일 때는 보일·샤를의 법칙을 이용한다.

$$44\text{mg/Sm}^3 \times \frac{22.4\text{mL}}{46\text{mg}} = 21.4\text{mL/Sm}^3(\text{ppm})$$

6-34 0℃, 1기압에서 SO_2 10 ppm은 몇 mg/m³인가? [21-1]

① 19.62 ② 28.57
③ 37.33 ④ 44.14

해설 $10\text{ ml/m}^3 \times \frac{64\text{mg}}{22.4\text{ml}} = 28.57\text{ mg/m}^3$

6-35 표준 상태에서 일산화탄소 12 ppm은 몇 μg/Sm³인가? [21-2]

① 12,000 ② 15,000
③ 20,000 ④ 22,400

해설 $12\text{ ml/Sm}^3 \times \frac{28\text{mg}}{22.4\text{ml}} \times \frac{10^3\mu\text{g}}{1\text{mg}}$
$= 15{,}000\ \mu\text{g/Sm}^3$

6-36 표준 상태에서 SO_2 농도가 1.28 g/m³이라면 몇 ppm인가? [18-2]

① 약 250 ② 약 350
③ 약 450 ④ 약 550

해설 $1.28\text{ g/m}^3 \times 10^3\text{ mg/g} \times \frac{22.4\text{ml}}{64\text{mg}}$
$= 448\text{ml/m}^3 = 448\text{ ppm}$

6-37 200℃, 1 atm에서 이산화황의 농도가 2.0 g/m³이다. 표준 상태에서는 약 몇 ppm인가? [12-1, 15-1]

① 986 ② 1213
③ 1759 ④ 2314

해설 $2.0\text{ g/m}^3 \times 10^3\text{ mg/g} \times \frac{22.4\text{ml}}{64\text{mg}} \times \frac{(273+200)}{273} = 1213.8\text{ ml/m}^3 = 1213.8\text{ ppm}$

※ 비표준 상태일 때는 22.4 옆에 $\frac{T'}{T} \times \frac{P}{P'}$를 곱한다.

6-38 NO의 농도가 0.5 ppm일 때 20℃, 750 mmHg에서 NO의 농도(μg/m³)는? [20-1]

① 약 463 ② 약 524
③ 약 553 ④ 약 616

해설 $0.5\text{ ml/Sm}^3 \times \frac{30\text{mg} \times 10^3\mu\text{g/mg}}{22.4\text{ml} \times \frac{(273+20)}{273} \times \frac{760}{750}}$
$= 615.7\ \mu\text{g/m}^3$

6-39 150℃, 0.8 atm에서 NO_2 농도가 0.5 g/m³이다. 표준 상태에서 NO_2 농도(ppm)는? [21-4]

① 472 ② 492
③ 570 ④ 595

해설 $NO_2 = 0.5\text{ g/m}^3 \times 10^3\text{ mg/g} \times \frac{22.4\text{ml} \times \frac{(273+150)}{273} \times \frac{1}{0.8}}{46\text{mg}}$
$= 471.5\text{ ml/m}^3 = 471.5\text{ ppm}$

6-40 염화수소 1 V/V ppm에 상당하는 W/W ppm은? (단, 표준 상태 기준, 공기의 밀도는 1.293 kg/m³) [16-2]

① 약 0.76 ② 약 0.93
③ 약 1.26 ④ 약 1.64

해설 $1\text{ ppm} = 1\text{ ml/Sm}^3 \times \frac{\frac{36.5\text{mg}}{22.4\text{ml}}}{\frac{29\text{kg}}{22.4\text{Sm}^3}}$
$= 1.258\text{ mg/kg} = 1.258\text{ ppm}$

정답 6-34 ② 6-35 ② 6-36 ③ 6-37 ② 6-38 ④ 6-39 ① 6-40 ③

1-3 실내 공기 오염

1 배출원

7. 일반 실내 공간 오염(indoor air pollution) 물질로서 가장 거리가 먼 것은? [12-4]

① 휘발성 유기화합물(VOCs) ② 석면(Asbestos)
③ 포름알데히드(Formaldehyde) ④ 염화비닐(Vinyl chloride)

해설 실내공기질관리법 규칙 [별표 1] 오염 물질

① 미세먼지(PM-10) ② 이산화탄소(CO_2) ③ 포름알데히드
④ 총부유세균 ⑤ 일산화탄소(CO) ⑥ 이산화질소(NO_2)
⑦ 라돈 ⑧ 휘발성 유기화합물(VOCs) ⑨ 석면
⑩ 오존 ⑪ 초미세먼지(PM - 2.5) ⑫ 곰팡이
⑬ 벤젠 ⑭ 톨루엔 ⑮ 에틸벤젠
⑯ 자이렌 ⑰ 스티렌

답 ④

이론 학습

① 실내에 있는 사람으로부터 방출하는 CO_2, 담배 연기에 의한 오염, 연소 기구, 조리 기구, 난방 장치 등에서 발생하는 연소 가스가 있다(CO_2, CO, NO_2 등).
② 사람의 활동에 의한 미세먼지, 세제나 화장품에서 발생하는 화학 물질이 있다.
③ 건축자재 또는 가구에서 발생하는 휘발성 유기화합물(VOCs)과 포름알데히드(HCHO)가 있다(새집증후군).
④ 카펫이나 커튼에 존재하는 진드기, 곰팡이 등의 총부유세균이 있다.
⑤ 단열재에서 발생하는 석면이 있다.
⑥ 지하수나 토양에서 존재하는 라돈(Rn)이 있다.
⑦ 프린터, 복사기, 공기 청정기 등에서 발생하는 오존(O_3)이 있다.

2 특성 및 영향

(1) 미세먼지(PM10)

① PM10이란 공기역학적 기준으로 10 μm 미만인 분진을 말한다.
② 미세먼지는 대기 중의 먼지가 실내로 유입되거나 또는 실내 바닥의 먼지와 사람의 생활 활동으로 인해 생긴다.

③ 인체에 끼치는 영향으로는 규폐증, 진폐증, 탄폐증, 석면 폐증이 있다.

(2) 이산화탄소(CO_2)

실내 공기 오염의 지표가 되는 물질이다(실내 공기질 유지 기준 : 1,000 ppm 이하).

(3) 라돈(Rn)

① 라돈은 자연계에 널리 존재하며 무색, 무취의 기체이고 액화되어도 색을 띠지 않는다.

② 라돈은 일반적으로 흙, 시멘트, 콘크리트, 대리석 등에 존재하며 공기 중으로 방출한다.

③ 라돈은 공기보다 9배 정도 무거워 주로 지표 가까이 존재한다.

④ 라돈은 사람이 흡입하기 쉬운 가스상 물질이며 그 반감기는 3.8일간으로 라듐의 핵분열 시 생성되는 물질이다(α선 방출).

⑤ 라돈은 주기율표에서 원자 번호가 86번으로, 화학적으로 거의 반응을 일으키지 않는다.

⑥ 일반적으로 인체에 폐암을 유발시키는 것으로 알려져 있다.

(4) 포름알데히드(HCHO)

① 자극성 냄새를 갖는 가연성 무색 기체로 폭발의 위험성이 있다.

② 살균 방부제로도 이용된다.

③ 인체에 끼치는 영향은 눈, 코, 목을 자극하고 기침, 설사, 구토, 피부 질환 등을 유발한다.

(5) 석면

① 석면의 형태 중 가장 많은 광물은 백석면(Chyrsotile)으로 화학적 구조는 $Mg_3(Si_2O_5)(OH)_4$이다(95 % 정도).

② 석면은 얇고 긴 섬유의 형태로서 규소, 산소, 마그네슘, 철, 산소 등의 원소를 함유하며, 그 기본 구조는 산화규소의 형태를 취한다.

③ 석면은 화학 약품에 저항성이 강하고, 전기 절연성이 있다.

④ 석면의 발암성은 청석면이 온석면보다 강하다.

⑤ 석면에 폭로되어 중피종이 발생되기까지의 기간은 일반적으로 폐암보다는 긴 편이나 20년 이하에서 발생하는 예도 있다.

7-1 **환기를 위한 실내 공기 오염의 지표가 되는 물질은?** [17-1, 21-4]

① SO_2　② NO_2
③ CO　④ CO_2

해설 실내 공기질 유지 기준 : CO_2 1,000 ppm 이하

7-2 **다음 중 연소 또는 폐기물 소각 공정에서 생성될 수 있는 대기 오염 물질과 가장 거리가 먼 것은?** [18-1]

① 염화수소　② 다이옥신
③ 벤조(a)피렌　④ 라돈

해설 라돈은 일반적으로 흙, 시멘트, 콘크리트, 대리석 등에 존재하며 공기 중으로 방출한다.

7-3 **라돈에 관한 설명으로 옳지 않은 것은 어느 것인가?** [17-4]

① 라돈 붕괴에 의해 생성된 낭핵종이 α선을 방출하여 폐암을 발생시키는 것으로 알려져 있다.
② 자극취가 있는 무색의 기체로서 γ선을 방출한다.
③ 공기보다 무거워 지표에 가깝게 존재한다.
④ 주로 건축자재를 통하여 인체에 영향을 미치고 있으며 화학적으로 거의 반응을 일으키지 않는다.

해설 라돈은 자연계에 널리 존재하며, 무색, 무취의 기체이고 액화되어도 색을 띠지 않고, α선을 방출한다.

7-4 **실내 공기 오염 물질인 라돈에 관한 설명으로 가장 거리가 먼 것은?** [14-2, 20-1]

① 무색, 무취의 기체로 액화되어도 색을 띠지 않는 물질이다.
② 반감기는 3.8일로 라듐이 핵분열할 때 생성되는 물질이다.
③ 자연계에 널리 존재하며, 건축자재 등을 통하여 인체에 영향을 미치고 있다.
④ 주기율표에서 원자 번호가 238번으로, 화학적으로 활성이 큰 물질이며, 흙 속에서 방사선 붕괴를 일으킨다.

해설 라돈의 원자 번호는 86번으로, 화학적으로 활성이 거의 없는 물질이며, 흙 속에서 방사선 붕괴를 일으킨다.

7-5 **라돈에 관한 설명으로 가장 거리가 먼 것은?** [14-4, 18-2, 20-4]

① 무색, 무취의 기체로 액화되어도 색을 띠지 않는 물질이다.
② 공기보다 9배 정도 무거워 지표에 가깝게 존재한다.
③ 주로 토양, 지하수, 건축자재 등을 통하여 인체에 영향을 미치고 있으며 흙 속에서 방사선 붕괴를 일으킨다.
④ 일반적으로 인체의 조혈 기능 및 중추신경계통에 가장 큰 영향을 미치는 것으로 알려져 있으며, 화학적으로 반응성이 크다.

해설 라돈은 인체에 폐암을 유발시키고, 화학적으로 거의 반응을 일으키지 않는다.

7-6 **실내 공기 오염 물질 중 "라돈"에 관한 설명으로 틀린 것은?** [16-2]

① 무색, 무취의 기체이며 액화 시 푸른색을 띤다.
② 화학적으로 거의 반응을 일으키지 않는다.
③ 일반적으로 인체에 폐암을 유발시키는 것으로 알려져 있다.
④ 라듐의 핵분열 시 생성되는 물질이며

정답 7-1 ④　7-2 ④　7-3 ②　7-4 ④　7-5 ④　7-6 ①

반감기는 3.8일간이다.

해설 ① 액화 시 푸른색을 띤다. → 액화되어도 색을 띠지 않는다.

7-7 다음은 주요 실내 공기 오염 물질에 관한 설명이다. ( ) 안에 가장 적합한 것은 어느 것인가? [15-2]

( )의 주요 발생원은 흙, 바위, 물, 지하수, 화강암, 콘크리트 등이며, 인체에 대한 주요 영향은 폐암을 들 수 있다.

① 석면
② 라돈
③ 포름알데히드
④ VOC

7-8 실내 오염 물질인 라돈에 관한 설명으로 옳지 않은 것은? [12-2]

① 일반적으로 인체에 미치는 영향으로 폐암을 유발한다.
② 자연계에 널리 존재하며 주로 건축자재를 통해 인체에 영향을 미친다.
③ 흙 속에 방사선 붕괴를 일으키며, 화학적으로는 거의 반응을 일으키지 않는다.
④ 라돈은 무색, 무취의 기체로 액화되면 갈색을 띠며, 반감기는 5.8일간으로 라듐의 핵분열 시 생성되는 물질이다.

해설 ④ 액화되면 갈색을 띠며 반감기는 5.8일 → 액화되어도 색을 띠지 않으며, 반감기는 3.8일

7-9 석면이 가지고 있는 일반적인 특성과 거리가 먼 것은? [20-2]

① 절연성
② 내화성 및 단열성
③ 흡습성 및 저인장성
④ 화학적 불활성

해설 석면은 절연성, 내화성, 단열성, 흡습성 고인장성, 화학적 불활성 등이 있다.

7-10 다음 중 석면의 구성 성분과 거리가 먼 것은? [19-1]

① K ② Na
③ Fe ④ Si

해설 석면의 구성 성분은 Pb, Hg, Fe, Na, P, C, Si 등이다.

7-11 실내 공기 오염 물질에 관한 설명으로 옳지 않은 것은? [14-4]

① 벤젠은 무색의 휘발성 액체이며, 끓는점은 약 80℃ 정도이고, 인화성이 강하다.
② 석면은 얇고 긴 섬유의 형태로서 규소, 수소, 마그네슘, 철, 산소 등의 원소를 함유하며, 그 기본 구조는 산화규소의 형태를 취한다.
③ 석면의 공업적 생산 및 소비량은 각섬석 계열이 95 % 정도이고, 나머지가 사문석 계열로서 강도는 높으나 굴절성은 약하다.
④ 톨루엔의 끓는점은 약 111℃ 정도이고, 휘발성이 강하고 그 증기는 폭발성이 있다.

해설 주로 이용되는 석면은 사문석계 석면인 온석면이며 발암성이 가장 약하다. 부분적으로 이용되는 각섬석계 석면인 청석면은 발암성이 가장 강하다.

7-12 석면폐증에 관한 설명으로 가장 거리가 먼 것은? [13-2, 17-2]

① 폐의 석면폐증에 의한 비후화이며, 흉막의 섬유화와 밀접한 관련이 있다.

정답 7-7 ② 7-8 ④ 7-9 ③ 7-10 ① 7-11 ③ 7-12 ①

② 비가역적이며, 석면 노출이 중단된 후에도 악화되는 경우도 있다.
③ 폐하엽에 주로 발생하며 흉막을 따라 폐중엽이나 설엽으로 퍼져 간다.
④ 폐의 석면화는 폐조직의 신축성을 감소시키고, 가스 교환 능력을 저하시켜 결국 혈액으로의 산소 공급이 불충분하게 된다.

해설 석면폐증은 폐를 섬유화시켜 굳어지게 하는 것이다. 비후화(비대해지는 것)와 관계가 없다.

7-13 **석면폐증에 관한 설명으로 가장 거리가 먼 것은?** [14-2, 19-1]

① 석면폐증은 폐의 석면 분진 침착에 의한 섬유화이며, 흉막의 섬유화와는 무관하다.
② 석면폐증은 폐상엽에서 주로 발생하며, 전이되지 않는다.
③ 폐의 섬유화는 폐조직의 신축성을 감소시키고 혈액으로의 산소 공급을 불충분하게 한다.
④ 석면폐증은 비가역적이며, 석면 노출이 중단된 이후에도 악화되는 경우가 있다.

해설 흉막의 섬유화와 관계있다.

7-14 **실내 공기에 영향을 미치는 오염 물질에 관한 설명 중 옳지 않은 것은?** [17-2]

① 석면은 자연계에 존재하는 유화화(油和化)된 규산염 광물의 총칭이고, 미국에서 가장 일반적인 것으로는 아크티놀라이트(백석면)가 있다.
② 석면의 발암성은 청석면 > 아모사이트 > 백석면 순이다.
③ Rn-222의 반감기는 3.8일이며, 그 낭핵종도 같은 종류의 알파선을 방출하지만 화학적으로는 거의 불활성이다.
④ 우라늄과 라듐은 Rn-222의 발생원에 해당된다.

해설 석면은 섬유상으로 마그네슘이 많은 함수 규산염 광물이다. 크리소 타일을 주성분으로 하는 온석면과 각섬석질 석면으로 크게 나눈다. 건축자재, 방화재, 전기 절연재로 쓰였다.
크리소 타일은 사문석의 일종으로 백석면(온석면)이라 한다.

7-15 **실내 공기 오염 물질 중 석면의 위험성은 점점 커지고 있다. 다음 설명하는 석면의 분류에 해당하는 것은?** [13-4]

> 백석면이라고 하고 석면의 형태 중 가장 먼저 마주치는 광물로서 일반적으로 미국에서 발견되는 석면 중 95 % 정도가 이에 해당한다. 이 광물은 매우 유용하고 섬유상의 층상 규산염 광물이며, 이 광물의 이상적인 화학적 구조는 $Mg_3(Si_2O_5)(OH)_4$이다. 광택은 비단광택이고, 경도는 2.5이다.

① Chrysotile
② Antigorite
③ Lizardite
④ Orthoantigorite

해설 ① 백석면
② 사문석
③ 리자다이트 : 사문석의 일종
④ 오르토 안티고라이트 : 사문석의 일종

정답 7-13 ① 7-14 ① 7-15 ①

Chapter 02 대기 오염 개론

2차 오염

2-1 광화학 반응

1 이론

1. 대기 중의 광화학 반응에서 탄화수소와 반응하여 2차 오염 물질을 형성하는 화학종과 가장 거리가 먼 것은? [21-2]

① CO
② -OH
③ NO
④ NO_2

해설 CO는 광화학 반응과 관계없는 가스이다.

답 ①

이론 학습

(1) 광화학 반응의 이론

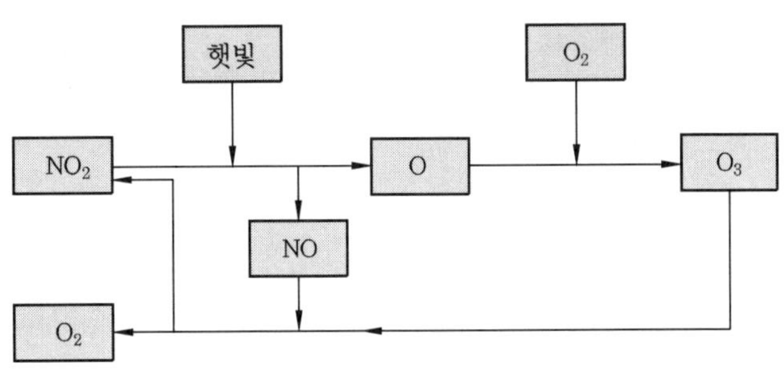

대기 중의 NO_2의 광분해 사이클

위 그림에서 photolytic cycle의 결론은 $NO_2 \xrightarrow{h\nu} NO + O$가 되어 NO_2 및 O_3는 증가하고 NO는 감소한다.

광화학 반응이 시작되기 위해서는 가시광선 및 자외선이 필요하다(특히 자외선).

광화학 반응에 의한 스모그의 발생은 대단히 복잡한 과정인데, 스모그 형성을 위한 광화학 반응은 NO_2의 광분해로부터 시작된다. 다음에 O는 O_2와 반응하여 O_3를 형성한다.

즉, $NO_2 + h\nu \rightarrow NO + O$

$O + O_2 + M \rightarrow O_3 + M$

$O_3 + NO \rightarrow NO_2 + O_2$

여기서, $h\nu$: 자외선의 에너지
M : 제3물체의 에너지

2 영향 인자

① 광화학적 스모그(smog) 3대 생성 요소

㈎ 질소 산화물(NO_2)

㈏ 올레핀계 탄화수소

㈐ 자외선(420 nm 파장)

② 대기 중 광화학적 산화제(O_3)의 농도에 영향을 미치는 인자

㈎ 빛의 강도가 클수록(여름)

㈏ 빛의 지속 시간이 길수록(여름)

㈐ 반응물의 양이 많을수록(자동차 배기가스)

㈑ 대기가 안정할수록 많이 발생한다(대기의 흐름이 적다).

3 반응

(1) 일중 변화

로스앤젤레스의 NO, NO_2, O_3, HC, 알데히드의 일 중 변화를 살펴보면,

① 하루 중에서 최고의 농도를 나타내는 시간이 가장 빠른 것은 NO이다.

② 배출된 일산화질소(NO)는 대기 중의 산소와 반응하여 1~2시간 후 NO_2와 알데히드의 농도가 증가한다.

③ 생성된 NO_2는 태양에 의해 분해되고 대기 중의 산소와 반응하여 오존(O_3)이 된다.

④ 태양이 중천에 있을 때 O_3는 최고 농도에 도달한다.

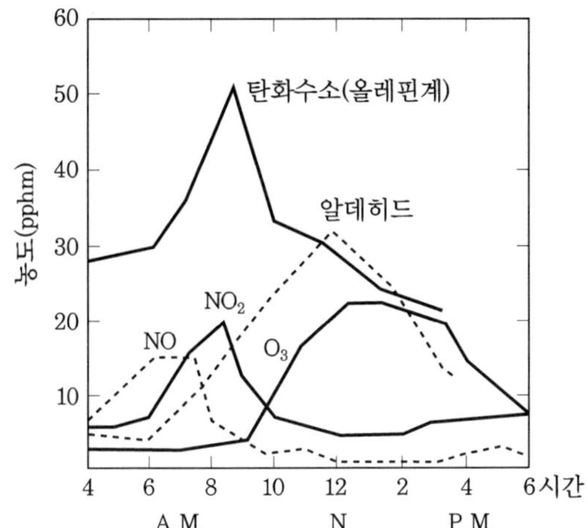

미국 로스앤젤레스에서 시간에 따른 광화학 스모그 구성 성분의 변화

(2) 대류권의 오존(O_3)

① 대류권의 오존은 국지적인 광화학 스모그로 생성된 옥시던트의 지표 물질이다.

② 대류권에서 광화학 반응으로 생성된 오존은 대기 중에서 야간에 NO_2와 반응하여 소멸된다(질산 또는 질산염이 된다).

③ 오염된 대기 중의 오존은 로스앤젤레스 스모그 사건에서 처음 확인되었다.

④ 대류권의 오존 자신은 온실가스로도 작용한다.

⑤ 대기 중에서 오존의 배경 농도는 0.01~0.02 ppm 범위이다(최대 0.04 ppm).

(3) 광화학 반응

① NO 광산화율이란 탄화수소에 의하여 NO가 NO_2로 산화되는 비율을 뜻하며, ppb/min의 단위로 표현된다.

② 일반적으로 대기에서의 오존 농도는 NO_2로 산화되는 NO의 양에 비례하여 증가한다.

③ 과산화기도 산소와 반응하여 오존이 생성될 수도 있다.

④ 오존의 탄화수소 산화(반응)율은 원자 상태의 산소에 의한 산화율보다 느리다.

⑤ SO_2는 대류권에서는 광분해하지 않는다.

⑥ 산화율 크기 : $O > O_3$

1-1 다음은 NO_2의 광화학 반응식이다. ㉠~㉣에 알맞은 것은 어느 것인가?(단, O는 산소 원자) [14-1, 17-2, 21-2]

> [㉠] + hv → [㉡] + O
> O + [㉢] → [㉣]
> [㉣] + [㉡] → [㉠] +[㉢]

① ㉠ NO, ㉡ NO_2, ㉢ O_3, ㉣ O_2
② ㉠ NO_2, ㉡ NO, ㉢ O_2, ㉣ O_3
③ ㉠ NO, ㉡ NO_2, ㉢ O_2, ㉣ O_3
④ ㉠ NO_2, ㉡ NO, ㉢ O_3, ㉣ O_2

1-2 광화학 반응에 의해 고농도 오존이 나타날 수 있는 조건에 해당하지 않는 것은 어느 것인가? [21-4]

① 무풍 상태일 때
② 일사량이 강할 때
③ 대기가 불안정할 때
④ 질소 산화물과 휘발성 유기 화합물의 배출이 많을 때

해설 광화학 반응은 대기가 불안정할 때보다 안정할 때 더 잘 일어난다.

1-3 다음 중 광화학 반응과 가장 관련이 깊은 탄화수소는? [21-4]

① Parafin계 탄화수소
② Olefin계 탄화수소
③ Acetylene계 탄화수소
④ 지방족 탄화수소

해설 광화학 반응을 가장 잘하는 탄화수소는 올레핀계(알켄족) 탄화수소이다.

1-4 지표면의 오존 농도가 증가하는 원인으로 가장 거리가 먼 것은? [16-1, 21-1]

① CO ② NO_x
③ VOCs ④ 태양열 에너지

해설 CO(일산화탄소)는 오존 농도 증가와 관련이 없다.

1-5 오존에 관한 설명으로 옳지 않은 것은? (단, 대류권 내 오존 기준) [12-2, 15-2]

① 보통 지표 오존의 배경 농도는 1~2 ppm 범위이다.
② 오존은 태양빛, 자동차 배출원인 질소 산화물과 휘발성 유기 화합물 등에 의해 일어나는 복잡한 광화학 반응으로 생성된다.
③ 오염된 대기 중에서 오존 농도에 영향을 주는 것은 태양빛의 강도, NO_2/NO의 비, 반응성 탄화수소 농도 등이다.
④ 국지적인 광화학 스모그로 생성된 Oxidant의 지표 물질이다.

해설 ① 배경 농도는 1~2 ppm → 배경 농도는 0.01~0.02 ppm(최대 0.04 ppm)

1-6 이동 배출원이 도심 지역인 경우, 하루 중 시간대별 각 오염물의 농도 변화는 일정한 형태를 나타내는데, 다음 중 일반적으로 가장 이른 시간에 하루 중 최대 농도를 나타내는 물질은? [18-2]

① O_3 ② NO_2
③ NO ④ Aldehydes

해설 하루 중에서 최고의 농도를 나타내는 시간이 가장 빠른 것은 일산화질소(NO)이다.

1-7 광화학 반응과 관련된 오염 물질 일변화의 일반적인 특징으로 가장 거리가 먼 것은? [19-2]

① NO_2와 HC의 반응에 의해 오후 3시경을 전후로 NO가 최대로 발생하기 시작한다.
② NO에서 NO_2로의 산화가 거의 완료되

정답 1-1 ② 1-2 ③ 1-3 ② 1-4 ① 1-5 ① 1-6 ③ 1-7 ①

고 NO_2가 최고 농도에 도달하는 때부터 O_3가 증가되기 시작한다.

③ Aldegyde는 O_3 생성에 앞서 반응 초기부터 생성되며 탄화수소의 감소에 대응한다.

④ 주요 생성물로는 PAN, Aldehyde, 과산화기 등이 있다.

해설 태양이 중천에 있을 때 O_3가 최고 농도에 도달한다.

1-8 광화학 반응 시 하루 중 NO_x 변화에 대한 설명으로 가장 적합한 것은? [16-1]

① NO_2는 오존의 농도 값이 적을 때 비례적으로 가장 적은 값을 나타낸다.

② NO_2는 오전 7~9시경을 전후로 하여 일 중 고농도를 나타낸다.

③ 오전 중의 NO의 감소는 오존의 감소와 시간적으로 일치한다.

④ 교통량이 많은 이른 아침 시간대에 오존 농도가 가장 높고, NO_x는 오후 2~3시경이 가장 높다.

해설 ① 비례적으로 가장 적은 값 → 반비례적으로 가장 많은 값

③ 시간적으로 일치한다. → 시간적으로 일치하지 않는다.

④ 오존 농도가 가장 높고, NO_x는 → NO의 농도가 가장 높고, 오존은

1-9 광화학 반응 시 하루 중 오염 물질의 일반적인 농도 변화와 관련된 설명으로 가장 거리가 먼 것은? [14-2]

① 알데히드는 대체적으로 오전 중에 감소 경향을 나타내다가 오후가 되면서 오존과 더불어 서서히 증가한다.

② 탄화수소 중에서 오존을 잘 형성시키는 것은 diolefins, olefins, aldehydes, alcohols 등이다.

③ NO_2는 오존의 농도가 최대에 도달할 때 통상적으로 아주 적게 생성된다.

④ NO와 탄화수소의 반응에 의해 NO_2는 오전 7시경을 전후로 해서 상당한 율로 발생하기 시작한다.

해설 알데히드는 오전 중에 서서히 증가하다가 정오에 최대 농도가 된다.

1-10 도시 대기 오염 물질의 광화학 반응에 관한 설명으로 옳지 않은 것은? [20-1]

① O_3는 파장 200~320 nm에서 강한 흡수가, 450~700 nm에서는 약한 흡수가 일어난다.

② PAN은 알데히드의 생성과 동시에 생기기 시작하며, 일반적으로 오존 농도와는 관계가 없다.

③ NO_2는 도시 대기 오염 물질 중에서 가장 중요한 태양빛 흡수 기체로서 파장 420 nm 이상의 가시광선에 의하여 NO와 O로 광분해한다.

④ SO_2는 대기 중의 수분과 쉽게 반응하여 황산을 생성하고 수분을 더 흡수하여 중요한 대기 오염 물질의 하나인 황산 입자 또는 황산 미스트를 생성한다.

해설 ② PAN은 알데히드보다 늦게 생기고, 일반적으로 오존 농도와 관계가 있다.

1-11 광화학 반응에 의한 고농도 오존이 나타날 수 있는 기상 조건으로 거리가 먼 것은? [15-2, 18-4]

① 시간당 일사량이 5 MJ/m^2 이상으로 일사가 강할 때

② 질소 산화물과 휘발성 유기 화합물의 배출이 많을 때

③ 지면에 복사 역전이 존재하고 대기가

정답 1-8 ② 1-9 ① 1-10 ② 1-11 ③

불안정할 때

④ 기압 경도가 완만하여 풍속 4 m/s 이하의 약풍이 지속될 때

해설 오존은 하루 중 오후 1~2시 경에 최고 농도를 보인다. 이때 복사 역전은 없다. 광화학 반응은 공중 역전이 존재하고 대기가 안정할 때 활발하다.

1-12 광화학 스모그와 가장 거리가 먼 것은? [16-1]

① NO ② CO
③ PAN ④ HCHO

해설 광화학적 스모그(smog) 3대 생성 요소는 질소 산화물(NO_x), 올레핀계 탄화수소, 자외선(420 nm 파장)이고 생성 물질은 오존, 과산화수소, PAN, HCHO 등이다.

1-13 오존의 광화학 반응 등에 관한 설명으로 옳지 않은 것은? [18-1]

① 광화학 반응에 의한 오존 생성률은 RO_2 농도와 관계가 깊다.
② 야간에는 NO_2와 반응하여 O_3이 생성되며, 일련의 반응에 의해 HNO_3가 소멸된다.
③ 대기 중 오존의 배경 농도는 0.01~0.02 ppm 정도이다.
④ 고농도 오존은 평균 기온 32℃, 풍속 2.5 m/s 이하 및 자외선 강도 0.8 mW/cm^2 이상일 때 잘 발생되는 경향이 있다.

해설 오존은 대기 중에서 야간에 NO_2와 반응하여 소멸된다.

1-14 오존에 관한 설명으로 가장 거리가 먼 것은? [14-2]

① 대기 중 오존의 배경 농도는 0.01~0.02 ppm 정도이다.
② 청정 지역의 오존 농도의 일변화는 도시 지역보다 매우 크므로 대기 중 NO, NO_2 농도 변화에 따른 오존의 광화학적 생성과 소멸을 밝히기에 유리하다.
③ 도시나 전원 지역의 대기 중 오존 농도는 가끔 NO_2의 광해리에 의해 생성될 때 보다 높은 경우가 있는데, 이는 오존을 소모하지 않고 NO가 NO_2로 산화되기 때문이다.
④ 대류권에서 오존의 생성률은 과산화기의 농도와 관계가 깊다.

해설 청정 지역의 대류권 오존 농도는 일변화를 하지 않는다.

1-15 오존(O_3)의 특성과 광화학 반응에 관한 설명으로 가장 거리가 먼 것은 어느 것인가? [14-1, 19-1]

① 산화력이 강하여 눈을 자극하고 물에 난용성이다.
② 대기 중 지표면 오존의 농도는 NO_2로 산화된 NO량에 비례하여 증가한다.
③ 과산화기가 산소와 반응하여 오존이 생길 수도 있다.
④ 오존의 탄화수소 산화 반응율은 원자 상태의 산소에 의한 탄화수소의 산화보다 빠르다.

해설 오존보다 원자 상태의 산소가 더 불안정하므로 원자 상태의 산소가 오존보다 산화 반응률이 빠르다.

1-16 광화학 반응에 관한 설명으로 옳지 않은 것은? [13-1, 15-2]

① NO_2는 도시 대기 오염 물질 중에서 가

정답 1-12 ② 1-13 ② 1-14 ② 1-15 ④ 1-16 ④

장 중요한 태양빛 흡수 기체로서 파장 420 nm 이상의 가시광선에 의해 NO와 O로 광분해된다.

② 알데히드(RCHO)는 파장 313 nm 이하에서 광분해한다.

③ 케톤은 파장 300~700 nm에서 약한 흡수를 하여 광분해한다.

④ SO_2는 대류권에서 쉽게 광분해되며, 파장 450~500 nm에서 강한 흡수를 나타낸다.

해설 ④ 광분해되며 → 광분해하지 않는다.

1-17 광화학 스모그 현상에 관한 설명으로 가장 거리가 먼 것은? [17-4]

① LA형 스모그는 광화학 스모그의 대표적인 피해 사례이다.

② 광화학 반응에 의해 생성된 물질은 미산란 효과에 의해 대기의 파장 변화와 가시도의 증가를 초래한다.

③ 광화학 옥시던트 물질은 인체의 눈, 코, 점막을 자극하고, 폐 기능 등을 약화시킨다.

④ 정상 상태일 경우 오존의 대기 중 오존 농도는 NO_2와 NO비, 태양빛의 강도 등에 의해 좌우된다.

해설 광화학 반응에 의해 생성된 물질은 가시도의 감소를 초래한다.

1-18 오염된 대기에서의 SO_2의 산화에 관한 다음 설명 중 가장 거리가 먼 것은 어느 것인가? [17-4]

① 연소 과정에서 배출되는 SO_2의 광분해는 상당히 효과적인데, 그 이유는 저공에 도달하는 것보다 더 긴 파장이 요구되기 때문이다.

② 낮은 농도의 올레핀계 탄화수소도 NO가 존재하면, SO_2를 광산화시키는 데 상당히 효과적일 수 있다.

③ 파라핀계 탄화수소는 NO_x와 SO_2가 존재하여도 aerosol을 거의 형성시키지 않는다.

④ 모든 SO_2의 광화학은 일반적으로 전자적으로 여기된 상태의 SO_2의 분자 반응들만 포함된다.

해설 SO_2는 대류권에서는 광분해하지 않는다.

1-19 광화학 스모그 현상에 관한 설명으로 가장 거리가 먼 것은? [12-2]

① LA형 스모그는 광화학 스모그의 대표적인 피해 사례이다.

② 광화학 반응에 의해 생성된 물질은 미산란 효과에 의해 대기의 파장 변화와 가시도의 증가를 초래한다.

③ 광화학 옥시던트 물질은 인체의 눈, 코, 점막을 자극하고, 폐 기능을 약화시킨다.

④ 정상 상태일 경우 오존의 대기 중 오존 농도는 NO_2와 NO비, 태양빛의 강도 등에 의해 좌우된다.

해설 ② 가시도의 증가를 → 가시도의 감소를

1-20 NO_x에 의한 광화학적 반응에서 HC가 존재 시 생성되는 자극성 물질과 가장 거리가 먼 것은? [12-4]

① 포름알데히드(HCHO)

② 아세틱 애시드(CH_3COOOH)

③ 퍼옥시 아세틸 니이트레이트 ($CH_3COOONO_2$)

④ 아크롤레인(CH_2CHCHO)

해설 아세틱 애시드는 초산을 말한다.

정답 1-17 ② 1-18 ① 1-19 ② 1-20 ②

2-2 2차 오염

1 2차 오염 물질의 정의

2. 2차 대기 오염 물질에 해당하는 것은? [21-1]

① H_2S ② H_2O_2 ③ NH_3 ④ $(CH_3)_2S$

해설 2차 대기 오염 물질에는 오존(O_3), 과산화수소(H_2O_2), PAN 등이 있다.

답 ②

이론 학습

발생원에서 발생한 오염 물질(1차 오염 물질)이 대기 중에서 광화학 반응 등으로 인해 새로 생성된 오염 물질을 말한다.

2 2차 오염 물질의 종류

(1) 1차 오염 물질

발생원에서 직접 배기로 방출되는 오염 물질로 아침과 저녁, 밤에 대기 중의 농도는 증가하나, 낮에는 감소한다(상대적으로).

예 NH_3, HCl, H_2S, NaCl, CO, CO_2, H_2, SiO_2, Pb, Zn, Hg, 금속 산화물, 금속염, HC, 탄소, 방향족 탄화수소 등

(2) 2차 오염 물질

일단 배출된 오염 물질이 외부의 광화학 반응 등으로 합성, 분해되어 발생된 물질로 태양광선이 있는 낮에 대기 중의 농도가 증가한다.

예 O_3, H_2O_2, PAN, NOCl(염화니트로실), acrolein(CH_2CHCHO) 등

(3) 1, 2차 오염 물질

발생원에서 직접 또는 대기 중에서 생성된 물질

예 SO_2, SO_3, H_2SO_4, NO, NO_2, 알데히드(RCHO), 케톤, 유기산, 복합 핵물질 등

2-1 다음 대기 오염 물질 중 바닷물의 물보라 등이 배출원이며, 1차 오염 물질에 해당하는 것은? [13-1, 16-2, 19-4]

① N_2O_3 ② 알데히드
③ HCN ④ NaCl

해설 바닷물의 물보라에는 소금이 포함되어 있다.

2-2 대기 오염 물질의 분류 중 1차 오염 물질이라고 볼 수 없는 것은? [13-4]

① 금속 산화물 ② 일산화탄소
③ 과산화수소 ④ 방향족 탄화수소

해설 과산화수소는 2차 오염 물질이다.

2-3 다음 중 2차 오염 물질(secondary pollutants)은? [12-4, 20-1, 21-2]

① SiO_2 ② N_2O_3 ③ NaCl ④ NOCl

해설 2차 오염 물질의 대표적인 것은 O_3, H_2O_2, PAN, NOCl(염화 니트로실), 아크로레인 등이 있다.

2-4 다음 대기 오염 물질의 분류 중 2차 오염 물질에 해당하지 않는 것은? [13-2]

① NOCl ② 알데히드
③ 케톤 ④ N_2O_3

해설 ① 2차 ②, ③ 1·2차 ④ 1차

2-5 다음 중 2차 대기 오염 물질에 해당하지 않는 것은? [19-4]

① SO_3 ② H_2SO_4 ③ NO_2 ④ CO_2

해설 ①, ②, ③은 1·2차 오염 물질이다.

2-6 다음 대기 오염 물질 중 2차 오염 물질과 거리가 먼 것은? [17-4]

① SO_3 ② N_2O_3 ③ H_2O_2 ④ NO_2

해설 ① SO_3 : 1·2차 오염 물질
② N_2O_3 : 1차 오염 물질
③ H_2O_2 : 2차 오염 물질
④ NO_2 : 1·2차 오염 물질

2-7 다음 대기 오염 물질의 분류 중 2차 오염 물질에 해당하지 않는 것은? [19-2]

① NOCl ② 알데하이드
③ 케톤 ④ N_2O_3

해설 ① NOCl(염화니트로실) : 2차 오염 물질
② 알데하이드 : 1·2차 오염 물질
③ 케톤 : 1·2차 오염 물질
④ N_2O_3 : 1차 오염 물질

2-8 광화학 반응으로 생성되는 오염 물질에 해당하지 않는 것은? [21-4]

① 케톤 ② PAN
③ 과산화수소 ④ 염화불화탄소

해설 염화불화탄소(프레온 가스의 하나)는 오존층 파괴 물질이고, 1차 오염 물질이다.

2-9 광화학적 산화제와 2차 대기 오염 물질에 관한 설명으로 옳지 않은 것은? [14-2]

① 자외선이 강할 때, 빛의 지속 시간이 긴 여름철에, 대기가 안정되었을 때 대기 중 광산화제의 농도가 높아진다.
② PAN은 강산화제로 작용하며, 빛을 흡수하여 가시거리를 증가시키며, 고엽에 특히 피해가 큰 편이다.
③ 오존은 폐충혈과 폐수종 등을 유발하며 섬모 운동의 기능 장애를 일으킨다.
④ 오존은 성숙한 잎에 피해가 크며, 섬유류의 퇴색 작용과 직물의 셀룰로오스를 손상시킨다.

해설 PAN은 빛을 분산시켜 가시거리를 단축시킨다.

정답 2-1 ④ 2-2 ③ 2-3 ④ 2-4 ④ 2-5 ④ 2-6 ② 2-7 ④ 2-8 ④ 2-9 ②

Chapter 03

대기 오염의 영향 및 대책

3-1 대기 오염의 피해 및 영향

1. 다음 설명하는 대기 오염 물질로 가장 적합한 것은? [15-1]

- 이 물질의 직업성 폭로는 철강 제조에서 아주 많으며, 알루미늄, 마그네슘, 구리와의 합금 제조 등에서도 흔한 편이다.
- 이 흄에 급성 폭로되면 열, 오한, 호흡 곤란 등의 증상을 특징으로 하는 금속열을 일으키나 자연히 치유된다.
- 만성 폭로가 계속되면 파킨슨 증후군과 거의 비슷한 증후군으로 진전되어 말이 느리고 단조로워진다.

① 비소　　② 수은　　③ 망간　　④ 납

해설 망간, 아연과 아연 화합물은 발열 물질이다.

답 ③

이론 학습

(1) 피해의 특징

① 대기 오염에 의한 피해도=오염 물질의 농도×폭로 시간

② 단일 오염 물질보다 혼합 오염물에 노출되면 상가 작용 및 상승 작용으로 피해를 준다.

③ 노년층과 유아의 피해가 증가한다.

④ 피해지는 주택 지역보다 공장 지역 주변에서 많이 발생하며, 풍속이 낮고 기온 역전이 많은 날에 피해가 증가한다.

(2) 인체에 주는 피해

① 호흡기 장애 : 기관지염, 천식, 기도폐쇄장애, 인후염, 점막 자극 및 점막 세포 파괴
② 눈의 장애 : 각막 및 결막의 자극, 눈 점막의 자극
③ 정신적 장애 : 정신 및 신경의 증상, 알레르기성 장애
④ 대사 장애 : 혈액학적, 세포학적, 효소학적 변화
⑤ 간접적 피해 : 시정의 감소로 인한 자연 환경 악화, 태양광선 차단으로 자외선량의 부족

1 인체에 미치는 영향

① 폐 자극성 물질 : SO_2, NO_2, O_3, HCl, Cl_2, NH_3, Br_2
② 눈을 자극하는 물질 : PAN, O_3, HCHO, SO_2, HF, NH_3, NO_2
③ 질식성 오염 물질 : CO, H_2S, SO_2, Cl_2
④ 폐섬유종 물질 : Ba, 석면, 코발트, 규산
⑤ 발암 물질 : 3-4 벤조피렌, 석면, 니켈, 6가크롬, 비소, 베릴륨
⑥ 신경장애 : CS_2, Pb, Hg, Ni, 페놀, 시안, Br_2, CO
⑦ 신장장애 : Cd, 페놀
⑧ 발열 물질 : 망간, 아연과 아연 화합물
⑨ 폐육아종을 일으키는 물질 : Be(베릴륨)
⑩ 전신성 독물 : 은, 수은, 불화물, 카드뮴, 이산화셀렌
⑪ 조혈기능 장애 물질 : 벤젠, 석탄산(페놀), 톨루엔, 크실렌, 나프탈렌
⑫ 중독성 물질 : Pb, Hg, Cd, 안티몬, Mn, Be
⑬ 유독성 비금속 물질 : 인, 셀레늄, 황, 비소 화합물, 불소 화합물
⑭ 알레르기성 : 특히 봄에는 화분증(pollenosis)으로 인체에 면역학적으로 항원 항체간에 이상 증상을 초래한다.

(1) 분진

① 분진의 화학적, 물리적 성질은 다양하다.
② 분진은 에어로졸(aerosols)이라고도 불린다.
③ 분진의 크기는 직경이 0.2 μm에서 약 500 μm 정도까지이고, 대개 0.1~10 μm의 크기가 가장 많다.
④ 먼지 중 폐포에 도달하는 입자상 물질의 침착률이 가장 높은 것은 입자 물질의 크기가 0.5~5 μm 범위이다.

⑤ 아황산가스와 부유 분진의 미립자와는 상승 작용에 의하여 인체에 미치는 피해가 더욱 증가하게 된다.
⑥ 부유 분진의 농도는 보통 mg/m^3로 표시한다(가스상 물질은 ppm으로 표시한다).
⑦ 분진은 인체에 각종 호흡기 질환을 유발한다(석면폐증, 면폐증, 규폐증 등이 있다).

참고

(1) 분진의 가시도에 대한 영향

① 가시도의 정의 : 우리 눈에 감지될 수 있는 거리이다. 분진을 포함한 각종 대기 오염의 중요한 영향의 하나는 빛의 흡수와 분산에 의한 가시도의 감소로서 스모그가 그 예의 하나이다.

② 상대습도 70%에서 분진 농도 $G[\mu g/m^3]$를 사용하여 가시거리를 구하면

$$L_v[\text{km}] = \frac{10^3 \times A}{G[\mu g/m^3]}$$

여기서, A : 계수(0.6~2.4, 보통 1.2), G : 분진 농도($\mu g/m^3$), L_v : 가시거리(km)

③ 분진 농도, 분진의 밀도, 분진의 반경 및 분산 면적비 K를 사용하여 가시거리를 구하면,

$$V[\text{m}] = \frac{5.2\rho r}{K \cdot C[g/m^3]}$$

여기서, ρ : 분진 밀도(g/cm^3), r : 분진의 반경(μm), K : 분산 면적비(4.1)
C : 분진 농도(g/m^3), V : 가시거리(m)

(2) 빛 전달률의 측정

대기질을 측정하기 위한 여과지상에 축적된 분진을 통한 빛 전달률을 측정하는 방법이 있다.

여과 전후의 여과지의 빛 전달률을 비교하여 여과지를 통과하는 공기의 단위 길이당 COH 단위로 환산한다.

COH는 coefficent of haze의 약자로 광학적 밀도(optical density)가 0.01이 되도록 하는 여과지상에 빛을 분산시켜준 고형물의 양을 뜻한다.

광화학적 밀도는 불투명도(opacity)의 log 값으로서 불투명도는 빛 전달률의 역수이다.

① 불투명도 : 분진이 축적된 여과지를 통과한 빛 전달률 $\frac{I_t}{I_o}$의 역수

② 광학적 밀도(O·D) : 불투명도의 상용 log 값

③ COH : 0.01로 나눈 광학적 밀도

$$\text{즉, COH} = \frac{\text{O}\cdot\text{D}}{0.01} = \frac{\log(\text{불투명도})}{0.01} = 100\times\log\frac{I_o}{I_t}$$

$$\text{m당 COH} = \frac{100\times\log\frac{I_o}{I_t}\times\text{거리(m)}}{\text{속도(m/s)}\times\text{시간(s)}}$$

COH값과 대기 오염의 정도

1,000 m당 COH	대기 오염 정도
0~3	경미하다
3.3~6.5	보통이다
6.6~9.8	심하다
9.9~13.1	대단히 심하다
13.2~16.4	지극히 심하다

(3) 검은 연기의 강도 측정

1898년 Ringelmann 교수에 의하여 제의되었으며, 6가지의 카드를 사용하여 백색에서 흑색까지의 범위를 측정하였다.

이의 측정 방법은 연기의 흐름 방향에 수직에서 연기를 쳐다보면서 원거리의 배경에서 연기를 통과하여 들어오는 빛의 양과 차트의 색깔을 비교하여 상호대등할 때, 그 흑색도를 강도로 결정한다. 예를 들면 Ringelmann 차트의 1도 카드는 20 % 흑색을 위한 것이므로 $\frac{I_t}{I_o}$ 값은 80 %가 된다.

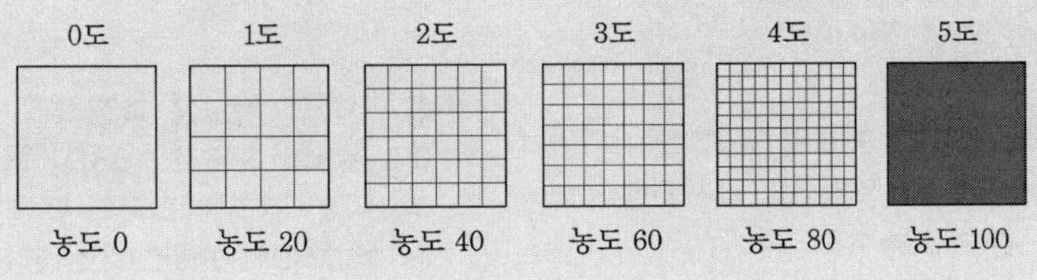

Ringelmann 차트의 매연 농도표

여기서, 실험 횟수를 E_i, 차트의 도수를 F_i라 하면, 매연 농도 C는 다음과 같다.

$$C[\%] = \sum\frac{F_iE_i}{E_i}\times 20$$

1-1 다음 중 시정 거리에 관한 설명으로 가장 거리가 먼 것은? (단, 입자 산란에 의해서만 빛이 감쇠되고, 입자상 물질은 모두 같은 크기의 구형태로 분포하고 있다고 가정한다.) [17-2]

① 시정 거리는 대기 중 입자의 산란계수에 비례한다.
② 시정 거리는 대기 중 입자의 농도에 반비례한다.
③ 시정 거리는 대기 중 입자의 밀도에 비례한다.
④ 시정 거리는 대기 중 입자의 직경에 비례한다.

해설 시정 거리는 입자의 산란 계수에 반비례한다.

1-2 먼지의 농도가 0.075 mg/m^{3}인 지역의 상대습도가 70 %일 때, 가시거리는? (단, 계수=1.2로 가정)

[14-4, 15-1, 16-1, 17-1, 17-2, 18-4, 19-2]

① 4 km ② 16 km
③ 30 km ④ 42 km

해설 $h\nu[\text{km}]$

$$=\frac{10^3\times A}{G[\mu g/m^3]}=\frac{10^3\times 1.2}{75\mu g/m^3}=16\text{km}$$

1-3 입자상 물질의 농도가 0.25 mg/m^{3}이고, 상대습도가 70 %일 때, 가시거리(km)는? (단, 상수 A는 1.3)

① 4.3 ② 5.2 ③ 6.5 ④ 7.2

해설 $h\nu[\text{km}]$

$$=\frac{10^3\times A}{G[\mu g/m^3]}=\frac{10^3\times 1.3}{0.25\times 10^3}=5.2\text{km}$$

1-4 시정 장애에 관한 설명 중 옳지 않은 것은? [20-2]

① 시정 장애의 직접 원인은 부유 분진 중 극 미세먼지 때문이다.
② 시정 장애 물질들은 주민의 호흡기계 건강에 영향을 미친다.
③ 빛이 대기를 통과할 때 시정 장애 물질들은 빛을 산란 또는 흡수한다.
④ 2차 오염 물질들이 서로 반응, 응축, 응집하여 생성된 물질들이 직접적인 원인이다.

해설 ④ 2차 → 1차

1-5 파장이 5240 Å인 빛 속에서 상대습도가 70 % 이하인 경우 밀도가 1,700 mg/cm^{3}이고, 직경이 0.4 μm인 기름 방울의 분산면적비가 4.5일 때, 가시거리가 959 m이라면 먼지 농도(mg/m^3)는? [15-2, 19-1]

① 0.21 ② 0.31
③ 0.41 ④ 0.51

해설 $V[\text{m}]=\frac{5.2\rho\cdot r}{K\cdot C[g/m^3]}$

$\rho=1,700\text{mg/cm}^3=1.7\text{ g/cm}^3$

$$\therefore C=\frac{5.2\rho\cdot r}{K\cdot V}=\frac{5.2\times 1.7\times 0.2}{4.5\times 959}$$
$$=0.000409\text{ g/m}^3$$
$$=0.409\text{ mg/m}^3$$

1-6 먼지의 농도를 측정하기 위해 공기를 0.3 m/s의 속도로 1.5시간 동안 여과지에 여과시킨 결과 여과지의 빛 전달률이 깨끗한 여과지의 80 %로 감소했다. 1,000 m당 COH는? [15-1, 16-4, 21-1, 21-4]

① 6.0 ② 3.0 ③ 2.5 ④ 1.5

해설 $\text{m당 COH}=\frac{100\times\log\frac{I_o}{I_t}\times \text{거리(m)}}{\text{속도(m/s)}\times\text{시간(s)}}$

$$=\frac{100\times\log\left(\frac{1}{0.8}\right)\times 1,000\text{m}}{0.3\text{m/s}\times 1.5\text{h}\times 3,600\text{s/h}}=5.9$$

정답 1-1 ① 1-2 ② 1-3 ② 1-4 ④ 1-5 ③ 1-6 ①

2. 다음 가스 중 혈액 내의 헤모글로빈(Hb)과 가장 결합력이 강한 물질은? [16-4]

① CO ② O_2 ③ NO ④ CS_2

해설 CO는 O_2보다 210배 강하고, NO는 CO보다 1,000배 결합력이 강하다.

답 ③

이론 학습

(2) 황산화물(SO_x)

① 아황산가스가 인체에 미치는 피해는 농도와 노출 시간이 문제가 되며, 주로 호흡기 계통의 질환을 일으킨다.

② 흡입된 SO_2는 상기도에 영향을 준다.

③ SO_3는 호흡기 계통에서 분비되는 점막에 흡착되어 H_2SO_4가 된 후, 조직에 작용하여 궤양을 일으킨다.

④ SO_2는 단독 흡입보다 분진이나 액적 등과 동시에 흡입하면, 황산미스트가 되어 아황산가스보다 독성이 약 10배 강해진다(상승 작용).

⑤ 만성 피해는 폐렴, 기관지염, 천식, 폐기종, 폐쇄성 질환 등을 유발한다.

(3) 황화수소(H_2S)

① 중독 증상은 일반적으로 급성이나 특정 작용이 없다.

100 ppm 정도 농도의 가스에 단시간 접촉하면 눈, 코, 목구멍에 만성 자극 증상이 일어난다.

② 중추신경을 마비시키므로 실신하거나 호흡 정지(질식 증상)를 일으킨다. 또한 실신할 때 넘어지거나 떨어져서 외상을 입는 경우가 있으므로 주의할 필요가 있다.

(4) 질소 산화물(NO_x)

① 적갈색인 NO_2는 무색인 NO보다 독성이 5배 정도 강하다.

② NO는 무색 기체로 CO와 같이 혈액 중의 Hb와 결합하여 산소 운반 능력을 감소시키는 기체이다.

$Hb + NO \rightarrow HbNO$(변성 헤모글로빈, 니트로소 헤모글로빈)

③ NO는 혈액 중 헤모글로빈과 결합력이 매우 강하다(CO의 약 1,000배).

④ NO_2는 CO의 300배 정도되는 헤모글로빈과의 결합력을 가진다.

⑤ N_2O는 무색, 무취의 기체로 대기압 하에서 활성이 매우 적으며 성층권의 오존층 파괴 작용을 한다(대류권에서는 온실가스로 작용).

⑥ NO_2는 직접적으로 눈에 대한 자극성이 강한 오염 물질로 기관지염, 폐기종 및 폐렴 등을 일으키며 사망할 수도 있다.

⑦ NO_x는 광화학 반응을 하는 물질이다.

(5) 일산화탄소(CO)

① CO는 혈액 내 Hb(헤모글로빈)과의 친화력이 산소의 약 210배에 달해 산소 운반 능력을 저하시킨다(연탄가스 중독).

Hb + CO → HbCO(카르보닐 헤모글로빈)

② CO의 급성 중독은 사고 능력의 저하보다 운동 신경과 근육 마비가 먼저 일어난다.

(6) 불소, 불소 화합물

불화수소(HF)는 눈, 호흡기의 점막을 자극하고 건성기침, 목쉰소리, 코결막 증상, 출혈 등을 유발한다.

(7) 오존(O_3)

① 오존은 대기 중에 보통 0.01~0.04 ppm 정도 존재한다.

② 오존은 자극성이 강한 산화성 가스로 처음에는 0.02~0.05 ppm에서 냄새를 감지할 수 있다고 한다.

③ 오존은 0.5 ppm에서 코와 목구멍을 자극하고 1 ppm에서 1시간 정도 노출되면 폐의 탄성 감소를 일으킨다.

④ 오존은 섬모 운동의 기능 장애를 일으키며, 염색체 이상이나 적혈구의 노화를 초래하기도 한다.

⑤ 오존은 만성 중독이 되면 체내의 효소계를 교란시켜 DNA(유전자)나 RNA(유전자를 운반하는 성분)에 작용하여 유전 인자에 변화를 일으킨다고 한다.

(8) 기타 광화학 스모그 생성 물질

① PAN은 peroxyacetyl nitrate의 약자이며, 분자식은 $CH_3COOONO_2$이다.

② PAN은 산화제이며 눈에 강한 자극을 준다.

③ PBzN(peroxybenzoyl nitrate : $C_6H_5COOONO_2$)은 PAN보다 독성이 100배 강하다.

④ 포름알데히드는 피부, 눈 및 호흡기계에 강한 자극 효과를 가지며 폐부종(급성폭로시)과 알레르기성 피부염 및 직업성 천식을 야기한다.

(9) 포스겐($COCl_2$)

① 상당히 유독한 가스로 흡입하면 급성 중독을 일으키고 양이 많으면 죽는다.

② 포스겐은 다른 자극성 가스와 달리 상기도 점막의 수축과 같은 보호적 반사 작용을 일으키지 않기 때문에 처음부터 폐 속 깊이 흡수된다.

(10) 염소(Cl_2)와 염화수소(HCl)

① 염소의 건강 장애는 독성이 강하고 고농도의 가스를 흡입하면 호흡기계를 자극하여 사망하기도 한다. 피부에 접촉 시 염증을 초래하고 액화 염소의 경우는 동상을 초래하기도 한다.

② 급성 중독 증상은 눈 및 호흡기의 점막에 나타난다.

(11) 벤젠(C_6H_6)

① 체내 흡수는 대부분 호흡기를 통하여 이루어진다.

② 체내에 흡수된 벤젠은 지방이 풍부한 피하 조직과 골수에 고농도로 축적되어 오래 잔존할 수 있다.

③ 만성 장애로 조혈기능 장애를 유발시킨다.

④ 벤젠 폭로에 의해 발생되는 백혈병은 주로 골수아성 백혈병이다.

(12) 비소(AS)

안료, 색소, 의약품 제조 공업에 이용되며 색소 침착, 손, 발바닥의 각화(각질이 두꺼워지며 갈라짐), 피부암 등을 일으키는 물질이다.

(13) 납(Pb)

① 납은 부드러운 청회색의 금속으로 고밀도와 내식성이 강한 것이 특징이다.

② 소화기로 섭취된 납은 입자의 크기에 따라 다르지만 약 10 % 정도만이 소장에 흡수되고, 나머지는 대변으로 배출된다.

③ 여러 세포의 효소 작용을 방해한다.

(14) 바나듐(V)

바나듐은 인체 내에서 콜레스테롤, 인지질(분자 안에 인산이 들어 있는 복합지질) 및 지방분의 합성을 저해하거나 기타 다른 영양 물질의 대사 장애를 일으키는 물질이다.

(15) 베릴륨(Be)

베릴륨은 매우 가벼운 금속으로 높은 장력을 가지고 있으며, 회색빛이 난다. 이것은 폐, 뼈, 간 등에 침착할 수 있고, 폭로되지 않은 사람에게서는 검출되지 않는다.

2-1 **다음 중 주로 연소 시에 배출되는 무색의 기체로 물에 매우 난용성이며, 혈액 중의 헤모글로빈과 결합력이 강해 산소 운반 능력을 감소시키는 물질은?** [17-1]

① PAN ② 알데히드
③ NO ④ HC

해설 NO+Hb=NOHb(니트로소헤모글로빈=변성헤모글로빈)

2-2 **질소 산화물(NO_x)에 의한 피해 및 영향으로 가장 거리가 먼 것은?** [12-4]

① NO_2의 광화학적 분해 작용으로 대기 중의 O_3 농도가 증가하고 HC가 존재하는 경우에는 smog를 생성시킨다.
② NO_2는 가시광선을 흡수하므로 0.25 ppm 정도의 농도에서 가시거리를 상당히 감소시킨다.
③ NO_2는 습도가 높은 경우 질산이 되어 금속을 부식시키며 산성비의 원인이 된다.
④ 인체에 미치는 영향 분석 시 동물을 사용한 연구 결과에 의하면 NO_2는 주로 위장 장애 현상을 초래한다.

해설 ④ 주로 위장 장애 현상을 초래한다. → 주로 호흡기에 영향을 준다.

2-3 **질소 산화물(NO_x)에 관할 설명으로 가장 거리가 먼 것은?** [12-1, 13-2]

① N_2O는 대류권에서는 온실가스로, 성층권에서는 오존층 파괴 물질로서 보통 대기 중에 약 0.5 ppm 정도 존재한다.
② 연소 과정 중 고온에서는 90 % 이상이 NO로 발생한다.
③ NO_2는 적갈색, 자극성 기체로 독성이 NO보다 약 5배 정도나 더 크다.
④ NO 독성은 오존보다 10~15배 강하며, 폐렴, 폐수종을 일으키며, 대기 중에 체류 시간은 20~100년 정도이다.

해설 NO보다 O_3가 독성이 강하다. 그리고 NO는 대기 중에서 NO_2로 변한다.

2-4 **질소 산화물에 관한 설명으로 거리가 먼 것은?** [13-1]

① 아산화질소(N_2O)는 성층권의 오존을 분해하는 물질로 알려져 있다.
② 전 세계의 질소 화합물 배출량 중 인위적인 배출량은 자연적 배출량의 약 70 % 정도 차지하고 있으며, 그 비율은 점차 증가하는 추세이다.
③ 아산화질소(N_2O)는 대류권에서 태양에너지에 대하여 매우 안정하다.
④ 연료 NO_x는 연료 중 질소 화합물 연소에 의해 발생되고, 연료 중 질소 화합물은 일반적으로 석탄에 많고 중유, 경유 순으로 적어진다.

해설 ② 약 70 % → 약 10 %

2-5 **호흡을 통해 인체의 폐에 250 ppm의 일산화탄소를 포함하는 공기가 흡입되었을 때, 혈액 내 최종 포화 COHb는 몇 %인가? (단, 흡입 공기 중 O_2는 21 %, $\frac{COHb}{O_2Hb}=240\frac{Pco}{Po_2}$를 가정)** [18-1]

① 22.2 % ② 28.6 %
③ 33.3 % ④ 41.2 %

해설 COHb$=x$라면 O_2Hb$=100-x$가 된다.

$$\frac{x}{100-x}=240\times\frac{0.025\%}{21\%}$$

$$\therefore\ x=240\times\frac{0.025}{21}\times100-240\times\frac{0.025}{21}\times x$$

정답 2-1 ③ 2-2 ④ 2-3 ④ 2-4 ② 2-5 ①

$$x+240\times\frac{0.025}{21}x=240\times\frac{0.025}{21}\times100$$

$$\therefore\ x=\frac{240\times\frac{0.025}{21}\times100}{1+240\times\frac{0.025}{21}}=22.22\%$$

2-6 436 ppm 수준의 일산화탄소에 노출되어 있는 노동자가 있다. 이 노동자의 혈중 카르복시 헤모글로빈(Carboxy – hemoglobin)의 농도가 10 %에 이르게 되는 시간(h)은? (단, % COHb $=\beta(1-e^{\sigma t})\times$[CO]식을 이용하고, $\beta=0.15$ %/ppm CO, $\sigma=0.402h^{-1}$, [CO] 단위는 ppm) [12-4]

① 0.21　② 0.41
③ 0.61　④ 0.81

해설 $10=0.15\times(1-e^{-0.402\times t})\times436$

$$1-e^{-0.402\times t}=\frac{10}{0.15\times436}$$

$$e^{-0.402\times t}=1-\frac{10}{0.15\times436}$$

$$-0.402\times t=\ln\left(1-\frac{10}{0.15\times436}\right)$$

$$\therefore\ t=\frac{-\ln\left(1-\frac{10}{0.15\times436}\right)}{0.402}=0.412h$$

2-7 각 오염 물질의 특성에 관한 설명으로 옳지 않은 것은? [12-1]

① 염소는 암모니아에 비해서 훨씬 수용성이 약하므로 후두에 부종만을 일으키기보다는 호흡기계 전체에 영향을 미친다.
② 포스겐 자체는 자극성이 경미하지만 수중에서 재빨리 염산으로 분해되어 거의 급성 전구 증상이 없이 치사량을 흡입할 수 있으므로 매우 위험하다.
③ 브롬 화합물은 부식성이 강하며 주로 상기도에 대하여 급성 흡입 효과를 지니고, 고농도에서는 일정 시간이 지나면 폐부종을 유발하기도 한다.
④ 불화수소는 수용액과 에테르 등의 유기 용매에 매우 잘 녹으며, 무수불화수소는 약산성의 물질이다.

해설 불화수소는 에테르에 대해서는 용해성이 적다.

2-8 오존에 관한 설명으로 옳지 않은 것은? (단, 대류권 내 오존 기준) [19-4]

① 보통 지표 오존의 배경 농도는 1~2 ppm 범위이다.
② 오존은 태양빛, 자동차 배출원인 질소산화물과 휘발성 유기 화합물 등에 의해 일어나는 복잡한 광화학 반응으로 생성된다.
③ 오염된 대기 중 오존 농도에 영향을 주는 것은 태양빛의 강도, NO_2/NO의 비, 반응성 탄화수소 농도 등이다.
④ 국지적인 광화학 스모그로 생성된 Oxidant의 지표 물질이다.

해설 ① 1~2 ppm → 0.01~0.02 ppm

2-9 광화학 옥시던트 중 PAN에 관한 설명으로 옳은 것은? [20-4]

① 분자식은 $CH_3COOONO_2$이다.
② PBzN보다 100배 정도 강하게 눈을 자극한다.
③ 눈에는 자극이 없으나 호흡기 점막에는 강한 자극을 준다.
④ 푸른색, 계란 썩는 냄새를 갖는 기체로서 대기 중에서 강산화제로 작용한다.

해설 ② PBzN보다 → PBzN이 PAN보다
③ 눈에 자극이 없으나 → 눈에 자극이 있고
④ 무색, 냄새는 없는 기체이다.

정답 2-6 ② 2-7 ④ 2-8 ① 2-9 ①

2-10 **다음 광화학적 산화제와 2차 대기 오염 물질에 관한 설명 중 가장 거리가 먼 것은?** [17-1]

① PAN은 peroxyacetyl nitrate의 약자이며, $CH_3COOONO_2$의 분자식을 갖는다.
② PAN은 PBN(peroxybenzoyl nitrate)보다 100배 이상 눈에 강한 통증을 주며, 빛을 흡수시키므로 가시거리를 감소시킨다.
③ 오존은 섬모 운동의 기능 장애를 일으키며, 염색체 이상이나 적혈구의 노화를 초래하기도 한다.
④ 광화학 반응의 주요 생성물은 PAN, CO_2, 케톤 등이 있다.

해설 ② PAN은 PBN보다→PBN은 PAN보다

2-11 **다음에서 설명하는 오염 물질로 가장 적합한 것은?** [21-1]

• 분자량이 98.9이고, 비등점이 약 8℃인 독특한 풀냄새가 나는 무색(시판용품은 담황녹색) 기체(액화가스)이다.
• 수분이 존재하면 가수분해되어 염산을 생성하여 금속을 부식시킨다.

① 페놀 ② 석면
③ 포스겐 ④ T.N.T

해설 분자량이 98.9인 것은 포스겐($COCl_2$: 12+16+35.5×2=99)이다.
$COCl_2 + H_2O \rightarrow 2HCl + CO_2$

2-12 **각 오염 물질의 대사 및 작용 기전으로 옳지 않은 것은?** [18-2]

① 알루미늄 화합물은 소장에서 인과 결합하여 인 결핍과 골연화증을 유발한다.
② 암모니아와 아황산가스는 물에 대한 용해도가 높기 때문에 흡입된 대부분의 가스가 상기도 점막에서 흡수되므로 즉각적으로 자극 증상을 유발한다.
③ 삼염화에틸렌은 다발성신경염을 유발하고, 중추신경계를 억제하는데, 간과 신경에 미치는 독성이 사염화탄소에 비해 현저하게 높다.
④ 이황화탄소는 중추신경계에 대한 특징적인 독성 작용으로 심한 급성 또는 아급성 뇌병증을 유발한다.

해설 삼염화에틸렌은 호흡기 자극, 피부 자극, 눈 자극, 중추신경계통 억제, 알레르기 반응, 발암성의 위험이 있다.

2-13 **벤젠에 관한 설명으로 옳지 않은 것은?** [16-4, 19-4]

① 체내에 흡수된 벤젠은 지방이 풍부한 피하 조직과 골수에서 고농도로 축적되어 오래 잔존할 수 있다.
② 체내에서 마뇨산(hippuric acid)으로 대사하여 소변으로 배설된다.
③ 비점은 약 80℃ 정도이고, 체내 흡수는 대부분 호흡기를 통하여 이루어진다.
④ 벤젠 폭로에 의해 발생되는 백혈병은 주로 급성 골수아성 백혈병(acute myeloblastic leukemia)이다.

해설 마뇨산은 톨루엔의 내용이다.

2-14 **다음 오염 물질 중 대표적인 인체의 국소 증상으로 손·발바닥에 나타나는 각화증, 각막궤양, 비중격천공, Mee's line, 탈모 등이 있는 것은?** [14-1]

① Be ② Hg
③ V ④ As

해설 비소(As)는 안료, 색소, 의약품 제조 공업에 이용되며 색소 침착, 손·발바닥의 각화, 피부암 등을 일으키는 물질이다.

정답 2-10 ② 2-11 ③ 2-12 ③ 2-13 ② 2-14 ④

2-15 **안료, 색소, 의약품 제조 공업에 이용되며 색소 침착, 손·발바닥의 각화, 피부암 등을 일으키는 물질로 옳은 것은?** [20-2]

① 납 ② 크롬
③ 비소 ④ 니켈

해설 각화증의 원인 물질은 비소이다.

2-16 **다음과 같이 인체에 피해를 유발시킬 수 있는 오염 물질로 가장 적합한 것은 어느 것인가?** [19-4]

혈액 헤모글로빈의 기본 요소인 포르피린 고리의 형성을 방해함으로써 인체 내 헤모글로빈의 형성을 억제하여 만성 빈혈이 발생할 수 있다.

① 다이옥신 ② 납
③ 망간 ④ 바나듐

해설 위의 설명은 납(Pb)에 대한 설명이다.

2-17 **세포 내에서 SH기와 결합하여 헴(heme) 합성에 관여하는 효소를 포함한 여러 세포의 효소 작용을 방해하며, 적혈구 내의 전해질이 감소되어 적혈구 생존 기간이 짧아지고, 심한 경우 용혈성 빈혈이 나타나기도 하는 대기 오염 물질은?** [12-1, 18-1]

① 카드뮴 ② 납
③ 수은 ④ 크롬

2-18 **납이 인체에 미치는 영향에 관한 일반적인 내용으로 가장 거리가 먼 것은 어느 것인가?** [21-2]

① 신경, 근육 장애가 발생하며 경련이 나타난다.
② 헤모글로빈의 기본 요소인 포르피린 고리의 형성을 방해한다.
③ 인체 내 노출된 납의 99 % 이상은 뇌에 축적된다.
④ 세포 내의 SH기와 결합하여 헴(Heme) 합성에 관여하는 효소를 포함한 여러 세포의 효소 작용을 방해한다.

해설 납은 약 10 % 정도만 소장에 흡수되고, 나머지는 대변으로 배출된다.

2-19 **다음에서 설명하는 오염 물질로 가장 적합한 것은?** [21-1]

• 부드러운 청회색의 금속으로 밀도가 크고 내식성이 강하다. • 소화기로 섭취되면 대략 10 % 정도가 소장에서 흡수되고, 나머지는 대변으로 배출된다. 세포 내에서는 SH기와 결합하여 헴(heme) 합성에 관여하는 효소 등 여러 효소 작용을 방해한다. • 인체에 축적되면 적혈구 형성을 방해하며, 심하면 복통, 빈혈, 구토를 일으키고 뇌세포에 손상을 준다.

① Cr ② Hg
③ Pb ④ Al

해설 위의 설명은 납(Pb)에 대한 설명이다.

2-20 **납(Pb)의 인체 중독 및 특성에 관한 설명으로 가장 거리가 먼 것은?** [14-1]

① 납에 의한 중독 증상은 일반적으로 Hunter-Russel 증후군으로 일컬어지고 있다.
② 만성 납중독 현상은 혈액 증상, 신경 증상, 위장관 증상 등으로 나눌 수 있다.
③ 특징적인 5대 만성 중독 증상으로는 연창백, 연연, 코프로폴피린뇨, 호기성 점적혈구, 신근마비 등을 들 수 있다.
④ 세포 내에서 납은 SH기와 반응하여 헴(heme) 합성에 관여하는 효소를 포함한 여러 세포의 효소 작용을 방해한다.

정답 2-15 ③ 2-16 ② 2-17 ② 2-18 ③ 2-19 ③ 2-20 ①

해설 헌터 – 러셀 증후군은 유기 수은 중독을 말한다.

2-21 대기 오염 물질이 인체에 미치는 영향으로 옳지 않은 것은? [17–4]

① 오존(O_3) – 눈을 자극하고 폐수종과 폐충혈 등을 유발시키며, 섬모 운동의 기능 장애 등을 일으킬 수 있다.
② 납(Pb)과 그 화합물 – 다발성 신경염에 의해 사지의 가까운 부분에 강한 근육의 위축이 나타나며, 급성 작용으로 주로 지각 장애를 일으킨다.
③ 크롬(Cr) – 만성 중독은 코, 폐 및 위장의 점막에 병변을 일으키는 것이 특징이다.
④ 비소(As) – 피부염, 주름살 부분의 궤양을 비롯하여 색소 침착, 손·발바닥의 각화, 피부암 등을 일으킨다.

해설 납(Pb)은 여러 세포의 효소 작용을 방해하고, 납 중독의 전형적인 증상은 두통, 복통, 구토, 빈혈, 만성 신장염, 중추신경계 장애 등이다.

2-22 다음 설명에 해당하는 특정대기유해물질은? [18–4]

> 회백색이며, 높은 장력을 가진 가벼운 금속이다. 합금을 하면 전기 및 열전도가 크고, 마모와 부식에 강하다. 인체에 대한 영향으로는 직업성 폐질환이 우려되고, 발암성이 크고, 폐, 뼈, 간, 비장에 침착되므로 노출에 주의해야 한다.

① V ② As
③ Be ④ Zn

해설 여기서 가장 가벼운 금속은 베릴륨(Be)이다.

2-23 대기 오염 물질이 인체에 미치는 영향으로 가장 거리가 먼 것은? [14–2]

① 금속 수은은 수은 증기를 흡입하면 대부분 흡수되나 경구 섭취 시에는 소구를 형성하므로 위장관으로는 잘 흡수되지 않는다.
② 만성 연(Pb)중독 증상의 특징적인 5대 증상으로는 연창백, 연연, 코프로폴피린뇨, 호염기성 점적혈구, 심근마비 등을 들 수 있다.
③ 베릴륨 화합물은 흡입, 섭취 혹은 피부 접촉으로 대부분 흡수된다.
④ 염소, 포스겐 및 질소 산화물 등의 상기도 자극 증상은 경미한 반면, 수 시간 경과 후 오히려 폐포를 포함한 하기도의 자극 증상은 현저하게 나타나는 편이다.

해설 베릴륨 화합물은 흡입, 섭취 혹은 피부 접촉으로는 거의 흡수되지 않으며, 폐에 잔존할 수 있고, 뼈, 간, 비장에 침착될 수 있으며, 신배출은 느리고 다양하며, 폭로되지 않은 사람에게서는 검출되지 않는다.

2-24 다음은 대기 오염 물질에 관한 설명이다. ( ) 안에 공통으로 들어갈 가장 알맞은 것은? [12–4]

> ( )은(는) 단단하면서 부서지기 쉬운 회색 금속으로 여러 형태의 산화합물로 존재하며, 그 독성은 원자 상태에 따라 달라진다. ( )은(는) 생체에 필수적인 금속으로서 결핍 시는 인슐린의 저하로 인한 것과 같은 탄수화물의 대사 장애를 일으킨다. 저농도에서는 염증과 궤양을 일으키기도 한다.

① 크롬 ② 코발트
③ 비소 ④ 바나듐

정답 2-21 ② 2-22 ③ 2-23 ③ 2-24 ①

2-25 다음과 같은 증상 및 징후를 나타내는 오염 물질로 가장 적합한 것은? [12-2]

급성 폭로 시 심한 호흡기 자극을 일으켜 기침, 흉통, 호흡 곤란 등을 유발하며, 심한 경우 폐부종을 동반한 화학성 폐렴이 생기기도 한다.
만성 폭로 시 오심과 소화 불량과 같은 위장관 증상도 호소하며, 숨을 쉴 때 또는 땀을 많이 흘릴 때 마늘 냄새가 나며, 만성적인 기중 폭로 시 결막염을 일으키는 데, 이를 "rose eye"라 부른다.

① 베릴륨(Be) ② 탈륨(Tl)
③ 알루미늄(Al) ④ 셀레늄(Se)

2-26 다음은 어떤 오염 물질에 관한 설명인가? [14-2]

이 물질은 위장관에서 다른 원소들의 흡수에 영향을 미칠 수 있는데, 불소의 흡수를 억제하고 칼슘과 철 화합물의 흡수를 감소시키며, 소장에서 인과 결합하여 인 결핍과 골연화증을 유발한다.

① 불화수소
② 자일렌
③ 알루미늄
④ 니켈

정답 2-25 ④ 2-26 ③

2 동식물에 미치는 영향

3. 다음 식물 중 아황산가스에 대한 저항력이 가장 큰 것은? [15-1]

① 까치밥나무 ② 포도
③ 단풍 ④ 등나무

해설 아황산가스에 대한 저항력은 자주개나리를 1로 했을 때 포도(2.2~3), 단풍나무(3.3), 등나무는 적은 편이고 까치밥나무는 큰 편이다.

답 ①

이론 학습

(1) 분진

① 분진은 식물의 호흡기공을 폐쇄시키므로 탄소 동화 작용을 억제하여 식물의 생장 발육에 지장을 준다.

② 온도와 습도가 높을수록 그 피해는 증가한다.

③ 잎면의 포식자를 제거하므로 병충해에 대한 저항력을 약화시킨다.

(2) 황산화물(SO_x)

① SO_2에 의한 피해는 주로 식물의 호흡 생리에 관계된다. 잎의 기공과 배수공으로 침입한 SO_2는 엽록소를 환원적으로 탈색시켜 광합성 작용을 저해하여 유해한 α-Oxysulfonic acid$\left(=C\begin{matrix}<OH\\<SO_3H\end{matrix}\right)$가 형성되어 이 물질이 세포 파괴 작용(독작용)을 한다.

② 식물의 잎에 백화 현상이나 맥간 반점이 생긴다.

③ 자주개나리(Alfalfa)는 SO_2에 아주 약하며 SO_2의 지표 식물로 이용된다(0.4 ppm에서 7시간 접촉시키면 영향이 나타남, 다른 식물도 1.0 ppm이 넘으면 피해가 나타남).

> **참고** **지표 식물**
>
> 대기 오염을 사람보다 빨리 감지하고 환경 파괴의 정도를 알리는 식물을 말한다.
>
> 예 아황산가스 : Alfalfa
> 불소 화합물 : 글라디올러스
> 에틸렌 : 스위트피
> 오존 : 담배
> 불화수소 : 메밀
> 광화학적 스모그(PAN) : 강낭콩

④ 특히 어린잎이나 늙은 잎에는 별 영향이 없고, 싱싱한 잎에 크게 영향을 준다.

⑤ 식물에 대한 피해는 밤보다는 낮에 심하다(광합성 작용).

⑥ SO_2에 강한 식물은 협죽도, 수랍목, 장미, 양배추, 옥수수, 쥐당나무, 까치밥나무 등이다.

(3) 질소 산화물(NO_x)

NO_x는 인체에는 독성이 강하나 식물에 미치는 영향은 적은 편이다(식물에는 Hb가 없기 때문). 그러나 고농도에서 장시간 노출될 경우 SO_2와 같은 특유의 반점을 발생시킨다(지표 식물 : 담배, 해바라기).

(4) 일산화탄소(CO)

CO는 식물에 해로운 피해를 주지 않는 것으로 나타난다(식물에는 Hb가 없기 때문) 많은 실험을 한 결과 1~3주 동안 노출 시 100 ppm 이하의 농도에서 식물에 대한 피해 효과는 나타나지 않았다.

(5) 황화수소(H_2S)

① 황화수소는 식물에 독성은 약하나 어린잎이나 새싹에 예민하게 작용한다.
② 약한 식물은 코스모스(지표 식물), 오이, 토마토, 담배 등이다.
③ 강한 식물은 복숭아, 딸기, 사과 등이다.

(6) 불소, 불소 화합물

① 대기 오염 물질 중에서 고등 식물에 대한 독성이 가장 큰 물질이다.
② 특히 어린잎에 현저한 피해를 입힌다.
③ 글라디올러스(지표 식물)는 0.1 ppb에서 5주간 폭로되면 피해가 나타난다고 한다.
④ HF의 지표 식물에는 글라디올러스, 자두, 옥수수, 메밀 등이 있다.
⑤ 강한 식물 : 목화

(7) 오존(O_3)

① 주로 잎의 전면에 피해를 준다.
② 오존 단독으로 주는 피해는 적으나 유기성 산화물과 탄화수소 등과 공존할 때 피해를 준다.
③ 식물의 피해는 강력한 산화 작용에 의한 것으로 엽록소의 파괴, 동화 작용의 억제, 효소 작용의 저해를 일으키는 것이 원인이다.
④ 잎의 표피에 회백색 또는 갈색의 반점이 균일하게 확대된다.
⑤ O_3에 약한 식물로는 토마토, 담배, 포도, 밀감, 파, 시금치, 토란, 자주개나리 등이다(O_3의 지표 식물 : 담배).
⑥ O_3에 비교적 강한 식물로는 해바라기, 국화, 아카시아, 사과, 복숭아, 목화, 양배추, 제비꽃 등이 있다.

(8) 염소(Cl_2)와 염화수소(HCl)

식물에 대한 피해는 SO_2의 약 3배 정도 크며, 잎이 담청색 또는 갈색으로 퇴색하여 고사한다[피해 한계 : 290 $\mu g/m^3$(2hr 노출)]

(9) PAN 및 알데히드

① 식물의 잎의 밑부분이 은색 내지 청동색이 되고 점차 퍼져 윗잎 부분에 흑반병을 발생시킨다. 대표적 지표 식물은 강낭콩, 시금치 등이고, 강한 식물은 사과, 옥수수, 무 등이다.
② 주로 어린잎에 가장 민감하고, 해면 연조직에 주로 피해를 준다.

(10) 암모니아(NH_3)

① 식물의 잎 전체에 영향을 주는 것이 특징이며, 접촉하여 수 시간이 지나면 잎 전체가 갈색이 되고, 토마토, 해바라기 등은 40 ppm에서 1시간 만에 피해가 나타나는 대기 오염 물질이다(지표 식물 : 해바라기, 메밀, 토마토).

② 성숙한 잎에 가장 민감하다.

③ 암모니아의 독성은 HCl과 비슷한 정도이다.

3-1 다음 중 아황산가스에 대한 식물별 저항력이 가장 강한 것은? [14-2]

① 연초 ② 장미
③ 옥수수 ④ 쥐당나무

해설 SO_2에 강한 식물은 협죽도, 수랍목, 장미, 양배추, 옥수수, 쥐당나무, 까치밥나무 등이다.

3-2 식물의 잎에 회백색 반점, 잎맥 사이의 표백, 백화 현상을 일으키며, 쥐당나무, 까치밥나무 등은 강한 편이고, 지표 식물로는 보리, 담배 등인 대기 오염 물질은? [13-4]

① SO_2 ② O_3
③ NO_2 ④ HF

3-3 다음 중 SO_2가 식물에 미치는 영향에 관한 설명으로 가장 거리가 먼 것은 어느 것인가? [13-2]

① 식물이 SO_2에 접촉하게 되면 잎 뒤쪽 표피 밑의 세포가 피해를 입기 시작한다.
② 보통 백화 현상에 의한 맥간 반점을 형성한다.
③ 고엽이나 노엽보다 생활력이 왕성한 잎이 피해를 많이 받으며, 습도가 높을수록 피해가 크다.
④ SO_2에 강한 식물로는 보리, 참깨, 콩 등이 있다.

해설 SO_2에 대하여 보리는 민감한 식물이다.

3-4 아황산가스가 식물에 미치는 영향으로 가장 거리가 먼 것은? [13-1]

① 생활력이 왕성한 잎이 피해를 많이 입으며, 고구마, 시금치 등이 약한 식물로 알려져 있다.
② 같은 농도에서는 낮보다는 야간에 피해를 많이 받는다.
③ 피해를 입은 부위는 황갈색 내지 회백색으로 퇴색된다.
④ 잎 뒤쪽 표피 밑의 세포(parenchyma)가 피해를 입기 시작한다.

해설 ② 낮보다는 야간에 → 야간보다는 낮에 (이유 : 광합성 작용을 방해하기 때문)

3-5 오염 물질이 식물에 미치는 영향에 대한 설명으로 가장 거리가 먼 것은? [19-4]

① 오존은 0.2 ppm 정도의 농도에서 2~3시간 접촉하면 피해를 일으키며, 보통 엽록소 파괴, 동화 작용 억제, 산소 작용의 저해 등을 일으킨다.
② 질소 산화물은 엽록소가 갈색으로 되어 잎의 내부에 갈색 또는 흑갈색의 반점이 생기며, 담배, 해바라기, 진달래 등은 이산화질소에 대한 식물의 감수성

정답 3-1 ④ 3-2 ① 3-3 ④ 3-4 ② 3-5 ④

이 약한 편이다.

③ 양배추, 클로버, 상추 등은 에틸렌가스에 대해 저항성 식물이다.

④ 보리, 목화 등은 아황산가스에 대해 저항성이 강한 식물이며, 까치밥나무, 쥐당나무 등은 저항성이 약한 식물에 해당한다.

해설 까치밥나무, 쥐당나무는 SO_2에 강한 식물이다.

3-6 유해 가스상 물질의 독성에 관한 설명으로 거리가 먼 것은? [13-1, 19-2]

① SO_2는 0.1 ~1 ppm에서도 수 시간 내에 고등 식물에 피해를 준다.

② CO_2 독성은 10 ppm 정도에서 인체와 식물에 해롭다.

③ CO는 100 ppm까지는 1~3주간 노출되어도 고등 식물에 대한 피해는 약하다.

④ HCl는 SO_2보다 식물에 미치는 영향이 훨씬 적으며, 한계 농도는 10 ppm에서 수 시간 정도이다.

해설 CO_2는 독성이 없고, 많이 존재할 때는 질식 작용을 한다. 그리고 식물에는 광합성 작용으로 오히려 식물에 도움을 준다.

3-7 오염 물질이 식물에 미치는 피해에 관한 설명으로 가장 거리가 먼 것은? [14-1]

① 황화수소는 특히 고엽에 피해가 크며, 지표 식물은 복숭아, 딸기, 사과 등이며, 강한 식물은 코스모스, 토마토, 오이 등이다.

② 암모니아는 잎 전체에 영향을 주는 것이 특징이며, 암모니아에 접촉하여 수 시간이 지나면 잎 전체가 갈색이 된다.

③ 불화수소는 어린잎에 피해가 현저한 편이며, 강한 식물로는 담배, 목화 등이 있다.

④ 아황산가스의 지표 식물로는 자주개나리, 보리 등이 있다.

해설 황화수소는 식물에 독성은 약하나 어린 잎이나 새싹에 예민하게 작용한다. 그리고 약한 식물은 코스모스(지표 식물), 오이, 토마토, 담배 등이다. 강한 식물은 복숭아, 딸기, 사과 등이다.

3-8 다음 중 대기 오염이 식물에 미치는 영향에 관한 설명으로 가장 거리가 먼 것은 어느 것인가? [12-2, 17-2, 20-2]

① SO_2는 회백색 반점을 생성하며, 피해 부분은 엽육 세포이다.

② PAN은 유리화, 은백색 광택을 나타내며, 주로 해면연조직에 피해를 준다.

③ NO_2는 불규칙 흰색 또는 갈색으로 변화되며, 피해 부분은 엽육 세포이다.

④ HF는 SO_2와 같이 잎 안쪽 부분에 반점을 나타내기 시작하며, 어린잎에 특히 민감하며, 밤에 피해가 현저하다.

해설 ④ 잎의 안쪽 → 잎의 끝(가장자리)쪽, 밤에 → 낮에

3-9 대기 중의 오염 물질이 식물에 미치는 영향에 관한 설명으로 가장 적합한 것은 어느 것인가? [12-4]

① 불화수소는 식물의 잎을 주로 갈색으로 변색시킨다.

② 옥시던트는 인체에는 영향을 주지만 식물에 대한 영향은 거의 없다.

③ 황산화물은 식물의 성장에 영향을 주지만 잎을 변색시키지는 않는다.

④ 아세틸렌은 식물에 미치는 영향이 아주 약하고, 100 ppm 정도에서 주로 어린잎에 영향을 준다.

정답 3-6 ② 3-7 ① 3-8 ④ 3-9 ①

해설 ② 거의 없다. → 크다.
③ 잎을 변색시키지는 않는다. → 시킨다.
④ 어린잎에 영향을 준다. → 주지 않는다.

3-10 불소 화합물의 지표 식물로 가장 적합한 것은? [16-1]

① 콩
② 목화
③ 담배
④ 옥수수

해설 HF의 지표 식물에는 글라디올러스, 자두, 옥수수, 메밀 등이 있다.

3-11 다음 설명과 가장 관련이 깊은 대기 오염 물질은? [15-2]

- 이 물질은 반응성이 풍부하므로 단분자로는 거의 존재하지 않는다.
- 주로 어린잎에 민감하며, 잎의 끝 또는 가장자리가 탄다.
- 이 오염 물질에 강한 식물로는 담배, 목화, 고추 등이다.

① 일산화탄소
② 염소 및 그 화합물
③ 오존 및 옥시던트
④ 불소 및 그 화합물

해설 불소는 F_2로는 거의 존재하지 않는다.

3-12 지표 부근에 존재하는 오존(O_3)에 관한 설명 중 틀린 것은?

① 질소 산화물과 탄화수소의 광화학적 반응에 의해 생성되며, 강력한 산화 작용을 한다.
② 오존에 강한 식물로는 담배, 알팔파, 무 등이 있다.
③ 식물의 엽록소 파괴, 동화 작용의 억제, 산소 작용의 저해 등을 일으킨다.
④ 식물의 피해 정도는 기공의 개폐, 증산 작용의 대소 등에 따라 달라진다.

해설 오존에 약한 식물로서 토마토, 담배, 포도, 밀감, 파, 시금치, 토란, 자주개나리(알팔파) 등이다.

3-13 광화학적 산화제와 2차 대기 오염 물질에 관한 설명으로 옳지 않은 것은? [20-4]

① 오존은 산화력이 강하므로 눈을 자극하고, 폐수종과 폐충혈 등을 유발시킨다.
② PAN은 강산화제로 작용하며, 빛을 흡수하여 가시거리를 증가시키며, 고엽에 특히 피해가 큰 편이다.
③ 오존은 성숙한 잎에 피해가 크며, 섬유류의 퇴색 작용과 직물의 셀룰로오스를 손상시킨다.
④ 자외선이 강할 때, 빛의 지속 시간이 긴 여름철에, 대기가 안정되었을 때 대기 중 광산화제의 농도가 높아진다.

해설 ② 가시거리를 증가 → 감소,
고엽 → 어린잎

3-14 암모니아가 식물에 미치는 영향으로 가장 거리가 먼 것은? [19-1]

① 토마토, 메밀 등은 40 ppm 정도의 암모니아 가스 농도에서 1시간 지나면 피해 증상이 나타난다.
② 최초의 증상은 잎 선단부에 경미한 황화 현상으로 나타난다.

정답 3-10 ④ 3-11 ④ 3-12 ② 3-13 ② 3-14 ③

③ 잎의 일부분에 영향이 나타나며, 강한 식물로는 겨자, 해바라기 등이 있다.
④ 암모니아의 독성은 HCl과 비슷한 정도이다.

해설 암모니아의 지표 식물은 해바라기, 메밀, 토마토이다.

3-15 **다음 식물 중 에틸렌 가스에 대한 저항성이 가장 큰 것은?** [18-2]

① 완두
② 스위트피
③ 양배추
④ 토마토

해설 에틸렌의 지표 식물은 스위트피이고, 강한 식물은 양배추이다.

3-16 **다음과 같은 피해를 유발하는 대기 오염 물질로 가장 적합한 것은?** [12-1, 21-1]

• 매우 낮은 농도에서 피해를 받을 수 있으며, 주된 증상으로 상편 생장, 전두 운동의 저해, 황화 현상과 빠른 낙엽, 줄기의 신장 저해, 성장 감퇴 등이 있음 • 0.1 ppm 정도의 저농도에 스위트피와 토마토에 상편 생장을 일으킴

① 아황산가스
② 오존
③ 불소 화합물
④ 에틸렌

해설 에틸렌의 지표 식물에는 스위트피, 토마토 등이 있다.

3-17 **오염 물질에 대한 식물 피해에 관한 설명으로 가장 거리가 먼 것은?** [15-1]

① 황화수소는 어린잎과 새싹에 피해가 많은 편이며, 강한 식물로는 복숭아, 딸기 등이다.
② 에틸렌은 고목의 생장 저해가 특징적이며, 글라디올러스가 가장 민감한 편이며, 0.1 ppb에서 피해가 인정된다.
③ 암모니아는 잎 전체에 영향을 주는 편이다.
④ 일산화탄소는 식물에는 별로 심각한 영향을 주지 않으나 500 ppm 정도에서 토마토 잎에 피해를 보인다.

해설 에틸렌의 지표 식물은 스위트피이고, 글라디올러스는 불소 화합물의 지표 식물이다.

3-18 **대기 오염 물질별로 지표 식물을 짝지은 것으로 가장 거리가 먼 것은?** [16-4]

① HF – 알팔파
② SO_2 – 담배
③ O_3 – 시금치
④ NH_3 – 해바라기

해설 불화수소의 지표 식물은 메밀이다.

정답 3-15 ③ 3-16 ④ 3-17 ② 3-18 ①

3 재료와 구조물에 미치는 영향

4. 건물에 사용되는 대리석, 시멘트 등을 부식시켜 재산상의 손실을 발생시키는 산성비에 가장 큰 영향을 미치는 물질로 옳은 것은? [20-4]

① O_3 ② N_2 ③ SO_2 ④ TSP

해설 대리석, 시멘트 등을 부식시키는 대기 오염 물질은 SO_2이다. 참고로 TSP는 총 부유 분진을 말한다.

답 ③

이론 학습

(1) 분진

① 매연, 연무질과 함께 금속의 부식을 촉진시킨다(특히 황이 포함된 화합물질 존재하에 부식 작용이 가속).

② 매연, 타르(tar), 검댕 등은 건축물의 외부에 부착하여 도료를 퇴색시키며, 특히 매연은 그림물감, 유화 등을 손상시킨다.

(2) 황산화물(SO_x)

① SO_2는 Fe, Al, Ni, Cu, Zn, Mg 등의 금속을 부식시키며, 습도가 높을수록(80 % 이상) 부식률은 증가한다.

② SO_2는 가죽, 종이, 의류 등을 부식·노화시키며, 대리석, 석회석, 슬레이트, 시멘트 등의 탄산염을 함유하는 재료를 부식, 약화시킨다(단, 화강암과 사암은 제외).

③ 페인트, 도료, 의류 등은 SO_2에 의해 퇴색하게 된다.

④ 부식이 잘되는 금속의 순서는 철 > 아연 > 구리 > 납 > 알루미늄 순이다.

(3) 황화수소(H_2S)

철, 납 등의 성분을 함유한 도료는 황화수소와 반응하여 PbS(검은색)가 된다.

$Pb + H_2S \rightarrow PbS + H_2$

(4) 오존(O_3)

O_3는 산화 물질로서 고무를 균열시키고 노화를 촉진시키는 등 자동차 타이어, 전기 절연체 등에 피해를 입히고 각종 섬유류를 퇴색시킨다.

(5) 불소, 불소 화합물

유리 제품, 도자기 제품, 에나멜 등을 부식시킨다.

4-1 대기 오염 물질과 피해 현상을 잘못 연결한 것은? [16-2]

① 황산화물 – 금속을 부식시키며, 습도가 높을수록 부식률은 증가한다.
② 황화수소 – 금속의 표면에 검은 피막을 형성시켜 외관상의 피해를 주며, 도료를 변색시킨다.
③ 오존 – 섬유류를 퇴식시키고, 특히 고무를 쉽게 노화시킨다.
④ 질소 산화물 – 대리석, 모르타르 등의 탄산염을 함유하는 물질을 부식시킨다.

해설 대리석, 모르타르 등의 탄산염을 함유하는 물질을 부식시키는 오염 물질은 황산화물(SO_x)이다.

4-2 황산화물의 각종 영향에 대한 설명으로 옳지 않은 것은? [19-4]

① 공기가 SO_2를 함유하면 부식성이 강하게 된다.
② SO_2는 대기 중의 분진과 반응하여 황산염이 형성됨으로써 대부분의 금속을 부식시킨다.
③ 대기에서 형성되는 아황산 및 황산은 석회, 대리석, 시멘트 등 각종 건축 재료를 약화시킨다.
④ 황산화물은 대기 중 또는 금속의 표면에서 황산으로 변함으로써 부식성을 더욱 약하게 한다.

해설 ④ 약하게 → 강하게

4-3 각 오염 물질의 특성에 관한 설명으로 옳지 않은 것은? [18-2]

① 염소는 암모니아에 비해서 훨씬 수용성이 약하므로 후두에 부종만을 일으키기 보다는 호흡기계 전체에 영향을 미친다.
② 포스겐 자체는 자극성이 경미하지만 수중에서 재빨리 염산으로 분해되어 거의 급성 전구 증상이 없이 치사량을 흡입할 수 있으므로 매우 위험하다.
③ 브롬 화합물은 부식성이 강하며 주로 상기도에 대하여 급성 흡입 효과를 지니고, 고농도에서는 일정 기간이 지나면 폐부종을 유발하기도 한다.
④ 불화수소는 수용액과 에테르 등의 유기 용매에 매우 잘 녹으며, 무수불화수소는 약산성의 물질이다.

해설 불화수소는 물에 잘 녹으며, 물에 녹았을 때 약산성을 나타낸다.

4-4 대기 오염 물질이 금속 구조물에 미치는 영향에 관한 설명으로 거리가 먼 것은 어느 것인가? [15-4]

① 철은 대기 오염 물질의 농도, 습도와 온도가 높을수록 부식 속도는 빠르지만 일정한 시간이 흐르면 보호막이 생김으로써 부식 속도는 떨어진다.
② 니켈은 촉매 역할을 하여 대기 중 SO_3를 SO_2로 환원시키며, 황산박층을 만든 후 아황산니켈이 된다.
③ 아연은 SO_2와 수증기가 공존할 때 표면에 피막을 형성해서 보호막 역할을 한다.
④ 알루미늄은 산화되어 Al_2O_3를 표면에 형성하여 대기 오염을 방지하는 보호막 역할을 한다.

해설 니켈은 공기 중의 산소와 반응하여 니켈 산화물(NiO) 피막을 만들며, 수증기와도 반응하여 NiO가 되면서 수소 기체를 발생시킨다. NiO 피막은 보호막 역할을 한다.

정답 4-1 ④ 4-2 ④ 4-3 ④ 4-4 ②

3-2 대기 오염 사건

1 대기 오염 사건별 특징

5. 다음 중 SO_2가 주 오염 물질로 작용한 대기 오염 피해 사건으로 가장 거리가 먼 것은 어느 것인가? [18-4]

① London Smog 사건
② Poza Rica 사건
③ Donora 사건
④ Meuse Valley 사건

해설 포자리카 사건은 H_2S 누출 사고이다.

답 ②

이론 학습

(1) Meuse Valley(뮤즈 계곡) 사건 : 공장 원인

1930년 12월 벨기에의 중남부 뮤즈 계곡에서 발생한 스모그 사건으로 뮤즈 계곡은 공장(금속·유리·아연·제철) 지대로 그 당시의 환경이 무풍, 기온 역전, 연무(mist) 등 배기가스 발생이 평상시의 배를 넘는 상태였다.

주로 SO_2, H_2SO_4, 불소 화합물, NO_x, CO, 분진 및 금속 산화물이 원인 물질이다.

참고 **기온 역전**
대기는 보통 상공으로 갈수록 기온이 낮아지나 경우에 따라 상공으로 갈수록 기온이 높아지는 경우를 말한다.

(2) 동경 – 요코하마 사건 : 공장 원인

1946년 겨울 동경과 요코하마의 공업지대에서 배출된 배기가스가 원인인 것으로 추측한다. 그 당시 환경이 무풍, 기온 역전 상태였다.

(3) Donora(도노라) 사건 : 공장 원인

1948년 10월 미국의 펜실베이니아주 도노라 지방에서 발생한 사건이며, 환경은 무풍, 기온 역전, 연무 등의 발생으로 뮤즈 계곡 때와 비슷한 지형적 조건으로 비슷한 사건이었다.

원인 물질은 H_2SO_4의 미립자이다(당시 SO_2 농도는 0.33 ppm).

(4) Pozarica(포자리카) 사건 : H_2S 누출 사고

1950년 11월 멕시코시의 공장 지대인 포자리카에서 발생한 사건이다. 지형은 분지를 형성하고, 기상은 기온 역전이며, 안개가 짙었다.

원인은 공장의 조업 사고로 인한 대량의 황화수소(H_2S : 계란 썩는 냄새) 가스가 누출되어 일어났다.

(5) London(런던) 사건 : 공장 원인

1952년 12월 인구가 조밀한 하천 지대로서 지형이 평탄한 런던에서 이른 아침에 0~5℃의 무풍 및 기온 역전이 있었고, 85 % 이상의 습도에서 연무 발생과 동시에 차가운 취기가 있는 스모그 현상이 일어났다.

원인은 석탄 연소 시의 부유 분진과 주로 가정 연료로부터 발생한 미립자이다(당시 SO_2 농도는 0.7 ppm 이상, 분진 농도는 1.7 mg/m^3 이상, 8,000명 이상 사망).

이 사건을 계기로 영국에서는 최초로 Clean Air Act(공기 청정법)를 1956년에 공포했다.

(6) Los Angeles(로스앤젤레스) 사건 : 자동차에 의한 광화학 스모그 사건

1954년 미국의 로스앤젤레스에서 발생한 사건으로 런던형 스모그와 다른 형의 스모그에 의한 사건이었다. 로스앤젤레스는 지형이 분지로 해안성 안개와 기온 역전이 매일 발생하여 백색 연무 발생이 있었으며, 급격한 인구 증가 및 자동차 증가, 연료 소비 증가로 인한 것이었다. 원인 물질은 CO, SO_2, SO_3, HC, NO_2, O_3, HCHO 등이고 주로 Oxidant(산화제)에 의한 것이었다.

(7) 세베소 사건

1976년 7월 이탈리아에서 발생한 사건으로 원인 물질은 다이옥신, 염소 등이다.

(8) 보팔(Bopal) 사건 : 공장 원인

1984년 12월 인도의 보팔시에서 발생한 사건으로 미국의 다국적 기업인 유니언 카바이드사의 살충제 공장에서 메틸이소시아네이트(CH_3CNO)라는 유독 가스가 누출된(1시간 정도) 사건이다.

(9) 체르노빌 사건 : 방사성 물질 원인

1986년 4월 구 소련인 체르노빌에서 원자로 제4호기의 멜팅다운에 의해 방사성 물질이 누출된 사고이다.

(10) 자연적인 대기 오염 사건인 Krakatau(크라카타우)섬 사건

1883년 Krakatau(크라카타우) 섬에서 대분화에 의하여 발생한 사건으로 세계적인 환경 오염으로, 자연적으로 발생한 대기 오염의 대표적인 예라고 할 수 있다.

온천이나 지구의 균열로부터 용출하는 황을 함유한 유해 가스가 주원인이었으며, 그 지역 주민의 건강에 막대한 피해를 주었다.

참고 런던형과 로스앤젤레스형 스모그의 차이점

구분	London Type Smog	Los Angeles Type Smog
발생 시 기온	0~5℃	24~32℃
발생 시 습도	85 % 이상	70 % 이하
발생 시간	아침 일찍	주간
발생하기 쉬운 달	12~1월	8~9월
계절	겨울	여름~겨울
일광	어둡다	밝다
풍속	무풍	8 km/h 이하(3 m/s 이하)
역전 종류	방사성 역전(복사형)	침강성 역전(하강형)
주 오염원	석탄과 석유계 연료	석유계 연료
주 오염성분	SO_2, 부유 분진	탄화수소, NO_x, O_3, PAN
반응형	열적(먼지, SO_x, CO)	광화학적 및 열적(O_3, CO, NO_x)
화학 반응	환원	산화
시정 거리	100 m 이하	1.6~0.8 km 이하
피해	호흡기 자극, 만성기관지염, 폐렴, 심장질환의 기왕증, 심각한 사망률	눈, 코, 기도의 점막 자극, 시정 악화, 고무 제품 손상, 건축물 손상

2 대기 오염 사건의 피해와 그 영향

(1) 뮤즈 계곡 사건

노인들은 급성 호흡기 자극성 질환, 기침, 호흡 곤란을 일으켰으며, 가축, 식물 등에 치명적인 피해를 주었고, 사망자 수는 60여 명에 달하였다.

(2) 동경 – 요코하마 사건

심한 천식(Tokyo – Yokohama 천식)으로 피해가 컸다.

(3) 도노라 사건

전 연령층에 걸쳐서 폐자극 증상, 만성심장질환, 기침, 호흡 곤란, 흉부 압박감 등의 증상을 일으켰으며, 사망자 수는 18명에 달했다.

(4) 포자리카 사건

주로 H_2S 중독 현상과 호흡 곤란을 일으켰으며, 2만 명의 중독자 중 22명이 사망하였다.

(5) 런던 사건

전 연령층에 걸쳐서 심폐성 질환 및 심장질환을 유발하고 1개월간의 사망자 수는 4,000여 명에 달하였으며, 1953년 2월 중순까지 8,000여 명이 사망하는 대사건이었다.

(6) 로스앤젤레스 사건

전 시민에게 호흡기 질환이 발생했으며, 눈, 코에 심한 자극 현상을 일으켰고, 식물 및 고무 제품의 노화 현상이 일어났으며 건축물 등에도 손해를 끼쳤다.

(7) 보팔 사건

수십만 명이 유독 가스를 흡입하였고 2만 명 이상이 치료를 받았으며, 약 2,500명이 사망하였다.

(8) 체르노빌 사건

수천 명의 사망자가 생겼고, 앞으로도 수많은 사람들이 암으로 사망할 것으로 추측된다.

5-1 역사적 대기 오염 사건에 관한 설명으로 옳은 것은? [13-4, 19-4]

① 포자리카 사건은 MIC에 의한 피해이다.
② 도쿄 요코하마 사건은 PCB가 주오염 물질로 작용했다.
③ 런던 스모그 사건은 복사 역전 형태였다.
④ 뮤즈 계곡 사건은 PAN이 주된 오염 물질로 작용한 사건이었다.

해설 ① MIC → H_2S
② PCB → 공업지대 배출가스
④ PAN → SO_2, H_2SO_4 등

5-2 다음은 역사적인 대기 오염 사건을 나열한 것이다. 먼저 발생한 사건부터 옳게 배열된 것은? [15-4]

① 포자리카 사건 – 도쿄 요코하마 사건 – LA 스모그 사건 – 런던 스모그 사건
② 도쿄 요코하마 사건 – 포자리카 사건 – 런던 스모그 사건 – LA 스모그 사건
③ 포자리카 사건 – 도쿄 요코하마 사건 – 런던 스모그 사건 – LA 스모그 사건
④ 도쿄 요코하마 사건 – 포자리카 사건 – LA 스모그 사건 – 런던 스모그 사건

해설 도쿄 요코하마 사건(1946년), 포자리카 사건(1950년), 런던 스모그 사건(1952년), LA 스모그 사건(1954년)

5-3 역사적인 대기 오염 사건에 관한 설명으로 옳은 것은? [16-1]

① 포자리카 사건은 MIC에 의한 피해이다.
② 런던 스모그 사건은 복사 역전 형태였다.
③ 뮤즈 계곡 사건은 PAN이 주된 오염

정답 5-1 ③ 5-2 ② 5-3 ②

물질로 작용했다.

④ 도쿄 요코하마 사건은 PCB가 주된 오염 물질로 작용했다.

해설 ① MIC → 황화수소(H_2S)
③ PAN → SO_2(아황산가스)
④ PCB → 공업지대에서 배출된 배기가스

5-4 역사적 대기 오염 사건과 주원인 물질을 바르게 짝지은 것은? [17-1]

① 뮤즈 계곡 사건 – 아황산가스
② 도쿄 요코하마 사건 – 수은
③ 런던 스모그 사건 – 오존
④ 포자리카 사건 – 메틸이소시아네이트

해설 ② 도쿄 요코하마 사건 : 공장 원인
③ 런던 스모그 사건 : 공장 원인(SO_2, 분진)
④ 포자리카 사건 : H_2S 누출 사고

5-5 유해 화학 물질의 생산, 저장, 수송, 누출 중의 사고로 인해 일어나는 대기 오염 재해 지역과 원인 물질의 연결로 거리가 먼 것은? [17-4]

① 체르노빌 – 방사능 물질
② 포자리카 – 황화수소
③ 세베소 – 다이옥신
④ 보팔 – 이산화황

해설 보팔 사건은 메틸이소시아네이트(CH_3CNO) 가스 누출 사건이다.

5-6 대기 오염 사건과 대표적인 주원인 물질 또는 전구 물질의 연결로 가장 거리가 먼 것은? [18-1, 20-2]

① 뮤즈 계곡 사건 – SO_2
② 도노라 사건 – NO_2
③ 런던 스모그 사건 – SO_2
④ 보팔 사건 – MIC(Methyl Isocyanate)

해설 도노라 사건은 뮤즈 계곡 사건과 비슷한 사건이다.

5-7 아래 대기 오염 사건들의 발생 순서가 오래된 것부터 순서대로 올바르게 나열된 것은? [18-4]

㉠ 인도 보팔시의 대기 오염 사건 ㉡ 미국의 도노라 사건 ㉢ 벨기에의 뮤즈 계곡 사건 ㉣ 영국의 런던 스모그 사건

① ㉠ – ㉡ – ㉢ – ㉣
② ㉢ – ㉡ – ㉣ – ㉠
③ ㉡ – ㉠ – ㉣ – ㉢
④ ㉢ – ㉣ – ㉠ – ㉡

해설 ㉢ 1930년, ㉡ 1948년, ㉣ 1952년, ㉠ 1984년

5-8 유명한 대기 오염 사건들과 발생 국가의 연결로 옳지 않은 것은? [13-2]

① LA 스모그 사건 – 미국
② 뮤즈 계곡 사건 – 프랑스
③ 도노라 사건 – 미국
④ 포자리카 사건 – 멕시코

해설 ② 프랑스 → 벨기에

5-9 대기 오염 사건과 기온 역전에 관한 설명으로 옳지 않은 것은? [13-2]

① 로스앤젤레스 스모그 사건은 광화학 스모그에 의한 침강성 역전이다.
② 런던 스모그 사건은 주로 자동차 배출가스 중의 질소 산화물과 반응성 탄화수소에 의한 것이다.
③ 침강 역전은 고기압 중심 부분에서 기층이 서서히 침강하면서 기온이 단열 변화로 승온되어 발생하는 현상이다.
④ 복사 역전은 지표에 접한 공기가 그보다 상공의 공기에 비하여 더 차가워져서 생기는 현상이다.

해설 ② 런던 스모그 → LA 스모그

정답 5-4 ① 5-5 ④ 5-6 ② 5-7 ② 5-8 ② 5-9 ②

5-10 1984년도 인도 중부 지방의 보팔시에서 발생한 대기 오염 사건의 원인 물질은 어느 것인가? [21-2]

① CH_3CNO ② SO_x
③ H_2S ④ $COCl_2$

해설 미국의 다국적 기업인 유니언 카바이드사의 살충제 공장에서 메틸이소시아네이트(CH_3CNO)라는 유독 가스가 누출된(1시간 정도) 사건이다.

5-11 LA 스모그에 관한 내용으로 가장 적합하지 않은 것은? [21-4]

① 화학 반응은 산화 반응이다.
② 복사 역전 조건에서 발생했다.
③ 런던 스모그에 비해 습도가 낮은 조건에서 발생했다.
④ 석유계 연료에서 유래되는 질소 산화물이 주원인 물질이다.

해설 ② 복사 역전 → 침강성 역전

5-12 대기 오염 사건과 기온 역전에 관한 설명으로 옳지 않은 것은? [16-2, 20-4]

① 로스앤젤레스 스모그 사건은 광화학 스모그의 오염 형태를 가지며, 기상의 안정도는 침강 역전 상태이다.
② 런던 스모그 사건은 주로 자동차 배출가스 중의 질소 산화물과 반응성 탄화수소에 의한 것이다.
③ 침강 역전은 고기압 중심 부분에서 기층이 서서히 침강하면서 기온이 단열 변화로 승온되어 발생하는 현상이다.
④ 복사 역전은 지표에 접한 공기가 그보다 상공의 공기에 비하여 더 차가워져서 생기는 현상이다.

해설 ②의 설명은 LA 사건의 설명이고, 런던 스모그 사건은 주로 공장에서 석탄 연소 시의 SO_2와 부유 분진에 의한 것이다.

5-13 LA 스모그의 관한 설명으로 옳지 않은 것은? [20-1]

① 광화학적 산화 반응으로 발생한다.
② 주 오염원은 자동차 배기가스이다.
③ 주로 새벽이나 초저녁에 자주 발생한다.
④ 기온이 24℃ 이상이고, 습도가 70 % 이하로 낮은 상태일 때 잘 발생한다.

해설 LA 스모그는 햇빛이 강한 한낮에 발생했다.

5-14 로스앤젤레스 스모그 사건에 대한 설명 중 옳지 않은 것은? [16-4, 20-2]

① 대기는 침강성 역전 상태였다.
② 주 오염성분은 NO_x, O_3, PAN, 탄화수소이다.
③ 광화학적 및 열적 산화 반응을 통해서 스모그가 형성되었다.
④ 주 오염 발생원은 가정 난방용 석탄과 화력 발전소의 매연이다.

해설 로스앤젤레스 스모그 사건의 주 오염 발생원은 자동차 배기가스이다(NO_x와 HC). 이로 인해 생성된 광화학 물질(O_3, PAN 등) 때문이다.

5-15 다음 중 London형 스모그에 관한 설명으로 가장 거리가 먼 것은?(단, Los Angeles형 스모그와 비교) [13-2, 18-2]

① 복사성 역전이다.
② 습도가 85 % 이상이었다.
③ 시정거리가 100 m 이하이다.
④ 산화 반응이다.

해설 ④ 산화 → 환원

정답 5-10 ① 5-11 ② 5-12 ② 5-13 ③ 5-14 ④ 5-15 ④

5-16 역사적으로 유명한 대기 오염 사건 중 LA smog 사건에 대한 설명으로 옳지 않은 것은? [19-1]

① 아침, 저녁 환원 반응에 의한 발생
② 자동차 등의 석유 연료의 소비 증가
③ 침강 역전 상태
④ Aldehyde, O_3 등의 옥시던트 발생

해설 ① 낮에 산화 반응에 의한 발생

5-17 로스앤젤레스형 스모그의 특성과 가장 거리가 먼 것은? [12-1]

① 2차성 오염 물질인 스모그를 형성하였다.
② 습도가 70 % 이하의 상태에서 발생하였다.
③ 화학 반응은 산화 반응이고, 역전의 종류는 침강성 역전에 해당한다.
④ 대기 오염 물질과 태양광선 중 적외선에 의해 발생한 PAN, H_2O_2 등 광화학적 산화물에 의한 사건이다.

해설 ④ 적외선 → 자외선

5-18 역사적인 대기 오염 사건에 관한 설명으로 가장 적합하지 않은 것은? [21-1]

① 로스앤젤레스 사건은 자동차에서 배출되는 질소 산화물, 탄화수소 등에 의하여 침강성 역전 조건에서 발생한다.
② 뮤즈 계곡 사건은 공장에서 배출되는 아황산가스, 황산, 미세입자 등에 의하여 기온 역전, 무풍 상태에서 발생했다.
③ 런던 사건은 석탄 연료의 연소 시 배출되는 아황산가스, 먼지 등에 의하여 복사성 역전, 높은 습도, 무풍 상태에서 발생했다.
④ 보팔 사건은 공장 조업 사고로 황화수소가 다량 누출되어 발생하였으며 기온 역전, 지형상 분진 등의 조건으로 많은 인명 피해를 유발했다.

해설 보팔 사건의 유독 가스는 메틸이소시아네이트(CH_3CNO)이다.
황화수소(H_2S) 가스 누출 사건은 Pozarica 사건이다.

5-19 광화학 반응에 의한 고농도 오존이 나타날 수 있는 기상 조건으로 거리가 먼 것은? [12-4]

① 시간당 일사량이 5 MJ/m^2 이상으로 일사가 강할 때
② 질소 산화물과 휘발성 유기 화합물의 배출이 많을 때
③ 지면에 복사 역전이 존재하고 대기가 불안정할 때
④ 기압 경도가 완만하여 풍속 4 m/s 이하의 약풍이 지속될 때

해설 ③ 공중 역전이 존재하고 대기가 안정할 때 광화학 반응이 잘 일어난다.

5-20 특정 대기 오염 물질에 의한 사고가 발생하였을 때 취할 수 있는 조치로 가장 거리가 먼 것은? [15-2]

① HCN, PH_3, $COCl_2$ 등 맹독성 가스에 대해서는 위험 표시와 출입 금지 표시를 설치한다.
② 용해도가 큰 클로로술폰산(HSO_3Cl)은 보통 많은 양의 물을 사용하여 희석한다.
③ Cl_2의 흡수제로는 소석회 이외에 차아염소산소다 220, 탄산소다 175, 물 100 정도의 비율로 섞은 것을 사용한다.
④ 상온에서는 액상인 물질이나 비점이 상온에 가까운 물질의 증기는 활성탄으로 흡착하는 방법도 효과적이다.

해설 액체 염소(Cl_2)나 클로로술폰산(HSO_3Cl) 등은 물을 가하지 말 것

정답 5-16 ① 5-17 ④ 5-18 ④ 5-19 ③ 5-20 ②

3-3 대기 오염 대책

1 연료 대책

이론 학습

대기 오염의 근본 대책은 연료 사용의 패턴이 중요한 요인이 된다. 대기 오염 실태를 보면, 분진 발생 등 대기 오염 영향이 큰 무연탄의 경우 가정 난방으로 연료로 사용 시 문제가 된다. 그러므로 저공해 대체 연료를 개발하여 보급해야 한다.

즉, 연탄에서 도시가스 등 저공해 청정 연료의 공급을 확대한다.

2 자동차 대책

(1) 자동차에 의한 배출 가스 방지 대책

① 크랭크케이스의 통제 때 연소실 순환 연소(PCV : positive crankcase vantilation)와 활성탄 이용 : HC 감소

② 연료의 대체

③ 엔진 설계의 개선

④ 외부 반응기의 사용[열 반응기(thermal reactor), 촉매 반응기(catalytic reactor)] : CO, HC 등 감소

⑤ 동력원 교체

⑥ after burner 방식

⑦ 배기 순환(연소실 온도 내려감) : NO_x 감소

⑧ 촉매 방식 : NO_x 감소

⑨ 공연비 조절 : NO_x 감소

(2) 미래의 에너지

배터리로 발전하는 전기 자동차의 운행이 바람직하다.

3 기타 산업 시설의 대책 등

산업 시설에 사용하는 연료도 화석 연료(고체 연료, 액체 연료)를 청정 연료(LPG, LNG)로 전환시켜 사용함이 바람직하다.

3-4 광화학 오염

(1) 원인 물질의 종류

① NO_x

② HC

③ 자외선

(2) 특징

① 광화학 반응에 의해 생성되는 물질은 O_3, H_2O_2, PAN, NOCl(염화니트로실), 아크롤레인(CH_2CHCHO)(2차 오염 물질) 등이다.

② 오존은 하루 중 오후 1~2시 경에 최고 농도를 보인다.

③ 오존은 자외선 강도가 0.8 mW/cm^2 이상일 때 발생하기 쉽다고 알려져 있다.

④ 대기 중 오존의 배경 농도는 0.01~0.02 ppm 정도이다.

⑤ PAN의 광화학 스모그 형성 과정은
$CH_3COOO + NO_2 \rightarrow CH_3COOONO_2$이다.

⑥ 대기 중의 광화학 반응에서 탄화수소를 주로 공격하는 화학종은 OH기이다.

⑦ 오존은 대기 중에서 야간에 NO_2와 반응하여 소멸된다.

(3) 영향 및 피해

① 눈에 통증을 일으키고, 빛을 분산시키므로 가시거리를 단축시킨다.

② 코와 목구멍을 자극하고 폐의 탄성 감소를 일으킨다.

③ 오존은 섬모 운동의 장애를 일으키며, 염색체 이상이나 적혈구의 노화를 초래하기도 한다.

④ 식물의 영향은 잎의 밑 부분이 은동색 또는 청동색이 되고, 생활력이 왕성한 초엽에 피해가 크다.

⑤ 테르펜[$C_{10}H_{16}$(모노테르펜), $C_{20}H_{32}$(디테르펜), $C_{30}H_{48}$(트리테르펜)] : 피톤치드 물질

3-5 산성비

(1) 원인 물질의 종류

① H_2SO_4(기여도 : 65 %)

② HNO_3(기여도 : 30 %)

③ HCl(기여도 : 5 %)

6. 다음 중 일반적으로 대도시의 산성 강우 속에 가장 높은 농도로 존재할 것으로 예상되는 이온 성분은?(단, 산성강우는 pH 5.6 이하로 본다.) [20-4]

① K^+ ② F^- ③ Na^+ ④ SO_4^{2-}

해설 산성비의 기여도는 H_2SO_4 > HNO_3 > HCl이다.

답 ④

이론 학습

(2) 특징

① 산성비란 보통 빗물의 pH가 5.6보다 낮게 되는 경우를 말하는데, 이는 자연 상태(CO_2 약 330 ppm)에 존재하는 CO_2가 빗방울에 포화 상태로 흡수되었을 때의 pH(5.6)를 기준으로 한 것이다.

② 산성비는 인위적으로 배출된 SO_x 및 NO_x 화합물이 대기 중에서 황산 및 질산으로 변환되어 발생한다.

③ 산성비가 토양에 내리면 토양은 산적 성격이 약한 교환기로부터 순서적으로 Ca^{2+}, Mg^{2+}, Na^+, K^+ 등의 교환성 염기를 방출하고, 그 교환 자리에 H^+가 흡착되어 치환된다.

④ 토양의 양이온 교환기는 강산적 성격을 갖는 부분과 약산적 성격을 갖는 부분으로 나누는데, 결정성의 점토 광물은 강산적이다.

⑤ 교환성 Al은 산성의 토양에만 존재하는 물질이고, 교환성 H와 함께 토양 산성화의 주요한 요인이 된다.

(3) 영향 및 피해

① 산성비가 내리면 호수나 늪은 산성화되고 농작물과 산림에 직접적인 피해를 준다. 이 밖에도 작물이 자라는 데 커다란 피해를 입힌다.
② 토양 입자와 결합되어 있던 철, 알루미늄, 망간 등 금속 이온들이 높은 산성 토양 속에서 분리, 뿌리를 통해 흡수되면 식물의 대사 작용을 방해한다.
③ 산성비는 사람과 식물뿐 아니라 여러 문화재에도 피해를 입힌다.
④ Al^{3+}은 뿌리의 세포 분열이나 Ca 또는 P의 흡수나 흐름을 저해한다.
⑤ 강우의 산성화에 가장 큰 영향을 미치는 것은 아황산가스(SO_2)이다.

(4) 기타 국제적 환경 문제와 그 대책

① 산성비에 관련된 국제 협약으로는 헬싱키 의정서, 소피아 의정서가 있다.
② 산성비의 저감 대책으로는 청정 연료를 사용하거나 탈황 설비를 설치하는 것 등이 있다.

6-1 산성비에 관한 설명 중 ( ) 안에 알맞은 것은? [21-4]

> 일반적으로 산성비는 pH (㉠) 이하의 강우를 말하며, 이는 자연 상태의 대기 중에 존재하는 (㉡)가 강우에 흡수되었을 때의 pH를 기준으로 한 것이다.

① ㉠ 3.6, ㉡ CO_2
② ㉠ 3.6, ㉡ NO_2
③ ㉠ 5.6, ㉡ CO_2
④ ㉠ 5.6, ㉡ NO_2

해설 산성비란 보통 빗물의 pH가 5.6보다 낮게 되는 경우를 말하는데, 5.6은 CO_2가 빗방울에 포화 상태로 흡수되었을 때의 pH 값이다.

6-2 산성비에 관한 설명 중 옳은 것은 어느 것인가? [20-2]

① 산성비 생성의 주요 원인 물질은 다이옥신, 중금속 등이다.
② 일반적으로 산성비에 대한 내성은 침엽수가 활엽수보다 강하다.
③ 산성비란 정상적인 빗물의 pH 7보다 낮게 되는 경우를 말한다.
④ 산성비로 인해 호수나 강이 산성화되면 물고기 먹이가 되는 플랑크톤의 생장을 촉진한다.

해설 ① 다이옥신, 중금속 → SO_x, NO_x, HCl
③ pH 7 → pH 5.6
④ 생장을 촉진한다. → 생장이 억제된다.

6-3 산성비에 대한 다음 설명 중 ( ) 안에 가장 적당한 말은? [16-4]

> 산성비는 통상 pH (㉠) 이하의 강우를 말하며, 이는 자연 상태의 대기 중에 존재하는 (㉡)가 강우에 흡수되었을 때 나타나는 pH를 기준으로 한 것이다.

정답 6-1 ③ 6-2 ② 6-3 ③

① ㉠ 7, ㉡ CO_2
② ㉠ 7, ㉡ NO_2
③ ㉠ 5.6, ㉡ CO_2
④ ㉠ 5.6, ㉡ NO_2

6-4 산성비가 토양에 미치는 영향에 관한 설명으로 옳지 않은 것은? [20-1]

① Al^{3+}은 뿌리의 세포 분열이나 Ca 또는 P의 흡수나 흐름을 저해한다.
② 교환성 Al은 산성의 토양에만 존재하는 물질이고, 교환성 H와 함께 토양 산성화의 주요한 요인이 된다.
③ 토양의 양이온 교환기는 강산적 성격을 갖는 부분과 약산적 성격을 갖는 부분으로 나누는데, 결정도가 낮은 점토 광물은 강산적이다.
④ 산성 강수가 가해지면 토양은 산적 성격이 약한 교환기부터 순서적으로 Ca^{2+}, Mg^{2+}, Na^+, K^+ 등의 교환성 염기를 방출하고, 대신 그 교환 자리에 H^+가 흡착되어 치환된다.

해설 ③ 결정도가 낮은 → 결정도가 높은

6-5 산성비에 관한 설명으로 가장 거리가 먼 것은? [21-2]

① 산성비는 대기 중에 배출되는 황 산화물과 질소 산화물이 황산, 질산 등의 산성 물질로 변하여 발생한다.
② 산성비 문제를 해결하기 위하여 질소 산화물 배출량 또는 국가 간 이동량을 최저 30 % 삭감하는 몬트리올 의정서가 채택되었다.
③ 산성비가 토양에 내리면 토양은 Ca^{2+}, Mg^{2+}, Na^+, K^+ 등의 교환성 염기를 방출하고, 그 교환 자리에 H^+가 치환된다.
④ 일반적으로 산성비란 pH가 5.6 이하인 강우를 뜻하는데, 이는 자연 상태에 존재하는 CO_2가 빗방울에 흡수되어 평형을 이루었을 때의 pH를 기준으로 한 것이다.

해설 ② 몬트리올 의정서 → 소피아 의정서

6-6 다음 중 일반적으로 대도시의 산성 강우 속에 가장 미량으로 존재할 것으로 예상되는 것은? (단 산성 강우는 pH 5.6 이하로 본다.) [18-1]

① SO_4^{2-}　② K^+
③ Na^+　④ F^-

해설 불소는 불소 화합물의 형태로 흔히 식물이나 각종 광물에서 발견된다.

6-7 대기 환경 보호를 위한 국제 의정서와 설명의 연결이 옳지 않은 것은? [20-4]

① 소피아 의정서 – CFC 감축 의무
② 교토 의정서 – 온실가스 감축 목표
③ 몬트리올 의정서 – 오존층 파괴 물질의 생산 및 사용의 규제
④ 헬싱키 의정서 – 유황 배출량 또는 국가 간 이동량 최저 30 % 삭감

해설 CFC 감축 의무는 몬트리올 의정서이고, 소피아 의정서는 산성비에 관련된 국제적 협약이다.

정답 6-4 ③　6-5 ②　6-6 ④　6-7 ①

Chapter 04 기후 변화 대응

4-1 지구 온난화

1 원인 물질의 종류

1. 다음 ( ) 안에 들어갈 말로 알맞은 것은? [17-2, 20-2]

> 지구의 평균 지상 기온은 지구가 태양으로부터 받고 있는 태양 에너지와 지구가 (㉠) 형태로 우주로 방출하고 있는 에너지의 균형으로부터 결정된다.
> 이 균형은 대기 중의 (㉡), 수증기 등의 (㉠)을(를) 흡수하는 기체가 큰 역할을 하고 있다.

① ㉠ : 자외선, ㉡ : CO
② ㉠ : 적외선, ㉡ : CO
③ ㉠ : 자외선, ㉡ : CO_2
④ ㉠ : 적외선, ㉡ : CO_2

해설 적외선을 열선이라 하고, CO_2와 수증기 등을 온실가스라 한다. **답** ④

이론 학습

"온실가스"란 적외선 복사열을 흡수하거나 다시 방출하여 온실 효과를 유발하는 대기 중의 가스 상태 물질로서 이산화탄소(CO_2), 메탄(CH_4), 아산화질소(N_2O), 수소불화탄소(HFC), 염화불화탄소(CFC=프레온가스), 과불화탄소(PFC), 육불화황(SF_6), O_3, H_2O를 말한다.

"온실 효과"란 태양광이 지구로 들어올 때 대기 중의 CO_2와 H_2O층에 의해 적외선의 일부(자외선은 O_3 층에)가 흡수되는데, CO_2층에는 12~18 μm의 파장, H_2O층에서는 8 μm 미만, 20 μm 초과의 파장이 흡수된다. 들어온 태양광 중 약 $\frac{2}{3}$는 지표에 흡수되고 약 $\frac{1}{3}$은 재방사되는데, 재방사된 태양광 중 장파(적외선)가 CO_2층에 의해 다시 지표로 환원됨에 따라 점차 지표 온도가 상승하는 현상을 말한다.

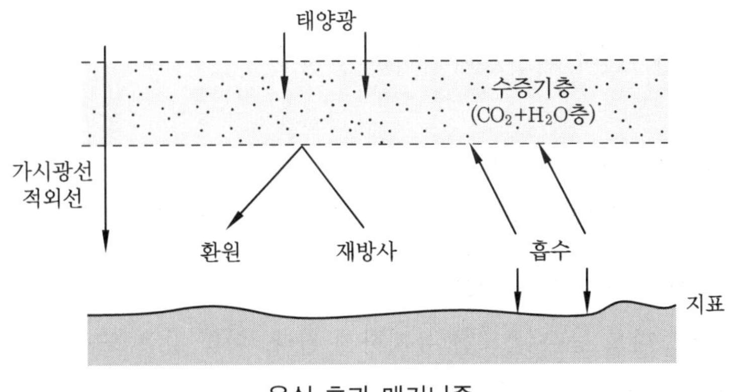

온실 효과 메커니즘

참고 파장에 따른 각종 전자파

우주선	γ선	X선	자외선	가시광선	적외선	마이크로파
1×10^{-13}m	1×10^{-10}m	1×10^{-7}m	3.8×10^{-7}m	7.6×10^{-7}m	1×10^{-3}m	λ_m 파장

① 적외선(열선) : 복사선 가운데서 파장이 가시광선보다 긴 것, 물체에 부딪히면 열로서 감지된다.

② 자외선 : 파장이 X선보다 길고 가시광선보다 짧은 전자파, 눈에는 감지되지 않으나 화학 작용, 생리 작용이 강하다.

2 특징

① 온실 효과로 북극과 남극의 빙산이 해빙되어 바다의 수위가 상승한다.

② CO_2는 매년 0.7 ppm의 증가율을 나타내고 있다.

③ 온실 효과로 이상 기온 현상, 사막화 현상, 생태계 파괴 등이 나타난다.

3 영향 및 대책

(1) 온실 효과의 기여도 순

$CO_2 > CFC > CH_4 > N_2O$

(2) 온난화 지수(Global Warming Potential : GWP)

온난화 지수란 일정 무게의 CO_2가 대기 중에 방출되어 지구 온난화에 기여하는 정도를 1로 정하였을 때 같은 무게의 어떤 물질이 기여하는 정도를 나타낸 값을 말한다.

$$GWP = \frac{\text{어떤 물질 1kg이 온난화에 기여하는 정도}}{CO_2\ \text{1kg이 온난화에 기여하는 정도}}$$

다음 각 물질의 GWP를 나타내면,

SF_6 : 23900, PFC : 7000, HFC : 1300, N_2O : 310, CH_4 : 21, CO_2 : 1이다.

(3) 열섬 효과(heat island effect)

① 도시는 시골보다도 높은 온도를 유지하게 된다. 이와 같은 도시의 고온 현상을 도시 열섬 효과(heat island effect)라고 한다.

② dust dome effect라고도 하며, 직경 10 km 이상의 도시에서 나타나는 현상이다.

③ 도시 지역 표면의 열적 성질의 차이 및 지표면에서의 증발 잠열의 차이 등으로 발생한다.

④ 태양의 복사열에 의해 도시의 아스팔트나 콘크리트에 축적된 열이 주변 지역(시골)에 비해 크기 때문에 형성된다.

⑤ 대도시에서 발생하는 기후 현상으로 주변 지역보다 비가 많이 온다.

⑥ 도시 지역의 인구 집중에 따른 인공열 발생의 증가도 도시 열섬 효과의 원인이 된다.

4 국제적 동향

① 1992년 6월 리우 회의에서 지구 온난화 현상을 방지하기 위한 국제 협약을 맺었다.

② 1997년 12월 온실 효과에 관련된 회의를 일본 교토에서 개최(교토 의정서)하였다.

1-1 다음 오염 물질 중 온실 효과를 유발하는 것으로 가장 거리가 먼 것은 어느 것인가? [17-2, 20-1]

① 이산화탄소 ② CFCs
③ 메탄 ④ 아황산가스

해설 아황산가스는 온실가스와 관계없다.

1-2 온실 기체와 관련한 다음 설명 중 ( ) 안에 가장 알맞은 것은? [18-4]

> (㉠)는 지표 부근 대기 중 농도가 약 1.5 ppm 정도이고 주로 미생물의 유기물 분해 작용에 의해 발생하며, (㉡)의 특수 파장을 흡수하여 온실 기체로 작용한다.

① ㉠ CO_2, ㉡ 적외선
② ㉠ CO_2, ㉡ 자외선
③ ㉠ CH_4, ㉡ 적외선
④ ㉠ CH_4, ㉡ 자외선

정답 1-1 ④ 1-2 ③

해설 온난화 현상은 적외선을 흡수하기 때문이다. 대기 중 농도가 1.5ppm 정도인 것은 CH_4이다.

1-3 대기가 가시광선을 통과시키고 적외선을 흡수하여 열을 밖으로 나가지 못하게 함으로써 보온 작용을 하는 것은? [20-2]

① 온실 효과 ② 복사 균형
③ 단파 복사 ④ 대기의 창

1-4 온실 효과에 관한 설명 중 가장 적합한 것은? [20-4]

① 실제 온실에서의 보온 작용과 같은 원리이다.
② 일산화탄소의 기여도가 가장 큰 것으로 알려져 있다.
③ 온실 효과 가스가 증가하면 대류권에서 적외선 흡수량이 많아져서 온실 효과가 증대된다.
④ 가스 차단기, 소화기 등에 주로 사용되는 NO_2는 온실 효과에 대한 기여도가 CH_4 다음으로 크다.

해설 ① 적외선 복사열을 다시 방출하여 생기는 효과이다.
② 일산화탄소 → 이산화탄소
④ NO_2 → CFC, CH_4 → CO_2

1-5 온실 효과와 지구 온난화에 관한 설명으로 옳은 것은? [21-4]

① CH_4가 N_2O보다 지구 온난화에 기여도가 낮다.
② 지구 온난화 지수(GWP)는 SF_6가 HFCs보다 작다.
③ 대기의 온실 효과는 실제 온실에서의 보온 작용과 같은 원리이다.
④ 북반구에서 대기 중의 CO_2 농도는 여름에 감소하고 겨울에 증가하는 경향이 있다.

해설 ① 기여도가 낮다. → 기여도가 높다.
② 보다 작다. → 보다 크다.
③ 같은 원리이다. → 다른 원리이다.

1-6 지구 온난화가 환경에 미치는 영향 중 옳은 것은? [16-2, 19-2]

① 온난화에 의한 해면 상승은 지역의 특수성에 관계없이 전 지구적으로 동일하게 발생한다.
② 대류권 오존의 생성 반응을 촉진시켜 오존의 농도가 지속적으로 감소한다.
③ 기상 조건의 변화는 대기 오염의 발생 횟수와 오염 농도에 영향을 준다.
④ 기온 상승과 토양의 건조화는 생물 성장의 남방한계에는 영향을 주지만 북방한계에는 영향을 주지 않는다.

해설 ① 지역의 특수성에 관계한다.
② 오존의 농도가 지속적으로 증가한다.
④ 남방한계보다 북방한계에 더 영향을 준다.

1-7 다음 중 온실 효과(green house effect)에 관한 설명으로 옳지 않은 것은? [15-4]

① 온실 효과에 대한 기여도는 $CO_2 > CH_4$이다.
② 온실가스들은 각각 적외선 흡수대가 있으며, O_3의 주요 흡수대는 파장 13~17 μm 정도이다.
③ 온실가스들은 각각 적외선 흡수대가 있으며, CH_4와 N_2O의 주요 흡수대는 파장 7~8 μm 정도이다.
④ 교토 의정서는 기후 변화 협약에 따른 온실가스 감축과 관련한 국제 협약이다.

해설 O_3는 자외선(파장 : 0.2~0.29 μm)을 흡수한다.

정답 1-3 ① 1-4 ③ 1-5 ④ 1-6 ③ 1-7 ②

1-8 다음은 지구 온난화와 관련된 설명이다. ( ) 안에 알맞은 것은? [15-2, 19-1]

> (㉠)는 온실 기체들의 구조상 또는 열 축적 능력에 따라 온실 효과를 일으키는 잠재력을 지수로 표현한 것으로, 이 온실 기체들은 CH_4, N_2O, HFCs, CO_2, SF_6 등이 있으며, 이 중 (㉠)가 가장 큰 값을 나타내는 물질은 (㉡)이다.

① ㉠ GHG, ㉡ CO_2
② ㉠ GHG, ㉡ SF_6
③ ㉠ GWP, ㉡ CO_2
④ ㉠ GWP, ㉡ SF_6

해설 GWP는 CO_2가 1일 때, SF_6은 23,900이다.

1-9 다음 중 지구 온난화 지수가 가장 큰 것은? [14-2]

① PFCs(과불화탄소)
② HFCs(수소불화탄소)
③ CH_4
④ N_2O

해설 온난화 지수(GWP)

① PFCs(과불화탄소) : 7,000
② HFCs(수소불화탄소) : 1,300
③ CH_4 : 21
④ N_2O : 310

1-10 다음 중 지구 온난화 지수가 가장 큰 것은? [20-2]

① CH_4 ② SF_6
③ N_2O ④ HFCs

해설 온난화 지수(GWP)

① CH_4(메탄) : 21
② SF_6(육불화황) : 23,900
③ N_2O(아산화질소) : 310
④ HFCs(수소불화탄소) : 1,300

1-11 열섬 현상에 관한 설명으로 가장 거리가 먼 것은? [12-4, 19-2]

① Dust dome effect라고도 하며, 직경 10 km 이상의 도시에서 잘 나타나는 현상이다.
② 도시 지역 표면의 열적 성질의 차이 및 지표면에서의 증발 잠열의 차이 등으로 발생된다.
③ 태양의 복사열에 의해 도시에 축적된 열이 주변 지역에 비해 크기 때문에 형성된다.
④ 대도시에서 발생하는 기후 현상으로 주변 지역보다 비가 적게 오며, 건조해져 코, 기관지 염증의 원인이 되며, 태양 복사량과 관련된 비타민 C의 결핍을 초래한다.

해설 열섬 현상은 대도시에서 발생하는 기후 현상으로 주변 지역보다 비가 많이 온다.

1-12 열섬 효과에 관한 설명으로 옳지 않은 것은? [20-1]

① 열섬 현상은 고기압의 영향으로 하늘이 맑고 바람이 약한 때에 잘 발생한다.
② 열섬 효과로 도시 주위의 시골에서 도시로 바람이 부는데, 이를 전원풍이라 한다.
③ 도시의 지표면은 시골보다 열용량이 적고 열전도율이 높아 열섬 효과의 원인이 된다.
④ 도시에서는 인구와 산업의 밀집 지대로서 인공적인 열이 시골에 비하여 월등하게 많이 공급된다.

해설 ③ 열용량이 적고 → 열용량이 크고
열전도율이 높아 → 열전도율이 낮아

정답 1-8 ④ 1-9 ① 1-10 ② 1-11 ④ 1-12 ③

1-13 **열섬 효과에 관한 내용으로 가장 거리가 먼 것은?** [21-2]

① 구름이 많고 바람이 강한 주간에 주로 발생한다.
② 일교차가 심한 봄, 가을이나 추운 겨울에 주로 발생한다.
③ 교외 지역에 비해 도시 지역에 고온의 공기층이 형성된다.
④ 직경이 10 km 이상인 도시에서 자주 나타나는 현상이다.

해설 열섬 효과는 구름이 적고, 바람이 약한 야간에 주로 발생한다.

1-14 **열섬 효과에 관한 설명으로 옳지 않은 것은?** [17-1]

① 도시에서는 인구와 산업의 밀집 지대로서 인공적인 열이 시골에 비하여 월등하게 많이 공급된다.
② 열섬 현상은 고기압의 영향으로 하늘이 맑고 바람이 약한 때에 잘 발생한다.
③ 도시의 지표면은 시골보다 열용량이 적고 열전도율이 높아 열섬 효과의 원인이 된다.
④ 열섬 효과로 도시 주위의 시골에서 도시로 바람이 부는데, 이를 전원풍이라 한다.

해설 열섬 효과는 태양의 복사열에 의해 도시의 아스팔트나 콘크리트에 축적된 열이 주변 지역(시골)에 비해 크기 때문에 형성된다.

1-15 **다음 중 오존층 보호와 가장 거리가 먼 것은?** [21-2]

① 헬싱키 의정서
② 런던 회의
③ 비엔나 협약
④ 코펜하겐 회의

해설 헬싱키 의정서는 산성비에 관련된 협약이다.

1-16 **다음 중 오존층 보호를 위한 국제 환경 협약으로만 옳게 연결된 것은?** [19-1]

① 바젤 협약 – 비엔나 협약
② 오슬로 협약 – 비엔나 협약
③ 비엔나 협약 – 몬트리올 의정서
④ 몬트리올 의정서 – 람사 협약

1-17 **다음 각종 환경 관련 국제 협약(조약)에 관한 주요 내용으로 옳지 않은 것은 어느 것인가?** [15-2]

① 몬트리올 의정서 : 오존층 파괴 물질인 염화불화탄소의 생산과 사용 규제를 위한 협약
② 바젤 협약 : 폐기물의 해양 투기로 인한 해양 오염을 방지하기 위한 협약
③ 람사 협약 : 자연 자원의 보전과 현명한 이용을 위한 습지 보전 협약
④ CITES : 멸종 위기에 처한 야생 동식물의 보호를 위한 협약

해설 바젤 협약은 유해 폐기물의 국가 간의 이동 및 처리 규제에 대한 협약이고, 폐기물의 해양 투기로 인한 해양 오염을 방지하기 위한 협약은 런던 협약이다.

정답 1-13 ① 1-14 ③ 1-15 ① 1-16 ③ 1-17 ②

4-2 오존층 파괴

1 원인 물질의 종류

2. 다음 특정 물질 중 오존 파괴 지수가 가장 큰 것은? [14-4, 18-2]

① CFC－113 ② CFC－114
③ Halon－1211 ④ Halon－1301

해설 ① 0.8 ② 0.1 ③ 3.0 ④ 10.0

답 ④

이론 학습

"오존층 파괴"란 지상으로부터 15~30 km(25 km)의 높이의 성층권에 있는 오존층의 오존이 프레온 가스(CFC : 냉매), 할론 가스(소화약제) 등에 의해 파괴되어 그 밀도가 낮아지는 현상을 말한다.

(1) 오존 파괴 지수(ODP)

오존파괴지수(ODP : Ozone Depletion Potential)란 물질의 오존 파괴 능력을 CFC－11($CFCl_3$) 1 kg이 파괴하는 오존량에 비해 상대적으로 나타낸 지수를 말한다.

$$ODP = \frac{\text{어떤 물질 1kg이 파괴하는 오존량}}{\text{CFC}-11\ \text{1kg이 파괴하는 오존량}}$$

(2) ODP 순서

① Halon 1301(CF_3Br) : ODP 10.0

② Halon 2402($C_2F_4Br_2$) : ODP 6.0

③ Halon 1211(CF_2ClBr) : ODP 3.0

④ Carbon tetrachloride(CCl_4) : ODP 1.1

⑤ CFC－11($CFCl_3$) : ODP 1.0(기준)

⑥ CFC－12(CF_2Cl_2) : ODP 1.0

⑦ CFC－114($C_2F_4Cl_2$) : ODP 1.0

⑧ CFC－217(C_3F_7Cl) : ODP 1.0

⑨ CFC－113($C_2F_3Cl_3$) : ODP 0.8

⑩ CFC－115(C_2F_5Cl) : ODP 0.6

⑪ Methyl Chloroform(CH_3CCl_3) : ODP 0.15

※ 평균 수명은 CFC－11이 60년 정도인데 비해 CFC－115는 400년이다.

2 특징

① 성층권의 오존층은 태양의 자외선을 차단하는 역할을 한다(좋은 역할).

② 성층권의 오존층을 모아 지구 표면(0℃, 1 atm)에 가져온다면 그 두께는 3 mm(300 도브슨) 정도이다.

③ 오존층 파괴의 주요 원인 물질은 염화불화탄소(CFC)인 것으로 추정되고 있는데, CFC는 주로 냉매, 스프레이 등으로 많이 이용되었다(1970년 이후).

④ CFC는 무독성이며, 활성이 적은 물질이다.

⑤ 비행기가 초음속으로 고공비행을 할 때 오존층이 파괴되고, CO_2가 증가한다.

$NO + O_3 \rightarrow NO_2 + O_2$(비행기의 배기가스)

3 영향 및 대책

(1) 영향

① 오존층이 파괴되면 지구에 도달하는 자외선이 많아져 사람에게 피부암 등을 유발하게 된다.

② 눈에는 백내장이 발생한다.

③ 면역체계에 영향을 주어, 생각하지도 못한 질병이 생길 수 있다.

(2) 대책

오존층이 파괴되면 지구에 재앙이 올 수 있기 때문에 오존층 파괴 물질을 찾아내어 사용 금지, 생산 금지를 시켜야 한다.

4 국제적 동향

① 비엔나 협약 : 1985년 3월 오스트리아의 비엔나에서 "오존층 보호를 위한 비엔나 협약"을 채택하였다.

② 몬트리올 의정서 : 1987년 9월 16일 오존층 파괴 물질의 생산 및 소비 삭감을 주요 내용으로 몬트리올 의정서를 채택하였다(9월 16일 : 세계 오존층 보호의 날).

③ 런던 회의 : 1990년 런던에서 몬트리올 의정서의 규제 조치를 더욱 강화하였고 다른 화학 물질들도 다룰 수 있도록 확대되었다.

④ 코펜하겐 회의 : 1992년 코펜하겐에서도 규제 물질을 추가하여 발표했다.

2-1 다음 특정 물질 중 오존 파괴 지수가 가장 큰 것은? [15-4, 19-4]

① Halon – 1211
② Halon – 1301
③ CCl_4
④ HCFC – 22

해설 ① 3.0 ② 10.0 ③ 1.1 ④ 0.055

2-2 다음 특정 물질 중 오존 파괴 지수가 가장 높은 것은? [12-4]

① Halon – 1211
② Halon – 2402
③ HCFC – 31
④ Halon – 1301

해설 ① 3.0 ② 6.0 ③ 적음 ④ 10.0

2-3 다음 특정 물질 중 오존 파괴 지수가 가장 큰 것은? [12-1]

① $CHFClCF_3$
② CH_3FCFCl_2
③ $CFCl_3$
④ C_3HF_6Cl

해설 H가 있는 물질은 오존 파괴 지수가 작다.
※ $CFCl_3$(CFC – 11)은 ODP가 1.0이다.

2-4 다음 오존 파괴 지수가 가장 큰 것은 어느 것인가? [21-1]

① CCl_4
② $CHFCl_2$
③ CH_2FCl
④ $C_2H_2FCl_3$

해설 오존 파괴 지수(ODP)의 경우는 CCl_4가 1.1이고 H가 있는 것은 적은 값을 가진다.

2-5 다음 중 오존 파괴 지수가 가장 큰 것은? [21-4]

① CFC – 113
② CFC – 114
③ Halon – 1211
④ Halon – 1301

해설 Halon – 1301(CF_3Br)의 오존 파괴 지수(ODP)는 10.0이다.

2-6 다음 중 오존 파괴 지수가 가장 작은 물질은? [21-2]

① CCl_4
② CF_3Br
③ CF_2BrCl
④ $CHFClCF_3$

해설 ① 1.1 ② 10.0 ③ 3.0 ④ 0.022
※ 화학식에 H가 포함되어 있으면 오존 파괴 지수가 작다.

2-7 다음 특정 물질 중 오존 파괴 지수가 가장 낮은 것은? [13-4]

① CF_2BrCl
② CCl_4
③ $C_2H_3Cl_3$
④ C_2F_5Cl

해설 HCFCs는 CFCs보다 오존 파괴 지수가 낮다.

2-8 다음 중 CFC – 12의 올바른 화학식은 어느 것인가? [15-4, 17-4, 20-4]

① CF_3Br
② CF_3Cl
③ CF_2Cl_2
④ $CHFCl_2$

정답 2-1 ② 2-2 ④ 2-3 ③ 2-4 ① 2-5 ④ 2-6 ④ 2-7 ③ 2-8 ③

해설 일의 수는 F의 수이고, 10의 수에 −1하면 H의 수이고, 100의 수에 +1하면 C의 수이고, 나머지 자리 수에는 Cl가 차지한다.

2-9 다음 오존 파괴 물질 중 평균 수명(년)이 가장 긴 것은? [14-1, 21-1]

① CFC − 11
② CFC − 115
③ HCFC − 123
④ CFC − 124

해설 평균 수명은 CFC − 11이 60년 정도인데 비해 CFC − 115는 400년이다.

2-10 대기 중의 오존층 파괴에 관한 설명으로 옳지 않은 것은? [21-2]

① 오존층의 두께는 적도 지방이 극지방보다 얇다.
② 오존층 파괴 물질이 오존층을 파괴하는 자유 라디칼을 생성시킨다.
③ 성층권의 오존층 농도가 감소하면 지표면에 보다 많은 양의 자외선이 도달한다.
④ 프레온 가스의 대체 물질인 HCFCs (hydrochlorofluorocarbons)은 오존층 파괴 능력이 없다.

해설 ④ 오존층 파괴 능력이 없다. → 오존층 파괴 능력이 적다.

2-11 다음 중 CFCs(염화불화탄소)의 배출원과 거리가 먼 것은? [19-2]

① 스프레이의 분사제
② 우레탄 발포제
③ 형광등 안정기
④ 냉장고의 냉매

해설 형광등 안전기와 관계없다.

정답 2-9 ② 2-10 ④ 2-11 ③

Chapter 05 대기의 확산 및 오염 예측

5-1 대기의 성질 및 확산 개요

1 대기의 성질

1. 다음 중 높은 압력을 나타내는 것은? [14-4]

① 15 psi ② 76 kPa
③ 76 torr ④ 1,000 mbar

해설 ① 14.7 psi : 1 atm=15 psi : x_1[atm]

∴ $x_1=1.02$ atm

② 101.325 kPa : 1 atm=76 kPa : x_2[atm]

∴ $x_2=0.75$ atm

③ 760 torr : 1 atm=76 torr : x_3[atm]

∴ $x_3=0.1$ atm

④ 1013.25 mbar : 1 atm=1,000 mbar : x_4[atm]

∴ $x_4=0.986$ atm

답 ①

이론 학습

대기는 지구 주위를 둘러싸고 있는 각종 기체의 집합체가 차지하고 있는 공간이다. 대기의 두께는 지표로부터 약 1,000 km에 이르는 것으로 추정하는데, 이 공간을 대기권(atmosphere)이라고 한다.

토리첼리(E.Toricelli, 1608~1647)의 실험에서 정확하게 수은주 76 cm와 꼭 비기는 상태의 대기 압력을 표준 대기압(standard atmospheric pressure)으로 삼고 이것을 1기압으로 정하고 있다.

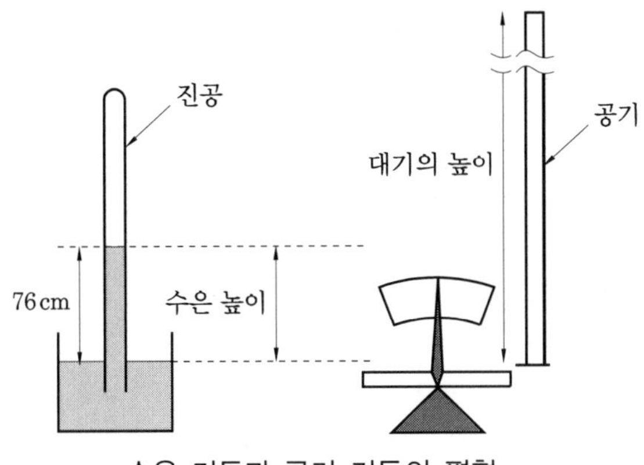

수은 기둥과 공기 기둥의 평형

1기압 $= 1\ \text{atm} = 76\ \text{cmHg} = 760\ \text{mmHg} = 760\ \text{torr} = 1.0332\ \text{kg/cm}^2$

$= 10332\ \text{kg/m}^2 = 10332\ \text{mmH}_2\text{O(mmAq)}$

$= 1033.2\ \text{cmH}_2\text{O} = 10.332\ \text{mH}_2\text{O}$

$= 101325\ \text{N/m}^2 = 101325\ \text{Pa} = 1.013\ \text{bar}$

$= 1013\ \text{mbar} = 14.7\ \text{Lb/in}^2 = 14.7\ \text{Psi}$

기압이 서로 같지 않으면 그 기압차에 해당하는 힘이 작용한다.

어떤 지역이 그 주변 지역보다 기압이 낮다면 주변으로부터 기압이 낮은 곳으로 힘이 작용하므로 이 힘에 의해 공기가 모여들고, 모여든 공기는 위로 상승하게 된다. 이때 중심 구역으로 모여들 때 공기는 시계 바늘 회전 방향과 반대 방향으로 회전하면서 모여든다. 이러한 중심 구역을 저기압(low pressure)이라 한다(대기 오염 가중과 관계없다).

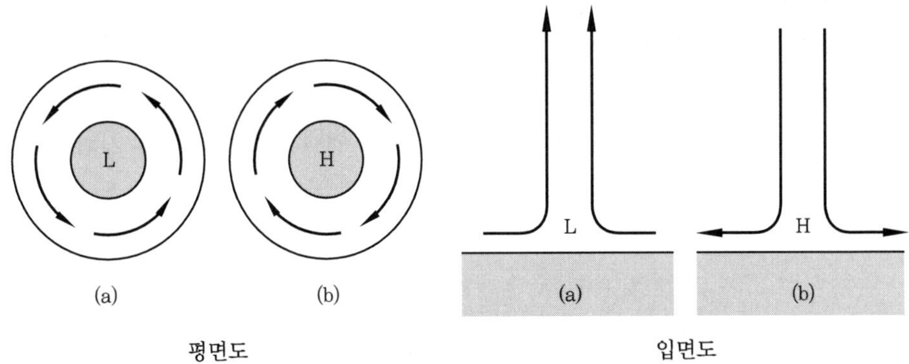

저기압(a)과 고기압(b) (→ 기류, – 등압선)

반대로 주변 지역보다 기압이 높은 구역이 있다면 이 구역의 공기는 밀도가 높으므로 공기가 침강하고 지표 부근에서는 시계 바늘 회전 방향으로 회전하면서 주위로 퍼져 나간다. 이러한 중심 구역을 고기압(high pressure)이라 한다(대기 오염 가중과 관계있다).

상승 기류가 생기는 저기압에서는 대체로 날씨가 궂고, 하강 기류가 생기는 고기압에서는 날씨가 좋아지는 것이 보통이다. 이때 저기압보다 고기압이 대기 오염에 큰 영향을 미친다.

2 대기 확산 이론

① 일반적으로 대기는 층류(laminar flow)로 흐르는 경우는 적고 대부분은 심한 회오리를 이루면서 흐르는 난류(turbulent flow)이다.

② 확산은 난류의 정도나 성질에 의하여 지배된다(난류가 심하면 확산이 잘된다).

③ 확산을 나타내는 이론식은 기복이 큰 지형 및 지물 또는 기상 조건의 영향으로 정확한 추정이 곤란하기 때문에 지형·지세에 맞는 모델을 적용할 필요가 있다.

(1) 바람(wind)

대기 중의 공기는 끊임없이 움직인다. 공기의 움직임 중에서 수평 방향의 움직임을 바람(wind)이라고 하며, 수직 방향의 움직임을 대류(convection)라고 한다.

바람을 불게 하는 원동력은 기압 경도력(pressure gradient force)이다. 기압 경도력이란 기압이 서로 다른 두 곳 사이에서 기압차 때문에 기압이 높은 쪽에서 낮은 쪽으로 기압의 경사(경도)가 생기고 이러한 기압의 경사 때문에 그 사이에 들어 있는 공기에 미치는 힘을 말한다. 이러한 힘 때문에 기압 경도가 있는 곳에 들어 있는 공기는 고기압 쪽에서 저기압 쪽으로 움직이게 된다.

그러나 실제 지표면 부근에서 바람이 불 때에 작용하고 있는 힘은 기압 경도력 외에 중력, 전향력 및 마찰력 등으로서 이러한 힘들이 평형을 이루면서 바람이 분다.

① **기압 경도력(pressure gradient)** : 기압 경도는 모든 방향으로 생기기 때문에 이들을 수직 성분과 수평 성분으로 나눌 수 있다. 수직 방향의 기압 경도력은 중력에 의해 상쇄된다. 따라서 기압 경도력은 수평 성분만 남게 된다. 이것을 수평 기압 경도력이라고 한다.

기압이 같으리라고 예상되는 지점을 연결해나간 선을 등압선(isobar)이라고 하는데, 이 등압선의 간격을 표준 간격(보통 4 mb)으로 그린다면 수평 기압 경도력은 등압선 간격이 좁으면 강해지고, 반대로 간격이 넓어지면 약해진다.

기압 경도력의 방향은 등압선에 수직 방향이며 고기압 쪽에서 저기압 쪽으로 향한다.

② **전향력(deviation force)** : 지구의 자전 때문에 생기는 가속도를 전향 가속도(deviation acceleration)라 하고, 이 가속도에 의한 힘을 전향력(deviation force)이라고 한다. 전향력은 운동의 방향만을 변화시킬 뿐, 속력에는 아무런 영향을 미치지

않는다. 이 전향력을 코리올리의 힘(Coriolis' force)이라고도 한다.

이 힘은 북반구에서는 움직이는 물체의 운동 방향에 대하여 항상 오른쪽 90° 방향으로 작용하고, 남반구에서는 왼쪽 90° 방향으로 작용한다.

힘의 크기는 극지방(위도 90°)에서는 최대, 적도 지방(위도 0°)에서는 최소가 된다.

참고 전향 인자

전향 인자$(f) = 2\,\Omega \cdot \sin\phi$

Ω : 지구 자전 각속도, ϕ : 물체의 위도

(2) 바람의 종류

① **지균풍**(geostrophic wind) : 마찰력이 작용하지 않는 상태에서 정지해 있는 공기 덩어리가 있다고 가정하면 이 공기 덩어리는 대기의 압력의 차이 때문에 생기는 기압 경도력을 받아 등압선에 직각 방향으로 가속된다.

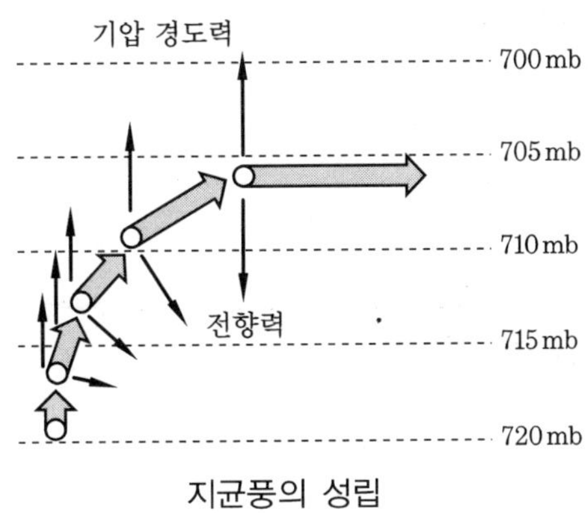

지균풍의 성립

공기 덩어리가 가속을 받아 속도를 가지게 되면 비로소 전향력을 받게 된다. 시간이 경과되면서 계속 가속되므로 속도는 점차 빨라지고 그에 따라서 전향력도 커져서 위의 그림에서처럼 공기 덩어리의 운동 방향은 점점 등압선에 평행하게 된다.

마침내는 기압 경도력과 전향력의 크기가 같고 방향이 반대가 되어 평형이 되면서 등압선에 계속 평행하게 부는 바람이 된다.

이 바람은 왼쪽에 저기압, 오른쪽에 고기압을 두고 불어간다. 이런 바람을 지균풍(geostrophic wind)이라고 한다(고도 1km 이상의 상공에서 부는 바람이다).

② **경도풍**(gradient wind) : 등압선이 직선인 곳에서는 공기의 운동도 등압선을 따라 거의 직선 운동으로 지균풍이 불지만 등압선이 곡선인 경우에는 등압선을 따라 공기의 운동도 곡선 운동을 하게 된다.

이런 때는 원심력(centrifugal force)이 작용하여 기압 경도력, 전향력과 함께 세 힘이 평형을 이루는 상태에서 바람은 계속 곡선인 등압선을 따라 분다. 이런 바람을 경도풍(gradient wind)이라고 한다.

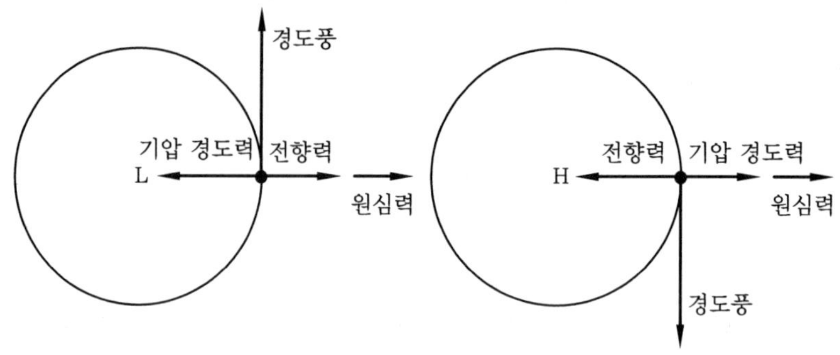

경도풍에 작용하는 힘의 평형

③ **지상풍**(surface wind) : 지상풍은 기압 경도력, 전향력, 마찰력의 세 힘이 평형을 이루는 상태에서 부는 바람이다.

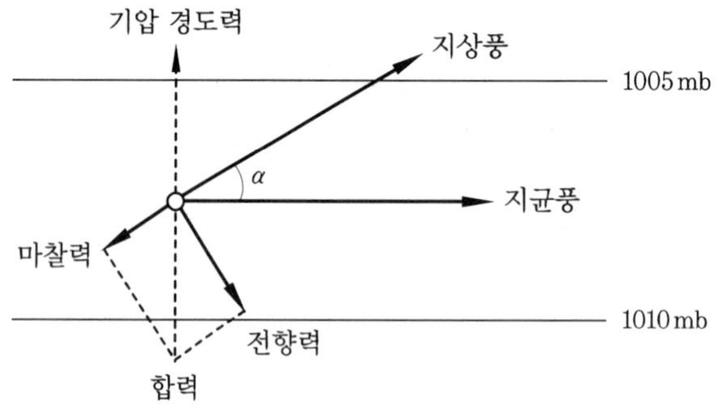

지상풍에 작용하는 힘의 평형

지상풍은 마찰력과 새로이 조정된 바람 때문에 생긴 전향력의 합력이 위의 그림에서처럼 원래의 기압 경도력과 평형이 될 때까지 조정이 이루어진다.

일단 조정이 끝나면 쏠린 바람은 등압선과 일정하나 각으로 교차된다. 이때의 교차 각을 편향각(deviation angle) [각천이(angular shift)]이라고 하고, 보통 α(약 15~30°)로 표시한다.

(3) 국지풍

① **해륙풍**(sea·land breeze) : 일반풍이 거의 없을 때 날씨가 좋으면 해안에서는 낮에 바다에서 육지로 해풍(sec breeze), 밤에는 육지에서 바다로 육풍(land breeze)이 분다(육지와 바다의 비열차 때문).

해륙풍이 부는 원인은 낮에는 바다보다 육지가 빨리 더워져서 육지의 공기가 상승하기 때문에 바다에서 육지로 공기가 움직이며, 밤에는 육지는 빨리 식는 데 비하여 바다는 식지 않아 상대적으로 바다 위의 공기가 따뜻해져 상승하기 때문에 육지에서 바다로 공기가 이동하기 때문이다.

지상에서 해풍 또는 육풍이 부는 동안 상공 약 1 km에서는 지상의 바람과는 반대 방향의 바람이 분다.

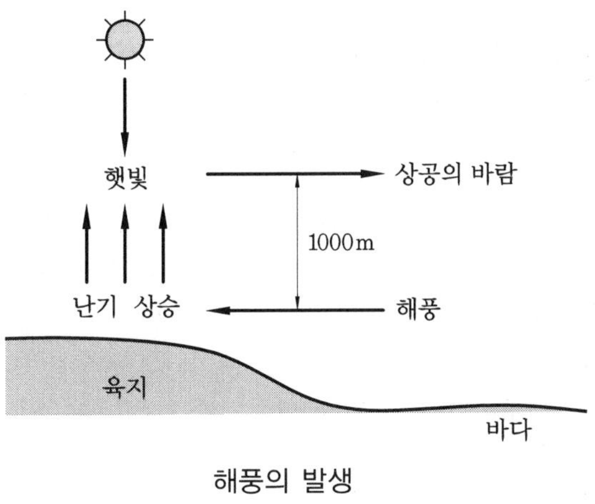

해풍의 발생

② **산곡풍(mountain · velley wind)** : 낮에는 산의 경사면이 햇빛에 의하여 가열되어 경사면 위의 공기 온도는 같은 고도이면서 산의 경사면에서 떨어져 있는 공기의 온도보다 높아져서 위로 상승한다.

이러한 상승 기류가 모든 경사면에서 발생하므로 낮에는 산 아래에서 산 위쪽으로 곡풍(velley wind)이 분다.

반대로 밤에는 경사면이 빨리 냉각되어 경사면 위의 공기 온도가 같은 고도의 경사면에서 떨어져 있는 공기의 온도보다 차가워져 경사면 위의 공기 전체가 아래로 침강하게 되어 밤 동안에 산풍(mountain wind)이 분다.

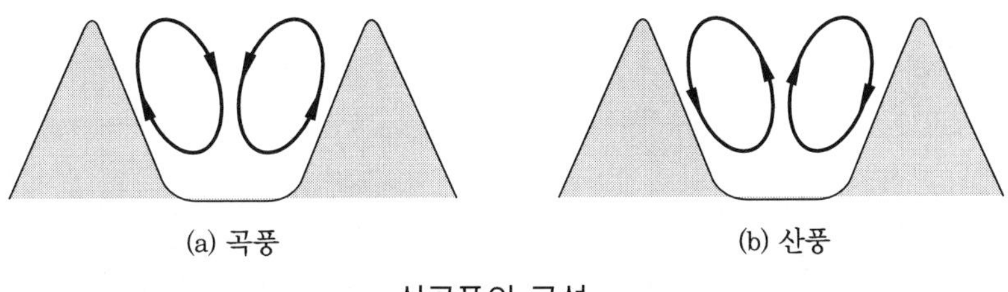

산곡풍의 구성

③ **전원풍(country breeze)** : 열섬 효과 때문에 도시의 중심부가 주위보다 고온이 되므로 도시 중심부에서는 상승 기류가 발생하고 도시 주위의 시골(전원)에서 도시로 바

람이 불게 된다. 이러한 바람을 전원풍(country breeze)이라고 한다.

④ **푄풍**(Föhn wind) : 고도가 높은 산맥에 직각으로 강한 바람이 부는 경우에는 산맥의 풍하 측에 강하고 고온·건조한 바람이 불어내리는데, 이러한 바람을 푄풍(Föhn wind)이라고 한다.

1-1 **바람을 일으키는 힘 중 기압 경도력에 관한 설명으로 가장 적합한 것은 어느 것인가?** [14-2, 17-2]

① 수평 기압 경도력은 등압선의 간격이 좁으면 강해지고, 반대로 간격이 넓으면 약해진다.

② 지구의 자전 운동에 의해서 생기는 가속도에 의한 힘을 말한다.

③ 극지방에서 최소가 되며 적도 지방에서 최대가 된다.

④ gradient wind라고도 하며, 대기의 운동 방향과 반대의 힘인 마찰력으로 인하여 발생된다.

해설 ②의 설명을 전향력에 대한 설명이고, 전향력은 극지방에서 최대이고 적도 지방에서 최소가 된다.

gradient wind는 경도풍을 말하며, 원심력, 기압 경도력, 전향력 세 힘이 평형을 이루는 상태에서 바람은 계속 곡선인 등압선을 따라 분다.

1-2 **바람에 관여하는 힘과 거리가 가장 먼 것은?** [15-4]

① Centrifugal force

② Friction force

③ Coriolis force

④ Electronic force

해설 바람에 관여하는 힘은 기압 경도력(pressure gradient force), 마찰력(friction force), 전향력(coriolis force), 원심력(centrifugal force)이다.

1-3 **바람의 요소 중 전향력과 관련된 설명으로 옳지 않은 것은?** [15-1]

① 지구의 자전에 의해 생기는 가속도를 전향 가속도라 하고, 이 가속도에 의한 힘을 전향력이라 한다.

② 전향력의 크기는 적도에서 가장 크며, 위도가 높아질수록 작아진다.

③ 전향력은 북반구에서는 움직이는 물체의 운동 방향의 오른쪽 직각 방향으로 작용한다.

④ 코리올리 힘이라고도 하며, 경도력과 반대 방향으로 작용한다.

해설 전향력의 크기는 극(위도 90°) 지방에서는 최대, 적도(위도 0°) 지방에서는 최소가 된다. 따라서 위도가 높아질수록 커진다.

1-4 **전향력에 관한 다음 설명 중 옳지 않은 것은?** [15-2]

① 전향인자(f)는 $2\,\Omega\,\sin\psi$로 나타내며, ψ는 위도, Ω은 지구 자전 각속도로서 7.27×10^{-5} rad·s^{-1}이다.

② 지구 북반구에서 나타나는 전향력은 물체의 이동 방향에 대해 오른쪽 직각 방향으로 작용한다.

③ 전향력은 극지방에서 0, 적도 지방은 최대이다.

정답 1-1 ① 1-2 ④ 1-3 ② 1-4 ③

④ 일반적으로 전향력은 전향인자와 풍속의 곱으로 나타낸다.

1-5 바람을 일으키는 힘 중 전향력에 관한 설명으로 가장 거리가 먼 것은 어느 것인가? [16-1, 19-1]

① 전향력은 운동의 속력과 방향에 영향을 미친다.

② 북반구에서는 항상 움직이는 물체의 운동 방향의 오른쪽 직각 방향으로 작용한다.

③ 전향력은 극지방에서 최대가 되고 적도 지방에서 최소가 된다.

④ 전향력의 크기는 위도, 지구 자전 각속도, 풍속의 함수로 나타낸다.

해설 전향력은 운동의 방향만을 변화시킬 뿐, 속력에는 아무런 영향을 미치지 않는다.

1-6 다음은 대기 운동에 관계된 전향력에 관한 설명이다. ( ) 안에 알맞은 것은 어느 것인가? [12-4]

전향력은 일반적으로 전향 인자 f와 풍속의 곱으로 표시한다. 전향 인자 f =(　　)인데, 여기서 Ω는 지구 자전의 각속도이고, θ는 물체가 있는 지점의 위도이다.

① $\frac{1}{\Omega} \cdot \sin\theta$　② $\frac{1}{\Omega} \cdot \tan\theta$

③ $2\Omega \cdot \sin\theta$　④ $2\Omega \cdot \tan\theta$

1-7 지균풍에 관한 설명으로 가장 적합하지 않은 것은? [21-4]

① 등압선에 평행하게 직선 운동을 하는 수평의 바람이다.

② 고공에서 발생하기 때문에 마찰력의 영향이 거의 없다.

③ 기압 경도력과 전향력의 크기가 같고 방향이 반대일 때 발생한다.

④ 북반구에서 지균풍은 오른쪽에 저기압, 왼쪽에 고기압을 두고 분다.

해설 ④ 오른쪽에 저기압, 왼쪽에 고기압 → 오른쪽에 고기압, 왼쪽에 저기압

1-8 등압선이 곡선인 경우, 원심력, 기압 경도력, 전향력의 세 힘이 평형을 이루는 상태에서 등압선을 따라 부는 바람을 무엇이라 하는가? [14-1]

① geostrophic wind

② corioli wind

③ gradient wind

④ friction wind

해설 기압 경도력, 원심력, 전향력의 세 힘이 관계하는 바람은 상층풍인 경도풍이다.

1-9 등압면이 직선이 아닌 곡선일 때에 부는 바람인 경도풍은 3가지 힘이 평형을 이루고 있을 때 나타난다. 이 3가지 힘으로 가장 적합한 것은? [16-4]

① 마찰력, 전향력, 원심력

② 기압 경도력, 전향력, 원심력

③ 기압 경도력, 마찰력, 원심력

④ 기압 경도력, 전향력, 마찰력

해설 경도풍은 기압 경도력, 원심력, 전향력이 평형을 이룬다.

1-10 경도풍을 형성하는 데 필요한 힘과 가장 거리가 먼 것은? [16-1]

① 마찰력　② 전향력

③ 원심력　④ 기압 경도력

해설 경도풍은 등압선이 곡선인 경우 기압 경도력, 원심력, 전향력이 평형을 이루는 상태에서 부는 바람이다.

정답 1-5 ①　1-6 ③　1-7 ④　1-8 ③　1-9 ②　1-10 ①

1-11 **마찰층(friction layer)과 관련된 바람에 관한 설명으로 거리가 먼 것은 어느 것인가?** [17-1]

① 마찰층 내의 바람은 높이에 따라 항상 반시계 방향으로 각천이(angular shift)가 생긴다.

② 마찰층 내의 바람은 위로 올라갈수록 실제 풍향은 서서히 지균풍에 가까워진다.

③ 마찰층 내의 바람은 위로 올라갈수록 그 변화량이 감소한다.

④ 마찰층 이상 고도에서 바람의 고도 변화는 근본적으로 기온 분포에 의존한다.

해설 ① 반시계 방향 → 시계 방향

1-12 **국지풍에 관한 설명으로 옳지 않은 것은?** [21-1]

① 일반적으로 낮에 바다에서 육지로 부는 해풍은 밤에 육지에서 바다로 부는 육풍보다 강하다.

② 고도가 높은 산맥에 직각으로 강한 바람이 부는 경우에 산맥의 풍하 쪽으로 건조한 바람이 부는데, 이러한 바람을 푄풍이라 한다.

③ 곡풍은 경사면 → 계곡 → 주계곡으로 수렴하면서 풍속이 가속되기 때문에 일반적으로 낮에 산 위쪽으로 부는 산풍보다 더 강하게 분다.

④ 열섬 효과로 인하여 도시 중심부가 주위보다 고온이 되어 도시 중심부에서 상승 기류가 발생하고 도시 주위의 시골에서 도시로 바람이 부는데, 이를 전원풍이라 한다.

해설 ③ 곡풍 → 산풍,
산풍 → 곡풍

1-13 **바람에 관한 내용으로 옳지 않은 것은?** [21-2]

① 경도풍은 기압 경도력, 전향력, 원심력이 평형을 이루어 부는 바람이다.

② 해륙풍 중 해풍은 낮 동안 햇빛에 더워지기 쉬운 육지 쪽 지표상에 상승 기류가 형성되어 바다에서 육지로 부는 바람이다.

③ 지균풍은 마찰력이 무시될 수 있는 고공에서 기압 경도력과 전향력이 평형을 이루어 등압선에 평행하게 직선 운동을 하는 바람이다.

④ 산풍은 경사면 → 계곡 → 주계곡으로 수렴하면서 풍속이 감속되기 때문에 낮에 산 위쪽으로 부는 곡풍보다 세기가 약하다.

해설 ④ 풍속이 감속 → 풍속이 가속,
세기가 약하다. → 세기가 강하다.

1-14 **해륙풍에 대한 다음 설명 중 옳지 않은 것은?** [12-1, 15-1]

① 낮에는 해풍, 밤에는 육풍이 발달한다.

② 해풍은 대규모 바람이 약한 맑은 여름날에 발달하기 쉽다.

③ 육풍은 해풍에 비해 풍속이 크고, 수직·수평적인 영향 범위가 넓은 편이다.

④ 해풍의 가장 전면(내륙 쪽)에서는 해풍이 급격히 약해져서 수렴 구역이 생기는데, 이 수렴 구역을 해풍 전선이라 한다.

해설 ③ 육풍은 해풍에 비해 → 해풍은 육풍에 비해
(이유는 해풍은 바다에서 부는 바람으로 바다는 육지보다 마찰 저항이 적다.)

정답 1-11 ① 1-12 ③ 1-13 ④ 1-14 ③

1-15 해륙풍에 관한 설명으로 옳지 않은 것은? [19-2]

① 육지와 바다는 서로 다른 열적 성질 때문에 주간에는 육지로부터, 야간에는 바다로부터 바람이 분다.

② 야간에는 바다의 온도 냉각률이 육지에 비해 작으므로 기압차가 생겨나 육풍이 존재한다.

③ 육풍은 해풍에 비해 풍속이 작고, 수직 수평적인 범위도 좁게 나타나는 편이다.

④ 해륙풍이 장기간 지속되는 경우에는 폐쇄된 국지 순환의 결과로 인하여 해안가에 공업 단지 등의 산업 도시가 있는 지역에서는 대기 오염 물질의 축적이 일어날 수 있다.

해설 해륙풍은 육지와 바다의 비열차 때문에 낮에 바다에서 육지로 해풍, 밤에는 육지에서 바다로 육풍이 분다.

1-16 바람에 관한 다음 설명 중 옳지 않은 것은? [17-2]

① 북반구의 경도풍은 저기압에서는 반시계 방향으로 회전하면서 위쪽으로 상승하면서 분다.

② 마찰층 내 바람은 높이에 따라 시계 방향으로 각천이가 생겨나며, 위로 올라갈수록 실제 풍향은 점점 지균풍과 가까워진다.

③ 산풍은 경사면 → 계곡 → 주계곡으로 수렴하면서 풍속이 가속되기 때문에 낮에 산 위쪽으로 부는 곡풍보다 더 강하다.

④ 해륙풍이 부는 원인은 낮에는 육지보다 바다가 빨리 더워져서 바다의 공기가 상승하기 때문에 바다에서 육지로 8~15 km 정도까지 바람(해풍)이 분다.

해설 해륙풍이 부는 원인은 낮에는 바다보다 육지가 빨리 더워져서 육지의 공기가 상승하기 때문에 바다에서 육지로 공기가 움직인다.

1-17 국지풍에 관한 설명으로 옳지 않은 것은? [14-4]

① 낮에 바다에서 육지로 부는 해풍은 밤에 육지에서 바다로 부는 육풍보다 강한 것이 보통이다.

② 곡풍은 경사면 → 계곡 → 주계곡으로 수렴하면서 풍속이 가속되기 때문에 낮에 산 위쪽으로 부는 산풍보다 더 강하게 부는 것이 보통이다.

③ 열섬 효과로 인해 도시의 중심부가 주위보다 고온이 되어 도시 중심부에서 상승 기류가 발생하고 도시 주위의 시골에서 도시로 부는 바람을 전원풍이라 한다.

④ 푄풍은 산맥의 정상을 기준으로 풍상쪽 경사면을 따라 공기가 상승하면서 건조단열 변화를 하기 때문에 평지에서 보다 기온이 약 1℃/100 m율로 하강한다.

해설 곡풍은 낮에 계곡 → 경사면 → 정상으로 부는 바람이고, 산풍은 밤에 정상 → 경사면 → 계곡으로 부는 바람이다.

정답 1-15 ① 1-16 ④ 1-17 ②

5-2 대기 확산 방정식 및 확산 모델

1 대기 확산 방정식

2. 대기 오염 예측의 기본이 되는 난류 확산 방정식은 시간에 따른 오염물 농도의 변화를 선형화한 여러 항으로 구성된다. 다음 중 방정식을 선형화하고자 할 때 고려해야 할 사항으로 가장 거리가 먼 것은? [18-1]

① 바람에 의한 수평 방향 이류항
② 난류에 인한 분산항
③ 분자 확산에 의한 항
④ 복잡한 화학(연소) 반응에 의해 변화하는 항

해설 난류 확산은 물리적 현상에 따른다.

답 ④

이론 학습

(1) 가우시안(Gaussian) 확산 방정식(점배출원)

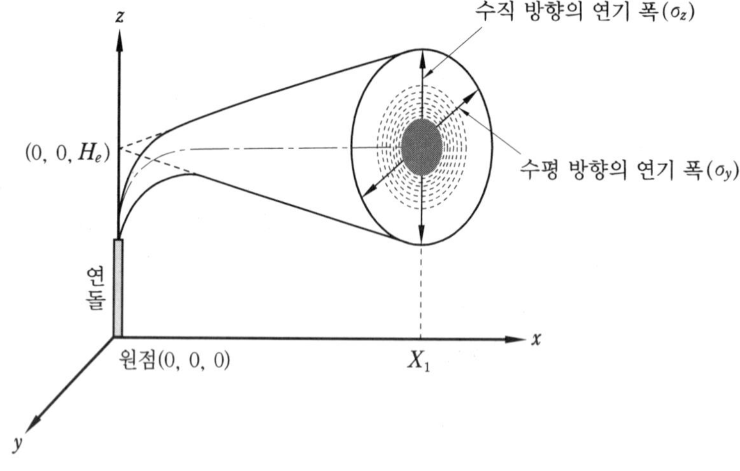

시간 평균으로 잡은 연류의 모양과 풍하 X_1 지점에서의 연기 흐름의 단면 상태

한 개의 굴뚝에서 연속하여 토출되는 오염 물질이라면 어느 정도 시간(약 10분 이상) 관측을 계속하여 평균하면 plume(연류)의 중심부는 농도가 높고, 주변 부분은 농도가 낮다.

평균 풍속에 수직인 단면에서의 오염 물질의 농도 분포는 가우스 분포(=종모양 분포=정규 분포)로 간주할 수 있다.

이때, 풍하측 어떤 공간에서의 오염의 농도를 q라고 하면 q는 다음과 같다.

$$q(x,\ y,\ z : H_e)$$
$$= \frac{Q}{2\pi\sigma_y\sigma_z u}\exp\left[-\frac{1}{2}\left(\frac{y}{\sigma_y}\right)^2\right]\left\{\exp\left[-\frac{1}{2}\left(\frac{Z-H_e}{\sigma_z}\right)^2\right]+\exp\left[-\frac{1}{2}\left(\frac{Z+H_e}{\sigma_z}\right)^2\right]\right\}$$

여기서, q : 위치(x, y, z : H_e)에 있어서 오염 농도(ppm)
Q : 단위 시간당 오염물 배출량(m^3/s)×특정 물질 농도(ppm)
u : 풍속(m/s)(x축 방향)
H_e : 유효 연돌고(m)
σ_y : 수평 방향의 연기 확산 폭(m)
σ_z : 수직 방향의 연기 확산 폭(m)

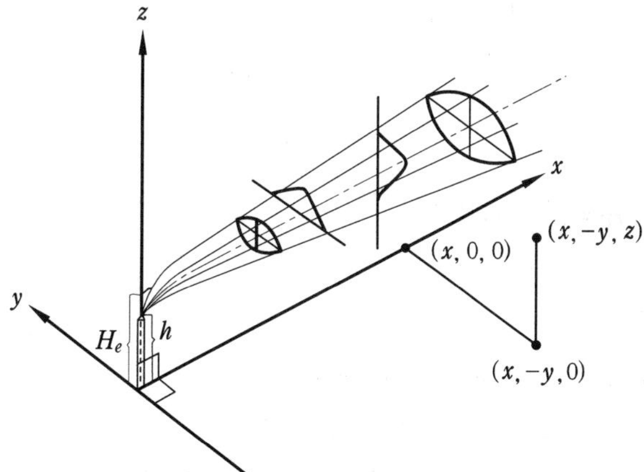

가우시안 모델을 위한 공간 좌표 시스템

① 지상에서의 오염 농도를 구하자면 $z=0$이므로

$$q(x,\ y,\ 0 : H_e) = \frac{Q}{\pi\sigma_y\sigma_z u}\exp\left[-\frac{1}{2}\left(\frac{y}{\sigma_y}\right)^2\right]\cdot\exp\left[-\frac{1}{2}\left(\frac{H_e}{\sigma_z}\right)^2\right]$$

② 풍하측으로 플룸의 중심축 직하의 지면에서의 오염 농도는 $y=0$, $z=0$이므로

$$q(x,\ 0,\ 0 : H_e) = \frac{Q}{\pi\sigma_y\sigma_z u}\exp\left[-\frac{1}{2}\left(\frac{\mathrm{H_e}}{\sigma_\mathrm{z}}\right)^2\right]$$

③ 오염 배출원이 지면($H_e=0$)에 있고, 풍하측으로 플룸의 중심축 직하의 지면($y=0$, $z=0$)에서의 오염 농도는

$$q(x,\ 0,\ 0 : 0) = \frac{Q}{\pi\sigma_y\sigma_z u}$$

(2) 굴뚝의 유효고

굴뚝의 높이는 ΔH만큼 증가되는데, 이 경우 $H_s+\Delta H$를 굴뚝의 유효고(effective height)라 하고 오염물의 분산을 나타내는 공식으로 이용된다.

$$H_e = H_s + \Delta H$$

여기서, H_e : 굴뚝의 유효고
H_s : 실제 굴뚝의 높이
ΔH : 연기의 상승고

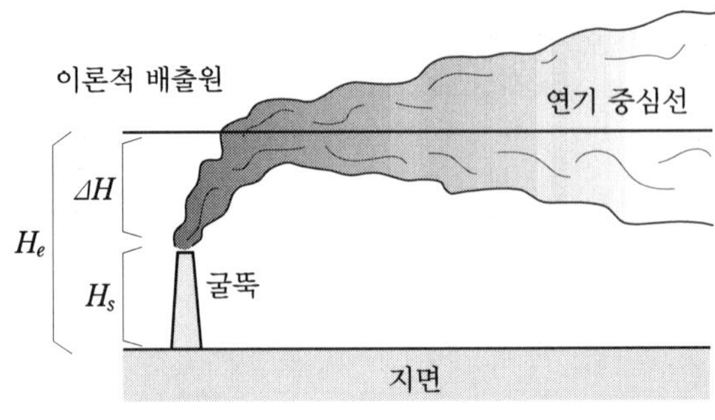

굴뚝의 유효고

(3) 고도에 따른 유속(Deacon식)

$$U_2 = U_1\left(\frac{Z_2}{Z_1}\right)^n$$

여기서, U_1 : 기준 고도 Z_1에 있어서의 풍속
U_2 : 고도 Z_2에 있어서의 풍속
n : 정수(대기 불안정일 때 0.25, 안정은 0.5이다.)

(4) 최대 착지 농도(C_{max})와 X_{max}(sutton식)

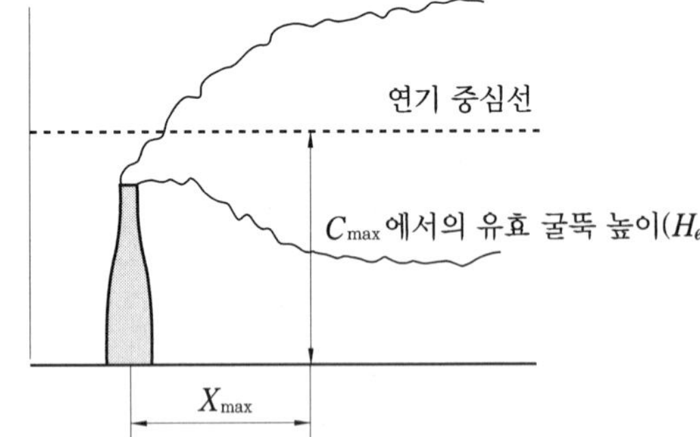

H_e : 유효 굴뚝 높이(m)
C_{max} : 최대 착지 농도(ppm)
X_{max} : C_{max}가 출현하는 풍하 거리(m)

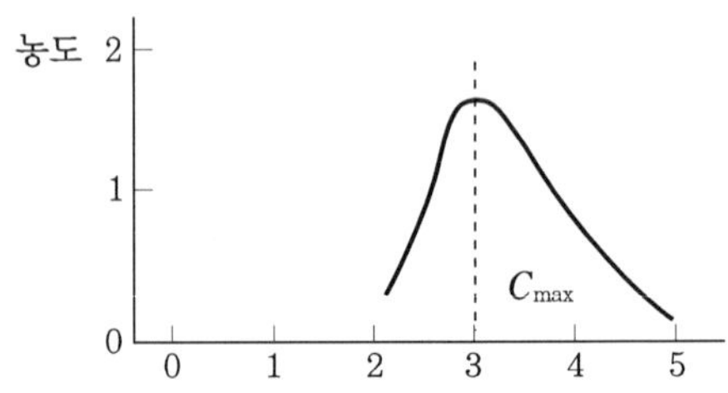

굴뚝의 풍하선상에 있어서의 배출 가스

$$C_{max} = \frac{2Q}{\pi e U {H_e}^2}\left(\frac{C_z}{C_y}\right)$$

$$X_{max} = \left(\frac{H_e}{C_z}\right)^{\frac{2}{2-n}}$$

여기서, Q : 단위 시간당 오염 물질 배출량(m^3/s)×특정 물질 농도(ppm)
U : 풍속(x축 방향으로 부는 것으로 한다.)(m/s)
H_e : 유효 연돌고(m)
C_y, C_z : 수평 및 수직 방향의 연기 확산 폭(m)
n : Sutton의 매개 변수(대기 불안정일 때 0.25, 안정은 0.5이다.)

최대 착지 농도(C_{max})는

① 풍속이 클수록 감소한다.
② 유효 연돌 높이가 클수록 감소한다.
③ 배출량이 적을수록 감소한다.

(5) 유효 굴뚝의 높이의 계산

① Rupp의 식

$$\Delta H = 1.5\left(\frac{V_s}{U}\right)d = 1.5Rd$$

여기서, ΔH : 굴뚝 연기 상승고(m), $R = \frac{V_s}{U}$
V_s : 굴뚝 연기 방출 속도(m/s)
U : 굴뚝 높이에서의 평균 풍속(m/s)
d : 굴뚝의 직경(m)

② Smith의 식

$$\Delta H = d\left(\frac{V_s}{U}\right)^{1.4}$$

③ Carson과 Moses의 식

$$\Delta H = -0.029\frac{V_s \cdot d}{U} + 2.62\frac{(Q_h)^{\frac{1}{2}}}{U}$$

여기서, ΔH : 굴뚝 연기 상승고(m)
V_s : 굴뚝 배기가스의 토출 속도(m/s)
d : 굴뚝의 출구 직경(m)
U : 굴뚝 출구에서의 풍속(m/s)
Q_h : 열배출률(KJ/s)

④ Holland의 식

$$\Delta H = \frac{V_s d}{U}\left[1.5 + 2.68 \times 10^{-3} Pd\left(\frac{T_s - T_a}{T_s}\right)\right]$$

여기서, P : 압력(mb)
d : 굴뚝의 직경(m)
T_s : 굴뚝 출구에서의 가스의 온도(K)
T_a : 굴뚝 높이에서의 대기의 온도(K)

⑤ Briggs의 식

$$\frac{\Delta h}{d} = 1.89\left(\frac{R}{1+\frac{3}{R}}\right)^{\frac{2}{3}}\left(\frac{x}{d}\right)^{\frac{1}{3}}$$

여기서, x : 풍하 방향 거리(m)
$R = \frac{V_s}{U}$

⑥ Mosess와 Carson의 식

$$\Delta H = C\frac{F}{u^3}$$

여기서, C : 상수(보통 150)
F : 부력 매개 변수
$F = gV_s\left(\frac{d}{2}\right)^2\left(\frac{T_s - T_a}{T_a}\right)$

2-1 **다음 Gaussian 분산식에 대한 설명으로 가장 적합한 것은?** [17-2]

$$C(x,\ y,\ z) = \frac{Q}{2\pi u\sigma_y\sigma_z}\left[\exp-\left(\frac{y^2}{2{\sigma_y}^2}\right)\right]\left[\exp\left(\frac{-(z-H)^2}{2{\sigma_z}^2}\right) + \exp\left(\frac{-(z+H)^2}{2{\sigma_z}^2}\right)\right]$$

① 비정상 상태에서 불연속적으로 배출하는 면오염원으로부터 바람방향이 배출면에 수평인 경우 풍하 측의 지면 농도를 산출하는 경우에 사용한다.

② 공중 역전이 존재할 경우 역전층의 오염 물질의 상향 확산에 의한 일정 고도상에서의 중심축상 선오염원의 농도를 산출하는 경우에 사용한다.

③ 지표면으로부터 고도 H에 위치하는 점원-지면으로부터 반사가 있는 경우에 사용한다.

④ 연속적으로 배출하는 무한의 선오염원으로부터 바람의 방향이 배출선에 수직인 경우 플룸 내에서 소멸되는 풍하 측의 지면 농도를 산출하는 경우에 사용한다.

정답 **2-1** ③

해설 가우시안 분산식은 점오염원에 대한 식이다.

2-2 유효고 50 m인 굴뚝에서 NO가 200 g/s의 속도로 배출되고 있다. 굴뚝 유효고에서의 풍속은 10 m/s일 때, 500 m 풍하 방향 중심선상 지표면에서의 NO 농도는? (단, σ_y =30 m, σ_z =15 m) [12–4, 16–1]

① 약 3 μg/m³ ② 약 5 μg/m³
③ 약 27 μg/m³ ④ 약 55 μg/m³

해설 $C(x,\ 0,\ 0,\ H_e) = \dfrac{Q}{\pi\sigma_y\sigma_z u} \times e^{\left[-\frac{1}{2}\left(\frac{H_e}{\sigma_z}\right)^2\right]}$

$= \dfrac{200\text{g/s} \times 10^6 \mu\text{g/g}}{3.14 \times 30 \times 15 \times 10\text{m}^3/\text{s}} \times \text{e}^{\left[-\frac{1}{2} \times \left(\frac{50}{15}\right)^2\right]}$

$= 54.71\ \mu\text{g/m}^3$

2-3 유효 높이(H)가 60 m인 굴뚝으로부터 SO_2가 125 g/s의 속도로 배출되고 있다. 굴뚝 높이에서의 풍속은 6 m/s이고 풍하거리 500 m에서 대기 안정 조건에 따라 편차 σ_y는 36 m, σ_z는 18.5 m이었다. 이 굴뚝으로부터 풍하 거리 500 m의 중심선상의 지표면 농도는 얼마인가? (단, 가우시안 모델식을 사용하고, SO_2는 배출되는 동안에 화학적으로 반응하지 않는다고 가정한다.) [15–2, 21–4]

① 약 52 μg/m³ ② 약 66 μg/m³
③ 약 2,483 μg/m³ ④ 약 9,957 μg/m³

해설 풍하 측으로 플룸의 중심축 직하의 지면에서의 오염 농도는 $y=0,\ z=0$이므로

$q(x,\ 0,\ 0 : H) = \dfrac{Q}{\pi\sigma_y\sigma_z U}\exp\left[-\dfrac{1}{2}\left(\dfrac{H}{\sigma_z}\right)^2\right]$

$= \dfrac{125 \times 10^6}{3.14 \times 36 \times 18.5 \times 6} \times e^{\left[-\frac{1}{2} \times \left(\frac{60}{18.5}\right)^2\right]}$

$= 51.7\ \mu\text{g/m}^3$

2-4 지상에서 NO_x를 3 g/s로 배출하고 있는 굴뚝 없는 쓰레기 소각장에서 풍하 방향으로 3 km 떨어진 곳의 중심축상 NO_x 지표면에서의 오염 농도는 얼마인가? (단, 가우시안 모델식을 사용하고, 풍속은 7 m/s, σ_y =190 m, σ_z =65 m이며, NO_x는 배출되는 동안에 화학적으로 반응하지 않는 것으로 가정한다.) [15–2]

① 2.2×10^{-5} g/m³
② 1.1×10^{-5} g/m³
③ 5.5×10^{-6} g/m³
④ 2.75×10^{-6} g/m³

해설 오염 배출원이 지면($H=0$)에 있을 때 중심축상($y=0$), 지표면($z=0$)에서의 오염 농도

$q(x,\ 0,\ 0 : 0) = \dfrac{Q}{\pi\sigma_y\sigma_z U}$

$= \dfrac{3\text{g/s}}{3.14 \times 190\text{m} \times 65\text{m} \times 7\text{m/s}}$

$= 1.105 \times 10^{-5}\text{g/m}^3$

2-5 가우시안 모델의 대기 오염 확산 방정식을 적용할 때 지면에 있는 오염원으로부터 바람부는 방향으로 200 m 떨어진 연기의 중심축상 지상 오염 농도(mg/m³)는? (단, 오염 물질의 배출량은 6 g/s, 풍속은 3.5 m/s, σ_y, σ_z는 각각 22.5 m, 12 m이다.)

① 0.96 ② 1.41
③ 2.02 ④ 2.46

해설 중심축($y=0$), 지상($z=0$), 오염원이 지면($H_e=0$) 오염농도

$q(x,\ 0,\ 0 : 0) = \dfrac{Q}{\pi\sigma_y\sigma_z U}$

$= \dfrac{6\text{g/s} \times 10^3\text{mg/g}}{3.14 \times 22.5\text{m} \times 12\text{m} \times 3.5\text{m/s}}$

$= 2.02\ \text{mg/m}^3$

정답 2-2 ④ 2-3 ① 2-4 ② 2-5 ③

2-6 1시간에 10,000대의 차량이 고속도로 위에서 평균 시속 80 km로 주행하며, 각 차량의 평균탄화수소 배출률은 0.02 g/s이다. 바람이 고속도로와 측면 수직 방향으로 5 m/s로 불고 있다면 도로 지반과 같은 높이의 평탄한 지형의 풍하 500 m 지점에서의 지상 오염 농도는?(단, 대기는 중립 상태이며, 풍하 500 m에서의 σ_z =15 m,

$$C(x,\ 0)=\frac{2q}{(2\pi)^{\frac{1}{2}}\sigma_z U}\exp\left[-\frac{1}{2}\left(\frac{H}{\sigma_z}\right)^2\right]$$

를 이용)

① 26.6 μg/m³ ② 34.1 μg/m³
③ 42.4 μg/m³ ④ 51.2 μg/m³

해설 $q=\frac{0.02\text{g/s}\cdot\text{대}\times 10{,}000\text{대/h}}{80\text{km/h}\times 10^3\text{m/km}}$

$=2.5\times10^{-3}\text{g/m}\cdot\text{s}$

$C(x,\ 0)=\frac{2\times2.5\times10^{-3}\text{g/m}\cdot\text{s}\times10^6\mu\text{g/g}}{(2\times3.14)^{\frac{1}{2}}\times15\text{m}\times5\text{m/s}}\times e^{\circ}$

$=26.60\ \mu\text{g/m}^3$

2-7 다음 중 새로운 공장이나 화력 발전소를 건설할 경우 굴뚝의 높이를 결정해야 하는데, 이 경우 먼저 고려되어야 할 사항으로 가장 거리가 먼 것은? [12-2]

① 공장에서 방출될 대기 오염물의 양(Q)
② 최대 허용 농도(C)
③ 고려되어야 할 하류 지점까지의 거리(X)와 풍속(U)
④ 먼지의 침강 속도(V_t)와 점성 계수(μ)

해설 ④의 내용은 중력 집진 장치 설계 시 고려되어야 할 사항이다.

2-8 지상 10 m에서의 풍속이 7.5 m/s라면 지상 100 m에서의 풍속은?(단, Deacon 식을 적용, 풍속 지수(P)=0.12이다.)

[13-2, 15-2, 16-2, 17-4, 18-2]

① 약 8.2 m/s ② 약 8.9 m/s
③ 약 9.2 m/s ④ 약 9.9 m/s

해설 $\frac{U_2}{U_1}=\left(\frac{Z_2}{Z_1}\right)^P$

$\therefore\ U_2=U_1\times\left(\frac{Z_2}{Z_1}\right)^P=7.5\times\left(\frac{100}{10}\right)^{0.12}$

$=9.88\text{ m/s}$

2-9 Deacon 법칙을 이용하여 풍속 지수(P)가 0.28인 조건에서 지표 높이 10 m에서의 풍속이 4 m/s일 때, 상공의 풍속이 12 m/s가 되는 위치의 높이는 지표로부터 약 얼마인가? [12-2, 15-4]

① 약 200 m ② 약 300 m
③ 약 400 m ④ 약 500 m

해설 $U_2=U_1\times\left(\frac{Z_2}{Z_1}\right)^P$

$12=4\times\left(\frac{x}{10}\right)^{0.28}$

$\therefore\ x=\left(\frac{12}{4}\right)^{\frac{1}{0.28}}\times10=505.8\text{ m}$

2-10 확산 계수 $C_y=C_z=0.05$, 풍속 $U=4$ m/s, 굴뚝의 유효 고도 150 m, 오염물질의 배출률 $Q=50{,}000$ Sm³/h, 가스 중 SO_2 농도가 968.4 ppm일 때, 지상에 나타나는 SO_2의 최대 농도는 몇 ppm인가?(단, Sutton의 확산식 이용) [12-1, 12-4]

① 약 0.010 ppm ② 약 0.027 ppm
③ 약 0.035 ppm ④ 약 0.072 ppm

해설 $C_{\max}=\frac{2Q}{\pi e UH_e^2}\cdot\left(\frac{C_z}{C_y}\right)$

$=\frac{2\times\frac{50{,}000}{3{,}600}\times968.4}{3.14\times2.72\times4\times150^2}\times\left(\frac{0.05}{0.05}\right)$

$=0.0349\text{ ppm}$

정답 2-6 ① 2-7 ④ 2-8 ④ 2-9 ④ 2-10 ③

2-11 유효 굴뚝 높이 200 m인 연돌에서 배출되는 가스량은 20 m^3/s, SO_2 농도는 1,750 ppm이다. $K_y = 0.07$, $K_z = 0.09$ 중립 대기 조건에서 SO_2의 최대 지표 농도(ppb)는 어느 것인가? (단, 풍은 30 m/s 이다.) [13-4, 19-2]

① 34 ppb ② 22 ppb
③ 15 ppb ④ 9 ppb

해설 $C_{\max} = \dfrac{2Q}{\pi e UH_e^2} \cdot \left(\dfrac{C_z}{C_y}\right)$

$= \dfrac{2 \times 20\text{m}^3/\text{s} \times 1{,}750 \times 10^3\text{ppb}}{3.14 \times 2.72 \times 30\text{m/s} \times 200^2\text{m}^2} \times \left(\dfrac{0.09}{0.07}\right)$

$= 8.78\ \text{ppb}$

2-12 굴뚝 배출 가스량 15 m^3/s, HCl의 농도 802 ppm, 풍속 20 m/s, $K_y = 0.07$, $K_z = 0.08$인 중립 대기 조건에서 중심축상 최대 지표 농도가 1.61×10^{-2} ppm인 경우 굴뚝의 유효고는? (단, Sutton의 확산식을 이용한다.) [13-1]

① 약 30 m ② 약 50 m
③ 약 70 m ④ 약 100 m

해설 $C_{\max} = \dfrac{2Q}{\pi e UH_e^2} \times \left(\dfrac{\sigma_z}{\sigma_y}\right)$

$H_e = \sqrt{\dfrac{2Q}{\pi e UC_{\max}} \times \left(\dfrac{\sigma_z}{\sigma_y}\right)}$

$= \sqrt{\dfrac{2 \times 15 \times 802}{3.14 \times 2.72 \times 20 \times 1.61 \times 10^{-2}} \times \left(\dfrac{0.08}{0.07}\right)}$

$= 99.99\ \text{m}$

2-13 대기 오염 가스를 배출하는 굴뚝의 유효 고도가 87 m에서 100 m로 높아졌다면 굴뚝의 풍하측 지상 최대 오염 농도를 87 m일 때의 것과 비교하면 몇 %가 되겠는가? (단, 기타 조건은 일정) [15-1, 19-4]

① 47 % ② 62 %
③ 76 % ④ 88 %

해설 $C_{\max} = \dfrac{2Q}{\pi euH_e^2}\left(\dfrac{C_z}{C_y}\right)$

$C_{\max} \propto \dfrac{1}{H_e^2}$

$100\% : \dfrac{1}{87^2}$

$x[\%] : \dfrac{1}{100^2}$

$\therefore\ x = 75.69\ \%$

2-14 배출구로부터 배출된 오염 물질이 확산·희석되는 과정으로부터 유효 굴뚝 높이(H_e)와 지표상의 최대 도달 농도($\text{C}_{\max}$)와의 관계에 있어서, 일반적으로 H_e가 처음의 2배로 되면 $C_{\max}$ 값은 어떻게 되겠는가? [12-1, 14-1, 19-1]

① 처음의 $\dfrac{1}{4}$ ② 처음의 $\dfrac{1}{2}$
③ 처음의 2배 ④ 처음의 4배

해설 $C_{\max} \propto \dfrac{1}{H_e^2},\ 1 : \dfrac{1}{1^2},\ x : \dfrac{1}{2^2}$

$\therefore\ x = \dfrac{1}{4}$

2-15 Sutton의 확산 방정식에서 최대착지 농도($C_{\max}$)에 대한 설명으로 옳지 않은 것은? [16-1]

① 평균 풍속에 비례한다.
② 오염 물질 배출량에 비례한다.
③ 유효 굴뚝 높이의 제곱에 반비례한다.
④ 수평 및 수직 방향 확산 계수와 관계가 있다.

해설 $C_{\max} = \dfrac{2Q}{\pi e UH_e^2}\left(\dfrac{C_z}{C_y}\right)$

① 비례한다. → 반비례한다.

정답 2-11 ④ 2-12 ④ 2-13 ③ 2-14 ① 2-15 ①

2-16 유효 굴뚝 높이가 1 m인 굴뚝에서 배출되는 오염 물질의 최대 착지 농도를 현재의 $\frac{1}{10}$로 낮추고자 할 때, 유효 굴뚝 높이를 몇 m 증가시켜야 하는가? (단, sutton의 확산 방정식 사용, 기타 조건은 동일) [21-4]

① 0.04 ② 0.20
③ 1.24 ④ 2.16

해설 $C_{\max} = \dfrac{2Q}{\pi e U H_e^2}\left(\dfrac{C_z}{C_y}\right)$

$C_{\max} \propto \dfrac{1}{H_e^2}$, $1 : \dfrac{1}{1^2}$, $\dfrac{1}{10} : \dfrac{1}{x^2}$

$\therefore x = \sqrt{10} = 3.16$

증가시켜야 하는 높이 $= 3.16 - 1 = 2.16$ m

2-17 유효 굴뚝 높이 100 m인 연돌에서 배출되는 가스량은 10 m³/s, SO_2의 농도가 1,500 ppm일 때 Sutton식에 의한 최대 지표 농도는? (단, $K_y = K_z = 0.05$, 평균 풍속은 10 m/s이다.) [17-2]

① 약 0.008 ppm ② 약 0.035 ppm
③ 약 0.078 ppm ④ 약 0.116 ppm

해설 $C_{\max} = \dfrac{2Q}{\pi e U H_e^2}\left(\dfrac{C_z}{C_y}\right)$

$= \dfrac{2 \times 10 \times 1{,}500}{3.14 \times 2.72 \times 10 \times 100^2} \cdot \left(\dfrac{0.05}{0.05}\right)$

$= 0.035$ ppm

2-18 유효 굴뚝의 높이 130 m의 굴뚝으로부터 배출되는 SO_2가 지표면에서 최대 농도를 나타내는 착지 지점($X_{\max}$)은? (단, sutton의 확산식을 이용하여 계산하고, 수직 확산 계수 $C_z = 0.05$, 대기 안정도 계수 $n = 0.25$이다.) [18-4]

① 4,880 m ② 5,797 m
③ 6,877 m ④ 7,995 m

해설 $X_{\max} = \left(\dfrac{H_e}{C_z}\right)^{\frac{2}{2-n}} = \left(\dfrac{130}{0.05}\right)^{\frac{2}{2-0.25}}$

$= 7{,}995$ m

2-19 Sutton의 확산식에서 지표 고도에서 최대 오염이 나타나는 풍하측 거리(m)는? (단, $K_y = K_z = 0.07$, $H_e = 129$ m, $\dfrac{2}{2-n} = 1.14$이다.) [13-2]

① 약 3,950 m ② 약 4,250 m
③ 약 5,280 m ④ 약 6,510 m

해설 $X_{\max} = \left(\dfrac{H_e}{\sigma_z}\right)^{\frac{2}{2-n}} = \left(\dfrac{129}{0.07}\right)^{1.14} = 5{,}280$ m

2-20 A굴뚝으로부터 배출되는 SO_2가 풍하측 5,000 m 지점에서 지표 최고 농도를 나타냈을 때, 유효 굴뚝 높이(m)는? (단, sutton의 확산식을 사용하고, 수직 확산 계수는 0.07, 대기 안정도 지수(n)는 0.25이다.) [16-2, 20-2]

① 약 120 ② 약 140
③ 약 160 ④ 약 180

해설 $X_{\max} = \left(\dfrac{H_e}{C_z}\right)^{\frac{2}{2-n}}$

$5{,}000 = \left(\dfrac{H_e}{0.07}\right)^{\frac{2}{2-0.25}}$

$\therefore H_e = 5{,}000^{\frac{2-0.25}{2}} \times 0.07 = 120.69$ m

2-21 실제 굴뚝 높이가 50 m, 굴뚝 내경 5 m, 배출가스의 분출 속도가 12 m/s, 굴뚝 주위의 풍속이 4 m/s라고 할 때 유효 굴뚝의 높이(m)는? (단, $\Delta H = 1.5 \times D \times \left(\dfrac{V_s}{U}\right)$이다.) [16-1, 20-1]

① 22.5 ② 27.5

정답 2-16 ④ 2-17 ② 2-18 ④ 2-19 ③ 2-20 ① 2-21 ③

③ 72.5 ④ 82.5

해설 $\Delta H = 1.5 \times 5 \times \left(\frac{12}{4}\right) = 22.5 \text{ m}$

$H_e = H_s + \Delta H = 50 + 22.5 = 72.5 \text{ m}$

2-22 다음 중 불안정한 조건에서 가스 속도가 10 m/s, 굴뚝의 안지름이 5 m, 가스 온도가 173℃, 기온이 17℃, 풍속이 36 km/h일 때 연기의 상승 높이는 몇 m인가? (단, 불안정 조건 시 연기의 상승 높이 $\Delta H = 150\frac{F}{U^3}$이며 F는 부력을 나타낸다.) [14-1, 17-2, 21-1]

① 34 m ② 42 m
③ 49 m ④ 56 m

해설 우선 부력을 구하면

$$F = g V_s \left(\frac{d}{2}\right)^2 \left(\frac{T_s - T_a}{T_a}\right)$$

$$= 9.8\text{m/s} \times 10\text{m/s} \times \left(\frac{5\text{m}}{2}\right)^2 \times \left(\frac{(273+173)-(273+17)}{(273+17)}\right)$$

$$= 329.48 \text{ m}^4/\text{s}^3$$

풍속 U

$= 36\text{km/h} \times 1{,}000\text{m/km} \times \text{h}/3{,}600\text{s}$

$= 10\text{m/s}$

$$\therefore \Delta H = 150 \times \frac{329.48\text{m}^4/\text{s}^3}{(10\text{m/s})^3} = 49.42\text{m}$$

2-23 굴뚝의 반경이 1.5 m, 평균 풍속이 180 m/min인 경우 굴뚝의 유효 연돌 높이를 24 m 증가시키기 위한 굴뚝 배출 가스 속도는? (단, 연기의 유효 상승 높이 $\Delta H = 1.5 \times \frac{W_s}{u} \times D$ 이용) [14-2, 17-4]

① 13 m/s ② 16 m/s
③ 26 m/s ④ 32 m/s

해설 $24 = 1.5 \times \frac{W_s}{\frac{180}{60}} \times 3$

$$\therefore W_s = \frac{24 \times \frac{180}{60}}{1.5 \times 3} = 16 \text{ m/s}$$

2-24 직경 4 m인 굴뚝에서 연기가 10 m/s의 속도로 풍속 5 m/s인 대기로 방출된다. 대기는 27℃, 중립 상태$\left(\frac{\Delta\theta}{\Delta Z} = 0\right)$이고, 연기의 온도가 167℃일 때 TVA 모델에 의한 연기의 상승고(m)는? (단, TVA 모델 :

$$\Delta H = \frac{173 \cdot F^{\frac{1}{3}}}{U \cdot \exp\left(0.64\frac{\Delta\theta}{\Delta Z}\right)}$$, 부력 계수

$$F = \frac{[g \cdot Vs \cdot d^2(T_s - T_a)]}{4T_a}$$를 이용할 것) [14-4, 17-4]

① 약 196 m ② 약 165 m
③ 약 145 m ④ 약 124 m

해설 $$F = \frac{\left[9.8 \times 10 \times 4^2 \times \begin{Bmatrix}(273+167) \\ -(273+27)\end{Bmatrix}\right]}{4 \times (273+27)}$$

$= 182.93$

$$\therefore \Delta H = \frac{173 \times 182.93^{\frac{1}{3}}}{5 \times e^{(0.64 \times 0)}} = 196 \text{ m}$$

2-25 풍속이 5 m/s, 높이 50 m, 직경 2 m, 배출 가스 속도 15 m/s, 배출 가스 온도 127℃인 굴뚝이 있다. 대기 중의 공기 온도가 27℃일 때 아래의 홀랜드식을 이용하여 유효 굴뚝 높이를 구하면 얼마인가? (단, 1기압을 기준으로 하며 대기의 안정도는 중립 조건, 홀랜드식은 아래 식을 적용한다.) [14-2, 16-4, 19-1]

정답 2-22 ③ 2-23 ② 2-24 ① 2-25 ①

$$\Delta H = \frac{V_s \times d}{U}\left(1.5 + 2.68 \times 10^{-3} P \frac{T_s - T_a}{T_s} d\right)$$

① 약 67 m ② 약 78 m
③ 약 84 m ④ 약 92 m

해설 ΔH

$$= \frac{15 \times 2}{5} \times \left\{1.5 + 2.68 \times 10^{-3} \times 1013.25 \times \frac{(273+127)-(273+27)}{(273+127)} \times 2\right\} = 17.14\text{ m}$$

$$\therefore H_e = H_s + \Delta H = 50 + 17.14 = 67.14\text{ m}$$

2-26 굴뚝에서 배출되는 plume의 유효상승고를 $\Delta h = d\left(\frac{W}{U}\right)^{1.4}$에 의해 계산하고자 한다. 굴뚝의 내경이 2 m, 풍속이 3 m/s라고 할 때, Δh를 4 m까지 상승시키려고 한다면 배출 가스의 분출 속도는? [16-2]

① 약 5 m/s ② 약 8 m/s
③ 약 11 m/s ④ 약 14 m/s

해설 $\Delta h = d\left(\frac{W}{U}\right)^{1.4}$

$$4 = 2\left(\frac{W}{3}\right)^{1.4}$$

$$\left(\frac{4}{2}\right)^{\frac{1}{1.4}} = \left(\frac{W}{3}\right)$$

$$\therefore W = \left(\frac{4}{2}\right)^{\frac{1}{1.4}} \times 3 = 4.922\text{ m/s}$$

2-27 내경이 2 m인 굴뚝에서 온도 440 K의 연기가 6 m/s의 속도로 분출되며 분출 지점에서의 주변 풍속은 4 m/s이다. 대기의 온도가 300 K, 중립 조건일 때 연기의 상승 높이(Δh)는? (단, $\Delta h = \frac{114 C F^{\frac{1}{3}}}{U}$ 이용, $C = 1.58$, F= 부력 매개 변수) [15-4]

① 약 136 m ② 약 166 m
③ 약 181 m ④ 약 195 m

해설 $F = g \cdot \left(\frac{D}{2}\right)^2 \cdot V_s \frac{T_s - T_a}{T_a}$

$$= 9.8 \times \left(\frac{2}{2}\right)^2 \times 6 \times \frac{(440-300)}{300}$$

$$= 27.44\text{ m}^4/\text{s}^3$$

$$\Delta h = \frac{114 \times 1.58 \times 27.44^{\frac{1}{3}}}{4} = 135.8\text{ m}$$

2-28 정규(Gaussian) 확산 모델과 Turner의 확산 계수(10분 기준)를 이용해서 대기가 약간 불안정할 때 하나의 굴뚝에서 배출되는 SO_2의 풍하 1 km 지점에서의 지상 농도 0.20 ppm인 것으로 평가(계산)하였다면 SO_2의 1시간 평균 농도는 얼마인가? (단, $C_2 = C_1 \times \left(\frac{t_1}{t_2}\right)^q$ 이용, $q = 0.17$이다.) [12-4, 18-4]

① 약 0.26 ppm ② 약 0.22 ppm
③ 약 0.18 ppm ④ 약 0.15 ppm

해설 $\therefore C_2 = 0.2 \times \left(\frac{10}{60}\right)^{0.17} = 0.147\text{ ppm}$

2-29 고속도로 상의 교통 밀도가 25,000대/hr이고, 차량의 평균 속도는 110 km/hr이다. 차량의 평균 탄화수소의 배출량이 0.06 g/s · 대일 때, 고속도로에서 방출되는 탄화수소의 총량(g/s · m)은 얼마인가? [12-1, 13-2, 16-2]

① 0.00136 ② 0.0136
③ 1.36 ④ 13.6

해설 총량(g/s · m)

$$= \frac{0.06\text{g/s} \cdot \text{대} \times 25{,}000\text{대/hr}}{110\text{km/hr} \times 10^3\text{m/km}}$$

$$= 0.0136\text{ g/s} \cdot \text{m}$$

정답 2-26 ① 2-27 ① 2-28 ④ 2-29 ②

2 대류 및 난류 확산에 의한 모델

3. 가우시안 모델에 관한 설명 중 가장 거리가 먼 것은? [18-4]

① 주로 평탄 지역에 적용하도록 개발되어 왔으나, 최근 복잡 지형에도 적용이 가능하도록 개발되고 있다.
② 간단한 화학 반응을 묘사할 수 있다.
③ 점오염원에서는 모든 방향으로 확산되어가는 plume은 동일하다고 가정하여 유도한다.
④ 장, 단기적인 대기 오염도 예측에 사용이 용이하다.

해설 가우시안 모델은 점오염원에서는 풍하 방향으로 확산되어 가는 plume이 정규 분포한다고 가정한다.

답 ③

이론 학습

(1) 가우시안 모델(Gaussian model)의 가정과 특징

(기본 방정식=Fick의 방정식=경도 모델)

① 오염 물질은 점 배출원으로부터 연속적으로 방출된다.
② 연기의 확산은 정상 상태(steady state)로 가정한다$\left(\frac{dc}{dt}=0\right)$.
③ 점 오염원에서는 풍하 방향으로 확산되어 가는 plume이 정규 분포한다고 가정한다.
④ 주로 평탄 지역에 적용이 가능하다. 최근에는 복잡한 지형에도 적용이 가능하도록 개발되고 있다.
⑤ 간단한 화학 반응을 묘사할 수 있다.
⑥ 장·단기적인 대기 오염도 예측에 사용이 용이하다.
⑦ 바람에 의한 오염물의 주 이동 방향은 x축으로 하여 오염 물질은 플룸(plume) 내에서 소멸되거나 생성되지 않는다고 가정한다.
⑧ 시료 채취 시간은 약 10분으로 가정한다.
⑨ 표준편차(σ_y, σ_z)값은 고도에 따라 변하므로 고도는 대기 중에서 하부 수백 m에 국한하여 사용한다.
⑩ 풍속은 x, y, z 좌표 시스템 내의 어느 점에서든 일정하다고 가정한다.

(2) 상자 모델(Box Model)의 가정

① 면적 배출원이다.
② 상자 안에서의 오염 물질이 방출되는 즉시 균일하게 혼합된다고 가정한다.
③ 오염물 배출원(굴뚝)이 지면 전역에 균등히 분포되어 있다고 가정한다.
④ 오염물의 분해는 1차 반응에 의한다고 가정한다.
⑤ 바람은 이 상자의 측면에서 불며, 그 속도는 일정하다고 가정한다.
⑥ 대기 오염 물질의 농도가 시간에 따라서만 변하는 0차원 모델이다.

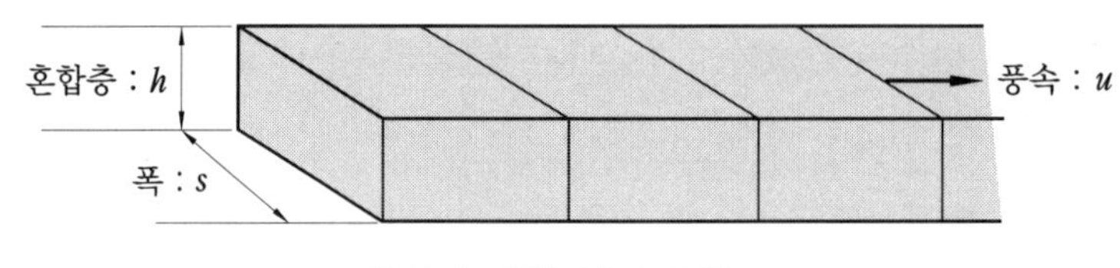

확산에 대한 상자 모델

(3) 분산 모델의 장점 및 특징

① 2차 오염원의 확인이 가능하다.
② 기초적인 기상학적 원리를 적용, 미래의 대기질을 예측하여 대기 오염 제어 정책 입안에 도움을 준다.
③ 점, 선, 면 오염원의 영향을 평가할 수 있다.
④ 지형 및 오염원의 조업 조건에 영향을 받는다.
⑤ 오염물의 단기간 분석 시 문제가 된다.
⑥ 분진의 영향 평가는 기상의 불확실성과 오염원이 미확인인 경우에 문제점을 가진다.
⑦ 새로운 오염원이 지역 내에 생길 때 매번 재평가를 하여야 한다.

(4) 수용 모델의 장점과 특징

① 지형, 기상학적 정보 없이도 사용 가능하다.
② 수용체 입장에서 영향 평가가 현실적으로 이루어질 수 있다.
③ 오염원의 조업 및 운영 상태에 대한 정보 없이도 사용 가능하다.
④ 새로운 오염원, 불확실한 오염원을 정량적으로 확인 평가할 수 있다.
⑤ 입자상, 가스상 물질, 가시도 문제 등 환경 전반에 응용할 수 있다.
⑥ 현재나 과거에 일어났던 일을 추정하여 미래를 위한 계획을 세울 수 있으나 미래 예측은 어렵다.
⑦ 측정 자료를 입력 자료로 사용하므로 시나리오 작성이 곤란하다.

⑧ '모델링'이라는 협의의 개념보다는 대기 오염 물질의 물리화학적 분석과 각종 응용 통계 분석까지를 포함한 광의의 개념으로 이용되고 있다.
⑨ 모델의 분류로는 오염 물질의 분석 방법에 따라 현미경 분석법과 화학 분석법으로 구분한다.
⑩ 대기 오염 배출원이 주변 지역에 미치는 영향 또는 기여도를 수리통계학적으로 분석하는 것이다.

(5) 기타 여러 가지 모델의 특징

① ISCLT(Industrial Source Complex Model for Long Term)는 미국에서 널리 이용되는 범용적인 모델로 장기농도 계산용의 모델이다(개발국 : 미국).
② ISCST(Industrial Source Complex Model for Short Term)는 ISCLT와 같은 구조로서 단기농도 예측에 사용된다(개발국 : 미국)
③ TCM(Texas Climatological Model)은 장기 모델로 한국에서 많이 사용되었다(개발국 : 미국).
④ MM5(Mesoscale Model)는 바람장 모델로 주로 바람장을 계산하고, 기상 예측에 주로 사용된다(개발국 : 미국).
⑤ RAMS(Regional Atmospheric Model System)는 바람장 모델로 바람장과 오염 물질 분산을 동시에 계산할 수 있다(개발국 : 미국).
⑥ ADMS(Atmospheric Dispersion Model System)는 도시 지역에서 오염 물질의 이동을 계산하는 것으로 영국에서 많이 사용했던 모델이다(개발국 : 영국).
⑦ CMAQ(Community Multiscale Air Quality Modeling System)는 광화학 모델로 광화학 오염 물질과 미세먼지의 이동을 계산할 수 있다(개발국 : 미국).
⑧ AUSPLUME(Australian Plume Model)는 미국의 ISCST와 ISCLT 모델을 개조하여 만든 모델로 호주에서 주로 사용되었다(개발국 : 호주).
⑨ UAM(Urban Airshed Model)는 도시 지역에서 광화학 반응을 고려하여 오염 물질의 이동을 계산할 수 있다(개발국 : 미국).
⑩ CTDMPLUS(Complex Terrain Dispersion Model−Plus)는 복잡한 지형에 대해 오염 물질의 이동을 계산할 수 있다(개발국 : 미국).
⑪ SMOGSTOP는 벨기에에서 개발한 것으로, 오존 농도 계산에 사용된다.

3-1 **가우시안 모델을 전개하기 위한 기본적인 가정으로, 가장 거리가 먼 것은 어느 것인가?** [21-2]

① 연기의 확산은 정상 상태이다.
② 연직 방향으로의 확산은 무시한다.
③ 고도가 높아짐에 따라 풍속이 증가한다.
④ 오염 분포의 표준 편차는 약 10분 간의 대표치이다.

해설 풍속은 x, y, z 좌표 시스템 내의 어느 점에서든 일정하다고 가정한다.

3-2 **가우시안 모델에 도입된 가정 조건으로 거리가 먼 것은?** [14-4, 19-2]

① 연기의 분산은 정상 상태 분포를 가정한다.
② 바람에 의한 오염 물질의 주 이동 방향은 x축이며, 풍속은 일정하다.
③ 연직 방향의 풍속은 통상 수평 방향의 풍속보다 크므로 고도 변화에 따라 반영한다.
④ 난류 확산 계수는 일정하다.

해설 ③ 수평 방향의 풍속보다 크므로 → 작으므로 무시한다.

3-3 **가우시안(Gaussian)모델에 도입되어 적용된 가정으로 가장 거리가 먼 것은 어느 것인가?** [15-2]

① 연기의 분산은 steady state이다.
② 풍속은 고도에 따라 증가한다.
③ 난류 확산 계수는 일정하다.
④ 연직 방향의 풍속은 통상 수평 방향의 풍속보다 상대적으로 크기가 작기 때문에 연직 방향의 풍속을 무시한다.

3-4 **가우시안 모델을 적용하기 위한 가정으로 가장 적합하지 않은 것은?** [21-4]

① 고도 변화에 따른 풍속 변화는 무시한다.
② 수평 방향의 난류 확산보다 대류에 의한 확산이 지배적이다.
③ 배출된 오염 물질은 흘러가는 동안 없어지거나 다른 물질로 바뀌지 않는다.
④ 이류 방향으로의 오염 물질 확산을 무시하고 풍하 방향으로의 확산만을 고려한다.

해설 ④ 이류 방향 → 연직 방향

3-5 **Gaussian 연기 확산 모델에 관한 설명으로 가장 거리가 먼 것은?** [15-4]

① 장·단기적인 대기 오염도 예측에 사용이 용이하다.
② 간단한 화학 반응을 묘사할 수 있다.
③ 선 오염원에서 풍하 방향으로 확산되어가는 plume이 정규 분포를 한다고 가정한다.
④ 주로 평탄 지역에 적용이 가능하도록 개발되어 왔으나 최근 복잡 지형에도 적용이 가능토록 개발되고 있다.

해설 ③ 선 오염원 → 점 오염원

3-6 **가우시안(Gaussian) 분산 모델에 있어서 수평 및 수직 방향의 표준 편차 σ_y와 σ_z에 관한 가정(설명)으로 가장 거리가 먼 것은?** [14-1]

① 대기의 안정 상태와는 관계있지만, 연돌로부터의 풍하 거리(distance downwind)와는 무관하다.
② 고도에 따라 변하는 값으로 고도는 대기 중에서 하부 수백 m에 국한하여 사용한다.
③ 지표는 평탄하다고 간주한다.

정답 3-1 ③ 3-2 ③ 3-3 ② 3-4 ④ 3-5 ③ 3-6 ①

④ 시료 채취 시간은 약 10분으로 간주한다.

해설 풍하 거리가 길수록 σ_y와 σ_z는 커진다.

3-7 Fick의 확산 방정식을 실제 대기에 적용시키기 위해 세우는 추가적인 가정으로 거리가 먼 것은? [19-4]

① $\frac{dC}{dt}=0$이다.

② 바람에 의한 오염물의 주이동 방향은 x축으로 한다.

③ 오염 물질의 농도는 비점오염원에서 간헐적으로 배출된다.

④ 풍속은 x, y, z 좌표 내의 어느 점에서든 일정하다.

해설 오염 물질은 점 배출원으로부터 연속적으로 방출된다.

3-8 정상 상태 조건 하에서 단위면적당 확산되는 물질의 이동 속도는 농도의 기울기에 비례한다는 것과 관련된 법칙은? [18-1]

① Fick의 법칙

② Fourier의 법칙

③ 르샤틀리에의 법칙

④ Reynold의 법칙

해설 Fick의 확산 법칙은 단위 면적, 단위 시간당 이동하는 입자의 양을 말한다.

3-9 Fick의 확산 방정식을 실제 대기에 적용시키기 위해 추가하는 가정으로 거리가 먼 것은? [14-2, 21-1]

① 바람에 의한 오염물의 주(主)이동 방향은 x축이다.

② 하류로의 확산은 오염물이 바람에 의하여 x축을 따라 이동하는 것보다 강하다.

③ 과정은 안정 상태이고, 풍속은 x, y, z 좌표 시스템 내의 어느 점에서든 일정하다.

④ 오염물은 점 오염원으로부터 계속적으로 방출된다.

해설 오염 물질이 x축을 따라 이동하는 것은 하류로의 확산보다 더 강하다.

3-10 Fick의 확산 방정식을 실제 대기에 적용시키기 위한 추가적 가정에 대한 내용과 가장 거리가 먼 것은? [20-2]

① 오염 물질은 플룸(plum) 내에서 소멸된다.

② 바람에 의한 오염물의 주 이동 방향은 x축이다.

③ 풍향, 풍속, 온도 시간에 따른 농도 변화가 없는 정상 상태 분포를 가정한다.

④ 풍속은 x, y, z 좌표 시스템 내의 어느 점에서든 일정하다.

해설 ① 소멸된다. → 소멸되지 않는다고 가정한다.

3-11 대기 오염 예측의 기본이 되는 난류 확산 방정식은 시간에 따른 오염물 농도의 변화를 선명화한 여러 항으로 구성된다. 다음 중 방정식을 선형화하고자 할 때 고려해야 할 항으로 가장 거리가 먼 것은? [12-2]

① 바람에 의한 수평 방향 이류항

② 난류에 인한 분산항

③ 분자 확산에 의한 항

④ 화학(연소) 반응에 의해 변화하는 항

해설 화학(연소) 반응은 방정식에 포함되지 않는다.

3-12 상자 모델을 전개하기 위하여 설정된 가정으로 가장 거리가 먼 것은? [13-1, 16-4]

① 오염물은 지면의 한 지점에서 일정하게 배출된다.

정답 3-7 ③ 3-8 ① 3-9 ② 3-10 ① 3-11 ④ 3-12 ①

② 고려된 공간에서 오염물의 농도는 균일하다.
③ 고려되는 공간의 수직 단면에 직각 방향으로 부는 바람의 속도가 일정하여 환기량이 일정하다.
④ 오염물의 분해는 일차 반응에 의한다.

해설 상자 모델은 면적 배출원이다.

3-13 **대기 오염 농도를 추정하기 위한 상자모델에서 사용하는 가정으로 옳지 않은 것은?** [15-1, 19-2]

① 고려되는 공간에서 오염 물질의 농도는 균일하다.
② 오염 물질의 배출원이 지면 전역에 균등히 분포되어 있다.
③ 오염 물질의 분해는 0차 반응에 의한다.
④ 고려되는 공간의 수직 단면에 직각 방향으로 부는 바람의 속도가 일정하여 환기량이 일정하다.

해설 오염물의 분해는 1차 반응에 의한다고 가정한다.

3-14 **면 배출원으로부터 배출되는 오염 물질의 확산을 다루는 상자 모델 사용 시 가정 조건으로 가장 거리가 먼 것은?** [17-2]

① 상자 공간에서 오염물의 농도는 균일하다.
② 오염 배출원은 이 상자가 차지하고 있는 지면 전역에 균등하게 분포되어 있다.
③ 상자 안에서는 밑면에서 방출되는 오염 물질이 상자 높이인 혼합층까지 즉시 균등하게 혼합된다.
④ 배출된 오염 물질이 다른 물질로 변화되는 율과 지면에 흡수되는 율은 100 %이다.

해설 ④ 100 %가 아니고 0 %이다.

3-15 **대기 오염원의 영향을 평가하는 방법 중 분산 모델에 관한 설명으로 가장 거리가 먼 것은?** [20-1]

① 오염물의 단기간 분석 시 문제가 된다.
② 지형 및 오염원의 조업 조건에 영향을 받는다.
③ 먼지의 영향 평가는 기상의 불확실성과 오염원이 미확인인 경우에 문제점을 가진다.
④ 현재나 과거에 일어났을 일을 추정, 미래를 위한 전략은 세울 수 있으나 미래 예측은 어렵다.

해설 ④의 설명은 수용 모델의 특징이다.

3-16 **대기 오염원의 영향을 평가하는 방법 중 분산 모델에 관한 설명으로 가장 거리가 먼 것은?** [13-2, 16-2]

① 지형 및 오염원의 조업 조건에 영향을 받는다.
② 시나리오 작성이 곤란하고, 미래 예측이 어렵다.
③ 먼지의 영향 평가는 기상의 불확실성과 오염원이 미확인인 경우에 문제점을 가진다.
④ 오염물의 단기간 분석 시 문제가 된다.

해설 ②의 설명은 수용 모델의 특징이다.

3-17 **분산 모델의 특징에 관한 설명으로 가장 거리가 먼 것은?** [18-1]

① 미래의 대기질을 예측할 수 있으며 시나리오를 작성할 수 있다.
② 점·선·면 오염원의 영향을 평가할 수 있다.
③ 단기간 분석 시 문제가 될 수 있고, 새로운 오염원이 지역 내 신설될 때 매번 재평가하여야 한다.

정답 3-13 ③ 3-14 ④ 3-15 ④ 3-16 ② 3-17 ④

④ 지형, 기상학적 정보 없이도 사용 가능하다.

해설 ④의 설명은 수용 모델의 장점이다.

3-18 수용 모델(Receptor Model)의 특징과 거리가 먼 것은? [18-4]

① 불법 배출 오염원을 정량적으로 확인 평가할 수 있다.
② 2차 오염원의 확인이 가능하다.
③ 지형, 기상학적 정보 없이도 사용 가능하다.
④ 현재나 과거에 일어났던 일을 추정하여 미래를 위한 전략은 세울 수 있으나, 미래 예측은 어렵다.

해설 2차 오염원의 확인이 가능한 것은 분산 모델의 장점이다.

3-19 다음 중 수용 모델의 특성에 해당하는 것은? [14-1, 17-4]

① 지형 및 오염원의 조업 조건에 영향을 받는다.
② 단기간 분석 시 문제가 된다.
③ 현재나 과거에 일어났던 일을 추정, 미래를 위한 전략은 세울 수 있으나 미래 예측은 어렵다.
④ 점, 선, 면 오염원의 영향을 평가할 수 있다.

해설 ①, ②, ④는 분산 모델의 특성이다.

3-20 대기 오염 모델 중 수용 모델에 관한 설명으로 거리가 먼 것은? [19-2]

① 기초적인 기상학적 원리를 적용, 미래의 대기질을 예측하여 대기 오염 제어 정책 입안에 도움을 준다.
② 입자상 물질, 가스상 물질, 가시도 문제 등 환경과학 전반에 응용할 수 있다.
③ 모델의 분류로는 오염 물질의 분석 방법에 따라 현미경 분석법과 화학 분석법으로 구분할 수 있다.
④ 측정 자료를 입력 자료로 사용하므로 시나리오 작성이 곤란하다.

해설 ①의 경우는 분산 모델의 특징이다.

3-21 대기 오염 모델 중 수용 모델의 특징에 관한 설명으로 옳지 않은 것은? [12-2]

① 측정 자료를 입력 자료로 사용하므로 시나리오 작성이 용이하며 미래 예측이 쉽다.
② 입자상 및 가스상 물질, 가시도 문제 등 환경 전반에 응용할 수 있다.
③ 지형, 기상학적 정보가 없는 경우도 사용이 가능하다.
④ 수용체 입장에서 영향 평가가 현실적으로 이루어질 수 있다.

해설 ① 용이하며 미래 예측이 쉽다. → 곤란하며 미래 예측이 어렵다.

3-22 대기 중 각 오염원의 영향 평가를 해결하기 위한 수용 모델에 관한 설명으로 옳지 않은 것은? [20-1]

① 지형, 기상학적 정보 없이도 사용 가능하다.
② 수용체 입장에서 영향 평가가 현실적으로 이루어질 수 있다.
③ 오염원의 조업 및 운영 상태에 대한 정보 없이도 사용 가능하다.
④ 측정 자료를 입력 자료로 사용하므로 배출원 조건의 시나리오 작성이 용이하다.

해설 ④ 시나리오 작성이 용이하다. → 시나리오 작성이 곤란하다.

정답 3-18 ② 3-19 ③ 3-20 ① 3-21 ① 3-22 ④

3-23 수용 모델의 분석법에 관한 설명으로 옳지 않은 것은? [15-4]

① 광학현미경법으로 입경이 0.01 μm보다 큰 입자만을 대상으로 먼지의 형상, 모양 및 색깔별로 오염원을 구별할 수 있고, 미숙련 경험자도 쉽게 분석 가능하다.

② 전자주사현미경은 광학현미경보다 작은 입자를 측정할 수 있고, 정성적으로 먼지의 오염원을 확인할 수 있다.

③ 시계열분석법은 대기 오염 제어의 기능을 평가하고 특정 오염원의 경향을 추적할 수 있으며, 타 방법을 통해 제시된 오염원을 확인하는 데 매우 유용한 정성적 분석법이다.

④ 공간계열법은 시료 채취 기간 중 오염 배출 속도 및 기상학 등에 크게 의존하여 분산 모델과 큰 연관성을 갖는다.

해설 ① 0.01 μm → 0.5~100 μm
쉽게 분석 가능하다. → 쉽게 분석 불가능하다.

3-24 다음에서 설명하는 대기 분산 모델로 가장 적합한 것은? [13-4, 18-4, 21-1]

- 가우시안 모델식을 적용한다.
- 적용 배출원의 형태는 점, 선, 면이다.
- 미국에서 최근에 널리 이용되는 범용적인 모델로 장기 농도 계산용이다.

① RAMS
② ISCLT
③ UAM
④ AUSPLUME

해설 ISCLT에서 L은 Long을 말한다.

3-25 다음 설명하는 대기 분산 모델로 가장 적합한 것은? [15-1]

- 적용 모델식 : 가우시안 모델
- 적용 배출원 형태 : 점, 선, 면
- 개발국 : 영국
- 특징 : 도시 지역에서 오염 물질의 이동 계산, 영국에서 많이 사용하는 모델임

① OCD ② UAM
③ ISCLT ④ ADMS

해설 ADMS는 영국에서 개발한 것이다.

3-26 대기 분산 모델에 관한 설명으로 옳지 않은 것은? [12-2]

① RAMS는 바람장 모델로서 바람장과 오염 물질의 분산을 동시에 계산한다.

② ADMS는 광화학 모델로서 미국에서 범용적으로 복잡한 지형에 대해 오염 물질의 이동을 계산한다.

③ ISDLT는 가우시안 모델로서 미국에서 널리 이용되는 범용적 모델로 장기 농도 계산에 유용하다.

④ AUSPLUME는 가우시안 모델로서 미국의 ISCST와 ISCLT 모델을 개조하여 만든 것이다.

해설 ADMS는 도시 지역에서 오염 물질의 이동을 계산하는 것으로 영국에서 많이 사용했던 모델이다.

3-27 다음 설명에 해당하는 대기 분산 모델로 가장 적합한 것은? [12-2]

- 적용 모델식 : 광화학 모델
- 적용 배출원 형태 : 점, 면
- 도시 지역에서 광화학 반응을 고려하여 오염 물질의 이동을 계산하는 것으로, 미국에서 개발되었다.

① ADMS ② AUSPLUME

정답 3-23 ① 3-24 ② 3-25 ④ 3-26 ② 3-27 ③

③ UAM ④ SMOGSTOP

해설 UAM은 광화학 모델이다.

3-28 다음 분산 모델 중 미국에서 개발한 것으로 광화학 모델이며, 점 오염원이나 면 오염원에 적용하고, 도시 지역의 오염 물질 이동을 계산할 수 있는 것은? [13-1, 19-2]

① ISCLT ② TCM
③ UAM ④ RAMS

해설 UAM은 광화학 모델이다.

3-29 미국에서 개발된 대기 분산 모델로서, 적용 배출원이 점, 면이며, 복잡한 지형에 대해 오염 물질의 이동을 계산하는 가우시안 모델에 해당하는 것은? [12-1]

① CMAQ
② RAMS
③ ADMS
④ CTDMPLUS

정답 3-28 ③ 3-29 ④

5-3 대기의 안정도 및 혼합고

1 대기 안정도의 정의 및 분류

4. 지상으로부터 500 m까지의 평균 기온 감률이 0.85℃/100 m이다. 100 m 고도의 기온이 15℃라 하면 400 m에서의 기온은? [14-2, 14-4, 16-2, 19-1, 19-2]

① 13.30℃ ② 12.45℃ ③ 11.45℃ ④ 10.45℃

해설 15－0.85℃/100 m×(400－100)m＝12.45℃

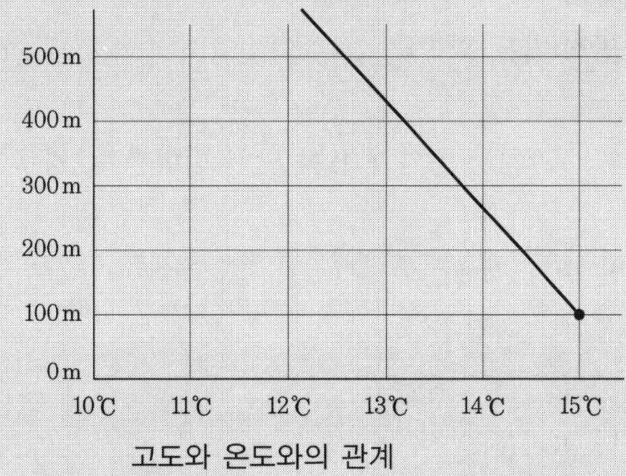

고도와 온도와의 관계

답 ②

이론 학습

(1) 대기 안정도의 정의

① 대기 안정 : 대기 오염의 확산이 잘 안되는 상태이고 기온 역전 상태라 하며, 이때 대기 오염이 심하게 된다.

② 대기 불안정 : 대기 오염의 확산이 잘되는 상태이다.

(2) 대기 안정도의 분류

정적인 안정도인 건조 단열 감률(γ_d)과 온위가 있고, 동적인 안정도인 파스킬(Pasquill) 수와 리처드슨 수(R_i)가 있다.

① **건조 단열 감률(dry adiabatic lapse : γ_d)** : 이론적으로 건조 공기가 100 m 상승할 때마다 약 1℃ 하강함을 나타낸다.

$\gamma_d = -1℃/100\text{ m}$(이론적인 값)

② **습윤 단열 감률(γ_w) = 포화 단열 감률(γ_s)**

$\gamma_w = -0.5℃/100\text{ m}$(이론적인 값)

수증기가 응결할 때 응축 잠열이 방출되어 γ_d보다 기온 하강률이 둔화되는 이론적인 값이다.

대기의 실제의 온도 분포를 환경 기온 곡선(environment temperature curve) 또는 상태 곡선(sounding curve)(=실제 감률 곡선)이라 하는데, 보통 기호 γ로 표시한다.

위에서 설명한 안정도를 기호로 표시하면 다음과 같다.

$\gamma > \gamma_d$: 불안정(과단열)

$\gamma = \gamma_d$: 중립

$\gamma < \gamma_d$: 안정(기온 역전)

이러한 안정도의 관계는 공기가 포화 단열 변화를 할 경우에도 같은 요령으로 표시할 수 있다.

즉, 습윤 단열 변화 때에는

$\gamma > \gamma_s$: 불안정(과단열)

$\gamma = \gamma_s$: 중립

$\gamma < \gamma_s$: 안정(기온 역전)

으로 표시된다.

그리하여 환경 기온 감률(=실제 기온 감률)이 건조 단열 감률과 포화 단열 감률에 대하여 가지는 관계에 따라 다음과 같이 표현한다.

$\gamma > \gamma_d > \gamma_s$: 절대 불안정

$\gamma = \gamma_d > \gamma_s$: 건조 중립

$\gamma_d > \gamma > \gamma_s$: 조건부 불안정

$\gamma_d > \gamma = \gamma_s$: 포화 중립

$\gamma_d > \gamma_s > \gamma$: 절대 안정

환경 체감률(=실제 환경 감률=실제 기온 감률)이 건조 단열 체감률 γ_d보다 더욱 클 때 대기는 과단열(super adiabatic)적이라고 말하고, 이는 실제(환경) 온도 경사가 건조 단열 온도 경사보다 더욱 음의 기울기가 커진다(a의 경우).

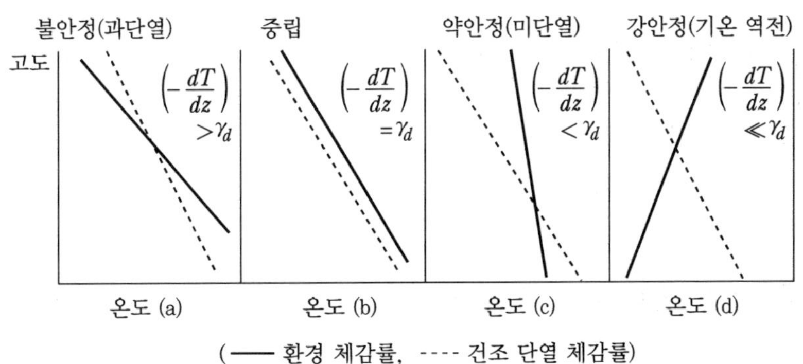

대기의 안정도와 관계하는 체감률

③ **표준 체감률** : −0.65℃/100 m

④ **온위(potential temperature)** : 대기의 온도 변화는 고도로 갈수록 기온이 하강하므로 고도를 통일시켜 온도를 비교할 필요가 있다. 즉 어느 고도의 공기를 건조 단열적으로 끌어내려 1,000 mb 고도까지 가져갔을 때 나타날 온도를 온위(potential temperature)라고 한다.

고도에 따라 온위가 어떻게 분포하고 있는가 하는 것은 안정도를 결정하는 한 방법이 된다.

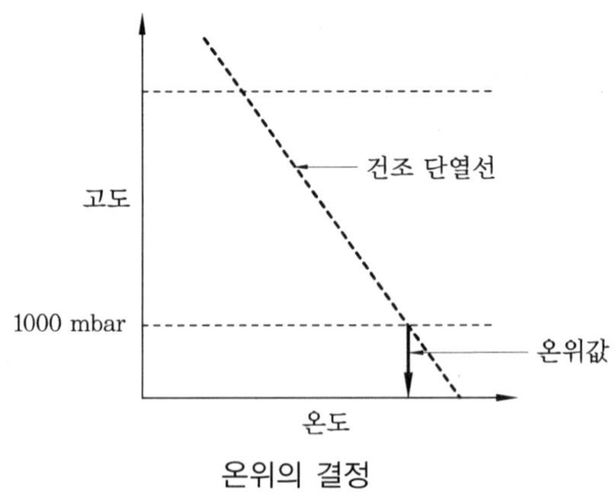

온위의 결정

즉, 고도로 올라가면서 온위가 하강하는 기층은 불안정하게 된다.

$\frac{\Delta\theta}{\Delta z} < 0$이면 불안정

$\frac{\Delta\theta}{\Delta z} > 0$이면 안정

$\frac{\Delta\theta}{\Delta z} = 0$이면 중립

여기서, θ : 온도, z : 고도

참고 온위의 절대 온도 구하는 식

$$\theta = T\left(\frac{P_o}{P}\right)^{R/C} = T\left(\frac{1,000}{P}\right)^{0.288}$$

여기서, θ : 온위의 절대 온도(K), R, C : 상수
T : 어떤 고도에서의 절대 온도(K), P : 어떤 고도에서의 기압(mbar)
P_o : 1,000 mbar

⑤ **파스킬(Pasquill) 수** : 파스킬 수는 대기의 안정도를 풍속, 운량(구름의 양), 일사량을 조합시켜 확산폭(σ_y, σ_z)을 이론적으로 추정하여 결정한 값이다.

⑥ **리처드슨 수(Richardson's number : R_i)** : 난류 확산의 형태에는 두 가지가 있다. 즉, 기계적(역학적) 난류에 의한 확산과 대류 난류에 의한 확산이다.

기계적(역학적) 난류는 거친 지표면 위에서 바람이 불어갈 때 발생하고, 대류 난류는 지면이 태양 에너지에 의해 가열될 때 생기는 대류 현상에 의해 발생한다.

이때, 기계적 난류(강제 대류)와 대류 난류(자유 대류)의 상대적인 크기를 비교하여 바람의 수직 분포, 난류의 성질, 대기의 안정도 등을 나타내는 한 방법으로서 리처드

슨의 수(Richardson's number)가 있다.

리처드슨의 수를 R_i로 표시하면

$$R_i = \frac{g}{T}\frac{\dfrac{\Delta\theta}{\Delta z}}{\left(\dfrac{\Delta u}{\Delta z}\right)^2}$$

로 표시할 수 있는데, 여기서 $\dfrac{\Delta\theta}{\Delta z}$는 수직 방향의 온위 경도로서 대류 난류의 크기를 나타내고, $\dfrac{\Delta u}{\Delta_z}$는 수직 방향의 풍속 경도로서 기계적 난류의 크기를 나타내고 있다.

고도로 갈수록 온위가 감소하면 R_i는 음의 값이 되고, 증가하면 양의 값이 된다.

기온 역전 상태에서는 R_i가 물론 양의 값이 되고 R_i가 +1보다 크다. 이러한 기온 역전 상태에서는 난류 운동이 곧 사라져 버린다(기온 역전).

이러한 현상은 야간에 생기는데, 하늘이 맑고 지면이 크게 복사 냉각되는 경우에 기온 역전이 발생하고 난류가 크게 억제된다. 실제로 R_i가 +0.2만 되어도 지표 경계층에서 난류가 억제되어 층류가 형성된다.

Richardson의 수와 안정도

R_i	−1.0 −0.1 −0.01 0 +0.01 +0.1 +1.0				
대기 운동	대류난류	대류난류 증가	기계적 난류	기계적 난류 감소	난류 없음
안정도	불안정		중립	안정	

한편 R_i가 −1보다 더 작은 경우에는 온도의 수직 분포는 극단적인 초단열 감률(과단열 감률) 상태가 되어 극히 불안정한 상태로 난류가 심하게 일어난다.

실제적으로 R_i가 −0.1만 되어도 지표계층에서 이미 발생한 약한 난류라도 강화시킨다.

리처드슨 수(R_i)를 구하기 위해서는 두 층(보통 지표에서 수 m와 10 m 내외의 고도)에서 기온과 풍속을 동시에 측정하여야 하며, 특히 정확한 풍속 측정이 중요하다.

2 대기 안정도의 판정

① γ가 γ_d보다 훨씬 크면 대기는 불안정한 상태이다.

② γ가 γ_d보다 훨씬 적으면 대기는 안정한 상태이다.

③ 온위가 감소하면 대기는 불안정한 상태가 된다.

④ 온위가 증가하면 대기는 안정한 상태가 된다.
⑤ 파스킬 수가 A이면 대기가 불안정한 상태라 볼 수 있다.
⑥ 파스킬 수가 F이면 대기가 안정 상태라 볼 수 있다.
⑦ 리처드슨 수(R_i)가 음(−)의 값이 되면 대기는 불안정한 상태가 된다.
⑧ 리처드슨 수(R_i)가 양(+)의 값이 되면 대기는 안정한 상태가 된다.

3 혼합고의 개념 및 특성

대기 오염의 혼합이 가능한 수직 고도를 혼합고(mixing height)라고 한다.

지표 부근 대기의 상태 곡선이 건조단열선보다 더 기울어져 있으면 앞에서 언급한 것처럼 불안정 상태가 되며 이런 경우의 환경감률을 초단열 감률(과단열 감률)이라고 한다.

지표 부근에서 초단열 감률이 나타나는 것은 보통 맑은 날의 낮(오후 2시)에 지표가 심하게 가열되었을 때나, 또는 따뜻한 지표나 수면 위에 찬 공기가 지나갈 때 지상 수십 m 이내에 생긴다.

단열 감률이 생기면 반드시 대류 현상이 있게 된다. 이때 대류가 이루어지는 최대 고도를 최대 혼합 고도(maximum mixing height)라고 하는데, 지상 부근에서 발생한 대기 오염 물질은 최대 혼합 고도까지 퍼진다.

최대 혼합 고도는 지면과 접해 있는 기층의 기온 곡선이 초단열 감률을 나타내고 있을 때, 또는 나타날 것으로 예상될 때 지상의 예상 최고 기온을 지나는 건조 단열 감률선이 실제 기온 감률선(환경 기온 감률선)과 처음으로 만나는 고도이다.

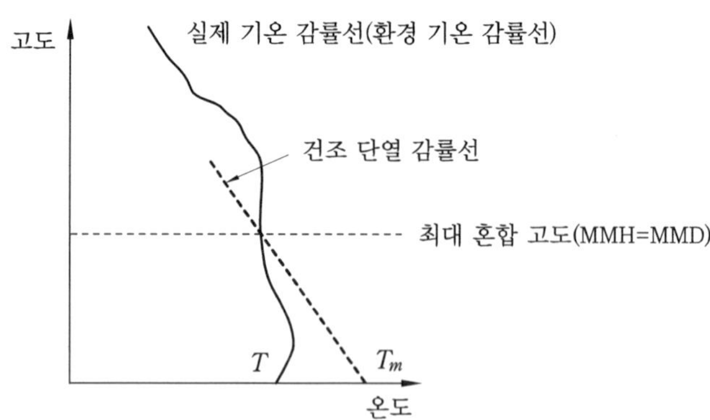

최대 혼합 고도의 결정(T : 현재 기온, T_m : 그날의 최고 기온)

최대 혼합 고도는 통상적으로 밤에 가장 낮으며, 낮 시간 동안 증가한다(통상 1.2 km).

계절적으로 여름에 최대가 되고 겨울에 최소가 된다(사람은 밤에, 식물은 낮에 대기 오염 피해가 심하다).

참고 **오염 물질 농도와 혼합고의 관계**

$$C \propto \frac{1}{h^3}$$

여기서, C : 오염 물질 농도(ppm), h : 혼합고(m)

4-1 **환경 기온 감률이 다음과 같을 때 가장 안정한 조건은?** [21-4]

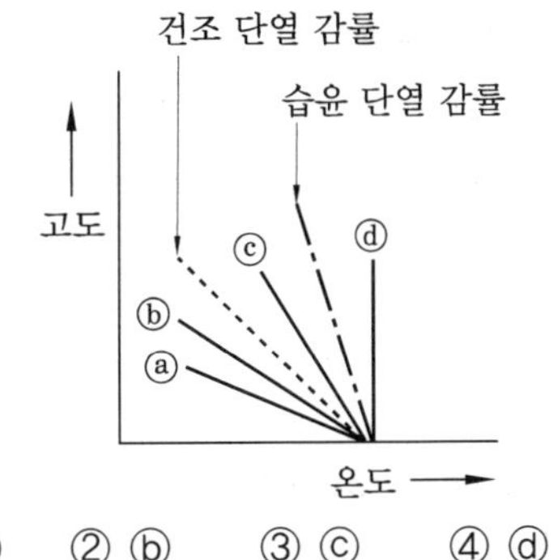

① ⓐ ② ⓑ ③ ⓒ ④ ⓓ

해설 가장 불안정한 조건은 ⓐ, 가장 안정한 조건은 ⓓ이다.

4-2 **대기의 건조 단열 체감률과 국제적인 약속에 의한 중위도 지방을 기준으로 한 실제 체감률인 표준 체감률 사이의 관계를 대류권 내에서 도식화한 것으로 옳은 것은? (단, 건조 단열 체감률은 점선, 표준 체감률은 실선, 종축은 고도, 횡축은 온도를 나타낸다.)** [17-4]

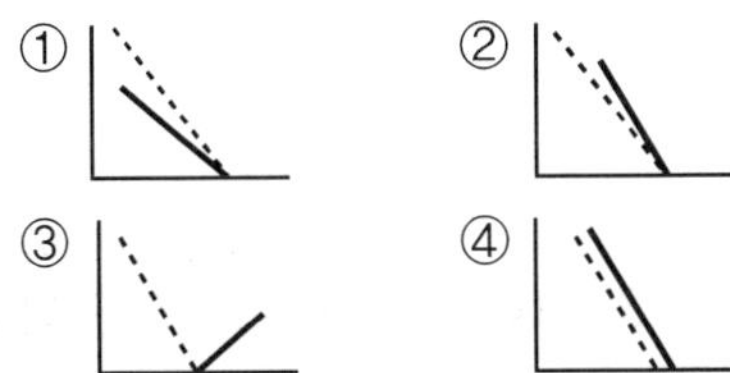

해설 건조 단열 체감률은 −1℃/100 m이고 표준 체감률은 −0.65℃/100 m이다.

4-3 **지표 부근의 공기 덩이가 지면으로부터 열을 받는 경우 부력을 얻어 상승하게 되는데, 상승 과정에서 단열 변화가 이루어져 어떤 고도에 이르면 상승한 공기 중에 들어있는 수증기는 포화되고 응결이 이루어진다. 이와 같이 열적 상승에 의해 응결이 이루어지는 고도를 일컫는 용어로 가장 적합한 것은?** [18-2]

① 대류 응결 고도(CCL)
② 상승 응결 고도(LCL)
③ 혼합 응결 고도(MCL)
④ 상승 지수(LI)

해설 대류에 의해 상승하고, 상승하면 온도가 낮아져 응결되는 고도를 말한다.

4-4 **대기의 안정도 조건에 관한 설명으로 옳지 않은 것은?** [18-1]

① 과단열적 조건은 환경 감률이 건조 단열 감률보다 클 때를 말한다.
② 중립적 조건은 환경 감률과 건조 단열 감률이 같을 때를 말한다.
③ 미단열적 조건은 건조 단열 감률이 환경 감률보다 작을 때를 말하며, 이때의 대기는 아주 안정하다.
④ 등온 조건은 기온 감률이 없는 대기 상태이므로 공기의 상·하 혼합이 잘 이루어지지 않는다.

정답 4-1 ④ 4-2 ② 4-3 ① 4-4 ③

해설 미단열적 조건은 건조 단열 감률(γ_d)이 환경 감률(γ)보다 약간 클 때를 말하며 이 때의 대기는 약 안정이다.

4-5 온위(Potential temperature)에 대한 설명으로 옳은 것은? [20-4]

① 환경 감률이 건조 단열 감률과 같은 기층에서는 온위가 일정하다.
② 환경 감률이 습윤 단열 감률과 같은 기층에서는 온위가 일정하다.
③ 어떤 고도의 공기 덩어리를 850 mb 고도까지 건조 단열적으로 옮겼을 때의 온도이다.
④ 어떤 고도의 공기 덩어리를 1,000 mb 고도까지 습윤 단열적으로 옮겼을 때의 온도이다.

해설 ② 습윤 단열 감률 → 건조 단열 감률
③ 850 mb → 1,000 mb
④ 습윤 단열적으로 → 건조 단열적으로
즉, 환경 감률선이 건조 단열 감률선과 일치하면 온위는 일정하다.
$\frac{\Delta Q}{\Delta Z}=0$이면 중립

4-6 고도가 증가함에 따라 온위가 변하지 않고 일정한 대기의 안정도는 어떤 상태인가? [13-2]

① 불안정 ② 안정
③ 중립 ④ 역전

4-7 2,000 m에서 대기 압력(최초 기압)이 805 mbar, 온도가 5℃, 비열비 K가 1.4일 때 온위(potential temperature)는? (단, 표준 압력은 1,000 mbar)
[12-1, 14-1, 14-4, 17-1, 18-1, 19-1, 20-1, 21-2]

① 약 284 K ② 약 289 K
③ 약 296 K ④ 약 324 K

해설 $\theta = T\left(\frac{1,000}{P}\right)^{0.288}$

$= (273+5)\times\left(\frac{1,000}{805}\right)^{0.288}$

$= 295.9\text{ K}$

4-8 대기 압력이 950 mb인 높이에서 공기의 온도가 −10℃일 때 온위(potential temperature)는? (단, $\theta = T\left(\frac{1,000}{P}\right)^{0.288}$를 이용한다.) [20-4]

① 약 267 K ② 약 277 K
③ 약 287 K ④ 약 297 K

해설 $\theta = (273-10)\times\left(\frac{1,000}{950}\right)^{0.288}$

$= 266.9\text{ °K}$

4-9 온위에 관한 내용으로 옳지 않은 것은? (단, θ는 온위(K), T는 절대 온도(K), P는 압력(mb)) [21-4]

① 온위는 밀도와 비례한다.
② $\theta = T\left(\frac{1,000}{P}\right)^{0.288}$로 나타낼 수 있다.
③ 고도가 높아질수록 온위가 높아지면 대기는 안정하다.
④ 표준 압력(1,000 mb)에서 어느 고도의 공기를 건조 단열적으로 끌어내리거나 끌어올려 1,000 mb 고도에 가져갔을 때 나타나는 온도를 온위라고 한다.

해설 ① 밀도 → 절대 온도

4-10 충분히 발달된 지표 경계층에서 측정된 평균 풍속 자료가 아래 표와 같은 경우 마찰 속도(u^*)는? (단, $U=\frac{u^*}{k}\ln\frac{Z}{Z_0}$, Karman constant : 0.40) [20-4]

정답 4-5 ① 4-6 ③ 4-7 ③ 4-8 ① 4-9 ① 4-10 ②

고도(m)	풍속(m/s)
2	3.7
1	2.9

① 0.12 m/s ② 0.46 m/s
③ 1.06 m/s ④ 2.12 m/s

해설 $u^* = \dfrac{U \times k}{\ln\left(\dfrac{Z}{Z_0}\right)} = \dfrac{(3.7-2.9) \times 0.4}{\ln\left(\dfrac{2}{1}\right)} = 0.416\text{ m/s}$

4-11 **다음 중 Pasquill에 의한 대기 안정도 분류에서 사용되는 항목으로 가장 거리가 먼 것은?** [14-1]

① 상대 습도
② 지상 10 m 고도에서의 풍속
③ 태양 복사량
④ 운량 분포

해설 파스킬(Pasquill)수는 대기 안정도를 풍속, 운량(구름의 양), 일사량을 조합시켜 6계급(A~F)으로 분류하여 정한다.

4-12 **Pasquill은 확산 추정 시 변동 측정법을 추천하였으며, 광범위한 추정에 필요한 기상 자료를 이용하여 확산의 계획안을 제출하였는데, 이때 필요한 변수와 가장 거리가 먼 것은?** [13-4]

① 풍속 ② 습도
③ 운량 ④ 일사량

해설 파스킬 수는 습도와 관계없다.

4.13 **Richardson 수(R_i)에 관한 설명으로 옳지 않은 것은?** [13-4, 17-1]

① $R_i = \dfrac{g}{T} = \dfrac{\left(\dfrac{\Delta T}{\Delta Z}\right)^2}{\left(\dfrac{\Delta u}{\Delta z}\right)}$ 로 표시하며 $\dfrac{\Delta T}{\Delta Z}$ 는 강제 대류의 크기, $\dfrac{\Delta u}{\Delta z}$ 는 자유 대류의 크기를 나타낸다.
② $R_i > 0.25$일 때는 수직 방향의 혼합이 없다.
③ $R_i = 0$일 때는 기계적 난류만 존재한다.
④ R_i이 큰 음의 값을 가지면 대류가 지배적이어서 바람이 약하게 되어 강한 수직 운동이 일어나며, 굴뚝의 연기는 수직 및 수평 방향으로 빨리 분산한다.

해설 $R_i = \dfrac{g}{T} \times \dfrac{\dfrac{\Delta T}{\Delta Z}}{\left(\dfrac{\Delta u}{\Delta z}\right)^2}$

$\dfrac{\Delta T}{\Delta Z}$는 수직 방향의 온위 경도를 나타내고, $\dfrac{\Delta u}{\Delta z}$는 수직 방향의 풍속 경도로서 강제 대류의 크기를 나타낸다.

4-14 **대기의 안정도와 관련된 리처드슨 수(R_i)를 나타낸 식으로 옳은 것은? (단, g : 그 지역의 중력 가속도, θ : 잠재 온도, u : 풍속, z : 고도)** [13-1, 16-4]

① $R_i = \dfrac{\left(\dfrac{g}{\theta}\right)\left(\dfrac{du}{dz}\right)^2}{\left(\dfrac{d\theta}{dz}\right)}$ ② $R_i = \dfrac{\left(\dfrac{\theta}{g}\right)\left(\dfrac{du}{dz}\right)^2}{\left(\dfrac{d\theta}{dz}\right)}$

③ $R_i = \dfrac{\left(\dfrac{g}{\theta}\right)\left(\dfrac{d\theta}{dz}\right)}{\left(\dfrac{du}{dz}\right)^2}$ ④ $R_i = \dfrac{\left(\dfrac{\theta}{g}\right)\left(\dfrac{d\theta}{dz}\right)}{\left(\dfrac{du}{dz}\right)^2}$

4-15 **Richardson 수(R_i)에 관한 설명으로 옳지 않은 것은?** [20-4]

① $R_i = 0$은 대류에 의한 난류만 존재함을 나타낸다.
② $0.25 < R_i$은 수직 방향의 혼합이 거의

정답 4-11 ① 4-12 ② 4-13 ① 4-14 ③ 4-15 ①

없음을 나타낸다.

③ Richardson 수(R_i)가 큰 음의 값을 가지면 바람이 약하게 되어 강한 수직 운동이 일어난다.

④ $-0.03 < R_i < 0$ 기계적 난류와 대류가 존재하나 기계적 난류가 혼합을 주로 일으킴을 나타낸다.

해설 ① 대류에 의한 난류→기계적 난류

4-16 리차드슨 수에 관한 설명으로 옳은 것은? [14-4, 18-2]

① 리차드슨 수가 −0.04보다 작으면 수직 방향의 혼합은 없다.
② 리차드슨 수가 0이면 기계적 난류만 존재한다.
③ 리차드슨 수가 0에 접근하면 분산이 커져 대류 혼합이 지배적이다.
④ 일차원 수로서 기계 난류를 대류 난류로 전환시키는 율을 측정한 것이다.

해설 ① 수직 방향의 혼합뿐이다.
③ 0에 접근하면 분산이 줄어든다.
④ 무차원 수로서 대류 난류를 기계적 난류로 전환시키는 율을 측정한 것이다.

4-17 Richardson number에 관한 설명 중 틀린 것은? [16-2]

① 리차드슨 수가 0에 접근하면 분산은 줄어들며 결국 대류 난류만 존재한다.
② 무차원 수로서 근본적으로 대류 난류를 기계적인 난류로 전환시키는 율을 측정한 것이다.
③ 큰 음의 값을 가지면 굴뚝의 연기는 수직 및 수평 방향으로 빨리 분산한다.
④ 0.25보다 크게 되면 수직 혼합은 없어지고 수평상의 소용돌이만 남게 된다.

해설 리차드슨 수가 0에 접근하면 중립이며, 기계적 난류만 있다.

4-18 Panofsky에 의한 리차드슨 수(R_i)의 크기와 대기의 혼합 간의 관계에 관한 설명으로 옳지 않은 것은? [15-1, 20-1]

① $R_i = 0$: 수직 방향의 혼합이 없다.
② $0 < R_i < 0.25$: 성층에 의해 약화된 기계적 난류가 존재한다.
③ $R_i < -0.04$: 대류에 의한 혼합이 기계적 혼합을 지배한다.
④ $-0.03 < R_i < 0$: 기계적 난류와 대류가 존재하거나 기계적 난류가 혼합을 주로 일으킨다.

해설 $R_i = 0$일 때 중립이라 하며 기계적 난류만 존재한다.

4-19 리처드슨(Richardson) 수에 관한 설명으로 옳지 않은 것은? [15-2]

① 0인 경우는 기계적 난류만 존재한다.
② 무차원 수로서 근본적으로 대류 난류를 기계적인 난류로 전환시키는 율을 측정한 것이다.
③ 큰 음의 값을 가지면 대류가 지배적이어서 바람이 약하게 된다.
④ 0.25보다 크게 되면 수직 혼합만 남는다.

해설 ④ 수직 혼합만 남는다. →수직 혼합은 없어진다.

4-20 라차드슨 수(R_i)에 관한 내용으로 옳지 않은 것은? [21-2]

① R_i수가 0에 접근하면 분산이 줄어든다.
② R_i수가 0일 때 대기는 중립 상태가 되고 기계적 난류가 지배적이다.
③ R_i수가 큰 양의 값을 가지면 대류가 지배적이어서 강한 수직 운동이 일어난다.

정답 4-16 ② 4-17 ① 4-18 ① 4-19 ④ 4-20 ③

④ R_i수는 무차원 수로 대류 난류를 기계적 난류로 전환시키는 비율을 나타낸 것이다.

해설 기온 역전 상태에서는 R_i수가 큰 양의 값을 가진다. 이때 난류 운동이 곧 사라져 버린다.

4-21 혼합층에 관한 설명으로 가장 적합한 것은? [14-4, 18-2]

① 최대 혼합 깊이는 통상 낮에 가장 적고, 밤 시간을 통하여 점차 증가한다.
② 야간에 역전이 극심한 경우 최대 혼합 깊이는 5,000 m 정도까지 증가한다.
③ 계절적으로 최대 혼합 깊이는 주로 겨울에 최소가 되고 이른 여름에 최댓값을 나타낸다.
④ 환기량은 혼합층의 온도와 혼합층 내의 평균 풍속을 곱한 값으로 정의된다.

해설 ① 낮에 가장 크고, 밤에는 줄어든다.
② 심한 기온 역전 하에서 0이 될 수도 있다.
④ 환기량은 혼합층의 두께에 혼합층의 평균 풍속을 곱한 값을 말한다.

4-22 최대 혼합고(MMD)에 관한 설명으로 옳지 않은 것은? [12-4, 16-4]

① 통상적으로 밤에 가장 낮으며, 낮 시간 동안 증가한다.
② 야간 극심한 역전 하에서는 0이 될 수도 있다.
③ 낮 시간 동안에는 통상 20~30 m의 값을 나타낸다.
④ 실제 MMD는 지표위 수 km까지 실제 공기의 온도 종단도를 작성함으로써 결정된다.

해설 ③ 20~30 m → 1.2 km

4-23 대기 오염물의 분산 과정에서 최대 혼합 깊이(Maximum mixing depth)를 가장 적합하게 표현한 것은? [19-1]

① 열부상 효과에 의한 대류 혼합층의 높이
② 풍향에 의한 대류 혼합층의 높이
③ 기압의 변화에 의한 대류 혼합층의 높이
④ 오염물 간 화학 반응에 의한 대류 혼합층의 높이

해설 최대 혼합 깊이(MMD)는 지면에 접해있는 기층의 기온 곡선이 초단열 감률을 나타내고 있을 때 또는 나타날 것으로 예상될 때 지상의 예상 최고 기온을 지나는 건조단열 감률선이 실제 기온 감률선(환경 기온 감률선)과 처음으로 만나는 고도이다.

4-24 최대 혼합 깊이(MMD)에 관한 설명으로 옳지 않은 것은? [18-4]

① 일반적으로 대단히 안정된 대기에서의 MMD는 불안정한 대기에서보다 MMD가 작다.
② 실제 측정 시 MMD는 지상에서 수 km 상공까지의 실제 공기의 온도 종단도로 작성하여 결정된다.
③ 일반적으로 MMD가 높은 날은 대기 오염이 심하고 낮은 날에는 대기 오염이 적음을 나타낸다.
④ 통상 계절적으로는 MMD는 이른 여름에 최대가 되고, 겨울에 최소가 된다.

해설 MMD가 높은 날은 대기 오염이 적고(농도가 연함), 낮은 날에 대기 오염이 심하다.

4-25 최대 혼합 깊이(MMD)에 관한 설명으로 옳지 않은 것은? [15-1]

① 야간에 역전이 심할 경우에는 점차 증가하여 그 값이 5,000 m 이상이 될 수도 있다.

정답 4-21 ③ 4-22 ③ 4-23 ① 4-24 ③ 4-25 ①

② 통상적으로 계절적으로는 이른 여름에 아주 크다.
③ 열부상 효과에 의하여 대류에 의한 혼합층의 깊이가 결정되는데, 이를 MMD라 한다.
④ 실제로 MMD는 지표위 수 km까지의 실제 공기의 온도 종단도를 작성함으로써 결정된다.

해설 심한 역전 하에서 점차 감소하여 그 값이 0이 될 수도 있다.

4-26 **다음은 최대 혼합고(MMD)에 관한 설명이다. ( ) 안에 가장 알맞은 것은?** [17-1]

> MMD값을 통상적으로 (㉠)에 가장 낮으며, (㉡) 시간 동안 증가한다. (㉡) 시간 동안에는 통상 (㉢) 값을 나타내기도 한다.

① ㉠ 밤, ㉡ 낮, ㉢ 20~30 km
② ㉠ 밤, ㉡ 낮, ㉢ 2,000~3,000 m
③ ㉠ 낮, ㉡ 밤, ㉢ 20~30 km
④ ㉠ 낮, ㉡ 밤, ㉢ 2,000~3,000 m

4-27 **최대 혼합 고도를 500 m로 예상하여 오염 농도를 3 ppm으로 수정하였는데 실제 관측된 최대 혼합고는 200 m였다. 실제 나타날 오염 농도는 다음 중 어느 것인가?** [12-2, 13-4, 15-1, 15-4, 17-4, 18-2]

① 36 ppm ② 47 ppm
③ 55 ppm ④ 67 ppm

해설 $C \propto \frac{1}{h^3}$

$3 : \frac{1}{500^3}$

$x : \frac{1}{200^3}$

$\therefore\ x = 46.8\ \text{ppm}$

4-28 **최대 혼합 고도가 500 m일 때 오염 농도는 4 ppm이었다. 오염 농도가 500 ppm일 때 최대 혼합 고도는 얼마인가?** [19-4]

① 50 m ② 100 m
③ 200 m ④ 250 m

해설 $C \propto \frac{1}{h^3}$

$4 : \frac{1}{500^3}$

$500 : \frac{1}{x^3}$

$\therefore\ x = \left(\frac{4}{500}\right)^{\frac{1}{3}} \times 500 = 100\ \text{m}$

4-29 **낮과 밤의 기온 및 기온의 연직 분포 특성에 관한 설명으로 거리가 먼 것은 어느 것인가?** [13-1]

① 낮에는 고도(지중에서는 깊이)에 따라 온도가 감소하므로 기온 감률$\left(\frac{dT}{dz}\right)$은 음의 값이 되며, 이러한 상태를 체감 상태라 한다.
② 현열은 낮에는 공기 중에서 지표로, 밤에는 지표에서 공기 중으로 향하게 된다.
③ 지표에 가까울수록 낮에 기온이 더 높고 밤에 기온은 더 낮으므로 기온의 일교차는 지표면 부근에서 가장 크다.
④ 고도에 따른 온도의 기울기는 지표면 부근에서 가장 크고, 고도(또는 깊이)에 따라 감소한다.

해설 낮에는 공기 중보다 지표의 온도가 높다. 밤에는 지표보다 공기 중의 온도가 높다.

정답 4-26 ② 4-27 ② 4-28 ② 4-29 ②

5-4 오염 물질의 확산

1 대기 안정도에 따른 오염 물질의 확산 특성

5. 그림은 어떤 지역의 고도에 따른 대기의 온도 변화를 나타낸 것이다. 주로 침강 역전에 해당하는 부분은?

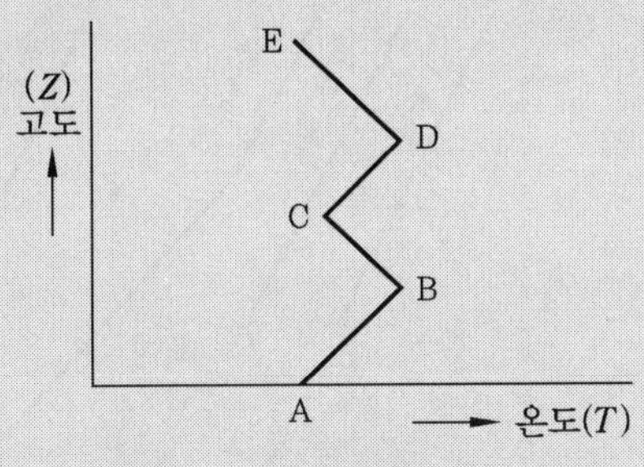

① AB 구간　　② BC 구간
③ CD 구간　　④ DE 구간

해설 침강 역전은 공중 역전의 하나이다.

답 ③

이론 학습

(1) 기온 역전(temperature inversion)

대류권에서는 평균 기온 감률이 0.66℃/100 m로서 하층에서 상공으로 올라가면서 기온이 감소하는 것이 보통이다. 그러나 어떤 기층에서는 온도가 상공으로 올라가면서 일정(등온)하거나 또는 상승하기도 한다. 이러한 현상을 기온 역전(temperature inversion)이라 하고 이러한 층을 기온 역전층(temperature inversion layer)이라고 한다.

포화 단열 감률보다도 더 적은 환경 감률을 가진 대기층은 절대 안정층이므로 등온 또는 역전 현상이 나타난다.

절대 안정층에서는 공기의 수직 운동이 억제되기 때문에 이 층에서는 대류 현상이 생기지 않고, 하층에서 생긴 대류 현상이라도 이 층에서 저지당한다.

대기 오염 물질은 공기 중에 섞여 이동하는 것이므로 공기의 수직 운동이 제한받는다는 것은 오염 물질의 확산이 제한받는 것과 마찬가지이다(환경 오염이 심하게 된다).

따라서 대기 하층에서 배출된 대기 오염 물질이 대기 상층으로 쉽게 확산되지 못하므로 대기 오염의 수직 확산에 매우 큰 지장을 일으켜 지표 부근의 오염 농도가 커지게 된다.

이와 같이 대기 오염의 확산 문제에서 기온 역전이 미치는 영향은 매우 크다.

기온 역전은 발생 위치에 따라 접지 역전과 공중 역전으로 나눈다.

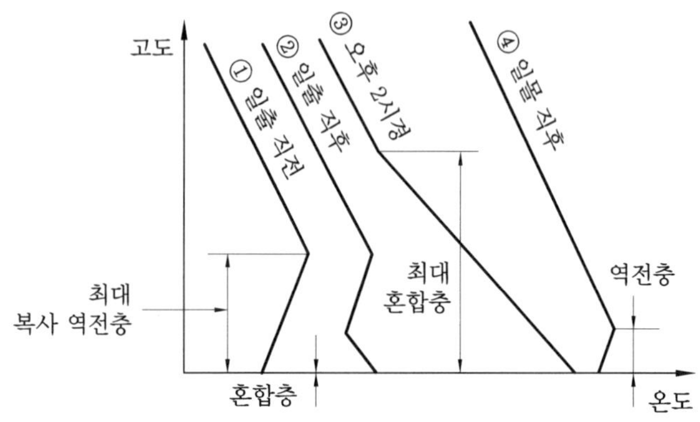

하루 동안의 환경 감률의 변화와 복사 역전층

하루 중의 환경 감률의 변화는 다음과 같다.

낮에 해가 비치고 있는 동안에는 지표면이 가열되어 지표면에 접하고 있는 공기의 온도가 높아지며 심하면 대기가 불안정하게 된다(오후 2시).

반대로 밤 동안에 지표에서는 복사열을 계속 방출하므로 복사 냉각이 이루어진다(사건 : 런던 스모그 사건).

① **접지 역전**(ground inversion) : 복사 냉각이 심하게 일어나는 때는 지표에 접한 공기가 그보다 상공의 공기에 비하여 더 차가워져서 역전 현상이 생긴다. 이러한 역전을 복사 역전(radiation inversion)이라고 한다. 이 복사 역전층은 지면에 접하여 있기 때문에 접지 역전(ground inversion)이라고도 한다.

복사 역전층의 두께는 보통 지표로부터 100 m에 이르지만 이것은 밤의 길이, 지표면의 구성 물질, 구름의 양, 풍속 등에 따라 달라진다.

모든 다른 역전층에서보다도 이 복사 역전층에서는 안개가 발생하기 쉽고 매연이 소산되지 못하므로 이런 때에 배출된 대기 오염 물질은 지표 부근에 쌓여 사람에게 심한 해를 끼치게 된다. 이 복사 역전층은 보통 가을로부터 봄에 걸쳐서 날씨가 좋고 바람이 약하며 습도도 적을 때 저녁 이후 아침까지 잘 발생한다. 그러나 낮이 되어 일사에 의해서 지면이 가열되면 곧 소멸한다.

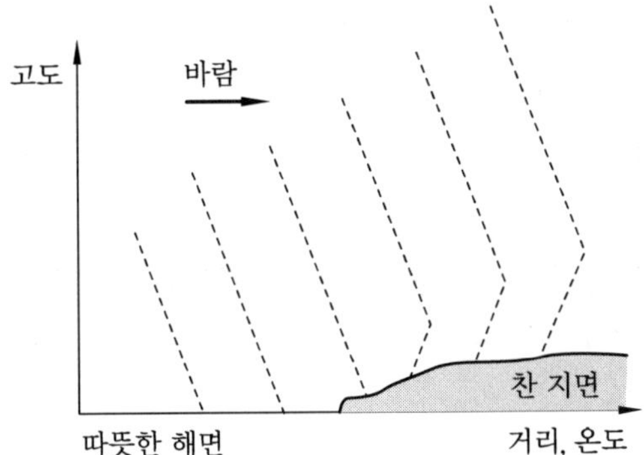

따뜻한 해면에서 찬 지면으로 흘러가는 공기의 환경 곡선의 변화

한편 접지 역전층은 위의 그림처럼 따뜻한 공기가 찬 지표면이나 수면 위에 불어들 때에도 발생한다. 왜냐하면 따뜻한 공기의 하층이 찬 지표면에 의해서 냉각되기 때문이다.

② **공중 역전**(elevated inversion) : 접지 역전과는 달리 역전층이 공중에 떠 있는 경우에는 공중 역전(elevated inversion)이라고 한다. 이러한 역전 현상은 발생 원인에 따라 침강 역전, 전선 역전, 해풍 역전, 난류 역전이 있다.

침강 역전(subsidence inversion)은 고기압 중심 부분에서 기층이 서서히 침강하면서 기온이 단열 변화로 승온되어서 발생하는 현상이다.

침강 역전층은 고기압이 차지하고 있는 넓은 범위에 걸쳐서 장기적으로 지속되기 때문에 지표면에서 발생한 대기 오염 물질이 수직으로 확산되는 것을 방해한다. 따라서 이것이 낮은 고도까지 하강하면 대기 오염의 농도는 매우 짙어지는 경향이 있다.

세계적인 대기 오염 사건(L. A 스모그 사건)은 이러한 침강 역전 현상이 발생할 때 생겼었다.

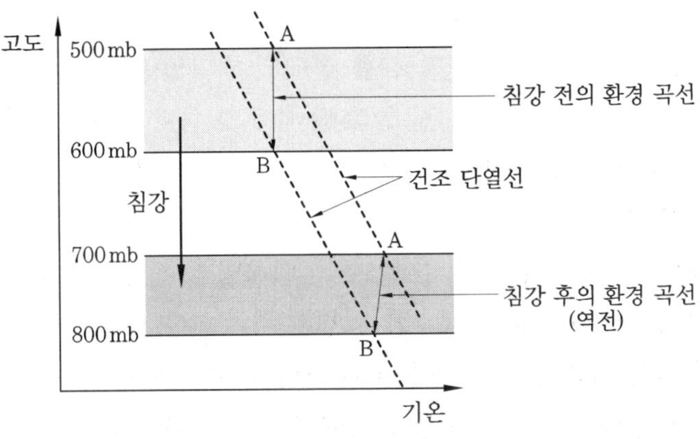

침강 역전층의 발생

(2개의 그림을 1개의 그림으로 나타내었음)

따뜻한 공기와 차가운 공기가 부딪치면 따뜻한 공기는 찬 공기 위를 타고 상승하면서 전선(front)을 이룬다. 이 전선은 위에는 따뜻한 공기, 아래에는 찬 공기가 있으므로 전선의 전이층에서는 역전층이 형성되는데, 이것을 전선 역전(frontal inversion)이라고 한다(아래의 그림).

이 역전층에 의해서도 지면에서 배출된 오염 물질이 갇히기는 하지만 이 역전층은 빠른 속도로 움직이는 경향이 있으므로 오염 문제에 심각한 영향을 주지는 않는다.

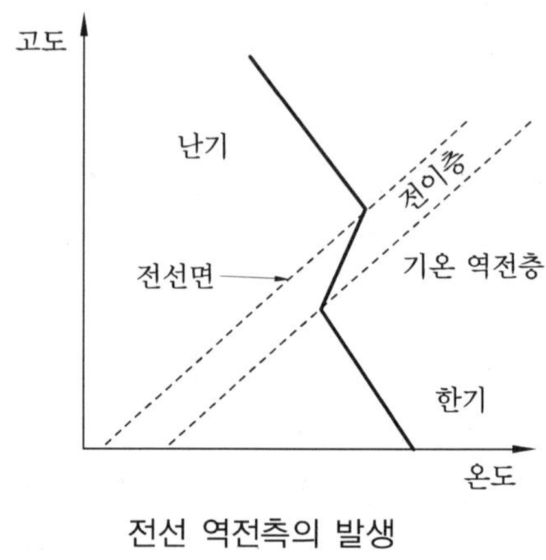

전선 역전측의 발생

2 확산에 따른 오염도 예측

(1) 대기의 안정도와 플룸의 모양

굴뚝에서 배출되는 연기의 행렬을 플룸(plume)이라고 한다.

이 플룸이 바람에 불려 흘러가는 모양은 대기의 수직 온도 분포(안정도)와 풍속의 수직 분포(난류의 정도)에 따라 달라진다.

플룸의 모양을 나누어 보면 다음과 같다.

① **looping(환상형, 파상형)** : 초단열 감률 상태의 대기일 때, 즉 대기가 절대 불안정할 때(오후 2시) 나타나므로 맑은 날 오후에 대류가 매우 강하여 상하층 간에 혼합이 크게 일어날 때 발생하게 된다. 이런 모양의 플룸은 때때로 풍하측 지면에도 심한 오염의 영향을 미치는 경우가 있다.

② **conning(원추형)** : 대기가 중립 조건 또는 미단열일 때 발생한다. 즉 날씨가 흐리고 바람이 비교적 약하며 약한 난류가 발생하여 생긴다.

이 플룸이 높은 굴뚝에서 배출될 때는 평탄한 지면에는 거의 오염의 영향이 미치지 않는다. 이 플룸 내에서는 오염의 단면 분포가 전형적인 가우스 분포[(Gaussian distribution, 종모양 분포=정규 분포(가장 바람직한 플룸의 모양)]를 이루고 있다.

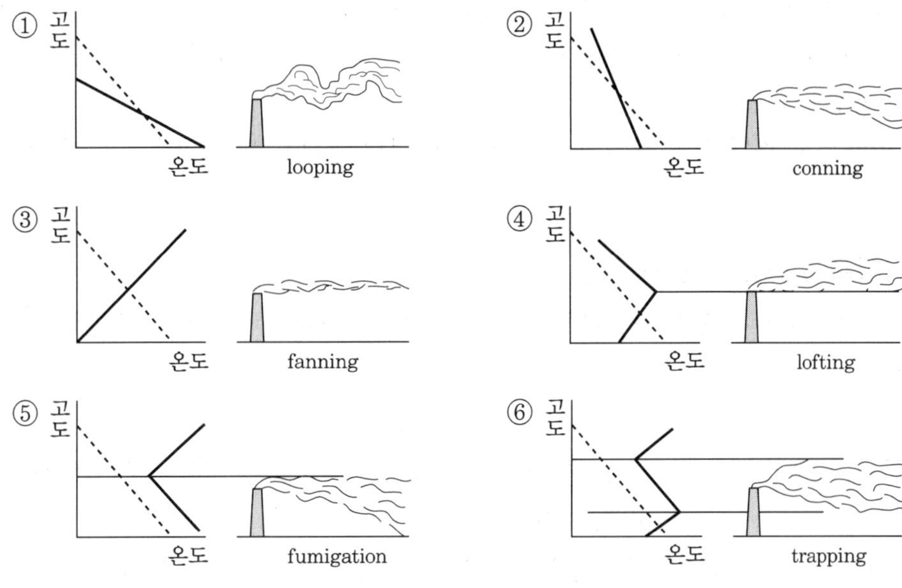

대기의 상태와 플룸의 모양

③ fanning(**부채형**) : 대기가 매우 안정한 상태일 때에 발생한다. 따라서 역전층 내에서 잘 생긴다.

고기압 구역에서 하늘이 맑고 바람이 약하면 지표로부터 열방출이 커서 한밤부터 아침까지 복사 역전층이 생기고, 이러한 역전층 내에서 발생되는 플룸이다. 이런 상태에서 오염이 공기 중에 배출되면 평평하고 반듯한 리본 모양의 플룸이 생긴다.

④ lofting(**상승형, 지붕형, 처마형**) : 굴뚝의 높이보다도 더 낮게는 역전층이 이루어져 있고, 그 상공에는 대기가 중립 상태나 비교적 불안정 상태이면 이런 플룸이 발생한다. 이러한 조건은 주로 고기압 지역에서 하늘이 맑고 바람이 약한 경우에 초저녁에서부터 아침에 걸쳐 발생하기 쉽다.

이 플룸은 지면 부근의 안전층을 뚫고 내려오지 못하므로 지면 부근에서는 영향이 없다.

⑤ fumigation(**훈증형, 끌림형**) : 일단 발생해 있던 복사 역전층이 아침에 하층에서부터 해소되는 과정에서 하층의 불안정층이 굴뚝 높이를 막 넘었을 때 굴뚝에서 배출된 오염 물질이 지표면에까지 영향을 미치면서 발생하는 플룸이다.

이 플룸은 지표면으로부터 굴뚝 상공에 아직 소멸되지 아니한 역전층까지 꽉 채워진 상태로 지표면에 끌리면서 이동해 가므로 지표 부근을 심하게 오염시킨다. 그러나 다행히 이러한 현상은 오래 지속되지 않는다.

⑥ trapping(**함정형, 구속형**) : 이 플룸은 보통 고기압 지역에서 상공에 침강 역전층이 있고 지표 부근에 복사 역전이 있는 경우 양 역전층 사이에서 오염 물질이 배출될 때 발생한다.

이때는 배출된 오염 물질이 두 역전층에 의해 갇혀서 두 역전층 사이를 가득차게 흐른다.

(2) 장애물에 대한 플룸의 영향

바람이 불 때 도중에 장애물이 있으면 플룸은 이 장애물에 의해서 발생하는 난류의 영향을 크게 받게 된다.

만일 오염 물질을 배출하는 굴뚝의 풍하 측에 굴뚝의 높이에 비교할 만한 건물이 있으면 건물 때문에 발생한 난류로 인하여 플룸이 풍하 측 건물 후면 아래로 흐르기도 하는데, 이러한 현상을 downdraft라고 한다.

이러한 현상을 없애려면 굴뚝의 높이를 가까이 위치해 있는 건물의 약 2.5배 이상 높여야 한다.

한편 플룸은 굴뚝 자체에 의해서도 영향을 받는 수가 있다. 즉 굴뚝에서의 수직 배출 속도에 비하여 풍속이 크면 플룸이 굴뚝 아래로 흩날리는 현상이 생긴다.

이러한 현상을 down wash(하향 날림) 또는 creeping(포복 진행)이라고 한다. 이러한 현상을 없애려면 굴뚝에서의 수직 배출 속도를 굴뚝 높이에서 부는 풍속의 2배 이상 높여야 한다.

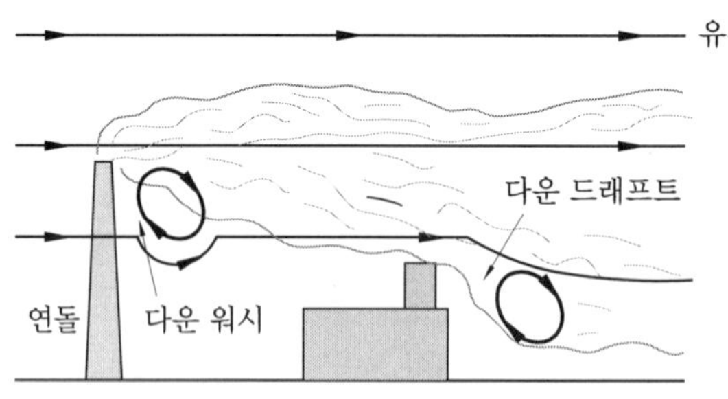

다운 워시·다운 드래프트 현상
(2개의 그림을 1개의 그림으로 나타내었음)

즉, $\frac{V_s}{u} > 2$

여기서, V_s : down wash를 방지하기 위한 연기 배출 속도
u : 굴뚝 높이에서의 평균 풍속

5-1 아래 그림은 고도에 따른 대기의 기온 변화를 나타낸 것이다. 다음 중 대기 중에 섞인 오염 물질이 가장 잘 확산되는 기온변화 형태는? [19-2]

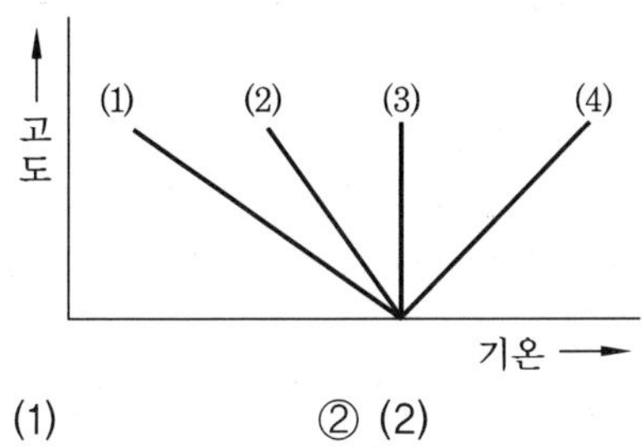

① (1) ② (2)
③ (3) ④ (4)

해설 (1) 경우를 과단열적이라 한다. 이때 오염 물질이 가장 잘 확산된다.

5-2 역전에 관한 다음 설명 중 옳지 않은 것은? [14-1]

① 전선 역전층이나 해풍 역전층은 모두 이동성이지만 그 상하에서 바람과 난류가 작아서 지표 부근의 오염 물질들을 오랫동안 정체시킨다.
② 복사 역전층에서는 안개가 발생하기 쉽고 매연이 소산되기 어려워 지표 부근의 오염 농도가 커진다.
③ 복사 역전은 하늘이 맑고 바람이 약한 자정 이후와 새벽에 걸쳐 잘 생기며, 낮이 되면 일사에 의해 지면이 가열되면 곧 소멸된다.
④ 산을 넘은 푄기류가 산골짜기 사이로 통과할 때 발생하는 지형성 역전도 있으며, 이 역전층은 산골짜기, 분지 등으로 냉기가 모일 경우 발생한다.

해설 역전층 상하는 과단열에 가까워지므로 오염 물질의 확산이 잘 된다.

5-3 역전에 관한 설명으로 가장 거리가 먼 것은? [13-4]

① 복사 역전은 눈이 덮인 지역의 경우 눈의 알베도가 0.8보다 더 크고, 태양에서의 복사열 전달이 최소가 되기 때문에 오전의 복사 역전 현상이 연장되는 경향이 있다.
② 복사 역전은 해뜨기 직전 및 하늘이 맑고 바람이 약할 때 아주 강하다.
③ 침강 역전은 배출원보다 낮은 고도에서 발생하므로 일반적으로 단기간 오염 물질에 크게 기여한다.
④ 일반적으로 가을과 겨울은 역전의 기간이 길고, 자주 발생한다.

해설 ③ 낮은 고도 → 높은 고도
단기간 → 장기간

5-4 다음 중 침강 역전과 상대 비교한 복사 역전에 관한 설명으로 가장 거리가 먼 것은? [12-4]

① 복사 역전은 장기간 지속되어 단기적인 문제보다는 주로 대기 오염물의 장기 축적에 기여한다.
② 복사 역전은 지표 가까이에 형성되므로 지표 역전이라고도 한다.
③ 복사 역전은 대기 오염 물질 배출원이 위치하는 대기층에서 발생된다.
④ 복사 역전은 일출 직전에 하늘이 맑고 바람이 없는 경우에 강하게 생성된다.

해설 복사 역전은 단기간 지속된다. 장기간 지속되는 것은 침강 역전이다.

5-5 다음 중 공중 역전에 해당하지 않는 것은? [18-4]

① 난류 역전 ② 접지 역전
③ 전선 역전 ④ 침강 역전

해설 접지 역전은 복사 역전이라고도 한다.

정답 5-1 ① 5-2 ① 5-3 ③ 5-4 ① 5-5 ②

5-6 LA 스모그를 유발시킨 역전 현상으로 가장 적합한 것은? [18-1]

① 침강 역전 ② 전선 역전
③ 접지 역전 ④ 복사 역전

5-7 따뜻한 공기가 찬 지표면이나 수면 위를 불어갈 때 따뜻한 공기의 하층이 찬 지표면 수면에 의해 냉각되어 발생하는 역전 형태는? [16-4]

① 접지 역전 ② 침강 역전
③ 전선 역전 ④ 해풍 역전

5-8 복사 역전이 가장 발생되기 쉬운 기상 조건은? [12-1, 16-1]

① 하늘이 흐리고, 바람이 강하며, 습도가 높을 때
② 하늘이 흐리고, 바람이 약하며, 습도가 낮을 때
③ 하늘이 맑고, 바람이 강하며, 습도가 높을 때
④ 하늘이 맑고, 바람이 약하며, 습도가 낮을 때

해설 복사 역전은 날씨가 좋고 바람이 약하며 습도도 적을 때 저녁 이후 아침까지 잘 발생한다. 그러나 낮이 되어 일사에 의해서 지면이 가열되면 곧 소멸한다.

5-9 역전(inversion)에 관한 설명으로 옳지 않은 것은? [15-1]

① 난류 역전, 해풍 역전은 지표 역전에 해당한다.
② 침강 역전, 전선 역전은 공중 역전에 해당한다.
③ 해풍 역전은 이동성이므로 오염 물질을 오랫동안 정체시키지는 않는 편이다.
④ 복사 역전층에서는 안개가 발생하기 쉽고 매연이 쉽게 확산하지 못하는 편이다.

해설 ① 지표 역전→공중 역전

5-10 역전에 관한 설명으로 옳지 않은 것은? [19-4]

① 복사 역전층은 보통 가을로부터 봄에 걸쳐서 날씨가 좋고, 바람이 약하며, 습도가 적을 때 자정 이후 아침까지 잘 발생한다.
② 침강 역전은 고기압 중심 부분에서 기층이 서서히 침강하면서 기온이 단열 변화로 승온되어 발생하는 현상이다.
③ 전선 역전층은 빠른 속도로 움직이는 경향이 있어서 오염 문제에 심각한 영향을 주지는 않는 편이다.
④ 해풍 역전은 정체성 역전으로서 보통 오염 물질을 오랫동안 정체시킨다.

해설 해풍 역전은 공중 역전이지만 정체성은 아니므로 빠른 속도로 움직이다.

5-11 다음 기온 역전의 발생 기전에 관한 설명으로 옳은 것은? [15-2]

① 이류성 역전 – 따뜻한 공기가 차가운 지표면 위로 흘러갈 때 발생
② 침강형 역전 – 저기압 중심 부분에서 기층이 서서히 침강할 때 발생
③ 해풍형 역전 – 바다에서 더워진 바람이 차가운 육지 위로 불 때 발생
④ 전선형 역전 – 비교적 높은 고도에서 차가운 공기가 따뜻한 공기 위로 전선을 이룰 때 발생

해설 ② 저기압 중심→고기압 중심
③ 바다에서 더워진 바람이 차가운 육지→바다에서 차가운 바람이 더워진 육지
④ 차가운 공기가 따뜻한 공기 위로→따뜻한 공기가 차가운 공기 위로

정답 5-6 ① 5-7 ③ 5-8 ④ 5-9 ① 5-10 ④ 5-11 ①

5-12 역선풍(Anticyclone) 구역 내에서 차가운 공기가 장시간 침강(단열적)하였을 때 공기 덩어리 상부면(Top)과 하부면(Bottom)의 온도차(변화)를 바르게 표시한 것은? (단, $\frac{dT}{dP}$는 압력에 대한 온도 변화이며, 이상 기체로 작용한다.) [18-2]

① $\left(\frac{dT}{dP}\right)_{\rm TOP} < \left(\frac{dT}{dP}\right)_{\rm Bottom}$

② $\left(\frac{dT}{dP}\right)_{\rm TOP} > \left(\frac{dT}{dP}\right)_{\rm Bottom}$

③ $\left(\frac{dT}{dP}\right)_{\rm TOP} = \left(\frac{dT}{dP}\right)_{\rm Bottom}$

④ $\left(\frac{dT}{dP}\right)_{\rm TOP} \leq \left(\frac{dT}{dP}\right)_{\rm Bottom}$

해설 역선풍은 고기압이 장기적으로 지속될 때 생기는 공중 역전이다.

5-13 아래 그림은 고도에 따른 풍속과 온도(실선 : 환경 감률, 점선 : 건조 단열 감률), 그리고 굴뚝 연기의 모양을 나타낸 것이다. 이에 대한 설명과 거리가 먼 것은? [18-1]

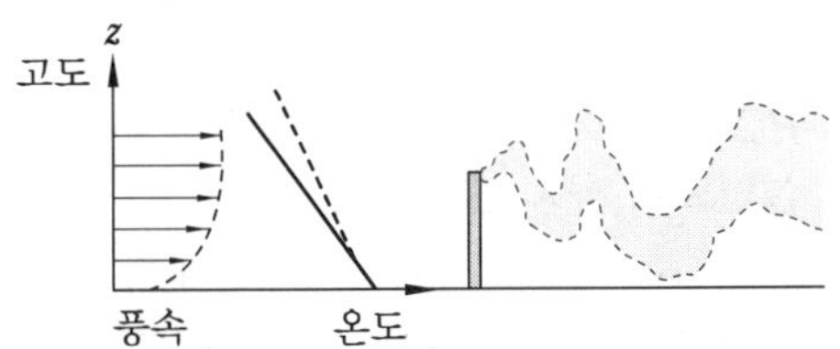

① 대기가 아주 불안정한 경우로 난류가 심하다.

② 날씨가 맑고 태양 복사가 강한 계절에 잘 발생하며 수직 온도 경사가 과단열적이다.

③ 일출과 함께 역전층이 해소되면서 하부의 불안정층이 연돌의 높이를 막 넘었을 때 발생한다.

④ 연기가 지면에 도달하는 경우 연돌 부근의 지표에서 고농도의 오염을 야기하기도 하지만 빨리 분산된다.

해설 looping(환상형, 파상형)은 대기가 절대 불안정할 때 나타나므로 맑은 날 오후에 대류가 매우 강하여 상하층 간에 혼합이 크게 일어날 때 발생하게 된다.
③의 설명은 fumigation(훈증형, 끌림형)의 설명이다.

5-14 굴뚝에서 배출되는 연기의 형태 중 looping형에 관한 설명으로 옳은 것은 어느 것인가? [14-4, 17-2, 21-1]

① 전체 대기층이 강한 안정 시에 나타나며, 연직 확산이 적어 지표면에 순간적 고농도를 나타낸다.

② 전체 대기층이 중립일 경우에 나타나며, 연기 모양의 요동이 적은 편이다.

③ 과단열감률 상태의 대기일 때 나타나므로 맑은 날 오후에 발생하기 쉽다.

④ 상층이 불안정, 하층이 안정일 경우에 나타나며, 바람이 다소 강하거나 구름이 낀 날 일어난다.

해설 looping은 맑은 날 오후 지표가 뜨거울 때 과단열적으로 되어 발생하는 것이다.

5-15 고도가 높아짐에 따라 기온이 급격히 떨어져 대기가 불안정하고 난류가 심할 때, 연기의 확산 형태는? [21-2]

① 상승형(lofting)

② 환상형(looping)

③ 부채형(fanning)

④ 훈증형(fumigation)

해설 대기가 불안정하다면 looping이다.

5-16 연기 배출 형태 중 원추형(coning)에 관한 설명으로 가장 적합한 것은? [13-4]

① 대기가 불안정하여 난류가 심할 때 발

정답 5-12 ② 5-13 ③ 5-14 ③ 5-15 ② 5-16 ②

생한다.

② 대기가 중립 조건일 때 잘 발생하며, 이 연기 내에서는 오염의 단면 분포가 전형적인 가우시안 분포를 나타낸다.

③ 대기가 매우 안정한 상태일 때 아침과 새벽에 잘 발생하며, 풍향이 자주 바뀔 때면 사행(蛇行)하는 연기 모양이 된다.

④ 고·저기압에 상관없이 발생하며, 두 역전층 사이에서 오염 물질이 배출될 때 발생한다.

해설 ① 환상형(looping)
③ 부채형(fanning)
④ 함정형(trapping)

5-17 **굴뚝에서 배출되는 연기 모양 중 원추형에 관한 설명으로 가장 적합한 것은 어느 것인가?** [17-1]

① 수직 온도 경사가 과단열적이고, 난류가 심할 때 주로 발생한다.

② 지표 역전이 파괴되면서 발생하며 30분 이상은 지속하지 않는 경향이 있다.

③ 연기의 상하 부분 모두 역전인 경우 발생한다.

④ 구름이 많이 낀 날에 주로 관찰된다.

해설 원추형은 대기가 중립 조건 또는 미단열일 때 발생한다. 즉, 날씨가 흐리고 바람이 비교적 약하며 약한 난류가 발생하여 생긴다.

5-18 **다음 연기 형태 중 부채형(fanning)에 관한 설명으로 가장 거리가 먼 것은 어느 것인가?** [17-4]

① 주로 저기압 구역에서 굴뚝 높이보다 더 낮게 지표 가까이에 역전층이, 그 상공에는 불안정 상태일 때 발생한다.

② 굴뚝의 높이가 낮으면 지표 부근에 심각한 오염 문제를 발생시킨다.

③ 대기가 매우 안정된 상태일 때 아침과 새벽에 잘 발생한다.

④ 풍향이 자주 바뀔 때면 뱀이 기어가는 연기 모양이 된다.

해설 부채형은 대기가 매우 안정한 상태일 때에 발생한다. 따라서 역전층 내에서 잘 생긴다. 즉, 지표에서부터 굴뚝 높이보다 더 높게 역전층이 형성될 때 발생한다.

5-19 **다음은 어떤 연기 형태에 해당하는 설명인가?** [19-2]

> 대기가 매우 안정한 상태일 때에 아침과 새벽에 잘 발생하며, 강한 역전 조건에서 잘 생긴다. 이런 상태에서는 연기의 수직 방향 분산은 최소가 되고, 풍향에 수직되는 수평 방향의 분산은 아주 적다.

① fanning ② coning
③ looping ④ lofting

해설 대기가 매우 안정하다면 부채형이다.

5-20 **굴뚝에서 배출된 연기의 모양에 관한 설명으로 옳지 않은 것은?** [13-2]

① trapping형은 고기압 지역에서 상공에 공중 역전층이 있고 지표 부근에 복사 역전층이 있을 때 생기는 현상이다.

② looping형은 굴뚝이 낮으면 풍하쪽 지상에 강한 오염원이 생기며, 저·고기압에 상관없이 발생한다.

③ fumigation형은 전형적인 가우시안 분포의 모양을 나타내며, 지면 가까이에는 거의 오염 영향이 미치지 않는다.

④ fanning형은 대기가 매우 안정한 상태일 때에 아침과 새벽에 잘 발생하며, 강

정답 5-17 ④ 5-18 ① 5-19 ① 5-20 ③

한 역전 조건에서 잘 생긴다.

해설 ③ fumigation형 → conning형

5-21 연기의 형태에 관한 설명 중 옳지 않은 것은? [12-2, 16-2]

① 지붕형 : 하층에 비하여 상층이 안정한 대기 상태를 유지할 때 발생한다.
② 환상형 : 과단열감률 조건일 때, 즉 대기가 불안정할 때 발생한다.
③ 원추형 : 오염의 단면 분포가 전형적인 가우시안 분포를 이루며, 대기가 중립 조건일 때 잘 발생한다.
④ 부채형 : 연기가 배출되는 상당한 고도까지도 강안정한 대기가 유지될 경우, 즉 기온 역전 현상을 보이는 경우 연직 운동이 억제되어 발생한다.

해설 ① 상층이 안정한 → 상층이 불안정한

5-22 다음 [보기]가 설명하는 주위 대기 조건에 따른 연기의 배출 형태를 옳게 나열한 것은? [20-2]

보기

㉠ 지표면 부근에 대류가 활발하여 불안정하지만, 그 상층은 매우 안정하여 오염물의 확산이 억제되는 대기 조건에서 발생한다. 발생 시간 동안 상대적으로 지표면의 오염 물질 농도가 일시적으로 높아질 수 있는 형태
㉡ 대기 상태가 중립인 경우에 나타나며, 바람이 다소 강하거나 구름이 많이 낀날 자주 볼 수 있는 상태

① ㉠ 지붕형, ㉡ 원추형
② ㉠ 훈증형, ㉡ 원추형
③ ㉠ 구속형, ㉡ 훈증형
④ ㉠ 부채형, ㉡ 훈증형

해설 아래는 불안정, 상층은 안정이면 훈증형 (fumigation)이고, 대기 상태가 중립이면 원추형(conning)이다.

5-23 굴뚝 높이 상하층에서 각각 침강 역전과 복사 역전이 동시에 발생되는 경우의 연기 형태는? [15-4]

① looping ② coning
③ fumigation ④ trapping

해설 함정형(trapping)의 설명이다.

5-24 맑은 여름날 해가 뜬 후부터 오후 최고 기온이 나타나는 시간까지의 연기의 분산형을 순서대로 가장 적합하게 나타낸 것은? [14-4]

① fanning → fumigation → coning → looping
② fanning → looping → coning → lofting
③ fanning → looping → fumigation → lofting
④ fanning → trapping → looping → coning

해설 맑은 날 새벽까지 fanning(부채형)이 되고 오후에는 looping(환상형)이 된다.

5-25 Down Wash 현상에 관한 설명은 어느 것인가? [16-2, 19-2]

① 원심력 집진 장치에서 처리 가스량의 5~10 % 정도를 흡인하여 줌으로써 유효 원심력을 증대시키는 방법이다.
② 굴뚝의 높이가 건물보다 높은 경우 건물 뒤편에 공동 현상이 생기고 이 공동에 대기 오염 물질의 농도가 낮아지는 현상을 말한다.
③ 굴뚝 아래로 오염 물질이 휘날리어 굴뚝 밑 부분에 오염 물질의 농도가 높아지는 현상을 말한다.
④ 해가 뜬 후 지표면이 가열되어 대기가 지면으로부터 열을 받아 지표면 부근부터 역전층이 해소되는 현상을 말한다.

정답 5-21 ① 5-22 ② 5-23 ④ 5-24 ① 5-25 ③

해설 ①의 설명은 블로 다운 효과(blow down effect)의 설명이다.
② 건물보다 높은 경우→건물보다 낮을 경우, 대기 오염 물질의 농도가 낮아지는→높아지는(다운 드래프트의 설명이다)
④는 훈증형(fumigation)의 설명이다.

5-26 세류 현상(down wash)이 발생되지 않는 조건은? [16-4, 21-1]

① 오염 물질의 토출 속도가 굴뚝 높이에서의 풍속과 같을 때
② 오염 물질의 토출 속도가 굴뚝 높이에서의 풍속의 2.0배 이상일 때
③ 굴뚝 높이에서의 풍속이 오염 물질 토출 속도의 1.5배 이상일 때
④ 굴뚝 높이에서의 풍속이 오염 물질 토출 속도의 2.0배 이상일 때

해설 세류 현상(down wash)을 방지하는 방법으로 토출 속도(V_s)가 풍속(u)보다 2배 이상 되게 하는 방법이 있다.

정답 5-26 ②

5-5 기상 인자 및 영향

1 기상 인자

6. 대기 오염 물질의 확산을 예측하기 위한 바람장미에 관한 내용으로 옳지 않은 것은 어느 것인가? [18-2, 21-4]

① 풍향은 바람이 불어오는 쪽으로 표시한다.
② 풍속이 0.2 m/s 이하일 때를 정온(calm)이라 한다.
③ 가장 빈번히 관측된 풍향을 주풍이라 하고 막대의 굵기를 가장 굵게 표시한다.
④ 바람장미는 풍향별로 관측된 바람의 발생 빈도와 풍속을 16방향인 막대기형으로 표시한 기상도형이다.

해설 ③ 막대의 굵기를 가장 굵게 표시한다.→막대의 길이를 가장 길게 표시한다.
※ 막대의 굵기는 풍속을 표시하는 방법이다.

답 ③

이론 학습

(1) 기온(air temperature)

대기의 온도를 기온이라고 하지만 기온은 높이에 따라 달라지기 때문에 특별히 고도를 언급하지 않을 때에는 지면으로부터 1.5 m(호흡기) 정도 높이의 공기 온도를 말한다.

(2) 바람(wind)

지상풍은 지상 10 m 높이의 바람을 말한다. 왜냐하면 풍속은 지면 마찰의 영향으로 지면으로부터의 고도에 따라 심한 차이를 보이기 때문이다.

바람을 측정하는 곳의 주위 장애물 높이는 풍향·풍속계로부터 장애물까지의 거리의 $\frac{1}{10}$ 미만이어야 이상적 환경이다(바람을 측정하는 곳은 장애물의 높이보다 10배 이상 떨어져야 한다).

지상 풍향·풍속 값은 시시각각으로 변하므로 보통 10분 간의 평균량을 사용한다. 풍향이란 바람이 불어오는 방향이다.

① **풍향과 풍속의 빈도 분포를 나타낸 바람장미**

(가) 주풍은 가장 빈번히 관측된 풍향을 말하며, 막대의 길이를 가장 길게 표시한다.

(나) 풍속은 막대의 굵기로 표시한다.

(다) 관측된 풍향별 발생 빈도를 %로 표시한 것을 방향량(vector)이라 하며, 바람장미의 중앙에 숫자로 표시한 것은 무풍률이다.

(라) 정온(calm) 상태란 풍속이 0.2 m/s 이하일 때를 말한다.

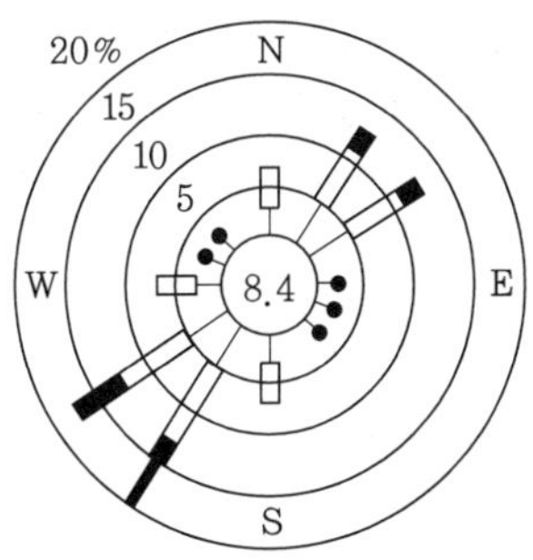

남서풍이 주풍인 바람장미

② **라디오존데(radiosonde)** : 커다란 기구에 각종 기상 요소(기압, 기온, 습도)를 측정하는 측정기를 달아 띄우고 레이더로 추적하여 풍향·풍속을 함께 측정하는 장비이다.

(3) 일사량(insolation)

지표면에 받는 태양광의 양을 말하는데, 지표면에서 받는 태양열의 강도는 하루 중의 시간에 따라, 1년 중의 계절에 따라, 또한 날씨의 상태에 따라서 달라진다.

① **태양 상수** : 대기권 밖에서 햇빛에 수직인 1 cm^2의 면적에 1분 동안에 들어오는 태양 복사 에너지의 양을 말하며, 그 값은 약 2 cal/cm^2·min이다.

② **평균 태양 에너지**

$$C_M = C \times \frac{\pi R^2}{4\pi R^2} = \frac{C}{4}$$

여기서, C_M : 평균 태양 에너지, C : 태양 상수, R : 지구 반지름

③ **복사 에너지** : 흑체의 단위 표면적에서 복사되는 에너지(E)와 그 물체의 표면 온도(T)의 관계는 $E = \sigma T^4$으로 나타내며, 이를 슈테판-볼츠만 법칙이라 한다(σ : 슈테판-볼츠만의 상수). 즉, 복사 에너지는 절대 온도의 4승에 비례한다.

태양 복사는 단파 복사, 지구 복사는 장파 복사라 한다.

㈎ 대기 중에서의 복사는 0.1~100 μm 파장 영역(적외선)에 속한다.

㈏ 대기 복사 파장 영역 중 인간이 느낄 수 있는 가시광선은 보라색(0.36 μm)에서 붉은색(0.75μm) 까지이다.

㈐ 복사는 매질이 없는 진공 상태(우주 공간)에서도 열을 전달할 수 있다(전자파에 의한 열전달).

㈑ 복사는 전자기장의 진동에 의한 파장 형태의 에너지 전달이다.

④ **빈의 변칙** : 최대 에너지 파장과 흑체 표면의 절대 온도와는 반비례한다.

$$\lambda_m = \frac{2897}{T}$$

여기서, λ_m : 최대 에너지 파장(μm)
T : 표면의 절대 온도(K)

⑤ **플랑크의 법칙**

$$E_\lambda = C_1 \lambda^{-5} \left[\exp\left(\frac{C_2}{\lambda T} \right) - 1 \right]^{-1}$$

(단, T : 흑체의 온도, C_1, C_2 : 상수, λ : 파장, E : 에너지의 량)

⑥ **알베도(albedo)** : 지표의 반사율을 나타내는 지표를 말한다.

⑦ **미 산란(Mie scattering)** : 태양 복사는 지면에 도달하기 전에 지구 대기에 있는 여러 물질에 의해 흡수되거나 굴절, 산란되어 일사량의 감쇄를 초래하는데, 대기 중에 먼지나 입자의 직경이 전자파의 파장과 거의 같거나 큰 대기 오염 물질이 대기 중에 많이 존재할 경우 하늘은 백색이나 뿌옇게 흐려져 일사량의 감소를 초래하여 간접적으로 대기 오염도를 예측할 수 있는 현상을 말한다.

⑧ **레일리 산란** : 전자기파의 파장보다 작은 입자에 의한 빛의 산란(하늘이 파란색을 띠는 경우)

⑨ **라니냐** : 라니냐는 엘리뇨와 상대적인 현상으로 적도 무역풍이 상대적으로 강화되어 서태평양의 해수면과 수온은 평년보다 상승하게 되고, 찬해수의 용승 현상 때문에 적도 동태평양에서 저수온 현상이 강화되어 엘리뇨의 반대 현상이 나타난다. 이러한 현상을 라니냐(스페인어로 여자아이)라고 한다.

⑩ **비어의 법칙**

$$I = I_o \times e^{-k\rho L}$$

여기서, I : 입사 후의 일사량(%)
I_o : 입사 전의 일사량(%)
k : 감쇄 상수
ρ : 매질의 밀도(kg/m^3)
L : 수심(m)

6-1 바람장미에 관한 다음 설명 중 옳지 않은 것은? [15-4]

① 대기 오염 물질의 이동 방향은 주풍(主風)과 같은 방향이며, 풍속은 막대 날개의 길이로 표시한다.
② 방향량(vector)은 관측된 풍향별 회수를 백분율로 나타낸 값이다.
③ 주풍은 가장 빈번히 관측된 풍향을 말하며, 막대의 길이를 가장 길게 표시한다.
④ 풍속이 0.2 m/s 이하일 때를 정온(calm) 상태로 본다.

해설 풍속은 막대의 굵기로 표시한다.

6-2 대기 오염 물질의 분산을 예측하기 위한 바람장미(wind rose)에 관한 설명으로 가장 거리가 먼 것은? [14-4, 18-4]

① 풍속이 1 m/s 이하일 때를 정온(calm) 상태로 본다.
② 바람장미는 풍향별로 관측된 바람의 발생 빈도와 풍속을 16방향으로 표시한 기상도형이다.
③ 관측된 풍향별 발생 빈도를 %로 표시한 것을 방향량(vector)이라 한다.
④ 가장 빈번히 관측된 풍향을 주풍(prevailing wind)이라 하고, 막대의 길이를 가장 길게 표시한다.

해설 정온(calm) 상태란 풍속이 0.2 m/s 이하일 때를 말한다.

6-3 다음은 바람장미에 관한 설명이다. ( ) 안에 가장 알맞은 것은? [13-2, 17-1]

바람장미에서 풍향 중 주풍은 막대의 (㉠) 표시하며, 풍속은 (㉡)(으)로 표시한다. 풍속이 (㉢)일 때를 정온(calm) 상태로 본다.

① ㉠ 길이를 가장 길게, ㉡ 막대의 굵기, ㉢ 0.2 m/s 이하

정답 6-1 ① 6-2 ① 6-3 ①

② ㉠ 굵기를 가장 굵게, ㉡ 막대의 길이, ㉢ 0.2 m/s 이하
③ ㉠ 길이를 가장 길게, ㉡ 막대의 굵기, ㉢ 1 m/s 이하
④ ㉠ 굵기를 가장 굵게, ㉡ 막대의 길이, ㉢ 1 m/s 이하

6-4 지표에 도달하는 일사량의 변화에 영향을 주는 요소와 가장 거리가 먼 것은 어느 것인가? [12-1, 15-4, 20-4]

① 계절
② 대기의 두께
③ 지표면의 상태
④ 태양의 입사각의 변화

해설 일사량의 변화에는 지표면의 상태와 상관없다.

6-5 다음 중 태양 상수 값으로 가장 적합한 것은? [13-1]

① 0.1 cal/cm^2·min
② 1 cal/cm^2·min
③ 2 cal/cm^2·min
④ 10 cal/cm^2·min

해설 $C = 2\ \text{cal/cm}^2 \cdot \text{min}$

6-6 태양 상수를 이용하여 지구 표면의 단위 면적이 1분 동안에 받는 평균 태양 에너지를 구한 값은? [12-1]

① 0.25 cal/cm^2·min
② 0.5 cal/cm^2·min
③ 1.0 cal/cm^2·min
④ 2.0 cal/cm^2·min

해설 태양 상수는 2.0 cal/cm^2·min이고, 평균 태양 에너지는 0.5 cal/cm^2·min이다.

6-7 태양 상수를 이용하여 지구 표면의 단위 면적이 1분 동안에 받는 평균 태양 에너지를 구하는 식으로 적합한 것은? (단, C_M : 평균 태양 에너지, C : 태양 상수, R : 지구 반지름) [15-1]

① $C_M = C \times \left[\left(\dfrac{\pi R^2}{4\pi R^2}\right)\right]$
② $C_M = C \times \left[\left(\dfrac{4\pi R^2}{\pi R^2}\right)\right]$
③ $C_M = C \times \left[\left(\dfrac{\pi R}{2\pi R^2}\right)\right]$
④ $C_M = C \times \left[\left(\dfrac{2\pi R}{\pi R^2}\right)\right]$

해설 $C_M = C \times \dfrac{1}{4}$

6-8 태양 상수를 이용하여 지구 표면의 단위 면적이 1분 동안에 받는 평균 태양 에너지를 구한 값은? [17-1]

① 0.25 cal/cm^2·min
② 0.5 cal/cm^2·min
③ 1.0 cal/cm^2·min
④ 2.0 cal/cm^2·min

해설 태양 평균 에너지 $= \dfrac{\text{태양 상수}}{4}$

$$= \frac{2\text{cal/cm}^2 \cdot \text{min}}{4} = 0.5\text{cal/cm}^2 \cdot \text{min}$$

6-9 스테판-볼츠만의 법칙에 따르면 흑체 복사를 하는 물체에서 물체의 표면 온도가 1500 K에서 1997 K로 변화된다면, 복사에너지는 약 몇 배로 변화되는가? [14-1, 14-4, 18-4, 19-1]

① 1.25배
② 1.33배
③ 2.56배

정답 6-4 ③ 6-5 ③ 6-6 ② 6-7 ① 6-8 ② 6-9 ④

④ 3.14배

해설 $Q \propto T^4$

$1 : 1500^4$

$x : 1997^4$

$\therefore\ x = \dfrac{1 \times 1997^4}{1500^4} = 3.14$ 배

6-10 **다음에서 설명하는 복사의 법칙은 어느 것인가?** [15-2]

> • 열역학 평형 상태 하에서는 어떤 주어진 온도에서 매질의 방출 계수와 흡수 계수의 비는 매질의 종류에 상관없이 온도에 의해서만 결정된다는 법칙이다.
> • 주어진 온도에서 어떤 물체의 파장 λ의 복사선에 대한 흡수율은 동일 온도와 파장에 대한 그 물체의 복사율과 같다.
> • 이 법칙은 국소적 열역학 평형에 대해서도 확장된다.

① 스테판볼츠만의 법칙
② 플랭크의 법칙
③ 빈의 법칙
④ 키르히호프의 법칙

해설 위의 설명은 키르히호프의 법칙에 대한 설명이다.

6-11 **빈의 변위 법칙에 관한 식은 어느 것인가?** [13-2, 21-1]

① $\lambda = \dfrac{2897}{T}$($\lambda$: 최대 에너지가 복사될 때의 파장, T : 흑체의 표면 온도)
② $E = \sigma T^4$(E : 흑체의 단위 표면적에서 복사되는 에너지, σ : 상수, T : 흑체의 표면 온도)
③ $I = I_0 \exp(-k\rho L)$(I_0, I : 각각 입사 전후의 일사량, k : 감쇄 상수, ρ : 매질의 밀도, L : 통과 거리)
④ $R = K(1-a) - L$(R : 순복사, K : 지표면에 도달한 일사량, α : 지표의 반사율, L : 지표로부터 방출되는 장파 복사)

해설 빈의 법칙은 최대 에너지 파장과 흑체 표면의 절대 온도와는 반비례한다.

6-12 **복사 이론에 관련된 법칙 중 최대 에너지 파장과 흑체 표면의 절대 온도가 반비례함을 나타내는 것은? (단, 상수 2897 적용)** [12-1, 12-2, 20-4]

① 스테판 – 볼츠만의 법칙
② 플랑크 법칙
③ 빈의 변위 법칙
④ 플래밍 법칙

해설 빈의 변위 법칙

$$\lambda_m = \frac{2897}{T}$$

6-13 **다음 지표면 상태 중 일반적으로 알베도(%)가 가장 큰 것은?** [14-1, 18-1]

① 삼림 ② 사막
③ 수면 ④ 얼음

해설 알베도란 지표의 반사율을 나타내는 지표를 말한다. 구름 또는 눈이나 얼음으로 덮인 경우는 0.5~0.8이고, 숲으로 덮인 지역은 0.03~0.3, 물 표면에서는 0.02~0.05의 값을 나타낸다.

6-14 **입자에 의한 산란에 관한 설명으로 옳지 않은 것은? (단, λ : 파장, D : 입자 직경으로 한다.)** [13-1, 20-4]

정답 6-10 ④ 6-11 ① 6-12 ③ 6-13 ④ 6-14 ①

① 레일리 산란은 $\frac{D}{\lambda}$가 10보다 클 때 나타나는 산란 현상으로 산란광의 광도는 λ^4에 비례한다.
② 맑은 하늘이 푸르게 보이는 까닭은 태양 광선의 공기에 의한 레일리 산란 때문이다.
③ 레일리 산란에 의해 가시광선 중에서는 청색광이 많이 산란되고, 적색광이 적게 산란된다.
④ 입자의 크기가 빛의 파장과 거의 같거나 큰 경우에 나타나는 산란을 미산란이라고 한다.

해설 레일리 산란은 전자기파의 파장보다 작은 입자에 의한 빛의 산란이고, 하늘색이 파란색을 띠는 경우이다.

6-15 **산란에 관한 설명으로 옳지 않은 것은?** [12-2, 19-4]

① Rayleigh는 "맑은 하늘 또는 저녁노을은 공기 분자에 의한 빛의 산란에 의한 것"이라는 것을 발견하였다.
② 빛을 입자가 들어있는 어두운 상자 안으로 도입시킬 때 산란광이 나타나며 이것을 틴달 빛(光)이라고 한다.
③ Mie 산란의 결과는 입사 빛의 파장에 대하여 입자가 대단히 작은 경우에만 적용되는 반면, Rayleigh의 결과는 모든 입경에 대하여 적용된다.
④ 입자에 빛이 조사될 때 산란의 경우, 동일한 파장의 빛이 여러 방향으로 다른 강도로 산란되는 반면, 흡수의 경우는 빛 에너지가 열, 화학 반응의 에너지로 변환된다.

해설 ③ 대단히 작은 경우 → 거의 같거나 큰 경우, 레일리의 결과는 모든 입경 → 레일리의 결과는 입자의 크기가 빛의 파장에 비해 아주 작은 입경

6-16 **태양 복사의 산란에 관한 다음 설명 중 가장 거리가 먼 것은?** [16-4]

① 레일리 산란의 경우 그 세기는 파장의 2승에 반비례한다.
② 산란의 세기는 입사되는 빛의 파장(λ)에 대한 입자 크기(반경)의 비에 의해 결정된다.
③ 입자의 크기가 입사되는 빛의 파장에 비해 아주 작게 되면 레일리 산란이 발생한다.
④ 맑은 날 하늘이 푸르게 보이는 이유는 레일리 산란 특성에 의해 파장이 짧은 청색광이 긴 적색광보다 더욱 강하게 산란되기 때문이다.

해설 ① 파장의 2승에 → 파장에

6-17 **시정 거리에 관한 설명으로 거리가 먼 것은 어느 것인가? (단, 입자 산란에 의해서만 빛이 감쇠되고, 입자상 물질은 모두 같은 크기의 구형태로 분포하고 있다고 가정한다.)** [13-1]

① 시정 거리는 대기 중 입자의 산란 계수에 비례한다.
② 시정 거리는 대기 중 입자의 농도에 반비례한다.
③ 시정 거리는 대기 중 입자의 밀도에 비례한다.
④ 시정 거리는 대기 중 입자의 직경에 비례한다.

해설 ① 산란 계수에 비례한다. → 반비례한다.

정답 6-15 ③ 6-16 ① 6-17 ①

6-18 대기와 해양의 상호 작용에 해당되는 엘니뇨와 라니냐에 대한 설명으로 옳지 않은 것은? [13-1]

① 엘니뇨와 상대적인 현상으로 라니냐는 무역풍이 상대적으로 약화되어 서태평양의 온도가 감소된다.
② 대기와 해양의 상호 작용으로 열대 동태평양에서 중태평양에 걸친 광범위한 구역에서 해수면의 온도 상승을 엘니뇨라 한다.
③ 엘니뇨와 라니냐는 서로 독립적인 현상이 아니라, 반대 위상을 가지는 자연계의 진동 현상이라 할 수 있다.
④ 엘니뇨 시기에는 서태평양의 기압이 높아지고 남태평양의 기압이 내려가는 남방진동이 나타난다.

해설 약화되어 서태평양의 온도가 감소된다.
→강화되어 서태평양의 온도가 상승된다.

6-19 빛의 소멸 계수(σ_{ext})가 0.45 km^{-1}인 대기에서, 시정 거리의 한계를 빛의 강도가 초기 강도의 95 %가 감소했을 때의 거리라고 정의할 경우 이때 시정 거리 한계(km)는 얼마인가? (단, 광도는 Lambert-Beer 법칙을 따르며, 자연대수로 적용한다.) [13-4, 17-4, 20-2]

① 약 0.1　　② 약 6.7
③ 약 8.7　　④ 약 12.4

해설 $I = I_o \times e^{-k\rho L}$

여기서, $\rho = 1$이라 가정

$5 = 100 \times e^{-0.45 \times L}$

$$\therefore L = \frac{-\ln\left(\frac{5}{100}\right)}{0.45} = 6.65\text{km}$$

정답 6-18 ① 6-19 ②

과목

연소 공학

Chapter 01 연소

1-1 연소 이론

1 연소의 정의

1. 연소 반응에서 가연성 물질을 산화시키는 물질로 가장 거리가 먼 것은? [13-4]

① 산소 ② 산화 질소
③ 유황 ④ 할로겐계 물질

해설 ③ 유황은 조연성 물질이 아니고 가연성 물질이다.

답 ③

이론 학습

연소란 연료의 구성 원소인 C, H, O, S, N 등을 함유한 물질이 공기 중의 산소(O_2)와 화합하면서 열과 빛을 발하는 현상을 말한다.

참고 (1) 연소의 3요소
① 가연물
② 산소 공급원
③ 점화원

(2) 좋은 가연물(연료의 구비 조건)
① 산소와 화합할 때 발열량이 클 것
② 산소와 화합할 때 열전도율이 작을 것(열의 축적이 클 것)
③ 활성화 에너지가 작을 것
④ 흡열 반응을 일으키지 않을 것

2 연소의 형태와 종류

(1) 고체 연료의 연소 형태

① 표면 연소 : 고체 표면에서 산소와 반응하여 연소하는 형태
[종류] 목탄, 코크스, 금속 분말 등

② 분해 연소 : 가열 시 열분해를 일으켜 발생하는 가연성 기체가 연소하는 형태
[종류] 목재, 종이, 석탄 등

③ 증발 연소 : 가열 시 열분해를 일으키지 않고 그대로 증발한 가연성 증기가 연소하거나 먼저 융해된 액체가 기화하여 증기가 된 다음 연소하는 형태
[종류] 나프탈렌, 황, 양초 등

④ 자기 연소 : 열분해에 의해 생성된 기체 가연물과 함께 산소를 발생시키는 물질이 외부의 산소 공급 없이도 자신의 분자 속에 포함되어 있는 산소에 의하여 연소하는 형태
[종류] 질산에스테르, 셀룰로이드, TNT 등 폭발물

(2) 액체 연료의 연소 형태

액체의 연소는 액체 자체가 연소하는 것이 아니라 액체에서 발생하는 가연성 증기가 연소하는 것이다.

① 증발 연소 : 액체가 휘발성인 경우는 외부로부터 열을 얻어서 증발한 증기가 연소하는 형태
[종류] 에테르, 가솔린 등

② 분해 연소 : 액체가 불휘발성인 경우는 높은 온도에서 열분해해서 생성된 분해 가스가 연소하는 형태
[종류] 중유, 타르 등

(3) 기체 연료의 연소 형태

① 확산 연소 : 여기에는 포트형과 버너형이 있다. 이 방법은 공기와 가스를 각각 연소실로 분사하여 난류와 자연 확산에 의하여 서로 혼합되어 연소하는 외부 혼합 방식이다.
[특징]
㈎ 탄화수소가 적은 발생로 가스, 고로 가스에 적당하다.
㈏ 가스와 공기를 고온으로 예열할 수 있고(장점), 화염이 길다(단점).
㈐ 부하의 조정 범위가 넓다.
㈑ 기체 연료와 공기를 따로 분출시켜 확산 혼합하면서 연소시키는 방식으로서 조

작 범위가 넓고, 역화(backfire)의 위험성이 적다(장점).

② 예혼합 연소 : 가스와 공기를 버너 내에서 혼합시킨 후 연소실에 분사시켜 연소시키는 방식이다. 종류에는 저압 버너, 고압 버너, 송풍 버너가 있다.

[특징]

㈎ 연소하기 전에 기체 연료와 공기를 미리 혼합시키는 버너로서 연소 부하가 크고, 화염의 길이가 짧다(장점).

㈏ 역화(backfire)의 위험성이 크다(단점 : 반드시 역화 방지기를 설치해야 한다).

㈐ 완전 예혼합형과 부분 예혼합형이 있다.

㈑ 높은 화염 온도를 얻을 수 있다(장점).

1-1 다음 중 흑연, 코크스, 목탄 등과 같이 대부분 탄소만으로 되어 있고, 휘발 성분이 거의 없는 연소의 형태로 가장 적합한 것은? [12-1, 12-2, 15-1, 17-2, 20-2]

① 자기 연소 ② 확산 연소
③ 표면 연소 ④ 분해 연소

해설 휘발분이 거의 없는 연료는 불꽃 없이 그냥 벌겋게 타는 표면 연소를 한다.

1-2 목재, 석탄, 타르 등 연소 초기에 가연성 가스가 생성되고 긴 화염이 발생되는 연소의 형태는? [14-4, 19-4]

① 표면 연소 ② 분해 연소
③ 증발 연소 ④ 확산 연소

1-3 공기 중의 산소 공급 없이 연료 자체가 함유하고 있는 산소를 이용하여 연소하는 연소 형태는? [21-2]

① 자기 연소 ② 확산 연소
③ 표면 연소 ④ 분해 연소

1-4 다음 중 전형적인 자기 연소를 하는 가연물에 해당하는 것은? [12-4]

① 이소옥탄(isooctane)
② 니트로글리세린(nitroglycerine)
③ 나프타(naphtha)
④ 나프탈렌(naphthalene)

해설 자기 연소하는 물질은 거의 폭발물들이다.

1-5 고체 연료 중 코크스에 관한 설명으로 가장 적합하지 않은 것은?

① 주성분은 탄소이다.
② 원료탄보다 회분의 함량이 많다.
③ 연소 시에 매연이 많이 발생한다.
④ 원료탄을 건류하여 얻어지는 2차 연료로 코크스로에서 제조된다.

해설 코크스는 표면 연소하는 연료이므로 매연이 거의 생기지 않는다.

1-6 연소에 관한 설명으로 옳지 않은 것은 어느 것인가? [16-1, 21-2]

① 표면 연소는 휘발분 함유율이 적은 물질의 표면 탄소분부터 직접 연소되는 형태이다.

정답 1-1 ③ 1-2 ② 1-3 ① 1-4 ② 1-5 ③ 1-6 ②

② 다단 연소는 공기 중의 산소 공급 없이 물질 자체가 함유하고 있는 산소를 사용하여 연소하는 형태이다.
③ 증발 연소는 비교적 융점이 낮은 고체 연료가 연소하기 전에 액상으로 융해한 후 증발하여 연소하는 형태이다.
④ 분해 연소는 분해 온도가 증발 온도보다 낮은 고체 연료가 기상 중에 화염을 동반하여 연소할 경우 관찰되는 연소 형태이다.

해설 ② 다단 연소 → 자기 연소

1-7 다음 연소 중 코크스나 목탄 등이 고온으로 될 때 빨간 짧은 불꽃을 내면서 연소하는 것으로, 휘발 성분이 없는 고체 연료의 연소형태인 것은? [14-1]

① 자기 연소 ② 분해 연소
③ 표면 연소 ④ 내부 연소

1-8 액체 연료의 연소 형태와 거리가 먼 것은? [18-1]

① 액면 연소 ② 표면 연소
③ 분무 연소 ④ 증발 연소

해설 표면 연소는 고체 연료의 연소 형태 중 하나이다.

1-9 화염으로부터 열을 받으면 가연성 증기가 발생하는 연소로 휘발유, 등유, 알코올, 벤젠 등 액체 연료의 연소 형태는 어느 것인가? [13-4, 15-4, 18-4, 19-4, 21-4]

① 증발 연소
② 자기 연소
③ 표면 연소
④ 확산 연소

해설 휘발성이 강한 액체 연료는 증발 연소한다.

정답 1-7 ③ 1-8 ② 1-9 ①

1-2 연료의 종류 및 특성

1 고체 연료의 종류 및 특성

2. 기체 연료의 특징과 거리가 먼 것은?

① 저장이 용이, 시설비가 적게 든다.
② 점화 및 소화가 간단하다.
③ 부하의 변동 범위가 넓다.
④ 연소 조절이 용이하다.

해설 • 기체 연료는 위험성을 포함하면 저장이 불편하고, 시설비가 많이 든다.
• 위험성을 배제하면 저장이 용이하다.

답 ①

이론 학습

고체 연료는 공업 분석으로 수분, 휘발분, 회분, 고정 탄소 4가지로 분석한다.

(1) 고체 연료의 특징(기체 연료, 액체 연료보다)

① 장점

(가) 연료비가 저렴하다.

(나) 연료의 유지 관리가 용이하다.

(다) 연료를 구하기 쉽다.

(라) 설비비 및 인건비가 적게 든다.

② 단점

(가) 완전 연소가 불가능하고 연소 효율이 낮다.

(나) 점화 및 소화가 곤란하고 온도 조절이 어렵다(버너를 사용하지 않으므로).

(다) 부하 변동에 응하기 어렵고 고온을 얻을 수 없다(버너를 사용하지 않으므로).

(라) 연료의 품질이 균일하지 않다(노천에 저장하므로).

(마) 운반 및 저장이 불편하다.

(바) 공기비가 크며, 매연 발생이 심하다.

(사) 공기비의 크기 : 고체 연료 > 액체 연료 > 기체 연료

(2) 고체 연료의 종류

① 코크스(cokes) : 점결탄(역청탄)을 주성분으로 하는 원탄을 1,000℃ 내외에서 건류하여 얻어지는 인공 연료(2차 연료)이다.

② 미분탄 연료 : 미분탄 연료란 석탄을 200 mesh(0.1 mm) 이하로 미립화시킨 탄을 말하며, 미분탄 연료의 장점과 단점은 다음과 같다.

(가) 장점(화격자 연소보다)

㉮ 미분탄은 비표면적이 커서 연소용 공기와의 접촉면이 넓어 적은 공기비(m= 1.2~1.4 정도)로 연소시킬 수 있다.

㉯ 연소용 공기를 예열시켜 사용함으로써 연소 효율을 상승시킬 수 있다.

㉰ 점화, 소화, 연소 조절이 용이하고 부하 변동에 응할 수 있다(버너를 사용하므로).

㉱ 대용량 보일러에 적당하다.

(나) 단점(화격자 연소보다)

㉮ 연소실이 고온이므로 노재의 손상이 우려된다(내화 벽돌의 손상).

㉯ 비산회(fly ash)가 많아서 집진 장치가 반드시 필요하다.

㉰ 역화 및 폭발 위험성이 크다.

㉱ 설비비, 유지비가 많이 든다.

㉲ 동력 소모가 많으며 소규모 보일러에는 사용이 불가능하다.

(3) 고체 연료의 공업 분석에 따른 각 성분이 연소에 미치는 영향

① 수분

㉮ 진동(맥동) 연소를 일으킨다.

㉯ 착화(점화)가 어려워진다.

㉰ 기화 잠열로 열손실을 가져온다.

㉱ 단염(짧은 불꽃)이 된다.

㉲ 연소 속도를 증가시킨다.

㉳ 화층의 균일을 방해하여 통풍이 불량해진다.

> **참고** **수분의 종류**
> ① 부착 수분
> ② 고유 수분
> ③ 화합 수분(결합 수분)

② 회분

㈎ 연소 생성물로 열손실이 크다.

㈏ 회분 중 백색은 SiO_2(이산화규소)이다.

㈐ 클링커(clinker)의 생성으로 통풍 저항을 초래한다.

㈑ 고온 부식의 원인이 된다[원인 인자 : V(바나듐)].

㈒ 연소 효율을 낮춘다.

③ 휘발분

㈎ 연소 시 그을음(매연)을 발생시킨다.

㈏ 착화(점화)가 쉽다.

㈐ 장염(긴 불꽃)이 된다.

㈑ 역화를 일으키기 쉽다.

④ 고정 탄소

㈎ 많이 함유할수록 발열량이 높고 매연 발생이 적다.

㈏ 단염(짧은 불꽃)이 되기 쉽다.

㈐ 착화(점화)성이 나쁘다(안전하다. 즉, 착화 온도가 높아진다).

㈑ 복사선의 강도가 크다.

(4) 고체 연료의 연료비(fuel – ratio)

연료비는 고정 탄소(%)와 휘발분(%)의 비로서 일반적으로 탄화의 정도에 따라 탄소양이 증가하며 산소의 양이 줄어든다. 공업 분석을 하면 탄화도가 커짐에 따라 수분, 휘발분이 감소하고 고정 탄소의 양이 증가한다(상대적으로).

고정 탄소(%)=100−{수분(%)+휘발분(%)+회분(%)}

$$\text{연료비} = \frac{\text{고정 탄소}}{\text{휘발분}}$$

(5) 고체 연료의 탄화도

석탄의 성분이 변성되는 과정을 석탄화 작용이라고 하며, 그 진행 정도를 탄화도라고 한다.

① 탄화도가 진행됨에 따라 토탄(이탄), 갈탄, 역청탄, 무연탄으로 된다.

② 탄화도에 따른 변화

(가) 탄화도가 커질수록 탄소(C)는 증가하고 산소는 감소한다.

(나) 탄화도가 커질수록 착화 온도는 높아진다(위험성이 적다).

(다) 탄화도가 커질수록 발열량이 증가한다(고정 탄소가 많다).

(라) 탄화도가 커질수록 연소 속도는 느려진다(위험성이 적다).

(마) 탄화도가 커질수록 매연 발생률이 감소한다(휘발분이 적다).

(6) 착화 온도(발화 온도=착화점=발화점)

공기 존재 하에서 가연성 물질을 가열할 경우에 어느 일정 온도에 도달하면 외부의 열원(점화원)을 개입하지 않아도 연소를 개시하는 현상을 착화(발화)라 하며, 이 경우의 최저 온도를 착화 온도 또는 발화 온도라 한다. 착화 온도가 낮아지는 경우(위험해지는 경우)는 다음과 같다.

① 발열량이 높을수록

② 분자 구조가 복잡할수록

③ 산소 농도가 짙을수록

④ 압력이 높을수록

⑤ 반응 활성도가 클수록

⑥ 가스 압력이나 습도가 낮을수록 착화 온도가 낮아진다.

(7) 인화점=인화 온도

점화원(불씨)에 의하여 비로소 불이 붙는 최저 온도를 말한다.

2-1 고체 연료에 관한 설명으로 옳지 않은 것은? [13-4]

① 갈탄은 휘발분이 많기 때문에 착화성이 좋고, 착화 온도도 520~720 K 정도로 비교적 낮은 편이다.

② 아탄은 순탄 발열량이 낮을 뿐만 아니라 다량의 수분을 포함하고 있어 유효하게 이용할 수 있는 열량이 적다는 결점도 있다.

③ 역청탄을 저온 건류해서 얻어지는 반성코크스는 휘발분이 많고, 착화성도 좋다.

④ 코크스는 석탄에 비해 화력이 약하고, 매연이 잘 생기는 결점이 있다.

해설 ④ 화력이 약하고, 매연이 잘 생기는 결점이 있다. → 화력이 강하고 매연이 적다는 장점이 있다.
고체 연료는 식물이 변질되어 토탄(이탄), 갈탄, 역청탄, 무연탄 등으로 되어 있는 것으로 천연물 그대로 사용할 수도 있으나 보통 이것들을 가공하여 사용한다.

2-2 일반적인 고체 연료의 원료 조성에 관한 설명으로 옳지 않은 것은? [13-2]

① 고체 연료의 C/H 비는 15~20 정도의 범위이다.

② 고체 연료의 분자량은 평균하여 150 전후이다.

③ 고체 연료는 액체 연료에 비하여 수소 함유량이 적다.

④ 고체 연료는 액체 연료에 비하여 산소 함유량이 크다.

해설 탄화수소의 경우 고체는 C_{17} 이상이므로 최소한 $C_{17}H_{36}$이므로 분자량은 240 이상이 된다.

2-3 석탄의 물리화학적인 성상에 관한 설명으로 옳은 것은? [14-1, 18-1]

① 연료 조성 변화에 따른 연소 특성으로 회분은 착화 불량과 열손실을, 탄소는 발열량 저하 및 연소 불량을 초래한다.

② 석탄 회분의 용융 시 SiO_2, Al_2O_3 등의 산성 산화물량이 많으면 회분의 용융점이 상승한다.

③ 석탄을 고온 건류하여 코크스를 생산할 때 온도는 250~300℃ 정도이다.

④ 석탄의 휘발분은 매연 발생에 영향을 주지 않는다.

해설 ① 고정 탄소는 발열량 증가 및 연소를 양호하게 한다.
③ 코크스를 생산할 때 온도는 1,000℃ 정도이다.
④ 휘발분은 긴 불꽃과 매연 발생의 주인자이다.

2-4 다음 연료의 조성 성분에 따른 연소 특성으로 가장 거리가 먼 것은? [15-4]

① 휘발분 : 매연 발생을 방지한다.

② 수분 : 열손실을 초래하고 착화를 불량하게 한다.

③ 고정 탄소 : 발열량이 높고 연소성을 좋게 한다.

④ 회분 : 발열량이 낮고 연소성이 양호하지 않다.

해설 휘발분은 매연 발생과 불꽃의 생성 원인 인자이다.

2-5 석탄에 함유된 수분의 3가지 수분 형태와 거리가 먼 것은? [13-1]

① 유효 수분

② 부착 수분

③ 고유 수분

정답 2-1 ④ 2-2 ② 2-3 ② 2-4 ① 2-5 ①

④ 화합 수분(결합 수분)

해설 유효 수분이란 말은 없다.

2-6 석탄의 공업 분석에 관한 설명으로 옳지 않은 것은? [17-4]

① 고정 탄소는 조습 시료의 질량에서부터 수분, 회분, 휘발분의 질량을 뺀 잔량의 비율로 표시한다.
② 공업 분석은 건류나 연소 등의 방법으로 석탄을 공업적으로 이용할 때 석탄의 특성을 표시하는 분석 방법이다.
③ 회분은 시료 1 g에 공기를 제한하면서 전기로에서 650℃까지 가열한 후 잔류하는 무기물량을 건조 시료의 질량에 대한 백분율로 표시한다.
④ 고정 탄소와 휘발분의 질량비를 연료비라 한다.

해설 회분은 공기를 투입시켜 태운 후 남는 무기물량을 조습 시료의 질량에 대한 백분율로 표시한다.

2-7 미분탄 연소에 관한 설명으로 옳지 않은 것은? [14-2]

① 스토커 연소에 적합하지 않은 점결탄과 저발열량탄도 사용 가능하다.
② 사용 연료의 범위가 넓고, 적은 공기비로 완전 연소가 가능하다.
③ 재 비산이 많고 집진 장치가 필요하게 된다.
④ 배관 중 폭발의 우려나 수송관의 마모 우려가 없다.

해설 ④ 없다. → 있다.

2-8 다음 회분 성분 중 백색에 가깝고 융점이 높은 것은? [17-4, 21-1]

① CaO ② SiO_2
③ MgO ④ Fe_2O_3

해설 재(회분)의 성분 중 백색이 되는 것은 SiO_2(이산화규소) 때문이다.

2-9 다음은 어떤 고체 연료에 관한 설명인가? [12-4]

- 흑색 고체이며, 비점결성에서 강점결성까지 다양한 범주의 성질을 가진다.
- 탄소 함유율은 76~90 %, 휘발분은 20~45 % 정도 함유한다.
- 착화 온도가 330~450℃이며, 연소 시 황색화염을 수반하며, 건류하여 코크스, 석탄 타르, 석탄 가스 등을 생산하는 데 많이 사용된다.
- 산업용으로 아주 다양하게 사용되며, 발전용, 보일러용으로 사용된다.

① 갈탄 ② 역청탄
③ 무연탄 ④ 이탄

2-10 석탄을 공업 분석한 결과 수분이 0.8 %, 휘발분이 8.5 %이었다. 이 석탄의 연료비는? [15-2]

① 1.2 ② 2.6
③ 4.8 ④ 10.7

해설 연료비 $= \dfrac{\text{고정 탄소}}{\text{휘발분}}$ …①

고정 탄소 = 100 − (수분 + 휘발분 + 회분) …②
= 100 − (0.8 + 8.5 + 0)
= 90.7 %

∴ 연료비 $= \dfrac{90.7}{8.5} = 10.67$

2-11 석탄의 탄화도가 증가하면 감소하는 것은? [15-2, 16-1, 20-4]

① 착화 온도 ② 비열

정답 2-6 ③ 2-7 ④ 2-8 ② 2-9 ② 2-10 ④ 2-11 ②

③ 발열량 ④ 고정 탄소

해설 탄화도가 증가함에 따라 착화 온도, 발열량, 고정 탄소는 증가하고, 비열은 감소한다.

2-12 무연탄의 탄화도가 커질수록 나타나는 성질로서 틀린 것은? [16-2, 21-2]

① 휘발분이 감소한다.
② 발열량이 증가한다.
③ 착화 온도가 낮아진다.
④ 고정 탄소의 양이 증가한다.

해설 탄화도가 커질수록 착화 온도는 높아진다. 즉, 위험성이 줄어든다(안전해진다).

2-13 탄화도의 증가에 따른 연소 특성의 변화에 대한 설명으로 옳지 않은 것은 어느 것인가? [19-2, 21-1]

① 착화 온도는 상승한다.
② 발열량은 증가한다.
③ 산소의 양이 줄어든다.
④ 연료비(고정 탄소 %/휘발분 %)는 감소한다.

해설 탄화도가 증가함에 따라 연료비는 증가한다.

2-14 석탄의 탄화도가 증가하면 감소하는 것은? [12-1]

① 고정 탄소 ② 착화 온도
③ 매연 발생률 ④ 발열량

해설 탄화도가 증가하면 고정 탄소, 착화 온도, 발열량은 증가하고, 비열과 매연 발생률은 감소한다.

2-15 석탄의 성질에 관한 설명으로 옳지 않은 것은? [14-4, 17-2]

① 비열은 석탄화도가 진행됨에 따라 증가하며, 통상 0.30~0.35 kcal/kg · ℃ 정도이다.
② 건조된 것은 석탄화도가 진행된 것일수록 착화 온도가 상승한다.
③ 석탄류의 비중은 석탄화도가 진행됨에 따라 증가되는 경향을 보인다.
④ 착화 온도는 수분 함유량에 영향을 크게 받으며, 무연탄의 착화 온도는 보통 440~550℃ 정도이다.

해설 석탄의 탄화도가 진행될수록 비열은 감소하며, 0.22~0.26 kcal/kg · ℃ 정도이다.

2-16 화격자 연소로에서 석탄을 연소시킬 경우 화염 이동 속도에 대한 설명으로 옳지 않은 것은? [19-4]

① 입경이 작을수록 화염 이동 속도는 커진다.
② 발열량이 높을수록 화염 이동 속도는 커진다.
③ 공기 온도가 높을수록 화염 이동 속도는 커진다.
④ 석탄화도가 높을수록 화염 이동 속도는 커진다.

해설 탄화도가 커질수록 연소 속도는 느려진다. 즉, 위험성이 줄어든다(안전해진다).

2-17 석탄의 탄화도와 관련된 설명으로 거리가 먼 것은? [18-2, 18-4]

① 탄화도가 클수록 고정 탄소가 많아져 발열량이 커진다.
② 탄화도가 클수록 휘발분이 감소하고 착화 온도가 높아진다.
③ 탄화도가 클수록 연소 속도가 빨라진다.
④ 탄화도가 클수록 연료비가 증가한다.

해설 연소 속도는 느려진다.

정답 2-12 ③ 2-13 ④ 2-14 ③ 2-15 ① 2-16 ④ 2-17 ③

2-18 폐타이어를 연료화 하는 주된 방식과 가장 거리가 먼 것은? [13-4, 17-2]

① 가압 분해 중류 방식
② 액화법에 의한 연료 추출 방식
③ 열분해에 의한 오일 추출 방식
④ 직접 연소 방식

해설 압력을 가한다고 해서 분해되는 것은 없다.

2-19 다음은 연료에 관한 설명이다. (　　) 안에 알맞은 것은? [12-2]

( )은(는) 역청이라고도 부르며, 천연적으로 나는 탄화수소류 또는 그 비금속 유도체 등의 혼합물의 총칭으로서 원유나 아스팔트, 피치, 석탄 등을 말한다.

① 브라이트 스톡(bright stock)
② 베이시스(bases)
③ 비투멘(bitumen)
④ 브리넬링(brinelling)

해설 비투멘은 역청 또는 원유 등으로 표현하는 말이다.

2-20 착화점의 설명으로 옳지 않은 것은 어느 것인가? [13-1, 19-2]

① 화학적으로 발열량이 적을수록 착화점은 낮다.
② 화학 결합의 활성도가 클수록 착화점은 낮다.
③ 분자 구조가 복잡할수록 착화점은 낮다.
④ 산소 농도가 클수록 착화점은 낮다.

해설 발열량이 클수록 착화점은 낮아진다.

2-21 다음 연료 중 착화 온도가 가장 높은 것은? [19-1]

① 천연가스　② 황
③ 중유　④ 휘발유

해설 분자 구조가 복잡할수록 낮아진다.
① 650~750℃　② 232℃
③ 530~580℃　④ 300℃

2-22 착화 온도에 관한 다음 설명 중 옳지 않은 것은? [18-2, 21-2]

① 반응 활성도가 클수록 높아진다.
② 분자 구조가 간단할수록 높아진다.
③ 산소 농도가 클수록 낮아진다.
④ 발열량이 낮을수록 높아진다.

해설 착화 온도는 반응 활성도가 클수록 낮아진다. 즉, 위험해진다.

2-23 착화 온도에 관한 설명으로 옳지 않은 것은? [19-1]

① 휘발 성분이 적고 고정 탄소량이 많을수록 높아진다.
② 반응 활성도가 작을수록 낮아진다.
③ 석탄의 탄화도가 증가하면 높아진다.
④ 공기의 산소 농도가 높아지면 낮아진다.

해설 착화 온도는 반응 활성도가 클수록 낮아진다.

2-24 착화 온도(발화점)에 대한 특성으로 옳지 않은 것은? [20-2]

① 분자 구조가 복잡할수록 착화 온도는 낮아진다.
② 산소 농도가 낮을수록 착화 온도는 낮아진다.
③ 발열량이 클수록 착화 온도는 낮아진다.
④ 화학 반응성이 클수록 착화 온도는 낮아진다.

정답 2-18 ①　2-19 ③　2-20 ①　2-21 ①　2-22 ①　2-23 ②　2-24 ②

해설 산소 농도(21% 보다)가 높을수록 착화 온도는 낮아진다(위험해진다).

2-25 착화점이 낮아지는 조건으로 거리가 먼 것은? [19-4]

① 산소의 농도는 낮을수록
② 반응 활성도는 클수록
③ 분자의 구조는 복잡할수록
④ 발열량은 높을수록

해설 산소 농도가 짙을수록 착화점이 낮아진다.

2-26 발화 온도(착화 온도)에 관한 설명으로 가장 거리가 먼 것은? [12-1, 17-4]

① 가연물을 외부로부터 직접 점화하여 가열하였을 때 불꽃에 의해 연소되는 최저 온도를 말한다.
② 가연물의 분자 구조가 복잡할수록 발화 온도는 낮아진다.
③ 발열량이 크고 반응성이 큰 물질일수록 발화 온도가 낮아진다.
④ 화학 결합의 활성도가 큰 물질일수록 발화 온도가 낮아진다.

해설 ①은 인화점(인화 온도)를 말한다.

2-27 다음 연료 중 착화 온도가 가장 높은 것은? [17-2]

① 갈탄(건조) ② 중유
③ 역청탄 ④ 메탄

해설 갈탄 : 250~300℃, 역청탄 : 300~400℃
중유 : 530~580℃, 메탄 : 650~750℃
즉, 메탄은 CH_4로 가장 간단한 분자식을 가진다.

2-28 다음 중 자기 착화 온도(℃)가 가장 낮은 연료는? [12-2]

① 코크스 ② 메탄
③ 일산화탄소 ④ 이탄(자연 건류)

해설 ① 650~750℃
② 650~750℃
③ 480~650℃
④ 250℃

정답 2-25 ① 2-26 ① 2-27 ④ 2-28 ④

2 액체 연료의 종류 및 특성

3. 석유류의 비중이 커질 때의 특성으로 거리가 먼 것은? [13-2]

① 탄화수소비(C/H)가 커진다.
② 발열량은 감소한다.
③ 화염의 휘도가 작아진다.
④ 착화점이 높아진다.

해설 ③ 휘도가 작아진다. → 커진다.
휘도란 얼마나 밝게 보이는가의 정도이다.

답 ③

이론 학습

액체 연료(liquid fuel)의 주종은 석유류이며, 천연의 원유는 비중이 대략 0.78~0.97 정도의 대부분 탄화수소의 혼합물이다. 원소 조성은 C(83~87 %), H(10~15 %), S(0.1~4 %), O(0~3 %), N(0.05~0.8 %) 정도이다.

(1) 액체 연료의 특징(고체 연료보다)

① 장점

㈎ 연소 효율 및 열효율이 높다.

㈏ 과잉 공기량이 적다.

㈐ 품질이 균일하며 발열량이 높다(탱크에 저장하므로).

㈑ 저장, 운반이 용이하고 점화, 소화 및 연소 조절이 용이하다(파이프라인과 버너를 이용하므로).

㈒ 구입 시 일정한 품질을 얻기 쉽다.

㈓ 계량 기록이 용이하다.

㈔ 회분 생성이 적다.

② 단점

㈎ 연소 온도가 높기 때문에 국부적인 과열을 일으키기 쉽다.

㈏ 화재, 역화(backfire)의 위험이 크다.

㈐ 버너의 종류에 따라 연소할 때 소음이 난다.

㈑ 재속의 금속 산화물(V_2O_5)이 장애의 원인이 될 수 있다(고온 부식).

㈒ 국내 자원이 없고 수입에만 의존한다.

(2) 액체 연료의 종류

① **원유(crude oil)** : 흑갈색이 많으며 담황색 또는 황갈색을 띠고 탄화수소(C_mH_{2n+2})의 혼합물이다.

② **가솔린(휘발유, gasoline)** : 원유를 증류시킬 경우 비등점이 가장 낮은 휘발성 탄화수소 화합물의(C_8~C_{11}) 석유 제품이다.

㈎ 인화점 : −43~−20℃(액체 연료 중 인화점이 가장 낮다.)

㈏ 비점 : 30~200℃

㈐ 착화점 : 300℃

㈑ 비중 : 0.7~0.8

㈒ 고위 발열량 : 11,000~11,500 kcal/kg

㈓ 옥탄가(안티녹킹의 정도)와 관계한다.

③ **등유**(kerosene) : 원유에서 가솔린 다음으로 추출하는 것으로 C_{10}~C_{14} 정도의 탄화수소로 소형 내연 기관, 석유 발동기, 석유스토브, 도료의 용제에 사용된다.

(가) 인화점 : 30~60℃

(나) 비점 : 160~250℃

(다) 착화점 : 254℃

(라) 비중 : 0.79~0.85

(마) 고위 발열량 : 10,500~11,000 kcal/kg

④ **경유**(eiesel oil) : 등유보다 조금 높은 비점에서 유출되는 C_{11}~C_{19} 정도의 탄화수소로 직류 경유와 분해 경유가 있으며, 고속 디젤 엔진에 많이 사용된다.

(가) 인화점 : 50~70℃

(나) 비점 : 200~350℃

(다) 착화점 : 257℃(200℃)

(라) 비중 : 0.83~0.88

(마) 고위 발열량 : 10,500~11,000 kcal/kg

(바) 세탄가(착화의 정도)와 관계한다.

⑤ **중유**(heavy oil) : 상당히 높은 비점에서 유출되는 석유계 탄화수소 연료이며, 직류 중유와 분해 중유가 있고 보일러에서 많이 사용된다(특히, C중유). 점도에 따라 A중유(B-A유), B중유(B-B유), C중유(B-C유)로 나눈다.

(가) 인화점 : 60~150℃

(나) 비점 : 300~350℃

(다) 착화점 : 530~580℃

(라) 비중 : 0.85~0.98

(마) 조성 : C=84~87 %, H=10 %, S=0.2~0.5 %, O=1~2 %, N=0.3~1 %, A=0~0.5 %

(바) 고위 발열량 : 10,000~11,000 kcal/kg

(사) 황분의 함량

중유 > 경유 > 등유 > 휘발유 > LPG

(3) 액체 연료의 탄수소비(C/H)

① 비중이 클수록 C/H비가 커진다.

② 탄수소비(C/H)가 클수록 이론 공연비(무게비로 따져)가 감소하며 휘도(붉은 색의 불꽃 밝기의 정도)가 높고, 방사율이 커진다.

③ 탄수소비(C/H)가 클수록 발열량은 작고 착화점이 높아진다(덜 위험해진다).

④ 탄수소비(C/H)가 클수록 비점이 높아지고 매연 발생이 쉽다.

⑤ 액체 연료의 탄수소비(C/H)는 중유 > 경유 > 등유 > 휘발유 순으로 감소한다.

⑥ 기체 연료의 탄수소비(C/H)는 올레핀계 > 나프텐계 > 아세틸렌계 > 프로필계 > 프로판 > 메탄 순으로 감소한다.

3-1 석유의 물리적 성질에 관한 설명으로 옳지 않은 것은? [14-4, 18-1, 19-2]

① 비중이 커지면 화염의 휘도가 커지며, 점도도 증가한다.

② 증기압이 높으면 인화점이 높아져서 연소 효율이 저하된다.

③ 유동점(pour point)은 일반적으로 응고점보다 2.5℃ 높은 온도를 말한다.

④ 점도가 낮아지면 인화점이 낮아지고 연소가 잘된다.

해설 증기압이 높은 것은 그만큼 증발이 잘된다는 뜻이고 인화점이 낮아지고 연소 효율이 좋아진다.

3-2 액체 연료인 석유의 물성치에 관한 설명으로 옳지 않은 것은? [13-4, 16-4]

① 석유류의 증기압이 큰 것은 착화점이 낮아서 위험하다.

② 석유류의 인화점은 휘발유 −50℃∼0℃, 등유 30℃∼70℃, 중유 90℃∼120℃ 정도이다.

③ 석유의 비중이 커지면 탄화수소비(C/H)가 증가하고, 발열량이 감소한다.

④ 석유의 동점도가 감소하면 끓는점이 높아지고 유동성이 좋아지며 이로 인하여 인화점이 높아진다.

해설 석유의 동점도가 감소하면 끓는점은 낮아지고 유동성이 좋아지며 이로 인하여 인화점이 낮아진다.

3-3 석유류의 특성에 관한 내용으로 옳은 것은? [21-4]

① 일반적으로 인화점은 예열 온도보다 약간 높은 것이 좋다.

② 인화점이 낮을수록 역화의 위험성이 낮아지고 착화가 곤란하다.

③ 일반적으로 API가 10° 미만이면 경질유, 40° 이상이면 중질유로 분류된다.

④ 일반적으로 경질유는 방향족계 화합물을 50 % 이상 함유하고 중질유에 비해 밀도와 점도가 높은 편이다.

해설 인화점이 낮을수록 역화의 위험은 커지고 착화는 잘된다. 또 API가 10° 미만이면, 중질유, 40° 이상이면 경질유로 분류된다. 그리고 경질유는 중질유보다 밀도와 점도가 낮은 편이다.

3-4 액체 연료에 관한 설명으로 옳지 않은 것은? [21-1]

① 회분이 거의 없으며 연소, 소화, 점화의 조절이 쉽다.

② 화재, 역화의 위험이 크고, 연소 온도가 높기 때문에 국부 가열의 위험이 존재한다.

③ 기체 연료에 비해 밀도가 커 저장에 큰 장소가 필요하지 않고 연료의 수송도 간편한 편이다.

④ 완전 연소 시 다량의 과잉 공기가 필요하므로 연소 장치가 대형화되는 단점이 있으며, 소화가 용이하지 않다.

정답 3-1 ② 3-2 ④ 3-3 ① 3-4 ④

해설 ④의 설명은 고체 연료의 단점을 말한 것이다.

3-5 액체 연료의 특징으로 옳지 않은 것은 어느 것인가? [20-1]

① 저장 및 계량, 운반이 용이하다.
② 점화, 소화 및 연소의 조절이 쉽다.
③ 발열량이 높고 품질이 대체로 일정하며 효율이 높다.
④ 소량의 공기로 완전 연소되며 검댕 발생이 없다.

해설 ④의 설명은 기체 연료의 특징이다. 액체 연료 중에는 검댕 발생이 많은 연료도 많다.

3-6 석유류의 비중이 커질 때의 특성으로 거리가 먼 것은? [12-4]

① 착화점이 높아진다.
② 화염의 휘도가 커진다.
③ 탄화수소비(C/H)가 커진다.
④ 발열량이 증가한다.

해설 ④ 증가한다. → 감소한다.

3-7 다음 중 액체 연료의 일반적인 특징으로 거리가 먼 것은? [12-2]

① 인화 및 역화의 위험이 크다.
② 점화, 소화 및 연소 조절이 어렵다.
③ 발열량이 높고 계량이 용이하다.
④ 연소 온도가 높아 국부적인 과열을 일으키기 쉽다.

해설 ② 연소 조절이 어렵다. → 쉽다.
(이유 : 버너를 이용하므로)

3-8 석유에 관한 설명으로 틀린 것은 어느 것인가? [13-2, 16-2]

① 경질유는 방향족계 화합물을 10 % 미만 함유한다고 할 수 있다.
② 점도가 낮을수록 유동점이 낮아지므로 일반적으로 저점도의 중유는 고점도의 중유보다 유동점이 낮다.
③ 석유의 동점도가 감소하면 끓는점과 인화점이 높아지고, 연소가 잘된다.
④ 석유의 비중이 커지면 탄화수소비(C/H)가 증가한다.

해설 석유의 동점도가 감소하면 인화점은 낮아진다. 그래서 연소가 잘된다.

3-9 연소에 대한 설명으로 가장 거리가 먼 것은? [16-2]

① 연소용 공기 중 버너로 공급되는 공기는 1차 공기이다.
② 연소 온도에 가장 큰 영향을 미치는 인자는 연소용 공기의 공기비이다.
③ 소각로의 연소 효율을 판단하는 인자는 배출 가스 중 이산화탄소의 농도이다.
④ 액체 연료에서 연료의 C/H 비가 작을수록 검댕의 발생이 쉽다.

해설 ④ C/H 비가 작을수록 → C/H 비가 클수록

3-10 다음의 액체 탄화수소 중 탄소수가 가장 적고, 비점이 30~200℃, 비중이 0.72~0.76 정도인 것은? [18-2]

① 중유 ② 경유
③ 등유 ④ 휘발유

해설 가솔린의 탄소수는 C_8~C_{11}이고, 등유는 C_{10}~C_{14}, 경유는 C_{11}~C_{19}, 중유는 가장 많은 탄소수를 가졌다.

3-11 액체 연료의 종류 및 성질에 관한 설명으로 옳지 않은 것은? [14-4]

① 휘발유는 석유 제품 중 가장 경질이며,

정답 3-5 ④ 3-6 ④ 3-7 ② 3-8 ③ 3-9 ④ 3-10 ④ 3-11 ①

비점은 약 250~350℃ 정도, 비중은 0.85~0.90 정도이다.

② 등유는 휘발유와 유사한 방법으로 정제하며 무색 내지 담황색이고, 인화점은 휘발유보다 높다.

③ 경유의 착화성 여부는 세탄값으로 표시되며, 세탄값 40~60 정도의 것이 좋은 편이다.

④ 중유 점도의 정도는 C중유 > B중유 > A중유 순으로 감소되며, 수송 시 적정 점도는 500~1,000 cSt 정도이다.

해설 휘발유의 비점은 약 30~200℃이고 비중은 0.72~0.76이다.

3-12 **다음 연료 및 연소에 관한 설명으로 옳지 않은 것은?** [13-2, 16-1]

① 휘발유, 등유, 경유, 중유 중 비점이 가장 높은 연료는 휘발유이다.

② 연소라 함은 고속의 발열 반응으로 일반적으로 빛을 수반하는 현상의 총칭이다.

③ 탄소 성분이 많은 중질유 등의 연소에서는 초기에는 증발 연소를 하고, 그 열에 의해 연료 성분이 분해되면서 연소한다.

④ 그을림 연소는 숯불과 같이 불꽃을 동반하지 않는 열분해와 표면 연소의 복합 형태라 볼 수 있다.

해설 ① 비점이 가장 높은→비점이 가장 낮은

3-13 **다음과 같은 특성을 가지는 액체 연료로 가장 적합한 것은?** [12-1]

• 비등점 : 30~200℃
• 고발열량 : 11,000~11,500 kcal/kg
• 비중 : 0.7~0.8

① light oil　　② gasoline
③ heavy oil　　④ kerosene

3-14 **다음은 연료의 분류에 관한 설명이다. ( ) 안에 들어갈 가장 적합한 것은 어느 것인가?** [19-4]

( )는 가솔린과 유사하거나 또는 약간 높은 끓는점 범위의 유분으로 240℃에서 96 % 이상이 증류되는 성분을 말하며, 옥탄가가 낮아 직접적으로 내연 기관의 연료로 사용될 수 없기 때문에 가솔린에 혼합하거나 석유 화학 원료용으로 주로 사용된다.

① 나프타　　② 등유
③ 경유　　④ 중유

해설 나프타는 휘발유(가솔린) 원료와 석유화학 원료로 사용된다.

3-15 **다음은 옥탄가에 관한 설명이다. ( ) 안에 알맞은 것은?** [12-4, 16-1]

옥탄가는 안티노킹성이 우수하여 좋은 연소 특성을 갖는 (㉠)의 안티노킹성을 100으로 하고, 상대적으로 쉽게 노킹하는 (㉡)의 안티노킹성을 0으로 하여 부피비로 나타낸다.

① ㉠ iso-octane, ㉡ n-octane
② ㉠ n-octane, ㉡ iso-octane
③ ㉠ iso-octane, ㉡ n-octane
④ ㉠ n-octane, ㉡ iso-octane

해설 이소옥탄이 많을수록 옥탄가가 높다.

3-16 **옥탄가에 대한 설명으로 옳지 않은 것은?** [19-4]

① n-Paraffine에서는 탄소수가 증가할수록 옥탄가는 저하하여 C_7에서 옥탄가는 0이다.

정답 3-12 ① 3-13 ② 3-14 ① 3-15 ③ 3-16 ④

② 방향족 탄화수소의 경우 벤젠 고리의 측쇄가 C_3까지는 옥탄가가 증가하지만 그 이상이면 감소한다.
③ Naphthene계는 방향족 탄화수소보다는 옥탄가가 작지만 n-Paraffine계보다는 큰 옥탄가를 가진다.
④ iso-Paraffine에서는 methyl 가지가 적을수록, 중앙에 집중하지 않고 분산될수록 옥탄가가 증가한다.

해설 옥탄가는 안티녹킹성이 높은 iso-옥탄을 지수 100으로 하고, 안티녹킹성이 매우 낮은 n-헵탄을 지수 0으로 한다.
옥탄가는 가지의 양이나 고리의 수가 많을수록 증가한다.

3-17 다음 조건에 해당되는 액체 연료와 가장 가까운 것은? [18-1]

- 비점 : 200~320℃ 정도
- 비중 : 0.8~0.9 정도
- 정제한 것은 무색에 가깝고, 착화성 적부는 cetane 값으로 표시된다.

① Naphtha ② Heavy oil
③ Light oil ④ Kerosene

해설 위의 설명은 경유(Light oil)의 설명이다.

3-18 중유의 특성에 대한 설명으로 옳은 것은? [16-1]

① 인화점은 낮을수록 좋다.
② 회분의 양은 많을수록 좋다.
③ 비중이 클수록 발열량은 증가한다.
④ 잔류 탄소 함량이 많아지면 점도는 높아진다.

해설 중유의 인화점이 낮을수록 위험하고, 회분량이 많으면 발열량이 감소한다. 그리고 비중이 클수록 발열량은 감소한다.

3-19 중유에 관한 설명으로 옳지 않은 것은? [15-4]

① 점도가 낮을수록 유동점이 낮아진다.
② 비중이 클수록 유동점과 점도는 감소하고, 잔류 탄소 등이 증가한다.
③ 비중이 클수록 발열량이 적어지고 연소성이 나빠진다.
④ 중유는 일반적으로 점도를 중심으로 3종으로 분류된다.

해설 ② 유동점과 점도는 감소→유동점과 점도는 증가

3-20 중유는 A, B, C로 구분된다. 이것을 구분하는 기준은?

① 점도 ② 비중
③ 착화 온도 ④ 유황 함량

해설 중유는 점도에 따라 A중유, B중유, C중유로 구분한다.

3-21 다음 중 황함량이 가장 낮은 연료는 어느 것인가? [21-1]

① LPG ② 중유
③ 경유 ④ 휘발유

해설 황함량이 큰 순서는
LPG < 휘발유 < 경유 < 중유 순이다.

3-22 다음 연료 중 착화 온도(℃)의 대략적인 범위가 옳지 않은 것은? [20-4]

① 목탄 : 320~370℃
② 중유 : 430~480℃
③ 수소 : 580~600℃
④ 메탄 : 650~750℃

해설 중유의 착화점은 530~580℃이다.

3-23 중유에 관한 설명과 거리가 먼 것은 어느 것인가? [18-2, 20-4]

정답 3-17 ③ 3-18 ④ 3-19 ② 3-20 ① 3-21 ① 3-22 ② 3-23 ④

① 점도가 낮을수록 유동점이 낮아진다.
② 잔류 탄소의 함량이 많아지면 점도가 높게 된다.
③ 점도가 낮은 것이 사용상 유리하고, 용적당 발열량이 적은 편이다.
④ 인화점이 높은 경우 역화의 위험이 있으며, 보통 그 예열 온도보다 약 2℃ 정도 높은 것을 쓴다.

해설 중유는 인화점이 낮은 경우 역화의 위험이 있으며, 예열 온도는 인화점보다 5℃ 낮게 조정한다. 중유의 인화점은 60~150℃ 정도이다.

3-24 중유의 특성에 관한 설명으로 가장 거리가 먼 것은? [19-2]

① 중유는 비중이 클수록 유동점, 점도가 증가한다.
② 중유는 인화점이 150℃ 이상으로 이 온도 이하에서는 인화의 위험이 적다.
③ 중유의 잔류 탄소 함량은 일반적으로 7~16 % 정도이다.
④ 점도가 낮은 것은 일반적으로 낮은 비저의 탄화수소를 함유한다.

해설 중유의 인화점은 60~150℃ 이고, 이 온도 이상에서 인화의 위험이 크다.

3-25 다음은 어떤 석유 대체 연료에 관한 설명인가? [15-4]

케로겐(kerogen)이라 불리우는 유기질 물질이 스며들어 있는 혈암 같은 암반을 말하는 것으로, 이 물질은 원래 식물이 수백만 년 동안 석유로 토화되어 유기 물질에 흡수된 것이다. 이것이 압력을 받아 성층화가 이루어져 이 물질을 만들게 된다.

① 오일 셰일(oil shale)
② 타르 샌드(tar sand)
③ 오일 샌드(oil sand)
④ 오리멀전(orimulsion)

해설 오일 셰일이란 원유를 함유한 퇴적암(셰일)을 말한다.

3-26 다음 알코올 연료 중 에테르, 아세톤, 벤진 등 많은 유기 물질을 용해하며, 무색의 독특한 냄새를 가지고, 모두 8종의 이성체가 존재하는 것은? [18-1]

① Ethanol(C_2H_5OH)
② Propanol(C_3H_7OH)
③ Butanol(C_4H_9OH)
④ Pentanol($C_5H_{11}OH$)

3-27 액체 연료를 비점(℃)이 큰 순서대로 나열한 것은? [21-4]

① 등유 > 중유 > 휘발유 > 경유
② 중유 > 경유 > 등유 > 휘발유
③ 경유 > 휘발유 > 중유 > 등유
④ 휘발유 > 경유 > 등유 > 중유

해설 비점(비등점=끓는점)은 탄소수가 많을수록 높다.

3-28 다음 액체 연료 C/H비의 순서로 옳은 것은? (단, 큰 순서 > 작은 순서) [17-2]

① 중유 > 등유 > 경유 > 휘발유
② 중유 > 경유 > 등유 > 휘발유
③ 휘발유 > 등유 > 경유 > 중유
④ 휘발유 > 경유 > 등유 > 중유

해설 탄화수소 중 같은 동족에서 분자량이 클수록 C/H 비가 커진다.

3-29 석유계 액체 연료의 탄수소비(C/H)에 대한 설명 중 옳지 않은 것은? [17-1]

정답 3-24 ② 3-25 ① 3-26 ④ 3-27 ② 3-28 ② 3-29 ①

① C/H비가 클수록 이론 공연비가 증가한다.
② C/H비가 클수록 방사율이 크다.
③ 중질 연료일수록 C/H비가 크다.
④ C/H비가 클수록 비교적 비점이 높은 연료이며, 매연이 발생되기 쉽다.

해설 ① 증가한다. → 감소한다.

3-30 석탄 슬러리 연소에 대한 설명으로 옳은 것은? [17-4]

① 석탄 슬러리 연료는 석탄 분말에 물을 혼합한 COM과 기름을 혼합한 CWM으로 대별된다.
② COM 연소의 경우 표면 연소 시기에서는 연소 온도가 높아진 만큼 표면 연소의 속도가 감속된다고 볼 수 있다.
③ 분해 연소 시기에서는 CWM 연소의 경우 30 wt%(w/w)의 물이 증발하여 증발열을 빼앗음과 동시에 휘발분과 산소를 희석하기 때문에 화염의 안정성이 극도로 나쁘게 된다.
④ CWM 연소의 경우 분해 연소 시기에서는 50 wt%(w/w) 중유에 휘발분이 추가되는 형태가 되기 때문에 미분탄 연소보다는 확산 연소에 더 가깝다.

해설 석탄 분말에 물을 혼합한 연료를 CWM이라 하고, 기름을 혼합한 연료를 COM이라 한다.

3-31 COM(coal oil mixture), 즉 혼탄유 연소 특징으로 옳지 않은 것은? [16-4]

① COM은 주로 석탄과 중유의 혼합 연료이다.
② 배출 가스 중의 NO_x, SO_x, 분진 농도는 미분탄 연소와 중유 연소 각각인 경우 농도 가중 평균 정도가 된다.
③ 화염 길이가 중유 연소인 경우에 가까운 것에 대하여 화염 안정성은 미분탄 연소인 경우에 가까다.
④ 중유보다 미립화 특성이 양호하다.

해설 화염 안정성은 중유에 가깝다.

3-32 COM(coal oil mixture, 혼탄유) 연소에 관한 설명으로 옳지 않은 것은 어느 것인가? [19-4]

① COM은 주로 석탄과 중유의 혼합 연료이다.
② 연소실 내 체류 시간의 부족, 분사변의 폐쇄와 마모 등 주의가 요구된다.
③ 재의 처리가 용이하고, 중유 전용 보일러의 연료로서 개조 없이 COM을 효율적으로 이용할 수 있다.
④ 중유보다 미립화 특성이 양호하다.

해설 COM은 혼탄유이기 때문에 중유 전용 보일러의 버너로 사용할 수 없고, 이것을 개조하면 사용 가능하다.

3-33 석탄 · 석유 혼합 연료(COM)에 관한 설명으로 가장 적합한 것은? [21-2]

① 별도의 탈황, 탈질 설비가 필요 없다.
② 별도의 개조 없이 중유 전용 연소 시설에 사용될 수 있다.
③ 미분쇄한 석탄에 물과 첨가제를 섞어서 액체화시킨 연료이다.
④ 연소 가스의 연소실 내 체류 시간 부족, 분사변의 폐쇄와 마모 등의 문제점을 갖는다.

해설 ① 필요 없다. → 필요하다.
② 별도의 개조 없이 → 별도로 개조를 하면
③ 물과 첨가제를 → 기름과 첨가제를

정답 3-30 ③ 3-31 ③ 3-32 ③ 3-33 ④

3-34 석탄 · 석유 혼합 연료(COM)에 관한 설명으로 가장 적합한 것은? [14-4]

① 중유에다 거의 같은 질량의 미분탄을 섞어서 고체화시킨 연료이다.

② 열량비로는 COM 중의 석탄의 비율은 5% 정도로 석유 비율이 큰 편이다.

③ 별도의 중유 전용 연소 시설을 이용하지 않는 것이 큰 장점이다.

④ 유해 성분을 포함하고 있으므로 재와 매연 처리, 연소 가스의 연소실 내 체류 시간을 미분탄 정도로 고려할 필요가 있다.

해설 ① 액체화시킨 연료이다.

② COM 중의 석탄의 비율은 40% 정도이다.

③ 별도의 중유 전용 연소 시설을 이용해야 한다.

정답 3-34 ④

3 기체 연료의 종류 및 특성

4. LPG와 LNG에 대한 설명으로 옳지 않은 것은? [12-2]

① LNG는 천연가스를 −168℃ 정도로 냉각하여 액화시킨 것으로 액화 천연가스이다.

② LNG의 주성분은 대부분이 메탄이고 그 외에 에탄, 프로판, 부탄 등으로 구성되어 있다.

③ LPG는 주로 naphtha의 열분해에 의해 제조된 것으로 자동차용 연료는 프로판, 가정용에는 부탄이 주로 사용된다.

④ LPG는 밀도가 공기보다 커서 누출 시 건물의 바닥에 모이게 되고 LNG는 공기보다 가벼워 건물의 천장에 모이는 경향이 있다.

해설 LPG는 나프타의 열분해에 의해 제조하기도 하지만 석유 정제 시 부산물로 얻어지기도 한다. 자동차용 연료는 부탄이 사용되고 가정용으로는 프로판이 사용된다.

답 ③

이론 학습

기체 연료(gaseous fuel)는 석유계에서 얻는 유전 가스와 석탄계의 탄전 가스인 천연가스, 석탄을 가공하여 만든 인공 가스 및 제철 과정에서 생성되는 부생 가스가 있으며, 주성분은 메탄(CH_4)이며 도시가스 및 특수 용도에 이용되고 있다.

(1) 기체 연료의 특징(고체 연료, 액체 연료보다)

① 장점

㈎ 자동 제어에 의한 연소에 적합하다.

㈏ 노(爐) 내의 온도 분포를 쉽게 조절할 수 있다.

㈐ 연소 효율이 높아 적은 과잉 공기로 완전 연소가 가능하다(기체는 활발하기 때문).

㈑ 연소용 공기뿐만 아니라 연료 자체도 예열할 수 있어 저발열량의 연료로도 고온을 얻을 수 있다.

㈒ 노벽, 전열면, 연도 등을 오손시키지 않는다.

㈓ 연소 조절 및 점화, 소화가 용이하다(버너를 이용하기 때문).

㈔ 회분이나 매연 등이 없어 청결하다.

② **단점**

㈎ 누출되기 쉽고, 화재 및 폭발 위험성이 크다.

㈏ 수송 및 저장이 불편하다(위험성을 포함하면).

㈐ 시설비, 유지비가 많이 든다.

㈑ 다른 연료에 비해 발열량당 가격이 비싸다.

(2) 기체 연료의 성분

① 가연성 : 메탄(CH_4), 프로판(C_3H_8), 일산화탄소(CO), 수소(H_2), 중탄화수소(C_2H_4, C_3H_6) 등

② 불연성 : 탄산가스(CO_2), 질소(N_2), 수분(W) 등

(3) 기체 연료의 종류

① **석유계 기체 연료**

㈎ 천연가스(NG : natural gas) : 천연에서 발생되는 탄화수소(주로 CH_4)를 주성분으로 하는 가연성 가스로서 성상에 따라 건성 가스와 습성 가스로 구분된다.

㈏ 액화 천연가스(LNG : liquefied natural gas) : 천연가스와 거의 동일하지만 냉각 액화시킬 때 제진, 탈황, 탈탄산, 탈수 등으로 불순물을 제거하므로 LNG를 다시 기화시킬 경우에 청결, 양질, 무해한 가스가 된다.

㉮ 주성분 : CH_4(메탄)

㉯ 임계 온도 : −80℃

㉰ 액체 비중 : 0.42 kg/L

㉱ 기화 잠열 : 90 kcal/kg(다른 물질보다 크다)

㉲ 저장 시 온도 : −162℃

㉳ −161.5℃에서는 무색투명한 액체이며, −182.5℃에서는 무색 고체이다.

㉴ 발열량 : 11,000 kcal/Nm^3

> **참고** **습성 가스와 건성 가스의 차이**
> • 습성 가스 : CH_4(80 %), C_2H_6(10~15 %), 약간의 C_3H_8, C_4H_{10}
> • 건성 가스 : 거의 CH_4

(다) 액화석유가스(LPG : liquefied petroleum gas) : 습성 천연가스 또는 분해가스로부터 분리시켜 상온(20℃)에서 6~7 kgf/cm^{2}로 가압 액화시켜 만든 석유계 탄화수소이다.

㉮ 주성분 : 프로판(C_3H_8), 부탄(C_4H_{10}), 프로필렌(C_3H_6)

㉯ 액화 압력 : 상온(20℃)은 C_3H_8은 6~7 kgf/cm^2, C_4H_{10}은 2 kg/cm^2

㉰ 발열량 : 25,000~30,000 kcal/Nm^3(탄소가 많을수록 크다.)

㉱ 폭발 범위(연소 범위) : 2.2~9.5 %

㉲ 증기 비중 : 1.52

㉳ 기화 잠열 : 90~100 kcal/kg(다른 물질보다 크다)

㉴ 액체 비중(15℃) : 0.65 kg/L(액체일 때)

㉵ 비체적 : 0.537 m^3/kg

㉶ 착화 온도 : 440~480℃

㉷ LPG 소화제 : 탄산가스, 드라이케미컬(분말 소화제)

② 석탄계 기체 연료

(가) 석탄 가스 : 석탄을 1,000~1,100℃ 정도로 10~15시간 건류시켜 코크스를 제조할 때 얻어지는 기체 연료이다.

㉮ 발열량 : 5,000 kcal/Nm^3

㉯ 주성분 : H_2(51 %), CH_4(32 %), CO(8 %)

(나) 발생로 가스 : 석탄, 코크스, 목재 등을 화상에 넣고 공기 또는 수증기 혼합 기체를 공급하여 불완전 연소시켜 만든 일산화탄소(CO)를 함유한 가스이다.

㉮ 발열량 : 1,000~1,600 kcal/Nm^3

㉯ 주성분 : N_2(55.8 %), CO(25.4 %), H_2(13 %)

(다) 수성(水性) 가스 : 고온으로 가열된 무연탄이나 코크스에 수증기를 작용시켜 얻는 기체 연료이다.

㉮ 발열량 : 2,700 kcal/Nm^3

㉯ 주성분 : H_2(52 %), CO(38 %), N_2(5.3 %)

(라) 도시가스 : 수소 및 일산화탄소를 주체로 하는 가스 성분에 메탄(CH_4)을 주성분으로 하는 탄화수소의 혼합물이다.

㉮ 발열량 : 4,500 kcal/Nm^3

㉯ 주원료 : 천연가스, LPG, LNG, 수성 가스, 석탄 가스, 오일 가스

㉰ 천연가스나 LPG를 도시가스로 사용 시에는 공기로 희석해서 공급(이유 : 발열량을 조절하기 위해)

(4) 가연성 가스의 폭발 범위(연소 범위=가연 범위=폭발 한계=연소 한계=가연 한계)

① **정의** : 연소가 일어나는 가연성 가스와 공기 또는 산소와의 혼합 가스 범위로 연소 하한계와 연소 상한계가 있다.

참고 연소 범위와 화재의 위험성

① 연소 범위 하한계가 낮을수록 화재의 위험성이 크다.
② 연소 범위 상한계가 클수록 화재의 위험성이 크다.
③ 연소 범위가 넓을수록 화재의 위험성이 크다.
④ 통상 온도가 높을수록, 압력이 높을수록 화재의 위험성이 크다.
단, 일산화탄소는 압력 상승 시 연소 범위가 오히려 감소한다.

② **혼합 가스의 연소 범위(르샤틀리에의 법칙)**

$$\frac{100}{L_m} = \frac{V_1}{L_1} + \frac{V_2}{L_2} + \frac{V_3}{L_3} \cdots\cdots \frac{V_n}{L_n}$$

$$\therefore L_m = \frac{100}{\left\{\frac{V_1}{L_1} + \frac{V_2}{L_2} + \frac{V_3}{L_3} \cdots\cdots \frac{V_n}{L_n}\right\}}$$

여기서, L_m : 혼합 가스의 연소 범위 하한계 또는 상한계(%)
L_1, L_2, L_3, … L_n : 각 성분의 연소 범위 하한계 또는 상한계(%)
V_1, V_2, V_3, … V_n : 각 성분의 부피(%)

③ **위험도(H)** $= \frac{U-L}{L}$

여기서, U : 상한계, L : 하한계

④ **공기 중의 연소 범위**

가스	하한계(%)	상한계(%)	가스	하한계(%)	상한계(%)
아세틸렌(C_2H_2)	2.5	81.0	부탄(C_4H_{10})	1.8	8.4
수소(H_2)	4.0	75.0	메탄(CH_4)	5.0	15.0
암모니아(NH_3)	15.0	28.0	에탄(C_2H_6)	3.0	12.4
프로판(C_3H_8)	2.1	9.5	일산화탄소(CO)	12.5	74.0

(5) 기체 연료의 질량을 체적으로 고치는 방법

① 아보가드로의 법칙을 이용(표준 상태일 때)

② 보일·샤를의 법칙 이용(비표준 상태일 때)

4-1 연소 시 매연 발생량이 가장 적은 탄화수소는? [16-4]

① 나프텐계 ② 올레핀계
③ 방향족제 ④ 파라핀계

해설 파라핀계=알칸족(C_nH_{2n+2})

4-2 3,000 K 정도의 고온 조건으로 연소할 때 일산화탄소가 상당량 발생되는 원인으로 옳은 것은? [16-2]

① 혼합 상태가 불량해지기 때문이다.
② 산소 부족현상이 나타나기 때문이다.
③ 이산화탄소가 열 분해되기 때문이다.
④ 연소 시간이 불충분해지기 때문이다.

해설 $CO_2 \rightarrow CO + \frac{1}{2}O_2$

4-3 기체 연료의 일반적 특징으로 가장 거리가 먼 것은? [19-1]

① 저발열량의 것으로 고온을 얻을 수 있다.
② 연소 효율이 높고 검댕이 거의 발생하지 않으나, 많은 과잉 공기가 소모된다.
③ 저장이 곤란하고 시설비가 많이 드는 편이다.
④ 연료 속에 황이 포함되지 않은 것이 많고, 연소 조절이 용이하다.

해설 ② 많은 과잉 공기 → 적은 과잉 공기

4-4 다음 기체 연료의 일반적인 특징으로 가장 거리가 먼 것은? [13-4, 17-1]

① 연소 조절, 점화 및 소화가 용이한 편이다.
② 회분이 거의 없어 먼지 발생량이 적다.
③ 연료의 예열이 쉽고, 저질 연료도 고온을 얻을 수 있다.
④ 취급 시 위험성이 적고, 설비비가 적게 든다.

해설 ④ 위험성이 적고, 설비비가 적게 든다.
→ 위험성이 크고, 설비비가 많이 든다.

4-5 연료의 종류에 따른 연소 특성으로 옳지 않은 것은? [20-4]

① 기체 연료는 부하의 변동 범위(turn down ratio)가 좁고 연소의 조절이 용이하지 않다.
② 기체 연료는 저발열량의 것으로 고온을 얻을 수 있고, 전열 효율을 높일 수 있다.
③ 액체 연료의 경우 회분은 아주 적지만, 재속의 금속 산화물이 장애 원인이 될 수 있다.
④ 액체 연료는 화재, 역화 등의 위험이 크며, 연소 온도가 높아 국부적인 과열을 일으키기 쉽다.

해설 기체 연료는 부하의 변동 범위가 넓고 연소의 조절이 용이하다.

4-6 기체 연료의 일반적인 특징으로 가장 거리가 먼 것은? [21-2]

① 적은 과잉 공기로 완전 연소가 가능하다.

정답 4-1 ④ 4-2 ③ 4-3 ② 4-4 ④ 4-5 ① 4-6 ④

② 연소 조절, 점화 및 소화가 용이한 편이다.
③ 연료의 예열이 쉽고, 저질 연료로 고온을 얻을 수 있다.
④ 누설에 의한 역화·폭발 등의 위험이 작고, 설비비가 많이 들지 않는다.

해설 ④ 위험이 작고 → 위험이 크고,
설비비가 많이 들지 않는다. → 설비비가 많이 든다.

4-7 연료에 관한 다음 설명 중 가장 거리가 먼 것은? [18-4]

① 연료비는 탄화도의 정도를 나타내는 지수로서, 고정 탄소/휘발분으로 계산된다.
② 석유계 액체 연료는 고위 발열량이 10,000~12,000 kcal/kg 정도이고, 메탄올과 같이 산소를 함유한 연료의 경우 발열량은 일반 석유계 액체 연료보다 높아진다.
③ 일산화탄소의 고위 발열량은 3,000 kcal/Sm^3 정도이며, 프로판과 부탄보다는 발열량이 낮다.
④ LPG는 상온에서 압력을 주면 용이하게 액화되는 석유계의 탄화수소를 말한다.

해설 메탄올과 같이 산소를 함유한 연료의 경우 발열량이 낮다. 이유는 산소는 열량을 내는 원소가 아니기 때문이다.

4-8 연료의 종류에 따른 연소 특성으로 옳지 않은 것은? [18-2]

① 기체 연료는 저발열량의 것으로 고온을 얻을 수 있고, 전열 효율을 높일 수 있다.
② 액체 연료는 화재, 역화 등의 위험이 크며, 연소 온도가 높아 국부적인 과열을 일으키기 쉽다.
③ 액체 연료는 기체 연료에 비해 적은 과잉 공기로 완전 연소가 가능하다.
④ 액체 연료의 경우 회분은 아주 적지만, 재속의 금속 산화물이 장애 원인이 될 수 있다.

해설 과잉 공기 순은
고체 연료 > 액체 연료 > 기체 연료 순이다.

4-9 연료의 특성에 대한 설명 중 옳은 것은? [19-4]

① 석탄의 비중은 탄화도가 진행될수록 작아진다.
② 중유의 비중이 클수록 유동점과 잔류 탄소는 감소한다.
③ 중유 중 잔류 탄소의 함량이 많아지면 점도가 낮아진다.
④ 메탄은 프로판에 비해 이론 공기량이 적다.

해설 ① 작아진다. → 커진다.
② 감소한다. → 증가한다.
③ 낮아진다. → 높아진다.
$CH_4 + 2O_2 \rightarrow CO_2 + 2H_2O$
$C_3H_8 + 5O_2 \rightarrow 3CO_2 + 4H_2O$

4-10 액화 천연가스의 대부분을 차지하는 구성성분은? [16-1, 20-4]

① CH_4 ② C_2H_6
③ C_3H_8 ④ C_4H_{10}

해설 LNG의 주성분은 CH_4이다.

4-11 기체 연료의 특징 및 종류에 관한 설명으로 옳지 않은 것은? [14-4, 18-1, 20-1]

① 부하 변동 범위가 넓고 연소의 조절이 용이한 편이다.

정답 4-7 ② 4-8 ③ 4-9 ④ 4-10 ① 4-11 ②

② 천연가스는 화염 전파 속도가 크며, 폭발 범위가 크므로 1차 공기를 적게 혼합하는 편이 유리하다.
③ 액화 천연가스는 메탄을 주성분으로 하는 천연가스를 1기압 하에서 −160℃ 근처에서 냉각, 액화시켜 대량 수송 및 저장을 가능하게 한 것이다.
④ 액화 석유 가스는 액체에서 기체로 될 때 증발열(90~100 kcal/kg)이 있으므로 사용하는 데 유의할 필요가 있다.

해설 천연가스는 화염 전파 속도가 느리며, 폭발 범위(5~15 %)가 좁은 편이다.

4-12 **황함량이 가장 낮은 연료는?** [16-2]

① LPG ② 중유
③ 경유 ④ 휘발유

해설 황함량의 크기 순은
액체 연료 > 고체 연료 > 기체 연료 순이다.

4-13 **액화 석유 가스(LPG)에 대한 설명으로 옳지 않은 것은?** [16-4, 20-4]

① 황분이 적고 유독 성분이 거의 없다.
② 사용에 편리한 기체 연료의 특징과 수송 및 저장에 편리한 액체 연료의 특징을 겸비하고 있다.
③ 천연가스에서 회수되기도 하지만 대부분은 석유 정제 시 부산물로 얻어진다.
④ 비중이 공기보다 가벼워 누출될 경우 인화 폭발 위험성이 크다.

해설 비중이 공기보다 무거워 누출될 경우 인화 폭발 위험성이 크다.

4-14 **액화 석유 가스에 관한 설명으로 옳지 않은 것은?** [17-1]

① 황분이 적고 독성이 없다.
② 비중이 공기보다 가볍고, 누출될 경우 쉽게 인화 폭발될 수 있다.
③ 발열량은 20,000~30,000 kcal/Sm^3 정도로 매우 높다.
④ 유지 등을 잘 녹이기 때문에 고무 패킹이나 유지로 된 도포제로 누출을 막는 것은 어렵다.

해설 ② 공기보다 가볍고 → 공기보다 무겁고

4-15 **액화 석유 가스(LPG)에 관한 설명으로 옳지 않은 것은?**

① 비중이 공기보다 작고, 상온에서 액화가 되지 않는다.
② 액체에서 기체로 될 때 증발열이 발생한다.
③ 프로판, 부탄을 주성분으로 하는 혼합물이다.
④ 발열량이 20,000~30,000 kcal/Sm^3 정도로 높다.

해설 LPG는 비중이 공기보다 크고, 상온(20℃)에서 6~7 kg/cm^2의 압력에 액화된다.

4-16 **기체 연료의 종류 중 액화 석유 가스에 관한 설명으로 가장 거리가 먼 것은 어느 것인가?** [18-4]

① LPG라 하며 가정, 업무용으로 많이 사용되어 온 석유계 탄화 수소 가스이다.
② 1기압 하에서 −168℃ 정도로 냉각하여 액화시킨 연료이다.
③ 탄소수가 3~4개까지 포함되는 탄화수소류가 주성분이다.
④ 대부분 석유 정제 시 부산물로 얻어진다.

해설 LPG는 상온(20℃)에서 6~7 kg/cm^2로 가압 액화시켜 만든 석유계 탄화수소이다.

정답 4-12 ① 4-13 ④ 4-14 ② 4-15 ① 4-16 ②

4-17 **다음 액화 석유 가스(LPG)에 대한 설명으로 거리가 먼 것은?** [17-4, 21-2]

① 비중이 공기보다 무거워 누출 시 인화·폭발의 위험성이 높은 편이다.
② 액체에서 기체로 기화할 때 증발열이 5~10 kcal/kg로 작아 취급이 용이하다.
③ 발열량이 높은 편이며, 황분이 적다.
④ 천연가스에서 회수되거나 나프타의 분해에 의해 얻어지기도 하지만 대부분 석유 정제 시 부산물로 얻어진다.

해설 LPG의 기화 잠열은 90~100 kcal/kg이다. 다른 가연성 가스보다 큰 편이다.

4-18 **액화 석유 가스에 관한 설명으로 옳지 않은 것은?** [20-1]

① 저장 설비비가 많이 든다.
② 황분이 적고 독성이 없다.
③ 비중이 공기보다 가볍고, 누출될 경우 쉽게 인화 폭발될 수 있다.
④ 유지 등을 잘 녹이기 때문에 고무 패킹이나 유지로 된 도포제로 누출을 막는 것은 어려다.

해설 ③ 비중이 공기보다 가볍고 → 비중이 공기보다 무겁고

4-19 **액화 석유 가스(LPG)에 관한 설명으로 옳지 않은 것은?** [21-1]

① 천연가스 회수, 나프타 분해, 석유 정제 시 부산물로부터 얻어진다.
② 비중은 공기의 1.5~2.0배 정도로 누출 시 인화 폭발의 위험이 크다.
③ 액체에서 기체로 될 때 증발열이 있으므로 사용하는 데 유의할 필요가 있다.
④ 메탄, 에탄을 주성분으로 하는 혼합물로 1 atm에서 −168℃ 정도로 냉각하면 쉽게 액화된다.

해설 LPG는 프로판(C_3H_8)과 부탄(C_4H_{10})이 주성분이고, 프로판은 상온(20℃)에서 6~7 kg/cm^2, 부탄은 2 kg/cm^2 이상에서 액화된다.

4-20 **다음 설명에 해당하는 기체 연료는 어느 것인가?** [15-4, 18-2, 20-2]

고온으로 가열된 무연탄이나 코크스 등에 수증기를 반응시켜 얻은 기체연료이며, 반응식은 아래와 같다. $C+H_2O \rightarrow CO+H_2+Q$ $C+2H_2O \rightarrow CO2+2H_2+Q$

① 수성 가스 ② 고로 가스
③ 오일 가스 ④ 발생로 가스

해설 수성 가스의 주성분은 H_2(52 %), CO(38 %), N_2(5.3 %)이다.

암기방법
수.수.일
수 : 수성 가스
수 : 수소
일 : 일산화탄소

4-21 **기체 연료에 관한 설명으로 가장 거리가 먼 것은?** [17-2]

① 연료 속의 유황 함유량이 적어 연소 배기가스 중 SO_2 발생량이 매우 적다.
② 다른 연료에 비해 저장이 곤란하며, 공기와 혼합해서 점화하면 폭발 등의 위험도 있다.
③ 메탄을 주성분으로 하는 천연가스를 1기압 하에서 −168℃ 정도로 냉각하여 액화시킨 연료를 LNG라 한다.
④ 발생로 가스란 코크스나 석탄을 불완전 연소해서 얻는 가스로 주성분은 CH_4와 H_2이다.

정답 4-17 ② 4-18 ③ 4-19 ④ 4-20 ① 4-21 ④

해설 발생로 가스의 주성분은 N_2(55.8 %), CO(25.4 %), H_2(13 %)이다.

암기방법

발.질.일.수
발 : 발생로 가스
질 : 질소
일 : 일산화탄소
수 : 수소

4-22 기체 연료의 종류에 관한 설명으로 가장 적합한 것은? [21-4]

① 수성 가스는 코크스를 용광로에 넣어 선철을 제조할 때 발생하는 기체 연료이다.
② 석탄 가스는 석유류를 열분해, 접촉 분해 및 부분 연소시킬 때 발생하는 기체 연료이다.
③ 고로 가스는 고온으로 가열된 무연탄이나 코크스 등에 수증기를 반응시켜 얻는 기체 연료이다.
④ 발생로 가스는 코크스나 석탄, 목재 등을 적열 상태로 가열하여 공기 또는 산소를 보내 불완전 연소시켜 얻는 기체 연료이다.

해설 ① 수성 가스 → 석탄 가스(코크스 가스)
② 석탄 가스 → 액화 석유 가스
③ 고로 가스 → 수성 가스

암기방법

석.수.메
석 : 석탄 가스
수 : 수소
메 : 메탄
고.질.일.이
고 : 고로 가스
질 : 질소
일 : 일산화탄소
이 : 이산화탄소

4-23 다음 기체 연료에 관한 설명으로 옳은 것은? [12-4]

① 액화 석유 가스는 대부분 천연가스에서 회수하여 얻어진다.
② 천연가스인 유전 가스 중 건성 가스는 대부분 메탄이 주성분이다.
③ 액화 천연가스의 주성분은 부탄과 프로판이다.
④ 석탄 가스의 주요한 가연 성분은 프로판 및 부탄으로서 주로 대규모 난방용 연료로 사용한다.

해설 ① 천연가스 → 석유
③ 부탄과 프로판 → 메탄
④ 프로판 및 부탄 → 수소 및 메탄

4-24 다음 연료 중 착화점이 가장 높은 것은? [15-1]

① 갈탄(건조) ② 발생로 가스
③ 수소 ④ 무연탄

해설 착화 온도는 갈탄 : 250~450℃
발생로 가스 : 700~800℃
수소 : 580~600℃
무연탄 : 440~510℃ 정도이다.

4-25 가연 기체와 공기 혼합 기체의 가연 한계(vol%)가 가장 넓은 것은? [13-1, 17-1]

① 메탄 ② 아세틸렌
③ 벤젠 ④ 톨루엔

해설 아세틸렌(2.5~81 %) 가스가 가장 넓다.

암기방법

아 넓다.
아 : 아세틸렌

4-26 조성이 메탄 50 %, 에탄 30 %, 프로판 20 %인 혼합 가스의 폭발 범위로 가장 적합한 것은? (단, 메탄의 폭발 범위 5~15

정답 4-22 ④ 4-23 ② 4-24 ② 4-25 ② 4-26 ④

%, 에탄의 폭발 범위 3~12.5 %, 프로판의 폭발 범위 2.1~9.5 %, 르샤틀리에의 식 적용) [12-1, 15-2, 20-2]

① 1.2~8.6 % ② 1.9~9.6 %
③ 2.5~10.8 % ④ 3.4~12.8 %

해설 L_m 하한 $= \dfrac{100}{\left\{\dfrac{50}{5}+\dfrac{30}{3}+\dfrac{20}{2.1}\right\}} = 3.38\ \%$

L_m 상한 $= \dfrac{100}{\left\{\dfrac{50}{15}+\dfrac{30}{12.5}+\dfrac{20}{9.5}\right\}}$

$= 12.75\ \%$

4-27 아래의 조성을 가진 혼합 기체의 하한 연소 범위(%)는? [15-4, 19-2, 20-4]

성분	조성(%)	하한 연소 범위(%)
메탄	80	5.0
에탄	15	3.0
프로판	4	2.1
부탄	1	1.5

① 3.46 ② 4.24
③ 4.55 ④ 5.05

해설 L하한 $= \dfrac{100}{\left\{\dfrac{80}{5}+\dfrac{15}{3}+\dfrac{4}{2.1}+\dfrac{1}{1.5}\right\}}$

$= 4.24$

4-28 폭발성 혼합 가스의 연소 범위(L)를 구하는 식은? (단, n_i : 각 성분 단일의 연소 한계(상한 또는 하한), p_i : 각 성분 가스의 부피(%)) [13-1, 16-1]

① $L = \dfrac{100}{\dfrac{n_1}{p_1}+\dfrac{n_2}{p_2}+\cdots}$

② $L = \dfrac{100}{\dfrac{p_1}{n_1}+\dfrac{p_2}{n_2}+\cdots}$

③ $L = \dfrac{n_1}{p_1}+\dfrac{n_2}{p_2}+\cdots$

④ $L = \dfrac{p_1}{n_1}+\dfrac{p_2}{n_2}+\cdots$

해설 $\dfrac{100}{L} = \dfrac{V_1}{L_1}+\dfrac{V_2}{L_2}+\dfrac{V_3}{L_3}\cdots$

$\therefore L = \dfrac{100}{\dfrac{V_1}{L_1}+\dfrac{V_2}{L_2}+\dfrac{V_3}{L_3}}$

4-29 가연성 가스의 폭발 범위와 위험성에 대한 설명으로 가장 거리가 먼 것은 어느 것인가? [18-4]

① 하한 값은 낮을수록, 상한 값은 높을수록 위험하다.
② 폭발 범위가 넓을수록 위험하다.
③ 온도와 압력이 낮을수록 위험하다.
④ 불연성 가스를 첨가하면 폭발 범위가 좁아진다.

해설 통상 온도가 높을수록, 압력이 높을수록 폭발 범위가 넓어진다(위험하다).

4-30 가연 한계에 대한 설명으로 옳지 않은 것은? [19-4]

① 일반적으로 가연 한계는 산화제 중의 산소분율이 커지면 넓어진다.
② 파라핀계 탄화수소의 가연 범위는 비교적 좁다.
③ 기체 연료는 압력이 증가할수록 가연 한계가 넓어지는 경향이 있다.
④ 혼합 기체의 온도를 높게 하면 가연 범위는 좁아진다.

해설 온도가 높아지면 가연 범위는 넓어진다.

참고 가연 한계=가연 범위=연소 한계=연소 범위=폭발 한계=폭발 범위

정답 4-27 ② 4-28 ② 4-29 ③ 4-30 ④

4-31 **가연성 가스의 폭발 범위에 관한 일반적인 설명으로 옳지 않은 것은?** [21-4]

① 가스의 온도가 높아지면 폭발 범위가 넓어진다.
② 폭발 한계 농도 이하에서는 폭발성 혼합가스가 생성되기 어렵다.
③ 폭발 상한과 폭발 하한의 차이가 클수록 위험도가 증가한다.
④ 가스의 압력이 높아지면 상한 값은 크게 변하지 않으나 하한 값이 높아진다.

해설 ④ 상한 값 → 하한 값,
하한 값 → 상한 값

4-32 **가연성 가스의 폭발 범위에 따른 위험도 증가 요인으로 가장 적합한 것은 어느 것인가?** [15-2]

① 폭발 하한 농도가 낮을수록 위험도가 증가하며, 폭발 상한과 폭발 하한의 차이가 클수록 위험도가 커진다.
② 폭발 하한 농도가 낮을수록 위험도가 증가하며, 폭발 상한과 폭발 하한의 차이가 작을수록 위험도가 커진다.
③ 폭발 하한 농도가 높을수록 위험도가 증가하며, 폭발 상한과 폭발 하한의 차이가 클수록 위험도가 커진다.
④ 폭발 하한 농도가 높을수록 위험도가 증가하며, 폭발 상한과 폭발 하한의 차이가 작을수록 위험도가 커진다.

해설 $H = \frac{U - L}{L}$

여기서, H : 위험도
U : 폭발 상한 농도(%)
L : 폭발 하한 농도(%)

4-33 **가연성 가스의 폭발 범위와 그 위험도에 관한 설명으로 옳지 않은 것은 어느 것인가?** [12-1, 21-2]

① 폭발 하한 값이 높을수록 위험도가 증가한다.
② 일반적으로 가스의 온도가 높아지면 폭발 범위가 넓어진다.
③ 폭발 한계 농도 이하에서는 폭발성 혼합가스를 생성하기 어렵다.
④ 가스 압력이 높아졌을 때 폭발 하한 값은 크게 변하지 않으나 폭발 상한 값은 높아진다.

해설 폭발 하한 값이 높을수록 폭발 범위가 좁아지므로 위험도가 감소한다.

4-34 **다음 주요 기체 연료 중 일반적으로 발열량이 가장 큰 것은? (단, 발열량 단위 : kcal/Sm^3)** [14-4]

① 발생로 가스
② 고로 가스
③ 수성 가스
④ 아세틸렌

해설 ① 발생로 가스 : 3,700 kcal/Sm^3
② 고로 가스 : 900 kcal/Sm^3
③ 수성 가스 : 2,800 kcal/Sm^3
④ 아세틸렌 : 13,390 kcal/Sm^3

4-35 **표준 상태에서 CO_2 50 kg의 부피(m^3)는 얼마인가? (단, CO_2는 이상 기체라 가정한다.)** [15-2, 21-1]

① 12.73
② 22.40
③ 25.45
④ 44.80

해설 $50\text{kg} \times \frac{22.4\text{m}^3}{44\text{kg}} = 25.45\text{m}^3$

정답 4-31 ④ 4-32 ① 4-33 ① 4-34 ④ 4-35 ③

4-36 0.2 %(V/V)의 SO_2를 포함하고 매연 발생량이 500 m^3/min인 매연이 연간 30 %가 A지역으로 흘러가 이 지역의 식물에 피해를 주었다. 10년 후에 이 A지역에 피해를 준 SO_2의 양은?(단, 표준 상태 기준, 기타 조건은 고려하지 않음) [12-2]

① 약 3,000 t
② 약 4,500 t
③ 약 6,000 t
④ 약 9,000 t

해설 $500\ m^3/min \times 0.002 \times 0.3 \times 10년 \times 60\ min/h \times 24\ h/day \times 365\ day/년 \times \frac{64kg}{22.4m^3} \times 10^{-3}\ t/kg = 4,505\ t$

4-37 부피가 3,500 m^3이고 환기가 되지 않는 작업장에서 화학 반응을 일으키지 않는 오염 물질이 분당 60 mg씩 배출되고 있다. 작업을 시작하기 전에 측정한 이 물질의 평균 농도가 10 mg/m^3이라면 1시간 이후의 작업장의 평균 농도는 얼마인가?(단, 상자 모델을 적용하며, 작업 시작 전, 후의 온도 및 압력 조건은 동일하다.) [14-1, 18-1]

① 11.0 mg/m^3
② 13.6 mg/m^3
③ 18.1 mg/m^3
④ 19.9 mg/m^3

해설 작업 후 농도=작업 전 농도+작업 중 농도

$$= 10\ mg/m^3 + \frac{60mg/min \times 1h \times 60min/h}{3,500m^3}$$

$$= 11.02\ mg/m^3$$

4-38 체적이 100 m^3인 복사실의 공간에서 오존 배출량이 분당 0.2 mg인 복사기를 연속 사용하고 있다. 복사기 사용 전의 실내 오존의 농도가 0.1 ppm라고 할 때 5시간 사용 후 오존 농도는 몇 ppb인가?(단, 0℃, 1기압 기준, 환기는 고려하지 않음) [19-1]

① 260
② 380
③ 420
④ 520

해설 사용 후 농도=사용 전 농도+사용 중 농도

$$= 0.1\ ppm \times 10^3\ ppb/ppm + \frac{\left[0.2mg/min \times 5h \times 60min/h \times \frac{22.4mL}{48mg} \times 10^3 \mu L/mL\right]}{100m^3}$$

$$= 380\ \mu L/m^3 = 380\ ppb$$

정답 4-36 ② 4-37 ① 4-38 ②

Chapter 02 연소 계산

2-1 연소 열역학 및 열수지

1 화학적 반응 속도론 기초

1. 다음 중 기체의 연소 속도를 지배하는 주요 인자와 가장 거리가 먼 것은? [17-4]

① 발열량 ② 촉매
③ 산소와의 혼합비 ④ 산소 농도

해설 발열량은 연소 온도에 관계하는 주요 인자이다.

답 ①

이론 학습

(1) 연소 속도

연소 속도는 가연물과 산소와의 반응 속도를 말한다. 보통 분자량이 적은 물질일수록 연소 속도가 빠르다(확산 속도가 빠르다).

참고 가연 물질의 연소 속도

가연 물질	연소 속도(cm/s)	가연 물질	연소 속도(cm/s)
수소	291	프로판	43
아세틸렌	154	메틸알코올	55
일산화탄소	43	가솔린	38
메탄	37	등유	37

① 연소 속도에 영향을 미치는 인자

㈎ 반응 물질의 온도(높을수록)

(나) 산소의 농도(짙을수록)
(다) 촉매 물질(있을수록)
(라) 활성화 에너지(적을수록)
(마) 산소와의 혼합비(적당할수록)
(바) 연소 압력(클수록)
(사) 연료의 입자(작을수록) 빠르다.

> **참고** **기체 연료의 연소 속도와 온도, 압력과의 관계**
> 통상 온도가 높을수록, 압력이 높을수록 연소 속도가 빠르다.

② 연소 과정과 연소 속도와의 관계 : 연료에 공기가 공급되어 연소가 시작되면 연소로 인하여 생성된 연소 생성물(CO_2, H_2O, N_2)의 농도가 높아지게 되고, 이로 인해 산소와 연료의 접촉이 방해되어 연소 속도는 느려지게 된다.

(2) 반응 속도론

① 1차 반응(방사성 원소의 붕괴)

$$A \longrightarrow B$$

$$C = C_o \cdot e^{-k \cdot t}$$

여기서, C : t시간 후의 농도(ppm)
C_o : 초기 농도(ppm)
k : 속도 상수(/h)
t : 시간(h)

② 2차 반응

$$A + B \longrightarrow \text{생성물}$$

$$\frac{1}{C} - \frac{1}{C_o} = k \cdot t$$

③ 0차 반응

$$C = C_o - k \cdot t$$

(3) 연소 평형(르샤틀리에 법칙)

어떤 화학 반응이 가역적일 때 정반응 속도와 역반응 속도가 같았을 때 연소 평형을 이루었다고 한다.

$aA + bB \rightleftarrows cC + dD$ 반응이 있다고 가정할 때
평형 상수(K)는

$K = \dfrac{[C]^c \cdot [D]^d}{[A]^a \cdot [B]^b}$ 이다.

여기서, K : 평형 상수
[A], [B], [C], [D] : 각 물질의 농도(kmol/m^3)
a, b, c, d : 각 물질의 kmol수

2 연소 열역학

(1) 폭굉(데토네이션)

폭굉이란 폭발 범위(연소 범위) 내의 어떤 특정 농도 범위에서는 연소 속도가 폭발(연소)에 비해 수백 내지 수천 배에 달하는 현상을 말한다.

폭굉 범위는 폭발 범위(연소 범위) 내에 있다.

참고 연소 속도 : 0.1~10 m/s 폭굉 속도 : 1,000~3,500 m/s

(2) 폭굉 유도 거리

폭굉 유도 거리란 최초의 완만한 연소 속도가 격렬한 폭굉으로 변할 때의 거리(시간)를 말한다.

(3) 폭굉 유도 거리가 짧아지는 경우(위험해지는 경우)

① 정상 연소 속도가 큰 혼합 가스일 경우(수소, 이세틸렌 등)
② 점화원의 에너지가 클 경우
③ 고압일 경우
④ 관경이 작을 경우(유속이 빨라진다.)
⑤ 관 속에 방해물이 있을 경우(관 단면적이 더욱 적어진다.)

1-1 기체 연료와 공기를 혼합하여 연소할 경우 다음 중 연소 속도가 가장 큰 것은? (단, 대기압 25℃ 기준) [17-1]

① 메탄 ② 수소
③ 프로판 ④ 아세틸렌

해설 분자량이 적을수록(가벼울수록) 연소 속도가 커진다.

1-2 화학 반응 속도론에 관한 다음 설명 중 가장 거리가 먼 것은? [17-4]

① 영차 반응은 반응 속도가 반응물의 농도에 영향을 받지 않는 반응을 말한다.
② 화학 반응 속도는 반응물이 화학 반응을 통하여 생성물을 형성할 때 단위 시간당 반응물이나 생성물의 농도 변화를

의미한다.

③ 화학 반응식에서 반응 속도 상수는 반응물 농도와 관계된다.

④ 일련의 연쇄 반응에서 반응 속도가 가장 늦은 반응 단계를 속도 결정 단계라 한다.

해설 반응 속도 상수는 반응 물질의 농도에 무관하지만 온도에 따라 달라진다.

1-3 **정상 연소에서 연소 속도를 지배하는 요인으로 가장 적합한 것은?** [19-4]

① 연료 중의 불순물 함유량
② 연료 중의 고정 탄소량
③ 공기 중의 산소의 확산 속도
④ 배출 가스 중의 N_2 농도

해설 연소 속도는 가연물과 산소와의 반응 속도를 말한다. 확산 속도가 빠른 것이 연소 속도도 빠르다.

1-4 **다음 중 화학 반응 속도 및 반응 속도 상수에 관한 설명으로 옳지 않은 것은 어느 것인가?** [13-1, 15-4, 19-2]

① 1차 반응에서 반응 속도 상수의 단위는 s^{-1}이다.

② 반응물의 농도를 무제한 증가할지라도 반응 속도에는 영향을 미치지 않는 반응을 0차 반응이라 한다.

③ 화학 반응 속도론에서 반응 속도 상수 결정에 활성화 에너지가 가장 주요한 영향 인자로 작용하며, 넓은 온도 범위에 걸쳐 유효하게 적용된다.

④ 반응 속도 상수는 온도에 영향을 받는다.

해설 ③ 반응 속도 상수에 영향을 미치는 중요한 인자는 온도이다.

1-5 **어떤 화학 반응 과정에서 반응 물질이 25 % 분해하는 데 41.3분 걸린다는 것을 알았다. 이 반응이 1차라고 가정할 때, 속도 상수 k(s^{-1})는?** [15-1, 18-1, 20-4]

① 1.022×10^{-4}　② 1.161×10^{-4}
③ 1.232×10^{-4}　④ 1.437×10^{-4}

해설 $C=C_o-e^{-k\cdot t}$(1차 반응식)

$$0.75=1\times e^{-k\times41.3\text{min}\times60\text{s/min}}$$

$$\therefore\ k=\frac{-\ln0.75}{41.3\times60}=1.1609\times10^{-4}\text{s}^{-1}$$

1-6 **오산화이질소(N_2O_5)의 분해는 아래와 같이 45℃에서 속도 상수 $5.1\times10^{-4}s^{-1}$인 1차 반응이다. N_2O_5의 농도가 0.25 M에서 0.15 M로 감소되는 데는 약 얼마의 시간이 걸리는가?** [12-4, 13-4]

$$2N_2O_5(g)\rightarrow4NO_2(g)+O_2(g)$$

① 5 min　② 9 min
③ 12 min　④ 17 min

해설 $C=C_o\times e^{-k\cdot t}$(1차 반응식)

$$0.15=0.25\times e^{-5.1\times10^{-4}\times t}$$

$$\therefore\ t=\frac{-\ln\left(\frac{0.15}{0.25}\right)}{5.1\times10^{-4}}=1001.6s=16.6\text{min}$$

1-7 **어떤 물질의 1차 반응에서 반감기가 10분이었다. 반응물이 $\frac{1}{10}$ 농도로 감소할 때까지의 얼마의 시간(분)이 걸리겠는가?** [14-4, 15-2, 18-1, 20-2]

① 6.9　② 33.2
③ 69.3　④ 3.323

해설 $C=C_o\cdot e^{-k\cdot t}$

$$\frac{1}{2}=1\times e^{-k\times10}\cdots①$$

정답 1-3 ③ 1-4 ③ 1-5 ② 1-6 ④ 1-7 ②

$$\frac{1}{10} = 1 \times e^{-k \cdot t} \cdots ②$$

①식에서 $K = \frac{-\ln\left(\frac{1}{2}\right)}{10} = 0.0693$

②식에서 $t = \frac{-\ln\left(\frac{1}{10}\right)}{0.0693} = 33.22\text{min}$

1-8 A(g) → 생성물 반응에서 그 반감기가 0.693/k인 반응은? (단, k는 반응 속도 상수) [15-4, 18-4]

① 0차 반응
② 1차 반응
③ 2차 반응
④ 3차 반응

해설 1차 반응으로 따지면

$$C = C_o \times e^{-k \cdot t}$$
$$= 100 \times e^{-k \times 0.693/k} = 50\ \%$$

1-9 연소 반응 속도에 대한 설명으로 틀린 것은? [16-2]

① 반응 속도식은 온도와 가연성 물질 농도에 의존한다.
② 연료와 공기가 혼합된 상태에서는 균질 반응을 하며, 균질 반응 속도는 Arrhenius 식으로 나타낸다.
③ 공급 공기량이 적은 상태에서 가연성 기체의 화염은 탄소 입자가 발생해 황색을 나타낸다.
④ 연료의 혼합 기체 연소 시 불꽃색이 청색으로 보이는 부분은 연소 속도가 아주 느린 상태이다.

해설 불꽃색이 청색으로 보이는 연료는 기체 연료이다. 그래서 연소 속도가 아주 빠른 상태이다.

1-10 암모니아의 농도가 용적비로 200 ppm인 실내 공기를 송풍기로 환기시킬 때 실내 용적이 4,000 m^3이고, 송풍량이 100 m^3/min이면 농도를 20 ppm으로 감소시키기 위한 시간은? [15-2, 19-2]

① 82분 ② 92분
③ 102분 ④ 112분

해설 $C = C_o \times e^{-k \cdot t} \cdots ①$

$$K = \frac{Q}{V} \cdots ②$$

②식에서 $K = \frac{100\text{m}^3/\text{min}}{4{,}000\text{m}^3} = 0.025\text{min}^{-1}$

①식에 대입하면

$$20 = 200 \times e^{-0.025 \times t}$$

$$\therefore t = \frac{-\ln\left(\frac{20}{200}\right)}{0.025} = 92.1\text{min}$$

1-11 2차 반응에서 반응 물질의 농도를 같게 했을 때, 그 10 %가 반응하는 데 250초 걸렸다면 90 % 반응하는 데 걸리는 시간(초)은? [13-2, 13-4, 16-2]

① 18,550
② 20,250
③ 24,550
④ 28,250

해설 $\frac{1}{C} - \frac{1}{C_o} = k \cdot t$(2차 반응식)

$$\frac{1}{0.9} - \frac{1}{1} = k \times 250$$

$$\therefore k = \frac{\frac{1}{0.9} - \frac{1}{1}}{250} = 4.44 \times 10^{-4}$$

$$\frac{1}{0.1} - \frac{1}{1} = 4.44 \times 10^{-4} \times t$$

$$\therefore t = \frac{\frac{1}{0.1} - \frac{1}{1}}{4.44 \times 10^{-4}} = 20{,}270\text{초}$$

정답 1-8 ② 1-9 ④ 1-10 ② 1-11 ②

1-12 르샤틀리에가 주장한 열역학적인 평형 이동에 관한 원리를 가장 적합하게 설명한 것은? [15-1]

① 평형 상태에 있는 물질계의 온도, 압력을 변화시키면 그 변화를 감소시키는 방향으로 반응이 진행된다.
② 평형 상태에 있는 물질계의 온도, 압력을 변화시키면 그 변화를 증가시키는 방향으로 평형 이동이 진행된다.
③ 평형 상태에 있는 물질계의 온도, 압력을 변화시키면 그 변화는 도중의 경로에 관계하지 않고 시작과 끝 상태만으로 결정된다.
④ 평형 상태에 있는 물질계의 온도, 압력을 변화시키면 그 변화는 압력에는 무관하고, 온도 변화를 감소시키는 방향으로 반응이 진행된다.

해설 평형 상태에 있는 물질계의 온도를 높이면 흡열 반응 쪽으로, 온도를 낮추면 발열 반응 쪽으로 반응한다. 또 압력을 높이면 기체의 몰수가 적은 쪽으로, 압력을 낮추면 기체의 몰수가 큰 쪽으로 반응한다(이동한다).

1-13 A+B⇄C+D 반응에서 A와 B의 반응 물질이 각각 1 mol/L이고, C와 D의 생성 물질이 각각 0.5 mol/L일 때 평형 상수 값을 구하면? [12-4]

① 0.25 ② 0.5
③ 0.75 ④ 1.0

해설

	A +	B →	C +	D
반응 전	1 M	1 M	0	0
반응 후	1−0.5 M	1−0.5 M	0.5 M	0.5 M

$$\therefore K = \frac{C \times D}{A \times B} = \frac{0.5 \times 0.5}{(1-0.5) \times (1-0.5)} = 1$$

1-14 벤젠 소각 시 속도 상수 k가 540℃에서 0.00011/s, 640℃에서 0.14/s일 때, 벤젠 소각에 필요한 활성화 에너지(kcal/mol)는? (단, 벤젠의 연소 반응은 1차 반응이라 가정하고, 속도 상수 k는 다음 Arrhenius 식으로 표현된다. $k = Aexp(-E/RT)$)
[13-1, 13-2, 13-4, 14-2, 17-2, 18-1, 19-1]

① 95 ② 105
③ 115 ④ 130

해설 $E = -\dfrac{R \times (\ln k_2 - \ln k_1)}{\dfrac{1}{T_2} - \dfrac{1}{T_1}}$

여기서, E : 활성화 에너지(kcal/mol)
R : 기체 상수(1.987×10^{-3})kcal/mol·K
k : 속도 상수(1/s)
T : 절대 온도(K)

$$\therefore E = -\frac{1.987 \times 10^{-3} \times (\ln 0.14 - \ln 0.00011)}{\dfrac{1}{273+640} - \dfrac{1}{273+540}}$$
$= 105.4$ kcal/mol

1-15 연소 반응에서 반응 속도 상수 k를 온도의 함수인 다음 반응식으로 나타낸 법칙은? [17-2]

$$k = k_0 e^{-\frac{E}{RT}}$$

① Henry's Law
② Fick's Law
③ Arrhenius's Law
④ Van der Waals's Law

해설 아레니우스식에서
k : 반응 속도 상수
k_0 : 빈도 인자
E : 반응의 활성화 에너지
R : 기체 상수
T : 절대 온도(K)

정답 1-12 ① 1-13 ④ 1-14 ② 1-15 ③

1-16 다음 중 폭굉 유도 거리가 짧아지는 요건으로 거리가 먼 것은? [16-4, 21-1]

① 정상의 연소 속도가 작은 단일 가스인 경우
② 관속에 방해물이 있거나 관내경이 작을수록
③ 압력이 높을수록
④ 점화원의 에너지가 강할수록

해설 정상 연소 속도가 큰 혼합 가스일 경우 폭굉 유도 거리가 짧아진다.

1-17 폭굉에 관한 설명 중 옳지 않은 것은? [12-2]

① 연소파의 전파 속도가 음속을 초월하는 것으로 연소파의 진행에 앞서 충격파가 진행되어 심한 파괴 작용을 동반한다.
② 정상의 연소 속도가 큰 혼합 가스일 경우 폭굉 유도 거리는 짧아진다.
③ 폭굉 온도는 보통 연소 온도보다 3~5배 정도 높고, 압력은 15~20배에 달한다.
④ 관 속에 방해물이 없거나 관내경이 굵을수록 폭굉 유도 거리는 길어진다.

해설 3~5배 정도 높고, 압력은 15~20배 → 10~20 % 정도 높고 압력은 7~8배

정답 1-16 ① 1-17 ③

2-2 이론 공기량

1 이론 산소량 및 이론 공기량

2. 중유의 중량 성분 분석 결과 탄소 : 82 %, 수소 : 11 %, 황 : 3 %, 산소 : 1.5 %, 기타 : 2.5 %라면 이 중유의 완전 연소 시 시간당 필요한 이론 공기량은?(단, 연료 사용량 100 L/hr, 연료 비중 0.95이며, 표준 상태 기준) [18-1]

① 약 630 Sm^3 ② 약 720 Sm^3
③ 약 860 Sm^3 ④ 약 980 Sm^3

해설 $A_o[Sm^3/kg] = \frac{1}{0.21} \times \left\{ \frac{22.4}{12} \times 0.82 + \frac{11.2}{2}\left(0.11 - \frac{0.015}{8}\right) + \frac{22.4}{32} \times 0.03 \right\}$

$= 10.272\ Sm^3/kg$

$A_o'[Sm^3/hr] = A_o \times G_f$

$= 10.272\ Sm^3/kg \times 100\ L/hr \times 0.95\ kg/L$

$= 975.84\ Sm^3/hr$

답 ④

이론 학습

염료의 종류에 따라 가연 성분이 달라지므로 이에 따르는 연소용 공기량도 달라지게 되는데, 어떤 연료를 완전 연소시키는 데 필요한 최소한의 공기량을 이론 공기량이라 한다. 이론 공기량(A_o)은 공기 중의 산소량이 일정하므로 이론 산소량(O_o)으로부터 구할 수 있다. 즉, 이론 공기량(A_o)은 체적으로 구할 경우 $\frac{1}{0.21}O_o$, 중량으로 구할 경우 $\frac{1}{0.232}O_o$로 계산된다.

[고체 · 액체 연료의 계산] 원소 분석으로 주어지면(C%, H%, O%, N%, S% 등)

(1) 이론 산소량(O_o)의 계산

어떤 연료를 완전 연소시키는 데 필요한 최소한의 산소량을 말하며, 연료의 성분 중 가연성 원소인 탄소(C), 수소(H), 황(S)이 연소할 때 필요로 하는 산소량만의 합을 구하면 된다.

① 체적으로 계산할 때

$$O_o = \frac{22.4}{12}\mathrm{C} + \frac{11.2}{2}\left(\mathrm{H} - \frac{\mathrm{O}}{8}\right) + \frac{22.4}{32}\mathrm{S}\,[\mathrm{Nm^3/kg}]$$

② 중량으로 계산할 때

$$O_o = \frac{32}{12}\mathrm{C} + \frac{16}{2}\left(\mathrm{H} - \frac{\mathrm{O}}{8}\right) + \frac{32}{32}\mathrm{S}\,[\mathrm{kg/kg}]$$

(2) 이론 공기량(A_o) 계산

어떤 연료를 완전 연소시키기 위한 최소한의 공기량으로서 이론 산소량(O_o) 값에 실제 연료의 연소에 사용하는 산소의 농도$\left(\frac{\%}{100}\right)$로 나눈 값을 말한다. 즉,

① 체적으로 계산할 때

$$A_o = \frac{1}{0.21} \times O_o = \frac{1}{0.21}\left\{\frac{22.4}{12}\mathrm{C} + \frac{11.2}{2}\left(\mathrm{H} - \frac{\mathrm{O}}{8}\right) + \frac{22.4}{32}\mathrm{S}\right\}[\mathrm{Nm^3/kg}]$$

② 중량으로 계산할 때

$$A_o = \frac{1}{0.232} \times O_o = \frac{1}{0.232}\left\{\frac{32}{12}\mathrm{C} + \frac{16}{2}\left(\mathrm{H} - \frac{\mathrm{O}}{8}\right) + \frac{32}{32}\mathrm{S}\right\}[\mathrm{kg/kg}]$$

[기체 연료의 계산] 분자 분석으로 주어지면(CO%, H_2%, CH_4%, C_2H_4%, C_3H_8%, O_2% 등)

기체 연료 1 $\mathrm{Nm^3}$에 대한 이론 공기량(A_o)도 그의 가연 성분에서 산출한다. 이때 주의해야 할 사항은 혼합 기체인 경우 자체 성분 중 산소(O_2)가 있을 경우에는 고체 · 액체 연료에서는 유효 수소화하는 데 쓰이지만, 기체 연료에서는 그 자체가 연소에 이용

되므로 그만큼의 산소(O_2), 즉 공기는 공급하지 않아도 된다.

이론 산소량(O_o) = $0.5CO + 0.5H_2 + 2CH_4 + 3C_2H_4 + 5C_3H_8 - O_2$ [Nm^3/Nm^3]

이론 공기량(A_o) = $\frac{1}{0.21} \times O_o = \frac{1}{0.21}\{0.5CO + 0.5H_2 + 2CH_4 + 3C_2H_4 + 5C_3H_8 - O_2\}$[$Nm^3/Nm^3$]

2 공기비(과잉 공기량 계수)

연료를 연소시킬 때는 이론 공기량(A_o)만으로 완전 연소시킨다는 것은 실제로 거의 불가능하므로 이론 공기량보다 많은 공기량(과잉 공기량)을 공급해 주는데, 이들의 비를 공기비(m)라 하고, 이는 다음 식으로 정리된다.

$$m = \frac{A}{A_o} = \frac{A_o + (m-1)A_o}{A_o} = 1 + \frac{A - A_o}{A_o}$$

즉, 공기비 $= 1 + \frac{\text{과잉 공기량}}{\text{이론 공기량}}$으로 구해진다.

참고 과잉 공기량과 과잉 공기율(%)

과잉 공기량 $= A - A_o = mA_o - A_o = (m-1)A_o$

과잉 공기율(%) $= (m-1) \times 100$

(1) 배기가스 분석 결과로서 공기비(m) 계산

① 완전 연소 시(배기가스 분석 결과 CO가 없을 때)

$$m = \frac{\text{실제 공기량}(A)}{\text{이론 공기량}(A_o)} = \frac{\text{실제 공기량}}{\text{실제 공기량} - \text{과잉 공기량}}$$

여기서, 실제 공기량 $= \frac{N_2}{0.79}$, 과잉 공기량 $= \frac{O_2}{0.21}$

$$\therefore \text{공기비}(m) = \frac{\frac{N_2}{0.79}}{\frac{N_2}{0.79} - \frac{O_2}{0.21}} = \frac{N_2}{N_2 - 3.76O_2}$$

참고 각종 연소 장치의 공기비(m)

연소 장치	m	연소 장치	m
수분식 수평 화격자	1.7~2.0	미분탄 버너	1.2~1.4
산포식 스토커 수평 화격자	1.4~1.7	중유 버너	1.2~1.4
이동 화격자 스토커	1.3~1.5	가스버너	1.1~1.3

② 불완전 연소 시(배기가스 분석 결과 CO가 있을 때)

$$m = \frac{N_2}{N_2 - 3.76(O_2 - 0.5CO)}$$

③ 배기가스 분석 결과 O_2 %만 알고서 공기비를 구할 때(간이식 이용)

$$m = \frac{\text{실제 공기량}}{\text{실제 공기량} - \text{과잉 공기량}} = \frac{\frac{N_2}{0.79}}{\frac{N_2}{0.79} - \frac{O_2}{0.21}} \fallingdotseq \frac{21}{21 - O_2}$$

④ CO_{2max}을 알고 있을 때

$$m = \frac{CO_{2max}(\%)}{CO_2(\%)}$$

3 연소에 소요되는 공기량 : 실제 공기량 (A)

실제로 연료를 연소시킬 때에는 그 연료의 이론 공기량만으로 완전 연소가 거의 불가능한데, 이것은 연료의 가연 성분과 공기 중의 산소와의 접촉이 원활하게 이루어지지 못하기 때문이다. 따라서 이론 공기량보다 더 많은 공기를 보내어 가연 성분과 산소와의 접촉이 원만하게 이루어지도록 해야 한다.

그리고 실제 사용한 공기량(A)과 이론 공기량(A_o)의 비를 공기비(m)라 한다.

$$m = \frac{A}{A_o}, \quad A = mA_o, \quad m > 1$$

참고 공기 연료비(AFR)와 등가비 (ϕ)

(1) 공기 연료비(AFR : air fuel ratio)

모든 산소가 연료와 반응하여 완전히 소모되는 경우를 말하며, 이 열화학 반응 시 연료 몰수에 대한 공기 몰수의 비를 말한다.

$$\text{AFR} = \frac{\text{공기 몰(mol)수}}{\text{연료 몰(mol)수}}$$

(2) 등가비(ϕ, equivalence ratio) 등가비는 연소 과정에서 열평형을 이해하기 위해서 필요하다.

$$\text{등가비}(\phi) = \frac{\left(\frac{\text{실제 연료량}}{\text{산화제}}\right)\text{의 비}}{\left(\frac{\text{완전 연소를 위한 이상적 연료량}}{\text{산화제}}\right)\text{의 비}}$$

① 등가비와 연소 관계

(가) $\phi = 1$인 경우 : 완전 연소로서 연료와 산화제의 혼합이 이상적이다.

(나) $\phi > 1$인 경우 : 연료가 과잉인 경우로서 불완전 연소가 일어난다.

(다) $\phi < 1$인 경우 : 연료가 이상적인 경우보다 적고 공기가 과잉인 경우로서 불완전 연소가 일어난다.

② 등가비와 AFR과의 관계 : 반비례

$$\phi \propto \frac{1}{AFR} \propto \frac{1}{m}$$

③ 등가비의 특성

(가) AFR과 ϕ는 대단히 중요한 것으로 $\phi < 1$이면 공기가 풍부한 상태이므로 CO는 최소이나 NO는 많이 생성된다.

(나) 이때 연소 온도를 낮게 하면 CO와 NO의 생성을 감소시킬 수 있으며, 내연 기관에서는 압축비(compression ratio)를 줄임으로써 이 목적을 달성할 수 있다.

(다) 평형 계산에 의하면 배기가스 내에 존재하는 연소하지 않은 탄화수소 농도를 추정할 수 는 없다.

(라) 평형 계산에 의하면 연소 온도가 1,500 K 이하인 경우에는 오염물의 생성이 낮다고 하지만 실제는 그렇지 않다.

2-1 메탄올 2.0 kg을 완전 연소하는 데 필요한 이론 공기량(Sm^3)은? [14-2, 16-1, 20-4]

① 2.5 ② 5.0
③ 7.5 ④ 10.0

해설 $CH_3OH + 1.5O_2 \rightarrow CO_2 + 2H_2O$

32 kg 1.5×22.4Sm³

2 kg O_o[Sm³]

$$A_o = \frac{1}{0.21} \times O_o$$

$$= \frac{1}{0.21} \times \frac{2 \times 1.5 \times 22.4}{32}$$

$$= 10\ Sm^3$$

2-2 $C_{18}H_{20}$ 1.5 kg을 완전 연소시킬 때 필요한 이론 공기량(Sm^3)은? [12-4, 18-2]

① 10.4 ② 11.5
③ 12.6 ④ 15.6

해설 $C_{18}H_{20} + 23O_2 \rightarrow 18CO_2 + 10H_2O$

1 kmol 23 kmol

236 kg 23×22.4 Sm³

1.5 kg O_o[Sm³]

$$A_o = \frac{1}{0.21} \times O_o = \frac{1}{0.21} \times \frac{1.5 \times 23 \times 22.4}{236}$$

$$= 15.59\ Sm^3/kg$$

2-3 Butane 2 kg을 표준 상태에서 완전 연소 시키는 데 필요한 이론 산소의 양(kg)은 얼마인가? [19-2]

① 3.59 ② 5.02
③ 7.17 ④ 11.17

해설 $C_4H_{10} + 6.5O_2 \rightarrow 4CO_2 + 5H_2O$

58 kg 6.5×32 kg

2 kg O_o[kg]

$$\therefore O_o = \frac{2 \times 6.5 \times 32}{58} = 7.17\ kg$$

정답 2-1 ④ 2-2 ④ 2-3 ③

2-4 과잉 산소량(잔존 산소량)을 나타내는 표현은?(단, A : 실제 공기량, A_o : 이론 공기량, m : 공기비($m > 1$), 표준 상태, 부피 기준) [12-4, 17-2, 21-4]

① $0.21\,mA_o$ ② $0.21\,mA$
③ $0.21(m-1)A_o$ ④ $0.21(m-1)A$

해설 과잉 공기량$=A-A_o$

$=mA_o-A_o$

$=(m-1)A_o$

과잉 산소량$=0.21\times(m-1)A_o$

2-5 주어진 기체 연료 1 Sm³를 이론적으로 완전 연소시키는 데 가장 적은 이론 산소량(Sm³)을 필요로 하는 것은?(단, 연소 시 모든 조건은 동일하다.) [14-1, 18-1]

① methane ② hydrogen
③ ethane ④ acetylene

해설 ① $CH_4+2O_2 \rightarrow CO_2+2H_2O$

② $H_2+0.5O_2 \rightarrow H_2O$

③ $C_2H_6+3.5O_2 \rightarrow 2CO_2+3H_2O$

④ $C_2H_2+2.5O_2 \rightarrow 2CO_2+H_2O$

2-6 다음 가스 중 1 Sm³를 완전 연소할 때 가장 많은 이론 공기량(Sm³)이 요구되는 것은 어느 것인가?(단, 가스는 순수 가스이다.) [13-4, 15-1, 20-2, 20-4]

① 에탄 ② 프로판
③ 에틸렌 ④ 아세틸렌

해설 ① $C_2H_6+3.5O_2 \rightarrow 2CO_2+3H_2O$

② $C_3H_8+5O_2 \rightarrow 3CO_2+4H_2O$

③ $C_2H_4+3O_2 \rightarrow 2CO_2+2H_2O$

④ $C_2H_2+2.5O_2 \rightarrow 2CO_2+H_2O$

이론 산소량이 많이 요구되는 것이 이론 공기량도 많이 요구된다.

2-7 부피의 99 %의 메탄(CH_4)과 미량의 불순물로 구성된 탄화수소 혼합 가스 3 L를 완전 연소할 때 필요한 이론적 공기량(L)은 얼마인가? [16-2]

① 약 9.4 ② 약 13.5
③ 약 19.8 ④ 약 28.3

해설 $CH_4+2O_2 \rightarrow CO_2+2H_2O$

22.4 L : 2×22.4 L

3L×0.99 : O_o[L]

$$\therefore A_o=\frac{1}{0.21}O_o$$

$$=\frac{1}{0.21}\times\frac{3\times0.99\times2\times22.4}{22.4}$$

$$=28.28\text{ L}$$

2-8 분자식 C_mH_n인 탄화수소 1 Sm³를 완전 연소 시 이론 공기량 19 Sm³인 것은 어느 것인가? [19-1]

① C_2H_4 ② C_2H_2
③ C_3H_8 ④ C_3H_4

해설 ① $C_2H_4+3O_2 \rightarrow 2CO_2+2H_2O$

$$A_o=\frac{1}{0.21}\times3=14.28\text{ Sm}^3/\text{Sm}^3$$

② $C_2H_2+2.5O_2 \rightarrow 2CO_2+H_2O$

$$A_o=\frac{1}{0.21}\times2.5=11.9\text{ Sm}^3/\text{Sm}^3$$

③ $C_3H_8+5O_2 \rightarrow 3CO_2+4H_2O$

$$A_o=\frac{1}{0.21}\times5=23.80\text{ Sm}^3/\text{Sm}^3$$

④ $C_3H_4+4O_2 \rightarrow 3CO_2+2H_2O$

$$A_o=\frac{1}{0.21}\times4=19.04\text{ Sm}^3/\text{Sm}^3$$

2-9 부피 비율로 프로판 30 %, 부탄 70 %로 이루어진 혼합 가스 1 L를 완전 연소시키는데 필요한 이론 공기량(L)은? [17-1]

① 23.1 ② 28.8
③ 33.1 ④ 38.8

정답 2-4 ③ 2-5 ② 2-6 ② 2-7 ④ 2-8 ④ 2-9 ②

해설 $C_3H_8+5O_2 \rightarrow 3CO_2+4H_2O$

1 : 5

0.3 : x_1

$C_4H_{10}+6.5O_2 \rightarrow 4CO_2+5H$

1 : 6.5

0.7 : x_2

$$\therefore A_o = \frac{1}{0.21} \times (x_1+x_2)$$

$$= \frac{1}{0.21} \times (5\times 0.3+6.5\times 0.7) = 28.80\,\text{L}$$

2-10 기체 연료의 이론 공기량(Sm^3/Sm^3)을 구하는 식으로 옳은 것은 어느 것인가? (단, H_2, CO, C_xH_y, O_2는 연료 중의 수소, 일산화탄소, 탄화수소, 산소의 체적비를 의미한다.) [14-1, 16-4]

① $0.21\{0.5H_2+0.5CO+\left(x+\frac{y}{4}\right)C_xH_y-O_2\}$

② $0.21\{0.5H_2+0.5CO+\left(x+\frac{y}{4}\right)C_xH_y+O_2\}$

③ $\frac{1}{0.21}\{0.5H_2+0.5CO+\left(x+\frac{y}{4}\right)C_xH_y-O_2\}$

④ $\frac{1}{0.21}\{0.5H_2+0.5CO+\left(x+\frac{y}{4}\right)C_xH_y+O_2\}$

해설 $H_2+0.5O_2 \rightarrow H_2O$

$CO+0.5O_2 \rightarrow CO_2$

$$C_xH_y+\left(x+\frac{y}{4}\right)O_2 \rightarrow xCO_2+\frac{y}{2}H_2O$$

2-11 혼합 가스에 포함된 기체의 조성이 부피 기준으로 메탄이 10 %, 프로판이 30 %, 부탄이 60 %인 기체 연료가 있다. 이 기체 연료 0.67 L를 완전 연소하는 데 필요한 이론 공기량은? (단, 연료와 공기는 동일 조건의 기체이다.) [12-2]

① 17.9 L ② 19.6 L

③ 22.2 L ④ 26.7 L

해설 우선 1 L가 연소한다고 하면

$CH_4+2O_2 \rightarrow CO_2+2H_2O$

$C_3H_8+5O_2 \rightarrow 3CO_2+4H_2O$

$C_4H_{10}+6.5O_2 \rightarrow 4CO_2+5H_2O$

$$A_o = \frac{1}{0.21}\times\{2CH_4+5C_3H_8+6.5C_4H_{10}\}$$

$$= \frac{1}{0.21}\times\{2\times 0.1+5\times 0.3+6.5\times 0.6\}$$

$= 26.666$ L/L

$\therefore A_o' = A_o \times G_f = 26.666$ L/L$\times 0.67$ L

$= 17.86$ L

2-12 황화수소의 연소 반응식이 다음 [보기]와 같을 때 황화수소 1 Sm^3의 이론 연소 공기량(Sm^3)은? [20-1]

보기
$2H_2S+3O_2 \rightarrow 2SO_2+2H_2O$

① 5.54 ② 6.42 ③ 7.14 ④ 8.92

해설 $H_2S+1.5O_2 \rightarrow SO_2+H_2O$

1 1.5

$$A_o = \frac{1}{0.21}\times O_o = \frac{1}{0.21}\times 1.5$$

$= 7.14\,Sm^3$

2-13 연소 배출 가스 분석 결과 CO_2 11.9 %, O_2 7.1 %일 때 과잉 공기 계수는 약 얼마인가? [13-1, 17-1, 20-1]

① 1.2 ② 1.5 ③ 1.7 ④ 1.9

해설 $N_2 = 100-(CO_2+O_2)$

$= 100-(11.9+7.1) = 81$

$$m = \frac{N_2}{N_2-3.76O_2} = \frac{81}{81-3.76\times 7.1} = 1.49$$

2-14 중유 연소 가열로의 배기가스를 분석한 결과 용량비로 N_2=80 %, CO=12 %, O_2=8 %의 결과를 얻었다. 공기비는 얼마인가? [16-2, 16-4, 20-4, 21-2]

① 1.1 ② 1.4 ③ 1.6 ④ 2.0

정답 2-10 ③ 2-11 ① 2-12 ③ 2-13 ② 2-14 ①

해설 $m = \frac{N_2}{N_2 - 3.76(O_2 - 0.5CO)}$

$= \frac{80}{80 - 3.76(8 - 0.5 \times 12)} = 1.1$

2-15 다음 중 공기비($m>1$)에 관한 식으로 옳지 않은 것은 어느 것인가? [단, 실제 공기량 : A, 이론 공기량 : A_o, 배출 가스 중 질소량 : N_2(%), 배출 가스 중 산소량 : O_2(%)] [14-2]

① $m = \frac{A}{A_o}$

② $m = \frac{21}{(21 - O_2)}$

③ $m = 1 + \frac{\text{과잉 공기량}}{A_o}$

④ $m = \frac{N_2}{(N_2 - 4.76O_2)}$

해설 $m = \frac{N_2}{N_2 - 3.76O_2}$

2-16 공기비가 클 경우 일어나는 현상에 관한 설명으로 옳지 않은 것은 다음 중 어느 것인가? [15-4, 21-4]

① SO_2, NO_2 함량이 증가하여 부식 촉진
② 가스 폭발의 위험과 매연 증가
③ 배기가스에 의한 열손실 증대
④ 연소실 내 연소 온도 감소

해설 ②의 경우는 공기비가 적을 경우에 일어나는 현상이다.

2-17 CH_4 95 %, CO_2 1 %, O_2 4 %인 기체 연료 1 Sm^3에 대하여 12 Sm^3의 공기를 사용하여 연소하였다면 이때의 공기비는 얼마인가? [12-1]

① 1.05 ② 1.13 ③ 1.21 ④ 1.35

해설 $CH_4 + 2CO_2 \rightarrow CO_2 + 2H_2O$

1 2

$A_o = \frac{1}{0.21} \times \{2CH_4 - O_2\}$

$= \frac{1}{0.21} \times \{2 \times 0.95 - 0.04\}$

$= 8.857\ Sm^3/Sm^3$

$\therefore\ m = \frac{A}{A_o} = \frac{12}{8.857} = 1.354$

2-18 methane 1 mole이 공기비 1.33으로 연소하고 있을 때 부피 기준의 공연비(air fuel ratio)는? [14-1]

① 9.5 ② 11.4
③ 12.7 ④ 17.1

해설 $CH_4 + 2O_2 \rightarrow CO_2 + 2H_2O$

1 2

$AFR = \frac{\text{실제 공기량(mol)}}{\text{연료(mol)}} = \frac{mA_o(\text{mol})}{\text{연료(mol)}}$

$= \frac{1.33 \times \frac{2}{0.21}}{1} = 12.66$

2-19 다음 연료의 연소 시 이론 공기량의 개략치(Sm^3/kg)가 가장 큰 것은? [19-2]

① LPG ② 고로 가스
③ 발생로 가스 ④ 석탄 가스

해설 탄소수가 많은 것이 이론 공기량이 크다(많이 필요하다).

2-20 다음 중 연료 연소 시 공기비가 이론치보다 작을 때 나타나는 현상으로 가장 적합한 것은? [12-1, 19-2]

① 완전 연소로 연소실 내의 연소실이 작아진다.
② 배출 가스 중 일산화탄소의 양이 많아진다.

정답 2-15 ④ 2-16 ② 2-17 ④ 2-18 ③ 2-19 ① 2-20 ②

③ 연소실 벽에 미연탄화물 부착이 줄어든다.
④ 연소 효율이 증가하여 배출 가스의 온도가 불규칙하게 증가 및 감소를 반복한다.

해설 공기가 작을 때 연료가 불완전 연소로 인하여 일산화탄소와 매연이 많아진다.

2-21 메탄을 연소할 때 부피를 기준으로 한 부피 공연비(AFR)는 다음 중 어느 것인가? [15-2, 18-4]

① 6.84 ② 7.68
③ 9.52 ④ 11.58

해설 $CH_4 + 2O_2 \rightarrow CO_2 + 2H_2O$

$$AFR = \frac{공기}{연료} = \frac{\frac{2}{0.21}}{1} = 9.523$$

2-22 연소 과정에서 등가비(equivalent ratio)가 1보다 큰 경우? [17-4]

① 공급 연료가 과잉인 경우
② 배출 가스 중 질소 산화물이 증가하고 일산화탄소가 최소가 되는 경우
③ 공급 연료의 가연 성분이 불완전한 경우
④ 공급 공기가 과잉인 경우

해설 등가비(ϕ)

$$= \frac{\left(\frac{실제\ 연료량}{산화제}\right)의\ 비}{\left(\frac{완전\ 연소를\ 위한\ 이상적\ 연료량}{산화제}\right)의\ 비}$$

$\phi>1$인 경우 : 연료가 과잉의 경우로서 불완전 연소가 일어난다.

2-23 등가비(ϕ, equivalent ratio)와 연소 상태와의 관계를 설명한 것 중 옳지 않은 것은? [15-1]

① $\phi=1$ 경우는 완전 연소로 연료와 산화제의 혼합이 이상적이다.
② $\phi>1$ 경우는 연료가 과잉, 질소 산화물(NO)은 최대 발생
③ $\phi<1$ 경우는 공기가 과잉, CO는 최소
④ $\phi>1$ 경우는 불완전 연소가 발생, 연료가 과잉

해설 ④ 질소 산화물(NO)은 최대 발생 → 질소 산화물(NO_x)은 최소 발생
(이유 : 산소가 상대적으로 적으므로)

2-24 등가비(ϕ)에 관한 설명으로 옳지 않은 것은? [15-4]

① 공기비$(m) = \frac{1}{\phi}$로 나타낼 수 있다.
② $\phi=1$은 완전 연소 상태라고 할 수 있다.
③ $\phi = \frac{\left(\frac{실제의\ 연료량}{산화제}\right)}{\left(\frac{완전\ 연소를\ 위한\ 이상적\ 연료량}{산화제}\right)}$ 로 나타낼 수 있다.
④ $\phi>1$은 과잉 공기 상태로 질소 산화물이 증가한다.

해설 $\phi>1$은 과잉 연료량 상태로 불완전 연소로 인한 일산화탄소(CO)가 증가한다.

2-25 당량비(ϕ)에 관한 설명으로 옳지 않은 것은? [21-1]

① $\phi>1$ 경우는 불완전 연소가 된다.
② $\phi>1$ 경우는 연료가 과잉인 경우이다.
③ $\phi<1$ 경우는 공기가 부족한 경우이다.
④ $\phi = \frac{\left(\frac{실제의\ 연료량}{산화제}\right)}{\left(\frac{완전\ 연소를\ 위한\ 이상적\ 연료량}{산화제}\right)}$ 이다.

정답 2-21 ③ 2-22 ① 2-23 ② 2-24 ④ 2-25 ③

해설 당량비(등가비) $\phi<1$ 경우는 연료가 이상적인 경우보다 적고 공기가 과잉의 경우이다.

2-26 다음 중 연소와 관련된 설명으로 가장 적합한 것은? [19-1]

① 공연비는 예혼합 연소에 있어서의 공기와 연료의 질량비(또는 부피비)이다.
② 등가비가 1보다 큰 경우, 공기가 과잉인 경우로 열손실이 많아진다.
③ 등가비와 공기비는 상호 비례 관계가 있다.
④ 최대 탄산 가스량(%)은 실제 건조 연소 가스량을 기준한 최대 탄산 가스의 용적 백분율이다.

해설 ② 공기가 과잉인 경우로 열손실이 많아진다. → 연료가 과잉인 경우로 불완전 연소를 한다.
③ 비례 관계 → 반비례 관계
④ 실제 건조 연소 가스량 → 이론 건조 연소 가스량

2-27 등가비(ϕ)에 관한 내용으로 옳지 않은 것은? [21-4]

① ϕ = 공기비(m)
② ϕ = 1일 때 완전 연소
③ ϕ < 1일 때 공기가 과잉
④ ϕ > 1일 때 연료가 과잉

해설 등가비(ϕ)와 공기비(m)는 반비례한다.

$$\phi \propto \frac{1}{m}$$

2-28 등가비(ϕ, equivalent ratio)에 관한 내용으로 옳지 않은 것은? [21-2]

① 등가비(ϕ)는

$$\frac{\left(\dfrac{\text{실제의 연료량}}{\text{산화제}}\right)}{\left(\dfrac{\text{완전 연소를 위한 이상적 연료량}}{\text{산화제}}\right)}\text{로}$$

정의된다.
② ϕ < 1일 때, 공기 과잉이며 일산화탄소(CO) 발생량이 적다.
③ ϕ > 1일 때, 연료 과잉이며 질소 산화물(NO_x) 발생량이 많다.
④ ϕ = 1일 때, 연료와 산화제의 혼합이 이상적이며 연료가 완전 연소된다.

해설 $\phi>1$일 때, 연료가 과잉인 경우로서 불완전 연소가 일어나 CO, HC가 최대로 발생하고, NO_x 발생량은 적다.

2-29 메탄 1 mol이 공기비 1.2로 연소할 때의 등가비는? [20-2]

① 0.63 ② 0.83
③ 1.26 ④ 1.62

해설 $\text{등가비} = \frac{1}{\text{공기비}} = \frac{1}{1.2} = 0.83$

2-30 연료의 연소 시 과잉 공기의 비율을 높여 생기는 현상으로 옳지 않은 것은 어느 것인가? [13-2, 20-2]

① 에너지 손실이 커진다.
② 연소 가스의 희석 효과가 높아진다.
③ 공연비가 커지고 연소 온도가 낮아진다.
④ 화염의 크기가 커지고 연소 가스 중 불완전 연소 물질의 농도가 증가한다.

해설 과잉 공기량이 많을 경우 처음에는 완전 연소로 불완전 연소 물질이 적지만 시간이 가면 연소 온도가 낮아져 불완전 연소가 된다. 즉, 처음부터 불완전 연소가 되는 것은 아니다. 그리고 화염의 크기는 작아진다(단염이 된다).

정답 2-26 ① 2-27 ① 2-28 ③ 2-29 ② 2-30 ④

2-31 프로판 1.5 kg을 공기비 1.1로 완전 연소시키기 위해 필요한 실제 공기량은 얼마인가? (단, 표준 상태 기준)

① 10.5 Sm^3　② 13.3 Sm^3
③ 20.0 Sm^3　④ 23.6 Sm^3

해설 $C_3H_8 + 5O_2 \rightarrow 3CO_2 + 4H_2O$

44 kg　5×22.4 Sm^3

1.5 kg　$x[Sm^3]$

$$A_o = \frac{1}{0.21} \times O_o = \frac{1}{0.21} \times x$$
$$= \frac{1}{0.21} \times \frac{1.5 \times 5 \times 22.4}{44} = 18.18\ Sm^3$$
$$A = mA_o = 1.1 \times 18.18 = 19.9\ Sm^3$$

2-32 C : 80 %, H : 20 %인 액체 연료를 1 kg/min로 연소시킬 때 배기가스 성분이 CO_2 : 15 %, O_2 : 6 %, N_2 : 79 %였다면 실제 공급된 공기량(Sm^3/h)은 얼마인가? [12-1, 13-1, 15-1, 16-4, 19-1]

① 약 770 Sm^3/h　② 약 820 Sm^3/h
③ 약 980 Sm^3/h　④ 약 1,045 Sm^3/h

해설 $$m = \frac{N_2}{N_2 - 3.76O_2}$$
$$= \frac{79}{79 - 3.76 \times 6} = 1.39$$
$$A_o = \frac{1}{0.21} \times \left\{ \frac{22.4}{12} \times 0.8 + \frac{11.2}{2}\left(0.2 - \frac{0}{8}\right) + \frac{22.4}{32} \times 0 \right\}$$
$$= 12.44\ Sm^3/kg$$
$$\therefore\ A' = mA_o \times G_f$$
$$= 1.39 \times 12.44\ Sm^3/kg \times 1\ kg/min \times 60\ min/h$$
$$= 1{,}037\ Sm^3/h$$

2-33 89 %의 탄소와 11 %의 수소로 이루어진 액체 연료를 1시간에 187 kg씩 완전 연소할 때 발생하는 배출 가스의 조성을 분석한 결과 CO_2 : 12.5 %, O_2 : 3.5 %, N_2 : 84 %이었다. 이 연료를 2시간 동안 완전 연소시켰을 때 실제 소요된 공기량(Sm^3)은 얼마인가? [21-4]

① 1,205　② 2,410
③ 3,610　④ 4,810

해설 우선 m을 구하면

$$m = \frac{N_2}{N_2 - 3.76O_2}$$
$$= \frac{84}{84 - 3.76 \times 3.5} = 1.18$$
$$A_o = \frac{1}{0.21} \times \left\{ \frac{22.4}{12} \times 0.89 + \frac{11.2}{2}\left(0.11 - \frac{0}{8}\right) + \frac{22.4}{32} \times 0 \right\}$$
$$= 10.84\ Sm^3/kg$$
$$A = mA_o = 1.18 \times 10.84 = 12.79\ Sm^3/kg$$
$$A' = A \times G_f$$
$$= 12.79\ Sm^3/kg \times 187\ kg/h \times 2h$$
$$= 4{,}783\ Sm^3$$

2-34 H_2 40 %, CH_4 20 %, C_3H_8 20 %, CO 20 %의 부피 조성을 가진 기체 연료 1 Sm^3을 공기비 1.1로 연소시킬 때 필요한 실제 공기량(Sm^3)은? [20-2]

① 약 8.1　② 약 8.9
③ 약 10.1　④ 약 10.9

해설 $H_2 + \frac{1}{2}O_2 \rightarrow H_2O$

$CH_4 + 2O_2 \rightarrow CO_2 + 2H_2O$

$C_3H_8 + 5O_2 \rightarrow 3CO_2 + 4H_2O$

$CO + \frac{1}{2}O_2 \rightarrow CO_2$

$$A = mA_o = m \times \frac{1}{0.21} \times O_o$$
$$= 1.1 \times \frac{1}{0.21} \times \left\{ \frac{1}{2} \times 0.4 + 2 \times 0.2 + 5 \times 0.2 + \frac{1}{2} \times 0.2 \right\}$$
$$= 8.9\ Sm^3$$

정답 2-31 ③　2-32 ④　2-33 ④　2-34 ②

2-35 다음 연소 장치 중 일반적으로 가장 큰 공기비를 필요로 하는 것은 어느 것인가? [15-2, 20-2]

① 오일 버너　　② 가스 버너
③ 미분탄 버너　　④ 수평 수동화격자

해설 공기비 크기 순으로는 고체 연료 > 액체 연료 > 기체 연료 순이다.
여기서, 화격자는 고체 연료를 연소시킬 때 사용되는 장치이다.

정답 2-35 ④

2-3 연소 가스 분석 및 농도 산출

1 연소 가스량 및 성분 분석(연소 생성물 분석)

3. 유황 함유량이 1.6 %(W/W)인 중유를 매시 100 t 연소시킬 때 굴뚝으로부터의 SO_3 배출량(Sm^3/h)은? (단, 유황은 전량이 반응하고, 이 중 5 %는 SO_3로서 배출되며 나머지는 SO_2로 배출된다.) [12-2, 13-4, 15-4, 16-4, 18-4, 20-2]

① 1,120　　② 1,064　　③ 136　　④ 56

해설 $S + 1.5O_2 \rightarrow SO_3$

32 kg : 22.4 Sm^3

100 t/h×10^3 kg/t×0.016×0.05 : x[Sm^3/h]

∴ x = 56 Sm^3/h

답 ④

이론 학습

연소 생성물은 연소 배기가스, 즉 연소 시 생성되는 가스에는 습연소 가스(G_w)와 건연소 가스(G_d)가 있다.

습연소 가스(G_w)란 건연소 가스(G_d)에 연료 중의 수분(W)과 연소에 의하여 생성되는 수증기(9H)를 포함한 가스를 말한다.

(1) 실제 건연소 가스량(G_d) 계산

① 고체, 액체 연료에서 Nm^3/kg으로 구할 때

$$G_d = G_{od} + (m-1)A_o [Nm^3/kg]$$

$$G_{od} = \left\{\frac{22.4}{12}C + \frac{22.4}{32}S + \frac{22.4}{28}N\right\} + 0.79A_o [Nm^3/kg]$$

$$A_o = \frac{1}{0.21} \times \left\{ \frac{22.4}{12}C + \frac{11.2}{2}\left(H - \frac{O}{8}\right) + \frac{22.4}{32}S \right\} [Nm^3/kg]$$

여기서, G_{od} : 이론 건연소 가스량(Nm^3/kg)

A_o : 이론 공기량(Nm^3/kg)

m : 공기비

C, H, O, S, N : 고체, 액체 연료 중의 각 성분 $\frac{\%}{100}$

② **고체, 액체 연료에서 kg/kg으로 구할 때**

$$G_d = G_{od} + (m-1)A_o [kg/kg]$$

$$G_{od} = \left\{ \frac{44}{12}C + \frac{64}{32}S + \frac{28}{28}N \right\} + 0.768A_o [kg/kg]$$

$$A_o = \frac{1}{0.232} \left\{ \frac{32}{12}C + \frac{16}{2}\left(H - \frac{O}{8}\right) + \frac{32}{32}S \right\} [kg/kg]$$

③ **기체 연료에서 Nm^3/Nm^3으로 구할 때**

※ 반드시 화학 반응식을 세워서 구해야 한다.

(기체 연료 성분, 즉 CO %, H_2 %, CH_4 %, C_2H_4 %, C_3H_8 %, O_2 % 등이 주어졌다면)

$$G_d = G_{od} + (m-1)A_o [Nm^3/Nm^3]$$

$$G_{od} = \{CO + CH_4 + 2C_2H_4 + 3C_3H_8\} + 0.79A_o [Nm^3/Nm^3]$$

$$A_o = \frac{1}{0.21}\{0.5CO + 0.5H_2 + 2CH_4 + 3C_2H_4 + 5C_3H_8 - O_2\} [Nm^3/Nm^3]$$

여기서, CO, H_2, CH_4, C_2H_4, C_3H_8, O_2 : 기체 연료 중의각 성분 $\frac{\%}{100}$

(2) 실제 습연소 가스량(G_w) 계산

① **고체, 액체 연료에서 Nm^3/kg으로 구할 때**

$$G_W = G_d + \frac{22.4}{18}(9H + W) [Nm^3/kg]$$

여기서, H, W : 고체, 액체 연류 중의 수소, 수분 $\frac{\%}{100}$

② **고체, 액체 연료에서 kg/kg으로 구할 때**

$$G_W = G_d + (9H + W) [kg/kg]$$

③ **기체 연료에서 Nm^3/Nm^3으로 구할 때**

※ 반드시 화학 반응식을 세워서 구해야 한다.

(기체 연료 성분, 즉 CO %, H_2 %, CH_4 %, C_2H_4 %, C_3H_8 %, O_2 % 등이 주어졌다면)

$$G_w = G_{ow} + (m-1)A_o [Nm^3/Nm^3]$$

$$G_{ow} = \{CO + H_2 + 3CH_4 + 4C_2H_4 + 7C_3H_8\} + 0.79A_o [Nm^3/Nm^3]$$

$$A_o = \frac{1}{0.21}\{0.5CO + 0.5H_2 + 2CH_4 + 3C_2H_4 + 5C_3H_8 - O_2\}[Nm^3/Nm^3]$$

(3) 최대 탄산 가스량(CO_{2max}) 계산

연료의 주성분은 탄소 및 그 화합물이지만, 이것이 연소하면 이산화탄소가 된다. 공기를 충분히 보내어 연소가 좋아지면 CO_2[%]는 상승하나, 주어지는 공기가 이론량을 넘으면 연소 가스 중에 과잉 공기가 들어있기 때문에 CO_2[%]는 희석되어 감소한다.

따라서, 연료에 공급되는 공기량이 부족, 최적량, 과잉이 되는 것에 따라서 CO_2[%]를 도시하면 상승, 최대, 하강과 같이 산형 커브를 그린다. 그러므로 CO_2[%]를 그 산의 정상에 있도록 연소를 조절하면 가장 이상적이다. 이 정상의 CO_2[%]를 최대 이산화탄소율 또는 탄산 가스 최고 백분율이라고 부르며, CO_{2max}[%]라고 표기한다.

이 CO_{2max}[%]의 이론치는 결국 이론 연소하였을 경우의 이론 건배기가스 중의 CO_2[%] 이외에는 아무것도 아니므로 간단히 계산으로 구할 수 있다.

① 배기가스 성분 중 CO_2[%]와 공기비를 알고 있을 때

$$CO_{2max} = CO_2 \times m[\%]$$

여기서, m : 공기비

② 완전 연소 시(배기가스 분석 결과 CO가 없을 때)

$$CO_{2max} = CO_2 \times \frac{21}{21 - O_2}[\%]$$

여기서, CO_2, O_2 : 배기가스 성분 중 %농도

③ 불완전 연소 시(배기가스 분석 결과 CO가 있을 때)

$$CO_{2max} = \frac{(CO_2 + CO) \times 21}{21 - O_2 + 0.395CO}[\%]$$

④ 이론 건배기가스량(Nm^3/kg)과 CO_2[Nm^3/kg]를 알고 있을 때

$$CO_{2max} = \frac{CO_2}{G_{od}} \times 100\,\%$$

⑤ 연료의 원소 조성을 알고 있을 때

$$CO_{2max} = \frac{\frac{22.4}{12}C + \frac{22.4}{32}S}{G_{od}} \times 100\,\%$$

(4) 배기가스 조성에 관한 계산

배기가스 조성은 산소(O_2), 탄산가스(CO_2), 아황산가스(SO_2), 질소(N_2) 및 수증기(H_2O)이므로 배기가스 조성(%)을 구한 값과 오르사트 가스 분석 시의 값은 항상 같아야 하므로 기준 배기가스량은 건배기가스량을 이용하고 아황산가스는 오르사트 분석 시 수산화칼륨(KOH) 용액에 흡수되므로 탄산가스(CO_2)에 합산하여 계산하여야 하므로 다음과 같이 정리할 수 있다.

① $O_2[\%] = \dfrac{0.21(m-1)A_o}{G_d} \times 100$

② $CO_2[\%] = \dfrac{\dfrac{22.4}{12}C + \dfrac{22.4}{32}S}{G_d} \times 100$

③ $N_2[\%] = \dfrac{0.79mA_o + \dfrac{22.4}{28}N}{G_d} \times 100$

또는 $N_2[\%] = 100 - (CO_2 + O_2 + CO)$

2 오염 물질의 농도 계산

① $SO_2[\%] = \dfrac{\dfrac{22.4}{32}S}{G} \times 100$

② $SO_2[ppm] = \dfrac{\dfrac{22.4}{32}S}{G} \times 10^6$

③ 먼지$(g/Sm^3) = \dfrac{m_d}{G}$

④ $H_2O[\%] = \dfrac{\dfrac{22.4}{18}(9H + W)Sm^3/kg}{G[Sm^3/kg]} \times 100$

여기서, G : G_{od}, G_{ow}, G_d, G_w 중 선택

m_d : 먼지(dust)의 질량(g)

3-1 다음 중 유황 함유량이 1.5 %인 중유를 시간당 100톤 연소시킬 때 SO_2의 배출량(m^3/hr)은 얼마인가? (단, 표준 상태 기준, 유황은 전량이 반응하고, 이 중 5 %는 SO_3로서 배출되며, 나머지는 SO_2로 배출된다.) [13-2, 16-2, 17-4]

① 약 300　② 약 500
③ 약 800　④ 약 1,000

해설 $S+O_2 \rightarrow SO_2$

1 kmol　1 kmol

32 kg　22.4 m^3

100 ton/h×10^3 kg/ton×0.015×0.95 : x[m^3/h]

$$\therefore\ x=\frac{100\times10^3\times0.015\times0.95\times22.4}{32}$$

$=997.5\ m^3/h$

3-2 황(S)함량 1.6 %인 중유를 500 kg/h로 연소할 때 30분 동안 생성되는 황산화물의 양(Sm^3)은? (단, 중유 중 황은 모두 SO_2로 되며, 표준 상태 기준) [15-1]

① 2.8　② 5.6
③ 11.2　④ 22.4

해설 $S+O_2 \rightarrow SO_2$

32 kg　22.4 Sm^3

500 kg/hr×0.016×30 min×1 hr/60 min : x[Sm^3]

$\therefore\ x=2.8\ Sm^3$

3-3 시간당 1 ton의 석탄을 연소시킬 때 발생하는 SO_2는 0.31 Sm^3/min였다. 이 석탄의 황 함유량(%)은? [18-4]

① 2.66 %　② 2.97 %
③ 3.12 %　④ 3.40 %

해설 $S+O_2 \rightarrow SO_2$

32 kg　224. Sm^3

1,000 kg/h×$\frac{S[\%]}{100}$×1 h/60 min : 0.31 Sm^3/min

$$\therefore\ S[\%]=\frac{32\times0.31}{1{,}000\times\frac{1}{100}\times\frac{1}{60}\times22.4}$$

$=2.65\ \%$

3-4 황분이 중량비로 S[%]인 중유를 매시간 W[L] 사용하는 연소로에서 배출되는 황산화물의 배출량(m^3/hr)은? (단, 표준 상태 기준, 중유비중 0.9, 황분은 전량 SO_2로 배출) [17-4]

① 21.4 SW　② 1.24 SW
③ 0.0063 SW　④ 0.789 SW

해설 $S+O_2 \rightarrow SO_2$

1 kmol　1 kmol

32 kg : 22.4 m^3

W(L/h)×0.9 kg/L×$\frac{S}{100}$: x[m^3/h]

$$\therefore\ x=\frac{W\times0.9\times\frac{S}{100}\times22.4}{32}$$

$=0.0063SW[m^3/h]$

3-5 C 80 %, H 20 %로 구성된 액체 탄화수소 연료 1 kg을 완전 연소시킬 때 발생하는 CO_2의 부피(Sm^3)는? [20-1]

① 1.2　② 1.5
③ 2.6　④ 2.9

해설 $C+O_2 \rightarrow CO_2$

12 kg : 22.4 Sm^3

1 kg×0.8 : x[Sm^3]

$\therefore\ x=1.49\ Sm^3$

3-6 공기 중 CO_2 가스의 부피가 5 %를 넘으면 인체에 해롭다고 한다면 지금 600 m^3 되는 방에서 문을 닫고 80 %의 탄소를 가진 숯을 최소 몇 kg을 태우면 해로운 상태로 되겠는가? (단, 기존의 공기 중 CO_2 가스의 부피는 고려하지 않음. 실내에서 완전

정답 3-1 ④　3-2 ①　3-3 ①　3-4 ③　3-5 ②　3-6 ④

혼합, 표준 상태 기준) [14-4, 19-1]

① 약 5 kg ② 약 10 kg
③ 약 15 kg ④ 약 20 kg

해설 $C + O_2 \rightarrow CO_2$

1 kmol : 1 kmol

12 kg : 22.4 m^3

x[kg숯]×0.8탄소/숯 : 600 m^3×0.05

$\therefore x = 20$ kg

3-7 메탄가스 1 m^3가 완전 연소할 때 발생하는 이론 건조 연소가스량은 몇 m^3인가? (단, 표준 상태 기준) [14-1]

① 4.8 ② 6.5
③ 8.5 ④ 10.8

해설 $CH_4 + 2O_2 \rightarrow CO_2 + 2H_2O$

1 2 1

$$A_o = \frac{1}{0.21} \times 2 = 9.523\ m^3/m^3$$

$$G_{od} = 1 + 0.79 \times 9.523 = 8.52\ m^3/m^3$$

3-8 프로판과 부탄이 용적비 3 : 2로 혼합된 가스 1 Sm^3가 이론적으로 완전 연소할 때 발생하는 CO_2의 양(Sm^3)은? [12-1, 20-1]

① 2.7 ② 3.2
③ 3.4 ④ 3.9

해설 $C_3H_8 + 5O_2 \rightarrow 3CO_2 + 4H_2O$

1 3

$\frac{3}{5}$ x_1

$C_4H_{10} + 6.5O_2 \rightarrow 4CO_2 + 5H_2O$

1 4

$\frac{2}{5}$ x_2

$$\therefore CO_2 = x_1 + x_2 = 3 \times \frac{3}{5} + 4 \times \frac{2}{5} = 3.4\ Sm^3/Sm^3$$

3-9 프로판과 부탄을 용적비 1 : 1로 혼합한 가스 1 Sm^3를 이론적으로 완전 연소할 때 발생하는 CO_2의 양(Sm^3)은? (단, 표준 상태 기준) [15-2]

① 1.5 ② 2.5
③ 3.5 ④ 4.5

해설 $C_3H_8 + 5O_2 \rightarrow 3CO_2 + 4H_2O$

1 3

0.5 x_1

$C_4H_{10} + 6.5O_2 \rightarrow 4CO_2 + 5H_2O$

1 4

0.5 x_2

$$\therefore CO_2 = x_1 + x_2 = 3 \times 0.5 + 4 \times 0.5 = 3.5\ Sm^3$$

3-10 부탄과 에탄의 혼합 가스 1 Sm^3를 완전 연소시킨 결과 배기가스 중 탄산가스의 생성량이 3.3 Sm^3이었다면 혼합가스 중의 부탄과 에탄의 mol 비(에탄/부탄)는 얼마인가? [12-4]

① 2.19 ② 1.86
③ 0.54 ④ 0.46

해설 $C_4H_{10} + 6.5O_2 \rightarrow 4CO_2 + 5H_2O$

1 4

x y

$C_2H_6 + 3.5O_2 \rightarrow 2CO_2 + 3H_2O$

1 2

$1-x$ z

여기서, $y + z = 3.3$ ⋯ ①

$y = 4x$ ⋯ ②

$z = 2 \times (1-x)$ ⋯ ③

②식과 ③식을 ①식에 대입하면

$4x + 2 - 2x = 3.3$

$2x = 1.3$

$x = \frac{1.3}{2} = 0.65$

$$\therefore \frac{에탄}{부탄} = \frac{1-0.65}{0.65} = 0.538$$

정답 3-7 ③ 3-8 ③ 3-9 ③ 3-10 ③

3-11 프로판 1 Sm³을 공기비 1.3로 완전 연소시킬 경우, 발생되는 건조 연소 가스량(Sm³)은? [18-2]

① 약 23.7 ② 약 26.4
③ 약 28.9 ④ 약 33.7

해설 $C_3H_8 + 5O_2 \rightarrow 3CO_2 + 4H_2O$
1 Sm³ 5 Sm³ 3 Sm³

$A_o = \frac{1}{0.21} \times O_o = \frac{1}{0.21} \times 5$
$= 23.809\ Sm^3/Sm^3$

$G_{od} = 3 + 0.79A_o = 3 + 0.79 \times 23.809$
$= 21.809\ Sm^3/Sm^3$

$G_d = G_{od} + (m-1)A_o$
$= 21.809 + (1.3-1) \times 23.809$
$= 28.95\ Sm^3/Sm^3$

3-12 A 기체 연료 2 Sm³을 분석한 결과 C_3H_8 1.7 Sm³, CO 0.15 Sm³, H_2 0.14 Sm³, O_2 0.01 Sm³였다면 이 연료를 완전 연소 시켰을 때 생성되는 이론 습연소 가스량(Sm³)은? [16-4, 19-2]

① 약 41 Sm³ ② 약 45 Sm³
③ 약 52 Sm³ ④ 약 57 Sm³

해설 $A_o = \frac{1}{0.21}\{5C_3H_8 + 0.5CO + 0.5H_2 - O_2\}$

$= \frac{1}{0.21} \times \{5 \times 1.7 + 0.5 \times 0.15 + 0.5 \times 0.14 - 0.01\}$
$= 41.119\ Sm^3$

$G_{ow} = \{7C_3H_8 + CO + H_2\} + 0.79A_o$
$= \{7 \times 1.7 + 0.15 + 0.14\} + 0.79 \times 41.119$
$= 44.6\ Sm^3$

3-13 C : 85 %, H : 10 %, O : 2 %, S : 2 %, N : 1 %로 구성된 중유 1 kg을 완전 연소시킨 후 오르사트 분석 결과 연소 가스 중의 O_2 농도는 5.0 %였다. 건조 연소 가스량(Sm³/kg)은? [14-1]

① 8.9 ② 10.9
③ 12.9 ④ 15.9

해설 우선 $m = \frac{21}{21 - O_2} = \frac{21}{21-5} = 1.31$

$$A_o = \frac{1}{0.21} \times \left\{ \frac{22.4}{12} \times 0.85 + \frac{11.2}{2}\left(0.1 - \frac{0.02}{8}\right) + \frac{22.4}{32} \times 0.02 \right\}$$
$= 10.222\ Sm^3/kg$

$G_{od} = \frac{22.4}{12} \times 0.85 + \frac{22.4}{32} \times 0.02 + \frac{22.4}{28} \times 0.01 + 0.79 \times 10.222$
$= 9.684\ Sm^3/kg$

$G_d = G_{od} + (m-1)A_o$
$= 9.684 + (1.31-1) \times 10.222$
$= 12.85\ Sm^3/kg$

3-14 중유 1 kg 중 C 86 %, H 12 %, S 2 %가 포함되어 있었고, 배출 가스 성분을 분석한 결과 CO_2 13 %, O_2 3.5 % 이었다. 건조 연소 가스량(G_d, Sm³/kg)은? [15-2]

① 9.5 ② 10.2
③ 12.3 ④ 16.4

해설 $m = \frac{N_2}{N_2 - 3.76O_2} \cdots ①$

$N_2 = 100 - (CO_2 + O_2) \cdots ②$
$= 100 - (13 + 3.5) = 83.5\ \%$

$m = \frac{83.5}{83.5 - 3.76 \times 3.5} = 1.187$

$$A_o = \frac{1}{0.21} \times \left\{ \frac{22.4}{12} \times 0.86 + \frac{11.2}{2} \times \left(0.12 - \frac{0}{8}\right) + \frac{22.4}{32} \times 0.02 \right\}$$
$= 10.911\ Sm^3/kg$

$G_{od} = \frac{22.4}{12} \times 0.86 + \frac{22.4}{32} \times 0.02 + \frac{22.4}{28} \times 0 + 0.79 \times 10.911$
$= 10.239\ Sm^3/kg$

정답 3-11 ③ 3-12 ② 3-13 ③ 3-14 ③

$G_d = G_{od} + (m-1)A_o \cdots$③
$= 10.239 + (1.187 - 1) \times 10.911$
$= 12.27\ Sm^3/kg$

3-15 중유 조성이 탄소 87%, 수소 11%, 황 2%이었다면 이 중유 연소에 필요한 이론 습연소 가스량(Sm^3/kg)은? [16-4, 19-4]

① 9.63 ② 11.35
③ 13.63 ④ 15.62

해설 $A_o = \frac{1}{0.21} \times \left\{ \frac{22.4}{12} \times 0.87 + \frac{11.2}{2} \times \left(0.11 - \frac{0}{8}\right) + \frac{22.4}{32} \times 0.02 \right\}$
$= 10.73\ Sm^3/kg$
$G_{od} = \frac{22.4}{12} \times 0.87 + \frac{22.4}{32} \times 0.02 + \frac{22.4}{28} \times 0 + 0.79 \times 10.73$
$= 10.11\ Sm^3/kg$
$G_{ow} = G_{od} + \frac{22.4}{18} \times (9H + W)$
$= 10.11 + \frac{22.4}{18} \times (9 \times 0.11 + 0)$
$= 11.342\ Sm^3/kg$

3-16 프로판 1 Sm^3을 공기비 1.4로 완전 연소시킬 때 실제 습연소 가스량(Sm^3)은 얼마인가? [13-1]

① 25.8 ② 28.8
③ 32.1 ④ 35.3

해설 $C_3H_8 + 5O_2 \rightarrow 3CO_2 + 4H_2O$
1 5 3 4
$G_{ow} = 3 + 4 + 0.79 \times \frac{1}{0.21} \times 5$
$= 25.809\ Sm^3/Sm^3$
$G_w = G_{ow} + (m-1)A_o$
$= 25.809 + (1.4 - 1) \times \frac{1}{0.21} \times 5$
$= 35.33\ Sm^3/Sm^3$

3-17 어떤 액체 연료 1 kg 중 C 85%, H 10%, O 2%, N 1%, S 2%가 포함되어 있다. 이 연료를 공기비 1.3으로 완전 연소시킬 때 발생하는 실제 습배출가스량(Sm^3/kg)은? [12-2]

① 8.6 ② 9.8
③ 10.4 ④ 13.9

해설 $A_o = \frac{1}{0.21} \times \left\{ \frac{22.4}{12} \times 0.85 + \frac{11.2}{2}\left(0.1 - \frac{0.02}{8}\right) + \frac{22.4}{32} \times 0.02 \right\}$
$= 10.22\ Sm^3/kg$
$G_{od} = \frac{22.4}{12} \times 0.85 + \frac{22.4}{32} \times 0.02 + \frac{22.4}{28} \times 0.01 + 0.79 \times 10.22$
$= 9.682\ Sm^3/kg$
$G_{ow} = G_{od} + \frac{22.4}{18} \times (9H + W)$
$= 9.682 + \frac{22.4}{18} \times (9 \times 0.1 + 0)$
$= 10.802\ Sm^3/kg$
$G_w = G_{ow} + (m-1)A_o$
$= 10.802 + (1.3 - 1) \times 10.22$
$= 13.86\ Sm^3/kg$

3-18 메탄 3.0 Sm^3을 완전 연소시킬 때 발생되는 이론 습연소 가스량(Sm^3)은 얼마인가? [18-1]

① 약 25.6 ② 약 28.6
③ 약 31.6 ④ 약 34.6

해설 $CH_4 + 2O_2 \rightarrow CO_2 + 2H_2O$
1 2 1 2
$G_{ow} = CO_2 + H_2O + 0.79A_o$
$= 1 + 2 + 0.79 \times \frac{1}{0.21} \times 2$
$= 10.52\ Sm^3/Sm^3$
$G_{ow}' = G_{ow} \times G_f = 10.52 \times 3$
$= 31.56\ Sm^3$

정답 3-15 ② 3-16 ④ 3-17 ④ 3-18 ③

3-19 프로판 2 kg을 과잉 공기 계수 1.31로 완전 연소시킬 때 발생하는 습연소 가스량(kg)은? [20-1]

① 약 24 ② 약 32
③ 약 38 ④ 약 43

해설 $C_3H_8 + 5O_2 \rightarrow 3CO_2 + 4H_2O$

44 kg : 5×32 kg : 3×44 kg : 4×18 kg

2 kg : x_1[kg] : x_2[kg] : x_3[kg]

$G_w = G_{ow} + (m-1)A_o$

$G_{ow} = x_2 + x_3 + 0.768A_o$

$A_o = \frac{1}{0.232} \times O_o = \frac{1}{0.232} \times x_1$

$= \frac{1}{0.232} \times \frac{5 \times 32 \times 2}{44} = 31.347\text{ kg}$

$\therefore G_{ow} = \frac{3 \times 44 \times 2}{44} + \frac{4 \times 18 \times 2}{44} + 0.768 \times 31.347$

$= 33.347\text{ kg}$

$\therefore G_w = 33.347 + (1.31 - 1) \times 31.347$

$= 43.06\text{ kg}$

3-20 연료 중 질소와 산소를 포함하지 않은 액체 및 고체 연료의 이론 건조 배출 가스량 G_{od}와 이론 공기량 A_o의 관계식으로 옳은 것은? [14-2]

① $G_{od} = A_o + 5.6\text{H}$
② $G_{od} = A_o - 5.6\text{H}$
③ $G_{od} = A_o + 11.2\text{H}$
④ $G_{od} = A_o - 11.2\text{H}$

해설 $G_{od} = \frac{22.4}{12}\text{C} + \frac{22.4}{32}\text{S} + \frac{22.4}{28}\text{N} + 0.79A_o$

$= \frac{22.4}{12}\text{C} + \frac{22.4}{32}\text{S} + \frac{22.4}{28}\text{N} + (1-0.21)A_o$

$= \frac{22.4}{12}\text{C} + \frac{22.4}{32}\text{S} + \frac{22.4}{28}\text{N} + A_o - 0.21A_o$

$= \frac{22.4}{12}\text{C} + \frac{22.4}{32}\text{S} + \frac{22.4}{28}\text{N} + A_o - 0.21 \times \frac{1}{0.21} \times \left\{\frac{22.4}{12}\text{C} + \frac{11.2}{2}\left(\text{H} - \frac{\text{O}}{8}\right) + \frac{22.4}{32}\text{S}\right\}$

$= A_o - 5.6\text{H} + 0.7\text{O} + 0.8\text{N}$

3-21 다음 수식은 무엇을 산출하기 위한 식인가? [15-4]

> $G = mA_o - 5.6\text{H} + 0.7\text{O} + 0.8\text{N}[\text{Sm}^3/\text{kg}]$

① 기체 연료의 이론 습연소 가스량(Sm^3/kg)
② 고체 및 액체 연료의 이론 습연소 가스량(Sm^3/kg)
③ 기체 연료의 실제 습연소 가스량(Sm^3/kg)
④ 고체 및 액체 연료의 실제 건연소 가스량(Sm^3/kg)

해설 고체 및 액체 연료의 경우

$A_o = \frac{1}{0.21}\left\{\frac{22.4}{12}\text{C} + \frac{11.2}{2}\left(\text{H} - \frac{\text{O}}{8}\right) + \frac{22.4}{32}\text{S}\right\}$ $[\text{Sm}^3/\text{kg}]$

$G_{od} = \frac{22.4}{12}\text{C} + \frac{22.4}{32}\text{S} + \frac{22.4}{28}\text{N} + 0.79A_o[\text{Sm}^3/\text{kg}]$

$G_d = G_{od} + (m-1)A_o$

$= G_{od} + mA_o - A_o$

$= \frac{22.4}{12}\text{C} + \frac{22.4}{32}\text{S} + \frac{22.4}{28}\text{N} + 0.79A_o + mA_o - A_o$

$= mA_o + \frac{22.4}{12}\text{C} + \frac{22.4}{32}\text{S} + \frac{22.4}{28}\text{N} - 0.21A_o$

$= mA_o + \frac{22.4}{12}\text{C} + \frac{22.4}{32}\text{S} + \frac{22.4}{28}\text{N} - 0.21 \times \frac{1}{0.21} \times \left\{\frac{22.4}{12}\text{C} + \frac{11.2}{2}\left(\text{H} - \frac{\text{O}}{8}\right) + \frac{22.4}{32}\text{S}\right\}$

$= mA_o - 5.6\text{H} + 0.7\text{O} + 0.8\text{N}[\text{Sm}^3/\text{kg}]$

3-22 다음 ( ) 안에 알맞은 것은? [17-4]

> ( ) 배출 가스 중의 CO_2 농도는 최대가 되며, 이때의 CO_2량을 최대 탄산 가스량 (CO_2)max라 하고, CO_2/G_{od}비로 계산한다.

정답 3-19 ④ 3-20 ② 3-21 ④ 3-22 ④

① 실제 공기량으로 연소시킬 때
② 공기 부족 상태에서 연소시킬 때
③ 연료를 다른 미연 성분과 같이 불완전 연소시킬 때
④ 이론 공기량으로 완전 연소시킬 때

해설 CO_2max는 이론적인 값이다.

3-23 연소 가스 분석 결과 CO_2는 17.5 %, O_2는 7.5 %일 때 $(CO_2)_{max}$[%]는 얼마인가? [15-4, 19-4, 21-1, 21-2]

① 19.6 ② 21.6
③ 27.2 ④ 34.8

해설 $CO_{2max} = CO_2 \times m$

$$= CO_2 \times \frac{21}{21 - O_2}$$

$$= 17.5 \times \frac{21}{21 - 7.5} = 27.2\,\%$$

3-24 공기를 사용하여 프로판(C_3H_8)을 완전 연소시킬 때 건조 가스 중의 CO_{2max}[%]는?

① 13.76 ② 14.76
③ 15.25 ④ 16.85

해설 $C_3H_8 + 5O_2 \rightarrow 3CO_2 + 4H_2O$

1 5 3

$$A_o = \frac{1}{0.21} \times O_o = \frac{1}{0.21} \times 5$$

$$= 23.809\ Sm^3/Sm^3$$

$$G_{od} = 3 + 0.79A_o$$

$$= 3 + 0.79 \times 23.809 = 21.809\ Sm^3/Sm^3$$

$$\therefore\ CO_{2max}[\%] = \frac{CO_2}{G_{od}} \times 100$$

$$= \frac{3}{21.809} \times 100 = 13.755\,\%$$

3-25 공기를 사용하여 CO를 완전 연소 시킬 때 연소 가스 중의 CO_2 농도의 최대치는? [15-1]

① 19.7 % ② 21.3 %
③ 29.3 % ④ 34.7 %

해설 $CO + \frac{1}{2}O_2 \rightarrow CO_2$

1 0.5 1

$$A_o = \frac{1}{0.21} \times O_o = \frac{1}{0.21} \times 0.5$$

$$= 2.3809\ Sm^3/Sm^3$$

$$G_{od} = 1 + 0.79A_o$$

$$= 1 + 0.79 \times 2.3809 = 2.8809\ Sm^3/Sm^3$$

$$\therefore\ CO_{2max}[\%] = \frac{CO_2}{G_{od}} \times 100$$

$$= \frac{1}{2.8809} \times 100 = 34.71\,\%$$

3-26 C : 78(중량 %), H : 18(중량 %), S : 4(중량 %)인 중유의 $(CO_2)_{max}$은 약 몇 %인가? (단, 표준 상태, 건조 가스 기준이다.) [12-1, 12-2, 16-4, 18-4, 19-1, 20-2, 20-4]

① 20.6 ② 17.6
③ 14.8 ④ 13.4

해설 $CO_{2max}[\%] = \frac{CO_2}{G_{od}} \times 100$

$$A_o = \frac{1}{0.21} \times \left\{ \frac{22.4}{12} \times 0.78 + \frac{11.2}{2}\left(0.18 - \frac{0}{8}\right) + \frac{22.4}{32} \times 0.04 \right\}$$

$$= 11.86\ Sm^3/kg$$

$$G_{od} = \frac{22.4}{12} \times 0.78 + \frac{22.4}{32} \times 0.04 + 0.79 \times 11.86$$

$$= 10.853\ Sm^3/kg$$

$$\therefore CO_{2max}[\%] = \frac{\frac{22.4}{12} \times 0.78 + \frac{22.4}{32} \times 0.04}{10.853} \times 100$$

$$= 13.67\,\%$$

정답 3-23 ③ 3-24 ① 3-25 ④ 3-26 ④

3-27 CH_4의 최대 탄산 가스율(%)은? (단, CH_4는 완전 연소) [21-4]

① 11.7 ② 21.8
③ 34.5 ④ 40.5

해설 $CO_{2max} = \frac{CO_2}{G_{od}} \times 100$

$CH_4 + 2O_2 \rightarrow CO_2 + 2H_2O$

$A_o = \frac{1}{0.21} \times O_o = \frac{1}{0.21} \times 2$

$= 9.52\ Sm^3/Sm^3$

$G_{od} = CO_2 + 0.79 A_o$

$= 1 + 0.79 \times 9.52$

$= 8.52\ Sm^3/Sm^3$

$\therefore\ CO_{2max} = \frac{1}{8.52} \times 100 = 11.73\%$

3-28 각종 연료의 $(CO_2)_{max}$[%]으로 거리가 먼 것은? [18-4]

① 탄소 10.5~11.0 %
② 코크스 20.0~20.5 %
③ 역청탄 18.5~19.0 %
④ 고로 가스 24.0~25.0 %

해설 $C + O_2 \rightarrow CO_2$

12 kg 32 kg 44 kg

1 kg O_o[kg]

$A_o = \frac{1}{0.232} \times \frac{32 \times 1}{12} = 11.494\ kg/kg$

$G_{od} = \frac{44}{12} \times 1 + 0.768 \times 11.494$

$= 12.494\ kg/kg$

$\therefore\ CO_{2max} = \frac{CO_2}{G_{od}} \times 100 = \frac{\frac{44}{12} \times 1}{12.494} \times 100$

$= 29.34\ \%$

3-29 프로판(C_3H_8) 1 Sm^3을 완전 연소하였을 때, 건연소 가스 중의 CO_2가 8 % (V/V%)이었다. 공기 과잉 계수 m은 얼마인가? [13-1, 15-1, 16-4, 18-4]

① 1.32 ② 1.43
③ 1.52 ④ 1.66

해설 $C_3H_8 + 5O_2 \rightarrow 3CO_2 + 4H_2O$

1 5 3

$A_o = \frac{1}{0.21} \times O_o = \frac{1}{0.21} \times 5$

$= 23.8\ Sm^3/Sm^3$

$G_{od} = 3 + 0.79 \times 23.8 = 21.8$

$CO_2[\%] = \frac{CO_2}{G_d} \times 100$

$= \frac{CO_2}{G_{od} + (m-1)A_o} \times 100$

$8\% = \frac{3}{21.8 + (m-1) \times 23.8} \times 100$

$\therefore\ m = 1.66$

3-30 H_2 50 %, CH_4 25 %, CO_2 18 %, O_2 7 %로 조성된 기체 연료를 이론 공기량으로 완전 연소시켰다. 습배출 가스 중 CO_2의 농도(%)는? [13-4]

① 10.8 % ② 15.4 %
③ 18.2 % ④ 21.6 %

해설 $H_2 + \frac{1}{2} O_2 \rightarrow H_2O$

$CH_4 + 2O_2 \rightarrow CO_2 + 2H_2O$

$A_o = \frac{1}{0.21} \times \{0.5H_2 + 2CH_4 - O_2\}$

$= \frac{1}{0.21} \times \{0.5 \times 0.5 + 2 \times 0.25 - 0.07\}$

$= 3.238\ Sm^3/Sm^3$

$G_{ow} = 0.5 + 3 \times 0.25 + 0.18 + 0.79 \times 3.238$

$= 3.988\ Sm^3/Sm^3$

$\therefore\ CO_2[\%] = \frac{CO_2}{G_{ow}} \times 100$

$= \frac{0.25 + 0.18}{3.988} \times 100 = 10.78\ \%$

정답 3-27 ① 3-28 ① 3-29 ④ 3-30 ①

3-31 프로판과 부탄을 1 : 1의 부피비로 혼합한 연료를 연소했을 때, 건조 배출 가스 중의 CO_2 농도가 10 %이다. 이 연료 4 m^3를 연소했을 때 생성되는 건조 배출 가스의 양(Sm^3)은? (단, 연료 중의 C성분은 전량 CO_2로 전환) [12-2, 21-2]

① 105 ② 140
③ 175 ④ 210

해설 $CO_2[\%]=\dfrac{CO_2[Sm^3]}{G_d[Sm^3]}\times 100$

$\therefore\ G_d=\dfrac{CO_2[Sm^3]}{CO_2[\%]}\times 100$

$C_3H_8+5O_2\rightarrow 3CO_2+4H_2O$
$2\ Sm^3 \qquad 3\times 2Sm^3$

$C_4H_{10}+6.5O_2\rightarrow 4CO_2+5H_2O$
$2\ Sm^3 \qquad 4\times 2\ Sm^3$

$\therefore\ G_d=\dfrac{(3\times 2+4\times 2)}{10}\times 100$
$=140\ Sm^3$

3-32 중유의 원소 조성은 C : 88 %, H : 12 %이다. 이 중유를 완전 연소시킨 결과, 중유 1 kg당 건조 배기가스량이 15.8 Sm^3 이었다면, 건조 배기가스 중의 CO_2의 농도(%)는? [20-4]

① 10.4 ② 13.1
③ 16.8 ④ 19.5

해설 $CO_2[\%]=\dfrac{\frac{22.4}{12}C}{G_d}\times 100$

$=\dfrac{\frac{22.4}{12}\times 0.88}{15.8}\times 100=10.396\ \%$

3-33 벙커 C유에 2.5 %의 S성분이 함유되어 있을 때 건조 연소 가스량 중의 SO_2양(%)은? (단, 공기비 1.3, 이론 공기량 12 Sm^3/kg-oil, 이론 건조 연소 가스량 12.5 Sm^3/kg-oil이고, 연료 중의 황 성분은 95 %가 연소되어 SO_2로 된다.) [20-2]

① 약 0.1 ② 약 0.2
③ 약 0.3 ④ 약 0.4

해설 $G_d=G_{od}+(m-1)A_o$
$=12.5+(1.3-1)\times 12$
$=16.1\ Sm^3/kg$

$\therefore\ SO_2[\%]=\dfrac{\frac{22.4}{32}\times S}{G_d}\times 100$

$=\dfrac{\frac{22.4}{32}\times 0.025\times 0.95}{16.1}\times 100$

$=0.10\ \%$

3-34 C : 85 %, H : 10 %, S : 5 %의 중량비를 갖는 중유 1 kg을 1.3의 공기비로 완전 연소시킬 때, 건조 배출 가스 중의 이산화황 부피분율(%)은? (단, 황 성분은 전량 이산화황으로 전환) [15-4, 16-1, 21-2]

① 0.18 ② 0.27
③ 0.34 ④ 0.45

해설 $SO_2[\%]=\dfrac{\frac{22.4}{32}S}{G_d}\times 100$

$A_o=\dfrac{1}{0.21}\times\left\{\dfrac{22.4}{12}\times 0.85+\dfrac{11.2}{2}\left(0.1-\dfrac{0}{8}\right)+\dfrac{22.4}{32}\times 0.05\right\}$
$=10.388\ Sm^3/kg$

$G_{od}=\left\{\dfrac{22.4}{12}\times 0.85+\dfrac{22.4}{32}\times 0.05+\dfrac{22.4}{28}\times 0\right\}+0.79\times 10.388$
$=9.828\ Sm^3/kg$

$G_d=G_{od}+(m-1)A_o$
$=9.828+(1.3-1)\times 10.388$
$=12.944\ Sm^3/kg$

$\therefore\ SO_2[\%]=\dfrac{\frac{22.4}{32}\times 0.05}{12.944}\times 100=0.27\ \%$

정답 3-31 ② 3-32 ① 3-33 ① 3-34 ②

3-35 탄소 84.0 %, 수소 13.0 %, 황 2.0 %, 질소 1.0 %의 조성을 가진 중유 1 kg당 15 Sm^3의 공기로 완전 연소할 경우 습배출가스 중 SO_2의 농도(ppm)는 ? (단, 표준 상태 기준, 중유 중의 황 성분은 모두 SO_2로 된다.) [15-4, 19-1, 19-4]

① 약 680 ppm ② 약 735 ppm
③ 약 800 ppm ④ 약 890 ppm

해설 $A_o = \frac{1}{0.21} \times \left\{ \frac{22.4}{12} \times 0.84 + \frac{11.2}{2}\left(0.13 - \frac{0}{8}\right) + \frac{22.4}{32} \times 0.02 \right\}$

$= 11\ Sm^3/kg$

$m = \frac{A}{A_o} = \frac{15}{11} = 1.3636$

$G_{od} = \frac{22.4}{12} \times 0.84 + \frac{22.4}{32} \times 0.02 + \frac{22.4}{28} \times 0.01 + 0.79 \times 11$

$= 10.28\ Sm^3/kg$

$G_d = G_{od} + (m-1)A_o$

$= 10.28 + (1.3636 - 1) \times 11$

$= 14.279\ Sm^3/kg$

$G_w = G_d + \frac{22.4}{18} \times (9H + W)$

$= 14.279 + \frac{22.4}{18} \times (9 \times 0.13 + 0)$

$= 15.735\ Sm^3/kg$

$SO_2(ppm) = \frac{\frac{22.4}{32} \times S}{G_w} \times 10^6$

$= \frac{\frac{22.4}{32} \times 0.02}{15.735} \times 10^6 = 889.7\ ppm$

3-36 탄소 86 %, 수소 13 %, 황 1 %의 중유를 연소하여 배기가스를 분석했더니(CO_2 + SO_2)가 13 %, O_2가 3 %, CO가 0.5 %이였다. 건조 연소 가스 중의 SO_2 농도는 ? (단, 표준 상태 기준) [12-1, 14-2, 17-4, 21-4]

① 약 590 ppm ② 약 970 ppm
③ 약 1,120 ppm ④ 약 1,480 ppm

해설 $N_2 = 100 - (CO_2 + SO_2 + O_2 + CO)$

$= 100 - (13 + 3 + 0.5) = 83.5$

$m = \frac{N_2}{N_2 - 3.76(O_2 - 0.5CO)}$

$= \frac{83.5}{83.5 - 3.76(3 - 0.5 \times 0.5)} = 1.1413$

$A_o = \frac{1}{0.21} \times \left\{ \frac{22.4}{12} \times 0.86 + \frac{11.2}{2}\left(0.13 - \frac{0}{8}\right) + \frac{22.4}{32} \times 0.01 \right\}$

$= 11.1444\ Sm^3/kg$

$G_{od} = \frac{22.4}{12} \times 0.86 + \frac{22.4}{32} \times 0.01 + \frac{22.4}{28} \times 0 + 0.79 \times 11.1444$

$= 10.4164\ Sm^3/kg$

$G_d = G_{od} + (m-1)A_o$

$= 10.4164 + (1.1413 - 1) \times 11.1444$

$= 11.9911\ Sm^3/kg$

$\therefore\ SO_2\ 농도 = \frac{\frac{22.4}{32} \times S}{G_d} \times 10^6$

$= \frac{\frac{22.4}{32} \times 0.01}{11.9911} \times 10^6 = 583.7\ ppm$

3-37 A연소시설에서 연료 중 수소를 10 % 함유하는 중유를 연소시킨 결과 건조 연소 가스 중의 SO_2 농도가 600 ppm이었다. 건조 연소 가스량이 13 Sm^3/kg이라면 실제 습배기가스량 중 SO_2 농도(ppm)는 ? [15-1]

① 약 350 ② 약 450
③ 약 550 ④ 약 650

정답 3-35 ④ 3-36 ① 3-37 ③

해설 $SO_2[ppm] = \frac{SO_2}{G_d} \times 10^6 \cdots ①$

$$600 = \frac{SO_2}{13Sm^3/kg} \times 10^6$$

$$\therefore\ SO_2 = \frac{600 \times 13}{10^6} = 0.0078\ Sm^3/kg$$

$$G_w = G_d + \frac{22.4}{18} \times (9H + W) \cdots ②$$

$$= 13 + \frac{22.4}{18} \times (9 \times 0.1 + 0)$$

$$= 14.12\ Sm^3/kg$$

$$\therefore\ SO_2[ppm] = \frac{SO_2}{G_w} \times 10^6 \cdots ③$$

$$= \frac{0.0078Sm^3/kg}{14.12Sm^3/kg} \times 10^6 = 552.4\ ppm$$

3-38 C 84 %, H 13 %, S 2 %, N 1 %의 중유를 1 kg당 14 Sm³의 공기로 완전 연소시킨 경우 실제 습배기가스 중 SO_2는 몇 ppm(용량비)이 되는가? (단, 중유 중의 황은 모두 SO_2가 되는 것으로 가정한다.) [13-2, 14-4]

① 약 2,000 ppm ② 약 1,800 ppm
③ 약 1,120 ppm ④ 약 950 ppm

해설 $A_o = \frac{1}{0.21}\left\{\frac{22.4}{12} \times 0.84 + \frac{11.2}{2}\left(0.13 - \frac{0}{8}\right) + \frac{22.4}{32} \times 0.02\right\}$

$$= 11\ Sm^3/kg$$

$$m = \frac{A}{A_o} = \frac{14}{11} = 1.2727$$

$$G_{od} = \frac{22.4}{12} \times 0.84 + \frac{22.4}{32} \times 0.02 + \frac{22.4}{28} \times 0.01 + 0.79 \times 11$$

$$= 10.28\ Sm^3/kg$$

$$G_{ow} = G_{od} + \frac{22.4}{18} \times (9H + W)$$

$$= 10.28 + \frac{22.4}{18} \times (9 \times 0.13 + 0)$$

$$= 11.736\ Sm^3/kg$$

$$G_w = G_{ow} + (m-1)A_o$$

$$= 11.736 + (1.2727 - 1) \times 11$$

$$= 14.735\ Sm^3/kg$$

$$\therefore\ SO_2[ppm] = \frac{\frac{22.4}{32} \times S}{G_w} \times 10^6$$

$$= \frac{\frac{22.4}{32} \times 0.02}{14.735} \times 10^6$$

$$= 950.1\ ppm$$

3-39 황 함량이 무게비로 2.0 %인 액체 연료 1 L를 연소하여 배출되는 배출 가스가 표준 상태 기준으로 10 Sm³라고 한다면, 배출가스 중 SO_2 농도는 몇 ppm인가? (단, 연료 비중은 0.8, 표준 상태 기준)

① 140 ② 280
③ 560 ④ 1,120

해설 $S + O_2 \rightarrow SO_2$

32 kg : 22.4 m³

1 L×0.8 kg/L×0.02 : x[m³]

$$\therefore\ x = \frac{1 \times 0.8 \times 0.02 \times 22.4}{32} = 0.0112\ m^3$$

$$\therefore\ SO_2\ 농도 = \frac{0.0112\ m^3}{10\ m^3} \times 10^6 = 1{,}120\ ppm$$

3-40 용적 100 m³의 밀폐된 실내에서 황 함량 0.01 %인 등유 200 g을 완전 연소시킬 때 실내의 평균 SO_2 농도(ppb)는? (단, 표준 상태를 기준으로 하고, 황은 전량 SO_2로 전환된다.)

① 140 ② 240
③ 430 ④ 570

해설 $S + O_2 \rightarrow SO_2$

32 kg : 22.4 m³

0.2 kg×0.0001 : x[m³]

정답 3-38 ④ 3-39 ④ 3-40 ①

$\therefore\ x = 1.4 \times 10^{-5}\,\text{Sm}^3$

$\therefore\ SO_2\ 농도 = \dfrac{1.4 \times 10^{-5}\,\text{Sm}^3}{100\,\text{m}^3} \times 10^9$

$= 140\,\text{ppb}$

3-41 C 78 %, H 22 %로 구성되어 있는 액체 연료 1 kg을 공기비 1.2로 연소하는 경우에 C의 1 %가 검댕으로 발생된다고 하면 건연소 가스 1 Sm^3 중의 검댕의 농도(g/Sm^3)는? [12-2, 15-4, 17-1, 19-2, 21-1]

① 0.55 ② 0.75

③ 0.95 ④ 1.05

해설 $검댕\ 농도 = \dfrac{검댕}{G_d}\,[\text{g/Sm}^3]$

$A_o = \dfrac{1}{0.21} \times \left\{\dfrac{22.4}{12} \times 0.78 + \dfrac{11.2}{2} \times 0.22\right\}$

$= 12.8\,\text{Sm}^3/\text{kg}$

$G_{od} = \dfrac{22.4}{12} \times 0.78 + 0.79 \times 12.8$

$= 11.568\,\text{Sm}^3/\text{kg}$

$G_d = 11.568 + (1.2 - 1) \times 12.8$

$= 14.128\,\text{Sm}^3/\text{kg}$

뒤집어서 풀면

$\therefore\ 검댕\ 농도 = \dfrac{1\text{kg} \times 10^3\text{g/kg} \times 0.78 \times 0.01}{14.128\,\text{Sm}^3}$

$= 0.552\,\text{g/Sm}^3$

3-42 프로판(C_3H_8)과 에탄(C_2H_6)의 혼합 가스 1 Sm^{3}를 완전 연소시킨 결과 배기가스 중 이산화탄소(CO_2)의 생성량이 2.8 Sm^3 이었다. 이 혼합 가스의 mol비(C_3H_8/C_2H_6)는 얼마인가? [17-1, 17-2]

① 0.25 ② 0.5

③ 2.0 ④ 4.0

해설 $C_3H_8 + 5O_2 \rightarrow 3CO_2 + 4H_2O,$

1 3

x y

$C_2H_6 + 3.5O_2 \rightarrow 2CO_2 + 3H_2O$

1 2

$1-x$ z

$y + z = 2.8 \cdots ①$

$y = 3x \cdots ②$

$z = 2 \times (1-x) = 2 - 2x \cdots ③$

②식과 ③식을 ①식에 대입하면

$3x + 2 - 2x = 2.8$

$\therefore\ x = 2.8 - 2 = 0.8$

$1 - x = 1 - 0.8 = 0.2$

$\therefore\ \dfrac{C_3H_8}{C_2H_6} = \dfrac{x}{1-x} = \dfrac{0.8}{0.2} = 4$

3-43 중유를 시간당 1,000 kg씩 연소시키는 배출 시설이 있다. 연돌의 단면적이 3 m^{2}일 때 배출 가스의 유속(m/s)은? (단, 이 중유의 표준 상태에서의 원소 조성 및 배출 가스의 분석치는 아래 표와 같고, 배출 가스의 온도는 270℃이다.) [15-4, 20-4]

> [중유의 조성]
> 탄소 : 86.0 %, 수소 : 13.0 %,
> 황분 : 1.0 %
> [배출 가스의 분석 결과]
> $(CO_2) + (SO_2)$: 13.0 %, O_2 : 2.0 %,
> CO : 0.1 %

① 약 3.0 m/s

② 약 3.2 m/s

③ 약 3.6 m/s

④ 약 4.4 m/s

해설 $m = \dfrac{N_2}{N_2 - 3.76(O_2 - 0.5CO)}$

$N_2 = 100 - \{(CO_2) + (SO_2)\% + O_2\% + CO\%\}$

$= 100 - \{13 + 2 + 0.1\} = 84.9\,\%$

$m = \dfrac{84.9}{84.9 - 3.76(2 - 0.5 \times 0.1)}$

$= 1.094$

정답 3-41 ① 3-42 ④ 3-43 ①

$$A_o = \frac{1}{0.21} \times \left\{ \begin{array}{l} \frac{22.4}{12} \times 0.86 + \\ \frac{11.2}{2} \times \left(0.13 - \frac{0}{8}\right) + \\ \frac{22.4}{32} \times 1 \end{array} \right\}$$

$= 14.444\ Sm^3/kg$

$$G_{od} = \frac{22.4}{12} \times 0.86 + \frac{22.4}{32} \times 1 + \frac{22.4}{28} \times 0 + 0.79 \times 14.444$$

$= 13.716\ Sm^3/kg$

$G_d = 13.716 + (1.094 - 1) \times 14.444$

$= 15.073\ Sm^3/kg$

$$G_w = 15.073 + \frac{22.4}{18} \times (9 \times 0.13 + 0)$$

$= 16.529\ Sm^3/kg$

$G_w' = G_w \times G_f$

$= 16.529\ Sm^3/kg \times 1,000\ kg/h \times h/3,600\ s$

$= 4.591\ Sm^3/s$

표준 상태를 비표준 상태로 환산하면

$$Q = Q_N \times \frac{T'}{T}$$

$$= 4.591 \times \frac{273 + 270}{273} = 9.131\ m^3/s$$

$Q = A \cdot v$에서

$$v = \frac{Q}{A} = \frac{9.131 m^3/s}{3m^2} = 3.04\ m/s$$

3-44 내용적 160 m^3의 밀폐된 실내에서 2.23 kg의 부탄을 완전 연소할 때, 실내에서의 산소 농도(V/V, %)는? (단, 표준 상태, 기타 조건은 무시하며, 공기 중 용적 산소 비율은 21 %) [19-4]

① 15.6 % ② 17.5 %
③ 19.4 % ④ 20.8 %

해설 $C_4H_{10} + 6.5O_2 \rightarrow 4CO_2 + 5H_2O$

C_4H_{10}	$6.5O_2$	$4CO_2+5H_2O$
1 kmol	6.5 kmol	9 kmol
58 kg	$6.5 \times 22.4\ m^3$	$9 \times 22.4\ m^3$
1 kg	$x_1 [m^3]$	$x_2 [m^3]$

산소 농도

$$= \frac{160 \times 0.21 - \frac{6.5 \times 22.4}{58}}{160 - \frac{6.5 \times 22.4}{58} + \frac{9 \times 22.4}{58}} \times 100$$

$= 19.31\ \%$

[다른 방법]

연소 시 없어지는 분모의 산소와 생기는 CO_2와 H_2O를 무시하면

$$\text{산소 농도} = \frac{160 \times 0.21 - \frac{6.5 \times 22.4}{58}}{160} \times 100$$

$= 19.43\ \%$

3-45 다음 그림은 연소 시 공기-연료비에 따르는 HC, CO, CO_2, O_2의 발생량을 나타낸 것이다. ㉣의 항목에 해당되는 것은? (단, 실선은 이론, 점선은 실제의 관계를 나타낸다.) [15-1]

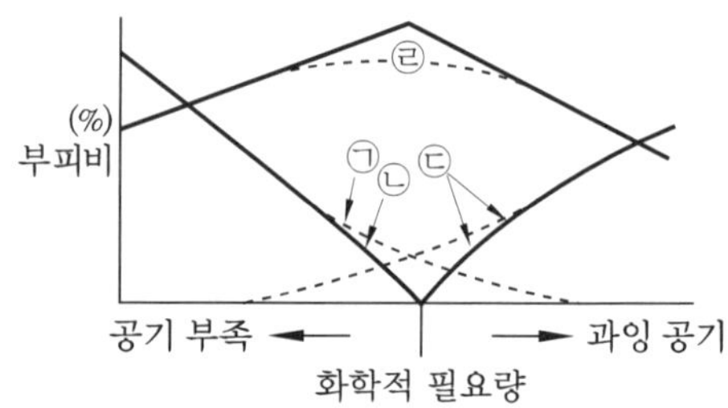

① O_2 ② HC
③ CO_2 ④ CO

해설 산 모양의 곡선을 이루는 것은 CO_2이다. ㉠은 CO, ㉡은 HC, ㉢은 O_2의 모양이다.

정답 3-44 ③ 3-45 ③

2-4 발열량과 연소 온도

1 발열량의 정의와 종류

4. 발열량에 관한 설명으로 옳지 않은 것은? [14-2]

① 단위 질량의 연료가 완전 연소 후, 처음의 온도까지 냉각될 때 발생하는 열량을 말한다.
② 일반적으로 수증기의 증발 잠열은 이용이 잘 안되기 때문에 저위 발열량이 주로 사용된다.
③ 측정 위치에 따라 고위 발열량과 저위 발열량으로 구분된다.
④ 고체 연료의 경우 kcal/kg, 기체 연료의 경우 kcal/Sm^3의 단위를 사용한다.

해설 저위 발열량은 고위 발열량에서 수증기의 증발 잠열을 뺀 열량이다.

답 ③

이론 학습

발열량이란 연료의 단위량(고체 및 액체 연료에서는 1 kg, 기체 연료에서는 1 Nm^3 또는 1 kg)이 완전히 연소할 때에 발생한 열량(kcal)을 말하는데, 일반적으로 열량계(0℃, 1 atm)에서 측정하며 열량계에서 측정한 값이 고발열량(H_h)이다. 실제 연소 장치에서는 물의 증발 잠열(기화 잠열)은 이용되지 않으므로 저발열량(H_l)을 사용한다.

2 발열량 계산

(1) 고체, 액체 연료의 발열량(calorific) 계산

① 탄소(C)의 연소

(가) 탄소(C)가 완전 연소할 때

$$\frac{C}{1\text{kmol}} + O_2 \rightarrow CO_2 + 97,200\text{ kcal/kmol-탄소}$$
12kg

∴ 탄소(C) 1 kg이 완전 연소할 때 발열량 $= \frac{97,200}{12} = 8,100$ kcal/kg-탄소

(나) 탄소가 불완전 연소할 때

$$\frac{C}{1\text{kmol}} + \frac{1}{2}O_2 \rightarrow CO + 29,200\text{ kcal/kmol}$$
12kg

∴ 탄소(C) 1 kg이 불완전 연소할 때 발열량 $= \frac{29,200}{12} = 2433.33$ kcal/kg－탄소

② 수소의 연소

$H_2 + \frac{1}{2}O_2 \rightarrow H_2O$(수증기) + 57,200 kcal/kmol(저위 발열량)

$\underset{\substack{1\text{kmol}\\2\text{kg}}}{H_2} + \frac{1}{2}O_2 \rightarrow H_2O$(물) + 68,000 kcal/kmol(고위 발열량)

∴ H_2 1 kg 연소 시 발열량은

수증기 → $\frac{57,200}{2} = 28,600$ kcal/kg－수소

물 → $\frac{68,000}{2} = 34,000$ kcal/kg－수소

③ 황의 연소

$\underset{\substack{1\text{kmol}\\32\text{kg}}}{S} + O_2 \rightarrow SO_2 + 80,000$ kcal/kmol－황

∴ S 1 kg 연소할 때 발열량 $= \frac{80,000}{32} = 2,500$ kcal/kg－황

④ 고발열량(H_h)과 저발열량(H_l) 관계식

(가) 고발열량(H_h) : 열량의 단위는 kcal/kmol로서, 가연 성분 1 kg 분자량(1 kmol)이 연소할 때의 발열량이므로 kcal/kg의 단위로 환산할 수 있다. 연료의 발열량은 열량계로 측정하지만 이때는 0℃에서 측정하므로 연소 생성 수증기는 물로 응축되면서 응축 잠열을 방출하게 되는데, 이 값까지를 계산한 발열량은 고발열량(H_h)이라 하고, 이 응축 잠열을 계산하지 않는 실제로 사용할 수 있는 발열량을 저발열량(H_l, 진발열량)이라고 한다.

$$H_h = 8,100C + 34,000\left(H - \frac{O}{8}\right) + 2,500S \text{ (kcal/kg－연료)}$$

참고 유효 수소 값

유효 수소 값 : $\left(H - \frac{O}{8}\right)$

$\underset{2\text{ kg}}{H_2} + \underset{16\text{ kg}}{\frac{1}{2}O_2} \rightarrow H_2O$ 식에서 산소(O_2) 8 kg은

수소(H_2) 1 kg과 연소하게 된다.

㈏ 저발열량(H_l)

$$H_l = 8,100\text{C} + 34,000\left(\text{H} - \frac{\text{O}}{8}\right) + 2,500\text{S} - 600(9\text{H} + \text{W})$$

여기서, 9H는 연료 속의 수소가 물이 되는 양이다.

또, 저위 발열량과 고위 발열량의 차이는 물의 잠열 600(9H+W)의 차이이므로

$$H_l = H_h - 600(9\text{H} + \text{W})(\text{kcal/kg-연료})$$

여기서, H : 수소$\left(\frac{\%}{100}\right)$

W : 수분$\left(\frac{\%}{100}\right)$

(2) 기체 연료의 발열량(calorific) 계산

고체 및 액체 연료에 비하여 이 연료는 일산화탄소(CO), 수소(H_2), 각종 탄화수소 (C_mH_n) 및 황화수소(H_2S) 등으로 구성된다. 이러한 가연 성분에 대한 발열량은 반응식을 이용하여 계산할 수 있다.

① $H_2 + \frac{1}{2}O_2 \rightarrow H_2O$(기체) + 3,035 kcal/Nm^3 – 수소

② $CO + \frac{1}{2}O_2 \rightarrow CO_2$(기체) + 3,050 kcal/Nm^3 – 일산화탄소

③ $CH_4 + 2O_2 \rightarrow CO_2 + 2H_2O$(기체) + 9,530 kcal/Nm^3 – 메탄

④ $C_2H_4 + 3O_2 \rightarrow 2CO_2 + 2H_2O$(기체) + 15,280 kcal/Nm^3 – 에틸렌

⑤ $2C_2H_6 + 7O_2 \rightarrow 4CO_2 + 6H_2O$(기체) + 16,810 kcal/Nm^3 – 에탄

⑥ $C_3H_8 + 5O_2 \rightarrow 3CO_2 + 4H_2O$(기체) + 24,370 kcal/Nm^3 – 프로판

⑦ $2C_4H_{10} + 13O_2 \rightarrow 8CO_2 + 10H_2O$(기체) + 32,010 kcal/Nm^3 – 부탄

기체 연료의 가연 가스 함유량이 밝혀지면 각각의 발열량을 사용해서 다음과 같이 계산된다.

$$H_h = 3,035H_2 + 3,050CO + 9,530CH_4 + 15,280C_2H_4 + 16,810C_2H_6 + 24,370C_3H_8 + 32,010C_4H_{10}[\text{kcal/Nm}^3]$$

또는

$$H_l = H_h - 480(H_2 + 2CH_4 + 2C_2H_4 + 3C_2H_6 + 4C_3H_8 + 5C_4H_{10})\ [\text{kcal/Nm}^3]$$

여기서, CO, H_2, CH_4, C_2H_4, C_2H_6, C_3H_8, C_4H_{10}은 건조 연료 가스 1 Nm^3 중에 함유된 각각의 체적(Nm^3)으로서 각각 분석에 의해서 구해진다.

여기서, 480은 600 kcal/kg$\times\frac{18\text{kg}}{22.4\text{Nm}^3}$ =482 kcal/Nm^{3}에서 나온 값이다.

3 연소실 열 발생률 및 연소 온도 계산 등

(1) 연소실 열발생률

버너 연소를 행하는 연소실은 연소실의 단위 용적, 단위 시간당의 발생 열량으로 연소실 용량을 표시한다. 이 값을 연소실 열발생률 또는 열손실 열부하라고 하며 kcal/m^{3}h의 단위를 사용한다.

이 값은 연소 속도, 로의 크기, 로재의 내열도, 연료의 종류, 버너의 형식 등에 따라 달라진다.

$$\text{연소실 열발생률}(\text{kcal/m}^3 \cdot \text{h}) = \frac{G_f \times H_l}{V}$$

여기서, G_f : 매시간당 연료 소비량(kg/h)
H_l : 연료 1 kg당의 저위 발열량(kcal/kg)
V : 연소실 용적(체적)(m^3)

(2) 연소 온도(연소실 내의 온도)

연소 온도란 연소가 개시되면 연소열이 발생하여 온도가 상승하지만 열손실도 많아지게 되어 발생열량과 발산열량이 평형을 유지하면서 연소가 계속되는데, 이때의 온도를 연소 온도라고 한다.

① 연소 온도에 영향을 미치는 요인

(가) 공기비(m) : 공기비가 커지면 연소 가스량이 많아지기 때문에 연소 온도는 낮아진다.

(나) 산소 농도 : 연소용 공기 중의 산소 농도가 높아지면 연소 가스량이 적어지기 때문에 연소 온도가 높아진다.

(다) 연료의 저위 발열량(H_l) : 발열량(H_l)이 커지면 따라서 연소 가스량도 커지므로 연소 온도에는 크게 영향을 미치지 아니한다.

② 연소 온도를 높이는 방법

(가) 발열량이 높은 연료를 사용한다(비례).

(나) 완전 연소를 시킨다.

(다) 연소 속도를 크게 하기 위해 연료나 공기를 예열한다.

(라) 복사의 열손실을 방지한다.

(마) 공급 공기는 이론 공기량에 가깝도록 한다(약간 크게).

(3) 이론 연소 온도(t_o)

이론 공기량으로서 연료를 완전 연소하였을 때 생성되는 연소 가스의 온도로서 다음 식으로 정리된다.

$$t_o = \frac{H_l}{G_o \times C_{po}} + t_a[℃]$$

여기서, G_o : 연소 가스량(Nm^3/kg)

C_{po} : 연소 가스 비열($kcal/Nm^3℃$)

H_l : 연료의 저위 발열량(kcal/kg)

t_a : 기준 온도(℃)=공기의 온도=연료의 온도(℃)

4-1 연소에 관한 용어 설명으로 옳지 않은 것은? [21-4]

① 유동점은 저온에서 중유를 취급할 경우의 난이도를 나타내는 척도가 될 수 있다.

② 인화점은 액체 연료의 표면에 인위적으로 불씨를 가했을 때 연소하기 시작하는 최저 온도이다.

③ 발열량은 연료가 완전 연소할 때 단위 중량 혹은 단위 부피당 발생하는 열량으로 잠열을 포함하는 저발열량과 포함하지 않는 고발열량으로 구분된다.

④ 발화점은 공기가 충분한 상태에서 연료를 일정 온도 이상으로 가열했을 때 외부에서 점화하지 않더라도 연료 자신의 연소열에 의해 연소가 일어나는 최저 온도이다.

해설 ③ 잠열을 포함하는 저발열량과 포함하지 않는 고발열량 → 잠열을 포함하는 고발열량과 포함하지 않는 저발열량

4-2 0℃일 때 얼음의 융해열과 100℃일 때 물의 기화열을 합한 열량(kcal/kg)은 얼마인가? [17-4]

① 80　　② 539
③ 619　　④ 1,025

해설 0℃에서의 얼음의 융해 잠열은 80 kcal/kg이고, 100℃에서의 물의 기화 잠열은 539 kcal/kg이다.

∴ 80+539=619 kcal/kg

4-3 액체 연료의 성분 분석 결과 탄소 84 %, 수소 11 %, 황 2.4 %, 산소 1.3 %, 수분 1.3 %이었다면 이 연료의 저위 발열량은? (단, Dulong식을 이용) [13-1]

① 약 8,000 kcal/kg
② 약 10,000 kcal/kg
③ 약 13,000 kcal/kg
④ 약 15,000 kcal/kg

해설 $H_l = H_h - 600(9\text{H}+\text{W})$

$$= 8{,}100\text{C} + 34{,}000\left(\text{H} - \frac{\text{O}}{8}\right) + 2{,}500\text{S} - 600 \times (9\text{H}+\text{W})$$

$$= 8{,}100 \times 0.84 + 34{,}000 \times \left(0.11 - \frac{0.013}{8}\right) + 2{,}500 \times 0.024 - 600 \times (9 \times 0.11 + 0.013)$$

$= 9946.95$ kcal/kg

4-4 다음 중 화학적 반응이 항상 자발적으로 일어나는 경우는? (단, $\Delta G°$는 Gibbs 자유 에너지 변화량, $\Delta S°$는 엔트로피 변화량, ΔH는 엔탈피 변화량이다.) [20-4]

① $\Delta G° < 0$　　② $\Delta G° > 0$

정답 4-1 ③　4-2 ③　4-3 ②　4-4 ①

③ $\Delta S° < 0$　　　④ $\Delta H < 0$

해설 $\Delta G° = \Delta H - T\Delta S$이다.

여기서, T는 절대 온도(K)이다.

$\Delta G° < 0$이면 그 반응은 자발적으로 일어나며, $\Delta G° = 0$인 경우는 반응 전후 상태가 동적 평형을 이루고 있고, $\Delta G° > 0$인 경우 그 역반응이 자발적으로 일어난다.

4-5 기브스(Gibbs) 자유 에너지에 관한 설명으로 옳지 않은 것은? [12-1]

① 평형 상태에서는 $\Delta G = 0$이다.
② $\Delta G < 0$이면 반응은 비자발적이다.
③ 엔트로피가 증가할수록 기브스 에너지는 감소한다.
④ 혼합물의 경우 ΔG는 반응물과 생성물의 농도에 관계한다.

해설 ② 비자발적 → 자발적

4-6 중유 1 kg 속에 H 13 %, 수분 0.7 %가 포함되어 있다. 이 중유의 고위 발열량이 5,000 kcal/kg일 때 이 중유의 저위 발열량(kcal/kg)은? [13-4, 17-4, 19-1, 21-1, 21-2]

① 4,126　　　② 4,294
③ 4,365　　　④ 4,926

해설 $H_l = H_h - 600(9\text{H} + \text{W})$
$= 5{,}000 - 600 \times (9 \times 0.13 + 0.007)$
$= 4{,}293.8$ kcal/kg

4-7 메탄의 고위 발열량이 9,900 kcal/Sm³이라면 저위 발열량(kcal/Sm³)은 얼마인가? [17-2, 20-2]

① 8,540　　　② 8,620
③ 8,790　　　④ 8,940

해설 $H_l = H_h$ − 물의 증발 잠열
$CH_4 + 2O_2 \rightarrow CO_2 + 2H_2O$
$\therefore H_l = 9{,}900$ kcal/Sm³
− 480 kcal/Sm³×2 Sm³/Sm³
= 8,940 kcal/Sm³

4-8 프로판의 고발열량이 20,000 kcal/Sm³이라면 저발열량(kcal/Sm³)은? [15-2, 18-4]

① 17,240　　　② 17,820
③ 18,080　　　④ 18,430

해설 $C_3H_8 + 5O_2 \rightarrow 3CO_2 + 4H_2O$
$H_l = H_h - 480 \times$ 생길 수 있는 H_2O[Sm³/Sm³]
= 20,000 − 480 kcal/Sm³×4 Sm³/Sm³
= 18,080 kcal/Sm³

4-9 C_2H_6의 고위 발열량이 15,520 kcal/Sm³일 때, 저위 발열량(kcal/Sm³)은? [21-4]

① 18,380　　　② 16,560
③ 14,080　　　④ 12,820

해설 $C_2H_6 + 3.5O_2 \rightarrow 2CO_2 + 3H_2O$
$H_l = H_h$ − 물의 증발 잠열
= 15,520 kcal/Sm³
− 480 kcal/Sm³×3 Sm³/Sm³
= 14,080 kcal/Sm³

4-10 기체 연료 중 연소하여 수분을 생성하는 H_2와 C_xH_y 연소 반응의 발열량 산출식에서 아래의 480이 의미하는 것은 어느 것인가? [16-4]

$H_l = H_h - 480(H_2 + \Sigma y/2C_xH_y)$ [kcal/Sm³]

① H_2O 1 kg의 증발 잠열
② H_2 1 kg의 증발 잠열
③ H_2O 1 Sm³의 증발 잠열
④ H_2 1 Sm³의 증발 잠열

4-11 다음 각종 연료 성분의 완전 연소 시 단위 체적당 고위 발열량(kcal/Sm³)의 크기 순서로 옳은 것은? [18-1, 20-4]

정답 4-5 ② 4-6 ② 4-7 ④ 4-8 ③ 4-9 ③ 4-10 ③ 4-11 ④

① 일산화탄소 > 메탄 > 프로판 > 부탄
② 메탄 > 일산화탄소 > 프로판 > 부탄
③ 프로판 > 부탄 > 메탄 > 일산화탄소
④ 부탄 > 프로판 > 메탄 > 일산화탄소

해설 포화탄화수소(C_nH_{2n+2})에서는 탄소수가 많을수록 발열량이 크다.

4-12 다음 기체 연료 중 고위 발열량(kJ/mol)이 가장 큰 것은? (단, 25℃, 1 atm을 기준으로 한다.)

① carbon monoxide
② methane
③ ethane
④ n-pentane

해설 분자량이 클수록 고위 발열량이 크다.
① CO, ② CH_4, ③ C_2H_6, ④ C_5H_{12}

4-13 다음 기체 연료 중 고위 발열량(kcal/Sm^3)이 가장 낮은 것은 어느 것인가? [12-2, 12-4, 13-1, 16-2, 17-1, 20-1]

① Ethane ② Ethylene
③ Acetylene ④ Methane

해설 기체 연료 중 고위 발열량이 낮은 연료는 탄소수와 수소수가 적은 연료이다.

4-14 메탄과 프로판이 1 : 2로 혼합된 기체 연료의 고위 발열량이 19,400 kcal/Sm^3이다. 이 기체 연료의 저위 발열량(kcal/Sm^3)은? [12-2]

① 11,500 ② 13,600
③ 15,300 ④ 17,800

해설 $H_l = H_h - 480\sum H_2O$

$CH_4 + 2O_2 \rightarrow CO_2 + 2H_2O$

$C_3H_8 + 5O_2 \rightarrow 3CO_2 + 4H_2O$

$\therefore H_l = 19{,}400 - 480 \times \left(2 \times \frac{1}{3} + 4 \times \frac{2}{3}\right)$

$= 17{,}800\ \text{kcal/Sm}^3$

4-15 엔탈피에 대한 설명으로 옳지 않은 것은? [17-4]

① 엔탈피는 반응 경로와 무관하다.
② 엔탈피는 물질의 양에 비례한다.
③ 흡열 반응은 반응계의 엔탈피가 감소한다.
④ 반응물이 생성물보다 에너지 상태가 높으면 발열 반응이다.

해설 반응열 Q와 엔탈피 변화(ΔH)는 크기는 같지만 부호는 반대이다. 즉, 흡열 반응일 때 엔탈피 변화는 증가한다.

4-16 25℃에서 탄소가 연소하여 일산화탄소가 될 때 엔탈피 변화량(kJ)은? [21-4]

$C + O_2[g] \rightarrow CO_2[g]\ \Delta H = -393.5$ kJ
$CO + \frac{1}{2}O_2[g] \rightarrow CO_2[g]\ \Delta H = -283.0$ kJ

① −676.5 ② −110.5
③ 110.5 ④ 676.5

해설 $C + O_2 \rightarrow CO_2 + 393.5$ kJ

$-\left|\ CO + \frac{1}{2}O_2 \rightarrow CO + 283.0\ \text{kJ}\right.$

$CO + \frac{1}{2}O_2 \rightarrow CO + Q$

$\therefore Q = 393.5 - 283 = 110.5$ kJ

$\therefore \Delta H = -110.5$ kJ

4-17 연소실에서 아세틸렌가스 1 kg을 연소시킨다. 이때 연료의 80 %(질량 기준)가 완전 연소되고, 나머지는 불완전 연소되었을 때, 발생되는 열량(kcal)은 얼마인가? (단, 연소 반응식은 아래 식에 근거하여 계산한다.) [12-1, 17-1]

$C + O_2 \rightarrow CO_2\ \ \Delta H = 97{,}200$ kcal/kmol

정답 4-12 ④ 4-13 ④ 4-14 ④ 4-15 ③ 4-16 ② 4-17 ④

$C + \frac{1}{2}O_2 \rightarrow CO \quad \Delta H = 29,200$ kcal/kmol

$H_2 + \frac{1}{2}O_2 \rightarrow H_2O \quad \Delta H = 57,200$ kcal/kmol

① 39,130 ② 10,530
③ 9,730 ④ 8,630

해설 $C_2H_2 + 2.5O_2 \rightarrow 2CO_2 + H_2O$

$C_2H_2 + 1.5O_2 \rightarrow 2CO + H_2O$

$\therefore Q = (2\times97,200 + 57,200)$kcal/kmol $\times0.8\times1$ kmol/26 kg $+ (2\times29,200 + 57,200)$kcal/kmol $\times0.2\times1$ kmol/26 kg

$= 8,630$ kcal/kg

4-18 다음 식을 이용하여 $C_2H_4(g) \rightarrow C_2H_6(g)$로 되는 반응의 엔탈피를 구하면 얼마인가? [12-4]

$2C + 2H_2[g] \rightarrow C_2H_4[g] \quad \Delta H_f = 52.3$ kJ $2C + 3H_2[g] \rightarrow C_2H_6[g] \Delta H_f = -84.7$ kJ

① −137.0 kJ ② −32.4 kJ
③ 32.4 kJ ④ 137.0 kJ

해설 반응열(Q)과 반응 엔탈피(ΔH)는 값은 같고 부호만 반대이다.

$C_2H_4[g] \rightarrow C_2H_6[g] + Q$

$52.3 \rightarrow -84.7 + Q$

$\therefore Q = 52.3 + 84.7 = 137$ kJ

$\Delta H = -137$ kJ

4-19 벤젠의 연소 반응이 다음과 같을 때 벤젠의 연소열(kJ/mole)은 얼마인가? (단, 표준 상태(25℃, 1 atm)에서의 표준 생성열)

$C_6H_6[g] + 7.5O_2[g] \rightarrow$ $6CO_2[g] + 3H_2O[g]$

생성열	C_6H_6 [g]	O_2 [g]	CO_2 [g]	H_2O [g]
$\Delta H_f°$ [kJ/mole]	83	0	−394	−286

① −3,127 kJ/mole
② −3,252 kJ/mole
③ −3,305 kJ/mole
④ −3,514 kJ/mole

해설

$C_6H_6[g] + 7.5O_2[g] \rightarrow 6CO_2[g] + 3H_2O[g]$

$83 + 0 = 6\times(-394) + 3\times(-286) + Q$

$Q = 83 + 6\times394 + 3\times286 = 3,305$ kJ/mole

$\Delta H = -3,305$ kJ/mole

4-20 수소 12 %, 수분 1 %를 함유한 중유 1 kg의 발열량을 열량계로 측정하였더니 고위 발열량이 10,000 kcal/kg이었다. 비정상적인 보일러의 운전으로 인해 불완전연소에 의한 손실 열량이 1,400 kcal/kg이라면 연소 효율은? [12-4]

① 82 % ② 85 %
③ 87 % ④ 90 %

해설 $H_l = H_h - 600 \times (9H + W)$

$= 10,000 - 600 \times (9 \times 0.12 + 0.01)$

$= 9346$ kcal/kg

연소 효율 $= \frac{\text{유효하게 사용된 열}}{\text{입열}} \times 100$

$= \frac{9,346 - 1,400}{9,346} \times 100 = 85.02$ %

4-21 9,000 kcal/kg의 열량을 내는 석탄을 시간당 80 kg 연소하는 보일러가 있다. 실제로 이 보일러에서 시간당 흡수된 열량이 600,000 kcal라면 이 보일러의 열효율(%)은? [19-2]

① 66.7 ② 75.0

정답 4-18 ① 4-19 ③ 4-20 ② 4-21 ③

③ 83.3 ④ 90.0

해설 $\eta = \frac{\text{출열}}{\text{입열}} \times 100$

$= \frac{600{,}000\text{kcal}}{80\text{kg} \times 9{,}000\text{kcal/kg}} \times 100$

$= 83.33\,\%$

4-22 과잉 공기가 지나칠 때 나타나는 현상으로 거리가 먼 것은? [19-1]

① 연소실 내의 온도가 저하된다.
② 배기가스에 의한 열손실이 증가된다.
③ 배기가스의 온도가 높아지고 매연이 증가한다.
④ 열효율이 감소되고 배기가스 중 NO_x 증가의 가능성이 있다.

해설 배기가스의 온도가 낮아진다.

4-23 연료의 연소 시 과잉 공기의 비율을 높여 생기는 현상으로 가장 거리가 먼 것은? [17-1]

① 에너지 손실이 커진다.
② 연소 가스의 희석 효과가 높아진다.
③ 화염의 크기가 커지고 연소 가스 중 불완전 연소 물질의 농도가 증가한다.
④ 공연비가 커지고 연소 온도가 낮아진다.

해설 화염의 크기가 작아지고 처음에는 완전 연소가 된다.

4-24 공기비가 너무 낮을 경우 나타나는 현상으로 틀린 것은? [16-2]

① 연소 효율이 저하된다.
② 연소실 내의 연소 온도가 높아진다.
③ 가스의 폭발 위험과 매연 발생이 크다.
④ 가연 성분과 산소의 접촉이 원활하게 이루어지지 못한다.

해설 공기비가 낮을 경우 불완전 연소로 인하여 연소 온도는 낮아진다.

4-25 연소실 열 발생률에 대한 설명으로 옳은 것은? [20-2]

① 연소실의 단위 면적, 단위 시간당 발생되는 열량이다.
② 열손실의 단위 용적, 단위 시간당 발생되는 열량이다.
③ 단위 시간에 공급된 연료의 중량을 연소실 용적으로 나눈 값이다.
④ 연소실에 공급된 연료의 발열량을 연소실 면적으로 나눈 값이다.

해설 연소실 열발생률 $= \frac{G_f \times H_l}{V}$

$\left[\frac{\text{kg/h} \times \text{kcal/kg}}{\text{m}^3} = \text{kcal/m}^3 \cdot \text{h}\right]$

4-26 최적 연소 부하율이 100,000 kcal/m³ · hr인 연소로를 설계하여 발열량이 5,000 kcal/kg인 석탄을 200 kg/hr로 연소하고자 한다면 이때 필요한 연소로의 연소실 용적은? (단, 열효율은 100 %이다.)

① 200 m³ ② 100 m³
③ 20 m³ ④ 10 m³

해설 연소실 부하율 $= \frac{G_f \times H_l}{V}$

$\therefore V = \frac{G_f \times H_l}{\text{연소실 부하율}}$

$= \frac{200\text{kg/hr} \times 5{,}000\text{kcal/kg}}{100{,}000\text{kcal/m}^3 \cdot \text{hr}} = 10\text{m}^3$

4-27 가로, 세로, 높이가 각각 3 m, 1 m, 1.5 m인 연소실에서 연소실 열발생률을 2.5×10^5 kcal/m³ · hr가 되도록 하려면 1시간에 중유를 몇 kg 연소시켜야 하는가? (단, 중유의 저위 발열량은 11,000 kcal/kg 이다.)

정답 4-22 ③ 4-23 ③ 4-24 ② 4-25 ② 4-26 ④ 4-27 ②

① 약 50 ② 약 100
③ 약 150 ④ 약 200

해설 연소실 발생률 $= \dfrac{G_f \times H_l}{V}$

$$G_f = \dfrac{\text{연소실 열발생률} \times V}{H_l}$$

$$= \dfrac{2.5 \times 10^5 \text{kcal/m}^3 \cdot \text{hr} \times 3 \times 1 \times 1.5\text{m}^3}{11{,}000\text{kcal/kg}}$$

$$= 102.2 \text{ kg/hr}$$

4-28 가로, 세로, 높이가 각각 1.0 m, 2.0 m, 1.0 m인 연소실에서 연소실 열발생률을 20×10^4 kcal/m^3·h로 하도록 하기 위해서는 하루에 중유를 대략 몇 kg을 연소하여야 하는가? (단, 중유의 저발열량은 10,000 kcal/kg이며, 연소실은 하루에 8시간 가동한다.) [14-1]

① 320 ② 420 ③ 550 ④ 650

해설 연소실 열발생률 $= \dfrac{G_f \times H_l}{V}$

$$20 \times 10^4 \text{ kcal/m}^3 \cdot \text{h} = \dfrac{G_f[\text{kg/d}] \times 10{,}000\text{kcal/kg} \times \text{d/8h}}{(1 \times 2 \times 1)\text{m}^3}$$

$$\therefore \ G_f = \dfrac{20 \times 10^4 \times (1 \times 2 \times 1)}{10{,}000 \times \dfrac{1}{8}} = 320 \text{ kg/d}$$

4-29 다음의 연소 온도(t_c) 산출 식에서 각각의 물리적 변수에 대한 설명으로 옳지 않은 것은? [12-2]

$$t_c = \dfrac{H}{(G_{ow} \times C)} + t$$

① H는 연료의 저위 발열량을 의미하며, 단위는 kcal/kg 또는 kcal/Sm^{3}이다.
② G_{ow}는 이론 습연소 가스량을 의미하며, 단위는 Sm^3/kg 또는 Sm^3/Sm^{3}이다.
③ C는 연소 가스의 평균 정압 비열을 의미하며, 단위는 kcal/Sm^3·℃이다.
④ t는 배출 가스의 연소 온도를 의미하며, 단위는 ℃이다.

해설 ④ 배출 가스의 연소 온도 → 연소용 공기의 온도 또는 투입 연료의 온도

4-30 연소(화염) 온도에 관한 설명으로 가장 적합한 것은? [15-1]

① 이론 단열 연소 온도는 실제 연소 온도보다 높다.
② 공기비를 크게 할수록 연소 온도는 높아진다.
③ 실제 연소 온도는 연소로의 열손실에는 거의 영향을 받지 않는다.
④ 평형 단열 연소 온도는 이론 단열 연소 온도와 같다.

해설 ② 높아진다. → 낮아진다.
③ 거의 영향을 받지 않는다. → 영향을 받는다.
④ 같다. → 다르다.

4-31 저위 발열량이 7,000 kcal/Sm^{3}의 가스 연료의 이론 연소 온도는? (단, 이론 연소 가스량은 10 m^3/Sm^3, 연료 연소 가스의 정압 비열은 0.35 kcal/Sm^3℃, 기준 온도는 15℃, 지금 공기는 예열되지 않으며, 연소 가스는 해리되지 않음)
[17-4, 19-2, 20-4, 21-2, 21-4]

① 1,515 ② 1,825
③ 2,015 ④ 2,325

해설 $t_o = \dfrac{H_l}{G_o C_{po}} + t_a$

$$= \dfrac{7{,}000\text{kcal/Sm}^3}{10\text{Sm}^3/\text{Sm}^3 \times 0.35\text{kcal/Sm}^3 \cdot ℃} + 15℃$$

$$= 2{,}015℃$$

정답 4-28 ① 4-29 ④ 4-30 ① 4-31 ③

4-32 저위 발열량이 9,000 kcal/Sm³인 기체 연료를 15℃의 공기로 연소할 때 이론 연소 가스량은 25 Sm³/Sm³이고, 이론 연소 온도는 2,500℃이다. 이때 연료 가스의 평균 정압 비열(kcal/Sm³·℃)은? (단, 기타 조건은 고려하지 않음) [12-2]

① 0.145 ② 0.243
③ 0.384 ④ 0.432

해설 $t_o = \dfrac{H_l}{GC_p} + t_a$

$2{,}500 = \dfrac{9{,}000}{25 \times x} + 15$

$\therefore\ x = 0.1448\ \text{kcal/Sm}^3 \cdot ℃$

4-33 저위 발열량이 5,000 kcal/Sm³인 기체 연료의 이론 연소 온도(℃)는 약 얼마인가? (단, 이론 연소 가스량 15 Sm³/Sm³, 연료 연소 가스의 평균 정압 비열 0.35 kcal/Sm³·℃, 기준 온도는 0℃, 공기는 예열하지 않으며, 연소 가스는 해리되지 않는다고 본다.) [14-4, 18-1, 20-2]

① 952 ② 994
③ 1,008 ④ 1,118

해설 $t_o = \dfrac{H_l}{G \cdot C_p} + t_a$

$= \dfrac{5{,}000\text{kcal/Sm}^3}{15\text{Sm}^3/\text{Sm}^3 \times 0.35\text{kcal/Sm}^3 \cdot ℃} + 0℃$

$= 952℃$

4-34 다음 조건에서의 메탄의 이론 연소 온도는? (단, 메탄, 공기는 25℃에서 공급되며 CO_2, $H_2O(g)$, N_2의 평균 정압 몰비열(상온~2,100℃)은 각각 13.1, 10.5, 8.0 kcal/kmol·℃이고, 메탄의 저위 발열량은 8,600 kcal/Sm³)

① 약 1,870℃ ② 약 2,070℃
③ 약 2,470℃ ④ 약 2,870℃

해설 $CH_4 + 2O_2 \rightarrow CO_2 + 2H_2O$

1 2 1 2

$A_o = \dfrac{1}{0.21} \times 2 = 9.52\ \text{Sm}^3/\text{Sm}^3$

$G_{ow} = 1 + 2 + 0.79 \times 9.52 = 10.52\ \text{Sm}^3/\text{Sm}^3$

연소 생성물 각 성분 %를 구하면

$CO_2 = \dfrac{1}{10.52} \times 100 = 9.50\ \%$

$H_2O = \dfrac{2}{10.52} \times 100 = 19.01\%$

$N_2 = 100 - (9.5 + 19.01) = 71.49\ \%$

평균 비열

$= \dfrac{9.5 \times 13.1 + 19.01 \times 10.5 + 71.49 \times 8.0}{9.5 + 19.01 + 71.49}$

$= 8.959\ \text{kcal/kmol} \cdot ℃$

$= 8.959\ \text{kcal/kmol} \cdot ℃ \times \dfrac{1\text{kmol}}{22.4\text{Sm}^3}$

$= 0.4\ \text{kcal/Sm}^3 \cdot ℃$

$t_o = \dfrac{H_l}{G_{ow} \times C_p} + t_a$

$= \dfrac{8600\text{kcal/Sm}^3}{10.52\,\text{Sm}^3/\text{Sm}^3 \times 0.4\text{kcal/Sm}^3 \cdot ℃} + 25℃$

$= 2068.7\,℃$

정답 4-32 ① 4-33 ① 4-34 ②

Chapter 03 연소 설비

3-1 연소 장치 및 연소 방법

1 고체 연료의 연소 장치 및 연소 방법

1. 모닥불이나 화재 등도 이 연소의 일종이며, 고정된 연료괴의 층을 연소용 공기가 통과하면서 연소가 일어나는 것으로 금속격자 위에 연료를 깔고 아래에서 공기를 불어 연소시키는 형태는? [13-4]

① 확산 연소　② 분무화 연소
③ 화격자 연소　④ 표면 연소

해설 고체 연료의 연소 장치에는 화격자 연소 장치 및 미분탄의 연소 장치가 있다.

답 ③

이론 학습

(1) 고체 연료 연소 장치

고체 연료 시설은 화격자 및 미분탄의 연소 장치가 있으며, 화격자 연소 장치는 연료의 공급과 재(ash)의 처리 방법에 따라 수분과 기계분으로 구별된다. 수분 화격자는 고정·요동의 수평 및 가동의 화격자가 있으며, 기계분 화격자에는 스토커(stoker)가 있다.

미분탄 연소 장치는 연소로의 구조와 버너(burner)의 배치, 화염의 흐름 등에 따라 분류된다.

① **화격자 연소 장치**

㈎ 산포식 스토커

㈏ 계단식 스토커

㈐ 하급식 스토커

㈑ 체인 스토커

(마) 기계식 연소 장치의 장단점

㉮ 장점(수분식보다)

㉠ 연료층을 항상 균일하게 제어할 수 있으므로 연소 효율이 좋다.

㉡ 저품질의 연료도 스토커를 적당히 선택할 경우에는 유효하게 연소시킬 수 있다.

㉢ 노력이 절약되고 정상 연소가 가능하다.

㉣ 대용량의 설비에 적당하다.

㉯ 단점(수분식보다)

㉠ 설비비 및 운전비(동력비)가 비싸다.

㉡ 연료 품질의 변동에 빨리 적응하지 못한다(융통성이 없다).

㉢ 전력 등의 동력원을 필요로 한다.

② **미분탄 연소 장치** : 석탄을 200 mesh(0.1 mm) 이하로 분쇄하여 1차 공기와 함께 로의 연소 버너에 보내서 연소시키는 방식이다.

(가) 미분탄 연소의 장단점(화격자 연소 장치보다)

㉮ 장점

㉠ 미분탄의 비표면적이 커서 공기와의 접촉 및 열전도가 좋아지므로 적은 공기비(m =1.2~1.4)로도 완전 연소한다.

㉡ 점화·소화가 쉽다(버너를 사용하므로).

㉢ 연소의 조절이 쉽고, 부하 변동에 대한 적응성이 좋다(버너를 사용하므로).

㉣ 연료의 선택 범위가 넓고, 스토커 연소에 적합하지 않은 점결탄(역청탄)·저질탄도 유용하게 연소시킨다.

㉤ 연소 속도가 빠르고, 고온을 쉽게 얻을 수 있다.

㉥ 연소 효율이 높다.

㉦ 액체·기체 연료와 병용할 수 있다.

㉧ 대용량 보일러에 적합하다.

㉯ 단점(화격자 연소 장치보다)

㉠ 설비비와 유지비가 많이 든다(동력비).

㉡ 연소실이 고온이므로 노재가 손상되기 쉽다.

㉢ 비산회가 많으므로 집진기를 설치해야 한다.

㉣ 공간 연소를 시켜야 하므로 큰 연소실이 필요하다.

㉤ 역화의 위험성이 크다(연소 속도가 빠르므로).

㉥ 동력 소모가 많고, 소규모 보일러에는 부적합하다.

㉦ 분쇄기 및 배관 중에 분진 폭발 또는 관의 마모가 일어난다.

(2) 고체 연료의 연소 방법

① 화격자 연소 방법(fire grate combustion) : 석탄을 화격자 위에 고르게 투탄하여 공기를 불어넣어 연소시키는 방식으로 여기에는 수분식과 기계분식으로 분류된다.

② 미분탄 연소 방법(pulverized coal combustion) : 공간 연소 방식으로서 석탄을 0.1 mm (200 mesh) 이하로 분쇄하여 1차 공기와 함께 버너로 불어넣어 연소시키는 방식

③ 유동층 연소 방법(fluized bed combustion) : 위의 두 방법의 중간 형태로서 화격자 하부에서 강한 공기를 송풍하여 탄층을 유동층에 가까운 상태로 만들고 상부에 미분탄을 분사 연소시키는 방식으로, 유동층 연소는 미분탄 연소와 거의 같은 과정을 얻는다. 그리고 장치가 소형이므로 화염층을 작게 할 수 있다. 그리고 부하 변동에 적응력이 낮다(화격자 연소 장치를 함께 사용하므로).

1-1 **화격자 연소 중 상입식 연소에 관한 설명으로 옳지 않은 것은?** [17-2]

① 석탄의 공급 방향이 1차 공기의 공급 방향과 반대로서 수동 스토커 및 산포식 스토커가 해당된다.

② 공급된 석탄은 연소 가스에 의해 가열되어 건류층에서 휘발분을 방출한다.

③ 코크스화한 석탄은 환원층에서 아래의 산화층에서 발생한 탄산 가스를 일산화탄소로 환원한다.

④ 착화가 어렵고, 저품질 석탄의 연소에는 부적합하다.

해설 상입식(석탄을 위에서 아래로 공급) 연소는 하입식(석탄을 아래서 위로 공급)보다 착화가 쉽고, 저품질 석탄의 연소도 가능하다.

1-2 **클링커 장애(Clinker trouble)가 가장 문제가 되는 연소 장치는?** [17-1]

① 화격자 연소 장치

② 유동층 연소 장치

③ 미분탄 연소 장치

④ 분무식 오일 버너

해설 클링커란 성분의 일부가 융해하여 전체가 괴상소결물로 된 덩어리이다. 화격자에 붙어 산소의 소통을 방해한다.

1-3 **연소 부산물 중 클링커(clinker) 발생 및 대책으로 가장 거리가 먼 것은?** [16-2]

① 연료층의 내부 온도가 높을 때 회분이 환원분위기 속에서 고온 열화로 발생된다.

② 연료 연소층의 교반 속도를 크게 할수록 클링커 발생량이 줄어든다.

③ 연료 연소층의 온도 분포가 균일한 경우 클링커 발생이 억제된다.

④ 연료 중의 회분 유입을 억제하여 클링커 발생을 예방할 수 있다.

해설 연료 연소층의 교반과 클링커 발생과는 관계없다.

1-4 **다음은 화격자의 종류 중 폰 롤 시스템에 관한 설명이다. ( ) 안에 들어갈 말로 적합하지 않은 것은?** [14-4]

정답 1-1 ④ 1-2 ① 1-3 ② 1-4 ②

> 폰 롤 시스템(Von Roll Syster)은 일련의 왕복식 화격자들을 사용하여 폐기물을 소각로 내에서 이동시키면서 연소시킨다.
> 화격자는 ( ), ( ), ( )의 세 부분으로 구성되어 있다.

① 건조 화격자 ② 회전 화격자
③ 연소 화격자 ④ 후연소 화격자

해설 폰 롤 시스템은 건조 화격자, 연소 화격자, 후연소 화격자 순으로 되어 있다.

1-5 고체 연료의 화격자 연소 장치 중 연료가 화격자 → 석탄층 → 건류층 → 산화층 → 환원층을 거치며 연소되는 것으로, 연료층을 항상 균일하게 제어할 수 있고 저품질 연료도 유효하게 연소시킬 수 있어 쓰레기 소각로에 많이 이용되는 장치로 가장 적합한 것은? [13-2, 18-2, 21-1]

① 체인 스토커(chain stoker)
② 포트식 스토커(pot stoker)
③ 산포식 스토커(spreader stoker)
④ 플라스마 스토커(plasma stoker)

해설 쓰레기 소각로에 널리 이용되는 장치는 체인 스토커이다.

1-6 화격자 연소에 관한 설명으로 가장 적합하지 않은 것은? [21-4]

① 상부 투입식은 투입되는 연료와 공기가 향류로 교차하는 형태이다.
② 상부 투입식의 경우 화격자 상에 고정층을 형성해야 하므로 분체상의 석탄을 그대로 사용할 수 없다.
③ 정상 상태에서 상부 투입식은 상부로부터 석탄층 → 건조층 → 건류층 → 환원층 → 산화층 → 회충의 구성 순서를 갖는다.
④ 하부 투입식은 저융점의 회분을 많이 포함한 연료의 연소에 적합하며 착화성이 나쁜 연료도 유용하게 사용 가능하다.

해설 ④ 적합하며 → 부적합하며,
착화성이 나쁜 연료도 → 착화성이 좋은 연료에

1-7 화격자 연소 중 상부 투입 연소(over feeding firing)에서 일반적인 층의 구성 순서로 가장 적합한 것은 어느 것인가? (단, 상부 → 하부) [13-4, 18-4]

① 석탄층 → 건조층 → 건류층 → 환원층 → 산화층 → 재층 → 화격자
② 화격자 → 석탄층 → 건류층 → 건조층 → 산화층 → 환원층 → 재층
③ 석탄층 → 건류층 → 건조층 → 산화층 → 환원층 → 재층 → 화격자
④ 화격자 → 건조층 → 건류층 → 석탄층 → 환원층 → 산화층 → 재층

해설 공기 투입은 하부에서 상부로 하므로 하부에 산화층이 있다.

1-8 화격자식(스토커) 소각로에 관한 설명으로 옳지 않은 것은? [15-1]

① 휘발성분이 많고 열분해되기 쉬운 물질을 소각할 경우에는 공기를 아래쪽에서 위쪽으로 통과시키는 상향 연소 방식을 사용하는 것이 효과적이다.
② 검사 스토커 방식의 경우 수분이 많은 것이나 발열량이 낮은 것도 어느 정도 소각이 가능하다.
③ 체류 시간이 길고 교반력이 약한 편이어서 국부 가열이 발생할 염려가 있다.
④ 하향식 연소는 상향식 연소에 비해 소각물의 양은 절반 정도로 감소한다.

정답 1-5 ① 1-6 ④ 1-7 ① 1-8 ①

해설 ① 공기를 아래쪽에서 위쪽으로 통과시키는 상향 연소→공기를 위쪽에서 아래쪽으로 통과시키는 하향 연소

1-9 쓰레기 이송 방식에 따른 각 화격자에 관한 설명으로 옳지 않은 것은 어느 것인가? [12-1, 15-4]

① 부채형 반전식 화격자는 교반력이 커서 저질 쓰레기의 소각에 적당하다.

② 역동식 화격자는 쓰레기 교반 및 연소 조건이 양호하고 소각 효율이 높으나 화격자의 마모가 많다.

③ 이상식 화격자는 건조, 연소, 후연소의 각 화격자를 수평인 일직선상으로 배치한 것으로서 내구성과 이송 효율은 좋으나 혼합률은 낮다.

④ 병렬 요동식 화격자는 비교적 강한 이송력을 갖고 있고, 화격자 눈의 메워짐이 별로 없어 낙진량이 많고 냉각 작용이 부족하다.

해설 이상식 화격자는 화격자를 무한궤도(바퀴의 둘레에 강판으로 만든 벨트를 걸어 놓은 장치)형으로 설치한 구조로 되어 있고 건조, 연소, 후연소의 각 화격자 사이에 높이 차이를 두어 낙하시킴으로서 쓰레기 층을 뒤집으며 내구성이 좋은 화격자이다.

1-10 쓰레기 재생 연료(RFD)에 관한 설명으로 가장 거리가 먼 것은? [15-1]

① 쓰레기 재생 연료를 연소시키는 데는 회전 로울러식이 사슬상화격자 연소기보다 효율이 좋으며, 도시 쓰레기의 소각에 비해 제어가 용이하지 않은 단점이 있다.

② 쓰레기 재생 연료의 소각에서 연료의 체재 시간이 높은 온도에서 충분히 길지 않고(800~850℃에서 2초 이상) 시스템이 제대로 가동 못할 시에는 염소를 포함하는 플라스틱이 잔존하여 다이옥신 등의 배출이 문제가 될 수 있다.

③ fluff RDF는 겉보기 밀도가 낮고, 비교적 수분 함량이 높아서 저장하거나 수송하기가 어려운 단점이 있다.

④ 쓰레기 재생 연료는 고정 탄소가 석탄에 비해 적은 반면 휘발분이 많다.

해설 RDF는 도시 폐기물에서 재활용 물질을 골라내고 금속이나 유리 같은 불에 타지 않는 물질을 제거한 뒤 종이·목재·플라스틱 같은 가연성 물질을 잘게 부수고 압축하여 적당한 크기로 만든 연료를 말한다.

사슬상 화격자(사슬바닥 화격자 : Moving – stoker)는 윗면 한 끝에서 연료를 넣고 이동하는 사이에 연소하여 다른 끝으로 재를 떨어뜨리는 구조로 효율이 좋다.

1-11 쓰레기 이송 방식에 따라 가동 화격자(moving stoker)를 분류할 때 다음 [보기]가 설명하는 화격자 방식은 어느 것인가? [14-4, 18-2, 20-2]

보기

- 고정 화격자와 가동 화격자를 횡방향으로 나란히 배치하고, 가동 화격자를 전후로 왕복 운동시킨다.
- 비교적 강한 교반력과 이송력을 갖고 있으며, 화격자의 눈이 메워짐이 별로 없다는 이점이 있으나, 낙진량이 많고 냉각 작용이 부족하다.

① 직렬식 ② 병렬 요동식

③ 부채 반전식 ④ 회전 로울러식

해설 위의 설명은 병렬 요동식의 화격자에 대한 설명이다.

정답 1-9 ③ 1-10 ① 1-11 ②

1-12 대형 소각로에서 가동식 화격자 중 화격자 상에서 건조, 연소 및 후연소가 이루어지며 쓰레기의 교반 및 연소 조건이 양호하고 소각 효율이 매우 높으나 화격자의 마모가 많은 것은? [13-2, 16-1]

① 역동식 화격자
② 회전 롤러식 화격자
③ 부채형 반전식 화격자
④ 계단식 화격자

해설 위의 설명은 역동식 화격자에 대한 설명이다.

1-13 미분탄 연소 장치에 관한 설명으로 옳지 않은 것은? [13-4, 19-1]

① 설비비와 유지비가 많이 들고 재의 비산이 많아 집진 장치가 필요하다.
② 부하 변동의 적응이 어려워 대형과 대용량 설비에는 적합하지 않다.
③ 연소 제어가 용이하고 점화 및 소화 시 손실이 적다.
④ 스토커 연소에 적합하지 않은 점결탄과 저발열량탄 등도 사용할 수 있다.

해설 ② 적응이 어려워 대형과 대용량 설비에는 적합하지 않다. → 적응이 쉽고 대형과 대용량이 설비에 적합하다.

1-14 미분탄 연소 방식의 특징으로 틀린 것은? [16-1]

① 부하 변동에 쉽게 적응할 수 있다.
② 비교적 저질탄도 유효하게 사용할 수 있다.
③ 연료의 접촉 표면적이 크므로 작은 공기비로도 연소가 가능하다.
④ 고효율이 요구되는 소규모 연소 장치에 적합하다.

해설 미분탄 연소 방식은 대규모 연소 장치에 적합하다.

1-15 미분탄 연소에 관한 설명으로 옳지 않은 것은? [15-1]

① 부하 변동에 쉽게 적용할 수 있으므로 대형과 대용량 설비에 적합하다.
② 노벽 및 전열면에 쌓이는 재를 최소화시킬 수 있으며 화격자 연소에 비하여 공기비는 동일 수준이다.
③ 연소 제어가 용이하고, 점화 및 소화 시 손실이 적은 편이다.
④ 스토커 연소에 비해 공기와의 접촉 및 열전달도 좋아지므로 작은 공기비로 완전 연소가 가능한 편이다.

해설 미분탄 연소의 단점이 fly ash(재)가 많이 발생하는 것이고 공기비는 화격자 연소에 비하여 적은 편이다.

1-16 미분탄 연소에 관한 설명으로 가장 거리가 먼 것은? [15-2]

① 부하 변동에 대한 응답성이 우수한 편이어서 대용량의 연소로 적합하다.
② 최초의 분해 연소 시에 다량의 가연 가스를 방출하고 곧 이어서 고정 탄소의 표면 연소가 시작된다.
③ 명료한 화염면이 형성되고, 화염이 연소실에 국부적으로 형성된다.
④ 화격자 연소보다 낮은 공기비로써 높은 연소 효율을 얻을 수 있다.

해설 미분탄 연소는 연소 속도가 빨라 명료한 화염면을 형성하지 않고, 고온을 쉽게 얻을 수 있다. 명료한 화염면을 형성한다는 것은 연소 속도가 느리다는 뜻이다.

정답 1-12 ① 1-13 ② 1-14 ④ 1-15 ② 1-16 ③

1-17 미분탄 연소의 특징에 관한 설명으로 거리가 먼 것은? [19-2]

① 부하 변동에 대한 응답성이 좋은 편이어서 대용량의 연소에 적합하다.
② 화격자 연소보다 낮은 공기비로서 높은 연소 효율을 얻을 수 있다.
③ 분무 연소와 상이한 점은 가스화 속도가 빠르고, 화염이 연소실 중앙부에 집중하여 명료한 화염면이 형성된다는 것이다.
④ 석탄의 종류에 따른 탄력성이 부족하고, 로벽 및 전열면에서 재의 퇴적이 많은 편이다.

해설 미분탄 연소는 연소 속도가 빠르며(난류) 명료한 화염면이 형성되지 않는다. 명료한 화염면은 층류에서 형성된다.

1-18 연료의 표면적을 넓게 하여 연소 반응이 원활하게 이루어지도록 하는 연소 형태와 가장 거리가 먼 것은? [13-4]

① 분사 연소
② COM(coal oil mixture) 연소
③ 미분 연소
④ 층류 연소

해설 ④의 연소 형태는 없다.

1-19 연소 장치의 특성에 관한 설명으로 옳지 않은 것은? [13-1]

① 유동층 연소는 다른 연소법에 비해 NO_x 생성 억제가 잘되고, 화염층을 작게 할 수 있으므로 장치의 규모를 작게 할 수 있다.
② 산포식 스토커, 계단식 스토커에 의한 연소 방식은 화격자 연소 장치에 속한다.
③ 미분탄을 사용하는 연소 시설에서는 화염의 전파 속도는 기체 연료에 비해 작으며, 만일 버너로부터 분출 속도가 클 경우에는 역화의 우려가 발생할 수 있다.
④ 미분탄 연소는 사용 연료의 범위가 넓고, 스토커 연소에 적합하지 않은 점결탄과 저발열량탄 등도 사용할 수가 있다.

해설 ③ 분출 속도가 클 경우 → 분출 속도보다 연소 속도가 클 경우

1-20 미분탄 연소의 특징으로 거리가 먼 것은? [19-4]

① 스토커 연소에 비해 작은 공기비로 완전 연소가 가능하다.
② 사용 연료의 범위가 넓고, 스토커 연소에 적합하지 않은 점결탄과 저발열량탄 등도 사용 가능하다.
③ 부하 변동에 쉽게 적용할 수 있다.
④ 설비비와 유지비가 적게 들고, 재비산의 염려가 없으며, 별도 설비가 불필요하다.

해설 미분탄 연소 장치는 스토커 연소에 비해 설비비와 유지비가 많이 들고, 재비산의 염려가 있으므로 집진기를 설치해야 한다.

1-21 미분탄 연소로에 사용되는 버너 중 접선기울형 버너(tangential tilting burner)에 관한 설명으로 거리가 먼 것은? [18-2]

① 선회 흐름을 보일러에 활용한 것으로 선회 버너라고도 하며, 연소로 외벽 쪽으로 화염을 분산·형성한다.
② 사각 연소로인 경우 각 모퉁이에 3~5개의 버너가 높이가 다르게 설치되어 있다.
③ 1차 공기 및 석탄 주입과 끝은 10~30° 정도의 각도 범위에서 조정할 수 있도록 되어 있다.

정답 1-17 ③ 1-18 ④ 1-19 ③ 1-20 ④ 1-21 ①

④ 화염을 상하로 이동시켜서 과열을 방지할 수 있도록 되어 있다.

해설 선회 버너(코너 버너)는 연소실의 거의 정방형의 단면으로 되어 있는 연소실의 네 구석에 버너를 설치하여 불꽃이 선회하도록 중앙으로 분사하는 연소법을 말한다.

1-22 유동층 연소에 관한 설명으로 거리가 먼 것은? [13-2, 17-1]

① 부하 변동에 따른 적응성이 낮은 편이다.
② 높은 열용량을 갖는 균일 온도의 층 내에서는 화염 전파는 필요 없고, 층의 온도를 유지할 만큼의 발열만 있으면 된다.
③ 분탄을 미분쇄 투입하여 석탄 입자의 체류 시간을 짧게 유지한다.
④ 주방 쓰레기, 슬러지 등 수분 함량이 높은 폐기물을 층 내에서 건조와 연소를 동시에 할 수 있다.

해설 ③ 짧게 유지한다. → 길게 유지한다.

1-23 유동층 연소에서 부하 변동에 대한 적응성이 좋지 않은 단점을 보완하기 위한 방법으로 가장 거리가 먼 것은? [17-2, 20-2]

① 공기분산판을 분할하여 층을 부분적으로 유동시킨다.
② 층 내의 연료 비율을 고정시킨다.
③ 유동층을 몇 개의 셀로 분할하여 부하에 따라 작동시키는 수를 변화시킨다.
④ 층의 높이를 변화시킨다.

해설 층 내의 연료 비율을 유동(조절)시킨다.

1-24 유동층 연소로의 특성과 거리가 먼 것은? [18-2]

① 유동층을 형성하는 분체와 공기와의 접촉 면적이 크다.
② 격심한 입자의 운동으로 층내가 균일 온도로 유지된다.
③ 석탄 연소 시 미연소된 char가 배출될 수 있으므로 재연소 장치에서의 연소가 필요하다.
④ 부하 변동에 따른 적응력이 높다.

해설 유동층 연소로는 화격자와 미분탄 연소 장치를 함께 사용하는 것으로 화격자 연소 장치 때문에 부하 변동에 따른 적응력이 낮다.

1-25 유동층 연소에 관한 설명으로 거리가 먼 것은? [14-2, 19-4]

① 사용 연료의 입도 범위가 넓기 때문에 연료를 미분쇄할 필요가 없다.
② 비교적 고온에서 연소가 행해지므로 열생성 NO_x가 많고, 전열관의 부식이 문제가 된다.
③ 연료의 층내 체류 시간이 길어 저발열량의 석탄도 완전 연소가 가능하다.
④ 유동 매체에 석회석 등의 탈황제를 사용하여 로내 탈황도 가능하다.

해설 유동층 연소 방법은 화격자 연소 방법과 미분탄 연소 방법의 중간 형태이다.
②의 경우 미분탄 연소 장치의 단점이다.
유동층 연소 장치의 특징은 연소실 온도가 낮으므로 NO_x 생성이 적다.

1-26 고체 연료의 연소방법 중 유동층 연소에 관한 설명으로 옳지 않은 것은? [21-1]

① 재나 미연 탄소의 배출이 많다.
② 미분탄 연소에 비해 연소 온도가 높아 NO_x 생성을 억제하는 데 불리하다.
③ 미분탄 연소와는 달리 고체 연료를 분쇄할 필요가 없고 이에 따른 동력 손실이 없다.

정답 1-22 ③ 1-23 ② 1-24 ④ 1-25 ② 1-26 ②

④ 석회석 입자를 유동층 매체로 사용할 때, 별도의 배연탈황설비가 필요하지 않다.

해설 유동층 연소는 연소 온도가 낮아 NO_x 생성을 억제하는 데 유리하다.

1-27 석탄의 유동층 연소에 관한 설명으로 가장 적합하지 않은 것은? [21–4]

① 부하 변동에 쉽게 적응할 수 없다.
② 유동 매체의 보충이 필요하지 않다.
③ 유동 매체를 석회석으로 할 경우 로 내에서 탈황이 가능하다.
④ 비교적 저온에서 연소가 행해지기 때문에 화격자 연소에 비해 themal NO_x 발생량이 적다.

해설 ② 필요하지 않다. → 필요하다.

1-28 유동층 연소 시설의 일반적인 특성으로 옳지 않은 것은? [12–2]

① NO_x 생성 억제에 효과가 있다.
② 유동 매체는 모래와 같은 내열성 분립체로 비중이 클수록 좋다.
③ 별도의 배연탈황설비가 불필요하다.
④ 재나 미연탄소의 방출이 많고 부하변동에 따른 적응이 어렵다.

해설 ② 내열성 → 불활성

1-29 석탄의 유동층 연소 방식에 관한 설명으로 가장 거리가 먼 것은? [12–4]

① 화염층을 작게 할 수 있다.
② 건설비와 전열 면적이 많이 든다.
③ 미분탄 장치가 불필요하다.
④ 부하 변동에 쉽게 응할 수 없다.

해설 ② 많이 든다. → 적게 든다.
(이유 : 소형화할 수 있으므로)

정답 **1-27** ② **1-28** ② **1-29** ②

2 액체 연료의 연소 장치 및 연소 방법

2. 액체 연료가 미립화되는 데 영향을 미치는 요인으로 가장 거리가 먼 것은 어느 것인가? [14–1, 20–4]

① 분사 압력 ② 분사 속도
③ 연료의 점도 ④ 연료의 발열량

해설 분사 압력이 클수록, 분사 속도가 빠를수록, 연료의 점도가 적을수록 미립화가 잘된다. 미립화와 발열량은 관계없다.

답 ④

이론 학습

(1) 액체 연료 연소 장치의 장점(고체 연료 연소 장치보다)

① 발열량이 크고 품질이 비교적 균일하다(탱크에 저장하므로)
② 공기비가 비교적 작아도 된다(1.2~1.4).
③ 완전 연소가 용이하며 연소 효율이 높아 고온도를 얻을 수 있다.
④ 점화, 소화 및 연소의 조절이 용이하며 부하 변동에 대한 적응성이 좋다(버너를 사용하므로).
⑤ 노내, 연도 등에 그을음이 부착하는 일이 적고 전열 효율이 높다.
⑥ 매연 발생은 석탄 등에 비해 훨씬 적다.
⑦ 장치의 취급에 노력이 적게 든다.
⑧ 유류의 저장과 수송에 많은 장소가 필요하지 않다.
⑨ 저장 중 품질 저하도 거의 없다.
⑩ 재의 배출이 적다.

(2) 액체 연료 연소 장치의 단점(고체 연료 연소 장치보다)

① 연소 온도가 높으므로 노재(내화물)에 손상을 가져오기 쉽다.
② 화재, 역화 등에 의한 사고를 일으키기 쉽다(연소 속도가 빠르므로).
③ 원유의 대부분을 수입하고 있는 관계상 공급의 안정성이 불충분하다.
④ 버너의 종류에 따라서는 소음을 내는 것도 있다.
⑤ 일반적으로 황분을 많이 함유하고 있기 때문에 보일러 등 연소 장치에서 저온부의 부식을 발생시킬 우려가 있으며 대기 오염의 주범이 된다.

(3) 유류 연소 버너

연료유를 미립화해서 공기와 혼합시켜 단시간에 완전 연소를 시키는 장치이다.
유류버너의 구비 조건은 다음과 같다.
① 넓은 부하 범위에 걸쳐 기름이 미립화가 가능하여야 한다.
② 점도가 높은 기름도 적은 동력비로서 미립화가 가능하여야 한다.
③ 소음 발생이 적어야 한다.
④ 장기간 운전에 견딜 수 있는 견고한 구조이어야 한다.

(4) 유류 연소버너의 종류

버너 형식	용량 (L/h)	유압 (kg/cm^2g)	분무 매체	특징	용도	분무 각도	비고
유압식	30~3,000	5~30	–	넓은 각도의 화염, 유량 조절범위가 좁음(1 : 3)	발전용, 선박용, 대형 보일러용	60°~90°	–
회전식	5~1,000	0.3~0.5	기계적 원심력과 공기	비교적 넓은 각도의 화염, 유량조절 범위(1 : 5)	중소형 보일러용	45°~90°	회전수 5,000~6,000 rpm, 분무각도는 40~60°가 적당
고압공기식 (gun-type)	2~2,000	0.5~4.0	증기 또는 공기 (1차 공기 : 7~12 %)	가장 좁은 각도의 긴 화염, 유량조절 범위가 넓음(1 : 10)	제강용평로, 연속가열로, 유리용해로 등 고온 가열로용	30°	2~7 kg/cm^2 정도의 공기 또는 증기의 고속류 이용
저압공기식	2~300	0.3~0.5	공기 (1차 공기 : 50 %)	비교적 좁은 각도의 짧은 화염, 유량 조절범위 (1 : 5)	소형 가열로형	30°~60°	버너 입구 공기 압력은 보통 400~1,500 mmH_2O

(5) 액체 연료의 연소 방법

① 기화 연소 방법(vaporization – combustion) : 경질유(가솔린, 등유, 경유 등)를 고온을 가진 물체에 접촉 또는 충돌하여 연료를 기체로 바꾸어 연소시키는 방식으로 심지식, 포트식, 증발식 연소법 등이 이에 해당한다.

② 무화 연소 방법(atomization – combustion) : 중질유(중유, 타르 등)의 비표면적을 크게 하기 위하여 버너의 노즐에서 연료의 입자를 작게(안개와 같이) 만들어 분출 공기와 혼합 연소시키는 방식이다.

참고 액체 연료의 무화의 목적

① 연료의 단위 중량당 표면적을 크게 한다(m^2/kg).
② 주위 공기와 고르게 혼합시킨다.
③ 연소의 열부하와 연소 효율을 증대시킨다.

2-1 연료유를 미립화해서 공기와 혼합하여 단시간에 완전 연소를 시키는 유류 연소 버너가 갖추어야 할 조건으로 가장 거리가 먼 것은? [14-4]

① 넓은 부하 범위에 걸쳐 기름의 미립화가 가능할 것
② 재를 제거하기 위한 장치가 있을 것
③ 소음 발생이 적을 것
④ 점도가 높은 기름도 적은 동력비로서 미립화가 가능할 것

해설 유류 연소 장치에는 재가 거의 없다.

2-2 분무화 연소 방식에 해당하지 않는 것은? [21-1]

① 유압 분무화식 ② 충돌 분무화식
③ 여과 분무화식 ④ 이류체 분무화식

해설 분무화 방법에 따라 여과 분무화식은 없다.

2-3 액체 연료를 효율적으로 연소시키기 위해서는 연료를 미립화하여야 한다. 이때 미립화 특성을 결정하는 인자로 틀린 것은? [16-1]

① 분무 유량 ② 분무입경
③ 분무 점도 ④ 분무의 도달 거리

해설 미립화 특성을 결정하는 인자로 분무점도는 관계없다.

2-4 액체 연료의 연소 방식을 기화(vaporization) 연소 방식과 분무화(atomization) 연소 방식으로 분류할 때 다음 중 기화 연소 방식에 해당하지 않는 것은? [13-1]

① 심지식 연소 ② 반전식 연소
③ 포트식 연소 ④ 증발식 연소

해설 기화 연소 장치에는 심지식, 포트식, 증발식 연소법이 있다.

2-5 유류 연소 버너 중 유압식 버너에 관한 설명으로 가장 거리가 먼 것은? [20-2]

① 대용량 버너 제작이 용이하다.
② 유압은 보통 50~90 kg/cm^2 정도이다.
③ 유량 조절 범위가 좁아(환류식 1 : 3, 비환류식 1 : 2) 부하 변동에 적응하기 어렵다.
④ 연료유의 분사 각도는 기름의 압력, 점도 등으로 약간 달라지지만 40~90° 정도의 넓은 각도로 할 수 있다.

해설 ② 50~90 kg/cm^2 → 5~30 kg/cm^2

2-6 액체 연료의 연소 장치인 유압 분무식 버너에 관한 설명으로 가장 거리가 먼 것은 어느 것인가? [13-4]

① 구조가 간단하여 유지 및 보수가 용이하다.
② 대용량 버너 제작이 용이하다.
③ 유량 조절 범위가 넓어 부하 변동이 용이하다.
④ 분무 각도가 40~90° 정도로 크다.

해설 ③ 넓어 부하 변동이 용이하다. → 좁아 부하 변동이 용이하지 못하다.

2-7 유압 분무식 버너에 관한 설명으로 옳지 않은 것은? [14-1, 17-2]

① 유량 조절 범위가 환류식의 경우는 1 : 3, 비환류식의 경우는 1 : 2 정도여서 부하 변동에 적응하기 어렵다.
② 연료의 분사 유량은 15~2,000 L/h 정도이다.
③ 분무 각도가 40~90° 정도로 크다.
④ 연료의 점도가 크거나 유압이 5 kg/cm^2 이하가 되면 분무화가 불량하다.

해설 연료의 분사 유량은 30~3,000 L/h 정도이다.

정답 2-1 ② 2-2 ③ 2-3 ③ 2-4 ② 2-5 ② 2-6 ③ 2-7 ②

2-8 액체 연료의 연소 장치 중 유압 분무식 버너에 관한 설명으로 가장 거리가 먼 것은 어느 것인가? [15-2]

① 대용량 버너 제작이 용이하다.
② 분무 각도가 40~90° 정도로 크다.
③ 연료의 점도가 크거나 유압이 5 kg/cm^2 이하가 되면 분무화가 불량하다.
④ 유량 조절 범위가 넓어 부하 변동 적응에 용이하다.

해설 유압식 버너는 유량 조절 범위(1 : 3)가 좁다.

2-9 연소의 종류에 관한 설명으로 옳지 않은 것은? [19-1]

① 포트 액면 연소는 액면에서 증발한 연료가스 주위를 흐르는 공기와 혼합하면서 연소하는 것으로 연소 속도는 주위 공기의 흐름 속도에 거의 비례하여 증가한다.
② 심지 연소는 공급 공기의 유속이 낮을수록, 공기의 온도가 높을수록 화염의 높이는 높아진다.
③ 증발 연소는 일반적으로 가정용 석유스토브, 보일러 등 연료가 경질유이며, 소형인 것에 사용된다.
④ 분무 연소는 연소 장치를 작게 할 수 있는 장점은 있으나, 고부하의 연소는 불가능하다.

해설 유압 분무식은 연소 장치를 크게 할 수 있는 장점이 있고, 고부하 연소가 가능하다. 발전용, 선박용, 대형 보일러용으로 사용한다.

2-10 유류 버너 중 회전식 버너에 관한 설명으로 옳지 않은 것은? [13-4]

① 연료유의 점도가 적을수록 분무화 입경이 작아진다.
② 분무는 기계적 원심력과 공기를 이용한다.
③ 유압식 버너에 비하여 연료의 분무화 입경이 $\frac{1}{10}$ 이하로 매우 작다.
④ 분무 각도는 40~80° 정도로 크며, 유량 조절 범위도 1 : 5 정도로 비교적 큰 편이다.

해설 회전식 버너는 유압식 버너에 비해 연료유의 분무화 입경이 비교적 크다.

2-11 액체 연료의 연소 장치에 관한 설명으로 옳지 않은 것은? [13-2]

① 유압 분무식 버너는 대용량 버너 제작이 용이하다.
② 고압 기류 분무식 버너는 연소 시 소음이 큰 편이다.
③ 회전식 버너는 유압식 버너에 비해 분무화 입경이 작은 편이다.
④ 저압 기류 분무식 버너에서 분무에 필요한 공기량은 이론 연소 공기량의 30~50 % 정도이면 된다.

해설 ③ 작은 편 → 큰 편

2-12 회전식 버너에 관한 설명으로 옳지 않은 것은? [21-1]

① 분무 각도가 40~80°로 크고, 유량 조절 범위도 1 : 5 정도로 비교적 넓은 편이다.
② 연료유는 0.3~0.5 kg/cm^2 정도로 가압하여 공급하며, 직결식의 분사 유량은 1,000 L/h 이하이다.
③ 연료유의 점도가 크고, 분무컵의 회전

정답 2-8 ④ 2-9 ④ 2-10 ③ 2-11 ③ 2-12 ③

수가 작을수록 분무 상태가 좋아진다.

④ 3,000~10,000 rpm으로 회전하는 컵 모양의 분무컵에 송입되는 연료유가 원심력으로 비산됨과 동시에 송풍기에서 나오는 1차 공기에 의해 분무되는 형식이다.

해설 ③ 점도가 크고, 분무컵의 회전수가 작을수록 → 점도가 작고, 분무컵의 회전수가 클수록

2-13 [보기]에서 설명하는 내용으로 가장 적합한 유류 연소 버너는? [16-1, 20-4]

보기

- 화염의 형식 : 가장 좁은 각도의 긴 화염이다.
- 유량 조절 범위 : 약 1 : 10 정도이며, 대단히 넓다.
- 용도 : 제강용평로, 연속 가열로, 유리 용해로 등의 대형 가열로 등에 많이 사용된다.

① 유압식 ② 회전식
③ 고압기류식 ④ 저압기류식

해설 위의 설명은 고압공기식(고압기류식=건타입)의 설명이다.

2-14 액체 연료의 연소 버너에 관한 설명으로 가장 거리가 먼 것은? [18-1, 21-2]

① 유압 분무식 버너는 유량 조절 범위가 좁은 편이다.

② 회전식 버너는 유압식 버너에 비해 연료유의 분무화 입경이 크다.

③ 고압공기식 버너의 분무 각도는 40~90° 정도로 저압공기식 버너에 비해 넓은 편이다.

④ 저압공기식 버너는 주로 소형 가열로에 이용되고, 분무에 필요한 공기량은 이론 연소 공기량의 30~50 % 정도이다.

해설 ③ 40~90° → 30°,
넓은 편 → 좁은 편

2-15 액체 연료 연소 장치 중 건타입(Gun type) 버너에 관한 설명으로 옳지 않은 것은? [17-1, 20-1]

① 유압은 보통 7 kg/cm^2 이상이다.

② 연소가 양호하고 전자동 연소가 가능하다.

③ 형식은 유압식과 공기 분무식을 합한 것이다.

④ 유량 조절 범위가 넓어 대형 연소에 사용한다.

해설 ④ 대형 연소 → 소형 연소
※ 건타입 버너=고압공기식 버너

2-16 고압기류 분무식 버너의 특징으로 거리가 먼 것은? [15-2, 18-2]

① 분무 각도는 60° 정도로 크고, 유량 조절 범위는 1 : 3 정도로 부하 변동에 대한 적응이 어렵다.

② 2~8 kg/cm^2 정도의 고압 공기를 사용하여 연료유를 무화시키는 방식이다.

③ 연료유의 점도가 커도 분무화가 용이한 편이다.

④ 분무에 필요한 1차 공기량은 이론 연소 공기량의 7~12 % 정도이면 된다.

해설 고압기류 분무식 버너(고압공기식 버너)의 분무 각도는 30° 정도로 적고, 유량 조절 범위는 1 : 10 정도로 부하 변동에 대한 적응이 쉽다.

2-17 액체 연료의 연소 장치에 관한 각 설명 중 옳지 않은 것은? [12-4]

① 고압기류 분무식 버너는 연료유의 점

정답 2-13 ③ 2-14 ③ 2-15 ④ 2-16 ① 2-17 ③

도가 커도 분무화가 용이하나 연소 시 소음이 크다.

② 저압기류 분무식 버너의 연료 분사 범위는 200 L/h 정도로 소형 설비에 주로 사용된다.

③ 증기 분무식 버너는 설비가 비교적 간단하고, 내부 혼합식의 연료 분사 범위는 10~1,200 L/h 정도이다.

④ 회전식 버너는 분무 각도는 40~80° 정도이다.

해설 증기 분무식 버너(고압 공기식 버너)는 설비가 비교적 복잡하다.

2-18 **공기압은 2~10 kg/cm^2, 분무화용 공기량은 이론 공기량의 7~12 %, 분무 각도는 30° 정도이며, 유량 조절 범위는 1 : 10 정도인 액체 연료의 연소 장치는 어느 것인가?** [14-1, 14-2, 17-2]

① 유압식 버너

② 고압공기식 버너

③ 충돌 분사식 버너

④ 회전식 버너

해설 공기압이 2~7 kg/cm^{2}인 것은 고압공기식 버너이다.

2-19 **고압기류 분무식 버너에 관한 설명으로 옳지 않은 것은?** [19-4]

① 2~8 kg/cm^{2}의 고압공기를 사용하여 연료유를 분무화시키는 방식이다.

② 분무 각도는 30° 정도, 유량 조절비는 1 : 10 정도이다.

③ 분무에 필요한 1차 공기량은 이론 공기량의 80~90 % 범위이다.

④ 연료유의 점도가 커도 분무화가 용이하나 연소 시 소음이 큰 편이다.

해설 ③ 80~90 % → 7~12 %

2-20 **액체 연료의 연소용 버너 중 유량의 조절 범위가 일반적으로 가장 큰 것은 어느 것인가?** [19-4]

① 저압기류 분무식 버너

② 회전식 버너

③ 고압기류 분무식 버너

④ 유압 분무식 버너

해설 ① 1 : 5

② 1 : 5

③ 1 : 10

④ 1 : 3

2-21 **액체 연료의 연소 장치에 관한 설명 중 옳은 것은?** [20-4]

① 건타입(gun type) 버너는 유압식과 공기 분무식을 혼합한 것으로 유압이 30 kg/cm^2 이상으로 대형 연소 장치이다.

② 저압기류 분무식 버너의 분무 각도는 30~60° 정도이고, 분무에 필요한 공기량은 이론 연소 공기량의 30~50 % 정도이다.

③ 고압기류 분무식 버너의 분무 각도는 70°이고, 유량 조절 비가 1 : 3 정도로 부하 변동 적응이 어렵다.

④ 회전식 버너는 유압식 버너에 비해 연료유의 입경이 작으며, 직결식은 분무컵의 회전수가 전동기의 회전수보다 빠른 방식이다.

해설 ① 유압이 0.5~4 kg/cm^2 정도이고, 소형 연소 장치이다.

③ 분무 각도가 30°이고, 유량 조절비가 1 : 10로 부하 변동 적응이 쉽다.

④ 연료유의 입자가 크다.

2-22 **유류 버너의 종류에 관한 설명 중 틀린 것은?** [16-2]

정답 2-18 ② 2-19 ③ 2-20 ③ 2-21 ② 2-22 ③

① 유압식 버너에서 연료유의 분무 각도는 압력, 점도 등으로 약간 달라지지만 40~90° 정도이다.
② 고압공기식 버너는 고점도 사용에도 가능하며, 분무 각도가 20~30° 정도이며, 장염이나 연소 시 소음이 발생된다.
③ 저압공기식 버너는 구조가 간단하고, 유량 조절 범위는 1 : 10 정도이며, 무화 상태가 좋아서 대형 가열로에 주로 사용한다.
④ 회전식 버너의 유량 조절 범위는 1 : 5 정도이고, 유압식 버너에 비해 연료유의 분무화 입경은 비교적 크다.

해설 ③ 1 : 10 → 1 : 5
대형 가열로 → 소형 가열로

2-23 **분무 연소기의 자동제어 방법인 시퀀스 제어(순차 제어, sequential control)에 관한 설명으로 가장 거리가 먼 것은 어느 것인가?** [19-4]

① 안전 장치가 따로 필요 없다.
② 분무 연소기의 자동점화, 자동소화, 연소량 자동제어 등이 행해진다.
③ 화염이 꺼진 경우 화염 검출기가 소화를 검출하고, 점화 플러그를 다시 작동시킨다.
④ 지진에 의해서 감지기가 작동하면 연료 개폐 밸브가 닫힌다.

해설 안전 장치는 어떤 설비에도 전부 필요하다.

2-24 **화염을 유지하기 위한 보염기에 관한 설명으로 가장 거리가 먼 것은?** [14-1]

① 원추형 보염기는 원추의 가장자리에서 말려들게 한 소용돌이에 의하여 주로 보염 작용을 행한다.
② 축류형 보염기는 축의 전방에 생기는 소용돌이에 의하여 주로 보염 작용을 행한다.
③ 공기 유동에 대해 소용돌이를 발생시켜 화염의 순환 영역을 만들어 화염의 안정화를 꾀한다.
④ 공기 유동에 대해 연료를 역방향으로 분사하고 국부 공기 유속을 화염 전파 속도보다 작게 한다.

해설 ② 축의 전방 → 축의 후방

정답 **2-23** ① **2-24** ②

3 기체 연료의 연소 장치 및 연소 방법

3. 다음 중 기체 연료 연소 장치에 해당하지 않는 것은? [19-2]

① 송풍 버너 ② 선회 버너
③ 방사형 버너 ④ 로터리 버너

해설 로터리(회전식) 버너는 유류 버너이다.

답 ④

이론 학습

(1) 기체 연료의 연소 장치(고체 연료, 액체 연료의 연소 장치보다)

가스 버너의 특징은 다음과 같다.

- 연소 성능이 좋아 고부하 연소가 가능하다.
- 연료와 공기의 혼합비를 정확히 제어할 수 있고, 연소량 조절이 간단하며 그 범위가 넓다(버너를 사용하므로).
- 정확한 온도 제어가 가능하다.
- 버너 구조가 간단하고, 그 보수가 쉽다(액체 연료의 연소 장치 버너보다).
- 배기가스 중 황산화물, 매연 등이 적어서 공해 대책에 유리하다.

① **확산 연소 방법의 연소 장치** : 확산 연소 방식에서 사용되는 버너는 포트형(port－type)과 버너형(burner－type)이 있다.

㈎ 포트형(port－type) : 내화재로 만든, 단면적이 큰 화구에서 공기와 가스를 별도로 보내서 연소시키는 것으로 가스와 공기를 다 같이 고온으로 예열할 수 있다.

㉮ 사용 연료 : 탄화수소가 비교적 적은 발생로 가스, 고로 가스

㉯ 용도 : 연소 속도가 느리므로 긴 화염(단점)을 얻을 수 있어서 평로, 유리 용융로 등과 같은 대형 가마에 사용한다.

㈏ 버너형(burner－type)

㉮ 선회 버너 : 가스와 공기를 선회 날개(guide－vane＝안내 날개)를 통하여 혼합시킨다. 특히 고로 가스와 같은 저질 연료를 확산 연소시킨다.

㉯ 방사형 버너 : 천연가스와 같은 고발열량의 가스를 연소시킨다.

② **예혼합 연소 방법의 연소 장치**

㈎ 저압 버너 : 도시가스 연소에서는 가스의 압력이 70~160 mmH_2O 정도이며 분출될 때 주위의 공기를 충분히 흡인할 수 있는 공기흡인식 버너이다. 이 버너는 송풍기를 사용하지 않아도 되며, LP 가스와 천연가스와 같이 발열량이 높은 가스는 노즐의 직경을 작게 하고, 가스 압력을 높이며, 공기의 흡인량을 많게 하여야 한다.

㈏ 고압 버너 : 가스 압력은 2 kg/cm^2 이상으로 하고, 압축 도시가스 용기에 충전된 LP 가스, 부탄가스 등이 공기와 혼합할 경우에는 노내압이 다소 정압(+)이더라도 1차 공기의 흡입량이 충분하므로 소형의 고온로에 사용할 수 있다.

㈐ 송풍 버너 : 연소용 공기를 가압하여 송입하는 형식의 버너로서 고압 버너와 마찬가지로 공기가 노즐에서 나옴과 동시에 가스를 흡인 혼합하여 보내주는 것과 가스와 연소 공기를 혼합하여 송풍기로 보내주는 형식의 것이 있다.

(2) 기체 연료의 연소 방법

기체 연료의 연소 방법에는 확산 연소 방법과 예혼합 연소 방법이 있다.

① **확산 연소 방법** : 공기와 가스를 각각 연소실로 분사하여 난류와 자연 확산에 의하여 서로 혼합시켜 연소하는 외부 혼합 방식이다.

[특징]

㈎ 탄화수소가 적은 발생로 가스 고로 가스에 적당하다.

㈏ 가스와 공기를 고온으로 예열(장점)할 수 있고, 화염이 길다(단점). 그리고 그을음이 발생한다(단점).

㈐ 부하의 조정 범위가 넓다 (버너를 사용하므로).

㈑ 기체 연료와 공기를 따로 분출시켜 확산 혼합하면서 연소시키는 방식으로서 조작범위가 넓고, 역화(backfire)의 위험성이 적다(장점).

② **예혼합 연소 방법** : 가스와 공기를 버너 내에서 혼합시킨 후 연소실에 분사시켜 연소시키는 방식이다.

[특징]

㈎ 연소하기 전에 기체 연료와 공기를 미리 혼합시키는 버너로서 연소 부하가 크고, 화염의 길이가 짧다(장점).

㈏ 역화(backfire)의 위험성이 크다(역화 방지기를 설치해야 한다 : 단점).

㈐ 완전 예혼합형과 부분 예혼합형이 있다.

㈑ 높은 화염 온도를 얻을 수 있다(장점).

4 각종 연소 장애와 그 대책 등

(1) 저온 부식

연료 중의 황분이 연소에 의하여 산화하여 아황산가스(SO_2)로 되며, 그 일부는 다시 산화하여 무수황산(SO_3)으로 된다. 이 SO_3는 연소 가스 중의 수분(H_2O)과 화합하여 황산가스(H_2SO_4)로 되고, 보일러의 저온부에 접촉하여 노점 이하로 되면 황산으로 되어 금속면에 심한 부식을 일으키는 것을 말한다. 무수황산의 노점은 150℃ 이하이다.

참고 **저온부식 방지법**

① 중유를 먼저 처리하여 황분을 제거한다.
② 첨가제를 사용하여 황산가스의 노점(150℃ 이하)을 내린다.
③ 배기가스 중의 CO_2%를 올려 황산가스의 노점을 내린다.
④ 전열면의 표면에 보호 피막을 사용한다.
⑤ 저온 전열면에 내식 재료를 사용한다.
⑥ 전열면의 표면 온도가 낮아지지 않도록 한다(150° 이하).

(2) 고온 부식

중유 중에 함유된 바나듐(V)이 연소에 의하여 산화하여 5산화 바나듐(V_2O_5)이 되어 고온 전열면에 융착하고 이것에 의해 부식되는 것을 말한다. V_2O_5의 융점은 670℃이며, 이것에 Na이 가하여지면 융점은 535℃까지 저하된다.

참고 **고온 부식 방지법**

① 중유를 먼저 전처리하여 V, Na 등을 제거한다.
② 첨가제를 사용하여 V의 융점을 올려 V_2O_5의 부착을 방지한다.
③ 전열면의 표면에 보호 피막을 사용한다.
④ 고온 전열면에 내식 재료를 사용한다.
⑤ 전열면의 표면 온도가 높아지지 않도록 한다.

3-1 기체 연료의 연소 특성으로 틀린 것은 어느 것인가? [16-1]

① 적은 과잉 공기를 사용하여도 완전 연소가 가능하다.
② 저장 및 수송이 불편하며 시설비가 많이 소요된다.
③ 연소 효율이 높고 매연이 발생하지 않는다.
④ 부하의 변동 범위가 넓어 연소 조절이 어렵다.

해설 기체 연료의 연소는 버너를 사용하므로 부하의 변동 범위가 넓고, 연소 조절이 용이하다.

3-2 확산형 가스 버너 중 포트형에 관한 설명으로 옳지 않은 것은? [14-1]

① 포트형은 버너가 로 벽에 의해 분리되어 내화 벽돌로 조립된 것으로 가스 분출 속도가 높다.
② 구조상 가스와 공기압을 높이지 못한

정답 3-1 ④ 3-2 ①

경우에 사용한다.

③ 가스와 공기를 함께 가열할 수 있다.

④ 가스 및 공기의 온도와 밀도를 고려하여 밀도가 큰 공기 출구는 상부에, 밀도가 작은 가스 출구는 하부에 배치되도록 설계한다.

해설 포트형은 내화재로 만든 단면적이 큰 화구에서 공기와 가스를 별도로 보내어 연소시키는 것으로 가스와 공기를 다 같이 고온으로 예열할 수 있고 가스 분출 속도가 느리다.

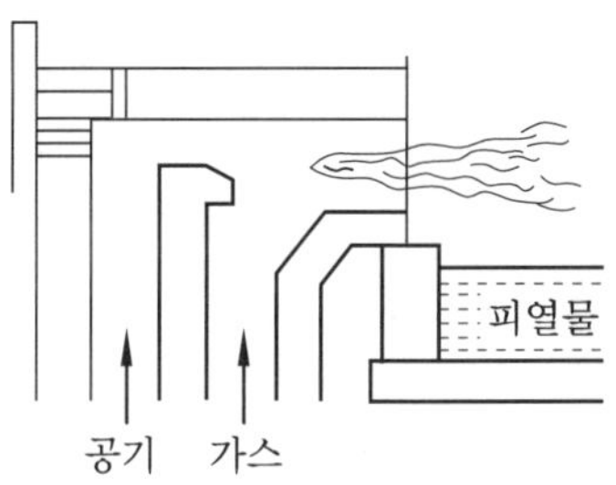

3-3 확산형 가스 버너 중 포트형에 관한 설명으로 가장 거리가 먼 것은? [17-2]

① 버너 자체가 로벽과 함께 내화 벽돌로 조립되어 로 내부에 개구된 것이며, 가스와 공기를 함께 가열할 수 있는 이점이 있다.

② 고발열량 탄화수소를 사용할 경우에는 가스 압력을 이용하여 노즐로부터 고속으로 분출하게 하여 그 힘으로 공기를 흡인하는 방식을 취한다.

③ 밀도가 큰 공기 출구는 상부에, 밀도가 작은 가스 출구는 하부에 배치되도록 한다.

④ 구조상 가스와 공기압이 높은 경우에 사용한다.

해설 포트형은 구조상 가스와 공기압이 낮다.

3-4 다음 중 기체 연료의 확산 연소에 사용되는 버너 형태로 가장 적합한 것은 어느 것인가? [15-1, 20-2]

① 심지식 버너 ② 회전식 버너
③ 포트형 버너 ④ 증기 분무식 버너

해설 기체 연료의 확산 연소에 사용되는 버너는 포트형(port – type)과 버너형(burner – type)이 있다.

3-5 확산형 가스 버너인 포트형 사용 및 설계 시의 주의사항으로 옳지 않은 것은 어느 것인가? [13-4, 18-2]

① 구조상 가스와 공기압을 높이지 못한 경우에 사용한다.

② 가스와 공기를 함께 가열할 수 있는 이점이 있다.

③ 고발열량 탄화수소를 사용할 경우는 가스 압력을 이용하여 노즐로부터 고속으로 분출케 하여 그 힘으로 공기를 흡인하는 방식을 취한다.

④ 밀도가 큰 가스 출구는 하부에, 밀도가 작은 공기 출구는 상부에 배치되도록 하여 양쪽의 밀도 차에 의한 혼합이 잘 되도록 한다.

해설 밀도가 큰 가스 출구는 상부에, 밀도가 작은 공기 출구는 하부에 배치되도록 하여 양쪽의 밀도 차에 의한 혼합이 잘 되도록 한다.

3-6 확산형 가스 버너 중 포트형에 관한 설명으로 가장 거리가 먼 것은? [21-2]

① 가스와 공기를 함께 가열할 수 있다.

② 포트의 입구가 작으면 슬래그가 부착되어 막힐 우려가 있다.

③ 역화의 위험이 있기 때문에 반드시 역화 방지기를 부착해야 한다.

정답 3-3 ④ 3-4 ③ 3-5 ④ 3-6 ③

④ 밀도가 큰 가스 출구는 상부에, 밀도가 작은 가스 출구는 하부에 배치되도록 설계한다.

해설 확산 연소 방법은 기체 연료와 공기를 따로 분출시켜 확산혼합하면서 연소시키는 방식으로서 조작 범위가 넓고, 역화의 위험성이 없다.

3-7 **다음 중 확산 연소에 사용되는 버너로서 주로 천연가스와 같은 고발열량의 가스를 연소시키는 데 사용되는 것은 어느 것인가?** [12-2, 13-1, 17-2, 18-2]

① 건타입 버너 ② 선회 버너
③ 방사형 버너 ④ 고압 버너

해설 기체 연료 연소 설비 중 확산 연소 방법인 방사형 버너는 천연가스와 같은 고발열량의 가스를 연소시키고, 선회 버너는 고로가스와 같은 저질 연료를 확산 연소시킨다.

3-8 **화염이 길고, 그을음이 발생하기 쉬운 반면, 역화(back fire)의 위험이 없으며, 공기와 가스를 예열할 수 있는 연소 방식은?** [14-1]

① 예혼합 연소 ② 확산 연소
③ 플라스마 연소 ④ 컴팩트 연소

해설 기체 연료의 연소 중 역화의 위험이 없는 연소는 확산 연소이다.

3-9 **기체 연료의 연소 방식 중 확산 연소에 관한 설명으로 가장 거리가 먼 것은 어느 것인가?** [16-2, 20-1]

① 역화의 위험성이 없다.
② 가스와 공기를 예열할 수 없다.
③ 붉고 긴 화염을 만든다.
④ 연료의 분출 속도가 클 경우에는 그을음이 발생하기 쉽다.

해설 확산 연소는 가스와 공기를 따로 투입하므로 가스와 공기를 예열할 수 있다.

3-10 **기체 연료의 연소 방법에 대한 설명으로 가장 거리가 먼 것은?** [14-2]

① 확산 연소는 화염이 길고 그을음이 발생하기 쉽다.
② 예혼합 연소에는 포트형과 버너형이 있다.
③ 예혼합 연소는 화염 온도가 높아 연소 부하가 큰 경우에 사용이 가능하다.
④ 예혼합 연소는 혼합기의 분출 속도가 느릴 경우 역화의 위험이 있다.

해설 포트형과 버너형은 확산 연소 방법이다.

3-11 **다음 중 기체 연료 연소 장치에 해당하지 않는 것은?** [12-2]

① 송풍 버너 ② 선회 버너
③ 방사형 버너 ④ 로터리 버너

해설 로터리 버너(회전식 버너)는 액체 연료 연소 장치이다.

3-12 **기체 연료의 압력을 2 kg/cm^2 이상을 공급하므로 연소실 내의 압력은 정압이며, 소형의 가열로에 사용되는 버너는?** [13-2]

① 고압 버너 ② 저압 버너
③ 송풍 버너 ④ 선회 버너

해설 예혼합 연소 방법의 연소 장치에는 저압 버너, 고압 버너, 송풍 버너가 있다. 이 중 가스 압력이 2 kg/cm^2 이상인 것은 고압 버너이다.

3-13 **다음 중 기체 연료의 연소 방식에 해당되는 것은?** [13-1, 16-2]

① 스토커 연소
② 회전식 버너(rotary burner) 연소

정답 3-7 ③ 3-8 ② 3-9 ② 3-10 ② 3-11 ④ 3-12 ① 3-13 ③

③ 예혼합 연소
④ 유동층 연소

해설 ①, ④는 고체 연료 연소 방식이고 ②는 액체 연료 연소 방식이다.

3-14 기체 연료의 연소 장치 및 연소 방식에 관한 설명으로 옳지 않은 것은? [18-4]

① 확산 연소는 주로 탄화수소가 적은 발생로 가스, 고로 가스에 적용되는 연소 방식이고, 천연가스에도 사용될 수 있다.
② 확산 연소에 사용되는 버너 중 포트형은 기체 연료와 공기를 다 같이 고온으로 예열할 수 있다.
③ 예혼합 연소는 화염 온도가 높아 연소 부하가 큰 경우에 사용되고 화염 길이가 길고, 그을음 생성이 많다.
④ 예혼합 연소에 사용되는 고압 버너는 기체 연료의 압력을 2 kg/cm^2 이상으로 공급하므로 연소실 내의 압력은 정압이다.

해설 예혼합 연소는 가스와 공기를 버너 내에서 혼합시킨 후 연소실에 분사시켜 연소시키므로 연소 부하가 크고, 화염의 길이는 짧고 그을음 생성이 적다.

3-15 기체 연료의 연소 방식 중 예혼합 연소에 관한 설명으로 가장 거리가 먼 것은 어느 것인가? [13-4, 16-1, 21-1]

① 연소기 내부에서 연료와 공기의 혼합비가 변하지 않고 균일하게 연소된다.
② 화염 길이가 길고, 그을음이 발생하기 쉽다.
③ 역화의 위험이 있어 역화 방지기를 부착해야 한다.
④ 화염 온도가 높아 연소 부하가 큰 곳에 사용이 가능하다.

3-16 기체 연료의 연소 방식과 연소 장치에 관한 설명으로 옳지 않은 것은? [16-4]

① 확산 연소는 주로 탄화수소가 적은 발생로 가스, 고로 가스 등에 적용되는 연소 방식이다.
② 예혼합 연소는 화염 온도가 낮아 국부가열의 염려가 없고 연소 부하가 작은 경우 사용이 가능하며, 화염의 길이가 길다.
③ 저압 버너는 역화 방지를 위해 1차 공기량을 이론 공기량의 약 60 % 정도만 흡입하고 2차 공기는 로내의 압력을 부압으로 하여 공기를 흡인한다.
④ 예혼합 연소에 사용되는 버너에는 저압 버너, 고압 버너, 송풍 버너 등이 있다.

해설 예혼합 연소는 높은 화염 온도를 얻을 수 있고, 연소 부하가 크고, 화염의 길이가 짧다.

3-17 기체 연료 연소 방식 중 예혼합 연소에 관한 설명으로 옳지 않은 것은 어느 것인가? [17-4, 20-2]

① 연소기 내부에서 연료와 공기의 혼합비가 변하지 않고 균일하게 연소된다.
② 역화의 위험이 없으며 공기를 예열할 수 있다.
③ 화염 온도가 높아 연소 부하가 큰 경우에 사용이 가능하다.
④ 연소 조절이 쉽고 화염 길이가 짧다.

해설 예혼합 연소는 역화의 위험이 있고, 공기를 예열하면 폭발의 위험이 있다.

3-18 예혼합 연소에 관한 설명으로 옳은 것은? [15-1]

① 혼합기의 분출 속도가 느릴 경우 역화의 위험이 있으므로 역화 방지기를 부착해야 한다.

정답 3-14 ③ 3-15 ② 3-16 ② 3-17 ② 3-18 ①

② 화염 온도가 낮아 연소 부하가 적은 경우에 효과적으로 사용 가능하다.
③ 예혼합 연소에 사용되는 버너로 선회 버너, 방사 버너가 있다.
④ 연소 조절이 어렵고, 화염 길이가 길다.

해설 예혼합 연소는 화염의 온도가 높고 버너의 종류로는 저압 버너, 고압 버너, 송풍 버너가 있다. 그리고 연소 조절이 쉽고(버너를 사용하므로), 확산 연소에 비해서 화염의 길이는 짧다.

3-19 기체 연료의 연소 방식과 연소 장치에 관한 설명으로 옳지 않은 것은? [19-2]

① 확산 연소는 주로 탄화수소가 적은 발생로 가스, 고로 가스 등에 적용되는 연소 방식이다.
② 예혼합 연소는 화염 온도가 낮아 국부 가열의 염려가 없고 연소 부하가 작은 경우 사용이 가능하며, 화염의 길이가 길다.
③ 저압 버너는 역화 방지를 위해 1차 공기량을 이론 공기량의 약 60% 정도만 흡입하고 2차 공기로는 로내의 압력을 부압(−)으로 하여 공기를 흡인한다.
④ 예혼합 연소에 사용되는 버너에는 저압 버너, 고압 버너, 송풍 버너 등이 있다.

해설 예혼합 연소는 연소하기 전에 연료와 공기를 미리 혼합시키는 버너로서 연소 부하가 크고, 화염의 길이가 짧다.

3-20 절충식 방법으로서 연소용 공기의 일부를 미리 기체 연료와 혼합하고 나머지 공기는 연소실 내에서 혼합하여 확산·연소시키는 방식으로 소형 또는 중형 버너로 널리 사용되며, 기체 연료 또는 공기의 분출 속도에 의해 생기는 흡인력을 이용하여 공기 또는 연료를 흡인하는 것은? [14-4, 18-1]

① 확산 연소 ② 예혼합 연소
③ 유동층 연소 ④ 부분 예혼합 연소

해설 부분 예혼합 연소는 확산 연소와 예혼합 연소를 절충한 것이다.

3-21 연소용 공기의 일부를 미리 연료와 혼합하고, 나머지 공기는 연소실 내에서 혼합하여 확산 연소시키는 연소 방식으로 소형 또는 중형 버너로 널리 사용되는 기체 연료의 연소 방식은? [13-2]

① 부분 연소
② 간헐 연소
③ 연속 연소
④ 부분 예혼합 연소

3-22 다음 중 기체 연료의 연소 형태에 해당하지 않는 것은? [12-4]

① 확산 연소
② 분해 연소
③ 예혼합 연소
④ 부분 예혼합 연소

해설 분해 연소는 고체·액체 연료의 연소 형태이다.

3-23 보일러에서 저온 부식을 방지하기 위한 방법으로 가장 거리가 먼 것은 어느 것인가? [13-1, 16-1]

① 과잉 공기를 줄여서 연소한다.
② 가스 온도를 산노점 이하가 되도록 조업한다.
③ 연료를 전 처리하여 유황분을 제거한다.
④ 장치 표면을 내식 재료로 피복한다.

해설 배출 가스 온도가 산노점 이하가 되면 저온 부식이 발생되므로 산노점 이상이 되도록 조절한다.

정답 3-19 ② 3-20 ④ 3-21 ④ 3-22 ② 3-23 ②

3-24 다음 중 저온 부식의 원인과 대책에 관한 설명으로 가장 거리가 먼 것은 어느 것인가? [12-4, 19-1]

① 연소 가스 온도를 산노점 온도보다 높게 유지해야 한다.
② 예열 공기를 사용하거나 보온 시공을 한다.
③ 저온 부식이 일어날 수 있는 금속 표면은 피복을 한다.
④ 250℃ 이상의 전열면에 응축하는 황산, 질산 등에 의하여 발생된다.

해설 ④ 250℃ 이상→150℃ 이하

3-25 폐열 회수 장치가 설치된 소각로의 특징에 관한 설명으로 거리가 먼 것은 어느 것인가?(단, 폐열 회수를 안하는 소각로와 비교) [19-2]

① 연소 가스 배출 부분과 수증기 보일러 관에서 부식의 염려가 없다.
② 열 회수 연소 가스의 온도와 부피를 줄일 수 있다.
③ 공기와 연소 가스의 양이 비교적 적으므로 용량이 작은 송풍기를 쓸 수 있다.
④ 수증기 생산을 위한 수냉로벽, 보일러 등 설비가 필요하다.

해설 부식의 염려가 있다.

정답 **3-24** ④ **3-25** ①

3-2 연소 기관 및 오염물

1 연소 기관의 분류 및 구조

4. 가솔린 엔진과 디젤 엔진의 상대적인 특성을 비교한 내용으로 옳지 않은 것은? [14-2]

① 가솔린 엔진은 예혼합 연소, 디젤 엔진은 확산 연소에 가깝다.
② 가솔린 엔진은 연소실 크기에 제한을 받는 편이다.
③ 디젤 엔진은 공급 공기가 많기 때문에 배기가스 온도가 낮아 엔진 내구성에 유리하다.
④ 디젤 엔진은 가솔린 엔진에 비하여 자기 착화 온도가 높아 검댕, CO, HC의 배출 농도 및 배출량이 많다.

해설 디젤 엔진 착화점은 200℃ 정도이고, 가솔린 엔진의 착화점은 300℃ 정도이다.

답 ④

이론 학습

(1) 가솔린 기관(스파크 점화 기관)

가솔린을 연료로 하는 내연 기관이다. 기화기를 통하여 가솔린과 공기를 적당히 혼합하여 실린더로 보내고 압축한 뒤 전기 불꽃에 의해 점화된다.

가솔린의 착화점은 300℃이고, 연소 형태는 예혼합 연소이다.

(2) 디젤 기관(압축 점화 기관)

경유를 연료로 하는 내연 기관이다. 먼저 실린더 안에 공기를 흡입·압축하여 고온·고압으로 한 후 경유를 분사하여 자연 발화시킨다(불씨 없이 불이 붙는다).

경유의 착화점은 200℃이고, 연소 형태는 확산 연소이다.

2 연소 기관별 특징 및 배출 오염 물질

(1) 가솔린 기관의 특징

① 연료는 주로 휘발유, LPG, CNG, 알코올 등이다.

② 연소 방식은 점화 플러그에 의해 강제 연소, 폭발시킨다.

③ 연소실 크기에 제한을 받는 편이다.

④ 공기 – 연료비가 거의 일정하다.

⑤ 압축비가 낮아(8~9) 소음, 진동이 적다(장점).

⑥ 연비가 낮아 연료 소비량이 많다(단점).

⑦ 배출 가스는 HC, CO, NO_x, Pb 등이다.

(2) 디젤 기관의 특징

① 연료는 경유이다(세탄가가 높은 경유가 착화성이 좋다).

② 연소 방식은 공기를 흡입·압축시킨 후 경유를 미립하게 분사시켜 압축 점화한다.

③ 공기 공급이 많기 때문에 배기가스 온도가 낮아 엔진 내구성에 유리하다.

④ 1회전당 엔진에 유입되는 공기량이 거의 일정하다.

⑤ 공기만을 압축하므로 압축비(15~20)를 높게 하여 연비가 높다(장점 : 연료 소비량이 적다).

⑥ 배출 가스는 NO_x, 매연 등이다.

(3) 매연과 검댕

대기환경보전법에 의해 매연과 검댕의 정의를 알아보면 다음과 같다.

매연 : 연소 시에 발생하는 유리 탄소를 주로 하는 미세한 입자상 물질을 말한다.

검댕 : 연소 시에 발생하는 유리 탄소가 응결하여 입자의 지름이 1미크론 이상이 되는 입자상 물질을 말한다.

검댕의 생성 과정은 탄화수소 연료의 연소 과정에서 탈수소나 분해가 될 때 동시에 중합, 방향족 고리의 생성에 따라 탄소수가 많은 물질(고분자)인 검댕이 된다.

① 고체 연료에서의 검댕

스토커 연소에서는 다른 연소 방식에 비하여 공기비가 크지만 가연물과 공기의 혼합이 불충분하기 때문에 부분적으로 공기가 부족하게 되어 검댕이 발생하게 된다.

미분탄 연소에서는 일반적으로 화력 발전소와 같은 대형 설비에 많이 이용하므로 관리가 잘 되기 때문에 검댕은 거의 발생하지 않으나 오히려 비산되는 먼지가 많다.

석탄 연료에서 매연의 성상 원인을 알아보면 휘발분이 많을수록 검댕 발생이 심하다. 그 이유는 그 휘발분 중의 탄화수소가 불완전하게 연소하기 때문이다. 또 석탄이 가열에 의하여 팽창하면 탄층 내의 연소용 공기나 연소 가스의 흐름이 불균일하게 되고 전체적으로 공기의 부족 현상이 일어날 때 검댕이 발생한다.

여기서 방지책은 휘발분이 많아도 상당하는 공기량을 동시에 보급하고 연소용 공기와 연소 가스의 혼합을 적절히 함으로써 검댕의 발생을 줄일 수 있다.

② 액체 연료에서의 검댕

액체 연료에서의 검댕 발생은 연료의 성질에 크게 영향을 받는다.

(가) 연료의 C/H비가 클수록 검댕 발생이 쉽다.
(C/H비 크기 : 중유 > 경유 > 등유 > 가솔린)

(나) -C-C-의 탄소 결합을 절단하기보다 탈수소가 용이한 연료 쪽이 발생하기 쉽다.

(다) 탈수소, 중합 및 고리화(환상) 등의 반응을 일으키기 쉬운 탄화수소일수록 발생하기 쉽다.

(라) 분해 및 산화가 쉬운 탄화수소일수록 검댕의 발생이 적다.

또 분무 시 액체 방울의 크기의 영향을 알아보면 중질유로서 사용 분무 액체 방울이 큰 것일수록 검댕 발생이 심하다.

보일러에는 여러 가지의 형이 있지만 시동 시에나 종료 시에는 연소실 내의 온도가 떨어져서 검댕이 발생하기 쉽다. 따라서 시동 시에는 A중유를 사용하여 연소실 온도가 상승된 후 B중유 또는 C중유로 전환하는 방법으로 매연 발생을 방지할 수 있다.

또 중·소형 보일러에서는 연소실 부하가 큰 것, 연소실 내의 불꽃이 수랭벽에 접촉·급랭되어 분무 액체 연료 방울이 벽면에 부착하게 되는 것은 매연 또는 검댕 발생이 심하다(공간 연소를 시켜야 한다).

참고 액체 연료에서의 검댕 발생 방지책

(가) 버너의 무화를 좋게 할 것
(나) 연소용 공기의 공급 방법을 적정히 할 것
(다) 불꽃 형상과 연소실 부하를 적정히 할 것

③ 기체 연료에서의 검댕

기체 연료의 탄화수소는 고체나 액체 연료에 비해 검댕 생성이 가장 적다. 그러나 이론 공기량 또는 그 이하가 되면 기체 연료에서도 검댕이 발생한다. 또 역으로 공기량을 많게 하면 연소실 내의 온도가 저하되어 불완전 연소가 되어 검댕이 발생한다.

(4) 질소 산화물

① 질소 산화물(NO_x) 생성 기구

㈎ thermal NO_x(열적 NO_x) : 높은 열에 의해서 실린더 안에서 공기 중의 질소와 산소가 결합하여 생성

㈏ fuel NO_x(연료 NO_x) : 연료 중의 질소가 실린더 안에서 산화하여 생성

㈐ prompt NO_x(화염 NO_x) : 화염의 면(껍질)에서 전기적인 이온 교환에 의해 생성

② 질소 산화물(NO_x) 생성 특성

㈎ 화염의 온도가 높을수록 질소 산화물의 생성은 커진다.

㈏ 배출 가스 중 산소 분압이 높을수록 질소 산화물의 생성은 커진다.

㈐ 연료 중 질소 함량이 낮을수록 fuel NO_x 변환율이 증가하는 경향이 있다.

㈑ 화염 속에서 생성되는 질소 산화물은 주로 NO(90 %)이며, 소량의 NO_2(10 %)를 함유한다.

③ 열적 NO_x(thermal NO_x)의 생성 억제 방안

㈎ 희박 예혼합 연소를 함으로써 최고 화염 온도를 1,800 K 이하로 억제한다.

㈏ 화염의 최고 온도를 저하시키기 위해서 화염을 분할시킨다.

㈐ 물의 증발 잠열과 수증기의 현열 상승으로 화염열을 빼앗아 온도 상승을 억제한다.

㈑ 연료와 공기의 혼합을 완만하게 하여 연소를 길게 함으로써 화염 온도의 상승을 억제한다.

㈒ 배기가스를 재순환하여 최고 화염 온도와 산소 농도를 억제한다(가장 현실적).

3-3 연소 배출 오염 물질 제어

1 연료 대체

① 배터리의 발전과 더불어 전기 자동차 사용
② 장기적인 측면에서 태양열, 핵에너지, 지열, 풍력 등을 이용

2 연소 장치 및 개선 방법

(1) 휘발유 자동차에서 대기 오염 물질 저감 방법

① 기관 개량(엔진 개량)
② 연료 장치 개량
③ 삼원 촉매 장치 설치
④ Blow-by 방지 장치 설치(HC 방지)
⑤ 배기가스 재순환 장치 설치(NO_x 방지)
⑥ 증발 가스 방지 장치(HC 방지)

(2) 경유 자동차에서 대기 오염 물질 저감 방법

① 기관 개량(엔진 개량)
② 연료 장치 개량
③ 입자상 물질 여과 장치 설치(매연 방지)
④ 배기가스 재순환 장치 설치(NO_x 방지)

(3) 삼원 촉매 장치

삼원 촉매 장치란 휘발유 자동차에서 배출 가스인 HC, CO, NO_x를 산화 촉매(Pt : 백금, Pd : 팔라듐)와 환원 촉매(Rh : 로듐)를 사용하여 인체에 무해한 물질인 CO_2, H_2O, N_2로 만드는 장치를 말한다.

$$HC,\ CO \xrightarrow{\text{산화}} CO_2,\ H_2O$$

$$NO_x \xrightarrow{\text{환원}} N_2$$

4-1 옥탄가(octane number)에 관한 설명으로 옳지 않은 것은? [20-4]

① N-paraffine에서는 탄소수가 증가할수록 옥탄가가 저하하여 C_7에서 옥탄가는 0이다.

② Iso-paraffine에서는 methyl측쇄가 많을수록, 특히 중앙부에 집중할수록 옥탄가는 증가한다.

③ 방향족 탄화수소의 경우 벤젠 고리의 측쇄가 C_3까지는 옥탄가가 증가하지만 그 이상이면 감소한다.

④ iso-octane과 n-octane, neo-octane의 혼합표준연료의 노킹 정도와 비교하여 공급 가솔린과 동등한 노킹 정도를 나타내는 혼합표준연료 중의 iso-octane(%)를 말한다.

해설 옥탄값 $= \dfrac{\text{iso 옥탄}}{\text{iso 옥탄} + \text{n헵탄}} \times 100$

4-2 다음 중 옥탄가가 가장 낮은 물질은 어느 것인가? [14-1]

① 노말 파라핀류
② 이소 올레핀류
③ 이소 파라핀류
④ 방향족 탄화수소

해설 옥탄가는 이소옥탄(iso-octane)의 옥탄가를 100, 노말헵탄(n-heptane)의 옥탄가를 0으로 정한다. 옥탄가가 높을수록 안티노킹성이 높다.

옥탄가

$$= \frac{\text{이소옥탄}(\%)}{\text{이소옥탄}(\%) + \text{노말헵탄}(\%)} \times 100$$

4-3 옥탄가에 관한 설명이다. ( ) 안에 들어갈 말로 옳은 것은? [21-1]

옥탄가는 시험 가솔린의 노킹 정도를 (㉠)과 (㉡)의 혼합표준연료의 노킹 정도와 비교했을 때, 공급 가솔린과 동등한 노킹 정도를 나타내는 혼합표준연료 중의 (㉠)%를 말한다.

① ㉠ iso-octane, ㉡ n-butane
② ㉠ iso-octane, ㉡ n-heptane
③ ㉠ iso-propane, ㉡ n-pentane
④ ㉠ iso-pentane, ㉡ n-butane

4-4 옥탄가에 대한 설명으로 틀린 것은 어느 것인가? [16-2]

① n-paraffine에서는 탄소수가 증가할수록 옥탄가가 저하하여 C_7에서 옥탄가는 0이다.

② 방향족 탄화수소의 경우 벤젠 고리의 측쇄가 C_3까지는 옥탄가가 증가하지만 그 이상이면 감소한다.

③ Naphthene계는 방향족 탄화수소보다는 옥탄가가 작지만 n-paraffine계보다는 큰 옥탄가를 가진다.

④ iso-paraffine에서는 methyl기 가지가 적을수록, 중앙에 집중하지 않고 분산될수록 옥탄가가 증가한다.

해설 ④ 가지가 적을수록, 중앙에 집중하지 않고 분산될수록 → 가지가 많을수록, 중앙에 집중할수록

4-5 가솔린 기관의 노킹 현상을 방지하기 위한 방법으로 가장 적합하지 않은 것은 어느 것인가? [12-1, 21-4]

① 화염 속도를 빠르게 한다.
② 말단 가스의 온도와 압력을 낮춘다.
③ 혼합기의 자기 착화 온도를 높게 한다.
④ 불꽃 진행 거리를 길게 하여 말단 가스

정답 4-1 ④ 4-2 ① 4-3 ② 4-4 ④ 4-5 ④

가 고온·고압에 충분히 노출되도록 한다.

해설 ④ 길게 하여 → 짧게 하여, 고온·고압에 충분히 노출되도록 한다. → 고온·고압에 노출되는 시간을 짧게 한다.

4-6 디젤 기관의 노킹(diesel knocking) 방지법으로 가장 적합한 것은 다음 중 어느 것인가? [13-2, 16-2]

① 세탄가가 10 정도로 낮은 연료로 사용한다.
② 연료 분사 개시 때 분사량을 증가시킨다.
③ 기관의 압축비를 높여 압축 압력을 높게 한다.
④ 기관 내로 분사된 연료를 한꺼번에 발화시킨다.

해설 분사량을 적게 하고, 압축비를 높인다.

4-7 디젤 노킹을 억제할 수 있는 방법으로 옳지 않은 것은? [12-4, 16-4, 21-1]

① 회전 속도를 높인다.
② 급기 온도를 높인다.
③ 기관의 압축비를 크게 하여 압축 압력을 높인다.
④ 착화 지연 기간 및 급격 연소 시간의 분사량을 적게 한다.

해설 ① 높인다. → 낮춘다.

4-8 전기 자동차의 일반적 특성으로 가장 거리가 먼 것은? [20-1]

① 내연 기관에 비해 소음과 진동이 적다.
② CO_2나 NO_x를 배출하지 않는다.
③ 충전 시간이 오래 걸리는 편이다.
④ 대형차에 잘 맞으며, 자동차 수명보다 전지 수명이 길다.

해설 ④ 대형차 → 소형차, 길다 → 짧다.

4-9 전기 자동차의 일반적 특성으로 가장 거리가 먼 것은? [18-1]

① 엔진 소음과 진동이 적다.
② 대형차에 잘 맞으며, 자동차 수명보다 전지 수명이 길다.
③ 친환경 자동차에 해당한다.
④ 충전 시간이 오래 걸리는 편이다.

해설 전기 자동차는 소형차에 잘 맞으며, 자동차 수명보다 전기 수명이 짧다.

4-10 다음 중 연료 연소 시 매연 발생에 관한 설명으로 옳지 않은 것은? [14-4]

① 분해하기 쉽거나 산화하기 쉬운 탄화수소는 매연이 많이 발생되는 편이다.
② 연료의 C/H 비율이 작을수록 매연이 생기기 어려운 편이다.
③ −C−C−의 탄소 결합을 절단하는 것보다 탈수소가 용이한 쪽이 매연이 잘 발생되는 편이다.
④ 탈수소, 중합 및 고리 화합물 등과 같이 반응이 일어나기 쉬운 탄화수소일수록 매연이 잘 생기는 편이다.

해설 분해하기 쉽거나 산화하기 쉬운 탄화수소는 매연 발생이 적다.

4-11 연소 시 발생하는 매연 또는 그을음 생성에 미치는 인자 등에 대한 설명으로 옳지 않은 것은? [18-4]

① 산화하기 쉬운 탄화수소는 매연 발생이 적다.
② 탈수소가 용이한 연료일수록 매연이 잘 생기지 않는다.

정답 4-6 ③ 4-7 ① 4-8 ④ 4-9 ② 4-10 ① 4-11 ②

③ 일반적으로 탄수소비(C/H)가 클수록 매연이 생기기 쉽다.
④ 중합 및 고리 화합물 등이 매연이 잘 생긴다.

해설 탈수소가 용이한 연료일수록 매연이 잘 생긴다.

4-12 매연 발생에 관한 설명으로 옳지 않은 것은? [13-2, 14-1, 19-1, 21-2]

① 연료의 C/H비가 클수록 매연이 발생하기 쉽다.
② 분해되기 쉽거나 산화되기 쉬운 탄화수소는 매연 발생이 적다.
③ 탄소 결합을 절단하기보다 탈수소가 쉬운 쪽이 매연이 발생하기 쉽다.
④ 중합 및 고리 화합물 등과 같이 반응이 일어나기 쉬운 탄화수소일수록 매연 발생이 적다.

해설 ④ 매연 발생이 적다. → 매연 발생이 많다.

4-13 매연 발생에 관한 다음 설명 중 가장 거리가 먼 것은? [15-4]

① -C-C-의 결합을 절단하기보다는 탈수소가 쉬운 쪽이 매연 발생이 어렵다.
② 연료의 C/H의 비율이 작을수록 매연 발생이 어렵다.
③ 탈수소, 중합 및 고리 화합물 등과 같이 반응이 일어나기 쉬운 탄화수소일수록 매연이 잘 생긴다.
④ 분해하기 쉽거나, 산화하기 쉬운 탄화수소는 매연 발생이 적다.

해설 ① 매연 발생이 어렵다. → 매연 발생이 쉽다.

4-14 그을음 발생에 관한 설명으로 옳지 않은 것은? [16-4]

① 분해나 산화하기 쉬운 탄화수소는 그을음 발생이 적다.
② C/H비가 큰 연료일수록 그을음이 잘 발생된다.
③ 탈수소보다 -C-C-의 탄소 결합을 절단하는 것이 용이한 연료일수록 잘 발생된다.
④ 발생 빈도의 순서는 '천연가스 < LPG < 제조 가스 < 석탄 가스 < 코크스'이다.

해설 -C-C-의 탄소 결합을 절단하기보다 탈수소가 용이한 연료 쪽이 발생하기 쉽다.

4-15 연료 연소 시 검댕(그을음)의 발생에 관한 설명으로 옳지 않은 것은? [17-1]

① 연료의 탄소/수소의 비가 작을수록 검댕이 발생하기 쉽다.
② 탄소 - 탄소 간의 결합이 절단되기보다 탈수소가 쉬운 연료일수록 검댕이 쉽게 발생한다.
③ 분해, 산화하기 쉬운 탄화수소 연료일수록 검댕 발생이 적다.
④ 천연가스 < LPG < 코크스 < 아탄 < 중유 순으로 검댕이 많이 발생한다.

해설 ① 작을수록 → 클수록

4-16 과잉 공기가 지나칠 때 나타나는 현상으로 거리가 먼 것은? [14-4]

① 배기가스에 의한 열손실의 증가
② 연소실 내 온도가 저하
③ 배기가스의 온도가 높아지고 매연이 증가
④ 배기가스 중 NO_x량 증가

정답 4-12 ④ 4-13 ① 4-14 ③ 4-15 ① 4-16 ③

해설 과잉 공기가 지나칠 때 배기가스 온도가 낮아진다. 또 매연은 공기가 부족할 때 생긴다.

4-17 **연소 공정에서 과잉 공기량의 공급이 많을 경우 발생하는 현상으로 거리가 먼 것은?** [17-4]

① 연소실의 온도가 낮게 유지된다.
② 배출 가스에 의한 열손실이 증대된다.
③ 황산화물에 의한 전열면의 부식을 가중시킨다.
④ 매연 발생이 많아진다.

해설 매연 발생이 많아지는 경우는 공기량이 부족할 때이다.

4-18 **다음 중 연료의 연소 과정에서 공기비가 낮을 경우 예상되는 문제점으로 가장 적합한 것은?** [16-4]

① 배출 가스에 의한 열손실이 증가한다.
② 배출 가스 중 CO와 매연이 증가한다.
③ 배출 가스 중 SO_x와 NO_x의 발생량이 증가한다.
④ 배출 가스의 온도 저하로 저온 부식이 가속화된다.

해설 공기비가 낮을 경우 불완전 연소되어 CO와 매연이 증가한다.

4-19 **분무 연소기에서 그을음이 생성되는 것을 방지하기 위한 방법으로 옳지 않은 것은?** [12-4]

① 배기가스 재순환 등에 의해서 연소용 공기의 O_2 농도를 증가시켜 포위염(envelope flame) 형성을 조장한다.
② 후류염(wake flame) 형성을 조장하여 예혼합 화염에 가깝게 한다.
③ 큰 입경의 분무 액적이 생기지 않게 연료 분사 밸브를 사용하여 연소를 균질하게 한다.
④ 주위 공기 유속을 증대시켜 화염을 예혼합 화염에 가깝게 한다.

해설 ① O_2 농도를 증가시켜 → 감소시켜

4-20 **다음 중 매연의 발생 원인으로 가장 거리가 먼 것은?** [13-1]

① 연소실의 체적이 적을 때
② 통풍력이 부족할 때
③ 석탄 중에 황분이 많을 때
④ 무리하게 연소시킬 때

해설 석탄 중에 황분이 많을 때는 매연보다 SO_2가 많이 생긴다.

4-21 **연료 연소 시 매연이 잘 생기는 순서로 옳은 것은?** [12-2, 20-4]

① 타르 > 중유 > 경유 > LPG
② 타르 > 경유 > 중유 > LPG
③ 중유 > 타르 > 경유 > LPG
④ 경유 > 타르 > 중유 > LPG

4-22 **다음 중 그을음이 잘 발생하기 쉬운 연료 순으로 나열한 것은? (단, 쉬운 연료 > 어려운 연료)** [19-4]

① 타르 > 중유 > 석탄 가스 > LPG
② 석탄 가스 > LPG > 타르 > 중유
③ 중유 > LPG > 석탄 가스 > 타르
④ 중유 > 타르 > LPG > 석탄 가스

해설 탄소수가 적을수록 그을음 발생이 적다.

4-23 **연소 시 매연 발생량이 가장 적은 탄화수소는?** [20-1]

① 나프텐계　② 올레핀계
③ 방향족계　④ 파라핀계

정답 4-17 ④　4-18 ②　4-19 ①　4-20 ③　4-21 ①　4-22 ①　4-23 ④

해설 매연 발생량이 가장 적은 탄화수소는 파라핀계(포화 탄화수소=알칸족)이다.

4-24 연소 시 발생되는 NO_x는 원인과 생성 기전에 따라 3가지로 분류하는데, 분류 항목에 속하지 않는 것은? [14-1, 17-2]

① Fuel NO_x
② noxious NO_x
③ prompt NO_x
④ thermal NO_x

해설 질소 산화물(NO_x)의 3가지 생성 기구
① Thermal NO_x(열적 NO_x)
② Fuel NO_x(연료 NO_x)
③ Promtp NO_x(화염 NO_x)

4-25 질소 산화물(NO_x) 생성 특성에 관한 설명으로 가장 거리가 먼 것은? [14-2]

① 일반적으로 동일 발열량을 기준으로 NO_x 배출량은 석탄 > 오일 > 가스 순이다.
② 연료 NO_x는 주로 질소 성분을 함유하는 연료의 연소 과정에서 생성된다.
③ 천연가스에는 질소 성분이 거의 없으므로 연료의 NO_x 생성은 무시할 수 있다.
④ 고정 오염원에서 배출되는 질소 산화물은 주로 NO_2이며, 소량의 NO를 함유한다.

해설 NO가 90 %, NO_2가 10 % 정도 발생한다.

4-26 저 NO_x 연소 기술 중 배기가스 순환 기술에 관한 설명으로 거리가 먼 것은 어느 것인가? [19-4]

① 일반적으로 배기가스 재순환 비율은 연소 공기 대비 10~20 %에서 운전된다.
② 희석에 의한 산소 농도 저감 효과보다는 화염 온도 저하 효과가 작기 때문에, 연료 NO_x보다는 고온 NO_x 억제 효과가 작다.
③ 장점으로 대부분의 다른 연소 제어 기술과 병행해서 사용할 수 있다.
④ 저 NO_x 버너와 같이 사용하는 경우가 많다.

해설 ② 화염 온도 저하 효과가 크기 때문에 고온 NO_x 억제 효과가 크다.

4-27 연소물을 연소하는 과정에서 질소 산화물(NO_x)이 발생하게 된다. 다음 반응 중 질소 산화물(NO_x) 생성 과정에서 발생하는 Prompt NO_x의 주된 반응식으로 가장 적합한 것은? [14-2]

① $N + NH_3 \rightarrow N_2 + 1.5H_2$
② $N_2 + O_5 \rightarrow 2NO + 1.5O_2$
③ $CH + N_2 \rightarrow HCN + N$
④ $N + N \rightarrow N_2$

해설 Prompt NO_x란 화염면에서 전기적인 이온 교환에 의해 생성되는 NO_x를 말한다.

4-28 열적 NO_x(thermal NO_x)의 생성 억제 방안과 가장 거리가 먼 것은? [15-2]

① 희박 예혼합 연소를 함으로써 최고 화염온도를 1,800 K 이하로 억제한다.
② 물의 증발 잠열과 수증기의 현열 상승으로 화염열을 빼앗아 온도 상승을 억제한다.
③ 화염의 최고 온도를 저하시키기 위해서 화염을 분할시키기도 한다.
④ 연료유와 배기가스에 암모니아를 투입하고, 400~600℃에서 촉매와 접촉시켜 제어한다.

해설 ④의 방법은 없다.

정답 4-24 ② 4-25 ④ 4-26 ② 4-27 ③ 4-28 ④

4-29 **디젤 자동차의 배출 가스 후처리 기술로 옳지 않은 것은?** [20-1]

① 매연 여과 장치
② 습식 흡수 방법
③ 산화 촉매 장치
④ 선택적 촉매 환원

해설 디젤 자동차의 배출 가스 후처리 기술 중 습식 흡수 방법이란 없다.

4-30 **불꽃 점화 기관에서의 연소 과정 중 생기는 노킹 현상을 효과적으로 방지하기 위한 기관 구조에 대한 설명으로 가장 거리가 먼 것은?** [18-4, 21-2]

① 말단 가스를 고온으로 하기 위한 산화 촉매 시스템을 사용한다.
② 연소실을 구형(circular type)으로 한다.
③ 점화 플러그는 연소실 중심에 부착시킨다.
④ 난류를 증가시키기 위해 난류 생성 pot을 부착시킨다.

해설 산화 촉매 시스템은 HC와 CO를 CO_2와 H_2O로 만드는 시설이다.

4-31 **휘발유 자동차의 배출 가스를 감소하기 위해 적용되는 삼원 촉매 장치의 촉매 물질 중 환원 촉매로 사용되고 있는 물질은 어느 것인가?** [13-4, 16-4]

① Pt ② Ni
③ Rh ④ Pd

해설 산화 촉매(Pt, Pd), 환원 촉매(Rh : 로듐)가 있다.

4-32 **가솔린 자동차의 후처리에 의한 배출 가스 저감 방안의 하나인 삼원 촉매 장치의 설명으로 가장 거리가 먼 것은?** [18-4]

① CO와 HC의 산화 촉매로는 주로 백금(Pt)이 사용된다.
② 일반적으로 촉매는 백금(Pt)과 로듐(Rh)의 비율이 2 : 1로 사용되며, 로듐(Rh)은 NO의 산화 반응을 촉진시킨다.
③ CO와 HC는 CO_2와 H_2O로 산화되며 NO는 N_2로 환원된다.
④ CO, HC, NO_x 3성분의 동시 저감을 위해 엔진에 공급되는 공기 연료비는 이론 공연비 정도로 공급되어야 한다.

해설 삼원 촉매 장치란 휘발유 자동차에서 배출 가스인 HC, CO, NO_x를 산화 촉매(Pt : 백금, Pd : 팔라듐)와 환원 촉매(Rh : 로듐)를 사용하여 인체에 무해한 물질인 CO_2, H_2O, N_2로 만드는 장치를 말한다.

4-33 **다음 중 가솔린 자동차에 적용되는 삼원 촉매 기술과 관련된 오염 물질과 거리가 먼 것은?** [12-1, 15-1, 17-1]

① SO_x ② NO_x
③ CO ④ HC

해설 삼원 촉매 기술은 촉매를 사용하여 NO_x, CO, HC를 무해한 CO_2, H_2O, N_2로 만드는 기술이다.

4-34 **자동차 배출 가스 정화 장치인 삼원 촉매 장치에 관한 내용으로 옳지 않은 것은 어느 것인가?** [21-2]

① HC는 CO_2와 H_2O로 산화되며, NO_x는 N_2로 환원된다.
② 우수한 효율을 얻기 위해서는 엔진에 공급되는 공기 연료비가 이론 공연비이어야 한다.
③ 두 개의 촉매층이 직렬로 연결되어 CO, HC, NO_x를 동시에 처리할 수 있다.

정답 4-29 ② 4-30 ① 4-31 ③ 4-32 ② 4-33 ① 4-34 ④

④ 일반적으로 로듐 촉매는 CO와 HC를 저감시키는 반응을 촉진시키고 백금 촉매는 NO_x를 저감시키는 반응을 촉진시킨다.

해설 ④ 로듐 촉매 → 백금 촉매,
백금 촉매 → 로듐 촉매

4-35 가솔린 자동차의 후처리에 의한 배출가스 저감 방안의 하나인 삼원 촉매 장치의 설명으로 가장 거리가 먼 것은? [15-4]

① CO와 HC의 산화 촉매로는 주로 백금(Pt)이 사용된다.

② 로듐(Rh)은 NO의 산화 반응을 촉진시킨다.

③ CO와 HC는 CO_2와 H_2O로 산화되며 NO는 N_2로 환원된다.

④ CO, HC, NO_x 3성분의 동시 저감을 위해 엔진에 공급되는 공기 연료비는 이론 공연비 정도로 공급되어야 한다.

해설 ② 산화 반응을 → 환원 반응을

4-36 자동차 후처리 기술 중 삼원 촉매 장치에 관한 설명으로 옳지 않은 것은? [12-1]

① 직접 가스와 반응하는 촉매 물질을 가장 안쪽에 도포하고, 촉매는 세라믹이나 금속으로 만들어진 본체인 담체와 귀금속 촉매의 반응도를 높이기 위해 Cr_2O_3 washcoat 입힌 것을 사용한다.

② 삼원 촉매 장치로 CO, HC, NO_x 성분을 동시에 저감시키기 위해서는 엔진에 공급되는 공기 연료비가 이론 공연비로 공급되어야 한다.

③ 최근에는 Pt, Rh, Pd의 trimetal system이 사용되는 추세이다.

④ 백금은 주로 CO, HC를 저감시키는 산화 반응을 촉진시키고, 로듐은 NO 반응을 촉진시킨다.

해설 ① 안쪽에 → 바깥쪽에
Cr_2O_3 → Al_2O_3

4-37 입자상 물질과 NO_x 저감을 위한 디젤 엔진 연료 분사 시스템의 적용 기술로 가장 거리가 먼 것은? [19-4]

① 분사 압력 저압화

② 분사 압력 최적 제어

③ 분사율 제어

④ 분사 시기 제어

해설 저압은 적용 기술에 해당되지 않는다.

정답 4-35 ② 4-36 ① 4-37 ①

대기 오염 방지 기술

Chapter 01

입자 및 집진의 기초

1-1 입자의 동력학

1 입자에 작용하는 힘

1. 중력 침전을 결정하는 중요 매개 변수는 먼지 입자의 침전 속도이다. 다음 중 먼지의 침전속도 결정과 가장 관계가 깊은 것은? [12-4, 15-1, 20-1]

① 입자의 온도 ② 대기의 분압
③ 입자의 유해성 ④ 입자의 크기와 밀도

해설 $U_g = \frac{g(\rho_p - \rho_a) d_p^2}{18\mu}$

여기서, d_p : 입자의 크기, ρ_p : 입자의 밀도

답 ④

이론 학습

(1) 중력(gravity force)

$$F_G = \frac{\pi d_p^3}{6} \cdot \rho_p \cdot g$$

여기서, F_G : 중력(kgf), ρ_p : 입자의 밀도(kg/m^3)
d_p : 입자의 지름(m), g : 중력 가속도(m/s^2)

(2) 부력(buoyance force)

$$F_B = \frac{\pi d_p^3}{6} \cdot \rho_a \cdot g$$

여기서, F_B : 부력(kgf), ρ_a : 공기의 밀도(kg/m^3)

(3) 항력(drag force)

$F_D = 3\pi\mu d_p U_g$

여기서, F_D : 항력(kgf), d_p : 입자의 지름(m)

μ : 유체의 절대 점도(kg/m·s), U_g : 입자의 침강 속도(m/s)

2 입자의 종말 침강 속도 산정 등

입자에 작용하는 모든 힘이 균형 상태에 있을 때 입자의 속도를 종말 속도(terminal velocity)라고 한다.

$F_G - F_B - F_D = 0$

$F_G - F_B = F_D$

$\dfrac{\pi d_p^3}{6} \cdot (\rho_p - \rho_a) \cdot g = 3\pi\mu d_p U_g$

$\therefore\ U_g = \dfrac{g(\rho_p - \rho_a)d_p^2}{18\mu}$ [m/s]

F_B F_D F_G

1-2 입경과 입경 분포

1 입경의 정의 및 분류

(1) 입경의 정의

입경은 먼지 입자의 지름을 말한다.

(2) 입경의 분류

① **스토크 직경** : 본래의 분진의 밀도와 침강 속도가 같은 구형 입자의 직경을 말한다.

② **공기 역학적 직경** : 본래의 분진과 침강 속도가 같고, 밀도가 1 g/cm^{3}인 구형 입자의 직경을 말한다.

③ **광학 직경** : 광학 현미경, 전자 현미경을 이용하여 측정한 직경을 말한다.

④ PM_{10} : 공기 역학적 직경이 10 μm 이하인 분진을 말한다.

⑤ $PM_{2.5}$: 공기 역학적 직경이 2.5 μm 이하인 분진을 말한다.

참고 광학 직경의 종류

① Feret 직경 : 입자의 끝과 끝을 연결한 선 중 최대의 선의 길이
② Martin 직경 : 입자의 투영 면적을 2등분하는 선의 길이
③ 크기 : Feret 직경 > Martin 직경

(3) 입자의 입경 측정법

① 직접 측정 방법

㈎ 체거름법(표준체 측정법) : 44 μm 이상의 큰 입자를 체로 직접 측정하는 방법이다.

㈏ 현미경법 : 광학 현미경법과 전자 현미경법이 있는데 광학 현미경은 0.5~100 μm인 입자를, 전자 현미경은 0.001~1 μm인 입자를 직접 측정한다.

② 간접 측정 방법

㈎ 앤더슨 샘플러법(Anderson sampler) : 중력 침강 속도를 구하여 간접적으로 측정하는 방법이다.

㈏ 캐스케이드 임펙트법(cascade impactor) : 관성 충돌을 이용하여 간접적으로 측정하는 방법이다.

㈐ 액상 침강법

㈑ 광산란법 : 분진에 의한 빛의 산란 정도를 측정하여 간접적으로 측정하는 방법이다.

2 입경 분포의 해석

(1) 기하 표준 편차

기하 표준 편차 $= \dfrac{84.13\%\text{의 입경}}{50\%\text{의 입경}}$ 또는 $\dfrac{50\%\text{의 입경}}{15.87\%\text{의 입경}}$ 으로 구할 수 있다.

여기서, 50 %의 입경을 기하 평균 입경이라고도 한다.

(2) 산술 평균 직경

$$\bar{a} = \frac{a_1 n_1 + a_2 n_2 + a_3 n_3 \cdots a_n n_n}{n_1 + n_2 + n_3 \cdots n_n}$$

여기서, $\bar{a}$: 산술 평균 입자의 직경(μm)
$a_1,\ a_2,\ a_3 \cdots a_n$: 각 입자의 직경(μm)
$n_1,\ n_2,\ n_3 \cdots n_m$: 각 입자의 개수(개)

(3) 기하 평균 직경

$$\bar{a} = \sqrt[n]{a_1 \cdot a_2 \cdot a_3 \cdots a_n} = (a_1 \cdot a_2 \cdot a_3 \cdots a_n)^{\frac{1}{n}}$$

여기서, n : 입자의 개수(개)

(4) Rosin – Rammler 분포

체거름법에서 체상분포율(R)과 체하분포율(D)

$$R[\%] = 100e^{-\beta x^n}$$

$$D[\%] = 100 - R$$

여기서, $R[\%]$: 체상분포율(%), β : 입경 계수, x : 기준 입경(μm), n : 입경 지수,
$D[\%]$: 체하분포율(%)

(5) 크기 순서

산술평균값 > 중앙값 > 최빈값

1-1 층류의 흐름인 공기 중의 입경이 2.2 μm, 밀도가 2,400 g/L인 구형 입자가 자유 낙하하고 있다. 구형 입자의 종말 속도(m/s)는 어느 것인가?(단, 20℃에서 공기의 밀도는 1.29 g/L, 공기의 점도는 1.81×10^{-4}poise) [15-1, 21-2]

① 3.5×10^{-6}　② 3.5×10^{-5}
③ 3.5×10^{-4}　④ 3.5×10^{-3}

해설 $U_g = \dfrac{g(\rho_p - \rho_a)d_p^2}{18\mu}$

$\rho_p = 2,400\ \text{g/L} = 2,400\ \text{kg/m}^3$

$\rho_a = 1.29\ \text{g/L} = 1.29\ \text{kg/m}^3$

$\mu = 1.81 \times 10^{-4}$ poise

$= 1.81 \times 10^{-4}\ \text{g/cm·s}$

$= 1.81 \times 10^{-4} \times 10^{-3}\ \text{kg}/10^{-2}\ \text{m·s}$

$= 1.81 \times 10^{-5}\ \text{kg/m·s}$

$\therefore U_g = \dfrac{9.8 \times (2,400 - 1.29) \times (2.2 \times 10^{-6})^2}{18 \times 1.81 \times 10^{-5}}$

$= 3.49 \times 10^{-4}$ m/s

1-2 직경 10 μm인 입자의 침강 속도가 0.5 cm/s이었다. 같은 조성을 지닌 30 μm입자의 침강 속도는?(단, 스토크스 침강 속도식 적용) [13-1, 17-2]

① 1.5 cm/s　② 2 cm/s
③ 3 cm/s　④ 4.5 cm/s

해설 $U_g = \dfrac{g(\rho_p - \rho_a)d_p^2}{18\mu}$ 이므로

$U_g : d_p^2$

$0.5\ \text{cm/s} : 10^2\ \mu\text{m}^2$

$x[\text{cm/s}] : 30^2\ \mu\text{m}^2$

$\therefore x = 4.5$ cm/s

1-3 Stokes 운동이라 가정하고, 직경 20 μm, 비중 1.3인 입자의 표준 대기 중 종말 침강속도는 몇 m/s인가?(단, 표준 공기의 점도와 밀도는 각각 3.44×10^{-5} kg/m·s, 1.3 kg/m^{3}이다.)

① 1.64×10^{-2}　② 1.32×10^{-2}

정답 1-1 ③　1-2 ④　1-3 ④

③ 1.18×10^{-2}　　④ 0.82×10^{-2}

해설 비중이 1.3인 경우 밀도가 1.3 g/cm^{3}이다.
$1.3\ g/cm^3 = 1,300\ kg/m^3$

$$U_g = \frac{g(\rho_p - \rho_a)d_p^2}{18\mu}$$

$$= \frac{9.8m/s^2 \times (1,300 - 1.3)kg/m^3 \times (20 \times 10^{-6})^2}{18 \times 3.44 \times 10^{-5} kg/m \cdot s}$$

$= 0.00822\ m/s$

1-4 **먼지의 자유 낙하에서 종말 침강 속도에 관한 설명으로 옳은 것은?** [21-4]

① 입자가 바닥에 닿는 순간의 속도
② 입자의 가속도가 0이 될 때의 속도
③ 입자의 속도가 0이 되는 순간에 속도
④ 정지된 다른 입자와 충돌하는 데 필요한 최소한의 속도

해설 종말 침강 속도란 입자의 가속도가 0이 될 때의 속도를 말한다.

1-5 **커닝험 보정 계수에 대한 설명으로 가장 적합한 것은? (단, 커닝험 보정 계수가 1 이상인 경우)** [17-4]

① 미세 입자일수록 가스의 점성 저항이 작아지므로 커닝험 보정 계수가 작아진다.
② 미세 입자일수록 가스의 점성 저항이 커지므로 커닝험 보정 계수가 작아진다.
③ 미세 입자일수록 가스의 점성 저항이 커지므로 커닝험 보정 계수가 커진다.
④ 미세 입자일수록 가스의 점성 저항이 작아지므로 커닝험 보정 계수가 커진다.

해설 $$U_g = \frac{C_f \cdot g(\rho_p - \rho_a)d_p^2}{18\mu}$$

$$\therefore C_f = \frac{U_g \times 18\mu}{g(\rho_p - \rho_a)d_p^2}$$

즉, 커닝험 보정 계수(C_f)는 d_p제곱에 반비례한다. 그리고 $d_p > 3\ \mu m$인 경우 커닝험 보정 계수(C_f)가 1이다.

1-6 **미세 입자가 운동하는 경우에 작용하는 항력(drag force)에 관련된 내용으로 거리가 먼 것은?** [17-4, 21-2]

① 레이놀즈수가 커질수록 항력 계수는 증가한다.
② 항력 계수가 커질수록 항력은 증가한다.
③ 입자의 투영 면적이 클수록 항력은 증가한다.
④ 상대 속도의 제곱에 비례하여 항력은 증가한다.

해설 항력 계수 $C_D = \frac{24}{Re}$

즉, 항력 계수는 레이놀즈수에 반비례한다.
또, 항력(F_D)$= 3\pi\mu d_p U_g$이다.

1-7 **먼지의 Stokes 직경이 5×10^{-4} cm, 입자의 밀도가 1.8 g/cm^{3}일 때, 이 분진의 공기 역학적 직경(cm)은? (단, 먼지는 구형 입자이며, 침강 속도가 같다.)**

① 7.8×10^{-4}　　② 6.7×10^{-4}
③ 5.4×10^{-4}　　④ 2.6×10^{-4}

해설 $$U_g = \frac{g(\rho_p - \rho_a)d^2}{18\mu}$$

$U_g \propto \rho_p \cdot d^2$이므로

$\rho_{p_1} \cdot d_1^2 = \rho_{p_2} \cdot d_2^2$

$1.8 \cdot (5 \times 10^{-4})^2 = 1 \times x^2$

$$\therefore x = \sqrt{\frac{1.8}{1}} \times 5 \times 10^{-4}$$

$= 6.7 \times 10^{-4} cm$

1-8 **먼지 입자의 크기에 관한 설명으로 옳지 않은 것은?** [13-2, 17-4]

① 공기 역학적 직경이 대상 입자상 물질의 밀도를 고려하는 데 반해, 스토크스

정답 1-4 ② 1-5 ④ 1-6 ① 1-7 ② 1-8 ①

직경은 단위 밀도(1 g/cm^3)를 갖는 구형 입자로 가정하는 것이 두 개념의 차이점이다.

② 스토크스 직경은 알고자 하는 입자상 물질과 같은 밀도 및 침강 속도를 갖는 입자상 물질의 직경을 말한다.

③ 공기 역학적 직경은 먼지의 호흡기 침착, 공기 정화기의 성능 조사 등 입자의 특성 파악에 주로 이용된다.

④ 공기 중 먼지 입자의 밀도가 1 g/cm^{3}보다 크고, 구형에 가까운 입자의 공기 역학적 직경은 실제 광학 직경보다 항상 크게 된다.

해설 스토크스 직경이 대상 입자상 물질의 밀도를 고려하고, 공기 역학적 직경은 밀도를 1 g/cm^{3}을 갖는다고 가정한 직경을 말한다.

1-9 공기 역학적 직경(aero-dynamic diameter)에 관한 설명으로 가장 옳은 것은? [13-1, 16-1]

① 대상 먼지와 침강 속도가 동일하며 밀도가 1 g/cm^{3}인 구형 입자의 직경

② 대상 먼지와 침강 속도가 동일하며 밀도가 1 kg/cm^{3}인 구형 입자의 직경

③ 대상 먼지와 밀도 및 침강 속도가 동일한 선형 입자의 직경

④ 대상 먼지와 밀도 및 침강 속도가 동일한 구형 입자의 직경

1-10 비구형 입자의 크기를 역학적으로 산출하는 방법 중의 하나로 본래의 입자와 밀도 및 침강 속도가 동일하다고 가정한 구형 입자의 직경은? [14-2]

① 종말 직경

② 종단 직경

③ 공기 역학 직경

④ 스토크스 직경

1-11 입자상 물질의 크기 중 "마틴 직경(Martin diameter)"이란? [14-2]

① 입자상 물질의 그림자를 2개의 등면적으로 나눈 선의 길이를 직경으로 하는 것

② 입자상 물질의 끝과 끝을 연결한 선 중 가장 긴 선을 직경으로 하는 것

③ 입경 분포에서 개수가 가장 많은 입자를 직경으로 하는 것

④ 대수 분포에서 중앙 입경을 직경으로 하는 것

해설 Martin 직경 : 입자의 투영 면적을 2등분하는 선의 길이

1-12 다음 입자상 물질의 크기를 결정하는 방법 중 입자상 물질의 그림자를 2개의 등면적으로 나눈 선의 길이를 직경으로 하는 입경은? [12-4, 13-2, 15-1, 18-2, 19-2, 21-2]

① 마틴 직경

② 스토크스 직경

③ 피렛 직경

④ 투영면 직경

1-13 다음은 입경(직경)에 대한 설명이다. ( ) 안에 알맞은 것은? [18-2]

> ( )은 입자상 물질의 끝과 끝을 연결한 선 중 가장 긴 선을 직경으로 하는 것을 말한다.

① 피렛 직경

② 마틴 직경

③ 공기 역학적 직경

④ 스토크스 직경

해설 Feret 직경 : 입자의 끝과 끝을 연결한 선 중 최대의 선의 길이

정답 1-9 ① 1-10 ④ 1-11 ① 1-12 ① 1-13 ①

1-14 광학 현미경을 이용하여 입자의 투영 면적을 관찰하고 그 투영 면적으로부터 먼지의 입경을 측정하는 방법 중 "입자의 투영 면적 가장자리에 접하는 가장 긴 선의 길이"로 나타내는 입경(직경)은? [13-4, 20-2]

① 등면적 직경
② Feret 직경
③ Martin 직경
④ Heyhood 직경

1-15 동일한 밀도를 가진 먼지 입자(A, B)가 2개가 있다. B먼지 입자의 지름이 A먼지 입자의 지름보다 100배가 더 크다고 하면, B먼지 입자 질량은 A먼지 입자의 질량보다 몇 배나 더 크겠는가? [14-1]

① 100
② 10,000
③ 1,000,000
④ 100,000,000

해설 질량＝밀도×체적＝밀도 × $\frac{3.14 \times D^3}{6}$

질량 $\propto D^3$

$1 : 1^3$

$x : 100^3$

$\therefore x = 1,000,000$

1-16 먼지의 입경 측정 방법을 직접 측정법과 간접 측정법으로 구분할 때, 직접 측정법에 해당하는 것은? [13-1, 21-4]

① 광산란법
② 관성 충돌법
③ 액상 침강법
④ 표준체 측정법

해설 광산란법, 관성 충돌법, 액상 침강법은 간접 측정법에 속한다.

1-17 입경 측정 방법 중 관성충돌법(cascade impactor법)에 관한 설명으로 옳지 않은 것은? [18-4, 21-1]

① 관성 충돌을 이용하여 입경을 간접적으로 측정하는 방법이다.
② 입자의 질량 크기 분포를 알 수 있다.
③ 되튐으로 인한 시료의 손실이 일어날 수 있다.
④ 시료 채취가 용이하고 채취 준비에 시간이 걸리지 않는 장점이 있으나, 단수의 임의 설계가 어렵다.

해설 관성 충돌법은 모래를 채로 쳐서 거르는 것과 비슷한 방법으로 다단 충돌 분진 포집기를 이용하여 공기 역학적 직경에 의해 분진을 크기별로 분류하는 장치로 다른 입도 분석기와는 달리 직접 배기가스 내에 삽입하여 시료를 채취하여야 하므로 시료 채취가 용이하지 못하다.

1-18 다음은 입자상 물질의 측정 장치 중 중량 농도 측정 방법에 관한 사항이다. ( ) 안에 가장 적합한 것은? [12-1, 17-1]

( )은/는 입자의 관성력을 이용하여 입자를 크기별로 측정, cascade impactor로 크기별로 중량 농도를 측정

① 여지포집법
② Piezobalance
③ 다단식 충돌판 측정법
④ 정전식 분급법

해설 임팩터란 타격을 주는 형식의 장치를 말한다.

1-19 다음 입경 측정법에 해당하는 것은 어느 것인가? [19-4]

정답 1-14 ② 1-15 ③ 1-16 ④ 1-17 ④ 1-18 ③ 1-19 ④

주로 1 μm 이상인 먼지의 입경 측정에 이용되고, 그 측정 장치로는 앤더슨 피펫, 침강 천칭, 광투과 장치 등이 있다.

① 표준체 측정법 ② 관성 충돌법
③ 공기 투과법 ④ 액상 침강법

1-20 입자상 물질에 관한 설명으로 가장 거리가 먼 것은? [14-2, 18-2]

① 공기동력학경은 stokes경과 달리 입자 밀도를 1 g/cm³으로 가정함으로써 보다 쉽게 입경을 나타낼 수 있다.
② 비구형 입자에서 입자의 밀도가 1보다 클 경우 공기동력학경은 stokes경에 비해 항상 크다고 볼 수 있다.
③ cascade impactor는 관성 충돌을 이용하여 입경을 간접적으로 측정하는 방법이다.
④ 직경 d인 구형 입자의 비표면적은 $\frac{d}{6}$이다.

해설 구의 비표면적 $= \frac{\text{구의 표면적}}{\text{구의 체적}} = \frac{\pi d^2}{\frac{\pi d^3}{6}} = \frac{6}{d}$

1-21 먼지의 입경 분포에 관한 설명으로 옳지 않은 것은? [20-1]

① 대수 정규 분포는 미세한 입자의 특성과 잘 일치한다.
② 빈도 분포는 먼지의 입경 분포를 적당한 입경 간격의 개수 또는 질량의 비율로 나타내는 방법이다.
③ 먼지의 입경 분포를 나타내는 방법 중 적산 분포에는 정규 분포, 대수 정규 분포 Rosin Rammler 분포가 있다.
④ 적산 분포(R)는 일정한 입경보다 큰 입자가 전체의 입자에 대하여 몇 % 있는가를 나타내는 것으로 입경 분포가 0이면 R=100 %이다.

해설 ① 미세한 → 큰

1-22 배출 가스 내 먼지의 입도 분포를 대수 확률 방안지에 작동한 결과 직선이 되었다. 50 % 입경과 84.13 % 입경이 각각 7.8 μm와 4.6 μm이었을 때 기하 평균 입경(μm)은? [12-2]

① 1.7 ② 4.6
③ 6.2 ④ 7.8

해설 기하 평균 입경이란 50 % 입경을 말한다.

1-23 일반적으로 대기 오염 발생원에서 배출되는 먼지의 입경 분포에 대한 자료의 대푯값들을 크기 순으로 나열한 것으로 가장 적합한 것은? (단, 산술평균 $\overline{d_p}$, 최빈값 M_o, 중앙값 M_d) [12-4]

① $\overline{d_p} > M_o > M_d$
② $M_d > \overline{d_p} > M_o$
③ $\overline{d_p} > M_d > M_o$
④ $M_d > M_o > \overline{d_p}$

해설 산술평균값 > 중앙값 > 최빈값

1-24 먼지 입도의 분포(누적 분포)를 나타내는 식은? [14-1]

① Rayleigh 분포식
② Freundlich 분포식
③ Rosin – Rammler 분포식
④ Cunningham 분포식

해설 먼지의 입도 분포에는 로진 – 라믈러 분포가 있다.

정답 1-20 ④ 1-21 ① 1-22 ④ 1-23 ③ 1-24 ③

1-3 먼지의 발생 및 배출원

1 먼지의 발생원

2. 먼지 함유량이 A인 배출 가스에서 C만큼 제거시키고 B만큼을 통과시키는 집진 장치의 효율 산출식과 가장 거리가 먼 것은? [12-4, 15-1, 20-2]

① $\frac{C}{A}$ ② $\frac{C}{(B+C)}$ ③ $\frac{B}{A}$ ④ $\frac{(A-B)}{A}$

해설 ③의 경우는 통과율 산출식이다.

답 ③

이론 학습

(1) 고정 배출원

주택, 공공건물, 산업장, 화력 발전소 등

(2) 이동 배출원

자동차, 기차, 선박, 항공기 등

2 먼지의 배출원

(1) 자연 오염 물질

자연 오염물이란, 황사·화산 폭발로 발생되는 물질·사막의 모래·오염물 등이 대기 중에 존재하는 것을 말하며, 이것은 인간에게 피해도 적고 인간이 관리하기도 불가능하므로 일반적으로 대기 오염 물질에서 제외한다.

(2) 인공 오염 물질

인공 오염 물질은 크게 1차성 물질과 2차성 물질로 나누는데, 1차성 물질은 각종 발생원으로부터 대기 중에 배출되는 가스나 분진·미립자를 말하며, 2차성 물질은 대기 중에 배출된 오염물 간 상호 작용이나 오염 물질과 대기 정상 성분과의 반응, 태양 에너지에 의한 광화학적 반응 등에 의하여 오염 물질이 변질되는 것으로 일명 광화학적 스모그라 불리고 있다. 이는 발생원으로부터 배출되었을 때와는 상이한 물질을 형성하여 대기를 오염시키는 것, 즉 O_3 등 Oxidants·알데히드·Peroxyacetyl-nitrate(PAN)·Acrolein 등이다.

1-4 집진 원리

1 집진의 기초 이론

기체 중에 고체 또는 액체가 미립자의 상태로 존재하고 있는 것을 보통 연무질이라고 부르며, 이 연무질로부터 미립자를 분리 포집하는 것이 집진 장치이다. 이러한 집진 장치에는 중력, 관성력, 원심력, 열력, 확산 부착력, 음파력, 전기력 등의 집진 작용을 하나, 혹은 둘 이상을 이용하여 입자를 분리 포집하고 있다.

① 중력 집진 장치
② 관성력 집진 장치
③ 원심력 집진 장치
④ 세정 집진 장치(물을 이용)
⑤ 여과 집진 장치
⑥ 전기 집진 장치
⑦ 음파 집진 장치

즉, 이러한 장치의 선정상 기준은 입자의 입경 크기인데, 수 μm~수십 μm의 큰 입자를 포함하는 분진에는 중력, 관성력, 원심력 집진 장치를 사용하며, 입경 1 μm 전후의 미세 입자를 포함하는 분진에서는 고성능의 전기, 여과, 세정(가압수세) 집진 장치를 사용한다.

집진 장치

종류	장치 예	처리 입경 (μm)	압력 손실 (mmH$_2$O)	집진율 (%)	설치 비용	운전 비용
중력 집진	침강실	50~1,000	10~15	40~60	소	소
관성력 집진	루퍼(방해판)	10~100	30~70	50~70	소	소
원심력 집진	사이클론(cyclone)	3~100	50~150	85~95	중	중
세정 집진	벤투리 스크러버	0.1~100	300~800	80~95	중	대
여과 집진	백필터	0.1~20	100~200	90~99	중 이상	중 이상
전기 집진	코트렐(cottrell)	0.05~20	10~20	90~99.9	대	소~중

dust의 농도가 높고 입경 분포가 넓으면 2~3종류의 집진 장치를 직렬로 조합해서 사용하면 집진 효율이 좋아진다.

2 통과율 및 집진 효율 계산 등

(1) 통과율

$$C_iQ_i \rightarrow \boxed{C_iQ_i - C_oQ_o} \rightarrow C_oQ_o$$

$$P = \frac{C_oQ_o}{C_iQ_i} \times 100(Q_i \neq Q_o)$$

$$P = \frac{C_o}{C_i} \times 100(Q_i = Q_o)$$

여기서, P : 통과율(%)
C_i : 유입 농도(mg/Sm^3)
Q_i : 유입 유량(Sm^3/h)
C_o : 유출 농도(mg/Sm^3)
Q_o : 유출 유량(Sm^3/h)

(2) 집진 효율

$$\eta = \frac{C_iQ_i - C_oQ_o}{C_iQ_i} \times 100(Q_i \neq Q_o)$$

$$\eta = \frac{C_i - C_o}{C_i} \times 100(Q_i = Q_o)$$

여기서, η : 집진 효율(%)

(3) 제거해야 할 농도, 양

$$C = C_i - C_o$$

$$S = (C_iQ_i - C_oQ_o) \times 10^{-6}$$

여기서, C : 제거해야 할 농도(mg/Sm^3, ppm=mL/Sm^3)
S : 제거해야 할 양(kg/h)

(4) 부분 집진율

$$\eta = \frac{C_if_i - C_of_o}{C_if_i} \times 100$$

여기서, f_i : 입경 범위인 유입 먼지의 질량분율(%)
f_o : 입경 범위인 유출 먼지의 질량분율(%)

2-1 전기로에 설치된 백필터의 입구 및 출구 가스량과 먼지 농도가 다음과 같을 때 먼지의 통과율은? [12-2, 17-2]

> • 입구 가스량 : 11,400 Sm^3/h
> • 출구 가스량 : 270 Sm^3/min
> • 입구 먼지 농도 : 12.63 mg/Sm^3
> • 출구 먼지 농도 : 1.11 g/Sm^3

① 10.5 % ② 11.1 %
③ 12.5 % ④ 13.1 %

해설 $P=\dfrac{C_oQ_o}{C_iQ_i}\times 100$

$=\dfrac{1.11\times 270\times 60}{12.63\times 11,400}\times 100=12.48\,\%$

2-2 외기 유입이 없을 때 집진 효율이 88 %인 원심력 집진 장치(cyclone)가 있다. 이 원심력 집진 장치에 외기가 10 % 유입되었을 때, 집진 효율(%)은? (단, 외기가 10 % 유입되었을 때 먼지 통과율은 외기가 유입되지 않은 경우의 3배) [13-1, 21-4]

① 54 ② 64
③ 75 ④ 83

해설 처음 상태의 집진 효율 : 88 %
처음 상태의 통과율=100−88=12 %
나중 상태의 통과율=12 %×3=36 %
나중 상태의 집진 효율=100−36=64 %

2-3 A굴뚝 배출 가스 중의 염화수소 농도가 250 ppm 이었다. 염화수소의 배출 허용 기준을 80 mg/Sm^3로 하면 염화 수소의 농도를 현재 값의 몇 % 이하로 하여야 하는가? (단, 표준 상태 기준) [18-4]

① 약 10 % 이하
② 약 20 % 이하
③ 약 30 % 이하
④ 약 40 % 이하

해설 현재 값의 몇 %는 통과율을 뜻한다.

$P=\dfrac{C_o}{C_i}\times 100$

$=\dfrac{80\text{mg/Sm}^3\times\dfrac{22.4\text{ml}}{36.5\text{mg}}}{250\text{ml/Sm}^3}\times 100$

$=19.63\,\%$

2-4 배출 가스 중의 염화수소(HCl)의 농도가 150 ppm이고 배출 허용 기준이 40 mg/Sm^3이라면, 이 배출 용기 준치로 유지하기 위하여 제거해야 할 HCl은 현재 값의 약 몇 %인가? (단, 표준 상태 기준) [13-4, 17-2]

① 72 % ② 76 %
③ 80 % ④ 84 %

해설 $\eta=\dfrac{C_i-C_o}{C_i}\times 100$

$=\dfrac{150\text{mL/Sm}^3-40\text{mg/Sm}^3\times\dfrac{22.4\text{mL}}{36.5\text{mg}}}{150\text{mL/Sm}^3}\times 100$

$=83.6\,\%$

2-5 집진 장치의 입구 쪽 처리 가스 유량이 300,000 m^3/h, 먼지 농도가 15 g/m^3이고, 출구 쪽 처리된 가스의 유량이 305,000 m^3/h, 먼지 농도가 40 mg/m^3일 때, 집진 효율(%)은? [17-1, 21-4]

① 89.6 ② 95.3
③ 99.7 ④ 103.2

해설 $\eta=\dfrac{C_iQ_i-C_oQ_o}{C_iQ_i}\times 100$

$=\dfrac{15,000\times 300,000-40\times 305,000}{15,000\times 300,000}\times 100$

$=99.72\,\%$

정답 2-1 ③ 2-2 ② 2-3 ② 2-4 ④ 2-5 ③

2-6 A공장 bag filter의 입구 가스량은 35.8 Sm/h, 입구 먼지 농도는 4.56 g/Sm^{3}이었고, 출구 가스량은 0.71 Sm^3/min, 출구 먼지 농도는 5 mg/Sm^{3}이었다. 이 bag filter의 집진 효율(%)은? [12-1]

① 97.83 ② 98.42
③ 99.16 ④ 99.87

해설 $\eta = \frac{C_i Q_i - C_o Q_o}{C_i Q_i} \times 100$

$$= \frac{\left[\begin{array}{l} 4.56\text{g/Sm}^3 \times 35.8\text{Sm}^3/\text{h} \\ -0.005\text{g/Sm}^3 \times 0.71\text{Sm}^3/\text{min} \\ \times 60\text{min}/h \end{array}\right]}{4.56\text{g/Sm}^3 \times 35.8\text{Sm}^3/\text{h}} \times 100$$

$= 99.869\ \%$

2-7 A집진 장치의 입구 및 출구의 배출 가스 중 먼지의 농도가 각각 15 g/Sm^3, 150 mg/Sm^{3}이었다. 또한 입구 및 출구에서 채취한 먼지 시료 중에 포함된 0~5 μm의 입경 분포의 중량 백분율이 각각 10 %, 60 %이었다면 이 집진 장치의 0~5 μm의 입경 범위의 먼지 시료에 대한 부분 집진율(%)은? [13-4, 15-2, 20-1]

① 90 % ② 92 %
③ 94 % ④ 96 %

해설 $\eta = \frac{C_i f_i - C_o f_o}{C_i f_i} \times 100$

$= \frac{15{,}000 \times 0.1 - 150 \times 0.6}{15{,}000 \times 0.1} \times 100$

$= 94\ \%$

2-8 어떤 집진 장치의 입구와 출구의 함진 가스의 분진 농도가 7.5 g/Sm^{3}과 0.055 g/Sm^{3}이었다. 또한 입구와 출구에서 측정한 분진 시료 중 입경이 0~5 μm인 입자의 중량분율은 전분진에 대하여 0.1과 0.5이었다면 0~5 μm의 입경을 가진 입자의 부분 집진율(%)은? [20-4]

① 약 87 ② 약 89
③ 약 96 ④ 약 98

해설 $\eta = \frac{7.5 \times 0.1 - 0.055 \times 0.5}{7.5 \times 0.1} \times 100$

$= 96.3\ \%$

정답 2-6 ④ 2-7 ③ 2-8 ③

대기 오염 방지 기술

Chapter 02

집진 기술

2-1 집진 방법

1 직렬 및 병렬 연결

1. 집진율이 85 %인 사이크론과 집진율이 96 %인 전기 집진 장치를 직렬로 연결하여 입자를 제거할 경우, 총 집진 효율(%)은? [12-2, 13-2, 15-1, 21-2]

① 90.4 ② 94.4 ③ 96.4 ④ 99.4

해설 $\eta_t = 1-(1-\eta_1)\times(1-\eta_2) = 1-(1-0.85)\times(1-0.96)$
$= 0.994 = 99.4\,\%$

답 ④

이론 학습

(1) 집진 장치의 직렬 연결 : 집진 효율을 높이기 위해 사용

$$\xrightarrow{C_iQ_i} \boxed{\eta_1} \xrightarrow{C_iQ_i\times(1-\eta_1)} \boxed{\eta_2} \xrightarrow{C_iQ_i\times(1-\eta_1)\times(1-\eta_2)}$$

$C_iQ_i = 1$이라 가정하면

$$\xrightarrow{1} \boxed{\eta_1} \xrightarrow{1\times(1-\eta_1)} \boxed{\eta_2} \xrightarrow{1\times(1-\eta_1)\times(1-\eta_2)}$$

$$\therefore\ \eta_t = \frac{1-1\times(1-\eta_1)\times(1-\eta_2)}{1}\times 100$$

$$\therefore\ \eta_t = \{1-(1-\eta_1)\times(1-\eta_2)\}\times 100$$

여기서, η_t : 총 집진 효율(%), η_1 : 1 집진 장치에서의 집진 효율,
η_2 : 2 집진 장치에서의 집진 효율

여기서, $C_o = C_i\times(1-\eta_1)\times(1-\eta_2)$, $S_o = C_iQ_i\times(1-\eta_1)\times(1-\eta_2)$로 계산할 수 있다.

(2) 집진 장치의 병렬 연결 : 유입 유량이 많을 때 사용

C_iQ_i → [η_1] / [η_2] → C_oQ_o

$$\eta_t = \left(\frac{\eta_1 + \eta_2}{2}\right) \times 100$$

2 건식 집진과 습식 집진

(1) 건식 집진 장치

함진 가스 중의 미립자 또는 포집 인자에 물을 접촉시키지 않고 집진하는 장치를 말한다. 예를 들면, 중력 집진 장치, 관성력 집진 장치, 사이클론(원심력) 집진 장치, 멀티클론(멀티사이클론), 백필터(여과 집진 장치), 건식전기 집진 장치[평판형(판형)] 등이다.

(2) 습식 집진 장치

함진 가스 중의 미립자 또는 포집 입자에 물 또는 그 밖의 액체를 접촉시켜 집진하는 장치를 말한다. 예를 들면, 벤투리 스크러버, 사이클론 스크러버, 제트 스크러버, 충전탑, 분무탑, 습식 전기 집진 장치[원통형(관형)] 등이다.

1-1 2개의 집진 장치를 조합하여 먼지를 제거하려고 한다. 2개를 직렬로 연결하는 방식(A)과 2개를 병렬로 연결하는 방식(B)에 대한 다음 설명 중 가장 거리가 먼 것은? (단, 각 집진 장치의 처리량과 집진율은 80 %로 둘 다 동일하다고 가정한다.) [18-4]

① (A)방식이 (B)방식보다 더 일반적이다.
② (B)방식은 처리 가스의 양이 많은 경우 사용된다.
③ (A)방식의 총집진율은 94 %이다.
④ (B)방식의 총집진율은 단일 집진 장치 때와 같이 80 %이다.

해설 $\eta_{(A)} = 1 - (1 - 0.8) \times (1 - 0.8)$
$= 0.96 = 96\ \%$

$$\eta_{(B)} = \frac{0.8 + 0.8}{2} = 0.8 = 80\ \%$$

1-2 3개의 집진 장치를 직렬로 조합하여 집진한 결과 총집진율이 99 %이었다. 1차 집진 장치의 집진율이 70 %, 2차 집진 장치의 집진율이 80 %라면 3차 집진 장치의 집진율은 약 얼마인가? [14-4, 16-1, 18-4, 19-4]

① 약 75.6 %　② 약 83.3 %
③ 약 89.2 %　④ 약 93.4 %

정답 1-1 ③　1-2 ②

해설 $\eta_t = 1-(1-\eta_1)\times(1-\eta_2)\times(1-\eta_3)$

$0.99 = 1-(1-0.7)\times(1-0.8)\times(1-x)$

$\therefore\ x = 1-\dfrac{(1-0.99)}{(1-0.7)\times(1-0.8)}$

$= 0.833 = 83.3\,\%$

1-3 배출 가스 중 먼지 농도가 2,500 mg/Sm^{3}인 먼지를 처리하고자 제진 효율이 60 %인 중력 집진 장치, 80 %인 원심력 집진 장치, 85 %인 세정 집진 장치를 직렬로 연결하여 사용해 왔다. 여기에 효율이 85 %인 여과 집진 장치를 하나 더 직렬로 연결할 때, 전체 집진 효율 (㉠)과 이때 출구의 먼지 농도 (㉡)는 각각 얼마인가? [14-2]

① ㉠ 97.5 %, ㉡ 62.5 mg/Sm^3
② ㉠ 98.3 %, ㉡ 42.5 mg/Sm^3
③ ㉠ 99.0 %, ㉡ 25 mg/Sm^3
④ ㉠ 99.8 %, ㉡ 5 mg/Sm^3

해설 $\eta_t = 1-(1-0.6)\times(1-0.8)$

$\times(1-0.85)\times(1-0.85) = 0.998$

$C_o = C_i\times(1-\eta_t)$

$= 2{,}500\times(1-0.998) = 5\text{ mg/Sm}^3$

1-4 집진 효율이 98 %인 집진 시설에서 처리 후 배출되는 먼지 농도가 0.3 g/m^{3}일 때 유입된 먼지의 농도는 몇 g/m^{3}인가? [17-1]

① 10 ② 15
③ 20 ④ 25

해설 $C_o = C_i\times(1-\eta)$

$0.3 = C_i\times(1-0.98)$

$\therefore\ C_i = \dfrac{0.3}{(1-0.98)} = 15\text{ g/m}^3$

1-5 설치 초기 전기 집진 장치의 효율이 98 %였으나, 2개월 후 성능이 96 %로 떨어졌다. 이때 먼지 배출 농도는 설치 초기의 몇 배인가? [19-2]

① 2배 ② 4배
③ 8배 ④ 16배

해설 $\dfrac{C_{o2}}{C_{o1}} = \dfrac{C_i\times(1-0.96)}{C_i\times(1-0.98)} = 2$배

1-6 10개의 bag을 사용한 여과 집진 장치에서 입구 먼지 농도가 25 g/Sm^3, 집진율이 98 %였다. 가동 중 1개의 bag에 구멍이 열려 전체 처리 가스량의 $\dfrac{1}{5}$이 그대로 통과하였다면 출구의 먼지 농도는? (단, 나머지 bag의 집진율 변화는 없음) [18-1]

① 3.24 g/Sm^3 ② 4.09 g/Sm^3
③ 4.82 g/Sm^3 ④ 5.40 g/Sm^3

해설 $C_o = 25\text{g/Sm}^3\times\dfrac{1}{5} + 25\text{g/Sm}^3\times\dfrac{4}{5}$

$\times(1-0.98) = 5.40\text{ g/Sm}^3$

1-7 먼지 농도 50 g/Sm^{3}의 함진 가스를 정상 운전 조건에서 96 %로 처리하는 사이크론이 있다. 처리 가스의 15 %에 해당하는 외부 공기가 유입될 때의 먼지 통과율이 외부 공기 유입이 없는 정상 운전 시의 2배에 달한다면, 출구가스 중의 먼지 농도는 얼마인가? [16-2]

① 3.0 g/Sm^3 ② 3.5 g/Sm^3
③ 4.0 g/Sm^3 ④ 4.5 g/Sm^3

해설 처음 상태 통과율 = 100 − 96 = 4 %

나중 상태 통과율 = 4 %×2 = 8 %

$P = \dfrac{C_oQ_o}{C_iQ_i}\times100$

$8 = \dfrac{x\times Q_i\times1.15}{50\times Q_i}\times100$

$\therefore\ x = 3.47\text{ g/Sm}^3$

정답 1-3 ④ 1-4 ② 1-5 ① 1-6 ④ 1-7 ②

2-2 집진 장치의 종류 및 특징

1 중력 집진 장치의 원리 및 특징

2. 중력식 집진 장치의 집진율 향상 조건에 관한 다음 설명 중 옳지 않은 것은? [15-2]

① 침강실 내 처리 가스의 속도가 작을수록 미립자가 포집된다.
② 침강실 입구폭이 클수록 유속이 느려지며 미세한 입자가 포집된다.
③ 다단일 경우에는 단수가 증가할수록 집진율은 커지나, 압력 손실도 증가한다.
④ 침강실의 높이가 낮고, 중력장의 길이가 짧을수록 집진율은 높아진다.

해설 침강실의 높이(H)는 낮고, 중력장의 길이(L)가 길수록 집진율은 높아진다.

답 ④

이론 학습

(1) 원리

중력 집진 장치는 함진 가스 중의 입자를 중력에 의하여 포집하는 장치이다.

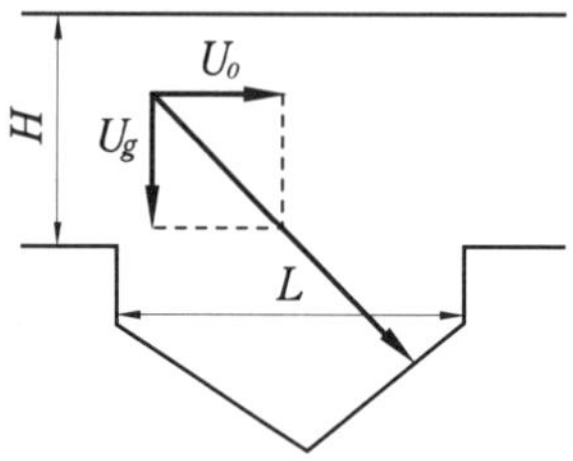

중력 집진 장치의 원리

중력 집진 장치의 효율은 침강 속도(U_g)에 비례하고, 침강실의 길이(L)에 비례하며, 배기가스 유속(U_o)에 반비례하고, 침강실 높이(H)에 반비례한다.

100 % 제거율이라 가정할 때,

$1 = \dfrac{U_g \times L}{U_o \times H}$ 이므로

$U_g = \dfrac{U_o \times H}{L}$, $L = \dfrac{U_o \times H}{U_g}$, $U_o = \dfrac{U_g \times L}{H}$, $H = \dfrac{U_g \times L}{U_o}$ 로 나타낼 수 있다.

(2) 특징

① 처리 입경은 50~1,000 μm(주로 50 μm 이상)일 때 적합하다.

② 압력 손실은 10~15 mmH_2O 정도로 낮다.

③ 집진 효율은 40~60 % 정도로 낮다.

④ 처리 가스 속도(U_o)는 1~2 m/s로 작을수록 좋다.

(3) 종류

중력 집진 장치에는 다음 그림과 같이 중력 침강실(단단 침강실)과 다단 침강실이 있다.

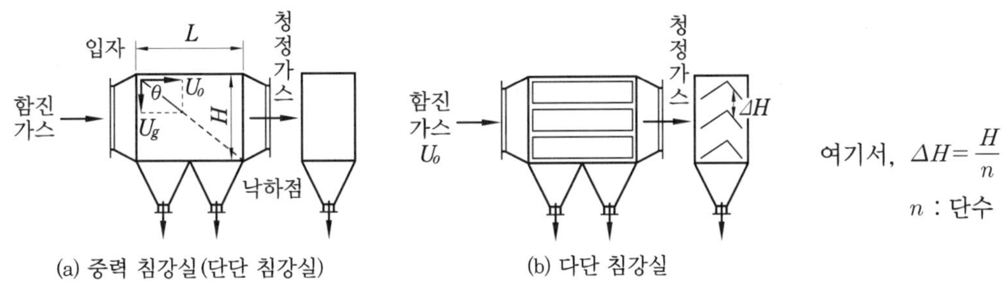

(a) 중력 침강실(단단 침강실)

(b) 다단 침강실

중력 집진 장치

(4) 장점

① 설비비, 유지비가 저렴하다(가장 간단하다).

② 압력 손실이 적다(10~15 mmH_2O).

③ 먼지 부하(농도)가 높은 가스와 고온 가스 처리에 용이하다.

(5) 단점

① 미세한 먼지의 포집이 곤란하고 효율이 낮다.

② 먼지 부하 변동 및 유량 변동에 적응성이 낮다.

③ 시설의 규모가 커진다(건식이므로 기체의 부피를 줄일 수 없기 때문).

(6) 집진 효율 향상 조건

① 침강실 내의 처리 가스 속도(U_o)가 작을수록 미립자를 포집할 수 있다(집진 효율이 높아진다).

② 침강실의 높이(H)가 낮고, 길이(L)가 길수록 집진 효율이 높아진다.

③ 침강실 내 배기가스 기류는 균일해야 한다.

④ 침강 속도(U_g)가 클수록 높은 집진 효율을 가진다.

⑤ 다단의 경우에는 단수가 증가할수록 집진 효율은 커진다. 대신 압력 손실은 증가하며, 청소하기가 불편하다.

2 관성력 집진 장치의 원리 및 특징

(1) 원리

관성력 집진 장치는 함진 가스를 방해판에 충돌시켜 기류의 급격한 방향 전환을 시켜 입자의 관성력에 의하여 분리시키는 장치이다.

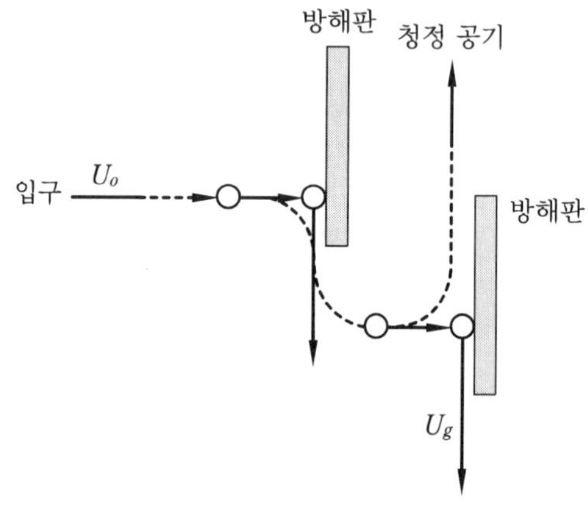

관성력 집진 장치의 원리

(2) 특징

① 처리 입경은 10~100 μm일 때 적합하다.
② 압력 손실은 30~70 mmH_2O 정도이다(방해판 때문에).
③ 집진 효율은 50~70 % 정도로 낮다.
④ 처리 가스 속도는 1~5 m/s로 작을수록 좋다.
⑤ 구조가 간단하고 운전비, 유지비가 적게 들며 주로 전처리용으로 많이 사용된다.
⑥ 취급이 용이하기 때문에 고온 가스 처리도 가능하다.

(3) 집진 효율 향상 조건

① 충돌 전의 처리 배기 속도는 적당히 빠르게 하고(에너지 손실 커짐), 충돌 후의 출구 가스 속도는 늦을수록 미립자의 제거가 쉽다(집진 효율이 높다).
② 기류의 방향 전환 각도가 작을수록, 전환 횟수가 많을수록(방해판이 많을수록) 압력 손실은 커지지만 집진 효율은 높아진다.
③ 적당한 모양과 크기의 호퍼(dust box)[침강실]가 필요하다.

2-1 배출 가스의 흐름이 층류일 때 입경 100 μm 입자가 100 % 침강하는 데 필요한 중력 침강실의 길이는 얼마인가? (단, 중력 침강실의 높이 1 m, 배출 가스의 유속 2 m/s, 입자의 종말 침강 속도는 0.5 m/s이다.) [14-4, 20-2]

① 1 m ② 4 m
③ 10 m ④ 16 m

해설 $1 = \frac{U_g \times L}{U_o \times H}$

$\therefore L = \frac{U_o \times H}{U_g} = \frac{2 \times 1}{0.5} = 4\text{ m}$

2-2 중력 집진 장치에 관한 설명으로 가장 거리가 먼 것은? [14-4]

① 압력 손실이 10~15 mmH_2O 정도로 적다.
② 함진 가스의 온도 변화에 의한 영향을 거의 받지 않는다.
③ 장치 운전 시 신뢰도가 낮으며, 함진 가스의 먼지 부하나 유량 변동에 영향을 거의 받지 않아 적응성이 높다.
④ 침강실의 높이는 작게, 길이는 가급적 크게 하는 편이 집진율이 향상된다.

해설 중력 집진 장치는 미세먼지 포집이 곤란하고 집진 효율이 낮다. 그리고 먼지 부하 변동 및 유량 변동에 적응성이 낮다.

2-3 상온에서 밀도가 1,000 kg/m^3, 입경 50 μm인 구형 입자가 높이 5 m 정지 대기 중에서 침강하여 지면에 도달하는 데 걸리는 시간(s)은 약 얼마인가? (단, 상온에서 공기 밀도는 1.2 kg/m^3, 점도는 1.8×10^{-5} kg/m·s이며 Stokes 영역이다.) [18-2]

① 66 ② 86
③ 94 ④ 105

해설 $U_g = \frac{g(\rho_p - \rho_a)d_p^2}{18\mu}$

$= \frac{9.8 \times (1{,}000 - 1.2) \times (50 \times 10^{-6})^2}{18 \times 1.8 \times 10^{-5}}$

$= 0.075\text{ m/s}$

$U_g = \frac{H}{t}$

$\therefore t = \frac{H}{U_g} = \frac{5\text{m}}{0.075\text{m/s}} = 66.6\text{ s}$

2-4 중력 집진 장치에서 수평 이동 속도 V_x, 침강실 폭 B, 침강실 수평 길이 L, 침강실 높이 H, 종말 침강 속도를 V_t라면 주어진 입경에 대한 부분 집진 효율은? (단, 층류기준) [12-4]

① $\frac{V_x \times B}{V_t \times H}$ ② $\frac{V_t \times H}{V_x \times B}$
③ $\frac{V_t \times L}{V_x \times H}$ ④ $\frac{V_x \times H}{V_t \times L}$

2-5 중력식 집진 장치의 집진율 향상 조건에 관한 설명 중 옳지 않은 것은? [19-1]

① 침강실 내 처리 가스의 속도가 작을수록 미립자가 포집된다.
② 침강실 입구폭이 클수록 유속이 느려지며 미세한 입자가 포집된다.
③ 다단일 경우에는 단수가 증가할수록 집진 효율은 상승하나, 압력 손실도 증가한다.
④ 침강실의 높이가 낮고, 중력장의 길이가 짧을수록 집진율은 높아진다.

해설 $\eta = \frac{U_g \times L}{U_o \times H}$이므로 침강실의 높이는 낮고 중력장의 길이는 길수록 집진율이 높아진다.

정답 2-1 ② 2-2 ③ 2-3 ① 2-4 ③ 2-5 ④

2-6 중력 집진 장치에서 집진 효율을 향상시키기 위한 조건으로 옳지 않은 것은 어느 것인가? [13-1, 20-2]

① 침강실 내의 처리 가스의 유속을 느리게 한다.
② 침강실의 높이는 낮게 하고, 길이는 길게 한다.
③ 침강실의 입구 폭을 작게 한다.
④ 침강실 내의 가스 흐름을 균일하게 한다.

해설 침강실의 입구 폭이 클수록 유입 면적이 넓어 유속이 느리게 된다.

$Q = A \cdot U_o$

$U_o = \frac{Q}{A}$

여기서, Q : 유량(m^3/s), A : 단면적(m^2)
U_o : 유속(m/s)

2-7 중력 집진 장치의 효율을 향상시키는 조건에 대한 설명으로 옳지 않은 것은 어느 것인가? [20-4]

① 침강실 내의 배기가스 기류는 균일하여야 한다.
② 침강실의 침전 높이가 작을수록 집진율이 높아진다.
③ 침강실의 길이를 길게 하면 집진율이 높아진다.
④ 침강실 내 처리 가스 속도가 클수록 미세한 분진을 포집할 수 있다.

해설 ④ 클수록 → 작을수록

2-8 중력 집진 장치에 관한 설명으로 가장 적합하지 않은 것은? [21-4]

① 배기가스의 점도가 낮을수록 집진 효율이 증가한다.
② 함진 가스의 온도 변화에 의한 영향을 거의 받지 않는다.
③ 침강실의 높이가 낮고, 길이가 길수록 집진 효율이 증가한다.
④ 함진 가스의 유량, 유입 속도 변화에 거의 영향을 받지 않는다.

해설 ④ 거의 영향을 받지 않는다. → 영향을 많이 받는다.

2-9 침강실의 길이 5 m인 중력 집진 장치를 사용하여 침강 집진할 수 있는 먼지의 최소 입경이 140 μm였다. 이 길이를 2.5배로 변경할 경우 침강실에서 집진 가능한 먼지의 최소 입경(μm)은? (단, 배출 가스의 흐름은 층류이고, 길이 이외의 모든 설계 조건은 동일하다.) [13-4]

① 약 70 ② 약 89
③ 약 99 ④ 약 129

해설 $1 = \frac{U_g \times L}{U_o \times H} = \frac{\frac{g(\rho_p - \rho_a)d_p^2}{18\mu} \times L}{U_o \times H}$

$d_p^2 \propto \frac{1}{L}$

$140^2 : \frac{1}{5}$

$x^2 : \frac{1}{5 \times 2.5}$

$\therefore x = 88.5$ m

2-10 높이 2.5 m, 폭 4.0 m인 중력식 집진 장치의 침강실에 바닥을 포함하여 20개의 평행판을 설치하였다. 이 침강실에 점도가 2.078×10^{-5} kg/m·s인 먼지 가스를 2.0 m^3/s 유량으로 유입시킬 때 밀도가 1,200 kg/m^3이고, 입경이 40 μm인 먼지 입자를 완전히 처리하는 데 필요한 침강실의 길이는? (단, 침강실의 흐름은 층류) [13-4]

① 0.5 m ② 1.0 m

정답 2-6 ③ 2-7 ④ 2-8 ④ 2-9 ② 2-10 ①

③ 1.5 m ④ 2.0 m

해설 우선 U_g를 구하면

$$U_g = \frac{g(\rho_p - \rho_a)d_p^2}{18\mu}$$

$$= \frac{\left[\begin{array}{l}9.8\text{m/s}^2 \times (1{,}200 - 1.3)\text{kg/m}^3 \\ \times (40 \times 10^{-6})^2 \text{m}^2\end{array}\right]}{18 \times 2.078 \times 10^{-5}\text{kg/m} \cdot \text{s}}$$

$$= 0.05 \text{ m/s}$$

$$1 = \frac{nU_g \times L}{U_o \times H} = \frac{nU_g \times L}{\frac{Q}{W \times H} \times H}$$

$$= \frac{nU_g \times L \times W}{Q}$$

$$\therefore L = \frac{Q}{nU_g \times W} = \frac{2}{20 \times 0.05 \times 4} = 0.5 \text{ m}$$

2-11 직경 100 μm의 먼지가 높이 8 m되는 위치에서 바람이 5 m/s 수평으로 불 때 이 먼지의 전방 낙하 지점은? (단, 동종의 10 μm 먼지의 낙하 속도는 0.6 cm/s) [16-1]

① 67 m ② 77 m
③ 88 m ④ 99 m

해설 우선 100 μm 직경의 먼지의 침강 속도를 구하면

$$U_g = \frac{g(\rho_p - \rho_a)d_p^2}{18\mu} \text{에서}$$

$$U_g \propto d_p^2$$

$$0.006 \text{ m/s} : 10^2 \, \mu\text{m}^2$$

$$x[\text{m/s}] : 100^2 \, \mu\text{m}^2$$

$$\therefore x = 0.6 \text{ m/s}$$

100 % 제거율이라면

$$1 = \frac{U_g \times L}{U_o \times H}$$

$$\therefore L = \frac{U_o \times H}{U_g} = \frac{5\text{m/s} \times 8\text{m}}{0.6\text{m/s}} = 66.666 \text{ m}$$

2-12 관성력 집진 장치에 관한 설명으로 옳지 않은 것은? [16-4]

① 압력 손실은 30~70 mmH₂O 정도이고, 굴뚝 또는 배관에 적용될 때가 있다.
② 곡관형, louver형, pocket형, multibaffle형 등은 반전식에 해당한다.
③ 함진 가스의 방향 전환 각도가 크고, 방향 전환 횟수가 적을수록 압력 손실은 커지나 집진율이 높아진다.
④ 반전식의 경우 방향 전환을 하는 가스의 곡률 반경이 작을수록 미세한 먼지를 분리 포집할 수 있다.

해설 함진 가스의 방향 전환 각도가 작고, 방향 전환 횟수가 많을수록 압력 손실은 커지나 집진율은 높아진다.

2-13 관성력 집진 장치의 집진율 향상 조건으로 가장 거리가 먼 것은? [17-1]

① 적당한 dust box의 형상과 크기가 필요하다.
② 기류의 방향 전환 횟수가 많을수록 압력 손실은 커지지만 집진율은 높아진다.
③ 보통 충돌 직전에 처리 가스 속도가 크고, 처리 후 출구 가스 속도가 작을수록 집진율은 높아진다.
④ 함진 가스의 충돌 또는 기류 방향 전환 직전의 가스 속도가 작고, 방향 전환 시 곡률 반경이 클수록 미세 입자 포집이 용이하다.

해설 관성력 집진 장치는 충돌 전의 처리 배출 속도는 적당히 빠르게 하고, 충돌 후의 출구 가스 속도는 늦을수록, 또 기류의 방향 전환 각도가 작을수록 미세 입자 포집이 용이하다.

정답 2-11 ① 2-12 ③ 2-13 ④

3 원심력 집진 장치의 원리 및 특징

3. 사이클론(cyclone)의 조업 변수 중 집진 효율을 결정하는 가장 중요한 변수는? [16-1]

① 유입 가스의 속도
② 사이클론 내부 높이
③ 유입 가스의 먼지 농도
④ 사이클론에서의 압력 손실

해설 입구 유속에는 한계 유속(7~15 m/s)이 있지만, 이 중 유속이 빠를수록 집진 효율이 증대한다.

답 ①

이론 학습

(1) 원리

원심력 집진 장치는 함진 가스에 선회 운동을 촉진시켜 입자에 작용하는 원심력에 의해 마찰을 크게 하여(에너지 손실을 크게 하여) 입자를 분리시키는 장치이다.

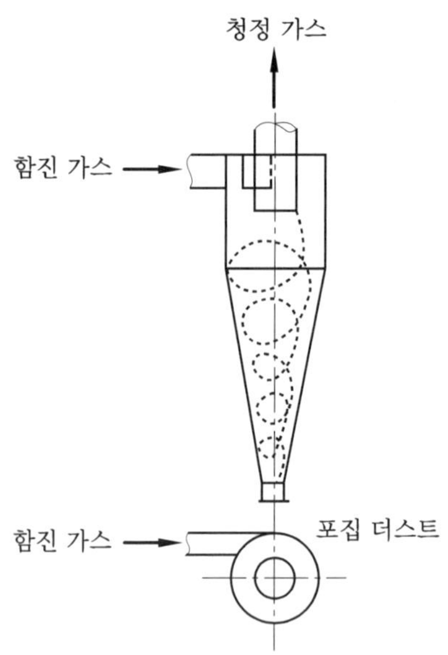

원심력 집진 장치의 원리

(2) 특징

① 처리 입경은 3~100 μm일 때 적합하다.
② 압력 손실은 50~150 mmH_2O로 큰 편이다.
③ 집진 효율은 85~95 %로 효율이 좋은 편이다.
④ 처리 가스 속도는 7~15 m/s(한계 속도)이며 한계 속도 내에서는 빠를수록 집진 효율이 좋다.

⑤ 처리 가스량이 많고 고집진율을 얻고자 할 경우에는 멀티사이클론(멀티클론)을 사용한다(원심력 집진 장치는 날씬해야 집진 효율이 좋다. 그래서 멀티로 한다).

(3) 종류

① 접선 유입식

접선 유입식 사이클론의 입구 가스 속도는 7~15 m/s이다.

예전에 접선 유입식은 처리 가스량이 적은 것에 사용되고 있었으나 최근에는 대용량의 것에도 블로 다운 방식을 도입한 멀티사이클론이 사용되고 있다.

블로 다운 효과(blow down effect)란 사이클론의 집진 효율 향상책의 하나로서 사이클론의 dust box에서 또는 멀티사이클론의 호퍼부에서 처리 가스량의 5~10 %를 흡입함에 따라 사이클론 내의 선회 기류의 교란(난류 현상)을 억제시킴으로써 집진된 먼지가 재비산되는 것을 방지하는 효과를 말한다.

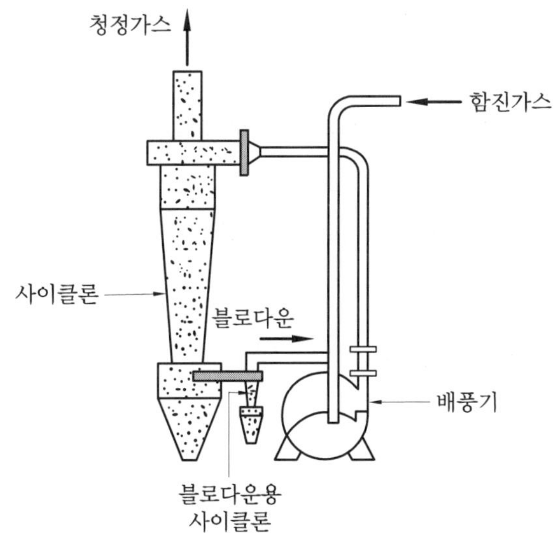

사이클론의 블로 다운 방식

접선 유입식 사이클론의 압력 손실은 보통 100 mmH_2O 전후로 사용된다. 입구 모양에 따라 나선형과 와류형이 있다.

참고 블로 다운(blow down)의 효과

① 유효 원심력이 증대된다.
② 분리된 먼지의 재비산을 방지할 수 있다.
③ 관내 먼지 부착으로 인한 폐쇄를 방지할 수 있다.
④ 집진 효율이 향상된다.

② **축류식**

축류식은 도익 선회식이라고도 하며 종류에는 반전형과 직진형이 있다.

반전형은 입구 가스 속도가 보통 10 m/s 전후이며, 접선 유입식에 비하여 동일 압력 손실로써 약 3배의 가스량을 처리할 수 있고 또한 가스의 균일한 분배가 용이한 점 등에서 주로 멀티사이클론으로 하며, 대용량의 가스를 처리하는 경우에 사용되고 있다.

압력 손실은 80~100 mmH_2O이며 집진 효율은 접선 유입식과 큰 차이가 없고 blow down은 필요 없다.

직진형은 압력 손실이 40~50 mmH_2O 정도이고, 설치 면적이 적은 특징을 가지고 있다.

(4) 장점

① 구조가 간단하며, 설치 공간이 적게 든다(세워져 있기 때문).
② 고온 가스 처리가 가능하다.
③ 유지비, 보수비가 적게 든다.

(5) 단점

① 미세 입자의 경우에는 집진 효율이 떨어진다.
② 장치가 온도, 압력, 부식성 가스에 영향을 많이 받는다.
③ 점착성, 부식성, 마모성 가스에는 부적합하다.

(6) 집진 효율 향상 조건

① 블로 다운 방법을 채택한다.
② 배기관경(내관)이 작을수록 집진 효율이 증대한다(날씬할수록).
③ 입구 유속에는 한계 유속(7~15 m/s)이 있지만 이 중 유속이 빠를수록 집진 효율이 증대한다.
④ 사이클론을 직렬로 사용하는 경우 집진 효율이 증대한다.
⑤ 먼지에 응집성이 있으면 집진 효율은 증대한다(d_p가 커진다).
⑥ 점착성이 있는 먼지의 집진에는 적당치 않으며, 딱딱한 입자는 장치에 마모를 일으킨다.
⑦ 고성능의 전기 집진 장치나 여과 집진 장치의 전처리용으로 사용된다.
⑧ 원통의 직경이 작을수록 집진 효율은 증대한다(날씬할수록).

(7) 멀티사이클론

멀티사이클론은 작은 몸통경의 사이클론을 여러 개 병렬로 연결하여 사용하며 입구 속도에 크게 영향을 받지 않는다.

멀티사이클론에 적용할 수 있는 것은 축류식 반전형이다.

보통 분진이 입경이 20 μm 이상인 경우는 원심력 집진 장치를 직렬 연결 방식으로 하지만 5~10 μm 정도의 경우에는 멀티사이클론을 사용하는 것이 좋다.

멀티사이클론의 기본 유속은 12 m/s 전후이다.

3-1 사이클론의 운전 조건과 치수가 집진율에 미치는 영향으로 옳지 않은 것은 어느 것인가? [14-2, 21-1]

① 함진 가스의 온도가 높아지면 가스의 점도가 커져 집진율은 저하되나 그 영향은 크지 않은 편이다.

② 입구의 크기가 작아지면 처리 가스의 유입 속도가 빨라져 집진율과 압력 손실은 증가한다.

③ 출구의 직경이 작을수록 집진율은 증가하지만 동시에 압력 손실도 증가하고 함진 가스의 처리 능력도 떨어진다.

④ 동일한 유량일 때 원통의 직경이 클수록 집진율이 증가한다.

해설 원통의 직경이 작을수록 집진율이 증가한다.

3-2 원심력 집진 장치(cyclone)의 집진 효율에 관한 내용으로 옳은 것은? [21-4]

① 원통의 직경이 클수록 집진 효율이 증가한다.

② 입자의 밀도가 클수록 집진 효율이 감소한다.

③ 가스의 온도가 높을수록 집진 효율이 증가한다.

④ 가스의 유입 속도가 클수록 집진 효율이 증가한다.

해설 ① 직경이 클수록 → 직경이 작을수록
② 감소한다 → 증가한다
③ 증가한다 → 감소한다

3-3 축류식 원심력 집진 장치 중 반전형에 관한 설명으로 틀린 것은? [13-1, 16-1]

① 입구 가스 속도가 50 m/s 전후이다.

② 접선유입식에 비해 압력 손실이 적은 편이다.

③ 가스의 균일한 분배가 용이한 이점이 있다.

④ 함진 가스 입구의 안내익에 따라 집진 효율이 달라진다.

해설 반전형의 입구 가스 속도가 보통 10 m/s 전후이다.

3-4 접선 유입식 원심력 집진 장치의 특징에 관한 설명 중 옳은 것은? [12-1, 17-1, 20-1]

① 장치의 압력 손실은 5,000 mmH_2O이다.

② 장치 입구의 가스 속도는 18~20 cm/s이다.

③ 유입구 모양에 따라 나선형과 와류형으로 분류된다.

④ 도익 선회식이라고도 하며 반전형과 직진형이 있다.

해설 접선 유입식 원심력 집진 장치(사이클론)의 압력 손실은 100 mmH_2O 전후이고, 입구 가스 속도는 7~15 m/s이다.
그리고 모양에 따라 나선형과 와류형이 있다. 도익 선회식은 축류식을 말하며 종류에는 반전형과 직진형이 있다.

정답 3-1 ④ 3-2 ④ 3-3 ① 3-4 ③

3-5 **원심력 집진 장치의 성능 인자에 관한 설명으로 가장 거리가 먼 것은?** [13-4]

① 블로 다운(blow-down) 효과를 적용하면 효율이 높아진다.

② 내경(배출 내관)이 작을수록 입경이 작은 먼지를 제거할 수 있다.

③ 한계(입구) 유속 내에서는 유속이 빠를수록 효율이 감소한다.

④ 고농도는 병렬로 연결하고, 응집성이 강한 먼지를 직렬 연결(단수 3단 한계)하여 주로 사용한다.

해설 ③ 효율이 감소한다. → 효율이 증가한다.

3-6 **원심력 집진 장치에 관한 설명으로 옳지 않은 것은?** [17-4]

① 배기관경(내경)이 작을수록 입경이 작은 먼지를 제거할 수 있다.

② 점착성이 있는 먼지의 집진에는 적당치 않으며, 딱딱한 입자는 장치의 마모를 일으킨다.

③ 침강 먼지 및 미세한 먼지의 재비산을 막기 위해 스키머와 회전깃, 살수 설비 등을 설치하여 제진 효율을 증대시킨다.

④ 고농도일 때는 직렬 연결하여 사용하고, 응집성이 강한 먼지인 경우는 병렬 연결하여 사용한다.

해설 집진율을 높이기 위해 직렬 연결하고, 유입 유량이 많을 때 병렬 연결하여 사용한다.

3-7 **원심력 집진 장치에서 압력 손실의 감소 원인으로 가장 거리가 먼 것은?** [19-2]

① 장치 내 처리 가스가 선회되는 경우

② 호퍼 하단 부위에 외기가 누입될 경우

③ 외통의 접합부 불량으로 함진 가스가 누출될 경우

④ 내통이 마모되어 구멍이 뚫려 함진 가스가 by pass될 경우

해설 ①의 경우 압력 손실이 증가된다(정상적인 경우). ②, ③, ④는 비정상적인 경우이다.

정답 3-5 ③ 3-6 ④ 3-7 ①

4 세정식 집진 장치의 원리 및 특징

4. **세정식 집진 장치의 원리에 대한 설명으로 옳지 않은 것은?** [14-1]

① 배기가스를 증습하면 입자의 응집이 낮아진다.

② 액적에 입자가 충돌하여 부착된다.

③ 미립자가 확산되면 액적과의 접촉이 증가된다.

④ 액막과 기포에 입자가 접촉하여 부착된다.

해설 증습하면 입자의 응집이 잘 된다.

답 ①

이론 학습

(1) 원리

세정 집진 장치는 습식 집진이고 스크러버라고 한다. 이 장치는 액적·액막·기포 등에 의해 함진 가스를 세정하여 입자를 부착, 입자의 응집을 촉진시켜 입자를 분리시키는 장치이다.

이 방법은 더스트의 포집 외에 포집된 더스트의 재비산 방지에도 이점이 있으나, 용수의 확보, 폐수 처리의 문제점이 있다.

세정 집진 장치의 입자 포집 원리는 다음과 같다.

① 액적에 입자가 충돌하여 부착한다(액적 : 입자의 크기=150 : 1).

② 미립자 확산에 의하여 액적과의 접촉을 쉽게 한다.

③ 배기의 습도 증가에 의하여 입자가 서로 응집한다(d_p가 커짐).

④ 입자를 핵으로 한 증기의 응결에 따라 응집성을 촉진시킨다.

⑤ 액막, 기포에 입자가 접촉하여 부착한다.

즉, 다량의 액적, 액막, 기포를 형성하여 입자와 접촉을 좋게 하고, 기액 분리의 기능을 높임으로써 고집진율을 얻을 수 있다.

(2) 특징

① 처리 입경은 0.1~100 μm일 때 적합하다.

② 압력 손실은 300~800 mmH_2O로 집진 장치 중 가장 크다(벤투리 스크러버).

③ 집진 효율은 80~95 %로 효율이 좋은 편이다.

④ 입자상 물질은 물론 물에 잘 녹는 가스상 물질도 제거할 수 있다(습식의 가장 큰 장점).

(3) 장점

① 구조가 간단하고 처리 가스량에 대한 고정된 면적이 작다.

② 가동 부분이 적고 조작이 간단하다.

③ 친수성 먼지의 집진 효과가 높다.

④ 처리 가스의 흡수, 증습 등의 조작이 가능하다.

⑤ 한번 제거된 입자는 처리 가스 속으로 재비산되지 않으며, 전기 집진 장치보다 협소한 장소에도 설치가 가능하다.

⑥ 점착성 및 조해성 분진의 처리가 가능하다.

⑦ 연소성 및 폭발성 가스의 처리가 가능하다(물을 사용하므로).

⑧ 입자상 물질과 가스상 물질을 동시에 제거 가능하다(습식의 장점).
⑨ 연속 운전할 수 있고, 더스트의 입도, 습도, 가스의 종류 등에 의한 영향을 받는 일이 적다.
⑩ 냉각 조작이 가능하므로 고온 가스의 처리도 가능하다.

(4) 단점

① 많은 물이 필요하며 따라서 급수 설비를 필요로 한다.
② 폐수 처리 설비가 필요하다.
③ 소수성 더스트의 집진 효율이 낮다.
④ 친수성이 너무 크고, 부착성이 높은 더스트의 경우 노즐 폐색 등의 장애가 일어날 수 있다.
⑤ 한랭기에 동결 방지 장치가 필요하다.

(5) 관성 충돌 계수(효과)

세정 집진 장치에서 입자와 액적과의 충돌 횟수가 많을수록 집진 효율은 증가한다. 그래서 관성 충돌 계수(효과)를 크게 하기 위한 조건은 다음과 같다.

$$N_s = \frac{C_f \cdot \rho_p \cdot d^2 \cdot V}{18\mu \cdot d_w}$$

여기서, N_s : 관성 충돌 계수, C_f : 커닝험 보정 계수, ρ_p : 분진의 밀도
d : 분진의 입경, V : 유입 속도, μ : 처리 가스 점도, d_w : 액적의 직경

① 분진의 밀도가 커야 한다.
② 분진의 입경이 커야 한다.
③ 액적의 직경이 작아야 한다.
④ 처리 가스의 점도가 낮아야 한다.
⑤ 처리 가스의 액적의 상대 속도가 커야 한다.
⑥ 처리 가스의 온도를 낮게 한다(기체의 점도는 온도가 낮을수록 점도가 낮아진다).

(6) 종류

① **유수식** : 임펠러형, 로터형, 가스분출형(분수형), 가스선회형(나선 가이드밴형) 등
② **가압수식** : 벤투리 스크러버, 사이클론 스크러버, 제트 스크러버, 충전탑, 분무탑 등
③ **회전식** : theisen washer(타이젠 워셔), impulse scrubber, jet collector 등

(7) 각 세정 집진 장치의 특성 및 장단점

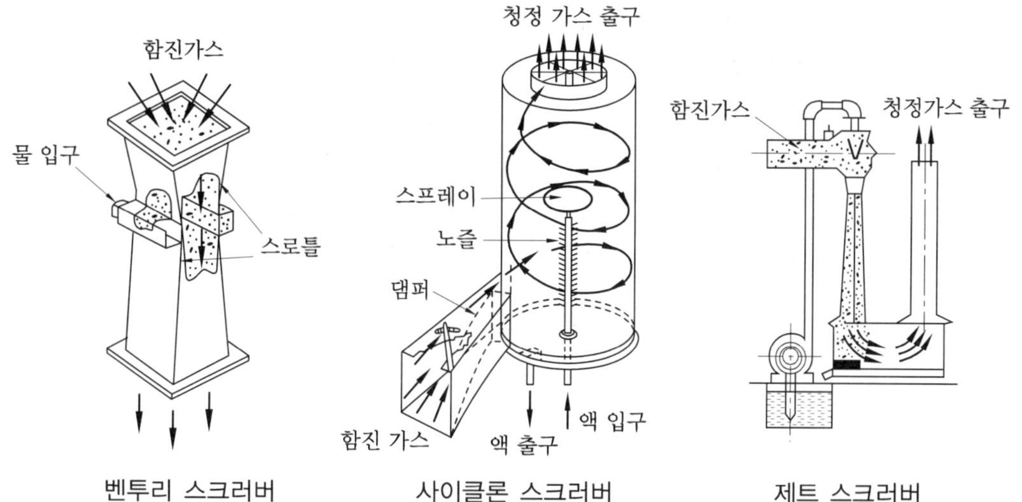

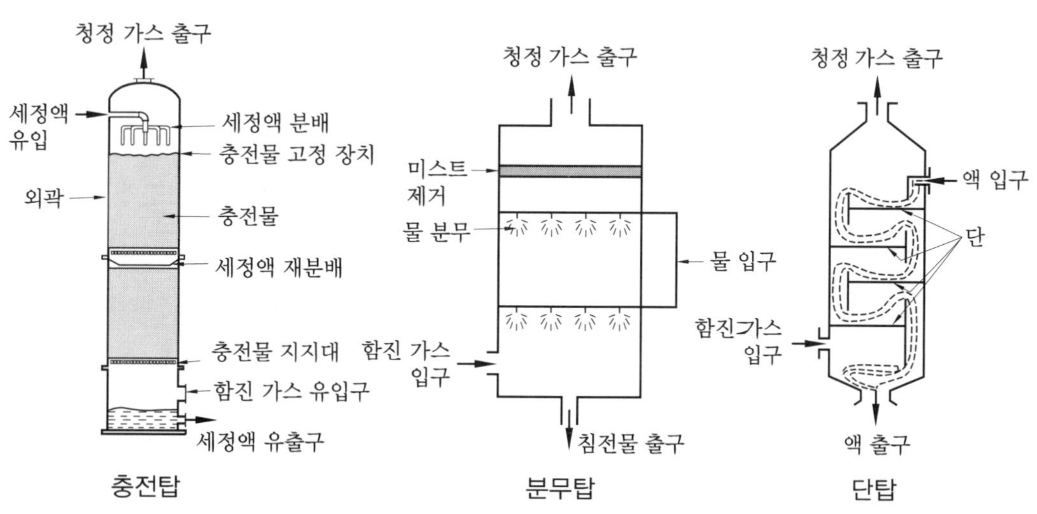

명칭	특성	장점	단점
벤투리 스크러버	① 스로트부 가스 속도 : 60~90 m/s ② 액가스비 ㉮ 친수성, 10 μm 이상 큰 입자 : 0.3 L/m^3 ㉯ 소수성, 10 μm 이하 미립자 : 1.5 L/m^3	① 세정 집진 장치 중 효율이 가장 좋고 광범위하게 사용된다. ② 소형으로도 대용량의 가스 처리가 가능하다.	① 가스의 압력 손실이 크므로 동력비가 많이 든다. ② 압력 손실이 크다 (300~800 mmH_2O).

명칭	특성	장점	단점
	③ 압력 손실 : 300~800 mmH_2O $\Delta P=\frac{(0.5+L)v^2}{2g}\times\gamma_a$ 여기서, ΔP : 압력 손실(mmH_2O) L : 주수율(액가스비 : L/m^3) v : 벤투리 스크러버 스로트부의 속도(m/s) g : 중력 가속도(9.8 m/s^2) γ_a : 공기의 비중량(kg/m^3) ④ 스트로부에서 생성되는 물방울 직경은 스로트부의 가스 속도가 크고, 주수율(액가스비 : 사용수량 L/배기량 m^3) L이 작을수록 작아진다. ⑤ 물방울 입경과 먼지 입경의 비는 충돌 효율면에서 150 : 1 전후가 좋다.	③ $Q=A\cdot V$ (속도가 빠르므로 처리 가스 유량이 많다) 여기서, Q : 처리 가스유량(m/s) A : 관의 단면적(m^2) V : 유속(m/s)	
사이클론 스크러버	① 원통형의 탑내를 회전하며 상승하는 가스와 탑 중심에 있는 분무공으로부터 분무되는 액적이 접촉하여 입자가 제거된다. ② 원심력과 확산 부착력에 의해 세정하는 방법이다. ③ 가스 처리 속도 : 1~3 m/s ④ 액가스비 : 0.5~1.5 L/m^3 ⑤ 압력 손실 : 50~150 mmH_2O (100~200 mmH_2O)	① 대용량의 가스 처리가 가능하며 미스트 발생이 적고, 구조가 간단하여 수용성 가스 처리에 적합하다. ② S형 임펠러를 붙인 것은 압력 손실은 높지만 집진 효율이 높아진다. ③ 원심력 집진, 가압수식 그리고 유수식 집진을 동시에 거치기 때문에 효율이 높다.	① 사이클론의 직경이 커지면 집진 효율이 낮아진다. ② 점착성 분진이 있는 경우 분무 노즐이 막힐 우려가 있다. ③ 높은 수압이 필요하다.
제트 스크러버	① 이젝트(가압 작용이 생기는)를 사용하여 물을 고압 분무함으로써 먼지, 가스를 제거하는 방식으로 송풍기를 사용하지 않는다. ② 입구 가스 속도 : 10~20 m/s ③ 액가스비 : 10~100 L/m^3으로 상당히 크다(세정 집진 장치 중 가장 크다). ④ 압력 손실 : 20~200 mmH_2O	① 먼지 입자와 물방울의 접촉이 좋아 집진 효율이 크다. ② 승압 효과를 가지므로 송풍기가 필요 없다(펌프는 필요함).	① 물 사용량이 많기 때문에 동력비가 많이 든다(펌프 사용). ② 다량의 가스 처리가 곤란하다(대용량의 경우에는 잘 쓰지 않는다).

명칭	특성	장점	단점
충전탑 (packed tower)	① 가스 속도 : 0.3~1 m/s ② 액가스비 : 1~10 L/m^3 ③ 압력 손실 : 50 mmH_2O ④ 탑의 높이 : 2~5 m ⑤ 편류 현상을 최소화하기 위해서는 보통 탑의 직경(D)과 충전제의 직경(d)의 비 $\frac{D}{d}$가 8~10일 때가 좋다.	① 급수량이 적당하면 효과는 거의 확실하다. ② 가스량 변동에도 비교적 적응성이 있다. ③ 압력 손실은 그다지 크지 않다. ④ 내식성 재료로 제작하므로 간단하다.	① 가스 유속이 너무 크면 Flooding(범람) 상태로 되어 조작이 불가능하게 된다. ② 충전제의 값이 고가이다. ③ 흡수액에 고형물이 있으면 충전물의 공극을 메워 방해를 일으킨다.
분무탑 (spray tower)	① 다수의 분사 노즐을 사용하여 세정액을 미립화시켜 오염 가스 중에 분무하는 방식이다. ② 가스 겉보기 속도 : 0.2~1 m/s ③ 액가스비 : 0.1~1 L/m^3 ④ 압력 손실 : 2~20 mmH_2O	① 구조가 간단하다. ② 충전탑보다 싸다. ③ 압력 손실이 적다. ④ 침전물이 발생하는 함진 가스도 처리할 수 있다.	① 상당한 동력이 요구된다(펌프 사용). ② 노즐이 막혀 분무에 방해가 일어나기 쉽다. ③ 충전탑보다 집진 효율이 낮다.
단탑 (plate tower)	① 가스 겉보기 속도 : 0.3~1 m/s ② 액가스비 : 0.3~5 L/m^3 ③ 압력 손실 : 100~200 mmH_2O ④ 단의 간격 : 40 cm ⑤ 단탑은 포종탑과 다공판탑으로 나눈다.	① 비교적 소량의 액량으로도 조작이 가능하다. ② 단수를 증가시키면 진한 가스라도 처리할 수 있다.	① 가스량의 변동이 격심한 경우에는 조업할 수 없다. ② 구조가 복잡하고 대형이므로 장치가 고가이다. ③ 집진 효율은 낮다.

참고 벤투리 스크러버의 포집 원리와 액가스비를 증가시키는 요인

① **원리** : 액적에 입자가 관성 충돌하여 부착한다.

② **증가 요인**

- 더스트의 입자경이 작을수록
- 농도가 높을수록
- 친수성이 적을수록(소수성일수록)
- 처리 가스 온도가 높을수록
- 분진 입자의 점착성이 클 때

4-1 세정 집진 장치의 장점으로 가장 적합한 것은? [12-2]

① 폐수 처리 설비가 필요하지 않다.
② 소수성 먼지에 대해 높은 집진 효율을 얻을 수 있다.
③ 친수성이 크고 부착성이 높은 먼지에 의한 폐색 등의 장애가 일어나지 않는다.
④ 가동 부분이 작고, 조해성 먼지 제거가 용이하다.

해설 ① 필요하지 않다. → 필요하다.
② 높은 집진 효율 → 낮은 집진 효율
③ 장애가 일어나지 않는다. → 일어난다.

4-2 세정 집진 장치의 특징으로 옳지 않은 것은? [20-1]

① 압력 손실이 작아 운전비가 적게 든다.
② 소수성 입자의 집진율이 낮은 편이다.
③ 점착성 및 조해성 분진의 처리가 가능하다.
④ 연소성 및 폭발성 가스의 처리가 가능하다.

해설 특히 벤투리 스크러버에 대해서는 압력 손실이 크므로 동력비(운전비)가 많이 든다.

4-3 세정 집진 장치의 장점으로 가장 적합한 것은? [21-4]

① 점착성 및 조해성 먼지의 제거가 용이하다.
② 별도의 폐수 처리 시설이 필요하지 않다.
③ 먼지에 의한 폐쇄 등의 장애가 일어날 확률이 낮다.
④ 소수성 먼지에 대해 높은 집진 효율을 얻을 수 있다.

해설 ② 필요하지 않다. → 필요하다.
③ 확률이 낮다. → 확률이 높다.
④ 소수성 → 친수성

4-4 다음 중 확산력과 관성력을 주로 이용하는 집진 장치로 가장 적합한 것은 어느 것인가? [12-2]

① 중력 집진 장치
② 전기 집진 장치
③ 원심력 집진 장치
④ 세정 집진 장치

해설 세정 집진 장치는 입자가 클 경우에는 중력과 관성력을 이용하여 집진하고, 입자가 작은 경우에는 확산력과 응집력을 이용하여 집진하는 장치이다.

4-5 다음 세정 집진 장치 중 입구 유속(기본 유속)이 빠른 것은? [14-2, 17-1]

① jet scrubber
② venturi scrubber
③ theisen Washer
④ cyclone scrubber

해설 벤투리 스크러버의 throat(목부) 가스 속도는 60~90 m/s이다.

4-6 다음 각 집진 장치의 유속과 집진 특성에 대한 설명 중 옳지 않은 것은? [14-2]

① 중력 집진 장치와 여과 집진 장치는 기본 유속이 작을수록 미세한 입자를 포집한다.
② 원심력 집진 장치는 적정 한계 내에서는 입구 유속이 빠를수록 효율은 높은 반면 압력 손실은 높아진다.
③ 벤투리 스크러버와 제트 스크러버는 기본 유속이 작을수록 집진율이 높다.
④ 건식 전기 집진 장치는 재비산 한계 내에서 기본 유속을 정한다.

해설 ③ 작을수록 → 빠를수록

정답 4-1 ④ 4-2 ① 4-3 ① 4-4 ④ 4-5 ② 4-6 ③

4-7 **벤투리 스크러버의 액가스비를 크게 하는 요인으로 옳지 않은 것은?**
[12-4, 14-2, 14-4, 15-4, 17-1, 17-4, 20-4]

① 먼지 입자의 친수성이 클 때
② 먼지의 입경이 작을 때
③ 먼지 입자의 점착성이 클 때
④ 처리 가스의 온도가 높을 때

해설 먼지 입자의 친수성이 적을 때(소수성일 때)액가스비를 크게 한다.

4-8 **다음 중 물을 가압 공급하여 함진 가스를 세정하는 형식의 가압수식 스크러버가 아닌 것은?** [14-2, 15-4, 18-4, 19-1]

① Venturi Scrubber
② Impulse Scrubber
③ Spray Tower
④ Jet Scrubber

4-9 **벤투리 스크러버에서 액가스비를 크게 하는 요인으로 옳지 않은 것은?** [12-2]

① 처리 가스의 온도가 높을 때
② 먼지 입자의 점착성이 클 때
③ 분진의 입경이 클 때
④ 먼지 입자의 친수성이 작을 때

해설 ③ 입경이 클 때 → 작을 때

4-10 **벤투리 스크러버 적용 시 액가스비를 크게 하는 요인으로 옳지 않은 것은 어느 것인가?** [19-4, 20-1]

① 먼지의 친수성이 클 때
② 먼지의 입경이 작을 때
③ 처리 가스의 온도가 높을 때
④ 먼지의 농도가 높을 때

해설 먼지의 친수성이 적을수록(소수성일수록) 액가스비를 크게 한다.

4-11 **관성 충돌 계수(효과)를 크게 하기 위한 입자 배출원의 특성 또는 운전 조건으로 옳지 않은 것은?** [15-2]

① 액적의 직경이 커야 한다.
② 먼지의 밀도가 커야 한다.
③ 처리 가스와 액적의 상대 속도가 커야 한다.
④ 처리 가스의 점도가 낮아야 한다.

해설 액적의 직경이 작아야 한다.

$$N_s = \frac{C_f \cdot \rho_p \cdot d^2 \cdot V}{18\mu \cdot d_w}$$

여기서, N_s : 관성 충돌 계수
C_f : 커닝험 보정 계수
ρ_p : 분진의 밀도
d : 분진의 직경
V : 유입 속도
μ : 처리 가스 점도
d_w : 액적의 직경

4-12 **세정 집진 장치에서 관성 출동 계수(효과)를 크게 하기 위한 입자 배출원의 특성 및 운전 조건으로 거리가 먼 것은 어느 것인가?** [12-1]

① 먼지의 입경이 커야 한다.
② 액적의 직경이 작아야 한다.
③ 처리 가스의 점도가 낮아야 한다.
④ 처리 가스의 온도가 높아야 한다.

해설 ④ 온도가 높아야 → 온도가 낮아야

4-13 **벤투리 스크러버에서 액가스비를 크게 하는 요인으로 옳은 것은?** [18-2]

정답 4-7 ① 4-8 ② 4-9 ③ 4-10 ① 4-11 ① 4-12 ④ 4-13 ②

① 먼지의 농도가 낮을 때
② 먼지 입자의 점착성이 클 때
③ 먼지 입자의 친수성이 클 때
④ 먼지 입자의 입경이 클 때

해설 벤투리 스크러버에서 액가스비를 크게 하는 요인은 먼지의 농도가 높을 때, 점착성이 클 때, 친수성이 적을 때, 입경이 작을 때이다.

4-14 벤투리 스크러버의 특성에 관한 설명으로 옳지 않은 것은? [19-1]

① 유수식 중 집진율이 가장 높고, 목부의 처리 가스 유속은 보통 15~30 m/s 정도이다.
② 물방울 입경과 먼지 입경의 비는 150 : 1 전후가 좋다.
③ 액가스비의 경우 일반적으로 친수성이며, 10 μm 이상의 큰 입자가 0.3 L/m^3 전후이다.
④ 먼지 및 가스 유동에 민감하고 대량의 세정액이 요구된다.

해설 ① 15~30 m/s → 60~90 m/s

4-15 venturi scrubber에 관한 설명으로 옳지 않은 것은? [12-1]

① 목부의 처리 가스 속도는 보통 20~30 m/s 정도이다.
② 먼지 부하 및 가스 유동에 민감하다.
③ 액가스비는 10 μm 이하 미립자 또는 친수성이 아닌 입자의 경우는 1.5 L/m^3 정도를 필요로 한다.
④ 먼지 입자의 친수성이 적을 때 액가스비는 커진다.

해설 ① 20~30 m/s → 60~90 m/s

4-16 벤투리 스크러버에 관한 설명으로 가장 적합한 것은? [13-4, 19-4]

① 먼지 부하 및 가스 유동에 민감하다.
② 집진율이 낮고 설치 소요 면적이 크며, 가압수식 중 압력 손실은 매우 크다.
③ 액가스비가 커서 소량의 세정액이 요구된다.
④ 점착성, 조해성 먼지 처리 시 노즐 막힘 현상이 현저하여 처리가 어렵다.

해설 벤투리 스크러버는 집진율이 높고 설치 소요 면적이 적다. 액가스비가 크다면 다량의 세정액이 요구되고, 습식이기 때문에 점착성, 조해성 먼지도 처리 가능하다.

4-17 벤투리 스크러버(venturi scrubber)에 관한 설명으로 가장 거리가 먼 것은 어느 것인가? [16-2]

① 목부의 처리 가스 속도는 보통 60~90 m/s이다.
② 물방울 입경과 먼지 입경의 비는 충돌 효율면에서 10 : 1 전후가 좋다.
③ 액가스비는 보통 0.3~1.5 L/m^3 정도, 압력 손실은 300~800 mmH_2O 전후이다.
④ 가압수식 중에서 집진율이 가장 높아 대단히 광범위하게 사용되며, 소형으로 대용량의 가스 처리가 가능하다.

해설 ② 10 : 1 → 150 : 1

4-18 venturi scrubber에서 액가스비가 0.6 L/m^3, 목부의 압력 손실이 330 mmH_2O일 때 목부의 가스 속도(m/s)는? (단, 가스 비중은 1.2 kg/m^3이며, venturi scrubber의 압력 손실식 $\Delta P=(0.5+L)\times\frac{\gamma v^2}{2g}$를 이용할 것) [13-1]

정답 4-14 ① 4-15 ① 4-16 ① 4-17 ② 4-18 ②

① 50 ② 70
③ 80 ④ 90

해설 $v=\sqrt{\dfrac{\Delta P\times 2g}{(0.5+L)\times\gamma}}$

$=\sqrt{\dfrac{330\times 2\times 9.8}{(0.5+0.6)\times 1.2}}=70\text{ m/s}$

4-19 **다음 각 집진 장치의 유속과 집진 특성에 대한 설명 중 옳지 않은 것은 어느 것인가?** [20-2]

① 건식 전기 집진 장치는 재비산 한계 내에서 기본유속을 정한다.
② 벤투리 스크러버와 제트 스크러버는 기본 유속이 작을수록 집진율이 높다.
③ 중력 집진 장치와 여과 집진 장치는 기본유속이 작을수록 미세한 입자를 포집한다.
④ 원심력 집진 장치는 적정 한계 내에서는 입구유속이 빠를수록 효율은 높은 반면 압력 손실이 높아진다.

해설 ② 유속이 작을수록 → 유속이 클수록

4-20 **다음의 세정 집진 장치 중 액가스비가 10~50 L/m³ 정도로 다른 가압수식에 비해 10배 이상이며, 다량의 세정액이 사용되어 유지비가 고가이므로 처리 가스량이 많지 않을 때 사용하는 것은?** [13-2, 17-2]

① venturi scrubber
② theisen washer
③ jet scrubber
④ impulse scrubber

해설 액가스비가 상당히 크면 제트 스크러버이다.

4-21 **압력 손실은 100~200 mmH₂O 정도이고, 가스량 변동에도 비교적 적응성이 있으며, 흡수액에 고형분이 함유되어 있는 경우에는 흡수에 의해 침전물이 생기는 등 방해를 받는 세정 장치로 가장 적합한 것은 어느 것인가?** [17-4]

① 다공판탑 ② 제트 스크러버
③ 충전탑 ④ 벤투리 스크러버

해설 흡수액에 고형분이 있으면 충전물의 공극을 메워 방해를 일으키는 세정 장치는 충전탑이다.

4-22 **다음은 충전탑에 관한 설명이다. ( ) 안에 가장 적합한 것은?** [13-4]

일반적으로 충전탑은 가스의 속도를 (㉠)의 속도로 처리하는 것이 보통이며, 액가스비는 (㉡)를 사용하며 압력 손실은 100~250 mmH_2O 정도이다.

① ㉠ 0.5~1.5 m/s, ㉡ 0.05~0.1 L/m³
② ㉠ 0.5~1.5 m/s, ㉡ 2~3 L/m³
③ ㉠ 5~10 m/s, ㉡ 0.05~0.1 L/m³
④ ㉠ 5~10 m/s, ㉡ 2~3 L/m³

해설 충전탑의 가스 속도는 0.3~1 m/s, 액가스비는 1~10 L/m³ 정도이다. 압력 손실은 50 mmH_2O 전후이다.

4-23 **충전탑 내 상부에서 흐르는 액체는 충전제 전체를 적시면서 고르게 분포하는 것이 가장 좋다. 균일한 액의 분포를 위하여 가장 이상적인 편류 현상의 $\dfrac{D}{d}$는 얼마인가? (단, 충전탑의 지름 : D, 충전제의 지름 : d)** [16-1]

① 1~2 정도
② 8~10 정도
③ 40~70 정도
④ 50~100 정도

정답 4-19 ② 4-20 ③ 4-21 ③ 4-22 ② 4-23 ②

해설 편류 현상을 최소화하기 위해서는 $\frac{D}{d}$ 가 8~10일 때가 좋다.

4-24 처리 가스 유량이 5,000 m^3/hr인 가스를 충전탑을 이용하여 처리하고자 한다. 충전탑 내 가스의 속도를 0.34 m/s로 할 경우 흡수탑의 직경은? [15-4, 21-1]

① 약 1.9 m ② 약 2.3 m
③ 약 2.8 m ④ 약 3.5 m

해설 $Q = A \cdot V = \frac{3.14 \times D^2}{4} \cdot V$

$$\therefore D = \sqrt{\frac{Q \times 4}{3.14 \times V}} = \sqrt{\frac{\frac{5,000}{3,600} \times 4}{3.14 \times 0.34}} = 2.28 \text{ m}$$

4-25 다음 중 가스의 압력 손실은 작은 반면, 세정액 분무를 위해 상당한 동력이 요구되며, 장치의 압력 손실은 2~20 mmH_2O, 가스 겉보기 속도는 0.2~1 m/s 정도인 세정 집진 장치에 해당하는 것은? [13-2]

① venturi scrubber
② cyclone scrubber
③ spray tower
④ packed tower

해설 packed tower는 충전탑을 말한다.

4-26 분무탑에 관한 설명으로 옳지 않은 것은? [17-2]

① 구조가 간단하고 압력 손실이 적은 편이다.
② 침전물이 생기는 경우에 적합하며, 충전탑에 비해 설비비 및 유지비가 적게 드는 장점이 있다.
③ 분무에 큰 동력이 필요하고, 가스의 유출 시 비말 동반이 많다.
④ 분무액과 가스의 접촉이 균일하여 효율이 우수하다.

해설 분무탑은 노즐이 막혀 분무에 방해가 일어나기 쉽고, 충전탑보다 집진 효율이 낮다.

4-27 가스의 압력 손실은 작은 반면, 세정액 분무를 위해 상당한 동력이 요구되며, 장치의 압력 손실은 2~20 mmH_2O, 가스 겉보기 속도는 0.2~1 m/s 정도인 세정 집진 장치는? [16-2]

① 벤투리 스크러버(venturi scrubber)
② 사이크론 스크러버(cyclone scrubber)
③ 충전탑(packed tower)
④ 분무탑(spray tower)

해설 상당한 동력이 요구되는 것은 분무탑이다.

4-28 다음 중 적용 방법에 따른 충전탑(packed tower)과 단탑(plate tower)을 비교한 설명으로 가장 거리가 먼 것은 어느 것인가? [12-1, 16-4, 20-2]

① 포말성 흡수액일 경우 충전탑이 유리하다.
② 흡수액에 부유물이 포함되어 있을 경우 단탑을 사용하는 것이 더 효율적이다.
③ 온도 변화에 따른 팽창과 수축이 우려될 경우에는 충전제 손상이 예상되므로 단탑이 더 유리하다.
④ 운전 시 용매에 의해 발생하는 용해열을 제거해야 할 경우 냉각 오일을 설치하기 쉬운 충전탑이 유리하다.

해설 ④ 충전탑 → 단탑

4-29 유해 물질 제거를 위한 흡수 장치 중 다공판탑에 관한 설명으로 가장 거리가 먼 것은? [18-2]

① 판 간격은 보통 40 cm이고, 액가스비

정답 4-24 ② 4-25 ④ 4-26 ④ 4-27 ④ 4-28 ④ 4-29 ②

는 0.3~5 L/m^3 정도이다.

② 압력 손실이 20 mmH_2O 정도이고, 가스량의 변동이 심한 경우에도 용이하게 조업할 수 있다.

③ 판수를 증가시키면 고농도 가스도 일시 처리가 가능하다.

④ 가스 속도는 0.3~1 m/s 정도이다.

해설 다공판탑의 압력 손실은 100~200 mmH_2O 정도이고, 가스량의 변동이 격심한 경우에는 조업할 수 없다.

4-30 유해 가스 흡수 장치 중 다공 판탑에 관한 설명으로 옳지 않은 것은 어느 것인가? [13-2, 19-1]

① 비교적 대량의 흡수액이 소요되고, 가스 겉보기 속도는 10~20 m/s 정도이다.

② 액가스비는 0.3~5 L/m^3, 압력 손실은 100~200 mmH_2O/단 정도이다.

③ 고체 부유물 생성 시 적합하다.

④ 가스량의 변동이 격심할 때는 조업할 수 없다.

해설 ① 대량의 흡수액 → 소량의 흡수액, 10~20 m/s → 0.3~1 m/s

4-31 흡수에 의한 가스상 물질의 처리 장치로 거리가 먼 것은? [16-4]

① 충전탑 ② 분무탑
③ 다공판탑 ④ 활성 알루미나탑

해설 활성 알루미나탑은 흡착에 의한 처리 장치이다. 흡수에 의한 처리란 세정 집진 장치를 말한다.

4-32 유수식 세정 집진 장치의 종류와 가장 거리가 먼 것은? [14-1, 17-4]

① 가스 분수형 ② 스크루형
③ 임펠러형 ④ 로타형

해설 유수식 세정 집진 장치에는 임펠러형, 로타형, 가스 분출형(분수형), 가스 선회형(나선 가이드밴형) 등이 있다.

4-33 다음 설명하는 세정 집진 장치로 가장 적합한 것은? [12-4]

- 고정 및 회전 날개로 구성된 다익형의 날개차를 350~750 rpm 정도로 고속 선회하여 함진 가스와 세정수를 교반시켜 먼지를 제거한다.
- 미세먼지도 99 % 정도까지 제거 가능하다.
- 별도의 송풍기는 필요 없으나 동력비는 많이 든다.
- 액가스비는 0.5~2 L/m^3 정도이다.

① impulse scrubber

② theisen washer

③ venturi scrubbe

④ jet scrubber

해설 타이젠 워셔는 세정 집진 장치 중 회전식을 말한다.

4-34 공정 중 배출 가스의 온도를 냉각시키는 방법으로 공기 희석, 살수, 열교환법 등이 있다. 다음 중 열교환법의 특성으로 가장 거리가 먼 것은? [12-1]

① 최종 공기 부피가 공기 희석, 살수에 비해 매우 크다.

② 온도 감소로 인해 상대 습도는 증가하지만 가스 중 수분량에는 거의 변화가 없다.

③ 열에너지를 회수할 수 있다.

④ 운전비 및 유지비가 높다.

해설 ① 매우 크다 → 매우 적다.
(이유 : 열교환법은 열교환기를 이용하여 냉각시키므로)

정답 4-30 ① 4-31 ④ 4-32 ② 4-33 ② 4-34 ①

5 여과 집진 장치의 원리 및 특징

5. 다음 집진 장치 중 관성 충돌, 직접 차단, 확산, 정전기적 인력, 중력 등이 주된 집진 원리인 것은? [13-1]

① 여과 집진 장치 ② 원심력 집진 장치
③ 전기 집진 장치 ④ 중력 집진 장치

답 ①

이론 학습

(1) 원리

여과 집진 장치는 함진 가스를 여재(filter)로 통과할 때 관성 충돌, 직접 차단, 확산 중력, 정전기 인력의 작용으로 부착되어 일차층(초층=입자층)을 형성하여 입자를 포집하는 장치를 말한다. 여과 집진 장치는 직물의 여포를 사용하는 것으로 백 필터(bag filter)라고도 한다.

(2) 특징

① 처리 입경은 0.1~20 μm이다.
② 압력 손실은 100~200 mmH_2O 정도이다.
③ 집진 효율은 90~99 %로 효율이 좋다.
④ 처리 가스 속도는 0.3~0.5 m/s로 작을수록 좋다.
⑤ 최초로 여포에 부착된 입자층(일차층)이 여과층이 되면 1 μm 이하의 입자를 95 % 이상 높은 집진율로 집진할 수 있다.

(3) 종류

① **내면 여과** : 여재를 비교적 엉성하게 틀 속에 설치하고 이 여재를 통과할 때 함진 가스는 청정되며 입자는 여재 내면에 포집된다(담배 필터).
② **표면 여과** : 여포나 여재는 비교적 얇은 것을 써서 일차층을 여과층으로 하여 미립자를 포집한다. 입자의 부착이 일정량이 되었을 때 털어서 떨어뜨린다. 이때 일차층의 눈막힘 현상을 방지하기 위하여 처리 가스의 온도를 산노점 이상으로 유지하여야 한다(150℃ 이상). 표면 여과에서 여포의 형상은 원통형(봉투형), 평판형 등이 있는데, 주로 원통형을 사용한다.

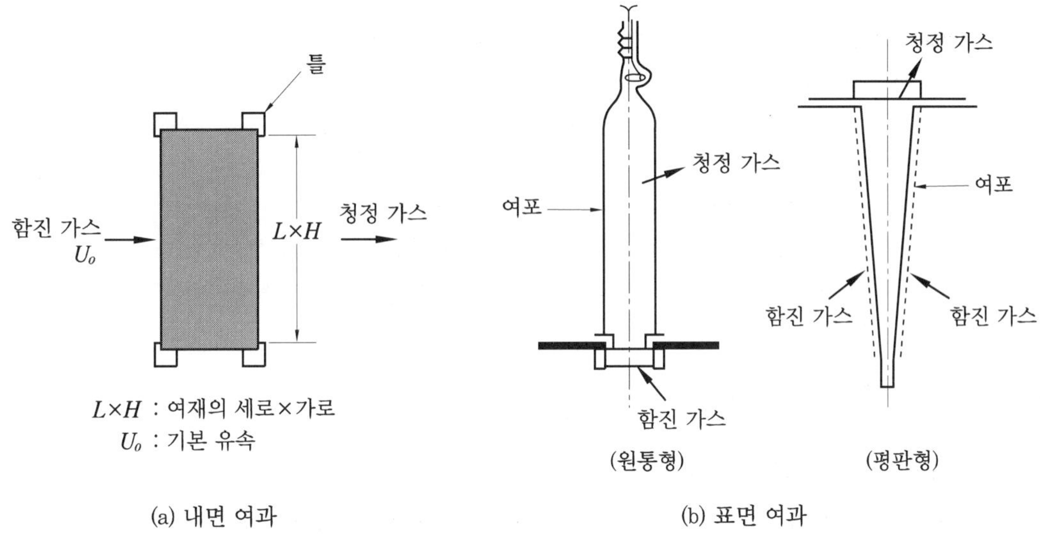

여과 집진 장치 여과 방법

(4) 여재의 종류

여과 집진 장치에는 가장 중요한 것은 여재의 선정이다.

여포는 내열성이 약하므로 가스 온도가 250℃를 넘지 않도록 해야 하며, 고온 가스를 냉각시킬 때는 산노점(SO_2의 경우 : 150℃) 이상으로 유지해야 한다.

산노점 이하에서는 여과포의 눈막힘 현상 또는 부식을 초래할 수 있다.

각종 여과재의 성질과 가격표

여포재의 성질과 가격비 / 여포재	최고 사용 온도(℃)	내산성	내알칼리성	강도	흡습성 (%)	가격비
목면	80	불량	약간 양호	1	8	1
양모	80	약간 양호	불량	0.4	1.6	6
테플론	95	양호	양호	1.5	0.04	2.2
비닐론	100	양호	양호	1.1	5	1.5
나일론(아미드)	110	약간 양호	양호	2.5	4	4.2
나일론(에스테르)	150	불량	불량	1.6	0.4	6.5
테트론	150	양호	불량	1.6	0.4	6.5
글라스파이버 (유리 섬유)	250	양호	불량	1	0	7

참고 **입자상 물질이 여과 섬유에 접근할 때 분진 입자의 포집 기구**

① **관성 충돌** : 입자가 커서 충분한 관성력이 있는 것은 유선과 관계없이 관성력에 의하여 입자가 섬유에 충돌 부착되는 원리를 말한다.

② **직접 차단** : 입자가 작아지면(가벼워지면) 관성력도 상대적으로 작아지기 때문에 입자가 유선을 따라 섬유에 접근하여 부착되는 원리를 말한다.

③ **확산 포집** : 0.1 μm 이하인 아주 작은 입자는 유선을 따라 운동하지 않고 브라운 운동(무작위 운동)을 하면서 섬유에 접촉 포집되는 원리를 말한다.

④ **중력**

⑤ **정전기 인력**

(5) 털어서 떨어뜨리는 방법

여과 집진 장치(bag filter)는 보통 최고 압력 손실이 150 mmH_2O 전후일 때 포집된 먼지를 털어서 떨어뜨린다. 그 방법에는 진동형, 역기류형, 역기류 분사형(reverse air형), 충격 분사형(pulse jet형) 등이 있다. 그리고 간헐식과 연속식이 있다.

간헐식 (진동형, 역기류형)	장점	• 높은 집진율을 얻을 수 있다. • 탈진 시 분진이 재비산될 염려가 없다.
	단점	• 집진실의 방을 하나씩 차단하여야 한다. • 압력 손실이 일정하지 못하다.
연속식 (역기류 분사형, 충격 분사형)	장점	• 포집과 탈진이 동시에 이루어진다. • 압력 손실이 거의 일정하므로 고농도의 함진 가스 처리에 적당하다.
	단점	• 높은 집진율을 얻을 수 없다(간헐식보다). • 탈진 시 분진의 재비산이 일어난다.

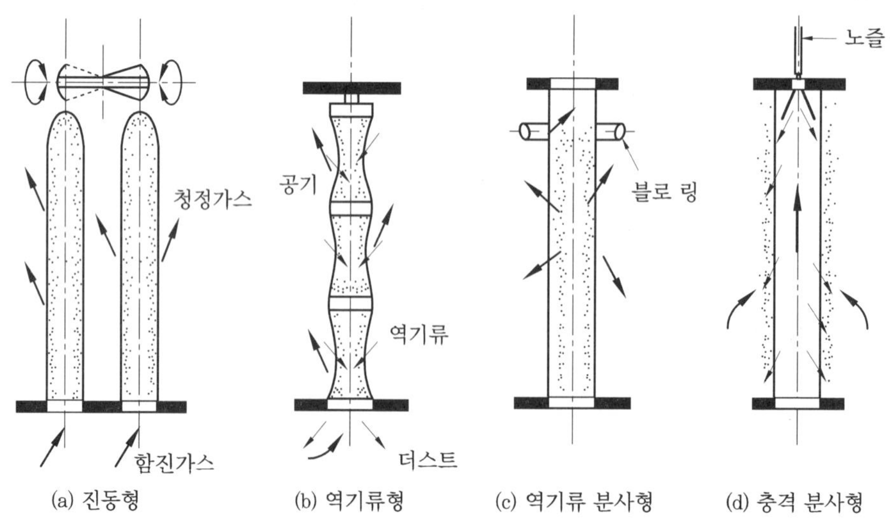

부착 먼지 제거 기구[(a) (b) : 간헐식, (c) (d) : 연속식]

참고 **충격 분사형 탈진 방법에서 여과포의 길이가 길면 좋지 않은 이유와 방지대책**

① **이유** : 공기의 충격으로 탈진하므로 길이가 너무 길 경우 자루 하단 $\frac{1}{3}$은 완전히 청소되지 못하기 때문이다.

② **방지 대책** : 디퓨즈 튜브(diffuse tube)를 사용한다. 디퓨즈 튜브란 구멍이 뚫려 있는 금속관으로 여포 내부에 끼워져서 공기의 충격으로 탈진하는 장치이다. 이것은 더 멀리까지 충격이 전달되는 장치이다.

(6) 집진 효율 향상 조건

① 여과 속도가 작을수록 집진 효율이 향상된다.

② 매연의 성상과 먼지 기구에 적합한 여재를 선택하여야 한다.

5-1 **여과 집진 장치에 관한 설명으로 옳지 않은 것은?** [14-1, 16-4]

① 수분이나 여과 속도에 대한 적응성이 높다.
② 폭발성 및 점착성 먼지의 처리에 적합하지 않다.
③ 여과재의 교환으로 유지비가 많이 든다.
④ 가스의 온도에 따라 여과재 선택에 제한을 받는다.

해설 여과 집진 장치는 습윤 상태에서는 여과포가 폐쇄될 수 있으므로 사용할 수 없다.

5-2 **여과 집진 장치의 특성으로 옳지 않은 것은?** [13-4]

① 다양한 여과재의 사용으로 인하여 설계 시 융통성이 있다.
② 여과재의 교환으로 유지비가 고가이다.
③ 수분이나 여과 속도에 대한 적응성이 높다.
④ 폭발성, 점착성 및 흡습성 먼지의 제거가 곤란하다.

해설 ③ 적응성이 높다. → 적응성이 낮다.

5-3 **여과 집진 장치에 관한 설명으로 옳지 않은 것은?** [15-1, 20-4]

① 폭발성, 점착성 및 흡습성 분진의 제거에 효과적이다.
② 여과재의 내열성에서는 고온 가스 냉각 시 산노점(dew point) 이상으로 유지해야 한다.
③ 간헐식은 여포의 수명이 연속식에 비해 길다.
④ 간헐식은 탈진 방법에 따라 진동형, 역기류형, 역기류진동형으로 분류할 수 있다.

해설 ① 효과적이다. → 적합하지 못하다.

5-4 **고체 벽으로 입자를 흐르게 하여 입자를 응집시켜 포집하는 집진 장치들은 유사한 설계식을 사용하여 입자를 포집한다. 이것과 가장 관계가 먼 것은?** [15-4]

① 전기 집진 장치 ② 중력 침강실

정답 5-1 ① 5-2 ③ 5-3 ① 5-4 ④

③ 사이클론　　④ 백필터

해설 백필터는 함진 가스를 섬유에 통과시키고 통과하지 못한 입자를 포집하는 원리이다.

5-5 각 집진 장치의 특징에 관한 설명으로 옳지 않은 것은? [19-4]

① 여과 집진 장치에서 여포는 가스 온도가 350℃를 넘지 않도록 하여야 하며, 고온 가스를 냉각시킬 때에는 산노점 이하로 유지해야 한다.
② 전기 집진 장치는 낮은 압력 손실로 대량의 가스처리에 적합하다.
③ 제트 스크러버는 처리 가스량이 많은 경우에는 잘 쓰지 않는 경향이 있다.
④ 중력 집진 장치는 설치 면적이 크고 효율이 낮아 전처리 설비로 주로 이용되고 있다.

해설 ① 350℃ → 250℃,
산노점 이하 → 산노점 이상

5-6 여과 집진 장치에 관한 설명으로 틀린 것은? [12-4, 16-1]

① 여과 자루 모양에 따라 원통형, 평판형, 봉투형으로 분류되며, 주로 원통형을 사용한다.
② $\frac{\text{여과 자루 길이(L)}}{\text{여과 자루 직경(D)}} \fallingdotseq 50$ 이상으로 많이 설계하고, 여과 자루 간의 최소 간격은 1.5 m 이상이 되어야 한다.
③ 간헐식의 경우는 먼지의 재비산이 적고 여포 수명이 연속식에 비해 길다.
④ 간헐식 중 진동형은 접착성 먼지 집진에는 사용할 수 없다.

해설 여과 자루의 길이는 3 m~12 m, 여과 자루의 직경은 0.15 m~0.45 m의 것을 많이 사용한다. 즉, $\frac{\text{여과 자루 길이(L)}}{\text{여과 자루 직경(D)}} \fallingdotseq 20$ 이하

5-7 여과 집진 장치에 사용되는 각종 여과재의 성질에 관한 연결로 가장 거리가 먼 것은? (단, 여과재의 종류 – 산에 대한 저항성 – 최고 사용 온도) [13-1, 19-2]

① 목면 – 양호 – 150℃
② 글라스화이버 – 양호 – 250℃
③ 오론 – 양호 – 150℃
④ 비닐론 – 양호 – 100℃

해설 목면은 내산성에 불량이고, 최고 사용 온도는 80℃이다.

5-8 다음 여과재의 재질 중 내산성 여과재로 적합하지 않은 것은? [19-1]

① 목면
② 카네카론
③ 비닐론
④ 글라스파이버

해설 목면은 내산성이 불량이다.

5-9 다음 여과포의 재질 중 최고 사용 온도가 가장 높은 것은? [21-1]

① 오론
② 목면
③ 비닐론
④ 나일론(폴리아미드계)

해설 ① 오론[나이론(에스테르)] : 150℃
② 목면 : 80℃
③ 비닐론 : 100℃
④ 나이론(폴리아미드계) : 110℃

5-10 다음 특성을 가지는 산업용 여과재로 가장 적당한 것은? [15-2]

정답 5-5 ① 5-6 ② 5-7 ① 5-8 ① 5-9 ① 5-10 ①

• 최대 허용 온도가 약 80℃ • 내산성은 나쁨, 내알칼리성은 (약간) 양호

① Cotton
② Teflon
③ Orlon
④ Glass fiber

해설 Cotton(목면)의 최대 허용 온도가 약 80℃이고, 내산성에 불량이며 내알카리성에는 약간 양호이다.

5-11 **다음 여과재(filter bag) 재질 중 내산성 및 내알칼리성이 모두 양호한 것은 어느 것인가?** [15-4]

① 비닐론
② 사란
③ 테트론
④ 나일론(에스테르계)

해설 비닐론은 양호, 양호이고, 테트론은 양호, 불량이고, 나일론(에스테르계)은 불량, 불량이다.

5-12 **여과 집진 장치 중 간헐식 탈진 방식에 관한 설명으로 옳지 않은 것은? (단, 연속식과 비교)** [18-2]

① 먼지의 재비산이 적고, 여과포 수명이 길다.
② 탈진과 여과를 순차적으로 실시하므로 높은 집진 효율을 얻을 수 있다.
③ 고농도 대량의 가스 처리가 용이하다.
④ 진동형과 역기류형, 역기류 진동형이 여기에 해당한다.

해설 고농도 대량의 가스 처리에 유리한 것은 연속식 탈진 방법이다.

5-13 **여과 집진 장치의 탈진 방식 중 간헐식에 관한 설명으로 옳지 않은 것은 어느 것인가?** [13-4]

① 간헐식 중 진동형은 여포의 음파진동, 횡진동, 상하진동에 의해 포집된 먼지층을 털어내는 방식이다.
② 집진실을 여러 개의 방으로 구분하고 방 하나씩 처리 가스의 흐름을 차단하여 순차적으로 탈진하는 방식이며, 여포의 수명은 연속식에 비해 길다.
③ 연속식에 비하여 먼지의 재비산이 적고 높은 집진율을 얻을 수 있다.
④ 대량의 가스의 처리에 적합하며 점성 있는 조대먼지의 탈진에 효과적이다.

해설 ④ 대량의 가스 → 저농도의 가스, 탈진에 효과적이다. → 탈진에 효과적이지 못하다.

5-14 **여과 집진 장치의 탈진 방식에 관한 설명으로 옳지 않은 것은?** [15-4, 21-2]

① 간헐식의 여포 수명은 연속식에 비해서는 긴 편이고, 점성이 있는 조대먼지를 탈진할 경우 여포 손상의 가능성이 있다.
② 간헐식은 먼지의 재비산이 적고 높은 집진율을 얻을 수 있다.
③ 연속식은 포집과 탈진이 동시에 이루어져 압력 손실의 변동이 크므로 저농도, 저용량의 가스 처리에 효율적이다.
④ 연속식은 탈진 시 먼지의 재비산이 일어나 간헐식에 비해 집진율이 낮고 여과 자루의 수명이 짧은 편이다.

해설 ③ 압력 손실의 변동이 크므로 저농도, 저용량 → 압력 손실이 거의 일정하므로 고농도, 고용량

정답 5-11 ① 5-12 ③ 5-13 ④ 5-14 ③

5-15 **여과 집진 장치에서 여과포 탈진 방법의 유형이라고 볼 수 없는 것은 어느 것인가?** [13-2, 17-1]

① 진동형
② 역기류형
③ 충격 제트 기류 분사형
④ 승온형

5-16 **여과 집진 장치의 탈진 방식 중 간헐식에 관한 설명으로 옳지 않은 것은 어느 것인가?** [21-4]

① 연속식에 비해 먼지의 재비산이 적고 높은 집진 효율을 얻을 수 있다.
② 고농도, 대량 가스 처리에 적합하며 점성이 있는 조대먼지의 탈진에 효과적이다.
③ 진동형은 여과포의 음파진동, 횡진동, 상하진동에 의해 포집된 먼지를 털어내는 방식이다.
④ 역기류형은 단위집진실에 처리 가스의 공급을 중단시킨 후 순차적으로 탈진하는 방식이다.

해설 고농도의 함진 가스 처리에 적당한 것은 연속식이다.

5-17 **여과 집진 장치의 탈진 방식에 관한 설명 중 틀린 것은?** [16-1]

① 연속식에는 역제트 기류 분사형과 충격 제트 기류 분사형 등이 있다.
② 연속식은 포집과 탈진이 동시에 이루어지므로 압력 손실이 거의 일정하고 고농도, 대용량의 가스를 처리할 수 있다.
③ 간헐식은 먼지의 재비산이 적고, 높은 집진율을 얻을 수 있으며, 여표의 수명은 연속식에 비해 길다.
④ 충격 제트 기류 분사형은 여과 자루에 상하로 이동하는 블로워에 몇 개의 슬롯을 설치하고 여기에 고속 제트 기류를 주입하여 여과 자루를 위, 아래로 이동하면서 탈진하는 방식으로 내면여과이다.

해설 충격 제트류 분사형은 내면 여과가 아니고 표면 여과이다.

5-18 **여과 집진 장치의 탈진 방식 중 간헐식에 관한 설명으로 옳지 않은 것은 어느 것인가?** [16-4]

① 연속식에 비하여 먼지의 재비산이 적고, 높은 집진율을 얻을 수 있다.
② 대량의 가스의 처리에 적합하며, 점성 있는 조대먼지의 탈진에 효과적이다.
③ 간헐식 중 진동형은 여포의 음파진동, 횡진동, 상하진동에 의해 포집된 먼지층을 털어내는 방식이다.
④ 집진실을 여러 개의 방으로 구분하고 방 하나씩 처리 가스의 흐름을 차단하여 순차적으로 탈진하는 방식이며, 여포의 수명은 연속식에 비해 길다.

해설 간헐식은 소량의 가스의 처리에 적합하다.

5-19 **여과 집진 장치의 먼지 제거 메커니즘과 가장 거리가 먼 것은?** [16-2]

① 관성 충돌(inertial impaction)
② 확산(diffusion)
③ 직접 차단(direct interception)
④ 무화(atomization)

해설 무화(안개처럼 뿌리는 것)는 관계없다.

정답 5-15 ④ 5-16 ② 5-17 ④ 5-18 ② 5-19 ④

5-20 여과 집진 장치의 탈진 방식 중 간헐식에 관한 설명으로 옳지 않은 것은 어느 것인가? [17-2]

① 간헐식 중 진동형은 여포의 음파진동, 횡진동, 상하진동에 의해 포집된 먼지층을 털어내는 방식으로 접착성 먼지의 집진에는 사용할 수 없다.
② 집진실을 여러 개의 방으로 구분하고 방 하나씩 처리 가스의 흐름을 차단하여 순차적으로 탈진하는 방식이며, 여포의 수명은 연속식에 비해 길다.
③ 간헐식 중 역기류형의 적정 여과 속도는 3~5 cm/s이고, glass fiber는 역기류형 중 가장 저항력이 강하다.
④ 연속식에 비하여 먼지의 재비산이 적고, 높은 집진율을 얻을 수 있다.

해설 역기류형은 역으로 압축 공기를 불어 넣어 탈진하는 방식으로 적정 여과 속도는 1.5 cm/s 정도이다.

5-21 다음 중 여과 집진 장치에서 여포를 탈진하는 방법이 아닌 것은? [13-1, 18-1]

① 기계적 진동(mechanical shaking)
② 펄스제트(pulse jet)
③ 공기역류(reverse air)
④ 블로다운(blow down)

해설 블로다운은 원심력 집진 장치에서 집진 효율 향상책으로 하나이다.

5-22 다음 중 직물 여과기(Fabric Filter)의 여과 직물을 청소하는 방법과 거리가 먼 것은? [15-2]

① 임펙트 제트형
② 진동형
③ 역기류형
④ 펄스 제트형

5-23 다음은 어떤 여과 집진 장치에 관한 설명인가? [14-1]

> • 함진 가스는 외부 여과하고, 먼지는 여포 외부에 걸리므로 여포에 casing이 필요하며, 여포의 상부에는 각각 venturi관과 nozzle이 붙어 있어 압축 공기를 분사 nozzle에서 일정 시간마다 분사하여 부착한 먼지를 털어내야 한다.
> • 형상은 원통형으로 소형화가 가능하고, 여포를 부직포로 하면 직포의 2~3배, 여과 속도 2~5 m/min에서 처리할 수 있다.

① pulse jet형
② 진동형
③ 역기류형
④ reblower형

해설 노즐을 이용하여 압축 공기를 분사하여 털어내는 방식은 충격 제트기류 분사형(pulse jet형)이다.

5-24 펄스제트 여과 집진기에서 압축 공기량 조절 장치와 가장 관련이 깊은 것은 어느 것인가? [19-4]

① 확산관(diffuser tube)
② 백케이지(bag cage)
③ 스크레이퍼(scraper)
④ 방전극(discharge electrode)

해설 확산관(diffuser tube)이란 구멍이 뚫려 있는 금속관으로 여포 내부에 끼워져서 공기의 충격으로 탈진하는 장치이다.

정답 5-20 ③ 5-21 ④ 5-22 ① 5-23 ① 5-24 ①

6 전기 집진 장치의 원리 및 특징

6. 전기 집진 장치의 특성에 관한 설명으로 가장 거리가 먼 것은? [18-1]

① 전압 변동과 같은 조건 변동에 쉽게 적응하기 어렵다.
② 다른 고효율 집진 장치에 비해 압력 손실(10~20 mmH_2O)이 적어 소요 동력이 적은 편이다.
③ 대량 가스 및 고온(350℃ 정도) 가스의 처리도 가능하다.
④ 입자의 하전을 균일하게 하기 위해 장치 내부의 처리 가스 속도는 보통 7~15 m/s를 유지하도록 한다.

해설 전기 집진 장치의 처리 가스 속도는 건식은 1~2 m/s, 습식은 2~4 m/s이다.

답 ④

이론 학습

(1) 원리

전기 집진 장치는 고압 직류 전압을 방전극(−)과 집진극(+)에 보내어 적당한 불평등 전계를 만들고 이 전계 안에서 코로나 방전을 이용하여 가스 중의 먼지에 전하를 주어 음(−)으로 대전된 입자가 쿨롱력의 작용으로 집진극(집진판)(+)으로 이동되게 하여 분리, 포집하는 원리이다.

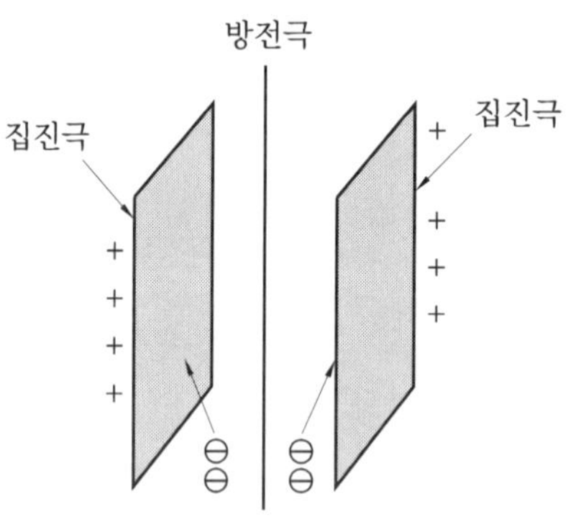

전기 집진 장치의 원리

전기 집진 장치에서 작용하는 집진력

① 대전 입자의 하전에 의한 쿨롱력(가장 큰 역할)
② 전계 강도에 의한 힘
③ 입자 간의 흡인력
④ 전기풍에 의한 힘

(2) 특징

① 처리 입경은 0.05~20 μm 이하이다.

② 압력 손실은 건식은 10 mmH_2O (전기의 원리만을 이용하므로 압력 손실이 적다.), 습식은 20 mmH_2O이다(건식보다 유속이 2배 빠름).

③ 집진 효율은 90~99.9 %로 집진 장치 중 가장 높다.

④ 처리 가스 속도는 건식은 1~2 m/s, 습식은 2~4 m/s이다(습식은 전계의 강도가 크기 때문에 유속이 2배 빨라도 집진 효율에 영향이 없다).

⑤ 대량 가스 및 고온(350℃ 정도) 가스의 처리도 가능하다.

⑥ 운전 조건의 변화에 따른 유연성이 적다(단점).

(3) 전기 집진 장치의 집진 과정 3단계

1단계 : 입자를 이온화한다.

2단계 : 집진될 분진에다 음전하를 부여한다.

3단계 : 분진 입자가 집진극(집진판)으로 이동, 제거된다.

(4) 전기 집진 장치의 집진 과정 6단계

1단계 : 입자를 이온화한다.

2단계 : 집진될 분진에다 음전하를 부여한다.

3단계 : 분진 입자가 집진극으로 이동한다.

4단계 : 집진극에 분진의 전하(−)를 부여한다.

5단계 : 집진극에 모인 분진이 제거된다.

6단계 : 호퍼에 모인 분진을 제거한다.

(5) 종류

① **습식** : 집진극 표면에 연속적으로 수막을 형성시키고 포집된 먼지가 이것에 의해 흘러내리게 만든 구조를 말한다. 이 구조에서는 건식에서 발생할 수 있는 재비산과 역전리가 없다(원통형 전기 집진 장치).

② **건식** : 물을 사용하지 않는 구조를 말한다. 이 구조에서는 더스트의 전기 저항이 낮기 때문에 생기는 재비산과 전기 저항이 높기 때문에 생기는 역전리가 있다(평판형 전기 집진 장치).

(6) 전기 저항과 집진 효율과의 관계

① 10^4 Ω·cm 이하 : 재비산이 일어나 집진 효율이 떨어진다.

② 10^4~10 Ω·cm : 이상적으로 집진이 일어나는 범위이므로 여기서 집진 효율이 우수하게 된다.

③ 10^{11} Ω·cm 이상 : 역전리 현상이 일어나 집진 효율이 떨어진다.

④ 10^{12}~10^{13} Ω·cm : 절연 파괴 현상이 일어나 집진 효율이 떨어진다.

(7) 재비산 현상의 방지책(전기 저항을 높이는 방법)

① NH_3를 15~40 ppm 정도 주입한다(이유는 NH_3가 H_2SO_4와 반응하여 황산암모늄을 생성하며 이러한 황산암모늄[$(NH_4)_2SO_2$]은 전기 저항을 증가시켜 주기 때문이다).

② 온도를 낮게 유지한다.

③ 습도를 낮게 유지한다.

④ 처리 가스 속도를 낮춘다.

⑤ 습식 전기 집진 장치를 사용한다(습식은 재비산과 역전리 현상이 없다).

(8) 역전리 현상의 방지책(전기 저항을 낮추는 방법)

① 처리 가스의 온도를 충분히 높인다(350~400℃).

② 배출 가스 중에 물 또는 수증기를 주입한다(물에는 H^+가 있다).

③ 배출 가스 중에 무수황산(SO_3)을 주입한다($SO_3 + H_2O \rightarrow H_2SO_4$ 황산에는 $2H^+$가 있다).

④ 탈진의 타격 빈도를 높인다.

(9) 각종 장애의 원인과 대책

① 2차 전류가 현저하게 떨어지는 장애 현상의 원인과 대책

[원인] 먼지의 비저항이 높거나 입구 분진의 농도가 너무 높을 때 발생한다.

($V = I \cdot R$ 여기서, V : 전압, I : 전류, R : 저항)

[대책]

- 스파크의 횟수를 늘리는 방법이 있다.
- 조습용 스프레이의 수량을 늘리는 방법이 있다.
- 입구의 분진 농도를 적절히 조절한다.

② 2차 전류가 많이 흐를 때의 장애 현상의 원인과 대책

[원인]

- 방전극이 너무 가늘 때
- 공기 부하 시험을 행할 때

• 이온 이동도가 큰 가스를 처리할 때
• 먼지의 농도가 너무 낮을 때

[대책] 방전극을 교체한다.

③ **2차 전류가 주기적으로 변하거나 불규칙적으로 흐르는 장애 현상의 원인과 대책**

[원인] 부착된 먼지에 스파크가 생길 때 발생한다.

[대책]

• 1차 전압을 스파크가 안정되고, 전류의 흐름이 안정될 때까지 낮추어 준다.
• 충분하게 분진을 탈리시킨다.
• 방전극과 집진극을 점검한다.

(10) 전기 집진 장치의 장단점

[장점]

① 효율이 우수하다(90~99.9 %)

② 압력 손실이 적다(건식 : 10 mmH_2O, 습식 : 20 mmH_2O).
(이유 : 전기의 힘만을 이용하므로 물리적인 압력 손실은 적다.)

③ 고온 가스 처리가 가능하다(약 500℃ 전후).

[단점]

① 최초에 시설비가 많이 든다.

② 주어진 조건에 대한 변동이 어렵다(융통성이 적다).

③ 전처리 시설(중력 집진 장치, 또는 관성력 집진 장치 또는 원심력 집진 장치)이 요구될 수 있다.

6-1 **처리 용량이 크며, 먼지의 크기가 0.1~0.9 μm인 것에 대해서도 높은 집진 효율을 가지며, 습식 또는 건식으로도 제진할 수 있고, 압력 손실이 매우 적고, 유지비도 적게 소요될 뿐 아니라 고온의 가스도 처리 가능한 집진 장치는?** [14-1]

① 전기 집진 장치 ② 원심력 집진 장치
③ 세정 집진 장치 ④ 여과 집진 장치

해설 습식도 있고 건식도 있는 것은 전기 집진 장치뿐이다.

6-2 **전기 집진 장치의 특성으로 가장 거리가 먼 것은?** [13-4]

① 소요 설치 면적이 적고, 전처리 시설이 불필요하다.
② 주어진 조건에 따라 부하 변동 적응이 곤란하다.
③ 약 450℃ 전후의 고온 가스 처리가 가능하다.
④ 압력 손실이 적어 송풍기의 동력비가 적게 든다.

정답 6-1 ① 6-2 ①

해설 ① 전처리 시설이 불필요하다. → 전처리 시설이 필요하다.

6-3 **전기 집진 장치의 특성에 관한 설명으로 가장 거리가 먼 것은?** [12-1]

① 방전극은 가늘수록 코로나가 발생하기 쉽다.
② 방전극은 코로나 방전을 잘 형성하도록 뾰족한 edge로 이루어져야 한다.
③ 집진극의 형식 중 관형, 원통형, 격자형은 주로 수평으로 가스를 흐르게 한다.
④ 집진극은 습식인 경우에는 세정수가 일정하게 흐르고 전극면이 깨끗하게 되어야 한다.

해설 ③ 수평으로 → 수직으로
※ 평판형은 수평으로 가스를 흐르게 할 수 있다.

6-4 **시멘트 산업에서 일반적으로 사용하는 전기 집진 장치의 배출 가스 조절제는 다음 중 어느 것인가?** [21-1]

① 물(수증기) ② SO_3 가스
③ 암모늄염 ④ 가성소다

해설 물(수증기)를 사용하는 전기 집진 장치는 습식 전기 집진 장치라 한다.

6-5 **습식 전기 집진 장치의 특징에 관한 설명으로 가장 거리가 먼 것은 다음 중 어느 것인가?** [14-1, 17-4, 18-1]

① 낮은 전기 저항 때문에 생기는 재비산을 방지할 수 있다.
② 처리 가스 속도를 건식보다 2배 정도 높일 수 있다.
③ 집진극면이 청결하게 유지되며 강전계를 얻을 수 있다.
④ 먼지의 저항이 높기 때문에 역전리가 잘 발생된다.

해설 역전리가 발생하는 것은 건식 전기 집진 장치이다.

6-6 **하전식 전기 집진 장치에 관한 설명으로 옳지 않은 것은?** [12-2, 17-2, 21-1]

① 2단식은 1단식에 비해 오존의 생성이 적다.
② 1단식은 일반적으로 산업용에 많이 사용된다.
③ 2단식은 비교적 함진 농도가 낮은 가스처리에 유용하다.
④ 1단식은 역전리 억제에는 효과적이나 재비산 방지는 곤란하다.

해설 ④ 역전리 → 재비산,
재비산 → 역전리

6-7 **전기 집진 장치에서 입자가 받는 Coulomb힘(kg·m/s²)을 옳게 나타낸 것은? [단, e_o : 전하(1.602×10⁻¹⁹ Coulomb), n : 전하수, E : 하전부의 전계 강도(Volt/m), μ : 가스 점도(kg/m·s), D : 입자 직경(m), V_e : 입자 분리 속도(m/s)]** [19-1]

① ne_oE ② $2ne_o/E$
③ $3\pi\mu DV_e$ ④ $6\pi\mu DV_e$

해설 쿨롱의 힘은 전하수, 전하, 전계 강도에 비례한다.

6-8 **다음 중 전기 집진 장치에서 코로나 방전 시 부(−)코로나 방전을 이용하는 이유로 가장 적합한 것은? (단, 정(+)코로나 방전 시와 비교)** [15-1]

① 코로나 방전 개시 전압이 낮기 때문에
② 불꽃 방전 개시 전압이 낮기 때문에

정답 6-3 ③ 6-4 ① 6-5 ④ 6-6 ④ 6-7 ① 6-8 ①

③ 적은 양의 코로나 전류를 흘릴 수 있기 때문에
④ 낮은 전계 강도를 얻을 수 있기 때문에

해설 코로나 방전에는 정(+)코로나 방전과 부(−)코로나 방전 있으며 부(−)코로나 방전은 정(+)코로나 방전에 비해 코로나 방전 개시 전압이 낮고, 불꽃 방전 개시 전압이 높으며 안정성이 있으므로 보다 많은 코로나 전류를 흘릴 수 있고 보다 큰 전계 강도를 얻을 수 있다. 따라서 일반적인 공업용 전기 집진기에서는 부(−)코로나 방전을 이용한다.

6-9 전기 집진기의 음극(−)코로나 방전에 관한 내용으로 옳은 것은? [21−2]

① 주로 공기 정화용으로 사용된다.
② 양극(+)코로나 방전에 비해 전계 강도가 약하다.
③ 양극(+)코로나 방전에 비해 불꽃 개시 전압이 낮다.
④ 양극(+)코로나 방전에 비해 코로나 개시 전압이 낮다.

해설 음극(−)코로나 방전이 양극(+)코로나 방전보다 코로나 개시 전압이 낮다.

6-10 전기 집진 장치로 함진 가스를 처리할 때 입자의 겉보기 고유 저항이 높을 경우의 대책으로 옳지 않은 것은? [20−2]

① 아황산가스를 조절제로 투입한다.
② 처리 가스의 습도를 높게 유지한다.
③ 탈진의 빈도를 늘리거나 타격 강도를 높인다.
④ 암모니아를 조절제로 주입하거나, 건식 집진 장치를 사용한다.

해설 ④ 암모니아 → 무수황산(SO_2), 건식 집진 장치 → 습식 집진 장치

6-11 전기 집진 장치에서 먼지의 전기 비저항이 높은 경우 전기 비저항을 낮추기 위해 일반적으로 주입하는 물질과 가장 거리가 먼 것은? [19−1, 21−2]

① NH_3 ② NaCl
③ H_2SO_4 ④ 수증기

해설 전기 비저항을 높이는 방법으로 NH_3를 15~40 ppm 정도 주입한다.

6-12 전기 집진 장치에서 비저항과 관련된 내용으로 옳지 않은 것은? [19−2]

① 배연설비에서 연료에 S함유량이 많은 경우는 먼지의 비저항이 낮아진다.
② 비저항이 낮은 경우에는 건식 전기 집진 장치를 사용하거나, 암모니아 가스를 주입한다.
③ 10^{11}~10^{13} Ω·cm 범위에서는 역전리 또는 역이온화가 발생한다.
④ 비저항이 높은 경우는 분진층의 전압 손실이 일정하더라도 가스상의 전압 손실이 감소하게 되므로, 전류는 비저항의 증가에 따라 감소된다.

해설 ② 건식 전기 집진 장치 → 습식 전기 집진 장치
NH_3를 주입하여 H_2SO_4와 반응하면 황산암모늄이 생성되며 비저항이 증가된다.

6-13 습식 전기 집진 장치의 특징에 관한 설명 중 틀린 것은? [20−4]

① 집진면이 청결하여 높은 전계 강도를 얻을 수 있다.
② 고저항의 먼지로 인한 역전리 현상이 일어나기 쉽다.
③ 건식에 비하여 가스의 처리 속도를 2배 정도 크게 할 수 있다.
④ 작은 전기 저항에 의해 생기는 먼지의

정답 6-9 ④ 6-10 ④ 6-11 ① 6-12 ② 6-13 ②

재비산을 방지할 수 있다.

해설 습식에서는 재비산과 역전리가 없다.

6-14 전기 집진 장치에서 먼지의 비저항 조절에 관한 설명으로 옳지 않은 것은 어느 것인가? [15-4]

① 석탄 중의 황함유량이 높을수록 비저항은 증가한다.
② 처리 가스의 온도를 조절하면 비저항 조절이 가능하다.
③ 비저항이 낮은 경우 암모니아 가스를 주입하면 비저항을 높일 수 있다.
④ 비저항이 높은 경우 처리 가스의 습도를 높이면 비저항을 낮출 수 있다.

해설 ① 증가한다. → 감소한다.
※ 역전리 현상의 방지책(전기 저항을 낮추는 방법) 중 배출 가스 중에 무수황산(SO_3)을 주입시키는 방법이 있다.

6-15 전기 집진 장치 운전 시 역전리 현상의 원인으로 가장 거리가 먼 것은? [15-4]

① 미분탄 연소 시
② 입구의 유속이 클 때
③ 배가스의 점성이 클 때
④ 먼지 비저항이 너무 클 때

해설 입구의 유속이 클 때는 재비산 현상의 원인이다. 이때 처리 가스 속도를 낮춘다.

6-16 전기 집진 장치에서 먼지의 비저항이 높을 경우 발생하는 현상과 가장 거리가 먼 것은? [14-4]

① 먼지와 집진판의 결합력이 낮아 먼지가 가스 중으로 재비산된다.
② 역코로나 현상이 발생한다.
③ 전하가 쉽게 집진판으로 전달되지 않는다.
④ 가스 중 먼지 입자의 이온화와 이동 현상을 감소시킨다.

해설 재비산은 비저항이 낮을 경우 발생하는 현상이다.

암기방법

강남제비
여기서, 남 : 낮을 때
제 : 재비산이 발생함

6-17 전기 집진 장치의 각종 장해 현상에 따른 대책으로 가장 거리가 먼 것은? [15-2]

① 먼지의 비저항이 낮아 재비산 현상이 발생한 경우 baffle을 설치한다.
② 배출 가스의 점성이 커서 역전리 현상이 발생한 경우 집진극의 타격을 강하게 하거나 빈도수를 늘린다.
③ 먼지의 비저항이 비정상적으로 높아 2차 전류가 현저하게 떨어질 경우 스파크 횟수를 줄인다.
④ 먼지의 비저항이 비정상적으로 높아 2차 전류가 현저하게 떨어질 경우 조습용 스프레이의 수량을 늘린다.

해설 ③ 스파크 횟수를 줄인다. → 스파크 횟수를 늘린다.

6-18 전기 집진 장치의 장애 현상 중 2차 전류가 많이 흐를 때의 원인으로 옳지 않은 것은? [14-4]

① 먼지의 농도가 너무 낮을 때
② 공기 부하 시험을 행할 때
③ 방전극이 너무 가늘 때
④ 이온 이동도가 적은 가스를 처리할 때

해설 이온 이동도가 큰 가스를 처리할 때 2차 전류가 많이 흐른다.

정답 6-14 ① 6-15 ② 6-16 ① 6-17 ③ 6-18 ④

6-19 **전기 집진 장치의 장애 현상 중 "2차 전류가 많이 흐를 때"의 원인으로 가장 거리가 먼 것은?** [15-4]

① 먼지의 농도가 너무 낮을 때
② 먼지의 비저항이 비정상적으로 높을 때
③ 이온 이동도가 큰 가스를 처리할 때
④ 공기 부하 시험을 행할 때

해설 ② 비정상적으로 높을 때 → 비정상적으로 낮을 때 $\left(I=\dfrac{V}{R}\right)$

6-20 **전기 집진 장치의 각종 장해에 따른 대책으로 가장 거리가 먼 것은?** [13-2, 16-1]

① 미분탄 연소 등에 따라 역전리 현상이 발생할 때에는 집진극의 타격을 강하게 하거나, 빈도수를 늘린다.
② 재비산이 발생할 때에는 처리 가스의 속도를 낮추어 준다.
③ 먼지의 비저항이 비정상적으로 높아 2차 전류가 현저히 떨어질 때에는 조습용 스프레이의 수량을 줄인다.
④ 먼지의 비저항이 비정상적으로 높아 2차 전류가 현저히 떨어질 때에는 스파크 횟수를 늘린다.

해설 2차 전류가 현저히 떨어질 때에는 조습용 스프레이의 수량을 늘리는 방법이 있다.

6-21 **전기 집진 장치의 장애 현상 중 먼지의 비저항이 비정상적으로 높아 2차 전류가 현저하게 떨어질 때의 대책으로 다음 중 가장 적합한 것은?** [14-1, 17-1]

① baffle을 설치한다.
② 방전극을 교체한다.
③ 스파크 횟수를 늘린다.
④ 바나듐을 투입한다.

해설 해결 대책 3가지
(1) 스파크의 횟수를 늘리는 방법이 있다.
(2) 조습용 스프레이의 수량을 늘리는 방법이 있다.
(3) 입구의 분진 농도를 적절히 조절한다.

6-22 **전기 집진 장치의 각종 장해현상에 따른 대책으로 가장 거리가 먼 것은 어느 것인가?** [20-2]

① 먼지의 비저항이 낮아 재비산 현상이 발생할 경우 baffle을 설치한다.
② 배출 가스의 점성이 커서 역전리 현상이 발생할 경우 집진극의 타격을 강하게 하거나 빈도수를 늘린다.
③ 먼지의 비저항이 비정상적으로 높아 2차 전류가 현저하게 떨어질 경우 스파크 횟수를 줄인다.
④ 먼지의 비저항이 비정상적으로 높아 2차 전류가 현저하게 떨어질 경우 조습용 스프레이의 수량을 늘린다.

해설 역전리는 점성과 관계없고 전기 저항이 높아 역전리가 현상이 생길 때 전기 저항을 낮추는 방법 중 하나인 탈진의 타격 빈도를 높이는 방법이 있다.

6-23 **전기 집진 장치의 장해 현상 중 2차 전류가 현저하게 떨어질 때의 원인 또는 대책에 관한 설명으로 거리가 먼 것은?** [19-4]

① 분진의 농도가 너무 높을 때 발생한다.
② 대책으로는 스파크의 횟수를 늘리는 방법이 있다.
③ 대책으로는 조습용 스프레이의 수량을 늘리는 방법이 있다.
④ 분진의 비저항이 비정상적으로 낮을 때 발생하며, CO를 주입시킨다.

해설 분진의 비저항이 높을 때 발생한다. 그리고 CO 주입과 관계없다.

정답 6-19 ② 6-20 ③ 6-21 ③ 6-22 ② 6-23 ④

6-24 전기 집진 장치에서 전류 밀도가 먼지층 표면 부근의 이온 전류 밀도와 같고 양호한 집진 작용이 이루어지는 값이 2×10^{-8} A/cm^2이며, 또한 먼지층 중의 절연 파괴 전계 강도를 5×10^3 V/cm로 한다면, 이때 ㉠ 먼지층의 겉보기 전기 저항과 ㉡ 이 장치의 문제점으로 옳은 것은? [19-1]

① ㉠ 1×10^{-4} Ω·cm, ㉡ 먼지의 재비산
② ㉠ 1×10^{4} Ω·cm, ㉡ 먼지의 재비산
③ ㉠ 2.5×10^{11} Ω·cm, ㉡ 역전리 현상
④ ㉠ 4×10^{12} Ω·cm, ㉡ 역전리 현상

해설 비저항 $= \dfrac{5\times10^3 \text{V/cm}}{2\times10^{-8}\text{A/cm}^2}$

$= 2.5\times10^{11}\ \Omega\cdot\text{cm}$

문제점 : 비저항이 $10^{11}\Omega\cdot$cm 이상에서는 역전리 현상이 발생한다.

정답 6-24 ③

2-3 ○ 집진 장치의 설계

1 각종 집진 장치의 기본 및 실시 설계 시 고려 인자

7. 직경이 D인 구형 입자의 비표면적(S_v, m^2/m^3)에 관한 설명으로 옳지 않은 것은? (단, ρ는 구형 입자의 밀도) [12-4, 20-1]

① 먼지의 입경과 비표면적은 반비례 관계이다.
② 입자가 미세할수록 부착성이 커진다.
③ $S_v = \dfrac{3\rho}{D}$로 나타난다.
④ 비표면적이 크게 되면 원심력 집진 장치의 경우에는 장치 벽면을 폐색시킨다.

해설 ③ $S_v = \dfrac{3\rho}{D} \rightarrow S_v = \dfrac{6}{D}$

답 ③

이론 학습

(1) 더스트의 입도에 대한 고려

가장 중요한 항목이다(큰 것이 집진 효율이 높다).

(2) 더스트의 비중에 의한 고려

가장 영향을 주는 집진 장치는 중력, 관성력 및 원심력 집진 장치이다(큰 것이 집진 효율이 높다).

(3) 더스트의 함진 농도에 대한 고려

① 중력, 관성력, 원심력 집진 장치는 입구 함진 농도가 높을수록 집진율이 커진다.

② 벤투리 스크러버, 제트 스크러버 등의 세정 집진 장치는 입구 함진 농도가 너무 높을 때 스로트부(목부)의 마모나 노즐의 폐쇄 현상을 일으키기 때문에 입구 함진 농도를 10 g/Sm^3 이하로 하는 것이 좋다.

③ 여과 집진 장치는 입구 함진 농도가 적을수록 기능이 좋아진다. 단, 함진 농도가 높을 때에는 압력 손실의 변동이 적은 연속식 털어내기 방식을 택하는 것이 좋다.

④ 전기 집진 장치는 입구 함진 농도가 30 g/Sm^3 이하인 것이 좋다.

⑤ 입구 함진 농도가 높을 때는 우선 간단한 집진 장치(사이클론 등)로 1차 집진하여 농도를 저하시키고(전처리하고) 다음에 전기 집진 장치와 같은 고성능 집진 장치로 2차 집진을 한다.

(4) 더스트의 부착성에 대한 고려

더스트의 부착성은 더스트의 성분, 전기 저항 및 입경에 따라 영향을 많이 받는다. 물입자의 경우 입자가 크면 클수록 부착성이 증가하고, 더스트의 입경은 작으면 작을수록 부착성이 증가한다(물의 입경 : 먼지의 입경=150 : 1 정도).

더스트의 체적에 대한 표면적을 비표면적 S_u라 하고 구형 입자의 직경을 D라 하면

$$S_u = \frac{\text{구의 표면적}}{\text{구의 체적}} = \frac{\pi D^2}{\frac{\pi D^3}{6}}$$

$$= \frac{6}{D}[\text{m}^{-1}] = \frac{6}{D \times \rho_p}[\text{m}^2/\text{kg}]$$

여기서, ρ_p : 더스트의 밀도(kg/m^3)

따라서 더스트의 입경이 작을수록 S_v는 커지고 더스트 부착성도 커진다.

(5) 더스트의 전기 저항에 대한 고려

정상적인 전기 집진을 행할 때에는 더스트의 겉보기 전기 저항은 10^4~10^{11} Ω·cm가 되는 것이 필요하다.

(6) 처리 가스의 온도에 대한 고려

① 여과 집진 장치는 원칙적으로 배출 가스의 노점(150℃) 이상 그리고 여과포의 내열온도(250℃) 이하에서 운전해야 한다.

② 세정 집진 장치는 가능한 한 낮은 온도에서 처리해야 효율이 좋아진다.

③ 전기 집진 장치의 사용 온도는 500℃ 이하이지만 분진의 겉보기 전기 저항(10^4~10^{11} Ω·cm)을 고려하여 가스의 처리 온도를 선택한다.

2 각종 집진 장치의 처리 성능과 특성

(1) 중력 집진 장치

최소 입경 : 중력 집진 장치가 입자상 물질을 100 % 포집할 수 있는 최소 입경을 뜻한다.

$$d_p = \left\{ \frac{U_g \cdot 18\mu}{g(\rho_p - \rho_a)} \right\}^{\frac{1}{2}}$$: Q와 W가 없다면 U_g 공식을 유도

$$d_p = \left\{ \frac{18\mu Q}{g(\rho_p - \rho_a) W \cdot L} \right\}^{\frac{1}{2}}$$: Q와 W가 주어지면 100 % 효율일 때 구하는 공식을 유도

여기서, Q : 처리 가스량(m^3/s), W : 침강실의 폭(m)

(2) 원심력 집진 장치(cyclone)

① **분리 계수(S)**

가상의 원통 표면상에 있는 입자가 작용하는 원심력 $F_c = \frac{\pi}{6} d_p^3 (\rho_p - \rho_a) \frac{U_t^2}{R}$ 이다. 가스의 항력을 F라 할 때 100μ~3μ의 범위에서는 스토크스의 법칙에 따라서 $F = 3\pi\mu d_p U_r$ 이다. 따라서 $F_c = F$로 두면, 먼지의 분리 속도 $U_r = \frac{d_p^2(\rho_p - \rho_a) U_t^2}{18\mu R}$ 이 된다.

여기서, U_r : 입자의 분리 속도(m/s)　　d_p : 입자의 직경(m)
ρ_p, ρ_a : 입자 및 가스의 밀도(kg/m^3)　　U_t : 입자의 주속도(m/s)
μ : 가스의 점도(kg/m·s)　　R : 곡률 반경(m)

여기서 분리 계수는 $\frac{\text{원심력}}{\text{중력}}$ 이고 원심력과 중력은 분리 속도와 침강 속도에 비례하므로

$$S = \frac{U_r}{U_g} = \frac{\dfrac{d_p^2(\rho_p - \rho_a) U_t^2}{18\mu R}}{\dfrac{g(\rho_p - \rho_a) d_p^2}{18\mu}} = \frac{U_t^2}{gR}$$ 이다.

여기서, S : 분리 계수

② **절단 입경(cut size)** : 원심력 집진 장치에서 부분 집진 효율을 구하기 위해 알아야 할 입경

사이클론에서는 100 % 분리 포집될 수 있는 입자의 최소 입자경을 한계 입자경 d_c라

하고, 이의 한계 입자경은 사이클론의 내통경의 제곱근에 비례한다.

또한 50 %의 효율로 제거되는 입자의 크기, 즉 cut size(D_c 또는 D_{50}, d_{p50})는 다음과 같은 관계가 성립한다.

$$D_c = D_{50} = d_{p50} = \sqrt{\frac{9\mu w_i}{2\pi N_e V_i(\rho_p - \rho_a)}}$$

여기서, μ : 가스의 점도(kg/m·s) w_i : 입구폭(m),
N_e : 유효 회전수(5~10회) V_i : 가스의 유속(m/s),
ρ_p : 입자의 밀도(kg/m^3) ρ_a : 가스의 밀도(kg/m^3)

③ 사이클론에서 유효 회전수(N_e) 구하는 식

$$N_e = \frac{1}{H_A} \times \left(H_B + \frac{H_C}{2}\right)$$

여기서, H_A : 입구 높이(m), H_B : 몸통 높이(m), H_C : 원추 높이(m)

7-1 **입자상 물질에 관한 설명으로 가장 거리가 먼 것은?** [18-1, 20-4]

① 직경 d인 구형 입자의 비표면적(단위 체적당 표면적)은 $\frac{d}{6}$이다.

② cascade impactor는 관성 충돌을 이용하여 입경을 간접적으로 측정하는 방법이다.

③ 공기동력학경은 stokes경과 달리 입자 밀도를 1 g/m^3으로 가정함으로써 보다 쉽게 입경을 나타낼 수 있다.

④ 비구형 입자에서 입자의 밀도가 1보다 클 경우 공기동력학경은 stokes경에 비해 항상 크다고 볼 수 있다.

해설 구의 비표면적 $= \frac{\text{구의 표면적}}{\text{구의 체적}} = \frac{\pi D^2}{\frac{\pi D^3}{6}}$

$= \frac{6}{D}[m^{-1}] = \frac{6}{D \times \rho_p}[m^2/kg]$

여기서, D : 입자의 직경
ρ_p : 더스트의 밀도(kg/m^3)

7-2 **다음 발생 먼지 종류 중 일반적으로 S/Sb가 가장 큰 것은? (단, S는 진비중, Sb는 겉보기 비중이다.)** [14-1, 17-4, 20-4]

① 카본블랙 ② 시멘트킬른
③ 미분탄보일러 ④ 골재드라이어

해설 S/Sb는
① 76, ② 5, ③ 4, ④ 2.7

7-3 **중력 집진 장치에서 수평 이동 속도 V_x, 침강실 폭 B, 침강실 수평길이 L, 침강실 높이 H, 종말 침강 속도가 V_t라면 주어진 입경에 대한 부분 집진 효율은? (단, 층류 기준)** [18-4]

① $\frac{V_x \times B}{V_t \times H}$ ② $\frac{V_t \times H}{V_x \times B}$

③ $\frac{V_t \times L}{V_x \times H}$ ④ $\frac{V_x \times H}{V_t \times L}$

해설 효율이 100 %라 가정하면

$1 = \frac{U_g \times L}{U_o \times H}$이다.

정답 **7-1** ① **7-2** ① **7-3** ③

7-4 길이 5 m, 높이 2 m인 중력 침강실이 바닥을 포함하여 8개의 평행판으로 이루어져 있다. 침강실에 유입되는 분진 가스의 유속이 0.2 m/s일 때 분진을 완전히 제거할 수 있는 최소입경은 얼마인가?(단, 입자의 밀도는 1,600 kg/m^3, 분진 가스의 점도는 2.1×10^{-5} kg/m · s, 밀도는 1.3 kg/m^{3}이고 가스의 흐름은 층류로 가정한다.) [19-1]

① 31.0 μm ② 23.2 μm
③ 15.5 μm ④ 11.6 μm

해설 집진 효율이 100 %일 때

$$1=\frac{n\times U_g\times L}{U_o\times H}\cdots①$$

$$U_g=\frac{U_o\times H}{n\times L}=\frac{0.2\text{m/s}\times 2\text{m}}{8\times 5\text{m}}=0.01\text{ m/s}$$

$$U_g=\frac{g(\rho_p-\rho_a)d_p^2}{18\mu}\cdots②$$

$$\therefore\ d_p=\left\{\frac{U_g\times 18\mu}{g(\rho_p-\rho_a)}\right\}^{\frac{1}{2}}$$

$$=\left\{\frac{0.01\text{m/s}\times 18\times 2.1\times 10^{-5}\text{kg/m}\cdot\text{s}}{9.8\text{m/s}^2\times(1{,}600-1.3)\text{kg/m}^3}\right\}^{\frac{1}{2}}$$

$$=1.55\times 10^{-5}\text{m}=15.5\mu\text{m}$$

7-5 온도 25℃ 염산 액적을 포함한 배출 가스 1.5 m^3/s를 폭 9 m, 높이 7 m, 길이 10 m의 침강 집진기로 집진 제거하고자 한다. 염산 비중이 1.6이라면 이 침강 집진기가 집진할 수 있는 최소 제거 입경(μm)은?(단, 25℃에서의 공기 점도 1.85×10^{-5} kg/m · s이다.) [14-1, 14-2, 17-1]

① 약 12 μm ② 약 19 μm
③ 약 32 μm ④ 약 42 μm

해설 $$1=\frac{U_g\times L}{U_o\times H}=\frac{\frac{g(\rho_p-\rho_a)d_p^2}{18\mu}\times L}{\frac{Q}{W\times H}\times H}$$

$$\therefore\ d_p=\left\{\frac{18\mu Q}{g(\rho_p-\rho_a)\times L\times W}\right\}^{\frac{1}{2}}$$

$$=\left\{\frac{18\times 1.85\times 10^{-5}\times 1.5}{9.8\times(1{,}600-1.3)\times 10\times 9}\right\}^{\frac{1}{2}}$$

$$=1.88\times 10^{-5}\text{m}=18.8\mu\text{m}$$

7-6 침강실의 길이 5 m인 중력 집진 장치를 사용하여 침강 집진할 수 있는 먼지의 최소 입경이 140 μm였다. 이 길이를 2.5배로 변경할 경우 침강실에서 집진 가능한 먼지의 최소 입경(μm)은?(단, 배출 가스의 흐름은 층류이고, 길이 이외의 모든 실제 조건은 동일하다.) [17-1]

① 약 70 ② 약 89
③ 약 99 ④ 약 129

해설 $d_p=\left\{\frac{18\mu Q}{g(\rho_p-\rho_a)W\cdot L}\right\}^{\frac{1}{2}}$ 이므로

$$d_p\propto\left(\frac{1}{L}\right)^{\frac{1}{2}}$$

$$140:\left(\frac{1}{5}\right)^{\frac{1}{2}}$$

$$x:\left(\frac{1}{5\times 2.5}\right)^{\frac{1}{2}}$$

$$\therefore\ x=88.5\ \mu\text{m}$$

7-7 원심력 집진 장치에 사용되는 용어에 대한 설명으로 틀린 것은? [13-1, 16-2]

① 임계 입경(critical diameter)은 100 % 분리 한계 입경이라고도 한다.
② 분리 계수가 클수록 집진율은 증가한다.
③ 분리 계수는 입자에 작용하는 원심력을 관성력으로 나눈 값이다.
④ 사이클론에서 입자의 분리 속도는 함진 가스의 선회 속도에는 비례하는 반면, 원통부 반경에는 반비례한다.

정답 7-4 ③ 7-5 ② 7-6 ② 7-7 ③

해설 분리계수 $= \frac{원심력}{중력} = \frac{U_t^2}{gR}$

7-8 원심력 집진 장치 중 분리계수(separation factor, S)에 대한 설명으로 틀린 것은? [15-2]

① 분리 계수는 중력 가속도에 반비례한다.
② 분리 계수는 입자에 작용되는 원심력과 중력과의 관계이다.
③ 사이클론 원추하부의 반경이 클수록 분리 계수는 커진다.
④ 원심력이 클수록 분리 계수는 커지며 집진율도 증가한다.

해설 분리 계수$(S) = \frac{원심력}{중력}$

$= \frac{분리속도(U_r)}{침강속도(U_g)} = \frac{U_t^2}{g \cdot R}$

즉, 사이클론 원추하부의 반경이 적을수록 분리 계수는 커진다.

7-9 사이클론의 반경이 50 cm인 원심력 집진 장치에서 입자의 접선 방향 속도가 10 m/s이라면 분리 계수는? [14-2, 19-2]

① 10.2 ② 20.4 ③ 34.5 ④ 40.9

해설 $S = \frac{U_t^2}{g \cdot R} = \frac{10^2 \mathrm{m}^2/\mathrm{s}^2}{9.8 \mathrm{m/s}^2 \times 0.5 \mathrm{m}}$

$= 20.408$

7-10 cyclone으로 집진 시 입경에 따라 집진 효율이 달라지게 되는데 집진 효율이 50 %인 입경을 의미하는 용어는 다음 중 어느 것인가? [14-4, 17-2, 18-4, 21-1, 21-2]

① Cut size diameter
② Critical diameter
③ Stokes diameter
④ Projected area diameter

해설 50 %의 효율로 제거되는 입자의 크기를 cut size(D_c 또는 $D_{50} = d_{p50}$)이라 한다.

7-11 유입구 폭이 20 cm, 유효 회전수가 8인 사이클론에 아래 상태와 같은 함진 가스를 처리하고자 할 때, 이 함진 가스에 포함된 입자의 절단 입경(μm)은? [15-1]

- 함진 가스의 유입 속도 : 30 m/s
- 함진 가스의 점도 : 2×10^{-5} kg/m · s
- 함진 가스의 밀도 : 1.2 kg/m^3
- 먼지 입자의 밀도 : 2.0 g/cm^3

① 2.78 ② 3.46
③ 4.58 ④ 5.32

해설 $D_{50} = \sqrt{\frac{9\mu W_i}{2\pi N_e V_i(\rho_p - \rho_a)}} \times 10^6$

$= \sqrt{\frac{9 \times 2 \times 10^{-5} \times 0.2}{2 \times 3.14 \times 8 \times 30 \times (2{,}000 - 1.2)}} \times 10^6$

$= 3.456\ \mu\mathrm{m}$

7-12 원심력 집진 장치에서 사용하는 "Cut size diameter"의 의미로 가장 적합한 것은? [12-1]

① 집진율이 50 %인 입경
② 집진율이 100 %인 입경
③ 블로다운 효과에 적용되는 최소 입경
④ Deutsch anderson식에 적용되는 입경

7-13 사이클론에서 가스 유입 속도를 2배로 증가시키고, 입구 폭을 4배로 늘리면 50 % 효율로 집진되는 입자의 직경, 즉 Lapple의 절단 입경(d_{p50})은 처음에 비해 어떻게 변화되겠는가? [19-4]

① 처음의 2배 ② 처음의 $\sqrt{2}$ 배

정답 7-8 ③ 7-9 ② 7-10 ① 7-11 ② 7-12 ① 7-13 ②

③ 처음의 $\frac{1}{2}$　　④ 처음의 $\frac{1}{\sqrt{2}}$

해설 $dp_{50}=\sqrt{\frac{9\mu W_i}{2\pi N_e V_i(\rho_p-\rho_a)}}$

$dp_{50}\propto\sqrt{\frac{W_i}{V_i}}$

$1:\sqrt{\frac{1}{1}}$

$x:\sqrt{\frac{4}{2}}$

$\therefore\ x=\sqrt{2}$

7-14 사이클론(cyclone)의 가스 유입 속도를 4배로 증가시키고 유입구의 폭을 3배로 늘렸을 때, 처음 Lapple의 절단 입경 d_p에 대한 나중 Lapple의 절단 입경 d_p'의 비는 얼마인가? [21-1]

① 0.87　　② 0.93
③ 1.18　　④ 1.26

해설 $dp_{50}=\sqrt{\frac{9\mu W_i}{2\pi N_e V_i(\rho_p-\rho_a)}}$

$dp_{50}\propto\sqrt{\frac{W_i}{V_i}}$

$dp:\sqrt{\frac{1}{1}}$

$dp':\sqrt{\frac{3}{4}}$

$\therefore\ dp'=0.866dp$

$\therefore\ \frac{dp'}{dp}=0.866$

7-15 사이클론의 원추부 높이가 1.4 m, 유입구 높이가 15 cm, 원통부 높이가 1.4 m일 때 외부선회류의 회전수는 얼마인가? (단, $N=\left(\frac{1}{H_A}\right)\left[H_B+\left(\frac{H_C}{2}\right)\right]$ 이다.)

[13-4, 14-1, 15-4, 16-2, 18-4, 20-1]

① 6회　　② 11회
③ 14회　　④ 18회

해설 $N=\frac{1}{H_A}\times\left(H_B+\frac{H_C}{2}\right)$

$=\frac{1}{0.15}\times\left(1.4+\frac{1.4}{2}\right)=14$회

7-16 A공장의 연마실에서 발생되는 배출가스의 먼지 제거에 cyclone이 사용되고 있다. 유입 폭이 40 cm이고, 유효 회전수 5회, 입구 유입 속도 10 m/s로 가동 중인 공정 조건에서 10 μm 먼지 입자의 부분 집진 효율은 몇 %인가? (단, 먼지의 밀도는 1.6 g/cm^3, 가스 점도는 1.75×10^{-4} g/cm · s, 가스 밀도는 고려하지 않음) [14-4, 17-1]

① 약 40　　② 약 45
③ 약 50　　④ 약 55

해설 우선 $dp_{50}=\left(\frac{9\mu W_i}{2\pi N_e V_i(\rho_p-\rho_a)}\right)^{\frac{1}{2}}$

$=\left\{\frac{9\times1.75\times10^{-5}\times0.4}{2\times3.14\times10\times5\times(1{,}600-0)}\right\}^{\frac{1}{2}}$

$=1.1198\times10^{-5}$m

$=11.198\ \mu$m

$\eta=\frac{1}{1+\left(\frac{dp_{50}}{dp}\right)^2}\times100$

$=\frac{1}{1+\left(\frac{11.198}{10}\right)^2}\times100=44.36\ \%$

정답 7-14 ① 7-15 ③ 7-16 ②

(3) 세정 집진 장치

8. Venturi scrubber에서 액가스비가 0.6 L/m³, 목부의 압력 손실이 330 mmH₂O일 때 목부의 가스 속도(m/s)는? (단, r = 1.2 kg/m³, Venturi scrubber의 압력 손실식 $\Delta P = (0.5 + L) \times \dfrac{\gamma V^2}{2g}$ 를 이용할 것) [18-4]

① 60 ② 70 ③ 80 ④ 90

해설 $350\ \text{kg/cm}^2 = (0.5 + 0.6) \times \dfrac{1.2\text{kg/m}^3 \times x^2 [\text{m}^2/\text{s}^2]}{2 \times 9.8\text{m/s}^2}$

$\therefore\ x = \sqrt{\dfrac{330 \times 2 \times 9.8}{(0.5 + 0.6) \times 1.2}} = 70\ \text{m/s}$

답 ②

이론 학습

① 벤투리 스크러버의 압력 손실(ΔP)

내부가 거칠은 경우

$$\Delta P = \frac{(0.5 + L)\,V^2}{2g} \times \gamma$$

여기서, ΔP : 압력 손실(mmH_2O=kg/m^2)
γ : 공기의 비중량(kg/m^3)
L : 주수율(액가스비 : L/m^3)
g : 중력 가속도($9.8\ m/s^2$)
V : 벤투리 스크러버 스로트부의 속도(m/s)

② 벤투리 스크러버에서 노즐의 수

$$n\left(\frac{d}{D_t}\right)^2 = \frac{V \cdot L}{100\sqrt{P}}$$

여기서, n : 노즐의 수
V : 스로트에서의 속도(m/s)
d : 노즐의 직경(m)
L : 액가스비(L/m^3)
D_t : 스로트(목부)의 직경(m)
P : 수압(mmH_2O=kg/m^2)

③ 회전식 세정 집진 장치에서 물방울의 지름

$$2r = \frac{200}{N\sqrt{R}}$$

여기서, r : 물방울의 반지름(cm)
N : 회전 속도(rpm)
$2r$: 물방울의 지름(cm)
R : 회전원판의 반지름(cm)

(4) 여과 집진 장치(여포 집진기)

① **겉보기 여과 속도** : 처리 배기량(Q)을 여포의 총면적(A)으로 나눈 것을 여과 속도 (V_f)[m/s]라고 한다. 그 관계는 다음과 같이 나타낸다. 즉, 공기 여재비의 단위로 표시되는데, 이는 여과재 단위면적 A[m^2]당 1초 동안에 처리되는 가스량 Q[m^3/s]로 정의된다.

$$V_f = \frac{Q}{A}$$

원통형이라면 $V_f = \frac{Q}{\pi DL}$

여기서, π : 3.14

D : 여포의 직경

L : 여포의 길이

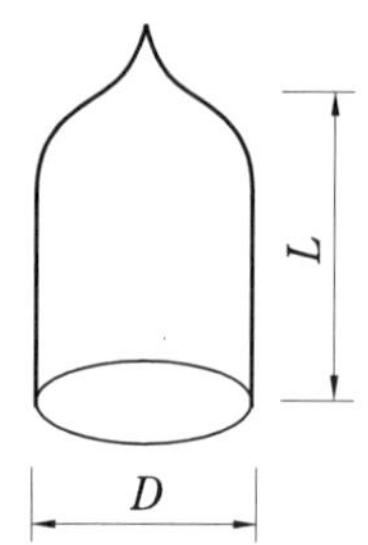

원통형 여과 집진 장치

만약 여러 개이면 $Q = \pi DLV_f \cdot n$

$$\therefore\ n = \frac{Q}{\pi DLV_f}$$

여기서, n : 여포의 개수

② **먼지 부하량** : 백 필터의 단위 여과 면적당 누적 먼지량을 여포의 먼지(dust) 부하량이라고 한다. 입구의 먼지 농도를 C_i[g/m^3], 출구의 먼지 농도를 C_o[g/m^3], 탈락 시간을 t[s]라 할 때 부하량(L_d)[g/m^2]은 다음과 같이 나타낸다.

$$L_d = (C_i - C_o) \cdot V_f \cdot t = C_i \times \eta \cdot V_f \cdot t$$

여기서, η : 집진 효율$\left(\frac{\%}{100}\right)$

③ **여과된 분진층의 두께**

$$\text{두께} = \frac{L_d}{\rho_p} = \frac{(C_i - C_o) \cdot V_f \cdot t}{\rho_p}$$

여기서, ρ_p : 분진의 밀도(kg/m^3)

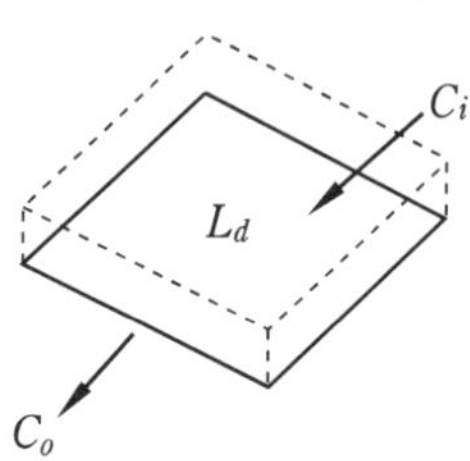

먼지 부하량

(5) 전기 집진 장치

흐름의 방향에 따른 집진극의 길이 L과 입자의 분리 속도 W_e에서 100 %의 효율을 얻기 위해서는 다음과 같은 식이 성립한다.

$$1 = \frac{W_e \cdot L}{U_o \cdot S}$$

$$\therefore\ L = \frac{U_o \cdot S}{W_e}$$

여기서, S : 방전극과 집진극(집진판) 간의 거리(m)
U_o : 집진극(집진판) 사이에서의 가스 속도(m/s)
(대략 0.6~2.4 m/s)

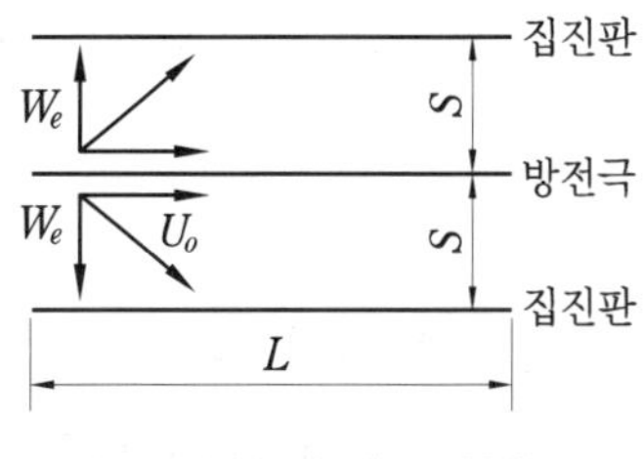

전기 집진 장치(평판형)

3 각종 집진 장치의 효율 산정 등

(1) 중력 집진 장치

① 침강실 내에서의 층류의 흐름과 난류의 흐름 판단

$$\Delta H = \frac{H}{n},\quad Re = \frac{2Q}{\nu(nW+H)} = \frac{2Q}{\dfrac{\mu}{\rho_a}(nW+H)}$$

여기서, W : 입구 폭의 길이(m)
ν : 동점도(m^2/s)
H : 침강실 높이(m)
n : 단수
Q : 유량(m^3/s)
μ : 절대 점도(kg/m · s)
ρ_a : 공기(가스)의 밀도(kg/m^3)

여기서, 레이놀즈수는 층류인지 난류인지를 나타내는 지수이다. 이 값이 2,100 이하에서는 층류, 4,000 이상에서는 난류이다.

② 중력 집진 장치의 집진 효율

㈎ 층류이면서 다단일 때의 집진 효율

$$\eta = \frac{U_g \cdot L}{U_o \cdot H} = \frac{U_g \cdot L \cdot W}{Q}$$

㈏ 층류이면서 다단일 때의 집진 효율

$$\eta = \frac{U_g \cdot L}{U_o \cdot \Delta H} = \frac{n \cdot U_g \cdot L}{U_o \cdot H} = \frac{n \cdot U_g \cdot L \cdot W}{Q}$$

㈐ 난류이면서 단단일 때의 집진 효율

$$\eta = 1 - e^{-\frac{U_g \cdot L}{U_o \cdot H}} = 1 - e^{-\frac{U_g \cdot L \cdot W}{Q}}$$

㈑ 난류이면서 다단일 때의 집진 효율

$$\eta = 1 - e^{-\frac{n \cdot U_g \cdot L}{U_o \cdot H}} = 1 - e^{-\frac{n \cdot U_g \cdot L \cdot W}{Q}}$$

(2) 원심력 집진 장치

① 사이클론에서 d_p에 대한 부분 집진 효율 구하는 식

$$\eta = \frac{1}{1 + \left(\frac{d_{p50}}{d_p}\right)^2} \times 100$$

여기서, η : 부분 집진 효율(%)

d_{p50} : 절단 입경(μm)

d_p : 부분 집진 효율을 구하고자 하는 분진의 입경(μm)

② 원심력 집진 장치에서 각종 조건과 통과율(P)과의 관계식

(각종 조건을 이용하여 원심력 집진 장치 효율을 구하는 식)

$$\eta = 100 - P$$

여기서, P : 통과율(%)

조건	통과율(P)의 관계식	집진 효율과의 관계
유량	$\frac{P_2}{P_1} = \left(\frac{Q_1}{Q_2}\right)^{0.5}$	유량이 증가하면 집진 효율은 증가한다.
밀도차	$\frac{P_2}{P_1} = \left\{\frac{(\rho_p - \rho_a)_1}{(\rho_p - \rho_a)_2}\right\}^{0.5}$	밀도차가 증가하면 집진 효율은 증가한다.
점도	$\frac{P_2}{P_1} = \left(\frac{\mu_2}{\mu_1}\right)^{0.5}$	점도가 증가하면 집진 효율은 감소한다.

(3) 전기 집진 장치의 집진 효율

① 평판형(판형)인 경우

$$\eta = 1 - e^{-\frac{A \cdot W_e}{Q}} = 1 - e^{-\frac{W_e \cdot L}{U_o \cdot S}} \text{ (도이치식)}$$

② 원통형(관형)인 경우

$$\eta = 1 - e^{-\frac{A \cdot W_e}{Q}} = 1 - e^{-\frac{2W_e \cdot L}{U_o \cdot S}} \text{ (도이치식)}$$

여기서, W_e : 입자의 분리 속도(m/s)

Q : 유입 유량(m^3/s)

U_o : 처리 가스 평균 속도(m/s)

H : 집진판의 폭(m)

A : 집진판의 면적(m^2)

L : 집진판의 길이(m)

S : 집진판과 방전극과의 거리(m)

※ 평판형인 경우 집진판의 면적 : $A=2H \cdot L$

원통형인 경우 집진판의 면적 : $A=\pi \cdot D \cdot L=2\pi \cdot S \cdot L$

※ 평판형인 경우 유량 : $Q=A' U_o=2 \cdot S \cdot H \cdot U_o$

원통형인 경우 유량 : $Q=A' U_o=\pi S^2 U_o$

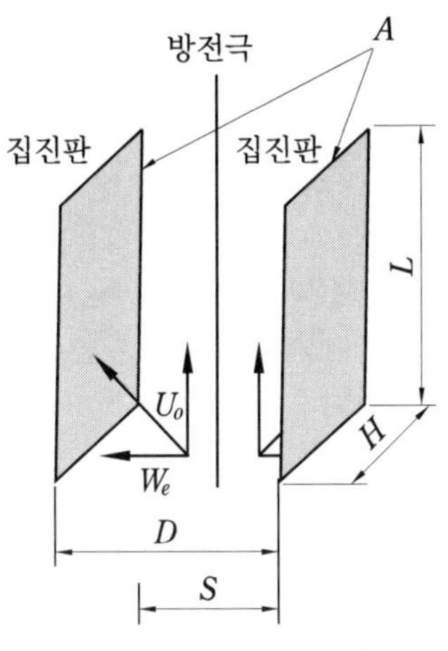

평판형 전기 집진 장치

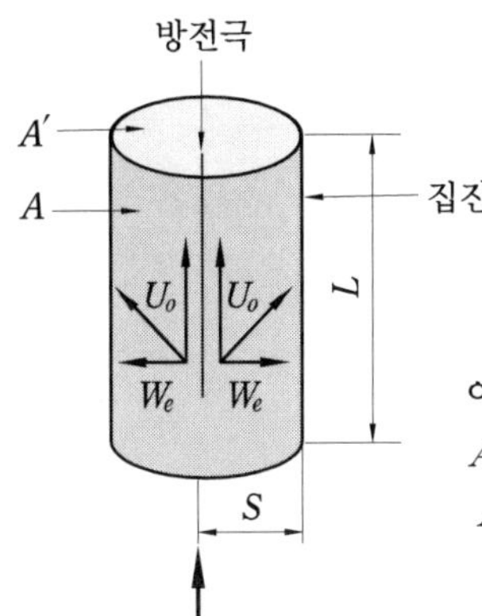

원통형 전기 집진 장치

여기서,
A : 집진판의 면적
A' : 평판과 평판 사이의 단면적 또는 원의 단면적(m^2)

8-1 목(throat) 부분의 지름이 30 cm인 Ventri Scrubber를 사용하여 360 m^3/min의 함진 가스를 처리할 때, 320 L/min의 세정수를 공급할 경우 이 부분의 압력 손실(mmH_2O)은 ? (단, 가스 밀도는 1.2 kg/m^3이고, 압력 손실 계수는 [0.5+액가스비]이다.) [16-1]

① 약 545 ② 약 575
③ 약 615 ④ 약 665

해설 $\Delta P=(0.5+L)\times \frac{v^2}{2g}\times \gamma$

$L=\frac{320\text{L/min}}{360\text{m}^3/\text{min}}=0.888\,\text{L/m}^3$

$v=\frac{Q}{A}=\frac{Q}{\frac{3.14\times D^2}{4}}=\frac{360\text{m}^3/60\text{s}}{\frac{3.14\times 0.3^2}{4}\text{m}^2}$

$=84.92$ m/s

$\therefore\ \Delta P=(0.5+0.888)\times \frac{84.92^2}{2\times 9.8}\times 1.2$

$=612.8\ \text{kg/m}^2(=\text{mmH}_2\text{O})$

8-2 송풍기 회전판 회전에 의하여 집진 장치에 공급되는 세정액이 미립자로 만들어져 집진하는 원리를 가진 회전식 세정 집진 장치에서 직경이 10 cm인 회전판이 9,620 rpm으로 회전할 때 형성되는 물방울의 직경은 몇 μm인가 ? [18-4]

① 93 ② 104
③ 208 ④ 316

해설 $2\gamma=\frac{200}{N\sqrt{R}}$

$=\frac{200}{9{,}620\times \sqrt{5}}=9.29\times 10^{-3}$ cm

$=92.9\ \mu$m

정답 **8-1** ③ **8-2** ①

8-3 반지름 250 mm, 유효 높이 15 m인 원통형 백필터를 사용하여 농도 6 g/m^{3}인 배출 가스를 20 m^3/s로 처리하고자 한다. 겉보기 여과 속도를 1.2 cm/s로 할 때 필요한 백필터의 수는? [12-2, 12-4, 13-2, 17-4, 19-1, 20-4]

① 49 ② 62
③ 65 ④ 71

해설 $n = \dfrac{Q}{\pi D L V_f} = \dfrac{20}{3.14 \times 0.5 \times 15 \times 0.012}$

$= 70.7$개

8-4 8개 실로 분리된 충격 제트형 여과 집진기에서 전체 처리 가스량 8,000 m^3/min, 여과 속도 2 m/min로 처리하기 위하여 직경 0.25 m, 길이 12 m 규격의 필터백(filter bag)을 사용하고 있다. 이때 집진 장치의 각 실(house)에 필요한 필터백의 개수는? (단, 각 실의 규격은 동일함, 필터백은 짝수로 선택함) [17-2]

① 50 ② 54
③ 58 ④ 64

해설 전체 백의 수

$n = \dfrac{Q}{\pi D L V_f} = \dfrac{8{,}000}{3.14 \times 0.25 \times 12 \times 2}$

$= 424.68$(425개)

$\therefore$ 각 실의 개수 $= \dfrac{425}{8} = 53.12$(54개)

8-5 백필터의 먼지 부하가 420 g/m^{2}에 달할 때 먼지를 탈락시키고자 한다. 이때 탈락 시간 간격은? (단, 백필터 유입 가스 함진 농도는 10 g/m^3, 여과 속도는 7,200 cm/hr이다.) [18-1]

① 25분 ② 30분
③ 35분 ④ 40분

해설 $Ld = (C_i - C_o) \times V_f \times t$

$\therefore t = \dfrac{Ld}{(C_i - C_o) \times V_f}$

$= \dfrac{420\text{g/m}^2}{(10-0)\text{g/m}^3 \times 72\text{m/hr} \times 1\text{hr}/60\text{min}}$

$= 35\text{min}$

8-6 Bag filter에서 먼지 부하가 360 g/m^{2}일 때마다 부착 먼지를 간헐적으로 탈락시키고자 한다. 유입 가스 중의 먼지 농도가 10 g/m^{3}이고, 겉보기 여과 속도가 1 cm/s일 때 부착 먼지의 탈락 시간 간격은? (단, 집진율은 80 %이다.) [15-2, 16-4, 19-2]

① 약 0.4 hr ② 약 1.3 hr
③ 약 2.4 hr ④ 약 3.6 hr

해설 $L_d = (C_i - C_o) \times V_f \times t$

$= C_i \times \eta \times V_f \times t$

$\therefore t = \dfrac{Ld}{C_i \times \eta \times V_f}$

$= \dfrac{360\text{g/m}^2}{10\text{g/m}^3 \times 0.8 \times 0.01\text{m/s} \times 3{,}600\text{s/hr}}$

$= 1.25\text{hr}$

8-7 면적 1.5 m^{2}인 여과 집진 장치로 먼지 농도가 1.5 g/m^{3}인 배기가스가 100 m^3/min으로 통과하고 있다. 먼지가 모두 여과포에서 제거되었으며, 집진된 먼지층의 밀도가 1 g/cm^{3}라면 1시간 후 여과된 먼지층의 두께(mm)는? [14-4, 20-4]

① 1.5 ② 3 ③ 6 ④ 15

해설 두께 $= \dfrac{Ld}{\rho_p} = \dfrac{(C_i - C_o) \times V_f \times t}{\rho_p}$

여기서, $V_f = \dfrac{Q}{A} = \dfrac{100\text{m}^3/\text{min}}{1.5\text{m}^2}$

$= 66.666\text{m/min}$

두께 $= \dfrac{\begin{bmatrix}(1.5-0)\text{g/m}^3 \times 10^{-3}\text{kg/g} \times \\ 66.666\text{m/min} \times 1h \times 60\text{min}/h\end{bmatrix}}{1{,}000\text{kg/m}^3}$

정답 8-3 ④ 8-4 ② 8-5 ③ 8-6 ② 8-7 ③

$=5.9999\times10^{-3}\text{m}$
$=5.9999\text{mm}$

8-8 다음 중 다른 VOC 방지 장치와 상대 비교한 생물 여과 장치의 특성으로 가장 거리가 먼 것은? [18-4]

① CO 및 NO_x를 포함한 생성 오염 부산물이 적거나 없다.
② 고농도 오염 물질의 처리에 적합하고, 설치가 복잡한 편이다.
③ 습도 제어에 각별한 주의가 필요하다.
④ 생체량의 증가로 장치가 막힐 수 있다.

해설 bio-filter는 고농도 오염 물질의 처리에 적합하지 못하고, 설치가 간단하다.

8-9 전기 집진 장치를 구성하는 요소에 관한 설명으로 거리가 먼 것은? [14-4]

① 방전극은 코로나 방전을 일으키기 쉽도록 가늘고 긴, 뾰족한 edge를 가질 것
② 방전극은 진동 혹은 요동을 일으키지 아니하는 구조일 것
③ 집진 전극 중 건식의 경우에는 취타에 의해 먼지 비산이 많이 생기도록 하는 구조일 것
④ 집진 전극은 중량이 가벼울 것

해설 건식의 경우 취타(타격)에 의해 먼지 비산이 많이 생기지 않는 구조일 것

8-10 가로 5 m, 세로 8 m인 두 집진판이 평행하게 설치되어 있고, 두 판 사이 중간에 원형 철심 방전극이 위치하고 있는 전기 집진 장치에 굴뚝 가스가 120 m^3/min로 통과하고, 입자 이동 속도가 0.12 m/s일 때의 집진 효율은? (단, Deutsh-Anderson 식 적용) [14-1, 18-4]

① 98.2 %　　② 98.7 %
③ 99.2 %　　④ 99.7 %

해설 $\eta=1-e^{-\frac{AW_e}{Q}}=1-e^{-\frac{2\cdot H\cdot L\cdot W_e}{Q}}$
$=1-e^{-\frac{2\times5\times8\times0.12}{\frac{120}{60}}}$
$=0.9917=99.17\%$

8-11 원통형 전기 집진 장치의 집진극 직경이 10 cm이고 길이가 0.75 m이다. 배출 가스의 유속이 2 m/s이고 먼지의 겉보기 이동 속도가 10 cm/s일 때, 이 집진 장치의 실제 집진 효율(%)은? [12-4, 21-4]

① 78　　② 86
③ 95　　④ 99

해설 $\eta=1-e^{-\frac{AW_e}{Q}}$
$=1-e^{-\frac{2W_e\times L}{U_o\times S}}=1-e^{-\frac{2\times0.1\times0.75}{2\times0.05}}$
$=0.776=77.6\%$

8-12 전기 집진 장치의 집진율과 집진기 변수와의 관계식은? (단, η : 집진율, A : 집진극의 면적(m^2), V : 입자의 유속(m/s), Q : 가스유량(m^3/s)) [16-2]

① $\eta=1-\exp\left[-\frac{AV}{Q}\right]$
② $\eta=1-\exp\left[-Q\frac{A}{V}\right]$
③ $\eta=1-\exp\left[-Q\frac{V}{A}\right]$
④ $\eta=1-\exp\left[-\frac{V}{QA}\right]$

해설 도이치의 식
$\eta=1-e^{-\frac{A\cdot W_e}{Q}}$

8-13 평판형 전기 집진 장치의 집진판 사이의 간격이 10 cm, 가스의 유속은 3 m/s,

정답 8-8 ② 8-9 ③ 8-10 ③ 8-11 ① 8-12 ① 8-13 ③

입자가 집진극으로 이동하는 속도가 4.8 cm/s일 때, 층류 영역에서 입자를 완전히 제거하기 위한 이론적인 집진극의 길이(m)는? [17-1]

① 1.34 ② 2.14
③ 3.13 ④ 4.29

해설 전기 집진 장치에서 100 % 제거율일 때

$$1 = \frac{W_e \cdot L}{U_o \cdot S}$$

$$\therefore\ L = \frac{U_o \cdot S}{W_e} = \frac{3 \times 0.05}{0.048} = 3.125\ \text{m}$$

8-14 전기 집진 장치 내 먼지의 겉보기 이동 속도는 0.11 m/s, 5 m×4 m인 집진판 182매를 설치하여 유량 9,000 m^3/min를 처리할 경우 집진 효율은? (단, 내부 집진판은 양면 집진, 2개의 외부 집진판은 각 하나의 집진면을 가진다.) [15-4, 17-4]

① 98.0 % ② 98.8 %
③ 99.0 % ④ 99.5 %

해설 $\eta = 1 - e^{-\frac{A \cdot W_e}{Q}}$

A = 한 개의 면적×2×(집진판 개수−1)

$= 5 \times 4 \times 2 \times (182-1) = 7{,}240\ \text{m}^2$

$$\therefore\ \eta = 1 - e^{-\frac{7{,}240 \times 0.11}{\frac{9{,}000}{60}}} = 0.995 = 99.5\ \%$$

8-15 98 % 효율을 가진 전기 집진기로 유량이 5,000 m^3/min인 공기 흐름을 처리하고자 한다. 표류 속도(W_e)가 6.0 cm/s일 때, Deutsch식에 의한 필요 집진 면적은 얼마나 되겠는가? [17-2]

① 약 3,938 m^2 ② 약 4,431 m^2
③ 약 4,937 m^2 ④ 약 5,433 m^2

해설 $\eta = 1 - e^{-\frac{AW_e}{Q}}$

$$e^{-\frac{A \cdot W_e}{Q}} = 1 - \eta$$

$$A = \frac{-\ln(1-\eta) \times Q}{W_e}$$

$$= \frac{-\ln(1-0.98) \times 5{,}000}{0.06 \times 60} = 5{,}433\ \text{m}^2$$

8-16 전기 집진 장치에서 입구 먼지 농도가 10 g/Sm^3, 출구 먼지 농도가 0.1 g/Sm^3이었다. 출구 먼지 농도를 50 mg/Sm^3로 하기 위해서는 집진극 면적을 약 몇 배 정도로 넓게 하면 되는가? (단, 다른 조건은 변하지 않는다.) [14-2, 16-1, 18-2]

① 1.15배 ② 1.55배
③ 1.85배 ④ 2.05배

해설 $\eta = \frac{C_i - C_o}{C_i}$

$$\eta_1 = \frac{10-0.1}{10} = 0.99$$

$$\eta_2 = \frac{10-0.05}{10} = 0.995$$

$\eta = 1 - e^{-\frac{A \cdot W_e}{Q}}$, $\frac{W_e}{Q} = 1$이라면

$e^{-A} = 1 - \eta$

$-A = \ln(1-\eta)$

$$\frac{A_2}{A_1} = \frac{-\ln(1-\eta_2)}{-\ln(1-\eta_1)} = \frac{-\ln(1-0.995)}{-\ln(1-0.99)}$$

$= 1.15$배

8-17 전기 집진 장치의 처리 가스 유량 110 m^3/min 집진극 면적 500 m^2, 입구 먼지 농도 30 g/Sm^3, 출구 먼지 농도 0.2 g/Sm^3이고 누출이 없을 때 충전 입자의 이동 속도는? (단, Deutsch 효율식 적용) [14-2]

① 0.013 m/s ② 0.018 m/s
③ 0.023 m/s ④ 0.028 m/s

해설 $\eta = \frac{C_i - C_o}{C_i} = \frac{30-0.2}{30} = 0.9933$

$$\eta = 1 - e^{-\frac{AW_e}{Q}}$$

정답 8-14 ④ 8-15 ④ 8-16 ① 8-17 ②

$$\therefore \ W_e = \frac{-\ln(1-\eta) \times Q}{A}$$

$$= \frac{-\ln(1-0.9933) \times \frac{110}{60}}{500}$$

$$= 0.0183 \text{ m/s}$$

8-18 전기 집진 장치에서 입구 먼지 농도가 16 g/Sm³, 출구 먼지 농도가 0.1 g/Sm³이었다. 출구 먼지 농도를 0.03 g/Sm³으로 하기 위해서는 집진극의 면적을 약 몇 % 넓게 하면 되는가? (단, 다른 조건은 무시한다.) [14-1]

① 32 % ② 24 %
③ 16 % ④ 8 %

해설 $\eta_1 = \frac{C_i - C_o}{C_i} = \frac{16-0.1}{16} = 0.99375$

$$\eta_2 = \frac{16-0.03}{16} = 0.99812$$

전기 집진 장치 효율 $\eta = 1 - e^{-\frac{AW_e}{Q}}$

$$A = -\ln(1-\eta) \times \frac{Q}{W_e}$$

$$\frac{A_2}{A_1} = \frac{-\ln(1-\eta_2)}{-\ln(1-\eta_1)}$$

$$= \frac{-\ln(1-0.99812)}{-\ln(1-0.99375)} = 1.236 \text{배}$$

$\therefore$ 123.6 − 100 = 23.6 %

8-19 80 %의 효율로 제진하는 전기 집진 장치의 집진 면적을 2배로 증가시키면 집진 효율(%)은 얼마로 향상되는가? [20-2]

① 92 % ② 94 %
③ 96 % ④ 98 %

해설 $\eta = 1 - e^{-\frac{A \cdot W_e}{Q}}$

여기서, $\frac{W_e}{Q} = 1$로 가정하면

$$\eta = 1 - e^{-A}$$

$$0.8 = 1 - e^{-A} \cdots ①$$

$$\eta = 1 - e^{-A \times 2} \cdots ②$$

①식에서 $A = -\ln(1-0.8) = 1.609$

②식에서

$$\eta = 1 - e^{-1.609 \times 2} = 0.959 = 95.9\ \%$$

8-20 전기 집진 장치 내 먼지의 겉보기 이동속도는 0.11 m/s, 5 m×4 m인 집진판 182매를 설치하여 유량 9,000 m³/min를 처리할 경우 집진 효율은? (단, 내부 집진판은 양면 집진, 2개의 외부 집진판은 각 하나의 집진면을 가진다.) [14-2]

① 98.0 % ② 98.8 %
③ 99.0 % ④ 99.5 %

해설 집진판 수

$$= \frac{A}{\text{한 개의 집진판 면적}} + 1$$

$$\therefore \ A = (182-1) \times 2 \times 5 \times 4 = 7{,}240 \text{ m}^2$$

$$\eta = 1 - e^{-\frac{AW_e}{Q}} = 1 - e^{-\frac{7{,}240 \times 0.11}{\frac{9{,}000}{60}}} = 0.995$$

8-21 전기 집진 장치 유지 관리에 관한 사항으로 가장 거리가 먼 것은? [15-1]

① 시동 시 고전압 회로의 절연 저항이 100 kΩ 이상 되어야 한다.
② 운전 시 1차 전압이 낮은데도 과도한 2차 전류가 흐를 때는 고압 회로의 절연 불량인 경우가 많다.
③ 운전 시 2차 전류가 주기적으로 변동하는 것은 방전극에 의한 영향이 크다.
④ 정지 시 접지 저항은 적어도 년 1회 이상 점검하고 10 Ω 이하로 유지한다.

해설 ① 100 kΩ 이상 → 100 MΩ 이상

정답 8-18 ② 8-19 ③ 8-20 ④ 8-21 ①

Chapter 03 유체 역학

3-1 유체의 특성

1 유체의 흐름

1. 공기의 유속과 점도가 각각 1.5 m/s, 0.0187 cP일 때, 레이놀즈수를 계산한 결과 1,950이었다. 이때 덕트 내를 이동하는 공기의 밀도(kg/m^3)는 약 얼마인가? (단, 덕트의 직경은 75 mm이다.) [20-2]

① 0.23 ② 0.29 ③ 0.32 ④ 0.40

해설

$$R_e = \frac{\rho \cdot v \cdot d}{\mu}$$

$$\rho = \frac{R_e \cdot \mu}{v \cdot d} = \frac{1,950 \times 0.0187 \times 10^{-3}}{1.5 \times 0.075} = 0.324\ \text{kg/m}^3$$

답 ③

이론 학습

유체란 흐르는 물체(액체, 기체)를 말한다.

(1) 압축성 유체

압축을 했을 때 유체의 체적이 변하는 물질, 즉 밀도가 변하는 유체(기체)를 말한다.

(2) 비압축성 유체

압축을 했을 때 유체의 체적이 변하지 않는 물질, 즉 밀도가 변하지 않는 유체(액체)를 말한다.

(3) 이상 유체(완전 유체)

위 두 가지 정의 외 다른 측면에서 정의하면 이상 유체란 점도가 없다고 가정한 가상적인 유체를 말한다. 이 유체는 점도가 없으므로 마찰 손실이 없다. 즉, 에너지 보전의 법칙이 성립되는 유체이다.

(4) 실제 유체

점성 유체라고도 하며, 실제 마찰 손실을 고려한 유체를 말한다.

2 유체 역학 방정식

(1) 층류와 난류

① **층류** : 유체가 원통 또는 덕트 내에서 아주 느린 속도로 흐를 경우 소용돌이나 선회 운동을 하지 않고 규칙적으로 관로에 평행하게 직선적으로 흐르는 경우를 말한다.

② **난류** : 유체의 속도가 빨라져 흐름의 특성이 변하여 소용돌이나 선회 운동을 하면서 불규칙하게 흐르는 경우를 말한다.

(2) 레이놀즈수(Re.No)

레이놀즈수란 층류인지 난류인지를 알아내는 지수를 말한다.

이 값이 2100 이하이면 층류, 4000 이상이면 난류라 하며 2100~4000 사이는 천이 영역이라 한다.

$$Re.\mathrm{No} = \frac{\rho_a \cdot v \cdot d}{\mu} = \frac{v \cdot d}{\frac{\mu}{\rho_a}} = \frac{v \cdot d}{\nu} \text{(무차원)}$$

여기서, ρ_a : 유체(공기)의 밀도(kg/m^3)

v : 유체의 유속(m/s)

d : 관의 내경(m)

μ : 유체의 절대점도(kg/m·s)

ν : 유체의 동점도(m^2/s)

참고 무차원 수

① 레이놀즈수 $= \frac{\text{관성력}}{\text{점선력}} = \frac{\rho_a \cdot v \cdot d}{\mu}$

② 프라우드수 $= \frac{\text{관성력}}{\text{중력}} = \frac{v}{\sqrt{g \cdot L}}$ 여기서, L : 수평 길이(m)

③ 슈미트수 $= \frac{\text{점도}}{\text{밀도} \times \text{확산계수}} = \frac{\mu}{\rho \times D}$ 여기서, D : 확산 계수

참고 점도(끈적끈적한 정도)

① **절대점도(μ : 뮤)** : 유체를 정지시킨 상태에서 측정한 점도

단위 : kg/m·s, g/cm·s, poise, cp(센티 푸아즈)

※ 1 poise = 1 g/cm·s = 0.1 kg/m·s

1 cp = 0.01 poise = 0.01 g/cm·s = 0.001 kg/m·s

② **동점도(ν : 뉴)** : 유체가 움직이는 상태에서 측정한 점도

단위 : m^2/s, cm^2/s, stokes, cst(센티 스토크스)

※ 1 stokes = 1 cm^2/s = 1×10^{-4} m^2/s

1 cst = 0.01 stokes = 0.01 cm^2/s = 10^{-6} m^2/s

③ **절대점도와 동점도와의 관계식**

$$\nu = \frac{\mu}{\rho_a},\ \mu = \nu \times \rho_a$$

④ **점도와 온도와의 관계**

- 액체의 점도는 온도와 반비례
- 기체의 점도는 온도와 비례

⑤ **20℃ 물의 점도** : 1 cp 또는 1 cst

(3) 연속의 방정식

질량 불변의 법칙을 기초로 한 방정식이다.

체적 유량

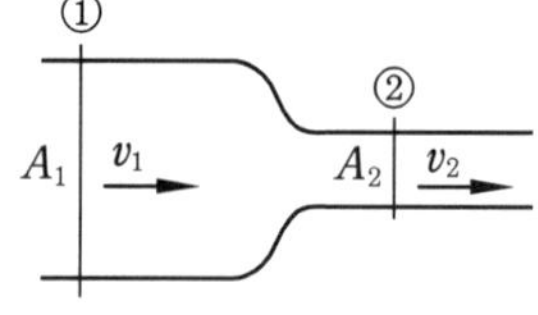

$$Q_1 = Q_2 (Q = A \cdot v)$$

$$A_1 v_1 = A_2 v_2$$

$$\frac{\pi D_1^2}{4} \cdot v_1 = \frac{\pi D_2^2}{4} \cdot v_2$$

$$\therefore\ v_2 = v_1 \times \left(\frac{D_1}{D_2}\right)^2$$

(4) 베르누이 방정식

베르누이 가정

① 정상류라 가정한다.

② 유선을 따라 흐른다고 가정한다.

③ 점성이 없는 유체라 가정한다(에너지 불변).

④ 비압축성 유체라 가정한다(밀도 변화 없음).

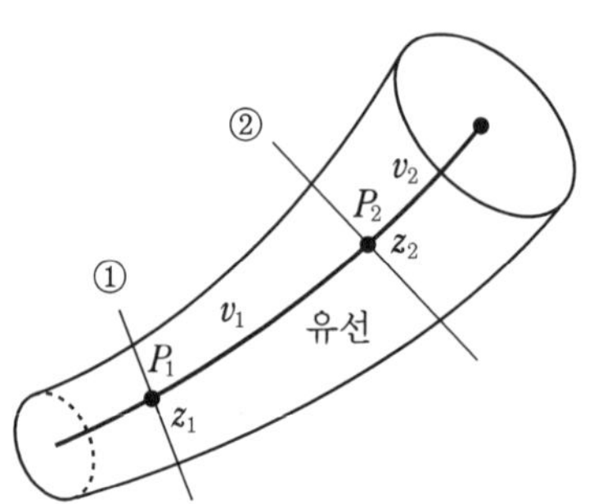

$$\frac{P_1}{\gamma}+\frac{v_1^2}{2g}+z_1=\frac{P_2}{\gamma}+\frac{v_2^2}{2g}+z_2=H$$

여기서, P : 정압(kg/m^2) γ : 비중량(kg/m^3)

v : 유체의 유속(m/s^2) g : 중력 가속도(9.8 m/s^2)

$\frac{P}{\gamma}$: 압력수두(m) $\frac{v^2}{2g}$: 속도수두(m)

z : 위치수두(m) H : 전수두(m)

유체가 기체라면 위치수두는 무시할 수 있으므로($z_1 \fallingdotseq z_2$)

$$\frac{P_1}{\gamma}+\frac{v_1^2}{2g}=\frac{P_2}{\gamma}+\frac{v_2^2}{2g}=H$$

양변에 비중량(γ)을 곱하면

$$P_1+\frac{v_1^2}{2g}\cdot\gamma=P_2+\frac{v_2^2}{2g}\cdot\gamma=H\cdot\gamma$$

여기서, P : 정압(kg/m^2=mmH_2O)

$\frac{v^2}{2g}\cdot\gamma$: 동압(kg/m^2=mmH_2O)

$H\cdot\gamma$: 전압(kg/m^2=mmH_2O)

즉, 베르누이 방정식에서는 마찰 손실이 없으므로 ① 지점에서나 ② 지점에서의 전압은 항상 같다.

1-1 유체의 점도를 나타내는 단위 표현으로 틀린 것은? [16-1, 21-4]

① poise ② liter·atm

③ Pa·s ④ $\frac{\text{g}}{\text{cm}\cdot\text{s}}$

해설 점도는 끈적끈적한 정도를 말하며 단위로는 poise, g/cm·s, Pa·s 등이 있다.

여기서, Pa·s=N/m^2·s$=\frac{\text{kg}\cdot\text{m/s}^2}{\text{m}^2}\cdot$s =kg/m·s이다.

1-2 밀도 0.8 g/cm^{3}인 유체의 동점도가 3 Stokes이라면 절대점도는? [12-4]

① 2.4 poise

② 2.4 centi poise

③ 2,400 poise

④ 2,400 centi poise

해설 $\nu=\frac{\mu}{\rho}$

$\mu=\nu\times\rho=3\ \text{cm}^2/\text{s}\times0.8\ \text{g/cm}^3$
$=2.4\ \text{g/cm}\cdot\text{s}=2.4$ poise

정답 1-1 ② 1-2 ①

1-3 1 centi－poise(cp)는 몇 kg/m·s인가? [15-4]

① $\frac{1}{1000}$ ② $\frac{1}{100}$
③ 100 ④ 1,000

해설 1 cp＝0.01 poise＝0.01 g/cm·s
∴ 0.01 g/cm·s×1 kg/1,000 g×100 cm/1 m ＝0.001 kg/m·s

1-4 유체의 점성에 관한 설명으로 옳지 않은 것은? [12-2, 17-2, 21-1]

① 점성은 유체분자 상호 간에 작용하는 분자 응집력과 인접 유체층 간의 분자 운동에 의하여 생기는 운동량 수송에 기인한다.
② 액체의 점성 계수는 주로 분자 응집력에 의하므로 온도의 상승에 따라 낮아진다.
③ Hagen의 점성 법칙은 점성의 결과로 생기는 전단 응력은 유체의 속도 구배에 반비례한다.
④ 점성 계수는 온도에 의해 영향을 받지만 압력과 습도에는 거의 영향을 받지 않는다.

해설 ③ 반비례 → 비례

(이유 : $\tau=\mu\cdot\frac{du}{dy}$
여기서, τ : 전단 응력, μ : 점성 계수, $\frac{du}{dy}$: 속도 구배)

1-5 유체의 운동을 결정하는 점도에 대한 설명으로 옳은 것은? [18-1]

① 온도가 증가하면 대개 액체의 점도는 증가한다.
② 액체의 점도는 기체에 비해 아주 크며, 대개 분자량이 증가하면 증가한다.
③ 온도가 감소하면 대개 기체의 점도는 증가한다.
④ 온도에 따른 액체의 운동점도(kinematic viscosity)의 변화폭은 절대점도의 경우보다 넓다.

해설 ① 증가한다. → 감소한다.
③ 증가한다. → 감소한다.
④ 의 경우보다 넓다. → 와 같다.

1-6 지름이 1.0 μm인 물방울이 3.2×10^{-3} cm/s의 속도로 공기 중에서 지표로 자유낙하할 때 Reynolds 수는? (단, 공기의 점도는 1.72×10^{-2} g/cm·s, 밀도는 1.29 kg/m³이다.) [20-1]

① 1.9×10^{-8} ② 2.4×10^{-8}
③ 1.9×10^{-5} ④ 2.4×10^{-5}

해설 $Re.\mathrm{No}=\frac{\rho_a\cdot\nu\cdot d}{\mu}$

$=\frac{1.29\mathrm{kg/m^3}\times3.2\times10^{-5}\mathrm{m/s}\times1\times10^{-6}\mathrm{m}}{1.72\times10^{-3}\mathrm{kg/m\cdot s}}$

$=2.4\times10^{-8}$

1-7 공기의 유속과 점도가 각각 1.5 m/s와 0.0187 cp일 때 레이놀즈수를 계산한 결과 1,950이었다. 이때 덕트 내를 이동하는 공기의 밀도는? (단, 덕트의 직경은 75 mm이다.) [16-2]

① 0.23 kg/m³ ② 0.29 kg/m³
③ 0.32 kg/m³ ④ 0.40 kg/m³

해설 $Re=\frac{\rho_a\cdot\nu\cdot d}{\mu}$

$\mu=0.0187\mathrm{cp}=0.0187\times0.01\mathrm{poise}$
$=0.0187\times0.01\times0.1\mathrm{kg/m\cdot s}$

$1{,}950=\frac{\rho_a\mathrm{kg/m^3}\times1.5\mathrm{m/s}\times0.075\mathrm{m}}{0.0187\times0.01\times0.1\mathrm{kg/m\cdot s}}$

∴ $\rho_a=0.32\ \mathrm{kg/m^3}$

정답 1-3 ① 1-4 ③ 1-5 ② 1-6 ② 1-7 ③

1-8 직경이 15 cm인 원형관에서 층류로 흐를 수 있게 임계레이놀즈계수를 2,100으로 할 때, 최대 평균 유속(cm/s)은? (단, ν = 1.8×10^{-6} m^2/s) [16-2, 19-2, 21-1]

① 1.52 ② 2.52
③ 4.59 ④ 6.74

해설 $Re = \frac{v \cdot d}{\nu}$

$$v = \frac{Re \times \nu}{d} = \frac{2{,}100 \times 1.8 \times 10^{-6} \mathrm{m^2/s}}{0.15\mathrm{m}}$$

$= 0.0252\,\mathrm{m/s} = 2.52\,\mathrm{cm/s}$

1-9 밀도 0.8 g/cm^3인 유체의 동점도가 3Stokes이라면 절대점도는? [19-4]

① 2.4 poise
② 2.4 centi poise
③ 2,400 poise
④ 2,400 centi poise

해설 $\mu = \nu \cdot \rho = 3\mathrm{Stokes} \times 0.8\mathrm{g/cm^3}$

$= 3\ \mathrm{cm^2/s} \times 0.8\ \mathrm{g/cm^3} = 2.4\ \mathrm{g/cm \cdot s}$

$= 2.4$ poise

1-10 레이놀즈수(Reynold number)에 관한 설명으로 옳지 않은 것은? (단, 유체 흐름 기준) [13-2, 19-1]

① $\frac{\text{관성력}}{\text{점성력}}$으로 나타낼 수 있다.

② 무차원의 수이다.

③ $\frac{(\text{유체 밀도}\times\text{유속}\times\text{유체 흐름관 직경})}{\text{유체 점도}}$으로 나타낼 수 있다.

④ $\frac{\text{점성 계수}}{\text{밀도}}$로 나타낼 수 있다.

해설 ④ 나타낼 수 있다. → 없다.

1-11 중력식 집진 장치의 이론적 집진 효율을 계산할 때 응용되는 Stokes 법칙을 만족하는 가정(조건)에 해당하지 않는 것은 어느 것인가? [18-2]

① $10^{-4} < N_{Re} < 0.5$
② 구는 일정한 속도로 운동
③ 구는 강체
④ 전이 영역 흐름(intermediate flow)

해설 전이 영역 흐름의 Re수는 $2{,}100 < N_{Re} < 4{,}000$이다.

1-12 반경이 15 cm인 덕트에 1기압, 동점성계수 $2.0\times10^{-5}m^2/s$, 밀도 1.7 g/cm^3인 유체가 300 m/min의 속도로 흐르고 있을 때, Reynold 수는? [13-1]

① 37,500 ② 42,500
③ 63,750 ④ 75,000

해설 $Re = \frac{v \cdot d}{\nu} = \frac{\frac{300}{60}\mathrm{m/s} \times 0.3\mathrm{m}}{2 \times 10^{-5}\mathrm{m^2/s}}$

$= 75{,}000$

1-13 직경 10 μm인 구형 입자가 20℃ 층류 영역의 대기 중에서 낙하하고 있다. 입자의 종말 침강 속도와 레이놀즈수는 각각 얼마인가? (단, 20℃에서의 입자의 밀도 1,800 kg/m^3, 공기의 밀도 1.2 kg/m^3, 점도 1.8×10^{-5} kg/m·s) [12-1, 21-4]

① 3.63×10^{-6}m/s, 0.0036
② 3.63×10^{-6}m/s, 2.4×10^{-6}
③ 5.44×10^{-3}m/s, 0.0036
④ 5.44×10^{-3}m/s, 5.44

해설 ① $U_g = \frac{g(\rho_p - \rho_a)d_p^2}{18\mu}$

$$= \frac{9.8 \times (1{,}800 - 1.2) \times (10 \times 10^{-6})^2}{18 \times 1.8 \times 10^{-5}}$$

정답 1-8 ② 1-9 ① 1-10 ④ 1-11 ④ 1-12 ④ 1-13 ③

$=5.440\times10^{-3}$m/s

② $Re=\dfrac{\rho\cdot v\cdot d}{\mu}$

$=\dfrac{1.2\times5.44\times10^{-3}\times10\times10^{-6}}{1.8\times10^{-5}}$

$=0.00362$

1-14 연소학에서 사용되는 무차원 수 중 "Nusselt numbe"의 의미로 가장 적합한 것은? [14-2]

① 난류 확산의 특성 시간에 대한 화학반응의 특성시간의 비
② 전도열 이동 속도에 대한 대류열 이동 속도의 비
③ 화염 신장률
④ 온도 확산 속도에 대한 운동량 확산 속도의 비

해설 Nu(누셀트의 수)가 크다는 것은 열전도에 의한 이동 속도가 느리다는 것이다.

1-15 직경이 500 mm인 관에 60 m^3/min의 공기가 통과한다면 공기의 이동 속도는? [16-4]

① 5.1 m/s ② 5.7 m/s
③ 6.2 m/s ④ 6.9 m/s

해설 $Q=A\cdot V$

$$V=\frac{Q}{A}=\frac{Q}{\frac{3.14\times D^2}{4}}=\frac{\frac{60}{60}m^3/s}{\frac{3.14\times0.5^2}{4}m^2}$$

$=5.09$ m/s

1-16 온도 20℃, 압력 120 kPa의 오염 공기가 내경 400 mm의 관로 내를 질량 유속 1.2 kg/s로 흐를 때 관내의 유체의 평균 유속은? (단, 오염 공기의 평균 분자량은 29.96이고 이상 기체로 취급한다. 1 atm = 1.013×10^5Pa) [13-4]

① 6.47 m/s ② 7.52 m/s
③ 8.23 m/s ④ 9.76 m/s

해설 $Q=1.2kg/s\times\dfrac{22.4m^3}{29.96kg}\times\dfrac{(273+20)}{273}\times\dfrac{101.3}{120}$

$=0.812\ m^3/s$

$Q=A\cdot V=\dfrac{3.14\times D^2}{4}\times V$

$\therefore\ V=\dfrac{0.812m^3/s}{\frac{3.14\times0.4^2}{4}m^2}=6.464$ m/s

1-17 표준 상태의 공기가 내경이 50 cm인 강관 속을 2 m/s의 속도로 흐르고 있을 때, 공기의 질량 유속(kg/s)은? (단, 공기의 평균 분자량 = 29) [21-4]

① 0.34 ② 0.51
③ 0.78 ④ 0.97

해설 $Q=A\cdot V=\dfrac{3.14\times D^2}{4}\times V$

$=\dfrac{3.14\times0.5^2}{4}m^2\times2$ m/s

$=0.3925\ m^3/s$

∴ 질량 유속(질량 유량) = 밀도×체적 유량

$=\dfrac{29}{22.4}kg/m^3\times0.3925\ m^3/s$

$=0.508$ kg/s

1-18 내경이 120 mm의 원통 내를 20℃ 1기압의 공기가 30 m^3/hr로 흐른다. 표준상태의 공기의 밀도가 1.3 kg/Sm^3, 20℃의 공기의 점도가 1.81×10^{-4} poise이라면 레이놀즈수는? [18-4]

① 약 4,500 ② 약 5,900
③ 약 6,500 ④ 약 7,300

정답 1-14 ④ 1-15 ① 1-16 ① 1-17 ② 1-18 ②

해설 $Re = \dfrac{\rho \cdot v \cdot d}{\mu}$

$$\rho = 1.3\,\text{kg/Sm}^3 \times \frac{1}{\frac{(273+20)}{273}} = 1.21\,\text{kg/m}^3$$

$$v = \frac{Q}{A} = \frac{Q}{\frac{3.14 \times D^2}{4}} = \frac{30\text{m}^3/3{,}600\text{s}}{\frac{3.14 \times 0.12^2}{4}\text{m}^2}$$

$$= 0.737\,\text{m/s}$$

$$\mu = 1.81 \times 10^{-4}\,\text{poise} = 1.81 \times 10^{-5}\,\text{kg/m} \cdot \text{s}$$

$$\therefore\ Re = \frac{1.21 \times 0.737 \times 0.12}{1.81 \times 10^{-5}} = 5{,}912$$

1-19 **유량 측정에 사용되는 가스 유속 측정 장치 중 작동 원리로 Bernoulli식이 적용되지 않는 것은?** [13-2, 20-4]

① 벤투리 장치(venturi meter)
② 오리피스 장치(orifice meter)
③ 건조가스 장치(dry gas meter)
④ 로터미터(rotameter)

해설 건식가스미터는 용적식 유량계이다.
※ ①, ②는 차압식 유량계이고, ④는 면적식 유량계이다.

1-20 **다음과 같은 일반적인 베르누이의 정리에 적용되는 조건이 아닌 것은?** [12-2]

$$\frac{P}{\rho g} + \frac{V^2}{2g} + Z = \text{constant}$$

① 정상 상태의 흐름이다.
② 직선관에서만의 흐름이다.
③ 같은 유선상에 있는 흐름이다.
④ 마찰이 없는 흐름이다.

해설 ② 직선관에서만 → 직선관, 곡선관 모두

정답 1-19 ③ 1-20 ②

Chapter 04

유해 가스 및 처리

4-1 유해 가스의 특성 및 처리 이론

1 유해 가스의 특성

1. 유해 가스의 흡수 이론에 관한 설명으로 옳지 않은 것은? [12-2]

① 흡수는 기체 상태의 오염 물질을 흡수액을 사용하여 흡수 제거시키는 것으로 세정이라고도 한다.
② 흡수 조작에 사용되는 흡수제는 물 또는 수용액을 주로 사용한다.
③ 배출 가스의 용매에 대한 용해도가 큰 기체인 경우에 헨리의 법칙이 적용될 수 있다.
④ 용해에 따른 복잡한 화학 반응이 일어날 경우에는 성립하지 않는다.

해설 ③ 적용될 수 있다. → 잘 적용되지 않는다.

답 ③

이론 학습

유해 가스의 특성으로는 다음 3가지가 있다.

① 물에 잘 녹는 특성 : 수용성
② 물에 녹지 않는 특성 : 비수용성
③ 연소 가능한 특성 : 가연성

2 유해 가스의 처리 이론(흡수, 흡착 등)

유해 가스 처리법은 크게 3가지로 나눌 수 있다.

① **흡수법** : 물에 잘 녹는 특성을 가진 유해 가스를 처리하는 법이다(가장 경제적).

② **흡착법** : 물에 잘 녹지 않고, 연소성이 없는 유해 가스를 처리하는 법이다(다공성 물질로 처리).

③ **연소법** : 연소성이 있는 특성을 가진 유해 가스를 처리하는 법이다.

(1) 흡수법

① 헨리의 법칙

$$P = H \cdot C$$

여기서, P : 기체 중의 특정 성분의 분압(atm),
C : 액상 중의 특정 성분의 농도(kmol/m^3)
H : 헨리의 정수(비례 상수)(용해도가 적은 기체일수록 H의 값이 크다.) (atm · m^3/kmol)

헨리의 정수 H값은 온도에 따라 변하며 온도가 높을수록 H값이 커진다.

그리고 헨리의 법칙에 잘 적용되는 가스는 물에 잘 녹지 않는 N_2, H_2, O_2, CO, NO 등의 가스이고 또한 헨리의 정수 H값이 크다.

헨리의 법칙에 잘 적용되지 못하는 가스는 물에 잘 녹는 HCl, HF, Cl_2, NH_3, SiF_4, CH_3COOH, HCHO, SO_2 등의 가스이고 또한 렌리의 정수 H값이 작다.

② 물질 전달의 경막 계수

기체 성분이 기체 경막을 통하여 표면에 도달하는 속도는 그때의 기력과 접촉 면적에 비례한다. 이때 기력이란 그 성분의 가스 중에 있어서의 분압과 경계면에 있어서의 분압의 차이이다.

$$N = k_G \cdot A \cdot (P_G - P_i)$$

여기서, N : 경막 중의 성분의 전달 속도
A : 접촉 면적
P_G : 가스 성분 자체의 분압
P_i : 경계면에 있어서의 가스 성분의 분압
k_G : 가스 경막 계수(비례 상수)

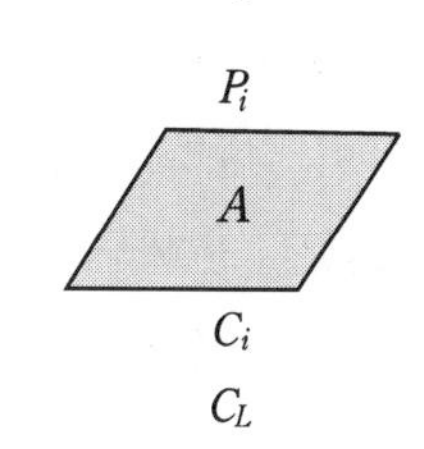

가스 흡수에서의 액막

액 경막에서도 전달 속도는 액 농도 차이에 비례한다.

$$N = k_L \cdot A \cdot (C_i - C_L)$$

여기서, k_L : 액 경막 계수(비례 상수)
C_i : 경계면에서 성분의 농도
C_L : 액 자체에 있어서의 성분의 농도

참고 기상 총괄 물질 이동 계수(k_G)와 헨리 정수(H)와의 관계

$$\frac{1}{k_G} = \frac{1}{k_g} + \frac{H}{k_l}$$

여기서, k_G : 기상 총괄 물질 이동 계수
k_l : 액상 물질 이동 계수
k_g : 기상 물질 이동 계수
H : 헨리정수

③ 충전탑에서의 탑의 높이(H)

$$H = \mathrm{NOG} \times \mathrm{HOG}$$

여기서, H : 충전탑의 높이(m)
HOG : 이동 단위 높이(m)(1단의 높이)
NOG : 이동 단위 수(단수)

여기서 NOG는 다음과 같이 구할 수 있다.

$$\mathrm{NOG} = \ln\frac{C_i}{C_o} = \ln\left(\frac{1}{1-E}\right)$$

여기서, C_i : 가스 중의 피흡수 물질의 유입 농도
C_o : 가스 중의 피흡수 물질의 유출 농도
E : 충전탑에서의 흡수 효율$\left(\frac{\%}{100}\right)$

④ 흡수 장치

㈎ 용해도가 클 경우 흡수 장치 : 충전탑, 분무탑, 벤투리 스크러버, 사이클론 스크러버, 제트 스크러버

[이유] 용해도가 큰 기체는 가스 측 저항이 크기 때문에 액 분산형 흡수 장치를 선택해야 한다.

㈏ 용해도가 작을 경우 흡수 장치 : 다공판탑, 포종탑, 기포탑, 단탑

[이유] 용해도가 작은 기체는 액 측 저항이 크기 때문에 가스 분산형 흡수 장치를 선택해야 한다.

⑤ 흡수 장치의 특징

㈎ 충전탑(packed tower)

㉮ 충전탑에서 흡수액의 구비 조건

㉠ 용해도가 클 것

㉡ 부식성이 없을 것
㉢ 휘발성이 적을 것
㉣ 점성이 낮고 화학적으로 안정하며(반응성이 적어야 하며) 독성이 없을 것
㉤ 가격이 저렴하고 화학적 성질이 비슷할 것

㉯ 충전탑에서 충전물의 구비 조건
㉠ 충전물의 공극률이 커야 한다(크기가 비슷해야 한다).
㉡ 충전물의 표면적이 커야 한다.
㉢ 액의 홀드 업(hold up)이 적어야 한다.
㉣ 액가스의 분포가 균일해야 한다(편류가 되어서는 안 된다).
㉤ 충전물의 내식성이 커야 한다.
㉥ 충전물의 충전 밀도가 커야 한다.
㉦ 압력 손실이 적어야 한다.

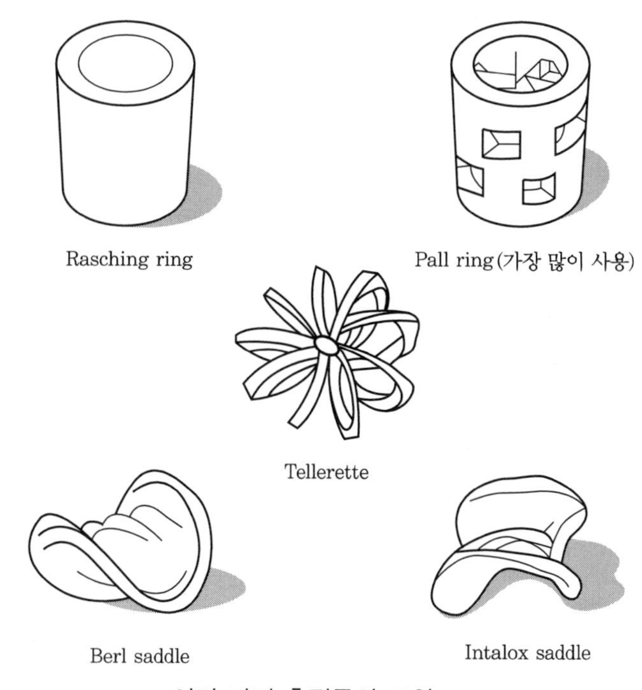

여러 가지 충전물의 모양

㉰ 충전탑에서 생기는 현상
㉠ 홀드 업(hold up) : 충전층 내(공극)의 액 보유량을 말한다.

㉡ 로딩(loading) : 어느 가스 속도의 이상이 되면 액의 홀드 업이 급증하는 상태를 말한다.

㉢ 플러딩(flooding, 범람) : 가스 유속을 증가시키면 홀드 업이 급격히 증가하여 가스가 액 중에 분산하여 상승하게 되는 상태를 말한다. 이때에는 충전탑 조작이 불가능하므로 가스의 속도를 플러딩 속도의 40~70 %의 범위로 해야 한다.

㉣ 편류(편도) 현상 : 충전탑에서 충전물의 표면에 흡수액이 고르게 분배되지 않고 한쪽으로 치우쳐 흐르는 현상을 말한다.

[편류 현상의 최소화 방법]

- 구조적으로 균일하고(크기가 비슷하고) 동일한 충전제를 사용할 것
- 높은 공극률과 낮은 저항의 충전제를 사용할 것

(2) 흡착법

① **흡착법의 원리** : 공기나 다른 기체 중에 함유된 습기를 제거하는 것 외에도 산업 공정에서 배출되는 악취나 오염 물질들을 제거하는 데 유효하며, 공기나 다른 기체로부터 유용한 용매의 증기를 회수할 수 있는 유해 가스 처리 기술이다.

② **흡착법의 특징**

㈎ 기체상 오염 물질이 비연소성이거나 태우기 어려운 경우 흡착법으로 제거한다.

㈏ 오염 물질의 회수 가치가 충분한 경우 흡착법으로 제거한다.

㈐ 배기 내 오염 물질 농도가 대단히 낮은 경우 흡착법이 유리하다.

③ **흡착 시설이 갖추어야 할 조건**

㈎ 기체 흐름에 대한 저항이 적어야 한다.

㈏ 흡착제의 사용 기간이 길수록 좋다.

㈐ 가스와 흡착제의 접촉 시간이 긴 것이 요구된다.

㈑ 흡착제의 재생 능력이 클수록 좋다.

㈒ 흡착제의 비표면적과 친화력이 크면 클수록 흡착 효과는 커진다.

④ **물리적 흡착과 화학적 흡착의 비교**

㈎ 물리적 흡착은 흡착 과정이 가역적이므로 화학적 흡착보다 흡착제의 재생이나 오염 가스 회수에 매우 편리하다.

㈏ 물리적 흡착은 흡착 과정에서의 발열량이 화학적 흡착보다 적다.

㈐ 일반적으로 물리적 흡착에서 흡착되는 양은 온도가 낮을수록 많다(흡착이 잘된다).

㈑ 물리적 흡착에서 가스의 분압이 높으면 흡착량은 증가한다(주위 압력이 높으면).
㈒ 물리적 흡착은 기체와 흡착제의 분자 간의 인력에 의해 흡착되고, 화학적 흡착은 분자간의 결합력으로 흡착되므로 발열량은 물리적 흡착보다 더 높다.
㈓ 화학적 흡착은 가끔 비가역적이며 이때 흡착제를 재생시킬 수 없다.

⑤ 흡착제의 종류와 용도

㈎ 활성탄 – 용제 회수, 가스 정제, 비극성류(물에 잘 녹지 않는 것)의 유기용제 제거, 악취 제거
㈏ 실리카겔 – 가스 건조, 황분 제거, NaOH 용액 중의 불순물 제거
㈐ 활성 알루미나 – 습한 가스의 건조
㈑ 제올라이트(분자체) – 탄화수소로 부터의 오염 물질 제거
㈒ 보크사이트 – 석유 분류물 처리, 가스 건조
㈓ 마그네시아 – 휘발유 및 용제 정제(표면적이 200 m^2/kg 정도이다.)

(3) 연소법

연소법의 특징(가장 효율이 좋다.)

① 오염된 가스 또는 악취를 태워서 제거하는 방법이다.
② 배기가스의 양이 비교적 많고 오염 가스의 농도가 적을 때 주로 사용하는 방법이다.
③ 연소 장치의 설계 및 조업을 적절히 함으로써 가연성 오염 물질을 거의 완전히 제거할 수 있다.
④ 촉매 연소법은 배기가스 중 가연성 오염 물질을 연소로 내에서 팔라듐, 코발트 등의 촉매를 사용하여 주로 연소시킨다.
⑤ 일반적으로 구리, 금, 은, 아연, 카드뮴 등은 촉매의 수명을 단축시킨다(촉매독). 그리고 대부분의 촉매는 800~900℃ 이하에서 촉매 역할을 활발하게 한다(온도가 높지 않다).
⑥ Ni은 촉매독이 아니다
⑦ 촉매 연소법은 연소 온도가 400~600℃ 정도로 낮으므로 질소 산화물(NO_x)의 발생을 줄일 수 있는 장점이 있다.
⑧ 가열 소각법에서 연소 온도가 500~800℃에서 조업이 가능하기 때문에 연소실에 드는 비용이 적고, 질소 산화물의 생성이 억제 된다. 또 연소실 내에서의 충분한 체류 시간이 필요한데, 0.2~0.8초 정도이며 보통 0.5초로 생각하면 된다.

1-1 헨리의 법칙에 관한 설명으로 옳지 않은 것은? [20-1]

① 비교적 용해도가 적은 기체에 적용된다.
② 헨리상수의 단위는 $atm/m^3 \cdot kmol$이다.
③ 헨리상수의 값은 온도가 높을수록, 용해도가 적을수록 커진다.
④ 온도와 기체의 부피가 일정할 때 기체의 용해도는 용매와 평형을 이루고 있는 기체의 분압에 비례한다.

해설 헨리상수의 단위는 $atm \cdot m^3/kmol$이다.

1-2 일정한 온도 하에서 어떤 유해 가스와 물이 평형을 이루고 있다. 가스 분압이 38 mmHg이고 Henry 상수가 0.01 atm·m^3/kg·mol일 때, 액 중 유해 가스 농도(kg·mol/m^3)는? [21-1]

① 3.8 ② 4.0
③ 5.0 ④ 5.8

해설 $P = H \cdot C$

$$\therefore C = \frac{P}{H} = \frac{38\text{mmHg} \times \frac{1\text{atm}}{760\text{mmHg}}}{0.01\text{atm} \cdot \text{m}^3/\text{kg} \cdot \text{mol}} = 5\ \text{kg} \cdot \text{mol}/\text{m}^3$$

1-3 Henry 법칙이 적용되는 가스로서 공기 중 유해 가스의 분압이 16 mmHg일 때, 수중 유해 가스의 농도는 3.0 kmol/m^3이었다. 같은 조건에서 가스 분압이 435 mmH_2O가 되면 수중 유해 가스의 농도는 얼마인가? [12-1, 15-1, 15-4, 18-2]

① 1.5 kmol/m^3 ② 3.0 kmol/m^3
③ 6.0 kmol/m^3 ④ 9.0 kmol/m^3

해설 $P = H \cdot C$

$P \propto C$

16 mmHg : 3.0 kmol/m^3

$$435\ \text{mmH}_2\text{O} \times \frac{760\text{mmHg}}{10{,}332\text{mmH}_2\text{O}} : x\,[\text{kmol/m}^3]$$

$\therefore x = 5.99\ \text{kmol/m}^3$

1-4 흡수에 관한 설명으로 옳지 않은 것은 어느 것인가? [13-1, 18-1]

① 습식 세정 장치에서 세정 흡수 효율은 세정수량이 클수록, 가스의 용해도가 클수록, 헨리정수가 클수록 커진다.
② SiF_4, HCHO 등은 물에 대한 용해도가 크나, NO, NO_2 등은 물에 대한 용해도가 작은 편이다.
③ 용해도가 적은 기체의 경우에는 헨리의 법칙이 성립한다.
④ 헨리정수(atm·m^3/kg·mol) 값은 온도에 따라 변하며, 온도가 높을수록 그 값이 크다.

해설 ① 헨리정수가 클수록 커진다. → 헨리정수가 작을수록 커진다.

1-5 헨리의 법칙에 관한 설명으로 옳지 않은 것은? [12-4]

① 비교적 용해도가 적은 기체에 적용된다.
② 헨리상수의 단위는 $atm/m^3 \cdot kmol$이다.
③ 일정 온도에서 특정 유해 가스 압력은 용해 가스의 액중 농도에 비례한다는 법칙이다.
④ 헨리상수는 온도에 따라 변하며, 온도는 높을수록, 용해도는 적을수록 커진다.

해설 ② $atm/m^3 \cdot kmol \rightarrow atm \cdot m^3/kmol$

1-6 유해 가스와 물이 일정한 온도에서 평형 상태에 있다. 기상의 유해 가스 분압이 40 mmHg일 때 수중 가스의 농도가 16.5 kmol/m^3이다. 이 경우 헨리정수(atm·m^3/kmol)

정답 1-1 ② 1-2 ③ 1-3 ③ 1-4 ① 1-5 ② 1-6 ②

는 약 얼마인가? [19-1]

① 1.5×10^{-3} ② 3.2×10^{-3}
③ 4.3×10^{-2} ④ 5.6×10^{-2}

해설 $P=H\cdot C$

$$H=\frac{P}{C}$$

$$\therefore\ H=\frac{\frac{40}{760}\text{atm}}{16.5\text{kmol/m}^3}=3.18\times10^{-3}\text{atm}\cdot\text{m}^3/\text{kmol}$$

1-7 다음 내용은 어떤 법칙에 관한 설명인가? [18-2]

> 휘발성인 에탄올을 물에 녹인 용액의 증기압은 물의 증기압보다 높다. 그러나 비휘발성인 설탕을 물에 녹인 용액인 설탕물의 증기압은 물보다 낮아진다.

① 헨리(Henry)의 법칙
② 렌츠(Lenz)의 법칙
③ 샤를(Charle)의 법칙
④ 라울(Raoult)의 법칙

해설 라울의 법칙은 전압=A의 증기압×A의 몰분율+B의 증기압×B의 몰분율이다.

1-8 헨리 법칙을 이용하여 유도된 총괄 물질 이동 계수와 개별 물질 이동 계수와의 관계를 옳게 나타낸 식은? (단, K_G : 기상 총괄 물질 이동 계수, k_l : 액상 물질 이동 계수, k_g : 기상 물질 이동 계수, H : 헨리 정수) [13-2, 16-1]

① $\frac{1}{K_G}=\frac{H}{k_g}+\frac{k_g}{k_l}$

② $\frac{1}{K_G}=\frac{1}{k_l}+\frac{k_g}{H}$

③ $\frac{1}{K_G}=\frac{1}{k_l}+\frac{H}{k_g}$

④ $\frac{1}{K_G}=\frac{1}{k_g}+\frac{H}{k_l}$

해설 총괄 이동 계수(K_G)와 헨리정수(H)는 반비례한다. 그리고 헨리정수(H)는 액상 물질 이동 계수(k_l)와 관계있다.

1-9 기상 총괄 이동 단위 높이가 2 m인 충전탑을 이용하여 배출 가스 중의 HF를 NaOH 수용액으로 흡수 제거하려 할 때, 제거율을 98 %로 하기 위한 충전탑의 높이는? (단, 평형 분압은 무시한다.) [15-1, 15-2, 16-1, 18-2, 18-4]

① 5.6 m ② 5.9 m
③ 6.5 m ④ 7.8 m

해설 $H=\text{NOG}\times\text{HOG}=\ln\left(\frac{1}{1-E}\right)\times\text{HOG}$

$$=\ln\left(\frac{1}{1-0.98}\right)\times2\,\text{m}=7.82\,\text{m}$$

1-10 다음 중 가스 분산형 흡수 장치로만 짝지어진 것은? [14-4, 17-4, 18-1, 21-1]

① 단탑, 기포탑 ② 기포탑, 충전탑
③ 분무탑, 단탑 ④ 분무탑, 충전탑

해설 가스 분산형 흡수 장치에는 다공판탑, 포종탑, 기포탑, 단탑이 있다.

암기방법 다포기단
다 : 다공판 탑
포 : 포층 탑
기 : 기포 탑
단 : 단 탑

1-11 흡수 장치를 액분산형과 기체분산형으로 분류할 때 다음 중 기체분산형에 해당하는 것은? [12-2, 14-1, 17-2]

① spary tower

정답 1-7 ④ 1-8 ④ 1-9 ④ 1-10 ① 1-11 ③

② packed tower
③ plate tower
④ spray chamber

해설 기체분산형에는 다공판탑, 포종탑, 기포탑, 단탑(plate tower)이 있다.

1-12 흡수탑에 적용되는 흡수액 선정 시 고려할 사항으로 가장 거리가 먼 것은 어느 것인가? [14-2, 18-2, 18-4, 21-4]

① 휘발성이 커야 한다.
② 용해도가 커야 한다.
③ 비점이 높아야 한다.
④ 점도가 낮아야 한다.

해설 흡수액은 휘발성이 적어야 한다.

1-13 가스 중의 불화수소를 수산화나트륨 용액과 향류로 접촉시켜 90 % 흡수시키는 충전탑의 흡수율을 99.9 %로 향상시키고자 한다. 이때 충전층의 높이는? (단, 흡수액상의 불화수소의 평형 분압은 0으로 가정함) [12-2, 20-2]

① 81배 높아져야 한다.
② 27배 높아져야 한다.
③ 9배 높아져야 한다.
④ 3배 높아져야 한다.

해설 $H = \mathrm{NOG} \times \mathrm{HOG}$

$H \propto \mathrm{NOG}$

$H \propto \ln\left(\frac{1}{1-E}\right)$

$1 : \ln\left(\frac{1}{1-0.9}\right)$

$x : \ln\left(\frac{1}{1-0.999}\right)$

$\therefore x = 3$배

1-14 액측 저항이 클 경우에 이용하기 유리한 가스 분산형 흡수 장치는? [16-4]

① 충전탑 ② 다공판탑
③ 분무탑 ④ 하이드로필터

해설 다공판탑, 포종탑, 기포탑, 단탑이 있다.

1-15 유해 가스 처리를 위한 흡수액의 구비 조건으로 거리가 먼 것은? [19-4, 20-4]

① 용해도가 커야 한다.
② 휘발성이 적어야 한다.
③ 점성이 커야 한다.
④ 용매의 화학적 성질과 비슷해야 한다.

해설 흡수액은 점성이 적어야 한다.

1-16 흡수 장치에 사용되는 흡수액이 갖추어야 할 요건으로 옳은 것은? [12-4]

① 용해도가 낮아야 한다.
② 휘발성이 높아야 한다.
③ 흡수액의 점성은 비교적 높아야 한다.
④ 용매의 화학적 성질과 비슷해야 한다.

해설 ① 낮아야 한다. → 높아야 한다.
② 높아야 한다. → 낮아야 한다.
③ 높아야 한다. → 낮아야 한다.

1-17 충전탑(packed tower) 내 충전물이 갖추어야 할 조건으로 적절하지 않은 것은? [15-2, 19-1]

① 단위체적당 넓은 표면적을 가질 것
② 압력 손실이 작을 것
③ 충전 밀도가 작을 것
④ 공극률이 클 것

해설 충전물의 충전 밀도가 커야 한다.

1-18 흡수탑의 충전물에 요구되는 사항으로 거리가 먼 것은? [16-4, 19-4]

① 단위 부피 내의 표면적이 클 것
② 간격의 단면적이 클 것

정답 1-12 ① 1-13 ④ 1-14 ② 1-15 ③ 1-16 ④ 1-17 ③ 1-18 ④

③ 단위 부피의 무게가 가벼울 것
④ 가스 및 액체에 대하여 내식성이 없을 것

해설 충전물은 내식성이 커야 한다.

1-19 충전탑에 사용되는 충전물에 관한 설명으로 옳지 않은 것은? [17-1]

① 가스와 액체가 전체에 균일하게 분포될 수 있도록 하여야 한다.
② 충전물의 단면적은 기액 간의 충분한 접촉을 위해 작은 것이 바람직하다.
③ 하단의 충전물이 상단의 충전물에 의해 눌려있으므로 이 하중을 견디는 내강성이 있어야 하며, 또한 충전물의 강도는 충전물의 형상에도 관련이 있다.
④ 충분한 기계적 강도와 내식성이 요구되며 단위부피 내의 표면적이 커야 한다.

해설 ② 충전물의 단면적 → 충전물의 표면적, 작은 것이 → 큰 것이

1-20 유해 가스 처리장치 중 충전탑에 관한 설명으로 옳지 않은 것은? [15-4]

① 충전탑은 충전물을 채운 탑 내에서 액을 위에서 밑으로 흐르게 하고 가스는 아래에서 분사시켜 접촉시키는 기체 분산형 흡수 장치이다.
② 충전제를 불규칙적으로 충전하는 방법은 접촉 면적이 크나 압력 손실은 크다.
③ 범람점에서의 가스 속도는 충전제를 불규칙하게 쌓았을 때보다 규칙적으로 쌓았을 때가 더 크다.
④ 일반적으로 충전탑의 직경(D)과 충전제 직경(d)의 비 $\frac{D}{d}$가 8~10일 때 편류 현상이 최소가 된다.

해설 ① 기체 분산형 → 액체 분산형

1-21 충전탑에 관한 설명으로 틀린 것은 어느 것인가? [16-2]

① 충전탑은 flooding point의 40~70 %에서 보통 설계된다.
② 일정한 양의 흡수액을 흘릴 때 유해 가스의 압력 손실은 가스 속도의 대수값에 반비례한다.
③ 가스 속도를 증가시키면 2군데에서 break point가 나타나는데, 1번째 break point가 loading point이다.
④ flooding point에서의 가스 속도는 충전제를 규칙적으로 쌓았을 때가 더 크다.

해설 ② 대수값에 반비례 → 대수값에 비례

1-22 유해 가스 처리 시 사용되는 충전탑(packed tower)에 관한 설명으로 틀린 것은? [13-1, 16-2, 21-1]

① 액분산형 흡수 장치로서 충전물의 충전 방식을 불규칙적으로 했을 때 접촉 면적은 크나, 압력 손실이 커진다.
② 충전탑에서 hold-up이라는 것은 탑의 단위면적당 충전제의 양을 의미한다.
③ 흡수액에 고형물이 함유되어 있는 경우에는 침전물이 생기는 방해를 받는다.
④ 일정양의 흡수액을 흘릴 때 유해 가스의 압력 손실은 가스 속도의 대수값에 비례하며 가스 속도 증가 시 나타나는 첫 번째 파괴점을 loading point라 한다.

해설 홀드 업(hold-up) : 충전층 내의 액 보유량을 말한다.

1-23 흡수에 관한 설명으로 옳지 않은 것은? [19-2]

① 가스측 경막 저항은 흡수액에 대한 유해 가스의 농도가 클 때 경막 저항을 지배하고, 반대로 액측 경막 저항은 용해

정답 1-19 ② 1-20 ① 1-21 ② 1-22 ② 1-23 ④

도가 작을 때 지배한다.

② 대기 오염 물질은 보통 공기 중에 소량 포함되어 있고, 유해 가스의 농도가 큰 흡수제를 사용하므로 가스측 경막 저항이 주로 지배한다.

③ Baker는 평형선과 조작선을 사용하여 NTU를 결정하는 방법을 제안하였다.

④ 충전탑의 조건이 평형 곡선에서 멀어질수록 흡수에 대한 추진력은 더 작아지며 NTU는 Berl number에 의해 지배된다.

해설 ④ 추진력은 더 작아지며 → 추진력은 더 커지며

1-24 아래 그림의 충전물의 종류는 어느 것인가? [12-1]

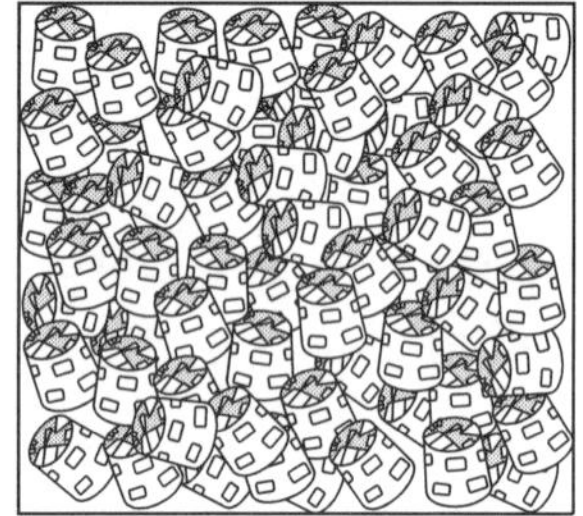

① rasching ring
② pall ring
③ tellerette
④ intalox saddle

해설 충전물 중 가장 많이 사용하는 것이 폴링이다.

1-25 충전탑에 관한 설명으로 가장 거리가 먼 것은? [13-1]

① 충전제는 화학적으로 불활성이어야 한다.

② 충전제를 규칙적으로 충전하면 불규칙적으로 충전하는 방법에 비하여 압력 손실이 적어진다.

③ 편류 현상은 (탑의 직경/충전제 직경)의 비가 8~10 범위일 때 최소가 된다.

④ 보통 가스 유속은 부하점(loading point)에서의 유속의 70~80 % 조작이 적당하다.

해설 ④ 70~80 % → 40~70 %

1-26 유해 가스 흡수 장치 중 충전탑(Packed tower)에 관한 설명으로 옳지 않은 것은 어느 것인가? [21-2]

① 온도의 변화가 큰 곳에서 적응성이 낮고, 희석열이 심한 곳에는 부적합하다.

② 충전제에 흡수액을 미리 분사시켜 엷은 층을 형성시킨 후 가스를 유입시켜 기·액 접촉을 극대화한다.

③ 액분산형 가스 흡수 장치에 속하며, 효율을 높이기 위해서는 가스의 용해도를 증가시켜야 한다.

④ 흡수액을 통과시키면서 가스 유속을 증가시킬 때, 충전층 내의 액보유량이 증가하는 것을 flooding이라 한다.

해설 ④ flooding → loading

1-27 유해 가스 처리에 사용되는 흡수액의 조건으로 옳은 것은? [21-2]

① 점성이 커야 한다.
② 끓는점이 높아야 한다.
③ 용해도가 낮아야 한다.
④ 어는점이 높아야 한다.

해설 ① 커야 한다. → 적어야 한다.
③ 낮아야 한다. → 높아야 한다.
④ 높아야 한다. → 낮아야 한다.

정답 1-24 ② 1-25 ④ 1-26 ④ 1-27 ②

1-28 임의로 충진한 충진탑에서 혼합물을 물리적으로 분리할 때, 액의 분배가 원활하게 이루어지지 못하면 어떤 현상이 발생할 수 있는가? [21-1]

① mixing 현상 ② flooding 현상
③ blinding 현상 ④ channeling 현상

해설 channeling(편류) 현상이란 충전탑에서 충전물의 표면에 흡수액이 고르게 분배되지 않을 때 한쪽으로 치우쳐 흐르는 현상을 말한다.

1-29 물리적 흡착 공정에 관한 설명으로 옳지 않은 것은? [12-4]

① 기체와 흡착제가 분자 간의 인력에 의해 서로 달라붙는다.
② 온도가 낮을수록 흡착량은 많다.
③ 흡착 공정은 비가역적이다.
④ 흡착제의 재생이나 오염 가스의 회수가 편리하다.

해설 ③ 비가역적 → 가역적

1-30 유해 가스의 물리적 흡착에 관한 설명으로 옳지 않은 것은? [19-2]

① 온도가 낮을수록 흡착량은 많다.
② 흡착제에 대한 용질의 분압이 높을수록 흡착량이 증가한다.
③ 가역성이 높고 여러 층의 흡착이 가능하다.
④ 흡착열이 높고, 분자량이 작을수록 잘 흡착된다.

해설 물리적 흡착은 화학적 흡착보다 흡착열이 낮다.

1-31 다음은 물리 흡착과 화학 흡착의 비교표이다. 옳지 않은 것은? [15-2, 20-1]

	구분	물리 흡착	화학 흡착
㉠	온도 범위	낮은 온도	대체로 높은 온도
㉡	흡착층	단일 분자층	여러 층이 가능
㉢	가역 정도	가역성이 높음	가역성이 낮음
㉣	흡착열	낮음	높음(반응열 정도)

① ㉠ ② ㉡
③ ㉢ ④ ㉣

해설 흡착층의 경우 물리 흡착은 여러 층이 가능하고, 화학 흡착은 여러 층이 불가능하므로 화학 흡착은 단일 분자 층을 이용한다.

1-32 흡착 과정에 대한 설명 중 틀린 것은 어느 것인가? [16-1, 20-4]

① 파과 곡선의 형태는 흡착 탑의 경우에 따라서 비교적 기울기가 큰 것이 바람직하다.
② 포화점(saturation point)에서는 주어진 온도와 압력 조건에서 흡착제가 가장 많은 양의 흡착질을 흡착하는 점이다.
③ 실제의 흡착은 비정상 상태에서 진행되므로 흡착의 초기에는 흡착이 천천히 진행되다가 어느 정도 흡착이 진행되면 빠르게 흡착이 이루어진다.
④ 흡착제층 전체가 포화되어 배출 가스 중에 오염 가스 일부가 남게 되는 점을 파과점(break point)이라 하고, 이 점 이후부터는 오염 가스의 농도가 급격히 증가한다.

해설 흡착의 초기에는 흡착이 빠르게 진행되다가 어느 정도 흡착이 진행되면 천천히 흡착이 이루어진다.

정답 1-28 ④ 1-29 ③ 1-30 ④ 1-31 ② 1-32 ③

1-33 가스 처리 방법 중 흡착(물리적 기준)에 관한 내용으로 가장 거리가 먼 것은 어느 것인가? [15-1, 17-4, 21-4]

① 흡착열이 낮고 흡착 과정이 가역적이다.
② 다분자 흡착이며 오염 가스 회수가 용이하다.
③ 처리할 가스의 분압이 낮아지면 흡착량은 감소한다.
④ 처리 가스의 온도가 올라가면 흡착량이 증가한다.

해설 ④ 흡착량이 증가한다. → 흡착량이 감소한다.

1-34 흡착, 흡착제 및 흡착 선택성에 관한 설명으로 옳지 않은 것은? [14-2]

① 알코올류, 초산, 벤젠류 등은 잘 흡착되는 것에 해당한다.
② 에틸렌, 일산화질소 등은 흡착 효과가 거의 없는 것에 해당한다.
③ 화학 흡착은 흡착 과정에서 발열량이 적고, 흡착제의 재생이 용이하다.
④ silicagel은 250℃ 이하에서 물 및 유기물을 잘 흡착한다.

해설 화학 흡착은 흡착 과정에서 물리적 흡착보다 발열량이 크고, 흡착제의 재생이 용이하지 못하다.

1-35 흡착제를 친수성(극성)과 소수성(비극성)으로 구분할 때 다음 중 친수성 흡착제에 해당하지 않는 것은? [13-1]

① 활성탄
② 실리카겔
③ 활성 알루미나
④ 합성 제올라이트

해설 활성탄은 소수성(주로 유기물)의 증기를 흡착하는 데 사용된다.

1-36 유해 가스의 처리에 사용되는 흡착제에 관한 일반적인 설명으로 가장 거리가 먼 것은? [21-2]

① 실리카겔은 250℃ 이하에서 물과 유기물을 잘 흡착한다.
② 활성탄은 극성 물질 제거에는 효과적이지만, 유기용매 회수에는 효과적이지 않다.
③ 활성알루미나는 기체 건조에 주로 사용되며 가열로 재생시킬 수 있다.
④ 합성제올라이트는 극성이 다른 물질이나 포화 정도가 다른 탄화수소의 분리에 효과적이다.

해설 활성탄은 극성 물질 제거에는 효과적이지 못하나 비극성 물질인 유기용제 제거에 효과적이다.

1-37 일반적인 활성탄 흡착탑에서의 화재 방지에 관한 설명으로 가장 거리가 먼 것은? [20-2]

① 접촉 시간은 30초 이상, 선속도는 0.1 m/s 이하로 유지한다.
② 축열에 의한 발열을 피할 수 있도록 형상이 균일한 조립상 활성탄을 사용한다.
③ 사영역이 있으면 축열이 일어나므로 활성탄층의 구조를 수직 또는 경사지게 하는 편이 좋다.
④ 운전 초기에는 흡착열이 발생하여 15~30분 후에는 점차 낮아지므로 물을 충분히 뿌려주어 30분 정도 공기를 공회전 시킨 다음 정상 가동한다.

해설 가스와 흡착제의 접촉 시간은 긴 것이 요구되고, 선속도는 0.3~0.7 m/s 정도이다.

정답 1-33 ④ 1-34 ③ 1-35 ① 1-36 ② 1-37 ①

1-38 **흡착능에 관한 설명으로 옳지 않은 것은?** [13-2]

① 보전력은 탈착되지 않고 흡착제에 남아 있는 가스의 무게를 흡착제의 무게로 나눈 값을 의미한다.
② 활성탄 흡착상에 유기 혼합 증기가 통과되면 최초엔 비점이 높은 물질의 흡착 량이 많아지지만 시간 경과에 따라 증기의 종류에 관계없이 같은 양의 증기가 흡착된다.
③ 여러 가지 유기 증기가 혼합되어 있는 배출 가스를 흡착할 때 흡착률은 균일하지 않으며 이것은 이들 증기의 휘발성에 역비례 한다.
④ 흡착질의 농도가 낮을 경우는 발열이 흡착률에 미치는 영향이 크지 않지만 고농도일 경우는 흡착률이 저하되므로 냉각을 해 주어야 한다.

해설 ② 최초엔 비점이 높은 물질→낮은 물질

1-39 **다음 중 활성탄으로 흡착 시 가장 효과가 적은 것은?** [13-4, 20-2]

① 일산화질소 ② 알코올류
③ 아세트산 ④ 담배 연기

해설 NO는 주로 촉매환원법으로 처리한다.

1-40 **유해 가스를 처리하기 위해 흡착법에 사용되는 흡착제에 관한 설명으로 옳지 않은 것은?** [17-1]

① 활성탄이 가장 많이 사용되며, 주로 극성 물질에 유효한 반면, 유기용제의 증기 제거능은 낮다.
② 실리카겔은 250℃ 이하에서 물과 유기물을 잘 흡착한다.
③ 활성알루미나는 물과 유기물을 잘 흡착하며 175~325℃로 가열하여 재생시킬 수 있다.
④ 합성제올라이트는 극성이 다른 물질이나 포화 정도가 다른 탄화수소의 분리가 가능하다.

해설 가장 많이 사용되는 활성탄은 비극성 물질을 흡착하며 대부분의 경우 유기용제의 증기를 제거하는 데 사용된다.

1-41 **활성탄 흡착법을 이용하여 악취 제거 시 효과가 거의 없는 물질은?** [16-1]

① 페놀(phenol)
② 스타이렌(styrene)
③ 에틸머캡탄(ethyl mercaptan)
④ 암모니아(ammonia)

해설 활성탄으로 효과적으로 제거할 수 있는 것은 지방족 탄화수소이고, 효과가 적은 물질은 암모니아, 메탄올, 메탄 등이다.

1-42 **흡착제의 종류 중 각종 방향족 유기용제, 할로겐화된 지방족 유기용제, 에스테르류, 알콜류 등의 비극성류의 유기용제를 흡착하는데 탁월한 효과가 있는 것은 어느 것인가?** [18-1, 18-2]

① 활성백토 ② 실리카겔
③ 활성탄 ④ 활성알루미나

해설 물에 잘 녹지 않는 유기용제인 경우 활성탄으로 흡착 처리한다.

1-43 **다음은 활성탄의 고온 활성화 재생방법으로 적용될 수 있는 다단로(multi-hearth furnace)와 회전로(rotary kiln)의 비교표이다. 옳지 않은 것은?** [14-4, 18-1, 20-1]

정답 1-38 ② 1-39 ① 1-40 ① 1-41 ④ 1-42 ③ 1-43 ③

	구분	다단로	회전로
㉠	온도 유지	여러 개의 버너로 구분된 반응 영역에서 온도 분포 조절이 가능하고 열효율이 높음	단 1개의 버너로 열 공급 영역별 온도 유지가 불가능하고 열효율이 낮음
㉡	수증기 공급	반응 영역에서 일정하게 분사	입구에서만 공급하므로 일정치 않음
㉢	입도 분포	입도에 비례하여 큰 입자가 빨리 배출	입도 분포에 관계없이 체류 시간을 동일하게 유지 가능
㉣	품질	고품질 입상 재생설비로 적합	고품질 입상 재생 설비로 부적합

① ㉠ ② ㉡
③ ㉢ ④ ㉣

해설 ③의 경우 입도 분포에 대한 설명이 다단로와 회전로가 서로 바뀌었다.

1-44 활성탄의 가스 흡착에서 흡착이 진행될 때 활성탄상의 온도 변화는? [16-2]

① 활성탄의 온도가 증가된다.
② 활성탄의 온도가 감소된다.
③ 활성탄의 온도의 변화가 없다.
④ 활성탄의 온도는 감소하다가 변화가 없다.

해설 활성탄 흡착 시 발열량이 생긴다.

1-45 흡착제에 관한 설명으로 옳지 않은 것은? [14-4, 18-4]

① 마그네시아는 표면적이 50~100 m^2/g으로 NaOH 용액 중 불순물 제거에 주로 사용된다.
② 활성탄은 표면적이 600~1,400 m^2/g으로 용제 회수, 악취 제거, 가스 정화 등에 사용된다.
③ 일반적으로 활성탄의 물리적 흡착 방법으로 제거할 수 있는 유기성 가스의 분자량은 45 이상이어야 한다.
④ 활성탄은 비극성 물질을 흡착하며 대부분의 경우 유기용제 증기를 제거하는 데 탁월하다.

해설 마그네시아의 표면적은 200 m^2/g 정도이고, 휘발유 및 용제 정제에 사용된다. NaOH 용액 중 불순물 제거에 사용되는 것은 실리카겔이다.

1-46 다음 중 표면적이 200 m^2/g 정도로서, 주로 휘발유 및 용제 정제 등으로 사용되는 흡착제는? [13-1]

① 실리카겔(silicagel)
② 본차(bone char)
③ 폴링(pall ring)
④ 마그네시아(magnesia)

1-47 다음은 흡착제에 관한 설명이다. ( ) 안에 가장 적합한 것은? [17-2]

> 현재 분자체로 알려진 ( )이/가 흡착제로 많이 쓰이는데, 이것은 제조 과정에서 그 결정 구조를 조절하여 특정한 물질을 선택적으로 흡착시키거나 흡착 속도를 다르게 할 수 있는 장점이 있으며, 극성이 다른 물질이나 포화 정도가 다른 탄화수소의 분리가 가능하다.

① Activated carbon
② Synthetic Zeolite
③ Silica gel
④ Activated Alumina

정답 1-44 ① 1-45 ① 1-46 ④ 1-47 ②

해설 synthetic zeolite(합성 제오라이트)의 설명이다.

1-48 흡착 장치에 관한 다음 설명 중 가장 거리가 먼 것은? [15-1, 19-2]

① 고정층 흡착 장치에서 보통 수직으로 된 것은 대규모에 적합하고, 수평으로 된 것은 소규모에 적합하다.
② 일반적으로 이동층 흡착 장치는 유동층 흡착 장치에 비해 가스의 유속을 크게 유지할 수 없는 단점이 있다.
③ 유동층 흡착 장치는 고정층과 이동층 흡착 장치의 장점만을 이용한 복합형으로 고체와 기체의 접촉을 좋게 할 수 있다.
④ 유동층 흡착 장치는 흡착제의 유동에 의한 마모가 크게 일어나고, 조업 조건에 따른 주어진 조건의 변동이 어렵다.

해설 수직으로 된 것은 소규모에 적합하고, 수평으로 된 것은 대규모에 적합하다.

1-49 다음 [보기]가 설명하는 흡착 장치로 옳은 것은? [13-1, 20-2]

보기
가스의 유속을 크게 할 수 있고, 고체와 기체의 접촉을 크게 할 수 있으며, 가스와 흡착제를 향류로 접촉할 수 있는 장점은 있으나, 주어진 조업 조건에 따른 조건 변동이 어렵다.

① 유동층 흡착 장치
② 이동층 흡착 장치
③ 고정층 흡착 장치
④ 원통형 흡착 장치

1-50 유해 가스의 연소처리에 관한 설명으로 가장 거리가 먼 것은? [13-2, 19-2]

① 직접 연소법은 경우에 따라 보조 연료나 보조공기가 필요하며 대체로 오염물질의 발열량이 연소에 필요한 전체 열량의 50 % 이상일 때 경제적으로 타당하다.
② 직접 연소법은 after burner법이라고도 하며, HC, H_2, NH_3, HCN 및 유독가스 제거법으로 사용된다.
③ 가열 연소법은 배기가스 중 가연성 오염 물질의 농도가 매우 높아 직접 연소법으로 불가능할 경우에 주로 사용되고 조업의 유동성이 적어 NO_x 발생이 많다.
④ 가열 연소법에서 연소로 내의 체류 시간은 0.2~0.8초 정도이다.

해설 ③ 농도가 매우 높아 → 매우 낮아, 유동성이 적어 NO_x 발생이 많다. → 유동성이 많아 NO_x 발생이 적다.

1-51 촉매 연소법에 관한 설명으로 옳지 않은 것은? [12-1]

① 배출 가스 중의 가연성 오염 물질을 연소로 내에서 팔라듐, 코발트 등의 촉매를 사용하여 주로 연소한다.
② 일반적으로 VOC의 함유량이 적은 가스에 사용된다.
③ 일반적으로 구리, 금, 은, 아연, 카드뮴 등은 촉매를 활성화시키며 촉매 수명을 연장시킨다.
④ 대부분의 촉매는 800~900℃ 이하에서 촉매 역할이 활발하므로 촉매 연소에서의 온도 상승은 50~100℃ 정도로 유지하는 것이 좋다.

해설 ③ 활성화시키며 촉매 수명을 연장 → 비활성화시키며 촉매 수명을 단축

1-52 촉매 소각법에 관한 일반적인 설명으로 옳지 않은 것은? [21-4]

정답 1-48 ① 1-49 ① 1-50 ③ 1-51 ③ 1-52 ③

① 열소각법에 비해 연소 반응 시간이 짧다.
② 열소각법에 비해 themal NO_x 생성량이 작다.
③ 백금, 코발트는 촉매로 바람직하지 않은 물질이다.
④ 촉매제가 고가이므로 처리 가스량이 많은 경우에는 부적합하다.

해설 ③ 바람직하지 않은→바람직한

1-53 폐가스 소각과 관련한 다음 설명 중 가장 거리가 먼 것은? [12-4]

① 직접화염 재연소기의 설계 시 반응 시간은 0.2~0.7초 정도로 하고, 이 방법은 연소 온도가 높아 NO_x가 발생된다.
② 직접화염 소각은 가연성 폐가스의 배출량이 적은 경우에 유용하며, 공기를 가하지 않고 폐가스 자체가 가연성 혼합 물질로 되어 있는 경우에는 사용할 수 없다.
③ 촉매 산화법은 고온 연소법에 비해 반응온도가 낮은 편이다.
④ 촉매 산화법은 저농도의 가연 물질과 공기를 함유하는 기체 폐기물에 대하여 적용되며 보통 백금 및 팔라듐이 촉매로 쓰인다.

해설 ② 적은 경우→많은 경우,
공기를 가하지 않고→가하고,
사용할 수 없다.→있다.

1-54 폐가스 소각과 관련한 다음 설명 중 가장 거리가 먼 것은? [16-4]

① 직접화염 재연소기의 설계 시 반응 시간은 1~3초 정도로 하고, 이 방법은 다른 방법에 비해 NO_x 발생이 적다.
② 직접화염 소각은 가연성 폐가스의 배출량이 많은 경우에 유용하다.
③ 촉매 산화법은 고온 연소법에 비해 반응온도가 낮은 편이다.
④ 촉매 산화법은 저농도의 가연 물질과 공기를 함유하는 기체 폐기물에 대하여 적용되며 백금 및 팔라듐 등이 촉매로 쓰인다.

해설 ① NO_x 발생이 적다.→NO_x 발생이 많다.

1-55 촉매 연소법에 관한 설명으로 거리가 먼 것은? [14-4, 17-2]

① 열소각법에 비해 체류 시간이 훨씬 짧다.
② 열소각법에 비해 NO_x 생성량을 감소시킬 수 있다.
③ 팔라듐, 알루미나 등은 촉매에 바람직하지 않은 원소이다.
④ 열소각법에 비해 점화 온도를 낮춤으로써 운용 비용을 절감할 수 있다.

해설 촉매 연소법에서 촉매로는 백금과 알루미나 등을 사용하는 데 Fe, Pb, Si, P 등과 SO_x는 촉매 수명 단축 물질로 촉매독이라 할 수 있다.

1-56 유해 가스로 오염된 가연성 물질을 처리하는 방법 중 연료 소비량이 적은 편이며, 산화 온도가 비교적 낮기 때문에 NO_x의 발생이 매우 적은 처리 방법은? [15-1, 18-2]

① 직접 연소법
② 고온 산화법
③ 촉매 산화법
④ 산, 알칼리 세정법

해설 촉매 연소법(촉매 산화법)은 연소 온도가 400~600℃ 정도로 낮으므로 질소 산화물(NO_x)의 발생을 줄일 수 있는 장점이 있다.

정답 1-53 ② 1-54 ① 1-55 ③ 1-56 ③

1-57 유해 가스를 촉매 연소법으로 처리할 때 촉매의 수명을 단축시키거나 효율을 감소시킬 수 있는 물질과 거리가 먼 것은 어느 것인가? [16-1]

① Fe ② Si
③ Pd ④ P

해설 촉매 연소법은 배기가스 중 가연성 오염물질을 연소로 내에서 팔라듐(Pd), 코발트(Co) 등의 촉매를 사용하여 주로 연소시킨다.

1-58 유해 가스를 촉매 연소법으로 처리할 때 촉매에 바람직하지 않은 물질과 가장 거리가 먼 것은? [14-1]

① 납(Pb)
② 수은(Hg)
③ 황(S)
④ 일산화탄소(CO)

해설 CO는 촉매독이 아니다.

1-59 유해 가스를 촉매 연소법으로 처리할 때 촉매의 수명을 단축시키거나 효율을 감소시킬 수 있는 물질과 거리가 먼 것은 어느 것인가? [13-2]

① Fe ② Si
③ P ④ Pd

해설 Pd(팔라듐)은 산화 촉매이다. 즉, 촉매독이 아니다.

1-60 공장 배출 가스 중의 일산화탄소를 백금계의 촉매를 사용하여 연소시켜 처리하고자 할 때, 촉매독으로 작용하는 물질로 가장 거리가 먼 것은? [18-4]

① Ni ② Zn
③ As ④ S

해설 Ni(니켈)은 촉매독이 아니다.

1-61 탈취 방법 중 촉매 연소법에 관한 설명으로 옳지 않은 것은? [20-1]

① 직접 연소법에 비해 질소 산화물의 발생량이 높고, 고농도로 배출된다.
② 직접 연소법에 비해 연료 소비량이 적어 운전비는 절감되나, 촉매독이 문제가 된다.
③ 적용 가능한 악취 성분은 가연성 악취 성분, 황화수소, 암모니아 등이 있다.
④ 촉매는 백금, 코발트, 니켈 등이 있으며, 고가이지만 성능이 우수한 백금계의 것이 많이 이용된다.

해설 촉매 연소법은 직접 연소법에 비해 연소 온도가 낮아 질소 산화물의 발생은 낮다.

1-62 촉매 산화식 탈취 공정에 관한 설명으로 옳지 않은 것은? [21-1]

① 대부분의 성분은 탄산가스와 수증기가 되기 때문에 배수 처리가 필요 없다.
② 비교적 고온에서 처리하기 때문에 직접 연소식에 비해 질소 산화물의 발생량이 많다.
③ 광범위한 가스 조건 하에서 적용이 가능하며 저농도에서도 뛰어난 탈취 효과를 발휘할 수 있다.
④ 처리하고자 하는 대상가스 중의 악취 성분 농도나 발생 상황에 대응하여 최적의 촉매를 선정함으로서 뛰어난 탈취 효과를 확보할 수 있다.

해설 ② 고온 → 저온,
질소 산화물의 발생량이 많다.
→ 질소 산화물의 발생량이 적다.

1-63 가연성 유해 가스를 제거하기 위한 방법 중 촉매 산화법에 관한 설명으로 옳지 않은 것은? [21-1]

정답 1-57 ③ 1-58 ④ 1-59 ④ 1-60 ① 1-61 ① 1-62 ② 1-63 ①

① 압력 손실이 커서 운영 비용이 많이 든다.
② 체류 시간은 연소 장치에서 요구되는 것보다 짧다.
③ 촉매로는 백금, 팔라듐 등의 귀금속이 활성이 크기 때문에 널리 사용된다.
④ 촉매들은 운전 시 상한 온도가 있기 때문에 촉매층을 통과할 때 온도가 과도하게 올라가지 않도록 한다.

해설 촉매 산화법은 화학적 방법이므로 압력 손실이 적고, 운영 비용이 적게 든다.

1-64 촉매 연소법에 관한 설명으로 가장 거리가 먼 것은? [16-1]

① 일반적으로 구리, 금, 은, 아연, 카드뮴 등은 촉매의 수명을 단축시킨다.
② 고농도의 VOCs, 열용량이 높은 물질을 함유한 가스에 효과적으로 적용된다.
③ 배출 가스 중의 가연성 오염 물질을 연소로 내에서 팔라듐, 코발트 등의 촉매를 사용하여 주로 연소한다.
④ 대부분의 촉매는 800~900℃ 이하에서 촉매 역할이 활발하므로 촉매 연소에서의 온도 상승은 50~100℃ 정도로 유지하는 것이 좋다.

해설 촉매 연소법은 고농도의 VOCs나 열용량이 높은 물질을 함유한 가스는 연소열을 높여 촉매를 비활성화시키므로 일반적으로 VOCs의 함유량이 적은 가스에만 사용된다.

1-65 대기 오염물 중 연소성이 있는 것은 연소나 재연소시켜 제거한다. 다음 중 재연소법의 장점으로 거리가 먼 것은? [18-2]

① 시설이 배기의 유량과 농도가 크게 변하지 않는 한 잘 적응할 수 있다.
② 시설비는 비교적 많이 소요되지만, 유지비는 낮고, 연소생성물에 대한 독성의 우려가 없다.
③ 경제적인 폐열 회수가 가능하다.
④ 효율 저하가 거의 없다.

해설 재연소법은 잘 탈수 있는 연료를 함께 투입하여야 하므로 유지비가 높고, 불완전 연소 시 독성 물질인 CO가 발생할 수 있다.

정답 1-64 ② 1-65 ②

4-2 유해 가스의 발생 및 처리

1 황산화물 발생 및 처리

2. 배연 탈황 기술과 거리가 먼 것은? [15-2, 20-4]

① 석회석 주입법 ② 수소화 탈황법
③ 활성산화 망간법 ④ 암모니아법

해설 수소화 탈황법은 중유 탈황 기술이다.

답 ②

이론 학습

(1) 황화산물 발생

① 연료 중의 황이 산화하여 이산화황이 발연 반응을 하면서 생성한다.

$S + O_2 \rightarrow SO_2$(1차 오염 물질)

② 이산화황은 대기 중에서 다른 오염물과 촉매 반응을 일으켜 SO_3, H_2SO_4 및 여러 가지 황산염(2차 오염 물질)을 생성한다. 이때 촉매 역할은 주로 금속 산화물이다.

$SO_2 + \frac{1}{2}O_2 \xrightarrow{\text{촉매}} SO_3$(2차 오염 물질)

③ 어떤 금속 산화물은 SO_2를 직접 황산염으로 산화시킨다.

④ SO_2 및 SO_3는 대기 중에서 수분이 많으면 이것과 반응하여 H_2SO_3 및 H_2SO_4를 각각 생성한다(2차 오염 물질)

(2) 배연 탈황(배기가스로부터 SO_2 제거)

공업적으로 탈황 방법은 흡착법(건식), 흡수법(건식 및 습식), 산화법(건식)의 세 가지가 있으며 습식 탈황법(습식법)은 배기가스에 물 또는 수용액을 접촉시켜 습윤 상태로 하여 탈황시키는 방법이고, 건식 탈황법(건식법)은 배기가스에 고체의 흡착제 등을 접촉시켜 건조한 상태로 탈황하는 방법이다.

① **습식 탈황 장치**

㈎ 석회법

- 석회석법(건식)
- 석회수법(습식)

(나) 암모니아법

(다) 소다법(가성소다=수산화나트륨)

$SO_2 + 2NaOH \rightarrow Na_2SO_3 + H_2O$(중화법)

(라) 웰만법

(마) 마그네시아법

(바) 디메틸아닐린법

② 건식 탈황 장치

(가) 흡착법(활성탄법)

(나) 특수제에 의한 흡수법 : 활성산화망간법, 알카라이즈드 알루미나법

(다) 환원법

③ 산화법(접촉 산화법, 촉매 산화법)

(3) 중유 탈황

① 접촉 수소화 탈황(반응 온도 : 350~420℃)(가장 많이 사용)

② 금속 산화물에 의한 흡착 탈황

③ 미생물에 의한 생화학적 탈황

④ 방사성 화학에 의한 탈황

2-1 황함유량 2.5 %인 중유를 30 ton/h로 연소하는 보일러에서 배기가스를 NaOH 수용액으로 처리한 후 황성분을 전량 Na_2SO_3로 회수할 경우, 이때 필요한 NaOH의 이론량(kg/h)은? (단, 황성분은 전량 SO_2로 전환된다.) [13-2, 17-4, 20-4]

① 1,750 ② 1,875

③ 1,935 ④ 2,015

해설 S(2가) : 2NaOH(1가)

32 kg : 2×40 kg

30,000 kg/h×0.025 : x[kg/h]

$$\therefore x = \frac{30{,}000 \times 0.025 \times 2 \times 40}{32} = 1{,}875 \text{ kg/h}$$

2-2 중유 중의 황분이 중량비로 S[%]인 중유를 매시간 W[L] 사용하여 연소로에서 배출되는 황산화물의 배출량(m^3/h)은? (단, 표준 상태 기준, 중유 비중 0.9, 황분은 전량 SO_2로 배출) [14-2]

① $20.4SW$

② $1.24SW$

③ $0.0063SW$

④ $0.789\ SW$

해설 $S + O_2 \rightarrow SO_2$

32 kg : 22.4 m^3

W[L/h]×0.9 kg/L×$\frac{S[\%]}{100}$: x[m^3/h]

$\therefore x = 0.0063SW$[m^3/h]

정답 2-1 ② 2-2 ③

2-3 시간당 1 t의 석탄을 연소시킬 때 발생하는 SO_2는 0.31 Sm^3/min였다. 이 석탄의 황함유량(%)은? [단, 표준 상태를 기준으로 하고, 석탄 중의 황성분은 연소하여 전량 SO_2가 된다.) [14-2]

① 2.66 % ② 2.97 %
③ 3.12 % ④ 3.40 %

해설 $S+O_2 \rightarrow SO_2$

32 kg : 22.4 m^3

$1,000\,kg/h \times \frac{S[\%]}{100} \times h/60\,min$: $0.31\,Sm^3/min$

$\therefore\ S[\%]=2.657\,\%$

2-4 시간당 5톤의 중유를 연소하는 보일러의 배기가스를 수산화나트륨 수용액으로 세정하여 탈황하고 부산물로 아황산나트륨을 회수하려고 한다. 중유 중 황(S)함량이 2.56 %, 탈황 장치의 탈황 효율이 87.5 %일 때, 필요한 수산화나트륨의 이론량은 시간당 몇 kg인가? [17-1, 19-2]

① 300 kg ② 280 kg
③ 250 kg ④ 225 kg

해설 S(2가) : 2NaOH(1가)

32 kg : 2×40 kg

$5,000\,kg/h \times 0.0256 \times 0.875 : x[kg/h]$

$\therefore\ x=280\,kg/h$

2-5 가스 1 m^3당 50 g의 아황산가스를 포함하는 어떤 폐가스를 흡수 처리하기 위하여 가스 1 m^3에 대하여 순수한 물 2,000 kg의 비율로 연속 향류 접촉시켰더니 폐가스 내 아황산가스의 농도가 $\frac{1}{10}$로 감소하였다. 물 1,000 kg에 흡수된 아황산가스의 양(g)은? [14-1, 19-2]

① 11.5 ② 22.5
③ 33.5 ④ 44.5

해설 남은 $SO_2=50\,g \times \frac{1}{10}=5\,g$

$2,000\,kg : (50-5)g$

$1,000\,kg : x[g]$

$\therefore\ x=\frac{1,000 \times (50-5)}{2,000}=22.5\,g$

2-6 S함량 3 %의 벙커 C유 100 kL를 사용하는 보일러에 S함량 1 %인 벙커 C유로 30 % 섞어 사용하면 SO_2 배출량은 몇 % 감소하는가? (단, 벙커 C유 비중 0.95, 벙커 C유 중의 S는 모두 SO_2로 전환됨) [14-2, 15-1, 18-2, 20-1, 21-1]

① 16 % ② 20 %
③ 25 % ④ 28 %

해설 나중 상태 $S[\%]=\frac{70 \times 3+30 \times 1}{70+30}$

$=2.4\,\%$

$감소율=\frac{처음상태\ S-나중상태\ S}{처음상태\ S} \times 100$

$=\frac{3-2.4}{3} \times 100=20\,\%$

2-7 배출 가스의 온도를 냉각시키는 방법 중 열교환법의 특성으로 가장 거리가 먼 것은? [20-4]

① 운전비 및 유지비가 높다.
② 열에너지를 회수할 수 있다.
③ 최종 공기 부피가 공기 희석법, 살수법에 비해 매우 크다.
④ 온도 감소로 인해 상대 습도는 증가하지만 가스 중 수분량에는 거의 변화가 없다.

해설 온도가 내려가면 기체(공기)의 부피는 줄어든다.

2-8 습식 탈황법의 특징에 대한 설명 중 옳지 않은 것은? [20-2]

정답 2-3 ① 2-4 ② 2-5 ② 2-6 ② 2-7 ③ 2-8 ④

① 반응 속도가 빨라 SO_2의 제거율이 높다.
② 처리한 가스의 온도가 낮아 재가열이 필요한 경우가 있다.
③ 장치의 부식 위험이 있고, 별도의 폐수 처리 시설이 필요하다.
④ 상업상 부산물의 회수가 용이하지 않고, 보수가 어려우며, 공정의 신뢰도가 낮다.

해설 습식 탈황법은 액체로 처리함으로 부산물의 회수가 용이하고, 보수가 쉬우며, 공정의 신뢰도가 높다.

2-9 **석회 세정법의 특성으로 거리가 먼 것은?** [18-4]

① 배기 온도가 높아(120℃ 정도) 통풍력이 높다.
② 먼지와 연소재의 동시 제거가 가능하므로 제진 시설이 따로 불필요하다.
③ 소규모 소용량 이용에 편리하다.
④ 통풍팬을 사용할 경우 동력비가 비싸다.

해설 석회 세정법은 습식법이므로 부식의 문제, 흡수탑 내에서의 심한 압력 강하(배기 가스 온도가 낮아지므로)가 단점이다.

2-10 **배연 탈황법 중 석회석 주입법에 관한 설명으로 옳지 않은 것은?** [12-2, 16-1]

① 석회석 재생뿐만 아니라 부대설비가 많이 소요된다.
② 배출 가스의 온도가 떨어지지 않는 장점이 있다.
③ 소규모 보일러나 노후된 보일러에 많이 사용되어 왔다.
④ 연소로 내에서 짧은 접촉 시간을 가지며, 아황산가스가 석회 분말의 표면 안으로 침투가 어렵다.

해설 ① 많이 소요된다. → 적게 소요된다. (이유 : 석회석은 값이 저렴하므로 재생하여 쓸 필요가 없다.)

2-11 **배출 가스 내의 황산화물 처리 방법 중 건식법의 특징으로 가장 거리가 먼 것은? (단, 습식법과 비교)** [19-4]

① 장치의 규모가 큰 편이다.
② 반응 효율이 높은 편이다.
③ 배출 가스의 온도 저하가 거의 없는 편이다.
④ 연돌에 의한 배출 가스의 확산이 양호한 편이다.

해설 건식법은 습식법에 비해 반응 효율이 낮은 편이다.

2-12 **황산화물 배출 제어 방법 중 재생식 공정으로 가장 적절한 것은?** [15-1]

① 석회석법　　② 웰만 – 로드법
③ chiyoda 법　　④ 이중염기법

해설 웰만 로드 소다법은 황산을 회수하는 process이다.

- 흡수액으로서 K_2SO_3 또는 아황산소다($NaSO_3$)의 포화에 가까운 농후한 용액을 사용하여 60℃ 전후에서 반응시킨다.
- SO_2를 흡수한 액은 증발 결정관으로 보내어, 100℃ 전후로 가열하면 SO_2는 가스상으로 회수되고, Na_2SO_3는 결정으로 분리 재생된다. 이때, SO_2 가스는 냉각되어 수분을 분리하고, 공기와 혼합하여 접촉 황산 장치로 보내져서 농황산으로 제조한다.

2-13 **황산화물 처리 방법 중 건식 석회석 주입법에 관한 설명으로 옳지 않은 것은 어느 것인가?** [19-1]

정답 2-9 ① 2-10 ① 2-11 ② 2-12 ② 2-13 ②

① 초기 투자 비용이 적게 들어 소규모 보일러나 노후 보일러용으로 많이 사용되었다.
② 부대 시설은 많이 필요하나, 아황산가스의 제거 효율은 비교적 높은 편이다.
③ 배기가스의 온도가 잘 떨어지지 않는다.
④ 연소로 내에서의 화학 반응은 소성, 흡수, 산화의 3가지로 구분할 수 있다.

해설 건식의 석회석법은 아황산가스 제거나 흡수제의 활용에 비능률적이다. 이 점을 보안한 것이 습식법이다.

2-14 건식 탈황·탈질 방법 중 하나인 전자선 조사법의 프로세스 특징으로 가장 거리가 먼 것은? [14-1]

① 연소 배기가스에 암모니아 등을 첨가해 α, β, γ선, 전리성 방사선 등을 조사한다.
② 부생물로 황산암모늄 및 질산암모늄을 생성한다.
③ 구성이 복잡해 계 내의 압력 손실이 높고, 배기가스의 변동 등에 대처가 어렵다.
④ 탈질 및 탈황 효율은 전자선의 조사량에 비례한다.

해설 전자선 조사법은 방사선을 조사하므로 압력 손실과는 관계없다.

2-15 활성탄에 SO_2를 흡착시키면 황산이 생성된다. 이를 탈착시키는 방법 중 활성탄 소모나 약산이 생성되는 단점을 극복하기 위해 H_2S 또는 CS_2를 반응시켜 단체의 S를 생성시키는 방법은? [16-4]

① 세척법 ② 산화법
③ 환원법 ④ 촉매법

해설 $SO_2 + 2H_2S \rightarrow 3S + 2H_2O$

$SO_2 + CS_2 \rightarrow 3S + CO_2$

2-16 석유정제 시 배출되는 H_2S의 제거에 사용되는 세정제는? [19-4]

① 암모니아수
② 사염화탄소
③ 다이에탄올아민 용액
④ 수산화칼슘 용액

해설 다이에탄올아민 용액은 착염을 만든다.

2-17 CO–Ni–Mo을 수소 첨가 촉매로 하여 250~450℃에서 30~150 kg/cm^{2}의 압력을 가하면 S이 H_2S, SO_2 등의 형태로 제거되는 중유 탈황법은? [13-1, 18-1]

① 직접 탈황법
② 흡착 탈황법
③ 활성 탈황법
④ 산화 탈황법

해설 중유 탈황법에는 접촉 수소화 탈황, 금속 산화물에 의한 흡착 탈황, 미생물에 의한 생화학적 탈황, 방사성 화학에 의한 탈황 등이 있으나 현재 많이 사용되고 있는 것은 접촉 수소화 탈황이다.
또 접촉 수소화 탈황에는 직접 탈황법, 간접 탈황법, 중간 탈황법이 있는데, 일반적으로 직접 탈황법이 간접 탈황법보다 탈황 효과가 1.5~2배 높다.

2-18 배출 가스 중 황산화물을 접촉식 황산 제조 방법의 원리를 이용한 접촉 산화법으로 처리할 때 사용되는 일반적인 촉매로 가장 적합한 것은? [14-4]

① PbO
② PbO_2
③ V_2O_5
④ KM_nO_4

해설 촉매로는 V_2O_5, Pt, K_2SO_4가 있다.

정답 2-14 ③ 2-15 ③ 2-16 ③ 2-17 ① 2-18 ③

2 질소 산화물 발생 및 처리

3. 다음 중 공기비(m)가 연소에 미치는 영향에 대한 설명으로 가장 거리가 먼 것은 어느 것인가? [15-2]

① 공기비가 너무 적을 경우 불완전 연소로 연소 효율이 저하된다.
② 공기비가 너무 큰 경우 배가스 중 NO_x량이 감소한다.
③ 공기비가 너무 적을 경우 불완전 연소로 매연이 발생한다.
④ 공기비가 너무 큰 경우 배가스에 의한 열손실이 증가한다.

해설 ② 감소한다. → 증가한다.

답 ②

이론 학습

(1) 질소 산화물 발생

① 질소 산화물은 주로 연소 과정에서 연료 및 공기 중의 질소가 산화되어 발생한다.
(가) thermal NO_x(열적 NO_x) : 고열에 의해서 공기 중의 질소와 산소가 결합하여 생성(실린더 내에서)
(나) fuel NO_x(연료 NO_x) : 연료 중의 질소가 산화하여 생성(실린더 내에서)
(다) prompt NO_x(화염 NO_x) : 화염의 면에서 전기적인 이온 교환에 의해 생성(화염의 껍질에서)
② 주 배출원은 자동차 배기가스, 질산 제조업 등이다.
③ NO_x 배출을 줄이는 방안은 첫째, NO_x의 생성 과정에서 발생을 억제하는 것이고, 둘째, 생성된 후에 이를 배기로부터 제거하는 것이다. 그러나 후자의 방법은 NO_x에 관한 화학 반응이 제한되어 있고 대량의 배기가스를 다루어야 하기 때문에 기술적으로나 경제적으로 어려운 점이 많다.

(2) 연소 조절에 의한 NO_x 발생의 억제

① 저과잉 공기 연소법(저산소 연소)
② 저온도로 연소(공기 온도 조절)
③ 배기가스 재순환 연소 : 가장 현실적
④ 2단 연소
⑤ 질소 성분이 적은 연료를 우선 연소 : 석탄, 석유, 가스의 순으로 적어진다.
⑥ 버너 및 연소실의 구조 개발(연소 기기 변형법)

(3) 배기 중의 NO_x 처리

① 습식법

(가) 수세법 : 질소 산화물을 물로 세정하는 방법이다.

(나) 알칼리 및 황산에 흡수시키는 법이 있다.

② 건식법

(가) 흡착법 : NO를 함유하는 배기가스를 실리카겔로 NO_2로 산화하여 흡착 제거한다. 흡착 후 실리카겔을 가열하여 NO_2를 회수할 수도 있다.

(나) 촉매 환원법 : 촉매를 사용하여 CH_4, H_2, CO 등을 배합하여 NO를 N_2로 환원시키는 방법으로 선택적인 환원과 비선택적인 환원법이 있다. 선택적인 환원 반응에서는 첨가된 반응물이 NO_x만 환원시키고, 비선택적인 환원 반응에서는 과잉의 O_2가 먼저 소모된다.

㉮ 선택적인 환원제인 H_2, CO, NH_3, H_2S에 의한 촉매환원법

㉠ $NO+CO \rightarrow \frac{1}{2}N_2+CO_2$

㉡ $6NO+4NH_3 \rightarrow 5N_2+6H_2O$

$6NO_2+8NH_3 \rightarrow 7N_2+12H_2O$

$4NO+4NH_3+O_2 \rightarrow 4N_2+6H_2O$(산소가 공존할 때의 반응)

조건 : 온도 205~316℃의 범위에서 행하여져야 하며 온도가 더 높을 경우는 NH_3가 NO로 산화된다.

㉢ $NO+H_2S \rightarrow \frac{1}{2}N_2+S+H_2O$

㉯ 비선택적인 환원제인 H_2, CH_4에 의한 촉매 환원법

㉠ $NO+H_2 \rightarrow \frac{1}{2}N_2+H_2O$

㉡ $2NO_2+CH_4 \rightarrow N_2+CO_2+2H_2O$

(다) 무촉매 환원법 : NO_x 제거율이 낮다.

(라) 황 산화물과 질소 산화물을 동시에 제거하는 공정 : NOXSO 공정, CuO 공정, 활성탄 공정

3 휘발성 유기 화합물 발생 및 처리

휘발성 유기 화합물(VOCs : volatile organic compounds)이란 대기 중에 휘발하여 악취나 오존을 발생시키는 탄화수소를 말하며, 피부 접촉이나 호흡기 흡입을 통해 신경계에 장애를 일으키는 발암성 물질 등이다.

종류로는 벤젠, 포름알데히드, 톨루엔, 자일렌, 에틸벤젠, 스티렌, 아세트알데히드 등이 있다.

(1) 휘발성 유기 화합물의 발생원

석유 화학 정유 공장, 도료 제조 공장, 도장 공장, 자동차 배기가스, 페인트, 접착제 등의 건축 자재, 주유소의 저장 탱크 등

(2) 휘발성 유기 화합물의 처리 방법

① 직접 소각
② 촉매 소각
③ 활성탄 흡착
④ 생물 여과법(bio-filter법)
⑤ 촉매 산화법(효율 낮음)
⑥ UV 산화법(자외선 산화법)
⑦ 후연소, 회복 열산화, 저온 응축 등

3-1 연료의 연소 시 질소 산화물(NO_x)의 발생을 줄이는 방법으로 가장 거리가 먼 것은? [14-1, 18-4]

① 예열 연소　② 2단 연소
③ 저산소 연소　④ 배가스 재순환

해설 ②, ③, ④ 외에 저온도로 연소, 질소 성분이 적은 연료를 우선 연소하거나 연소 기기 변형법이 있다.

3-2 다음 중 NO_x 발생을 억제하기 위한 방법으로 가장 거리가 먼 것은? [13-2, 20-4]

① 연료 대체
② 2단 연소
③ 배출 가스 재순환
④ 버너 및 연소실의 구조 개량

해설 질소 성분이 적은 연료를 우선 연소하는 방법이 있다.

3-3 질소 산화물(NO_x) 저감 방법으로 가장 적합하지 않은 것은? [14-1, 21-4]

① 연소 영역에서의 산소 농도를 높인다.
② 부분적인 고온 영역이 없게 한다.
③ 고온 영역에서 연소 가스의 체류 시간을 짧게 한다.

정답 3-1 ①　3-2 ①　3-3 ①

④ 유기 질소 화합물을 함유하지 않는 연료를 사용한다.

해설 ① 산소 농도를 높인다. → 산소 농도를 낮춘다.

3-4 연소 반응 시 공기 중의 질소를 기원으로 하며, Zeldovich mechanism에 의해 질소 산화물이 생성되는 기구는? [12-4]

① prompt NO_x
② circulation NO_x
③ thermal NO_x
④ fuel NO_x

해설 공기 중의 질소가 NO_x로 되는 것을 열적 NO_x(thermal NO_x)라 한다.

3-5 열생성 NO_x를 억제하는 연소 방법에 관한 설명으로 가장 거리가 먼 것은? [14-1]

① 희박 예혼합 연소 : 당량비를 높여 NO_x 발생 온도를 현저히 낮추어(2,000K 이하)prompt NO_x로의 전환을 유도한다.
② 화염 형상의 변경 : 화염을 분할하거나 막상으로 얇게 늘려서 열손실을 증대시킨다.
③ 완만 혼합 : 연료와 공기의 혼합을 완만하게 하여 연소를 길게 함으로써 화염온도의 상승을 억제한다.
④ 배기 재순환 : 팬을 써서 굴뚝 가스를 로의 상부에 피드백시켜 최고 화염 온도와 산소 농도를 억제한다.

해설 ① (2,000 K 이하) prompt NO_x로의 전환을 유도한다. → (1,800 K 이하) N_2로의 전환을 유도한다.

3-6 배출 가스 중 NO_x 발생을 저감시킬 수 있는 방법으로 거리가 먼 것은? [13-4]

① 공기비를 높게 하여 연소시킨다.
② 배출 가스를 순환시켜 연소시킨다.
③ 2단 연소법에 의하여 연소시킨다.
④ 연소실에 수증기를 주입한다.

해설 ① 공기비를 높게 하여 → 공기비를 낮게 하여

3-7 연소 조절에 의한 질소 산화물의 저감 방법으로 가장 거리가 먼 것은? [12-2]

① 연소용 공기의 과잉 공급량을 약 20~30 % 정도(공기비 1.2~1.3)로 증가하여 공급한다.
② 화로 내에 수증기 분무를 시킨다.
③ 연소용 공기에 일부 냉각된 배기가스를 섞어 연소실로 보낸다.
④ 버너 부분에 이론 공기량의 85~95 % 정도로 공급하고, 상부 공기 구멍에서 10~15 %의 공기를 더 공급한다.

해설 ① 약 20~30 % 정도(공기비 1.2~1.3)로 증가하여 → 약 10 % 이내(공기비 1.05~1.10)로 줄여

3-8 NO_x의 제어는 연소 방식의 변경과 배연 가스의 처리 기술의 2가지로 구분할 수 있는데, 다음 중 연소 방식을 변환시켜 NO_x의 생성을 감축시키는 방안으로 가장 거리가 먼 것은? [15-2]

① 접촉 산화법
② 물 주입법
③ 저과잉 공기 연소법
④ 배기가스 재순환법

해설 접촉 산화법은 SO_x 제어법이다.

정답 3-4 ③ 3-5 ① 3-6 ① 3-7 ① 3-8 ①

3-9 연소 과정에서 NO_x의 발생 억제 방법으로 틀린 것은? [17-1]

① 2단 연소
② 저온도 연소
③ 고산소 연소
④ 배기가스 재순환

해설 ③ 고산소 연소 → 저산소 연소

3-10 배출 가스 내 NO_x 제거 방법 중 건식법에 관한 설명으로 옳지 않은 것은 어느 것인가? [12-4]

① 촉매 환원법(CR) 중 선택적 촉매환원법(SCR)은 TiO_2와 V_2O_5를 혼합하여 제조한 촉매에 환원 가스를 적용시켜 NO_x를 N_2로 환원시키는 방법이다.
② 흡착법은 흡착제로서 활성탄, 활성알루미나, 실리카겔 등이 사용되며, NO는 흡착되지만 NO_2는 흡착되지 않으므로 환원 상태에서 흡착한다.
③ 촉매 환원법(CR)에서 환원 가스로는 대부분의 경우 NH_3 가스를 사용한다.
④ 선택적 비촉매 환원법(SNCR)의 단점으로는 배출 가스가 고온이어야 하고, 온도가 낮을 경우 미반응된 NH_3가 배출될 수 있다.

해설 ② NO_2는 흡착되지 않으므로 → NO_2도 흡착되므로

3-11 배출 가스 중의 질소 산화물의 처리 방법인 비선택적 촉매 환원법(NSCR)에서 사용하는 환원제로 거리가 먼 것은 어느 것인가? [19-1]

① CH_4　② NH_3
③ H_2　④ CO

해설 NH_3는 선택적 환원제이다.

3-12 배출 가스 내의 NO_x 제거 방법 중 건식법에 관한 설명으로 옳지 않은 것은 어느 것인가? [21-2]

① 현재 상용화된 대부분의 선택적 촉매 환원법(SCR)은 환원제로 NH_3 가스를 사용한다.
② 흡착법은 흡착제로 활성탄, 실리카겔 등을 사용하며, 특히 NO를 제거하는 데 효과적이다.
③ 선택적 촉매 환원법(SCR)은 촉매층에 배기가스와 환원제를 통과시켜 NO_x를 N_2로 환원시키는 방법이다.
④ 선택적 비촉매 환원법(SNCR)의 단점은 배출 가스가 고온이어야 하고, 온도가 낮을 경우 미반응된 NH_3가 배출될 수 있다는 것이다.

해설 흡착법은 암모니아(NH_3)를 제거하는 데 효과적이다.

3-13 선택적 촉매 환원법과 선택적 비촉매 환원법으로 주로 제거하는 오염 물질은 어느 것인가? [16-4, 19-4]

① 휘발성 유기 화합물
② 질소 산화물
③ 황 산화물
④ 악취 물질

3-14 배출 가스 중에 함유된 질소 산화물 처리를 위한 건식법 중 선택적 촉매 환원법(SCR)에 대한 설명으로 옳지 않은 것은 어느 것인가? [14-2]

① 환원제로는 NH_3가 사용된다.
② 질소 산화물 전환율은 반응 온도에 따라 종 모양(bell-shape)을 나타낸다.
③ 질소 산화물이 촉매에 의하여 선택적으로 환원되어 질소 분자와 물로 전환된다.

정답 3-9 ③　3-10 ②　3-11 ②　3-12 ②　3-13 ②　3-14 ④

④ 촉매 선택성에 의해 NO의 환원 반응만 있고, 기타 산화 반응 등의 부반응은 없다.

해설 NH_3에 의한 선택적 촉매 환원법은 온도 205~316℃의 범위에서 행하여져야 하며 온도가 더 높은 경우는 NH_3가 NO로 산화된다.

3-15 배출 가스 중의 NO_x 제거법에 관한 설명으로 옳지 않은 것은? [16-1, 20-2]

① 비선택적인 촉매 환원에서는 NO_x 뿐만 아니라 O_2까지 소비된다.
② 선택적 촉매 환원법의 최적 온도 범위는 700~850℃ 정도이며, 보통 50 % 정도의 NO_x를 저감시킬 수 있다.
③ 선택적 촉매 환원법은 TiO_2와 V_2O_5를 혼합하여 제조한 촉매에 NH_3, H_2, CO, H_2S 등의 환원 가스를 작용시켜 NO_x를 N_2로 환원시키는 방법이다.
④ 배출 가스 중의 NO_x 제거는 연소 조절에 의한 제어법보다 더 높은 NO_x 제거 효율이 요구되는 경우나 연소 방식을 적용할 수 없는 경우에 사용된다.

해설 ② 700~850℃ → 205~316℃,
50% → 80 %

3-16 연소물을 연소하는 과정에서 질소 산화물(NO_x)이 발생하게 된다. 다음 반응 중 질소 산화물(NO_x) 생성 과정에서 발생하는 Prompt NO_x의 주된 반응식으로 가장 적합한 것은? [18-2]

① $N + NH_3 \rightarrow N_2 + 1.5H_2$
② $N_2 + O_5 \rightarrow 2NO + 1.5O_2$
③ $CH + N_2 \rightarrow HCN + N$
④ $N + N \rightarrow N_2$

해설 Prompt NO_x(화염 NO_x)는 화염의 면에서 전기적인 이온 교환에 의해 생성되는 것이다.

3-17 NO_x 발생을 억제하는 방법으로 가장 거리가 먼 것은? [18-4]

① 과잉 공기를 적게 하여 연소시킨다.
② 연소용 공기에 배기가스의 일부를 혼합 공급하여 산소 농도를 감소시켜 운전한다.
③ 이론 공기량의 70 % 정도를 버너에 공급하여 불완전 연소시키고, 그 후 30~35 % 공기를 하부로 주입하여 완전 연소시켜 화염 온도를 증가시킨다.
④ 고체, 액체 연료에 비해 기체 연료가 공기와의 혼합이 잘 되어 신속히 연소함으로써 고온에서 연소 가스의 체류 시간을 단축시켜 운전한다.

해설 2단 연소 방법으로는 1차 공기를 85~95 % 정도 공급하고 2차 공기를 10~15 % 정도 공급하여 화염의 온도를 감소시킨다.

3-18 배출 가스 내의 NO_x 제거 방법 중 환원제를 사용하는 접촉 환원법에 관한 설명으로 가장 거리가 먼 것은? [17-4]

① 선택적 환원제로는 NH_3, H_2S 등이 있다.
② 선택적인 접촉 환원법에서 Al_2O_3계의 촉매는 SO_2, SO_3, O_2와 반응하여 황산염이 되기 쉽고, 촉매의 활성이 저하된다.
③ 선택적인 접촉 환원법은 과잉의 산소를 먼저 소모한 후 첨가된 반응물인 질소 산화물을 선택적으로 환원시킨다.
④ 비선택적 접촉 환원법의 촉매로는 Pt 뿐만 아니라, Co, Ni, Cu, Cr 등의 산화물도 이용 가능하다.

해설 선택적인 환원 반응에서는 첨가된 반응물이 NO_x만 환원시키고, 비선택적인 환원

정답 3-15 ② 3-16 ③ 3-17 ③ 3-18 ③

반응에서는 과잉의 O_2가 먼저 소모된다.

3-19 NO 농도가 250 ppm인 배기가스 2,000 Sm^3/min을 CO를 이용한 선택적 접촉 환원법으로 처리하고자 한다. 배기가스 중의 NO를 완전히 처리하기 위해 필요한 CO의 양(Sm^3/h)은? [21-2]

① 30 ② 35
③ 40 ④ 45

해설 $NO + CO \rightarrow 0.5N_2 + CO_2$
22.4 Sm^3 : 22.4 Sm^3
2,000 Sm^3/min×60 min/h×250×10^{-6} : x [Sm^3/h]
∴ x = 30 Sm^3/h

3-20 질산 공장의 배출 가스 중 NO_2 농도가 80 ppm, 처리 가스량이 1,000 Sm^3이었다. CO에 의한 비선택적 접촉 환원법으로 NO_2를 처리하여 NO와 CO_2로 만들자고 할 때, 필요한 CO의 양은? [16-4]

① 0.04 Sm^3 ② 0.08 Sm^3
③ 0.16 Sm^3 ④ 0.32 Sm^3

해설 $NO_2 + CO \rightarrow NO + CO_2$
22.4 Sm^3 : 22.4 Sm^3
1,000 Sm^3×80×10^{-6} : x [Sm^3]
∴ x = 0.08 Sm^3

3-21 A배출 시설에서 시간당 배출 가스량이 100,000 Sm^3이고, 배출 가스 중 질소 산화물의 농도는 350 ppm이다. 이 질소 산화물을 산소의 공존 하에 암모니아에 의한 선택적 접촉 환원법으로 처리할 경우 암모니아의 소요량은 몇 kg/hr인가? (단, 탈질률은 90 %이고, 배출 가스 중 질소 산화물은 전부 NO로 가정한다.) [15-2]

① 약 18 kg/hr ② 약 24 kg/hr
③ 약 26 kg/hr ④ 약 30 kg/hr

해설 산소가 공존할 때의 반응식
$4NO + 4NH_3 + O_2 \rightarrow 4N_2 + 6H_2O$
4×22.4 Sm^3 : 4×17 kg
100,000 Sm^3/hr×350×10^{-6}×0.9 : x [kg/hr]
∴ x = 23.9 kg/hr

3-22 500 ppm의 NO를 함유하는 배기가스 45,000 Sm^3/h를 암모니아 선택적 접촉 환원법으로 배연 탈질할 때 요구되는 암모니아의 양(Sm^3/h)은? (단, 산소가 공존하는 상태이며, 표준 상태 기준) [15-4]

① 15.0 ② 22.5
③ 30.0 ④ 34.5

해설 산소가 공존할 때의 반응식
$4NO + 4NH_3 + O_2 \rightarrow 4N_2 + 6H_2O$
4×22.4 Sm^3 : 4×22.4 Sm^3
45,000 Sm^3/h×500×10^{-6} : x [Sm^3/h]
∴ x = 22.5 Sm^3/h

3-23 무촉매 환원법에 의한 배출 가스 중 NO_x를 제거하는 방법에 관한 설명으로 가장 거리가 먼 것은? [12-2]

① NO_x의 제거율은 비교적 높아 95 % 이상이다.
② 제거율을 높이기 위해서는 보통 1,000℃ 정도의 고온과 NH_3/NO가 2 이상의 암모니아의 첨가가 필요하다.
③ NO의 암모니아에 의한 환원에는 보통 산소의 공존이 필요하다.
④ 반응기 등의 설비가 필요하지 않아 설비비는 작고, 특히 더러운 가스의 NO_x의 제거에 적합하다.

해설 ① 높아 95 % 이상이다. → 낮은 편이다.

3-24 탈황과 탈질 동시 제어 공정으로 거리가 먼 것은? [19-4]

정답 3-19 ① 3-20 ② 3-21 ② 3-22 ② 3-23 ① 3-24 ①

① SCR 공정
② 전자빔 공정
③ NOXSO 공정
④ 산화구리 공정

해설 탈황과 탈질 동시 제어 공정에는 NOXSO 공정, CuO 공정, 전자빔 공정, 활성탄 공정이 있다.
SCR 공정은 선택적 환원 촉매 공정으로 NO_x 처리 방법이다.

3-25 알루미나 담체에 탄산나트륨을 3.5~3.8% 정도 첨가하여 제조된 흡착제를 사용하여 SO_2와 NO_x를 동시에 제거하는 공정은? [17-2]

① 석회석 세정법
② Wellman-Lord법
③ Dual Acid scrubbing
④ NOXSO 공정

해설 SO_2와 NO_x를 동시에 제거하는 공정에는 NOXSO 공정이 있다.

3-26 NO_x와 SO_x 동시 제어 기술에 관한 설명으로 옳지 않은 것은? [14-4, 19-1]

① NOXSO 공정은 감마 알루미나 담체의 표면에 나트륨을 첨가하여 SO_x와 NO_x를 동시에 흡착시킨다.
② CuO 공정은 알루미나 담체에 CuO를 함침시켜 SO_2는 흡착 반응하고 NO_x는 선택적 촉매 환원되어 제거되는 원리를 이용하는 공정이다.
③ CuO 공정에서 온도는 보통 850~1,000℃ 정도로 조정하며, $CuSO_2$ 형태로 이동된 솔벤트 재생기에서 산소 또는 오존으로 재생된다.
④ 활성탄 공정은 S, H_2SO_4 및 액상 SO_2 등의 부산물이 생성되며, 공정 중 재가열이 없으므로 경제적이다.

해설 CuO 공정에서 온도는 보통 370~430℃로 조정하며, $CuSO_4$ 형태로 이송된 솔벤트는 재생기에서 수소 또는 메탄으로 재생된다.

3-27 다음 중 1 Sm^3의 중량이 2.59 kg인 포화 탄화수소 연료에 해당하는 것은 어느 것인가? [18-1]

① CH_4 ② C_2H_6
③ C_3H_8 ④ C_4H_{10}

해설 기체의 밀도는 $\frac{\text{분자량}}{22.4}[kg/m^3]$이므로

$\frac{58}{22.4}[kg/m^3] = 2.589\ kg/m^3$이다.

3-28 VOCs를 98% 이상 제어하기 위한 VOCs 제어 기술과 가장 거리가 먼 것은 어느 것인가? [17-1]

① 후연소
② 루프(loop) 산화
③ 재생(regenerative) 열산화
④ 저온(cryogenic) 응축

해설 루프 산화 → UV(자외선) 산화

3-29 VOCs의 종류 중 지방족 및 방향족 HC를 처리하기 위해 적용하는 제어 기술로 가장 거리가 먼 것은? [16-4]

① 흡수 ② 생물막
③ 촉매 소각 ④ UV 산화

해설 VOCs는 물에 잘 녹지 않으므로 흡수법으로는 제거하지 않는다.

3-30 다른 VOC 제거 장치와 비교하여 생물여과의 장단점으로 가장 거리가 먼 것은 어느 것인가? [12-1, 14-4, 15-1, 17-2]

① CO 및 NO_x 등을 포함하여 생성되는

정답 3-25 ④ 3-26 ③ 3-27 ④ 3-28 ② 3-29 ① 3-30 ③

오염 부산물이 적거나 없다.
② 습도 제어에 각별한 주의가 필요하다.
③ 고농도 오염 물질의 처리에 적합하다.
④ 생체량 증가로 인해 장치가 막힐 수 있다.

해설 고농도 오염 물질의 처리에 적합하지 못하다. 또 폐가스에 과다한 먼지가 있을 때 필터가 막히는 현상을 초래할 수 있다.

3-31 휘발성 유기 화합물(VOCs)의 배출량을 줄이도록 요구받을 경우 그 저감 방안으로 가장 거리가 먼 것은? [19-1]

① VOCs 대신 다른 물질로 대체한다.
② 용기에서 VOCs 누출 시 공기와 희석시켜 용기 내 VOCs 농도를 줄인다.
③ VOCs를 연소시켜 인체에 덜 해로운 물질로 만들어 대기 중으로 방출시킨다.
④ 누출되는 VOCs를 고체 흡착제를 사용하여 흡착 제거한다.

해설 공기와 희석시키는 방법은 향을 줄일 수 있는 방법이 아니다.

정답 3-31 ②

4 악취 발생 및 처리

4. 다음 악취 방지 방법 중 운영비(operational cost)가 일반적으로 가장 적게 드는 방법은? [12-1]

① adsorption ② chemical absorption
③ chemical oxidation ④ ventilation

해설 ① 흡착법
② 화학적 흡수법
③ 화학적 산화법
④ 환기법이 운영비가 가장 적게 드는 방법이다.

답 ④

이론 학습

(1) 악취 물질의 특징

① 악취 분자를 구성하는 원소는 C, H, O, N, S, Cl 등이다(주로 유기물이다).
② 분자량이 큰 물질은 냄새 강도가 분자량에 반비례하여 약해지는 경향이 있다(분자량이 300 이상이면 냄새가 없다).
③ 악취 물질은 화학 반응성이 풍부하다.
④ 화학 물질이 악취 물질로 되기 위해서는 친유기성기와 친수성기의 양기를 가져야 한다.

⑤ 예외는 있으나 일반적으로 증기압이 높을수록 냄새는 더 강하다(휘발성이 큰 것).

⑥ 악취 유발 물질들은 파라핀과 CS_2를 제외하고는 일반적으로 적외선을 강하게 흡수한다.

⑦ 악취 유발 가스는 통상 활성탄과 같은 표면 흡착제에 잘 흡착된다.

⑧ 악취는 화학적 구성에 의하여 결정되기보다는 물리적 차이에 의하여 결정된다는 주장이 더 지배적이다.

⑨ 물리화학적 자극량과 인간의 감각 강도 관계는 Weber–Fechner(베버–페히너) 법칙과 잘 맞다.

⑩ 골격이 되는 탄소수는 저분자일수록 관능기 특유의 냄새가 강하고 자극적이나 8~13에서 가장 향기가 강하다.

⑪ 분자 내 수산기의 수는 1개일 때 가장 강하고, 수가 증가하면 약해져서 무취에 이른다.

⑫ 불포화도가 높으면 냄새가 보다 강하게 난다.

⑬ 악취는 통상 분자 내부 진동에 의존한다고 가정되므로 라만 변이와 냄새는 서로 관련이 있다.

⑭ 락톤 및 케톤 화합물은 환상(벤젠 고리)이 많을수록 냄새가 강해진다.

(2) 악취 물질의 발생원

① 이산화황(SO_2)은 황냄새가 나는 물질로 주로 화력 발전소 등에서 발생한다. 최소 감지 농도는 0.47 ppm 정도이다.

② 황화수소(H_2S)는 썩은 달걀 냄새의 강한 부식성 물질로 석유 정제나 약품 제조 시 발생한다. 최소 감지 농도는 0.00047 ppm으로 약간만 누출되어도 악취 문제를 유발한다.

③ 아크롤레인(CH_2CHCHO)은 불쾌한 냄새가 나며 호흡기에 심한 자극성 물질로 글리세롤 제조, 의약품 제조 시 발생한다.

④ 스티렌($C_6H_5CHCH_2$)은 플라스틱 또는 고무 냄새가 나며, 화학 공장 등에서 발생한다. 최소 감지 농도는 0.047 ppm이다.

⑤ 메르캅탄류(RSH)는 불쾌한 냄새로 물에 불용이며 주 발생원은 석유 정제, 가스 제조, 분뇨, 축산 등이다. 최소 감지 농도는 0.0021 ppm이다.

⑥ 페놀(C_6H_5OH)은 의약품 냄새가 나는 악취 물질로 화학 공장에서 발생하며 감지 농도가 약 0.047 ppm이다.

⑦ 벤젠(C_6H_6)은 용제 또는 시너 냄새가 나며 화학 공장에서 발생하며 감지 농도가 약 4.68 ppm이다.

⑧ 톨루엔($C_6H_5CH_3$)은 나프탈렌 또는 고무 냄새가 나며 화학 공장에서 발생하며 감지 농도가 약 2.14 ppm이다.

⑨ 질소 화합물 중 암모니아(NH_3)와 에틸아민($C_2H_5NH_2$)은 분뇨 냄새가 나며, 메틸아민(CH_3NH_2)과 트리메틸아민($(CH_3)_3N$)(0.0001 ppm)은 생선 썩는 냄새가 나는 악취 물질로 주 발생원은 분뇨, 축산 등이다.

(3) 냄새 강도

매우 엷은 농도의 냄새는 아무것도 느낄 수 없지만 이것이 서서히 진하게 되면 어떤 농도가 되고, 무엇인지 모르지만 냄새의 존재를 느끼는 농도로 나타난다. 이 최소 농도를 최소 감지 농도(detestion threshold)라고 정의하고 있다. 또한 농도를 짙게 해 가면 냄새 질이나 어떤 느낌의 냄새인지를 표현할 수 있는 시점이 나오게 된다. 이 최저 농도를 최소 인지 농도(recognition threshold)라고 한다.

(4) 악취 제거 방법

① 수세법(흡수법)

㈎ 알데히드류, 저급유기산류, 페놀 등 친수성의 극성기(물에 잘 녹는 기)를 가지는 성분을 제거할 수 있다.

㈏ 수온 변화에 따라 탈취 효과가 변동되고 압력 손실이 큰 것이 단점이다.

㈐ 조작이 간단하지만 탈취 효율이 좋지 못하므로 다른 공법과 병용할 경우 주로 전처리용으로 사용한다.

㈑ 분뇨 처리장, 계란 건조장, 주물 공장 등의 악취 제거에 적용될 수 있다.

㈒ 산성 가스와 염기성(알카리성) 가스를 함께 처리할 수 있다(중화 반응).

② 흡착법

㈎ 활성탄으로 효과적으로 제거할 수 있는 것은 지방족 탄화수소이고, 효과가 적은 물질은 암모니아, 메탄올, 메탄 등이다.

㈏ 일반적으로 넓은 내부 표면적을 갖는 다공 물질의 흡착제가 사용된다.

㈐ 흡착제를 재생 사용할 수 있다.

③ 연소 산화법

㈎ 효율이 90 % 이상이다.

㈏ 악취 물질을 600~800℃의 화염으로 직접 연소시키는 방법으로 완전 연소시켜 CO_2와 H_2O 외의 물질이 생성되지 않아야 하며, 불완전 연소가 되면 냄새의 강도를 줄일 수 없다.

㈐ 단점으로 운영비가 많이 들어간다(잘 탈수 있는 물질을 함께 첨가한다).

④ **촉매 산화법(촉매 연소법)**

(가) 백금 등의 금속 촉매를 사용하여 250~450℃로 연소시키는 방법이다(NO_x를 줄일 수 있다).

(나) 연소 산화법에 비해 연료비를 절감할 수 있다(촉매 값을 제외하면 연료비 절감).

(다) 촉매에 바람직하지 않은 원소는 할로겐 원소, 납, 아연, 수은 등이다(촉매독).

⑤ **화학적 산화법(약액 세정법)**

(가) 산화력이 강한 O_3, $KMnO_4$, NaOCl, ClO_2 등의 산화제를 사용하여 악취 물질을 화학적으로 산화시켜 제거한다.

(나) 산·알칼리·약액 세정법에 의해 제거 가능한 대표적인 성분으로는 무기산(염산, 황산)의 희박 수용액에 의한 아민류 등의 염기성 성분이다(중화 반응).

⑥ **위장법(masking)**

(가) 소극적인 방법으로서 좋은 냄새가 풍기는 향료 등으로 악취를 위장시키는 방법이다.

(나) 나프탈렌, 장뇌, 디클로로벤젠, 레몬유, 향수 등이 사용된다.

(다) 위장법은 인체에 독성이 있는 악취 유발 물질이 포함된 경우에는 적합하지 않다.

⑦ **통풍 및 희석** : 악취 물질을 통풍 시설을 통하여 수집한 후 높은 굴뚝을 통하여 방출시킴으로써 악취가 분산 희석되도록 하는 방법이다. 이 방법은 가장 염가의 방법이다(원시적인 방법).

5 기타 배출 시설에서 발생하는 유해 가스 처리

(1) 염화수소(HCl)의 처리

① **수세법** : 염화수소는 물에 잘 녹으므로 물로 흡수하는 방법이 좋다. 장치는 스크러버, 충전탑 등이고 반응 물질은 물이다. 염화수소는 물에 녹아 염산이 된다.

② **염화수소(HCl)를 소석회($Ca(OH)_2$)로 처리하는 반응식(중화 반응)**

$2HCl + Ca(OH)_2 \rightarrow CaCl_2 + 2H_2O$

③ **염화수소(HCl)를 가성소다(NaOH)로 처리하는 반응식(중화 반응)**

$HCl + NaOH \rightarrow NaCl + H_2O$

(2) 염소 가스(Cl_2)의 처리

① **수세법** : 스크러버, 충전탑

$Cl_2 + H_2O \rightarrow HOCl + H^+ + Cl^-$

② **알칼리 흡수법[수산화나트륨(가성소다), 수산화칼슘(소석회)으로 처리](중화 반응)**

$Cl_2 + 2NaOH \rightarrow NaCl + NaOCl + H_2O$

$2Cl_2 + 2Ca(OH)_2 \rightarrow CaCl_2 + Ca(OCl)_2 + 2H_2O$

③ **염소 가스(Cl_2)를 황산제일철($FeSO_4$)로 처리하는 반응식**

$Cl_2 + 2FeSO_4 \rightarrow 2Fe(Cl)SO_4$

(3) 불화수소(HF)의 처리

① **가성소다 석회법** : 가성소다(NaOH)와 소석회[$Ca(OH)_2$]에 의해 화학적 흡수로 제거하는 방법이다(중화 반응).

$HF + NaOH \rightarrow NaF + H_2O$

$2NaF + Ca(OH)_2 \rightarrow CaF_2 + 2NaOH$

② **불화수소(HF)를 소석회[석회유 : $Ca(OH)_2$]로 처리하는 반응식(중화 반응)**

$2HF + Ca(OH)_2 \rightarrow CaF_2 + 2H_2O$

(4) 불화규소(SiF_4)의 처리

① **수세법**

$3SiF_4 + 2H_2O \rightarrow SiO_2 + 2H_2SiF_6$ (SiO_2 : 이산화규소로 고체이다)

② **불화수소(HF)가 공존할 때 반응식**

$2HF + SiF_4 \rightarrow H_2SiF_6$

③ 세정탑의 형식은 벤투리 스크러버, 제트 스크러버, 스프레이탑 등이 바람직하다. 여기서 충전탑을 사용하지 못하는 이유는 충전물의 공극을 메우기 때문이다(SiO_2 때문).

(5) 불소(F_2)의 처리

① 불소를 가성소다, 수산화칼슘과 반응시켜 제거한다. 부산물로 NaF, CaF_2가 생긴다.

$F_2 + 2NaOH + 2H_2O \rightarrow 2NaF + 3H_2O + \frac{1}{2}O_2$

$2NaF + Ca(OH)_2 \rightarrow CaF_2 + 2NaOH$

② 세정탑은 스프레이(spray)탑, 충전탑, 벤투리 스크러버 등을 사용한다.

③ 불소 가스가 다량 포함될 때는 폭발할 수 있으므로 물에 의한 흡수는 피한다.

④ 폐수는 알칼리성이므로 다시 세정탑의 흡수에 사용하거나 pH 조정 후 방류한다.

(6) 황화수소(H_2S)의 처리

① **건식법** : 황화수소를 포함한 배기가스를 흡착탑을 이용하여 산화철(Fe_2O_3)과 접촉시켜 황화철을 만든다.

② **습식법(알칼리 흡수법 : 중화법 및 산화법)** : 반응 물질로는 K_2CO_3, NH_3수, 탄산소다 등이 있다.

③ 황화수소 제거용 접착 흡착제로 이용하는 것은 디에탄올 아민 수용액이다.

(7) 벤젠(C_6H_6)의 처리

촉매 연소법을 이용한다.

(8) 일산화탄소(CO)의 처리

촉매 연소법(촉매 산화법)을 이용한다.

(9) 암모니아(NH_3)의 처리

수세법을 이용한다.

(10) 포름알데히드(HCHO)의 처리

수세법 또는 연소법을 이용한다.

(11) 시안화수소(HCN)의 처리

수세법 또는 연소법을 이용한다.

(12) 다이옥신의 처리

① **촉매 분해법** : 금속 산화물, 귀금속 촉매를 사용하여 처리하는 방법이다.

② **광 분해법** : 자외선(250~340 nm)을 배기가스에 조사하여 처리하는 방법이다.

③ **초임계 유체 분해법** : 초임계 유체(374℃, 218 atm의 H_2O)의 극대 용해도를 이용하여 처리하는 방법이다.

④ **오존 산화법** : 수중에 함유된 다이옥신을 처리하는 방법이다.

⑤ **열 분해법** : 850℃의 고온을 유지하여 다이옥신을 분해하는 방법이다.

4-1 냄새 물질의 특성에 관한 설명 중 가장 거리가 먼 것은? [14-2]

① 냄새 분자를 구성하는 원소는 C, H, O, N, S, Cl 등이다.
② 냄새 물질로 분자량이 가장 작은 것은 암모니아이며, 분자량에 비례하여 강해지는 경향이 있다.
③ 냄새 물질은 화학반응성이 풍부하다.
④ 화학 물질이 냄새 물질로 되기 위해서는 친유성기와 친수성기의 양기를 가져야 한다.

해설 냄새의 강도가 분자량에 반비례하여 약해지는 경향이 있다.

4-2 냄새 물질에 관한 일반적인 설명으로 옳지 않은 것은? [21-4]

① 분자량에 작을수록 냄새가 강하다.
② 분자 내에 황 또는 질소가 있으면 냄새가 강하다.
③ 불포화도(이중 결합 및 삼중 결합의 수)가 높을수록 냄새가 강하다.
④ 분자 내 수산기의 수가 1개일 때 냄새가 가장 약하고 수산기의 수가 증가할수록 냄새가 강해진다.

해설 ④ 냄새가 가장 약하고 → 냄새가 가장 강하고,
냄새가 강해진다. → 냄새가 약해져서 무취에 이른다.

4-3 냄새 물질의 화학 구조에 대한 설명으로 가장 거리가 먼 것은? [13-2, 16-4]

① 골격이 되는 탄소수는 저분자일수록 관능기 특유의 냄새가 강하고 자극적이나 8~13에서 가장 향기가 강하다.
② 불포화도(2중 결합 및 3중 결합의 수)가 높으면 냄새가 보다 강하게 난다.
③ 분자 내 수산기의 수가 증가할수록 냄새가 강하다.
④ 락톤 및 케톤 화합물은 환상이 크게 되면 냄새가 강해진다.

해설 분자 내 수산기의 수는 1개일 때 냄새가 가장 강하고, 수가 증가하면 약해져서 무취에 이른다.

4-4 냄새 물질에 관한 다음 설명 중 가장 거리가 먼 것은? [17-1, 19-2]

① 물리화학적 자극량과 인간의 감각 강도 관계는 Ranney 법칙과 잘 맞다.
② 골격이 되는 탄소(C)수는 저분자일수록 관능기 특유의 냄새가 강하고 자극적이며, 8~13에서 가장 향기가 강하다.
③ 분자 내 수산기의 수는 1개일 때 가장 강하고 수가 증가하면 약해져서 무취에 이른다.
④ 불포화도가 높으면 냄새가 보다 강하게 난다.

해설 ① Ranney → Weber – Fechner (웨버–페히너)

4-5 다음 오염 물질 중 히드록시기를 포함하고 있는 물질은? [17-1]

① 니켈 카–보닐 ② 벤젠
③ 메틸 멜캅탄 ④ 페놀

해설 히드록시기 : –OH
페놀 시성식 : C_6H_5OH

4-6 냄새 물질의 특성에 관한 설명으로 옳지 않은 것은? [12-2]

① 냄새 물질이 비교적 저분자인 것은 휘발성이 높은 것을 의미한다.
② 냄새 물질은 산화, 환원 반응, 중합·분해 반응, 에스테르화·가수 분해 반응이

정답 4-1 ② 4-2 ④ 4-3 ③ 4-4 ① 4-5 ④ 4-6 ③

잘 일어난다.

③ 분자 내의 수산기는 15~16일 때 냄새 물질의 강도가 가장 강하다.

④ 락톤 및 케톤 화합물은 환상이 크게 되면 냄새가 강해진다.

해설 ③ 수산기는 15~16일 때 → 수산기는 1개일 때

4-7 냄새 물질에 대한 다음 설명 중 옳지 않은 것은? [18-2]

① 분자 내 수산기의 수가 1개일 때 가장 약하고, 수가 증가하면 강한 냄새를 유발한다.

② 골격이 되는 탄소 수는 저분자일수록 관능기 특유의 냄새가 강하다.

③ 에스테르 화합물은 구성하는 산이나 알코올류보다 방향이 우세하다.

④ 분자 내에 황 및 질소가 있으면 냄새가 강하다.

해설 분자 내 수산기의 수는 1개일 때 가장 강하고, 수가 증가하면 약해져서 무취에 이른다.

4-8 악취 물질의 성질과 발생원에 관한 설명으로 가장 거리가 먼 것은? [13-4, 19-4]

① 에틸아민($C_2H_5NH_2$)은 암모니아취 물질로 수산 가공, 약품 제조 시에 발생한다.

② 메틸메르캅탄(CH_3SH)은 부패 양파취 물질로 석유 정제, 가스 제조, 약품 제조 시에 발생한다.

③ 황화수소(H_2S)는 썩은 계란취 물질로 석유 정제, 약품 제조 시에 발생한다.

④ 아크롤레인(CH_2CHCHO)은 생선취 물질로 하수처리장, 축산업에서 발생한다.

해설 아크로레인은 불쾌한 냄새가 나며 호흡기에 심한 자극성 물질로 글리세롤 제조, 의약품 제조 시 발생한다.

4-9 다음 알코올 연료 중 에테르, 아세톤, 벤젠 등 많은 유기 물질을 용해하며, 무색의 독특한 냄새를 가지고 모두 8종의 이성체가 존재하는 것은? [14-2]

① 에탄올(C_2H_5OH)

② 프로판올(C_3H_7OH)

③ 부탄올(C_4H_9OH)

④ 펜탄올($C_5H_{11}OH$)

해설 이성질체는 분자가 복잡할수록 종류가 많아진다.

4-10 다음 중 $(CH_3)_2CHCH_2CHO$의 냄새 특성으로 가장 적합한 것은? [12-1, 19-2]

① 양파, 양배추 썩는 냄새

② 분뇨 냄새

③ 땀 냄새

④ 자극적이며, 새콤하게 타는 듯한 냄새

해설 $(CH_3)_2CHCH_2CHO$는 이소발레르 알데하이드이다.

4-11 악취 물질의 성질과 발생원에 관한 설명으로 옳지 않은 것은? [15-1]

① 아크로레인(CH_2CHCHO)은 자극취 물질로 석유 화학, 약품 제조 시에 발생한다.

② 메틸메르캅탄(CH_3SH)은 부패 양파취 물질로 석유 정제, 가스 제조, 약품 제조 시에 발생한다.

③ 황화수소(H_2S)는 썩은 계란취 물질로 석유 정제나 약품 제조 시에 발생한다.

④ 에틸아민($C_2H_5NH_2$)은 마늘취 물질로 석유정제, 인쇄 작업장에서 발생한다.

해설 에틸아민($C_2H_5NH_2$)은 분뇨 냄새가 나며, 주 발생원은 분뇨, 축산 등이다.

정답 4-7 ① 4-8 ④ 4-9 ④ 4-10 ④ 4-11 ④

4-12 **냄새에 관한 설명 중 ( ) 안에 가장 알맞은 것은?** [14-4, 17-1]

> 매우 엷은 농도의 냄새는 아무것도 느낄 수 없지만 이것을 서서히 진하게 하면 어떤 농도가 되고, 무엇인지 모르지만 냄새의 존재를 느끼는 농도로 나타난다. 이 최소 농도를 (㉠)라고 정의하고 있다.
> 또한 농도를 짙게 해 가면 냄새질이나 어떤 느낌의 냄새인지를 표현할 수 있는 시점이 나오게 된다. 이 최저 농도가 되는 곳을 (㉡)라고 한다.

① ㉠ 최소 감지 농도, ㉡ 최소 포착 농도
② ㉠ 최소 인지 농도, ㉡ 최소 자각 농도
③ ㉠ 최소 인지 농도, ㉡ 최소 포착 농도
④ ㉠ 최소 감지 농도, ㉡ 최소 인지 농도

4-13 **악취 물질 중 공기 중의 최소 감지 농도가 가장 낮은 것은?** [15-4, 18-2, 20-1]

① 염소 ② 암모니아
③ 황화수소 ④ 이황화탄소

해설 악취 물질 중 최소 감지 농도가 낮다는 것은 낮은 농도에서도 냄새를 느낄 수 있다는 것이다. 황화수소(H_2S)의 최소 감지 농도는 0.00047 ppm으로 약간만 누출되어도 악취 문제를 유발한다.

4-14 **악취 처리 방법에 관한 설명으로 옳지 않은 것은?** [15-4]

① 촉매 연소법은 약 300~400℃의 온도에서 산화 분해시킨다.
② 직접 연소법은 700~800℃에서 0.5초 정도가 일반적이다.
③ 황화수소는 촉매 연소로 처리가 불가능하다.
④ 촉매에 바람직하지 않은 원소는 납, 비소, 수은 등이다.

해설 ③ 처리가 불가능하다. → 처리가 가능하다.

4-15 **탈취 방법 중 수세법에 관한 설명으로 옳지 않은 것은?** [21-1]

① 고농도의 악취 가스 전처리에 효과적이다.
② 조작이 간단하며 탈취 효율이 우수하여 전처리 과정 없이 사용된다.
③ 수온에 따라 탈취 효과가 달라지고 압력 손실이 큰 것이 단점이다.
④ 알데히드류, 저급유기산류, 페놀 등 친수성 극성기를 가지는 성분을 제거할 수 있다.

해설 수세법은 조작은 간단하나 탈취 효율이 낮아 주로 전처리용으로 사용한다.

4-16 **다음 악취물의 공기 중 최소 감지 농도(ppm)가 가장 낮은 것은?** [14-2]

① 아세톤 ② 암모니아
③ 염화메틸렌 ④ 페놀

해설 최소 감지 농도
① 아세톤 : 100 ppm
② 암모니아 : 46.8 ppm
③ 염화메틸렌 : 160 ppm
④ 페놀 : 0.47 ppm

4-17 **탈취 방법에 관한 설명으로 옳지 않은 것은?** [19-2]

① BALL 차단법은 밀폐형 구조물을 설치

정답 4-12 ④ 4-13 ③ 4-14 ③ 4-15 ② 4-16 ④ 4-17 ②

할 필요가 없고, 크기와 색상이 다양한 편이다.

② 약액 세정법은 조작이 복잡하고, 대상 악취 물질에 대한 제한성이 크지만, 산성가스 및 염기성 가스의 별도 처리가 필요하지 않다.

③ 산화법 중 염소 주입법은 페놀이 다량 함유되었을 때에는 클로로페놀을 형성하여 2차 오염 문제를 발생시킨다.

④ 수세법은 수온 변화에 따라 탈취 효과가 변하고, 처리 풍향 및 압력 손실이 크다.

해설 약액 세정법은 조작이 간단하다.

4-18 악취 및 휘발성 유기화합물질 제거에 일반적으로 가장 많이 사용되는 흡착제는? [17-4]

① 제올라이트 ② 활성백토
③ 실리카겔 ④ 활성탄

해설 악취 및 휘발성 유기화합물질 제거에 가장 많이 사용되는 흡착제는 활성탄이다.

4-19 다음 중 활성탄 흡착법을 이용하여 악취를 제거하고자 할 때 거의 효과가 없는 것은? [12-2]

① 페놀(phenol)
② 스티렌(styrene)
③ 에틸메르캅탄(ethyl mercaptan)
④ 암모니아(ammonia)

해설 거의 효과가 없는 것은 암모니아, 메탄올, 에탄 등이다.

4-20 악취 제거 방법에 관한 설명으로 틀린 것은? [16-1]

① 물리 흡착법이 주로 이용된다.
② 희석 방법은 악취를 대량의 공기로 희석시켜 감지되지 않도록 하는 염가의 방법이다.
③ 백금이나 금속 산화물 등의 산화 촉매를 이용하여 260~450℃ 정도의 온도에서 산화 처리할 수 있다.
④ 유기성의 냄새 유발 물질을 태워서 산화시키면 불완전 연소가 있더라도 냄새의 강도를 줄일 수 있다.

해설 악취는 불완전 연소가 되면 냄새의 강도를 줄일 수 없다.

4-21 배출 가스 중 염화수소 제거에 관한 설명으로 옳지 않은 것은? [20-2]

① 누벽탑, 충전탑, 스크러버 등에 의해 용이하게 제거 가능하다.
② 염화수소 농도가 높은 배기가스를 처리하는 데는 관외 냉각형, 염화수소 농도가 낮은 때에는 충전탑 사용이 권장된다.
③ 염화수소의 용해열이 크고 온도가 상승하면 염화수소의 분압이 상승하므로 완전 제거를 목적으로 할 경우에는 충분히 냉각할 필요가 있다.
④ 염산은 부식성이 있어 장치는 플라스틱, 유리라이닝, 고무라이닝, 폴리에틸렌 등을 사용해서는 안 되며 충전탑, 스크러버를 사용할 경우에는 mist catcher는 설치할 필요가 없다.

해설 ④ 사용해서는 안되며 → 사용해야 하고 mist catcher는 설치할 필요가 없다. → mist catcher를 설치해야 한다.

4-22 염소를 함유한 폐가스를 소석회와 반응시켜 생성되는 물질은? [14-4]

① 실리카겔
② 표백분

정답 4-18 ④ 4-19 ④ 4-20 ④ 4-21 ④ 4-22 ②

③ 차아염소산나트륨
④ 포스겐

해설 $2Cl_2 + 2Ca(OH)_2$
$\rightarrow CaCl_2 + Ca(OCl)_2 + 2H_2O$
표백분=차아염소산칼슘

4-23 유해 가스 종류별 처리제 및 그 생성물과의 연결로 옳지 않은 것은? [13-4]

[유해 가스]	[처리제]	[생성물]
① SiF_4	H_2O	SiO_2
② F_2	NaOH	NaF
③ HF	$Ca(OH)_2$	CaF_2
④ Cl_2	$Ca(OH)_2$	$Ca(ClO_3)_2$

해설 ④ $2Cl_2 + 2Ca(OH)_2 \rightarrow CaCl_2 + Ca(OCl)_2 + 2H_2O$

4-24 염소 농도 0.2 %인 굴뚝 배출 가스 3,000 Sm^3/h를 수산화칼슘 용액을 이용하여 염소를 제거 하고자 할 때, 이론적으로 필요한 시간당 수산화칼슘의 양(kg/h)은? (단, 처리 효율은 100 %로 가정한다.)

① 16.7 ② 18.2
③ 19.8 ④ 23.1

해설 Cl_2(2가) : $Ca(OH)_2$(2가)
22.4 Sm^3 : 74 kg
3,000 $Sm^3/h \times 0.002$: x[kg/h]
∴ $x = 19.82$ kg/h

4-25 염화수소의 함량이 0.69 %(V/V)인 배출 가스 4,500 Sm^3/h를 수산화칼슘으로 처리하여 염화수소를 완전히 제거할 때 이론적으로 필요한 수산화칼슘의 양(kg/h)은? [12-1]

① 약 63 kg/h ② 약 58 kg/h
③ 약 51 kg/h ④ 약 46 kg/h

해설 2HCl(1가) : $Ca(OH)_2$(2가)
2×22.4 Sm^3 : 74 kg
4,500 $Sm^3/h \times 0.0069$: x[kg/h]
∴ $x = 51.2$ kg/h

4-26 염소 가스를 함유하는 배출 가스에 100 kg의 수산화나트륨을 포함한 수용액을 순환 사용하여 100 % 반응시킨다면 몇 kg의 염소 가스를 처리할 수 있는가? (단, 표준 상태 기준) [16-2]

① 약 82 kg ② 약 85 kg
③ 약 89 kg ④ 약 93 kg

해설 Cl_2(2가) : 2NaOH(1가)
71 kg : 2×40 kg
x[kg] : 100 kg
∴ $x = 88.75$ kg

4-27 불소 화합물의 흡수 처리에 관한 설명으로 가장 거리가 먼 것은? [13-1]

① 세정 장치 중 충전탑이 가장 적합하다.
② 물에 대한 용해도가 비교적 크므로 수세에 의한 처리가 적당하다.
③ 스프레이탑을 사용할 때에 분무 노즐의 막힘이 없도록 보수 관리에 주의가 필요하다.
④ 처리 중 고형물을 생성하는 경우가 많다.

해설 불소 화합물 중 SiF_4는 충전탑을 사용할 수 없다(이유 : 충전물의 공극을 메우기 때문).

4-28 불소 화합물 처리에 관한 내용이다. ( ) 안에 들어갈 화학식으로 가장 적합한 것은? [17-1, 21-4]

사불화규소는 물과 반응해서 콜로이드 상태의 규산과 ( )을(를) 생성한다.

정답 4-23 ④ 4-24 ③ 4-25 ③ 4-26 ③ 4-27 ① 4-28 ④

① CaF_2　② $NaHF_2$
③ $NaSiF_6$　④ H_2SiF_6

해설 $3SiF_4 + 2H_2O \rightarrow 2H_2SiF_6 + SiO_2$
(사불화규소) (불화규산) (규산)

4-29 유해 물질을 함유하는 가스와 그 제거 장치의 조합으로 거리가 먼 것은? [19-4]

① 시안화수소 함유 가스 – 물에 의한 세정
② 사불화규소 함유 가스 – 충전탑
③ 벤젠 함유 가스 – 촉매 연소법
④ 삼산화인 함유 가스 – 표면적이 충분히 넓은 충전물을 채운 흡수탑 안에서 알칼리성 용액에 의한 흡수 제거

해설 사불화규소(SiF_4)는 충전물의 공극을 메우기 때문에 충전탑을 사용하지 못한다.

4-30 유해 가스 종류별 처리제 및 그 생성물과의 연결로 옳지 않은 것은? [18-1]

[유해 가스]	[처리제]	[생성물]
① SiF_4	H_2O	SiO_2
② F_2	$NaOH$	NaF
③ HF	$Ca(OH)_2$	CaF_2
④ Cl_2	$Ca(OH)_2$	$Ca(ClO_3)_2$

해설 ① $3SiF_4 + 2H_2O \rightarrow SiO_2 + 2H_2SiF_6$

② $F_2 + 2NaOH + 2H_2O \rightarrow 2NaF + 3H_2O + \frac{1}{2}O_2$

③ $2HF + Ca(OH)_2 \rightarrow CaF_2 + 2H_2O$

④ $2Cl_2 + 2Ca(OH)_2 \rightarrow CaCl_2 + Ca(OCl)_2 + 2H_2O$

4-31 HF 3,000 ppm, SiF_4 1,500 ppm 들어있는 가스를 시간당 22,400 Sm^3씩 물에 흡수시켜 규불산을 회수하려고 한다. 이론적으로 회수할 수 있는 규불산의 양은? (단, 흡수율은 100 %)

① 67.2 Sm^3/h　② 1.5 kg · mol/h
③ 3.0 kg · mol/h　④ 22.4 Sm^3/h

해설 $2HF + SiF_4 \rightarrow H_2SiF_6$

$2 \times 22.4\ Sm^3 : 22.4\ Sm^3$

$22,400\ Sm^3/h \times 3,000 \times 10^{-6} : x\,[Sm^3/h]$

$$\therefore x = \frac{22,400 \times 3,000 \times 10^{-6} \times 22.4}{2 \times 22.4}$$

$$= 33.6\ Sm^3/h = \frac{33.6 Sm^3/h}{22.4 Sm^3/kg \cdot mol}$$

$$= 1.5\ kg \cdot mol/h$$

4-32 400 ppm의 HCl을 함유하는 배출 가스를 처리하기 위해 액가스비가 2 L/Sm^3인 충전탑을 설계하고자 한다. 이때 발생되는 폐수를 중화하는 데 필요한 시간당 0.5 N NaOH 용액의 양은? (단, 배출 가스는 400 Sm^3/h로 유입되며, HCl은 흡수액인 물에 100 % 흡수된다.) [18-1]

① 9.2 L　② 11.4 L
③ 14.2 L　④ 18.8 L

해설 우선 NaOH 질량을 구하면

HCl : NaOH

$22.4\ Sm^3 : 40\ kg$

$400\ Sm^3/h \times 400 \times 10^{-6} : x\,[kg/h]$

$$\therefore x = \frac{400 \times 400 \times 10^{-6} \times 40}{22.4} = 0.2857\ kg$$

$$= 285.7\ g/h$$

비례식을 이용하면

N　G　C

1 : 40 g : 1,000 ml

0.5 : 285.7 g/h : x[ml/h]

$$\therefore x = \frac{1 \times 285.7 \times 1,000}{0.5 \times 40} = 14,285\ ml/h$$

$$= 14.285\ L/h$$

4-33 굴뚝 배출 가스량은 2,000 Sm^3/h, 이 배출 가스 중 HF 농도는 500 mL/Sm^3이다. 이 배출 가스를 50 m^3의 물로 세정할 때 24시간 후 순환수인 폐수의 pH는? (단, HF는 100 % 전리되며, HF 이외의 영향은

정답 4-29 ② 4-30 ④ 4-31 ② 4-32 ③ 4-33 ②

무시한다.) [16-4, 20-1]

① 약 1.3 ② 약 1.7
③ 약 2.1 ④ 약 2.6

해설 pH를 알기 위해서는 $[H^+]$의 mol/L 값을 알아야 한다.

$[H^+]$ M농도(mol/L)

$$= \frac{\left[\text{불순물 농도}(ml/m^3) \times \text{배기가스유량}(m^3/h) \times \text{시간}(h) \times 10^{-3}L/mL \times \frac{\text{분자량}g}{22.4L} \times \frac{1mol}{\text{분자량}g} \times \frac{\text{흡수율}}{100}\right]}{\text{물의 양}(m^3) \times 10^3 L/m^3}$$

$$= \frac{\left[500ml/m^3 \times 2{,}000m^3/h \times 24h \times 10^{-3}L/mL \times \frac{20g}{22.4L} \times \frac{1mol}{20g}\right]}{50m^3 \times 10^3 L/m^3}$$

$= 2.142 \times 10^{-2} mol/L[HF]$

$= 2.142 \times 10^{-2} M[HF]$

$= 2.142 \times 10^{-2} M[H^+]$

$\therefore\ pH = -\log[H^+] = -\log(2.142 \times 10^{-2})$
$= 1.669$

4-34 배출 가스 중의 일산화탄소를 제거하는 방법 중 가장 적절한 방법은? [18-2]

① 벤투리 스크러버나 충전탑 등으로 세정하여 제거
② 백금계 촉매를 사용하여 무해한 이산화탄소로 산화시켜 제거
③ 황산나트륨을 이용하여 흡수하는 시보드법을 적용하여 제거
④ 분무탑 내에서 알칼리 용액으로 중화하여 흡수제거

해설 일산화탄소는 물에 잘 녹지 않고 연소성 물질이므로 연소(산화)시켜 CO_2로 제거한다.

4-35 배출 가스 중의 일산화탄소를 제거하는 방법 중 가장 실질적이고, 확실한 것은 어느 것인가? [21-2]

① 활성탄 등의 흡착제를 사용하여 흡착 제거
② 벤투리 스크러버나 충전탑 등으로 세정하여 제거
③ 탄산나트륨을 사용하는 시보드법을 적용하여 제거
④ 백금계 촉매를 사용하여 무해한 이산화탄소로 산화시켜 제거

해설 CO의 처리법에는 촉매 연소법(촉매 산화법)을 이용한다.

4-36 각종 유해 가스 처리법으로 가장 거리가 먼 것은? [14-4, 18-1, 20-1]

① 아크로레인은 NaClO 등의 산화제를 혼입한 가성소다 용액으로 흡수 제거한다.
② CO는 백금계의 촉매를 사용하여 연소시켜 제거한다.
③ 이황화탄소는 암모니아를 불어넣는 방법으로 제거한다.
④ Br_2는 산성 수용액에 의한 선정법으로 제거한다.

해설 브롬은 염소 등과 마찬가지로 알카리 용액과의 화학 반응으로 잘 용해되므로 브롬 가스를 함유한 배기의 브롬 제거에는 가성소다(알칼리성) 수용액에 의한 선정법으로 제거된다.

$Br_2 + 2NaOH \rightarrow NaBr + NaOBr + H_2O$

4-37 다음 유해 가스 처리에 관한 설명 중 가장 거리가 먼 것은? [17-4, 20-4]

① 시안화수소는 물에 대한 용해도가 매우 크므로 가스를 물로 세정하여 처리한다.

정답 4-34 ② 4-35 ④ 4-36 ④ 4-37 ②

② 염화인(PCl_3)은 물에 대한 용해도가 낮아 암모니아를 불어넣어 병류식 충전탑에서 흡수 처리한다.
③ 아크로레인은 그대로 흡수가 불가능하며 NaClO 등의 산화제를 혼입한 가성소다 용액으로 흡수 제거한다.
④ 이산화셀렌은 코트럴집진기로 포집, 결정으로 석출, 물에 잘 용해되는 성질을 이용해 스크러버에 의해 세정하는 방법 등이 이용된다.

해설 염화인은 다량의 물에 녹아(가수분해되어) 인산이 된다.

$$PCl_3 + 3H_2O + \frac{1}{2}O_2 \rightarrow 3HCl + H_3PO_4$$

4-38 **유해 오염 물질과 그 처리 방법에 관한 설명으로 옳지 않은 것은?** [13-2, 16-2]

① 벤젠은 촉매 연소법이나 활성탄 흡착법을 사용하여 제거한다.
② 비소는 염산 용액으로 포집 후, $Ca(OH)_2$에 대한 피흡착력을 이용하여 제거한다.
③ 염화인은 충전물을 채운 흡수탑을 이용하여 알칼리성 용액에 흡수시켜 제거한다.
④ 크롬산 미스트는 비교적 입자 크기가 크고 친수성이므로 수세법으로 제거한다.

해설 비소는 NaOH 용액으로 포집 후 $Fe(OH)_3$에 대한 피흡착력을 이용하여 공침제거한다.

4-39 **다이옥신의 처리 대책으로 가장 거리가 먼 것은?** [17-1, 21-2]

① 촉매 분해법 : 촉매로는 금속 산화물(V_2O_5, TiO_2 등), 귀금속(Pt, Pd)이 사용된다.
② 광분해법 : 자외선 파장(250~340 nm)이 가장 효과적인 것으로 알려져 있다.
③ 열분해 방법 : 산소가 아주 적은 환원성 분위기에서 탈염소화, 수소 첨가 반응 등에 의해 분해시킨다.
④ 오존 분해법 : 수중 분해 시 순수의 경우는 산성일수록, 온도는 20℃ 전후에서 분해 속도가 커지는 것으로 알려져 있다.

해설 오존 분해법은 없고 오존 산화법(수중에 함유된 다이옥신을 처리하는 방법)은 있다. 오존 산화법은 염기성 조건일 때 또는 온도가 높을 때 분해 속도가 빨라진다.

4-40 **다음 중 다이오식의 광분해에 가장 효과적인 파장 범위(nm)는?** [17-1]

① 100~150　② 250~340
③ 500~800　④ 1,200~1,500

해설 광분해법은 자외선(250~340 nm)을 배기가스에 조사하여 처리하는 방법이다.

4-41 **사업장에서 발생되는 케톤(ketone)류를 제어하는 방법 중 제어 효율이 가장 낮은 방법은?** [15-1]

① 직접소각법　② 응축법
③ 흡착법　④ 흡수법

해설 케톤류는 가연성이면서 수용성을 가지고 있다.

4-42 **1~2 μm 이하의 미세입자는 세정(rain out) 효과가 작은데, 그 이유로 가장 적합한 것은?** [16-4]

① 응축 효과가 크기 때문에
② 휘산 효과가 크기 때문에
③ 부정형의 입자가 많기 때문에
④ 브라운 운동을 하기 때문에

해설 브라운 운동 : 불규칙한 직선 운동

정답 4-38 ② 4-39 ④ 4-40 ② 4-41 ③ 4-42 ④

Chapter 05 환기 및 통풍

5-1 환기

1 자연 환기

1. **실내에서 발생하는 CO_2의 양이 시간당 0.3 m^3일 때 필요한 환기량은 ? (단, CO_2의 허용 농도와 외기의 CO_2 농도는 각각 0.1 %와 0.03 %이다.)**

① 약 430 m^3/h　　② 약 320 m^3/h
③ 약 210 m^3/h　　④ 약 145 m^3/h

해설 산술 평균을 이용하면

$$C_m = \frac{Q_1 C_1 + Q_2 C_2}{Q_1 + Q_2}$$

$$0.1 = \frac{0.3 \times 100 + x \times 0.03}{0.3 \times x}$$

$$0.1 \times 0.3 + 0.1 \times x = 0.3 \times 100 + 0.03 \times x$$

$$\therefore\ x = \frac{0.3 \times 100 - 0.1 \times 0.3}{0.1 - 0.03} = 428.1\ m^3/h$$

답 ①

이론 학습

① **자연 환기법** : 작업장 및 실내의 자연적인 공기의 이동으로 풍속을 이용한 환기를 말하며, 온도 구배에 의한 공기의 이동을 이용한다.

② **강제 환기법(기계적 환기법)**

㈎ 전체 환기법 : 치환용, 보충용 공기를 필요로 하고 유입 공기 기구가 설치된 환기 방법

㈏ 국소 환기법 : 국소 배출 장치인 후드(hood) 등을 이용하여 유해한 공기 오염 물질을 실내에 확산되기 전에 그 발생원으로부터 가까운 곳에서 포집하여 배출하는 방법

2 국소 환기

환기 장치는 포집 장치(후드), 덕트, 송풍기 등으로 설계되어 있다.

제진 장치, 즉 환기 장치는 비산되는 오염 물질을 회수하거나 제거하는 장치이다.

(1) 후드(hood)

① **정의** : 발생원 근처의 공간으로 비산되는 범위가 있어서 이 범위 내의 먼지를 흡인할 수 있는 크기와 방향, 그리고 형식을 선택해야 하며 이러한 장치를 후드 또는 노즐이라 한다.

② **종류**

(가) 포위형 후드(enclosure hoods) : 유독한 오염 물질의 발생원을 포위할 수 있는 경우에 선택한다.

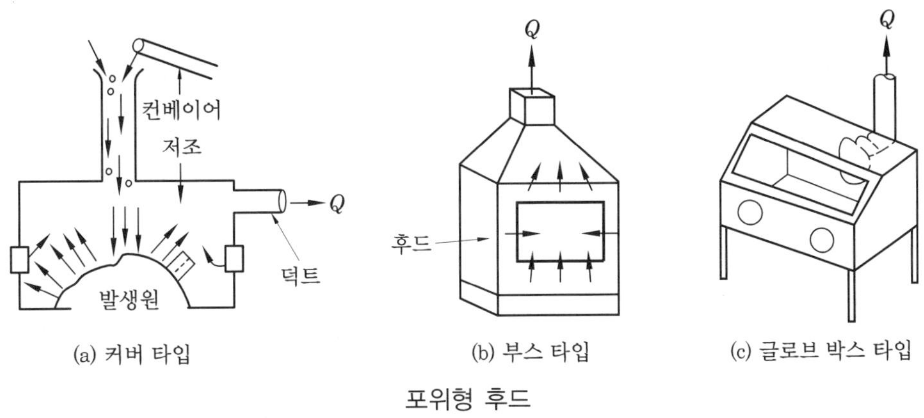

(a) 커버 타입 (b) 부스 타입 (c) 글로브 박스 타입

포위형 후드

(나) 외부형 후드(exterior hoods) : 작업 또는 공정상 발생원을 전부 포위할 수 없는 경우에 선택한다.

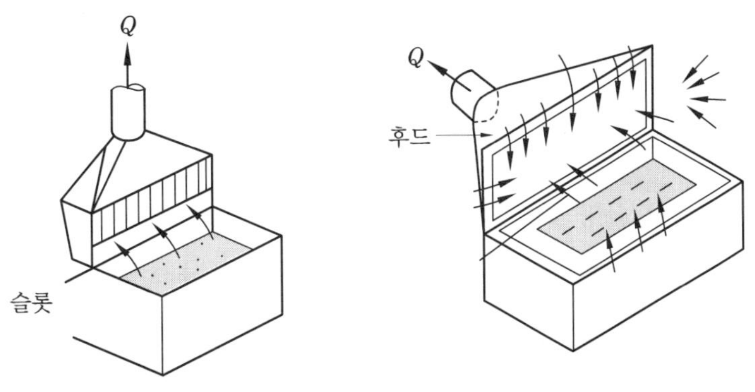

슬롯 타입

외부형 후드

(다) 수형 후드(receiving hoods) : 고열을 내는 발생원에서 열부력에 의한 상승 기류나 회전체에 의한 관성 기류와 같이 일정한 방향으로 오염 기류가 발생하는 경우에 선택한다.

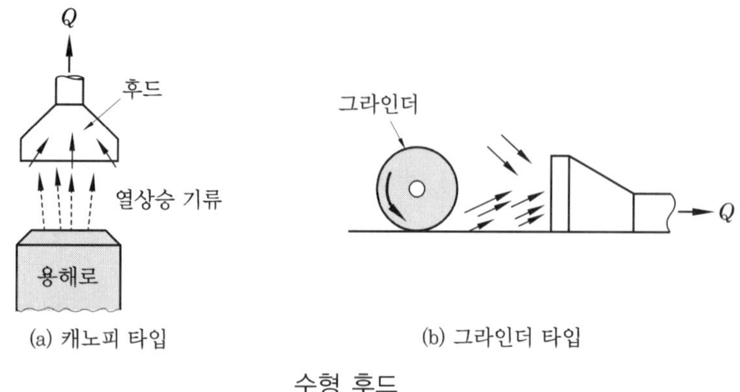

(a) 캐노피 타입 (b) 그라인더 타입

수형 후드

후드 개구의 바깥 주변에 플랜지를 부착하면 오염 물질의 제어에 필요하지 않은 후드 뒤쪽의 공기 흡입을 방지할 수 있고, 그 결과 포착 속도가 커지는 이점이 있다.

(2) 송풍량

매연이나 오염 공기를 후드 내에 유도하기 위하여 필요한 흡입 공기 속도를 포촉 속도(capture velocity) 또는 제어 속도(control velocity)라 하는데, 가스, 먼지의 성상, 확산 조건 또는 발생원 주변의 기류 등에 따라 크게 달라진다.

포촉 속도에 영향을 미치는 원인으로는 실내의 공기 이동, 후드 사용의 기간 및 환기 시설의 유무, 효율 등이다. 포촉 속도는 보통 0.3~0.8 m/s 전후의 속도를 가진다.

발생원의 먼지를 흡인 후드가 충분히 받아들이지 못하는 이유

① 배풍기의 풍량 부족 또는 성능 저하
② 발생원으로부터 개구면까지의 거리가 멀 때
③ 외기의 영향으로 기류의 제어가 불충분할 때
④ 가스 처리 시설 내의 압력 손실로 인하여 규정된 풍량이 나오지 않을 때
⑤ 덕트 계통에서 다량의 공기가 유입될 때(덕트에 부식 등으로 구멍이 생김)

이때에는 송풍기의 풍량, 풍압이 부족하므로 여기에 대처기 위해 송풍기를 교환한다.

대기 오염물은 발생점에서 상당한 속도를 가지고 주위의 대기로 방출되는데, 보통 질량이 대단히 적으므로 관성이 곧 줄어들고 후드에 의해서 쉽게 포획된다. 이때 입자의 속도가 대략 0으로 줄어드는 위치를 null point(무효점)라 한다.

후드의 흡인 요령

① 후드를 접근시킨다.
② 국부적인 흡입 방식으로 먼지의 주발생원을 대상으로 한다.
③ 후드의 개구 면적을 좁게 하여 흡인 속도를 크게 한다.
④ 에어 커튼(air curtain)을 이용한다.
⑤ 충분한 포촉 속도를 유지한다.
⑥ 배풍기(blower)의 용량에 충분한 여유를 둔다(30 %).

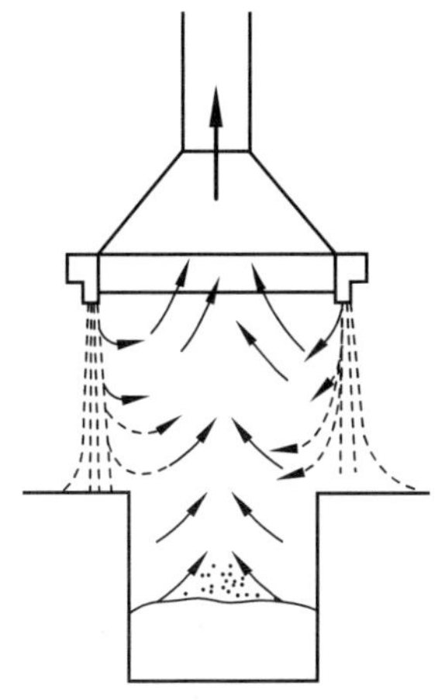

에어 커튼을 이용한 후드의 예

후드의 성능 저하 요인

① 수평 덕트에 분진이 퇴적함으로써 압력 손실의 증가로 인하여
② 덕트의 부식, 마모에 의한 외기의 누설로 인하여(덕트 내 정압(+)일 때)
③ 후드와 덕트의 접속부에 외부 공기의 유입으로 인하여(덕트 내 부압(−)일 때)
④ 걸레 조각, 종이에 의한 후드의 폐쇄 등이다.

여기서, 송풍량(흡인량)과 후드의 압력 손실 계산은 다음 식으로 표시한다.

$$Q = A \times V$$

여기서, Q : 흡인량(m^3/s), A : 후드의 단면적(m^2), V : 후드 입구에서의 유속(m/s)

후드의 압력 손실

$$\Delta P = F \times V_p, \quad F = \frac{1 - C_e^2}{C_e^2}$$

여기서, ΔP : 압력 손실($kg/m^2 = mmH_2O$), F : 압력 손실 계수
V_p : 속도압($kg/m^2 = mmH_2O$), C_e : 유입 계수

※ 각도가 있을 때

$\Delta P = F \times V_p \times \frac{\theta}{90}$ 여기서, θ : 각도

발생원에 대한 흡인 속도(제어 속도 m/s)

오염 물질의 발생 조건	예	제어 속도(m/s)
조용한 대기 중에 실제상 거의 속도가 없는 상태로 발산하는 경우	액면에서 발생하는 가스·증기·흄	0.25~0.5
비교적 조용한 대기 중에 저속도로 비산하는 경우	취부 도장 작업, 저속 컨베이어, 용접 작업, 도금 작업, 산세 작업	0.5~1.0

(3) 송풍관(duct)

① **정의** : 송풍관(duct)은 함진 공기를 후드에서 집진 장치까지 또는 집진 장치에서 최종 배출구까지 운반하는 도관으로 일반적으로 주관(main duct)과 분지관(branch duct)으로 구성된다.

② **덕트의 압력 손실** : 후드에서 흡인된 함진 공기를 집진 장치를 통해 외부로 방출할 때까지의 기류가 가지고 있는 기계적 에너지는 송풍관 내벽면의 마찰 또는 기류가 휘어지거나 수축 내지는 확대될 때 손실된다.

마찰에 의한 손실은 기체의 속도, 송풍관 내면의 성질에 따른다. 곡관·수축·확대 등으로 인한 손실은 그때 생기는 난류 속도의 증감에 기인되며 이것들을 총칭하여 압력 손실이라 한다. 집진 장치에서 다루는 송풍관 내의 기류는 일반적으로 난류로서 압력 손실은 속도의 제곱에 비례한다. 즉, 속도압(=동압)에 비례한다.

$$V_p = \frac{v^2}{2g} \times \gamma$$

여기서, V_p : 속도압(mmH_2O 또는 kg/m^2), g : 중력 가속도($9.8\ m/s^2$)
v : 가스 유속(m/s), γ : 가스 밀도(kg/m^3)

• 원형 직선 덕트인 경우 압력 손실

$$\Delta P = 4f \times \frac{l}{D} \times \frac{v^2}{2g} \times \gamma = \lambda \times \frac{l}{D} \times \frac{v^2}{2g} \times \gamma$$

여기서, f : fanning 계수, l : 덕트 길이(m), D : 관의 직경(m),
λ : 마찰 손실 계수(람다)

• 장방형 덕트의 경우 압력 손실(사각형 덕트)

$$\Delta P = \lambda \times \frac{l}{D_o} \times \frac{v^2}{2g} \times \gamma$$

여기서, D_o : 환산 직경(m) = 상당 직경(m) = 등가 직경(m)

$D_o = 4R_h$

여기서, R_h : 수력 반경(m)

$$수력\ 반경 = \frac{단면적}{윤변} = \frac{a \times b}{2(a+b)}$$

$$\therefore\ D_o = 4R_h = 4 \times \frac{a \times b}{2(a+b)} = \frac{2a \cdot b}{a+b}$$

$$\therefore\ \Delta P = \lambda \times \frac{l}{\frac{2a \cdot b}{a+b}} \times \frac{v^2}{2g} \times \gamma$$

(4) 송풍기(blower)

인공 송풍에 사용되는 송풍기는 압력은 비교적 낮고 송풍력이 큰 것을 필요로 하며 특히 흡인 통풍에서는 고온 가스를 취급하므로 마모, 부식, 내열성 등을 고려해야 한다.

종류에는 원심식과 축류식이 있다.

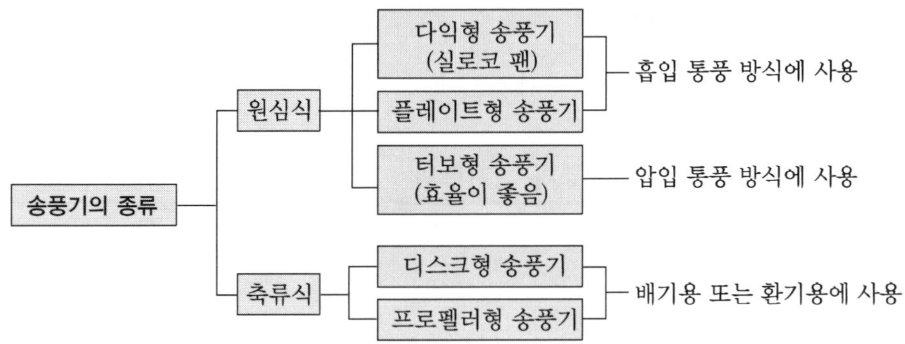

(5) 송풍기의 소요 동력(kW) 및 마력(HP, PS) 계산

송풍기를 사용하여 인공 통풍(강제 통풍)을 행할 때 소요되는 동력 및 마력 계산

① 소요 동력(kW) $= \dfrac{Q \times \Delta P}{102 \times \eta}$

② 소요 마력(PS) $= \dfrac{Q \times \Delta P}{75 \times \eta}$

(HP) $= \dfrac{Q \times \Delta P}{76 \times \eta}$

여기서, η : 송풍기의 효율, Q : 풍량(m^3/s), ΔP : 풍압($mmH_2O = kg/m^2$)

1 kW = 102 kg · m/s

1 PS = 75 kg · m/s

1 HP = 76 kg · m/s

③ 실제 소요 동력(kW) $= \dfrac{Q \times \Delta P}{102 \times \eta} \times \alpha$

여기서, α : 송풍기 여유율

(6) 송풍기의 성능

원심형 송풍기는 그 회전수가 증가함에 따라서 풍량(m^3/s), 풍압(mmH_2O), 동력(kW)이 다음과 같이 변화한다.

① 송풍기의 풍량은 회전수에 비례한다.

② 송풍기의 풍압은 회전수의 제곱에 비례한다.

③ 송풍기의 마력 및 동력은 회전수의 세제곱에 비례한다.

$$풍량(Q_2) = Q_1 \times \frac{n_2}{n_1} [m^3/min]$$

$$풍압(P_2) = P_1 \times \left(\frac{n_2}{n_1}\right)^2 [mmH_2O]$$

$$동력(L_2) = L_1 \times \left(\frac{n_2}{n_1}\right)^3 [kW]$$

여기서, n_1 : 변화 전 송풍기의 회전수(rpm), n_2 : 변화 후 송풍기의 회전수(rpm)

만약 송풍기 날개 크기와 비중량 조차 변한다면

$$Q_2 = Q_1 \times \left(\frac{n_2}{n_1}\right) \times \left(\frac{D_2}{D_1}\right)^3$$

$$P_2 = P_1 \times \left(\frac{n_2}{n_1}\right)^2 \times \left(\frac{D_2}{D_1}\right)^2 \times \frac{\gamma_2}{\gamma_1}$$

$$L_2 = L_1 \times \left(\frac{n_2}{n_1}\right)^3 \times \left(\frac{D_2}{D_1}\right)^5 \times \frac{\gamma_2}{\gamma_1}$$

여기서, D : 송풍기 날개 크기(m), γ : 유체의 비중량(밀도)[kg/m^3]

(7) 송풍기의 유량 조절 방법

① 회전수 조절

② 안내 날개(익) 조절(vain control)

③ 댐퍼(damper) 설치

(8) 송풍기 정압=입구 정압+출구 정압−입구 속도압

$$P_s = P_{s1} + P_{s2} - V_p$$

1-1 **오염 물질이 주위로 확산되지 않고 안전하게 후드에 유입되도록 조절한 공기의 속도와 적절한 안전율을 고려한 공기의 유속을 무엇이라 하는가?** [17-4]

① 제어 속도(control velocity)
② 상대 속도(relative velocity)
③ 질량 속도(mass velocity)
④ 부피 속도(volumetric velocity)

해설 매연이나 오염 공기를 후드 내에 유도하기 위하여 필요한 흡입 공기 속도를 포촉 속도 또는 제어 속도라 한다.

1-2 **환기 시설의 설계에 사용하는 보충용 공기에 관한 설명으로 가장 거리가 먼 것은 어느 것인가?** [21-2]

① 환기 시설에 의해 작업장에서 배기된 만큼의 공기를 작업장 내로 재공급하여야 하는데, 이를 보충용 공기라 한다.
② 보충용 공기는 일반 배기가스용 공기보다 많도록 조절하여 실내를 약간 양(+)압으로 하는 것이 좋다.
③ 보충용 공기의 유입구는 작업장이나 다른 건물의 배기구에서 나온 유해물질의 유입을 유도하기 위해서 최대한 바닥에 가깝도록 한다.
④ 여름에는 보통 외부 공기를 그대로 공급하지만, 공정 내의 열부하가 커서 제어해야 하는 경우에는 보충용 공기를 냉각하여 공급한다.

해설 보충용 공기는 유해 물질의 유입 유도와는 관계없다.

1-3 **환기 시설 설계에 사용되는 보충용 공기에 관한 설명으로 옳지 않은 것은 어느 것인가?** [13-2, 17-4]

① 보충용 공기가 배기용 공기보다 약 10~15 % 정도 많도록 조절하여 실내를 약간 양압으로 하는 것이 좋다.
② 여름에는 보통 외부 공기를 그대로 공급하지만, 공정 내의 열부하가 커서 제어해야 하는 경우에는 보충용 공기를 냉각하여 공급한다.
③ 보충용 공기는 환기 시설에 의해 작업장 내에서 배기된 만큼의 공기를 작업장 내로 재공급해야 하는 공기의 양을 말한다.
④ 보충용 공기의 유입구는 작업장이나 다른 건물의 배기구에서 나온 유해 물질의 유입을 유도할 수 있는 위치로서 바닥에서 1~1.2 m 정도에서 유입되도록 한다.

해설 보충용 공기는 유해 물질의 유도와 관계없고, 유입구 높이는 통상 1 m 이하이다.

1-4 **덕트 설치 시 주요 원칙과 거리가 먼 것은?** [12-1]

① 밴드는 가급적 90°가 되도록 한다.
② 공기가 아래로 흐르도록 하향 구배를 만든다.
③ 구부러짐 전후에는 청소구를 만든다.
④ 밴드수는 가능한 한 적게 하도록 한다.

해설 ① 90° → 완만하게

1-5 **후드의 제어 속도(Control Velocity)에 관한 설명으로 옳은 것은?** [17-4]

① 확산 조건, 오염원의 주변 기류에는 영향이 크지 않다.
② 유해 물질의 발생 조건이 조용한 대기 중 거의 속도가 없는 상태로 비산하는 경우(가스, 흄등)의 제어 속도 범위는 1.5~2.5 m/s 정도이다.
③ 유해 물질의 발생 조건이 빠른 공기의

정답 1-1 ① 1-2 ③ 1-3 ④ 1-4 ① 1-5 ④

움직임이 있는 곳에서 활발히 비산하는 경우(분쇄기 등)의 제어 속도 범위는 15~25 m/s 정도이다.

④ 오염 물질의 발생 속도를 이겨내고 오염 물질을 후드 내로 흡인하는 데 필요한 최소의 기류 속도를 말한다.

해설 후드의 제어 속도는 확산 조건, 오염원의 주변 기류에 영향이 크다. 그리고 ②의 경우 제어 속도는 0.25~0.5 m/s이고, ③의 경우 제어 속도는 1.0~2.5 m/s 정도이다.

1-6 다음에서 설명하는 후드 형식으로 가장 적합한 것은? [15-1, 21-2]

> 작업을 위한 하나의 개구면을 제외하고 발생원 주위를 전부 에워싼 것으로 그 안에서 오염 물질이 발산된다. 오염 물질의 송풍 시 낭비되는 부분이 적은데, 이는 개구면 주변의 벽이 라운지 역할을 하고, 측벽은 외부로부터의 분기류에 의한 방해에 대한 방해판 역할을 하기 때문이다.

① slot형 후드 ② booth형 후드
③ canopy형 후드 ④ exterior형 후드

1-7 후드(hood)의 형식과 선정 방법에 관한 설명으로 옳지 않은 것은? [12-2]

① 작업 또는 공정상 발생원을 전혀 포위할 수 없는 경우에는 부스식(booth type)을 선택한다.

② 유독한 오염 물질의 발생원을 포위할 수 있는 경우에는 포위식(enclosure type)을 선택한다.

③ 고열을 내는 발생원에서 열부력에 의한 상승 기류나 회전체에 의한 관성 기류와 같이 일정한 방향으로 오염 기류가 발생하는 경우에는 리시버 식(receiving type)을 선택한다.

④ 후드 개구의 바깥 주변에 플랜지를 부착하면 오염 물질의 제어에 필요하지 않은 후드 뒤쪽의 공기 흡입을 방지할 수 있고, 그 결과 포착 속도가 커지는 이점이 있다.

해설 ① 부스식 → 외부식

1-8 후드의 종류에 관한 설명으로 옳지 않은 것은? [20-2]

① 일반적으로 포집형 후드는 다른 후드보다 작업자의 작업 방해가 적고, 적용이 유리하다.

② 포위식 후드의 예로는 완전 포위식인 글러브 상자와 부분 포위식인 실험실 후드, 페인트 분무 도장 후드가 있다.

③ 후드는 동작 원리에 따라 크게 포위식과 외부식으로, 포위식은 다시 레시버형 또는 수형과 포집형 후드로 구분할 수 있다.

④ 포위식 후드는 적은 제어 풍량으로 만족할 만한 효과를 기대할 수 있으나, 유입 공기량이 적어 충분한 후드 개구면 속도를 유지하지 못하면 오히려 외부로 오염 물질이 배출될 우려가 있다.

해설 포위형 후드에는 커버 타입, 부스 타입, 글로브 박스 타입이 있다. 외부형 후드에는 슬롯 타입이 있고, 수형 후드(리시버형)에는 캐노피 타입과 그라인더 타입이 있다.

1-9 외부식 후드의 특성으로 옳지 않은 것은? [15-2, 18-2]

① 다른 종류의 후드에 비해 근로자가 방해를 많이 받지 않고 작업할 수 있다.

② 포위식 후드보다 일반적으로 필요 송

정답 1-6 ② 1-7 ① 1-8 ③ 1-9 ④

풍량이 많다.

③ 외부 난기류의 영향으로 흡인 효과가 떨어진다.

④ 천개형 후드, 그라인더용 후드 등이 여기에 해당하며, 기류 속도가 후드 주변에서 매우 느리다.

해설 천개형 후드(캐노피형), 그라인더용 후드는 수형 후드에 속한다.

1-10 환기 및 후드에 관한 설명으로 옳지 않은 것은? [20-1]

① 폭이 넓은 오염원 탱크에서는 주로 '밀고 당기는(push/pull)' 방식의 환기 공정이 요구된다.

② 후드는 일반적으로 개구 면적을 좁게 하여 흡인 속도를 크게 하고, 필요 시 에어 커튼을 이용한다.

③ 폭이 좁고 긴 직사각형의 슬로트 후드(slot hood)는 전기 도금 공정과 같은 상부 개방형 탱크에서 방출되는 유해 물질을 포집하는 데 효율적으로 이용된다.

④ 천개형 후드는 포착형보다 유입 공기의 속도가 빠를 때 사용되며, 주로 저온의 오염 공기를 배출하고 과잉 습도를 제거할 때 제한적으로 사용된다.

해설 천개형 후드는 유입 공기의 속도가 느리고, 고온의 오염 물질이 위로 부상할 때 포집하는 후드이다.

1-11 후드의 형식 중 외부식 후드에 해당하지 않는 것은? [19-1]

① 장갑 부착 상자형(Glove box형)

② 슬로트형(Slot형)

③ 그리드형(Grid형)

④ 루버형(Louver형)

해설 장갑 부착 상자형은 포위형 후드이다.

1-12 후드에 의한 먼지 흡입에 관한 설명으로 옳지 않은 것은? [16-2, 21-4]

① 국소적인 흡인 방식을 취한다.

② 배풍기에 충분한 여유를 둔다.

③ 후드를 발생원에 가깝게 설치한다.

④ 후드의 개구 면적을 가능한 크게 한다.

해설 후드의 개구 면적을 좁게 하여 흡인 속도를 크게 한다.

1-13 국소 배기 장치 중 후드의 설치 및 흡인 방법과 거리가 먼 것은? [18-1]

① 발생원에 최대한 접근시켜 흡인시킨다.

② 주 발생원을 대상으로 하는 국부적인 흡인 방식으로 한다.

③ 흡인 속도를 크게 하기 위하여 개구 면적을 넓게 한다.

④ 포착 속도(capture velocity)를 충분히 유지시킨다.

해설 ③ 개구 면적을 넓게 한다. → 개구 면적을 좁게 한다.

1-14 환기 장치의 요소로서 덕트 내의 동압에 관한 설명으로 옳은 것은? [13-4]

① 공기 밀도에 비례한다.

② 공기 유속의 제곱에 반비례한다.

③ 속도압과 관계없다.

④ 액체의 높이로 표시할 수 없다.

해설 $V_p = \frac{v^2}{2g} \times \gamma$

② 반비례한다. → 비례한다.

③ 관계없다. → 관계있다(동압 = 속도압).

④ 표시할 수 없다. → 표시할 수 있다.

1-15 원형 Duct의 기류에 의한 압력 손실에 관한 설명으로 옳지 않은 것은 다음 중 어느 것인가? [12-4, 15-1, 17-4, 21-2]

정답 1-10 ④ 1-11 ① 1-12 ④ 1-13 ③ 1-14 ① 1-15 ④

① 길이가 길수록 압력 손실은 커진다.
② 유속이 클수록 압력 손실은 커진다.
③ 직경이 클수록 압력 손실은 작아진다.
④ 곡관이 많을수록 압력 손실은 작아진다.

해설 ④ 작아진다. → 커진다.

$$\Delta P = \lambda \times \frac{l}{D} \times \frac{v^2}{2g} \times \gamma$$

1-16 덕트설치 시 주요 원칙으로 거리가 먼 것은? [19-2]

① 공기가 아래로 흐르도록 하향 구배를 만든다.
② 구부러짐 전후에는 청소구를 만든다.
③ 밴드는 가능하면 완만하게 구부리며, 90°는 피한다.
④ 덕트는 가능한 한 길게 배치하도록 한다.

해설 덕트를 길게 배치하면 압력 손실이 커진다.

1-17 후드 설계 시 고려 사항으로 옳지 않은 것은? [19-4]

① 잉여 공기의 흡입을 적게 하고 충분한 포착 속도를 가지기 위해 가능한 한 후드를 발생원에 근접시킨다.
② 분진을 발생시키는 부분을 중심으로 국부적으로 처리하는 로컬 후드 방식을 취한다.
③ 후드 개구면의 중앙부를 열어 흡입 풍량을 최대한으로 늘리고, 포착 속도를 최소한으로 작게 유지한다.
④ 실내의 기류, 발생원과 후드 사이의 장애물 등에 의한 영향을 고려하여 필요에 따라 에어 커튼을 이용한다.

해설 포착 속도를 최대로 빠르게 유지한다.

1-18 국소 배기 시설에서 후드의 유입 계수가 0.84, 속도압이 10 mmH_2O일 때 후드에서의 압력 손실(mmH_2O)은? [18-2, 20-1]

① 4.2 ② 8.4
③ 16.8 ④ 33.6

해설
$$\Delta P = \frac{1 - C_e^2}{C_e^2} \times V_p = \frac{1 - 0.84^2}{0.84^2} \times 10 = 4.17\ mmH_2O$$

1-19 45° 곡관의 반경비가 2.0일 때, 압력 손실 계수는 0.27이다. 속도압이 26 mmH_2O일 때, 곡관의 압력 손실(mmH_2O)은? [20-2]

① 1.5 ② 2.0
③ 3.5 ④ 4.0

해설
$$\Delta P = F \cdot V_p \times \frac{\theta}{90} = 0.27 \times 26 \times \frac{45}{90} = 3.51\ mmH_2O$$

1-20 원심력 집진 장치에서 압력 손실의 감소 원인으로 가장 거리가 먼 것은 어느 것인가? [16-2]

① 장치 내 처리 가스가 선회되는 경우
② 호퍼 하단 부위에 외기가 누입될 경우
③ 외통의 접합부 불량으로 함진 가스가 누출될 경우
④ 내통이 마모되어 구멍이 뚫려 함진 가스가 by-pass될 경우

해설 ①의 경우는 압력 손실의 증가 원인이다(정상적인 경우이다).

1-21 가로 a, 세로 b인 직사각형의 유로에 유체가 흐를 경우 상당 직경(equivalent

정답 1-16 ④ 1-17 ③ 1-18 ① 1-19 ③ 1-20 ① 1-21 ④

diameter)을 산출하는 간이식은 다음 중 어느 것인가? [15-4, 20-4]

① $\sqrt{ab}$ ② $2ab$

③ $\sqrt{\frac{2(a+b)}{ab}}$ ④ $\frac{2ab}{a+b}$

해설 $D_o = 4R_h = 4 \times \frac{a \times b}{2(a+b)} = \frac{2a \cdot b}{a+b}$

1-22 입구 직경이 400 mm인 접선 유입식 사이클론으로 함진 가스 100 m^3/min을 처리할 때, 배출 가스의 밀도는 1.28 kg/m^3이고, 압력 손실 계수가 8이면 사이클론 내의 압력 손실은? [16-2]

① 83 mmH_2O ② 92 mmH_2O

③ 114 mmH_2O ④ 126 mmH_2O

해설 $\Delta P = F \times \frac{v^2}{2g} \times \gamma$

$$v = \frac{Q}{A} = \frac{\frac{100}{60} m^3/s}{\frac{3.14 \times 0.4^2}{4} m^2} = 13.269\,m/s$$

$$\therefore \Delta P = 8 \times \frac{13.269^2 m^2/s^2}{2 \times 9.8 m/s^2} \times 1.28\,kg/m^3$$

$$= 91.98\,kg/m^2 = 91.98\,mmH_2O$$

1-23 높이 100 m, 직경이 1 m인 굴뚝에서 260℃의 배출 가스가 12,000 m^3/hr로 토출될 때 굴뚝에 의한 마찰 손실은 약 얼마인가? (단, 굴뚝의 마찰 계수는 $\lambda = 0.06$, 표준 상태의 공기 밀도는 1.3 kg/m^3) [16-2]

① 1.84 mmH_2O ② 2.94 mmH_2O

③ 3.68 mmH_2O ④ 4.82 mmH_2O

해설 $\Delta P = \lambda \times \frac{l}{D} \times \frac{v^2}{2g} \times \gamma$

$$v = \frac{Q}{A} = \frac{\frac{12,000}{3,600} m^3/s}{\frac{3.14 \times 1^2}{4} m^2} = 4.246\,m/s$$

$$\gamma = \gamma_o \left[\frac{kg}{Sm^3}\right] \times \frac{1}{\frac{273+t}{273}}$$

$$= 1.3 \times \frac{1}{\frac{(273+260)}{273}} = 0.665\,kg/m^3$$

$$\therefore \Delta P = 0.06 \times \frac{100}{1} \times \frac{4.246^2 m^2 s^2}{2 \times 9.8 m/s^2} \times 0.665\,kg/m^3$$

$$= 3.67\,kg/m^2 = 3.67\,mmH_2O$$

1-24 직경이 1.2 m인 직선 덕트를 사용하여 가스를 15 m/s의 속도로 수송할 때, 길이 100 m당 압력 손실(mmH_2O)은? (단, 덕트의 마찰 계수 = 0.005, 가스의 밀도 = 1.3 kg/m^3) [21-1]

① 19.1 ② 21.8

③ 24.9 ④ 29.8

해설 $\Delta P = 4f \times \frac{l}{D} \times \frac{v^2}{2g} \times \gamma$

$$= 4 \times 0.005 \times \frac{100}{1.2} \times \frac{15^2}{2 \times 9.8} \times 1.3$$

$$= 24.87\,mmH_2O$$

1-25 다음 그림과 같은 배기 시설에서 관 DE를 지나는 유체의 속도는 관 BC를 지나는 유체 속도의 몇 배인가? (단, ϕ는 관의 직경, Q는 유량, 마찰 손실과 밀도 변화는 무시) [21-2]

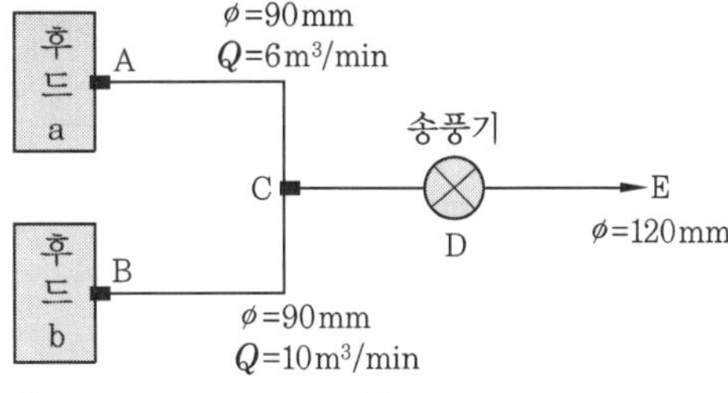

① 0.8 ② 0.9

③ 1.2 ④ 1.5

해설 관 DE : $Q = A \cdot v$에서

정답 1-22 ② 1-23 ③ 1-24 ③ 1-25 ②

$$v=\frac{Q}{A}=\frac{Q}{\frac{3.14\times D^2}{4}}=\frac{(6+10)\text{m}^3/\text{min}}{\frac{3.14\times 0.12^2}{4}\text{m}^2}$$

$$=1{,}415\text{ m/min}$$

$$\text{관 BC}: v=\frac{10\text{m}^3/\text{min}}{\frac{3.14\times 0.09^2}{4}\text{m}^2}$$

$$=1{,}572\text{ m/min}$$

$$\therefore \text{ 배수}=\frac{1{,}415}{1{,}572}=0.9\text{배}$$

1-26 송풍기를 원심력형과 축류형으로 분류할 때 축류형에 해당하는 것은 다음 중 어느것인가? [13-2, 16-4]

① 프로펠러형 ② 방사 경사형
③ 비행기 날개형 ④ 전향 날개형

해설 축류형 송풍기에는 프로펠러형과 원통 축류형(디스크형)이 있다.

1-27 다음은 원심 송풍기에 관한 설명이다. ( ) 안에 알맞은 것은? [14-2, 18-1]

> ( )은 익현 길이가 짧고 깃 폭이 넓은 36~64매나 되는 다수의 전경깃이 강철판의 회전차에 붙여지고, 용접해서 만들어진 케이싱 속에 삽입된 형태의 팬으로서 시로코팬이라고도 널리 알려져 있다.

① 레이디얼팬 ② 터보팬
③ 다익팬 ④ 익형팬

해설 시로코팬은 다익팬을 말한다.

1-28 표준형 평판 날개형보다 비교적 고속에서 가동되고, 후향 날개형을 정밀하게 변형시킨 것으로써 원심력 송풍기 중 효율이 가장 좋아 대형 냉난방 공기 조화 장치, 산업용 공기 청정 장치 등에 주로 이용되며, 에너지 절감 효과가 뛰어난 송풍기 유형은 어느 것인가? [17-2, 21-2]

① 비행기 날개형(airfoil blade)
② 방사 날개형(radial blade)
③ 프로펠러형(propeller)
④ 전향 날개형(forward curved)

해설 원심력 송풍기 중 효율이 가장 좋은 것은 비행기 날개형이다.

1-29 다음 [보기]가 설명하는 원심력 송풍기는? [20-4]

> 보기
> • 구조가 간단하여 설치 장소의 제약이 적고, 고온, 고압 대용량에 적합하며, 압입 통풍기로 주로 사용된다.
> • 효율이 좋고 적은 동력으로 운전이 가능하다.

① 터보형 ② 평판형
③ 다익형 ④ 프로펠러형

해설 압입 통풍기로 사용하며, 효율이 좋은 송풍기는 원심식의 터보형 송풍기이다.

1-30 다음 [보기]가 설명하는 축류 송풍기의 유형으로 옳은 것은? [12-1, 20-4]

> 보기
> • 축류형 중 가장 효율이 높으며, 일반적으로 직선류 및 아담한 공간이 요구되는 HVAC 설비에 응용된다. 공기의 분포가 양호하여 많은 산업장에서 응용되고 있다.
> • 효율과 압력 상승 효과를 얻기 위해 직선형 고정 날개를 사용하나, 날개의 모양과 간격은 변형되기도 한다.

① 원통 축류형 송풍기
② 방사 경사형 송풍기
③ 고정 날개 축류형 송풍기

정답 1-26 ① 1-27 ③ 1-28 ① 1-29 ① 1-30 ③

④ 공기 회전자 축류형 송풍기

해설 고정 날개형=프로펠러형

1-31 압력 손실이 250 mmH₂O이고, 처리 가스량 30,000 m^3/h인 집진 장치의 송풍기 소요 동력(kW)은 얼마인가? (단, 송풍기의 효율은 80 %, 여유율은 1.25이다.) [12-2, 14-1, 15-2, 15-4, 20-1, 20-4]

① 약 25 ② 약 29
③ 약 32 ④ 약 38

해설 $\text{kW} = \dfrac{Q \cdot \Delta P}{\dfrac{102\text{kg}\cdot\text{m/s}}{\text{kW}}} \times \alpha$

$= \dfrac{30{,}000\text{m}^3/3{,}600\text{s} \times 250\text{kg/m}^2}{\dfrac{102\text{kg}\cdot\text{m/s}}{\text{kW}} \times 0.8} \times 1.25$

$= 31.9\ \text{kW}$

1-32 처리 가스량 30,000 m^3/hr, 압력 손실 300 mmH₂O인 집진 장치의 송풍기 소요 동력은 몇 kW가 되겠는가? (단, 송풍기의 효율은 47 %) [15-2, 18-1, 20-2, 21-4]

① 약 38 kW ② 약 43 kW
③ 약 49 kW ④ 약 52 kW

해설 $\text{kW} = \dfrac{Q \times \Delta P}{102 \times \eta}$

$= \dfrac{30{,}000/3{,}600\text{m}^3/\text{s} \times 300\text{kg/m}^2}{\dfrac{102\text{kg}\cdot\text{m/s}}{\text{kW}} \times 0.47}$

$= 52.14\ \text{kW}$

1-33 집진 장치의 압력 손실이 300 mmH₂O, 처리 가스량이 500 m^3/min, 송풍기 효율이 70 %, 여유율이 1.0이다. 송풍기를 하루에 10시간씩 30일을 가동할 때, 전력 요금(원)은 얼마인가? (단, 전력 요금은 1 kWh당 50원) [21-2]

① 525,210 ② 1,050,420
③ 31,512,605 ④ 22,058,823

해설 $\text{kW} = \dfrac{Q \cdot \Delta P}{102 \times \eta} \times \alpha$

$= \dfrac{500\text{m}^3/\text{min} \times 1\text{min}/60s \times 300\text{kg/m}^2}{\dfrac{102\text{kg}\cdot\text{m/s}}{\text{kW}} \times 0.7}$

$= 35.01\ \text{kW}$

전력 요금 $= 35.01\ \text{kW} \times 10\ \text{h/d} \times 30\ \text{d} \times 50$원/kWh

$= 525{,}150$원

1-34 송풍기의 크기와 유체의 밀도가 일정한 조건에서 한 송풍기가 1.2 kW의 동력을 이용하여 20 m^3/min의 공기를 송풍하고 있다. 만약 송풍량이 30 m^3/min으로 증가했다면 이때 필요한 송풍기의 소요 동력(kW)은? [13-1]

① 1.5 ② 1.8
③ 2.7 ④ 4.1

해설 $\text{kW} = \dfrac{Q \cdot \Delta P}{102 \times \eta}$에서

$\text{kW} \propto Q \cdot \Delta P = Q \cdot \dfrac{v^2}{2g} \times \gamma$

$\text{kW} \propto Q^3$

$1.2\ \text{kW} : 20^3$

$x[\text{kW}] : 30^3$

$\therefore\ x = 4.05\ \text{kW}$

1-35 원심형 송풍기의 성능에 대한 설명으로 옳은 것은? [16-1]

① 송풍기의 풍량은 회전수의 제곱에 비례한다.
② 송풍기의 풍압은 회전수의 제곱에 비례한다.
③ 송풍기의 크기는 회전수의 제곱에 비례한다.
④ 송풍기의 동력은 회전수의 제곱에 비례한다.

정답 1-31 ③ 1-32 ④ 1-33 ① 1-39 ③ 1-34 ④ 1-35 ②

해설 $\frac{Q_2}{Q_1}=\frac{n_2}{n_1}$

$\frac{P_2}{P_1}=\left(\frac{n_2}{n_1}\right)^2$

$\frac{L_2}{L_1}=\left(\frac{n_2}{n_1}\right)^3$

1-36 다음 중 송풍기에 관한 법칙 표현으로 옳지 않은 것은 어느 것인가? (단, 송풍기의 크기와 유체의 밀도는 일정하며, Q : 풍량, N : 회전수, W : 동력, V : 배출 속도, ΔP : 정압) [17-2]

① $\frac{W_1}{N_1^3}=\frac{W_2}{N_2^3}$

② $\frac{Q_1}{N_1}=\frac{Q_2}{N_2}$

③ $\frac{V_1}{N_1^3}=\frac{V_2}{N_2^3}$

④ $\frac{\Delta P_1}{N_1^2}=\frac{\Delta P_2}{N_2^2}$

해설 $\frac{V_2}{V_1}=\frac{N_2}{N_1}$, $\frac{V_1}{N_1}=\frac{V_2}{N_2}$

∴ $Q=A\cdot V$이므로 유속은 유량에 비례한다.

유량은 회전수에 비례한다. 고로, 유속은 회전수에 비례한다.

1-37 송풍기의 크기와 유체의 밀도가 일정할 때 송풍기의 회전수를 2배로 하면 풍압은 몇배가 되는가? [19-1]

① 2배 ② 4배
③ 6배 ④ 8배

해설 $\frac{P_2}{P_1}=\left(\frac{n_2}{n_1}\right)^2=\left(\frac{2}{1}\right)^2=4$배

1-38 송풍기가 표준 공기(밀도 : 1.2 kg/m³)를 10 m³/s로 이동시키고 1,000 rpm으로 회전할 때 정압이 900 N/m²이었다면 공기 밀도가 1.0 kg/m³으로 변할 때 송풍기의 정압은? [16-2]

① 520 N/m²
② 625 N/m²
③ 750 N/m²
④ 820 N/m²

해설 $\frac{P_2}{P_1}=\left(\frac{n_2}{n_1}\right)^2\cdot\left(\frac{D_2}{D_1}\right)^2\cdot\frac{\gamma_2}{\gamma_1}$

$\therefore P_2=P_1\times\frac{\gamma_2}{\gamma_1}$

$=900\times\frac{1.0}{1.2}=750\text{ N/m}^2$

1-39 송풍기 회전수(n)와 유체 밀도(ρ)가 일정할 때 성립하는 송풍기 상사 법칙을 나타내는 식은? (단, Q : 유량, P : 풍압, L : 동력, D : 송풍기의 크기) [21-1]

① $Q_2=Q_1\times\left[\frac{D_1}{D_2}\right]^2$

② $P_2=P_1\times\left[\frac{D_1}{D_2}\right]^3$

③ $Q_2=Q_1\times\left[\frac{D_2}{D_1}\right]^3$

④ $L_2=L_1\times\left[\frac{D_2}{D_1}\right]^3$

해설 상사 법칙

$Q_2=Q_1\times\left(\frac{n_2}{n_1}\right)\times\left(\frac{D_2}{D_1}\right)^3$

$P_2=P_1\times\left(\frac{n_2}{n_1}\right)^2\times\left(\frac{D_2}{D_1}\right)^2\times\frac{\gamma_2}{\gamma_1}$

$L_2=L_1\times\left(\frac{n_2}{n_1}\right)^3\times\left(\frac{D_2}{D_1}\right)^5\times\frac{\gamma_2}{\gamma_1}$

정답 1-36 ③ 1-37 ② 1-38 ③ 1-39 ③

5-2 통풍

1 통풍의 종류

2. 자연 통풍에 대한 설명으로 가장 적합한 것은? [12-1]

① 내압이 정압(+)으로 외기의 침입이 적다.
② 배출 가스의 유속은 3~4 m/s, 통풍력은 15 mmH_2O 정도이다.
③ 송풍기의 고장이 적고 점검 및 보수가 용이하다.
④ 굴뚝의 통풍 저항이 큰 경우에 적합하다.

해설 ①, ③은 압입 통풍의 특징이다.
④ 적합하다. → 부적합하다.

답 ②

이론 학습

(1) 자연 통풍(natural draft)

연돌만에 의한 통풍을 말하며 연돌 내의 연소 가스와 외부 공기와의 밀도 차이(비중량 차이)에 의하여 생기는 대류 현상으로 이루어지는 통풍을 말한다.

자연 통풍의 특징은 다음과 같다.

① 노내압은 부압(−)이다.
② 배기가스의 유속은 3~4 m/s이고, 통풍력은 15 mmH_2O 정도이다.

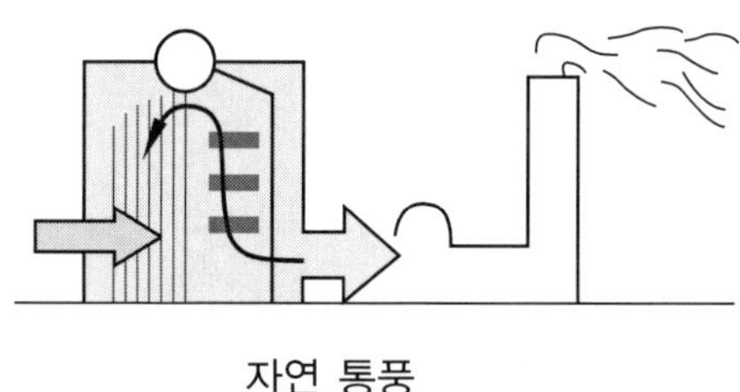

자연 통풍

(2) 인공 통풍(artificial draft : 강제 통풍)

노의 조작법에 따라서 압입 통풍, 흡인 통풍, 평형 통풍의 3종류로 구분된다.

① 압입 통풍(forced draft)

가압 통풍이라고도 하는데, 노 앞에 설치된 송풍기에 의해 연소용 공기를 노 안으로 압입하는 방식으로 노 내의 압력이 대기압보다 높으므로 그 구조가 가스의 기밀을 유지해야 한다.

[압입 통풍의 특징]

(가) 노 내 압력은 정압(+)이다.

(나) 배기가스 유속은 5~8 m/s 정도이다.

(다) 역화의 위험이 있다.

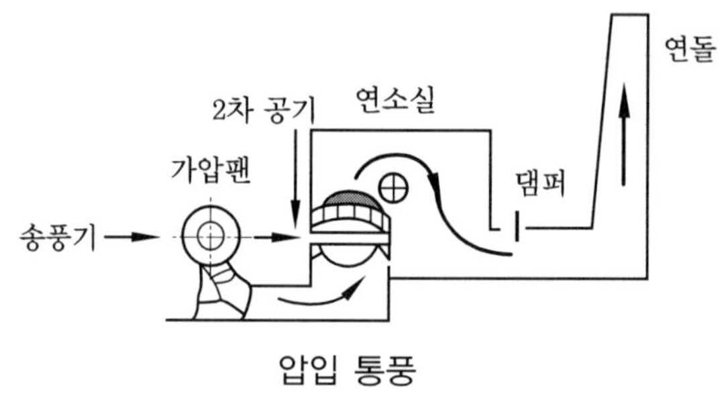

압입 통풍

② 흡인 통풍(induced draft)

이 통풍 방식은 제트(jet) 또는 흡인 송풍기(배풍기)를 연도 내에 설치하여 국부적인 진공을 만들고, 연소 가스를 흡인하여 연소실을 통하여 통풍을 일으키는 방식이다.

[흡인 통풍의 특징]

(가) 노 내 압력은 부압(−)이다.

(나) 배기가스 유속은 10 m/s 정도이다.

(다) 흡인 송풍기로서는 플레이트팬이 사용된다.

(라) 간단하여 고장률이 적다.

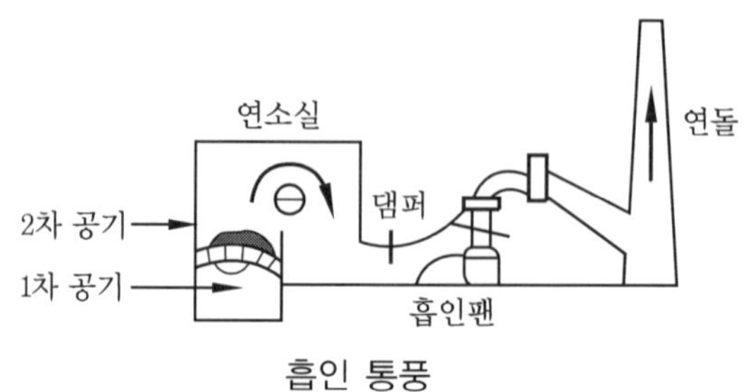

흡인 통풍

③ **평형 통풍(balanced draft)**

압입 통풍과 흡입 통풍을 겸한 형식이며 노 앞과 연도에 송풍기를 각각 설치하여 대기압 이상의 공기를 압입 송풍기로 노에 밀어 넣으나, 흡입 송풍기로 항상 대기압보다 약간 낮은 압력으로 유지시키는 통풍 방식이다.

[평형 통풍의 특징]

(가) 노 내 정압을 임의로 조정할 수 있다.

(나) 연소 조절이 쉽다.

(다) 통풍 저항이 큰 연소 장치도 강한 통풍력을 얻을 수 있다.

(라) 배기가스 유속은 10 m/s 이상이다.

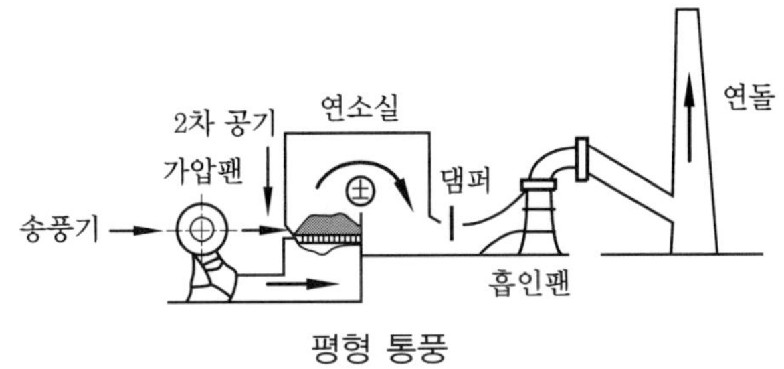

평형 통풍

2 통풍 장치

(1) 연돌에 의한 통풍력(자연 통풍력)

연돌에 의한 통풍력은 다음과 같다.

① 배기가스 온도가 높을수록 커진다.

② 외기 온도가 낮을수록 커진다(여름보다 겨울).

③ 연돌이 높을수록 커진다.

④ 연돌 끝 단면적이 적을수록 커진다$\left(Q = A \cdot v,\ v = \dfrac{Q}{A}\right)$.

⑤ 여름철보다 겨울철에 통풍력이 커진다.

⑥ 굴뚝 내 평 균가스 온도(대수 평균 온도)

$$t_m = \frac{t_1 - t_2}{\ln\left(\dfrac{t_1}{t_2}\right)}$$

여기서, t_m : 대수 평균 온도(℃), t_1 : 높은 온도(℃), t_2 : 낮은 온도(℃)

(2) 통풍력 계산(자연 통풍력)

자연 통풍력은 연돌의 높이와 비중량 차의 곱에 비례한다.

지금 연돌의 높이 H[m], 연돌 내 가스의 표준 상태 비중량 γ_{g0}[kg/Nm^3], 외부 공기의 표준 상태 비중량은 γ_{a0}[kg/Nm^3]이라고 하면 통풍력(Z)은 다음 식으로 정리된다.

$$Z = H(\gamma_a - \gamma_g)$$

여기서, γ_a : 비표준 상태의 공기의 밀도(비중량)[kg/m^3]
γ_g : 비표준 상태의 배기가스의 밀도(비중량)[kg/m^3]

$$\gamma_a = \gamma_{a0} \times \frac{273}{273+t_a} \times \frac{P_a}{760}\,[\text{kg/m}^3]$$

$$\gamma_g = \gamma_{g0} \times \frac{273}{273+t_g} \times \frac{P_g}{760}\,[\text{kg/m}^3]$$

여기서, t_a, t_g : 공기 및 배기가스 온도(℃), P_a, P_g : 공기 및 배기가스 압력(mmHg)

$P_a = P_g = 760$ mmHg라 가정하면

$$Z = H\left(\gamma_{a0} \times \frac{273}{273+t_a} - \gamma_{g0} \times \frac{273}{273+t_g}\right) = 273H\left(\frac{\gamma_{a0}}{T_a} - \frac{\gamma_{g0}}{T_g}\right)[\text{mmH}_2\text{O}]$$

또, $\gamma_{a0} = \gamma_{g0} = 1.3$ kg/Nm^{3}으로 하여 계산을 하면

$Z = 355H\left(\frac{1}{T_a} - \frac{1}{T_g}\right)$[mmH$_2$O]가 된다.

여기서, T_a, T_g : 외기 및 배기가스 절대 온도(K)

(3) 연돌의 단면적 계산

연돌의 단면적은 연도의 경우와 동일하게 연소 가스량 및 가스 속도의 지배를 받는다. 연돌은 설치 설계의 관계에서 상부 단면적을 구할 때 연소(배기) 가스량과 배기가스 속도와의 관계는 다음과 같다.

$Q_N = AV \times \frac{273}{273+t_g} \times \frac{P_g}{P}$에서

$$A = \frac{Q_N}{V \times \frac{273}{273+t_g} \times \frac{P_g}{P}} = \frac{Q_N \times \frac{273+t_g}{273} \times \frac{P}{P_g}}{V}$$

여기서, Q_N : 연소(배기) 가스량(Nm^3/s)(표준 상태), A : 상부 단면적(m^2),
V : 배기가스 속도(m/s)

(4) 댐퍼(damper)

① 댐퍼의 설치 목적

(가) 통풍력을 조절한다.

(나) 가스의 흐름을 차단한다.

(다) 주연도, 부연도가 있을 때 가스의 흐름을 전환시킨다.

② 작동 상태에 의한 분류

(가) 회전식 댐퍼

(나) 승강식 댐퍼

③ 형상에 의한 분류

(가) 버터플라이 댐퍼(butter-fly damper) : 소형 덕트(duct)에 많이 사용한다.

(나) 다익 댐퍼(sirocco fan damper) : 대형 덕트에 많이 사용한다.

(다) 스필리티 댐퍼(spilty damper) : 분지 덕트의 출구에 한하여 쓰이고, 풍량 조절용으로 많이 사용한다.

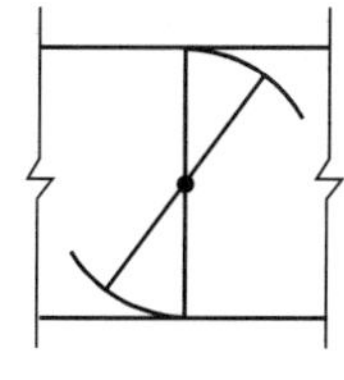
버터플라이 댐퍼

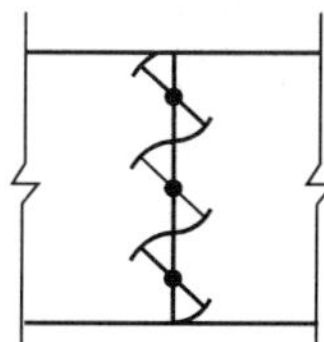
다익 댐퍼

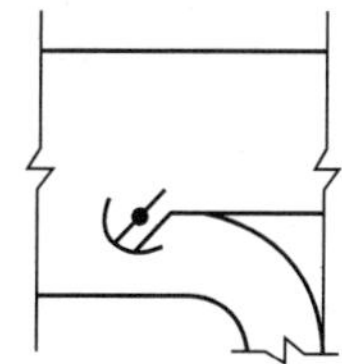
스필리티 댐퍼

2-1 연소실 내로 공급되는 연료를 연소시키기 위해 필요한 공기를 공급하는 통풍 방식 중 압입 통풍에 관한 설명으로 틀린 것은 어느 것인가? [16-1]

① 내압이 정압(+)으로 연소 효율이 좋다.
② 송풍기의 고장이 적고 점검 및 보수가 용이하다.
③ 역화의 위험성이 없다.
④ 흡인 통풍식보다 송풍기의 동력 소모가 적다.

해설 압입 통풍은 역화의 위험성이 있다.

2-2 흡입 통풍의 장점으로 가장 적합하지 않은 것은? [21-4]

① 통풍력이 크다.
② 연소용 공기를 예열할 수 있다.
③ 굴뚝의 통풍 저항이 큰 경우에 적합하다.
④ 노 내압이 부압(-)으로 역화의 우려가 없다.

해설 흡인 통풍과 연소용 공기 예열과는 관계없다.

정답 2-1 ③ 2-2 ②

2-3 50 m의 높이가 되는 굴뚝 내의 배출 가스 평균 온도가 300℃, 대기 온도가 20℃일 때 통풍력(mmH_2O)은? (단, 연소 가스 및 공기의 비중을 1.3 kg/Sm^3이라고 가정한다.) [20-4, 20-4]

① 약 15 ② 약 30
③ 약 45 ④ 약 60

해설 $Z = 355 \times H \times \left(\frac{1}{T_a} - \frac{1}{T_g}\right)$

$= 355 \times 50 \times \left\{\frac{1}{(273+20)} - \frac{1}{(273+300)}\right\}$

$= 29.6 \text{ mmH}_2\text{O}$

2-4 굴뚝 높이가 60 m, 대기 온도 27℃, 배기가스의 평균 온도가 137℃일 때, 통풍력을 1.5배 증가시키기 위해서 요구되는 배출 가스의 온도는? (단, 굴뚝의 높이는 일정하고, 배기가스와 대기의 비중량은 1.3 kg/Nm^3이다.) [16-1]

① 약 230℃ ② 약 280℃
③ 약 320℃ ④ 약 370℃

해설 $Z = 355 \times 60 \times \left\{\frac{1}{273+27} - \frac{1}{273+137}\right\}$

$= 19.04 \text{ mmH}_2\text{O}$

$19.04 \times 1.5 = 355 \times 60 \times \left\{\frac{1}{273+27} - \frac{1}{273+t_g}\right\}$

$\therefore t_g = 228.8℃$

2-5 자연 통풍력을 증대시키기 위한 방법과 가장 거리가 먼 것은? [16-2]

① 굴뚝을 높인다.
② 굴뚝 통로를 단순하게 한다.
③ 굴뚝 안의 가스를 냉각시킨다.
④ 굴뚝 가스의 체류 시간을 증가시킨다.

해설 $Z = H \times (\gamma_a - \gamma_g)$

$= 355 \times H \times \left\{\frac{1}{273+t_a} - \frac{1}{273+t_g}\right\}$

이므로 굴뚝 안의 가스를 냉각시키면 자연 통풍력은 줄어든다.

2-6 송풍기를 운전할 때 필요유량에 과부족을 일으켰을 때 송풍기의 유량 조절 방법에 해당하지 않는 것은? [12-4, 15-4, 18-2]

① 회전수 조절법
② 안내익 조절법
③ damper 부착법
④ 체거름 조절법

2-7 복합 국소 배기 장치에서 댐퍼 조절 평형법(또는 저항 조절 평형법)의 특징으로 옳지 않은 것은? [19-4]

① 오염 물질 배출원이 많아 여러 개의 가지 덕트를 주 덕트에 연결할 필요가 있는 경우 사용한다.
② 덕트의 압력 손실이 큰 경우 주로 사용한다.
③ 작업 공정에 따른 덕트의 위치 변경이 가능하다.
④ 설치 후 송풍량 조절이 불가능하다.

해설 풍량 조절이 가능하다.

정답 2-3 ② 2-4 ① 2-5 ③ 2-6 ④ 2-7 ④

4 과목

대기 오염 공정 시험 기준(방법)

Chapter 01 일반 분석

1-1 분석의 기초

1 총칙

목적 : 이 시험 방법은 대기환경보전법 제7조 규정에 의거 대기 오염 물질을 측정함에 있어서 측정의 정확 및 통일을 유지하기 위하여 필요한 제반 사항에 대하여 규정함을 목적으로 한다.

2 적용 범위

① 환경정책기본법 제10조 환경 기준 중 대기 환경 기준의 적합 여부, 대기 환경 보전법 제8조 배출 허용 기준의 적합 여부는 대기 오염 공정 시험 방법(이하 "공정 시험 방법"이라 한다)의 규정에 의하여 시험 판정한다.

② 대기 환경 보전법에 의한 오염 실태 조사는 따로 규정이 없는 한 공정 시험 방법의 규정에 의하여 시험한다.

1. 다음 설명은 대기 오염 공정 시험 기준 총칙의 설명이다. ( ) 안에 들어갈 단어로 가장 적합하게 나열된 것은? [14-4, 18-1]

> 이 시험 기준의 각 항에 표시한 검출 한계는 (㉠), (㉡) 등을 고려하여 해당되는 각 조의 조건으로 시험하였을 때 얻을 수 있는 (㉢)를 참고하도록 표시한 것이므로 실제 측정할 때는 그 목적에 따라 적당히 조정할 수도 있다.

	㉠	㉡	㉢		㉠	㉡	㉢
①	반복성	정밀성	바탕치	②	재현성	안정성	한계치
③	회복성	정량성	오차	④	재생성	정확성	바탕치

해설 공정 시험 기준 중 검출 한계에 대한 설명이다.

답 ②

1-1 배출 허용 기준 중 표준 산소 농도를 적용받는 항목에 대한 배출 가스량 보정식으로 옳은 것은? (단, Q : 배출 가스 유량(Sm^3/일), Q_a : 실측 배출 가스 유량(Sm^3/일), O_s : 표준 산소 농도(%), O_a : 실측 산소 농도(%)) [14-4, 20-1]

① $Q = Q_a \times \dfrac{O_s - 21}{O_a - 21}$

② $Q = Q_a \times \dfrac{O_a - 21}{O_s - 21}$

③ $Q = Q_a \div \dfrac{21 - O_s}{21 - O_a}$

④ $Q = Q_a \div \dfrac{21 - O_a}{21 - O_s}$

해설 ① 오염 물질 농도 보정

$$C = C_a \times \frac{21 - O_s}{21 - O_a}$$

② 배출 가스 유량 보정

$$Q = Q_a \div \frac{21 - O_s}{21 - O_a}$$

1-2 어떤 사업장의 굴뚝에서 실측한 배출 가스 중 A오염 물질의 농도가 600 ppm이었다. 이때 표준 산소 농도는 6%, 실측 산소 농도는 8%이었다면 이 사업장의 배출 가스 중 보정된 A오염 물질의 농도는? (단, A오염 물질은 배출 허용 기준 중 표준 산소 농도를 적용받는 항목이다.) [14-1, 17-2, 18-1, 19-1, 20-4, 21-1, 21-4]

① 약 486 ppm
② 약 520 ppm
③ 약 692 ppm
④ 약 768 ppm

해설 $C = C_a \times \dfrac{21 - O_s}{21 - O_a}$

여기서, C : 오염 물질 농도(mg/Sm^3 또는 ppm)
O_s : 표준 산소 농도(%)
O_a : 실측 산소 농도(%)
C_a : 실측 오염 물질 농도 (mg/Sm^3 또는 ppm)

$$C = 600 \times \frac{21-6}{21-8} = 692.3\text{ppm}$$

1-3 배출 허용 기준 중 표준 산소 농도를 적용받는 항목의 오염 물질 농도 보정식으로 옳은 것은? [단, C : 오염 물질 농도(mg/Sm^3 또는 ppm), C_a : 실측 오염 물질 농도(mg/Sm^3 또는 ppm), O_a : 실측 산소 농도(%), O_s : 표준 산소 농도(%)] [15-4]

① $C = C_a \times \dfrac{21 - O_s}{21 - O_a}$

② $C = C_a \times \dfrac{21 - O_s}{21 + O_a}$

③ $C = C_a \div \dfrac{21 - O_s}{21 - O_a}$

④ $C = C_a \div \dfrac{21 - O_s}{21 + O_a}$

정답 1-1 ③ 1-2 ③ 1-3 ①

1-2 일반 분석

1 단위 및 농도, 온도 표시

2. 화학 분석 일반 사항에 관한 설명으로 옳지 않은 것은? [19-2]

① 1억분율은 ppm, 10억분율은 pphm으로 표시한다.
② 실온은 1~35℃로 하고, 찬 곳을 따로 규정이 없는 한 0~15℃의 곳을 뜻한다.
③ "냉후"(식힌 후)라 표시되어 있을 때는 보온 또는 가열 후 실온까지 냉각된 상태를 뜻한다.
④ 액의 농도를 (1→2), (1→5) 등으로 표시한 것을 그 용질의 성분이 고체일 때는 1 g을, 액체일 때는 1 mL를 용매에 녹여 전량을 각각 2 mL 또는 5 mL로 하는 비율을 뜻한다.

해설 농도 표시

㉮ 중량 백분율로 표시할 때는 %의 기호를 사용한다.
㉯ 액체 100 mL 중의 성분 질량(g) 또는 기체 100 mL 중의 성분 질량(g)을 표시할 때는 W/V%의 기호를 사용한다.
㉰ 액체 100 mL 중의 성분 용량(mL) 또는 기체 100 mL 중의 성분 용량(mL)을 표시할 때는 V/V%의 기호를 사용한다.
㉱ 백만분율(parts per million)을 표시할 때는 ppm의 기호를 사용하며 따로 표시가 없는 한 기체일 때는 용량 대 용량(V/V), 액체일 때는 중량 대 중량(W/W)을 표시한 것을 뜻한다.
㉲ 1억분율(parts per hundred million)은 pphm, 10억분율(parts per billion)은 ppb로 표시하고 따로 표시가 없는 한 기체일 때는 용량 대 용량(V/V), 액체일 때는 중량 대 중량(W/W)을 표시한 것을 뜻한다(1 ppm=100 pphm=1,000 ppb).
㉳ 기체 중의 농도를 mg/m^3로 표시했을 때는 m^3은 표준 상태(0℃, 1기압)의 기체 용적을 뜻하고 Sm^3로 표시한 것과 같다. 그리고 am^3로 표시한 것은 실측 상태(온도·압력)의 기체 용적을 뜻한다.

답 ①

2-1 온도 표시에 관한 설명으로 옳지 않은 것은? [17-2]

① "냉후"(식힌 후)라 표시되어 있을 때는 보온 또는 가열 후 실온까지 냉각된 상태를 뜻한다.

② 상온은 15~25℃, 실온은 1~35℃로 한다.

③ 찬 곳(冷所)은 따로 규정이 없는 한 0~5℃를 뜻한다.

④ 온수(溫水)는 60~70℃이고, 열수(熱水)는 약 100℃를 말한다.

해설 온도 표시

㉮ 온도의 표시는 셀시우스(Celsius)법에 따라 아라비아 숫자의 오른쪽에 ℃를 붙인다. 절대 온도는 K로 표시하고 절대 온도 0[K]는 −273℃로 한다.

㉯ 표준 온도는 0℃, 상온은 15~25℃, 실온은 1~35℃로 하고, 찬 곳은 따로 규정이 없는 한 0~15℃의 곳을 뜻한다.

㉰ 냉수는 15℃ 이하, 온수는 60~70℃, 열수는 약 100℃를 말한다.

㉱ "수욕상 또는 수욕 중에서 가열한다"라 함은 따로 규정이 없는 한 수온 100℃에서 가열함을 뜻하고 약 100℃ 부근의 증기욕을 대응할 수 있다.

㉲ "냉후"(식힌 후)라 표시되어 있을 때는 보온 또는 가열 후 실온까지 냉각된 상태를 뜻한다.

※ 각 조의 시험은 따로 규정이 없는 한 상온에서 조작하고 조작 직후 그 결과를 관찰한다.

2-2 대기 오염 공정 시험 기준상 일반 시험 방법에 관한 설명으로 옳은 것은? [17-1]

① 상온은 15~25℃, 실온은 1~35℃로 하고, 찬 곳은 따로 규정이 없는 한 4℃ 이하의 곳을 뜻한다.

② 냉후(식힌 후)라 표시되어 있을 때는 보온 또는 가열 후 상온까지 냉각된 상태를 뜻한다.

③ 시험은 따로 규정이 없는 한 상온에서 조작하고 조작 직후 그 결과를 관찰한다.

④ 냉수는 4℃ 이하, 온수는 50~60℃, 열수는 100℃를 말한다.

2-3 대기 오염 공정 시험 기준 총칙상의 용어 정의로 옳지 않은 것은? [21-1]

① 냉수는 4℃ 이하, 온수는 60~70℃, 열수는 약 100℃를 말한다.

② 시험에 사용하는 시약은 따로 규정이 없는 한 특급 또는 1급 이상 또는 이와 동등한 규격의 것을 사용하여야 한다.

③ 기체 중의 농도를 mg/m^3로 나타냈을 때 m^3은 표준 상태의 기체 용적을 뜻하는 것으로 Sm^3로 표시한 것과 같다.

④ ppm의 기호는 따로 표시가 없는 한 기체일 때는 용량 대 용량(V/V), 액체일 때는 중량 대 중량(W/W)으로 표시한 것을 뜻한다.

정답 2-1 ③ 2-2 ③ 2-3 ①

2 시험의 기재 및 용어

2-4 대기 오염 공정 시험 기준 총칙상의 시험 기재 및 용어에 관한 내용으로 옳지 않은 것은? [21-1]

① 시험 조작 중 "즉시"란 30초 이내에 표시된 조작을 하는 것을 뜻한다.
② "감압 또는 진공"이라 함은 따로 규정이 없는 한 50 mmHg 이하를 뜻한다.
③ 용액의 액성 표시는 따로 규정이 없는 한 유리 전극법에 의한 pH미터로 측정한 것을 뜻한다.
④ 액체 성분의 양을 "정확히 취한다"는 홀피펫, 눈금플라스크 또는 이와 동등 이상의 정도를 갖는 용량계를 사용하여 조작하는 것을 뜻한다.

해설 시험의 기재 및 용어

㉮ "정확히 단다"라 함은 규정한 양의 검체를 취하여 분석용 저울로 0.1 mg까지 다는 것을 뜻한다(소수점 4째 자리까지 : 0.0001 g).

㉯ 액체 성분의 양을 "정확히 취한다"라 함은 홀 피펫, 메스플라스크 또는 이와 동등 이상의 정도를 갖는 용량계를 사용하여 조작하는 것을 뜻한다.

㉰ "항량이 될 때까지 건조한다 또는 강열한다"라 함은 따로 규정이 없는 한 보통의 건조 방법으로 1시간 더 건조 또는 강열할 때 전후 무게의 차가 매 g당 0.3 mg 이하일 때를 뜻한다.

㉱ 시험 조작 중 "즉시"란 30초 이내에 표시된 조작을 하는 것을 뜻한다.

㉲ "감압 또는 진공"이라 함은 따로 규정이 없는 한 15 mmHg 이하를 뜻한다.

㉳ "이상", "초과", "이하", "미만" 이라고 기재하였을 때, 이 자가 쓰여진 쪽은 어느 것이나 기산점 또는 기준점인 숫자를 포함하며, "미만" 또는 "초과"는 기산점 또는 기준점의 숫자는 포함하지 않는다. 또 "a~b"라 표시한 것은 a 이상 b 이하임을 뜻한다.

㉴ "바탕시험(공시험)을 하여 보정한다"함은 시료에 대한 처리 및 측정을 할 때 시료를 사용하지 않고 같은 방법으로 조작한 측정치를 빼는 것을 뜻한다.

㉵ 시료의 시험, 바탕시험 및 표준액에 대한 시험을 일련의 동일시험으로 행할 때 사용하는 시약 또는 시액은 동일 로트(lot)로 조제된 것을 사용한다.

㉶ "정량적으로 씻는다"함은 어떤 조작으로부터 다음 조작으로 넘어갈 때 사용한 비커, 플라스크 등의 용기 및 여과막 등에 부착된 정량 대상 성분을 사용한 용매로 씻어 그 세액을 합하고 먼저 사용한 같은 용매를 채워 일정 용량으로 하는 것을 뜻한다.

㉷ 용액의 액성 표시는 따로 규정이 없는 한 유리 전극법에 의한 pH미터로 측정한 것을 뜻한다.

2-5 다음은 시험의 기재 및 용어에 관한 설명이다. ( ) 안에 알맞은 것은 어느 것인가? [16-2, 19-2]

> 시험 조작 중 "즉시"란 (㉠) 이내에 표시된 조작을 하는 것을 뜻하며, "감압 또는 진공"이라 함은 따로 규정이 없는 한 (㉡) 이하를 뜻한다.

① ㉠ 10초, ㉡ 15 mmH_2O
② ㉠ 10초, ㉡ 15 mmHg
③ ㉠ 30초, ㉡ 15 mmH_2O
④ ㉠ 30초, ㉡ 15 mmHg

정답 2-4 ② 2-5 ④

2-6 시험 분석에 사용하는 용어 및 기재 사항에 관한 설명으로 옳지 않은 것은? [19-4]

① "약"이란 그 무게 또는 부피에 대하여 ±10 % 이상의 차가 있어서는 안된다.
② "정확히 단다"라 함은 규정한 양의 검체를 취하여 분석용 저울로 0.1 mg까지 다는 것을 뜻한다.
③ "항량이 될 때까지 건조한다 또는 강열한다"라 함은 따로 규정이 없는 한 보통의 건조 방법으로 30분간 더 건조 또는 강열할 때 전후 무게의 차가 0.3 mg 이하일 때를 뜻한다.
④ 액체 성분의 양을 "정확히 취한다"라 함은 홀피펫, 눈금플라스크 또는 이와 동등 이상의 정도를 갖는 용량계를 사용하여 조작하는 것을 뜻한다.

해설 ③ 30분간 → 1시간

2-7 대기 오염 공정 시험 기준상 분석 시험에 있어 기재 및 용어에 관한 설명으로 옳은 것은? [13-1, 20-1]

① 시험 조작 중 "즉시"란 10초 이내에 표시된 조작을 하는 것을 뜻한다.
② "감압 또는 진공"이라 함은 따로 규정이 없는 한 10 mmHg 이하를 뜻한다.
③ 용액의 액성 표시는 따로 규정이 없는 한 유리 전극법에 의한 pH미터로 측정한 것을 뜻한다.
④ "정확히 단다"라 함은 규정한 양의 검체를 취하여 분석용 저울로 0.3 mg까지 다는 것을 뜻한다.

해설 ① 10초 → 30초
② 10 mmHg → 15 mmHg
④ 0.3 mg → 0.1 mg

2-8 대기 오염 공정 시험 기준의 화학 분석 일반 사항에서 시험의 기재 및 용어에 관한 설명으로 거리가 먼 것은? [16-1]

① 액체 성분의 양을 "정확히 취한다" 함은 메스피펫, 메스실린더 정도의 정확도를 갖는 용량계 사용을 말한다.
② 시험 조작 중 "즉시"란 30초 이내에 표시된 조작을 하는 것을 말한다.
③ "항량이 될 때까지 건조한다"라 함은 따로 규정이 없는 한 보통의 건조 방법으로 1시간 더 건조 시, 전후 무게의 차가 매 g당 0.3 mg 이하일 때를 말한다.
④ "정확히 단다"라 함은 규정한 량의 검체를 취하여 분석용 저울로 0.1 mg까지 다는 것을 뜻한다.

해설 액체 성분의 양을 "정확히 취한다"함은 홀피펫, 메스플라스크 또는 이와 동등 이상의 정도를 갖는 용량계를 사용하여 조작하는 것을 뜻한다.

2-9 대기 오염 공정 시험 기준 총칙에 관한 내용으로 옳지 않은 것은? [21-2]

① 정확히 단다 – 분석용 저울로 0.1 mg까지 측정
② 용액의 액성 표시 – 유리 전극법에 의한 pH미터로 측정
③ 액체 성분의 양을 정확히 취한다 – 피펫, 삼각플라스크를 사용해 조작
④ 여과용 기구 및 기기를 기재하지 아니하고 여과한다 – KS M 7602 거름종이 5종 또는 이와 동등한 여과지를 사용해 여과

2-10 염산(1+4)라고 되어 있을 때, 실제 조제할 경우 어떻게 하는가? [17-1, 21-2]

정답 2-6 ③ 2-7 ③ 2-8 ① 2-9 ③ 2-10 ③

① 염산 1 mL를 물 2 mL에 혼합한다.
② 염산 1 mL를 물 3 mL에 혼합한다.
③ 염산 1 mL를 물 4 mL에 혼합한다.
④ 염산 1 mL를 물 5 mL에 혼합한다.

해설 (1) 물

시험에 사용하는 물은 따로 규정이 없는 한 정제증류수 또는 이온교환수지로 정제한 탈염수를 사용한다.

(2) 액의 농도

㉮ 단순히 용액이라 기재하고, 그 용액의 이름을 밝히지 않은 것은 수용액을 뜻한다.

㉯ 혼액(1+2), (1+5), (1+5+10) 등으로 표시한 것은 액체상의 성분을 각각 1용량 대 2용량, 1용량 대 5용량 또는 1용량 대 5용량 대 10용량의 비율로 혼합한 것을 뜻하며, (1 : 2), (1 : 5), (1 : 5 : 10) 등으로 표시할 수도 있다. 보기를 들면, 황산(1+2) 또는 황산(1 : 2)라 표시한 것은 황산 1용량에 물 2용량을 혼합한 것이다.

㉰ 액의 농도를 (1→2), (1→5) 등으로 표시한 것은 그 용질의 성분이 고체일 때는 1 g을, 액체일 때는 1 mL를 용매에 녹여 전량을 각각 2 mL 또는 5 mL로 하는 비율을 뜻한다.

2-11 액의 농도에 관한 설명으로 옳지 않은 것은? [17-4, 20-1]

① 단순히 용액이라 기재하고 그 용액의 이름을 밝히지 않은 것은 수용액을 뜻한다.
② 혼액(1+2)은 액체상의 성분을 각각 1용량 대 2용량의 비율로 혼합한 것을 뜻한다.
③ 황산(1 : 7)은 용질이 액체일 때 1 mL를 용매에 녹여 전량을 7 mL로 하는 것을 뜻한다.
④ 액의 농도를 (1→ 5)로 표시한 것은 그 용질의 성분이 고체일 때는 1 g을 용매에 녹여 전량을 5 mL로 하는 비율을 말한다.

해설 황산(1 : 7)은 용질이 액체일 때 용질 1 mL를 용매 7 mL에 녹이는 것을 말한다.

2-12 다음 액체 시약 중 비중이 가장 큰 것은?(단, 브롬의 원자량은 79.9, 염소는 35.5, 요오드는 126.9이다.) [12-4, 18-4]

① 브롬화수소산(HBr, 농도 : 49 %)
② 염산(HCl, 농도 : 37 %)
③ 질산(HNO_3, 농도 : 62 %)
④ 요오드화수소산(HI, 농도 : 58 %)

해설 ① 1.48, ② 1.18, ③ 1.38, ④ 1.7

액체의 비중은 분자량과 관계없고 암기해야 한다.

2-13 대기 오염 공정 시험 기준의 총칙에 근거한 "방울수"의 의미로 가장 적합한 것은? [18-4]

① 20℃에서 정제수 20방울을 떨어뜨릴 때 그 부피가 약 1 mL 되는 것을 뜻한다.
② 20℃에서 정제수 10방울을 떨어뜨릴 때 그 부피가 약 1 mL 되는 것을 뜻한다.
③ 0℃에서 정제수 10방울을 떨어뜨릴 때 그 부피가 약 1 mL 되는 것을 뜻한다.
④ 0℃에서 정제수 1방울을 떨어뜨릴 때 그 부피가 약 1 mL 되는 것을 뜻한다.

해설 방울수(적수)

방울수라 함은 20℃에서 정제수 20방울을 떨어뜨릴 때 그 부피가 약 1 mL가 되는 것을 뜻한다.

정답 2-11 ③ 2-12 ④ 2-13 ①

2-14 대기 오염 공정 시험 기준상 따로 규정이 없는 한 시험에 사용하는 ㉠ 시약 명칭, ㉡ 화학식, ㉢ 농도(%), ㉣ 비중(약) 기준으로 옳은 것은? [14-1, 19-4]

① ㉠ 암모니아수, ㉡ NH_4OH, ㉢ 30.0~34.0(NH_3로서), ㉣ 1.05
② ㉠ 요오드화수소산, ㉡ HI, ㉢ 46.0~48.0, ㉣ 1.25
③ ㉠ 브롬화수소산, ㉡ HBr, ㉢ 47.0~49.0, ㉣ 1.48
④ ㉠ 과염소산, ㉡ H_2ClO_3, ㉢ 60.0~62.0, ㉣ 1.34

해설

명칭	화학식	농도(%)	비중(약)
염산	HCl	35.0~37.0	1.18
질산	HNO_3	60.0~62.0	1.38
황산	H_2SO_4	95 % 이상	1.84
초산	CH_3COOH	99.0 % 이상	1.05
인산	H_3PO_4	85.0 % 이상	1.69
암모니아수	NH_4OH	28.0~30.0(NH_3로서)	0.90
과산화수소수	H_2O_2	30.0~35.0	1.11
불화수소산	HF	46.0~48.0	1.14
요오드화수소산	HI	55.0~58.0	1.70
브롬화수소산	HBr	47.0~49.0	1.48
과염소산	$HClO_4$	60.0~62.0	1.54

2-15 대기 오염 공정 시험 기준상 일반 화학 분석에 대한 공통적인 사항으로 따로 규정이 없는 경우 사용해야 하는 시약의 규격으로 옳지 않은 것은? [15-1, 17-4, 20-2]

	명칭	농도(%)	비중(약)
가	암모니아수	32.0~38.0(NH_3로서)	1.38
나	플루오르화수소	46.0~48.0	1.14
다	브롬화수소	47.0~49.0	1.48
라	과염소산	60.0~62.0	1.54

① 가
② 나
③ 다
④ 라

해설 암모니아수 : 농도는 28.0~30.0(NH_3로서)이고, 비중은 약 0.9이다.

정답 **2-14** ③ **2-15** ①

2-16 **다음은 화학 분석 일반 사항에 대한 규정이다. 옳지 않은 것은?** [15-2, 20-2]

① "약"이란 그 무게 또는 부피에 대하여 ±10 % 이상의 차가 있어서는 안 된다.

② 방울수라 함은 10℃에서 정제수 10방울을 떨어뜨릴 때 그 부피가 약 1 mL되는 것을 뜻한다.

③ 밀봉 용기라 함은 물질을 취급 또는 보관하는 동안에 기체 또는 미생물이 침입하지 않도록 내용물을 보호하는 용기를 뜻한다.

④ 냉수(冷水)는 15℃ 이하, 온수(溫水)는 60~70℃, 열수(熱水)는 약 100℃를 말한다.

해설 ② 10℃에서 정제수 10방울을→20℃에서 정제수 20방울을

2-17 **대기 오염 공정 시험 기준상의 용어 정의 및 규정에 관한 내용으로 옳은 것은 어느 것인가?** [18-1, 21-4]

① "약"이란 그 무게 또는 부피에 대해 ±1 % 이상의 차가 있어서는 안 된다.

② 상온은 15~25℃, 실온은 1~35℃, 찬 곳은 따로 규정이 없는 한 0~15℃의 곳을 뜻한다.

③ 방울수라 함은 20℃에서 정제수 10방울을 떨어뜨릴 때 그 부피가 약 1 mL 되는 것을 뜻한다.

④ 10억분율은 pphm으로 표시하고 따로 표시가 없는 한 기체일 때는 용량 대 용량(V/V), 액체일 때는 중량 대 중량(W/W)을 표시한 것을 뜻한다.

해설 ① ±1 % 이상 → ±10 % 이상
③ 10방울 → 20방울
④ 10억분율 → 1억분율

2-18 **화학 분석 일반 사항에 관한 규정 중 규정된 시약, 시액, 표준 물질에 관한 사항으로 옳지 않은 것은?** [14-2]

① 시험에 사용하는 표준품은 원칙적으로 특급 시약을 사용한다.

② 표준액을 조제하기 위한 표준용 시약은 따로 규정이 없는 한 데시케이터에 보존된 것을 사용한다.

③ 표준품을 채취할 때 표준액이 정수로 되어 있는 경우는 실험자가 환산하여 기재 수치에 "약" 자를 붙여 사용할 수 없다.

④ "약"이란 그 무게 또는 부피에 대하여 ±10 % 이상의 차가 있어서는 안 된다.

해설 시약, 시액, 표준 물질

㉮ 시험에 사용하는 시약은 따로 규정이 없는 한 특급 또는 1급 이상 또는 이와 동등한 규격의 것을 사용하여야 한다.
단, 단순히 염산, 질산, 황산 등으로 표시하였을 때는 따로 규정이 없는 한 다음 표에 규정한 농도 이상의 것을 뜻한다.

㉯ 시험에 사용하는 표준품은 원칙적으로 특급 시약을 사용하며 표준액을 조제하기 위한 표준용 시약은 따로 규정이 없는 한 데시케이터 보존된 것을 사용한다.

㉰ 표준품을 채취할 때 표준액이 정수로 기재되어 있어도 실험자가 환산하여 기재 수치에 "약"자를 붙여 사용할 수 있다.

㉱ "약"이란 그 무게 또는 부피에 대하여 ±10 % 이상의 차가 있어서는 안 된다.

정답 2-16 ② 2-17 ② 2-18 ③

3 시험 기구 및 용기

2-19 다음 중 물질을 취급 또는 보관하는 동안에 기체 또는 미생물이 침입하지 않도록 내용물을 보호하는 용기를 뜻하는 것은 어느 것인가? [20-4]

① 기밀 용기
② 밀폐 용기
③ 밀봉 용기
④ 차광 용기

해설 용기

㉮ 밀폐 용기라 함은 물질을 취급 또는 보관하는 동안에 이물이 들어가거나 내용물이 손실되지 않도록 보호하는 용기를 뜻한다.

㉯ 기밀 용기라 함은 물질을 취급 또는 보관하는 동안에 외부로부터의 공기 또는 다른 가스가 침입하지 않도록 내용물을 보호하는 용기를 뜻한다.

㉰ 밀봉 용기라 함은 물질을 취급 또는 보관하는 동안에 기체 또는 미생물이 침입하지 않도록 내용물을 보호하는 용기를 뜻한다.

㉱ 차광 용기라 함은 광선을 투과하지 않은 용기 또는 투과하지 않게 포장을 한 용기로서 취급 또는 보관하는 동안에 내용물의 광화학적 변화를 방지할 수 있는 용기를 뜻한다.

2-20 "물질을 취급 또는 보관하는 동안에 이물(異物)이 들어가거나 내용물이 손실되지 않도록 보호하는 용기"로 정의되는 것은 어느 것인가? [12-4, 15-4]

① 차광 용기
② 밀폐 용기
③ 기밀 용기
④ 밀봉 용기

2-21 화학 분석 일반 사항에 관한 규정으로 옳은 것은? [18-2]

① 방울수라 함은 20℃에서 정제수 20방울을 떨어뜨릴 때 그 부피가 약 10 mL 되는 것을 뜻한다.
② 기밀 용기라 함은 물질을 취급 또는 보관하는 동안에 기체 또는 미생물이 침입하지 않도록 내용물을 보호하는 용기를 뜻한다.
③ "감압 또는 진공"이라 함은 따로 규정이 없는 한 15 mmHg 이하를 뜻한다.
④ 시험 조작 중 "즉시"란 10초 이내에 표시된 조작을 하는 것을 뜻한다.

해설 ① 약 10 mL → 약 1 mL
② 기체 또는 미생물이 → 공기 또는 다른 가스가
④ 10초 → 30초

정답 2-19 ③ 2-20 ② 2-21 ③

4 시험 결과의 표시 및 검토 등

① 시험 결과의 표시 단위는 따로 규정이 없는 한 가스상 성분은 ppm 또는 ppb(V/V)로, 입자상 성분은 mg/m^3 또는 $\mu g/m^3$으로 표시한다.

② 이 시험에서 사용하는 분석용 저울은 적어도 0.1 mg까지 달 수 있는 것이어야 하며, 분석용 저울 및 분동은 국가검정을 필한 것을 사용하여야 한다.

2-22 비중이 1.88, 농도 97 %(중량 %)인 농황산(H_2SO_4)의 규정 농도(N)는 얼마인가? [12-1, 15-2]

① 18.6 N ② 24.9 N

③ 37.2 N ④ 49.8 N

해설 (1) M농도(mal/L)=몰농도

㉮ 용질의 질량(g)과 용액의 용량(ml)이 주어지면

M	G	C	(비례식 사용)
1	분자량g	1,000 mL	
x_1	x_2	x_3	

㉯ 비중(밀도)과 %농도가 주어지면

$$M\text{농도} = \frac{\text{비중} \times 10 \times \%}{\text{분자량}}$$

(2) N농도(노르말농도=당량/l)

㉮ 용질의 질량(g)과 용액의 용량(mL)이 주어지면

N	G	C	(비례식 사용)
1	1당량값	1,000 mL	
x_1	x_2	x_3	

㉯ 비중(밀도)과 %농도가 주어지면

$$N\text{농도} = \frac{\text{비중} \times 10 \times \%}{1\text{당량값}}$$

(3) M농도와 N농도와의 관계

1 M농도(1가)=1 N농도

1 M농도(2가)=2 N농도

1 M농도(3가)=3 N농도

(4) 중화 반응 공식(혹은 증류수로 묽게 할 때)

$NVf = N'V'f'$

여기서, N, N' : 노르말 농도(N)

V, V' : 용액의 용량(mL)

f, f' : 역가

(5) $PH = -\log[H^+]$

POH=14−PH

즉, 위의 문제를 풀이하면

$$N\text{농도} = \frac{\text{비중} \times 10 \times \%}{1\text{당량값}} = \frac{1.88 \times 10 \times 97}{49} = 37.2\text{ N}$$

2-23 시판되는 염산 시약의 농도가 35 %이고 비중이 1.18인 경우 0.1 M의 염산 1L를 제조할 때 시판 염산 시약 약 몇 mL를 취하여 증류수로 희석하여야 하는가? [18-4]

① 3 ② 6

③ 9 ④ 15

해설 $NV = N'V'$ (염산 1 M=1 N)

$$0.1 \times 1{,}000 = \frac{1.18 \times 10 \times 35}{36.5} \times x$$

$$\therefore x = \frac{0.1 \times 1{,}000}{\dfrac{1.18 \times 10 \times 35}{36.5}} = 8.83\text{ mL}$$

정답 2-22 ③ 2-23 ③

2-24 배출 가스 중 황산화물을 분석하기 위하여 중화 적정법에 의해 설파민산 표준 시약 2.0 g을 물에 녹여 250 mL로 하고, 이 용액 25 mL를 분취하여 N/10-NaOH으로 중화 적정한 결과 21.6 mL가 소요되었다. 이때 N/10-NaOH 용액의 factor값은 얼마인가?(단, 설파민산의 분자량은 97.1이다.) [14-4, 17-4]

① 0.90 ② 0.95
③ 1.00 ④ 1.05

해설 설파민산 화학식 : NH_2SO_3H(1가)

N G C
1 : 97.1 : 1,000
x : 2 : 250

$$\therefore\ x = \frac{1 \times 2 \times 1{,}000}{97.1 \times 250} = 0.0823\,\text{N}$$

$$NVf = N'V'f'$$

$$\therefore\ f' = \frac{NVf}{N'V'} = \frac{0.0823 \times 25 \times 1}{0.1 \times 21.6} = 0.952$$

2-25 굴뚝 배출 가스 중 황산화물을 중화 적정법으로 분석할 때 사용하는 N/10 수산화나트륨 용액을 표정하기 위하여 설파민산 2.5 g을 정확히 달아 물에 녹여 250 mL 용량플라스크에 옮겨 넣고 물로 표선까지 채워 만들었다. 표정 시 적정에서 사용한 N/10 수산화나트륨 용액의 양이 250 mL일 경우 역가(f)는?(단, 설파민산(NH_2SO_3H)의 분자량은 97) [12-4]

① 0.94 ② 0.97
③ 1.03 ④ 1.13

해설 우선 설파민산(NH_2SO_3H)

N G C
1 : 97 : 1,000
x : 2.5 : 250

$\therefore\ x = 0.103\,\text{N}$

$NVf = N'V'f'$

$0.103 \times 250 \times 1 = 0.1 \times 250 \times f'$

$f' = 1.03$

2-26 굴뚝 배출 가스량이 125 Sm^3/h이고 HCl 농도가 200 ppm일 때, 5,000 L 물에 2시간 흡수시켰다. 이때 이 수용액의 pOH는?(단, 흡수율은 60 %이다.) [20-2]

① 8.5 ② 9.3
③ 10.4 ④ 13.3

해설 pOH를 알기 위해서는 pH 값을 알아야 한다.

pH를 알기 위해서는 $[H^+]$의 mol/L 값을 알아야 한다.

$[H^+]$ M농도(mol/L)

$$= \frac{\left[\begin{array}{l}\text{불순물 농도}(\text{mL/m}^3) \times \text{배기가스유량}(\text{m}^3/\text{h}) \\ \times \text{시간(h)} \times 10^{-3}\text{L/mL} \times \dfrac{\text{분자량g}}{22.4\text{L}} \\ \times \dfrac{1\text{mol}}{\text{분자량g}} \times \dfrac{\text{흡수율}}{100}\end{array}\right]}{\text{물의 양}(\text{m}^3) \times 10^3\text{L/m}^3}$$

$$= \frac{\left[\begin{array}{l}200\text{mL/m}^3 \times 125\text{Sm}^3/\text{h} \times 2\text{h} \\ \times 10^{-3}\text{L/mL} \times \dfrac{36.5\text{g}}{22.4\text{L}} \times \dfrac{1\text{mol}}{36.5\text{g}} \times \dfrac{60}{100}\end{array}\right]}{5{,}000\text{L}}$$

$= 2.678 \times 10^{-4}$ mol/L[HCl]

$= 2.678 \times 10^{-4}$ M[HCl]

$= 2.678 \times 10^{-4}$ M$[H^+]$

$\therefore\ \text{pH} = -\log[H^+]$

$= -\log(2.678 \times 10^{-4})$

$= 3.572$

$\therefore\ \text{pOH} = 14 - \text{pH} = 14 - 3.572$

$= 10.428$

정답 2-24 ② 2-25 ③ 2-26 ③

1-3 ∘ 기기 분석

1 기체 크로마토그래피

3. 기체 크로마토그래피에 관한 설명으로 옳지 않은 것은? [19-2]

① 기체 시료 또는 기화한 액체나 고체 시료를 운반 가스에 의하여 분리, 관 내에 전개, 응축시켜 액체 상태로 각 성분을 분리 분석한다.

② 일반적으로 대기의 무기물 또는 유기물의 대기 오염 물질에 대한 정성, 정량 분석에 이용된다.

③ 일정 유량으로 유지되는 운반 가스는 시료 도입부로부터 분리관 내를 흘러서 검출기를 통해 외부로 방출된다.

④ 시료 도입부로부터 기체, 액체 또는 고체 시료를 도입하면 기체는 그대로, 액체나 고체는 가열 기화되어 운반 가스에 의하여 분리관 내로 송입된다.

해설 원리 및 적용 범위

이 법은 기체 시료 또는 기화한 액체나 고체 시료를 운반 가스(carrier gas : H_2, N_2, He에 의하여 분리, 관 내에 전개시켜 기체 상태에서 분리되는 각 성분을 크로마토그래피적으로 분석하는 방법으로 일반적으로 무기물 또는 유기물의 대기 오염 물질에 대한 정성, 정량 분석에 이용한다.

① 응축시켜 액체 상태로 → 기체 상태에서 분리되는

답 ①

3-1 기체 – 고체 크로마토그래피에서 분리관 내경이 3 mm일 경우 사용되는 흡착제 및 담체의 입경 범위(μm)로 가장 적합한 것은? (단, 흡착성 고체 분말, 100~80 mesh 기준) [12-4, 18-2]

① 120~149μm ② 149~177μm

③ 177~250μm ④ 250~590μm

해설 흡착형 충전물

분리관 내경(mm)	흡착제 및 담체의 입경 범위(μm)
3	149~177(100~80 mesh)
4	177~250(80~60 mesh)
5~6	250~590(60~28 mesh)

3-2 기체 – 고체 크로마토그래피법에서 사용하는 흡착형 충전물과 거리가 먼 것은 어느 것인가? [19-2]

① 알루미나 ② 활성탄

③ 담체 ④ 실리카겔

해설 여기서 사용하는 흡착성 고체 분말은 실리카겔, 활성탄, 알루미나, 합성제올라이트(zeolite) 등이다.

※ 담체란 시료 및 고정상 액체에 대하여 불활성인 것으로 규조토, 내화벽돌, 유리, 석영, 합성수지 등을 말한다.

※ 분배형 충전 물질 : 기체 – 액체 크로마토그래프법에서는 위에 표시한 입경 범

정답 3-1 ② 3-2 ③

위에서의 적당한 담체에 고정상 액체를 함침시킨 것을 충전물로 사용한다.

3-3 **기체－액체 크로마토그래피에서 사용되는 고정상 액체(stationary liquid)의 조건으로 옳은 것은?** [13-4, 20-4]

① 사용 온도에서 증기압이 낮고, 점성이 작은 것이어야 한다.
② 사용 온도에서 증기압이 낮고, 점성이 큰 것이어야 한다.
③ 사용 온도에서 증기압이 높고, 점성이 작은 것이어야 한다.
④ 사용 온도에서 증기압이 높고, 점성이 큰 것이어야 한다.

해설 고정상 액체의 구비 조건
㉮ 분석 대상 성분을 완전히 분리할 수 있는 것이어야 한다.
㉯ 사용 온도에서 증기압이 낮고, 점성이 작은 것이어야 한다.
㉰ 화학적으로 안정된 것이어야 한다.
㉱ 화학적 성분이 일정한 것이어야 한다.

3-4 **다음 중 기체－액체 크로마토그래프법에 사용되는 충전물 담체에 함침시키는 고정상 액체(stationary liquid)가 갖추어야 할 조건과 거리가 먼 것은?** [12-1]

① 사용 온도에서 점성이 작은 것이어야 한다.
② 분석 대상 성분을 완전 분리할 수 있어야 한다.
③ 화학적 성분이 일정하여야 한다.
④ 사용 온도에서 증기압이 높아야 한다.

해설 ④ 증기압이 높아야→낮아야

3-5 **기체－액체 크로마토그래피에서 일반적으로 사용되는 분배형 충전 물질인 고정상 액체의 종류 중 탄화수소계에 해당되는 것은?** [18-4]

① 불화규소
② 스쿠아란(squalane)
③ 폴리페닐에테르
④ 활성알루미나

해설 고정상 액체의 종류

종류	물질
탄화수소계	헥사데칸, 스쿠알렌(squalane), 고진공 그리스
실리콘계	메틸실리콘, 페닐실리콘, 시아노실리콘, 불화규소
폴리글리콜계	폴리에틸렌글리콜, 메톡시폴리에틸렌글리콜
에스테르계	이염기산디에스테르
폴리에스테르계	이염기산폴리글리콜 디에스테르
폴리아미드계	폴리아미드수지
에테르계	폴리페닐에테르
기타	인산트리크레실, 디에틸포름아미드, 디메틸술포란

3-6 **다음은 기체 크로마토그래피에 사용되는 충전 물질에 관한 설명이다. ( ) 안에 가장 적합한 것은?** [15-4, 18-2]

> ( )은 다이바이닐벤젠(divinyl benzene)을 가교제(bridge intermediate)로 스티렌계 단량체를 중합시킨 것과 같이 고분자 물질을 단독 또는 고정상 액체로 표면 처리하여 사용한다.

① 흡착형 충전 물질
② 분배형 충전 물질

정답 3-3 ① 3-4 ④ 3-5 ② 3-6 ③

③ 다공성 고분자형 충전 물질
④ 이온교환막형 충전 물질

3-7 가스 크로마토그래프법에 관한 설명으로 옳지 않은 것은? [12-2]

① 분리관 오븐의 온도 조절 정밀도는 ±0.5℃의 범위 이내 전원 전압 변동 10 %에 대하여 온도 변화 ±0.5℃ 범위 이내(오븐의 온도가 150℃ 부근일 때)이어야 한다.
② 보유 시간을 측정할 때는 2회 측정하여 그 평균치를 구하며 일반적으로 5~30분 정도에서 측정하는 피크의 보유 시간은 반복 시험을 할 때 ±5 % 오차 범위 이내이어야 한다.
③ 기록계는 스트립 차트식 자동 평형 기록계로 스팬 전압 1 mV, 펜 응답 시간 2초 이내, 기록지 이동 속도는 10 mm/분을 포함한 다단 변속이 가능한 것이어야 한다.
④ 운반 가스는 일반적으로 열전도도형 검출기(TCD)에서는 순도 99.8 % 이상의 수소 또는 헬륨을, 수소염 이온화 검출기(FID)에서는 순도 99.8 % 이상의 질소 또는 헬륨을 사용한다.

해설 정성 분석 보유치
보유치의 종류로는 보유 시간(retention time), 보유 용량(retention volume), 비보유 용량, 보유비, 보유 지표 등이 있다. 보유 시간을 측정할 때는 3회 측정하여 그 평균치를 구한다. 일반적으로 5~30분 정도에서 측정하는 피크(봉우리)의 보유 시간은 반복 시험을 할 때 ±3 % 오차 범위 이내이어야 한다. 보유치의 표시는 무효 부피(dead volume)의 보정 유무를 기록하여야 한다.

3-8 다음 중 아래와 같은 검량선을 가지면서 동일 조건하에 시료를 도입하여 크로마토그램을 기록하고 피크 넓이(또는 피크 높이)로부터 검량선에 따라 분석하며, 전체 측정 조작을 엄밀하게 일정 조건하에서 할 필요가 있을 때 사용하는 크로마토그램 분석 방법은? [12-4]

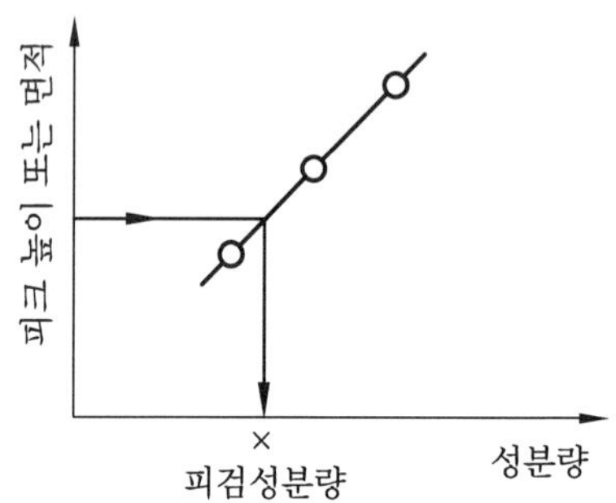

① 절대 검량선법
② 피검성분 추가법
③ 넓이 백분율법
④ 내부표준 검량선법

해설 정량 분석의 종류
㉮ 절대 검량선법
㉯ 넓이 백분율법(면적 백분율법)
㉰ 보정넓이 백분율법
㉱ 내부 표준법(가장 정확함)
㉲ 피검성분 추가법

3-9 가스 크로마토그래프법에서 정량 분석 방법과 가장 거리가 먼 것은 다음 중 어느 것인가? [13-1, 14-4, 17-1, 19-4]

① 넓이 백분율법 ② 내부 표준법
③ 내부 첨가법 ④ 절대 검량선법

3-10 기체 크로마토그래피의 장치 구성에 관한 설명으로 옳지 않은 것은? [20-1]

① 분리관유로는 시료 도입부, 분리관, 검출기기, 배관으로 구성되며, 배관의 재

정답 3-7 ② 3-8 ① 3-9 ③ 3-10 ③

료는 스테인리스강이나 유리 등 부식에 대한 저항이 큰 것이어야 한다.

② 분리관(column)은 충전 물질을 채운 내경 2 mm~7 mm의 시료에 대하여 불활성 금속, 유리 또는 합성수지관으로 각 분석 방법에서 규정하는 것을 사용한다.

③ 운반 가스는 일반적으로 열전도도형 검출기(TCD)에서는 순도 99.8 % 이상의 아르곤이나 질소를, 수소염 이온화 검출기(FID)에서는 순도 99.8 % 이상의 수소를 사용한다.

④ 주사기를 사용하는 시료 도입부는 실리콘 고무와 같은 내열성 탄성체 격막이 있는 시료 기화실로서 분리관 온도와 동일하거나 또는 그 이상의 온도를 유지할 수 있는 가열 기구가 갖추어져야 한다.

해설 운반 가스(carrier gas) 종류

운반 가스는 충전물이나 시료에 대하여 불활성이고 사용하는 검출기의 작동에 적합한 것을 사용한다.

일반적으로 열전도도형 검출기(TCD)에서는 순도 99.8 % 이상의 수소나 헬륨을, 수소염 이온화 검출기(FID)에서는 순도 99.8 % 이상의 질소 또는 헬륨을 사용하며 기타 검출기에서는 각각 규정하는 가스를 사용한다.

3-11 가스 크로마토그래프의 장치 구성에 관한 설명으로 가장 거리가 먼 것은 어느 것인가? [13-4]

① 방사성 동위원소를 사용하는 검출기를 수용하는 검출기 오븐에 대하여는 온도 조절 기구와는 별도로 독립 작용할 수 있는 과열 방지 기구를 설치해야 한다.

② 분리관 오븐의 온도 조절 정밀도는 ±0.5℃ 범위 이내 전원 전압 변동 10 %에 대하여 온도 변화 ±0.5℃ 범위 이내(오븐의 온도가 150℃ 부근일 때)이어야 한다.

③ 기록계는 스트립 차트식 수직 기록계로 스팬 전압 1 mV, 펜 응답 시간 5초 이내, 기록지 이동 속도는 5 mm/분을 포함한 다단 변속이 가능한 것이어야 한다.

④ 수소염 이온화 검출기(FID)에서는 직렬고저항치, 기록계 스팬 전압 또는 기록계 전체 눈금에 대한 이온 전류치, 기록지 이동 속도를 설정, 판독 또는 측정할 수 있는 것이어야 한다.

해설 기록계는 스트립 차트(strip chart)식 자동 평형 기록계로 스팬(span) 전압 1 mV, 펜 응답 시간(pen response time) 2초 이내, 기록지 이동 속도(chart speed)는 10 mm/분을 포함한 다단 변속이 가능한 것이어야 한다.

3-12 기체 크로마토그래피의 장치 구성에 관한 설명으로 옳지 않은 것은? [21-2]

① 분리관 오븐의 온도 조절 정밀도는 전원 전압 변동 10 %에 대하여 온도 변화가 ±0.5℃ 범위 이내(오븐의 온도가 150℃ 부근일 때)이어야 한다.

② 방사성 동위원소를 사용하는 검출기를 수용하는 검출기 오븐의 경우 온도 조절 기구와 별도로 독립 작용할 수 있는 과열 방지 기구를 설치하여야 한다.

③ 보유 시간을 측정할 때는 10회 측정하여 그 평균치를 구하며 일반적으로 5~30분 정도에서 측정하는 봉우리의 보유 시간은 반복 시험할 때 ±5 % 오

정답 3-11 ③ 3-12 ③

차 범위 이내이어야 한다.

④ 불꽃 이온화 검출기는 대부분의 화합물에 대하여 열전도도 검출기보다 약 1,000배 높은 감도를 나타내고 대부분의 유기화합물을 검출할 수 있기 때문에 흔히 사용된다.

해설 ③ 10회→3회, ±5 %→±3 %

3-13 다음은 기체 크로마토그램에서 피크(peak)의 분리 정도를 나타낸 그림이다. 분리 계수(d)와 분리도(R)를 구하는 식으로 옳은 것은? [20-4]

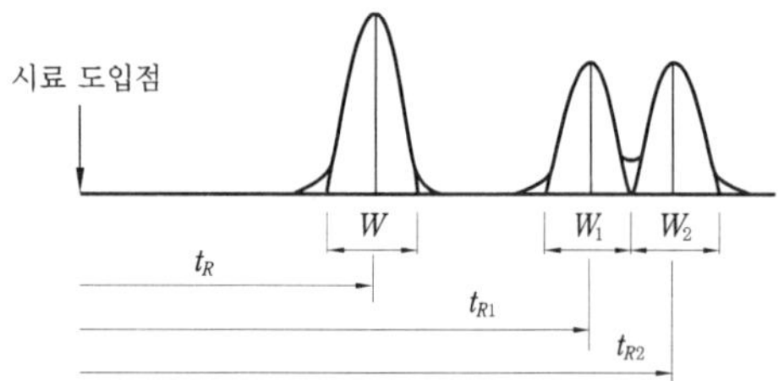

① $d=\dfrac{t_{R2}}{t_{R1}}$, $R=\dfrac{2(t_{R2}-t_{R1})}{W_1+W_2}$

② $d=t_{R2}-t_{R1}$, $R=\dfrac{t_{R1}+t_{R2}}{W_1+W_2}$

③ $d=\dfrac{t_{R2}-t_{R1}}{W_1+W_2}$, $R=\dfrac{t_{R2}}{t_{R1}}$

④ $d=\dfrac{t_{R2}-t_{R1}}{2}$, $R=100\times d(\%)$

해설 분리의 평가

분리의 평가는 분리관 효율과 분리능에 의한다.

㉮ 분리관 효율 : 분리관 효율은 보통 이론단수 또는 1이론단에 해당하는 분리관의 길이 HETP(height equivalent to a theoretical plate)로 표시하며, 크로마토그램상의 피크로부터 다음 식에 의하여 구한다.

$$\text{이론단수}(n)=16\cdot\left(\frac{t_R}{W}\right)^2$$

여기서, t_R : 시료 도입점으로부터 피크 최고점까지의 길이(보유 시간)

W : 피크의 좌우 변곡점에서 접선이 자르는 바탕선의 길이

$$\text{HETP}=\frac{L}{n}$$

L : 분리관의 길이(mm)

㉯ 분리능 : 2개의 접근한 피크의 분리의 정도를 나타내기 위하여 분리 계수 또는 분리도를 가지고 다음과 같이 정량적으로 정의하여 사용한다.

$$\text{분리 계수}(d)=\frac{t_{R2}}{t_{R1}}$$

$$\text{분리도}(R)=\frac{2(t_{R2}-t_{R1})}{W_1+W_2}$$

여기서, t_{R1} : 시료 도입점으로부터 피크 1의 최고점까지의 길이

t_{R2} : 시료 도입점으로부터 피크 2의 최고점까지의 길이

W_1 : 피크 1의 좌우 변곡점에서의 접선이 자르는 바탕선의 길이

W_2 : 피크 2의 좌우 변곡점에서의 접선이 자르는 바탕선의 길이

3-14 기체 크로마토그래피에서 분리관 효율을 나타내기 위한 이론단수를 구하는 식으로 옳은 것은? (단, t_R : 시료 도입점으로부터 봉우리 최고점까지의 길이, W : 봉우리의 좌우 변곡점에서 접선이 자르는 바탕선의 길이) [17-4]

① $16\times\dfrac{t_R}{W}$　　② $16\times\left(\dfrac{t_R}{W}\right)^2$

정답 3-13 ①　3-14 ②

③ $16\times\left(\frac{W}{t_R}\right)^2$　　④ $16\times\frac{W}{t_R}$

3-15 어떤 가스 크로마토그램에 있어 성분 A의 보유 시간은 10분, 피이크 폭은 8 mm였다. 이 경우 성분 A의 HETP(1 이론단에 해당하는 분리관의 길이)는? (단, 분리관의 길이는 10 m, 기록지의 속도는 매분 10 mm) [15-1]

① 2 mm　　② 4 mm
③ 6 mm　　④ 8 mm

해설 $n=16\cdot\left(\frac{t_R}{W}\right)^2$

$=16\times\left(\frac{10\text{mm/min}\times10\text{min}}{8\text{mm}}\right)^2$

$=2{,}500$

$\therefore\ \text{HETP}=\frac{L}{n}=\frac{10\text{m}\times10^3\text{mm/m}}{2{,}500}$

$=4\text{ mm}$

3-16 가스 크로마토그래프법에서 이론단수가 1,600되는 분리관이 있다. 보유 시간이 10 min되는 피크의 밑부분 폭(피크 좌우 변곡점에서 접선이 자르는 바탕선의 길이)은 얼마인가? (단, 기록지 이동 속도는 5 mm/min, 이론 단수는 모든 성분에 대하여 같다고 한다.) [14-4]

① 1 mm　　② 2 mm
③ 5 mm　　④ 10 mm

해설 $n=16\cdot\left(\frac{t_R}{W}\right)^2$

$1{,}600=16\times\left(\frac{5\times10}{W}\right)^2$

$W=\frac{5\times10}{\left(\frac{1{,}600}{16}\right)^{\frac{1}{2}}}=5\text{ mm}$

3-17 다음의 조건을 이용하여 가스 크로마토그래프법에서 계산된 보유 시간은 얼마인가? [16-1]

- 이론단수 : 1,600
- 기록지 이동 속도 : 5 mm/분
- 피크의 좌우 변곡점에서 접선이 자르는 바탕선 길이 : 10 mm

① 5분　　② 10분
③ 15분　　④ 20분

해설 $n=16\cdot\left(\frac{t_R}{W}\right)^2$

$1{,}600=16\times\left(\frac{5\times x}{10}\right)^2$

$\left(\frac{1{,}600}{16}\right)^{\frac{1}{2}}=\frac{5\times x}{10}$

$\therefore\ x=\left(\frac{1{,}600}{16}\right)^{\frac{1}{2}}\times\frac{10}{5}=20\text{ min}$

3-18 이론단수가 1,600인 분리관이 있다. 보유 시간이 20분인 피크의 좌우 변곡점에서 접선이 자르는 바탕선의 길이가 10 mm일 때, 기록지 이동 속도는? (단, 이론단수는 모든 성분에 대하여 같다.) [17-2]

① 2.5 mm/min　　② 5 mm/min
③ 10 mm/min　　④ 15 mm/min

해설 $n=16\cdot\left(\frac{t_R}{W}\right)^2$

$1{,}600=16\times\left(\frac{x\text{mm/min}\times20\text{min}}{10\text{mm}}\right)^2$

$\therefore\ \left(\frac{1{,}600}{16}\right)^{\frac{1}{2}}=\frac{x\times20}{10}$

$\therefore\ x=\frac{\left(\frac{1{,}600}{16}\right)^{\frac{1}{2}}\times10}{20}$

$=5\text{ mm/min}$

정답 3-15 ② 3-16 ③ 3-17 ④ 3-18 ②

3-19 다음 기체 크로마토그래피의 장치 구성 중 가열 장치가 필요한 부분과 그 이유로 가장 적합하게 연결된 것은? [18-1]

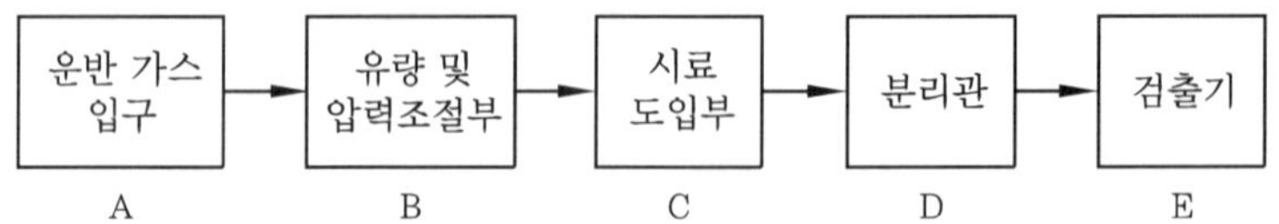

① A, B, C - 운반 가스 및 시료의 응축을 방지하기 위해
② A, C, D - 운반 가스 응축을 방지하고, 시료를 기화하기 위해
③ C, D, E - 시료를 기화시키고, 기화된 시료의 응축 및 응결을 방지하기 위해
④ B, C, D - 운반 가스 유량의 적절한 조절과 분리관 내 충진제의 흡착 및 흡수능을 높이기 위해

해설

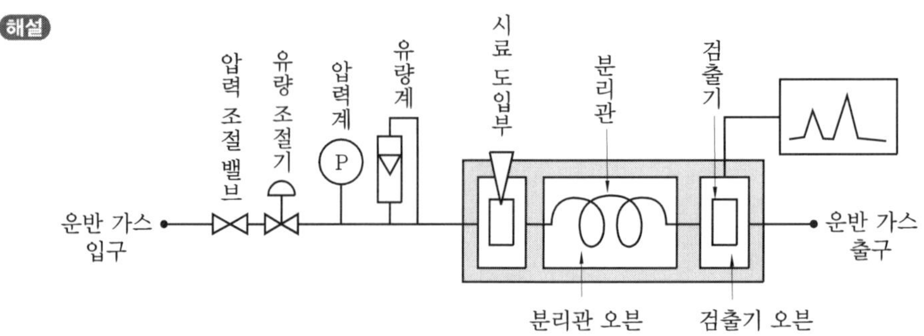

장치의 기본 구성

※ 가열 장치의 목적 : 시료를 기화시키고 기화된 시료의 응축 및 응결을 방지하기 위함
㉮ 가스 유로계 : 운반 가스 유로는 유량 조절부와 분리관 유로로 구성된다.
㉯ 시료 도입부 : 가스 시료 도입부는 가스 계량관(통상 0.5~5 mL)과 유로 변환 기구로 구성된다.
㉰ 가열 오븐(heating oven)
㉠ 분리관 오븐(column oven) : 온도 조절 정밀도는 ±0.5℃의 범위 이내 전원 전압 변동 10 %에 대하여 온도 변화 ±0.5℃ 범위 이내(오븐의 온도가 150℃ 부근일 때)이어야 한다.
㉡ 검출기 오븐(detector oven) : 검출기 오븐은 검출기를 한 개 또는 여러 개 수용할 수 있고 분리관 오븐과 동일하거나 그 이상의 온도를 유지할 수 있는 가열 기구, 온도 조절 기구 및 온도 측정 기구를 갖추어야 한다.

3-20 가스 크로마토그래프법에서 사용되는 용어에 관한 설명으로 옳지 않은 것은 어느 것인가? [13-1]

① 일반적으로 5~30분 정도에서 측정하는 피크의 보유 시간은 반복 시험을 할 때 ±3 % 오차 범위 이내이어야 한다.
② 기록계는 스트립 차트식 자동 평형 기록계로 스팬 전압 10 mV, 펜 응답 시간

정답 3-19 ③ 3-20 ②

10초 이내, 기록지 이동 속도는 10 mm/분을 포함한 다단 변속이 가능한 것이어야 한다.

③ 분리관 오븐의 온도 조절 정밀도는 ±0.5℃의 범위 이내, 전원 전압 변동 10 %에 대하여 온도 변화 ±0.5℃ 범위 이내(오븐의 온도가 150℃ 부근일 때)이어야 한다.

④ 주사기를 사용하는 시료 도입부는 실리콘 고무와 같은 내열성 탄성체 격막이 있는 시료 기화실로서 분리관 온도와 동일하거나 또는 그 이상의 온도를 유지할 수 있는 가열 기구가 갖추어져야 한다.

해설 ② 스팬 전압 10 mW, 펜 응답 시간 10초 이내 → 스팬 전압 1 mV, 펜 응답 시간 2초 이내

3-21 **가스크로마토그래피(gas chromatography) 분석에 사용되는 검출기와 거리가 먼 것은?** [16-1]

① Thermal Conductivity Detector
② Electronic Conductivity Detector
③ Electron Capture Detector
④ Flame Photometric Detector

해설 검출기(detector)의 종류

㉮ 열전도도 검출기(thermal conductivity detector, TCD) : 열전도도 검출기는 금속 필라멘트(filament) 또는 전기 저항체(thermister)를 검출소자로 하여 금속판(block) 안에 들어 있는 본체와 여기에 안정된 직류 전기를 공급하는 전원 회로, 전류 조절부, 신호 검출 전기 회로, 신호 감쇄부 등으로 구성된다.

㉯ 수소염 이온화 검출기(flame ionization detector, FID) : 수소염 이온화 검출기는 수소 연소 노즐(nozzle), 이온 수집기(ion collector)와 함께 대극 및 배기구로 구성되는 본체와 이 전극 사이에 직류 전압을 주어 흐르는 이온 전류를 측정하기 위한 직류 전압 변환 회로, 감도 조절부, 신호 감쇄부 등으로 구성된다.

㉰ 기타 검출기 : 기타 목적에 따라 전자 포획형 검출기(electron capture detector, ECD), 염광광도 검출기(flame photometric detector, FPD) 등을 사용할 수도 있다.

3-22 **다음은 기체 크로마토그래피에 사용되는 검출기에 관한 설명이다. ( ) 안에 가장 적합한 것은?** [19-1]

( )는 안정된 직류 전기를 공급하는 전원 회로, 전류 조절부, 신호 검출 전기 회로, 신호 감쇄부 등으로 구성되며, 둘 사이의 열전도도 차이를 측정함으로써 시료를 검출하여 분석한다. 모든 화합물을 검출할 수 있어 분석 대상에 제한이 없고, 값이 싸며 시료를 파괴하지 않는 장점이 있으나, 다른 검출기에 비해 감도가 낮다.

① Flame Ionization Detector
② Electron Capture Detector
③ Thermal Conductivity Detector
④ Flame Photometric Detector

해설 열전도도 검출기=TCD

3-23 **다음 가스 크로마토그래프 분석에 사용되는 검출기 중 금속 필라멘트 또는 전기 저항체를 검출 소자로 하여 금속판 안에 들어 있는 본체와 여기에 안정된 직류 전기를 공급하는 전원 회로, 전류 조절부, 신호 검출 전기 회로, 신호 감쇄부 등으로 구성되어 있는 것은?** [12-2, 15-2]

정답 3-21 ② 3-22 ③ 3-23 ②

① 전자 포획형 검출기(ECD)
② 열전도도 검출기(TCD)
③ 수소염 이온화 검출기(FID)
④ 염광광도 검출기(FPD)

3-24 기체 크로마토그래피법에 관한 설명으로 옳지 않은 것은? [16-4]

① 분리관 오븐의 온도 조절 정밀도는 ±0.5℃의 범위 이내 전원 전압 변동 10 %에 대하여 온도 변화 ±0.5℃ 범위 이내(오븐의 온도가 150℃ 부근일 때)이어야 한다.
② 보유 시간을 측정할 때는 2회 측정하여 그 평균치를 구하며 일반적으로 5~30분 정도에서 측정하는 피크의 보유 시간은 반복 시험을 할 때 ±5% 오차 범위 이내이어야 한다.
③ 분리관 유로는 시료 도입부, 분리관, 검출기기, 배관으로 구성된다.
④ 가스 시료 도입부는 가스 계량관(통상 0.5 mL~5 mL)과 유로 변환 기구로 구성된다.

해설 ② 2회 → 3회, ±5 % → ±3 %

3-25 기체 크로마토그래피의 장치 구성에 관한 설명으로 가장 거리가 먼 것은 어느 것인가? [17-2]

① 방사성 동위원소를 사용하는 검출기를 수용하는 검출기 오븐에 대하여는 온도 조절 기구와는 별도로 독립 작용할 수 있는 과열 방지 기구를 설치해야 한다.
② 분리관 오븐의 온도 조절 정밀도는 ±0.5℃ 범위 이내 전원 전압 변동 10 %에 대하여 온도 변화 ±0.5℃ 범위 이내(오븐의 온도가 150℃ 부근일 때)이어야 한다.
③ 보유 시간을 측정할 때는 10회 측정하여 그 평균치를 구한다. 일반적으로 5분~30분 정도에서 측정하여 봉우리의 보유 시간은 반복 시험을 할 때 ±5% 오차 범위 이내이어야 한다.
④ 불꽃 이온화 검출기는 대부분의 유기화합물의 검출이 가능하므로 흔히 사용된다.

해설 ③ 10회 → 3회, ±5 % → ±3 %

3-26 기체 크로마토그래피의 정성 분석에 관한 설명으로 거리가 먼 것은? [17-4]

① 동일 조건하에서 특정한 미지 성분의 머무른 값(보유치)과 예측되는 물질의 봉우리의 머무른 값을 비교한다.
② 보유치의 표시는 무효 부피(dead volume)의 보정 유무를 기록하여야 한다.
③ 보통 5~30분 정도에서 측정하는 봉우리의 보유 시간은 반복 시험을 할 때 ±5 % 오차 범위 이내이어야 한다.
④ 보유 시간을 측정할 때는 3회 측정하여 그 평균치를 구한다.

해설 ③ ±5 % 오차 범위 → ±3 % 오차 범위

3-27 가스 크로마토그래프의 설치 조건(장소, 전기관계)으로 가장 거리가 먼 것은 어느 것인가? [15-1]

① 분석에 사용하는 유해 물질을 안전하게 처리할 수 있는 곳이어야 한다.
② 접지점의 접지 저항은 20~25Ω 범위 이내이어야 한다.
③ 전원 변동은 지정 전압의 10 % 이내로서 주파수 변동이 없는 것이어야 한다.
④ 실온 5~35℃, 상대 습도 85 % 이하로 직사광선이 쪼이지 않는 곳이어야 한다.

해설 접지점의 접지 저항은 100 Ω 이하의 접지점이 있는 것이어야 한다.

정답 3-24 ② 3-25 ③ 3-26 ③ 3-27 ②

2 자외선 가시선 분광법(흡광 광도법)

4. 자외선/가시선 분광법에 관한 설명으로 옳지 않은 것은? [19-2]

① 실효 물질 등에 적당한 시약을 넣어 발색시킨 용액의 흡광도를 측정하여 시료 중의 목적 성분을 정량하는 방법으로 파장 200 nm~1,200 nm에서의 액체 흡광도를 측정한다.
② 일반적으로 광원으로 나오는 빛을 단색화 장치(monochrometer) 또는 필터(filter)에 의하여 좁은 파장 범위의 빛만을 선택하여 액층을 통과시킨 다음 광전측광으로 흡광도를 측정하여 목적 성분의 농도를 정량하는 방법이다.
③ (투사광의 강도/입사광의 강도)를 투과도(t)라 하며, 투과도(t)의 상용대수를 흡광도라 한다.
④ 광원부 – 파장 선택부 – 시료부 – 측광부로 구성되어 있고 가시부와 근적외부의 광원으로는 주로 텅스텐 램프를 사용한다.

해설 원리 및 적용 범위

이 시험 방법은 시료 물질이나 시료 물질의 용액 또는 여기에 적당한 시약을 넣어 발색시킨 용액의 흡광도를 측정하여 시료 중의 목적 성분을 정량하는 방법으로 파장 200~1,200 nm에서의 액체의 흡광도를 측정함으로써 대기 중이나 굴뚝 배출 가스 중의 오염 물질 분석에 적용한다.

③ 투과도(t)의 상용대수 → 투과도(t)의 역수의 상용대수

답 ③

4-1 자외선/가시선 분광법에 관한 설명으로 옳지 않은 것은?(단, I_o : 입사광의 강도, I_t : 투사광의 강도) [21-1]

① $\dfrac{I_t}{I_o}$를 투과도(t)라 한다.
② $\log\dfrac{I_t}{I_o}$을 흡광도(A)라 한다.
③ 투과도(t)를 백분율로 표시한 것을 투과 퍼센트라 한다.
④ 자외선/가시선 분광법은 램버어트 – 비어 법칙을 응용한 것이다.

해설 흡광 광도 분석법은 일반적으로 광원으로 나오는 빛을 단색화 장치(monochometer) 또는 필터(filter)에 의하여 좁은 파장 범위의 빛만을 선택하여 액층을 통과시킨 다음 광전측광으로 흡광도를 측정하여 목적 성분의 농도를 정량하는 방법이다. 강도 I_o되는 단색광속이 아래 그림과 같이 농도 C, 길이 l되는 용액층을 통과하면 이 용액에 빛이 흡수되어 입사광의 강도가 감소한다. 통과한 직후의 빛의 강도 I_t와 I_o 사이에는 램버어트 비어(Lambert – Beer)의 법칙에 의하여 다음의 관계가 성립한다.

$I_t = I_o \cdot 10^{-\varepsilon cl}$

여기서, I_o : 입사광의 강도
I_t : 투사광의 강도
C : 농도

정답 4-1 ②

l : 빛의 투과 거리
ε : 비례상수로서 흡광 계수

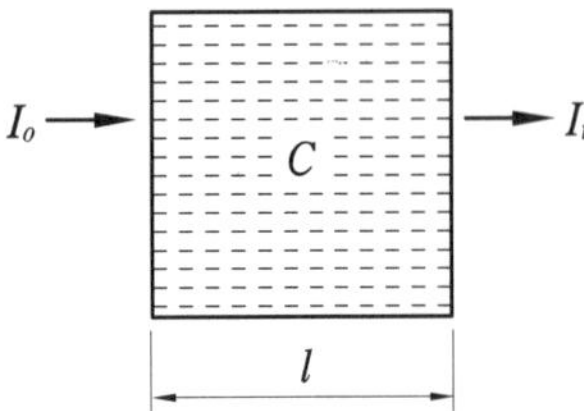

흡광 광도 분석법 원리도

$$\frac{I_t}{I_o} = 10^{-\varepsilon \cdot c \cdot l}$$

역수를 취하면

$$\frac{I_o}{I_t} = 10^{\varepsilon \cdot c \cdot l}$$

$$\log\left(\frac{I_o}{I_t}\right) = \varepsilon \cdot c \cdot l$$

$$\therefore \text{흡광도}(A) = \log\left(\frac{I_o}{I_t}\right)$$

$$\therefore \text{흡광도}(A) = \varepsilon \cdot c \cdot l$$

4-2 자외선/가시선 분광법으로 측정한 A물질의 투과 퍼센트 지시치가 25 %일 때 A물질의 흡광도는? [14-2, 16-4]

① 0.25 ② 0.50
③ 0.60 ④ 0.82

해설 자외선/가시선 분광법=흡광 광도법
흡광도는 투과도(t)의 역수의 상용대수를 말한다.

$$\text{흡광도}(A) = \log\left(\frac{1}{t}\right) = \log\left(\frac{1}{0.25}\right) = 0.60$$

4-3 광원에서 나오는 빛을 단색화 장치에 의하여 좁은 파장 범위의 빛만을 선택하여 어떤 액층을 통과시킬 때 입사광의 강도가 1이고, 투사광의 강도가 0.5였다. 이 경우 Lambert－Beer 법칙을 적용하여 흡광도를 구하면? [18-4, 20-4, 21-4]

① 0.3 ② 0.5 ③ 0.7 ④ 1.0

해설 $A = \log\left(\frac{I_o}{I_t}\right) = \log\left(\frac{1}{0.5}\right) = 0.3$

4-4 자외선/가시선 분광법에서 적용되는 램버어트－비어(Lambert－Beer)의 법칙에 관계되는 식으로 옳은 것은?(단, I_o : 입사광의 강도, C : 농도, ε : 흡광 계수, I_t : 투사광의 강도, l : 빛의 투사 거리) [18-2]

① $I_o = I_t \cdot 10^{-\varepsilon cl}$ ② $I_t = I_o \cdot 10^{-\varepsilon cl}$

③ $C = \frac{I_t}{I_o} \cdot 10^{-\varepsilon l}$ ④ $C = \frac{I_o}{I_t} \cdot 10^{-\varepsilon l}$

4-5 흡광 광도 분석 장치에 관한 설명으로 거리가 먼 것은? [14-4]

① 일반적으로 사용하는 흡광 광도 분석 장치는 광원부, 파장 선택부, 시료부 및 측광부로 구성된다.
② 측광부로는 일반적으로 단색화 장치(monochrometer) 또는 필터(filter)를 사용하며, 단색화 장치로는 프리즘, 회절격자 또는 이 두 가지를 조합시킨 것을 사용하며 단색광을 내기 위하여 슬릿(slit)을 탈착시킨다.
③ 광전 분광 광도계에는 미분측광, 2파장 측광, 시차 측광이 가능한 것도 있다.
④ 흡수셀의 재질 중 유리제는 주로 가시 및 근적외부 파장 범위, 석영제는 자외부 파장 범위, 플라스틱제는 근적외부 파장 범위를 측정할 때 사용한다.

해설 ②는 측광부가 아닌 파장 선택부에 관한 설명이며, 슬릿을 부속시킨다.

4-6 대기 오염 공정 시험 기준상 자외선/가시선 분광법에서 사용되는 흡수셀의 재질

정답 4-2 ③ 4-3 ① 4-4 ② 4-5 ② 4-6 ③

에 따른 사용 파장 범위로 가장 적합한 것은? [20-4]

① 플라스틱제는 자외부 파장 범위
② 플라스틱제는 가시부 파장 범위
③ 유리제는 가시부 및 근적외부 파장 범위
④ 석영제는 가시부 및 근적외부 파장 범위

해설 흡수셀 : 흡수셀의 재질로는 유리, 석영, 플라스틱 등을 사용한다. 유리제는 주로 가시 및 근적외부 파장 범위, 석영제는 자외부 파장 범위, 플라스틱제는 근적외부 파장 범위를 측정할 때 사용한다.

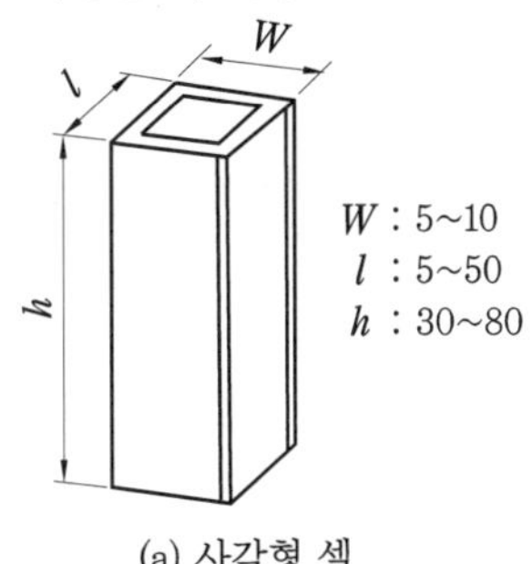

(a) 사각형 셀

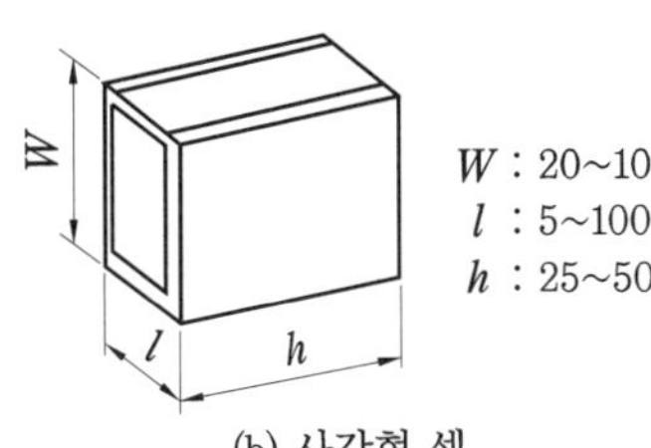

(b) 사각형 셀

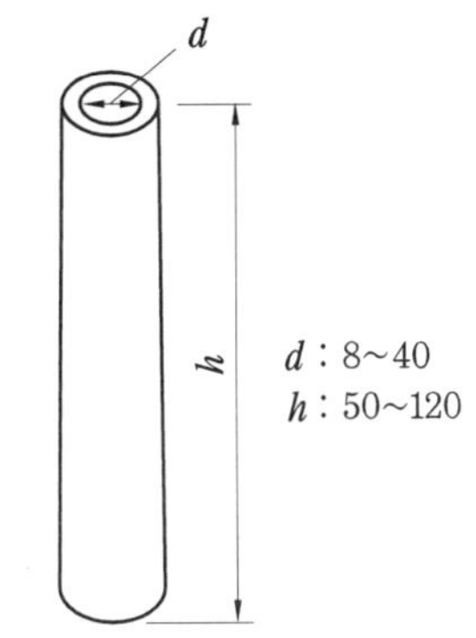

(c) 시험관형 셀

흡수셀의 모양(단위 : mm)

암기방법 유가근적, 석자, 플근적

4-7 **흡광 광도법(absorptiometric analysis)에 관한 다음 설명 중 가장 거리가 먼 것은 어느 것인가?** [15-1]

① 가시부와 근적외부의 광원으로는 주로 텅스텐 램프를, 자외부의 광원으로는 주로 중수소 방전관을 사용한다.
② 광전관, 광전자 증배관은 주로 자외 내지 가시파장 범위에서, 광전도셀은 근적외 파장 범위에서의 광전측광에 사용한다.
③ 흡수셀의 유리제는 주로 자외부 파장 범위를, 플라스틱제는 근자외부 및 가시광선 파장 범위를 측정할 때 사용한다.
④ 흡광도의 눈금 보정은 중크롬산칼륨용액으로 한다.

4-8 **대기 오염 공정 시험 기준상 흡광 광도법에서 사용되는 흡수셀의 재질에 따른 사용 파장 범위로 가장 적합한 것은?** [15-4]

① 유리제는 근적외부 파장 범위
② 석영제는 가시부 및 근적외부 파장 범위
③ 플라스틱제는 자외부 파장 범위
④ 플라스틱제는 가시부 파장 범위

4-9 **다음은 자외선 가시선 분광법에서 측광부에 관한 설명이다. ( ) 안에 가장 알맞은 것은?** [18-4]

측광부의 광전측광에는 광전관, 광전자 증배관, 광전도셀 또는 광전지 등을 사용한다. 광전관, 광전자 증배관은 주로 (㉠) 범위에서, 광전도셀은 (㉡) 범위에서, 광전지는 주로 (㉢) 범위 내에서의 광전측광에 사용된다.

정답 4-7 ③ 4-8 ① 4-9 ④

① ㉠ 근적외 파장, ㉡ 자외 파장, ㉢ 가시 파장
② ㉠ 가시 파장, ㉡ 근자외 내지 가시 파장, ㉢ 적외 파장
③ ㉠ 근적외 파장, ㉡ 근자외 파장, ㉢ 가시 내지 근적외 파장
④ ㉠ 자외 내지 가시 파장, ㉡ 근적외 파장, ㉢ 가시 파장

해설 • 광전관, 광전자 증배관 : 자외 내지 가시 파장에서 사용된다.
• 광전도셀 : 근적외 파장에서 사용된다.
• 광전지 : 가시 파장 범위 내에서 광전측광에 사용된다.

4-10 다음 중 자외선/가시선 분광법에서 흡광도를 측정하기 위한 순서로써 원칙적으로 제일 먼저 행하여야 할 행위는 어느 것인가? [12-2, 16-4, 19-1]

① 시료셀을 광로에 넣고 눈금판의 지시치를 흡광도 또는 투과율로 읽는다.
② 광로를 차단 후 대조셀로 영점을 맞춘다.
③ 광원으로부터 광속을 통하여 눈금 100에 맞춘다.
④ 눈금판의 지시가 안정되어 있는지 여부를 확인한다.

해설 자외선/가시선 분광법=흡광 광도법
④→②→③→① 순으로 한다.

4-11 자외선/가시선 분광법(흡광 광도법)에서 미광(stray light)의 유무 조사에 사용되는 것은? [14-1, 19-1]

① cell holder
② holmium glass
③ cut filter
④ monochrometer

해설 광원이나 광전측광 검출기에는 한정된 사용 파장역이 있어 미광의 영향이 크기 때문에 투과 특성을 갖는 컷 필터(cut filter)를 사용하며 미광의 유무를 조사하는 것이 좋다.

4-12 흡광 광도 분석 장치인 광전분광 광도계에서 발생하는 희미하고 약한 불빛인 미광(stray light)의 파장역으로 거리가 먼 것은? [13-4]

① 200~220 nm ② 300~330 nm
③ 500~530 nm ④ 700~800 nm

해설 미광의 유무를 조사하는 파장역 중 좋은 파장은 200~220 nm, 300~330 nm, 700~800 nm가 있다.

4-13 자기 분광 광전 광도계를 사용하여 과망간산칼륨 용액(20~60 mg/L)의 흡수 곡선을 작성할 경우 다음 중 흡광도값이 최대가 나오는 파장의 범위는? [14-4, 19-4]

① 350~400 nm
② 400~450 nm
③ 500~550 nm
④ 600~650 nm

해설 과망간산칼륨 용액의 흡수 곡선

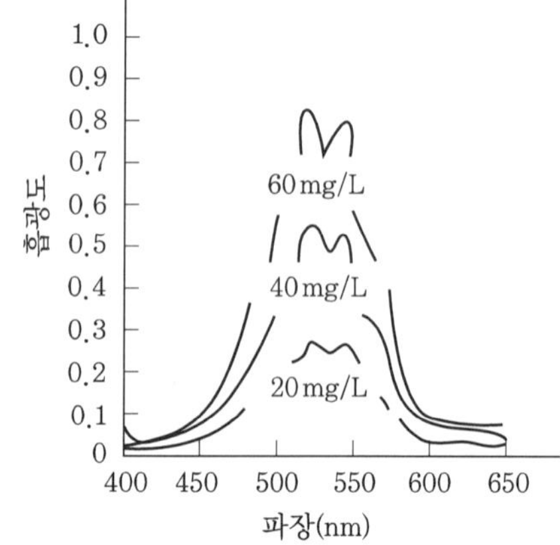

3 원자 흡수 분광 광도법(원자 흡광 광도법)

5. 원자 흡수 분광 광도법의 원리를 가장 올바르게 설명한 것은? [17-4]

① 시료를 해리시켜 중성 원자로 증기화하여 생긴 기저 상태의 원자가 이 원자 증기층을 투과하는 특유 파장의 빛을 흡수하는 현상을 이용

② 시료를 해리시켜 발생된 여기 상태의 원자가 기저 상태로 되면서 내는 열의 피크 폭을 측정

③ 시료를 해리시켜 발생된 여기 상태의 원자가 원자 증기층을 통과하는 빛의 발생 속도의 차이를 이용

④ 시료를 해리시켜 발생된 여기 상태의 원자가 기저 상태로 돌아올 때 내는 가스 속도의 차이를 이용한 측정

해설 원리 및 적용 범위

이 시험 방법은 시료를 적당한 방법으로 해리시켜 중성 원자로 증기화하여 생긴 기저 상태(ground state of normal state)의 원자가 이 원자 증기층을 투과하는 특유 파장의 빛을 흡수하는 현상을 이용하여 광전측광과 같은 개개의 특유 파장에 대한 흡광도를 측정하여 시료 중의 원소 농도를 정량하는 방법으로 대기 또는 배출 가스 중의 유해 중금속 기타 원소의 분석에 적용한다(원자 흡광 광도법으로 하는 것은 주로 중금속류이다).

답 ①

5-1 원자 흡광률(E_{AA}, atomic extinction coefficient)을 나타낸 식으로 옳은 것은? (단, 어떤 진동수가 v인 빛이 목적 원자가 들어 있지 않은 불꽃을 투과했을 때의 강도를 I_{ov}, 목적 원자가 들어 있는 불꽃을 투과했을 때의 강도를 I_v라 하고 불꽃 중의 목적 원자 농도를 C, 불꽃 중 광도의 길이를 L이라 한다.) [12-1]

① $E_{AA} = \dfrac{\log_{10}\left(\dfrac{I_{ov}}{I_v}\right)}{C \times L}$

② $E_{AA} = \dfrac{\log_{10}\left(\dfrac{I_v}{I_{ov}}\right)}{C \times L}$

③ $E_{AA} = \dfrac{C \times L}{\log_{10}\left(\dfrac{I_v}{I_{ov}}\right)}$

④ $E_{AA} = \dfrac{C \times L}{\log_{10}\left(\dfrac{I_{ov}}{I_v}\right)}$

해설 원자 흡광도는

$E_{AA} = \dfrac{\log_{10} \cdot \dfrac{I_{ov}}{I_v}}{c \cdot l}$ 로 표시되는 양을 말한다.

5-2 원자 흡광 광도법(atomic absorption spectrophotometry)에서 사용하는 용어의 정의로 옳지 않은 것은? [12-1, 15-2, 20-4]

정답 5-1 ① 5-2 ④

① 선프로파일(line profile) : 파장에 대한 스펙트럼선의 강도를 나타내는 곡선
② 예복합 버너(premix type burner) : 가연성 가스, 조연성 가스 및 시료를 분무실에서 혼합시켜 불꽃 중에 넣어주는 방식의 버너
③ 분무실(nebulizer – chamber) : 분무기와 병용하여 분무된 시료 용액의 미립자를 더욱 미세하게 해주는 한편 큰 입자와 분리시키는 작용을 갖는 장치
④ 공명선(resonance line) : 목적하는 스펙트럼선에 가까운 파장을 갖는 다른 스펙트럼선

해설 공명선이란 원자가 외부로부터 빛을 흡수했다가 다시 먼저 상태로 돌아갈 때 방사하는 스펙트럼선을 말한다.
④는 근접선을 설명한 내용이다.

5-3 원자 흡광 광도법에서 사용되는 용어의 정의로 옳지 않은 것은? [15-1]

① 근접선 : 목적하는 스펙트럼선에 가까운 파장을 갖는 다른 스펙트럼선
② 선프로파일 : 파장에 대한 스펙트럼선의 강도를 나타내는 곡선
③ 충전 가스 : 불꽃 단락을 방지하기 위해 분무 버너에 채우는 가스
④ 다연료 불꽃 : 가연성 가스/조연성 가스의 값을 크게 한 불꽃

해설 충전 가스 : 중공 음극 램프에 채우는 가스

5-4 원자 흡수 분광 광도법의 장치 구성이 순서대로 옳게 나열된 것은? [20-4]

① 광원부 → 파장 선택부 → 측광부 → 시료원자화부
② 광원부 → 시료원자화부 → 파장 선택부 → 측광부
③ 시료원자화부 → 광원부 → 파장 선택부 → 측광부
④ 시료원자화부 → 파장 선택부 → 광원부 → 측광부

해설

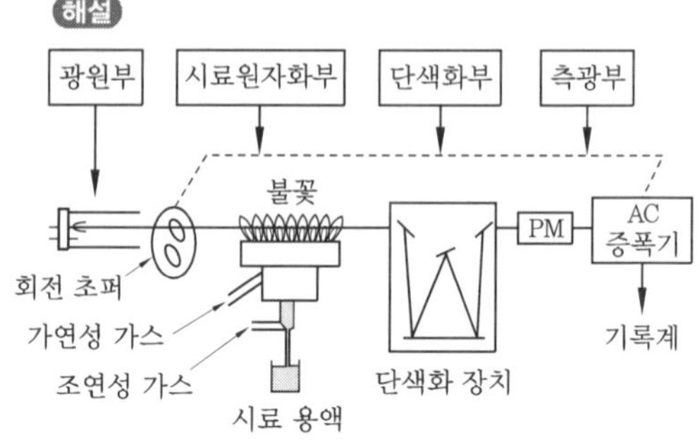

원자 흡광 분석 장치의 구성

암기방법 광시단측

5-5 원자 흡광 광도법에서 사용하는 용어 설명으로 거리가 먼 것은? [13-4]

① 공명선(resonance line) : 원자가 외부로 빛을 반사했다가 방사하는 스펙트럼선
② 근접선(neighbouring line) : 목적하는 스펙트럼선에 가까운 파장을 갖는 다른 스펙트럼선
③ 역화(flame back) : 불꽃의 연소 속도가 크고 혼합 기체의 분출 속도가 작을 때 연소 현상이 내부로 옮겨지는 것
④ 원자 흡광(분광) 측광 : 원자 흡광 스펙트럼을 이용하여 시료 중의 특정 원소의 농도와 그 휘선의 흡광 정도와의 상관 관계를 측정하는 것

해설 ① 외부로 빛을 반사했다가 방사하는 스펙트럼선 → 외부로부터 빛을 흡수했다가 다시 먼저 상태로 돌아갈 때 방사하는 스펙트럼선

정답 5-3 ③ 5-4 ② 5-5 ①

5-6 원자 흡수 분광 광도법에서 원자 흡광 분석 장치의 구성과 거리가 먼 것은 어느 것인가? [18-4]

① 분리관 ② 광원부
③ 단색화부 ④ 시료원자화부

해설 분리관(컬럼)은 가스 크로마트그래피법에 있는 장치이다.

암기방법 광시단측

5-7 다음 중 원자 흡수 분광 광도법에 사용되는 분석 장치인 것은? [18-2]

① stationary liquid
② detector oven
③ nebulizer – chamber
④ electron capture detector

해설 ① 고정상 액체 : 가스 크로마토그래프법 분석 장치
② 검출기 오븐 : 가스 크로마토그래프법 분석 장치
③ 분무실 : 원자 흡광 광도법 분석 장치
④ 전자 포획형 검출기 : 가스 크로마토그래프법 분석 장치

5-8 대기 오염 공정 시험 기준상 원자 흡수 분광 광도법과 자외선 가시선 분광법을 동시에 적용할 수 없는 것은? [18-1]

① 카드뮴 화합물
② 니켈 화합물
③ 페놀 화합물
④ 구리 화합물

해설 금속 화합물은 원자 흡광 광도법으로도 측정할 수 있고, 흡광 광도법으로도 측정할 수 있다. 그러나 주로 원자 흡광 광도법으로 측정한다.

페놀 화합물과 같은 비금속 화합물은 원자 흡광 광도법으로 측정하지 않는다.

5-9 원자 흡수 분광 광도법에 사용되는 용어의 정의로 옳지 않은 것은? [19-2]

① 분무실(nebulizer – chamber) : 분무기와 함께 분무된 시료액의 미립자를 더욱 미세하게 해주는 한편 큰 입자와 분리시키는 작용을 갖는 장치
② 선프로파일(line profile) : 파장에 대한 스펙트럼선의 강도를 나타내는 곡선
③ 예복합 버너(premix type burner) : 가연성 가스, 조연성 가스 및 시료를 분무실에서 혼합시켜 불꽃 중에 넣어주는 방식의 버너
④ 근접선(neighbouring line) : 원자가 외부로부터 빛을 흡수했다가 다시 먼저 상태로 돌아갈 때 방사하는 스펙트럼선

해설 ④의 경우 근접선의 설명이 아니고 공명선의 설명이다.

5-10 원자 흡수 분광 광도법에 사용되는 용어 설명으로 옳지 않은 것은? [19-1]

① 역화(flame back) : 불꽃의 연소 속도가 크고 혼합 기체의 분출 속도가 작을 때 연소 현상이 내부로 옮겨지는 것
② 중공 음극 램프(hollow cathode lamp) : 원자 흡광 분석의 광원이 되는 것으로 목적 원소를 함유하는 중공 음극 한 개 또는 그 이상을 고압의 질소와 함께 채운 방전관
③ 멀티 패스(multi – path) : 불꽃 중에서의 광로를 길게 하고 흡수를 증대시키기 위하여 반사를 이용하여 불꽃 중에 빛을 여러 번 투과시키는 것
④ 공명선(resonance line) : 원자가 외부로부터 빛을 흡수했다가 다시 먼저 상태로 돌아갈 때 방사하는 스펙트럼선

정답 5-6 ① 5-7 ③ 5-8 ③ 5-9 ④ 5-10 ②

해설 중공 음극 램프(hollow cathode lamp) : 원자 흡광 분석의 광원이 되는 것으로 목적 원소를 함유하는 중공 음극 한 개 또는 그 이상을 저압의 네온과 함께 채운 방전관

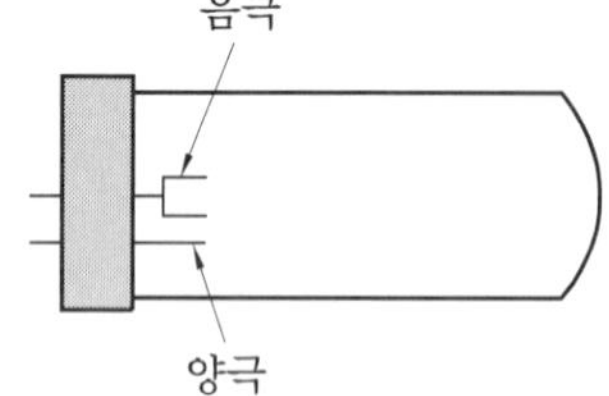

중공 음극 램프의 구조

5-11 **원자 흡수 분광 광도법에서 사용하는 용어의 정의로 옳은 것은?** [18-2]

① 공명선(resonance line) : 원자가 외부로부터 빛을 흡수했다가 다시 먼저 상태로 돌아갈 때 방사하는 스펙트럼선

② 중공 음극 램프(hollow cathode lamp) : 원자 흡광 분석의 광원이 되는 것으로 목적원소를 함유하는 중공음극 한 개 또는 그 이상을 고압의 질소와 함께 채운 방전관

③ 역화(flame back) : 불꽃의 연소 속도가 작고 혼합 기체의 분출 속도가 클 때 연소 현상이 내부로 옮겨지는 것

④ 멀티 패스(multi – path) : 불꽃 중에서 광로를 짧게 하고 반사를 증대시키기 위하여 반사 현상을 이용하여 불꽃 중에 빛을 여러 번 투과시키는 것

해설 용어

- 역화(flame back) : 불꽃의 연소 속도가 크고 혼합 기체의 분출 속도가 작을 때 연소 현상이 내부로 옮겨지는 것(버너 안으로 들어가는 것)
- 선 프로파일(line profile) : 파장에 대한 스펙트럼선의 강도를 나타내는 곡선
- 멀티 패스(multi – path) : 불꽃 중에서의 광로를 길게 하고 흡수를 증대시키기 위하여 반사를 이용하여 불꽃 중에 빛을 여러 번 투과시키는 것

5-12 **원자 흡광 광도법에서 측정 조건 결정 방법으로 가장 거리가 먼 것은 어느 것인가?** [14-4, 20-2]

① 감도가 가장 높은 스펙트럼선을 분석선으로 하는 것이 일반적이다.

② 양호한 SN비를 얻기 위하여 분광기의 슬릿 폭은 목적으로 하는 분석선을 분리할 수 있는 범위 내에서 되도록 넓게 한다(이웃의 스펙트럼선과 겹치지 않는 범위 내에서).

③ 불꽃 중에서의 시료의 원자 밀도 분포와 원소 불꽃의 상태 등에 따라 다르므로 불꽃의 최적 위치에서 빛이 투과하도록 버너의 위치를 조절한다.

④ 일반적으로 광원 램프의 전류값이 낮으면 램프의 감도가 떨어지는 등 수명이 감소하므로 광원 램프는 장치의 성능이 허락하는 범위 내에서 되도록 높은 전류값에서 동작시킨다.

해설 램프 전류값의 설정

일반적으로 광원 램프의 전류값이 높으면 램프의 감도가 떨어지고 수명이 감소하므로 광원 램프는 장치의 성능이 허락하는 범위 내에서 되도록 낮은 전류값에서 동작시킨다.

5-13 **원자 흡광 분석 장치에 관한 설명으로 가장 거리가 먼 것은?** [16-1]

① 램프 점등 장치 중 직류 점등 방식은 광원의 빛 자체가 변조되어 있기 때문에 빛의 단속기(chopper)는 필요하지 않다.

정답 5-11 ① 5-12 ④ 5-13 ①

② 원자 흡광 분석용 광원은 원자 흡광 스펙트럼선의 선폭보다 좁은 선폭을 갖고 휘도가 높은 스펙트럼을 방사하는 중공음극 램프가 많이 사용된다.
③ 시료를 원자화하는 일반적인 방법은 용액 상태로 만든 시료를 불꽃 중에 분무하는 방법이며 플라즈마 제트 불꽃 또는 방전을 이용하는 방법도 있다.
④ 전분무 버너는 가연 가스와 조연 가스가 버너 선단부에서 혼합되어 불꽃을 형성하고 이때 빨아올린 시료 용액은 모두 이 불꽃 속으로 들어가게 된다.

해설 램프 점등 장치 중 교류 점등 방식은 광원의 빛 자체가 변조되어 있기 때문에 빛의 단속기(chopper)는 필요하지 않다.

5-14 원자 흡광 분석에 사용되는 불꽃 중 불꽃의 온도가 높아 불꽃 중에서 해리하기 어려운 내화성 산화물(refractory oxide)을 만들기 쉬운 원소 분석에 가장 적합한 것은? [12-2, 16-2, 21-2]

① 아세틸렌 – 공기
② 아세틸렌 – 산소
③ 수소 – 공기 – 아르곤
④ 아세틸렌 – 아산화질소

해설 불꽃을 만들기 위한 조연성 가스와 가연성 가스의 조합은 수소 – 공기, 아세틸렌 – 공기, 아세틸렌 – 아산화질소 및 프로판 – 공기가 가장 널리 이용된다.

이 중에서도 수소 – 공기와 아세틸렌 – 공기는 거의 대부분의 원소 분석에 유효하게 사용되며 수소 – 공기는 원자외 영역에서의 불꽃 자체에 의한 흡수가 적기 때문에 이 파장 영역에서 분석선을 갖는 원소의 분석에 적당하다.

아세틸렌 – 아산화질소 불꽃은 불꽃의 온도가 높기 때문에 불꽃 중에서 해리하기 어려운 내화성 산화물을 만들기 쉬운 원소의 분석에 적당하다.

프로판 – 공기 불꽃은 불꽃 온도가 낮고 일부 원소에 대하여 높은 감도를 나타낸다.

5-15 대기 오염 공정 시험 기준상 원자 흡수 분광 광도법 분석 장치 중 시료 원자화 장치에 관한 설명으로 옳지 않은 것은 어느 것인가? [20-1]

① 시료 원자화 장치 중 버너의 종류로 전분무 버너와 예혼합 버너가 있다.
② 내화성 산화물을 만들기 쉬운 원소의 분석에 적당한 불꽃은 프로판 – 공기 불꽃이다.
③ 빛이 투과하는 불꽃의 길이를 10 cm 이상으로 해주려면 멀티 패스(multi-path) 방식을 사용한다.
④ 분석의 감도를 높여주고 안정한 측정치를 얻기 위하여 불꽃 중에 빛을 투과시킬 때 불꽃 중에서의 유효 길이를 되도록 길게 한다.

해설 ② 프로판 – 공기 → 아세틸렌 – 아산화질소

5-16 다음 그림은 원자 흡광 광도법에 의한 시료 중의 분석 원소 농도를 구하는 방법이다. 어떤 정량법인가? [15-4]

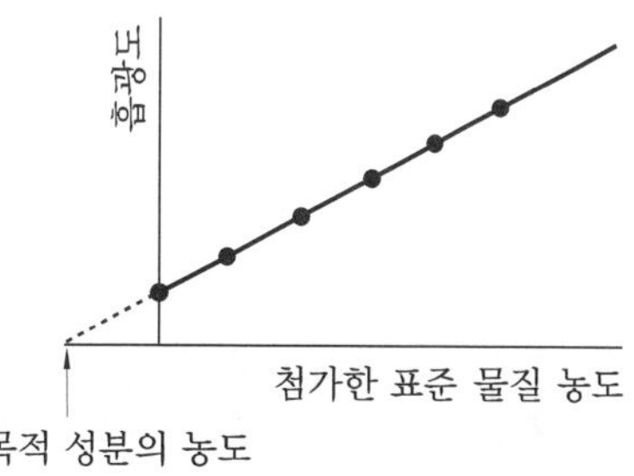

정답 5-14 ④ 5-15 ② 5-16 ③

① 검량선법
② 절대 검량선법
③ 표준 첨가법
④ 내부 표준법

해설

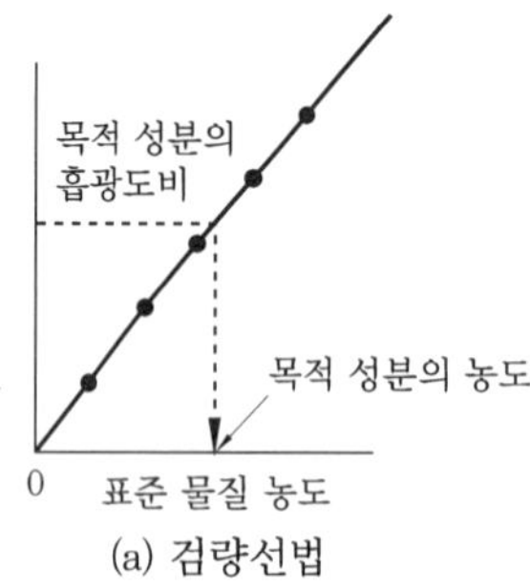

(a) 검량선법

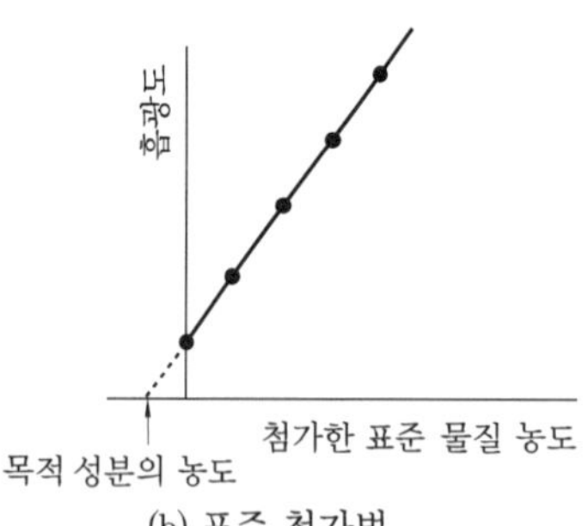

(b) 표준 첨가법

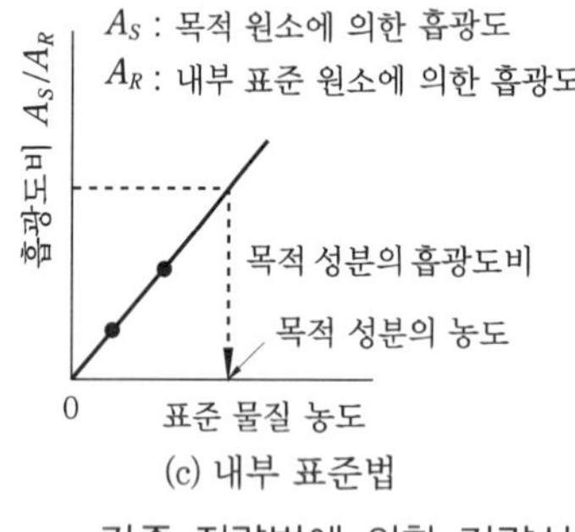

(c) 내부 표준법

각종 정량법에 의한 검량선

5-17 **원자 흡광 광도법에서 목적 원소에 의한 흡광도 A_s와 표준 원소에 의한 흡광도 A_R와의 비를 구하고 A_s/A_R 값과 표준 물질 농도와의 관계를 그래프에 작성하여 검량선을 만들어 시료 중의 목적 원소 농도를 구하는 정량법은?** [13-4, 18-1]

① 표준 첨가법
② 내부 표준법
③ 절대 검량선법
④ 검량선법

해설 가장 정확한 정량법은 내부 표준법이다.

5-18 **원자 흡수 분광 광도법(원자 흡광 광도법)의 검량선 작성법에 관한 설명으로 가장 거리가 먼 것은?** [13-2]

① 검량선은 일반적으로 저농도 영역에서 양호한 직선을 나타내므로 저농도 영역에서 작성하는 것이 좋다.
② 검량선법의 경우에는 적어도 3종류 이상의 농도의 표준 시료 용액에 대하여 흡광도를 측정하여 작성한다.
③ 표준 첨가법은 여러 개의 같은 양의 분석 시료에 각각 다른 농도의 표준 물질을 가하여 흡광도를 구하여 작성한다.
④ 내부 표준법에 가하는 표준 원소는 목적 원소와 화학적, 물리적으로 다른 성질의 원소로서 목적 원소와 흡광도비를 구하는 동시 측정을 행한다.

해설 ④ 다른 성질의 원소 → 아주 유사한 성질의 원소

5-19 **원자 흡수 분광 광도법에 따라 원자 흡광 분석을 수행할 때, 빛이 스펙트럼의 불꽃 중에서 생성되는 목적 원소의 원자 증기 이외의 물질에 의하여 흡수되는 경우에 일어나는 간섭은?** [14-1, 18-1, 20-1, 21-2]

① 물리적 간섭 ② 화학적 간섭
③ 이온학적 간섭 ④ 분광학적 간섭

정답 5-17 ② 5-18 ④ 5-19 ④

해설 간섭
㉮ 분광학적 간섭
㉠ 분석에 사용하는 스펙트럼선이 다른 인접선과 완전히 분리되지 않은 경우
㉡ 분석에 사용하는 스펙트럼선의 불꽃 중에서 생성되는 목적 원소의 원자 증기 이외의 물질에 의하여 흡수되는 경우
㉯ 물리적 간섭 : 시료 용액의 점성이나 표면 장력 등 물리적 조건의 영향에 의하여 일어나는 것
㉰ 화학적 간섭
㉠ 불꽃 중에서 원자가 이온화하는 경우
㉡ 공존 물질과 작용하여 해리하기 어려운 화합물이 생성되어 흡광에 관계하는 기저 상태의 원자수가 감소하는 경우

5-20 **원자 흡광 광도법에서 화학적 간섭을 방지하는 방법으로 가장 거리가 먼 것은 어느 것인가?** [12-2, 17-1]

① 이온 교환에 의한 방해 물질 제거
② 표준 첨가법의 이용
③ 미량의 간섭 원소의 첨가
④ 은폐제의 첨가

해설 ③ 미량의→과량의
[화학적 간섭을 피하는 방법]
㉮ 이온 교환이나 용매 추출 등에 의한 방해 물질의 제거
㉯ 과량의 간섭 원소의 첨가
㉰ 간섭을 피하는 양이온, 음이온 또는 은폐제, 킬레이트제 등의 첨가
㉱ 목적 원소의 용매 추출
㉲ 표준 첨가법의 이용

5-21 **원자 흡수 분광 광도법에 따라 분석할 때, 분석 오차를 유발하는 원인으로 가장 적합하지 않은 것은?** [21-4]

① 검정 곡선 작성의 잘못
② 공존 물질에 의한 간섭 영향 제거
③ 광원부 및 파장 선택부의 광학계 조정 불량
④ 가연성 가스 및 조연성 가스의 유량 또는 압력의 변동

해설 분석 오차의 원인
㉮ 표준 시료와 분석 시료의 조성이나 물리적 화학적 성질의 차이
㉯ 공존 물질에 의한 간섭
㉰ 측광부의 불안정 또는 조절 불량
㉱ 광원부 및 파장 선택부의 광학계의 조정 불량
㉲ 측광부의 불안정 또는 조절 불량
㉳ 가연성 가스 및 조연성 가스의 유량이나 압력의 변동
㉴ 불꽃을 투과하는 광속의 위치의 조정 불량
②의 경우 간섭 영향 제거→간섭

정답 5-20 ③ 5-21 ②

4 비분산 적외선 분광 분석법(비분산 적외선 분석법)

6. 비분산 적외선 분광 분석법(non dispersive infrared photometer analysis)에서 사용되는 용어에 관한 설명으로 옳지 않은 것은? [19-4]

① 비교 가스는 시료셀에서 적외선 흡수를 측정하는 경우 대조 가스로 사용하는 것으로 적외선을 흡수하지 않는 가스를 말한다.
② 비교셀은 시료셀과 동일한 모양을 가지며 아르곤 또는 질소와 같은 불활성 기체를 봉입하여 사용한다.
③ 광학 필터는 시료 광속과 비교 광속을 일정 주기로 단속시켜, 광학적으로 변조시키는 것으로 단속 방식에는 1~20 Hz의 교호 단속 방식과 동시 단속 방식이 있다.
④ 시료셀은 시료 가스가 흐르는 상태에서 양단의 창을 통해 시료 광속이 통과하는 구조를 갖는다.

해설 (1) 원리 및 적용 범위

이 시험법은 선택성 검출기를 이용하여 시료 중의 특정 성분에 의한 적외선의 흡수량 변화를 측정하여 시료 중에 들어 있는 특정 성분의 농도를 구하는 방법으로 대기 및 연도 배출 가스 중의 오염 물질을 연속적으로 분석하는 비분산 정필터형 복광속 방식 적외선 가스 분석계에 대하여 적용한다.

(2) 용어

㉮ 비분산(non dispersive) : 빛을 프리즘(prism)이나 회절격자와 같은 분산 소자에 의하여 분산하지 않는 것
㉯ 정필터형 : 측정 성분이 흡수되는 적외선을 그 흡수 파장에서 측정하는 방식
㉰ 반복성 : 동일한 분석계를 이용하여 동일한 측정 대상을 동일한 방법과 조건으로 비교적 단시간에 반복적으로 측정하는 경우로서 개개의 측정치가 일치하는 정도
㉱ 비교 가스 : 시료셀에서 적외선 흡수를 측정하는 경우 대조 가스로 사용하는 것으로 적외선을 흡수하지 않는 가스
㉲ 시료셀(sample cell) : 시료 가스를 넣는 용기
㉳ 비교셀(reference cell) : 비교 가스를 넣는 용기
㉴ 시료 광속 : 시료셀을 통과하는 빛
㉵ 비교 광속 : 비교셀을 통과하는 빛
㉶ 제로 가스(zero gas) : 분석계의 최저 눈금값을 교정하기 위하여 사용하는 가스
㉷ 스팬 가스(span gas) : 분석계의 최고 눈금값을 교정하기 위하여 사용하는 가스
㉸ 제로 드리프트(zero drift) : 계기의 최저 눈금에 대한 지시치의 일정 시간 내의 변동
㉹ 스팬 드리프트(span drift) : 계기의 눈금 스팬에 대응하는 지시치의 일정 기간 내의 변동

여기서, ③은 광학 필터에 대한 설명이 아니고 회전 섹터에 대한 설명이다.

답 ③

6-1 **비분산 적외선 분석계의 구성에서 ( ) 안에 들어갈 기기로 옳은 것은? (단, 복광속 분석계 기준)** [17-1, 21-1]

> 광원 → (㉠) → (㉡) → 시료셀 → 검출기 → 증폭기 → 지시계

① ㉠ 광학 섹터, ㉡ 회전 필터
② ㉠ 회전 섹터, ㉡ 광학 필터
③ ㉠ 광학 필터, ㉡ 회전 필터
④ ㉠ 회전 섹터, ㉡ 광학 섹터

해설

복광속 분석계의 구성

- 광원 : 광원은 원칙적으로 니크롬선 또는 탄화규소의 저항체에 전류를 흘려 가열한 것을 사용한다.
- 회전 섹터 : 회전 섹터는 시료 광속과 비교 광속을 일정 주기로 단속시켜, 광학적으로 변조시키는 것으로, 단속 방식에는 1~20 Hz의 교호 단속 방식과 동시 단속 방식이 있다.
- 광학 필터 : 광학 필터는 시료 가스 중에 포함되어 있는 간섭 성분 가스의 흡수 파장 영역의 적외선을 흡수 제거하기 위하여 사용하며, 가스 필터와 고체 필터가 있는데, 이것을 단독 또는 적절히 조합하여 사용한다.
- 시료셀 : 시료셀은 시료 가스가 흐르는 상태에서 양단의 창을 통해 시료 광속이 통과하는 구조를 갖는다.
- 비교셀 : 비교셀은 시료셀과 동일한 모양을 가지며 아르곤 또는 질소와 같은 불활성 기체를 봉입하여 사용한다.
- 검출기 : 검출기는 광속을 받아들여 시료 가스 중 측정 성분 농도에 대응하는 신호를 발생시키는 선택적 검출기 혹은 광학 필터와 비선택적 검출기를 조합하여 사용한다.

6-2 **비분산 적외선 분광 분석법에서 용어의 정의 중 "측정 성분이 흡수되는 적외선을 그 흡수 파장에서 측정하는 방식"을 의미하는 것은?** [18-4]

① 정필터형　② 복광 필터형
③ 회절격자형　④ 적외선 흡광형

6-3 **비분산 적외선 분광 분석법에서 분석계의 최고 눈금값을 교정하기 위하여 사용하는 가스는?** [16-2]

① 비교 가스　② 제로 가스
③ 스팬 가스　④ 필터 가스

6-4 **비분산 적외선 분광 분석법에서 사용하는 주요 용어의 의미로 옳지 않은 것은 어느 것인가?** [16-1, 20-4]

① 스팬 가스 : 분석계의 최저 눈금값을 교정하기 위하여 사용하는 가스
② 스팬 드리프트 : 측정기의 교정 범위 눈금에 대한 지시값의 일정 기간 내의 변동
③ 정필터형 : 측정 성분이 흡수되는 적외선을 그 흡수 파장에서 측정하는 방식
④ 비교 가스 : 시료셀에서 적외선 흡수를 측정하는 경우 대조 가스로 사용하는 것으로 적외선을 흡수하지 않는 가스

해설 ① 최저 → 최고

6-5 **비분산 적외선 분광 분석법에 적용되는 용어의 정의로 옳지 않은 것은?** [14-2]

정답 6-1 ② 6-2 ① 6-3 ③ 6-4 ① 6-5 ②

① 정필터형 : 측정 성분이 흡수되는 적외선을 그 흡수 파장에서 측정하는 방식
② 반복성 : 동일한 분석계를 이용하여 다른 측정 대상을 동일한 방법과 조건으로 비교적 장시간에 반복적으로 측정하는 경우에 측정치의 일치 정도
③ 비교 가스 : 시료셀에서 적외선 흡수를 측정하는 경우 대조 가스로 사용하는 것으로 적외선을 흡수하지 않는 가스
④ 비분산 : 빛을 프리즘이나 회절격자와 같은 분산 소자에 의해 분산하지 않는 것

해설 ② 다른 측정 대상을 → 동일한 측정 대상을,
장시간에 → 단시간에

6-6 비분산 적외선 가스 분석법에 관한 설명으로 옳지 않은 것은? [15-1]

① 선택성 검출기를 이용하여 시료 중의 특정 성분에 대한 적외선 흡수량 변화를 측정한다.
② 광원은 원칙적으로 니크롬선 또는 탄화규소의 저항체에 전류를 흘려 가열한 것을 사용한다.
③ 분석계의 최저 눈금값을 교정하기 위하여 제로 가스를 사용한다.
④ 적외선 가스 분석계는 교호 단속 분석계와 동시 단속 분석계로 분류한다.

해설 ④ 적외선 가스 분석계 → 회전 섹터

6-7 대기 오염 공정 시험 기준상 비분산 적외선 분광 분석법의 용어 및 장치 구성에 관한 설명으로 옳지 않은 것은? [20-2]

① 제로 드리프트(zero drift)는 측정기의 교정 범위 눈금에 대한 지시값의 일정 기간 내의 변동을 말한다.
② 비교 가스는 시료 셀에서 적외선 흡수를 측정하는 경우 대조 가스로 사용하는 것으로 적외선을 흡수하지 않는 가스를 말한다.
③ 광원은 원칙적으로 흑체 발광으로 니크롬선 또는 탄화규소의 저항체에 전류를 흘려 가열한 것을 사용한다.
④ 시료셀은 시료 가스가 흐르는 상태에서 양단의 창을 통해 시료 광속이 통과하는 구조를 갖는다.

해설 제로 드리프트는 계기의 최저 눈금에 대한 지시치의 일정 기간 내의 변동을 말한다.

6-8 비분산 적외선 분석계의 장치 구성에 관한 설명으로 옳지 않은 것은? [21-4]

① 비교셀은 시료셀과 동일한 모양을 가지며 산소를 봉입하여 사용한다.
② 광원은 원칙적으로 흑체 발광으로 니크롬선 또는 탄화규소의 저항체에 전류를 흘려 가열한 것을 사용한다.
③ 광학 필터는 시료 가스 중에 포함되어 있는 간섭 물질 가스의 흡수 파장영역 적외선을 흡수제거하기 위해 사용한다.
④ 회전 섹터는 시료 광속과 비교 광속을 일정 주기로 단속시켜 광학적으로 변조시키는 것으로 측정 광학적으로 변조시키는 것으로 측정 광신호의 증폭에 유효하고 잡신호의 영향을 줄일 수 있다.

해설 ① 산소를 봉입 → 아르곤 또는 질소와 같은 불활성 기체를 봉입

6-9 비분산 적외선 분석법에서 용어 및 장치 구성에 관한 설명으로 옳지 않은 것은 어느 것인가? [12-1]

정답 6-6 ④ 6-7 ① 6-8 ① 6-9 ①

① 제로 드리프트(zero drift)는 계기의 눈금 스팬에 대응하는 지시치의 일정 기간 내의 변동을 말한다.
② 비교 가스는 시료셀에서 적외선 흡수를 측정하는 경우 대조 가스로 사용하는 것으로 적외선을 흡수하지 않는 가스를 말한다.
③ 광원은 원칙적으로 니크롬선 또는 탄화규소의 저항체에 전류를 흘려 가열한 것을 사용한다.
④ 시료셀은 시료 가스가 흐르는 상태에서 양단의 창을 통해 시료 광속이 통과하는 구조를 갖는다.

해설 ① 제로 드리프트 → 스팬 드리프트

6-10 **다음은 비분산 적외선 분광 분석법 중 응답 시간(response time)의 성능 기준을 나타낸 것이다. ㉠, ㉡에 알맞은 것은 어느 것인가?** [17-2]

> 제로 조정용 가스를 도입하여 안정된 후 유로를 (㉠)로 바꾸어 기준 유량으로 분석계에 도입하여 그 농도를 눈금 범위 내의 어느 일정한 값으로부터 다른 일정한 값으로 갑자기 변화시켰을 때 스텝(step) 응답에 대한 소비시간이 1초 이내이어야 한다. 또 이때 최종 지시치에 대한 (㉡)을 나타내는 시간은 40초 이내이어야 한다.

① ㉠ 비교 가스, ㉡ 10 %의 응답
② ㉠ 스팬 가스, ㉡ 10 %의 응답
③ ㉠ 비교 가스, ㉡ 90 %의 응답
④ ㉠ 스팬 가스, ㉡ 90 %의 응답

해설 성능

- 재현성 : 동일 측정 조건에서 제로 가스와 스팬 가스를 번갈아 3회 도입하여 각각의 측정값의 평균으로부터 편차를 구한다. 이 편차는 전체 눈금의 ±2 % 이내이어야 한다.
- 감도 : 전체 눈금의 ±1 % 이하에 해당하는 농도 변화를 검출할 수 있는 것이어야 한다.
- 제로 드리프트(zero drift) : 동일 조건에서 제로 가스를 연속적으로 도입하여 고정형은 24시간, 이동형은 4시간 연속 측정하는 동안에 전체 눈금의 ±2 % 이상의 지시 변화가 없어야 한다.
- 스팬 드리프트(span drift) : 동일 조건에서 제로 가스를 흘려보내면서 때때로 스팬 가스를 도입할 때 제로 드리프트를 뺀 드리프트가 고정형은 24시간, 이동형은 4시간 동안에 전체 눈금의 ±2 % 이상이 되어서는 안 된다.
- 응답 시간(response time) : 제로 조정용 가스를 도입하여 안정된 후 유로를 스팬 가스로 바꾸어 기준 유량으로 분석계에 도입하여 그 농도를 눈금 범위 내의 어느 일정한 값으로부터 다른 일정한 값으로 갑자기 변화시켰을 때 스텝(step) 응답에 대한 소비 시간이 1초 이내이어야 한다. 또 이때 최종 지시치에 대한 90 %의 응답을 나타내는 시간은 40초 이내이어야 한다.
- 측정 가스 온도 변화에 대한 안정성 : 측정 가스의 온도가 표시 온도 범위 내에서 변동해도 성능에 지장이 있어서는 안 된다.
- 측정 가스의 유량 변화에 대한 안정성 : 측정 가스의 유량이 표시한 기준 유량에 대하여 ±2 % 이내에서 변동하여도 성능에 지장이 있어서는 안 된다.
- 주위 온도 변화에 대한 안정성 : 주위 온도가 표시 허용 변동 범위 내에서 변동하여도 성능에 지장이 있어서는 안 된다.
- 전원 변동에 대한 안정성 : 전원 전압이 설정 전압의 ±10 % 이내로 변화하였을 때 지시치 변화는 전체 눈금의 ±1 % 이내

정답 6-10 ④

여야 하고, 주파수가 설정 주파수의 ±2 % 에서 변동해도 성능에 지장이 있어서는 안 된다.

6-11 **다음은 비분산 적외선 분광분석기의 성능 기준이다. ( ) 안에 알맞은 것은 어느 것인가?** [12-4, 14-4, 19-2, 20-1]

> 제로 조정용 가스를 도입하여 안정된 후 유로를 스팬 가스로 바꾸어 기준 유량으로 분석계에 도입하며 그 농도를 눈금 범위 내의 어느 일정한 값으로부터 다른 일정한 값으로 갑자기 변화시켰을 때 스텝(step) 응답에 대한 소비 시간이 (㉠)이어야 한다. 또 이때 지시치에 대한 90 %의 응답을 나타내는 시간은 (㉡)이어야 한다.

① ㉠ 10초 이내, ㉡ 30초 이내
② ㉠ 10초 이내, ㉡ 40초 이내
③ ㉠ 1초 이내, ㉡ 30초 이내
④ ㉠ 1초 이내, ㉡ 40초 이내

6-12 **대기 및 굴뚝 배출 가스 중 일산화탄소를 연속적으로 측정하는 비분산 정필터형 적외선 가스 분석계(고정형)의 성능 유지 조건으로 옳은 것은?** [12-1, 16-2]

① 최종 지시값에 대한 90 %의 응답을 나타내는 시간은 60초 이내이어야 한다.
② 전체 눈금의 ±5 % 이하에 해당하는 농도 변화를 검출할 수 있는 감도를 지녀야 한다.
③ 동일 조건에서 제로 가스를 연속적으로 도입하여 24시간 연속 측정하는 동안 전체 눈금의 ±5 % 이상의 지시 변화가 없어야 한다.
④ 전압 변동에 대한 안정성 측면에서 전원 전압이 설정 전압의 ±10 % 이내로 변화하였을 때 지시값의 변화는 전체 눈금의 ±1 % 이내이어야 한다.

해설 ① 60초 이내 → 40초 이내
② ±5 % 이하 → ±1 % 이하
③ ±5 % 이상 → ±2 % 이상

6-13 **다음은 비분산 적외선 분석법에 사용되는 가스 분석계의 성능 기준이다. ( ) 안에 가장 알맞은 것은?** [13-1]

> 스팬 드리프트(span drift)는 동일 조건에서 제로 가스를 흘려보내면서 때때로 스팬 가스를 도입할 때 제로 드리프트를 뺀 드리프트가 이동형은 (㉠)에 전체 눈금의 (㉡)이 되어서는 안되며, 측정 시간 간격은 이동형은 40분 이상이 되도록 한다.

① ㉠ 6시간 동안, ㉡ ±2 % 이상
② ㉠ 4시간 동안, ㉡ ±2 % 이상
③ ㉠ 6시간 동안, ㉡ ±5 % 이상
④ ㉠ 4시간 동안, ㉡ ±5 % 이상

6-14 **다음은 비분산 적외선 분석 방법 중 응답 시간(response time)의 성능 기준을 나타낸 것이다. ( ) 안에 알맞은 것은 어느 것인가?** [13-4]

> 제로 조정용 가스를 도입하여 안정된 후 유로를 (㉠)로 바꾸어 기준 유량으로 분석계에 도입하여 그 농도를 눈금 범위 내의 어느 일정한 값으로부터 다른 일정한 값으로 갑자기 변화시켰을 때 스텝(step) 응답에 대한 소비 시간이 1초 이내이어야 한다. 또 이때 최종 지시치에 대한 (㉡)을 나타내는 시간은 40초 이내이어야 한다.

정답 6-11 ④ 6-12 ④ 6-13 ② 6-14 ④

① ㉠ 비교 가스, ㉡ 10 %의 응답
② ㉠ 스팬 가스, ㉡ 10 %의 응답
③ ㉠ 비교 가스, ㉡ 90 %의 응답
④ ㉠ 스팬 가스, ㉡ 90 %의 응답

6-15 **대기 및 굴뚝 배출 기체 중의 오염 물질을 연속적으로 측정하는 비분산 정필터형 적외선 가스 분석계(고정형)의 성능 유지 조건에 대한 설명으로 옳은 것은 어느 것인가?** [20-1]

① 최대 눈금 범위의 ±5 % 이하에 해당하는 농도 변화를 검출할 수 있는 감도를 지녀야 한다.
② 측정 가스의 유량이 표시한 기준 유량에 대하여 ±10 % 이내에서 변동하여도 성능에 지장이 있어서는 안된다.
③ 동일 조건에서 제로 가스를 연속적으로 도입하여 24시간 연속 측정하는 동안 전체 눈금의 ±5 % 이상의 지시 변화가 없어야 한다.
④ 전압 변동에 대한 안정성 측면에서 전원 전압이 설정 전압의 ±10 % 이내로 변화하였을 때 지시값 변화는 전체 눈금의 ±1 % 이내이어야 한다.

해설 ① ±5 % → ±1 %
② ±10 % → ±2 %
③ ±5 % → ±2 %

정답 6-15 ④

5 이온 크로마토그래피

7. 다음은 이온 크로마토그래피의 원리 및 적용 범위에 관한 설명이다. ( ) 안에 가장 적합한 것은? [15-4]

> 이온 크로마토그래프법은 이동상으로는 (㉠)를(을) 그리고 고정상으로는 (㉡)를(을) 사용하여 이동상에 녹는 혼합물을 고분리능 고정상이 충전된 분리관 내로 통과시켜 시료 성분의 용출 상태를 전도도 검출기로 검출하여 그 농도를 정량하는 방법이다.

① ㉠ 액체, ㉡ 전해질
② ㉠ 전해질, ㉡ 액체
③ ㉠ 액체, ㉡ 이온 교환 수지
④ ㉠ 이온 교환 수지, ㉡ 액체

해설 원리 및 적용 범위
이 방법은 이동상으로는 액체를, 그리고 고정상으로는 이온 교환 수지를 사용하여 이동상에 녹는 혼합물을 고분리능 고정상이 충전된 분리관 내로 통과시켜 시료 성분의 용출 상태를 전도도 검출기 또는 광학 검출기로 검출하여 그 농도를 정량하는 방법으로 일반적으로 강수물(비, 눈, 우박 등), 대기 먼지, 하천수 중의 이온 성분을 정성, 정량 분석하는 데 이용한다.

답 ③

7-1 이온 크로마토그래프법(Ion Chromatography)에 사용되는 장치에 관한 설명으로 옳지 않은 것은? [14-1, 16-4]

① 용리액조는 이온 성분이 용출되지 않는 재질로서 용리액이 공기와 원활한 접촉이 가능한 개방형을 선택한다.
② 송액 펌프는 맥동이 적은 것을 선택한다.
③ 시료 주입 장치는 일정량의 시료를 밸브 조작에 의해 분리관으로 주입하는 루프 주입 방식이 일반적이다.
④ 검출기는 분리관 용리액 중의 시료 성분의 유무와 양을 검출하는 부분으로 일반적으로 전도도 검출기를 많이 사용한다.

해설 장치

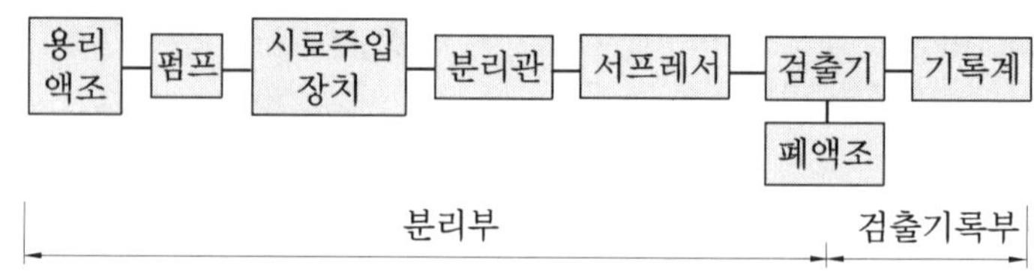

이온 크로마토그래피의 구성 예

㉮ 용리액조 : 이온 성분이 용출되지 않는 재질로써 용리액을 직접 공기와 접촉시키지 않는 밀폐된 것을 선택한다. 일반적으로 폴리에틸렌이나 경질 유리제를 사용한다.
㉯ 송액 펌프
㉠ 맥동이 적은 것
㉡ 필요한 압력을 얻을 수 있는 것
㉢ 유량 조절이 가능할 것
㉣ 용리액 교환이 가능할 것
㉰ 시료 주입 장치 : 일정량의 시료를 밸브 조작에 의해 분리관으로 주입하는 루프 주입 방식이 일반적이며 셉텀 방법, 셉텀레스 방식 등이 사용되기도 한다.

7-2 이온 크로마토그래피의 일반적인 장치 구성 순서로 옳은 것은? [19-1]

① 펌프 – 시료 주입 장치 – 용리액조 – 분리관 – 검출기 – 서프레서
② 용리액조 – 펌프 – 시료 주입 장치 – 분리관 – 서프레서 – 검출기
③ 시료 주입 장치 – 펌프 – 용리액조 – 서프레서 – 분리관 – 검출기
④ 분리관 – 시료 주입 장치 – 펌프 – 용리액조 – 검출기 – 서프레서

7-3 이온 크로마토그래피에 관한 설명으로 옳지 않은 것은? [19-2]

① 분리관의 재질은 용리액 및 시료액과 반응성이 큰 것을 선택하며 스테인리스관이 널리 사용된다.
② 용리액조는 일반적으로 폴리에틸렌이나 경질 유리제를 사용한다.
③ 송액 펌프는 일반적으로 맥동이 적은 것을 사용한다.
④ 검출기는 일반적으로 전도도 검출기를

정답 7-1 ① 7-2 ② 7-3 ①

많이 사용하고, 그 외 자외선, 가시선 흡수검출기(UV, VIS 검출기), 전기화학적 검출기 등이 사용된다.

해설 분리관 : 이온교환체의 구조면에서는 표층피복형, 표층박막형, 전 다공성 미립자형이 있으며, 기본 재질면에서는 폴리스티렌계, 폴리아크릴레이트계 및 실리카계가 있다. 또 양이온 교환체는 표면에 술폰산기를 보유한다.

분리관의 재질은 내압성, 내부식성으로 용리액 및 시료액과 반응성이 적은 것을 선택하며 에폭시수지관 또는 유리관이 사용된다. 일부는 스테인리스관이 사용되지만 금속이온 분리용으로 좋지 않다.

7-4 일반적으로 사용하는 이온 크로마토그래피의 구성 장치 중 분리관에 관한 설명으로 가장 거리가 먼 것은? [13-2]

① 이온 교환체의 구조면에서는 표층피복형, 표층박막형, 전다공성 미립자형이 있다.

② 양이온 교환체는 표면에 술폰산기를 보유한다.

③ 금속이온 분리용으로는 스테인리스관이 효과적이다.

④ 분리관은 에폭시수지관 또는 유리관 등이 사용된다.

해설 ③ 효과적이다. → 좋지 않다.

7-5 이온 크로마토그래피에서 사용되는 서프레서에 관한 설명으로 옳지 않은 것은 어느 것인가? [19-4]

① 관형과 이온교환막형이 있다.

② 용리액으로 사용되는 전해질 성분을 분리검출하기 위하여 분리관 앞에 병렬로 접속시킨다.

③ 관형 서프레서 중 음이온에는 스티롤계강산형(H^+) 수지가 충진된 것을 사용한다.

④ 전해질을 물 또는 저전도도의 용매로 바꿔줌으로써 전기 전도도 셀에서 목적이온 성분과 전기 전도도만을 고감도로 검출할 수 있게 해준다.

해설 서프레서 : 서프레서란 용리액에 사용되는 전해질 성분을 제거하기 위하여 분리관 뒤에 직렬로 접속시킨 것으로서 전해질을 물 또는 저전도도의 용매로 바꿔줌으로써 전기 전도도 셀에서 목적이온 성분의 전기 전도도만을 고감도로 검출할 수 있게 해주는 것이다.

서프레서에는 관형과 이온교환막형이 있으며, 관형은 음이온에서 스티롤계 강산형(H^+) 수지가, 양이온에는 스티롤계 강염기형(OH^-)의 수지가 충진된 것을 사용한다.

7-6 대기 오염 공정 시험 기준상 고성능 이온 크로마토그래피의 장치 중 서프레서에 관한 설명으로 가장 거리가 먼 것은 어느 것인가? [13-1, 20-2]

① 장치의 구성상 서프레서 앞에 분리관이 위치한다.

② 용리액에 사용되는 전해질 성분을 제거하기 위한 것이다.

③ 관형 서프레서에 사용하는 충전물은 스티롤계 강산형 및 강염기형 수지이다.

④ 목적 성분의 전기 전도도를 낮추어 이온 성분을 고감도로 검출할 수 있게 해준다.

해설 전해질을 물 또는 저전도도 용매로 바꿔줌으로써 전기 전도도 셀에서 목적이온 성분의 전기 전도도만을 고감도로 검출할 수 있게 해주는 것이다.

정답 7-4 ③ 7-5 ② 7-6 ④

7-7 **이온 크로마토그래피의 검출기에 관한 설명이다. ( ) 안에 들어갈 내용으로 가장 적합한 것은?** [18-2, 21-1]

> (㉠)는 고성능 액체 크로마토그래피 분야에서 가장 널리 사용되는 검출기로, 최근에는 이온 크로마토그래피에서도 전기 전도도 검출기와 병행하여 사용되기도 한다. 또한 (㉡)는 전이금속 성분의 발색 반응을 이용하는 경우에 사용된다.

① ㉠ 광학 검출기
  ㉡ 암페로메트릭 검출기
② ㉠ 전기 화학적 검출기
  ㉡ 염광광도 검출기
③ ㉠ 자외선 흡수 검출기
  ㉡ 가시선흡수 검출기
④ ㉠ 전기 전도도 검출기
  ㉡ 전기화학적 검출기

해설 검출기

- 전기 전도도 검출기 : 분리관에서 용출되는 각 이온종을 직접 또는 서프레서를 통과시킨 전기 전도도계 셀 내의 고정된 전극 사이에 도입시키고 이때 흐르는 전류를 측정하는 것이다(가장 많이 사용).
- 자외선 및 가시선 흡수 검출기(UV, VIS 검출기) : 자외선 흡수 검출기(UV 검출기)는 고성능 액체 크로마토그래피 분야에서 가장 널리 사용되는 검출기이며, 최근에는 이온 크로마토그래피에서도 전기 전도도 검출기와 병행하여 사용되기도 한다. 또한 가시선 흡수 검출기(VIS 검출기)는 전이금속 성분의 발색 반응을 이용하는 경우에 사용된다.
- 전기 화학적 검출기 : 정전위 전극 반응을 이용하는 전기화학 검출기는 검출 감도가 높고 선택성이 있는 검출기로서 분석화학 분야에 널리 이용되는 검출기이며 전량 검출기, 암페로 메트릭 검출기 등이 있다.

7-8 **이온 크로마토그래피법에 관한 일반적인 설명으로 옳지 않은 것은?** [21-4]

① 검출기로 수소염 이온화 검출기(FID)가 많이 사용된다.
② 용리액조, 송액 펌프, 시료 주입 장치, 분리관, 서프레서, 검출기, 기록계로 구성되어 있다.
③ 강수(비, 눈, 우박 등), 대기 먼지, 하천수 중의 이온 성분을 정성, 정량 분석하는 데 사용된다.
④ 용리액조는 이온 성분이 용출되지 않는 재질로서 용리액을 직접 공기와 접촉시키지 않는 밀폐된 것을 선택한다.

해설 ① 수소염 이온화 검출기(FID) → 전기 전도도 검출기

7-9 **이온 크로마토그래프법에서 사용하는 검출기 중 정전위 전극 반응을 이용하는 것으로 검출 감도가 높고 선택성이 있으며 전량 검출기, 암페로 메트릭 검출기 등이 있는 것은?** [13-2]

① 전기 전도도 검출기
② 전기 화학적 검출기
③ 전기 자외선 흡수 검출기
④ 전기 가시선 흡수 검출기

7-10 **이온 크로마토그래피에서 사용되는 검출기 중 정전위 전극 반응을 이용하고, 검출 감도가 높고 선택성이 있어 분석화학 분야에 널리 이용되는 검출기는?** [16-2]

① 가시선 흡수 검출기
② 정전위 검출기

정답 7-7 ③ 7-8 ① 7-9 ② 7-10 ③

③ 전기 화학적 검출기
④ 전기 전도도 검출기

7-11 **이온 크로마토그래피 설치 조건(기준)으로 가장 거리가 먼 것은?** [12-4, 21-1]

① 부식성 가스 및 먼지 발생이 적고, 진동이 없으며 직사광선을 피해야 한다.
② 대형 변압기, 고주파 가열 등으로부터의 전자 유도를 받지 않아야 한다.
③ 실온 10~25℃, 상대 습도 30~85 % 범위로 급격한 온도 변화가 없어야 한다.
④ 공급 전원은 기기의 사양에 지정된 전압 전기 용량 및 주파수로 전압 변동은 30 % 이하이고, 급격한 주파수 변동이 없어야 한다.

해설 설치 조건
㉮ 실온 10~25℃, 상대 습도 30~85 % 범위로 급격한 온도 변화가 없어야 한다.
㉯ 진동이 없고 직사광선을 피해야 한다.
㉰ 부식성 가스 및 먼지 발생이 적고 환기가 잘 되어야 한다.
㉱ 대형 변압기, 고주파 가열 등으로부터 전자 유도를 받지 않아야 한다.
㉲ 공급 전원은 기기의 사양에 지정된 전압 전기 용량 및 주파수로, 전압 변동은 10 % 이하이고 주파수 변동이 없어야 한다.

7-12 **이온 크로마토그래프법에 관한 설명으로 옳지 않은 것은?** [16-1]

① 공급 전원은 전압 변동 5 % 이하, 주파수 변동 10 % 이하로 변동이 적어야 한다.
② 일반적으로 강수물, 대기 먼지, 하천수 중의 이온 성분을 정량, 정성 분석하는 데 이용한다.
③ 가시선 흡수 검출기(VIS 검출기)는 전이금속 성분의 발색 반응을 이용하는 경우에 사용된다.
④ 서프레서는 관형과 이온교환막형이 있으며, 관형은 음이온에는 스티롤계 강산형(H^+) 수지가, 양이온에는 스티롤계 강염기형(OH^-)의 수지가 충진된 것을 사용한다.

해설 공급 전원은 기기의 사양에 지정된 전압 전기용량 및 주파수로, 전압 변동은 10 % 이하이고 주파수 변동이 없어야 한다.

6 흡광차 분광법 등

7-13 **흡광차 분광법(DOAS)의 원리와 적용 범위에 관한 설명으로 거리가 먼 것은 어느 것인가?** [19-4]

① 50~1,000 m 정도 떨어진 곳의 빛의 이동 경로(path)를 통과하는 가스를 실시간으로 분석할 수 있다.
② 아황산가스, 질소 산화물, 오존 등의 대기 오염 물질 분석에 적용할 수 있다.
③ 측정에 필요한 광원은 180~380 nm 파장을 갖는 자외선 램프를 사용한다.
④ 흡광 광도법의 기본 원리인 Beer-Lambert 법칙을 응용하여 분석한다.

해설 원리 및 적용 범위
이 방법은 일반적으로 빛을 조사하는 발광부와 50~1,000 m 정도 떨어진 곳에 설치되는 수광부(또는 발·수광부와 반사경) 사이에 형성되는 빛의 이동 경로(path)를 통과하는 가스를 실시간으로 분석하며, 측정에 필요한 광원은 180~2,850 nm 파장을 갖는 제논(xenon) 램프를 사용하여 아황산가스, 질소 산화물, 오존 등의 대기 오염 물질 분석에 적용한다.

정답 7-11 ④ 7-12 ① 7-13 ③

7-14 **흡광차 분광법에서 사용하는 램프의 종류는?** [12-1]

① 적외선 램프
② 제논 램프
③ UV 램프
④ 중공 음극 램프

7-15 **흡광차 분광법(differential optical absorption spectroscopy)에 관한 설명으로 옳지 않은 것은?** [15-4, 19-1]

① 광원은 180~2,850 nm 파장을 갖는 제논 램프를 사용한다.
② 주로 사용되는 검출기는 자외선 및 가시선 흡수 검출기이다.
③ 분광기는 Czerny-Turner 방식이나 Holographic 방식을 채택한다.
④ 아황산가스, 질소 산화물, 오존 등의 대기 오염 물질 분석에 적용된다.

해설 검출 방식

분광계는 Czerny-Turner 방식이나 holographic 방식 등을 사용한다. 분광 장치는 측정 가스의 분석 최적 파장대로, 즉 그 가스가 갖는 고유 파장대역으로 입사광을 분광시킨다.

분광된 빛은 반사경을 통해 광전자 증배관(photo multiplier tube) 검출기나 PDA(photo diode array) 검출기로 들어간다.

7-16 **흡광차 분광법(DOAS)으로 측정 시 필요한 광원으로 옳은 것은?** [18-1]

① 1,800~2,850 nm 파장을 갖는 Zeus 램프
② 200~900 nm 파장을 갖는 Zeus 램프
③ 180~2,850 nm 파장을 갖는 Xenon 램프
④ 200~900 nm 파장을 갖는 Hollow cathode 램프

7-17 **흡광차 분광법에 관한 설명으로 옳지 않은 것은?** [17-2, 21-4]

① 일반 흡광 광도법은 적분적이며 흡광차 분광법은 미분적이라는 차이가 있다.
② 측정에 필요한 광원은 180~2,850 nm 파장을 갖는 제논 램프를 사용한다.
③ 분석 장치는 분석기와 광원부로 나누어지며 분석기 내부는 분광기, 샘플 채취부, 검지부, 분석부, 통신부 등으로 구성된다.
④ 광원부는 발·수광부 및 광케이블로 구성된다.

해설 일반 흡광 광도법은 미분적(일시적)이며 흡광차 분광법(DOAS)은 적분적(연속적)이란 차이점이 있다.

7-18 **흡광차 분광법에서 분석기 내부의 구성 장치와 가장 거리가 먼 것은?** [13-4]

① 분광기
② 서프레서
③ 검지부
④ 샘플 채취부

해설 흡광차 분광법의 분석 장치는 분석기와 광원부로 나누어지며, 분석기 내부는 분광기, 샘플 채취부, 검지부, 분석부, 통신부 등으로 구성된다.

7-19 **발광부에서 나온 빛을 수광부에서 받아들여 광케이블로 분석기 내부로 전달하여 대기 오염 물질의 분석을 행하는 흡광차 분광법의 분석계 시스템 구성을 순서대로 옳게 나열한 것은?** [12-4]

정답 7-14 ② 7-15 ② 7-16 ③ 7-17 ① 7-18 ② 7-19 ②

① 분광기 → 샘플채취부 → 분석부 → 통신부 → 검지부
② 분광기 → 샘플채취부 → 검지부 → 분석부 → 통신부
③ 샘플채취부 → 분광기 → 분석부 → 통신부 → 검지부
④ 샘플채취부 → 통신부 → 검지부 → 분광기 → 분석부

7-20 흡광차 분광법에 따라 분석하는 대기 오염 물질과 그 물질에 대한 간섭 성분의 연결이 옳은 것은? [21-2]

① 오존(O_3) – 벤젠(C_6H_6)의 영향
② 아황산가스(SO_2) – 오존(O_3)의 영향
③ 일산화탄소(CO) – 수분(H_2O)의 영향
④ 질소 산화물(NO_x) – 톨루엔($C_6H_5CH_3$)의 영향

해설 흡광차 분광법에서의 간섭 성분의 영향은 SO_2에 대한 O_3 영향, O_3에 대한 수분 영향, O_3에 대한 톨루엔 영향이 있다.

정답 7-20 ②

1-4 유속 및 유량 측정

1 유속 측정

8. 다음 중 굴뚝에서 배출되는 가스의 유량을 측정하는 기기가 아닌 것은? [20-1]

① 피토관
② 열선 유속계
③ 와류 유속계
④ 위상차 유속계

해설 가스의 유량을 측정하는 기기에는 피토관, 열선 유속계, 와류 유속계가 있다.

답 ④

8-1 굴뚝이나 덕트 내를 흐르는 가스의 유속 및 유량 측정에 사용되는 기구 및 장치 등에 관한 다음 설명으로 옳지 않은 것은 어느 것인가? [15-2]

① 피토관은 스텐레스와 같은 재질의 금속관을 사용하며, 관의 바깥지름의 범위는 20~50 mm 정도이어야 한다.
② 피토관의 각 분기관 사이의 거리는 같아야 하며, 각 분기관과 오리피스 평면과의 거리는 바깥지름의 1.05~1.50배 사이에 있어야 한다.
③ 차압계는 경사 마노미터, 전자 마노미

정답 8-1 ①

터 등을 사용하여 굴뚝 배출 가스의 차압을 측정할 수 있도록 하며, 최소 0.3 mmH_2O 눈금을 읽을 수 있는 마노미터를 사용한다.

④ 기압계는 2.54 mmHg(34.54 mmH_2O) 이내에서 대기 압력을 측정할 수 있는 수은, 아네로이드(aneroid) 등 기압계로 1회/년 이상 교정 검사를 한 것을 사용한다.

해설 피토관 및 경사 마노미터법

선정된 각 측정점마다 배출 가스의 온도, 정압 및 동압을 측정하고, 굴뚝 중심에 가까운 한 측정점을 택하여 배출 가스 중의 수분량 및 배출 가스 밀도를 구한 후, 계산에 의해 배출 가스 유속 및 유량을 산출한다.

- 피토관 : 스테인리스와 같은 재질의 금속관으로 관의 바깥지름의 범위는 4~10 mm 정도이어야 한다. 피토관의 각 분기관 사이의 거리는 같아야 하며, 각 분기관과 오리피스 평면과의 거리는 바깥지름의 1.05~1.50배 사이에 있어야 한다. 또한 피토관 계수는 사전에 확인되어야 하며, 고유 번호가 부여되고 이 번호는 지워지지 않도록 관 몸체에 새겨야 한다.
- 차압계 : 경사 마노미터(inclined manometer), 전자 마노미터 등을 사용하여 굴뚝 배출 가스의 차압을 측정할 수 있도록 하며, 최소 0.3 mmH_2O 눈금을 읽을 수 있는 마노미터를 사용한다. 그러나 굴뚝 내 모든 측정 지점에서 측정한 동압의 산술평균이 최소눈금값보다 작은 경우에는 보다 좋은 감도의 차압계를 사용하는 것이 좋다.
- 기압계 : 2.54 mmHg(34.54 mmH_2O) 이내에서 대기 압력을 측정할 수 있는 수은, 아네로이드(aneroid) 등 기압계로 1회/연 이상 교정 검사를 한 것을 사용한다.

8-2 굴뚝 배출 가스 내의 유량 및 유속 측정 방법 중 기구 및 장치에 관한 설명으로 옳지 않은 것은? [12-1]

① 차압계로는 최소 0.3 mmH_2O 눈금을 읽을 수 있는 마노미터를 사용한다.

② 기압계는 2.54 mmHg(34.54 mmH_2O) 이내에서 대기 압력을 측정할 수 있는 수은, 아네로이드 등 기압계로 1회/년 이상 교정 검사를 한 것을 사용한다.

③ 피토관의 각 분기관 사이의 거리는 같아야 하며, 각 분기관과 오리피스 평면과의 거리는 안지름의 2~3배 사이에 있어야 한다.

④ 피토관 계수는 사전에 확인되어야 하며, 고유 번호가 부여되고 이 번호는 지워지지 않도록 관 몸체에 새겨야 한다.

해설 ③ 안지름의 2~3배 → 바깥지름의 1.05~1.50배

8-3 굴뚝의 측정공에서 피토관을 이용하여 측정한 조건이 다음과 같을 때 배출 가스의 유속은? [13-2, 16-4, 17-2, 18-4]

- 동압 : 13 mmH_2O
- 피토관 계수 : 0.85
- 가스의 밀도 : 1.2 kg/m^3

① 10.6 m/s ② 12.4 m/s

③ 14.8 m/s ④ 17.8 m/s

해설 배출 가스 평균 유속

$$V = C\sqrt{\frac{2gh}{\gamma}}$$

여기서, V : 배출 가스 평균 유속(m/초)

g : 중력 가속도(9.8 m/초^2)

C : 피토관 계수

γ : 굴뚝 내의 습한 배출 가스 밀도(kg/m^3)

정답 8-2 ③ 8-3 ②

h : 배출 가스 동압 측정치
$(mmH_2O = kg/m^2)(h = \Delta P)$

$$\therefore V = C\sqrt{2g\frac{\Delta P}{\gamma}}$$

$$= 0.85 \times \sqrt{2 \times 9.8 m/s^2 \times \frac{13kg/m^2}{1.2kg/m^3}}$$

$= 12.38$ m/s

8-4 굴뚝 배출 가스 유속을 피토관으로 측정한 결과가 다음과 같을 때 배출 가스 유속은? [14-2, 13-1, 17-4, 18-1, 20-1]

- 동압 : 100 mmH_2O
- 배출 가스 온도 : 295℃
- 표준 상태 배출 가스 비중량 : 1.2 kg/m^3(0℃, 1기압)
- 피토관 계수 : 0.87

① 43.7 m/s ② 48.2 m/s
③ 50.7 m/s ④ 54.3 m/s

해설 $V = C\sqrt{2g\frac{\Delta P}{\gamma}}$

$$= C\sqrt{2g\frac{\Delta P}{\gamma_o \times \frac{T}{T'} \times \frac{P'}{P}}}$$

$$= 0.87 \times \sqrt{2 \times 9.8 \times \frac{100}{1.2 \times \frac{1}{\frac{(273+295)}{273}}}}$$

$= 50.71$ m/s

8-5 A 보일러 굴뚝의 배출 가스 온도 280℃, 압력 760 mmHg, 피토관에 의한 동압 측정치는 0.552 mmHg이었다. 이때 굴뚝 배출 가스 평균 유속은? (단, 굴뚝 내 습배출 가스의 밀도는 1.3 kg/Sm^3, 피토관 계수는 1이다.) [12-1, 16-1]

① 9.6 m/s ② 12.3 m/s
③ 14.6 m/s ④ 15.1 m/s

해설 $V = C\sqrt{2g\frac{\Delta P}{\gamma}}$

$$= 1 \times \sqrt{2 \times 9.8 \times \frac{0.552 \times \frac{10,332}{760}}{1.3 \times \frac{1}{\frac{(273+280)}{273}}}}$$

$= 15.13$ m/s

8-6 굴뚝 A의 배출 가스에 대한 측정 결과이다. 피토관으로 측정한 배출 가스의 유속(m/s)은? [21-2]

- 배출 가스 온도 : 150℃
- 비중이 0.85인 톨루엔을 사용했을 때의 경사 마노미터 동압 : 7.0 mm 톨루엔주
- 피토관 계수 : 0.8584
- 배출 가스의 밀도 : 1.3 kg/Sm^3

① 8.3 ② 9.4
③ 10.1 ④ 11.8

해설 $V = C\sqrt{2g\frac{\Delta P}{\gamma}} = C\sqrt{2g\frac{\Delta P}{\gamma_o \times \frac{1}{\frac{T'}{T}}}}$

$$= 0.8584 \times \sqrt{2 \times 9.8 \times \frac{0.85 \times 7}{1.3 \times \frac{1}{\frac{(273+150)}{273}}}}$$

$= 10.12$ m/s

8-7 피토관으로 측정한 결과 덕트(duct) 내부 가스의 동압이 13 mmH_2O이고 유속이 20 m/s이었다. 덕트의 밸브를 모두 열었을 때 동압이 26 mmH_2O일 때, 덕트의 밸브를 모두 열었을 때의 가스 유속(m/s)은 얼마인가? [21-4]

① 23.2 ② 25.0
③ 27.1 ④ 28.3

정답 8-4 ③ 8-5 ④ 8-6 ③ 8-7 ④

해설 $V=C\sqrt{2g\dfrac{\Delta P}{\gamma}}$

$V \propto \sqrt{\Delta P}$

$20 : \sqrt{13}$

$x : \sqrt{26}$

$\therefore\ x=\dfrac{20\times\sqrt{26}}{\sqrt{13}}=28.28\ \text{m/s}$

8-8 어떤 굴뚝 배출 가스의 유속을 피토관으로 측정하고자 한다. 동압 측정 시 확대율이 10배인 경사 마노미터를 사용하여 액주 55 mm를 얻었다. 동압은 약 몇 mmH_2O 인가?(단, 경사 마노미터에는 비중 0.85의 톨루엔을 사용한다.) [18-2, 20-2]

① 7.0 ② 6.5 ③ 5.5 ④ 4.7

해설 $\Delta P=\gamma\cdot l\sin\theta\times\dfrac{1}{\alpha}$

$=\gamma\cdot h\times\dfrac{1}{\alpha}$

$=0.85\times 55\times\dfrac{1}{10}$

$=4.675\ mmH_2O$

여기서, γ : 액체의 비중

l : 액주의 높이 차(mm)

θ : 각도

α : 확대율

h : 환산한 액주의 높이 ($mmH_2O=kg/m^2$)

8-9 굴뚝 배출 가스의 유속을 피토관으로 측정하고자 한다. 경사 마노미터의 확대율이 10배이고, 내부의 액체로 비중 0.85인 톨루엔을 사용하여 동압을 측정하였더니 경사관 액주의 길이가 70 mm이었다. 이 경우 측정점에서의 배출 가스 유속(m/s)은?(단, 피토관 계수는 1, 굴뚝 내의 배출 가스 밀도는 1.3 kg/m^3이다.) [12-4, 15-2]

① 9.5 ② 11.5
③ 13.5 ④ 15.5

해설 동압 $=\gamma\cdot l\sin\theta\times\dfrac{1}{\alpha}=r\cdot h\times\dfrac{1}{\alpha}$

$=0.85\times 70\times\dfrac{1}{10}=5.95\ mmH_2O$

$V=C\sqrt{2g\dfrac{\Delta P}{\gamma}}$

$=1\times\sqrt{2\times 9.8\times\dfrac{5.95}{1.3}}=9.47\ \text{m/s}$

8-10 A 굴뚝 배출 가스의 유속을 피토관으로 측정하였다. 배출 가스 온도는 120℃, 동압 측정 시 확대율이 10배되는 경사 마노미터를 사용하였고, 그 내부액은 비중이 0.85의 톨루엔을 사용하여 경사 마노미터의 액주로 측정한 동압은 45 mm 톨루엔주이었다. 이때의 배출 가스 유속은?(단, 피토관의 계수 : 0.9594, 배출 가스의 표준상태에서의 밀도 : 1.3 kg/Sm^3) [16-4]

① 약 7.8 m/s
② 약 8.7 m/s
③ 약 9.5 m/s
④ 약 10.2 m/s

해설 $V=C\sqrt{2g\dfrac{\Delta P}{\gamma}}$

$=C\sqrt{2g\dfrac{\Delta P}{\gamma_o\times\dfrac{1}{\dfrac{273+t}{273}}}}$

$\Delta P=\gamma\cdot l\sin\theta\cdot\dfrac{1}{\alpha}=\gamma\cdot h\cdot\dfrac{1}{\alpha}$

$=0.85\times 45\times\dfrac{1}{10}=3.825\ mmH_2O$

$\therefore\ V=0.9594\times\sqrt{2\times 9.8\times\dfrac{3.825}{1.3\times\dfrac{1}{\dfrac{(273+120)}{273}}}}$

$=8.77\ \text{m/s}$

정답 8-8 ④ 8-9 ① 8-10 ②

2 유량 측정

이 측정법은 굴뚝에서 배출되는 건조 배출 가스의 유량을 구하는 방법에 대하여 규정한다. 건조 배출 가스 유량은 단위시간당 배출되는 표준 상태의 건조 배출 가스량(m^3/시간)으로 나타난다.

건조 배출 가스 유량

$$Q_N = V \times A \times \frac{273}{273+\theta_s} \times \frac{P_a + P_s}{760} \times \left(1 - \frac{X_w}{100}\right) \times 3,600$$

여기서, Q_N : 건조 배출 가스 유량(m^3/시간)

V : 배출 가스 평균 유속(m/초)

A : 굴뚝 단면적(m^2)

θ_s : 배출 가스 평균 온도(℃)

P_a : 대기압(mmHg)

P_s : 배출 가스 평균 정압(mmHg)

X_w : 배출 가스 중의 수분량(%)

8-11 굴뚝에서 배출되는 건조 배출 가스의 유량을 계산할 때 필요한 값으로 옳지 않은 것은?(단, 굴뚝의 단면은 원형이다.) [20-2]

① 굴뚝 단면적
② 배출 가스 평균 온도
③ 배출 가스 평균 동압
④ 배출 가스 중의 수분량

해설 평균 동압(P_v)이 필요한 것이 아니고 평균 정압(P_s)이 필요하다.

정답 8-11 ③

Chapter 02 시료 채취

2-1 시료 채취 방법

1 적용 범위

(1) 가스상 물질 적용 범위

이 방법은 굴뚝, 덕트 등(이하 굴뚝이라 한다)을 통하여 대기 중으로 배출되는 가스상 물질을 분석하기 위한 시료의 채취 방법에 대하여 규정한다. 단, 이 방법에서 표시하는 가스상 물질의 시료 채취량은 표준 상태로 환산한 건조 시료 가스의 양을 말한다.

(2) 입자상 물질 적용 범위

이 시험법은 물질의 파쇄, 선별, 퇴적, 이적 기타 기계적 처리 또는 연소, 합성 분해 시 연도에서 배출되는 먼지를 측정하는 방법에 대하여 규정한다. 단, 먼지 농도 표시는 표준 상태(0℃, 760 mmHg)의 건조 배출 가스 1 Sm^3 중에 함유된 먼지의 중량(질량)으로 표시한다.

1. 원형 굴뚝의 직경이 4.3 m이었다. 굴뚝 배출 가스 중의 먼지 측정을 위한 측정 점수는 몇 개로 하여야 하는가? [19-4]

① 12 ② 16
③ 20 ④ 24

해설 측정점의 선정
굴뚝 단면이 원형일 경우 : 측정 단면에서 서로 직교하는 직경선상에 다음 표에서 부여하는 위치를 측정점으로 선정한다. 측정점 수는 굴뚝 직경이 4.5 m를 초과할 때는 20점까지로 한다. 단, 굴뚝 단면적이 0.25 m^2 이하로 소규모일 경우에는 그 굴뚝 단면의 중심을 대표점으로 하여 1점만 측정한다.

원형 단면의 측정점

굴뚝 직경 2R(m)	반경 구분 수	측정점 수
1 이하	1	4
1 초과 2 이하	2	8
2 초과 4 이하	3	12
4 초과 4.5 이하	4	16
4.5 초과	5	20

답 ②

1-1 굴뚝 단면이 원형이고, 굴뚝 직경이 3 m인 경우, 배출 가스 먼지 측정을 위한 측정점 수는? [19-1]

① 8 ② 12 ③ 16 ④ 20

해설 굴뚝 직경이 2 m 초과 4 m 이하의 경우 반경 구분 수는 3이고, 측정점 수는 12이다.

1-2 반경이 2.5 m인 원형 굴뚝의 먼지 측정을 위한 측정점 수는? [13-2, 14-4, 15-2, 18-2]

① 12 ② 16 ③ 20 ④ 24

해설 반경이 2.5 m이면 직경은 5 m이다. 이때 반경 구분 수는 5이고, 측정점 수는 20이다.

1-3 원형 굴뚝의 반경이 0.85 m일 때 측정점 수는 몇 개인가? [14-1, 16-4]

① 4 ② 8 ③ 12 ④ 20

해설 반경이 0.85 m이면 직경은 1.7 m이다. 이때 반경 구분 수는 2이고, 측정점 수는 8이다.

1-4 원형 굴뚝의 반경이 2.3 m인 경우 배출 가스 중 먼지 측정을 위한 반경 구분 수와 측정점 수로 옳은 것은? [12-4]

① 2, 8 ② 3, 12 ③ 4, 16 ④ 5, 20

해설 반경이 2.3 m이면 직경은 4.6 m이다. 이때 반경 구분 수는 5이고, 측정점 수는 20이다.

1-5 원형 굴뚝의 단면적이 13~15 m^2인 경우 배출되는 먼지 측정을 위한 반경 구분 수(㉠)와 측정점 수(㉡)는? [12-2, 16-1]

① ㉠ 2, ㉡ 8 ② ㉠ 3, ㉡ 12
③ ㉠ 4, ㉡ 16 ④ ㉠ 5, ㉡ 20

해설 $A = \frac{3.14 \times D^2}{4}$ 이므로

$D = \sqrt{\frac{A \times 4}{3.14}}$ 이다.

$\therefore \sqrt{\frac{13 \times 4}{3.14}} \sim \sqrt{\frac{15 \times 4}{3.14}}$

$= 4.069 \sim 4.371\ \text{m}$

즉, 반경 구분 수는 4이고, 측정점 수는 16이다.

1-6 굴뚝 단면이 원형일 경우 먼지 측정을 위한 측정점에 관한 설명으로 옳지 않은 것은? [17-4]

① 굴뚝 직경이 4.5 m를 초과할 때는 측정점 수는 20이다.
② 굴뚝 반경이 2.5 m인 경우에 측정점 수는 20이다.

정답 1-1 ② 1-2 ③ 1-3 ② 1-4 ④ 1-5 ③ 1-6 ③

③ 굴뚝 단면적이 1 m^2 이하로 소규모일 경우에는 그 굴뚝 단면의 중심을 대표점으로 하여 1점만 측정한다.

④ 굴뚝 직경이 1.5 m인 경우에 반경 구분 수는 2이다.

해설 ③ 1 m^2 이하 → 0.25 m^2 이하

1-7 **가로 길이가 3 m, 세로 길이가 2 m인 상하 동일 단면적의 사각형 굴뚝이 있다. 이 굴뚝의 환산 직경(m)은?** [12-4, 15-1, 21-4]

① 2.2 ② 2.4 ③ 2.6 ④ 2.8

해설 환산 직경 $= \frac{2a \times b}{a+b} = \frac{2 \times 3 \times 2}{3+2} = 2.4\text{ m}$

정답 1-7 ②

2-2 가스상 물질

1 시료 채취법 종류 및 원리

2. **분석 대상 가스가 암모니아인 경우 사용 가능한 채취관의 재질에 해당하지 않는 것은 어느 것인가?** [13-4, 21-4]

① 석영 ② 불소수지 ③ 실리콘수지 ④ 스테인리스강

해설 분석 대상 가스의 종류별 채취관, 도관 등의 재질

분석 대상 가스 공존가스	채취관, 도관의 재질	여과재	비고
암모니아	①②③④⑤⑥	ⓐⓑⓒ	① 경질유리
일산화탄소	①②③④⑤⑥⑦	ⓐⓑⓒ	② 석영
염화수소	①②⑤⑥⑦	ⓐⓑⓒ	③ 보통강철
염소	①②⑤⑥⑦	ⓐⓑⓒ	④ 스테인리스강
황산화물	①②④⑤⑥⑦	ⓐⓑⓒ	⑤ 세라믹
질소 산화물	①②④⑤⑥	ⓐⓑⓒ	⑥ 불소수지
이황화탄소	①②⑥	ⓐⓑ	⑦ 염화비닐수지
포름알데히드	①②⑥	ⓐⓑ	⑧ 실리콘수지
황화수소	①②④⑤⑥⑦	ⓐⓑⓒ	⑨ 네오프렌
불소 화합물	④⑥	ⓒ	
시안화수소	①②④⑤⑥⑦	ⓐⓑⓒ	
브롬	①②⑥	ⓐⓑ	ⓐ 알칼리 성분이 없는 유리솜 또는 실리카솜
벤젠	①②⑥	ⓐⓑ	
페놀	①②④⑥	ⓐⓑ	ⓑ 소결유리
비소	①②④⑤⑥⑦	ⓐⓑⓒ	ⓒ 카보런덤

답 ③

2-1 **분석 대상 가스와 채취관 및 도관 재질의 연결이 옳지 않은 것은?** [21-2]

① 일산화탄소 – 석영
② 이황화탄소 – 보통강철
③ 암모니아 – 스테인리스강
④ 질소 산화물 – 스테인리스강

해설 이황화탄소 – 경질유리, 석영, 불소수지

2-2 **분석 대상 가스의 종류별, 채취관 및 도관 재질의 연결로 옳지 않은 것은 어느 것인가?** [12-1, 15-1]

① 암모니아 – 스테인리스강
② 일산화탄소 – 석영
③ 질소 산화물 – 스테인리스강
④ 이황화탄소 – 보통강철

해설 보통강철은 암모니아와 일산화탄소만이 가능하다.

2-3 **배출 가스 중 굴뚝 배출 시료 채취 방법 중 분석 대상 기체가 포름알데히드일 때 채취관, 도관의 재질로 옳지 않은 것은 어느 것인가?** [16-2, 20-2]

① 석영
② 보통강철
③ 경질유리
④ 불소수지

해설 포름알데히드의 채취관, 도관의 재질은 경질유리, 석영, 불소수지이다.

2-4 **굴뚝 배출 가스 중 벤젠을 분석하고자 할 때, 사용하는 채취관이나 도관의 재질로 적절하지 않은 것은?** [19-1]

① 경질유리 ② 석영
③ 볼소수지 ④ 보통강철

해설 벤젠의 채취관이나 도관의 재질은 경질유리, 석영, 불소수지이다.

2-5 **다음 분석 대상 가스 중 여과재로 카보런덤을 사용하는 것은?** [12-2]

① 비소
② 브롬
③ 이황화탄소
④ 벤젠

해설 카보런덤을 여과재로 사용하지 않는 것은 이황화탄소, 포름알데히드, 브롬, 벤젠, 페놀이다.

2-6 **굴뚝에서 배출되는 가스상 물질을 채취할 때 ㉠ 분석 대상 가스별, ㉡ 사용 채취관 및 도관의 재질, ㉢ 여과재 재질의 연결로 가장 적합한 것은?** [14-1]

① ㉠ 암모니아 – ㉡ 염화비닐수지 – ㉢ 소결유리
② ㉠ 황산화물 – ㉡ 보통강철 – ㉢ 알칼리 성분이 없는 유리솜
③ ㉠ 불소 화합물 – ㉡ 스테인리스강 – ㉢ 카보런덤
④ ㉠ 벤젠 – ㉡ 세라믹 – ㉢ 카보런덤

해설 ① ㉠ 암모니아 – ㉡ 경질유리, 석영, 보통강철, 스테인리스강, 세라믹, 불소수지 – ㉢ 알칼리 성분이 없는 유리솜, 소결유리, 카보런덤
② ㉠ 황산화물 – ㉡ 경질유리, 석영, 스테인리스강, 세라믹, 불소수지, 염화비닐수지 – ㉢ 알칼리 성분이 없는 유리솜, 소결유리, 카보런덤
③ ㉠ 불소 화합물 – ㉡ 스테인리스강, 불소수지 – ㉢ 카보런덤
④ ㉠ 벤젠 – ㉡ 경질유리, 석영, 불소수지 – ㉢ 알칼리 성분이 없는 유리솜, 소결유리

정답 2-1 ② 2-2 ④ 2-3 ② 2-4 ④ 2-5 ① 2-6 ③

2-7 다음 대상 가스별 분석 방법의 연결로 옳은 것은?(단, 배출 허용 기준 시험 방법) [15-1]

① 포름알데히드 – 오르토톨리딘법
② 질소 산화물 – 크로모트로핀산법
③ 시안화수소 – 피리딘피라졸론법
④ 페놀 – 페놀디술폰산법

해설 분석 대상 가스별 분석 방법 및 흡수액 일람표

분석 대상 가스	분석 방법	흡수액
암모니아	• 인도페놀법 • 중화 적정법	• 붕산 용액(0.5 W/V%)
염화수소	• 티오시안산제2수은법 • 질산은법	• 수산화나트륨 용액(0.1 N)
염소	• 오르토톨루이딘법	• 오르토톨루이딘염산염 용액
황산화물	• 침전 적정법(아르세나조Ⅲ법) • 중화적정법	• 과산화수소수 용액(3 %)
질소 산화물	• 아연 환원나프틸에틸렌 디아민법	• 증류수
	• 페놀디술폰산법	• 황산+과산화수소수+증류수
이황화탄소	• 흡광 광도법(디에틸디티오카르바민산법)	• 디에틸아민동 용액
	• 가스 크로마토그래프법	
포름알데히드	• 크로모트로핀산법	• 크로모트로핀산+황산
	• 아세틸아세톤법	• 아세틸아세톤 함유 흡수액
황화수소	• 흡광 광도법(메틸렌 블루법) • 용량법(요오드 적정법)	• 아연아민착염 용액
불소 화합물	• 흡광 광도법(란탄알리자린 콤플렉손법) • 용량법(질산토륨네오트린법)	• 수산화나트륨 용액(0.1 N)
시안화수소	• 질산은 적정법 • 피리딘 피라졸론법	• 수산화나트륨 용액(2W/V%)
브롬 화합물	• 흡광 광도법(티오시안산제이수은법) • 적정법(차아염소산염법)	• 수산화나트륨 용액(0.4 W/V%)
벤젠	• 흡광 광도법(메틸에틸케톤법) • 가스 크로마토그래프법	• 질산암모늄+황산(1+5) (니트로화산액)
페놀	• 흡광 광도법(4–아미노안티피린법)	• 수산화나트륨 용액(0.4 W/V%)
	• 가스 크로마토그래프법	
비소	• 흡광 광도법(디에틸디티오카르바민산은법)	• 수산화나트륨 용액(4 W/V%)
	• 원자 흡광 광도법	

정답 2-7 ③

암기방법

① 암인중붕
암 : 암모니아
인 : 인도페놀법
중 : 중화적정법
붕 : 붕산 용액(흡수액)

② 질페아 황과
질 : 질소 산화물
페 : 페놀디술폰산법
아 : 아연 환원나프틸에틸렌 디아민법
황과 : 황산+과산화수소수+증류수(흡수액)

③ 시피질수
시 : 시안화수소
피 : 피리딘 피라졸론법
질 : 질산은 적정법
수 : 수산화나트륨 용액(흡수액)

④ 페아가수
페 : 페놀
아 : 4-아미노 안티피린법
가 : 가스 크로마토그래프법
수 : 수산화나트륨 용액(흡수액)

2-8 배출 가스 중 가스상 물질의 시료 채취 방법 중 다음 분석 물질별 흡수액과의 연결이 옳지 않은 것은? [20-1]

	분석 방법	흡수액
㉮	불소 화합물	수산화소듐 용액(0.1 N)
㉯	벤젠	질산암모늄+황산(1 → 5)
㉰	비소	수산화칼륨 용액(0.4 W/V%)
㉱	황화수소	아연아민착염 용액

① ㉮ ② ㉯ ③ ㉰ ④ ㉱

해설 비소의 흡수액은 수산화나트륨 용액(4 W/V%)이다.

암기방법

① 불란타질토수
불 : 불소 화합물
란타 : 란탄알리자린 콤플렉손법
질토 : 질산토륨 네오트린법
수 : 수산화나트륨 용액(흡수액)

② 벤메가니
벤 : 벤젠
메 : 메틸에틸케톤법
가 : 가스 크로마토그래프법
니 : 니트로화산액(흡수액)

③ 비(사)디디수
비 : 비소
(사) : 말 맞추기 위해
디디 : 디에틸디티오카르바민산은법
수 : 수산화나트륨 용액(흡수액)

④ 황화메요아
황화 : 황화수소
메 : 메틸렌 블루법
요 : 요오드 적정법
아 : 아연아민착염 용액(흡수액)

2-9 수산화나트륨 용액을 흡수액으로 사용하는 굴뚝 배출 분석 대상 가스 중 흡수액의 농도가 가장 진한 것은? [14-2]

① 비소 ② 시안화수소 ③ 브롬 화합물 ④ 페놀

해설 ① 4 W/V% ② 2 W/V% ③ 0.4 W/V% ④ 0.4 W/V%

정답 2-8 ③ 2-9 ①

2-10 **수산화소듐(NaOH) 용액을 흡수액으로 사용하는 분석 대상 가스가 아닌 것은 어느 것인가?** [19-2]

① 염화수소 ② 시안화수소
③ 불소 화합물 ④ 벤젠

해설 수산화소듐=수산화나트륨이고 벤젠은 니트로화산액이 흡수액이다.

암기방법
염화티질수
시피질수
불란타질토수
벤메가니

2-11 **굴뚝 배출 가스상 물질의 시료 채취 방법으로 옳지 않은 것은?** [12-2, 19-1]

① 채취관은 흡입 가스의 유량, 채취관의 기계적 강도, 청소의 용이성 등을 고려해서 안지름 6~25 mm 정도의 것을 쓴다.
② 채취관의 길이는 선정한 채취점까지 끼워 넣을 수 있는 것이어야 하고, 배출 가스의 온도가 높을 때에는 관이 구부러지는 것을 막기 위한 조치를 해두는 것이 필요하다.
③ 여과재를 끼우는 부분은 교환이 쉬운 구조의 것으로 한다.
④ 일반적으로 사용되는 불소수지 도관은 150℃ 이상에서 사용할 수 없다.

해설 일반적으로 사용되는 불소수지 도관(녹는점 : 260℃)은 250℃ 이상에서는 사용할 수 없다.

2-12 **굴뚝을 통해 대기 중으로 배출되는 가스상의 시료를 채취할 때 사용하는 도관에 관한 설명으로 옳지 않은 것은?** [21-1]

① 도관의 안지름은 도관의 길이, 흡인 가스의 유량, 응축수에 의한 막힘, 또는 흡인 펌프의 능력 등을 고려해서 4~25 mm로 한다.
② 하나의 도관으로 여러 개의 측정기를 사용할 경우 각 측정기 앞에서 도관을 병렬로 연결하여 사용한다.
③ 도관의 길이는 가능한 한 먼 곳의 시료 채취구에서도 채취가 용이하도록 100 m 정도로 가급적 길게 하되, 200 m를 넘지 않도록 한다.
④ 도관은 가능한 한 수직으로 연결해야 하고 부득이 구부러진 관을 사용할 경우에는 응축수가 흘러나오기 쉽도록 경사지게(5° 이상) 한다.

해설 도관의 길이는 되도록 짧게 한다(76 m를 넘지 않게 한다).

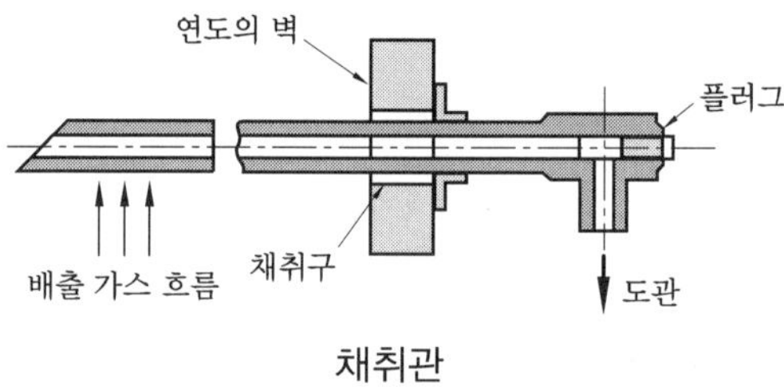

채취관

2-13 **굴뚝 연속 자동 측정기 측정 방법 중 도관의 부착 방법으로 옳지 않은 것은 어느 것인가?** [12-2, 17-4, 21-4]

① 도관은 가능한 짧은 것이 좋다.
② 냉각 도관은 될 수 있는 대로 수직으로 연결한다.
③ 기체·액체 분리관은 도관의 부착 위치 중 가장 높은 부분 또는 최고 온도의 부분에 부착한다.
④ 응축수의 배출에 쓰는 펌프는 충분히 내구성이 있는 것을 쓰고, 이때 응축수 트랩은 사용하지 않아도 좋다.

정답 2-10 ④ 2-11 ④ 2-12 ③ 2-13 ③

해설 기체 – 액체 분리관은 도관의 부착 위치 중 가장 낮은 부분 또는 최저 온도의 부분에 부착하여 응축수를 급속히 냉각시키고 배관계의 밖으로 빨리 방출시킨다.

2-14 **굴뚝 배출 가스상 물질 시료 채취를 위한 채취부에 관한 설명으로 옳지 않은 것은?** [15-4, 16-2]

① 수은 마노미터는 대기와 압력차가 100 mmHg 이상인 것을 쓴다.
② 유리로 만든 가스 건조탑을 쓰며, 건조제로써 입자 상태의 실리카겔, 염화칼슘 등을 쓴다.
③ 가스 미터는 일회전 1 L의 습식 또는 건식 가스 미터로 온도계와 압력계가 붙어 있는 것을 쓴다.
④ 펌프는 배기 능력 5~50 L/분인 개방형인 것을 쓴다.

해설 채취부
가스 흡수병, 바이패스용 세척병, 펌프, 가스 미터 등으로 조립한다. 접속에는 갈아맞춤(직접 접속), 실리콘 고무, 불소 고무 또는 연질 염화 비닐관을 쓴다.
㉮ 흡수병 : 유리로 만든 것으로 쓴다.
㉯ 수은 마노미터 : 대기와 압력차가 100 mmHg 이상인 것을 쓴다.
㉰ 가스 건조탑 : 유리로 만든 가스 건조탑을 쓴다. 이것은 펌프를 보호하기 위해서 쓰는 것이며 건조제로는 입자 상태의 실리카겔, 염화칼슘 등을 쓴다.
㉱ 펌프 : 배기 능력 0.5~5 L/분인 밀폐형인 것을 쓴다.
㉲ 가스 미터 : 일회전 1 L의 습식 또는 건식 가스 미터로 온도계와 압력계가 붙어 있는 것을 쓴다.

2-15 **배출 가스 중의 건조 시료 가스 채취량을 건식 가스 미터를 사용하여 측정할 때 필요한 항목에 해당하지 않는 것은 어느 것인가?** [18-1, 21-1]

① 가스 미터의 온도
② 가스 미터의 게이지압
③ 가스 미터로 측정한 흡입 가스량
④ 가스 미터 온도에서의 포화 수증기압

해설 포화 수증기압은 습식 가스 미터에 포함된다.
건조 시료 가스 채취량(L)은 다음 식에 따라 계산한다.
㉮ 습식 가스 미터를 사용할 때

$$V_s = V \times \frac{273}{273+t} \times \frac{P_a + P_m - P_v}{760}$$

㉯ 건식 가스 미터를 사용할 때

$$V_s = V \times \frac{273}{273+t} \times \frac{P_a + P_m}{760}$$

여기서, V : 가스 미터로 측정한 흡인 가스량(L)
t : 가스 미터의 온도(℃)
P_a : 대기압(mmHg)
P_m : 가스 미터의 게이지압(mmHg)
P_v : t[℃]에서의 포화 수증기압(mmHg)

2-16 **대기 중의 가스상 물질을 용매 채취법에 따라 채취할 때 사용하는 순간 유량계 중 면적식 유량계는?** [21-1]

① 노즐식 유량계
② 오리피스 유량계
③ 게이트식 유량계
④ 미스트식 가스 미터

해설 면적식 유량계에는 게이트식 유량계가 있다.

정답 2-14 ④ 2-15 ④ 2-16 ③

2-17 굴뚝 등을 통하여 대기 중으로 배출되는 가스상 물질을 분석하기 위한 시료 채취 방법에 대한 주의사항 중 옳지 않은 것은? [13-2, 18-4]

① 흡수병을 만일 공용으로 할 때에는 대상 성분이 달라질 때마다 묽은 산 또는 알칼리 용액과 물로 깨끗이 씻은 다음 다시 흡수액으로 3회 정도 씻은 후 사용한다.

② 가스 미터는 500 mmH_2O 이내에서 사용한다.

③ 습식 가스 미터를 이동 또는 운반할 때에는 반드시 물을 빼고, 오랫동안 쓰지 않을 때에도 그와 같이 배수한다.

④ 굴뚝 내의 압력이 매우 큰 부압(−300 mmH_2O 정도 이하)인 경우에는, 시료 채취용 굴뚝을 부설하여 용량이 큰 펌프를 써서 시료 가스를 흡입하고 그 부설한 굴뚝에 채취구를 만든다.

해설 ㉮ 굴뚝 내의 압력이 매우 큰 부압(−300 mmH_2O 정도 이하)인 경우에는 시료 채취용 굴뚝을 부설하여 용량이 큰 펌프를 써서 시료 가스를 흡입하고 그 부설한 굴뚝에 채취구를 만든다. 굴뚝 내의 압력이 정압(+)인 경우에는 채취구를 열었을 때 유해 가스가 분출될 염려가 있으므로 충분한 주의가 필요하다.

㉯ 가스 미터는 100 mmH_2O 이내에서 사용한다.

2-18 굴뚝에서 배출되는 가스에 대한 시료 채취 시 주의해야 할 사항으로 거리가 먼 것은? [18-2]

① 굴뚝 내의 압력이 매우 큰 부압(−300 mmH_2O 정도 이하)인 경우에는 시료 채취용 굴뚝을 부설한다.

② 굴뚝 내의 압력이 부압(−)인 경우에는 채취구를 열었을 때 유해 가스가 분출될 염려가 있으므로 충분한 주의를 필요로 한다.

③ 가스 미터는 100 mmH_2O 이내에서 사용한다.

④ 시료 가스의 양을 재기 위하여 쓰는 채취병은 미리 0℃ 때의 참부피를 구해 둔다.

해설 ② 부압(−) → 정압(+)

정답 2-17 ② 2-18 ②

2-3 입자상 물질

1 시료 채취법 종류 및 원리

3. **반자동식 채취기에 의한 방법으로 배출 가스 중 먼지를 측정하고자 할 경우 흡인 노즐에 관한 설명이다. ( ) 안에 알맞은 것은?** [14-2, 17-4]

> 흡인 노즐의 안과 밖의 가스 흐름이 흐트러지지 않도록 흡인 노즐 내경(d)은 (㉠)으로 한다. 흡인 노즐의 내경 d는 정확히 측정하여 0.1 mm 단위까지 구하여 둔다. 흡인 노즐의 꼭짓점은 (㉡)의 예각이 되도록 하고 매끈한 반구 모양으로 한다.

① ㉠ 2 mm 이상, ㉡ 30° 이하
② ㉠ 2 mm 이상, ㉡ 45° 이하
③ ㉠ 3 mm 이상, ㉡ 30° 이하
④ ㉠ 3 mm 이상, ㉡ 45° 이하

해설 반자동식 채취기에 의한 방법

흡인 노즐 : 흡인 노즐은 스테인리스강, 경질유리 또는 석영 유리제로 만들어진 것으로 다음과 같은 조건을 만족시키는 것이어야 한다.

㉮ 흡인 노즐의 안과 밖의 가스 흐름이 흐트러지지 않도록 흡인 노즐 내경(d)은 3 mm 이상으로 한다. 흡인 노즐의 내경 d는 정확히 측정하여 0.1 mm 단위까지 구하여 둔다.

㉯ 흡인 노즐의 꼭짓점은 그림과 같이 30° 이하의 예각이 되도록 하고 매끈한 반구 모양으로 한다.

㉰ 흡인 노즐 내외면은 매끄럽게 되어야 하며 흡인 노즐에서 먼지 포집부까지의 흡인관은 내부면이 매끄럽고 급격한 단면의 변화와 굴곡이 없어야 한다.

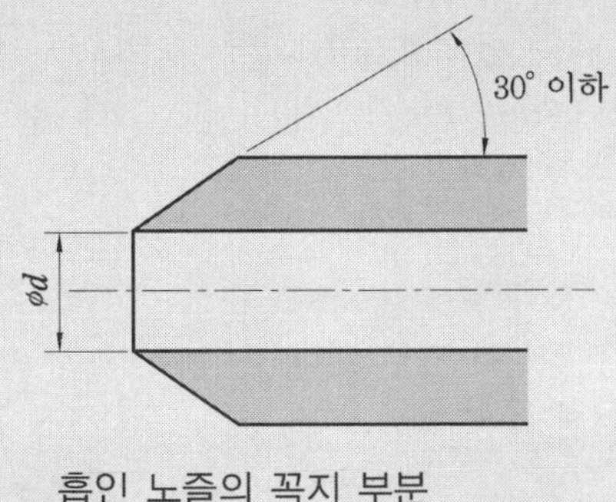

흡인 노즐의 꼭지 부분

답 ③

3-1 굴뚝 배출 가스 중 먼지를 시료 채취 장치 1형을 사용한 반자동식 채취기에 의한 방법으로 측정할 경우 원통형 여과지의 전처리 조건으로 가장 적합한 것은?(단, 배출 가스 온도가 (110±5)℃ 이상으로 배출된다.) [14-1, 17-2]

① (80±5)℃에서 충분히(1~3시간) 건조
② (100±5)℃에서 30분간 건조
③ (120±5)℃에서 30분간 건조
④ (110±5)℃에서 충분히(1~3시간) 건조

해설 측정 방법의 종류

㉮ 반자동식 채취기에 의한 방법 : 굴뚝에서 배출되는 먼지 시료를 반자동식 채취기를 이용하여 배출 가스의 유속과 같은 속도로 시료 가스를 흡인(이하 등속흡인이라 한다)하여 일정 온도로 유지되는 실리카 섬유제 여과지에 먼지를 포집한다. 먼지가 포집된 여과지를 110±5℃에서 충분히 건조하여 비결합 수분을 제거하고 중량적으로 먼지 농도를 계산한다. 다만, 배연 탈황 시설과 같이 황산미스트에 의해서 먼지의 농도가 영향을 받을 경우에는 여과지를 160℃ 이상에서 4시간 이상 건조시킨 후 먼지 농도를 계산한다.

㉯ 수동식(조립) 채취기에 의한 방법 : 측정공에 시료 채취 장치의 흡인관을 굴뚝 내부에 삽입하여 그 선단을 채취점에 일치시키고 등속 흡인한 다음, 먼지 포집기에 의해 여과 포집된 먼지와 흡인된 가스의 양으로부터 먼지 농도를 계산한다.

3-2 굴뚝 배출 가스 중 먼지 농도를 반자동식 시료 채취기에 의해 분석하는 경우 채취 장치 구성에 관한 설명으로 옳지 않은 것은 어느 것인가? [20-2]

① 흡인 노즐의 꼭지점은 80° 이하의 예각이 되도록 하고 주위 장치에 고정시킬 수 있도록 충분한 각(가급적 수직)이 확보되도록 한다.
② 흡인 노즐의 안과 밖의 가스 흐름이 흐트러지지 않도록 흡인 노즐 안지름(d)은 3 mm 이상으로 하고, d는 정확히 측정하여 0.1 mm 단위까지 구하여 둔다.
③ 흡입관은 수분 농축 방지를 위해 시료 가스 온도를 120±14℃로 유지할 수 있는 가열기를 갖춘 보로실리케이트, 스테인리스강 재질 또는 석영 유리관을 사용한다.
④ 피토관은 피토관 계수가 정해진 L형 피토관(C : 1.0 전후) 또는 S형(웨스턴형 C : 0.85 전후) 피토관으로써 배출 가스 유속의 계속적인 측정을 위해 흡입관에 부착하여 사용한다.

해설 흡인 노즐의 꼭짓점은 30° 이하의 예각이 되도록 하고 매끈한 반구 모양으로 한다.

3-3 배출 가스 중 수동식 측정법으로 먼지 측정을 위한 장치 구성에 관한 설명으로 옳지 않은 것은? [17-4]

① 원칙적으로 적산 유량계는 흡입 가스량의 측정을 위하여 또 순간 유량계는 등속 흡입 조작을 확인하기 위하여 사용한다.
② 먼지 포집부의 구성은 흡인 노즐, 여과지 홀더, 고정쇠, 드레인포집기, 연결관 등으로 구성되며, 단, 2형일 때는 흡인 노즐 뒤에 흡입관을 접속한다.
③ 여과지 홀더는 유리제 또는 스테인리스강 재질 등으로 만들어진 것을 쓴다.
④ 건조 용기는 시료 채취 여과지의 수분 평형을 유지하기 위한 용기로서 (20±5.6)℃ 대기 압력에서 적어도 4시간을 건조시킬 수 있어야 한다. 또는 여과지

정답 3-1 ④ 3-2 ① 3-3 ④

를 100℃에서 적어도 2시간 동안 건조시킬 수 있어야 한다.

해설 여과지는 110±5℃(배출 가스 온도가 110±5℃ 이상일 경우 배출 가스 온도와 동일하게 건조)로 충분히 (1~3시간) 건조하고 데시케이터 내에서 실온까지 냉각하여 무게를 0.1 mg까지 정확히 단 후 여과지 홀더에 끼운다.

3-4 굴뚝 배출 가스 중의 수분량을 흡습관법으로 측정한 결과 다음과 같은 결과 값을 얻었다. 습배출 가스 중의 수증기 백분율은?(단, 표준 상태 기준) [16-2]

- 건조 가스 흡인유량 : 20 L
- 측정 전 흡습관 질량 : 96.16 g
- 측정 후 흡습관 질량 : 97.69 g

① 약 6.4 % ② 약 7.1 %
③ 약 8.7 % ④ 약 9.5 %

해설 수분량 계산

㉮ 습식 가스 미터를 사용할 때

$$X_w = \frac{\frac{22.4}{18} m_a}{\left[V_m \times \frac{273}{273+\theta_m} \times \frac{P_a + P_m - P_v}{760} + \frac{22.4}{18} m_a \right]} \times 100$$

㉯ 건식 가스 미터를 사용할 때 : 식 ㉮에서 P_v항을 삭제하고, V_m을 흡인한 가스량(건식 가스 미터에서 읽은 값)으로 계산한다. 단, 건식 가스 미터의 앞에서 가스를 건조한 경우에 한한다.

$$X_w = \frac{\frac{22.4}{18} m_a}{\left[V'_m \times \frac{273}{273+\theta_m} \times \frac{P_a + P_m}{760} + \frac{22.4}{18} m_a \right]} \times 100$$

여기서, X_w : 배출 가스 중의 수증기의 부피 백분율(%)

m_a : 흡습 수분의 질량 $(m_{a2} - m_{a1})$(g)

V_m : 흡인한 가스량(습식 가스 미터에서 읽은 값)(L)

V'_m : 흡인한 가스량(건식 가스 미터에서 읽은 값)(L)

θ_m : 가스 미터에서 흡인 가스 온도(℃)

P_a : 대기압(mmHg)

P_m : 가스 미터에서의 가스 게이지압(mmHg)

P_v : θ_m에서의 포화 수증기압(mmHg)

$$\therefore X_w = \frac{\frac{22.4}{18} \times m_a}{V_s + \frac{22.4}{18} \times m_a} \times 100$$

$$= \frac{\frac{22.4\text{L}}{18\text{g}} \times (97.69 - 96.16)\text{g}}{20\text{L} + \frac{22.4\text{L}}{18\text{g}} \times (97.69 - 96.16)\text{g}} \times 100$$

$= 8.69\ \%$

여기서, V_s : 표준 상태에서의 건조가스 흡인유량(L)

3-5 굴뚝 배출 가스 중 수분의 부피 백분율을 측정하기 위하여 흡습관에 배출 가스 10 L를 흡인하여 유입시킨 결과 흡습관의 중량 증가는 0.82 g이었다. 이때 가스 흡인은 건식 가스 미터로 측정하여 그 가스 미터의 가스 게이지압은 4 mmHg이고, 온도는 27℃이었다. 그리고 대기압은 760 mmHg이었다면 이 배출 가스 중 수분량(%)은 얼마인가? [14-2, 18-1]

① 약 10 % ② 약 13 %
③ 약 16 % ④ 약 18 %

정답 3-4 ③ 3-5 ①

해설 수분량(%)

$$=\frac{\frac{22.4L}{18g}\times 0.82g}{\left[10L\times\frac{273}{273+27}\times\frac{760+4}{760}+\frac{22.4L}{18g}\times 0.82g\right]}\times 100$$

$=10.03\%$

3-6 연도 배출 가스 중의 수분의 부피 백분율을 측정하기 위하여 흡습관에 배출 가스 10 L를 흡인하여 유입시킨 결과 흡습관의 중량 증가는 0.82 g이었다. 이때 가스 흡인은 건식 가스 미터로 측정하여 그 가스 미터의 가스 게이지압은 4 mm 수주이고, 온도는 27℃이었다. 그리고 대기압은 760 mmHg이었다면 이 배출 가스 중 수분량(%)은? [13-4, 14-2]

① 약 10 % ② 약 13 %
③ 약 16 % ④ 약 18 %

해설 $X_w[\%]$

$$=\frac{\frac{22.4}{18}\times 0.82}{\left[10L\times\frac{273}{273+27}\times\frac{760+\frac{4}{13.6}}{760}+\frac{22.4}{18}\times 0.82\right]}\times 100$$

$=10.07\%$

3-7 굴뚝 배출 가스 중 수분 측정을 위하여 흡습제에 10 L의 시료를 흡인하여 유입시킨 결과 흡습제의 중량 증가가 0.8500 g이었다. 이 배출 가스 중의 수증기 부피 백분율은? (단, 건식 가스 미터의 흡인 가스 온도 : 27℃, 가스 미터에서의 가스 게이지압 + 대기압 : 760 mmHg) [14-4]

① 10.4 % ② 9.5 %
③ 7.3 % ④ 5.5 %

해설 $X_w=\frac{\frac{22.4}{18}\times m_a}{V_s+\frac{22.4}{18}\times m_a}\times 100$

$$=\frac{\frac{22.4}{18}\times 0.85}{10\times\frac{273}{273+27}+\frac{22.4}{18}\times 0.85}\times 100$$

$=10.41\%$

3-8 굴뚝 배출 가스 중 수분량이 체적 백분율로 10 %이고, 배출 가스의 온도는 80℃, 시료 채취량은 10 L, 대기압은 0.6기압, 가스 미터 게이지압은 25 mmHg, 가스 미터 온도 80℃에서의 수증기 포화압이 255 mmHg라 할 때, 흡수된 수분량(g)은 얼마인가? [14-1, 18-2, 20-1]

① 0.15 g ② 0.21 g
③ 0.33 g ④ 0.46 g

해설 $X_w=\frac{\frac{22.4}{18}\times m_a}{V_s+\frac{22.4}{18}\times m_a}\times 100$

우선, $V_s=V_m\times\frac{273}{273+t}\times\frac{P_a+P_m-P_v}{760}$

$=10\times\frac{273}{(273+80)}\times\frac{(0.6\times 760+25-255)}{760}$

$=2.299\ L$

여기서, $10\%=\frac{\frac{22.4}{18}\times m_a}{2.299+\frac{22.4}{18}\times m_a}\times 100$

$$\therefore\ m_a=\frac{\frac{10}{100}\times 2.299}{\left(\frac{22.4}{18}-\frac{10}{100}\times\frac{22.4}{18}\right)}=0.205\ g$$

3-9 배출 가스 중의 먼지를 원통여지 포집기로 포집하여 얻은 측정 결과이다. 표준상태에서의 먼지 농도(mg/m^3)는? [21-2]

정답 3-6 ① 3-7 ① 3-8 ② 3-9 ③

- 대기압 : 765 mmHg
- 가스 미터의 가스 게이지압 : 4 mmHg
- 15℃에서의 포화 수증기압 : 12.67 mmHg
- 가스 미터의 흡인 가스 온도 : 15℃
- 먼지 포집 전의 원통여지 무게 : 6.2721 g
- 먼지 포집 후의 원통여지 무게 : 6.2963 g
- 습식 가스 미터에서 읽은 흡인 가스량 : 50 L

① 386 ② 436
③ 513 ④ 558

해설 먼지 농도$(C_N)=\dfrac{md}{V_s}$

$$=\frac{md}{V_m\times\dfrac{273}{273+t}\times\dfrac{P_a+P_m-P_v}{760}}$$

$$=\frac{(6.2963-6.2721)\mathrm{g}\times10^3\mathrm{mg/g}}{50\mathrm{L}\times10^{-3}\mathrm{m^3/L}\times\dfrac{273}{273+15}\times\dfrac{765+4-12.67}{760}}$$

$=513\ \mathrm{mg/m^3}$

여기서, C_N : 표준 상태에서의 먼지 농도 $(\mathrm{mg/Sm^3})$
md : 포집된 먼지의 무게(mg)
V_s : 표준 상태의 흡인 건조 배출 가스량$(\mathrm{Sm^3})$

3-10 굴뚝 내의 온도(θ_s)는 133℃이고, 정압(P_s)은 15 mmHg이며 대기압(P_a)은 745 mmHg이다. 이때 대기 오염 공정 시험 기준상 굴뚝 내의 배출 가스 밀도($\mathrm{kg/m^3}$)는? (단, 표준 상태의 공기의 밀도(γ_o)는 1.3 $\mathrm{kg/Sm^3}$이고, 굴뚝 내 기체 성분은 대기와 같다.) [20-2]

① 0.744 ② 0.874
③ 0.934 ④ 0.984

해설 $\gamma=\gamma_o\times\dfrac{273}{273+\theta_s}\times\dfrac{P_a+P_s}{760}$

$=1.3\times\dfrac{273}{273+133}\times\dfrac{745+15}{760}$

$=0.874\ \mathrm{kg/m^3}$

여기서, γ : 굴뚝 내의 배출 가스 밀도(비중량)$(\mathrm{kg/m^3})$(비표준 상태)
γ_o : 표준 상태에서의 굴뚝 내의 배출 가스 밀도(비중량)$(\mathrm{kg/Sm^3})$
θ_s : 각 측정점에서 배출 가스 온도의 평균치(℃)
P_a : 대기압(mmHg)
P_s : 각 측정점에서 배출 가스 정압의 평균치(mmHg)

3-11 굴뚝 배출 가스 중 먼지를 반자동식 측정법으로 채취하고자 할 경우, 먼지 시료 채취 기록지 서식에 기재되어야 할 항목과 거리가 먼 것은? [17-1]

① 배출 가스 온도(℃)
② 오리피스압차($\mathrm{mmH_2O}$)
③ 여과지 표면적($\mathrm{cm^2}$)
④ 수분량(%)

해설 기록지 서식에 여과지 표면적($\mathrm{cm^2}$)은 없다.

3-12 굴뚝 배출 가스 중 먼지를 보통형 흡인 노즐을 이용할 때 등속 흡인을 위한 흡인량(L/min)은? [13-1, 19-1]

- 대기압 : 765 mmHg
- 측정점에서의 정압 : −1.5 mmHg
- 건식 가스 미터의 흡인 가스 게이지압 : 1 mmHg
- 흡인 노즐의 내경 : 6 mm
- 배출 가스의 유속 : 7.5 m/s
- 배출 가스 중 수증기의 부피 백분율 : 10%
- 건식 가스 미터의 흡인 온도 : 20℃
- 배출 가스온도 : 125℃

정답 3-10 ② 3-11 ③ 3-12 ④

① 14.8　　② 11.6
③ 9.9　　④ 8.4

해설 등속 흡인 유량 계산

$$q_m = \frac{\pi}{4} d^2 v \left(1 - \frac{X_w}{100}\right) \frac{273 + \theta_m}{273 + \theta_s} \times \frac{P_a + P_s}{P_a + P_m - P_v} \times 60 \times 10^{-3}$$

여기서, q_m : 가스 미터에 있어서의 등속 흡인 유량(L/분)
d : 흡인 노즐의 내경(mm)
v : 배출 가스 유속(m/초)
X_w : 배출 가스 중의 수증기의 부피 백분율(%)
θ_m : 가스 미터의 흡인 가스 온도(℃)
θ_s : 배출 가스 온도(℃)
P_a : 대기압(mmHg)
P_s : 측정점에서의 정압(mmHg)
P_m : 가스 미터의 흡인 가스 게이지압(mmHg)
P_v : θ_m의 포화 수증기압(mmHg)

[비고] 건식 가스 미터를 사용하거나 수분을 제거하는 장치를 사용할 때는 P_v를 제거한다.

$$\therefore q_m = \frac{3.14d^2}{4} \times v\left(1 - \frac{X_w}{100}\right) \times \frac{273 + \theta_m}{273 + \theta_s} \times \frac{P_a + P_s}{P_a + P_m}$$

$$= \frac{3.14 \times 0.006^2}{4} \times 7.5 \times \left(1 - \frac{10}{100}\right) \times \frac{273 + 20}{273 + 125} \times \frac{765 - 1.5}{765 + 1} \mathrm{m^3/s} \times 1{,}000\mathrm{L/m^3} \times 60\mathrm{s/min}$$

$$= 8.39\mathrm{L/min}$$

3-13 굴뚝 배출 가스 중 먼지 측정 시 등속 흡입 정도를 보기 위하여 등속 흡입 계수(%)를 산정한다. 이때 그 값이 몇 % 범위 내에 들지 않는 경우 다시 시료를 채취하여야 하는가? [17-1]

① 90~105 %　　② 90~110 %
③ 95~105 %　　④ 95~110 %

해설 등속 흡인 정도를 알기 위하여 다음 식에 의해 구한 값이 95~110 % 범위여야 한다.

$$I[\%] = \frac{V_m}{q_m \times t} \times 100$$

여기서, I : 등속 계수(%)
V_m : 흡인 가스량(습식 가스 미터에서 읽은 값)(L)
q_m : 가스 미터에 있어서의 등속 흡인 유량(L/분)
t : 가스 흡인 시간(분)

3-14 보통형(1형) 흡입 노즐을 사용한 굴뚝 배출 가스 흡입 시 10분간 채취한 흡입 가스량(습식 가스 미터에서 읽은 값)이 60 L이었다. 이때 등속 흡입이 행하여지기 위한 가스 미터에 있어서의 등속 흡입 유량(L/min)의 범위는? (단, 등속 흡입 정도를 알기 위한 등속 흡입 계수 $I[\%] = \frac{V_m}{q_m \times t} \times 100$이다.) [14-1, 18-1, 20-4]

① 3.3~5.3
② 5.5~6.3
③ 6.5~7.3
④ 7.5~8.3

해설 I= 95~110 % 범위이므로

㉮ $q_m = \frac{V_m}{I[\%] \times t} \times 100 = \frac{60\mathrm{L}}{95 \times 10\mathrm{min}} \times 100 = 6.3\mathrm{L/min}$

㉯ $q_m = \frac{60\mathrm{L}}{110 \times 10\mathrm{min}} \times 100 = 5.45\mathrm{L/min}$

여기서, ㉮~㉯ 사이의 값이면 정상이다.

정답 3-13 ④　3-14 ②

3-15 굴뚝 배출 가스 중 먼지 측정을 위한 시료 채취 방법에 관한 사항으로 옳지 않은 것은 어느 것인가? [13-1, 16-1]

① 한 채취점에서의 채취 시간을 최소 30초 이상으로 하고 모든 채취점에서 채취 시간을 동일하게 한다.

② 동압은 원칙적으로 0.1 mmH_2O의 단위까지 읽고, 이때, 피토관의 배출 가스 흐름 방향에 대한 편차를 10° 이하가 되어야 한다.

③ 등속 흡인식에 의해서 등속 계수를 구하고 그 값이 95~110 % 범위 내에 들지 않는 경우에는 다시 시료 채취를 행한다.

④ 피토관을 측정공에서 굴뚝 내의 측정점까지 삽입하여 전압공을 배출 가스 흐름 방향에 바로 직면시켜 압력계에 의하여 동압을 측정한다.

해설 동압 측정
동압은 원칙적으로 0.1 mmH_2O의 단위까지 읽는다. 이때 피토관의 배출 가스 흐름 방향에 대한 편차는 10° 이하가 되어야 한다. 한 채취점에서의 채취 시간을 최소 2분 이상으로 하고 모든 채취점에서 채취 시간을 동일하게 한다.

2 휘발성 유기 화합 물질(VOD)

3-16 굴뚝 배출 가스 내의 휘발성 유기화합물(Volatile Organic Compounds, VOCs) 시료 채취 장치 중 흡착관법에 관한 설명으로 가장 거리가 먼 것은? [16-4]

① 채취관의 재질은 유리, 불소수지 등으로 120℃ 이상까지 가열이 가능한 것이어야 한다.

② 응축기는 유리 재질이어야 하며 앞쪽 흡착관을 통과한 후에 위치하여 가스를 50℃ 이하로 낮출 수 있는 용량이어야 한다.

③ 흡착관은 사용하기 전 반드시 안정화(컨디셔닝) 단계를 거쳐야 한다.

④ 유량 측정부는 기기의 온도 및 압력 측정이 가능해야 하며 최소 100 mL/min의 유량으로 시료 채취가 가능해야 한다.

해설 응축기 및 응축수 트랩 : 응축기 및 응축수 트랩은 유리 재질이어야 하며, 응축기는 가스가 앞쪽 흡착관을 통과하기 전 가스를 20℃ 이하로 낮출 수 있는 용량이어야 하고 상단 연결부는 밀봉 그리스를 사용하지 않고도 누출이 없도록 연결해야 한다.

3-17 굴뚝 배출 가스 중 휘발성 유기화합물을 테들러 백(tedlar bag)을 이용하여 채취하고자 할 때 가장 거리가 먼 것은 어느 것인가? [17-1]

① 진공 용기는 1~10 L의 테들러 백을 담을 수 있어야 한다.

② 소각 시설의 배출구같이 테들러 백 내로 입자상 물질의 유입이 우려되는 경우에는 여과재를 사용하여 입자상 물질을 걸러주어야 한다.

③ 테들러 백의 각 장치의 모든 연결 부위는 유리 재질의 관을 사용하여 연결하고, 밀봉 윤활유 등을 사용하여 누출이 없도록 하여야 한다.

④ 배출 가스의 온도가 100℃ 미만으로 테들러 백 내에 수분 응축의 우려가 없는 경우 응축수 트랩을 사용하지 않아도 무방하다.

해설 테들러 백의 각 장치의 모든 연결 부위는 진공용 그리스를 사용하지 않고 불소수지 재질의 관을 사용하여 연결한다.

정답 3-15 ① 3-16 ② 3-17 ③

대기 오염 공정 시험 기준(방법)

Chapter 03 측정 방법

3-1 배출 오염 물질 측정

1 비산 먼지

1. 다음 중 외부로 비산 배출되는 먼지의 측정 방법으로만 옳게 나열된 것은? [12-4]

① 하이볼륨 에어 샘플러법, 불투명도법
② 산화환원법, 로볼륨 에어 샘플러법
③ 가스 크로마토그래프법, 흡광차 분광법
④ 흡광 광도법, 로볼륨 에어 샘플러법

해설 비산 먼지 분석 방법(측정 방법)에는 고용량 공기 포집(하이볼륨 에어 샘플러)법과 불투명도법이 있다.

답 ①

1-1 일정한 굴뚝을 거치지 않고 외부로 비산 배출되는 먼지 측정을 위한 하이볼륨 에어 샘플러법의 시료 채취 방법으로 옳지 않은 것은? [12-2]

① 시료 채취 장소는 원칙적으로 측정하려고 하는 발생원의 부지 경계선상에 선정하며 풍향을 고려하여 그 발생원의 비산 먼지 농도가 가장 높을 것으로 예상되는 지점 3개소 이상을 선정한다.
② 따로 풍상 방향에 대상 발생원의 영향이 없을 것으로 추측되는 곳에 대조 위치를 선정한다.
③ 시료 채취는 1회 10분 이상 연속 채취하며, 풍속이 1 m/초 미만으로 바람이 거의 없을 때는 시료 채취를 하지 않는다.
④ 풍향 풍속의 측정 시 연속 기록 장치가 없을 경우에는 적어도 10분 간격으로 같은 지점에서의 3회 이상 풍향 풍속을 측정하여 기록한다.

정답 1-1 ③

해설 고용량 공기 포집(high volume air sampler)법 : 이 방법은 대기 중에 비산 또는 부유하는 먼지를 고용량 공기 포집기를 사용하여 여과지 위에 포집하여 중량 농도를 구하는 방법이다.

㉮ 장소 및 위치 선정 : 시료 채취 장소는 원칙적으로 측정하려고 하는 발생원의 부지 경계선상에 선정하며 풍향을 고려하여 그 발생원의 비산 먼지 농도가 가장 높을 것으로 예상되는 지점 3개소 이상을 선정한다.

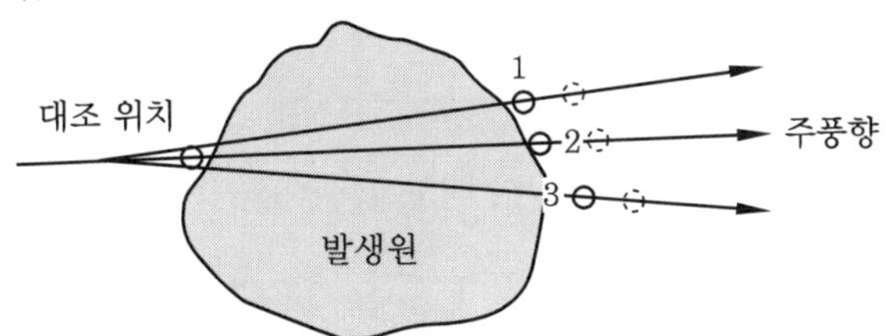

시료 채취 장소의 선정

이때 시료 채취 위치는 부근에 장애물이 없고 바람에 의하여 지상의 흙모래가 날리지 않아야 하며 기타 다른 원인에 의하여 영향을 받지 않고 그 지점에서의 비산 먼지 농도를 대표할 수 있는 위치를 선정한다.

따로 풍상 방향에 대상 발생원의 영향이 없을 것으로 추측되는 곳에 대조 위치를 선정한다.

㉯ 채취 시간 : 시료 채취는 1회 1시간 이상 연속 채취한다. 다음과 같은 경우에는 원칙적으로 시료 채취를 하지 않는다.

- 대상 발생원의 조업이 중단되었을 때
- 비나 눈이 올 때
- 바람이 거의 없을 때(풍속이 0.5 m/초 미만일 때)
- 바람이 너무 강하게 불 때(풍속이 10 m/초 이상일 때)

㉰ 풍향 풍속의 측정 : 따로 시료 채취를 하는 동안에 따로 그 지역을 대표할 수 있는 지점에 풍향 풍속계를 설치하여 전 채취 시간 동안의 풍향 풍속을 기록한다. 단, 연속 기록 장치가 없을 경우에는 적어도 10분 간격으로 같은 지점에서의 3회 이상 풍향 풍속을 측정하여 기록한다.

1-2 고용량 공기 시료 채취기를 이용하여 배출 가스 중 비산 먼지의 농도를 계산하려고 한다. 풍속이 0.5 m/s 미만 또는 10 m/s 이상 되는 시간이 전 채취 시간의 50 % 이상일 때 풍속에 대한 보정 계수는 얼마인가? [17-1, 20-2]

① 1.0 ② 1.2 ③ 1.4 ④ 1.5

해설 비산 먼지 농도의 계산 : 각 측정 지점의 포집 먼지량과 풍향 풍속의 측정 결과로부터 비산 먼지의 농도를 구한다.

비산 먼지 농도 : $C=(C_H-C_B)\times W_D\times W_S$

여기서, C_H : 포집 먼지량이 가장 많은 위치에서의 먼지 농도(mg/m^3)

C_B : 대조 위치에서의 먼지 농도(mg/m^3)

W_D, W_S : 풍향, 풍속 측정 결과로부터 구한 보정 계수

단, 대조 위치를 선정할 수 없는 경우에는 C_B는 0.15 mg/m^3로 한다. 또 풍향, 풍속 보정 계수 (W_D, W_S)는 다음과 같이 구한다.

정답 1-2 ②

㉮ 풍향에 대한 보정

풍향 변화 범위	보정 계수
전 시료 채취 기간 중 주풍향이 90° 이상 변할 때	1.5
전 시료 채취 기간 중 주풍향이 45~90° 변할 때	1.2
전 시료 채취 기간 중 주풍향의 변동이 없을 때(45° 미만)	1.0

㉯ 풍속에 대한 보정

풍속 범위	보정 계수
풍속이 0.5 m/초 미만 또는 10 m/초 이상되는 시간이 전 채취 시간의 50 % 미만일 때	1.0
풍속이 0.5 m/초 미만 또는 10 m/초 이상되는 시간이 전 채취 시간의 50 % 이상일 때	1.2

(풍속의 변화 범위가 위 표를 초과할 때 원칙적으로 다시 측정한다.)

1-3 특정 발생원에서 일정한 굴뚝을 거치지 않고 외부로 비산 배출되는 먼지의 측정 방법에 관한 설명으로 옳지 않은 것은 어느 것인가? [13-1, 16-4]

① 시료 채취 장소는 원칙적으로 측정하려고 하는 발생원의 부지 경계선상에 선정하며 풍향을 고려하여 그 발생원의 비산 먼지 농도가 가장 높을 것으로 예상되는 지점 3개소 이상을 선정한다.

② 시료 채취 장소 및 위치는 따로 풍상 방향에 대상 발생원의 영향이 없을 것으로 추측되는 곳에 대조 위치를 선정한다.

③ 그 지역을 대표할 수 있는 지점에 풍향 풍속계를 설치하여 전 채취 시간 동안의 풍향 풍속을 기록하고, 연속 기록 장치가 없을 경우에는 적어도 30분 간격으로 여러 지점에서 3회 이상 풍향 풍속을 측정하여 기록한다.

④ 풍속이 0.5 m/초 미만 또는 10 m/초 이상되는 시간이 전 채취 시간의 50 % 미만일 때 풍속에 대한 보정 계수는 1.0이다.

해설 ③ 30분 간격→10분 간격

1-4 일정한 굴뚝을 거치지 않고 외부로 비산 배출되는 먼지 측정을 위한 고용량 공기 시료 채취법의 시료 채취 방법으로 옳지 않은 것은? [16-2]

① 시료 채취 장소는 원칙적으로 측정하려고 하는 발생원의 부지 경계선상에 선정하며 풍향을 고려하여 그 발생원의 비산 먼지 농도가 가장 높을 것으로 예상되는 지점 3개소 이상을 선정한다.

② 별도로 발생원의 위(upstream)인 바람의 방향을 따라 대상 발생원의 영향이 없을 것으로 추측되는 곳에 대조 위치를 선정한다.

③ 시료 채취는 1회 10분 이상 연속 채취하며, 풍속이 1 m/s 미만으로 바람이 거의 없을 때는 시료 채취를 하지 않는다.

④ 풍향 풍속의 측정 시 연속 기록 장치가 없을 경우에는 적어도 10분 간격으로 같은 지점에서의 3회 이상 풍향 풍속을 측정하여 기록한다.

정답 1-3 ③ 1-4 ③

해설 ③ 1회 10분 이상→1회 1시간 이상, 1 m/s 미만→0.5 m/s 미만

1-5 일정한 굴뚝을 거치지 않고 외부로 비산 배출되는 먼지의 측정 방법에 관한 사항으로 옳지 않은 것은? [12-1]

① 풍향 풍속 측정 시 연속 기록 장치가 없을 경우에는 적어도 10분 간격으로 같은 지점에서의 3회 이상 풍향 풍속을 측정하여 기록한다.
② 시료 채취 장소는 발생원의 비산 먼지 농도가 가장 높을 것으로 예상되는 3개 지점 이상을 선정한다.
③ 따로 풍상 방향(風上方向)에 대상 발생원의 영향이 없을 것으로 추측되는 곳에 대조 위치를 선정한다.
④ 시료 채취는 1회 24시간 이상 연속 채취한다.

해설 ④ 1회 24시간→1회 1시간

1-6 다음 자료를 바탕으로 구한 비산 먼지의 농도(mg/m^3)는? [15-1, 21-4]

- 채취 먼지량이 가장 많은 위치에서의 먼지 농도 : 115 mg/m^3
- 대조 위치에서의 먼지 농도 : 0.15 mg/m^3
- 전 시료 채취 기간 중 주 풍향이 90° 이상 변함
- 풍속이 0.5 m/s 미만 또는 10 m/s 이상이 되는 시간이 전 채취 시간의 50 % 이상임

① 114.9 ② 137.8
③ 165.4 ④ 206.7

해설 $C=(C_H-C_B)\times W_D\times W_S$
$=(115\times 0.15)mg/m^3\times 1.5\times 1.2$
$=206.7\,mg/m^3$

1-7 비산 먼지의 농도를 구하기 위해 측정한 조건 및 결과가 다음과 같을 때 비산 먼지의 농도(mg/m^3)는? [15-4, 16-1, 19-2]

〈측정 조건 및 결과〉
- 채취 먼지량이 가장 많은 위치에서의 먼지 농도(mg/m^3) : 5.8
- 대조 위치에서 먼지 농도(mg/m^3) : 0.17
- 전 시료 채취 기간 중 주 풍량이 45°~90° 변한다.
- 풍속이 0.5 m/s 미만 또는 10 m/s 이상 되는 시간이 전 채취 시간이 50 % 이상이다.

① 5.6 ② 6.8
③ 8.1 ④ 10.1

해설 $C=(C_H-C_B)\times W_D\times W_S$
$=(5.8-0.17)\times 1.2\times 1.2$
$=8.10\,mg/m^3$

1-8 비산 먼지 측정 방법 중 불투명도법에 관한 설명으로 옳은 것은? [14-2]

① 측정자는 건물로부터 배출 가스를 분명하게 관측할 수 있는 3 km 이내의 거리에 위치해야 한다.
② 비탁도는 최소 0.5도 단위로 측정값을 기록한다.
③ 입자상 물질이 건물로부터 제일 적게 새어 나오는 곳을 대상으로 하여 측정한다.
④ 비탁도에 10 %를 곱한 값을 불투명도 값으로 한다.

정답 1-5 ④ 1-6 ④ 1-7 ③ 1-8 ②

해설 불투명도법

㉮ 측정 위치 : 전기 아크로를 사용하는 철강 공장에서 입자상 물질이 건물로부터 제일 많이 새어나오는 곳을 대상으로 하여 측정한다. 이때 태양은 측정자의 좌측 또는 우측에 있어야 하고, 측정자는 건물로부터 배출 가스를 분명하게 관측할 수 있는 거리에 위치해야 한다(그 거리는 아무리 멀어도 1 km를 넘지 않아야 한다).

㉯ 측정 방법 : 전기 아크로의 출강에서 다음 출강 개시 전까지의 링겔만 매연 농도표 또는 매연 측정기(smoke scope)를 이용하여 30초 간격으로 비탁도를 측정한 다음 불투명도 측정 용지(별지 서식)에 기록한다. 비탁도는 최소 0.5도 단위로 측정값을 기록하며 비탁도에 20 %를 곱한 값을 불투명도 값으로 한다.

1-9 **전기 아크로를 사용하는 철강 공장에서 외부로 비산 배출되는 먼지를 불투명도법으로 측정하는 방법에 관한 설명으로 옳은 것은?** [16-1]

① 비탁도는 최소 1도의 단위로 측정값을 기록한다.

② 시료의 채취 시간은 60초 간격으로 비탁도를 측정한다.

③ 측정된 비탁도에 100 %를 곱한 값을 불투명도 값으로 한다.

④ 측정 시 태양은 측정자의 좌측 또는 우측에 있어야 하고, 측정 위치는 발생원으로부터 멀어도 1 km 이내이어야 한다.

해설 ① 최소 1도 → 최소 0.5도

② 60초 → 30초

③ 100 % → 20 %

2 암모니아

1-10 **배출 가스 중 암모니아를 인도페놀법으로 분석할 때 암모니아와 같은 양으로 공존하면 안 되는 물질은?** [20-1]

① 아민류

② 황화수소

③ 아황산가스

④ 이산화질소

해설 인도페놀법 : 분석용 시료 용액에서 페놀-니트로프루시드 나트륨 용액과 차아염소산나트륨 용액을 가하고 암모늄 이온과 반응하여 생성하는 인도페놀류의 흡광도를 측정하여 암모니아를 정량한다. 이 방법은 시료 채취량 20 L인 경우 시료 중의 암모니아의 농도가 약 1 ppm 이상인 것의 분석에 적합하다. 또한 암모니아의 농도가 10 ppm 이상인 것에 대하여는 가스 채취량을 줄이거나 또는 분석용 시료 용액을 흡수액으로 적당히 묽게 하여 분석한다.

이 방법은 암모니아 농도에 대하여 이산화질소가 100배 이상, 아민류가 수십배 이상, 아황산가스가 10배 이상, 황화수소가 같은 양 이상 각각 공존하지 않는 경우에 적합하다.

1-11 **굴뚝 배출 가스 중 암모니아의 중화 적정 분석 방법에 관한 설명으로 옳은 것은 어느 것인가?** [19-1]

① 분석용 시료 용액을 황산으로 적정하여 암모니아를 정량한다.

② 시료 가스를 산성 조건에서 지시약을 넣고 N/100 NaOH로 적정하는 방법이다.

③ 시료 가스 채취량이 40 L일 때 암모니아 농도 1~5 ppm인 경우에 적용한다.

정답 1-9 ④ 1-10 ② 1-11 ①

④ 지시약은 페놀프탈레인 용액과 메틸레드 용액을 1 : 2 부피비로 섞어 사용한다.

해설 중화 적정법 : 분석용 시료 용액을 황산으로 적정하여 암모니아를 정량한다. 이 방법은 시료 채취량 40 L인 경우 시료 중의 암모니아의 농도가 약 100 ppm 이상인 것의 분석에 적합하다. 또 이 방법은 다른 염기성 가스나 산성 가스의 영향을 무시할 수 있는 경우에 적합하다.

암기방법 암인중붕

1-12 굴뚝 배출 가스 중의 암모니아를 중화 적정법에 따라 분석할 때에 관한 설명으로 옳은 것은? [21-2]

① 다른 염기성 가스나 산성 가스의 영향을 받지 않는다.
② 분석용 시료 용액을 황산으로 적정하여 암모니아를 정량한다.
③ 시료 채취량이 40 L일 때 암모니아의 농도가 1~5 ppm인 것의 분석에 적합하다.
④ 페놀프탈레인 용액과 메틸레드 용액을 1 : 2의 부피비로 섞은 용액을 지시약으로 사용한다.

해설 ① 받지 않는다. → 받는다.
③ 1~5 ppm → 100 ppm 이상
④ 혼합 지시약은 메틸레드 0.1 g을 에틸알코올(95 V/V%) 100 mL에 녹인 것과 메틸렌 블루 0.1 g을 에틸알코올(95 V/V%) 100 mL에 녹인 것을 사용한다.

1-13 굴뚝 배출 가스 중 암모니아의 인도페놀 분석 방법으로 옳지 않은 것은 어느 것인가? [19-1]

① 시료 채취량 20 L인 경우 시료 중의 암모니아 농도가 약 1~10 ppm 이상인 것의 분석에 적합하다.
② 분석용 시료 용액 10 mL를 취하고 여기에 페놀 – 니트로프루시드소듐 용액 10 mL를 가한 후 하이포아염소산암모늄 용액 10 mL을 가한 다음 마개를 하고 조용히 흔들어 섞는다.
③ 액은 25~30℃에서 1시간 방치한 후, 광전 분광 광도계 또는 광전 광도계로 측정한다.
④ 분석을 위한 광전광도계의 측정 파장은 640 nm 부근이다.

해설 분석용 시료 용액과 암모니아 표준액 10 mL씩을 유리 마개가 있는 시험관에 취하고 여기에 페놀 – 니트로프루시드나트륨 용액 5 mL씩을 가하고 잘 흔들어 저은 다음 차아염소산나트륨 용액 5 mL씩을 가한 다음 마개를 하고 조용히 흔들어 섞는다.

정답 1-12 ② 1-13 ②

3 일산화탄소

1-14 다음 중 연료의 연소, 금속 제련 또는 화학 반응 공정 등에서 배출되는 굴뚝 배출 가스 중의 일산화탄소 분석 방법이라고 볼 수 없는 것은? [13-1, 18-1, 18-2, 21-1, 21-2]

① 가스 크로마토그래프법
② 정전위 전해법
③ 비분산 적외선 분석법
④ 용액 전도율법

해설 분석 방법의 종류

분석 방법의 종류	개요		
	요지	정량 범위	비고
비분산 적외선 분석법	비분산 적외선 분석계를 이용해서 일산화탄소 농도를 구한다.	0~1,000 ppm	연속 측정하는 경우와 포집용 백을 이용하는 경우도 있다.
정전위 전해법	정전위 전해 분석계를 이용해서 일산화탄소 농도를 구한다.	0~1,000 ppm	탄화수소, 황 산화물, 황화수소 및 질소 산화물과 같은 방해 성분의 영향을 무시할 수 없는 경우에는 흡착관을 이용하여 제거한다. 연속 측정하는 경우와 포집용 백을 이용하는 경우도 있다.
가스 크로마토그래프법	열전도도 검출기(TCD) 또는 메탄화 반응 장치 및 수소 불꽃 이온화 검출기(FID)를 구비한 가스 크로마토그래프를 이용하여 절대 검량선법에 의해 일산화탄소 농도를 구한다.	TCD : 0.1% 이상 FID : 0~2,000 ppm	

암기방법 일비가정

일 : 일신화탄소
비 : 비분산 적외선 분석법
가 : 가스 크로마토그래프법
정 : 정전위 전해법

정답 1-14 ④

1-15 **연료의 연소로부터 배출되는 굴뚝 배출 가스 중 일산화탄소를 정전위 전해법으로 분석하고자 할 때 주요 성능 기준으로 옳지 않은 것은?** [13-4, 17-1]

① 90 % 응답 시간은 2분 30초 이내로 한다.

② 재현성은 측정 범위 최대 눈금값의 ±2 % 이내로 한다.

③ 측정 범위는 최고 5 %로 한다.

④ 전압 변동에 대한 안정성은 최대 눈금값의 ±1 % 이내로 한다.

해설 정전위 전해법 성능

㉮ 측정 범위 : 측정 범위는 최고 3 %로 한다.

㉯ 재현성 : 재현성은 측정 범위 최대 눈금값의 ±2 % 이내로 한다.

㉰ 드리프트 : 고정형은 24시간, 이동형은 4시간 연속 측정하여 제로 드리프트 및 스팬 드리프트는 어느 것이나 최대 눈금값의 ±2 % 이내로 한다.

㉱ 응답 시간 : 90 % 응답 시간은 2분 30초 이내로 한다.

㉲ 지시 오차 : 최대 눈금값의 ±5 % 이내로 한다.

㉳ 시료 가스 유량 변화에 따른 안정성 : 최대 눈금값의 ±2 % 이내로 한다.

㉴ 전압 변동에 대한 안정성 : 최대 눈금값의 ±1 % 이내로 한다.

1-16 **굴뚝 배출 가스 중 일산화탄소를 정전위 전해법으로 분석하고자 할 때 주요 성능 기준에 관한 설명으로 옳지 않은 것은 어느 것인가?** [14-2, 16-4]

① 측정 범위 : 측정 범위는 최고 5 %로 한다.

② 재현성 : 재현성은 측정 범위 최대 눈금값의 ±2 % 이내로 한다.

③ 드리프트 : 고정형은 24시간, 이동형은 4시간 연속 측정하여 제로 드리프트 및 스팬 드리프트는 어느 것이나 최대 눈금값의 ±2 % 이내로 한다.

④ 응답 시간 : 90 % 응답 시간은 2분 30초 이내로 한다.

해설 ① 최고 5 % → 최고 3 %

1-17 **화학 반응 공정 등에서 배출되는 굴뚝 배출 가스 중 일산화탄소 분석 방법에 따른 정량 범위로 틀린 것은?** [20-1]

① 정전위 전해법 : 0~200 ppm

② 비분산형 적외선 분석법 : 0~1,000 ppm

③ 기체 크로마토그래피 : TCD의 경우 0.1 % 이상

④ 기체 크로마토그래피 : FID의 경우 0~2,000 ppm

해설 ① 정전위 전해법 : 0~1,000 ppm

1-18 **기체 크로마토그래피로 굴뚝 배출 가스 중 일산화탄소를 분석 시 분석 기기 및 기구 등의 사용에 관한 설명과 가장 거리가 먼 것은?** [17-1, 21-1]

① 운반 가스 : 부피분율 99.9 % 이상의 헬륨

② 충전제 : 활성알루미나(Al_2O_3 93.1 %, SiO_2 0.02 %)

③ 검출기 : 메테인화 반응 장치가 있는 불꽃 이온화 검출기

④ 분리관 : 내면을 잘 세척한 안지름 2~4 mm, 길이 0.5~1.5 m인 스테인리스강 재질관

해설 ② 활성알루미나 → 합성 제올라이트

정답 1-15 ③ 1-16 ① 1-17 ① 1-18 ②

4 염화수소

1-19 굴뚝 배출 가스 중의 염화수소를 분석하는 방법 중 자외선/가시선 분광법(흡광 광도법)에 해당하는 것은? [21-1]

① 질산은법 ② 4-아미노안티피린법
③ 싸이오시안산제이수은법 ④ 란탄 – 알리자린 콤플렉손법

해설 분석 방법의 종류

분석 방법의 종류	분석 방법의 개요			적용 조건
	요지	시료 채취	정량 범위vol ppm(mg/Sm^3)	
티오시안산제이수은 흡광 광도법	시료 가스 중의 염화수소를 수산화나트륨 용액에 흡수시킨 후, 티오시안산제이수은 용액과 황산제이철 암모늄 용액을 가하여 발색시켜 흡광도(460 nm)를 측정한다.	흡수병법 흡수액 : 0.1 mol/L의 수산화나트륨 용액 액량 : 50 mL×2 표준 채취량 : 40 L	2~80 (3~130)	이 방법은 이산화황, 기타 할로겐화물, 시안화물 및 황화물의 영향이 무시되는 경우에 적합하다.
질산은 적정법	시료 가스 중의 염화수소를 수산화나트륨 용액에 흡수시킨 후, 약산성으로 하여 질산은을 가하여 티오시안산 암모늄 용액으로 적정한다.	흡수병법 흡수액 : 0.1 mol/L의 수산화나트륨 용액 액량 : 50 mL×2 표준 채취량 : 80 L	140~2,800 (223~4,600)	이 방법은 이산화황, 기타 할로겐화물, 시안화물 및 황화물의 영향이 무시되는 경우에 적합하다.
이온 크로마토그래프법	시료 가스 중의 염화수소를 물에 흡수시킨 후 이온 크로마토그래프에 주입하여 얻은 크로마토그램을 이용하여 분석한다.	흡수병법 흡수액 : 물 액량 : 25 mL×2 표준 채취량 : 20 L	0.4~80 (0.6~130)	이 방법은 황화물 등의 환원성 가스의 영향이 무시되는 경우에 적합하다.
이온 전극법	시료 가스 중의 염화수소를 질산칼륨 용액에 흡수시킨 후, 초산 완충액을 가하여, 염소 이온 전극을 이용하여 이온 농도를 측정한다.	흡수병법 흡수액 : 0.1 mol/L의 질산칼륨 용액 액량 : 50 mL×2 표준 채취량 : 40 L	40~40,000 (64~64,000) (정량 범위가 가장 넓음)	이 방법은 할로겐 화합물, 시안화물 및 황화합물 등의 영향이 무시되는 경우에 적합하다.

정답 1-19 ③

암기방법 염화티질수이이

염화 : 염화수소

티 : 티오시안산제이수은법(싸이오시안산제이수은법)

질 : 질산은법

수 : 수산화나트륨용액(흡수액)

이 : 이온 크로마토그래프법

이 : 이온 전극법

1-20 **굴뚝 배출 가스 내의 염화수소 분석 방법 중 자외선/가시선 분광법(흡광 광도법)에 해당하는 것은?** [14-1]

① 티오시안산제이수은법
② 질산은법
③ 란탄 – 알리자린 콤플렉손법
④ 4-아미노안티피린법

암기방법 염화티질수이이

1-21 **굴뚝 배출 가스 중 염화수소 분석 방법으로 거리가 먼 것은?** [14-4]

① 이온 크로마토그래프법
② 티오시안산제이수은 흡광 광도법
③ 이온 교환법
④ 이온 전극법

1-22 **굴뚝 배출 가스 중의 염화수소를 싸이오시안산제이수은 자외선/가시선 분광법으로 측정하는 방법에 관한 설명으로 옳지 않은 것은?** [16-4]

① 흡수액은 수산화소듐 용액을 사용한다.
② 이산화황, 기타 할로겐화물, 시안화물 및 황화물의 영향이 무시될 때에 적당하다.
③ 하이포아염소산소듐 용액으로 적정하다.
④ 시료 채취관은 유리관, 석영관, 불소수지관 등을 사용한다.

해설 자외선/가시선 분광법(흡광 광도법)은 적정법이 아니다.

※ 수산화소듐=수산화나트륨(NaOH)

1-23 **티오시안산제이수은법으로 염화수소를 분석할 때 필요한 시약과 관계가 없는 것은?** [15-1]

① 메틸알코올
② 과염소산(1+2)
③ 황산제이철암모늄 용액
④ 질산은 용액

해설 필요한 시약은

㉮ 티오시안산제이수은 용액
㉯ 황산제이철암모늄 용액
㉰ 티오시안산칼륨 용액
㉱ 과염소산(1+2)
㉲ 염소 이온 표준액이다.

※ 질산은 용액은 질산은법에서 필요한 시약이다.

1-24 **비중이 1.88, 농도 97%(중량 %)인 농황산(H_2SO_4)의 규정 농도(N)는?** [18-2]

① 18.6 N ② 24.9 N
③ 37.2 N ④ 49.8 N

해설 $N농도 = \frac{비중 \times 10 \times \%}{1당량값}$

$= \frac{1.88 \times 10 \times 97}{49} = 37.2\,N$

1-25 **0.25 N의 수산화나트륨 용액 200 mL를 만들려고 한다. 필요한 수산화나트륨의 양은?** [15-2]

① 2 g ② 4 g
③ 6 g ④ 8 g

정답 1-20 ① 1-21 ③ 1-22 ③ 1-23 ④ 1-24 ③ 1-25 ①

해설 N : G : C

1 : 40g : 1,000mL

0.25 : x[g] : 200mL

$$\therefore\ x=\frac{0.25\times 40\times 200}{1\times 1,000}=2\text{g}$$

5 염소

암기방법 염올토

염 : 염소

올토 : 오르토톨리딘법

1-26 굴뚝 배출 가스 내의 염소 가스 분석 방법 중 오르토톨리딘법에 관한 설명으로 옳은 것은? [16-4]

① 염소 표준 착색액으로 요오드산 칼륨 용액을 사용한다.

② 염소 표준 용액은 N/100 $KMnO_4$ 용액으로 표정한다.

③ 시료는 1 L/min의 흡인 속도로 채취한다.

④ 약 20℃에서 5~20분 사이에 분석용 시료를 10 mm 셀에 취한다.

해설 ㉮ 요오드산 칼륨 용액 → 차아염소산나트륨 용액

㉯ N/100 $KMnO_4$ 용액 → N/10티오황산나트륨 용액

㉰ 1 L/min → 100 mL/min

1-27 굴뚝 배출 가스 중 염소를 오르토톨리딘법으로 분석한 결과치가 다음과 같을 때, 염소 농도(ppm)는 얼마인가? (단, 건조 시료 가스량은 100 mL이고, 표준액의 흡광도는 0.4, 시료 용액의 흡광도 0.45이다.) [15-4]

① 9.46 ② 10.23

③ 11.25 ④ 12.46

해설 $$C=\frac{0.05\times\dfrac{A}{A_s}\times 20}{V_s}\times 1,000$$

$$=\frac{0.05\times\dfrac{0.45}{0.4}\times 20}{100}\times 1,000=11.25\text{ ppm}$$

여기서, C : 염소 농도(ppm)

V_s : 건조 시료 가스량(mL)

A : 분석용 시료 착색액의 흡광도

A_s : 염소 표준 착색액의 흡광도

6 황산화물

1-28 굴뚝 배출 가스 중 황산화물의 침전 적정법(아르세나조Ⅲ법)에 관한 설명으로 옳지 않은 것은? [12-1]

① 시료를 과산화수소수에 흡수시켜 황산화물을 황산으로 만든다.

② 이소프로필 알코올과 초산을 가하고 아르세나조Ⅲ을 지시약으로 한다.

③ 수산화나트륨 용액으로 적정한다.

④ 시료 20 L를 흡수액에 통과시키고 이 액을 250 mL로 묽게 하여 분석용 시료 용액으로 할 때 전 황산화물의 농도가 약 50~700 ppm의 시료에 적용된다.

해설 침전 적정법(아르세나조 Ⅲ법) : 시료를 과산화수소에 흡수시켜 황산화물을 황산으로 만든 후 이소프로필 알코올과 초산을 가하고 아르세나조Ⅲ을 지시약으로 하여 초산바륨 용액으로 적정한다. 이 방법은 시료 20 L를 흡수액에 통과시키고 이 액을 250 mL로 묽게 하여 분석용 시료 용액으로 할 때 전 황산화물 농도가 약 50~700 ppm인 시료에 적용된다.

정답 1-26 ④ 1-27 ③ 1-28 ③

1-29 **굴뚝 배출 가스 중 황산화물을 아르세나조Ⅲ법으로 측정할 때에 관한 설명으로 옳지 않은 것은?** [18-1]

① 흡수액은 과산화수소수를 사용한다.
② 지시약은 아르세나조Ⅲ을 사용한다.
③ 아세트산바륨 용액으로 적정한다.
④ 이 시험법은 수산화소듐으로 적정하는 킬레이트 침전법이다.

해설 이 시험법은 초산바륨(아세트산바륨)으로 적정하는 침전 적정법이다.

1-30 **굴뚝 등에서 배출되는 오염 물질별 분석 방법으로 옳지 않은 것은?** [12-2]

① 메틸렌 블루법에 의한 황화수소 분석 시 분석용 시료 용액과 황화수소 표준액을 메스 플라스크에 취하고 p−아미노 디메틸아닐린 용액을 가한 후 뚜껑을 하여 흔들지 말고 조용히 뒤집어서 혼합한다.
② 염화수소를 티오시안산제이수은법으로 분석 시 시료에 메틸알코올 10 mL를 가하고 마개를 한 후 흔들어 잘 섞는다.
③ 이황화탄소를 자외선 가시선 분광법(흡광 광도법)으로 분석 시 황화수소를 제거하기 위해 흡수병 중 한 개에는 전처리용으로 초산카드뮴 용액을 넣는다.
④ 황산화물을 중화 적정법으로 분석 시 이산화탄소가 공존하면 방해 성분으로 작용한다.

해설 ④ 공존하면 방해 성분으로 작용한다. → 공존은 무방하다.
중화 적정법 : 시료를 과산화수소에 흡수시켜 황산화물을 황산으로 만든 후 수산화나트륨 용액으로 적정한다. 이 방법은 시료 20 L를 흡수액에 통과시키고 이 액을 250 mL로 묽게 하여 분석용 시료 용액으로 할 때 전 황산화물의 농도가 250 ppm 이상이고 다른 산성 가스의 영향을 무시할 때 적용된다. 단, 이산화탄소의 공존은 무방하다.

1-31 **굴뚝 등에서 배출되는 오염 물질별 분석 방법으로 옳지 않은 것은?** [18-4]

① 자외선 가시선 분광법에 의한 암모니아 분석 시 분석용 시료 용액에 페놀−니트로프루시드소듐 용액과 하이포아염소산소듐 용액을 가하고 암모늄 이온과 반응시킨다.
② 염화수소를 자외선 가시선 분광법으로 분석 시 시료에 메틸알콜 10 mL 등을 가하고 마개를 한 후 흔들어 잘 섞는다.
③ 이황화탄소를 자외선 가시선 분광법으로 분석 시 황화수소를 제거하기 위해 흡수병 중 한 개는 전처리용으로 아세트산카드뮴 용액을 넣는다.
④ 황산화물을 중화 적정법으로 분석 시 이산화탄소가 공존하면 방해 성분으로 작용한다.

해설 ④ 이산화탄소의 공존은 무방하다.

1-32 **굴뚝 배출 가스 중 황산화물의 시료 채취 장치에 관한 설명으로 옳지 않은 것은 어느 것인가?** [13-2, 17-1, 21-4]

① 시료 채취관은 배출 가스 중의 황산화물에 의해 부식되지 않는 재질, 예를 들면 유리관, 석영관, 스테인리스강관 등을 사용한다.
② 시료 중의 황산화물과 수분이 응축되지 않도록 시료 채취관과 흡수병 사이를 가열한다.
③ 시료 중에 먼지가 섞여 들어가는 것을 방지하기 위하여 채취관의 앞 끝에 적당한 여과재를 넣는다.

정답 1-29 ④ 1-30 ④ 1-31 ④ 1-32 ④

④ 가열 부분에 있어서의 배관의 접속은 채취관과 같은 재질, 혹은 보통 고무관을 사용한다.

해설 ④ 보통 고무관 → 실리콘 고무관

1-33 굴뚝 배출 가스 중의 황산화물을 분석하는 데 사용하는 시료 흡수용 흡수액은 어느 것인가? [21-1]

① 질산용액
② 붕산용액
③ 과산화수소수
④ 수산화나트륨 용액

암기방법 황아중과

황 : 황산화물
아 : 아르세나조Ⅲ법
중 : 중화 적정법
과 : 과산화수소수 용액(3 %)(흡수액)

1-34 굴뚝 배출 가스 중의 황산화물을 아르세나조Ⅲ법에 따라 분석할 때에 관한 설명으로 옳지 않은 것은? [21-2]

① 아세트산바륨 용액으로 적정하다.
② 과산화수소수를 흡수액으로 사용한다.
③ 아르세나조Ⅲ을 지시약으로 사용한다.
④ 이 시험법은 오르토톨리딘법이라고도 불린다.

해설 ④ 오르토톨리딘법 → 침전 적정법

1-35 다음은 굴뚝 배출 가스 중 황산화물의 중화 적정법에 관한 설명이다. ( ) 안에 알맞은 것은? [20-4]

메틸레드 - 메틸렌 블루 혼합 지시약(3~5) 방울을 가하여 (㉠)으로 적정하고 용액의 색이 (㉡)으로 변한점을 종말점으로 한다.

① ㉠ 에틸아민동용액, ㉡ 녹색에서 자주색
② ㉠ 에틸아민동용액, ㉡ 자주색에서 녹색
③ ㉠ 0.1 N 수산화소듐용액, ㉡ 녹색에서 자주색
④ ㉠ 0.1 N 수산화소듐용액, ㉡ 자주색에서 녹색

해설 아르세나조Ⅲ법은 청색으로 변하는 점을, 중화 적정법은 녹색으로 변하는 점을 종말점으로 한다.

암기방법 청아녹중

7 질소 산화물

1-36 다음은 굴뚝 배출 가스 중 아연 환원 나프틸에틸렌디아민법에 의한 질소 산화물 분석 방법이다. ( ) 안에 알맞은 것은 어느 것인가? [12-1]

시료 중의 질소 산화물을 (㉠) 존재하에서 물에 흡수시켜 질산 이온으로 만든다. 이 질산 이온을 분말 금속 아연을 사용하여 아질산 이온으로 환원한 후 (㉡) 및 나프틸에틸렌디아민을 반응시켜 얻어진 착색의 흡광도로부터 질소 산화물을 정량하는 방법이다.

① ㉠ 초산나트륨, ㉡ 술포닐아미드
② ㉠ 초산나트륨, ㉡ 페놀디술폰산
③ ㉠ 오존, ㉡ 페놀디술폰산
④ ㉠ 오존, ㉡ 술포닐아미드

해설 아연 환원 나프틸에틸렌디아민법 : 시료 중의 질소 산화물을 오존 존재하에서 물에 흡수시켜 질산 이온으로 만든다. 이 질산 이온을 분말 금속 아연을 사용하여 아질산 이온으로 환원한 후 술포닐아미드(sulfonilic amide) 및 나프틸에틸렌디아민(naphthyl

정답 1-33 ③ 1-34 ④ 1-35 ④ 1-36 ④

ethylen diamine)을 반응시켜 얻어진 착색의 흡광도로부터 질소 산화물을 정량하는 방법으로서 배출 가스 중의 질소 산화물을 이산화질소로 하여 계산한다.

이 방법은 시료 중의 질소 산화물 농도가 10~1,000 V/Vppm의 것을 분석하는 데 적당하다 1,000 V/Vppm 이상의 농도가 진한 시료에 대해서는 분석용 시료 용액을 적당량의 물로 묽게 하여 사용하면 측정이 가능하다. 이 방법에서는 2,000 V/Vppm 이하의 아황산가스는 방해하지 않고 염소 이온 및 암모늄 이온의 공존도 방해하지 않는다.

1-37 **다음은 굴뚝 배출 가스 중의 질소 산화물에 대한 아연 환원 나프틸에틸렌다이아민 분석 방법이다. ( ) 안에 들어갈 말로 올바르게 연결된 것은?** [14-4, 18-1, 21-1]

> 시료 중의 질소 산화물을 오존 존재하에서 물에 흡수시켜 (㉠)으로 만든다. 이 (㉠)을 (㉡)을 사용하여 (㉢)으로 환원한 후 술포닐아미드(sulfonilic amide) 및 나프틸에틸렌디아민(naphthyl ethylene diamine)을 반응시켜 얻어진 착색의 흡광도로부터 질소 산화물을 정량하는 방법이다.

㉠ ㉡ ㉢

① 아질산 이온, 분말 금속 아연, 질산 이온
② 아질산 이온, 분말 황산 아연, 질산 이온
③ 질산 이온, 분말 황산 아연, 아질산 이온
④ 질산 이온, 분말 금속 아연, 아질산 이온

1-38 **다음 굴뚝 배출 가스를 분석할 때 아연 환원 나프틸에틸렌디아민법이 주 시험 방법인 물질로 옳은 것은?** [20-2]

① 페놀 ② 브롬 화합물
③ 이황화탄소 ④ 질소 산화물

암기방법 질페아황과
질 : 질소 산화물
페 : 페놀디술폰산법
아 : 아연 환원 나프틸에틸렌디아민법
황과 : 황산+과산화수소수+증류수(흡수액)

1-39 **분석 대상 가스별 흡수액으로 잘못 짝지어진 것은?** [19-2]

① 암모니아 – 붕산 용액(질량분율 0.5 %)
② 비소 – 수산화소듐 용액(질량분율 0.4 %)
③ 브롬 화합물 – 수산화소듐 용액(질량분율 0.4 %)
④ 질소 산화물 – 수산화소듐 용액(질량분율 0.4 %)

해설 질소 산화물의 흡수액은 황산+과산화수소수+증류수이다.

1-40 **다음 중 굴뚝 배출 가스 중의 질소 산화물을 정량하는 방법은?** [13-4]

① 아르세나조 Ⅲ 법
② 차아염소산염법
③ 아세틸아세톤법
④ 페놀디술폰산법

해설 페놀디술폰산법 : 시료 중의 질소 산화물을 산화 흡수제(황산+과산화수소)에 흡수시켜 질산 이온으로 만들고 페놀디술폰산을 반응시켜 얻어지는 착색액의 흡광도로부터 이산화질소를 정량하는 방법으로서 배출 가스 중의 질소 산화물을 이산화질소로 계산한다.
이 방법은 시료 중의 질소 산화물 농도가 약 10~200 V/Vppm인 것의 분석에 적당하다. 200 V/Vppm 이상인 농도가 진한 시료에 대해서는 분석용 시료 용액을 적당히 물로 묽게 하여 사용하면 측정이 가능하다.

암기방법 질페아황과

정답 1-37 ④ 1-38 ④ 1-39 ④ 1-40 ④

1-41 굴뚝 배출 가스 내의 질소 산화물 분석 방법 중 아연 환원 나프틸에틸렌디아민법에 관한 설명으로 가장 거리가 먼 것은 어느 것인가? [15-2]

① 시료 중 질소 산화물을 오존 존재하에서 물에 흡수시켜 질산 이온으로 만든다.
② 질산 이온을 분말 금속 아연을 사용하여 아질산 이온으로 환원시킨다.
③ 시료 중 질소 산화물 농도가 10~1,000 V/Vppm의 것을 분석하는 데 적당하다.
④ 1,000 V/Vppm 이상의 아황산가스, 염소 이온, 암모늄 이온의 공존에 방해를 받는다.

해설 아연 환원 나프틸에틸렌디아민법에서는 2,000 V/Vppm 이하의 아황산가스는 방해하지 않고, 염소 이온 및 암모늄 이온의 공존도 방해하지 않는다.

1-42 굴뚝 배출 가스 중의 질소 산화물을 페놀디술폰산법으로 측정하는 방법에 관한 설명으로 옳지 않은 것은? [15-1]

① 시료 중의 질소 산화물을 산화 흡수제(황산+과산화수소수)에 흡수시켜 질산 이온으로 만든다.
② NO_x를 질산 이온으로 만들고, 페놀디술폰산을 반응시켜 얻어지는 착색액의 흡광도로부터 이산화질소를 정량한다.
③ 시료 중의 질소 산화물 농도가 약 0.5~10 V/Vppm인 것의 분석에 적당하다.
④ 할로겐 화합물이 존재하면 분석 결과에 부의 오차가, 무기질산염, 아질산염은 정오차가 생기는 경향이 있다.

해설 ③ 약 0.5~10 V/Vppm → 약 10~200 V/Vppm

8 이황화탄소

1-43 굴뚝 배출 가스 내의 이황화탄소 분석 방법 중 흡광 광도법의 측정 파장으로 옳은 것은? [12-2, 15-4]

① 435 nm ② 560 nm
③ 620 nm ④ 670 nm

해설 흡광 광도법(디에틸디티오카르바민산법) : 디에틸아민동 용액에서 시료 가스를 흡수시켜 생성된 디에틸디티오카르바민산동의 흡광도를 435 nm의 파장에서 측정하여 이황화탄소를 정량한다. 이 방법은 시료 가스 채취량 10 L인 경우 배출 가스 중의 이황화탄소 농도 3~60 V/Vppm의 분석에 적합하다.

1-44 다음 중 디에틸아민동 용액에서 시료 가스를 흡수시켜 생성된 디에틸 디티오카르바민산동의 흡광도를 435 nm의 파장에서 측정하는 항목은? [13-4, 17-1]

① CS_2 ② H_2S
③ HCN ④ PAH

암기방법 이황가디디
이황 : 이황화탄소
가 : 가스 크로마토그래프법
디 : 디에틸디티오카르바민산법
디 : 디에틸아민동용액(흡수액)

1-45 대기 오염 공정 시험 기준상 분석 대상 가스에 대한 흡수액을 수산화나트륨으로 쓰지 않는 것은? [14-4]

① 이황화탄소 ② 불소 화합물
③ 염화수소 ④ 브롬 화합물

해설 이황화탄소의 경우는 디에틸아민동 용액을 흡수액으로 사용한다.

정답 1-41 ④ 1-42 ③ 1-43 ① 1-44 ① 1-45 ①

1-46 화학 반응 등에 따라 굴뚝으로부터 배출되는 이황화탄소를 흡광 광도법으로 정량할 때 흡수액으로 옳은 것은? [15-1]

① 수산화제이철암모늄 용액
② 디에틸아민동 용액
③ 아연아민착염 용액
④ 제일염화주석 용액

암기방법 이황가디디

1-47 배출 가스 중 이황화탄소를 자외선 가시선 분광법으로 정량할 때 흡수액으로 옳은 것은? [17-2, 18-2, 20-1]

① 아연아민착염 용액
② 제일염화주석 용액
③ 다이에틸아민구리 용액
④ 수산화제이철암모늄 용액

해설 다이에틸아민구리=디에틸아민동

1-48 다음은 굴뚝 배출 가스 중의 이황화탄소 분석 방법에 관한 설명이다. ( ) 안에 알맞은 것은? [19-2, 16-1]

자외선/가시선 분광법은 다이에틸아민구리 용액에서 시료 가스를 흡수시켜 생성된 다이에틸 다이싸이오카밤산구리의 흡광도를 (㉠)의 파장에서 측정한다. 이 방법은 시료 가스 채취량 10 L인 경우 배출 가스 중의 이황화탄소 농도 (㉡)의 분석에 적합하다.

① ㉠ 340 m, ㉡ 0.05~1 ppm
② ㉠ 340 m, ㉡ 3~60 ppm
③ ㉠ 435 m, ㉡ 0.05~1 ppm
④ ㉠ 435 m, ㉡ 3~60 ppm

해설 다이에틸 다이싸이오카밤산구리=디에틸디티오카르바민산동

1-49 시료 채취 시 흡수액으로 수산화소듐 용액을 사용하지 않는 것은? [17-4]

① 불소 화합물
② 이황화탄소
③ 시안화수소
④ 브롬 화합물

해설 수산화소듐=수산화나트륨
① 불란타질토수
② 이황가디디
③ 시피질수
④ 브티차수
이황화수소의 흡수액은 디에틸아민동 용액이다.

1-50 굴뚝 배출 가스 중 이황화탄소 분석 방법으로 옳지 않은 것은? [13-1]

① 흡광 광도법은 시료 가스 채취량 10 L인 경우 배출 가스 중의 이황화탄소 농도 3~60 V/Vppm의 분석에 적합하다.
② 흡광 광도법은 디에틸아민동 용액에서 시료 가스를 흡수시켜 생성된 디에틸디티오카르바민산동의 흡광도를 435 nm의 파장에서 측정한다.
③ 가스 크로마토그래프법에서 배출 가스 중에 포함된 황 화합물의 대부분이 이황화탄소이어서 전황화합물로 측정해도 지장이 없는 경우에는 분리관을 생략한 불꽃광도 검출 방식 연속 분석계를 사용해도 된다.
④ 열전도도 검출기(TCD)를 구비한 가스 크로마토그래프를 사용하여 정량하며, 이 방법은 이황화탄소 농도 0.05 V/Vppm 이상의 분석에 적합하다.

해설 열전도도 검출기(TCD) → 불꽃광도 검출기(FPD)

정답 1-46 ② 1-47 ③ 1-48 ④ 1-49 ② 1-50 ④

1-51 가스 크로마토그래프 분석에 사용하는 검출기 중 이황화탄소를 분석(0.5 V/Vppm 이상)하는 데 가장 적합한 검출기는? [14-1]

① ICD ② FPD
③ ECD ④ TCD

해설 불꽃광도 검출기(FPD)를 구비한 가스 크로마토그래프를 사용하여 정량한다.

9 포름알데히드 및 알데히드류

1-52 다음 중 굴뚝 배출 가스 내의 포름알데히드를 정량할 때 쓰이는 흡수액은 어느 것인가? [15-2, 19-2]

① 아세틸아세톤 함유 흡수액
② 아연아민착염 함유 흡수액
③ 질산암모늄+황산(1+5)
④ 수산화나트륨 용액(0.4 W/V%)

해설 분석 방법의 종류

㉮ 크로모트로핀산(chromotrpic acid)법 : 포름알데히드를 포함하고 있는 배출 가스를 크로모트로핀산을 함유하는 흡수 발색액에 포집하고 가온하여 발색시켜 얻은 자색 발색액의 흡광도를 측정하여 포름알데히드 농도를 구한다. 다른 포화 알데히드의 영향은 0.01 % 정도, 불포화 알데히드의 영향은 수 % 정도이다. 측정 범위는 배출 가스량 60 L일 때 0.01~0.2 ppm이다. 배출 가스량 및 흡수액량을 적당히 선택하면 100 ppm 정도까지도 측정할 수 있다.

㉯ 아세틸아세톤(acetylacetone)법 : 포름알데히드를 포함하고 있는 배출 가스를 아세틸 아세톤을 함유하는 흡수 발색액에 포집하고 가온하여 발색시켜 얻은 황색 발색액의 흡광도를 측정하여 포름알데히드 농도를 구하는 방법이다. 아황산가스가 공존하면 영향을 받으므로 흡수 발색액에 염화제이수은과 염화나트륨을 넣는다. 다른 알데히드에 의한 영향은 없다. 측정 범위는 배출 가스량 60 L일 때 0.02~0.4 ppm이다.

㉰ 액체 크로마토그래프법(high performance liquid chromatography) : 배출 가스 중의 알데히드류는 흡수액 2, 4-DNPH (dinitrophenylhydrazine)과 반응하여 하이드라존유도체(hydrazone derivative)를 생성하게 되고 이를 액체 크로마토그래프로 분석한다. 히드라존(hydrazone)은 UV(자외선 흡수 검출기) 영역, 특히 350~380 nm에서 최대 흡광치를 나타낸다.

암기방법 포크아세액

포 : 포름알데히드
크 : 크로모트로핀산법
아세 : 아세틸아세톤법
액 : 액체 크로마토그래프법

1-53 분석 대상 가스 중 아세틸아세톤 함유 흡수액을 흡수액으로 사용하는 것은 어느 것인가? [14-2, 17-4]

① 시안화수소 ② 벤젠
③ 비소 ④ 포름알데히드

암기방법 포크아세액

1-54 대기 오염 공정 시험 기준상 소각로, 보일러 등 연소 시설의 굴뚝 등에서 배출되는 배출 가스 중에 포함되어 있는 알데히드 및 케톤 화합물(카르보닐 화합물)의 분석 방법으로 거리가 먼 것은? [15-2]

① 크로모트로핀산(chromotropic acid)법
② 액체 크로마토그래프법(HPLC)
③ 아세틸아세톤(Acetylacetone) 법

정답 1-51 ② 1-52 ① 1-53 ④ 1-54 ④

④ 가스 크로마토그래프법(GC)

암기방법 포크아세액

1-55 대기 오염 공정 시험 기준상 굴뚝 배출 가스 중의 알데히드 및 케톤 화합물의 분석 방법으로 가장 적절한 것은? [16-1]

① 중화법
② 페놀디술폰산법
③ 크로모트로핀산법
④ 4-아미노 안티피린법

암기방법 포크아세액

1-56 굴뚝 배출 가스 중 포름알데하이드 분석 방법으로 옳지 않은 것은? [18-4]

① 크로모트로핀산 자외선/가시선 분광법은 배출 가스를 크로모트로핀산을 함유하는 흡수 발색액에 채취하고 가온하여 얻은 자색 발색액의 흡광도를 측정하여 농도를 구한다.
② 아세틸아세톤 자외선/가시선 분광법은 배출 가스를 아세틸아세톤을 함유하는 흡수 발색액에 채취하고 가온하여 얻은 황색 발색액의 흡광도를 측정하여 농도를 구한다.
③ 흡수액 2,4-DNPH(dinitrophenylhydrazine)과 반응하여 하이드라존 유도체를 생성하게 되고 이를 액체 크로마토그래프로 분석한다.
④ 수산화나트륨 용액(0.4 W/V%)에 흡수·포집시켜 이 용액을 산성으로 한 후 초산에틸로 용매를 추출해서 이온화 검출기를 구비한 가스 크로마토그래프로 분석한다.

해설 포름알데히드 분석 방법에 가스 크로마토그래프법은 없다.

1-57 굴뚝 배출 가스 중에 포함된 포름알데하이드 및 알데하이드류의 분석 방법으로 거리가 먼 것은? [17-2, 21-4]

① 고성능 액체 크로마토그래피법
② 크로모트로핀산 자외선/가시선 분광법
③ 나프틸에틸렌디아민법
④ 아세틸아세톤 자외선/가시선 분광법

암기방법 포크아세액

1-58 알데하이드류를 DNPH 유도체를 형성하여 아세토나이트릴(acetonitrile) 용매로 추출하여 고성능 액체 크로마토그래피에 의해 자외선 검출기로 분석할 때 측정 파장으로 가장 적합한 것은? [14-2, 17-4]

① 360 nm　② 510 nm
③ 650 nm　④ 730 nm

해설 포름알데히드 및 알데히드류의 분석 방법 중 액체 크로마토그래프법에서 UV 영역(자외선 흡수 검출기)의 최대 흡광치는 350~380 nm에서이다.

1-59 2,4-다이나이트로페닐하이드라진(DNPH)과 반응하여 하이드라존 유도체를 생성하게 하여 이를 액체 크로마토그래피로 분석하는 물질은? [18-1]

① 아민류　② 알데하이드류
③ 벤젠　④ 다이옥신류

암기방법 포크아세액

1-60 굴뚝 배출 가스 중의 포름알데하이드를 크로모트로핀산 자외선/가시선 분광법에 따라 분석할 때 흡수 발색액 제조에 필요한 시약은? [21-2]

① H_2SO_4　② $NaOH$
③ NH_4OH　④ CH_3COOH

정답 1-55 ③ 1-56 ④ 1-57 ③ 1-58 ① 1-59 ② 1-60 ①

해설 크로모트로핀산법에서 흡수 발색액은 크로모트로핀산 1 g을 80 % 황산에 녹여 1,000 ml로 한다.

10 황화수소

1-61 다음 분석 가스 중 아연아민착염 용액을 흡수액으로 사용하는 것은 어느 것인가? [12-2, 20-4]

① 황화수소 ② 브롬 화합물
③ 질소 산화물 ④ 포름알데히드

해설 분석 방법의 종류

㉮ 흡광 광도법(메틸렌 블루법) : 시료 중의 황화수소를 아연아민착염 용액에 흡수시켜 P-아미노디메틸아닐린 용액과 염화제이철 용액을 가하여 생성되는 메틸렌 블루의 흡광도를 측정하여 황화수소를 정량한다. 이 방법은 시료 중의 황화수소가 5~1,000 ppm 함유되어 있는 경우의 분석에 적합하며 선택성이 좋고 예민하다. 또 황화수소의 농도가 1,000 ppm 이상인 것에 대하여는 분석용 시료 용액을 흡수액으로 적당히 희석하여 분석에 사용할 수가 있다.

㉯ 용량법(요오드 적정법) : 시료 중의 황화수소를 아연아민착염 용액에 흡수시킨 다음 염산산성으로 하고, 요오드 용액을 가하여 과잉의 요오드를 티오황산나트륨 용액으로 적정하여 황화수소를 정량한다. 이 방법은 시료 중의 황화수소가 100~2,000 ppm 함유되어 있는 경우의 분석에 적합하다. 또 황화수소의 농도가 2,000 ppm 이상인 것에 대하여는 분석용 시료 용액을 흡수액으로 적당히 희석하여 분석에 사용할 수가 있다. 이 방법은 다른 산화성 가스와 환원성 가스에 의하여 방해를 받는다.

암기방법 황화메요아

황화 : 황화수소
메 : 메틸렌 블루법
요 : 요오드 적정법
아 : 아연아민착염 용액(흡수액)

1-62 메틸렌 블루법은 배출 가스 중 어떤 물질을 측정하기 위한 방법인가? [19-4]

① 황화수소 ② 불화수소
③ 염화수소 ④ 시안화수소

암기방법 황화메요아

1-63 굴뚝 배출 가스 중 분석 대상 가스별 흡수액과의 연결로 옳지 않은 것은 어느 것인가? [17-1]

① 불소 화합물 – 수산화소듐 용액(0.1 N)
② 황화수소 – 아세틸아세톤 용액(0.2 N)
③ 벤젠 – 질산암모늄+황산(1 → 5)
④ 브롬 화합물 – 수산화소듐 용액(질량분율 0.4 %)

해설 ② 아세틸아세톤 용액 → 아연아민착염 용액

1-64 굴뚝 배출 가스 중의 황화수소를 아이오딘 적정법으로 분석하는 방법에 관한 설명으로 거리가 먼 것은? [20-4]

① 다른 산화성 및 환원성 가스에 의한 방해는 받지 않는 장점이 있다.
② 시료 중의 황화수소를 염산산성으로 하고, 아이오딘 용액을 가하여 과잉의 아이오딘을 싸이오황산소듐 용액으로 적정한다.
③ 시료 중의 황화수소가 100~2,000 ppm

정답 1-61 ① 1-62 ① 1-63 ② 1-64 ①

함유되어 있는 경우의 분석에 적합한 시료 채취량은 10~20 L, 흡입 속도는 1 L/min 정도이다.

④ 녹말 지시약(질량분율 1 %)은 가용성 녹말 1 g을 소량의 물과 섞어 끓는 물 100 mL 중에 잘 흔들어 섞으면서 가하고, 약 1분간 끓인 후 식혀서 사용한다.

해설 아이오딘=요오드

요오드 적정법은 다른 산화성 가스와 환원성 가스에 의하여 방해를 받는다.

1-65 굴뚝 배출 가스 중의 황화수소 분석 방법에 관한 설명으로 옳은 것은 어느 것인가? [12-1, 18-4]

① 오르토톨리딘을 함유하는 흡수액에 황화수소를 통과시켜 얻어지는 발색액의 흡광도를 측정한다.

② 시료 중의 황화수소를 아연아민착염 용액에 흡수시켜 p-아미노디메틸아닐린 용액과 염화제이철 용액을 가하여 생성되는 메틸렌 블루의 흡광도를 측정한다.

③ 디에틸아민동 용액에 황화수소 가스를 흡수시켜 생성된 디에틸디티오카르바민산동의 흡광도를 측정한다.

④ 황화수소 흡수액을 일정량으로 묽게 한 다음 완충액을 가하여 pH를 조절하고, 란탄과 알리자린 콤플렉손을 가하여 얻어지는 발색액의 흡광도를 측정한다.

암기방법 황화메요아

1-66 굴뚝 배출 가스 중의 황화수소 분석 방법에 관한 설명으로 옳지 않은 것은 어느 것인가? [14-2]

① 메틸렌 블루법은 황화수소를 질산암모늄을 가한 황산에 흡수시켜 생성되는 메틸렌 블루의 흡광도를 측정하는 방법이다.

② 메틸렌 블루법은 시료 중의 황화수소가 5~1,000 ppm 함유되어 있는 경우의 분석에 적합하며 선택성이 좋고 예민하다.

③ 요오드 적정법은 시료 중의 황화수소가 100~2,000 ppm 함유되어 있는 경우의 분석에 적합하다.

④ 요오드 적정법은 다른 산화성 가스와 환원성 가스에 의하여 방해를 받는다.

해설 메틸렌 블루법은 시료 중의 황화수소를 아연아민착염 용액에 흡수시켜 P-아미노디메틸 아닐린 용액과 염화제이철 용액을 가하여 생성되는 메틸렌 블루의 흡광도를 측정하여 황화수소를 정량한다.

1-67 굴뚝 배출 가스 중 황화수소를 아이오딘 적정법으로 분석할 때 종말점의 판단을 위한 지시약은? [12-2, 17-2]

① 아르세나조 III ② 메틸렌 레드
③ 녹말 용액 ④ 메틸렌 블루

해설 아이오딘 적정법=요오드 적정법(용량법)

액이 엷은 노란색이 되면 녹말 지시약 1 ml를 가하고 다시 적정을 계속하여 무색이 된 점을 종말점으로 한다.

11 불소 화합물

1-68 굴뚝 배출 가스 중 불소 화합물의 흡광도 측정법에 관한 설명으로 옳지 않은 것은? [12-1]

정답 1-65 ② 1-66 ① 1-67 ③ 1-68 ④

① 0.1 N 수산화나트륨 용액을 흡수액으로 사용한다.
② 정량 범위는 HF로서 0.9~1,200 ppm이다.
③ 란탄과 알리자린 콤플렉손을 가하여 이때 생기는 색의 흡광도를 측정한다.
④ 불소 이온을 방해 이온과 분리한 다음 묽은 황산으로 pH 5~6으로 조절한다.

해설 분석 방법의 종류

㉮ 흡광 광도법(란탄 – 알리자린 콤플렉손법 La–Alizarin complexon) : 시료의 흡수액을 일정량으로 묽게 한 다음 완충액을 가하여 pH를 조절하고 란탄과 알리자린 콤플렉손을 가하여 이때 생기는 흡광도(620 nm)를 측정하는 방법이다. 이 방법에서의 정량 범위는 HF로서 0.9~1,200 ppm(0.8~1,000 mg/Sm^3)이다.

㉯ 용량법(질산토륨 – 네오트린법) : 이 방법은 불소 이온을 방해 이온과 분리한 다음 완충액을 가하여 pH를 조절하고 네오트린을 가한 다음 질산나트륨 용액으로 적정한다. 이 방법에서의 정량 범위는 HF로서 0.6~4.2 mL이다.

암기방법 불란타질토수

불 : 불소 화합물
란타 : 란탄알리자린 콤플렉손법
질토 : 질산토륨 네오트린법
수 : 수산화나트륨(흡수액)

1-69 다음 중 자외선 가시선 분광법(흡광 광도법)에 의한 분석 방법이 아닌 것은 어느 것인가? [12-4]

① 피리딘 피라졸론법
② 질산토륨 – 네오트린법
③ 란탄 – 알리자린 콤플렉손법
④ 4–아미노안티피린법

해설 질산토륨 – 네오트린법은 용량법이다.

1-70 자외선/가시선 분광법에 의한 불소 화합물 분석 방법에 관한 설명으로 옳지 않은 것은? [20-4]

① 분광 광도계로 측정 시 흡수 파장은 460 nm를 사용한다.
② 이 방법의 정량 범위는 HF로서 0.05 ppm~1,200 ppm이며, 방법 검출 한계는 0.015 ppm이다.
③ 시료 가스 중에 알루미늄(Ⅲ), 철(Ⅱ), 구리(Ⅱ), 아연(Ⅱ) 등의 중금속 이온이나 인산 이온이 존재하면 방해 효과를 나타낸다.
④ 굴뚝에서 적절한 시료 채취 장치를 이용하여 얻은 시료 흡수액을 일정량으로 묽게 한 다음 완충액을 가하여 pH를 조절하고 란탄과 알리자린 콤플렉손을 가하여 생성되는 생성물의 흡광도를 분광 광도계로 측정한다.

해설 ① 460 nm → 620 nm

1-71 굴뚝 배출 가스 중 불소 화합물의 자외선 가시선 분광법에 관한 설명으로 옳지 않은 것은? [18-4]

① 0.1 M 수산화소듐 용액을 흡수액으로 사용한다.
② 흡수 파장은 620 nm를 사용한다.
③ 란탄과 알리자린 콤플렉손을 가하여 이때 생기는 색의 흡광도를 측정한다.
④ 불소 이온을 방해 이온과 분리한 다음 묽은 황산으로 pH 5~6으로 조절한다.

해설 ④의 경우는 용량법의 설명으로 완충액을 가하여 PH를 조절한다.

정답 1-69 ② 1-70 ① 1-71 ④

12 시안화수소

1-72 **배출 가스의 흡수를 위한 분석 대상 가스와 그 흡수액을 연결한 것으로 옳지 않은 것은?** [18-2]

① 페놀 – 수산화소듐 용액(질량분율 0.4 %)
② 비소 – 수산화소듐 용액(질량분율 4 %)
③ 황화수소 – 아연아민착염 용액
④ 시안화수소 – 아세틸아세톤함유 흡수액

해설 분석 방법의 종류

㉮ 질산은 정정법 : 이 방법은 시안화수소를 흡수액에 흡수시킨 다음 질산은 용액으로 적정하여 시안화수소를 정량한다. 시료 채취량 50 L인 경우 시료 중의 시안화수소의 정량 범위는 5~100 ppm이다. 또한 100 ppm 이상인 경우에는 시료 채취량을 줄이든가 또는 분석용 시료 용액의 분취량을 가감하여 분석에 사용한다. 이 방법은 할로겐 등의 산화성 가스의 영향을 무시할 수 있는 경우에 적용한다.

㉯ 피리딘 피라졸론법 : 이 방법은 시안화수소를 흡수액에 흡수시킨 다음 이것을 발색시켜서 얻은 발색액에 대하여 흡광도(620 nm)를 측정하여 시안화수소를 정량한다. 이 방법은 시료 채취량 100~1,000 mL인 경우 시안화수소의 농도가 0.5~100 ppm인 것의 분석에 적합하다. 또 0.5 ppm 이하인 경우에는 시료 채취량을 많게 하고 한편 100 ppm 이상인 경우에는 분석용 시료 용액을 흡수액으로 묽게 하여 사용한다. 이 방법은 할로겐 등의 산화성 가스와 황화수소 등의 영향을 무시할 수 있는 경우에 적용한다.

암기방법 시피질수

시 : 시안화수소
피 : 피리딘 피라졸론법
질 : 질산은 적정법
수 : 수산화나트륨(흡수액)

암기방법

① 페아가수
② 비(사)디디수
③ 황화메요아

1-73 **굴뚝 배출 가스 중의 시안화수소를 피리딘 피라졸론법에 의해 정량 시 흡광도 측정파장으로 가장 적합한 것은?** [15-4]

① 217 nm ② 358 nm
③ 620 nm ④ 710 nm

1-74 **질산은 적정법으로 배출 가스 중의 시안화수소를 분석할 때 필요 시약으로 거리가 먼 것은?** [15-4, 18-4]

① 수산화나트륨 흡수액
② N/100 질산은 용액
③ p-디메틸 아미노 벤질리덴 로다닌
④ 차아염소산나트륨 용액

해설 질산은 적정법

시약

㉮ 흡수액 : 수산화나트륨 20 g을 물에 녹여서 1 L로 한다.
㉯ P-디메틸 아미노 벤질리덴 로다닌의 아세톤 용액
㉰ 초산(10 V/V%)
㉱ 수산화나트륨 용액(2 W/V%)
㉲ N/100 질산은 용액

1-75 **굴뚝 배출 가스 중 시안화수소를 질산은 적정법으로 분석할 때 필요한 시약으로 거리가 먼 것은?** [12-4, 19-2]

① p-디메틸 아미노 벤질리덴 로다닌의 아세톤 용액

정답 1-72 ④ 1-73 ③ 1-74 ④ 1-75 ③

② 초산(10 V/V%)
③ 메틸레드 – 메틸렌 블루 혼합 지시약
④ N/100 질산은 용액

해설 ③의 경우 황산화물 측정법 중 중화 적정법에 사용되는 시약이다.

1-76 **굴뚝 배출 가스 내의 시안화수소 분석 방법 중 질산은 적정법에서 분석용 시료 용액에 수산화소듐 용액(질량분율 2 %) 또는 아세트산(부피분율 10 %)을 첨가하여 pH미터를 써서 pH를 조절한 후 적정하여야 하는데 이때 조절하고자 하는 pH값은 얼마인가?** [16–4]

① 5~6　② 7
③ 8~10　④ 11~12

13 브롬 화합물

1-77 **다음 중 굴뚝 배출 가스 중 브롬 화합물 분석에 사용되는 흡수액으로 옳은 것은 어느 것인가?** [12–4, 15–4, 19–1, 21–2]

① 황산＋과산화수소＋증류수
② 붕산 용액(0.5 W/V%)
③ 수산화나트륨 용액(0.4 W/V%)
④ 디에틸아민동 용액

해설 분석 방법의 종류

㉮ 흡광 광도법(티오시안산 제2수은법) : 배출 가스 중 브롬 화합물을 수산화나트륨 용액에 흡수시킨 후 일부를 분취해서 산성으로 하여 과망간산칼륨 용액을 사용하여 브롬으로 산화시켜 4염화탄소(CCl_4)로 추출한다. 4염화탄소층에 물과 황산제2철 암모늄용액 및 티오시안산 제2수은 용액을 가하여 발색한 물층의 흡광도를 측정해서 브롬을 정량하는 방법이다. 이 방법은 배출 가스 중의 염화수소 100 V/Vppm, 염소 10 V/Vppm 및 아황산가스 50 V/Vppm까지는 포함되어 있어도 영향이 없다. 아황산가스 50 V/Vppm 이상이 포함되어 있을 경우에는 과망간산칼륨 용액을 가함으로써 그 영향을 제거할 수 있다.

㉯ 적정법(차아염소산염법) : 배출 가스 중 브롬 화합물을 수산화나트륨 용액에 흡수시킨 다음 브롬을 차아염소산나트륨 용액을 사용하여 브롬산 이온으로 산화시키고 과잉의 차아염소산염은 개미산나트륨(sodium formate)으로 환원시켜 이 브롬산 이온을 요오드 적정법으로 정량하는 방법이다. 이 방법은 시료 용액 중에 요오드가 공존하면 방해되나 보정에 의해 그 영향을 제거할 수 있다.

암기방법 브티차수

브 : 브롬 화합물
티 : 티오시안산제2수은법
차 : 차아염소산염법
수 : 수산화나트륨 용액(흡수액)

1-78 **굴뚝 배출 가스 내의 브롬 화합물 분석 방법 중 자외선 가시선 분광법(흡광 광도법)에 관한 설명으로 옳지 않은 것은 어느 것인가?** [14–2]

① 흡수액은 수산화나트륨 0.4 g을 물에 녹여 100 mL로 한다.
② 요오드화칼륨 용액(0.13 W/V%)은 요오드화칼륨 0.13 g을 황산(1＋5)에 녹여 250 mL 메스플라스크에 넣고 물로 표선까지 채운다.
③ 과망간산칼륨(0.32 W/V%) 용액은 과망간산칼륨 0.79 g을 물에 녹여 250 mL 메스플라스크에 넣고 물로 표선까

정답 1-76 ④　1-77 ③　1-78 ②

지 채운다.

④ 황산 제2철 암모늄 용액은 황산 제2철 암모늄 6 g을 질산(1+1) 100 mL에 녹여 갈색병에 넣어 보관한다.

해설 $0.13\,\% = \frac{x}{250} \times 100$

$\therefore\ x = \frac{0.13 \times 250}{100} = 0.3255\ \text{g}$

즉, 0.13 %를 만들기 위해서는 요오드화칼륨을 0.32 g을 넣어야 한다.

1-79 **적정법에 의한 배출 가스 중 브롬 화합물의 정량 시 과잉의 하이포아염소산염을 환원시키는 데 사용하는 것은?** [20-1]

① 염산
② 폼산소듐
③ 수산화소듐
④ 암모니아수

해설 과잉의 차아염소산염(하이포아염소산염)은 개미산 나트륨(sodium formate=폼산소듐)으로 환원시켜 이 브롬산 이온을 요오드 적정법으로 정량하는 방법이다.

14 벤젠

1-80 **굴뚝 배출 가스 중의 벤젠을 흡광 광도법으로 측정하려 한다. 다음 설명 중 틀린 것은?** [16-1]

① 벤젠을 질산암모늄을 가한 황산에 흡수시켜 니트로화한다.
② 시료 중에 톨루엔이나 크실렌이 존재하면 측정치가 낮아진다.
③ 자색액의 흡광도로부터 벤젠을 정량하는 방법이다.
④ 시료 중에 모노클로로벤젠이나 에틸벤젠이 존재하면 측정치가 높아진다.

해설 흡광 광도법(메틸에틸케톤법) : 시료 중의 벤젠을 질산암모늄을 가한 황산(니트로화산액)에 흡수시켜 니트로화하고, 이것을 물로 희석한 후 중화시켜 메틸에틸케톤을 가하고 추출한 추출액에 알칼리를 가하여 잘 흔들어 섞어 얻어진 자색액의 흡광도로부터 벤젠을 정량하는 방법이다. 이 방법은 시료 채취량 10 L인 경우 시료 가스 중의 벤젠 농도 약 2~20 V/Vppm 범위의 분석에 적합하다. 방해 성분으로 톨루엔과 크실렌은 자색으로, 모노클로로벤젠과 에틸벤젠은 적색으로 발색하므로 측정치가 높아진다(정오차).

암기방법 벤메가니

벤 : 벤젠
메 : 메틸에틸케톤법
가 : 가스 크로마토그래프법
니 : 니트로화산액(흡수액)

1-81 **수산화소듐(NaOH)용액을 흡수액으로 사용하는 분석 대상 가스가 아닌 것은 어느 것인가?** [16-4]

① 염화수소
② 브롬 화합물
③ 불소 화합물
④ 벤젠

해설 벤젠의 흡수액은 니트로화산액이다.

암기방법

① 염화티질수
② 브티차수
③ 불란타질토수
④ 벤메가니

정답 1-79 ② 1-80 ② 1-81 ④

15 페놀 화합물

1-82 굴뚝 배출 가스 중 페놀류 분석 방법(흡광 광도법)으로 옳지 않은 것은 어느 것인가? [15-1]

① 4-아미노안티피린법은 시약을 가하여 얻어진 청색액의 시료를 610 nm의 가시부에서 흡광도를 측정하여 페놀류의 농도를 산출한다.

② 4-아미노안티피린법은 시료 중의 페놀류를 수산화나트륨 용액(0.4 W/V%)에 흡수시켜 포집한다.

③ 흡광 광도법은 시료 가스 채취량이 10 L인 경우 시료 중의 페놀류의 농도가 1~20 V/Vppm 범위의 분석에 적합하다.

④ 염소, 취소 등의 산화성 가스 및 황화수소, 아황산가스 등의 환원성 가스가 공존하면 부의 오차를 나타낸다.

해설 흡광 광도법(4-아미노안티피린법) : 시료 중의 페놀류를 수산화나트륨 용액(0.4 W/V%)에 흡수시켜 포집한다. 이 용액의 pH를 10±0.2로 조절한 후 여기에 4-아미노 안티피린 용액과 페리시안산칼륨 용액을 순서대로 가하여 얻어진 적색액을 510 nm의 가시부에서의 흡광도를 측정하여 페놀류의 농도를 산출한다.
이 방법은 시료 가스 채취량이 10 L인 경우 시료 중의 페놀류의 농도가 1~20 V/Vppm 범위의 분석에 적합하다. 또한 염소, 취소 등의 산화성 가스 및 황화수소 아황산가스 등의 환원성 가스가 공존하면 부의 오차를 나타낸다.

암기방법 페아가수

페 : 페놀화합물
아 : 4-아미노안티피린법
가 : 가스 크로마토그래프법
수 : 수산화나트륨 용액(흡수액)

1-83 대기 오염 공정 시험 기준상 원자 흡수 분광 광도법(원자 흡광 광도법)과 자외선 가시선 분광법(흡광 광도법)을 동시에 적용할 수 없는 것은? [14-4]

① 카드뮴 화합물 ② 니켈 화합물
③ 페놀 화합물 ④ 구리 화합물

해설 중금속인 경우 원자 흡광 광도법 또는 흡광 광도법 둘 다 가능하나 중금속이 아닌 페놀 화합물은 흡광 광도법으로만 가능하다.

16 비소 화합물

1-84 굴뚝 배출 가스 중 비소 화합물의 자외선/가시선 분광법 측정에 관한 설명으로 옳지 않은 것은? [15-2]

① 입자상 비소 화합물은 강제 흡인 장치를 사용하여 여과 장치에 채취하고, 기체상 비소는 적당한 수용액 중에 흡수 채취하며, 채취된 물질을 산 분해 처리한다.

② 전처리하여 용액화한 시료 용액 중의 비소를 다이에틸다이티오카바민산은 흡수 분광법으로 측정하며, 정량 범위는 2~10 μg이며, 정밀도는 2~10 %이다.

③ 일부 금속(크롬, 코발트, 구리, 수은, 은 등)이 수소화비소(AsH_3) 생성에 영향을 줄 수 있지만 시료 용액 중의 이들 농도는 간섭을 일으킬 정도로 높지는 않다.

④ 메틸 비소 화합물은 pH 10에서 메틸수소화비소(methylarsine)를 생성하여 흡수 용액과 착물을 형성하나, 총 비소 측정에는 영향을 미치지 않는다.

해설 흡광 광도법(디에틸 디티오카르바민산 은법) : 시료 용액 중의 비소를 수산화철

정답 1-82 ① 1-83 ③ 1-84 ④

(Ⅲ)과 공침시켜 분리 농축한다. 침전을 황산과 질산으로 녹인 후 요오드화칼륨, 염화제일주석 및 아연을 가하여 수소화비소를 발생시킨다. 이것을 디에틸디티오카르바민산은의 클로로포름 용액에 흡수시켜 생성되는 적자색 용액의 흡광도(510 nm)를 측정하여 비소를 정량하는 방법이다. 정량 범위는 As로서 0.002~0.01 mg, 반복 조작 정도는 표준 편차 퍼센트로서 2~10 %이다. 메틸비소 화합물은 pH 1에서 메틸수소화비소를 생성하여 흡수 용액과 착물을 형성하고, 총 비소 측정에 영향을 줄 수 있다.

암기방법 비(사)디디수
비 : 비소 화합물
디디 : 디에틸디티오카르바민산은법
수 : 수산화나트륨 용액(흡수액)

1-85 **배출 가스 중 비소 화합물(흑연로 원자 흡수 분광 광도법) 측정 방법에 관한 설명으로 옳지 않은 것은?** [13-2]

① 정량 범위는 5~50 μg/L이며, 정밀도는 3~20 %이다.
② 기체상 비소는 흡수 용액 중에 함유되어 있는 소량의 수산화 이온(OH^-)에 의해 심각한 간섭을 받으므로 염수소화물 발생 원자 흡수 분광 광도법으로 분석한다.
③ 비소는 낮은 분석 파장(193.7 nm)에서 측정하므로 원자화 단계에서 매질 성분에 의한 심각한 비특이성 흡수 및 산란에 의한 영향을 받을 수 있다.
④ 비소 및 비소 화합물 중 일부 화합물은 휘발성이 있으므로 채취 시료를 전처리하는 동안 비소의 손실 가능성이 있다.

해설 셀렌이 비소와 같은 농도 이상 공존하면 방해를 받는다. 또한 수은이 비소의 20배 이상 공존하면 방해를 받는다. 그 밖에 NO_3^-의 방해가 있으므로 시료를 산분해했을 경우는 HNO_3은 가능하면 완전 제거할 필요가 있다.

17 카드뮴 화합물

1-86 **굴뚝 배출 가스 중의 카드뮴 화합물을 분석하기 위하여 시료를 채취하려고 한다. 시료 채취 시 굴뚝 배출 가스 온도에 따른 사용 여과지와의 연결로 거리가 먼 것은?** [14-1]

① 120℃ 이하 – 셀룰로오스 섬유제 여과지
② 250℃ 이하 – 헤미셀룰로오스 섬유제 여과지
③ 500℃ 이하 – 유리 섬유제 여과지
④ 1,000℃ 이하 – 석영 섬유제 여과지

해설

굴뚝 배출 가스 온도
• 120℃ 이하 • 500℃ 이하 • 1,000℃ 이하
여과지
• 셀룰로오스 섬유제 여과지 • 유리 섬유제 여과지 • 석영 섬유제 여과지

1-87 **굴뚝 배출 가스 중의 금속 성분을 분석할 때 굴뚝 배출 가스의 온도가 500~1,000℃일 경우에 사용하는 원통 여과지로 가장 적합한 것은?** [12-2, 16-4]

① 유리 섬유제 원통 여과지
② 석영 섬유제 원통 여과지
③ 셀룰로오스 섬유제 원통 여과지
④ 고무 섬유제 원통 여과지

정답 1-85 ② 1-86 ② 1-87 ②

1-88 **굴뚝 배출 가스 중 카드뮴을 원자 흡수 분광 광도법(원자 흡광 광도법)으로 분석하려고 한다. 채취한 시료에 유기물이 함유되지 않았을 경우 분석용 시료 용액의 전처리 방법으로 가장 적합한 것은 어느 것인가?** [12-1, 16-4]

① 질산법
② 과망간산칼륨법
③ 질산 - 과산화수소수법
④ 저온회화법

해설 중금속 분석 시 전처리 방법(Pb, Cd, Cu의 전처리법)

성상
타르, 기타 소량의 유기물을 함유하는 것
유기물을 함유하지 않는 것
다량의 유기물 유리탄소를 함유하는 것 셀룰로오스 섬유제 여과지를 사용한 것
처리 방법
질산 - 염산법, 질산 - 과산화수소수법
질산법
저온회화법(회화 온도 : 200℃ 이하)

1-89 **다음 중 중금속 분석을 위한 전처리 방법 중 저온회화법에 관한 설명이다. ( ) 안에 알맞은 것은?** [14-4, 17-2]

> 시료를 채취한 여과지를 회화실에 넣고 약 (㉠)에서 회화한다. 셀룰로오스 섬유제 여과지를 사용했을 때에는 그대로, 유리섬유제 또는 석영섬유제 여과지를 사용했을 때에는 적당한 크기로 자르고 250 mL 원뿔형 비커에 넣은 다음 (㉡)를 가한다. 이것을 물중탕 중에서 약 30분간 가열하여 녹인다.

① ㉠ 200℃ 이하
　㉡ 황산 (2+1) 70 mL 및 과망간산칼륨 (0.025 N) 5 mL
② ㉠ 450℃ 이하
　㉡ 황산 (2+1) 70 mL 및 과망간산칼륨 (0.025 N) 5 mL
③ ㉠ 200℃ 이하
　㉡ 염산 (1+1) 70 mL 및 과산화수소수 (30 %) 5 mL
④ ㉠ 450℃ 이하
　㉡ 염산 (1+1) 70 mL 및 과산화수소수 (30 %) 5 mL

해설 저온회화법은 200℃ 이하에서 회화하고, 염산 (1+1) 70 mL 및 과산화수소수 (30 %) 5 mL를 가한다.

1-90 **배출 가스 중 금속 화합물을 분석하기 위해 채취한 시료가 다량의 유기물 유리탄소를 함유할 때 시료의 처리 방법으로 가장 적합한 것은?** [13-4, 14-4, 15-2]

① 질산 - 염산법
② 질산 - 과산화수소수법
③ 질산법
④ 저온회화법

18 납 화합물

1-91 **배출 가스 중의 납 화합물을 자외선 가시선 분광법으로 분석한 결과가 아래와 같다고 할 때, 표준 상태 건조 배출 가스 중 납의 농도는?** [17-4]

> • 시료 용액 중 납의 농도 : 15μg/mL
> • 분석용 시료 용액의 최종 부피 : 250 mL
> • 표준 상태에서의 건조한 대기 기체 채취량 : 1,000 L

정답 1-88 ① 1-89 ③ 1-90 ④ 1-91 ③

① 0.0375 mg/Sm³ ② 0.375 mg/Sm³
③ 3.75 mg/Sm³ ④ 37.5 mg/Sm³

해설 납의 농도 $= \dfrac{질량}{체적}$

$$= \frac{15\mu g/mL \times 250mL \times 10^{-3}mg/\mu g}{1{,}000L \times 10^{-3}Sm^3/L}$$

$$= 3.75mg/Sm^3$$

1-92 원자 흡수 분광법에 따라 분석하여 얻은 측정 결과이다. 대기 중의 납 농도(mg/m^3)는? [21-1]

- 분석 시료 용액 : 100 mL
- 표준 시료 가스량 : 500 L
- 시료 용액 흡광도에 상당하는 납 농도 : 0.0125 mg Pb/mL

① 2.5 ② 5.0
③ 7.5 ④ 9.5

해설 $C = \dfrac{\begin{bmatrix} 시료\ 용액\ 농도(mg/mL) \\ \times 시료\ 용액(mL) \end{bmatrix}}{건가스\ 체적(m^3)}$

$$= \frac{0.0125mg/mL \times 100mL}{500L \times 10^{-3}m^3/L}$$

$$= 2.5mg/m^3$$

1-93 배출 가스 중 납 화합물의 자외선/가시선 분광법에 관한 설명이다. ( ) 안에 알맞은 것은? [13-2, 17-1]

납 이온을 시안화포타슘 용액 중에서 디티존에 적용시켜서 생성되는 납 디티존 착염을 클로로포름으로 추출하고, 과량의 디티존은 (㉠)(으)로 씻어내어, 납 착염의 흡광도를 (㉡)에서 측정하여 정량하는 방법이다.

① ㉠ 시안화포타슘 용액, ㉡ 520 nm
② ㉠ 사염화탄소, ㉡ 520 nm
③ ㉠ 시안화포타슘 용액, ㉡ 400 nm
④ ㉠ 사염화탄소, ㉡ 400 nm

해설 흡광 광도법(디티존법) : 납 이온을 시안화칼륨 용액 중에서 디티존에 작용시켜서 생성되는 납 디티존 착염을 클로로포름으로 추출하고 과잉량의 디티존은 시안화칼륨 용액으로 씻고 납 착염의 흡광도(520 nm)를 측정하여 정량하는 방법이다. 정량 범위는 Pb 0.001~0.04 mg이고 반복 표준 편차는 3~10 %이다.
※ 시안화포타슘 용액 = 시안화칼륨 용액

암기방법
- 카디
  카 : 카드뮴 화합물
  디 : 디티존법
- 납디
  납 : 납 화합물
  디 : 디티존법

19 크롬 화합물

1-94 배출 가스 중 크롬 화합물을 자외선/가시선 분광법(흡광 광도법)으로 분석할 때 사용되는 시약으로만 옳게 나열된 것은 어느 것인가? [14-1]

① 과망간산칼륨, 다이페닐카르바지드
② 구연산 암모늄 – EDTA, 디에틸디티오카르바민산나트륨
③ 디메틸글리옥심, 클로로메틸
④ 디티존, 시안화칼륨

해설 흡광 광도법(디페닐카바지드법) : 시료 용액 중의 과망간산칼륨에 의하여 6가로 산화하고 요소를 가한 다음 아질산나트륨으로 과량의 과망간산염을 분해하고, 디페닐

정답 1-92 ① 1-93 ① 1-94 ①

카르바지드를 가하여 발색시켜 파장 540 nm 부근에서 흡광도를 측정하여 정량하는 방법이다. 정량 범위는 크롬으로 0.002~0.05 mg으로서 반복 정밀도는 표준 편차 퍼센트로 3~10 %이다.

암기방법 크디카
크 : 크롬 화합물
디카 : 디페닐카르바지드법

1-95 다음은 배출 가스 중 금속 화합물을 원자 흡수 분광 광도법으로 분석하기 위한 시료의 전처리(회화법)에 관한 설명이다. ( ) 안에 알맞은 것은? [14-2]

> 회화법은 시료를 채취한 여과지를 적당한 크기로 자르고, 자기도가니에 넣은 다음, 전기로를 써서 (㉠)℃에서 회화한 다음 백금도가니에 옮겨 넣는다.
> 여기에 (1+3)황산 몇 방울과 (㉡) 20 mL를 가하고 통풍실 안에서 가열판 위에 올려놓고 극히 서서히 가열한다.

① ㉠ 500, ㉡ HF
② ㉠ 1,500, ㉡ HF
③ ㉠ 500, ㉡ 4 % NaOH
④ ㉠ 1,500, ㉡ 4 % NaOH

해설 위의 내용은 크롬 화합물 분석 시의 전처리 방법이다.

20 구리 화합물

1-96 굴뚝의 배출 가스 중 구리 화합물을 원자 흡수 분광 광도법으로 분석할 때의 적정 파장(nm)은? [20-2]

① 213.8 ② 228.8
③ 324.8 ④ 357.9

해설 구리 화합물을 원자 흡수 분광 광도법(원자 흡광 광도법)으로 분석할 때 측정 파장 324.8 nm에서 구리의 원자 흡광도를 측정하여 정량하는 방법이다.

암기방법 구디디
구 : 구리 화합물
디디 : 디메틸디티오카르바민산법(흡광 광도법)

21 니켈 화합물

암기방법 니디메
니 : 니켈 화합물
디메 : 디메틸글리옥심법(흡광 광도법)

22 아연 화합물

1-97 다음은 배출 가스 중 입자상 아연 화합물의 자외선 가시선 분광법에 관한 설명이다. ( ) 안에 알맞은 것은? [13-2, 20-1]

> 아연 이온을 (㉠)과 반응시켜 생성되는 아연 착색 물질을 사염화탄소로 추출한 후 그 흡광도를 파장 (㉡)에서 측정하여 정량하는 방법이다.

① ㉠ 디티존, ㉡ 460 nm
② ㉠ 디티존, ㉡ 535 nm
③ ㉠ 디에틸디티오카바민산나트륨, ㉡ 460 nm
④ ㉠ 디에틸디티오카바민산나트륨, ㉡ 535 nm

해설 흡광 광도법(디티존법) : 배출 가스 중의 먼지를 여과지에 포집하고 이를 적당한 방법으로 처리하여 분석용 시험 용액으로 한 후 아연과 디티존의 흡광도를 측정 파장

정답 1-95 ① 1-96 ③ 1-97 ②

535 nm에서 측정하여 정량하는 방법이다.

암기방법 아디

아 : 아연 화합물

디 : 디티존법(흡광 광도법)

1-98 **배출 가스 중 먼지를 여과지에 포집하고 이를 적당한 방법으로 처리하여 분석용 시험 용액으로 한 후 원자 흡수 분광 광도법을 이용하여 각종 금속 원소의 원자 흡광도를 측정하여 정량 분석하고자 할 때, 다음 중 금속 원소별 측정 파장으로 옳게 짝지어진 것은?** [14-1, 20-4, 21-2]

① Pb – 357.9 nm ② Cu – 228.8 nm

③ Ni – 217.0 nm ④ Zn – 213.8 nm

해설 ① Pb의 측정 파장 : 217.0 nm 또는 283.3 nm

② Cu의 측정 파장 : 324.8 nm

③ Ni의 측정 파장 : 232 nm

④ Zn의 측정 파장 : 213.8 nm

23 수은 화합물

1-99 **소각로에서 배출되는 입자상 및 가스상 수은을 환원기화 원자 흡광 광도법으로 분석할 때 사용되는 흡수액은?** [13-1]

① 질산암모늄+황산 용액

② 산성과망간산칼륨 용액

③ 염산히드록실아민 용액

④ 시안화칼륨+디티존 용액

해설 환원 기화 원자 흡광 광도법 : 배출원에서 등속으로 흡입된 입자상과 가스상 수은은 흡수액인 산성 과망간산칼륨 용액에 채취된다. Hg^{+2} 형태로 채취한 수은을 Hg° 형태로 환원시켜 광학셀에 있는 용액에서 기화시킨 다음 원자 흡광 광도계(253.7 nm)로 측정한다.

1-100 **배출 가스 중의 수은 화합물을 냉증기 원자 흡수 분광 광도법에 따라 분석할 때 사용하는 흡수액은?** [21-4]

① 질산암모늄+황산 용액

② 과망간산포타슘+황산 용액

③ 시안화포타슘+디티존 용액

④ 수산화칼슘+피로가롤 용액

해설 수은 화합물을 환원·기화 원자 흡광 광도법으로 분석 시 산성 과망간산칼륨(포타슘)[4 % 과망간산칼륨+10 % 황산]을 흡수액으로 한다.

암기방법 수환디

수 : 수은 화합물

환 : 환원 기화 원자 흡광 광도법

디 : 디티존법(흡광 광도법)

1-101 **소각로, 소각 시설 및 그 밖의 배출원에서 배출되는 입자상 및 가스상 수은(Hg)의 측정·분석 방법 중 냉증기 원자 흡수 분광 광도법에 관한 설명으로 옳지 않은 것은 어느 것인가?** [19-4]

① 배출원에서 등속으로 흡입된 입자상과 가스상 수은은 흡수액인 산성 과망간산포타슘 용액에 채취된다.

② 정량 범위는 0.005 mg/m^3~0.075 mg/m^3이고(건조 시료 가스량 1 m^3인 경우), 방법 검출 한계는 0.003 mg/m^3이다.

③ Hg^{+2} 형태로 채취한 수은을 Hg^{0} 형태로 환원시켜서 측정한다.

④ 시료 채취 시 배출 가스 중에 존재하는 산화유기 물질은 수은의 채취를 방해할 수 있다.

해설 측정 범위는 0.02~0.8 $\mu g/mL$이다.

정답 1-98 ④ 1-99 ② 1-100 ② 1-101 ②

24 매연

1-102 다음은 굴뚝 등에서 배출되는 매연의 링겔만 매연 농도 분석 방법이다. ( ) 안에 알맞은 것은? [12-1]

> 보통 가로 14 cm 세로 20 cm 백상지에 각각 ( )mm 전폭의 격자형 흑선을 그려 백상지의 흑선 부분이 전체의 0 %, 20 %, 40 %, 60 %, 80 %, 100 %를 차지하도록 하여 이 흑선과 굴뚝에서 배출하는 매연의 검은 정도를 비교하여 각각 0에서 5도까지 6종으로 분류한다.

① 0, 1.0, 2.0, 3.0, 4.0
② 0, 1.2, 2.4, 3.6, 4.8
③ 0, 1.2, 2.5, 3.9, 5.2
④ 0, 1.0, 2.3, 3.7, 5.5

해설 링겔만 매연 농도(Ringelmann smoke chart)법
보통 가로 14 cm, 세로 20 cm의 백상지에 각각 0, 1.0, 2.3, 3.7, 5.5 mm 전폭의 격자형 흑선을 그려 백상지의 흑선 부분이 전체의 0 %, 20 %, 40 %, 60 %, 80 %, 100 %를 차지하도록 하여 이 흑선과 굴뚝에서 배출하는 매연의 검은 정도를 비교하여 각각 0에서 5도까지 6종으로 분류한다.

1-103 링겔만 매연 농도법을 이용한 매연 측정에 관한 내용으로 옳지 않은 것은 어느 것인가? [18-2]

① 매연의 검은 정도는 6종으로 분류한다.
② 될 수 있는 한 바람이 불지 않을 때 측정한다.
③ 연돌구 배경의 검은 장해물을 피해 연기의 흐름에 직각인 위치에서 태양 광선을 측면으로 받는 방향으로부터 농도표를 측정자 앞 16 m에 놓는다.
④ 굴뚝 배출구에서 30~40 m 떨어진 곳의 농도를 측정자의 눈높이에 수직이 되게 관측 비교한다.

해설 측정 방법
될 수 있는 한 무풍일 때 연돌구 배경의 검은 장해물을 피해 연기의 흐름에 직각인 위치에 태양 광선을 측면으로 받는 방향으로부터 농도표를 측정자의 앞 16 m에 놓고 200 m 이내(가능하면 연돌구에서 16 m)의 적당한 위치에 서서 연도 배출구에서 30~45 cm 떨어진 곳의 농도를 측정자 눈높이에 수직이 되게 관측 비교한다.

1-104 링겔만 매연 농도표에 의한 배출 가스 중 매연의 농도를 측정할 때에 연도 배출구에서 몇 cm 떨어진 곳의 농도와 비교하는가? [16-2]

① 10~30 cm ② 15~30 cm
③ 30~45 cm ④ 45~60 cm

25 산소 측정 방법

1-105 굴뚝 배출 가스 내의 산소 측정 방법 중 덤벨형(dumb-bell) 자기력 분석계에 관한 설명으로 옳지 않은 것은? [20-2]

① 측정셀은 시료 유통실로서 자극 사이에 배치하여 덤벨 및 불균형 자계 발생 자극편을 내장한 것이어야 한다.
② 편위 검출부는 덤벨의 편위를 검출하기 위한 것으로 광원부와 덤벨봉에 달린 거울에서 반사하는 빛을 받는 수광기로 된다.
③ 피드백 코일은 편위량을 없애기 위하여 전류에 의하여 자기를 발생시키는 것으로 일반적으로 백금선이 이용된다.

정답 1-102 ④ 1-103 ④ 1-104 ③ 1-105 ④

④ 덤벨은 자기화율이 큰 유리 등으로 만들어진 중공의 구체를 막대 양 끝에 부착한 것으로 수소 또는 헬륨을 봉입한 것을 말한다.

해설 자동 측정기에 의한 방법

자기식 : 이 방법은 상자성체인 산소 분자가 자계 내에서 자기화될 때 생기는 흡인력을 이용하여 산소 농도를 연속적으로 구하는 것으로 자기풍 방식과 자기력 방식이 있다.

[비고] 이 방식은 체적 자화율이 큰 가스(일산화질소)의 영향을 무시할 수 있는 경우에 적용할 수 있다.

㉮ 자기풍 방식 : 이 방식은 자계 내에서 흡입된 산소 분자의 일부가 가열되어 자기성을 잃는 것에 의하여 생기는 자기풍의 세기를 열선 소자에 의하여 검출한다.

㉯ 자기력 방식 : 이 방식은 덤벨형과 압력 검출형으로 나뉜다.

- 덤벨형(dumbbell) : 이 방식은 덤벨과 시료 중의 산소와의 자기화 강도의 차에 의하여 생기는 덤벨의 편위량을 검출한다. 덤벨은 자기화율이 적은 석영 등으로 만들어진 중공의 구체를 막대 양 끝에 부착한 것으로 질소 또는 공기를 봉입한 것이어야 한다.
- 압력 검출형 : 이 방식은 주기적으로 단속하는 자계 내에서 산소 분자에 작용하는 단속적인 흡인력을 자계 내에 일정 유량으로 유입하는 보조 가스의 배압 변화량으로서 검출한다.

㉯ 전기 화학식 : 이 방법은 산소의 전기 화학적 산화·환원 반응을 이용하여 산소 농도를 연속적으로 측정하는 것으로 지르코니아 방식과 전극 방식이 있다.

1-106 **굴뚝 등에서 배출되는 가스 중의 산소 측정을 위한 자기풍 분석계의 구성 인자와 가장 거리가 먼 것은?** [16-1]

① 덤벨 ② 자극
③ 측정셀 ④ 열선 소자

해설 자기풍 분석계는 측정셀, 열선 소자, 자극, 증폭기 등으로 구성된다.

1-107 **다음 [보기]가 설명하는 굴뚝 배출 가스 중의 산소 측정 방식으로 옳은 것은 어느 것인가?** [13-2, 16-4, 20-4]

보기
이 방식은 주기적으로 단속하는 자계 내에서 산소 분자에 작용하는 단속적인 흡입력을 자계 내에 일정 유량으로 유입하는 보조 가스의 배압 변화량으로서 검출한다.

① 전극 방식 ② 덤벨형 방식
③ 지르코니아 방식 ④ 압력 검출형 방식

1-108 **굴뚝 배출 가스 내 산소 측정 분석계 중 측정셀, 자극 보조 가스용 조리개, 검출 소자, 증폭기 등으로 구성되는 것은 어느 것인가?** [16-1]

① 자기풍 분석계
② 덤벨형 자기력 분석계
③ 압력 검출형 자기력 분석계
④ 전기 화학식 지르코니아 분석계

해설 압력 검출형 자기력 분석계는 측정셀, 자극 보조 가스용 조리개, 검출 소자, 증폭기 등으로 구성된다.

1-109 **굴뚝 배출 가스 중 산소 측정 분석에 사용되는 화학 분석법(오르사트 분석법)에 관한 설명으로 옳지 않은 것은?** [13-1, 17-1, 21-2]

① 흡수의 순서는 CO_2, O_2이다.
② CO_2의 흡수액에는 수산화칼륨 용액을

정답 1-106 ① 1-107 ④ 1-108 ③ 1-109 ④

사용한다.

③ 산소 흡수액을 만들 때에는 되도록 공기와의 접촉을 피한다.

④ 산소 흡수액은 물과 수산화나트륨을 녹인 용액에 피로갈롤을 녹인 용액으로 한다.

해설 화학 분석법(오르사트 분석법)

㉮ 원리 : 시료를 흡수액에 통하여 산소를 흡수시켜 시료의 부피 감소량으로부터 시료 중의 산소농도를 구하는 방법이다. 단, 이 흡수액은 시료 중의 탄산 가스도 흡수하기 때문에 각각의 흡수액을 사용하여 탄산 가스, 산소의 순으로 흡수한다. 가스 흡수에 의한 감소량의 측정 및 흡수에는 오르사트(Orsat) 분석계를 사용한다.

㉯ 기구 및 장치

㉠ 오르사트 분석 장치 : 오르사트 가스 분석 장치는 다음 그림과 같이 구성된다.

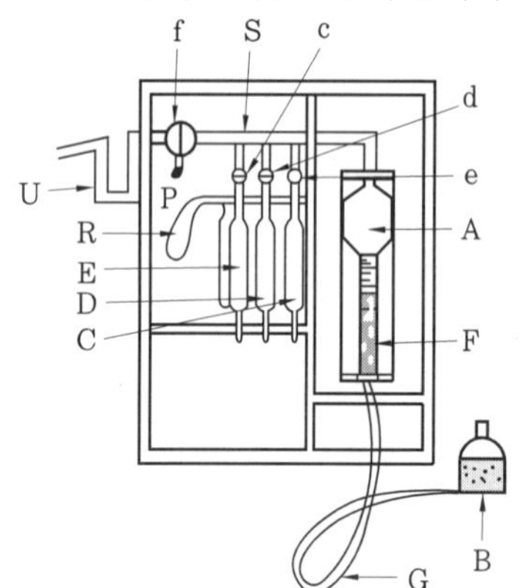

A : 가스 뷰렛	R : 고무풍선
B : 수준병	S : 부배관
C : 탄산 가스 흡수병	c, d, e : 이방콕
D : 산소 흡수병	f : 삼방콕
E : 일산화탄소 흡수병	G : 접속 고무관
F : 가스 뷰렛 냉각동	U : U자관
P : 토출구	

오르사트 분석 장치

㉡ 시료 채취관 : 스테인리스강관, 경질 유리관 또는 석영관으로 된 채취관을 사용한다.

㉰ 시약

㉠ 탄산 가스 흡수액 : 물 100 mL에 수산화칼륨 30 g을 녹인다(KOH 30 % 수용액).

㉡ 산소 흡수액 : 물 100 mL에 수산화칼륨 60 g을 녹인 용액과 물 100 mL에 피로갈롤(pyrogallol) 12 g을 녹인 용액을 혼합한 용액(알칼리성 피로갈롤 용액).

[주의] 이 흡수액은 산소를 흡수하기 때문에 흡수액을 만들 때는 되도록 공기와의 접촉을 피한다.

㉢ 봉액 : 포화 식염수에 메틸 레드를 넣어 액의 색이 적색이 될 때까지 황산을 가하여 약산성으로 해 놓는다.

㉱ 측정 조작 : 연소 가스 중의 산소 측정은 탄산 가스, 산소의 순으로 흡수하여 측정한다.

㉲ 계산 : 다음 식에 의하여 시료 가스 중의 산소 농도를 계산한다.

산소 농도(V/V%) $= b - a$

여기서, a : 탄산 가스 흡수 후의 가스 뷰렛 눈금 값

b : 산소 흡수 후의 가스 뷰렛 눈금 값

1-110 배출 가스 중 오르사트 가스 분석계로 산소를 측정할 때 사용되는 산소 흡수액은 어느 것인가? [15-2, 18-4, 21-4]

① 수산화칼슘 용액+피로갈롤 용액

② 염화제일주석 용액+피로갈롤 용액

③ 수산화칼륨 용액+피로갈롤 용액

④ 입상 아연+피로갈롤 용액

해설 산소 흡수액은 알칼리성 피로갈롤 용액이다.

※ 수산화칼륨 용액=수산화포타슘 용액

정답 1-110 ③

26 굴뚝 배출 가스 중 총탄화수소

1-111 굴뚝 배출 가스 중 불꽃 이온화 검출기에 의한 총탄화수소 측정에 관한 설명으로 옳지 않은 것은? [15-1, 19-2]

① 결과 농도는 프로판 또는 탄소등가 농도로 환산하여 표시한다.

② 배출원에서 채취된 시료는 여과지 등을 이용하여 먼지를 제거한 후 가열 채취관을 통하여 불꽃 이온화 분석기로 유입되어 분석된다.

③ 반응 시간은 오염 물질 농도의 단계 변화에 따라 최종 값의 50 % 이상에 도달하는 시간을 말한다.

④ 시료 채취관은 스테인리스강 또는 이와 동등한 재질의 것으로 하고 굴뚝 중심 부분의 10 % 범위 내에 위치할 정도의 길이의 것을 사용한다.

해설 ㉮ 적용 범위

이 방법은 알칸(alkanes), 알켄(alkenes) 및 방향족(aromatics) 등이 주성분인 증기의 총탄화수소(THC)를 측정하는 데 적용된다. 결과 농도는 프로판(또는 다른 적당한 유기성 교정 가스) 또는 탄소등가 농도로 환산하여 표시한다.

㉯ 원리

배출원에서 채취된 시료는 여과재 등을 이용하여 먼지를 제거한 후 가열 채취관을 통하여 불꽃 이온화 분석기(FIA) 또는 비분산 적외선(NDIR) 분석기로 유입되어 분석된다. 결과는 교정 가스 또는 탄소등가 농도로 환산된 부피농도로 기록한다.

㉰ 용어 정의

- 측정 시스템
  - ㉠ 시료 채취부 : 시료 유입, 운반 및 전처리에 필요한 부분
  - ㉡ 총탄화수소 분석부 : 총탄화수소 농도를 감지하고, 농도에 비례하는 출력을 발생하는 부분
- 스팬 값 : 측정기의 측정 범위는 배출 허용 기준 이상으로 하며, 보통 기준의 1.2~3배를 적용한다. 만일 측정 범위가 없는 경우에는 예상 농도의 1.2~3배의 값을 사용한다.
- 교정 가스 : 농도를 알고 있는 희석 가스를 사용한다.
- 영점 편차 : 영점 가스 주입 전·후에 측정기가 반응하는 정도의 차이로 운전 기간 동안에는 점검, 수리 또는 교정이 없는 상태이어야 한다.
- 교정 편차 : 중간 농도의 교정 가스 주입 전·후에 측정기가 반응하는 정도의 차이로 운전 기간 동안에는 점검, 수리 또는 교정이 없는 상태이어야 한다.
- 반응 시간 : 오염 물질 농도의 단계 변화에 따라 최종 값의 90 %에 도달하는 시간으로 한다.
- 교정 오차 : 교정 가스 농도와 측정 농도와의 차이를 말한다.

㉱ 장치

- 총탄화수소 분석기 : 성능 규격에 적합하거나 그 이상의 성능을 가진 불꽃 이온화 또는 비분산 적외선 방식의 분석기를 사용하며 기기 선택, 설치 및 사용 시에 불꽃 등에 의한 폭발 위험이 없어야 한다.
- 시료 채취관 : 스테인리스강 또는 이와 동등한 재질의 것으로 하고 굴뚝 중심 부분의 10 % 범위 내에 위치할 정도의 길이의 것을 사용한다.
- 시료 도관 : 스테인리스강 또는 테플론 재질로 시료의 응축 방지를 위해 가열할 수 있어야 한다.
- 교정 가스 주입 장치 : 영점 및 교정 가스를 주입하기 위해서는 삼방 밸브나

정답 1-111 ③

순간 연결 장치(quick connector)를 사용한다.

- 여과재 : 배출 가스 중의 입자상 물질을 제거하기 위하여 유리 섬유 여과 장치 등을 설치하고, 여과 장치가 굴뚝 밖에 있는 경우에는 수분이 응축되지 않도록 한다.
- 기록계 : 기록계를 사용하는 경우에는 최소 4회/분이 되는 기록계를 사용한다.

암기방법 총탄불비

종탄 : 총탄화수소

불 : 불꽃 이온화 분석기(FIA)

비 : 비분산 적외선(NDIR) 분석기

1-112 **굴뚝 배출 가스 중 총탄화수소 측정 분석에 사용하는 용어 정의로 옳지 않은 것은?** [14-1]

① 스팬 값 : 측정기의 측정 범위는 배출 허용 기준 이상으로 하며, 보통 기준의 1.2～3배를 적용한다.

② 교정 가스 : 농도를 알고 있는 희석 가스를 사용한다.

③ 영점 편차 : 영점 가스 주입 전·후에 측정기가 반응하는 정도의 차이로 운전 기간 동안에는 점검, 수리 또는 교정이 없는 상태이어야 한다.

④ 교정 편차 : 최고 농도의 교정 가스 주입 전·후에 측정기가 반응하는 정도의 차이로 운전 기간 동안에 점검, 수리 또는 교정이 가능한 상태이어야 한다.

1-113 **굴뚝 배출 가스 중 총탄화수소 측정을 위한 장치 구성 조건 등에 관한 설명으로 옳지 않은 것은?** [14-2, 20-4]

① 기록계를 사용하는 경우에는 최소 4회/분이 되는 기록계를 사용한다.

② 총탄화수소 분석기는 흡광차 분광 방식 또는 비불꽃(non flame)이온 크로마토그램 방식의 분석기를 사용하며 폭발 위험이 없어야 한다.

③ 시료 채취관은 스테인리스강 또는 이와 동등한 재질의 것으로 하고 굴뚝 중심 부분의 10% 범위 내에 위치할 정도의 길이의 것을 사용한다.

④ 영점 가스로는 총탄화수소 농도(프로판 또는 탄소등가 농도)가 0.1 mL/m^3 이하 또는 스팬 값의 0.1% 이하인 고순도 공기를 사용한다.

27 다이옥신 및 퓨란류

1-114 **굴뚝 배출 가스 중 다이옥신 및 퓨란류 분석 시 시약으로 사용하는 증류수로 옳은 것은?** [16-2]

① 메탄올로 세정한 증류수

② 아세톤으로 세정한 증류수

③ 노말헥산으로 세정한 증류수

④ 디클로로메탄으로 세정한 증류수

해설 시약에 사용되는 증류수는 노말헥산으로 세정한 증류수이다. 황산은 유해 중금속 측정용을 사용하여야 하고, 나머지는 잔류 농약 시험용을 사용하여야 한다.

1-115 **배출 가스 중 다이옥신 및 퓨란류 분석을 위한 시료 채취 방법에 관한 설명으로 옳지 않은 것은?** [13-2]

① 흡인 노즐에서 흡인하는 가스의 유속은 측정점의 배출 가스 유속에 대해 상대 오차 −5～+5% 범위 내로 한다.

정답 1-112 ④ 1-113 ② 1-114 ③ 1-115 ④

② 시간당 처리 능력이 200 kg 미만의 소각 시설 중 일괄 투입식 연소 방식에 한하여 1회 소각 시간(폐기물을 소각로에 투입하고 연소가 종료되는 데까지 소요되는 시간)이 4시간 미만 2시간 이상인 경우는 시료 채취 시 흡인 가스량을 2시간, 평균 1.5 Nm^3 이상으로 할 수 있다.
③ 덕트 내의 압력이 부압인 경우에는 흡인 장치를 덕트 밖으로 빼낸 후에 흡인 펌프를 정지시킨다.
④ 배출 가스 시료를 채취하는 동안에 각 흡수병은 얼음 등으로 냉각시키며, XAD-2수지 포집관부는 -50℃ 이하로 유지하여야 한다.

해설 ④ -50℃ → 30℃

1-116 **배출 가스 중 다이옥신 및 퓨란류 분석을 위한 시료 채취 방법에 관한 설명으로 옳지 않은 것은?** [17-2]

① 흡인 노즐에서 흡인하는 가스의 유속은 측정점의 배출 가스 유속에 대해 상대 오차 -5~+5 %의 범위내로 한다.
② 최종 배출구에서의 시료 채취 시 흡인 기체량은 표준 상태(0℃, 1기압)에서 4시간 평균 3 m^3 이상으로 한다.
③ 덕트 내의 압력이 부압인 경우에는 흡인 장치를 덕트 밖으로 빼낸 후에 흡인 펌프를 정지시킨다.
④ 배출 가스 시료를 채취하는 동안에 각 흡수병은 얼음 등으로 냉각시키며, XAD-2수지 흡착관은 -50℃ 이하로 유지하여야 한다.

해설 ④ -50℃ 이하 → 30℃ 이하

1-117 **폐기물 소각로에서 배출되는 다이옥신류의 최종 배출구에서 시료 채취 시 흡인 가스량으로 가장 적합한 것은?(단, 기타 사항은 고려하지 않는다.)** [13-1, 16-4]

① 4시간 평균 3 Nm^3 이상
② 2시간 평균 1 Nm^3 이상
③ 2시간 평균 0.5 Nm^3 이상
④ 4시간 평균 2 Nm^3 이상

해설 최종 배출구에서의 시료 채취 시 흡인기체량은 표준 상태(0℃, 1기압)에서 4시간 평균 3 m^3 이상으로 한다.

1-118 **대기 오염 공정 시험 기준상 배출 가스 중 다이옥신류 농도의 실측치에 대한 단위와 독성 등가 환산 농도의 계산에서 환산 계수가 1인 다이옥신류는?** [12-4]

① $\mu g/Sm^3$: 2, 3, 7, 8-H_7CDF
② $\mu g/Sm^3$: 1, 2, 3, 7, 8-P_5CDD
③ ng/Sm^3 : 2, 3, 7, 8-T_4CDF
④ ng/Sm^3 : 2, 3, 7, 8-T_4CDD

해설 다이옥신류 중 2, 3, 7, 8-T_4CDD가 가장 독성이 강함

1-119 **배출 가스 중 금속 화합물을 유도 결합 플라스마-원자 발광 분광법으로 분석할 때 사용되는 용어의 설명으로 옳지 않은 것은?** [15-4]

① 감도는 각 원소 성분에 대해 입사광의 1 %(0.0044 흡광도)를 흡수할 수 있는 시료의 농도를 말한다.
② 표준 용액은 가능한 한 시료의 매질과 동일한 조성을 갖도록 조제해야 하며, 표준 물질의 함량은 1 % 이내의 함량 정밀도를 가져야 한다.
③ 표준 원액은 정확한 농도를 알고 있는 비교적 고농도의 용액으로, 일반적으로 1,000 mg/kg 농도에서 1 % 이내의 불확도를 나타내야 한다.

정답 1-116 ④ 1-117 ① 1-118 ④ 1-119 ③

④ 시료 용액의 점도, 표면 장력, 휘발성 등과 같은 물리적 특성이나 화학적 조성의 차이에 의해 원자화율이 달라지면서 정량성이 저하되는 효과를 매질 효과라 한다.

해설 ③ 1 % 이내의→0.3 % 이내의

3-2 대기 중 오염 물질 측정

1 환경 기준 시험 방법 중 시료 채취 방법

2. 다음은 환경 기준 시험을 위한 채취지점 수(측정점 수)의 결정 시 TM좌표에 의한 방법을 설명한 것이다. ( ) 안에 알맞은 것은? [13-2, 16-2]

> 전국 지도의 TM좌표에 따라 해당 지역의 (㉠)의 지도 위에 (㉡) 간격으로 바둑판 모양의 구획을 만들고 그 구획마다 측정점을 선정한다.

① ㉠ 1 : 5,000 이상, ㉡ 200~300 m
② ㉠ 1 : 5,000 이상, ㉡ 2~3 km
③ ㉠ 1 : 25,000 이상, ㉡ 200~300 m
④ ㉠ 1 : 25,000 이상, ㉡ 2~3 km

해설 TM좌표에 의한 방법(grid system) : 전국 지도의 TM좌표에 따라 해당 지역의 1 : 25,000 이상의 지도 위에 2~3 km 간격으로 바둑판 모양의 구획을 만들고 그 구획마다 측정점을 선정한다.

답 ④

2-1 A도시 면적이 150 km^{2}이고 인구 밀도가 4,000명/km^{2}이며 전국 평균 인구 밀도가 800명/km^{2}일 때, 인구 비례에 의한 방법으로 결정한 A도시의 환경 기준 시험을 위한 시료 측정점수는 얼마인가? (단, A도시 면적은 지역의 가주지 면적(총면적에서 전답, 호수, 임야, 하천 등의 면적을 뺀 면적이다.) [16-2, 19-2]

① 30 ② 35 ③ 40 ④ 45

해설 인구 비례에 의한 방법 : 측정하려고 하는 대상 지역의 인구 분포 및 인구 밀도를 고려하여 인구밀도가 5,000명/km^2 이하일 때는 그 지역의 가주지 면적(그 지역 총 면적에서 전답, 임야, 호수, 하천 등의 면적을 뺀 면적)으로부터 다음 식에 의하여 측정점의 수를 결정한다.

$$\text{측정점 수} = \frac{\text{그 지역 가주지 면적}}{25\text{km}^2} \times \frac{\text{그 지역 인구 밀도}}{\text{전국 평균 인구 밀도}}$$

$$= \frac{150}{25} \times \frac{4,000}{800} = 30\text{점}$$

정답 2-1 ①

2-2 **환경 대기 중 시료 채취 위치 선정 기준으로 옳지 않은 것은?** [12-4]

① 주위에 건물 등이 밀집되어 있을 때는 건물 바깥쪽으로부터 적어도 1.5 m 이상 떨어진 곳에 채취점을 선정한다.

② 시료의 채취 높이는 그 부근의 평균 오염도를 나타낼 수 있는 곳으로서 가능한 1.5~10 m 범위로 한다.

③ 주위에 장애물이 있을 경우에는 채취 위치로부터 장애물까지의 거리가 그 장애물 높이의 1.5배 이상이 되도록 한다.

④ 주위에 장애물이 있을 경우에는 채취점과 장애물 상단을 연결하는 직선이 수평선과 이루는 각도가 30° 이하 되는 곳을 선정한다.

해설 시료 채취 위치 선정

㉮ 시료 채취 위치는 원칙적으로 주위에 건물이나 수목 등의 장애물이 없고 그 지역의 오염도를 대표할 수 있다고 생각되는 곳을 선정한다.

㉯ 주위에 건물이나 수목 등의 장애물이 있을 경우에는 채취 위치로부터 장애물까지의 거리가 그 장애물 높이의 2배 이상 또는 채취점과 장애물 상단을 연결하는 직선이 수평선과 이루는 각도가 30° 이하 되는 곳을 선정한다.

㉰ 주위에 건물 등이 밀집되거나 접근되어 있을 경우에는 건물 바깥벽으로부터 적어도 1.5 m 이상 떨어진 곳에 채취점을 선정한다.

㉱ 시료 채취의 높이는 그 부근의 평균 오염도를 나타낼 수 있는 곳으로서 가능한 한 1.5~10 m 범위로 한다.

2-3 **환경 대기 중 시료 채취 위치 선정 기준으로 옳지 않은 것은?** [18-1]

① 주위에 건물 등이 밀집되어 있을 때는 건물 바깥벽으로부터 적어도 1.5 m 이상 떨어진 곳에 채취점을 선정한다.

② 시료의 채취 높이는 그 부근의 평균 오염도를 나타낼 수 있는 곳으로서 가능한 1.5~30 m 범위로 한다.

③ 주위에 장애물이 있을 경우에는 채취 위치로부터 장애물까지의 거리가 그 장애물 높이의 1.5배 이상이 되도록 한다.

④ 주위에 장애물이 있을 경우에는 채취점과 장애물 상단을 연결하는 직선이 수평선과 이루는 각도가 30° 이하 되는 곳을 선정한다.

해설 ② 1.5~30 m → 1.5~10 m

2-4 **환경 대기 중의 시료 채취 시 주의사항으로 옳지 않은 것은?** [16-1, 21-4]

① 시료 채취 유량은 규정하는 범위 내에서 되도록 많이 채취하는 것을 원칙으로 한다.

② 악취 물질의 채취는 되도록 짧은 시간 내에 끝내고 입자상 물질 중의 금속 성분이나 발암성 물질 등은 되도록 장시간 채취한다.

③ 입자상 물질을 채취할 경우에는 채취관 벽에 분진이 부착 또는 퇴적하는 것을 피하고 특히 채취관을 수평 방향으로 연결할 경우에는 되도록 관의 길이를 길게 하고 곡률 반경을 작게 한다.

④ 바람이나 눈, 비로부터 보호하기 위해 측정 기기는 실내에 설치하고 채취구를 밖으로 연결할 경우 채취관 벽과의 반응, 흡착, 흡수 등에 의한 영향을 최소한도로 줄일 수 있는 재질과 방법을 선택한다.

정답 2-2 ③ 2-3 ② 2-4 ③

해설 ③ 관의 길이를 길게 하고 곡률 반경을 작게 한다. → 관의 길이를 짧게 하고 곡률 반경은 크게 한다.

2-5 환경 대기 시료 채취 방법 중 측정 대상 기체와 선택적으로 흡수 또는 반응하는 용매에 시료 가스를 일정 유량으로 통과시켜 채취하는 방법으로 채취관 – 여과재 – 채취부 – 흡입펌프 – 유량계(가스 미터)로 구성되는 것은? [13-4, 17-1, 21-4]

① 용기 채취법
② 고체 흡착법
③ 직접 채취법
④ 용매 채취법

해설 용매 포집법(용매 채취법)의 설명이다.

2-6 대기 오염 공정 시험 기준상 환경 대기 중 가스상 물질의 시료 채취 방법에 관한 설명으로 옳지 않은 것은? [20-2]

① 용기 채취법에서 용기는 일반적으로 수소 또는 헬륨 가스가 충진된 백(bag)을 사용한다.
② 용기 채취법은 시료를 일단 일정한 용기에 채취한 다음 분석에 이용하는 방법으로 채취관 – 용기, 또는 채취관 – 유량 조절기 – 흡입 펌프 – 용기로 구성된다.
③ 직접 채취법에서 채취관은 일반적으로 4불화에틸렌수지(teflon), 경질유리, 스테인리스강제 등으로 된 것을 사용한다.
④ 직접 채취법에서 채취관의 길이는 5 m 이내로 되도록 짧은 것이 좋으며, 그 끝은 빗물이나 곤충 기타 이물질이 들어가지 않도록 되어 있는 구조이어야 한다.

해설 ① 수소 또는 헬륨 가스가 충전된 백(bag)을 → 진공병 또는 공기 주머니를

2-7 환경 대기 중의 가스상 물질을 용매 포집법으로 채취할 경우 시료 채취 장치의 배열 순서로 옳은 것은? [12-4]

① 흡수관 – 흡입 펌프 – 유량계 – 트랩
② 흡수관 – 트랩 – 흡입 펌프 – 유량계
③ 흡수관 – 흡입 펌프 – 트랩 – 유량계
④ 흡수관 – 유량계 – 트랩– 흡입 펌프

해설 유량계는 항상 흡입 펌프 뒤에 있고, 트랩은 흡입 펌프 앞에 있다.

2-8 환경 대기 중 가스상 물질을 용매 채취법으로 채취할 때 사용하는 순간 유량계 중 면적식 유량계는? [14-1, 17-4]

① 게이트식 유량계
② 미스트식 가스 미터
③ 오리피스 유량계
④ 노즐식 유량계

해설 순간 유량계인 면적식 유량계에는 부자식(floater), 피스톤식 또는 게이트식 유량계를 사용한다. 기타 유량계로는 오리피스(orifice) 유량계, 벤투리(venturi)식 유량계 또는 노즐(flow nozzle)식 유량계를 사용한다.

2-9 대기 중에 부유하고 있는 입자상 물질 시료 채취 방법인 하이 볼륨 에어 샘플러법에 관한 설명으로 옳지 않은 것은 어느 것인가? [14-2, 17-4]

① 포집 입자의 입경은 일반적으로 0.1~100 μm 범위이다.
② 공기 흡인부는 무부하일 때의 흡인 유량은 보통 0.5 m^3/h 범위 정도로 한다.
③ 공기 흡인부, 여과지 홀더, 유량 측정부 및 보호 상자로 구성된다.

정답 2-5 ④ 2-6 ① 2-7 ② 2-8 ① 2-9 ②

④ 포집용 여과지는 보통 0.3 μm되는 입자를 99 % 이상 포집할 수 있는 것을 사용한다.

해설 ② 0.5 m^3/h → 1.2~1.7 m^3/분

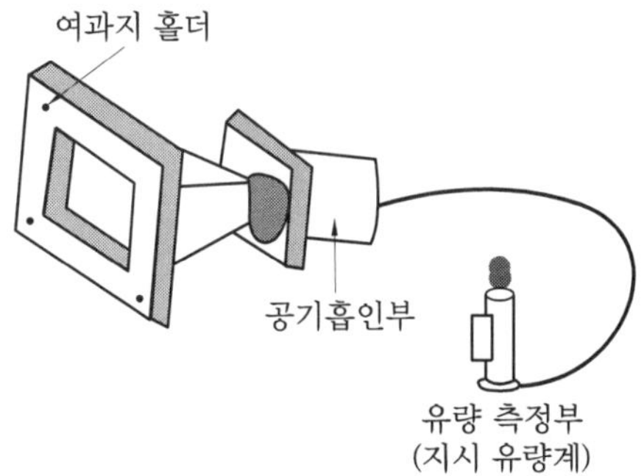

하이 볼륨 에어 샘플러

2-10 **고용량 공기 시료 채취기로 비산 먼지를 채취하고자 한다. 측정 결과가 다음과 같을 때 비산 먼지의 농도는?** [19-2]

- 채취 시간 : 24시간
- 채취 개시 직후의 유량 : 1.8 m^3/min
- 채취 종료 직전의 유량 : 1.2 m^3/min
- 채취 후 여과지의 질량 : 3.828 g
- 채취 전 여과지의 질량 : 3.41 g

① 0.13 mg/m^3 ② 0.19 mg/m^3
③ 0.25 mg/m^3 ④ 0.35 mg/m^3

해설 흡인 공기량 $= \dfrac{Q_s + Q_e}{2} t$

여기서, Q_s : 포집 개시 직후의 유량 (m^3/분)

Q_e : 포집 종료 직전의 유량(m^3/분)

t : 포집 시간(분)

$$V = \frac{(1.8+1.2)}{2} \text{ m}^3/\text{min} \times 24 \text{ h} \times 60 \text{ min/h}$$

$$= 2{,}160 \text{ m}^3$$

$$\text{농도} = \frac{\text{질량}}{\text{체적}}$$

$$= \frac{(3.828-3.419)\text{g} \times 10^3 \text{mg/g}}{2{,}160 \text{m}^3}$$

$$= 0.189 \text{ mg/m}^3$$

2-11 **환경 대기 중 먼지를 저용량 공기 시료 채취기로 분당 20 L씩 채취할 경우, 유량계의 눈금 값 Q_r[L/min]을 나타내는 식으로 옳은 것은? [단, 1기압에서의 기준이며, ΔP(mmHg)는 마노미터로 측정한 유량계 내의 압력손실이다.]** [18-4]

① $20\sqrt{\dfrac{760-\Delta P}{760}}$ ② $20\sqrt{\dfrac{760}{760-\Delta P}}$

③ $20\sqrt{\dfrac{\frac{20}{\Delta P}}{760}}$ ④ $20\sqrt{\dfrac{600}{\frac{20}{\Delta P}}}$

해설 유량계의 눈금 값 Q_r[L/min]는 20 L/min보다 큰 값이 된다. 이유는 마찰 손실이 항상 있기 때문이다.

2-12 **저용량 공기 시료 채취기에 의해 환경 대기 중 먼지 채취 시 여과지 또는 샘플러 각 부분의 공기 저항에 의하여 생기는 압력 손실을 측정하여 유량계의 유량을 보정해야 한다. 유량계의 설정 조건에서 1기압에서의 유량을 20 L/min, 사용 조건에 따른 유량계 내의 압력 손실을 150 mmHg라 할 때, 유량계의 눈금 값은 얼마로 설정하여야 하는가?** [18-2]

① 16.3 L/min
② 20.3 L/min
③ 22.3 L/min
④ 25.3 L/min

해설 $Q_r = 20 \times \sqrt{\dfrac{760}{760-\Delta P}}$

$$= 20 \times \sqrt{\frac{760}{760-150}} = 22.32 \text{ L/min}$$

정답 2-10 ② 2-11 ② 2-12 ③

2 환경 대기 중의 아황산가스 측정 방법

2-13 다음은 환경 대기 중 아황산가스 농도 측정을 위한 파라로자닐린법(Pararosaniline method)에 관한 설명이다. ( ) 안에 알맞은 것은? [13-1]

> 이 시험 방법은 (㉠) 용액에 대기 중의 아황산가스를 흡수시켜 안전한 (②) 착화합물을 형성시키고 이 착화합물과 파라로자닐린 및 포름알데히드를 반응시켜 진하게 발색되는 파라로자닐린 메틸술폰산을 형성시키는 것이다.

① ㉠ 이염화수은나트륨, ㉡ 사염화아황산수은염
② ㉠ 사염화수은칼륨, ㉡ 이염화아황산수은염
③ ㉠ 이염화수은칼륨, ㉡ 사염화아황산수은염
④ ㉠ 사염화수은나트륨, ㉡ 이염화아황산수은염

암기방법 아파사
아 : 아황산가스
파 : 파라로자닐린법(주시험법)
사 : 사염화수은칼륨(흡수액)

2-14 다음 중 환경 대기 내 아황산가스 농도 측정을 위한 주시험 방법(수동)인 것은 어느 것인가? [12-1, 15-2]

① 불꽃 광도법 ② 용액 전도율법
③ 파라로자닐린법 ④ 산정량 수동법

암기방법 아파사

2-15 대기 오염 공정 시험 기준 중 환경 대기 내의 아황산가스 측정 방법으로 옳지 않은 것은? [12-2, 14-1, 18-1]

① 적외선 형광법 ② 용액 전도율법
③ 불꽃 광도법 ④ 자외선 형광법

해설 아황산가스 자동 연속 측정법

암기방법 아용불자흡
아 : 아황산가스
용 : 용액 전도율법
불 : 불꽃 광도법
자 : 자외선 형광법(주시험법)
흡 : 흡광차 분광법

2-16 환경 대기 중 아황산가스 농도 측정 방법 중 자동연속측정법은? [16-4]

① 비분산 적외선 분석법
② 수소염 이온화 검출기법
③ 광 산란법
④ 자외선 형광법

암기방법 아용불자흡

2-17 다음은 환경 대기 중 아황산가스를 파라로자닐린법으로 측정하고자 할 때 흡광 광도계에 관한 사항이다. ( ) 안에 가장 적합한 것은? [15-2]

> 흡광 광도계는 (㉠)에서 흡광도를 측정할 수 있어야 하고, 측정에 사용되는 스펙트럼 폭은 (㉡)이어야 한다. 스펙트럼 밴드 폭이 이보다 넓으면 바탕 시험에 지장이 온다. 또한 흡광 광도계의 파장은 교정되어 있어야 한다.

① ㉠ 460 nm, ㉡ 10 nm
② ㉠ 460 nm, ㉡ 15 nm
③ ㉠ 548 nm, ㉡ 10 nm
④ ㉠ 548 nm, ㉡ 15 nm

정답 2-13 ② 2-14 ③ 2-15 ① 2-16 ④ 2-17 ④

2-18 환경 대기 중의 아황산가스를 산정량 수동법으로 측정하였다. 시료 용액에 지시 용액을 두 방울 가하고 0.01 N 알칼리 용액으로 적정하여 회색이 될 때 들어간 알칼리의 양이 20 mL, 채취한 시료량은 10 m^3이었다. 이때 아황산가스의 농도($\mu g/m^3$)는 얼마인가? [16-2]

① 640 ② 1,280
③ 1,460 ④ 1,640

해설 $S=\dfrac{32{,}000\times N\times v}{V}$

여기서, S : 아황산가스의 농도($\mu g/m^3$)
N : 알칼리의 규정도(0.01 N)
v : 적정에 사용한 알칼리의 양(mL)
V : 시료 가스 채취량(m^3)

$\therefore\ S=\dfrac{32{,}000\times 0.01\times 20}{10\,m^3}=640\ \mu g/m^3$

2-19 환경 대기의 아황산가스 농도 측정법 중 파라로자닐린법에 관한 설명으로 옳지 않은 것은? [15-4]

① 주요 방해 물질로는 질소 산화물(NO_x), 오존(O_3), 망간(Mn), 철(Fe) 및 크롬(Cr)이다.
② 암모니아, 황화물(sulfides) 및 알데히드는 방해되지 않는다.
③ NO_x의 방해는 EDTA을 사용함으로써 제거할 수 있고 오존의 방해는 측정 기간을 단축시킴으로써 제거된다.
④ 시료 포집 후의 흡수액은 비교적 안정하고 22℃에 있어서 아황산가스 손실은 1일당 1%로 5℃로 보관하면 30일간은 손실되지 않는다.

해설 NO_x의 방해는 설파민산(NH_2SO_3H)을 사용함으로써 제거할 수 있고, 오존의 방해는 측정 기간을 늦춤으로써 제거된다. EDTA(ethylene diamine tetra acetic acid disodium salt) 및 인산은 위의 금속 성분들의 방해를 방지한다.

2-20 환경 대기 중 아황산가스를 파라로자닐린법으로 분석할 때 다음 간섭 물질에 대한 제거 방법으로 옳은 것은? [20-2]

① NO_x : 측정 기간을 늦춘다.
② Cr : pH를 4.5 이하로 조절한다.
③ O_3 : 설파민산(NH_2SO_3H)을 사용한다.
④ Mn, Fe : EDTA 및 인산을 사용한다.

2-21 흡광차 분광법을 사용하여 아황산가스를 분석할 때 간섭 성분으로 오존(O_3)이 존재할 경우 다음 조건에 따른 오존의 영향(%)을 산출한 값은? [20-4]

- 오존을 첨가했을 경우의 지시 값 : 0.7 μmol/mol
- 오존을 첨가하지 않은 경우의 지시 값 : 0.5 μmol/mol
- 분석 기기의 최대 눈금 값 : 5 μmol/mol
- 분석 기기의 최소 눈금 값 : 0.01 μmol/mol

① 1 ② 2
③ 3 ④ 4

해설 $R_t=\dfrac{A-B}{C}\times 100$

여기서, R_t : 오존의 영향(%)
A : 오존을 첨가했을 경우의 지시 값(vol. ppm)
B : 오존을 첨가하지 않은 경우의 지시 값(vol. ppm)
C : 최대 눈금 값(vol. ppm)

$\therefore\ R_t=\dfrac{(0.7-0.5)}{5}\times 100=4$

정답 2-18 ① 2-19 ③ 2-20 ④ 2-21 ④

3 환경 대기 중의 일산화탄소 측정 방법

측정 방법의 종류 : 비분산 적외선 분석법, 수소염 이온화 검출기법(가스 크로마토그래프법)

암기방법 일비수

일 : 일산화탄소
비 : 비분산 적외선 분석법
수 : 수소염 이온화 검출기법(가스 크로마토그래프법)

2-22 환경 대기 중의 일산화탄소 측정 방법 중 수소염 이온화 검출기법은 시료 공기를 몰레큘러 시브(molecular sieve)가 채워진 분리관을 통과시켜 분리된 일산화탄소를 메탄으로 환원하여 수소염 이온화 검출기로 정량하는 방법이다. 이때 사용되는 운반 가스와 촉매로 가장 적합한 것은 어느 것인가? [13-4]

① 질소와 백금(Pt)
② 수소와 니켈(Ni)
③ 헬륨과 팔라듐(Pd)
④ 수소와 오스뮴(Os)

해설 수소염 이온화 검출기법
운반 가스로는 수소를 사용하며 시료 공기를 몰레큘러 시브(molecular sieve, 흡착제)가 채워진 분리관을 통과시키면 분리된 일산화탄소는 니켈 촉매에 의해서 메탄으로 환원되는데, 수소염 이온화 검출기로 정량된다.

$$CO + 3H_2 \xrightarrow{Ni} CH_4 + H_2O$$

2-23 다음은 환경 대기 내의 일산화탄소 측정 방법 중 수소염 이온화 검출기법이다. ( ) 안에 알맞은 것은? [12-4]

운반 가스는 수소를 사용하며 시료 공기를 몰레큘러 시브(molecular sieve)가 채워진 분리관을 통과시키면 분리된 일산화탄소는 (㉠)에 의해서 (㉡)(으)로 환원되는데 수소염 이온화 검출기로 정량된다.

① ㉠ 니켈 촉매, ㉡ 메탄
② ㉠ 요오드, ㉡ 메탄
③ ㉠ 니켈 촉매, ㉡ 탄소
④ ㉠ 요오드, ㉡ 탄소

2-24 다음은 불꽃 이온화 검출기법에 따라 분석하여 얻은 대기 시료에 대한 측정 결과이다. 대기 중의 일산화탄소 농도(ppm)는? [21-2]

• 교정용 가스 중의 일산화탄소 농도 : 30 ppm • 시료 공기 중의 일산화탄소 피크 높이 : 10 mm • 교정용 가스 중의 일산화탄소 피크 높이 : 20 mm

① 15 ② 35
③ 40 ④ 60

정답 2-22 ② 2-23 ① 2-24 ①

해설 농도 계산

$$C = C_s \times \frac{L}{L_s} = 30 \times \frac{10}{20} = 15\text{ ppm}$$

여기서, C : 일산화탄소 농도(ppm)

C_s : 교정용 가스 중의 일산화탄소 농도(ppm)

L : 시료 공기 중의 일산화탄소의 피크 높이(mm)

L_s : 교정용 가스 중의 일산화탄소의 피크 높이(mm)

2-25 **환경 대기 중 일산화탄소를 비분산 적외선 분석법(자동 연속)으로 분석할 경우 측정기의 성능 기준으로 옳지 않은 것은 어느 것인가?** [13-2]

① 측정기의 측정 눈금 범위는 원칙적으로 0~50 ppm 또는 0~100 ppm으로 한다.

② 재현성 측정 시 동일 조건에서 제로 가스와 스팬 가스를 번갈아 3회 도입해서 각각의 측정치의 평균치로부터의 편차를 구한다. 이 편차가 최대 눈금치의 ±2 % 이내이어야 한다.

③ 스팬 가스를 흘려보냈을 때 정상적인 지시 변동의 범위는 최대 눈금치의 ±2% 이내이어야 한다.

④ 시료 대기 채취구를 통하여 설정 유량의 교정용 가스를 도입시켜 측정기의 지시치가 스팬 가스의 90 % 응답을 나타내는 시간은 5분 이하이어야 한다.

해설 ④ 5분→2분 30초

4 환경 대기 중의 질소 산화물 측정 방법

2-26 **환경 대기 중 질소 산화물 농도를 측정하기 위한 시험 방법 중 주시험 방법은 어느 것인가?** [14-1]

① 살츠만법(자동)

② 파라로잘린법(수동)

③ 화학발광법(자동)

④ 야콥스호흐하이저법(수동)

해설 측정 방법의 종류

㉮ 자동 연속 측정 방법

- 화학발광법(Chemiluminescent method) : 주시험법
- 살츠만(Saltzman)법
- 흡광차 분광법

㉯ 수동

- 야콥스호흐하이저법
- 수동 살츠만법

암기방법

- 질화자흡살
  질 : 질소 화합물
  화 : 화학 발광법 : 주시험법
  자 : 자동 연속 측정
  흡 : 흡광차 분광법
  살 : 살츠만법
- 질수야
  질 : 질소 화합물
  수 : 수동 살츠만법
  야 : 야콥스호흐하이저법

정답 2-25 ④ 2-26 ③

5 환경 대기 중의 먼지 측정 방법

2-27 다음 설명은 환경 대기 내의 먼지 측정 시험 방법이다. 어떤 측정법에 관한 설명인가? [15-1]

> 이 방법은 대기 중 부유하고 있는 입자상 물질을 일정 시간(1시간 이상) 여과지 위에 포집한 후 빛(파장 : 400 nm)을 조사해서 빛의 두 파장을 측정하고 그 값으로부터 입자상 물질의 농도를 구하는 방법이다. 이 방법에 의한 포집 입자의 입경은 0.1 μm ~10 μm의 범위이다.

① 광산란법 ② 광투과법
③ 광흡착법 ④ 베타선법

해설 "두 파장"이라는 말이 나오면 광투과법이다.

2-28 환경 대기 중의 먼지 측정 방법 중 습도, 비, 안개 등의 영향을 크게 받기 때문에 상대 습도가 70 % 이상이 되면 측정치의 신뢰도가 낮아지는 측정 방법은? [16-2]

① 하이볼륨 에어 샘플러법
② 로볼륨 에어 샘플러법
③ 광산란법
④ 광투과법

해설 측정 방법의 종류
㉮ 고용량 공기 포집법(high volume air sampler method)(수동) : 주시험법
㉯ 로볼륨 에어 샘플러법(low volume air sampler method)
㉰ 광산란법(light scattering method)
㉱ 광투과법(light transmission method)
㉲ 베타선법(β-ray method)(자동) : 주시험법

암기방법 먼고로광광베
먼 : 먼지
고 : 고용량 공기 포집법(수동) : 주시험법
로 : 로볼륨 에어 샘플러법
광 : 광산란법
광 : 광투과법
베 : 베타선법
※ "습도, 비, 안개"라는 말이 나오면 광산란법이다. 이것은 산란을 방해한다.

6 환경 대기 중의 옥시던트 측정 방법

2-29 대기 오염 공정 기준에 의거, 환경 대기 중 각 항목별 분석 방법으로 옳지 않은 것은? [19-2]

① 질소 산화물 – 살츠만법
② 옥시던트 – 광산란법
③ 탄화수소 – 비메탄 탄화수소 측정법
④ 아황산가스 – 파라로자닐린법

해설 측정 방법의 종류
㉮ 자동 연속 측정 방법
㉠ 자외선 광도법 (ultra violate photometric method)
㉡ 화학 발광법 (chemiluminescent method)
㉢ 중성 요오드화칼륨법 (neutral buffered KI method)
㉣ 흡광차 분광법
㉯ 수동
㉠ 중성 요오드화칼륨법 (neutral buffered potassium iodide method)
㉡ 알칼리성 요오드화칼륨법 (alkalized potassium iodide method)

정답 2-27 ② 2-28 ③ 2-29 ②

암기방법 옥자화중흡

옥 : 옥시던트
자 : 자외선 광도법(주시험법)
화 : 화학 발광법
중 : 중성 요오드화칼륨법
흡 : 흡광차 분광법

2-30 대기 오염 공정 시험 기준에 의거, 환경 대기 중 각 항목별 분석 방법으로 옳지 않은 것은? [15-4, 19-1]

① 질소 산화물 – 살츠만법
② 옥시단트 – 광산란법
③ 탄화수소 – 비메탄 탄화수소 측정법
④ 아황산가스 – 파라로자닐린법

해설 **암기방법** 옥자화중흡

2-31 환경 대기 중 옥시던트(오존으로서) 측정 방법 중 화학 발광법(자동 연속 측정법)에 관한 설명으로 옳지 않은 것은 어느 것인가? [13-4]

① 시료 대기 중에 오존과 에틸렌(ethylene) 가스가 반응할 때 생기는 발광도가 오존 농도와 비례 관계가 있다는 것을 이용하여 오존 농도를 측정한다.
② 이 측정 방법의 최저 감지 농도는 0.05 ppm이며 방해 물질로는 아황산가스에 대해 약간 영향을 받으나 다른 물질에 대하여는 영향을 받지 않는다.
③ 측정 범위는 원칙적으로 0.5 ppm O_3로 한다.
④ 여과지는 시료 대기 중에 포함되어 있는 먼지를 제거하고 유로의 막힘을 방지하기 위해 사용하며, 테플론을 사용하여 오존이 흡착되는 것을 방지하여 측정 오차의 발생을 줄여야 한다.

해설 ② 0.05 ppm → 0.003 ppm
아황산가스 → 수분

2-32 환경 대기 중의 옥시던트 측정법에 사용되는 용어의 설명으로 옳지 않은 것은 어느 것인가? [19-4]

① 옥시던트는 전옥시던트, 광화학 옥시던트, 오존 등의 산화성 물질의 총칭을 말한다.
② 전옥시던트는 중성요오드화 칼륨 용액에 의해 요오드를 유리시키는 물질을 총칭한다.
③ 광화학옥시던트는 전옥시던트에서 오존을 제외한 물질이다.
④ 제로 가스는 측정기의 영점을 교정하는 데 사용하는 교정용 가스이다.

해설 용어의 뜻

- 옥시던트 : 전옥시던트, 광화학옥시던트, 오존 등의 산화성 물질의 총칭
- 전옥시던트 : 중성 요오드화칼륨 용액에 의해 요오드를 유리시키는 물질의 총칭
- 광학옥시던트 : 전옥시던트에서 이산화질소를 제외한 물질
- 제로 가스 : 측정기의 영점을 교정하는 데 사용하는 가스
- 스팬 가스 : 측정기의 스팬을 교정하는 데 사용하는 가스

7 환경 대기 중의 탄화수소 측정 방법

2-33 공정 시험 방법 상 환경 대기 중의 탄화수소 농도를 측정하기 위한 주시험법은? [18-1, 20-1]

정답 2-30 ② 2-31 ② 2-32 ③ 2-33 ④

① 총탄화수소 측정법
② 활성 탄화수소 측정법
③ 비활성 탄화수소 측정법
④ 비메탄 탄화수소 측정법

해설 자동 연속 측정법(수소염 이온화 검출기법)
㉮ 총탄화수소 측정법
㉯ 비메탄 탄화수소 측정법(주시험법)
㉰ 활성 탄화수소 측정법

암기방법 탄비활총
탄 : 탄화수소
비 : 비메탄 탄화수소 측정법(주시험법)
활 : 활성 탄화수소 측정법
총 : 총탄화수소 측정법

2-34 환경 대기 내의 탄화수소 측정 방법 중 총탄화수소 측정법 성능 기준으로 옳지 않은 것은? [13-4, 16-2]

① 측정 범위는 0~10 ppmC, 0~25 ppmC 또는 0~50 ppmC로 하여 1~3단계(range)의 변환이 가능한 것이어야 한다.
② 응답 시간은 스팬 가스를 도입시켜 측정치가 일정한 값으로 급격히 변화되어 스팬 가스 농도의 90 % 변화할 때까지의 시간은 2분 이하여야 한다.
③ 제로 가스 및 스팬 가스를 흘려보냈을 때 정상적인 측정치의 변동은 각 측정 단계(range)마다 최대 눈금치의 ±3 %의 범위 내에 있어야 한다.
④ 제로 조정 및 스팬 조정을 끝낸 후 그 중간 농도의 교정용 가스를 주입시켰을 경우에 상당하는 메탄 농도에 대한 지시오차는 각 측정 단계(range)마다 최대 눈금치의 ±5 %의 범위 내에 있어야 한다.

해설 ③ ±3 % → ±1 %

8 환경 대기 중의 납(Pb) 시험 방법

2-35 대기 오염 공정 시험 기준에서 규정한 환경 대기 중 금속 분석을 위한 주 시험 방법은 어느 것인가? [17-1]

① 원자 흡수 분광 광도법
② 자외선/가시선 분광법
③ 이온 크로마토그래피
④ 유도 결합 플라스마 원자 발광 분광법

해설 중금속 분석은 주로 원자 흡광 광도법으로 한다.

9 환경 대기 중의 석면 시험 방법

2-36 환경 대기 중 석면 먼지의 농도 표시 방법으로 옳은 것은? [12-2]

① 표준 상태(0℃, 760 mmHg)의 기체 1 mL 중에 함유된 석면 섬유의 개수(개/mL)
② 표준 상태(0℃, 760 mmHg)의 기체 1 L 중에 함유된 석면 섬유의 개수(개/L)
③ 표준 상태(0℃, 760 mmHg)의 기체 1 mL 중에 함유된 석면 섬유의 무게(mg/mL)
④ 표준 상태(0℃, 760 mmHg)의 기체 1 L 중에 함유된 석면 섬유의 무게(mg/L)

해설 멤브레인 필터에 포집한 대기 부유 먼지 중의 석면 섬유를 위상차 현미경을 사용하여 계수하는 방법으로 석면 먼지의 농도 표시는 표준 상태(0℃, 760 mmHg)의 기체 1 mL 중에 함유된 석면 섬유의 개수(개/mL)로 표시한다.

2-37 환경 대기 중의 석면 농도를 측정하기 위해 멤브레인 필터에 포집한 대기 부유

정답 2-34 ③ 2-35 ① 2-36 ① 2-37 ④

먼지 중의 석면 섬유를 위상차 현미경을 사용하여 계수하는 방법에 관한 설명으로 옳지 않은 것은? [13-2]

① 석면 먼지의 농도 표시는 표준 상태(0℃, 760 mmHg)의 기체 1 mL 중에 함유된 석면 섬유의 개수(개/mL)로 표시한다.
② 멤브레인 필터는 셀룰로오스 에스테르를 원료로 한 얇은 다공성의 막으로, 구멍의 지름은 평균 0.01~10 μm의 것이 있다.
③ 필터를 광굴절률 1.5 전후의 불휘발성 용액에 담그면 투명해지며 입자를 계수하기 쉽다.
④ 석면 섬유의 광굴절률은 보통 2.0 이상이어서 위상차 현미경으로 식별하기 용이하다.

해설 멤브레인 필터는 셀룰로오스 에스테르를 원료로 한 얇은 다공성의 막으로, 구멍의 지름은 평균 0.01~10 μm의 것이 있다.
필터의 광굴절률은 약 1.5이다. 그러므로 필터를 광굴절률 1.5 전후의 불휘발성 용액에 담그면, 투명해지며 입자를 계수하기 쉽다. 그러나 석면 섬유의 광굴절률 또한 거의 1.5 이므로, 보통의 현미경으로는 식별하기 힘들거나 분명하게 볼 수 없게 된다.
위상차 현미경이란 굴절률 또는 두께가 부분적으로 다른 무색투명한 물체의 각 부분의 투과광 사이에 생기는 위상차를 화상면에서 명암의 차로 바꾸어, 구조를 보기 쉽도록 한 현미경이다. 따라서 위상차 현미경을 사용하여 섬유상으로 보이는 입자를 계수하고 같은 입자를 보통의 생물현미경으로 바꾸어 계수하여, 그 계수치들의 차를 구하면 굴절률이 거의 1.5인 섬유상의 입자, 즉 석면이라고 추정할 수 있는 입자를 계수할 수가 있게 된다.

2-38 환경 대기 내의 석면 시험 방법 중 시료 채취 장치 및 기구에 관한 설명으로 옳지 않은 것은? [13-4]

① 멤브레인 필터의 광굴절률 : 약 3.5 전후
② 멤브레인 필터의 재질 및 규격 : 셀룰로오스 에스테르제(또는 셀룰로오스나이트레이트제) pore size 0.8~1.2 μm, φ25 mm, φ47 mm
③ 흡인 펌프 : 1 L/min~20 L/min로 흡인 가능한 다이어프램 펌프
④ open face형 필터 홀더의 재질 : 40 mm의 집풍기가 홀더에 장착된 PVC

해설 ① 약 3.5 전후 → 약 1.5이다.
[시료 채취, 분석 및 농도 산출]
㉮ 멤브레인 필터 : 셀룰로오스 에스테르제(또는 셀룰로오스 나이트레이트제) pore size 0.8~1.2 μm, φ25 mm, 또는 φ47 mm
㉯ 시료 채취 위치 및 시간 : 원칙적으로 채취 지점의 지상 1.5 m 되는 위치에서 10 L/min의 흡인유량으로 4시간 이상 채취한다.
㉰ 계수 대상물 : 포집한 먼지 중 길이 5 μm 이상이고, 길이와 폭의 비가 3 : 1 이상인 섬유를 석면 섬유로서 계수한다.

2-39 환경 대기 중 석면 측정 방법에 관한 설명으로 옳지 않은 것은? [14-2]

① 지상 1.5 m되는 위치에서 10 L/min의 흡인 유량으로 4시간 이상 채취한다.
② 석면의 굴절률은 약 1.5로 일반 현미경으로는 식별이 어렵고 위상차 현미경으로 계수하면 편리하다.
③ 석면은 먼지 중 길이 3 μm 이상이고 길이와 폭이 5 : 1 이상인 석면 섬유를

정답 2-38 ① 2-39 ③

계수 대상물로 정의한다.

④ 계수를 위한 장치로서 현미경은 배율 10배의 대안 렌즈 및 10배와 40배 이상의 대물 렌즈를 가진 위상차 현미경 또는 간접 위상차 현미경이 필요하다.

해설 ③ 3 μm → 5 μm,
5 : 1 → 3 : 1

2-40 **환경 대기 내의 석면 시험 방법(위상차 현미경법) 중 시료 채취 장치 및 기구에 관한 설명으로 옳지 않은 것은?** [17-4]

① 멤브레인 필터의 광굴절률 : 약 3.5 전후

② 멤브레인 필터의 재질 및 규격 : 셀룰로오스 에스테르제 또는 셀룰로오스 나이트레이트제 pore size 0.8~1.2 μm, 직경 25 mm 또는 47 mm

③ 20 L/min로 공기를 흡인할 수 있는 로터리 펌프 또는 다이아프램 펌프는 시료 채취관, 시료 채취 장치, 흡인 기체 유량 측정 장치, 기체 흡입 장치 등으로 구성한다.

④ Open face형 필터 홀더의 재질 : 40 mm의 집풍기가 홀더에 정착된 PVC

해설 ① 약 3.5 전후 → 약 1.5이다.

2-41 **환경 대기 중의 석면을 위상차 현미경법으로 측정하는 방법에 관한 설명으로 옳지 않은 것은?** [18-2]

① 멤브레인 필터의 광굴절률은 약 5.0 이상을 원칙으로 한다.

② 채취 지점은 바닥면으로부터 1.2~1.5 m 되는 위치에서 측정하고, 대상 시설의 측정 지점은 2개소 이상을 원칙으로 한다.

③ 헝클어져 다발을 이루고 있는 섬유는 길이가 5 μm 이상이고, 길이와 폭의 비가 3 : 1 이상인 섬유를 석면 섬유 개수로서 계수한다.

④ 석면 먼지의 농도 표시는 0℃, 1기압 상태의 기체 1 mL 중에 함유된 석면 섬유의 개수로 표시한다.

해설 필터의 광굴절률은 약 1.5이다.

2-42 **환경 대기 중 석면 시험 방법으로 옳지 않은 것은?** [12-1]

① 측정에 사용되는 멤브레인 필터의 광굴절률은 약 1.5이고, pore size는 0.8~1.2 μm이다.

② 석면 먼지의 농도 표시는 25℃, 760 mmHg의 기체 1 mL 중에 함유된 석면 섬유의 개수(개/mL)로 표시한다.

③ 시료의 채취는 지상 1.5 m 되는 위치에서 10 L/min의 흡인 유량으로 4시간 이상 채취한다.

④ 계수하는 대상물을 포집한 먼지 중 길이 5μm 이상이고, 길이와 폭의 비가 3 : 1 이상인 섬유를 석면 섬유로서 계수한다.

해설 ② 25℃, 760 mmHg → 표준 상태(0℃, 760 mmHg)

2-43 **환경 대기 중의 석면 시험 방법 중 계수 대상물의 식별 방법에 관한 설명으로 옳지 않은 것은?** [14-4, 17-2]

① 단섬유인 경우 구부러져 있는 섬유는 곡선에 따라 전체 길이를 재어서 판정한다.

② 헝클어져 다발을 이루고 있는 경우로서 섬유가 헝클어져 정확한 수를 헤아리기 힘들 때에는 0개로 판정한다.

③ 섬유에 입자가 부착하고 있는 경우 입자의 폭이 3 μm를 넘는 것은 1개로 판정한다.

정답 2-40 ① 2-41 ① 2-42 ② 2-43 ③

④ 섬유가 그래티클 시야의 경계선에 물린 경우 그래티클 시야 안으로 한쪽 끝만 들어와 있는 섬유는 $\frac{1}{2}$개로 인정한다.

해설 입자가 부착하고 있는 경우 입자의 폭이 3 μm를 넘는 것은 0개로 판정한다.

2-44 환경 대기 중의 석면을 위상차 현미경법에 따라 측정할 때에 관한 설명으로 옳지 않은 것은? [21-4]

① 시료 채취 시 시료 포집면이 풍향을 향하도록 설치한다.
② 시료 채취 지점에서의 실내 기류는 0.3 m/s 이내가 되도록 한다.
③ 포집한 먼지 중 길이가 10 μm 이하이고 길이와 폭의 비가 5 : 1 이하인 섬유를 석면 섬유로 계수한다.
④ 시료 채취는 해당 시설의 실제 운영 조건과 동일하게 유지되는 일반 환경 상태에서 수행하는 것을 원칙으로 한다.

해설 ③ 10 μm 이하 → 5 μm 이상,
5 : 1 이하 → 3 : 1 이상

2-45 다음은 환경 대기 중의 석면 농도를 측정하기 위해 위상차 현미경을 사용한 계수 방법에 관한 사항이다. ( ) 안에 알맞은 것은? [13-2, 17-1, 20-2]

> 시료는 원칙적으로 채취 지점의 지상 1.5 m 되는 위치에서 (㉠)의 흡인 유량으로 4시간 이상 채취하고, 유량계의 부자는 (㉡)되게 조정한다.

① ㉠ 1 L/min, ㉡ 1 L/min
② ㉠ 1 L/min, ㉡ 10 L/min
③ ㉠ 10 L/min, ㉡ 1 L/min
④ ㉠ 10 L/min, ㉡ 10 L/min

2-46 환경 대기 중의 석면 농도를 측정하기 위해 멤브레인 필터에 포집한 대기 부유 먼지 중의 석면 섬유를 위상차 현미경을 사용하여 계수하는 방법에 관한 설명으로 옳지 않은 것은? [19-1]

① 석면 먼지의 농도 표시는 0℃, 1기압 상태의 기체 1 mL 중에 함유된 석면 섬유의 개수(개/mL)로 표시한다.
② 멤브레인 필터는 셀룰로오스 에스테르를 원료로 한 얇은 다공성의 막으로, 구멍의 지름은 평균 0.01~10 μm의 것이 있다.
③ 대기 중 석면은 강제 흡인 장치를 통해 여과 장치에 채취한 후 위상차 현미경으로 계수하여 석면 농도를 산출한다.
④ 빛은 간섭성을 띄우기 위해 단일 빛을 사용하며, 후광 또는 차광이 발생하더라도 측정에 영향을 미치지 않는다.

해설 ④ 영향을 미치지 않는다. → 영향을 미친다.

10 환경 대기 중의 벤조(a)피렌 시험 방법

2-47 다음 중 대기 오염 공정 시험 기준상 지하 공간 및 환경 대기 중의 벤조(a)피렌 농도를 측정하기 위한 시험 방법으로 가장 적합한 것은? [13-4]

① 이온 크로마토그래피법
② 비분산 적외선 분석법
③ 흡광차 분광법
④ 형광 분광 광도법

해설 분석 방법의 종류
㉮ 가스 크로마토그래프법(주시험법)
㉯ 형광 분광 광도법

정답 2-44 ③ 2-45 ④ 2-46 ④ 2-47 ④

암기방법 벤가형
벤 : 벤조(a)피렌
가 : 가스 크로마토그래프법(주시험법)
형 : 형광 분광 광도법

2-48 환경 대기 중의 벤조(a)피렌 농도를 측정하기 위한 주시험방법으로 가장 적합한 것은? [16-4, 21-2]

① 이온 크로마토그래피법
② 가스 크로마토그래피법
③ 흡광차 분광법
④ 용매 포집법

암기방법 벤가형

2-49 대기 중의 다환방향족 탄화수소(PAH)를 기체 크로마토그래피법에 따라 분석하고자 한다. 다음 중 체류 시간(retention time)이 가장 긴 것은? [21-1]

① 플루오렌(fluorene)
② 나프탈렌(naphthalene)
③ 안트라센(anthracene)
④ 벤조(a)피렌(benzo(a)pyrene)

해설 체류 시간
① 10.5분 ② 구할 수 없음
③ 15.3분 ④ 36.6분

2-50 환경 대기 중 다환방향족 탄화수소류(PAHs)에서 증기 상태로 존재하는 PAHs를 채취하는 물질로 적당하지 않은 것은 어느 것인가? [14-2]

① 석영 필터(quartz filter)
② XAD-2 수지
③ PUF(polyurethane foam)
④ Tenax

해설 ① 석영 필터는 주로 자외선 필터로 사용된다.

2-51 다음은 환경 대기 중 다환방향족 탄화수소류(PAHs) - 기체 크로마토그래피/질량 분석법에 사용되는 용어의 정의이다. ( ) 안에 알맞은 것은? [15-4, 17-2]

> ( )은 추출과 분석 전에 각 시료, 공시료, 매체 시료(matrix-spiked)에 더해지는 화학적으로 반응성이 없는 환경 시료 중에 없는 물질을 말한다.

① 내부 표준 물질(IS, internal standard)
② 외부 표준 물질(ES, external standard)
③ 대체 표준 물질(surrogate)
④ 속실렛(soxhlet) 추출 물질

2-52 환경 대기 중 금속 화합물을 원자 흡수 분광 광도법(원자 흡광 광도법)으로 분석하고자 할 때 화학적 간섭에 관한 사항으로 거리가 먼 것은? [16-1]

① 아연 분석 시 213.8 nm 측정 파장을 이용할 경우 불꽃에 의한 흡수 때문에 바탕선(baseline)이 높아지는 경우가 있다.
② 니켈 분석 시 다량의 탄소가 포함된 시료의 경우, 시료를 채취한 여과지를 적당한 크기로 잘라서 전기로 안에서 105~110℃에서 30분 이상 건조한 후 전처리 조작을 행한다.
③ 철 분석 시 규소(Si)를 다량 포함하고 있을 때는 0.2 % 염화칼슘($CaCl_2$) 용액을 첨가하여 분석하고, 유기산(특히 시트르산)이 다량 포함되어 있을 때는 0.5 % 인산을 가하여 간섭을 줄일 수 있다.
④ 크롬 분석 시 아세틸렌-공기 불꽃에서는 철, 니켈 등에 의한 방해를 받으므로 황산나트륨, 황산칼륨 또는 이플루오린화수소암모늄을 1 % 정도 가하여 분석한다.

정답 2-48 ② 2-49 ④ 2-50 ① 2-51 ③ 2-52 ②

해설 환경 대기 중 금속산화물의 간섭
㉮ 광학적 간섭
㉯ 물리적 간섭
㉰ 화학적 간섭
화학적 간섭은 원자화 불꽃 중에서 이온화하거나 공존 물질과 작용하여 해리하기 어려운 화합물이 생성되는 경우 발생할 수 있다. 이온화로 인한 간섭은 분석대상 원소보다 이온화 전압이 더 나은 원소를 첨가하여 측정 원소의 이온화를 방지할 수 있다. 해리하기 어려운 화합물을 생성하는 경우에는 용매 추출법을 사용하여 측정 원소를 추출하여 분석하거나 표준 물질 첨가법을 사용하여 간섭 효과를 줄일 수 있다.
㉠ 시료 내 납, 카드뮴, 크롬의 양이 미량으로 존재하거나 방해 물질이 존재할 경우, 용매 추출법을 적용하여 정량할 수 있다.
㉡ 니켈 분석 시 다량의 탄소가 포함된 시료의 경우, 시료를 채취한 여과지를 적당한 크기로 잘라서 자기 도가니에 넣어 전기로를 사용하여 800℃에서 30분 이상 가열한 후 전처리 조작을 행한다. 또한 카드뮴, 크롬 등을 동시에 분석하는 경우에는 500℃에서 2~3시간 가열한 후 전처리 조작을 행한다.
㉢ 아연 분석 시 213.8 nm 측정 파장을 이용할 경우 불꽃에 의한 흡수 때문에 바탕선(baseline)이 높아지는 경우가 있다.
㉣ 철 분석 시 니켈, 코발트가 다량 존재할 경우 간섭이 일어날 수 있다. 이때 검정 곡선용 표준 용액의 메트릭스를 일치시키고 아세틸렌 – 산화이질소 불꽃을 사용하여 분석하거나, 흑연로 원자 흡수 분광 광도법을 이용하여 간섭을 최소화시킬 수 있다. 규소(Si)를 다량 포함하고 있을 때는 0.2 % 염화칼슘($CaCl_2$, calcium chloride) 용액을 첨가하여 분석하고, 유기산(특히 시트르산)이 다량 포함되어 있을 때는 0.5 % 인산을 가하여 간섭을 줄일 수 있다.
㉤ 카드뮴 분석 시 알카리 금속의 할로겐화물이 다량 존재하면, 분자 흡수, 광산란 등에 의해 양의 오차가 발생한다. 이 경우에는 미리 카드뮴을 용매 추출법으로 분리하거나 바탕값 보정을 실시한다.

2-53 **환경 대기 중 금속의 원자 흡수 분광 광도법(원자 흡광 광도법)으로 옳지 않은 것은?** [12-2, 13-2, 16-2]

① 니켈 분석 시 다량의 탄소가 포함된 시료의 경우, 시료를 채취한 여과지를 적당한 크기로 잘라서 자기 도가니에 넣어 전기로를 사용하여 800℃에서 30분 이상 가열한 후 전처리 조작을 행한다.
② 철 분석 시 규소(Si)를 다량 포함하고 있을 때는 0.2 % 황산나트륨($NaSO_4$) 용액을 첨가하여 분석하고, 유기산(특히 시트르산)이 다량 포함되어 있을 때는 1 % 염산을 가하여 간섭을 줄인다.
③ 아연 분석 시 213.8 nm 측정 파장을 이용할 경우 불꽃에 의한 흡수 때문에 바탕선(baseline)이 높아지는 경우가 있다.
④ 크롬 분석 시 아세틸렌 – 공기 불꽃에서는 철, 니켈 등에 의한 방해를 받으므로 이 경우 황산나트륨, 황산칼륨 또는 이플루오린화수소암모늄을 1 % 정도 가하여 분석하거나, 아세틸렌 – 산화이질소 불꽃을 사용하여 방해를 줄일 수 있다.

해설 ② 0.2 % 황산나트륨 → 0.2 % 염화칼슘, 1 % 염산 → 0.5 % 인산

정답 2-53 ②

3-3 연속 자동 측정(굴뚝 배출 가스)

1 먼지

3. 굴뚝 배출 가스 중 오염 물질 연속 자동 측정기기의 설치 위치 및 방법으로 옳지 않은 것은? [18-4]

① 병합 굴뚝에서 배출 허용 기준이 다른 경우에는 측정 기기 및 유량계를 합쳐지기 전 각각의 지점에 설치하여야 한다.
② 분산 굴뚝에서 측정기기는 나뉘기 전 굴뚝에 설치하거나, 나뉜 각각의 굴뚝에 설치하여야 한다.
③ 병합 굴뚝에서 배출 허용 기준이 같은 경우에는 측정 기기 및 유량계를 오염 물질이 합쳐진 후 지점 또는 합쳐지기 전 지점에 설치하여야 한다.
④ 불가피하게 외부 공기가 유입되는 경우에 측정 기기는 외부 공기 유입 후에 설치하여야 한다.

해설 불가피하게 희석 공기가 유입되는 경우에 측정 기기는 희석 공기 유입 전에 설치하여야 한다.

답 ④

3-1 굴뚝 배출 가스 중 먼지의 자동 연속 측정 방법에서 사용하는 용어의 뜻으로 옳지 않은 것은? [20-4]

① 검출 한계는 제로 드리프트의 2배에 해당하는 지시치가 갖는 교정용 입자의 먼지 농도를 말한다.
② 응답 시간은 표준 교정판을 끼우고 측정을 시작했을 때 그 보정치의 90 %에 해당하는 지시치를 나타낼 때까지 걸린 시간을 말한다.
③ 교정용 입자는 실내에서 감도 및 교정 오차를 구할 때 사용하는 균일계 단분산 입자로서 기하 평균 입경이 0.3~3 μm인 인공 입자로 한다.
④ 시험 가동 시간이란 연속 자동 측정기를 정상적인 조건에서 운전할 때 예기치 않는 수리, 조정 및 부품 교환 없이 연속 가동할 수 있는 최소 시간을 말한다.

해설 용어
- 먼지 : 굴뚝 배출 가스 중에 부유하는 입자상 물질
- 먼지 농도 : 표준 상태(0℃, 760 mmHg)의 건조 배출 가스 1 m^3 안에 포함된 먼지의 무게로서 mg/Sm^3의 단위를 갖는다.
- 교정용 입자 : 실내에서 감도 및 교정 오차를 구할 때 사용하는 균일계 단분산 입자로서 기하평균 입경이 0.3~3 μm인 인공 입자로 한다.

정답 3-1 ②

- 균일계 단분산 입자 : 입자의 크기가 모두 같은 것으로 간주할 수 있는 시험용 입자로서 실험실에서 만들어진다.
- 표준 교정판(또는 교정용 필름) : 연속 자동 측정기를 교정할 때 사용하는 일정한 지시치를 나타내는 표준판(필름)을 말한다.
- 검출 한계 : 제로 드리프트의 2배에 해당하는 지시치가 갖는 교정용 입자의 먼지 농도를 말한다.
- 교정 오차 : 실내에서 교정용 입자를 용기 안으로 분산하면서 연속 자동 측정기로 측정한 먼지 농도가 용기 안에서 시료 채취법으로 구한 먼지 농도와 얼마나 잘 일치하는가 하는 정도로서, 그 수치가 작을수록 잘 일치하는 것이다.
- 상대 정확도 : 굴뚝에서 연속 자동 측정기로 구한 먼지 농도가 먼지 시험 방법(이하 주시험법이라 한다)으로 구한 먼지 농도와 얼마나 잘 일치하는가 하는 정도로서 그 수치가 작을수록 잘 일치하는 것이다.
- 제로 드리프트 : 연속 자동 측정기가 정상적으로 가동되는 조건 하에서 먼지를 포함하지 않는 공기를 일정시간 동안 측정한 후 발생한 출력 신호가 변화하는 정도를 말한다.
- 교정판 드리프트 : 표준 교정판(필름)을 사용하여 일정 시간 동안 측정한 후 발생한 출력 신호가 변화한 정도를 말한다.
- 응답 시간 : 표준 교정판(필름)을 끼우고 측정을 시작했을 때 그 보정치의 95 %에 해당하는 지시치를 나타낼 때까지 걸린 시간을 말한다.
- 시험 가동 시간 : 연속 자동 측정기를 정상적인 조건에서 운전할 때 예기치 않은 수리, 조정 및 부품 교환 없이 연속 가동할 수 있는 최소 시간을 말한다.

3-2 대기 오염 공정 시험 기준상 굴뚝 배출 가스 중 연속 자동 측정 대상 물질별 측정 방법으로 옳게 연결된 것은? [12-4]

① 먼지 – 광산란 적분법
② 아황산가스 – 화학 발광법
③ 질소 산화물 – 불꽃 광도법
④ 염화수소 – 용액 전도율법

해설 먼지 측정 방법의 종류
㉮ 광산란 적분법
㉯ 베타(β)선 흡수법
㉰ 광투과법

암기방법 먼광베광
먼 : 먼지
광 : 광산란적분법
베 : 베타(β)선 흡수법
광 : 광투과법
② 아용적자불정
③ 지화자적정
④ 염화이비

3-3 굴뚝 배출 가스 중의 먼지를 연속적으로 자동 측정하는 광산란 적분법의 4가지 장치 구성부로 가장 거리가 먼 것은 어느 것인가? [12-1, 15-2]

① 앰프부 ② 검출부
③ 농도 지시부 ④ 수신부

해설 장치 구성 및 측정 조작
㉮ 광산란 적분법
㉠ 시료 채취부 ㉡ 검출부
㉢ 앰프부 ㉣ 수신부
㉯ 베타(β)선 흡수법
㉠ 시료 채취부 ㉡ 검출부
㉢ 표시 및 기록부 ㉣ 수신부
㉰ 광투과법
㉠ 시료 채취부 ㉡ 검출 및 분석부
㉢ 농도 지시부 ㉣ 데이터 처리부
㉤ 교정 장치

정답 3-2 ① 3-3 ③

2 아황산가스

3-4 굴뚝 배출 가스 중 아황산가스의 자동 연속 측정 방법에서 사용되는 용어의 의미로 옳지 않은 것은? [17-4]

① 검출 한계 : 제로 드리프트의 2배에 해당하는 지시치가 갖는 아황산가스의 농도를 말한다.

② 응답 시간 : 시료 채취부를 통하지 않고 제로 가스를 연속 자동 측정기의 분석부에 흘려주다가 갑자기 스팬 가스로 바꿔서 흘려준 후, 기록계에 표시된 지시치가 스팬 가스 보정치의 95 %에 해당하는 지시치를 나타낼 때까지의 걸리는 시간을 말한다.

③ 경로(path) 측정 시스템 : 굴뚝 또는 덕트 단면 직경의 5 % 이상의 경로를 따라 오염 물질 농도를 측정하는 배출 가스 연속 자동 측정 시스템을 말한다.

④ 제로 가스 : 공인 기관에 의해 아황산가스 농도가 1 ppm 미만으로 보증된 표준 가스를 말한다.

해설 용어

- 교정 가스 : 공인 기관의 보정치가 제시되어 있는 표준 가스로 연속 자동 측정기 최대 눈금치의 약 50 %와 90 %에 해당하는 농도를 갖는다(90 % 교정 가스를 스팬 가스라고 한다).
- 제로 가스 : 공인 기관에 의해 아황산가스 농도가 1 ppm 미만으로 보증된 표준 가스를 말한다.
- 검출 한계 : 제로 드리프트의 2배에 해당하는 지시치가 갖는 아황산가스의 농도를 말한다.
- 교정 오차 : 교정 가스를 연속 자동 측정기에 주입하여 측정한 분석치가 보정치와 얼마나 잘 일치하는가 하는 정도로서, 그 수치가 작을수록 잘 일치하는 것이다.
- 상대 정확도 : 굴뚝에서 연속 자동 측정기를 이용하여 구한 아황산가스의 분석치가 황산화물 시험 방법(이하 주시험법이라 한다)으로 구한 분석치와 얼마나 잘 일치하는가 하는 정도로서, 그 수치가 작을수록 잘 일치하는 것이다.
- 제로 드리프트 : 연속 자동 측정치가 정상적으로 가동되는 조건 하에서 제로 가스를 일정 시간 흘려준 후 발생한 출력 신호가 변화한 정도를 말한다.
- 스팬 드리프트 : 스팬 가스를 일정 시간 동안 흘려준 후 발생한 출력 신호가 변화한 정도를 말한다.
- 응답 시간 : 시료 채취부를 통하지 않고 제로 가스를 연속 자동 측정기를 분석부에 흘려주다가 갑자기 스팬 가스로 바꿔서 흘려준 후, 기록계에 표시된 지시치가 스팬 가스 보정치의 95 %에 해당하는 지시치를 나타낼 때까지 걸리는 시간을 말한다.
- 시험 가동 시간 : 연속 자동 측정기를 정상적인 조건에 따라 운전할 때 예기치 않은 수리, 조정 및 부품 교환 없이 연속 가동할 수 있는 최소 시간을 말한다.
- 점(point) 측정 시스템 : 굴뚝 또는 덕트 단면 직경의 10 % 이하의 경로 또는 단일점에서 오염 물질 농도를 측정하는 배출 가스 연속 자동 측정 시스템
- 경로(path) 측정 시스템 : 굴뚝 또는 덕트 단면 직경의 10 % 이상의 경로를 따라 오염 물질 농도를 측정하는 배출 가스 연속 자동 측정 시스템
- 보정 : 보다 참에 가까운 값을 구하기 위하여 판독 값 또는 계산 값에 어떤 값을 가감하는 것 또는 그 값
- 편향(bias) : 계통 오차, 측정 결과에 치우침을 주는 원인에 의해서 생기는 오차

정답 3-4 ③

• 시료 채취 시스템 편기 : 농도를 알고 있는 교정 가스를 시료 채취관의 출구에서 주입하였을 때와 측정기에 바로 주입하였을 때 측정기 시스템에 의해 나타나는 가스 농도의 차이
• 퍼지(purge) : 시료 채취관에 축적된 입자상 물질을 제거하기 위하여 압축된 공기가 시료 채취관의 안에서 밖으로 불어내어지는 동안 몇몇 시료 채취형 시스템에 의해 주기적으로 수행되는 절차
• 직선성 : 입력 신호의 농도 변화에 따른 측정기 출력 신호의 직선 관계로부터 벗어나는 정도

3-5 굴뚝 배출 가스 중 아황산가스를 연속적으로 자동 측정하는 방법에서 사용되는 용어의 의미로 거리가 먼 것은? [16-1]

① 90 % 교정 가스를 스팬 가스라고 한다.
② 제로 가스는 표준 시험 기관에 의해 아황산가스 농도가 0.1 ppm 미만으로 보증된 참가스를 말한다.
③ 교정 가스는 공인 기관의 보정치가 제시되어 있는 표준 가스로 연속 자동 측정기 최대 눈금치의 약 50 %와 90 %에 해당하는 농도를 갖는다.
④ 보정이란 보다 참에 가까운 값을구하기 위하여 판독 값 또는 계산 값에 어떤 값을 가감하는 것 또는 그 값을 말한다.

해설 제로 가스는 공인 기관에 의해 아황산가스 농도가 1 ppm 미만으로 보증된 표준 가스를 말한다.

3-6 굴뚝 배출 가스 중 아황산가스의 자동 연속 측정 방법에서 사용하는 용어의 의미로 옳은 것은? [15-4]

① 스팬 가스 : 90 % 교정 가스
② 제로 가스 : 공인 기관에 의해 아황산가스의 농도가 10 ppm 미만으로 보증된 표준 가스
③ 응답 시간 : 스팬 가스 보정치의 90 %에 해당하는 지시치를 나타낼 때까지 걸리는 시간
④ 교정 가스 : 연속 자동 측정기 최대 눈금치의 약 10 %와 90 %에 해당하는 보증된 표준 가스

해설 ② 10 ppm 미만 → 1 ppm 미만
③ 90 % → 95 %
④ 약 10 %와 90 % → 약 50 %와 90 %

3-7 다음은 굴뚝 배출 가스 중 아황산가스를 연속적으로 자동 측정하는 방법에 사용되는 용어에 관한 설명이다. ( ) 안에 알맞은 것은? [15-1]

> 교정 가스 : 공인 기관의 보정치가 제시되어 있는 표준 가스로 연속 자동 측정기 최대 눈금치의 약 (㉠)에 해당하는 농도를 갖는다(90 % 교정 가스를 스팬 가스라고 한다).
> 제로 가스 : 공인 기관에 의해 아황산가스 농도가 (㉡)으로 보증된 표준 가스를 말한다.

① ㉠ 10 %와 30 %
㉡ 0.1 ppm 미만
② ㉠ 10 %와 60 %
㉡ 0.1 ppm 미만
③ ㉠ 30 %와 60 %
㉡ 1 ppm 미만
④ ㉠ 50 %와 90 %
㉡ 1 ppm 미만

정답 3-5 ② 3-6 ① 3-7 ④

3-8 굴뚝 배출 가스 중 아황산가스의 연속 자동 측정 방법의 종류로 옳지 않은 것은 어느 것인가? [20-2]

① 불꽃 광도법 ② 광전도 전위법
③ 자외선 흡수법 ④ 용액 전도율법

해설 측정 방법의 종류

측정 방법	개요	측정 범위	방해 물질
용액 전도율법	시료를 황산산성의 과산화수소수에 흡수시켜 용액의 전기 전도율(electro conductivity)의 변화를 용액 전도율 분석계로 측정하는 방법이다.	5~2,000 ppm SO_2	염화수소, 암모니아, 이산화질소
적외선 흡수법	시료 가스를 셀에 취하여 7,300 nm 부근에서 적외선 가스 분석계를 사용하여 아황산가스의 광흡수를 측정하는 방법이다.	10~2,000 ppm SO_2	수분, 이산화탄소 (온실 작용)
자외선 흡수법	자외선 흡수 분석계를 사용하여 280~320 nm에서 시료 중 아황산가스의 광흡수를 측정하는 방법이다.	10~2,000 ppm SO_2	이산화질소 (자외선 흡수)
불꽃 광도법	불꽃 광도 검출 분석계를 사용하여 시료를 공기 또는 질소로 묽힌 후 수소 불꽃 중에 도입할 때에 394 nm 부근에서 관측되는 발광 광도를 측정하는 방법이다.	5~1,000 ppm SO_2 (가장 좁은 범위)	황화수소
정전위 전해법	정전위 전해 분석계를 사용하여 시료를 가스 투과성 격막을 통하여 전해조에 도입시켜 전해액 중에 확산 흡수되는 아황산가스를 규정된 산화전위로 정전위 전해하여 전해 전류를 측정하는 방법이다.	5~2,000 ppm SO_2	황화수소, 이산화질소

암기방법 아용적자불정

아 : 아황산가스
용 : 용액 전도율법
적 : 적외선 흡수법
자 : 자외선 흡수법
불 : 불꽃 광도법
정 : 정전위 전해법

정답 3-8 ②

3-9 **환경 대기 중에 있는 아황산가스 농도를 자동 연속 측정법으로 분석하고자 한다. 이에 해당하지 않는 것은?** [19-4]

① 적외선 형광법
② 용액 전도율법
③ 정전위 전해법
④ 불꽃 광도법

암기방법 아용적자불정

3-10 **굴뚝 배출 가스 중 아황산가스의 자동 연속 측정 방법에서 사용하는 용어의 의미로 가장 적합한 것은?** [19-1]

① 편향(bias) : 측정 결과에 치우침을 주는 원인에 의해서 생기는 우연 오차
② 제로 드리프트 : 연속 자동 측정기가 정상 가동되는 조건 하에서 제로 가스를 일정 시간 흘려준 후 발생한 출력 신호가 변화한 정도
③ 시험 가동 시간 : 연속 자동 측정기를 정상적인 조건에 따라 운전할 때 예기치 않는 수리, 조정, 부품 교환 없이 연속 가동할 수 있는 최대 시간
④ 점(point) 측정 시스템 : 굴뚝 단면 직경의 20 % 이하의 경로 또는 여러 지점에서 오염 물질 농도를 측정하는 연속 자동 측정 시스템

해설 ① 우연 오차 → 계통 오차
③ 최대 시간 → 최소 시간
④ 20 % → 10 %, 여러 지점 → 단일점

3-11 **굴뚝 배출 가스 중 아황산가스의 자동 연속 측정 방법 중 자외선 흡수 분석계에 관한 설명으로 옳지 않은 것은 어느 것인가?** [13-2, 20-1]

① 광원 : 저압 수소방전관 또는 저압 수은 등이 사용된다.
② 분광기 : 프리즘 또는 회절격자 분광기를 이용하여 자외선 영역 또는 가시광선 영역의 단색광을 얻는 데 사용된다.
③ 검출기 : 자외선 및 가시광선에 감도가 좋은 광전자 증배관 또는 광전관이 이용된다.
④ 시료셀 : 시료셀은 200~500 mm의 길이로 시료 가스가 연속적으로 통과할 수 있는 구조로 되어 있어야 한다.

해설 ① 저압 수소 방전관 또는 저압 수은 → 중수소 방전관 또는 중압 수은

3-12 **굴뚝 배출 가스 중 아황산가스를 자외선 흡수 분석계로 연속 측정하고자 할 때 그 분석계의 구성에 관한 설명으로 옳지 않은 것은?** [14-2]

① 광원 : 중수소 방전관 또는 중압 수은등이 사용된다.
② 검출기 : 자외선 및 가시광선에 감도가 좋은 광음극 방전관이 이용된다.
③ 분광기 : 프리즘 또는 회절격자 분광기를 이용하여 자외선 영역 또는 가시광선 영역의 단색광을 얻는 데 사용된다.
④ 시료셀 : 시료셀은 200~500 mm의 길이로 시료 가스가 연속적으로 통과할 수 있는 구조로 되어 있으며, 셀의 창은 석영판과 같이 자외선 및 가시광선이 투과할 수 있는 재질로 되어 있어야 한다.

해설 ② 검출기 : 자외선 및 가시광선에 감도가 좋은 광전자 증배관 또는 광전관이 이용된다.

정답 3-9 ① 3-10 ② 3-11 ① 3-12 ②

3-13 다음은 굴뚝 배출 가스 중 아황산가스를 연속적으로 자동 측정하는 방법 중 불꽃 광도 분석계의 측정 원리에 관한 설명이다. ㉠, ㉡에 알맞은 것은? [17-2]

> 환원성 수소불꽃에 도입된 아황산가스가 불꽃 중에서 환원될 때 발생하는 빛 가운데 (㉠) 부근의 빛에 대한 발광 강도를 측정하여 연도 배출 가스 중 아황산가스 농도를 구한다.
> 이 방법을 이용하기 위하여는 불꽃에 도입되는 아황산가스 농도가 (㉡) 이하가 되도록 시료 가스를 깨끗한 공기로 희석해야 한다.

① ㉠ 254 nm, ㉡ 5~6 mg/min
② ㉠ 394 nm, ㉡ 5~6 mg/min
③ ㉠ 254 nm, ㉡ 5~6 μg/min
④ ㉠ 394 nm, ㉡ 5~6 μg/min

3 질소 산화물

3-14 굴뚝 배출 가스 중 질소 산화물의 연속 자동 측정법으로 옳지 않은 것은? [20-4]

① 화학 발광법
② 용액 전도율법
③ 자외선 흡수법
④ 적외선 흡수법

해설 측정 방법의 종류

측정 방법	개요	측정 범위	방해 물질
화학 발광법	일산화질소와 오존이 반응하여 이산화질소가 될 때 발생하는 발광 강도를 590~875 nm 부근의 근적외선 영역에서 측정하여 시료 중의 일산화질소의 농도를 측정하는 방법이다. 이산화질소는 일산화질소로 환원시킨 후 측정한다.	0~1,000 ppm NO	이산화탄소
적외선 흡수법	일산화질소의 5,300 nm의 적외선 영역에서 광흡수를 이용하여 시료 중의 일산화질소의 농도를 비분산형 적외선 분석계로 측정하는 방법이다. 이산화질소는 일산화질소로 환원시킨 후 측정한다.	0~1,000 ppm NO	수분, 이산화탄소
자외선 흡수법	일산화질소는 195~230 nm, 이산화질소는 350~450 nm 부근에서 자외선의 흡수량 변화를 측정하여 시료 중의 일산화질소 또는 이산화질소의 농도를 측정하는 방법이다.	0~1,000 ppm NO	아황산가스
정전위 전해법	가스 투과성 격막을 통하여 전해질 용액에 시료 가스 중의 질소 산화물을 확산 흡수시키고 일정한 전위의 전기 에너지를 부가하면 질산 이온으로 산화된다. 이때 생성되는 전해 전류는 온도가 일정할 때 시료 가스 중 질소 산화물의 농도에 비례한다.		

정답 3-13 ④ 3-14 ②

암기방법 지화자적정
지 : 질소 산화물
화 : 화학 발광법
자 : 자외선 흡수법
적 : 적외선 흡수법
정 : 정전위 전해법

3-15 **배출 가스 중 질소 산화물 농도 측정 방법으로 옳지 않은 것은?** [20-1]

① 화학 발광법
② 자외선 형광법
③ 적외선 흡수법
④ 아연 환원 나프틸에틸렌다이아민법

해설 ② 자외선 형광법 → 자외선 흡수법

암기방법 지화자적정, 질페아황과

3-16 **다음은 굴뚝 등에서 배출되는 질소 산화물의 자동 연속 측정 방법(자외선 흡수 분석계 사용)에 관한 설명이다. ( ) 안에 가장 적합한 물질은?** [17-1]

> 합산 증폭기는 신호를 증폭하는 기능과 일산화질소 측정 파장에서 ( )의 간섭을 보정하는 기능을 가지고 있다.

① 수분
② 아황산가스
③ 이산화탄소
④ 일산화탄소

해설 자외선 흡수법에서 방해 물질은 아황산가스이다.

3-17 **굴뚝 배출 가스 중 질소 산화물을 연속적으로 자동 측정하는 방법 중 자외선 흡수 분석계의 구성에 관한 설명으로 옳지 않은 것은?** [13-1]

① 광원 : 중수소 방전관 또는 중압 수은등을 사용한다.
② 시료셀 : 시료 가스가 연속적으로 흘러갈 수 있는 구조로 되어 있으며 그 길이는 200~500 mm이고, 셀의 창은 석영판과 같이 자외선 및 가시광선이 투과할 수 있는 재질이어야 한다.
③ 검출기 : 가시광선 및 자외부에서 감도가 좋은 비분산 자외선 광배전관이 이용된다.
④ 합산 증폭기 : 신호를 증폭하는 기능과 일산화질소 측정 파장에서 아황산가스의 간섭을 보정하는 기능을 가지고 있다.

해설 검출기는 자외선 및 가시광선에 대하여 감도가 좋은 광전자 증배관 또는 광전관이 이용된다.

3-18 **굴뚝 배출 가스 내의 질소 산화물을 연속적으로 자동 측정하는 방법 중 화학 발광 분석계의 구성에 관한 설명으로 거리가 먼 것은?** [17-2, 21-1]

① 유량 제어부는 시료 가스 유량 제어부와 오존 가스 유량 제어부가 있으며 이들은 각각 저항관, 압력 조절기, 니들 밸브, 면적 유량계, 압력계 등으로 구성되어 있다.
② 반응조는 시료 가스와 오존 가스를 도입하여 반응시키기 위한 용기로서 이 반응에 의해 화학 발광이 일어나고 내부 압력 조건에 따라 감압형과 상압형이 있다.
③ 오존 발생기는 산소 가스를 오존으로 변환시키는 역할을 하며, 에너지원으로서 무성 방전관 또는 자외선 발생기를 사용한다.

정답 3-15 ② 3-16 ② 3-17 ③ 3-18 ④

④ 검출기에는 화학 발광을 선택적으로 투과시킬 수 있는 발광 필터가 부착되어 있으며 전기 신호를 발광도로 변환시키는 역할을 한다.

해설 검출기는 화학 발광을 선택적으로 투과시킬 수 있는 광학 필터가 부착되어 있으며 발광도를 전기 신호로 변환시키는 역할을 한다.

3-19 굴뚝 배출 가스 중 질소 산화물을 연속적으로 자동 측정하는 방법 중 자외선 흡수 분석계의 구성에 관한 설명으로 옳지 않은 것은? [18-4]

① 광원 : 중수소 방전관 또는 중압 수은 등을 사용한다.

② 시료셀 : 시료 가스가 연속적으로 흘러갈 수 있는 구조로 되어 있으며 그 길이는 200~500 mm이고, 셀의 창은 석영판과 같이 자외선 및 가시광선이 투과할 수 있는 재질이어야 한다.

③ 광학 필터 : 프리즘과 회절격자 분광기 등을 이용하여 자외선 영역 또는 가시광선 영역의 단색광을 얻는 데 사용된다.

④ 합산 증폭기 : 신호를 증폭하는 기능과 일산화질소 측정 파장에서 아황산가스의 간섭을 보정하는 기능을 가지고 있다.

해설 광학 필터 : 특정 파장 영역의 흡수나 다층박막의 광학적 간섭을 이용하여 자외선 영역 또는 가시광선 영역의 일정한 폭을 갖는 빛을 얻는 데 사용된다.

3-20 굴뚝 배출 가스 중 오염 물질 연속 자동 측정 기기의 설치 위치 및 방법으로 옳지 않은 것은? [14-1]

① 병합 굴뚝에서 배출 허용 기준이 다른 경우에는 측정 기기 및 유량계를 합쳐지기 전 각각의 지점에 설치하여야 한다.

② 분산 굴뚝에서 측정 기기는 나뉘기 전 굴뚝에 설치하거나, 나뉜 각각의 굴뚝에 설치하여야 한다.

③ 병합 굴뚝에서 배출 허용 기준이 같은 경우에는 측정 기기 및 유량계를 오염 물질이 합쳐진 후 지점 또는 합쳐지기 전 지점에 설치하여야 한다.

④ 불가피하게 외부 공기가 유입되는 경우에 측정 기기는 외부 공기 유입 후에 설치하여야 한다.

해설 불가피하게 희석 공기가 유입되는 경우에 측정기는 희석 공기 유입 전에 설치하여야 한다.

정답 3-19 ③ 3-20 ④

4 각종 굴뚝 배출 가스 자동 측정 방법의 종류

(1) 염화수소

① 이온 전극법

② 비분산 적외선 분석법

(2) 불화수소

이온 전극법

(3) 암모니아

① 용액 전도율법

② 적외선 가스 분석법

암기방법

• 염화이비
염화 : 염화수소
이 : 이온 전극법
비 : 비분산 적외선 분석법

• 불이
불 : 불화수소
이 : 이온전극법

• 암용적
암 : 암모니아
용 : 용액 전도율법
적 : 적외선 가스 분석법

3-21 굴뚝 배출 가스의 연속 자동 측정 방법에서 측정 항목과 측정 방법이 잘못 연결된 것은? [18-2]

① 염화수소 – 비분산 적외선 분석법
② 암모니아 – 이온 전극법
③ 질소 산화물 – 화학 발광법
④ 아황산가스 – 용액 전도율법

해설 암모니아의 연속 자동 측정 방법에는 용액 전도율법과 자외선 가스 분석법이 있다.

3-22 대기 오염 공정 시험 기준상 굴뚝 배출 가스 중 불화수소를 연속적으로 자동 측정하는 방법은? [19-2]

① 자외선 형광법
② 이온 전극법
③ 적외선 흡수법
④ 자외선 흡수법

암기방법 불이

3-23 굴뚝 배출 가스 중의 오염 물질과 연속 자동 측정 방법과의 연결로 옳지 않은 것은? [15-1, 21-2]

① 아황산가스 – 불꽃 광도법
② 염화수소 – 이온 전극법
③ 질소 산화물 – 적외선 흡수법
④ 불화수소 – 자외선 흡수법

해설 ④ 자외선 흡수법 → 이온 전극법

정답 3-21 ② 3-22 ② 3-23 ④

3-4 기타 오염 인자의 측정

1 유류 중의 황 함유량 분석 방법

4. 연료용 유류 중의 황 함유량을 측정하기 위한 분석 방법은? [15-1, 19-1]

① 방사선식 여기법
② 자동 연속 열탈착 분석법
③ 테들라 백 - 열 탈착법
④ 몰린 형광 광도법

해설 분석 방법 및 농도 계산

분석 방법의 종류	황 함유량에 따른 적용 구분	적용 유류
연소관식 공기법	0.01무게 % 이상	원유·경유·중유
방사선식 여기법		

㉮ 연소관식 공기법 : 950~1,100℃로 가열한 석영 재질 연소관 중에 공기를 불어넣어 시료를 연소시킨다. 생성된 황 산화물을 과산화수소수(3 %)에 흡수시켜 황산으로 만든 다음, 수산화나트륨 표준액으로 중화 적정하여 황 함유량을 구한다.

[비고] 다음의 첨가제가 들어 있는 시료에는 적용할 수 없다.

1. 불용성 황산염을 만드는 금속(Ba, Ca 등)
2. 연소되어 산을 발생시키는 원소(P, N, Cl 등)

$$S = \frac{1.604N(V - V_o)}{W}$$

여기서, S : 황함유량(무게 %)

N : 수산화나트륨 표준 용액의 규정 농도(N)

V : 시료의 적정에 소요된 수산화나트륨 표준액의 양(mL)

V_o : 바탕시험의 적정에 소요된 수산화나트륨 표준액의 양(mL)

W : 시료의 채취량(g)

㉯ 방사선식 여기법 : 시료에 방사선을 조사하고, 여기된 황의 원자에서 발생하는 형광 X선의 강도를 측정한다. 시료 중의 황 함유량은 미리 표준 시료를 이용하여 작성된 검량선으로 구한다.

암기방법 유연방

유 : 유류 중의 황 함유량
연 : 연소관식 공기법
방 : 방사선식 여기법

답 ①

4-1 다음 중 현행 대기 오염 공정 시험 기준상 일반적으로 자외선/가시선 분광법으로 분석하지 않는 물질은? [19-4]

① 배출 가스 중 이황화탄소
② 유류 중 황 함유량
③ 배출 가스 중 황화수소
④ 배출 가스 중 불소 화합물

암기방법 유연방

4-2 다음은 연료용 유류 중의 황 함유량을 연소관식 공기법으로 분석하는 방법이다. ( ) 안에 알맞은 것은? [14-4, 19-2, 20-4]

> 950~1,100℃로 가열한 석영 재질 연소관 중에 공기를 불어넣어 시료를 연소시킨다. 생성된 황 산화물을 (㉠)에 흡수시켜 황산으로 만든 다음, (㉡)으로 중화 적정하여 황 함유량을 구한다.

① ㉠ 과산화수소(3 %), ㉡ 수산화칼륨표준액
② ㉠ 과산화수소(3 %), ㉡ 수산화소듐표준액
③ ㉠ 10 % $AgNO_3$, ㉡ 수산화칼륨표준액
④ ㉠ 10 % $AgNO_3$, ㉡ 수산화소듐표준액

해설 수산화소듐=수산화나트륨

4-3 연료용 유류 중의 황 함유량 분석 방법으로 옳지 않은 것은? [13-1, 16-2]

① 연소관식 공기법은 500~550℃로 가열한 석영 재질 연소관 중에 공기를 불어넣어 시료를 연소시킨 후 생성된 황 산화물을 붕산나트륨(9 %)에 흡수시켜 황산으로 만든 다음, 수산화소듐표준액으로 중화 적정한다.
② 연소관식 공기법의 경우 불용성 황산염을 만드는 금속(Ba, Ca 등)이 들어있는 시료에는 적용할 수 없다.
③ 연소관식 공기법의 경우 연소되어 산을 발생시키는 원소(P, N, Cl 등)가 들어있는 시료에는 적용할 수 없다.
④ 방사선식 여기법은 시료에 방사선을 조사하고, 여기된 황의 원자에서 발생하는 형광 X선의 강도를 측정한다.

해설 ① 500~550℃ → 950~1,100℃, 붕산나트륨(9 %) → 과산화수소(3 %)

4-4 다음은 연료용 유류 중의 황 함유량을 측정하기 위한 분석 방법 중 연소관식 공기법에 관한 설명이다. ( ) 안에 알맞은 것은 어느 것인가? [13-2]

> 950~1,100℃로 가열한 석영 재질 연소관 중에 공기를 불어넣어 시료를 연소시킨다. 생성된 황 산화물을 (㉠)에 흡수시켜 황산으로 만든 다음, 수산화나트륨 표준액으로 중화 적정하여 황 함유량을 구한다.

① 과산화수소(3 %) ② 과망간산칼륨
③ 중크롬산칼륨 ④ 수산화칼륨

4-5 유류 중의 황 함유량을 측정하기 위한 분석 방법에 해당하는 것은? [21-4]

① 광학기법
② 열탈착식 광도법
③ 방사선식 여기법
④ 자외선/가시선 분광법

암기방법 유연방

4-6 연료용 유류 중의 황 함유량 측정 방법 중 방사선식 여기법에 관한 설명으로 옳지 않은 것은? [16-1]

① 여기법 분석계의 전원 스위치를 넣고, 1시간 이상 안정화시킨다.
② 시료에 방사선을 조사하고, 여기된 황

정답 4-1 ② 4-2 ② 4-3 ① 4-4 ① 4-5 ③ 4-6 ②

의 원자에서 발생하는 γ선의 강도를 측정한다.

③ 표준 시료는 디부틸디설파이드를 이용하여 조제한 것으로 황 함유량이 확인된 것을 사용한다.

④ 시료를 충분히 교반한 후 준비된 시료 셀에 기포가 들어가지 않도록 주의하여 액층의 두께가 5~20 mm가 되도록 시료를 넣는다.

해설 ② γ선의 강도 → 형광 X선의 강도

2 휘발성 유기화합물질(VOC) 누출 확인 방법

4-7 **휘발성 유기화합물질(VOCs)의 누출 확인 방법에 관한 설명으로 옳지 않은 것은 어느 것인가?** [21-2]

① 교정 가스는 기기 표시치를 교정하는 데 사용되는 불활성 기체이다.

② 누출 농도는 VOCs가 누출되는 누출원 표면에서의 VOCs 농도로서 대조화합물을 기초로 한 기기의 측정 값이다.

③ 응답 시간은 VOCs가 시료 채취 장치로 들어가 농도 변화를 일으키기 시작하여 기기 계기판의 최종 값이 90 %를 나타내는 데 걸리는 시간이다.

④ 검출 불가능 누출 농도는 누출원에서 VOCs가 대기 중으로 누출되지 않는다고 판단되는 농도로서 국지적 VOCs 배경 농도의 최고 값이다.

해설 용어

- 누출 농도 : VOC가 누출되는 누출원 표면에서의 VOC 농도로서, 대조화합물을 기초로 한 기기의 측정 값이다.
- 대조화합물 : 누출 농도를 위한 기기 교정용 VOC 화합물이다. 예로서, 누출 농도를 메탄 기준으로 10,000 ppm이라 하면, 메탄으로 교정된 기기에서 측정 값이 10,000으로 나타나는 것이다. 여기서 누출 농도는 10,000 ppm이고, 대조화합물은 메탄이다.
- 교정 가스 : 기지 농도로 기기 표시치를 교정하는 데 사용되는 VOC 화합물로서 일반적으로 누출 농도와 유사한 농도의 대조화합물이다.
- 검출 불가능 누출 농도 : 누출원에서 VOC가 대기 중으로 누출되지 않는다고 판단되는 농도로서 국지적 VOC 배경 농도의 최고 농도 값이다. 또한 제조 공정 중의 누출원에 대해서 측정 기기가 나타낼 수 있는 최소 농도 값보다 적은 측정 값 차이는 VOC 누출이 없는 것이다(예 규정된 누출농도가 10,000 ppm이면 기기 측정 값으로 500 ppm이다).
- 반응 인자 : 관련 규정에 명시된 대조화합물로 교정된 기기를 이용하여 측정할 때 관측된 측정 값과 VOC 화합물 기지 농도와의 비율이다.
- 교정 정밀도 : 기지의 농도 값과 측정 값 간의 평균 차이를 상대적인 퍼센트로 표현하는 것으로서, 동일한 기지 농도의 측정 값들의 일치 정도이다.
- 응답 시간 : VOC가 시료 채취 장치로 들어가 농도 변화를 일으키기 시작하여 기기 계기판의 최종 값이 90 %를 나타내는 데 걸리는 시간이다.

4-8 **휘발성 유기화합물질(VOC) 누출 확인 방법에서 사용되는 용어 정의로 옳지 않은 것은?** [14-4]

① 교정 가스 : 미지 농도로 기기 표시치를 교정하는 데 사용되는 VOC 화합물

정답 4-7 ① 4-8 ①

로서 일반적으로 누출 농도와 다른 농도의 대조 화합물이다.

② 반응 인자 : 관련 규정에 명시된 대조 화합물로 교정된 기기를 이용하여 측정할 때 관측된 측정 값과 VOC 화합물 기지 농도와의 비율이다.

③ 교정 정밀도 : 기지의 농도 값과 측정 값 간의 평균 차이를 상대적인 퍼센트로 표현하는 것으로서, 동일한 기지 농도의 측정 값들의 일치 정도이다.

④ 응답 시간 : VOC가 시료 채취 장치로 들어가 농도 변화를 일으키기 시작하여 기기 계기판의 최종 값이 90 %를 나타내는 데 걸리는 시간이다.

해설 ① 교정 가스 : 기지 농도로 기기 표시치를 교정하는 데 사용되는 VOC 화합물로서 일반적으로 누출 농도와 유사한 농도의 대조 화합물이다.

4-9 휘발성 유기화합물질(VOCs) 누출 확인 방법에 관한 설명으로 거리가 먼 것은 어느 것인가? [18-1]

① 검출 불가능 누출 농도는 누출원에서 VOCs가 대기 중으로 누출되지 않는다고 판단되는 농도로서 국지적 VOCs 배경 농도의 최고 농도 값이다.

② 휴대용 측정 기기를 사용하여 개별 누출원으로부터의 직접적인 누출량을 측정한다.

③ 누출 농도는 VOCs가 누출되는 누출원 표면에서의 농도로서 대조 화합물을 기초로 한 기기의 측정 값이다.

④ 응답 시간은 VOCs가 시료 채취 장치로 들어가 농도 변화를 일으키기 시작하여 기기계기판의 최종 값이 90 %를 나타내는 데 걸리는 시간이다.

해설 이 방법은 휴대용 측정 기기를 이용하여 개별 누출원으로부터 VOC 누출을 확인한다. 이 방법은 누출의 확인 여부로만 사용하여야 하고, 개별 누출원으로부터의 직접적인 누출량 측정법으로 사용하여서는 안 된다.

4-10 휘발성 유기화합물 누출 확인에 사용되는 휴대용 VOCs 측정 기기에 관한 설명으로 옳지 않은 것은? [19-1]

① 휴대용 VOCs 측정 기기의 계기 눈금은 최소한 표시된 누출 농도의 ±5 %를 읽을 수 있어야 한다.

② 휴대용 VOCs 측정 기기는 펌프를 내장하고 있어 연속적으로 시료가 검출기로 제공되어야 하며, 일반적으로 시료 유량은 0.5 L/min~3 L/min이다.

③ 휴대용 VOCs 측정 기기의 응답 시간은 60초보다 작거나 같아야 한다.

④ 측정될 개별 화합물에 대한 기기의 반응 인자(respone factor)는 10보다 작아야 한다.

해설 ③ 60초 → 30초

3 환경 대기 중 휘발성 유기화합물(VOC)의 시험 방법

4-11 환경 대기 중 휘발성 유기화합물(VOCs)의 시험 방법으로 옳지 않은 것은 어느 것인가? [12-2]

① 자동연속 용매추출분석법

② 고체흡착용매추출법

③ 자동연속 열탈착분석법

④ 고체흡착열탈착법

정답 4-9 ② 4-10 ③ 4-11 ①

해설 ㉮ 적용 범위

이 방법은 대기 환경 중에 존재하는 휘발성 유기화합물(volatile organic compounds : VOCs) 중 오존 생성 전구 물질과 유해 대기 오염 물질의 농도를 측정하기 위한 시험 방법이다. 고체흡착열탈착법과 자동연속 분석법을 주시험법으로 한다.

㉯ 측정 방법의 종류

- 고체흡착열탈착법(주시험법)
- 고체흡착용매추출법
- 자동연속 열탈착분석법(주시험법)

암기방법 휘발고고자

휘발 : 휘발성 유기화합물
고 : 고체흡착열탈착법
고 : 고체흡착용매추출법
자 : 자동연속 열탈착분석법

4-12 **대기 환경 중에 존재하는 휘발성 유기화합물(VOCs) 중 오존 생성 전구 물질과 유해 대기 오염 물질의 농도를 측정하기 위한 시험 방법에 해당하지 않는 것은 어느 것인가?** [13-4]

① 고체흡착열탈착법
② 자동연속열탈착분석법
③ 저온농축탈착법
④ 고체흡착용매추출법

4-13 **대기 환경 중에 존재하는 휘발성 유기화합물(volatile organic compounds : VOCs) 중 오존 생성 전구 물질과 유해 대기 오염 물질의 농도를 측정하기 위한 시험 방법으로 거리가 먼 것은?** [15-2]

① 고체흡착열탈착법
② 고체증기흡수분무법
③ 고체흡착용매추출법
④ 자동연속열탈착분석법

4-14 **대기 오염 공정 시험 기준에 의거하여 환경 대기 중 휘발성 유기화합물(유해 VOCs 고체 흡착법)을 분석할 때, 휘발성 유기화합물질의 추출 용매로 가장 적합한 것은?** [15-4]

① Ethyl alcohol
② PCB
③ CS_2
④ n-Hexane

해설 고체흡착용매추출법은 이황화탄소를 사용하여 흡착관에 흡착된 염화비닐을 추출한 후 이 추출액 중 일정량을 가스 크로마토그래프에 주입하여 분석하는 방법이다.

4-15 **다음은 환경 대기 중 휘발성 유기화합물(VOCs)의 시험 방법에 사용되는 용어의 정의이다. ( ) 안에 알맞은 것은 어느 것인가?** [12-2]

> ( )란 분석 대상 물질 농도의 검출 수준(5 %)이 흡착관에 채취되지 않고 흡착관을 통과하는 일정 농도의 분석 대상 물질을 함유하는 공기의 부피를 말하거나, 두 개의 흡착관을 직렬로 연결할 경우 후단의 흡착관에 채집된 양이 전체의 5 %를 차지할 경우의 공기의 부피를 말한다.

① 머무름 부피(retention volume)
② 안전 부피(safe sample volume)
③ 돌파 부피(breakthrough volume)
④ 탈착 부피(desorption volume)

해설 용어

- 열탈착 : 열과 불활성 가스를 이용하여 흡착제로부터 휘발성 유기화합물을 탈착시켜 기체 크로마토그래피로 전달하는 과정(흡착제 재생)

정답 4-12 ③ 4-13 ② 4-14 ③ 4-15 ③

• 2단 열탈착 : 흡착제로부터 분석 물질을 열탈착하여 저온 농축관에 농축한 다음 저온 농축관을 가열하여 농축된 화합물을 기체 크로마토그래피로 전달하는 과정
• 돌파 부피(breakthrough volume) : 분석 대상 물질 농도의 검출 수준(5 %)이 흡착관에 채취되지 않고 흡착관을 통과하는 일정 농도의 분석 대상 물질을 함유하는 공기의 부피를 말하거나 두 개의 흡착관을 직렬로 연결할 경우 후단의 흡착관에 채집된 양이 전체의 5 %를 차지할 경우의 공기의 부피를 말함
• 안전 부피(safe sample volume) : 분석 대상 물질의 손실없이 안전하게 채취할 수 있는 일정 농도에 대한 공기의 부피를 말한다. 돌파 부피의 $\frac{2}{3}$값을 적용한다. 또는 머무름 부피의 $\frac{1}{2}$ 정도를 취한다.
• 머무름 부피(retention volume) : 흡착관으로부터 분석 물질을 탈착하기 위하여 필요한 운반 가스의 부피를 측정함으로써 결정된다.
• 흡착관의 안정화(conditioning) : 흡착관을 사용하기 전에 열탈착기에 의해서 보통 350℃(흡착제별로 사용 최고 온도를 고려하여 조정)에서 헬륨 가스 50 mL/min으로 적어도 2시간 동안 안정화 시킨 후 사용한다. 시료 채취 이전에 흡착관의 안정화 여부를 사전 분석을 통하여 확인해야 한다.
• 고성능 모세분리관 : 내경은 320 μm이고 고정상 필름 두께가 5 μm 정도인 분리관을 이용한다.

4-16 **대기 중의 유해 휘발성 유기화합물을 고체 흡착법에 따라 분석할 때 사용하는 용어의 정의이다. ( ) 안에 들어갈 내용으로 가장 적합한 것은?** [17-2, 21-1]

> 일정 농도의 VOC가 흡착관에 흡착되는 초기 시점부터 일정 시간이 흐르게 되면 흡착관 내부에 상당량의 VOC가 포화되기 시작하고 전체 VOC양의 5 %가 흡착관을 통과하게 되는데, 이 시점에서 흡착관 내부로 흘러간 총 부피를 (   )라 한다.

① 머무름 부피(retention volume)
② 안전 부피(safe sample volume)
③ 파과 부피(breakthrough volume)
④ 탈착 부피(desorption volume)

해설 파과 부피=돌파 부피

4-17 **환경 대기 중 휘발성 유기화합물(VOCs)의 시험 방법에 사용되는 용어에 관한 설명으로 옳지 않은 것은?** [15-1]

① 머무름 부피(retention volume) : 흡착관으로부터 분석 물질을 탈착하기 위하여 필요한 운반 가스의 부피를 측정함으로써 결정된다.
② 흡착관의 안정화(conditloning) : 흡착관을 사용하기 전에 열탈착기에 의해서 보통 350℃(흡착제별로 사용 최고 온도를 고려하여 조정)에서 헬륨 가스 25 mL/min으로 적어도 1시간 동안 안정화 시킨 후 사용한다.
③ 열탈착 : 열과 불활성 가스를 이용하여 흡착제로부터 휘발성 유기화합물을 탈착시켜 기체 크로마토그래피로 전달하는 과정이다.
④ 2단 열탈착 : 흡착제로부터 분석 물질을 열탈착하여 저온 농축관에 농축한 다음 저온농축관을 가열하여 농축된 화합물을 기체 크로마토그래피로 전달하는 과정이다.

정답 4-16 ③ 4-17 ②

해설 ② 25 mL/min으로 적어도 1시간 동안 →50 mL/min으로 적어도 2시간 동안

4-18 대기 환경 중에 존재하는 휘발성 유기 화합물(VOCs) 중 오존 생성 전구 물질과 유해 대기 오염 물질의 농도를 측정하기 위한 시험 방법에 관한 설명으로 옳지 않은 것은 어느 것인가? [13-1]

① 가스 크로마토그래프법과 형광 분광 광도법이 있으며, 형광 분광 광도법을 주시험법으로 한다.

② 흡착관은 스테인리스 스틸(5×89 mm) 또는 유리재질(5×89 mm) 로 된 관에 측정 대상 성분에 따라 흡착제를 선택하여 각 흡착제의 돌파 부피를 고려하여 200 mg 이상으로 충진한 후 사용한다.

③ 흡인 펌프는 사용 목적에 맞는 용량의 펌프를 사용하며, 이 시험 방법에서는 저용량 펌프를 사용한다.

④ 흡착관은 사용하기 전에 반드시 안정화 단계를 거쳐야 하는데, 보통 350℃(흡착제의 종류에 따라 조정 가능)에서 헬륨 가스 50 mL/min으로 적어도 2시간 동안 안정화시킨다.

해설 ① 가스 크로마토그래프법과 형광 분광 광도법이 있으며→고체흡착열탈착법과 고체흡착용매추출법, 자동연속 열탈착분석법이 있으며, 고체흡착열탈착분석법과 자동연속 열탈착분석법을 주시험법으로 한다.

4 배출 가스 중 베릴륨 시험 방법

4-19 다음은 굴뚝 배출 가스 중 베릴륨 분석 방법에 관한 설명이다. ( ) 안에 알맞은 것은? [13-2, 16-4]

> 몰린 형광 광도법은 배출 가스 중 먼지 상태로 존재하는 베릴륨 및 그 화합물을 여과지에 포집하고 이에 (㉠)을 가하여 가열 분해하여 여과한 후 용액을 증발 건고시킨다. 이것을 염산 산성으로 하고, (㉡)을 가하여 철을 제거한 후 용액을 알칼리성으로 하여 EDTA 용액 및 몰린 용액을 가한다.

① ㉠ 황산, ㉡ 4-메틸-2-펜타논

② ㉠ 황산, ㉡ 디티존사염화탄소 용액(0.005 W/V%)

③ ㉠ 질산, ㉡ 4-메틸-2-펜타논

④ ㉠ 질산, ㉡ 디티존사염화탄소 용액(0.005 W/V%)

해설 몰린 형광 광도법 : 배출 가스 중 먼지 상태로 존재하는 베릴륨 및 그 화합물을 여과지에 포집하고 이에 질산을 가하여 가열 분해하여 여과한 후 용액을 증발 건고시킨다. 이것을 염산 산성으로 하고, 4-메틸-2-펜타논을 가하여 철을 제거한 후 용액을 알칼리성으로 하여 EDTA 용액 및 몰린 용액을 가한다. 이것의 형광도를 측정하여 베릴륨을 정량한다. 정량 범위는 베릴륨으로서 0.05~0.2 μg, 변동 계수는 2~10 %이어야 한다.

암기방법 베몰

베 : 베릴륨

몰 : 몰린 형광 광도법

정답 4-18 ① 4-19 ③

대기환경 관계법규

Chapter 01 대기환경보전법

1-1 총칙

1. 대기환경보전법상 "온실가스"가 아닌 것은? [12-4, 15-2]

① 이산화탄소 ② 수소불화탄소
③ 이산화질소 ④ 육불화황

암기방법 (과)(육)으로 (아)(이)(메)(수)하라. (수)(염)

과 : 과불화탄소
육 : 육불화황
아 : 아산화질소
이 : 이산화탄소
메 : 메탄
수 : 수소불화탄소
수 : 수소염화불화탄소
염 : 염화불화탄소

답 ③

법. 제2조(정의) 이 법에서 사용하는 용어의 뜻은 다음과 같다.

1. "대기오염물질"이란 대기 중에 존재하는 물질 중 제7조에 따른 심사·평가 결과 대기오염의 원인으로 인정된 가스·입자상 물질로서 환경부령으로 정하는 것을 말한다.

1의 2. "유해성대기감시물질"이란 대기오염물질 중 제7조에 따른 심사·평가 결과 사람의 건강이나 동식물의 생육에 위해를 끼칠 수 있어 지속적인 측정이나 감시·관찰 등이 필요하다고 인정된 물질로서 환경부령으로 정하는 것을 말한다.

2. "기후·생태계 변화유발물질"이란 지구 온난화 등으로 생태계의 변화를 가져올 수 있는 기체상 물질로서 온실가스와 환경부령으로 정하는 것을 말한다.

3. “온실가스”란 적외선 복사열을 흡수하거나 다시 방출하여 온실효과를 유발하는 대기 중의 가스상태 물질로서 이산화탄소, 메탄, 아산화질소, 수소불화탄소, 과불화탄소, 육불화황을 말한다.
4. “가스”란 물질이 연소·합성·분해될 때에 발생하거나 물리적 성질로 인하여 발생하는 기체상 물질을 말한다.
5. “입자상 물질”이란 물질이 파쇄·선별·퇴적·이적될 때, 그 밖에 기계적으로 처리되거나 연소·합성·분해될 때에 발생하는 고체상 또는 액체상의 미세한 물질을 말한다.
6. “먼지”란 대기 중에 떠다니거나 흩날려 내려오는 입자상 물질을 말한다.
7. “매연”이란 연소할 때에 생기는 유리탄소가 주가 되는 미세한 입자상 물질을 말한다.
8. “검댕”이란 연소할 때에 생기는 유리탄소가 응결하여 입자의 지름이 1미크론 이상이 되는 입자상 물질을 말한다.
9. “특정대기유해물질”이란 유해성대기감시물질 중 제7조에 따른 심사·평가 결과 저농도에서도 장기적인 섭취나 노출에 의하여 사람의 건강이나 동식물의 생육에 직접 또는 간접으로 위해를 끼칠 수 있어 대기 배출에 대한 관리가 필요하다고 인정된 물질로서 환경부령으로 정하는 것을 말한다.
10. “휘발성유기화합물”이란 탄화수소류 중 석유화학제품, 유기용제, 그 밖의 물질로서 환경부장관이 관계 중앙행정기관의 장과 협의하여 고시하는 것을 말한다.
11. “대기오염물질배출시설”이란 대기오염물질을 대기에 배출하는 시설물, 기계, 기구, 그 밖의 물체로서 환경부령으로 정하는 것을 말한다.
12. “대기오염방지시설”이란 대기오염물질배출시설로부터 나오는 대기오염물질을 연소조절에 의한 방법 등으로 없애거나 줄이는 시설로서 환경부령으로 정하는 것을 말한다.
13. “자동차”란 다음 각 목의 어느 하나에 해당하는 것을 말한다.
   가. 「자동차관리법」 제2조제1호에 규정된 자동차 중 환경부령으로 정하는 것
   나. 「건설기계관리법」 제2조제1항제1호에 따른 건설기계 중 주행특성이 가목에 따른 것과 유사한 것으로서 환경부령으로 정하는 것

13의2. “원동기”란 다음 각 목의 어느 하나에 해당하는 것을 말한다.
   가. 「건설기계관리법」 제2조제1항제1호에 따른 건설기계 중 제13호나목 외의 건설기계로서 환경부령으로 정하는 건설기계에 사용되는 동력을 발생시키는 장치
   나. 농림용 또는 해상용으로 사용되는 기계로서 환경부령으로 정하는 기계에 사용되는 동력을 발생시키는 장치

14. “선박”이란 「해양환경관리법」 제2조제16호에 따른 선박을 말한다.

15. “첨가제”란 자동차의 성능을 향상시키거나 배출가스를 줄이기 위하여 자동차의 연료에 첨가하는 탄소와 수소만으로 구성된 물질을 제외한 화학물질로서 다음 각 목의 요건을 모두 충족하는 것을 말한다.
   가. 자동차의 연료에 부피 기준(액체첨가제의 경우만 해당한다) 또는 무게 기준(고체첨가제의 경우만 해당한다)으로 1퍼센트 미만의 비율로 첨가하는 물질. 다만, 「석유 및 석유대체연료 사업법」 제2조제7호 및 제8호에 따른 석유정제업자 및 석유수출입업자가 자동차연료인 석유제품을 제조하거나 품질을 보정하는 과정에 첨가하는 물질의 경우에는 그 첨가비율의 제한을 받지 아니한다.
   나. 「석유 및 석유대체연료 사업법」 제2조제10호에 따른 가짜석유제품 또는 같은 조 제11호에 따른 석유대체연료에 해당하지 아니하는 물질

15의2. “촉매제”란 배출가스를 줄이는 효과를 높이기 위하여 배출가스 저감장치에 사용되는 화학물질로서 환경부령으로 정하는 것을 말한다.

16. “저공해 자동차”란 다음 각 목의 자동차로서 대통령령으로 정하는 것을 말한다.
   가. 대기오염물질의 배출이 없는 자동차
   나. 제46조 제1항에 따른 제작차의 배출허용기준보다 오염물질이 적게 배출하는 자동차

17. “배출가스저감장치”란 자동차에서 배출되는 대기오염물질을 줄이기 위하여 자동차에 부착 또는 교체하는 장치로서 환경부령으로 정하는 저감효율에 적합한 장치를 말한다.

18. “저공해엔진”이란 자동차에서 배출되는 대기오염물질을 줄이기 위한 엔진(엔진 개조에 사용하는 부품을 포함한다)으로서 환경부령으로 정하는 배출허용기준에 맞는 엔진을 말한다.

19. “공회전제한장치”란 자동차에서 배출되는 대기오염물질을 줄이고 연료를 절약하기 위하여 자동차에 부착하는 장치로서 환경부령으로 정하는 기준에 적합한 장치를 말한다.

20. “온실가스 배출량”이란 자동차에서 단위 주행거리당 배출되는 이산화탄소(CO_2) 배출량(g/km)을 말한다.

21. “온실가스 평균배출량”이란 자동차제작자가 판매한 자동차 중 환경부령으로 정하는 자동차의 온실가스 배출량의 합계를 해당 자동차 총 대수로 나누어 산출한 평균값(g/km)을 말한다.

22. “장거리이동 대기오염물질”이란 황사, 먼지 등 발생 후 장거리 이동을 통하여 국가간에 영향을 미치는 대기오염물질로서 환경부령으로 정하는 것을 말한다.

23. "냉매"란 기후·생태계 변화 유발물질 중 열전달을 통한 냉난방·냉동·냉장 등의 효과를 목적으로 사용되는 물질로서 환경부령으로 정하는 것을 말한다.

규칙. 제3조(기후·생태계 변화유발물질) 법 제2조제2호에서 "환경부령으로 정하는 것"이란 염화불화탄소와 수소염화불화탄소를 말한다.

규칙. 제8조의2(촉매제) 법 제2조제15호의2에 따른 촉매제는 경유를 연료로 사용하는 자동차에서 배출되는 질소산화물을 저감하기 위하여 사용되는 화학물질을 말한다.

1-1 대기환경보전법에서 사용하는 용어의 뜻으로 옳지 않은 것은? [13-4]

① "휘발성유기화합물"이란 탄화수소류 중 석유화학제품, 유기용제, 그 밖의 물질로서 환경부장관이 관계 중앙행정기관의 장과 협의하여 고시하는 것을 말한다.

② "저공해엔진"이란 자동차에서 배출되는 대기오염물질을 줄이기 위한 엔진(엔진 개조에 사용하는 부품을 포함한다)으로서 환경부령으로 정하는 배출허용기준에 맞는 엔진을 말한다.

③ "촉매제"란 배출가스를 줄이는 효과를 높이기 위하여 배출가스저감장치를 제외한 장치에 사용되는 화학물질로서 환경부장관이 관계 중앙행정기관의 장과 협의하여 고시하는 것을 말한다.

④ "검댕"이란 연소할 때에 생기는 유리탄소가 응결하여 입자의 지름이 1μ 이상이 되는 입자상 물질을 말한다.

1-2 대기환경보전법에서 사용하는 용어의 뜻으로 옳지 않은 것은? [12-2, 16-2]

① "저공해엔진"이란 자동차에서 배출되는 대기오염물질을 줄이기 위한 엔진(엔진개조에 사용하는 부품을 포함한다)으로서 환경부령으로 정하는 배출허용기준에 맞는 엔진을 말한다.

② "검댕"이란 연소할 때에 생기는 유리탄소가 응결하여 입자의 지름이 1미크론 이상이 되는 입자상 물질을 말한다.

③ "온실가스"란 적외선 복사열을 흡수하거나 다시 방출하여 온실효과를 유발하는 대기 중의 가스상태 물질로서 이산화탄소, 메탄, 아산화질소, 수소불화탄소, 과불화탄소, 육불화황을 말한다.

④ "촉매제"란 연료절감을 위해 엔진구동부에 사용되는 화학물질로서 부피 비율로 1퍼센트 미만의 비율로 첨가하는 물질을 말한다.

정답 **1-1** ③ **1-2** ④

1-3 대기환경보전법에서 사용하는 용어의 정의로 틀린 것은? [16-1]

① 매연 : 연소할 때 발생하는 유리탄소가 주가 되는 미세한 입자상 물질을 말한다.
② 가스 : 물질이 연소, 합성, 분해될 때 발생하거나 물리적 성질로 인하여 발생하는 기체상 물질을 말한다.
③ 기후, 생태계변화 유발물질 : 지구온난화 등으로 생태계의 변화를 가져올 수 있는 기체상 또는 입자상 물질로서 대통령령이 정하는 것을 말한다.
④ 온실가스 : 적외선 복사열을 흡수하거나 다시 방출하여 온실효과를 유발하는 대기 중의 가스상태 물질로서 이산화탄소, 메탄, 아산화질소, 수소불화탄소, 과불화탄소, 육불화황을 말한다.

1-4 대기환경보전법령상 용어의 뜻으로 틀린 것은? [17-4, 20-2]

① 대기오염물질 : 대기 중에 존재하는 물질 중 심사·평가 결과 대기오염의 원인으로 인정된 가스·입자상 물질로서 환경부령으로 정하는 것을 말한다.
② 기후·생태계 변화유발물질 : 지구 온난화 등으로 생태계의 변화를 가져올 수 있는 기체상 물질로서 온실가스와 환경부령으로 정하는 것을 말한다.
③ 매연 : 연소할 때에 생기는 유리 탄소가 주가 되는 미세한 입자상 물질을 말한다.
④ 촉매제 : 자동차에서 배출되는 대기오염물질을 줄이기 위하여 자동차에 부착 또는 교체하는 장치로서 환경부령으로 정하는 저감효율에 적합한 장치를 말한다.

1-5 대기환경보전법상 사용하는 용어의 정의로 옳지 않은 것은? [19-2]

① "검댕"이란 연소할 때에 생기는 유리(遊離) 탄소가 응결하여 입자의 지름이 1미크론 이상이 되는 입자상 물질을 말한다.
② "온실가스 평균배출량"이란 자동차제작자가 판매한 자동차 중 환경부령으로 정하는 자동차의 온실가스 배출량의 합계를 해당 자동차 총 대수로 나누어 산출한 평균값(g/km)을 말한다.
③ "온실가스"란 적외선 복사열을 흡수하거나 다시 방출하여 온실효과를 유발하는 대기 중의 가스상태 물질로서 이산화탄소, 메탄, 아산화질소, 수소불화탄소, 과불화탄소, 육불화황을 말한다.
④ "냉매"란 열전달을 통한 냉난방, 냉동·냉장 등의 효과를 목적으로 사용되는 물질로서 산업통상자원부령으로 정하는 것을 말한다.

정답 1-3 ③ 1-4 ④ 1-5 ④

1-6 다음은 대기환경보전법상 용어의 뜻이다. ( ) 안에 알맞은 것은? [19-4]

> ( )(이)란 연소할 때 생기는 유리탄소가 응결하여 입자의 지름이 1미크론 이상이 되는 입자상 물질을 말한다.

① 스모그 ② 안개 ③ 검댕 ④ 먼지

1-7 대기환경보전법상 "대기오염물질"의 정의로서 가장 적합한 것은? [12-4, 16-4]

① 연소 시에 발생하는 유리탄소를 주로 하는 미세한 입자상 물질로서 환경부령이 정하는 것
② 연소 시에 발생하는 유리탄소가 응결하여 입자의 지름이 1 μ 이상이 되는 물질로서 환경부령이 정하는 것
③ 대기오염의 원인이 되는 가스·입자상 물질로서 환경부령으로 정하는 것
④ 물질의 연소·합성·분해 시에 발생하는 고체상 또는 액체상의 물질로서 환경부령이 정하는 것

1-8 대기환경보전법령상의 용어 정의로 옳은 것은? [21-4]

① "온실가스"란 적외선 복사열을 흡수하거나 다시 방출하여 온실효과를 유발하는 대기 중의 가스상 물질로서 이산화탄소, 메탄, 아산화질소, 수소불화탄소, 과불화탄소, 육불화황을 말한다.
② "기후·생태계 변화유발물질"이란 지구 온난화 등으로 생태계의 변화를 가져올 수 있는 액체상 물질로서 환경부령으로 정하는 것을 말한다.
③ "매연"이란 연소할 때에 생기는 탄소가 주가 되는 기체상 물질을 말한다.
④ "검댕"이란 연소할 때에 생기는 탄소가 응결하여 생성된 지름이 10 μm 이상인 기체상 물질을 말한다.

1-9 대기환경보전법령상 기후·생태계 변화 유발물질 중 "환경부령으로 정하는 것"에 해당하는 것은? [14-2, 21-1]

① 염화불화탄소와 수소염화불화탄소 ② 염화불화산소와 수소염화불화산소
③ 불화염화수소와 불화염소화수소 ④ 불화염화수소와 불화수소화탄소

해설 시행규칙 제3조 참조

정답 1-6 ③ 1-7 ③ 1-8 ① 1-9 ①

1-10 대기환경보전법령상 기후·생태계 변화 유발물질과 가장 거리가 먼 것은 어느 것인가? [18-1, 20-2]

① 이산화질소 ② 메탄
③ 과불화탄소 ④ 염화불화탄소

1-11 대기환경보전법상 기후·생태계 변화 유발물질이라 볼 수 없는 것은? [17-4]

① 이산화탄소 ② 아산화질소
③ 탄화수소 ④ 메탄

1-12 대기환경보전법상 용어의 뜻으로 옳지 않은 것은? [14-2]

① 대기오염물질이란 대기오염의 원인이 되는 가스·입자상 물질 및 악취물질로서 대통령령으로 정한 것을 말한다.
② 기후·생태계변화 유발물질이라 함은 지구 온난화 등으로 생태계의 변화를 가져올 수 있는 기체상 물질로서 온실가스와 환경부령으로 정하는 것을 말한다.
③ 매연이란 연소할 때에 생기는 유리탄소가 주가 되는 미세한 입자상 물질을 말한다.
④ 검댕이란 연소할 때에 생기는 유리탄소가 응결하여 입자의 지름이 1미크론 이상이 되는 입자상 물질을 말한다.

1-13 대기환경보전법상 용어의 뜻으로 옳지 않은 것은? [14-1]

① "온실가스"란 적외선 복사열을 흡수하거나 다시 방출하여 온실효과를 유발하는 대기 중의 가스상태 물질로서 이산화탄소, 메탄, 아산화질소, 수소불화탄소, 과불화탄소, 육불화황을 말한다.
② "휘발성유기화합물"이란 탄화수소류 중 석유화학제품, 유기용제, 그 밖의 물질로서 환경부장관이 관계 중앙행정기관의 장과 협의하여 고시하는 것을 말한다.
③ "배출가스 저감장치"란 자동차에서 배출되는 대기오염물질을 줄이기 위하여 자동차에 부착 또는 교체하는 장치로서 환경부령으로 정하는 저감효율에 적합한 장치를 말한다.
④ "검댕"이란 연소할 때에 생기는 유리탄소가 주가 되는 미세한 입자상 물질로 지름이 10 μ 이상이 되는 입자상 물질을 말한다.

정답 **1-10** ① **1-11** ③ **1-12** ① **1-13** ④

1-14 다음 중 대기환경보전법규상 특별시장·광역시장·도지사 또는 특별자치도지사가 설치하는 대기오염측정망에 해당하는 것은? [12-2]

① 산성강하물측정망 ② 광화학대기오염물질측정망
③ 지구대기측정망 ④ 대기중금속측정망

해설 규칙. 제11조(측정망의 종류 및 측정결과보고 등)

① 법 제3조제1항에 따라 수도권대기환경청장, 국립환경과학원장 또는 「한국환경공단법」에 따른 한국환경공단(이하 "한국환경공단"이라 한다)이 설치하는 대기오염 측정망의 종류는 다음 각 호와 같다.

1. 대기오염물질의 지역배경농도를 측정하기 위한 교외대기측정망
2. 대기오염물질의 국가배경농도와 장거리이동 현황을 파악하기 위한 국가배경농도 측정망
3. 도시지역 또는 산업단지 인근지역의 특정대기유해물질(중금속을 제외한다)의 오염도를 측정하기 위한 유해대기물질측정망
4. 도시지역의 휘발성유기화합물 등의 농도를 측정하기 위한 광화학대기오염물질측정망
5. 산성 대기오염물질의 건성 및 습성 침착량을 측정하기 위한 산성강하물측정망
6. 기후·생태계 변화유발물질의 농도를 측정하기 위한 지구대기측정망
7. 장거리이동 대기오염물질의 성분을 집중 측정하기 위한 대기오염집중측정망
8. 초미세먼지(PM-2.5)의 성분 및 농도를 측정하기 위한 미세먼지성분측정망

② 법 제3조제2항에 따라 특별시장·광역시장·특별자치시장·도지사 또는 특별자치도지사(이하 "시·도지사"라 한다)가 설치하는 대기오염 측정망의 종류는 다음 각 호와 같다.

1. 도시지역의 대기오염물질 농도를 측정하기 위한 도시대기측정망
2. 도로변의 대기오염물질 농도를 측정하기 위한 도로변대기측정망
3. 대기 중의 중금속 농도를 측정하기 위한 대기 중금속측정망

암기방법 (도)(도)한(중)

도 : 도시지역의
도 : 도로변의
중 : 중금속 농도

1-15 다음 중 대기환경보전법규상 시·도지사가 설치하는 대기오염 측정망 종류에 해당하는 것은? [12-1, 17-4, 21-4]

① 대기오염물질의 지역배경농도를 측정하기 위한 교외대기측정망
② 도시지역의 휘발성 유기화합물 등의 농도를 측정하기 위한 광화학대기오염물질측정망
③ 대기 중의 중금속 농도를 측정하기 위한 대기중금속측정망
④ 산성 대기오염물질의 건성 및 습성 침착량을 측정하기 위한 산성강하물측정망

정답 1-14 ④ 1-15 ③

1-16 대기환경보전법규상 시·도지사가 설치하는 대기오염 측정망에 해당하지 않는 것은? [18-4]

① 도시지역의 휘발성유기화합물 등의 농도를 측정하기 위한 광화학대기오염물질측정망
② 도시지역의 대기오염물질 농도를 측정하기 위한 도시대기측정망
③ 도로변의 대기오염물질 농도를 측정하기 위한 도로변대기측정망
④ 대기 중의 중금속 농도를 측정하기 위한 대기중금속측정망

1-17 대기환경보전법규상 수도권대기환경청장, 국립환경과학원장 또는 한국환경공단이 설치하는 대기오염 측정망의 종류에 해당하지 않는 것은? [13-1, 16-2, 20-2]

① 대기오염물질의 국가배경농도와 장거리이동 현황을 파악하기 위한 국가배경농도 측정망
② 대기오염물질의 지역배경농도를 측정하기 위한 교외대기 측정망
③ 도시지역의 휘발성유기화합물 등의 농도를 측정하기 위한 광화학대기오염물질 측정망
④ 대기 중의 중금속 농도를 측정하기 위한 대기중금속 측정망

1-18 대기환경보전법규상 수도권대기환경청장, 국립환경과학원장 또는 한국환경공단이 설치하는 대기오염 측정망에 해당하지 않는 것은? [16-4, 18-1, 21-2]

① 대기오염물질의 지역배경농도를 측정하기 위한 교외대기측정망
② 산성 대기오염물질의 건성 및 습성 침착량을 측정하기 위한 산성강하물측정망
③ 도시지역의 휘발성유기화합물 등의 농도를 측정하기 위한 광화학대기오염물질측정망
④ 도시지역의 대기오염물질 농도를 측정하기 위한 도시대기측정망

1-19 대기환경보전법규상 수도권대기환경청장, 국립환경과학원장 또는 한국환경공단이 설치하는 대기오염 측정망의 종류에 해당하지 않는 것은? [18-4]

① 대기오염물질의 지역배경농도를 측정하기 위한 교외대기측정망
② 대기 중의 중금속 농도를 측정하기 위한 대기중금속측정망
③ 초미세먼지(PM-2.5)의 성분 및 농도를 측정하기 위한 미세먼지성분측정망
④ 산성 대기오염물질의 건성 및 습성 침착량을 측정하기 위한 산성강하물측정망

정답 1-16 ① 1-17 ④ 1-18 ④ 1-19 ②

1-20 대기환경보전법규상 수도권대기환경청장, 국립환경과학원장 또는 한국환경공단이 설치하는 대기오염 측정망에 해당하는 것은? [20-1]

① 도시지역의 휘발성유기화합물 등의 농도를 측정하기 위한 광화학대기오염물질측정망
② 도시지역의 대기오염물질 농도를 측정하기 위한 도시대기측정망
③ 도로변의 대기오염물질 농도를 측정하기 위한 도로변대기측정망
④ 대기 중의 중금속 농도를 측정하기 위한 대기중금속측정망

1-21 대기환경보전법령상 수도권대기환경청장, 국립환경과학원장 또는 한국환경공단이 설치하는 대기오염 측정망의 종류가 아닌 것은? [21-1]

① 도시지역의 휘발성유기화합물 등의 농도를 측정하기 위한 광화학대기오염물질측정망
② 기후·생태계변화 유발물질의 농도를 측정하기 위한 지구대기측정망
③ 대기 중의 중금속 농도를 측정하기 위한 대기중금속측정망
④ 대기오염물질의 지역배경농도를 측정하기 위한 교외대기측정망

1-22 대기환경보전법규상 측정망 설치계획을 고시할 때 포함될 사항과 거리가 먼 것은? [17-2]

① 측정망 배치도
② 측정망 설치시기
③ 측정망 교체주기
④ 측정소를 설치할 토지 또는 건축물의 위치 및 면적

해설 규칙. 제12조(측정망설치계획의 고시)

① 유역환경청장, 지방환경청장, 수도권대기환경청장 및 시·도지사는 법 제4조에 따라 다음 각 호의 사항이 포함된 측정망설치계획을 결정하고 최초로 측정소를 설치하는 날부터 3개월 이전에 고시하여야 한다.
1. 측정망 설치시기
2. 측정망 배치도
3. 측정소를 설치할 토지 또는 건축물의 위치 및 면적

암기방법 시위배

시 : 시기
위 : 위치
배 : 배치도

정답 1-20 ① 1-21 ③ 1-22 ③

1-23 **대기환경보전법령상 대기오염경보에 관한 설명으로 틀린 것은?** [21-1]

① 시·도지사는 당해 지역에 대하여 대기오염경보를 발령할 수 있다.

② 지역의 대기오염발생 특성 등을 고려하여 특별시, 광역시 등의 조례로 경보 단계별 조치사항을 일부 조정할 수 있다.

③ 대기오염경보의 대상 지역, 대상 오염물질, 발령 기준, 경보 단계 및 경보 단계별 조치 등에 필요한 사항은 환경부령으로 정한다.

④ 경보단계 중 경보발령의 경우에는 주민의 실외활동 제한 요청, 자동차 사용의 제한 및 사업장의 연료사용량 감축 권고 등의 조치를 취하여야 한다.

해설 법. 제8조(대기오염에 대한 경보)

① 시·도지사는 대기오염도가 「환경정책기본법」 제12조에 따른 대기에 대한 환경기준(이하 "환경기준"이라 한다)을 초과하여 주민의 건강·재산이나 동식물의 생육에 심각한 위해를 끼칠 우려가 있다고 인정되면 그 지역에 대기오염경보를 발령할 수 있다. 대기오염경보의 발령 사유가 없어진 경우 시·도지사는 대기오염경보를 즉시 해제하여야 한다.

② 시·도지사는 대기오염경보가 발령된 지역의 대기오염을 긴급하게 줄일 필요가 있다고 인정하면 기간을 정하여 그 지역에서 자동차의 운행을 제한하거나 사업장의 조업단축을 명하거나, 그 밖에 필요한 조치를 할 수 있다.

③ 제2항에 따라 자동차의 운행 제한이나 사업장의 조업 단축 등을 명령받은 자는 정당한 사유가 없으면 따라야 한다.

④ 대기오염경보의 대상 지역, 대상 오염물질, 발령 기준, 경보 단계 및 경보 단계별 조치 등에 필요한 사항은 대통령령으로 정한다.

암기방법 (대)(대)하네

대 : 대상 지역, 대상 오염물질

대 : 대통령령

1-24 **대기환경보전법령상 "자동차 사용의 제한명령 및 사업장의 연료사용량 감축 권고" 등의 조치사항에 해당하는 대기오염경보 단계는?** [13-4, 21-4]

① 경계 발령
② 주의보 발령
③ 경보 발령
④ 중대경보 발령

해설 영. 제2조(대기오염경보의 대상 지역 등)

1. 주의보 발령 : 주민의 실외활동 및 자동차 사용의 자제 요청 등
2. 경보 발령 : 주민의 실외활동 제한 요청, 자동차 사용의 제한 및 사업장의 연료사용량 감축 권고 등
3. 중대경보 발령 : 주민의 실외활동 금지 요청, 자동차의 통행금지 및 사업장의 조업시간 단축 명령 등

정답 **1-23** ③ **1-24** ③

암기방법 (주)(자제)를 (경)(제한)(감축)함을 (중)(금)(단)하게 여기자!
주 : 주의보 발령
자제 : 자제 요청
경 : 경보 발령
제한 : 제한 요청
감축 : 감축 권고
중 : 중대경보 발령
금 : 금지 요청
단 : 단축 명령

1-25 **대기환경보전법령상 대기오염경보 발령 시 포함되어야 할 사항에 해당하지 않는 것은?(단, 기타사항은 제외)** [17-2, 21-2]

① 대기오염경보 단계
② 대기오염경보의 대상지역
③ 대기오염경보의 경보대상기간
④ 대기오염경보 단계별 조치사항

1-26 **대기환경보전법령상 대기오염경보의 발령 시 단계별 조치사항으로 틀린 것은 어느 것인가?** [20-2]

① 주의보 → 주민의 실외활동 자제요청
② 경보 → 주민의 실외활동 제한요청
③ 경보 → 사업장의 연료사용량 감축권고
④ 중대경보 → 자동차의 사용제한 명령

1-27 **대기환경보전법령상 대기오염경보 단계의 3가지 유형 중 "경보발령" 시의 조치사항으로 가장 거리가 먼 것은?** [14-2, 16-1, 20-1]

① 주민의 실외활동 제한 요청
② 자동차 사용의 제한
③ 사업장의 연료사용량 감축권고
④ 사업장의 조업시간 단축명령

정답 **1-25** ③ **1-26** ④ **1-27** ④

1-28 대기환경보전법령상 대기오염 경보 단계별 조치사항에 포함된 것으로 가장 거리가 먼 것은? [12-1]

① 중대경보발령 : 주민의 실외활동 금지요청
② 경보발령 : 사업장의 연료 사용량 감축권고
③ 주의보발령 : 자동차 사용제한 명령
④ 중대경보발령 : 사업장의 조업시간 단축명령

1-29 대기환경보전법령상 대기오염경보에 관한 사항으로 옳지 않은 것은? [14-1]

① 지역의 특성에 따라 특별시·광역시 등의 조례로 경보단계별 조치사항을 일부 조정할 수 있다.
② 대기오염경보 단계는 대기오염경보 대상 오염물질의 농도에 따라 오존의 경우 주의보, 경보, 중대경보로 구분하되, 대기오염경보 단계별 오염물질의 농도 기준은 환경부령으로 정한다.
③ 자동차 사용의 자제 요청은 "주의보 발령" 시 조치사항에 해당한다.
④ 주민의 실외활동 제한 요청, 자동차 사용의 제한명령 및 사업장의 연료사용량 감축권고 등은 "중대경보 발령" 시에 해당되는 조치사항이다.

1-30 대기환경보전법상 ( )에 알맞은 기간은? [13-1, 16-1, 19-1, 19-4]

> 환경부장관은 대기오염물질과 온실가스를 줄여 대기환경을 개선하기 위하여 대기환경개선 종합계획을 ( )마다 수립하여 시행하여야 한다.

① 3년
② 5년
③ 10년
④ 20년

해설 법. 제11조(대기환경개선 종합계획 수립 등)
① 환경부장관은 대기오염물질과 온실가스를 줄여 대기환경을 개선하기 위하여 대기환경개선 종합계획(이하 "종합계획"이라 한다)을 10년마다 수립하여 시행하여야 한다.

정답 1-28 ③ 1-29 ④ 1-30 ③

1-31 대기환경보전법상 장거리 이동 대기오염물질 피해 방지에 관한 사항으로 거리가 먼 것은? [12-4]

① 환경부장관은 5년마다 장거리 이동 대기오염물질 피해 방지 종합대책을 수립하여야 한다.
② 환경부장관은 종합대책을 수립한 경우에는 이를 관계중앙행정기관의 장 및 시·도지사에게 통보하여야 한다.
③ 장거리 이동 대기오염물질 대책위원회와 실무위원회의 구성 및 운영 등에 관하여 필요한 사항은 환경부령으로 정한다.
④ 관계 중앙행정기관의 장 및 시·도지사는 매년 소관별 추진대책을 수립·시행하여야 하며, 이 경우 그 추진계획과 추진실적을 환경부장관에게 제출하여야 한다.

해설 법. 제13조(장거리 이동 대기오염물질 피해방지 종합대책의 수립 등)
① 환경부장관은 장거리 이동 대기오염물질 피해방지를 위하여 5년마다 관계 중앙행정기관의 장과 협의하고 시·도지사의 의견을 들은 후 제14조에 따른 장거리 이동 대기오염물질 대책위원회의 심의를 거쳐 장거리 이동 대기오염물질 피해방지 종합대책(이하 "종합대책"이라 한다)을 수립하여야 한다. 종합대책 중 대통령령으로 정하는 중요 사항을 변경하려는 경우에도 또한 같다.
② 종합대책에는 다음 각 호의 사항이 포함되어야 한다.
1. 장거리이동 대기오염물질 발생 현황 및 전망
2. 종합대책 추진실적 및 그 평가
3. 장거리이동 대기오염물질 피해 방지를 위한 국내 대책
4. 장거리이동 대기오염물질 발생 감소를 위한 국제 협력
5. 그 밖에 장거리이동 대기오염물질 피해 방지를 위하여 필요한 사항
③ 환경부장관은 종합대책을 수립한 경우에는 이를 관계 중앙행정기관의 장 및 시·도지사에게 통보하여야 한다.
④ 관계 중앙행정기관의 장 및 시·도지사는 대통령령으로 정하는 바에 따라 매년 소관별 추진대책을 수립·시행하여야 한다. 이 경우 관계 중앙행정기관의 장 및 시·도지사는 그 추진계획과 추진실적을 환경부장관에게 제출하여야 한다.

법. 제14조(장거리이동 대기오염물질 대책위원회)
① 장거리이동 대기오염물질 피해 방지에 관한 다음 각 호의 사항을 심의·조정하기 위하여 환경부에 장거리이동 대기오염물질 대책위원회(이하 "위원회"라 한다)를 둔다.
1. 종합대책의 수립과 변경에 관한 사항
2. 장거리이동 대기오염물질 피해 방지와 관련된 분야별 정책에 관한 사항
3. 종합대책 추진상황과 민관 협력방안에 관한 사항
4. 그 밖에 장거리이동 대기오염물질 피해 방지를 위하여 위원장이 필요하다고 인정하는 사항
② 위원회는 위원장 1명을 포함한 25명 이내의 위원으로 성별을 고려하여 구성한다.
③ 위원회의 위원장은 환경부차관이 되고, 위원은 다음 각 호의 사람으로서 환경부장관이 위촉

정답 1-31 ③

하거나 임명하는 사람으로 한다.
1. 대통령령으로 정하는 중앙행정기관의 공무원
2. 대통령령으로 정하는 분야의 학식과 경험의 풍부한 전문가

④ 위원회의 효율적인 운영과 안건의 원활한 심의를 지원하기 위하여 위원회에 실무위원회를 둔다.

⑤ 종합대책 및 제13조제4항에 따른 추진대책의 수립·시행에 필요한 조사·연구를 위하여 위원회에 장거리이동 대기오염물질 연구단을 둔다.

⑥ 위원회와 실무위원회 및 장거리이동 대기오염물질 연구단의 구성 및 운영 등에 관하여 필요한 사항은 대통령령으로 정한다.

1-32 **대기환경보전법상 장거리이동 대기오염물질 피해 방지를 위한 환경부산하 장거리이동 대기오염물질 대책위원회의 심의·조정업무와 가장 거리가 먼 것은?(단, 그 밖에 장거리이동 대기오염물질 피해 방지를 위하여 위원장이 필요하다고 인정하는 사항 등은 제외)** [15-2]

① 종합대책의 수립과 변경에 관한 사항
② 장거리이동 대기오염물질 피해 방지와 관련된 분야별 정책에 관한 사항
③ 종합대책 추진상황과 민관 협력방안에 관한 사항
④ 장거리이동 대기오염물질 피해로 인한 재산상의 피해보상 및 보건역학적 조사에 관한 사항

1-33 **대기환경보전법령상 장거리이동 대기오염물질 대책위원회의 위원에는 대통령령으로 정하는 분야의 학식과 경험이 풍부한 전문가를 위촉할 수 있다. 여기서 나타내는 '대통령령으로 정하는 분야'와 가장 거리가 먼 것은?** [14-2, 21-1]

① 예방의학 분야
② 유해화학물질 분야
③ 국제협력 분야 및 언론 분야
④ 해양 분야

해설 영. 제4조(장거리이동 대기오염물질 대책위원회의 위원)

② 법 제14조제3항제2호에서 "대통령령으로 정하는 분야"란 산림 분야, 대기환경 분야, 기상 분야, 예방의학 분야, 보건 분야, 화학사고 분야, 해양 분야, 국제협력 분야 및 언론 분야를 말한다.

③ 공무원이 아닌 위원의 임기는 2년으로 한다.

정답 **1-32** ④ **1-33** ②

1-34 **대기환경보전법령상 장거리이동 대기오염물질 대책위원회에 관한 사항으로 틀린 것은?** [18-4, 21-1]

① 위원회는 위원장 1명을 포함한 25명 이내의 위원으로 구성한다.
② 위원회의 위원장은 환경부장관이 되고, 위원은 환경부령으로 정하는 중앙 행정기관의 공무원 등으로서 환경부장관이 위촉하거나 임명하는 자로 한다.
③ 위원회와 실무위원회 및 장거리이동 대기오염물질 연구단의 구성 및 운영 등에 관하여 필요한 사항은 대통령령으로 정한다.
④ 환경부장관은 장거리이동 대기오염물질 피해 방지를 위하여 5년마다 관계중앙행정기관의 장과 협의하고 시·도지사의 의견을 들어야 한다.

1-35 **다음은 대기환경보전법령상 장거리이동 대기오염물질 대책위원회에 관한 사항이다. 아래 밑줄친 분야에 해당하지 않는 것은?** [12-2]

> 장거리이동 대기오염물질 대책위원회의 위원은 대통령령으로 정하는 중앙행정기관의 공무원, 대통령령으로 정하는 분야의 학식과 경험이 풍부한 전문가로 구성된다.

① 화공 분야
② 예방의학 분야
③ 해양 분야
④ 국제협력 분야

정답 **1-34** ② **1-35** ①

1-2 사업장 등의 대기오염물질 배출규제

2. **대기환경보전법령상 환경부장관이 특별대책지역의 대기오염 방지를 위하여 필요하다고 인정하면 그 지역에 새로 설치되는 배출시설에 대해 정할 수 있는 기준은?** [20-4]

① 일반배출허용기준　② 특별배출허용기준
③ 심화배출허용기준　④ 강화배출허용기준

해설 법. 제16조(배출허용기준)

⑥ 환경부장관은 「환경정책기본법」 제38조에 따른 특별대책지역(이하 "특별대책지역이라 한다)의 대기오염 방지를 위하여 필요하다고 인정하면 그 지역에 설치된 배출시설에 대하여 제1항의 기준보다 엄격한 배출허용기준을 정할 수 있으며, 그 지역에 새로 설치되는 배출시설에 대하여 특별배출허용기준을 정할 수 있다.

암기방법

새로 설치하면 특별이다.

답 ②

2-1 **대기환경보전법규상 대기환경규제지역을 관할하는 시·도지사 등이 그 지역의 환경기준을 달성·유지하기 위해 수립하는 실천계획에 포함되어야 할 사항과 가장 거리가 먼 것은?(단, 그 밖에 환경부장관이 정하는 사항은 제외한다)** [14-2, 17-4]

① 대기오염예측모형을 이용한 특정대기 오염물질 배출량 조사
② 대기오염원별 대기오염물질 저감계획 및 계획의 시행을 위한 수단
③ 일반환경 현황
④ 대기보전을 위한 투자계획과 대기오염물질 저감효과를 고려한 경제성 평가

해설 규칙. 제18조(설천계획의 수립 등)

1. 일반 환경 현황
2. 법 제17조제1항 및 제2항에 따른 조사 결과 및 대기오염예측모형을 이용하여 예측한 대기오염도
3. 대기오염원별 대기오염물질 저감계획 및 계획의 시행을 위한 수단
4. 계획달성연도의 대기질 예측 결과
5. 대기보전을 위한 투자계획과 대기오염물질 저감효과를 고려한 경제성 평가
6. 그 밖에 환경부장관이 정하는 사항

정답 2-1 ①

2-2 **대기환경보전법규상 대기환경규제지역을 관할하는 시·도지사 등이 해당 지역의 환경기준을 달성, 유지하기 위해 수행하는 실천계획에 포함될 사항과 거리가 먼 것은 어느 것인가?** [19-2]

① 대기오염 측정결과에 따른 대기오염기준 설정
② 계획달성연도의 대기질 예측결과
③ 대기보전을 위한 투자계획과 오염물질 저감효과를 고려한 경제성 평가
④ 대기오염원별 대기오염물질 저감계획 및 계획의 시행을 위한 수단

2-3 **대기환경보전법규상 대기환경 규제지역을 관할하는 시·도지사가 수립하는 실천계획에 포함되는 사항으로 가장 거리가 먼 것은?** [15-2]

① 대기보전을 위한 투자계획과 대기오염물질 저감효과를 고려한 경제성 평가
② 대기오염물질 방지대책 선정을 위한 주민여론 수렴현황
③ 대기오염원별 대기오염물질 저감계획 및 계획의 시행을 위한 수단
④ 계획달성연도의 대기질 예측 결과

2-4 **대기환경보전법규상 환경부장관이 대기오염물질을 총량으로 규제하고자 할 때 고시해야 하는 사항으로 거리가 먼 것은?** [15-1, 19-2]

① 총량규제구역
② 총량규제 대기오염물질
③ 대기오염물질의 저감계획
④ 규제기준농도

해설 규칙. 제24조(총량규제구역의 지정 등) 환경부장관은 법 제22조에 따라 그 구역의 사업장에서 배출되는 대기오염물질을 총량으로 규제하려는 경우에는 다음 각 호의 사항을 고시하여야 한다.

1. 총량규제구역
2. 총량규제 대기오염물질
3. 대기오염물질의 저감계획
4. 그 밖에 총량규제구역의 대기관리를 위하여 필요한 사항

암기방법 오구저

오 : 오염물질
구 : 구역
저 : 저감계획

정답 2-2 ① 2-3 ② 2-4 ④

2-5 대기환경보전법령상 환경부장관이 대기오염물질을 총량으로 규제하려는 경우, 고시할 때 반드시 포함되어야 하는 사항으로 가장 거리가 먼 것은?(단, 그 밖의 사항 등은 고려하지 않는다.) [12-1]

① 대기오염물질의 저감계획
② 배출량 조사결과 및 대기오염예측모형을 이용하여 예측한 대기오염도
③ 총량규제구역
④ 총량규제 대기오염물질

2-6 대기환경보전법규상 총량규제를 하고자 할 때 고시내용에 반드시 포함될 사항으로 거리가 먼 것은?(단, 그 밖에 총량규제구역의 대기관리를 위하여 필요한 사항 등은 제외한다.) [13-2]

① 대기오염물질의 저감계획
② 총량규제 대기오염물질
③ 총량규제농도 및 환경영향평가
④ 총량규제구역

2-7 환경부장관이 대기환경보전법 규정에 의하여 사업장에서 배출되는 대기오염물질을 총량으로 규제하고자 할 때에 반드시 고시할 사항과 거리가 먼 것은? [17-2, 21-2]

① 총량규제구역
② 측정망 설치계획
③ 총량규제 대기오염물질
④ 대기오염물질의 저감계획

2-8 대기환경보전법령상 배출시설 설치허가 신청서 또는 배출시설 설치신고서에 첨부하여야 할 서류로 가장 거리가 먼 것은? [14-1, 20-4]

① 원료(연료를 포함한다)의 사용량 및 제품 생산량
② 배출시설 및 방지시설의 설치명세서
③ 방지시설의 상세 설계도
④ 방지시설의 연간 유지관리 계획서

해설 영. 제11조(배출시설의 설치허가 및 신고 등)

③ 법 제23조제1항에 따라 배출시설 설치허가를 받거나 설치신고를 하려는 자는 배출시설 설치허가신청서 또는 배출시설 설치신고서에 다음 각 호의 서류를 첨부하여 환경부장관 또는 시·도지사에게 제출하여야 한다.

1. 원료(연료를 포함한다)의 사용량 및 제품 생산량과 오염물질 등의 배출량을 예측한 명세서
2. 배출시설 및 대기오염방지시설(이하 "방지시설"이라 한다)의 설치명세서

정답 2-5 ② 2-6 ③ 2-7 ② 2-8 ③

3. 방지시설의 일반도
4. 방지시설의 연간 유지관리 계획서
5. 사용 연료의 성분 분석과 황산화물 배출농도 및 배출량 등을 예측한 명세서(법 제41조제3항 단서에 해당하는 배출시설의 경우에만 해당한다)
6. 배출시설 설치허가증(변경허가를 신청하는 경우에만 해당한다)

④ 법 제23조 제2항에서 "대통령령으로 정하는 중요한 사항"이란 다음 각 호와 같다.

1. 법 제23조 제1항 또는 제2항에 따라 설치허가 또는 변경허가를 받거나 변경신고를 한 배출시설 규모의 합계나 누계의 100분의 50 이상(제1항 제1호에 따른 특정대기 유해물질 배출시설의 경우에는 100분의 30 이상으로 한다) 증설, 이 경우 배출시설 규모의 합계나 누계는 배출구별로 신청한다.
2. 법 제23조 제1항 또는 제2항에 따른 설치허가 또는 변경허가를 받은 배출시설의 용도 추가

2-9 대기환경보전법령상 배출시설 설치신고를 하고자 하는 경우 설치신고서에 포함되어야 하는 사항과 가장 거리가 먼 것은? [17-4, 21-1]

① 배출시설 및 방지시설의 설치명세서
② 방지시설의 일반도
③ 방지시설의 연간 유지관리 계획서
④ 유해오염물질 확정 배출농도 내역서

2-10 대기환경보전법령상 대기배출시설의 설치허가를 받고자 하는 자가 제출해야 할 서류 목록에 해당하지 않는 것은? [19-1]

① 오염물질 배출량을 예측한 명세서
② 배출시설 및 방지시설의 설치명세서
③ 방지시설의 연간 유지관리 계획서
④ 배출시설 및 방지시설의 실시계획도면

2-11 대기환경보전법규상 대기배출시설 허가 신청서 서식에서 요구하는 첨부서류로 거리가 먼 것은? [12-4]

① 배출시설 및 방지시설 설치명세서
② 방지시설의 일반도
③ 방지시설의 연간 유지관리 계획서
④ 방지시설 운영일지

정답 2-9 ④ 2-10 ④ 2-11 ④

2-12 다음은 대기환경보전법령상 배출시설 설치허가를 받은 자가 허가받은 사항 중 "대통령령으로 정하는 중요한 사항"의 변경사항이다. ( ) 안에 알맞은 것은?(단, 배출시설 규모증설의 경우 배출시설 규모의 합계나 누계는 배출구별로 산정) [12-4]

- 설치허가(변경허가를 포함) 또는 변경신고 : 허가 또는 신고한 배출시설 규모의 합계나 누계의 (㉠) 증설
- 특정대기 유해물질 배출시설 : 허가 또는 신고한 배출시설 규모의 합계나 누계의 (㉡) 증설

① ㉠ 100분의 30 이상, ㉡ 100분의 20 이상
② ㉠ 100분의 50 이상, ㉡ 100분의 20 이상
③ ㉠ 100분의 30 이상, ㉡ 100분의 30 이상
④ ㉠ 100분의 50 이상, ㉡ 100분의 30 이상

2-13 대기환경보전법령상 배출시설 설치허가를 받은 자가 대통령령으로 정하는 중요한 사항의 특정대기유해물질 배출시설을 증설하고자 하는 경우 배출시설 변경허가를 받아야 하는 시설의 규모기준은 어느 것인가?(단, 배출시설의 규모의 합계나 누계는 배출구별로 산정한다.) [17-1, 20-2]

① 배출시설 규모의 합계나 누계의 100분의 5 이상 증설
② 배출시설 규모의 합계나 누계의 100분의 20 이상 증설
③ 배출시설 규모의 합계나 누계의 100분의 30 이상 증설
④ 배출시설 규모의 합계나 누계의 100분의 50 이상 증설

2-14 대기환경보전법상 배출시설의 설치허가 및 신고 등에 대한 설명으로 틀린 것은 어느 것인가? [16-1]

① 신고한 사항을 변경하고자 하는 경우에는 변경신고를 하여야 한다.
② 허가받은 사항을 변경하고자 하는 경우에는 사안에 따라 변경허가를 받거나, 변경신고를 하여야 한다.
③ 대기오염물질 배출시설을 설치완료한 자는 배출시설의 가동을 시작하기 전에 배출시설 허가를 받거나 신고를 하여야 한다.
④ 특정대기유해물질로 인하여 주민의 건강과 재산에 심각한 위해를 끼칠 우려가 있다고 인정되면 대통령령으로 정하는 바에 따라 배출시설 설치를 제한할 수 있다.

정답 2-12 ④ 2-13 ③ 2-14 ③

해설 법. 제23조(배출시설의 설치 허가 및 신고)

① 배출시설을 설치하려는 자는 대통령령으로 정하는 바에 따라 시·도지사의 허가를 받거나 시·도지사에게 신고하여야 한다.

② 제1항에 따라 허가를 받은 자가 허가받은 사항 중 대통령령으로 정하는 중요한 사항을 변경하려면 변경허가를 받아야 하고, 그 밖의 사항을 변경하려면 변경신고를 하여야 한다.

③ 제1항에 따라 신고를 한 자가 신고한 사항을 변경하려면 환경부령으로 정하는 바에 따라 변경신고를 하여야 한다.

⑧ 환경부장관 또는 시·도지사는 배출시설로부터 나오는 특정대기유해물질이나 특별대책지역의 배출시설로부터 나오는 대기오염물질로 인하여 환경기준의 유지가 곤란하거나 주민의 건강·재산, 동식물의 생육에 심각한 위해를 끼칠 우려가 있다고 인정되면 대통령령으로 정하는 바에 따라 특정대기유해물질을 배출하는 배출시설의 설치 또는 특별대책지역에서의 배출시설 설치를 제한할 수 있다.

법. 제30조(배출시설 등의 가동개시 신고)

① 사업자는 배출시설이나 방지시설의 설치를 완료하거나 배출시설의 변경(변경신고를 하고 변경을 하는 경우에는 대통령령으로 정하는 규모 이상의 변경만 해당한다)을 완료하여 그 배출시설이나 방지시설을 가동하려면 환경부령으로 정하는 바에 따라 미리 환경부장관 또는 시·도지사에게 가동개시 신고를 하여야 한다.

2-15 다음은 대기환경보전법령상 환경부장관 또는 시·도지사가 특정대기유해물질 배출시설 또는 특별대책 지역에서의 배출시설의 설치를 제한할 수 있는 경우에 관한 기준이다. ( ) 안에 알맞은 것은? [15-2]

> 배출시설 설치 지점으로부터 반경 1킬로미터 안의 상주 인구가 2만명 이상인 지역으로서 특정대기유해물질 중 한 가지 종류의 물질을 연간 (㉠) 이상 배출하거나 두 가지 이상의 물질을 연간 (㉡) 이상 배출하는 시설을 설치하는 경우

① ㉠ 5톤, ㉡ 10톤　② ㉠ 5톤, ㉡ 20톤
③ ㉠ 10톤, ㉡ 20톤　④ ㉠ 10톤, ㉡ 25톤

해설 영. 제12조(배출시설 설치의 제한) 법 제23조제8항에 따라 환경부장관 또는 시·도지사가 배출시설의 설치를 제한할 수 있는 경우는 다음 각 호와 같다.

1. 배출시설 설치 지점으로부터 반경 1킬로미터 안의 상주 인구가 2만명 이상인 지역으로서 특정대기유해물질 중 한 가지 종류의 물질을 연간 10톤 이상 배출하거나 두 가지 이상의 물질을 연간 25톤 이상 배출하는 시설을 설치하는 경우
2. 대기오염물질(먼지·황산화물 및 질소산화물만 해당한다)의 발생량 합계가 연간 10톤 이상인 배출시설을 특별대책지역(법 제22조에 따라 총량규제구역으로 지정된 특별대책지역은 제외한다)에 설치하는 경우

정답 2-15 ④

2-16 다음은 대기환경보전법령상 환경부장관 또는 시·도지사가 배출시설의 설치를 제한할 수 있는 경우이다. ( ) 안에 알맞은 것은? [15-1, 19-2]

> 배출시설 설치 지점으로부터 반경 1킬로미터 안의 상주 인구가 (㉠)명 이상인 지역으로서 특정대기유해물질 중 한 가지 종류의 물질을 연간 10톤 이상 배출하거나 두 가지 이상의 물질을 연간 (㉡)톤 이상 배출하는 시설을 설치하는 경우

① ㉠ 1만, ㉡ 20
② ㉠ 2만, ㉡ 20
③ ㉠ 1만, ㉡ 25
④ ㉠ 2만, ㉡ 25

2-17 다음은 대기환경보전법령상 시·도지사가 배출시설의 설치를 제한할 수 있는 경우이다. ( ) 안에 가장 알맞은 것은? [12-1, 14-1, 18-4, 20-1]

> 배출시설 설치 지점으로부터 반경 1킬로미터 안의 상주 인구가 (㉠)인 지역으로서 특정대기유해물질 중 한 가지 종류의 물질을 연간 (㉡) 배출하거나 두 가지 이상의 물질을 연간 (㉢) 배출하는 시설을 설치하는 경우

① ㉠ 1만명 이상, ㉡ 5톤 이상, ㉢ 10톤 이상
② ㉠ 1만명 이상, ㉡ 10톤 이상, ㉢ 20톤 이상
③ ㉠ 2만명 이상, ㉡ 5톤 이상, ㉢ 10톤 이상
④ ㉠ 2만명 이상, ㉡ 10톤 이상, ㉢ 25톤 이상

2-18 다음은 대기환경보전법령상 환경부장관이 배출시설 설치를 제한할 수 있는 경우이다. ( ) 안에 알맞은 것은? [12-4, 16-2, 21-2]

> 배출시설 설치 지점으로부터 반경 1킬로미터 안의 상주 인구가 (㉠)명 이상인 지역으로서 특정대기유해물질 중 한 가지 종류의 물질을 연간 (㉡) 이상 배출하는 시설을 설치하는 경우

① ㉠ 1만, ㉡ 5톤
② ㉠ 1만, ㉡ 10톤
③ ㉠ 2만, ㉡ 5톤
④ ㉠ 2만, ㉡ 10톤

정답 2-16 ④ 2-17 ④ 2-18 ④

2-19 대기환경보전법령상 배출시설의 변경신고를 하여야 하는 경우에 해당하지 않는 것은? [21-2]

① 배출시설 또는 방지시설을 임대하는 경우
② 사업장의 명칭이나 대표자를 변경하는 경우
③ 종전의 연료보다 황함유량이 낮은 연료로 변경하는 경우
④ 배출시설에서 허가받은 오염물질 외의 새로운 대기오염물질이 배출되는 경우

해설 규칙. 제27조(배출시설의 변경신고 등)

① 법 제23조제2항에 따라 변경신고를 하여야 하는 경우는 다음 각 호와 같다.

1. 같은 배출구에 연결된 배출시설을 증설 또는 교체하거나 폐쇄하는 경우
2. 배출시설에서 허가 받은 오염물질 외의 새로운 대기오염물질이 배출되는 경우
3. 방지시설을 증설·교체하거나 폐쇄하는 경우
4. 사업장의 명칭이나 대표자를 변경하는 경우
5. 사용하는 원료나 연료를 변경하는 경우. 다만, 새로운 대기오염물질을 배출하지 아니하고 배출량이 증가되지 아니하는 원료로 변경하는 경우 또는 종전의 연료보다 황함유량이 낮은 연료로 변경하는 경우는 제외한다.
6. 배출시설 또는 방지시설을 임대하는 경우
7. 그 밖의 경우로서 배출시설 설치허가증에 적힌 허가사항 및 일일조업시간을 변경하는 경우

2-20 대기환경보전법령상 배출시설 설치허가를 받은 자가 변경신고를 해야 하는 경우에 해당하지 않는 것은? [21-4]

① 배출시설 또는 방지시설을 임대하는 경우
② 사업장의 명칭이나 대표자를 변경하는 경우
③ 종전의 연료보다 황함유량이 높은 연료로 변경하는 경우
④ 배출시설의 규모를 10 % 미만으로 폐쇄함에 따라 변경되는 대기오염물질의 양이 방지시설의 처리용량 범위 내일 경우

2-21 대기환경보전법규상 배출시설의 변경신고를 하여야 하는 경우로 거리가 먼 것은 어느 것인가? [15-4]

① 방지시설을 폐쇄하는 경우
② 종전의 연료보다 황함유량이 낮은 연료로 변경하는 경우
③ 사업장의 명칭이나 대표자를 변경하는 경우
④ 방지시설을 임대하는 경우

정답 2-19 ③ 2-20 ④ 2-21 ②

2-22 대기환경보전법규상 사업자가 스스로 방지시설을 설계·시공하고자 하는 경우에 시·도지사에 제출하여야 할 서류와 거리가 먼 것은? [18-2]

① 기술능력 현황을 적은 서류
② 공정도
③ 배출시설의 공정도, 그 도면 및 운영규약
④ 원료(연료를 포함한다) 사용량, 제품생산량 및 오염물질 등의 배출량을 예측한 명세서

해설 규칙. 제31조(자가방지시설의 설계·시공)
1. 배출시설의 설치명세서
2. 공정도
3. 원료(연료를 포함한다) 사용량, 제품생산량 및 대기오염물질 등의 배출량을 예측한 명세서
4. 방지시설의 설치명세서와 그 도면(법 제26조제1항 단서에 해당되는 경우에는 이를 증명할 수 있는 서류를 말한다.)
5. 기술능력 현황을 적은 서류

2-23 자가방지시설을 설계·시공하고자 하는 경우, 시·도지사에게 제출해야 되는 서류로 가장 거리가 먼 것은? [16-2]

① 공정도
② 기술능력 현황을 적은 서류
③ 배출시설 설치도면 및 종업원 수
④ 원료(연료 포함) 사용량, 제품생산량 및 대기오염물질 등의 배출량을 예측한 명세서

2-24 배연탈황시설을 설치한 배출시설을 시운전할 경우 환경부령이 정하는 시운전 기간의 기준은? [16-2, 19-1]

① 배출시설 및 방지시설의 가동개시일부터 10일까지
② 배출시설 및 방지시설의 가동개시일부터 15일까지
③ 배출시설 및 방지시설의 가동개시일부터 30일까지
④ 배출시설 및 방지시설의 가동개시일부터 60일까지

해설 규칙. 제35조(시운전 기간) 법 제30조제2항에서 "환경부령으로 정하는 기간"이란 제34조에 따라 신고한 배출시설 및 방지시설의 가동개시일부터 30일까지의 기간을 말한다.

정답 2-22 ③ 2-23 ③ 2-24 ③

2-25 대기환경보전법령상 시·도지사가 측정기기의 운영·관리기준을 지키지 않은 사업자에게 측정기기가 기준에 맞게 운영·관리되도록 조치명령을 하는 경우 얼마 이내의 개선기간을 정하여야 하는가?(단, 연장기간 제외) [13-4, 15-4]

① 6개월 이내
② 12개월 이내
③ 18개월 이내
④ 24개월 이내

해설 영 제18조(측정기기의 개선기간)

① 환경부장관 또는 시·도지사는 법 제32조제5항에 따라 조치명령을 하는 경우에는 6개월 이내의 개선기간을 정해야 한다.

② 환경부장관 또는 시·도지사는 법 제32조제5항에 따라 조치명령을 받은 자가 천재지변이나 그 밖의 부득이한 사유로 제1항에 따른 개선기간 내에 조치를 마칠 수 없는 경우에는 조치명령을 받은 자의 신청을 받아 6개월의 범위에서 개선기간을 연장할 수 있다.

2-26 대기환경보전법령상 환경부장관은 오염물질 측정기기와 운영·관리기준을 지키지 않는 사업자에 대해 조치명령을 하는 경우, 부득이한 사유인 경우 신청에 의한 연장기간까지 포함하여 최대 몇 개월의 범위에서 개선기간을 정할 수 있는가? [21-1]

① 3개월 ② 6개월
③ 9개월 ④ 12개월

2-27 대기환경보전법령상 배출허용기준 초과와 관련한 개선명령을 받은 사업자는 그 명령을 받은 날부터 며칠 이내에 개선계획서를 환경부장관에게 제출하여야 하는가?(단, 연장이 없는 경우) [13-1, 17-4, 19-2]

① 즉시
② 10일 이내
③ 15일 이내
④ 30일 이내

해설 영. 제21조(개선계획서 제출)

① 법 제32조제5항에 따른 조치명령(적산전력계의 운영·관리기준 위반으로 인한 조치명령은 제외한다. 이하 이 조에서 같다) 또는 법 제33조에 따른 개선명령을 받은 사업자는 그 명령을 받은 날부터 15일 이내에 다음 각 호의 사항을 명시한 개선계획서(굴뚝 자동측정기기를 부착한 경우에는 전자문서로 된 계획서를 포함한다. 이하 같다)를 환경부령으로 정하는 바에 따라 환경부장관 또는 시·도지사에게 제출해야 한다.

정답 2-25 ① 2-26 ④ 2-27 ③

2-28 대기환경보전법규상 배출허용기준 초과에 따른 개선명령을 받은 경우로서 개선하여야 할 사항이 배출시설 또는 방지시설일 때 개선계획서에 포함되어야 할 사항 또는 첨부서류로 가장 거리가 먼 것은? [12-1, 14-4, 18-1, 21-2]

① 배출시설 또는 방지시설의 개선명세서 및 설계도
② 대기오염물질의 처리방식 및 처리효율
③ 공사기간 및 공사비
④ 측정기기의 운영, 관리 진단 계획

해설 규칙. 제38조(개선계획서)

2. 법 제33조에 따른 개선명령을 받은 경우로서 개선하여야 할 사항이 배출시설 또는 방지시설인 경우
   가. 배출시설 또는 방지시설의 개선명세서 및 설계도
   나. 대기오염물질의 처리방식 및 처리효율
   다. 공사기간 및 공사비

2-29 대기환경보전법규상 배출허용기준초과에 따른 개선명령을 받은 경우로서 개선하여야 할 사항이 배출시설 또는 방지시설일 때 개선계획서에 포함되어야 할 사항 또는 첨부서류로 가장 거리가 먼 것은? [17-2]

① 공사기간 및 공사비
② 측정기기 관리담당자 변경현황
③ 대기오염물질의 처리방식 및 처리효율
④ 배출시설 또는 방지시설의 개선명세서 및 설계도

2-30 대기환경보전법상 ( ) 안에 가장 적합한 것은? [13-1]

> 환경부장관은 배출허용기준초과에 따른 개선명령을 받은 자가 개선명령을 이행하지 아니하거나 기간 내에 이행은 하였으나 검사결과 배출허용기준을 계속 초과하면 해당 배출시설의 전부 또는 일부에 대하여 ( )을(를) 명할 수 있다.

① 등록취소　　② 조업정지
③ 이전　　④ 경고

해설 법. 제34조(조업정지 명령 등)

① 환경부장관 또는 시·도지사는 제33조에 따라 개선명령을 받은 자가 개선명령을 이행하지 아니하거나 기간 내에 이행은 하였으나 검사결과 제16조 또는 제29조제3항에 따른 배출허용기준을 계속 초과하면 해당 배출시설의 전부 또는 일부에 대하여 조업정지를 명할 수 있다.

정답 2-28 ④ 2-29 ② 2-30 ②

2-31 대기환경보전법령상 배출허용기준 준수여부를 확인하기 위한 환경부령으로 정하는 대기오염도 검사기관에 해당하지 않는 것은? [20-4]

① 환경기술인협회
② 한국환경공단
③ 특별자치도 보건환경연구원
④ 국립환경과학원

해설 규칙 제4조(개선명령의 이행 보고 등)

② 영 제22조제2항에 따른 대기오염도 검사기관은 다음 각 호와 같다.

1. 국립환경과학원
2. 특별시·광역시·특별자치시·도·특별자치도(이하 "시·도"라 한다)의 보건환경연구원
3. 유역환경청·지방환경청 또는 수도권 대기 환경청
4. 한국환경공단
5. 「국가표준기본법」 제23조에 따른 인정을 받은 시험·검사기관 중 환경부장관이 정하여 고시하는 기관

2-32 대기환경보전법규상 개선명령 등의 이행보고와 관련하여 환경부령으로 정하는 대기오염도 검사기관에 해당하지 않는 것은? [15-1, 17-4, 21-1]

① 보건환경연구원 ② 유역환경청
③ 한국환경공단 ④ 환경보전협회

2-33 대기환경보전법규상 배출허용기준 초과와 관련한 개선명령 이행보고 확인 등을 위한 대기오염도 검사기관으로 거리가 먼 것은? [12-1]

① 수도권대기환경청
② 광역시의 보건환경연구원
③ 한국환경공단
④ 환경보전협회

2-34 대기환경보전법규상 대기오염도 검사기관과 거리가 먼 것은? [17-1, 20-4]

① 수도권대기환경청 ② 환경보전협회
③ 한국환경공단 ④ 낙동강유역환경청

정답 2-31 ① 2-32 ④ 2-33 ④ 2-34 ②

2-35 **대기환경보전법규상 배출시설별 대기오염물질 발생량 산정방법에 있어 계산항목에 해당하지 않는 것은?** [13-4]

① 배출시설의 시간당 대기오염물질 발생량
② 일일조업시간
③ 배출허용기준 초과 횟수
④ 연간가동일수

해설 규칙. 제42조(대기오염물질 발생량 산정방법)

① 법 제25조에 따른 대기오염물질 발생량은 예비용 시설을 제외한 사업장의 모든 배출시설별 대기오염물질 발생량을 더하여 산정하되, 배출시설별 대기오염물질 발생량의 산정방법은 다음과 같다.

배출시설의 시간당 대기오염물질 발생량×일일조업시간×연간가동일수

2-36 **대기환경보전법령상 배출부과금을 부과할 때 고려하여야 하는 사항에 해당하지 않는 것은?(단, 그 밖에 대기환경의 오염 또는 개선과 관련되는 사항으로서 환경부령으로 정하는 사항은 제외)** [21-2]

① 사업장 운영현황
② 배출허용기준 초과여부
③ 대기오염물질의 배출기간
④ 배출되는 대기오염물질의 종류

해설 법. 제35조(배출부과금의 부과·징수)

③ 환경부장관 또는 시·도지사는 제1항에 따라 배출부과금을 부과할 때에는 다음 각 호의 사항을 고려하여야 한다.

1. 배출허용기준 초과 여부
2. 배출되는 대기오염물질의 종류
3. 대기오염물질의 배출기간
4. 대기오염물질의 배출량
5. 제39조에 따른 자가측정을 하였는지 여부

2-37 **배출부과금 부과 시 고려사항으로 가장 거리가 먼 것은?** [16-1]

① 대기오염물질의 농도
② 배출허용기준 초과여부
③ 대기오염물질의 배출기간
④ 배출되는 대기오염물질의 종류

정답 2-35 ③ 2-36 ① 2-37 ①

2-38 대기환경보전법상 시·도지사가 사업자에게 대기오염물질 배출허용기준 초과 등에 따른 배출부과금 부과 시 반드시 고려해야 할 사항으로 가장 거리가 먼 것은?(단, 그 밖의 사항 등은 고려하지 않음) [13-4]

① 대기오염물질의 배출량 ② 자가측정을 하였는지 여부
③ 대기오염물질의 배출기간 ④ 대기오염물질의 독성여부

2-39 대기환경보전법령상 초과부과금의 부과대상이 되는 오염물질이 아닌 것은 다음 중 어느 것인가? [13-2, 16-1, 20-1]

① 황산화물 ② 염화수소
③ 황화수소 ④ 페놀

해설 영. 제23조(배출부과금 부과대상 오염물질)

② 법 제35조제2항제2호에 따른 초과부과금(이하 "초과부과금"이라 한다)의 부과대상이 되는 오염물질은 다음 각 호와 같다.

1. 황산화물 2. 암모니아 3. 황화수소
4. 이황화탄소 5. 먼지 6. 불소화합물
7. 염화수소 8. 질소산화물 9. 시안화수소

2-40 대기환경보전법령상 초과부과금 부과대상 오염물질이 아닌 것은? [18-2]

① 이황화탄소 ② 시안화수소
③ 황화수소 ④ 메탄

2-41 대기환경보전법령상 초과부과금 부과대상이 되는 오염물질에 해당하지 않는 것은? [14-4, 21-4]

① 일산화탄소 ② 암모니아
③ 시안화수소 ④ 먼지

2-42 대기환경보전법령상 초과부과금 부과대상 오염물질에 해당하지 않는 것은 다음 중 어느 것인가? [14-2]

① 포름알데히드 ② 황산화물 ③ 불소화합물 ④ 염화수소

정답 2-38 ④ 2-39 ④ 2-40 ④ 2-41 ① 2-42 ①

2-43 대기환경보전법령상 개선계획서를 제출하지 아니한 사업자의 오염물질 초과부과금의 위반횟수별 부과계수 비율기준으로 옳은 것은? [15-4]

① 처음 위반한 경우에는 100분의 100 ② 처음 위반한 경우에는 100분의 105
③ 처음 위반한 경우에는 100분의 110 ④ 처음 위반한 경우에는 100분의 120

해설 영. 제26조(연도별 부과금산정지수 및 위반횟수별 부과계수)

② 제24조제1항에 따른 위반횟수별 부과계수는 다음 각 호의 구분에 따른 비율을 곱한 것으로 한다.

1. 위반이 없는 경우 : 100분의 100
2. 처음 위반한 경우 : 100분의 105
3. 2차 이상 위반한 경우 : 위반 직전의 부과계수에 100분의 105를 곱한 것

④ 자동측정사업장의 경우에는 제3항에도 불구하고 30분 평균치가 배출허용기준을 초과하는 횟수를 위반횟수로 한다.

2-44 대기환경보전법령상 오염물질의 초과부과금 산정 시 위반횟수별 부과계수 산출방법이다. ( )에 알맞은 것은? [16-1]

2차 이상 위반한 경우는 위반 직전의 부과계수에 ( )을(를) 곱한 것으로 한다.

① 100분의 100 ② 100분의 105
③ 100분의 110 ④ 100분의 120

2-45 대기환경보전법령상 배출부과금 산정 시 자동측정사업장의 경우 배출허용기준을 초과하는 위반횟수의 기준은? [16-1, 19-2]

① 1시간 평균치가 배출허용기준을 초과하는 횟수
② 30분 평균치가 배출허용기준을 초과하는 횟수
③ 15분 평균치가 배출허용기준을 초과하는 횟수
④ 5분 평균치가 배출허용기준을 초과하는 횟수

2-46 대기환경보전법령상 해당 사업자는 확정배출량에 관한 자료 제출을 부과기간 완료일부터 최대 며칠 이내에 시·도지사에게 제출하여야 하는가? [14-4]

① 10일 ② 15일 ③ 30일 ④ 60일

정답 2-43 ② 2-44 ② 2-45 ② 2-46 ③

해설 영. 제29조(기본부과금의 오염물질배출량 산정 등)

① 환경부장관 또는 시·도지사는 제28조제1항에 따른 기본부과금의 산정에 필요한 기준이내 배출량을 파악하기 위하여 필요한 경우에는 법 제82조제1항에 따라 해당사업자에게 기본부과금의 부과기간 동안 실제 배출한 기준이내 배출량(이하 "확정배출량"이라 한다)에 관한 자료를 제출하게 할 수 있다. 이 경우 해당 사업자는 확정배출량에 관한 자료를 부과기간 완료일부터 30일 이내에 제출하여야 한다.

③ 제21조제3항에 따라 개선계획서를 제출한 사업자가 제2항 단서에 따라 확정배출량을 산정하는 경우 개선기간 중의 확정배출량은 개선기간 전에 굴뚝 자동측정기기가 정상 가동된 3개월 동안의 30분 평균치를 산술평균한 값을 적용하여 산정한다.

2-47 다음은 대기환경보전법령상 기본부과금 부과대상 오염물질에 대한 초과배출량 산정방법 중 초과배출량 공제분 산정방법이다. ( ) 안에 알맞은 것은? [20-4]

> 3개월간 평균배출농도는 배출허용기준을 초과한 날 이전 정상 가동된 3개월 동안의 ( )를 산술평균한 값으로 한다.

① 5분 평균치 ② 10분 평균치 ③ 30분 평균치 ④ 1시간 평균치

2-48 대기환경보전법령상 시·도지사가 대기오염물질 기준이내 배출량 조정 시 사업자가 제출한 확정배출량 자료가 명백히 거짓으로 판명되었을 경우에는 확정배출량을 현지조사하여 산정하되 확정배출량의 얼마에 해당하는 배출량을 기준이내 배출량으로 산정하는가? [15-2, 18-4]

① 100분의 20 ② 100분의 50 ③ 100분의 120 ④ 100분의 150

해설 영. 제30조(기준이내 배출량의 조정 등)

3. 사업자가 제29조제1항에 따라 제출한 확정배출량에 관한 자료가 명백히 거짓으로 판명된 경우 : 제1호에 따라 추정한 배출량의 100분의 120에 해당하는 기준이내 배출량

2-49 대기환경보전법령상 시·도지사가 부과금을 부과할 경우 부과대상 오염물질량 등을 적은 사항을 서면으로 알려야 하는데, 이 경우 부과금의 납부기간은 며칠로 하는가? [15-2]

① 납부통지서를 발급한 날부터 10일로 한다.
② 납부통지서를 발급한 날부터 15일로 한다.
③ 납부통지서를 발급한 날부터 30일로 한다.
④ 납부통지서를 발급한 날부터 60일로 한다.

정답 2-47 ③ 2-48 ③ 2-49 ③

해설 영. 제33조(부과금의 납부통지)

② 환경부장관 또는 시·도지사는 부과금을 부과(법 제35조의 3에 따른 조정 부과를 포함한다)할 때에는 부과대상 오염물질량, 부과금액, 납부기간 및 납부장소, 그 밖에 필요한 사항을 적은 서면으로 알려야 한다. 이 경우 부과금의 납부기간은 납부통지서를 발급한 날부터 30일로 한다.

2-50 대기환경보전법령상 부과금의 부과면제 등에 관한 기준이다. ( ) 안에 알맞은 것은? [16-2]

> 발전시설의 경우에는 황함유량 (㉠)퍼센트 이하인 액체 및 고체연료, 발전시설 외의 배출시설(설비용량 100메가와트 미만인 열병합발전시설을 포함한다)의 경우에는 황함유량이 (㉡)퍼센트 이하인 액체연료 또는 황함유량이 (㉢)퍼센트 미만인 고체연료를 사용하는 배출시설로서 배출허용기준을 준수할 수 있는 시설. 이 경우 고체연료의 황함유량을 평균한 것으로 한다.

① ㉠ 0.3, ㉡ 0.5, ㉢ 0.6
② ㉠ 0.3, ㉡ 0.5, ㉢ 0.45
③ ㉠ 0.1, ㉡ 0.3, ㉢ 0.5
④ ㉠ 0.1, ㉡ 0.5, ㉢ 0.45

해설 영 제32조(부과금의 부과면제 등)

1. 발전시설의 경우에는 황함유량이 0.3퍼센트 이하인 액체연료 및 고체연료, 발전시설 외의 배출시설(설비용량이 100메가와트 미만인 열병합발전시설을 포함한다)의 경우에는 황함유량이 0.5퍼센트 이하인 액체연료 또는 황함유량이 0.45퍼센트 미만인 고체연료를 사용하는 배출시설로서 배출허용기준을 준수할 수 있는 시설. 이 경우 고체연료의 황함유량은 연소기기에 투입되는 여러 고체연료의 황함유량을 평균한 것으로 한다.

2-51 대기환경보전법령상 환경부장관 또는 시·도지사가 배출부과금의 납부의무자가 납부기한 전에 배출부과금을 납부할 수 없다고 인정하여 징수를 유예하거나 징수금액을 분할 납부하게 할 경우에 관한 설명으로 옳지 않은 것은? [13-2, 21-4]

① 부과금의 분할납부 기한 및 금액과 그 밖에 부과금의 부과·징수에 필요한 사항은 환경부장관 또는 시·도지사가 정한다.
② 초과부과금의 징수유예기간은 유예한 날의 다음 날부터 2년 이내이며 그 기간 중의 분할납부 횟수는 12회 이내이다.
③ 기본부과금의 징수유예기간은 유예한 날의 다음 날부터 2년 이내이며 그 기간 중의 분할납부 횟수는 4회 이내이다.
④ 징수유예기간 내에 징수할 수 없다고 인정되어 징수유예기간을 연장하거나 분할납부 횟수를 증가시킬 경우 징수유예 기간의 연장은 유예한 날의 다음날부터 5년 이내이며 분할납부 횟수는 30회 이내이다.

정답 2-50 ② 2-51 ④

해설 영. 제36조(부과금의 징수유예·분할납부 및 징수절차)

② 법 제35조의4제1항에 따른 징수유예는 다음 각 호의 구분에 따른 징수유예기간과 그 기간 중의 분할납부의 횟수에 따른다.

1. 기본부과금 : 유예한 날의 다음 날부터 다음 부과기간의 개시일 전일까지, 4회 이내
2. 초과부과금 : 유예한 날의 다음 날부터 2년 이내, 12회 이내

③ 법 제35조의4제2항에 따른 징수유예기간의 연장은 유예한 날의 다음 날부터 3년 이내로 하며, 분할납부의 횟수는 18회 이내로 한다.

④ 부과금의 분할납부 기한 및 금액과 그 밖에 부과금의 부과·징수에 필요한 사항은 환경부장관 또는 시·도지사가 정한다.

2-52 다음은 대기환경보전법령상 부과금의 징수유예·분할납부 및 징수절차에 관한 사항이다. ( ) 안에 알맞은 것은? [12-2, 17-1]

> 부과금이 납부의무자의 자본금 또는 출자총액(개인사업자인 경우에는 자산총액)을 2배 이상 초과하는 경우로서 천재지변 등에 의해 사업자의 재산에 중대한 손실이 발생하여 징수유예기간 내에도 징수할 수 없다고 인정되면 징수유예기간을 연장하거나 분할납부의 횟수를 늘릴 수 있다. 이에 따른 징수유예기간은 유예한 날의 다음날부터 (㉠)로 하며, 분할납부의 횟수는 (㉡)로 한다.

① ㉠ 2년 이내, ㉡ 12회 이내
② ㉠ 2년 이내, ㉡ 18회 이내
③ ㉠ 3년 이내, ㉡ 12회 이내
④ ㉠ 3년 이내, ㉡ 18회 이내

2-53 대기환경보전법령상 시·도지사는 배출부과금 납부의무자가 천재지변 등으로 사업자의 재산에 중대한 손실이 발생한 경우로서 배출부과금을 납부기한 전에 납부할 수 없다고 인정하면 징수유예를 받거나 분할납부하게 할 수 있다. 다음 중 기본부과금의 징수유예기간 중의 분할납부횟수 기준으로 옳은 것은? [14-1]

① 24회 이내 ② 12회 이내 ③ 6회 이내 ④ 4회 이내

2-54 대기환경보전법령상 천재지변 등으로 인해 기본부과금을 납부할 수 없다고 인정되어 징수유예를 하고자 하는 경우 ㉠ 징수 유예기간과 ㉡ 그 기간 중의 분할납부의 횟수는? [15-1, 16-4]

① ㉠ 유예한 날의 다음날부터 다음 부과기간의 개시일 전일까지, ㉡ 4회 이내
② ㉠ 유예한 날의 다음날부터 2년 이내, ㉡ 12회 이내
③ ㉠ 유예한 날의 다음날부터 3년 이내, ㉡ 12회 이내
④ ㉠ 유예한 날의 다음날부터 다음 부과기간의 개시일 전일까지, ㉡ 6회 이내

정답 2-52 ④ 2-53 ④ 2-54 ①

2-55 대기 배출부과금 징수유예 기간 중의 분할 납부의 횟수 기준은? (단, 초과부과금의 경우) [16-2]

① 2회 이내 ② 4회 이내 ③ 6회 이내 ④ 12회 이내

2-56 대기환경보전법상 공익에 현저한 지장을 줄 우려가 있다고 인정되는 경우 등으로 조업정지처분을 갈음하여 행할 수 있는 과징금 처분사항으로 가장 거리가 먼 것은 어느 것인가? [12-1]

① 과징금을 부과하는 위반행위의 종류 정도 등에 따른 과징금의 금액과 그 밖에 필요한 사항은 환경부령으로 정한다.
② 환경부장관은 과징금을 내야 할 자가 납부기한까지 내지 아니하면 국세체납처분의 예에 따라 징수한다.
③ 규정에 따라 징수한 과징금은 환경개선특별회계의 세입으로 한다.
④ 조업정지처분을 갈음하여 부과할 수 있는 과징금의 최대액수는 2억원이다.

해설 법. 제37조(과징금 처분)

① 환경부장관 또는 시·도지사는 다음 각 호의 어느 하나에 해당하는 배출시설을 설치·운영하는 사업자에 대하여 제36조제1항에 따라 조업정지를 명하여야 하는 경우로서 그 조업정지가 주민의 생활, 대외적인 신용·고용·물가 등 국민경제, 그 밖에 공익에 현저한 지장을 줄 우려가 있다고 인정되는 경우 등 그 밖에 대통령령으로 정하는 경우에는 조업 정지처분을 갈음하여 매출액에 100분의 5를 곱한 금액을 초과하지 아니하는 범위에서 과징금을 부과할 수 있다. 다만, 매출액이 없거나 매출액의 산정이 곤란한 경우로서 대통령령으로 정하는 경우에는 2억원을 초과하지 아니하는 범위에서 과징금을 부과할 수 있다.
③ 제1항에 따른 과징금을 부과하는 위반행위의 종류·정도 등에 따른 과징금의 금액과 그 밖에 필요한 사항은 대통령령으로 정하되, 그 금액의 2분의 1의 범위에서 가중하거나 감경할 수 있다.
④ 환경부장관 또는 시·도지사는 제1항에 따른 과징금을 내야 할 자가 납부기한까지 내지 아니하면 국세 체납처분의 예 또는 「지방행정제재·부과금의 징수 등에 관한 법률」에 따라 징수한다.
⑤ 제1항에 따라 징수한 과징금은 환경개선특별회계의 세입으로 한다.

2-57 대기환경보전법상 배출시설을 설치·운영하는 사업자에게 조업정지를 명하여야 하는 경우로서 그 조업정지가 공익에 현저한 지장을 줄 우려가 있다고 인정되는 경우, 조업정지처분에 갈음하여 시·도지사가 부과할 수 있는 최대 과징금 액수는? [14-4, 18-4]

① 5,000만원 ② 1억원
③ 2억원 ④ 5억원

정답 **2-55** ④ **2-56** ① **2-57** ③

2-58 **대기환경보전법상 공익에 현저한 지장을 줄 우려가 인정되는 경우 등으로 인해 조업정지 처분에 갈음하여 부과할 수 있는 과장금처분에 관한 설명으로 옳지 않은 것은?**

[17-2]

① 최대 2억원까지 과징금을 부과할 수 있다.

② 과징금을 납부기한까지 납부하지 아니한 경우는 최대 3월 이내 기간의 조업정지처분을 명할 수 있다.

③ 사회복지시설 및 공공주택의 냉난방시설을 설치, 운영하는 사업자에 대하여 부과할 수 있다.

④ 의료법에 따른 의료기관의 배출시설도 부과할 수 있다.

해설 과징금을 납부하지 못했다고 다시 조업정지처분은 할 수 없다.

2-59 **다음은 대기환경보전법규상 자가측정 자료의 보존기간 ( )이다. ( ) 안에 가장 적합한 것은?**

[19-2, 19-4, 20-1, 20-2]

> 법에 따라 사업자는 자가측정에 관한 기록을 보존하여야 하는데, 자가측정 시 사용한 여과지 및 시료채취기록지의 보존기간은 「환경 분야 시험·검사 등에 관한 법률」에 따른 환경오염공정시험기준에 따라 측정한 날부터 ( )(으)로 한다.

① 1개월 ② 3개월 ③ 6개월 ④ 1년

해설 규칙. 제52조(자가측정의 대상 및 방법 등)

② 제1항에 따른 자가측정 시 사용한 여과지 및 시료채취기록지의 보존기간은 「환경분야 시험·검사 등에 관한 법률」 제6조제1항제1호에 따른 환경오염공정시험기준에 따라 측정한 날부터 6개월로 한다.

2-60 **다음은 대기환경보전법상 환경기술인에 관한 사항이다. ( ) 안에 알맞은 것은 어느 것인가?**

[13-4, 20-4]

> 환경기술인을 두어야 할 사업장의 범위, 환경기술인의 자격기준, 임명기간은 ( )으로 정한다.

① 시, 도지사령 ② 총리령

③ 환경부령 ④ 대통령령

해설 법. 제40조(환경기술인)

⑤ 제1항에 따라 환경기술인을 두어야 할 사업장의 범위, 환경기술인의 자격기준, 임명(바꾸어 임명하는 것을 포함한다)기간은 대통령령으로 정한다.

정답 2-58 ② 2-59 ③ 2-60 ④

2-61 최초로 배출시설을 설치한 경우에 환경기술인의 임명신고 시기로 적절한 것은?

[16-2]

① 배출시설 가동개시신고와 동시에 신고
② 배출시설 설치완료신고와 동시에 신고
③ 배출시설 설치허가신청과 동시에 신고
④ 환경기술인 임명과 동시에 신고

해설 영. 제39조(환경기술인의 자격기준 및 임명기간)

① 법 제40조제1항에 따라 사업자가 환경기술인을 임명하려는 경우에는 다음 각 호의 구분에 따른 기간에 임명하여야 한다.

1. 최초로 배출시설을 설치한 경우에는 가동개시 신고를 할 때
2. 환경기술인을 바꾸어 임명하는 경우에는 그 사유가 발생한 날부터 5일 이내. 다만, 환경기사 또는 환경산업기사 이상의 자격이 있는 자를 임명하여야 하는 사업장으로서 5일 이내에 채용할 수 없는 부득이한 사정이 있는 경우에는 30일의 범위에서 별표 10에 따른 4종·5종 사업장의 기준에 준하여 환경기술인을 임명할 수 있다.

2-62 대기환경보전법령상 환경기술인의 임명기준에 관한 내용이다. ( ) 안에 알맞은 것은?(단, 1급은 기사, 2급은 산업기사와 동일)

[21-2]

> 환경기술인을 바꾸어 임명하는 경우에는 그 사유가 발생한 날부터(㉠) 이내에 임명하여야 한다. 다만, 환경기사 또는 환경 산업기사 이상의 자격이 있는 자를 임명하여야 하는 사업장으로서 (㉠) 이내에 채용할 수 없는 부득이한 사정이 있는 경우에는 (㉡)의 범위에서 규정에 적합한 환경기술인을 임명할 수 있다.

① ㉠ 5일, ㉡ 30일
② ㉠ 5일, ㉡ 60일
③ ㉠ 10일, ㉡ 30일
④ ㉠ 10일, ㉡ 60일

2-63 대기환경보전법령상 사업자가 환경기술인을 바꾸어 임명하려는 경우 그 사유가 발생한 날부터 며칠 이내에 임명하여야 하는가?(단, 기타의 경우는 고려하지 않는다.)

[20-2]

① 당일
② 3일 이내
③ 5일 이내
④ 7일 이내

정답 2-61 ① 2-62 ① 2-63 ③

2-64 **대기환경보전법규상 환경기술인의 준수사항과 가장 거리가 먼 것은?** [14-1]

① 자가측정한 결과를 사실대로 기록할 것
② 자가측정은 정확히 할 것
③ 자가측정기록부를 보관기간 동안 보전할 것
④ 자가측정 시 사용한 여과지는 환경오염공정시험기준에 따라 기록한 시료채취기록지와 함께 날짜별로 보관·관리할 것

해설 규칙. 제54조(환경기술인의 준수사항 및 관리사항)

① 법 제40조제2항에 따른 환경기술인의 준수사항은 다음 각 호와 같다.
1. 배출시설 및 방지시설을 정상가동하여 대기오염물질 등의 배출이 배출허용기준에 맞도록 할 것
2. 제 36조에 따른 배출시설 및 방지시설의 운영기록을 사실에 기초하여 작성할 것
3. 자가측정은 정확히 할 것(법 제39조에 따라 자가측정을 대행하는 경우에도 또한 같다)
4. 자가측정한 결과를 사실대로 기록할 것(법 제39조에 따라 자가측정을 대행하는 경우에도 또한 같다)
5. 자가측정 시에 사용한 여과지는 「환경분야 시험·검사 등에 관한 법률」 제6조제1항제1호에 따른 환경오염공정시험기준에 따라 기록한 시료채취기록지와 함께 날짜별로 보관·관리할 것(법 제39조에 따라 자가측정을 대행한 경우에도 또한 같다)
6. 환경기술인은 사업장에 상근할 것. 다만, 「기업활동 규제완화에 관한 특별조치법」 제37조에 따라 환경기술인을 공동으로 임명한 경우 그 환경기술인은 해당 사업장에 번갈아 근무하여야 한다.

② 법 제40조제3항에 따른 환경기술인의 관리사항은 다음 각 호와 같다.
1. 배출시설 및 방지시설의 관리 및 개선에 관한 사항
2. 배출시설 및 방지시설의 운영에 관한 기록부의 기록·보존에 관한 사항
3. 자가측정 및 자가측정한 결과의 기록·보전에 관한 사항
4. 그 밖에 환경오염 방지를 위하여 유역환경청장, 지방환경청장, 수도권 대기환경청장 또는 시·도지사가 지시하는 사항

2-65 **대기환경보전법규상 환경기술인의 준수사항과 가장 거리가 먼 것은 다음 중 어느 것인가?** [14-4, 21-4]

① 배출시설 및 방지시설을 정상가동하여 오염물질 등의 배출이 배출허용기준에 맞도록 하여야 한다.
② 배출시설 및 방지시설의 운영기록을 사실에 기초하여 작성해야 한다.
③ 기업활동 규제완화에 관한 특별조치법상 환경기술인을 공동으로 임명한 경우라도 당해 환경기술인은 해당 사업장에 번갈아 근무해서는 안 된다.
④ 자가측정 시 사용한 여과지는 환경오염공정시험기준에 따라 기록한 시료채취기록지와 함께 날짜별로 보관·관리하여야 한다.

정답 2-64 ③ 2-65 ③

1-3 생활환경상의 대기오염물질 배출규제

3. 대기환경보전법령상 황함유기준에 부적합한 유류를 판매하여 그 해당 유류의 회수처리 명령을 받은 자는 시·도지사 등에게 그 명령을 받은 날부터 며칠 이내에 이행 완료 보고서를 제출하여야 하는가? [13-4, 18-2, 20-2]

① 5일 이내에
② 7일 이내에
③ 10일 이내에
④ 30일 이내에

해설 영. 제40조(저유황의 사용)
③ 제2항에 따라 해당 유류의 회수처리명령 또는 사용금지명령을 받은 자는 명령을 받은날부터 5일 이내에 이행 완료 보고서를 시·도지사에게 제출하여야 한다.

답 ①

3-1 대기환경보전법령상 비산먼지 발생업으로서 "대통령령으로 정하는 사업" 중 환경부령으로 정하는 사업과 가장 거리가 먼 것은? [18-2, 21-1]

① 비금속물질의 채취업, 제조업 및 가공업
② 제1차 금속 제조업
③ 운송장비 제조업
④ 목재 및 광석의 운송업

해설 영. 제44조(비산먼지 발생사업) 법 제43조제1항전단에서 "대통령령으로 정하는 사업"이란 다음 각 호의 사업 중 환경부령으로 정하는 사업을 말한다.

1. 시멘트·석회·플라스터 및 시멘트 관련 제품의 제조업 및 가공업
2. 비금속물질의 채취업, 제조업 및 가공업
3. 제1차 금속 제조업
4. 비료 및 사료제품의 제조업
5. 건설업(지반 조성공사, 건축물 축조공사, 토목공사, 조경공사 및 도장공사로 한정한다)
6. 시멘트, 석탄, 토사, 사료, 곡물 및 고철의 운송업
7. 운송장비 제조업
8. 저탄시설의 설치가 필요한 사업
9. 고철, 곡물, 사료, 목재 및 광석의 하역업 또는 보관업
10. 금속제품의 제조업 및 가공업
11. 폐기물 매립시설 설치·운영사업

정답 3-1 ④

3-2 **대기환경보전법령상 비산먼지 발생사업에 해당하지 않는 것은?** [21-2]

① 화학제품제조업 중 석유정제업
② 제1차 금속제조업 중 금속주조업
③ 비료 및 사료 제품의 제조업 중 배합사료제조업
④ 비금속물질의 채취·제조·가공업 중 일반도자기제조업

3-3 **대기환경보전법령상 환경부령으로 정하는 바에 따라 특별자치시장·특별자치도지사·시장·군수·구청장에게 신고하고 비산먼지의 발생을 억제하기 위한 시설을 설치하거나 필요한 조치를 해야할 경우에 해당하지 않는 경우는?** [21-4]

① 비산먼지를 발생시키는 운송장비 제조업을 하려는 자
② 비산먼지를 발생시키는 비료 및 사료제품의 제조업을 하려는 자
③ 비산먼지를 발생시키는 금속물질의 채취업 및 가공업을 하려는 자
④ 비산먼지를 발생시키는 시멘트 관련 제품의 가공업을 하려는 자

3-4 **대기환경보전법령상 특별대책지역에서 환경부령에 따라 신고해야 하는 휘발성유기화합물 배출시설 중 "대통령령으로 정하는 시설"에 해당하지 않는 것은?(단, 그 밖에 휘발성유기화합물을 배출하는 시설로서 환경부장관이 관계중앙행정기관의 장과 협의하여 고시하는 시설 등은 제외한다)** [14-2, 19-4]

① 저유소의 저장시설 및 출하시설
② 주유소의 저장시설 및 주유시설
③ 석유정제를 위한 제조시설, 저장시설, 출하시설
④ 휘발성유기화합물 분석을 위한 실험실

해설 영. 제45조(휘발성유기화합물의 규제 등)

① 법 제44조제1항 각 호 외의 부분에서 "대통령령으로 정하는 시설"이란 다음 각 호의 시설(법 제44조 제1항제3호에 따른 휘발성유기화합물 배출규제 추가지역의 경우에는 제2호에 따른 저유소의 출하시설 및 제3호의 시설만 해당한다)을 말한다. 다만, 제38조의 2에서 정하는 업종에서 사용하는 경우는 제외한다.

1. 석유정제를 위한 제조시설, 저장시설 및 출하시설과 석유화학제품 제조업의 제조시설, 저장시설 및 출하시설
2. 저유소의 저장시설 및 출하시설
3. 주유소의 저장시설 및 주유시설
4. 세탁시설
5. 그 밖에 휘발성유기화합물을 배출하는 시설로서 환경부장관이 관계 중앙행정기관의 장과 협의하여 고시하는 시설

정답 3-2 ① 3-3 ③ 3-4 ④

3-5 대기환경보전법령상 휘발성유기화합물 규제를 위한 "대통령령으로 정하는 시설" 기준에 해당하지 않는 것은?(단, 그 밖의 시설 등은 고려하지 않는다.) [12-4]

① 화학약품 제조업의 제조시설 ② 저유소의 저장시설 및 출하시설
③ 세탁시설 ④ 주유소의 저장시설 및 주유시설

3-6 대기환경보전법령상 특별대책지역 안에서 휘발성유기화합물을 배출하는 시설로서 대통령령으로 정하는 시설과 거리가 먼 것은?(단, 그 밖의 시설 등은 고려하지 않는다.) [14-4]

① 석유화학제품 제조업의 제조시설 ② 세탁시설
③ 무기화학물 분석 실험실 ④ 저유소의 저장시설

3-7 대기환경보전법규상 특별대책지역 또는 대기환경규제지역 안에서 "휘발성 유기화합물"을 배출하는 시설로서 대통령령이 정하는 시설을 설치하고자 할 경우 시·도지사 등에게 배출시설 설치신고서를 제출해야 하는 기간 기준은? [18-4]

① 시설 설치일 7일 전까지 ② 시설 설치일 10일 전까지
③ 시설 설치 후 7일 이내 ④ 시설 설치 후 10일 이내

해설 규칙. 제59조의2(휘발성 유기화합물 배출시설의 신고 등)
① 휘발성유기화합물을 배출하는 시설을 설치하려는 자는 휘발성유기화합물 배출시설 설치신고서에 휘발성유기화합물 배출시설 설치 명세서와 배출억제·방지시설 설치 명세서를 첨부하여 시설 설치일 10일 전까지 시·도지사 또는 대도시 시장에게 제출하여야 한다.

3-8 대기환경보전법규상 휘발성유기화합물 배출시설의 변경신고를 해야 하는 경우가 아닌 것은? [17-2]

① 사업장의 명칭 또는 대표자를 변경하는 경우
② 휘발성유기화합물 배출시설을 폐쇄하는 경우
③ 휘발성유기화합물의 배출억제·방지시설을 변경하는 경우
④ 설치신고를 한 배출시설 규모의 합계 또는 누계보다 100분의 30 이상 증설하는 경우

해설 규칙. 제60조(휘발성유기화합물 배출시설의 변경신고)
① 법 제44조제2항에 따라 변경신고를 하여야 하는 경우는 다음 각 호와 같다.
1. 사업장의 명칭 또는 대표자를 변경하는 경우
2. 설치신고를 한 배출시설 규모의 합계 또는 누계보다 100분의 50 이상 증설하는 경우
3. 휘발성유기화합물의 배출 억제·방지시설을 변경하는 경우
4. 휘발성유기화합물 배출시설을 폐쇄하는 경우
5. 휘발성유기화합물 배출시설 또는 배출 억제·방지시설을 임대하는 경우

정답 3-5 ① 3-6 ③ 3-7 ② 3-8 ④

1-4 자동차·선박 등의 배출가스의 규제

4. 대기환경보전법령상 제작차 배출허용기준과 관련하여 대통령령으로 정하는 오염물질이 아닌 것은?(단, 휘발유·알코올 또는 가스를 사용하는 자동차에 한한다.) [12-4]

① 일산화탄소　② 매연
③ 탄화수소　④ 알데히드

해설 영. 제46조(배출가스의 종류)

1. 휘발유, 알코올 또는 가스를 사용하는 자동차
   가. 일산화탄소　나. 탄화수소　다. 질소산화물
   라. 알데히드　마. 입자상 물질　바. 암모니아

   암기방법 일탄질알입암

2. 경유를 사용하는 자동차
   가. 일산화탄소　나. 탄화수소　다. 질소산화물
   라. 매연　마. 입자상 물질　바. 암모니아

   암기방법 일탄입매질암

답 ②

4-1 대기환경보전법령상 경유를 사용하는 자동차의 배출가스 중 대통령령으로 정하는 오염물질의 종류에 해당하지 않는 것은? [18-4]

① 탄화수소　② 알데히드　③ 질소산화물　④ 일산화탄소

4-2 대기환경보전법에 의거 국가는 자동차로 인한 대기오염을 줄이기 위하여 기술개발 또는 제작에 필요한 재정적, 기술적 지원을 할 수 있는데, 이와 관련한 지원대상 시설과 거리가 먼 것은? [14-4]

① 저공해엔진
② 저공해자동차 및 그 자동차에 연료를 공급하기 위한 시설 중 환경부장관이 정하는 시설
③ 배출가스 저감장치
④ 황 함량이 높은 휘발유자동차

정답 4-1 ②　4-2 ④

해설 법. 제47조(기술개발 등에 대한 지원)

① 국가는 자동차로 인한 대기오염을 줄이기 위하여 다음 각 호의 어느 하나에 해당하는 시설 등의 기술개발 또는 제작에 필요한 재정적·기술적 지원을 할 수 있다.

1. 저공해자동차 및 그 자동차에 연료를 공급하기 위한 시설 중 환경부장관이 정하는 시설
2. 배출가스 저감장치
3. 저공해엔진

4-3 **대기환경보전법령상 인증을 생략할 수 있는 자동차에 해당하지 않은 것은?** [20-1]

① 훈련용 자동차로서 문화체육관광부장관의 확인을 받은 자동차
② 주한 외국군인의 가족이 사용하기 위하여 반입하는 자동차
③ 자동차제작자 및 자동차 관련 연구기관 등이 자동차의 개발 또는 전시 등 주행 외의 목적으로 사용하기 위하여 수입하는 자동차
④ 항공기 지상 조업용 자동차

해설 영. 제47조(인증의 면제·생략 자동차)

① 법 제48조제1항 단서에 따라 인증을 면제할 수 있는 자동차는 다음 각 호와 같다.

1. 군용 및 경호업무용 등 국가의 특수한 공용 목적으로 사용하기 위한 자동차와 소방용 자동차
2. 주한 외국공관 또는 외교관이나 그 밖에 이에 준하는 대우를 받는 자가 공용 목적으로 사용하기 위한 자동차로서 외교부장관의 확인을 받은 자동차
3. 주한 외국군대의 구성원이 공용 목적으로 사용하기 위한 자동차
4. 수출용 자동차와, 박람회나 그 밖에 이에 준하는 행사에 참가하는 자가 전시의 목적으로 일시 반입하는 자동차
5. 여행자 등이 다시 반출할 것을 조건으로 일시 반입하는 자동차
6. 자동차제작자 및 자동차 관련 연구기관 등이 자동차의 개발 또는 전시 등 주행 외의 목적으로 사용하기 위하여 수입하는 자동차
7. 삭제
8. 외국인 또는 외국에서 1년 이상 거주한 내국인이 주거를 옮기기 위하여 이주물품으로 반입하는 1대의 자동차

② 법 제48조제1항 단서에 따라 인증을 생략할 수 있는 자동차는 다음 각 호와 같다.

1. 국가대표 선수용 자동차 또는 훈련용 자동차로서 문화체육관광부장관의 확인을 받은 자동차
2. 외국에서 국내의 공공기관 또는 비영리단체에 무상으로 기증한 자동차
3. 외교관 또는 주한 외국군인의 가족이 사용하기 위하여 반입하는 자동차
4. 항공기 지상 조업용 자동차
5. 법 제48조제1항에 따른 인증을 받지 아니한 자가 그 인증을 받은 자동차의 원동기를 구입하여 제작하는 자동차
6. 국제협약 등에 따라 인증을 생략할 수 있는 자동차
7. 그 밖에 환경부장관이 인증을 생략할 필요가 있다고 인정하는 자동차

정답 4-3 ③

4-4 인증을 면제할 수 있는 자동차로 가장 적절한 것은? [16-2]

① 항공기 지상조업용 자동차
② 여행자 등이 다시 반출할 것을 조건으로 일시 반입하는 자동차
③ 외교관 또는 주한 외국군인의 가족이 사용하기 위하여 반입하는 자동차
④ 외국에서 국내의 공공기관 또는 비영리단체에 무상으로 기증한 자동차

4-5 다음은 대기환경보전법상 공회전 제한에 관한 사항이다. ( ) 안에 들어갈 장소로 거리가 먼 것은? [15-4]

> 시·도지사는 자동차의 배출가스로 인한 대기오염 및 연료손실을 줄이기 위하여 필요하다고 인정하면 그 시·도의 조례가 정하는 바에 따라 ( ) 등의 장소에서 자동차의 원동기를 가동한 상태로 주차하거나 정차하는 행위를 제한할 수 있다.

① 정체도로 ② 주차장
③ 터미널 ④ 차고지

해설 법 제59조(공회전의 제한)

① 시·도지사는 자동차의 배출가스로 인한 대기오염 및 연료 손실을 줄이기 위하여 필요하다고 인정하면 그 시·도의 조례로 정하는 바에 따라 터미널, 차고지, 주차장 등의 장소에서 자동차의 원동기를 가동한 상태로 주차하거나 정차하는 행위를 제한할 수 있다.

4-6 대기환경보전법상 제작차에 대한 인증 대행시험기관의 지정취소기준에 해당하지 않는 것은? [12-4, 17-2]

① 거짓이나 그 밖의 부정한 방법으로 지정을 받은 경우
② 다른 사람에게 자신의 명의로 인증시험업무를 하게 하는 행위
③ 매연 단속결과 간헐적으로 배출허용기준을 초과할 경우
④ 환경부령으로 정하는 인증시험의 방법과 절차를 위반하여 인증시험을 하는 행위

해설 법. 제48조의 3(인증시험대행기관의 지정 취소 등) 환경부장관은 인증시험대행기관이 다음 각 호의 어느 하나에 해당하는 경우에는 그 지정을 취소하거나 6개월 이내의 기간을 정하여 업무의 전부 또는 일부의 정지를 명할 수 있다. 다만, 제1호에 해당하는 경우에는 그 지정을 취소하여야 한다.

1. 거짓이나 그 밖의 부정한 방법으로 지정을 받은 경우
2. 제48조의3제2항 각 호의 금지행위를 한 경우
3. 제48조의2제4항에 따른 지정기준을 충족하지 못하게 된 경우

정답 4-4 ② 4-5 ① 4-6 ③

4-7 **대기환경보전법령상 인증을 면제할 수 있는 자동차에 해당되는 것은?** [16-1]

① 항공기 지상 조업용 자동차
② 국가대표 선수용 자동차로서 문화체육관광부장관의 확인을 받은 자동차
③ 여행자 등이 다시 반출할 것을 조건으로 일시 반입하는 자동차
④ 주한 외국군인의 가족이 사용하기 위하여 반입하는 자동차

4-8 **대기환경보전법상 자동차의 운행정지에 관한 사항이다. ( )에 알맞은 것은 어느 것인가?** [13-1, 17-2]

> 환경부장관, 특별시장·광역시장·특별자치시장·특별자치도지사·시장·군수·구청장은 운행차 배출허용기준초과에 따른 개선명령을 받은 자동차 소유자가 이에 따른 확인검사를 환경부령으로 정하는 기간 이내에 받지 아니하는 경우에는 ( )의 기간을 정하여 해당 자동차의 운행정지를 명할 수 있다.

① 5일 이내
② 7일 이내
③ 10일 이내
④ 15일 이내

해설 법. 제70조의2(자동차의 운행정지)

① 환경부장관, 특별시장·광역시장·특별자치시장·특별자치도지사·시장·군수·구청장은 제70조제1항에 따른 개선명령을 받은 자동차 소유자가 같은 조 제2항에 따른 확인검사를 환경부령으로 정하는 기간 이내에 받지 아니하는 경우에는 10일 이내의 기간을 정하여 해당 자동차의 운행정지를 명할 수 있다.

정답 **4-7** ③ **4-8** ③

1-5 보칙

5. **대기환경보전법규상 환경기술인의 보수교육기준은? (단, 규정된 교육기관이며, 정보통신매체를 이용하여 원격교육을 하는 경우 제외)** [13-2]

① 신규교육을 받은 날을 기준으로 1년마다 1회
② 신규교육을 받은 날을 기준으로 2년마다 1회
③ 신규교육을 받은 날을 기준으로 3년마다 1회
④ 신규교육을 받은 날을 기준으로 5년마다 1회

해설 규칙. 제125조(환경기술인의 교육)

① 법 제77조에 따라 환경기술인은 다음 각 호의 구분에 따라 「환경정책기본법」 제59조에 따른 환경보전협회, 환경부장관, 시·도지사 또는 대도시 시장이 교육을 실시할 능력이 있다고 인정하여 위탁하는 기관(이하 "교육기관"이라 한다)에서 실시하는 교육을 받아야 한다. 다만, 교육 대상이 된 사람이 그 교육을 받아야 하는 기한의 마지막 날 이전 3년 이내에 동일한 교육을 받았을 경우에는 해당 교육을 받은 것으로 본다.

1. 신규교육 : 환경기술인으로 임명된 날부터 1년 이내에 1회
2. 보슈교육 : 신규교육을 받은 날을 기준으로 3년마다 1회

② 제1항에 따른 교육기간은 4일 이내로 한다. 다만, 정보통신매체를 이용하여 원격교육을 하는 경우에는 환경부장관이 인정하는 기간으로 한다.

답 ③

5-1 **대기환경보전법규상 환경기술인의 신규교육 시기와 횟수 기준은? (단, 규정된 교육기관이며, 정보통신매체를 이용하여 원격교육을 하는 경우 제외)** [13-2, 16-4]

① 환경기술인으로 임명된 날부터 6개월 이내에 1회
② 환경기술인으로 임명된 날부터 1년 이내에 1회
③ 환경기술인으로 임명된 날부터 2년 이내에 1회
④ 환경기술인으로 임명된 날부터 3년 이내에 1회

5-2 **대기환경보전법규에 명시된 환경기술인의 교육사항에 관한 규정 중 ( ) 안에 들어갈 말로 옳은 것은?** [16-2]

> 신규교육은 환경기술인으로 임명된 날로부터 (㉠) 이내에 1회이며, 보수교육은 신규교육을 받은 날을 기준으로 (㉡)마다 1회 받아야 한다.

① ㉠ 3월, ㉡ 1년　　② ㉠ 6월, ㉡ 1년
③ ㉠ 1년, ㉡ 3년　　④ ㉠ 1년, ㉡ 5년

정답 5-1 ②　5-2 ③

5-3 환경기술인 등의 교육에 관한 설명으로 옳지 않은 것은? [16-1]

① 교육과정의 교육기간은 4일 이내로 한다.
② 환경보전협회는 환경기술인의 교육기관이다.
③ 신규교육은 환경기술인으로 임명된 날부터 30일 이내에 교육을 이수하여야 한다.
④ 환경부장관은 교육계획을 매년 1월 31일까지 시·도지사에게 통보하여야 한다.

5-4 대기환경보전법상 한국자동차환경협회의 회원이 될 수 있는 자로 거리가 먼 것은? [18-4]

① 배출가스저감장치 제작자
② 저공해엔진 제조·교체 등 배출가스저감사업 관련 사업자
③ 저공해자동차 판매사업자
④ 자동차 조기폐차 관련 사업자

해설 제79조(회원) 다음 각 호의 어느 하나에 해당하는 자는 한국자동차환경협회의 회원이 될 수 있다.

1. 배출가스저감장치 제작자
2. 저공해엔진 제조·교체 등 배출가스저감사업 관련 사업자
3. 전문정비사업자
4. 배출가스저감장치 및 저공해엔진 등과 관련된 분야의 전문가
5. 「자동차관리법」 제44조의2에 따른 종합검사대행자
6. 「자동차관리법」 제45조의2에 따른 종합검사 지정정비사업자
7. 자동차 조기폐차 관련 사업자

5-5 대기환경보전법상 한국자동차환경협회의 정관에 따른 업무와 거리가 먼 것은? [17-1]

① 운행차 저공해화 기술개발
② 자동차 배출가스 저감사업의 지원
③ 자동차관련 환경기술인의 교육훈련 및 취업지원
④ 운행차 배출가스 검사와 정비기술의 연구·개발사업

해설 법. 제80조(업무) 한국자동차환경협회는 정관으로 정하는 바에 따라 다음 각 호의 업무를 행한다.

1. 운행차 저공해화 기술개발 및 배출가스저감장치의 보급
2. 자동차 배출가스 저감사업의 지원과 사후관리에 관한 사항
3. 운행차 배출가스 검사와 정비기술의 연구·개발사업
4. 제1호부터 제3호까지 및 제5호와 관련된 업무로서 환경부장관 또는 시·도지사로부터 위탁받은 업무
5. 그 밖에 자동차 배출가스를 줄이기 위하여 필요한 사항

정답 5-3 ③ 5-4 ③ 5-5 ③

1-6 벌칙(부칙 포함)

6. 대기환경보전법상 배출시설을 가동할 때에 방지시설을 가동하지 아니하거나 오염도를 낮추기 위하여 배출시설에서 나오는 오염물질에 공기를 섞어 배출하는 행위를 한 자에 대한 벌칙기준은? [13-4]

① 7년 이하의 징역이나 1억원 이하의 벌금에 처한다.
② 5년 이하의 징역이나 3천만원 이하의 벌금에 처한다.
③ 1년 이하의 징역이나 500만원 이하의 벌금에 처한다.
④ 300만원 이하의 벌금에 처한다.

해설 법. 제89조(벌칙) 다음 각 호의 어느 하나에 해당하는 자는 7년 이하의 징역이나 1억원 이하의 벌금에 처한다.

1. 제23조제1항이나 제2항에 따른 허가나 변경허가를 받지 아니하거나 거짓으로 허가나 변경허가를 받아 배출시설을 설치 또는 변경하거나 그 배출시설을 이용하여 조업한 자
2. 제26조제1항 본문이나 제2항에 따른 방지시설을 설치하지 아니하고 배출시설을 설치·운영한 자
3. 제31조제1항제1호나 제5호에 해당하는 행위를 한 자
4. 제34조제1항에 따른 조업정지명령을 위반하거나 같은 조 제2항에 따른 조치명령을 이행하지 아니한 자
5. 제36조에 따른 배출시설의 폐쇄나 조업정지에 관한 명령을 위반한 자

5의2. 제38조에 따른 사용중지명령 또는 폐쇄명령을 이행하지 아니한 자

6. 제46조를 위반하여 제작차배출허용기준에 맞지 아니하게 자동차를 제작한 자

6의 2. 제46조 제4항을 위반하여 자동차를 제작한 자

7. 제48조제1항을 위반하여 인증을 받지 아니하고 자동차를 제작한 자

7의2. 제50조의 3에 따른 상환명령을 이행하지 아니하고 자동차를 제작한 자

8. 제60조를 위반하여 인증이나 변경인증을 받지 아니하고 배출가스저감장치, 저공해엔진 또는 공회전제한장치를 제조하거나 공급·판매한 자
9. 제74조제1항을 위반하여 자동차연료·첨가제 또는 촉매제를 제조기준에 맞지 아니하게 제조한 자
10. 제74조제2항을 위반하여 자동차연료·첨가제 또는 촉매제의 검사를 받지 아니한 자
11. 제74조제5항에 따른 자동차연료·첨가제 또는 촉매제의 검사를 거부·방해 또는 기피한 자
12. 제74조제6항 본문을 위반하여 자동차연료를 공급하거나 판매한 자
13. 제75조에 따른 제조의 중지, 제품의 회수 또는 공급·판매의 중지명령을 위반한 자

답 ①

6-1 대기환경보전법상 벌칙기준 중 7년 이하의 징역이나 1억원 이하의 벌금에 처하는 것은? [17-2, 20-1, 20-4]

① 대기오염물질의 배출허용기준 확인을 위한 측정기기의 부착 등의 조치를 하지 아니한 자
② 황연료사용 제한조치 등의 명령을 위반한 자
③ 제작차 배출허용기준에 맞지 아니하게 자동차를 제작한 자
④ 배출가스 전문정비사업자로 등록하지 아니하고 정비·점검 또는 확인검사 업무를 한 자

6-2 대기환경보전법상 해당 연도의 평균 배출량이 평균 배출허용기준을 초과하여 그에 따른 상환명령을 이행하지 아니하고 자동차를 제작한 자에 대한 벌칙기준은? [18-2, 19-4]

① 7년 이하의 징역이나 1억원 이하의 벌금
② 5년 이하의 징역이나 5천만원 이하의 벌금
③ 3년 이하의 징역이나 3천만원 이하의 벌금
④ 1년 이하의 징역이나 1천만원 이하의 벌금

6-3 대기환경보전법상 환경부령으로 정하는 제조기준에 맞지 아니하게 자동차연료·첨가제 또는 촉매제를 제조한 자에 대한 벌칙기준으로 옳은 것은? [12-4, 18-1]

① 7년 이하의 징역이나 1억원 이하의 벌금
② 5년 이하의 징역이나 5천만원 이하의 벌금
③ 1년 이하의 징역이나 1천만원 이하의 벌금
④ 300만원 이하의 벌금

6-4 대기환경보전법상 방지시설을 거치지 아니하고 오염물질을 배출할 수 있는 공기조절장치, 가지배출관 등을 설치한 행위를 한 자에 대한 벌칙기준으로 적합한 것은? [16-4]

① 2년 이하의 징역이나 1천만원 이하의 벌금에 처한다.
② 3년 이하의 징역이나 2천만원 이하의 벌금에 처한다.
③ 5년 이하의 징역이나 5천만원 이하의 벌금에 처한다.
④ 7년 이하의 징역이나 5천만원 이하의 벌금에 처한다.

해설 법. 제90조(벌칙) 다음 각 호의 어느 하나에 해당하는 자는 5년 이하의 징역이나 5천만원 이하의 벌금에 처한다.

정답 6-1 ③ 6-2 ① 6-3 ① 6-4 ③

1. 제23조제1항에 따른 신고를 하지 아니하거나 거짓으로 신고를 하고 배출시설을 설치 또는 변경하거나 그 배출시설을 이용하여 조업한 자
2. 제31조제1항제2호에 해당하는 행위를 한 자
3. 제32조제1항 본문에 따른 측정기기의 부착 등의 조치를 하지 아니한 자
4. 제32조제3항제1호·제3호 또는 제4호에 해당하는 행위를 한 자

4의 2. 제38조의2제8항에 따른 시설 개선 등의 조치명령을 이행하지 아니한 자

4의 3. 제39조제1항을 위반하여 오염물질을 측정하지 아니한 자 또는 측정결과를 거짓으로 기록하거나 기록·보존하지 아니한 자

4의 4. 제39조제2항 각 호의 어느 하나에 해당하는 행위를 한 자

5. 제41조제4항에 따른 연료사용 제한조치 등의 명령을 위반한 자
6. 제44조제9항(제45조제5항에 따라 준용되는 경우를 포함한다)에 따른 시설개선 등의 조치명령을 이행하지 아니한 자

6의 2. 제50조제7항 및 제8항에 따른 부품 교체 또는 자동차의 교체·환불·재매입 명령을 이행하지 아니한 자

7. 제51조제4항 본문·제6항 또는 제53조제3항 본문·제5항에 따른 결함시정명령을 위반한 자
8. 제51조제8항 또는 제53조 제7항에 따른 자동차의 교체·환불·재매입 명령을 이행하지 아니한 자
9. 삭제
10. 제68조제1항을 위반하여 전문정비사업자로 등록하지 아니하고 정비·점검 또는 확인검사 업무를 한 자
11. 제74조제6항 본문을 위반하여 첨가제 또는 촉매제를 공급하거나 판매한 자

6-5 **대기환경보전법상 황함유기준을 초과하는 연료를 공급·판매한 자에 대한 벌칙기준으로 옳은 것은?** [19-2]

① 5년 이하의 징역이나 5천만원 이하의 벌금
② 3년 이하의 징역이나 3천만원 이하의 벌금
③ 2년 이하의 징역이나 2천만원 이하의 벌금
④ 1년 이하의 징역이나 1천만원 이하의 벌금

해설 법. 제90조의2(벌칙) 제41조제3항 본문을 위반하여 황함유기준을 초과하는 연료를 공급·판매한 자는 3년 이하의 징역이나 3천만원 이하의 벌금에 처한다.

6-6 **대기환경보전법상 배출가스 전문정비사업자 지정을 받은 자가 고의로 정비업무를 부실하게 하여 받은 업무정지명령을 위반한 자에 대한 벌칙 기준으로 옳은 것은?** [17-1]

① 7년 이하의 징역이나 1억원 이하의 벌금
② 5년 이하의 징역이나 3천만원 이하의 벌금
③ 1년 이하의 징역이나 1천만원 이하의 벌금
④ 300만원 이하의 벌금

정답 6-5 ② 6-6 ③

해설 법. 제91조(벌칙) 다음 각 호의 어느 하나에 해당하는 자는 1년 이하의 징역이나 1천만원 이하의 벌금에 처한다.

1. 제30조를 위반하여 신고를 하지 아니하고 조업한 자
2. 제32조제6항에 따른 조업정지명령을 위반한 자

2의 2. 제32조의2제1항을 위반하여 측정기기 관리대행업의 등록 또는 변경등록을 하지 아니하고 측정기기 관리업무를 대행한 자

2의3. 거짓이나 그 밖의 부정한 방법으로 제32조의2제1항에 따른 측정기기 관리대행업의 등록을 한 자

2의4. 제32조의2제4항을 위반하여 다른 자에게 자기의 명의를 사용하여 측정기기 관리 업무를 하게 하거나 등록증을 다른 자에게 대여한 자

2의5. 제41조제3항 본문을 위반하여 황함유기준을 초과하는 연료를 사용한 자

3. 제43조제5항에 따른 사용제한 등의 명령을 위반한 자

3의2. 제44조의2제2항제1호에 해당하는 자로서 같은 항을 위반하여 도료를 공급하거나 판매한 자

3의3. 제44조의2제2항제2호에 해당하는 자로서 같은 항을 위반하여 도료를 공급하거나 판매한 자

3의4. 제44조의2제3항에 따른 휘발성유기화합물함유기준을 초과하는 도료에 대한 공급·판매 중지 또는 회수 등의 조치명령을 위반한 자

3의 5. 제44조의2제4항에 따른 휘발성유기화합물함유기준을 초과하는 도료에 대한 공급·판매 중지명령을 위반한 자

4. 제48조제2항에 따른 변경인증을 받지 아니하고 자동차를 제작한 자

4의2. 제48조의2제3항제1호 또는 제2호에 따른 금지행위를 한 자

5. 제57조의2를 위반하여 배출가스 관련 부품을 탈거·훼손·해체·변경·임의설정하거나 촉매제를 사용하지 아니하거나 적게 사용하여 그 기능이나 성능이 저하되는 행위를 한 자 및 그 행위를 요구한 자
6. 제68조제1항에 따른 변경등록을 하지 아니하고 등록사항을 변경한 자
7. 제68조제4항제1호 또는 제2호에 따른 금지행위를 한 자
8. 제69조에 따른 업무정지명령을 위반한 자
9. 제74조제6항 본문을 위반하여 자동차연료를 사용한 자
10. 제74조제7항에 따른 규제를 위반하여 자동차연료·첨가제 또는 촉매제를 제조하거나 판매한 자
11. 제74조제8항을 위반하여 검사를 받은 제품임을 표시하지 아니하거나 거짓으로 표시한 자
12. 제74조의2제3항제1호 또는 제2호에 따른 금지행위를 한 자

12의2. 제76조의3제1항을 위반하여 자동차 온실가스 배출량을 보고하지 아니하거나 거짓으로 보고한 자

12의3. 제76조의11제1항을 위반하여 냉매회수업의 등록을 하지 아니하고 냉매회수업을 한 자

12의4. 거짓이나 그 밖의 부정한 방법으로 제76조의11제1항에 따른 냉매회수업의 등록을 한 자

12의5. 제76조의12제1항을 위반하여 다른 자에게 자기의 명의를 사용하여 냉매회수업을 하게 하거나 등록증을 다른 자에게 대여한 자

13. 제82조에 따른 관계 공무원의 출입·검사를 거부·방해 또는 기피한 자

법. 제91의2(벌칙) 다음 각 호의 어느 하나에 해당하는 자는 500만원 이하의 벌금에 처한다.
1. 제58조제12항에 따른 표지를 거짓으로 제작하거나 붙인 자
2. 제58조의2제4항을 위반하여 저공해 자동차 보급계획서의 승인을 받지 아니한 자

6-7 대기환경보전법상 1년 이하의 징역이나 1천만원 이하의 벌금에 처하는 벌칙기준이 아닌 것은? [19-1]
① 배출시설의 설치를 완료한 후 신고를 하지 아니하고 조업한 자
② 환경상 위해가 발생하여 그 사용규제를 위반하여 자동차연료·첨가제 또는 촉매제를 제조하거나 판매한 자
③ 측정기기 관리대행업의 등록 또는 변경등록을 하지 아니하고 측정기기 관리 업무를 대행한 자
④ 부품결함시정명령을 위반한 자동차제작자

해설 ④의 경우는 5년 이하의 징역이나 5천만원 이하의 벌금이다.

6-8 환경부령이 정하는 자동차 연료의 제조기준에 적합하지 아니하게 제조된 유류제품 등을 자동차연료로 사용한 자에 대한 벌칙기준으로 적절한 것은? [16-1]
① 200만원 이하의 과태료
② 300만원 이하의 벌금
③ 1년 이하의 징역 또는 1천만원 이하의 벌금
④ 2년 이하의 징역 또는 3천만원 이하의 벌금

해설 법. 제91조 9호 참조

6-9 대기환경보전법상 배출가스 전문정비업자 지정을 받은 자가 고의로 정비업무를 부실하게 하여 받은 업무정지명령을 위반한 자에 대한 벌칙기준으로 옳은 것은? [12-1]
① 7년 이하의 징역이나 1억원 이하의 벌금
② 5년 이하의 징역이나 3천만원 이하의 벌금
③ 1년 이하의 징역이나 1,000만원 이하의 벌금
④ 300만원 이하의 벌금

해설 법 제91조 8호 참조

정답 6-7 ④ 6-8 ③ 6-9 ③

6-10 대기환경보전법상 대기오염 경보가 발령된 지역에서 자동차 운행제한이나 사업장 조업단축의 명령을 정당한 사유없이 위반한 자에 대한 벌칙기준으로 옳은 것은 어느 것인가? [13-2]

① 1년 이하의 징역이나 1천만원 이하의 벌금에 처한다.
② 1년 이하의 징역이나 500만원 이하의 벌금에 처한다.
③ 500만원 이하의 벌금에 처한다.
④ 300만원 이하의 벌금에 처한다.

해설 법. 제92조(벌칙) 다음 각 호의 어느 하나에 해당하는 자는 300만원 이하의 벌금에 처한다.

1. 제8조제3항에 따른 명령을 정당한 사유없이 위반한 자
2. 제32조제5항에 따른 조치명령을 이행하지 아니한 자
3. 제38조의2제1항에 따른 신고를 하지 아니하고 시설을 설치·운영한 자

3의2. 제38조의2제6항에 따른 정기점검을 받지 아니한 자

4. 제42조에 따른 연료사용 제한조치 등의 명령을 위반한 자

4의2. 제43조제1항 전단에 따른 신고를 하지 아니한 자

5. 제43조제1항 전단 또는 후단을 위반하여 비산먼지의 발생을 억제하기 위한 시설을 설치하지 아니하거나 필요한 조치를 하지 아니한 자. 다만, 시멘트·석탄·토사·사료·곡물 및 고철의 분체상 물질을 운송한 자는 제외한다.
6. 제43조제4항을 위반하여 비산먼지의 발생을 억제하기 위한 시설의 설치나 조치의 이행 또는 개선명령을 이행하지 아니한 자
7. 제44조제1항, 제45조제1항 또는 제2항에 따른 신고를 하지 아니하고 시설을 설치하거나 운영한 자
8. 제44조제3항에 따른 조치를 하지 아니한 자
9. 제50조의2제2항 및 제50조의3제3항에 따른 평균 배출량 달성실적 및 상환계획서를 거짓으로 작성한 자
10. 제60조제1항에 따라 인증받은 내용과 다르게 결함이 있는 배출가스저감장치 또는 저공해엔진을 제조·공급 또는 판매한 자
11. 제62조제4항에 따른 이륜자동차정기검사 명령을 이행하지 아니한 자
12. 제70조의2에 따른 운행정지명령을 받고 이에 따르지 아니한 자
13. 「자동차관리법」 제66조에 따라 자동차관리사업의 등록이 취소되었음에도 정비·점검 및 확인검사 업무를 한 전문정비사업자
14. 제76조의5제1항을 위반하여 자료를 제출하지 아니하거나 거짓으로 자료를 제출한 자

법. 제93조(벌칙) 제40조제4항에 따른 환경기술인의 업무를 방해하거나 환경기술인의 요청을 정당한 사유없이 거부한 자는 200만원 이하의 벌금에 처한다.

정답 6-10 ④

6-11 대기환경보전법상 대기오염 경보가 발령된 지역에서 자동차 운행제한이나 사업장 조업단축의 명령을 정당한 사유 없이 위반한 자에 대한 벌칙기준으로 옳은 것은? [16-1]

① 1년 이하의 징역이나 1천만원 이하의 벌금에 처한다.
② 1년 이하의 징역이나 500만원 이하의 벌금에 처한다.
③ 500만원 이하의 벌금에 처한다.
④ 300만원 이하의 벌금에 처한다.

해설 법 제92조 1호 참조

6-12 대기환경보전법상 비산먼지 발생억제를 위한 시설을 설치해야 하는 자가 그 시설을 설치하지 않은 경우에 대한 벌칙기준은?(단, 시멘트·석탄·토사·사료·곡물 및 고철의 분체상물질 운송자는 제외) [15-1]

① 100만원 이하의 과태료
② 200만원 이하의 과태료
③ 300만원 이하의 벌금
④ 500만원 이하의 벌금

해설 법 제92조 5호 참조

6-13 대기환경보전법상 사업자는 조업을 할 때에는 환경부령으로 정하는 바에 따라 배출시설과 방지시설의 운영에 관한 상황을 사실대로 기록하여 보존하여야 하나 이를 위반하여 배출시설 등의 운영상황을 기록·보존하지 아니하거나 거짓으로 기록한 자에 대한 과태료 부과기준으로 옳은 것은? [19-1]

① 1,000만원 이하의 과태료
② 500만원 이하의 과태료
③ 300만원 이하의 과태료
④ 200만원 이하의 과태료

해설 법. 제94조(과태료)

① 다음 각 호의 어느 하나에 해당하는 자에게는 500만원 이하의 과태료를 부과한다.

1. 삭제

1의2. 제48조제3항을 위반하여 인증·변경인증의 표시를 하지 아니한 자

1의3. 제51조제5항 또는 제53조제4항에 따른 결함시정계획을 수립·제출하지 아니하거나 결함시정계획을 부실하게 수립·제출하여 환경부장관의 승인을 받지 못한 경우

1의4. 제58조의2제5항을 위반하여 보급실적을 제출하지 아니한 자

1의5. 제60조의2제6항에 따른 성능점검결과를 제출하지 아니한 자

정답 6-11 ④ 6-12 ③ 6-13 ③

2. 제76조의4제1항을 위반하여 자동차에 온실가스 배출량을 표시하지 아니하거나 거짓으로 표시한 자

② 다음 각 호의 어느 하나에 해당하는 자에게는 300만원 이하의 과태료를 부과한다.

1. 제31조제2항을 위반하여 배출시설 등의 운영상황을 기록·보존하지 아니하거나 거짓으로 기록한 자

1의2. 제39조제3항을 위반하여 측정한 결과를 제출하지 아니한 자

2. 제40조제1항을 위반하여 환경기술인을 임명하지 아니한 자
3. 제52조제3항에 따른 결함시정명령을 위반한 자
4. 제58조제1항에 따른 저공해자동차로의 전환 또는 개조 명령, 배출가스저감장치의 부착·교체 명령 또는 배출가스 관련 부품의 교체 명령, 저공해엔진(혼소엔진을 포함한다)으로의 개조 또는 교체 명령을 이행하지 아니한 자
5. 제58조의5제1항에 따른 저공해자동차의 구매·임차 비율을 준수하지 아니한 같은 항 제2호·제3호에 해당하는 자

6-14 **대기환경보전법상 저공해자동차로의 전환 또는 개조 명령, 배출가스저감장치의 부착·교체 명령 또는 배출가스 관련 부품의 교체 명령, 저공해엔진(혼소엔진을 포함한다)으로의 개조 또는 교체 명령을 이행하지 아니한 자에 대한 과태료 부과기준은?** [17-1]

① 300만원 이하의 과태료 ② 500만원 이하의 과태료
③ 1천만원 이하의 과태료 ④ 2천만원 이하의 과태료

6-15 **대기환경보전법령상 제조기준에 맞지 않는 첨가제 또는 촉매제임을 알면서 사용한 자에 대한 과태료 부과기준은?** [15-4, 21-4]

① 1천만원 이하의 과태료 ② 500만원 이하의 과태료
③ 300만원 이하의 과태료 ④ 200만원 이하의 과태료

해설 법. 제94조(과태료)

③ 다음 각 호의 어느 하나에 해당하는 자에게는 200만원 이하의 과태료를 부과한다.

1. 제31조제1항제3호 또는 제4호에 따른 행위를 한 자
2. 삭제
3. 제32조제3항제2호에 따른 행위를 한 자
4. 제32조제4항을 위반하여 운영·관리기준을 지키지 아니한 자

4의2. 제32조의2제5항을 위반하여 관리기준을 지키지 아니한 자

5. 제38조의2제2항에 따른 변경신고를 하지 아니한 자
6. 제43조제1항에 따른 비산먼지의 발생 억제 시설의 설치 및 필요한 조치를 하지 아니하고 시멘트·석탄·토사 등 분체상 물질을 운송한 자

정답 **6-14** ① **6-15** ④

7. 제44조제2항 또는 제45조제3항에 따른 휘발성유기화합물 배출시설의 변경신고를 하지 아니한 자
8. 제44조제13항을 위반하여 검사·측정을 하지 아니한 자 또는 검사·측정 결과를 기록·보존하지 아니하거나 거짓으로 기록·보존한 자
8의2. 제48조의2제2항에 따른 신고를 하지 아니하거나 거짓으로 신고를 하고 인증시험업무를 대행한 자
9. 제51조제5항 또는 제53조제4항에 따른 결함시정 결과보고를 하지 아니한 자
10. 제53조제1항 본문에 따른 부품의 결함시정 현황 및 결함원인 분석 현황 또는 제53조제2항에 따른 결함시정 현황을 보고하지 아니한 자
11. 제61조제2항을 위반하여 점검에 따르지 아니하거나 기피 또는 방해한 자
12. 제68조제4항제3호 또는 제4호에 따른 행위를 한 자
13. 제74조제6항제1호에 따른 제조기준에 맞지 아니하는 첨가제 또는 촉매제임을 알면서 사용한 자
14. 제74조제6항제2호에 따른 검사를 받지 아니하거나 검사받은 내용과 다르게 제조된 첨가제 또는 촉매제임을 알면서 사용한 자
14의2. 제74조제11항에 따른 변경신고를 하지 아니한 자
14의3. 제74조의2제2항에 따른 신고를 하지 아니하거나 거짓으로 신고를 하고 자동차연료·첨가제 또는 촉매제의 검사업무를 대행한 자
15. 제76조의11제2항에 따른 냉매회수업의 변경등록을 하지 아니하고 등록사항을 변경한 자
16. 제76조의12제2항을 위반하여 냉매관리기준을 준수하지 아니하거나 냉매의 회수 내용을 기록·보존 또는 제출하지 아니한 자

6-16 대기환경보전법상 위반행위 중 "200만원 이하의 과태료 부과"에 해당하는 것은? [16-2]

① 제조기준에 맞지 아니한 것으로 판정된 자동차연료를 사용한 자
② 제조기준에 맞지 아니한 것으로 판정된 촉매제를 공급한 자
③ 배출허용기준에 맞는지의 여부 확인을 위해 배출시설에 측정기기의 부착 등의 조치를 하지 아니한 자
④ 제조기준에 맞지 아니하는 촉매제임을 알면서 사용한 자

해설 법. 제94조 ③항 13호 참조

6-17 대기환경보전법상 부식이나 마모로 인하여 오염물질이 새나가는 배출시설이나 방지시설을 정당한 사유 없이 방치하는 행위를 한 자에 대한 과태료 부과기준은? [15-2]

① 500만원 이하의 과태료
② 300만원 이하의 과태료
③ 200만원 이하의 과태료
④ 100만원 이하의 과태료

해설 법. 제94조 ③항 1호 참조

정답 6-16 ④ 6-17 ③

6-18 **대기환경보전법령상 환경기술인 등의 교육을 받게 하지 아니한 자에 대한 행정 처분기준으로 옳은 것은?** [14-2, 15-4, 18-1, 21-1]

① 50만원 이하의 과태료를 부과한다. ② 100만원 이하의 과태료를 부과한다.
③ 100만원 이하의 벌금에 처한다. ④ 200만원 이하의 벌금에 처한다.

해설 법. 제94조(과태료)

④ 다음 각 호의 어느 하나에 해당하는 자에게는 100만원 이하의 과태료를 부과한다.

1. 삭제

1의2. 제23조제2항이나 제3항에 따른 변경신고를 하지 아니한 자

2. 제40조제2항에 따른 환경기술인의 준수사항을 지키지 아니한 자

3. 제43조제1항 후단에 따른 변경신고를 하지 아니한 자

3의2. 제50조의2제2항에 따른 평균 배출량 달성 실적을 제출하지 아니한 자

3의3. 제50조의3제3항에 따른 상환계획서를 제출하지 아니한 자

4. 삭제

5. 제59조에 따른 자동차의 원동기 가동제한을 위반한 자동차의 운전자

6. 제63조제4항을 위반하여 정비·점검 및 확인검사를 받지 아니한 자

6의2. 제68조제3항을 위반하여 등록된 기술인력이 교육을 받게 하지 아니한 전문정비사업자

7. 제70조제5항을 위반하여 정비·점검 및 확인검사 결과표를 발급하지 아니하거나 정비·점검 및 확인검사 결과를 보고하지 아니한 자

7의2. 제76조의10제1항을 위반하여 냉매관리기준을 준수하지 아니하거나 같은 조 제2항을 위반하여 냉매사용기기의 유지·보수 및 냉매의 회수·처리 내용을 기록·보존 또는 제출하지 아니한 자

7의3. 제76조의 12제3항을 위반하여 등록된 기술인력에게 교육을 받게 하지 아니한 자

8. 제77조를 위반하여 환경기술인 등의 교육을 받게 하지 아니한 자

9. 제82조제1항에 따른 보고를 하지 아니하거나 거짓으로 보고한 자 또는 자료를 제출하지 아니하거나 거짓으로 제출한 자

⑤ 제62조제2항을 위반하여 이륜자동차정기검사를 받지 아니한 자에게는 50만원 이하의 과태료를 부과한다.

6-19 **대기환경보전법상 시·도지사는 터미널, 차고지 등의 장소에서 자동차의 원동기를 가동한 상태로 주차하거나 정차하는 행위를 제한할 수 있는데, 이 장소에서 자동차의 원동기 가동제한을 위반한 자동차 운전자에 대한 행정조치사항(기준)으로 옳은 것은 어느 것인가?** [12-1]

① 50만원 이하의 과태료를 부과한다. ② 100만원 이하의 과태료를 부과한다.
③ 200만원 이하의 과태료를 부과한다. ④ 300만원 이하의 과태료를 부과한다.

해설 법. 제94조 ④항 5호 참조

정답 **6-18** ② **6-19** ②

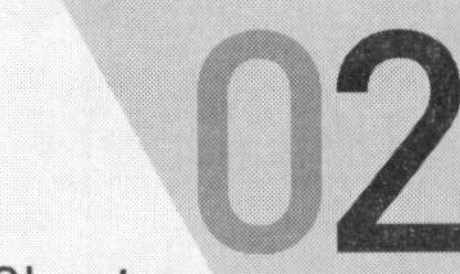

대기환경보존법 시행령

2-1 별표

1. 대기환경보전법령상 대기오염물질발생량의 합계가 연간 25톤인 사업장에 해당하는 것은?(단, 기타사항 제외) [15-4, 16-1, 19-2, 20-1]

① 1종 사업장
② 2종 사업장
③ 3종 사업장
④ 4종 사업장

해설 영. [별표 1의3] 사업장 분류기준

종별	오염물질발생량 구분
1종 사업장	대기오염물질발생량의 합계가 연간 80톤 이상인 사업장
2종 사업장	대기오염물질발생량의 합계가 연간 20톤 이상 80톤 미만인 사업장
3종 사업장	대기오염물질발생량의 합계가 연간 10톤 이상 20톤 미만인 사업장
4종 사업장	대기오염물질발생량의 합계가 연간 2톤 이상 10톤 미만인 사업장
5종 사업장	대기오염물질발생량의 합계가 연간 2톤 미만인 사업장

[비고] "대기오염물질발생량"이란 방지시설을 통과하기 전의 먼지, 황산화물 및 질소산화물의 발생량을 환경부령으로 정하는 방법에 따라 산정한 양을 말한다.

답 ②

1-1 다음 중 대기환경보전법령상 3종 사업장 분류기준에 속하는 것은 어느 것인가? [13-1, 16-2, 19-4]

① 대기오염물질발생량의 합계가 연간 9톤인 사업장
② 대기오염물질발생량의 합계가 연간 12톤인 사업장
③ 대기오염물질발생량의 합계가 연간 22톤인 사업장
④ 대기오염물질발생량의 합계가 연간 33톤인 사업장

정답 **1-1** ②

1-2 대기환경보전법령상 사업장 분류기준 중 4종 사업장 분류기준으로 옳은 것은 어느 것인가? [12-2, 21-2]

① 대기오염물질발생량의 합계가 연간 80 t 이상 100 t 미만
② 대기오염물질발생량의 합계가 연간 20 t 이상 80 t 미만
③ 대기오염물질발생량의 합계가 연간 10 t 이상 20 t 미만
④ 대기오염물질발생량의 합계가 연간 2 t 이상 10 t 미만

1-3 대기환경보전법령상 배출시설에서 발생하는 연간 대기오염물질발생량의 합계로 사업장을 분류할 때 다음 중 4종 사업장에 속하는 양은? [14-4, 18-1]

① 80톤 ② 50톤 ③ 12톤 ④ 5톤

해설 영. [별표 1의3] 참조

1-4 대기환경보전법령상 대기오염물질발생량의 합계가 연간 15톤인 경우 사업장 분류기준상 몇 종에 해당하는가? [15-1]

① 1종 ② 2종 ③ 3종 ④ 4종

1-5 대기환경보전법령상 굴뚝 자동측정기기 부착대상 배출시설이 그 부착을 면제받을 수 있는 경우로 거리가 먼 것은? [15-1]

① 연소가스 또는 화염이 원료 또는 제품과 직접 접촉하지 아니하는 시설로서 규정에 따른 청정연료를 사용하는 경우(발전시설은 제외한다)
② 부착대상시설이 된 날부터 6개월 이내에 배출시설을 폐쇄할 계획이 있는 경우
③ 연간 가동일수가 60일 미만인 배출시설인 경우
④ 액체연료만을 사용하는 연소시설로서 황산화물을 제거하는 방지시설이 없는 경우(발전시설은 제외하며, 황산화물 측정기기에만 부착을 면제한다)

해설 영. [별표 3] 굴뚝 자동측정기기의 부착대상 배출시설, 측정 항목, 부착면제, 부착 시기 및 부착유예

2. 굴뚝 자동측정기기의 부착 면제

굴뚝 자동측정기기 부착대상 배출시설이 다음 각 목의 어느 하나에 해당하는 경우에는 굴뚝 자동측정기기의 부착을 면제한다.

가. 법 제26조제1항 단서에 따라 방지시설의 설치를 면제받은 경우(굴뚝 자동측정기기의 측정항목에 대한 방지시설의 설치를 면제받은 경우에만 해당한다)

정답 1-2 ④ 1-3 ④ 1-4 ③ 1-5 ③

나. 연소가스 또는 화염이 원료 또는 제품과 직접 접촉하지 아니하는 시설로서 제43조에 따른 청정연료를 사용하는 경우(발전시설은 제외한다)
다. 액체연료만을 사용하는 연소시설로서 황산화물을 제거하는 방지시설이 없는 경우(발전시설은 제외하며, 황산화물 측정기기에만 부착을 면제한다)
라. 보일러로서 사용연료를 6개월 이내에 청정연료로 변경할 계획이 있는 경우
마. 연간 가동일수가 30일 미만인 배출시설인 경우
바. 연간 가동일수가 30일 미만인 방지시설인 경우 해당 배출구. 다만, 대기오염물질배출시설 설치 허가증 또는 신고 증명서에 연간 가동일수가 30일 미만으로 적힌 방지시설에 한한다.
사. 부착대상시설이 된 날부터 6개월 이내에 배출시설을 폐쇄할 계획이 있는 경우

1-6 **대기환경보전법령상 초과부과금 산정기준에서 다음 중 오염물질 1킬로그램 당 부과금액이 가장 적은 것은?** [16-1, 19-4]

① 이황화탄소
② 암모니아
③ 황화수소
④ 불소화물

해설 영. [별표 4] 초과부과금 산정기준

구분 / 오염물질		오염물질 1킬로그램 당 부과 금액	배출허용기준 초과율별 부과계수								지역별 부과계수		
			20 % 미만	20 % 이상 40 % 미만	40 % 이상 80 % 미만	80 % 이상 100 % 미만	100 % 이상 200 % 미만	200 % 이상 300 % 미만	300 % 이상 400 % 미만	400 % 이상	Ⅰ 지역	Ⅱ 지역	Ⅲ 지역
황산화물		500	1.2	1.56	1.92	2.28	3.0	4.2	4.8	5.4	2	1	1.5
먼지		770	1.2	1.56	1.92	2.28	3.0	4.2	4.8	5.4	2	1	1.5
질소산화물		2,130	1.2	1.56	1.92	2.28	3.0	4.2	4.8	5.4	2	1	1.5
암모니아		1,400	1.2	1.56	1.92	2.28	3.0	4.2	4.8	5.4	2	1	1.5
황화수소		6,000	1.2	1.56	1.92	2.28	3.0	4.2	4.8	5.4	2	1	1.5
이황화탄소		1,600	1.2	1.56	1.92	2.28	3.0	4.2	4.8	5.4	2	1	1.5
특정유해물질	불소화합물	2,300	1.2	1.56	1.92	2.28	3.0	4.2	4.8	5.4	2	1	1.5
	염화수소	7,400	1.2	1.56	1.92	2.28	3.0	4.2	4.8	5.4	2	1	1.5
	시안화수소	7,300	1.2	1.56	1.92	2.28	3.0	4.2	4.8	5.4	2	1	1.5

정답 1-6 ②

[비고] 1. 배출허용기준 초과율(%)=(배출농도－배출허용기준농도)÷배출허용기준농도×100
2. Ⅰ지역 : 「국토의 계획 및 이용에 관한 법률」 제36조에 따른 주거지역·상업지역, 같은 법 제37조에 따른 취락지구, 같은 법 제42조에 따른 택지개발예정지구
3. Ⅱ지역 : 「국토의 계획 및 이용에 관한 법률」 제36조에 따른 공업지역, 같은 법 제37조에 따른 개발진흥지구(관광·휴양개발 진흥지구는 제외한다), 같은 법 제40조에 따른 수산자원보호구역, 같은 법 제42조에 따른 국가산업단지·일반산업단지·도시첨단산업단지, 전원개발사업구역 및 예정구역
4. Ⅲ지역 : 「국토의 계획 및 이용에 관한 법률」 제36조에 따른 녹지지역·관리지역·농림지역 및 자연환경보전지역, 같은 법 제37조 및 같은 법 시행령 제31조에 따른 관광·휴양개발진흥지구

1-7 대기환경보전법령상 초과부과금 산정기준에서 오염물질 1킬로그램당 부과금액이 가장 낮은 것은? [19-1]

① 먼지 ② 황산화물 ③ 암모니아 ④ 불소화합물

1-8 대기환경보전법령상 초과부과금 산정기준 중 오염물질 1 kg당 부과금액이 가장 높은 것은? [12-1, 15-2, 15-4]

① 시안화수소 ② 염화수소 ③ 황산화물 ④ 황화수소

1-9 대기환경보전법령상 초과부과금을 산정할 때 다음 오염물질 중 1 kg당 부과금액이 가장 높은 것은? [12-2, 17-2]

① 시안화수소 ② 암모니아 ③ 불소화합물 ④ 이황화탄소

1-10 대기환경보전법령상 초과부과금 산정기준에서 오염물질 1 kg당 부과금액이 다음 중 가장 비싼 것은? [13-2]

① 암모니아 ② 이황화탄소 ③ 황화수소 ④ 불소화합물

1-11 대기환경보전법령상 초과부과금 산정기준 중 1킬로그램당 부과금액이 가장 적은 것은? [18-1]

① 염화수소 ② 황화수소
③ 시안화수소 ④ 이황화탄소

정답 1-7 ② 1-8 ② 1-9 ① 1-10 ③ 1-11 ④

1-12 다음 중 대기환경보전법령상 초과부과금 산정기준에 따른 오염물질 1킬로그램당 부과금액이 가장 높은 것은? [20-4]

① 질소산화물 ② 황화수소
③ 이황화탄소 ④ 시안화수소

1-13 대기환경보전법령상 초과부과금 산정기준 중 오염물질별 1 kg당 부과금액으로 옳은 것은? [13-1]

① 이황화탄소 – 1,600원 ② 황산화물 – 1,400원
③ 불소화합물 – 7,300원 ④ 황화수소 – 7,400원

1-14 대기환경보전법령상 초과부과금 산정기준 중 오염물질과 그 오염물질 1 kg당 부과금액(원)의 연결로 모두 옳은 것은? [13-4, 20-2]

① 황산화물 – 500, 암모니아 – 1,400
② 먼지 – 6,000, 이황화탄소 – 2,300
③ 불소화합물 – 7,400, 시안화수소 – 7,300
④ 황화수소 – 7,400, 염화수소 – 1,600

1-15 대기환경보전법령상 대기오염물질에 대한 초과부과금 산정기준에서 Ⅰ지역(주거지역·상업지역, 취락지구, 택지개발예정지구)의 지역별 부과계수는? [15-1]

① 1.0 ② 1.5
③ 2.0 ④ 2.5

1-16 대기환경보전법령상 황산화물의 초과부과금 산정기준으로 옳지 않은 것은?(단, 지역구분은 「국토의 계획 및 이용에 관한 법률」에 따른다.) [12-4]

① 오염물질 1 kg당 부과금액은 770원이다.
② 배출허용기준 초과율이 400 % 이상인 경우 부과계수는 5.4를 적용한다.
③ 지역별 부과계수로 Ⅰ지역은 2를 적용한다.
④ 지역별 부과계수로 Ⅲ지역은 1.5를 적용한다.

정답 1-12 ④ 1-13 ① 1-14 ① 1-15 ③ 1-16 ①

1-17 대기환경보전법령상 일일 기준초과배출량 및 일일유량의 산정방법으로 옳지 않은 것은? [19-4]

① 특정대기유해물질의 배출허용기준초과 일일오염물질배출량은 소수점 이하 셋째 자리까지 계산하고, 일반오염물질은 소수점 이하 둘째 자리까지 계산한다.
② 먼지의 배출농도 단위는 표준상태(0℃, 1기압을 말한다)에서는 세제곱미터당 밀리그램(mg/Sm³)으로 한다.
③ 측정유량의 단위는 시간당 세제곱미터(m³/h)로 한다.
④ 일일조업시간은 배출량을 측정하기 전 최근 조업한 30일 동안의 배출시설 조업시간 평균치를 시간으로 표시한다.

해설 영. [별표 5] 일일기준초과배출량 및 일일유량의 산정방법

가. 일일기준초과배출량의 산정방법

구분	오염물질	산정방법
일반 오염 물질	황산화물	일일유량×배출허용기준초과농도×10^{-6}×64÷22.4
	먼지	일일유량×배출허용기준초과농도×10^{-6}
	질소산화물	일일유량×배출허용기준초과농도×10^{-6}×46÷22.4
	암모니아	일일유량×배출허용기준초과농도×10^{-6}×17÷22.4
	황화수소	일일유량×배출허용기준초과농도×10^{-6}×34÷22.4
	이황화탄소	일일유량×배출허용기준초과농도×10^{-6}×76÷22.4
특정대기 유해물질	불소화합물	일일유량×배출허용기준초과농도×10^{-6}×19÷22.4
	염화수소	일일유량×배출허용기준초과농도×10^{-6}×36.5÷22.4
	시안화수소	일일유량×배출허용기준초과농도×10^{-6}×27÷22.4

[비고] 1. 배출허용기준초과농도＝배출농도－배출허용기준농도
2. 특정대기유해물질의 배출허용기준초과 일일오염물질 배출량은 소수점 이하 넷째 자리까지 계산하고, 일반오염물질은 소수점 이하 첫째 자리까지 계산한다.
3. 먼지의 배출농도 단위는 표준상태(0℃, 1기압을 말한다)에서의 세제곱미터당 밀리그램(mg/Sm³)으로 하고, 그 밖의 오염물질의 배출농도 단위는 피피엠(ppm)으로 한다.

나. 일일유량의 산정방법

일일유량＝측정유량×일일조업시간

[비고] 1. 측정유량의 단위는 시간당 세제곱미터(m³/h)로 한다.
2. 일일조업시간은 배출량을 측정하기 전 최근 조업한 30일 동안의 배출시설 조업시간 평균치를 시간으로 표시한다.

정답 1-17 ①

1-18 대기환경보전법령상 일일 기준초과배출량 및 일일유량의 산정방법에 관한 설명으로 옳지 않은 것은? [19-1]

① 일일유량 산정을 위한 측정유량의 단위는 m^3/일로 한다.
② 일일유량 산정을 위한 일일조업시간은 배출량을 측정하기 전 최근 조업한 30일 동안의 배출시설의 조업시간 평균치를 시간으로 표시한다.
③ 먼지 이외의 오염물질의 배출농도의 단위는 ppm으로 한다.
④ 특정대기유해물질의 배출허용기준초과 일일오염물질 배출량은 소수점 이하 넷째자리까지 계산한다.

1-19 대기환경보전법령상 일일초과배출량 및 일일유량의 산정방법으로 옳지 않은 것은? [12-2]

① 측정유량의 단위는 매분당 m^3로 한다.
② 먼지 외 그 밖의 오염물질 배출농도의 단위는 ppm으로 한다.
③ 일일조업시간은 배출량을 측정하기 전 최근 조업한 30일 동안의 배출시설 조업시간 평균치를 시간으로 표시한다.
④ 일반오염물질의 배출허용기준초과 일일오염물질 배출량은 소수점 이하 첫째자리까지 계산한다.

1-20 대기환경보전법령상 일일 기준초과배출량 및 일일유량의 산정방법으로 옳지 않은 것은? [21-4]

① 측정유량의 단위는 m^3/h로 한다.
② 먼지를 제외한 그 밖의 오염물질의 배출농도 단위는 ppm으로 한다.
③ 특정대기유해물질의 배출허용기준초과 일일 오염물질배출량은 소수점 이하 넷째 자리까지 계산한다.
④ 일일조업시간은 배출량을 측정하기 전 최근 조업한 3개월 동안의 배출시설 조업시간 평균치를 일 단위로 표시한다.

1-21 대기환경보전법령상 일일초과배출량 및 일일유량의 산정방법에 관한 설명으로 옳지 않은 것은? [14-1]

① 먼지외 오염물질의 배출농도의 단위는 mg/m^3 또는 $\mu g/m^3$으로 나타낸다.
② 특정유해물질의 배출허용기준초과 일일오염물질배출량은 소수점 이하 넷째자리까지 계산한다.
③ 일반오염물질의 배출허용기준초과 일일오염물질배출량은 소수점 이하 첫째자리까지 계산한다.
④ 배출허용기준초과농도 = 배출농도 − 배출허용기준농도

정답 1-18 ① 1-19 ① 1-20 ④ 1-21 ①

1-22 대기환경보전법령상 일일유량은 측정유량과 일일조업시간의 곱으로 환산한다. 이 때, 일일조업시간의 표시기준은? [15-2, 18-2, 21-2]

① 배출량을 측정하기 전 최근 조업한 1일 동안의 배출시설 조업시간 평균치를 시간으로 표시한다.
② 배출량을 측정하기 전 최근 조업한 7일 동안의 배출시설 조업시간 평균치를 시간으로 표시한다.
③ 배출량을 측정하기 전 최근 조업한 30일 동안의 배출시설 조업시간 평균치를 시간으로 표시한다.
④ 배출량을 측정하기 전 최근 조업한 전체기간의 배출시설 조업시간 평균치를 시간으로 표시한다.

1-23 다음은 대기환경보전법령상 기본부과금 부과대상 오염물질에 대한 초과배출량 산정방법 중 초과배출량 공제분 산정방법이다. ( ) 안에 알맞은 것은? [15-2]

3개월간 평균배출농도는 배출허용기준을 초과한 날 이전 정상 가동된 3개월 동안의 ( )를 산술평균한 값으로 한다.

① 5분 평균치 ② 10분 평균치
③ 30분 평균치 ④ 1시간 평균치

해설 영. [별표 5의2] 초과배출량공제분 산정방법

초과배출량공제분＝(배출허용기준농도－3개월간 평균배출농도)×3개월간 평균배출유량

[비고]
1. 3개월간 평균배출농도는 배출허용기준을 초과한 날 이전 정상 가동된 3개월 동안의 30분 평균치를 산술평균한 값으로 한다.
2. 3개월간 평균배출유량은 배출허용기준을 초과한 날 이전 정상 가동된 3개월 동안의 30분 유량값을 산술평균한 값으로 한다.
3. 초과배출량공제분이 초과배출량을 초과하는 경우에는 초과배출량을 초과배출량공제분으로 한다.

1-24 대기환경보전법령상 II지역의 기본부과금의 지역별 부과계수로 옳은 것은? (단, II지역은 「국토의 계획 및 이용에 관한 법률」에 따른 공업지역 등이 해당) [19-2]

① 0.5 ② 1.0
③ 1.5 ④ 2.0

정답 1-22 ③ 1-23 ③ 1-24 ①

해설 영. [별표 7] 기본부과금의 지역별 부과계수

구분	지역별 부과계수
Ⅰ지역	1.5
Ⅱ지역	0.5
Ⅲ지역	1.0

[비고] Ⅰ, Ⅱ, Ⅲ지역에 관하여는 별표 4 비고란 제2호부터 제4호까지의 규정을 준용한다.

1-25 대기환경보전법령상 기본부과금 산정기준 중 "수산자원보호구역"의 지역별 부과계수는? (단, 지역구분은 국토의 계획 및 이용에 관한 법률에 의한다.) [14-2, 20-1]

① 0.5 ② 1.0
③ 1.5 ④ 2.0

1-26 대기환경보전법령상 Ⅲ지역(녹지지역 및 자연환경 보전지역)의 기본부과금의 지역별 부과계수는? [14-1, 16-4]

① 0.5 ② 1.0
③ 1.5 ④ 2.0

1-27 대기환경보전법령상 기본부과금의 지역별부과계수로 옳게 연결된 것은? (단, 지역구분은 「국토의 계획 및 이용에 관한 법률」에 따르고, 대표적으로 Ⅰ지역은 주거지역, Ⅱ지역은 공업지역, Ⅲ지역은 녹지 지역이 해당한다.) [13-4, 18-4]

① Ⅰ지역 - 0.5, Ⅱ지역 - 1.0, Ⅲ지역 - 1.5
② Ⅰ지역 - 1.5, Ⅱ지역 - 0.5, Ⅲ지역 - 1.0
③ Ⅰ지역 - 1.0, Ⅱ지역 - 0.5, Ⅲ지역 - 1.5
④ Ⅰ지역 - 1.5, Ⅱ지역 - 1.0, Ⅲ지역 - 0.5

1-28 대기환경보전법령상 연료의 황함유량(%)이 "0.5 % 이하"인 경우 기본부과금의 농도별 부과계수로 옳은 것은? (단, 연료를 연소하여 황산화물을 배출하는 시설에 한하며, 황산화물의 배출량을 줄이기 위하여 방지시설을 설치한 경우와 생산공정상 황산화물의 배출량이 줄어든다고 인정하는 경우는 제외) [12-1]

① 0.2 ② 0.4
③ 0.5 ④ 1.0

정답 **1-25** ① **1-26** ② **1-27** ② **1-28** ①

해설 영. [별표 8] 기본부과금의 농도별 부과계수

1. 법 제39조에 따른 측정 결과가 없는 시설

가. 연료를 연소하여 황산화물을 배출하는 시설

구분	연료의 황함유량(%)		
	0.5% 이하	1.0% 이하	1.0% 초과
농도별 부과계수	0.2	0.4	1.0

나. 가목 외의 황산화물을 배출하는 시설, 먼지를 배출하는 시설 및 질소산화물을 배출하는 시설의 농도별 부과계수 : 0.15. 다만, 법 제23조제4항에 따라 제출하는 서류를 통해 해당 배출시설에서 배출되는 오염물질 농도를 추정할 수 있는 경우에는 제2호에 따른 농도별 부과계수를 적용할 수 있다.

1-29 대기환경보전법령상 기본부과금의 농도별 부과계수 중 연료의 황함유량이 1.0% 이하인 경우 농도별 부과계수로 옳은 것은?[단, 연료를 연소하여 황산화물을 배출하는 시설(황산화물의 배출량을 줄이기 위하여 방지시설을 설치한 경우와 생산공정상 황산화물의 배출량이 줄어든다고 인정하는 경우는 제외)] [13-1, 14-1, 16-4, 17-4, 18-1]

① 0.2 ② 0.4
③ 0.8 ④ 1.0

1-30 대기환경보전법령상 비산배출의 저감대상 업종으로 거리가 먼 것은? [18-1]

① 제1차 금속제조업 중 제강업
② 육상운송 및 파이프라인 운송업 중 파이프라인 운송업
③ 의약물질 제조업 중 의약품 제조업
④ 창고 및 운송관련 서비스업 중 위험물품 보관업

해설 영. [별표 9의2] 비산 배출의 저감대상 업종

1. 코크스, 연탄 및 석유정제품 제조업
2. 화학물질 및 화학제품 제조업 : 의약품 제외
3. 1차 금속 제조업(제철업, 제강업 등)
4. 고무 및 플라스틱 제품 제조업
5. 전기장비 제조업
6. 기타 운송장비 제조업
7. 육상운송 및 파이프라인 운송업(파이프라인 운송업)
8. 창고 및 운송관련 서비스업(위험물품 보관업)

9~13. 생략

정답 **1-29** ② **1-30** ③

1-31 대기환경보전법령상 3종 사업장의 환경기술인의 자격기준에 해당되는 자는? [13-4, 18-1]

① 환경기능사
② 1년 이상 대기분야 환경관련 업무에 종사한 자
③ 2년 이상 대기분야 환경관련 업무에 종사한 자
④ 피고용인 중에서 임명하는 자

해설 영. [별표 10] 사업장별 환경기술인의 자격기준

구분	환경기술인의 자격기준
1종 사업장(대기오염물질발생량의 합계가 연간 80톤 이상인 사업장)	대기환경기사 이상의 기술자격 소지자 1명 이상
2종 사업장(대기오염물질발생량의 합계가 연간 20톤 이상 80톤 미만인 사업장)	대기환경산업기사 이상의 기술자격 소지자 1명 이상
3종 사업장(대기오염물질발생량의 합계가 연간 10톤 이상 20톤 미만인 사업장)	대기환경산업기사 이상의 기술자격 소지자, 환경기능사 또는 3년 이상 대기분야 환경관련 업무에 종사한 자 1명 이상
4종 사업장(대기오염물질발생량의 합계가 연간 2톤 이상 10톤 미만인 사업장)	배출시설 설치허가를 받거나 배출시설 설치 신고가 수리된 자 또는 배출시설 설치허가를 받거나 수리된 자가 해당사업장의 배출시설 및 방지시설 업무에 종사하는 피고용인 중에서 임명하는 자 1명 이상
5종 사업장(1종 사업장부터 4종 사업장까지에 속하지 아니하는 사업장)	

[비고]

1. 4종 사업장과 5종 사업장 중 특정대기유해물질이 포함된 오염물질을 배출하는 경우에는 3종 사업장에 해당하는 기술인을 두어야 한다.
2. 1종 사업장과 2종 사업장 중 1개월 동안 실제 작업한 날만을 계산하여 1일 평균 17시간 이상 작업하는 경우에는 해당 사업장의 기술인을 각각 2명 이상 두어야 한다. 이 경우 1명을 제외한 나머지 인원은 3종 사업장에 해당하는 기술인 또는 환경기능사로 대체할 수 있다.
3. 공동방지시설에서 각 사업장의 대기오염물질 발생량의 합계가 4종 사업장과 5종 사업장의 규모에 해당하는 경우에는 3종 사업장에 해당하는 기술인을 두어야 한다.
4. 전체 배출시설에 대하여 방지시설 설치면제를 받은 사업장과 배출시설에서 배출되는 오염물질 등을 공동방지시설에서 처리하는 사업장은 5종 사업장에 해당하는 기술인을 둘 수 있다.
5. 대기환경기술인이 「물 환경 보전법」에 따른 수질환경기술인의 자격을 갖춘 경우에는 수질환경기술인을 겸임할 수 있으며, 대기환경기술인이 「소음·진동관리법」에 따른 소음·진동환경기술인 자격을 갖춘 경우에는 소음·진동환경기술인을 겸임할 수 있다.
6. 법 제2조제11호에 따른 배출시설 중 일반보일러만 설치한 사업장과 대기오염물질 중 먼지만 발생하는 사업장은 5종 사업장에 해당하는 기술인을 둘 수 있다.
7. "대기오염물질 발생량"이란 방지시설을 통과하기 전의 먼지, 황산화물 및 질소산화물의 발생량을 환경부령으로 정하는 방법에 따라 산정한 양을 말한다.

정답 1-31 ①

1-32 **대기환경보전법 시행령에 규정된 사업장별 환경기술인의 자격기준으로 옳지 않은 것은?** [16-2]

① 대기오염물질발생량의 합계가 연간 80톤 이상인 사업장 1종 사업장에 해당하는 기술인을 둘 수 있다.
② 대기오염물질발생량의 합계가 연간 80톤 미만인 사업장은 2종 사업장에 해당하는 기술인을 둘 수 있다.
③ 전체 배출시설에 대하여 방지시설 설치면제를 받은 사업장과 배출시설에서 배출되는 오염물질 등을 공동방지시설에서 처리하는 사업장은 5종 사업장에 해당하는 기술인을 둘 수 있다.
④ 5종 사업장 중 특정대기유해물질이 포함된 오염물질을 배출하는 경우에는 4종 사업장에 해당하는 기술인을 두어야 한다.

1-33 **대기환경보전법령상 사업장별 구분 또는 사업장별 환경기술인의 자격기준에 관한 설명으로 옳지 않은 것은?** [17-2]

① 4종 사업장은 대기오염물질발생량의 합계가 연간 2톤 이상 10톤 미만인 사업장을 말한다.
② 공동방지시설에서 각 사업장의 대기오염물질 발생량의 합계가 4종 사업장과 5종 사업장의 규모에 해당하는 경우에는 3종 사업장에 해당하는 기술인을 두어야 한다.
③ 1종 사업장과 2종 사업장 중 1개월 동안 실제 작업한 날만을 계산하여 1일 평균 17시간 이상 작업하는 경우에는 해당 사업장의 기술인을 각각 2명 이상 두어야 한다.
④ 전체 배출시설에 대하여 방지시설 설치면제를 받은 사업장과 배출시설에서 배출되는 오염물질 등을 공동방지시설에서 처리하는 사업장은 2종 사업장에 해당되는 기술인을 두어야 한다.

1-34 **다음은 대기환경보전법령상 사업장별 환경기술인의 자격기준에 관한 사항이다. ( ) 안에 알맞은 것은?** [13-1]

> 1종 사업장과 2종 사업장 중 1개월 동안 실제 작업한 날만을 계산하여 (㉠) 작업하는 경우에는 해당 사업장의 기술인을 각각 (㉡) 두어야 한다. 이 경우 1명을 제외한 나머지 인원은 3종 사업장에 해당하는 기술인 또는 환경기능사로 대체할 수 있다.

① ㉠ 1일 평균 15시간 이상, ㉡ 1명씩 ② ㉠ 1일 평균 15시간 이상, ㉡ 2명 이상
③ ㉠ 1일 평균 17시간 이상, ㉡ 1명씩 ④ ㉠ 1일 평균 17시간 이상, ㉡ 2명 이상

정답 1-32 ④ 1-33 ④ 1-34 ④

1-35 **대기환경보전법령상 사업장별 환경기술인의 자격기준으로 옳지 않은 것은?** [14-1]

① 대기오염물질 배출시설 중 일반보일러만 설치한 사업장은 5종 사업장에 해당하는 기술인을 둘 수 있다.

② 2종 사업장(대기오염물질발생량의 합계가 연간 20 t 이상 80 t 미만인 사업장)의 환경기술인 자격기준은 대기환경산업기사 이상의 기술자격 소지자 1명 이상이다.

③ 대기환경기술인이 「물 환경 보전법」에 따른 수질환경기술인의 자격을 갖춘 경우에는 수질환경기술인을 겸임할 수 있으며, 대기환경 기술인이 「소음·진동관리법」에 따른 소음·진동환경기술인 자격을 갖춘 경우에는 소음·진동환경기술인을 겸임할 수 있다.

④ 1종 사업장과 2종 사업장 중 1개월 동안 실제 작업한 날만을 계산하여 1일 평균 12시간 이상 작업하는 경우에는 해당 사업장의 기술인을 각각 2명 이상 두어야 한다. 이 경우, 1명을 제외한 나머지 인원은 4종 사업장에 해당하는 기술인으로 대체할 수 있다.

1-36 **대기환경보전법령상 사업장별 환경기술인의 자격기준으로 가장 거리가 먼 것은 어느 것인가?** [13-2]

① 3종 사업장의 경우에는 배출시설 설치허가를 받거나 배출시설 설치신고가 수리된 자 또는 배출시설 설치허가를 받거나 수리된 자가 해당 사업장의 배출시설 및 방지시설 업무에 종사하는 피고용인 중에서 임명하는 자 1명 이상을 환경기술인으로 둔다.

② 대기환경기술인이 「소음·진동관리법」에 따른 소음·진동환경기술인 자격을 갖춘 경우에는 소음·진동환경기술인을 겸임할 수 있다.

③ 1종 사업장과 2종 사업장 중 1개월 동안 실제 작업할 날만을 계산하여 1일 평균 17시간 이상 작업하는 경우에는 해당 사업장의 기술인을 각각 2명 이상 두어야 한다.

④ 배출시설 중 일반보일러만 설치한 사업장과 대기오염물질 중 먼지만 발생하는 사업장은 5종 사업장에 해당하는 기술인을 둘 수 있다.

1-37 **대기환경보전법령상 사업장별 환경기술인의 자격기준으로 거리가 먼 것은?** [18-4]

① 2종 사업장의 환경기술인의 자격기준은 대기환경산업기사 이상의 기술자격 소지자 1명 이상이다.

② 4종 사업장과 5종 사업장 중 환경부령으로 정하는 기준 이상의 특정대기유해물질이 포함된 오염물질을 배출하는 경우에는 3종 사업장에 해당하는 기술인을 두어야 한다.

③ 1종 사업장과 2종 사업장 중 1개월 동안 실제 작업한 날만을 계산하여 1일 평균 17시간 이상 작업하는 경우에는 해당 사업장의 기술인을 각각 2명 이상 두어야 한다.

④ 공동방지시설에서 각 사업장의 대기오염물질 발생량의 합계가 4종 사업장과 5종 사업장의 규모에 해당하는 경우에는 5종 사업장에 해당하는 기술인을 두어야 한다.

정답 **1-35** ④ **1-36** ① **1-37** ④

1-38 **대기환경보전법령상 사업장별 환경기술인의 자격기준에 관한 사항으로 가장 적합한 것은?** [15-2]

① 5종 사업장 중 특정대기물질이 포함된 오염물질을 배출하는 경우에는 4종 사업장에 해당하는 환경기술인을 두어야 한다.

② 1종 및 2종 사업장 중 1월 동안 실제 작업한 날만을 계산하여 1일 평균 12시간 이상 작업하는 경우에는 해당사업장의 환경기술인을 각 2인 이상 두어야 하며, 이 경우, 1인을 제외한 나머지 인원은 4종 사업장에 해당하는 기술인으로 대체할 수 있다.

③ 전체 배출시설에 대하여 방지시설 설치면제를 받은 사업장이라도 해당종별에 해당하는 환경기술인을 두어야 한다.

④ 대기환경기술인이 「물 환경 보전법」에 따른 수질환경기술인의 자격을 갖춘 경우에는 수질환경기술인을 겸임할 수 있다.

1-39 **대기환경보전법령상 사업장별 환경기술인의 자격기준에 관한 설명으로 옳지 않은 것은?** [12-4, 17-4]

① 4종 사업장과 5종 사업장 중 특정대기유해물질이 환경부령으로 정하는 기준 이상으로 포함된 오염물질을 배출하는 경우에는 3종 사업장에 해당하는 기술인을 두어야 한다.

② 1종 사업장과 2종 사업장 중 1개월 동안 실제 작업한 날만을 계산하여 1일 평균 17시간 이상 작업하는 경우에는 해당 사업장의 기술인을 각각 1명 이상 두어야 한다.

③ 공동방지시설에서 각 사업장의 대기오염물질 발생량의 합계가 4종 사업장과 5종 사업장의 규모에 해당하는 경우에는 3종 사업장에 해당하는 기술인을 두어야 한다.

④ 배출시설 중 일반보일러만 설치한 사업장과 대기 오염물질 중 먼지만 발생하는 사업장은 5종 사업장에 해당하는 기술인을 둘 수 있다.

1-40 **대기환경보전법령상 사업장별 환경기술인의 자격기준으로 거리가 먼 것은?** [12-1]

① 4종 및 5종 사업장 중 특정대기 유해물질이 포함된 오염물질을 배출하는 경우에는 3종 사업장에 해당하는 기술인을 두어야 한다.

② 1종 및 2종 사업장 중 1개월 동안 실제 작업한 날만을 계산하여 1일 평균 17시간 이상 작업하는 경우에는 해당 사업장에 기술인을 각각 2명 이상 두어야 한다.

③ "대기오염물질발생량"이란 방지시설을 통과하기 전의 먼지, 황산화물 및 질소 산화물의 발생량을 환경부령으로 정하는 방법에 따라 산정한 양을 말한다.

④ 전체 배출시설에 대하여 방지시설 설치면제를 받은 사업장과 배출시설에서 배출되는 오염물질 등을 공동방지시설에서 처리하는 사업장은 3종 사업장에 해당하는 기술인을 두어야 한다.

정답 **1-38** ④ **1-39** ② **1-40** ④

1-41 **대기환경보전법령상 청정연료를 사용하여야 하는 대상시설의 범위에 해당하지 않는 시설은?** [14-4, 17-4, 20-4]

① 산업용 열병합 발전시설
② 전체보일러의 시간당 총 증발량이 0.2톤 이상인 업무용보일러
③ 「집단에너지사업법 시행령」에 따른 지역냉난방사업을 위한 시설
④ 「건축법 시행령」에 따른 중앙집중난방방식으로 열을 공급받고 단지 내의 모든 세대의 평균 전용면적이 40.0 m^2를 초과하는 공동주택

해설 영. [별표 11의 3] 청정연료 사용 기준

1. 청정연료를 사용하여야 하는 대상시설의 범위

가. 「건축법 시행령」제3조의4에 따른 공동주택으로서 동일한 보일러를 이용하여 하나의 단지 또는 여러 개의 단지가 공동으로 열을 이용하는 중앙집중난방방식(지역냉난방방식을 포함한다)으로 열을 공급받고, 단지 내의 모든 세대의 평균 전용면적이 40.0 m^2를 초과하는 공동주택

나. 「집단에너지사업법 시행령」 제2조제1호에 따른 지역냉난방사업을 위한 시설. 다만, 지역냉난방사업을 위한 시설 중 발전폐열을 지역냉난방용으로 공급하는 산업용 열병합 발전시설로서 환경부장관이 승인한 시설은 제외한다.

다. 전체 보일러의 시간당 총 증발량이 0.2톤 이상인 업무용보일러(영업용 및 공공용보일러를 포함하되, 산업용보일러는 제외한다)

라. 발전시설. 다만, 산업용 열병합 발전시설은 제외한다.

1-42 **대기환경보전법령상 자동차 제작자에 대한 매출액 산정 및 위반행위 정도에 따른 과징금의 부과기준 중 인증을 받은 내용과 다르게 자동차를 제작·판매한 경우 가중부과계수는? (단, 배출가스의 양이 증가하는 경우)** [14-1]

① 0.3
② 0.5
③ 1.0
④ 1.5

해설 영. [별표 12] 과징금의 부과기준

1. 매출액 산정방법

법 제56조에서 "매출액"이란 그 자동차의 최초 제작시점부터 적발시점까지의 총 매출액으로 한다. 다만, 과거에 위반경력이 있는 자동차 제작자는 위반행위가 있었던 시점 이후에 제작된 자동차의 매출액으로 한다.

정답 **1-41** ① **1-42** ③

2. 가중부과계수

위반행위의 종류 및 배출가스의 증감 정도에 따른 가중부과계수는 다음과 같다.

위반행위의 종류	가중부과계수	
	배출가스의 양이 증가하는 경우	배출가스의 양이 증가하지 않는 경우
가. 법 제48조의 제1항을 위반하여 인증을 받지 않고 자동차를 제작하여 판매한 경우	1.0	1.0
나. 거짓이나 그 밖의 부정한 방법으로 법 제48조에 따른 인증 또는 변경인증을 받은 경우	1.0	1.0
다. 법 제48조제1항에 따라 인증받은 내용과 다르게 자동차를 제작하여 판매한 경우	1.0	0.3

3. 과징금 산정방법

매출액$\times\frac{5}{100}\times$가중부과계수

1-43 다음은 대기환경보전법령상 매출액 산정 및 위반행위 정도에 따른 과징금의 부과기준에 관한 사항이다. ( )에 알맞은 것은? [15-4]

> 환경부장관 또는 국립환경과학원장으로부터 제작 차에 대한 인증을 받지 아니한 경우 가중부과계수는 (㉠)(을)를 적용하고, 과징금 산정방법은 매출액×(㉡)×가중부과계수이다.

① ㉠ 0.5, ㉡ $\frac{3}{100}$ ② ㉠ 0.5, ㉡ $\frac{5}{100}$

③ ㉠ 1, ㉡ $\frac{3}{100}$ ④ ㉠ 1, ㉡ $\frac{5}{100}$

1-44 대기환경보전법령상 자동차 배출가스 규제 등에서 매출액 산정 및 위반행위 정도에 따른 과징금의 부과기준과 관련된 사항으로 옳지 않은 것은? [17-2]

① 매출액 산정방법에서 "매출액"이란 그 자동차의 최초 제작시점부터 적발시점까지의 총 매출액으로 한다.

② 제작차에 대하여 인증을 받지 아니하고 자동차를 제작·판매한 행위에 대해서 위반행위의 정도에 따른 가중부과계수는 0.5를 적용한다.

③ 제작차에 대하여 인증을 받은 내용과 다르게 자동차를 제작·판매한 행위에 대해서 위반행위의 정도에 따른 가중부과계수는 1.0를 적용한다.

④ 과징금 산정방법 = 매출액$\times\frac{5}{100}\times$가중부과계수를 적용한다.

정답 1-43 ④ 1-44 ②

1-45 **대기환경보전법령상 과태료 부과기준으로 옳지 않은 것은?** [15-2, 16-1]

① 개별기준으로 환경기술인 등의 교육을 받게 하지 않은 경우 1차 위반 시 과태료 금액은 60만원이다.

② 부과권자는 과태료 금액의 2분의 1의 범위에서 그 금액을 줄일 수 있으나, 과태료를 체납하고 있는 위반행위자에 대해서는 그러하지 아니하다.

③ 위반행위의 횟수에 따른 과태료의 부과기준은 최근 1년간 같은 행위로 과태료 부과처분을 받은 경우에 적용한다.

④ 개별기준으로 비산먼지 발생사업장으로 신고하지 아니한 경우 1차 위반 시 과태료 금액은 200만원이다.

해설 영. [별표 15] 과태료의 부과기준

1. 일반기준

가. 위반행위의 횟수에 따른 과태료의 부과기준은 최근 1년간 같은 위반행위로 과태료 부과처분을 받은 경우에 적용한다. 이 경우 기간의 계산은 위반행위에 대하여 과태료 부과처분을 받은 날과 그 처분 후에 다시 같은 위반행위를 하여 적발된 날을 기준으로 한다.

나. 가목에 따라 가중된 부과처분을 하는 경우 가중처분의 적용 차수는 그 위반행위 전 부가처분 차수(가목에 따른 기간 내에 과태료 부과처분이 둘 이상 있었던 경우에는 높은 차수를 말한다)의 다음 차수로 한다.

다. 부과권자는 다음의 어느 하나에 해당하는 경우에는 제2호에 따른 과태료 금액의 2분의 1 범위에서 그 금액을 줄일 수 있다.

※ ④ 200만원→100만원

1-46 **대기환경보전법령상 과태료 부과기준 중 위반행위의 횟수에 따른 일반기준은 해당 위반행위가 있은 날 이전 최근 얼마간 같은 위반행위로 부과처분을 받을 경우에 적용하는가?** [12-2, 17-1]

① 3개월간

② 6개월간

③ 1년간

④ 3년간

정답 **1-45** ④ **1-46** ③

대기환경관계법규

Chapter 03 대기환경보존법 시행규칙

3-1 별표

1. 대기환경보전법규상 특정대기유해물질에 해당하지 않는 것은? [18-1]

① 크롬화합물 ② 석면
③ 황화수소 ④ 스틸렌

해설 규칙. [별표 1] 대기오염물질

1. 입자상 물질
2. 브롬 및 그 화합물
3. 알루미늄 및 그 화합물
4. 바나듐 및 그 화합물
5. 망간화합물
6. 철 및 그 화합물
7. 아연 및 그 화합물
8. 셀렌 및 그 화합물
9. 안티몬 및 그 화합물
10. 주석 및 그 화합물
11. 텔루륨 및 그 화합물
12. 바륨 및 그 화합물
13. 일산화탄소
14. 암모니아
15. 질소산화물
16. 황산화물
17. 황화수소
18. 황화메틸
19. 이황화메틸
20. 메르탑탄류
21. 아민류
22. 사염화탄소
23. 이황화탄소
24. 탄화수소
25. 인 및 그 화합물
26. 붕소화합물
27. 아닐린
28. 벤젠
29. 스티렌
30. 아크롤레인
31. 카드뮴 및 그 화합물
32. 시안화물
33. 납 및 그 화합물
34. 크롬 및 그 화합물
35. 비소 및 그 화합물
36. 수은 및 그 화합물
37. 구리 및 그 화합물
38. 염소 및 그 화합물
39. 불소화물
40. 석면
41. 니켈 및 그 화합물
42. 염화비닐
43. 다이옥신
44. 페놀 및 그 화합물

45. 베릴륨 및 그 화합물
46. 프로필렌옥사이드
47. 폴리염화비페닐
48. 클로로포름
49. 포름알데히드
50. 아세트알데히드
51. 벤지딘
52. 1,3-부타디엔
53. 다환 방향족 탄화수소류
54. 에틸렌옥사이드
55. 디클로로메탄
56. 테트라클로로에틸렌
57. 1,2-티클로로에탄
58. 에틸벤젠
59. 트리클로로에틸렌
60. 아크릴로니트릴
61. 히드라진
62. 아세트산비닐
63. 비소(2-에틸헥실)프탈레이트
64. 디메틸포름아미드

규칙. [별표 2] 특정대기유해물질

1. 카드뮴 및 그 화합물
2. 시안화수소
3. 납 및 그 화합물
4. 폴리염화비페닐
5. 크롬 및 그 화합물
6. 비소 및 그 화합물
7. 수은 및 그 화합물
8. 프로필렌 옥사이드
9. 염소 및 염화수소
10. 불소화물
11. 석면
12. 니켈 및 그 화합물
13. 염화비닐
14. 다이옥신
15. 페놀 및 그 화합물
16. 베릴륨 및 그 화합물
17. 벤젠
18. 사염화탄소
19. 이황화메틸
20. 아닐린
21. 클로로포름
22. 포름알데히드
23. 아세트알데히드
24. 벤지딘
25. 1,3-부타디엔
26. 다환 방향족 탄화수소류
27. 에틸렌옥사이드
28. 디클로로메탄
29. 스티렌
30. 테트라클로로에틸렌
31. 1,2-디클로로에탄
32. 에틸벤젠
33. 트리클로로에틸렌
34. 아크릴로니트릴
35. 히드라진

답 ③

1-1 대기환경보전법령상 특정대기유해물질에 해당하지 않는 것은? [21-2]

① 염소 및 염화수소
② 아크릴로니트릴
③ 황화수소
④ 이황화메틸

정답 1-1 ③

1-2 대기환경보전법규상 특정대기유해물질에 해당하지 않는 것은? [15-1, 18-2]

① 아닐린
② 아세트알데히드
③ 1,3-부타디엔
④ 망간

1-3 대기환경보전법규상 특정대기유해물질이 아닌 것은? [13-2, 17-1]

① 니켈 및 그 화합물
② 이황화메틸
③ 다이옥신
④ 알루미늄 및 그 화합물

1-4 대기환경보전법규상 대기오염물질 중 특정대기유해물질에 해당하지 않는 것은? [14-2]

① 테트라클로로에틸렌
② 트리클로로에틸렌
③ 히드라진
④ 안티몬

1-5 대기환경보전법규상 특정대기유해물질에 해당하지 않는 것은? [16-4]

① 수은 및 그 화합물
② 아세트알데히드
③ 황산화물
④ 아닐린

1-6 대기환경보전법규상 특정대기유해물질로 옳지 않은 것은? [12-2, 15-2]

① 이황화메틸
② 베릴륨
③ 바나듐
④ 1,3-부타디엔

1-7 대기환경보전법규상 특정대기 유해물질로만 짝지어진 것은? [15-4]

① 히드라진, 카드뮴 및 그 화합물
② 망간화합물 시안화수소
③ 석면, 붕소화합물
④ 크롬화합물 인 및 그 화합물

정답 1-2 ④ 1-3 ④ 1-4 ④ 1-5 ③ 1-6 ③ 1-7 ①

1-8 대기환경보전법규상 다음 연료(kg) 중 고체연료 환산계수가 가장 큰 연료는 어느 것인가? [14-4]

① 무연탄 ② 목재 ③ 이탄 ④ 목탄

해설 규칙. [별표 3] 대기오염물질 배출시설

고체연료환산계수

연료 또는 원료명	단위	환산계수	연료 또는 원료명	단위	환산계수
무연탄	kg	1.00	유연탄	kg	1.34
코크스	kg	1.32	갈탄	kg	0.90
이탄	kg	0.80	목탄	kg	1.42
목재	kg	0.70	유황	kg	0.46
중유(C)	L	2.00	중유(A, B)	L	1.86
원유	L	1.90	경유	L	1.92
등유	L	1.80	휘발유	L	1.68
나프타	L	1.80	엘피지	kg	2.40
액화 천연가스	Sm^3	1.56	석탄타르	kg	1.88
메탄올	kg	1.08	에탄올	kg	1.44
벤젠	kg	2.02	톨루엔	kg	2.06
수소	Sm^3	0.62	메탄	Sm^3	1.86
에탄	Sm^3	3.36	아세틸렌	Sm^3	2.80
일산화탄소	Sm^3	0.62	석탄가스	Sm^3	0.80
발생로가스	Sm^3	0.2	수성가스	Sm^3	0.54
혼성가스	Sm^3	0.60	도시가스	Sm^3	1.42
전기	kW	0.17			

1-9 대기환경보전법규상 고체연료 환산계수가 가장 큰 연료(또는 원료명)는? (단, 무연탄 환산계수 : 1.00, 단위 : kg 기준) [19-1]

① 톨루엔 ② 유연탄 ③ 에탄올 ④ 석탄타르

1-10 대기환경보전법규상 대기오염방지시설과 가장 거리가 먼 것은? (단, 그 밖의 경우 등은 제외) [15-4, 19-4]

① 산화·환원에 의한 시설 ② 응축에 의한 시설

③ 미생물을 이용한 처리시설 ④ 이온교환시설

정답 **1-8** ④ **1-9** ① **1-10** ④

해설 규칙. [별표 4] 대기오염 방지시설

1. 중력집진시설
2. 관성력집진시설
3. 원심력집진시설
4. 세정집진시설
5. 여과집진시설
6. 전기집진시설
7. 음파집진시설
8. 흡수에 의한 시설
9. 흡착에 의한 시설
10. 직접연소에 의한 시설
11. 촉매반응을 이용하는 시설
12. 응축에 의한 시설
13. 산화·환원에 의한 시설
14. 미생물을 이용한 처리시설
15. 연소조절에 의한 시설
16. 위 제1호부터 제15까지의 시설과 같은 방지효율 또는 그 이상의 방지효율을 가진 시설로서 환경부장관이 인정하는 시설

[비고] 방지시설에는 대기오염물질을 포집하기 위한 장치(후드), 오염물질이 통과하는 관로(덕트), 오염물질을 이송하기 위한 송풍기 및 각종 펌프 등 방지시설에 딸린 기계·기구류(예비용을 포함한다) 등을 포함한다.

1-11 대기환경보전법규상 대기오염방지시설과 가장 거리가 먼 것은? (단, 기타의 경우는 제외) [17-2]

① 중력집진시설
② 여과집진시설
③ 간접연소에 의한 시설
④ 산화환원에 의한 시설

1-12 대기환경보전법령상 대기오염방지시설에 해당하지 않는 것은? (단, 환경부장관이 인정하는 기타 시설은 제외) [21-4]

① 흡착에 의한 시설
② 응집에 의한 시설
③ 촉매반응을 이용하는 시설
④ 미생물을 이용한 처리시설

1-13 대기환경보전법규상 대기오염방지시설과 가장 거리가 먼 것은? [19-2]

① 미생물을 이용한 처리시설
② 촉매반응을 이용하는 시설
③ 흡수에 의한 시설
④ 확산에 의한 시설

1-14 대기환경보전법규상 대기오염방지시설에 해당하지 않는 것은? (단, 기타사항 제외) [16-1]

① 음파집진시설
② 화학적침강시설
③ 미생물을 이용한 처리시설
④ 촉매반응을 이용하는 시설

정답 **1-11** ③ **1-12** ② **1-13** ④ **1-14** ②

1-15 **대기환경보전법규상 자동차의 종류에 관한 사항으로 옳지 않은 것은? (단, 2015년 12월 10일 이후)** [14-1]

① 사람이나 화물을 운송하기 적합하게 제작된 것으로 엔진배기량이 1,000 cc 미만인 자동차를 경자동차라 한다.
② 화물을 운송하기 적합하게 제작된 것으로 차량 총중량이 10 t 이상인 자동차를 초대형화물자동차라 한다.
③ 엔진배기량이 50 cc 미만인 이륜자동차는 모페드형(스쿠터형을 포함한다)만 이륜자동차에 포함한다.
④ 전기만을 동력으로 사용하는 자동차는 1회 충전 주행거리가 160 km 이상인 경우 제3종에 해당한다.

해설 규칙. [별표 5] 자동차 등의 종류

바. 2015년 12월 10일 이후

종류	정의	규모	
경자동차	사람이나 화물을 운송하기 적합하게 제작된 것	엔진배기량이 1,000 cc 미만	
승용자동차	사람을 운송하기 적합하게 제작된 것	소형	엔진배기량이 1,000 cc 이상이고, 차량 총중량이 3.5톤 미만이며, 승차인원 8명 이하
		중형	엔진배기량이 1,000 cc 이상이고, 차량 총중량이 3.5톤 미만이며, 승차인원이 9명 이상
		대형	차량 총중량이 3.5톤 이상 15톤 미만
		초대형	차량 총중량이 15톤 이상
화물자동차	화물을 운송하기 적합하게 제작된 것	소형	엔진배기량이 1,000 cc 이상이고, 차량 총중량이 2톤 미만
		중형	엔진배기량이 1,000 cc 이상이고, 차량 총중량이 2톤 이상 3.5톤 미만
		대형	차량 총중량이 3.5톤 이상 15톤 미만
		초대형	차량 총중량이 15톤 이상
이륜자동차	자전거로부터 진화한 구조로서 사람 또는 소량의 화물을 운송하기 위한 것	차량 총 중량이 1천 킬로그램을 초과하지 않는 것	

[비고]

2. 가목의 소형화물자동차는 엔진배기량이 800 cc 이상인 밴(VAN)과, 승용자동차에 해당되지 아니하는 승차인원이 9명 이상인 승합차를 포함한다.

정답 1-15 ②

6. 이륜자동차는 운반차를 붙인 이륜자동차와 이륜자동차에서 파생된 삼륜 이상의 자동차를 포함한다.

6의2. 가목부터 마목까지의 이륜자동차의 경우 차량 자체의 중량이 0.5톤 이상인 이륜자동차는 경자동차로 분류한다.

7. 엔진배기량이 50 cc 미만인 이륜자동차(바목은 제외한다)는 모페드형[원동기를 장착한 소형 이륜차의 통칭(스쿠터형을 포함한다)]만 이륜자동차에 포함한다.

14. 전기만을 동력으로 사용하는 자동차는 1회 충전 주행거리에 따라 다음과 같이 구분한다.

구분	1회 충전 주행거리
제1종	80 km 미만
제2종	80 km 이상 160 km 미만
제3종	160 km 이상

1-16 대기환경보전법규상 자동차의 종류에 대한 설명으로 틀린 것은? (단, 2015년 12월 10일 이후 적용) [16-4, 19-2]

① 이륜자동차의 규모는 차량총중량이 1천킬로그램을 초과하지 않는 것이다.
② 이륜자동차는 운반차를 붙인 이륜자동차와 이륜자동차에서 파생된 삼륜 이상의 자동차는 제외한다.
③ 소형화물자동차에는 승용자동차에 해당되지 않는 승차인원이 9인 이상인 승합차를 포함한다.
④ 초대형 승용자동차의 규모는 차량총중량이 15톤 이상이다.

1-17 대기환경보전법규상 자동차의 종류에 관한 사항으로 옳지 않은 것은? (단, 2015년 12월 10일 이후 기준) [15-2]

① 엔진배기량이 50 cc 미만인 이륜자동차는 모패드형(스쿠터형을 포함한다)만 이륜자동차에서 제외한다.
② 이륜자동차는 운반차를 붙인 이륜자동차와 이륜자동차에서 파생된 3륜 이상의 자동차를 포함하며, 차량 자체의 중량이 0.5톤 이상인 이륜자동차는 경자동차로 분류한다.
③ 다목적형 승용자동차·승합차 및 밴(VAN)의 구분에 대한 세부 기준은 환경부장관이 정하여 고시한다.
④ 전기만을 동력으로 사용하는 자동차는 1회 충전 주행거리가 160 km 이상인 경우 제3종으로 구분한다.

정답 1-16 ② 1-17 ①

1-18 대기환경보전법규상 자동차 종류 구분 기준 중 전기만을 동력으로 사용하는 자동차로서 1회 충전 주행거리가 80 km 이상 160 km 미만에 해당하는 것은? [13-4, 18-1, 19-4]

① 제1종 ② 제2종
③ 제3종 ④ 제4종

1-19 대기환경보전법규상 자동차연료형 첨가제의 종류로 가장 거리가 먼 것은? [12-2, 16-2]

① 세척제 ② 다목적첨가제
③ 기관윤활제 ④ 유동성향상제

해설 규칙. [별표 6] 자동차 연료형 첨가제의 종류

1. 세척제
2. 청정분산제
3. 매연억제제
4. 다목적첨가제
5. 옥탄가향상제
6. 세탄가향상제
7. 유동성향상제
8. 윤활성 향상제
9. 그 밖에 환경부장관이 자동차의 성능을 향상시키거나 배출가스를 줄이기 위하여 필요하다고 정하여 고시하는 것

1-20 대기환경보전법규상 자동차연료형 첨가제의 종류가 아닌 것은? (단, 그 밖의 사항 등은 고려하지 않는다.) [13-2]

① 세탄가첨가제 ② 다목적첨가제
③ 청정분산제 ④ 유동성향상제

1-21 대기환경보전법규상 자동차연료형 첨가제의 종류에 해당하지 않는 것은? [15-4, 18-2, 21-4]

① 청정분산제 ② 옥탄가향상제
③ 매연발생제 ④ 세척제

1-22 대기환경보전법령상 자동차 연료형 첨가제의 종류가 아닌 것은? [20-2]

① 세척제 ② 청정분산제
③ 성능 향상제 ④ 유동성 향상제

정답 1-18 ② 1-19 ③ 1-20 ① 1-21 ③ 1-22 ③

1-23 **대기환경보전법규상 대기오염경보 단계별 대기오염물질의 농도기준으로 옳은 것은?(단, 오존농도는 1시간 평균농도를 기준으로 한 발령이다.)** [12-4]

① 주의보 : 오존농도가 1 ppm 이상일 때
경보 : 오존농도가 3 ppm 이상일 때
중대경보 : 오존농도가 5 ppm 이상일 때

② 주의보 : 오존농도가 0.1 ppm 이상일 때
경보 : 오존농도가 0.3 ppm 이상일 때
중대경보 : 오존농도가 0.5 ppm 이상일 때

③ 주의보 : 오존농도가 0.12 ppm 이상일 때
경보 : 오존농도가 0.3 ppm 이상일 때
중대경보 : 오존농도가 0.5 ppm 이상일 때

④ 주의보 : 오존농도가 1.2 ppm 이상일 때
경보 : 오존농도가 3 ppm 이상일 때
중대경보 : 오존농도가 5 ppm 이상일 때

해설 규칙. [별표 7] 대기오염경보 단계별 대기오염물질의 농도기준

대상물질	경보단계	발령기준	해제기준
미세먼지 (PM-10)	주의보	기상조건 등을 고려하여 해당지역의 대기자동측정소 PM-10 시간당 평균농도가 150 μg/m³ 이상 2시간 이상 지속인 때	주의보가 별령된 지역의 기상조건 등을 검토하여 대기자동측정소의 PM-10 시간당 평균농도가 100 μg/m³ 미만인 때
	경보	기상조건 등을 고려하여 해당지역의 대기자동측정소 PM-10 시간당 평균농도가 300 μg/m³ 이상 2시간 이상 지속인 때	경보가 별령된 지역의 기상조건 등을 검토하여 대기자동측정소의 PM-10 시간당 평균농도가 150 μg/m³ 미만인 때는 주의보로 전환
초미세먼지 (PM-2.5)	주의보	기상조건 등을 고려하여 해당지역의 대기자동측정소 PM-2.5 시간당 평균농도가 75 μg/m³ 이상 2시간 이상 지속인 때	주의보가 별령된 지역의 기상조건 등을 검토하여 대기자동측정소의 PM-2.5 시간당 평균농도가 35 μg/m³ 미만인 때
	경보	기상조건 등을 고려하여 해당지역의 대기자동측정소 PM-2.5 시간당 평균농도가 150 μg/m³ 이상 2시간 이상 지속인 때	경보가 별령된 지역의 기상조건 등을 검토하여 대기자동측정소의 PM-2.5 시간당 평균농도가 75 μg/m³ 미만인 때는 주의보로 전환

정답 1-23 ③

오존	주의보	기상조건 등을 고려하여 해당지역의 대기자동측정소 오존농도가 0.12 ppm 이상인 때	주의보가 별령된 지역의 기상조건 등을 검토하여 대기자동측정소의 오존농도가 0.12 ppm 미만인 때
	경보	기상조건 등을 고려하여 해당지역의 대기자동측정소 오존농도가 0.3 ppm 이상인 때	경보가 별령된 지역의 기상조건 등을 검토하여 대기자동측정소의 오존농도가 0.12 ppm 이상 0.3 ppm 미만인 때는 주의보로 전환
	중대경보	기상조건 등을 고려하여 해당지역의 대기자동측정소 오존농도가 0.5 ppm 이상인 때	중대경보가 별령된 지역의 기상조건 등을 검토하여 대기자동측정소의 오존농도가 0.3 ppm 이상 0.5 ppm 미만인 때는 경보로 전환

[비고]

1. 해당 지역의 대기자동측정소 PM-10 또는 PM-2.5의 권역별 평균 농도가 경보 단계별 발령기준을 초과하면 해당 경보를 발령할 수 있다.
2. 오존 농도는 1시간당 평균농도를 기준으로 하며, 해당 지역의 대기자동측정소 오존 농도가 1개소라도 경보단계별 발령기준을 초과하면 해당 경보를 발령할 수 있다.

1-24 다음은 대기환경보전법규상 대기오염경보 단계별 오존의 해제(농도)기준이다. ( ) 안에 알맞은 것은? [14-1, 17-1]

> 중대경보가 발령된 지역의 기상조건 등을 검토하여 대기자동측정소의 오존농도가 (㉠) ppm 이상 (㉡) ppm 미만일 때는 경보로 전환한다.

① ㉠ 0.3, ㉡ 0.5 ② ㉠ 0.5, ㉡ 1.0
③ ㉠ 1.0, ㉡ 1.2 ④ ㉠ 1.2, ㉡ 1.5

1-25 대기환경보전법령상 대기오염경보에 관한 설명으로 옳지 않은 것은? [17-4]

① 미세먼지(PM-10), 미세먼지(PM-2.5), 오존(O_3) 3개 항목 모두 오염물질 농도에 따라 주의보, 경보, 중대경보로 구분하고, 경보발령의 경우 자동차 사용 자제요청의 조치사항을 포함한다.
② 대기오염 경보대상 오염물질은 미세먼지(PM-10), 미세먼지(PM-2.5), 오존(O_3)으로 한다.
③ 해당 지역의 대기자동측정소 PM-10 또는 PM-2.5의 권역별 평균 농도가 경보 단계별 발령기준을 초과하면 해당 경보를 발령할 수 있다.
④ 오존 농도는 1시간당 평균농도를 기준으로 하며, 해당 지역의 대기자동측정소 오존 농도가 1개소라도 경보단계별 발령기준을 초과하면 해당 경보를 발령할 수 있다.

정답 1-24 ① 1-25 ①

1-26 **대기환경보전법규상 대기오염경보 단계 중 오존의 중대경보의 발령기준으로 옳은 것은?(단, 오존농도는 1시간 평균농도를 기준으로 한다.)** [17-4]

① 기상조건 등을 고려하여 해당 지역의 대기자동측정소 오존농도가 0.12 ppm 이상인 때
② 기상조건 등을 고려하여 해당 지역의 대기자동측정소 오존농도가 0.15 ppm 이상인 때
③ 기상조건 등을 고려하여 해당 지역의 대기자동측정소 오존농도가 0.3 ppm 이상인 때
④ 기상조건 등을 고려하여 해당 지역의 대기자동측정소 오존농도가 0.5 ppm 이상인 때

1-27 **대기환경보전법규상 오존의 대기오염경보 단계별 오염물질의 농도기준에 관한 설명으로 거리가 먼 것은?** [14-4, 18-1]

① 경보가 발령된 지역의 기상조건 등을 고려하여 대기자동측정소의 오존농도가 0.12 ppm 이상 0.3 ppm 미만인 때에는 주의보로 전환한다.
② 오존농도는 24시간 평균농도를 기준으로 한다.
③ 해당지역의 대기자동측정소 오존농도가 1개소라도 경보단계별 발령기준을 초과하면 해당 경보를 발령할 수 있다.
④ 중대경보단계는 기상조건 등을 고려하여 해당지역의 대기자동측정소의 오존농도가 0.5 ppm 이상일 때 발령한다.

1-28 **다음은 대기환경보전법규상 "초미세먼지(PM-2.5)"의 주의보 발령기준이다. ( ) 안에 알맞은 것은?** [19-4]

〈주의보 발령기준〉
기상조건 등을 고려하여 해당지역의 대기자동측정소 PM-2.5 시간당 평균농도가 ( ) 지속인 때

① 50 $\mu g/m^3$ 이상 1시간 이상
② 50 $\mu g/m^3$ 이상 2시간 이상
③ 75 $\mu g/m^3$ 이상 1시간 이상
④ 75 $\mu g/m^3$ 이상 2시간 이상

정답 1-26 ④ 1-27 ② 1-28 ④

1-29 대기환경보전법규상 대기오염경보 단계 중 "경보" 해제기준에서 ( )에 알맞은 것은? [13-2, 16-1, 20-4]

> 경보가 발령된 지역의 기상조건 등을 고려하여 대기자동측정소의 오존농도가 ( ) 인 때는 주의보로 전환한다.

① 0.1 ppm 이상 0.3 ppm 미만
② 0.1 ppm 이상 0.5 ppm 미만
③ 0.12 ppm 이상 0.3 ppm 미만
④ 0.12 ppm 이상 0.5 ppm 미만

1-30 다음은 대기환경보전법규상 미세먼지(PM-10)의 "주의보" 발령기준 및 해제기준이다. ( ) 안에 알맞은 것은? [20-1]

> • 발령기준 : 기상조건 등을 고려하여 해당지역의 대기자동측정소 PM-10 시간당 평균농도가 (㉠) 지속인 때
> • 해제기준 : 주의보가 발령된 지역의 기상조건 등을 검토하여 대기자동측정소의 PM-10 시간당 평균농도가 (㉡)인 때

① ㉠ 150 $\mu g/m^3$ 이상 2시간 이상, ㉡ 100 $\mu g/m^3$ 미만
② ㉠ 150 $\mu g/m^3$ 이상 1시간 이상, ㉡ 150 $\mu g/m^3$ 미만
③ ㉠ 100 $\mu g/m^3$ 이상 2시간 이상, ㉡ 100 $\mu g/m^3$ 미만
④ ㉠ 100 $\mu g/m^3$ 이상 1시간 이상, ㉡ 80 $\mu g/m^3$ 미만

1-31 배출허용기준 300(12)ppm에서 (12)의 의미는? [15-1]

① 해당배출허용농도(백분율)
② 해당배출허용농도(ppm)
③ 표준산소농도(O_2의 백분율)
④ 표준산소농도(O_2의 ppm)

해설 규칙. [별표 8] 대기오염물질의 배출허용기준(2020년 1월 1일부터 적용)

가. 가스상 형태의 물질

대기오염물질	배출시설	배출허용기준
시안화수소	그 밖의 배출시설	4 ppm 이하
브롬화합물	모든 배출시설	3 ppm 이하
벤젠	모든 배출시설	6 ppm 이하
페놀화합물	모든 배출시설	4 ppm 이하
이황화탄소	모든 배출시설	10 ppm 이하

정답 1-29 ③ 1-30 ① 1-31 ③

포름알데히드	모든 배출시설	8 ppm 이하
수은화합물	그 밖의 배출시설	0.1 mg/Sm^3 이하
비소화합물	그 밖의 배출시설	0.5 ppm 이하
디클로로메탄	모든 배출시설	50 ppm 이하

[비고]

1. 배출허용기준 난의 ( )는 표준산소농도(O_2의 백분율을 말한다. 이하 같다)를 말하며, 유리용해시설에서 공기대신 순산소를 사용하는 경우, 폐가스소각시설 중 직접연소에 의한 시설, 촉매반응을 이용하는 시설 및 구리제련시설의 건조로, 질소산화물(NO_2로서)의 8), 9)에 해당하는 시설(시멘트 제조시설은 고로슬래그 시멘트 제조시설만 해당한다) 중 열풍을 이용하여 직접 건조하는 시설은 표준산소농도를 적용하지 아니한다. 다만, 실측산소농도가 12 % 미만인 직접연소에 의한 시설은 표준산소농도를 적용한다.
2. "고형연료제품 사용시설"이란 「자원의 절약과 재활용촉진에 관한 법률」 제25조의7에 따른 시설로서 연료사용량 중 고형연료제품 사용비율이 30퍼센트 이상인 시설을 말한다.
3. 황산화물(SO_2로서)의 1)가)에서 "저황유 사용지역"이란 영 제40조제1항에 따른 저황유의 공급지역을 말한다.

나. 입자형태의 물질

대기오여물질	배출시설	배출허용기준
구리화합물(Cu로서)	모든 배출시설	5 mg/Sm^3 이하
니켈 및 그 화합물	모든 배출시설	2 mg/Sm^3 이하
아연화합물(Zn로서)	모든 배출시설	4 mg/Sm^3 이하
비산먼지	1) 시멘트 제조시설	0.3 mg/Sm^3 이하
	2) 그 밖의 배출시설	0.4 mg/Sm^3 이하
매연	모든 배출시설	링겔만 비탁표 2도 이하 또는 불투명도 40 % 이하

[비고]

1. 배출허용기준 난의 ( )의 표준산소농도를 말하며, 다음 각 목의 시설에 대하여는 표준산소농도를 적용하지 아니한다.
   가. 폐가스소각시설 중 직접연소에 의한 시설과 촉매반응을 이용하는 시설. 다만, 실측산소농도가 12퍼센트 미만인 직접연소에 의한 시설은 표준산소농도를 적용한다.
   나. 먼지의 5) 및 12)(시멘트 제조시설은 고로슬래그 시멘트 제조시설만 해당한다)에 해당하는 시설 중 열풍을 이용하여 직접 건조하는 시설
   다. 공기 대신 순산소를 사용하는 시설
   라. 구리제련시설의 건조로
   마. 그 밖에 공정의 특성상 표준산소농도 적용이 불가능한 시설로서 시·도지사가 인정하는 시설
2. 일반보일러(흡수식 냉·온수기를 포함한다)의 경우에는 시설의 고장 등을 대비하여 허가를 받거나 신고하여 예비로 설치된 시설의 시설용량은 포함하지 아니한다.
3. "고형연료제품 사용시설"이란 「자원의 절약과 재활용촉진에 관한 법률」 제25조의 7에 따른 시설로서 연료사용량 중 고형연료제품 사용비율이 30퍼센트 이상인 시설을 말한다.

1-32 대기환경보전법규상 배출시설에서 배출되는 입자상 물질인 아연화합물(Zn로서)의 배출허용기준은?(단, 모든 배출시설) [19-2]

① 4 mg/Sm^3 이하
② 10 mg/Sm^3 이하
③ 15 mg/Sm^3 이하
④ 20 mg/Sm^3 이하

1-33 대기환경보전법규 중 측정기기의 운영·관리 기준에서 굴뚝배출가스 온도측정기를 새로 설치하거나 교체하는 경우에는 국가표준기본법에 따른 교정을 받아야 한다. 이때 그 기록을 최소 몇 년 이상 보관하여야 하는가? [17-1]

① 2년 이상 ② 3년 이상 ③ 5년 이상 ④ 10년 이상

해설 규칙. [별표 9] 측정기기의 운영·관리 기준

2. 굴뚝 자동측정기기의 운영·관리기준

라. 환경부장관, 시·도지사 및 사업자는 굴뚝배출가스 온도측정기를 새로 설치하거나 교체하는 경우에는 「국가표준기본법」에 따른 교정을 받아야 하며, 그 기록을 3년 이상 보관하여야 한다.

1-34 대기환경보전법규상 배출시설의 시간당 대기오염물질 발생량을 실측에 의한 방법으로 산정할 때 배출시설의 시간당 대기오염물질 발생량 계산식으로 옳은 것은? [14-2]

① 방지시설 유입 전의 배출농도×가스유량
② 방지시설 유입 전의 배출농도÷가스유량
③ 방지시설 유입 후의 배출농도×가스유량
④ 방지시설 유입 후의 배출농도÷가스유량

해설 규칙. [별표 10] 배출시설의 시간당 대기오염물질 발생량 산정방법

2. 실측에 의한 방법

가. 제1호의 방법으로 배출시설의 시간당 대기오염물질 발생량을 산정할 수 없는 경우에는 다음의 산정방법에 따라 산정한다.

배출시설의 시간당 대기오염물질 발생량=방지시설 유입 전의 배출농도×가스유량

1-35 대기환경보전법규상 관제센터로 측정결과를 자동전송하지 않은 먼지·황산화물 및 질소산화물의 연간 발생량의 합계가 80톤 이상인 사업장 배출구의 자가측정횟수 기준은?(단, 기타사항 등은 제외) [15-2, 18-4]

① 매일 1회 이상
② 매주 1회 이상
③ 매월 2회 이상
④ 2개월마다 1회 이상

정답 1-32 ① 1-33 ② 1-34 ① 1-35 ②

해설 규칙. [별표 11] 자가측정의 대상·항목 및 방법

1. 영 제19조제1항제1호의 굴뚝원격 감시체제 관제센터로 측정결과를 자동전송하지 않는 사업장의 배출구

구분	배출구별 규모	측정횟수	측정항목
제1종 배출구	먼지·황산화물 및 질소산화물의 연간 발생량 합계가 80톤 이상인 배출구	매주 1회 이상	별표 8에 따른 배출허용 기준이 적용되는 대기오염물질. 다만, 비산먼지는 제외한다.
제2종 배출구	먼지·황산화물 및 질소산화물의 연간 발생량 합계가 20톤 이상 80톤 미만인 배출구	매월 2회 이상	
제3종 배출구	먼지·황산화물 및 질소산화물의 연간 발생량 합계가 10톤 이상 20톤 미만인 배출구	2개월마다 1회 이상	
제4종 배출구	먼지·황산화물 및 질소산화물의 연간 발생량 합계가 2톤 이상 10톤 미만인 배출구	반기마다 1회 이상	
제5종 배출구	먼지·황산화물 및 질소산화물의 연간 발생량 합계가 2톤 미만인 배출구	반기마다 1회 이상	

1-36 대기환경보전법령상 먼지·황산화물 및 질소산화물의 연간 발생량 합계가 18톤인 배출구의 자가측정횟수 기준은? (단, 특정대기유해물질이 배출되지 않으며, 관제센터로 측정결과를 자동전송하지 않는 사업장의 배출구이다.) [13-1, 20-4]

① 매주 1회 이상
② 매월 2회 이상
③ 2개월마다 1회 이상
④ 반기마다 1회 이상

1-37 대기환경보전법규상 고체연료 사용시설 설치기준(석탄사용시설)에 관한 내용 중 ( )에 알맞은 것은? [15-4, 20-1]

> 배출시설의 굴뚝높이는 100 m 이상으로 하되, 굴뚝 상부 안지름, 배출가스 온도 및 속도 등을 고려한 유효굴뚝높이가 (　　) 이상인 경우에는 굴뚝높이를 60 m 이상 100 m 미만으로 할 수 있다.

① 150 m　② 250 m
③ 320 m　④ 440 m

정답 1-36 ③ 1-37 ④

해설 규칙. [별표 12] 고체연료 사용시설 설치기준

1. 석탄사용시설
   가. 배출시설의 굴뚝높이는 100 m 이상으로 하되, 굴뚝상부 안지름, 배출가스 온도 및 속도 등을 고려한 유효굴뚝높이(굴뚝의 실제 높이에 배출가스의 상승고도를 합산한 높이를 말한다. 이하 같다)가 440 m 이상인 경우에는 굴뚝높이를 60 m 이상 100 m 미만으로 할 수 있다. 이 경우 유효굴뚝높이 및 굴뚝높이 산정방법 등에 관하여는 국립환경과학원장이 정하여 고시한다.
   나. 석탄의 수송은 밀폐 이송시설 또는 밀폐통을 이용하여야 한다.
   다. 석탄저장은 옥내저장시설(밀폐형 저장시설 포함) 또는 지하저장시설에 저장하여야 한다.
   라. 석탄연소재는 밀폐통을 이용하여 운반하여야 한다.
   마. 굴뚝에서 배출되는 아황산가스(SO_2), 질소산화물(NO_x), 먼지 등의 농도를 확인할 수 있는 기기를 설치하여야 한다.
2. 기타 고체연료 사용시설
   가. 배출시설의 굴뚝높이는 20 m 이상이어야 한다.
   나. 연료와 그 연소재의 수송은 덮개가 있는 차량을 이용하여야 한다.
   다. 연료는 옥내에 저장하여야 한다.
   라. 굴뚝에서 배출되는 매연을 측정할 수 있어야 한다.

1-38 **대기환경보전법규상 석탄을 제외한 기타 고체연료 사용시설의 설치기준으로 거리가 먼 것은?** [14-4]

① 배출시설의 굴뚝 높이는 20 m 이상이어야 한다.
② 연소재는 반드시 밀폐통을 이용하여 운반하여야 한다.
③ 연료는 옥내에 저장하여야 한다.
④ 굴뚝에서 배출되는 매연을 측정할 수 있어야 한다.

해설 연료와 그 연소재의 수송은 덮개가 있는 차량을 이용하여야 한다.

1-39 **대기환경보전법규상 고체연료 사용시설 설치기준 중 석탄사용시설기준이다. ( )에 알맞은 값은?** [12-4, 16-1]

> 배출시설의 굴뚝높이는 (㉠) 이상으로 하되, 굴뚝상부 안지름, 배출가스 온도 및 속도 등을 고려한 유효굴뚝높이(굴뚝의 실제 높이에 배출가스의 상승고도를 합산한 높이를 말한다.)가 440 m 이상인 경우에는 굴뚝높이를 (㉡)으로 할 수 있다. 이 경우 유효굴뚝높이 및 굴뚝높이 산정방법 등에 관하여는 국립환경과학원장이 정하여 고시한다.

① ㉠ 50 m, ㉡ 25 m 미만
② ㉠ 50 m, ㉡ 25 m 이상 50 m 미만
③ ㉠ 100 m, ㉡ 25 m 이상 100 m 미만
④ ㉠ 100 m, ㉡ 60 m 이상 100 m 미만

정답 1-38 ② 1-39 ④

1-40 대기환경보전법규상 분체상 물질을 싣고 내리는 공정의 경우, 비산먼지 발생을 억제하기 위해 작업을 중지해야 하는 평균풍속(m/s)의 기준은? [15-1, 17-4, 21-1]

① 2 이상 ② 5 이상
③ 7 이상 ④ 8 이상

해설 규칙. [별표 14] 비산먼지 발생을 억제하기 위한 시설의 설치 및 필요한 조치에 관한 기준

배출공정	시설의 설치 및 조치에 관한 기준
1. 야적(분체상물질을 야적하는 경우에만 해당한다)	가. 야적물질을 1일 이상 보관하는 경우 방진덮개로 덮을 것 나. 야적물질의 최고저장높이의 $\frac{1}{3}$ 이상의 방진벽을 설치하고, 최고 저장높이의 1.25배 이상의 방진망(개구율 40% 상당의 방진망을 말한다. 이하 같다) 또는 방진막을 설치할 것. 다만, 건축물 축조 및 토목공사장·조경공사장·건축물해체공사장의 공사장 경계에는 높이 1.8 m(공사장 부지 경계선으로부터 50 m 이내에 주거·상가 건물이 있는 곳의 경우에는 3 m) 이상의 방진벽을 설치하되, 둘 이상의 공사장이 붙어 있는 경우의 공동경계면에는 방진벽을 설치하지 아니할 수 있다. 다. 야적물질로 인한 비산먼지 발생 억제를 위하여 물을 뿌리는 시설을 설치할 것(고철 야적장과 수용성물질·사료 및 곡물 등의 경우는 제외한다.) 라~마. 생략
2. 싣기 및 내리기(분체상 물질을 싣고 내리는 경우만 해당한다)	가. 작업 시 발생하는 비산먼지를 제거할 수 있는 이동식 집진시설 또는 분무식 집진시설(Dust Boost)을 설치할 것(석탄제품제조업, 제철·제강업 또는 곡물하역업에만 해당한다) 나. 싣거나 내리는 장소 주위에 고정식 또는 이동식 물을 뿌리는 시설(살수반경 5 m 이상, 수압 3 kg/cm^2 이상)을 설치·운영하여 작업하는 중 다시 흩날리지 아니하도록 할 것(곡물작업장의 경우는 제외한다) 다. 풍속이 평균초속 8 m 이상일 경우에는 작업을 중지할 것 라~바. 생략
3. 수송(시멘트·석탄·토사·사료·곡물·고철의 운송업은 가목·나목·바목·사목 및 차목만 적용하고, 목재수송은 사목·아목 및 차목만 적용한다)	가. 적재함을 최대한 밀폐할 수 있는 덮개를 설치하여 적재물이 외부에서 보이지 아니하고 흘림이 없도록 할 것 나. 적재함 상단으로부터 5 cm 이하까지 적재물을 수평으로 적재할 것 다. 도로가 비포장 시설도로인 경우 비포장 시설도로로부터 반지름 500 m 이내에 10가구 이상의 주거시설이 있을 때에는 해당 마을로부터 반지름 1 km 이내의 경우에는 포장, 간이포장 또는 살수 등을 할 것

정답 1-40 ④

	라. 다음의 어느 하나에 해당하는 시설을 설치할 것 1) 자동식 세륜시설(바퀴 등의 세척시설) 금속지대에 설치된 롤러에 차바퀴를 닿게 한 후 전력 또는 차량의 동력을 이용하여 차바퀴를 회전시키는 방법으로 차바퀴에 묻은 흙 등을 제거할 수 있는 시설 2) 수조를 이용한 세륜시설 – 수조의 넓이 : 수송차량의 1.2배 이상 – 수조의 깊이 : 20 cm 이상 – 수조의 길이 : 수송차량 전체길이의 2배 이상 – 수조수 순환을 위한 침전조 및 배관을 설치하거나 물을 연속적으로 흘려 보낼 수 있는 시설을 설치할 것 마. 다음 규격의 측면 살수시설을 설치할 것 – 살수높이 : 수송차량의 바퀴부터 적재함 하단부까지 – 살수길이 : 수송차량 전체길이의 1.5배 이상 – 살수압 : 3 kg/cm^2 이상 바. 수송차량은 세륜 및 측면 살수 후 운행하도록 할 것 사. 먼지가 흩날리지 아니하도록 공사장 안의 통행차량은 시속 20 km 이하로 운행할 것 아~차. 생략
4~7 생략	
8. 야외 녹 제거	가. 구조물의 길이가 15 m 미만인 경우에는 옥내작업을 할 것 나. 야외 작업 시에는 간이칸막이 등을 설치하여 먼지가 흩날리지 아니하도록 할 것 다. 야외 작업 시 이동식 집진시설을 설치할 것. 다만, 이동식 집진시설의 설치가 불가능할 경우 진공식 청소차량 등으로 작업현장에 대한 청소작업을 지속적으로 할 것 라. 작업 후 남은 것이 다시 흩날리지 아니하도록 할 것 마. 풍속의 평균초속 8 m 이상(강선건조업과 합성수지선건조업인 경우에는 10 m 이상)인 경우에는 작업을 중지할 것 바. 생략
9~11. 생략	

1-41 대기환경관계법령상 비산먼지 발생을 억제하기 위한 시설의 설치 및 필요한 조치에 관한 기준 중 시멘트 수송공정에서 적재물을 적재함 상단으로부터 수평으로 몇 cm 이하까지 적재하여야 하는가? [21-1]

① 5 cm 이하 ② 10 cm 이하
③ 20 cm 이하 ④ 30 cm 이하

정답 1-41 ①

1-42 대기환경보전법규상 비산먼지 발생을 억제하기 위한 시설의 설치 및 필요한 조치에 관한 기준 중 야적(분체상 물질을 야적하는 경우에만 해당)에 관한 기준으로 옳지 않은 것은? (단, 예외사항은 제외) [17-1]

① 야적물질을 1일 이상 보관하는 경우 방진덮개로 덮을 것
② 야적물질로 인한 비산먼지 발생억제를 위하여 물을 뿌리는 시설을 설치할 것(고철 야적장과 수용성물질 등의 경우는 제외한다)
③ 야적물질의 최고저장높이의 $\frac{1}{3}$ 이상의 방진벽을 설치할 것
④ 야적물질의 최고저장높이의 $\frac{1}{3}$ 이상의 방진망(막)을 설치할 것

1-43 대기환경보전법규상 비산먼지 발생을 억제하기 위한 시설의 설치 및 필요한 조치에 관한 기준 중 야외 녹 제거 공정 시설의 설치 및 조치에 관한 기준으로 옳지 않은 것은 어느 것인가? [14-4]

① 구조물의 길이가 15 m 미만인 경우에는 옥내 작업을 할 것
② 풍속이 평균 초속 3 m 이상(강선건조업과 합성수지선건조업인 경우에는 5 m 이상)인 경우에는 작업을 중지할 것
③ 야외 작업 시에는 간이칸막이 등을 설치하여 먼지가 흩날리지 아니하도록 할 것이며, 작업 후 남은 것이 다시 흩날리지 아니하도록 할 것
④ 야외 작업 시 이동식 집진시설을 설치할 것

1-44 다음은 대기환경보전법규상 비산먼지 발생을 억제하기 위한 시설의 설치 및 필요한 조치에 관한 엄격한 기준이다. ( ) 안에 알맞은 것은? [20-1]

> 배출공정 중 "싣기와 내리기 공정"은 싣거나 내리는 장소 주위에 고정식 또는 이동식 물뿌림시설[물뿌림 반경 (㉠) 이상, 수압 (㉡) 이상]을 설치하여야 한다.

① ㉠ 3 m, ㉡ 2 kg/cm^2
② ㉠ 3 m, ㉡ 3 kg/cm^2
③ ㉠ 5 m, ㉡ 2 kg/cm^2
④ ㉠ 7 m, ㉡ 5 kg/cm^2

정답 **1-42** ④ **1-43** ② **1-44** ④

해설 규칙. [별표 15] 비산먼지의 발생을 억제하기 위한 시설의 설치 및 필요한 조치에 관한 엄격한 기준

배출공정	시설의 설치 및 조치에 관한 기준
1. 야적	가. 야적물질을 최대한 밀폐된 시설에 저장 또는 보관할 것 나. 수송 및 작업차량 출입문을 설치할 것 다. 보관·저장시설은 가능하면 한 3면이 막히고 지붕이 있는 구조가 되도록 할 것
2. 싣기와 내리기	가. 최대한 밀폐된 저장 또는 보관시설 내에서만 분체상물질을 싣거나 내릴 것 나. 싣거나 내리는 장소 주위에 고정식 또는 이동식 물뿌림시설(물뿌림 반경 7 m 이상, 수압 5 kg/cm^2 이상)을 설치할 것
3. 생략	

1-45 **대기환경보전법규상 시멘트수송의 경우 비산먼지 발생을 억제하기 위한 시설 및 필요한 조치기준으로 옳지 않은 것은?** [18-1]

① 적재함 상단으로부터 5 cm 이하까지 적재물을 수평으로 적재할 것
② 수송차량은 세륜 및 측면 살수 후 운행하도록 할 것
③ 먼지가 흩날리지 아니하도록 공사장 안의 통행차량은 시속 40 km 이하로 운행할 것
④ 적재함을 최대한 밀폐할 수 있는 덮개를 설치하여 적재물의 외부에서 보이지 아니할 것

1-46 **대기환경보전법규상 휘발성유기화합물 배출억제·방지시설 설치 및 검사·측정결과의 기록보존에 관한 기준 중 주유소 주유시설 기준으로 옳지 않은 것은?** [19-1]

① 회수설비의 처리효율은 90퍼센트 이상이어야 한다.
② 유증기 회수배관을 설치한 후에는 회수배관 액체막힘 검사를 하고 그 결과를 3년간 기록·보존하여야 한다.
③ 회수설비의 유증기 회수율(회수량/주유량)이 적정범위(0.88~1.2)에 있는지를 회수설비를 설치한 날부터 1년이 되는 날 또는 직전에 검사한 날부터 1년이 되는 날마다 전후 45일 이내에 검사한다.
④ 주유소에서 차량에 유류를 공급할 때 배출되는 휘발성유기화합물은 주유시설에 부착된 유증기 회수설비를 이용하여 대기로 직접 배출되지 아니하도록 하여야 한다.

정답 1-45 ③ 1-46 ②

해설 규칙. [별표 16] 휘발성유기화합물 배출 억제·방지시설 설치 및 검사·측정결과의 기록 보존에 관한 기준

구분(업종)	배출시설	기준
3. 주유소	나. 주유시설	1) 주유소에서 차량에 유류를 공급할 때 배출되는 휘발성유기화합물은 주유시설에 부착된 유증기 회수설비(이하 이 난에서 "회수설비"라 한다)를 이용하여 대기로 직접 배출되지 아니하도록 하여야 한다. 2) 회수설비의 처리효율은 90퍼센트 이상이어야 한다. 3) 유증기 회수배관은 배관이 막히지 아니하도록 적절한 경사를 두어야 한다. 4) 유증기 회수배관을 설치한 후에는 회수배관 액체막힘 검사를 하고 그 결과를 5년간 기록·보존하여야 한다. 5) 회수설비의 유증기 회수율(회수량/주유량)이 적정범위(0.88~1.2)에 있는지를 회수설비를 설치한 날부터 1년이 되는 날 또는 직전에 검사한 날부터 1년이 되는 날마다 전후 45일 이내에 검사하고, 그 결과를 5년간 기록·보존하여야 한다.

1-47 대기환경보전법규상 휘발유를 연료로 사용하는 대형승용차의 배출가스 보증기간 적용기준은?(단, 2016년 1월 1일 이후 제작 자동차 기준) [15-2, 15-4]

① 2년 또는 160,000 km
② 6년 또는 100,000 km
③ 7년 또는 500,000 km
④ 10년 또는 160,000 km

해설 규칙. [별표 18] 배출가스 보증기간

8. 2016년 1월 1일 이후 제작 자동차

사용연료	자동차의 종류	적용기간	
휘발유	경자동차, 소형 승용·화물자동차, 중형 승용·화물자동차	15년 또는 240,000 km	
	대형 승용·화물자동차, 초대형 승용·화물자동차	2년 또는 160,000 km	
	이륜자동차	최고속도 130 km/h 미만	2년 또는 20,000 km
		최고속도 130 km/h 이상	2년 또는 35,000 km
가스	경자동차	10년 또는 192,000 km	
	소형 승용·화물자동차, 중형 승용·화물자동차	15년 또는 240,000 km	
	대형 승용·화물자동차, 초대형 승용·화물자동차	2년 또는 160,000 km	

정답 1-47 ①

<table>
<tr><td rowspan="7">경유</td><td>경자동차,
소형 승용·화물자동차,
중형 승용·화물자동차
(택시를 제외한다)</td><td colspan="2">10년 또는 160,000 km</td></tr>
<tr><td>경자동차,
소형 승용·화물자동차,
중형 승용·화물자동차
(택시에 한정한다)</td><td colspan="2">10년 또는 192,000 km</td></tr>
<tr><td>대형 승용·화물자동차</td><td colspan="2">6년 또는 300,000 km</td></tr>
<tr><td>초대형 승용·화물자동차</td><td colspan="2">7년 또는 700,000 km</td></tr>
<tr><td rowspan="3">건설기계 원동기,
농업기계 원동기</td><td>37 kW 이상</td><td>10년 또는 8,000시간</td></tr>
<tr><td>37 kW 이상</td><td>7년 또는 5,000시간</td></tr>
<tr><td>19 kW 이상</td><td>5년 또는 3,000시간</td></tr>
<tr><td>전기 및 수소
연료전지
자동차</td><td>모든 자동차</td><td colspan="2">별지 제30호서식의 자동차배출가스 인증신청서에 적힌 보증기간</td></tr>
</table>

[비고]

1. 배출가스보증기간의 만료는 기간 또는 주행거리, 가동시간 중 먼저 도달하는 것을 기준으로 한다.
2. 보증기간은 자동차소유자가 자동차를 구입한 일자를 기준으로 한다.
3. 휘발유와 가스를 병용하는 자동차는 가스사용 자동차의 보증기간을 적용한다.
4. 경유사용 경자동차, 소형 승용차·화물차, 중형 승용차·화물차의 결함확인검사 대상기간은 위 표의 배출가스보증기간에도 불구하고 5년 또는 100,000 km로 한다. 다만, 택시의 경우 10년 또는 192,000 km로 하되, 2015년 8월 31일 이전에 출고된 경유 택시가 경유 택시로 대폐차된 경우에는 10년 또는 160,000 km로 할 수 있다.
5. 건설기계 원동기 및 농업기계 원동기의 결함확인검사 대상기간은 19 kW 미만은 4년 또는 2,250시간, 37 kW 미만은 5년 또는 3,750시간, 37 kW 이상은 7년 또는 6,000시간으로 한다.

1-48 대기환경보전법규상 가스를 사용연료로 하는 경자동차의 배출가스 보증 적용기간 기준으로 옳은 것은? (단, 2016년 1월 1일 이후 제작자동차 기준) [18-4]

① 2년 또는 10,000 km
② 2년 또는 160,000 km
③ 6년 또는 10,000 km
④ 10년 또는 192,000 km

정답 1-48 ④

1-49 대기환경보전법규상 가스를 연료로 사용하는 초대형 승용차의 배출가스 보증기간 적용기준으로 옳은 것은?(단, 2016년 1월 1일 이후 제작 자동차) [14-2]

① 1년 또는 20,000 km ② 2년 또는 160,000 km
③ 6년 또는 192,000 km ④ 10년 또는 192,000 km

1-50 대기환경보전법령상 휘발유를 연료로 사용하는 "경자동차"의 배출가스 보증기간 적용기준으로 옳은 것은?(단, 2016년 1월 1일 이후 제작자동차) [12-2, 19-1]

① 15년 또는 240,000 km ② 6년 또는 100,000 km
③ 2년 또는 160,000 km ④ 1년 또는 20,000 km

1-51 대기환경보전법규상 가스를 사용연료로 하는 경자동차의 배출가스 보증 적용기간 기준으로 옳은 것은?(단, 2016년 1월 1일 이후 제작 자동차 기준) [15-1]

① 2년 또는 10,000 km ② 2년 또는 160,000 km
③ 6년 또는 10,000 km ④ 10년 또는 192,000 km

1-52 대기환경보전법규상 휘발유 이륜자동차의 배출가스 보증기간 적용기준으로 옳은 것은?(단, 2016년 1월 1일 이후 제작 자동차 기준, 최고속도 130km/h 미만) [13-4]

① 1년 또는 5,000 km ② 2년 또는 20,000 km
③ 6년 또는 100,000 km ④ 7년 또는 500,000 km

1-53 다음은 대기환경보전법규상 제작 자동차의 배출가스 보증기간에 관한 사항이다. ( ) 안에 알맞은 것은?(단, 2016년 1월 1일 이후 제작 자동차 기준) [18-4]

> 배출가스 보증기간의 만료는 (㉠)을 기준으로 한다.
> 휘발유와 가스를 병용하는 자동차는 (㉡)사용 자동차의 보증기간을 적용한다.

① ㉠ 기간 또는 주행거리, 가동시간 중 나중 도달하는 것, ㉡ 휘발유
② ㉠ 기간 또는 주행거리, 가동시간 중 나중 도달하는 것, ㉡ 가스
③ ㉠ 기간 또는 주행거리, 가동시간 중 먼저 도달하는 것, ㉡ 휘발유
④ ㉠ 기간 또는 주행거리, 가동시간 중 먼저 도달하는 것, ㉡ 가스

정답 1-49 ② 1-50 ① 1-51 ④ 1-52 ② 1-53 ④

1-54 **대기환경보전법규상 배출가스 보증기간 적용기준에 관한 설명으로 옳지 않은 것은? (단, 2016년 1월 1일 이후 제작자동차)** [13-1]

① 보증기간은 자동차 소유자가 자동차를 구입한 일자를 기준으로 한다.
② 배출가스 보증기간의 만료는 기간 또는 주행거리, 가동시간 중 먼저 도달하는 것을 기준으로 한다.
③ 휘발유와 가스를 병용하는 자동차는 휘발유 사용 자동차의 보증기간을 적용한다.
④ 건설기계 원동기 및 농업기계 원동기의 결함확인검사 대상기간은 19 kW 미만은 4년 또는 2,250시간, 37 kW 미만은 5년 또는 3,750시간, 37 kW 이상은 7년 또는 6,000시간으로 한다.

1-55 **대기환경보전법규상 배출가스 관련부품을 장치별로 구분할 때 다음 중 배출가스 자기진단장치(On Board Diagnostics)에 해당하는 것은?** [15-2, 20-2]

① EGR제어용 서모밸브(EGR Control Thermo Valve)
② 연료계통 감시장치(Fuel System Monitor)
③ 정화조밸브(Purge Control Valve)
④ 냉각수온센서(Water Temperature Sensor)

해설 규칙. [별표 20] 배출가스 관련부품

장치별구분	배출가스 관련부품
1. 배출가스 전환장치 (Exhaust Gas Conversion System)	산소감지기(Oxygen Sensor), 정화용촉매(Catalytic Converter), 매연포집필터(Particulate Trap), 선택적환원촉매장치[SCR system including dosing module(요소분사기), Supply module (요소분사펌프 및 제어장치)], 질소산화물저감촉매(De-NO_x Catalyste, NO_x Trap), 재생용가열기(Regenerative Heater)
2. 배출가스 재순환장치 (Exhaust Gas Recirculation : EGR)	EGR밸브, EGR제어용 서모밸브(EGR Control Thermo Valve), EGR쿨러(Cooler)
3. 연료증발가스방지장치 (Evaporative Emission Control System)	정화조절밸브(Purge Control Valve), 증기 저장 캐니스터와 필터(Vapor Storage Canister and Filter)
4. 블로바이가스 환원장치 (Positive Crankcase Ventilation : PCV)	PCV 밸브
5. 2차공기분사장치 (Air Injection System)	공기펌프(Air Pump), 리드밸브(Reed Valve)

정답 1-54 ③ 1-55 ②

6. 연료공급장치 (Fuel Metering System)	전자제어장치(Electronic Control Unit : ECU), 스로틀포지션센서(Throttle Position Sensor), 대기압센서(Manifold Absolute Pressure Sensor), 기화기(Carburetor, Vaprizer), 혼합기(Mixture), 연료분사기(Fuel Injector), 연료압력조절기(Fuel Pressure Regulator), 냉각수온센서(Water Temperature Sensor), 연료펌프(Fuel Pump), 공회전속도제어장치(Idle speed control system)
7. 점화장치 (Ignition System)	점화장치의 디스트리뷰터(Distributor). 다만, 로더 및 캡 제외한다.
8. 배출가스 자기진단장치 (On Board Diagnostics)	촉매 감시장치(Catalyst Monitor), 가열식 촉매 감시장치(Heated Catalyst Monitor), 실화 감시장치(Misfire Monitor), 증발가스계통 감시장치(Evaporative System Monitor), 2차공기 공급계통 감시장치(Secondary Air System Monitor), 에어컨계통 감시장치(Air Conditioning System Refrigerant Monitor), 연료계통 감시장치(Fuel System Monitor), 산소센서 감시장치(Oxygen Sensor Monitor), 배기관 센서 감시장치(Exhaust Gas Sensor Monitor), 배기가스 재순환계통 감시장치(Exhaust Gas Recirculation System Monitor), 블로바이가스 환원계통 감시장치(Positive Crankcase Ventilation System Monitor), 서모스태트 감시장치(Thermostat Monitor), 엔진냉각계통 감시장치(Engine Cooling System Monitor), 저온시동 배출가스 저감기술 감시장치(Cold Start Emission Reduction Strategy Monigor), 가변 밸브타이밍 계통 감시장치(Variable Valve Timing Monitor), 직접오존저감장치(Direct Ozone Reduction System Monitor), 기타 감시장치(Comprehensive Component Monitor)
9. 흡기장치 (Air Induction System)	터보차저(Turbocharger, wastergate, pop-off 포함) 배관측로 밸브[바이패스 밸브(by-pass valves)], 덕팅(ducting), 인터쿨러(Intercooler), 흡기매니폴드(Intake manifold)

1-56 대기환경보전법규상 운행차배출허용기준 중 일반기준으로 옳지 않은 것은? [14-1, 17-1]

① 알코올만 사용하는 자동차는 탄화수소 기준을 적용하지 아니한다.

② 휘발유와 가스를 같이 사용하는 자동차의 배출가스 측정 및 배출허용기준은 휘발유의 기준을 적용한다.

③ 1993년 이후에 제작된 자동차 중 과급기(turbo charger)나 중간냉각기(intercooler)를 부착한 경유사용자동차의 배출허용기준은 무부하급가속 검사방법의 매연항목에 대한 배출허용기준에 5%를 더한 농도를 적용한다.

④ 수입자동차는 최초등록일자를 제작일자로 본다.

정답 1-56 ②

1-57 **대기환경보전법규상 운행차 배출허용기준에 관한 설명으로 옳지 않은 것은 어느 것인가?** [19-4]

① 휘발유와 가스를 같이 사용하는 자동차의 배출가스 측정 및 배출허용기준은 가스의 기준을 적용한다.
② 알코올만 사용하는 자동차는 탄화수소 기준을 적용한다.
③ 건설기계 중 덤프트럭, 콘크리트믹서트럭, 콘크리트펌프트럭에 대한 배출허용기준은 화물자동차기준을 적용한다.
④ 수입자동차는 최초등록일자를 제작일자로 본다.

해설 규칙. [별표 21] 운행차 배출허용기준

1. 일반기준
   가. 자동차의 차종 구분은 「자동차관리법」 제3조제1항 및 같은 법 시행규칙 제2조에 따른다.
   나. "차량중량"이란 「자동차관리법 시행규칙」 제39조제2항 및 제80조제4항에 따라 전산정보처리조직에 기록된 해당 자동차의 차량중량을 말한다.
   다. 휘발유와 가스를 같이 사용하는 자동차의 배출가스 측정 및 배출허용기준은 가스의 기준을 적용한다.
   라. 알코올만 사용하는 자동차는 탄화수소 기준을 적용하지 아니한다.
   마. 휘발유사용 자동차는 휘발유·알코올 및 가스(천연가스를 포함한다)를 섞어서 사용하는 자동차를 포함하며, 경유사용 자동차는 경유와 가스를 섞어서 사용하거나 같이 사용하는 자동차를 포함한다.
   바. 건설기계 중 덤프트럭, 콘크리트믹서트럭, 콘크리트펌프트럭에 대한 배출허용기준은 화물자동차기준을 적용한다.
   사. 시내버스는 「여객자동차 운수사업법 시행령」 제3조제1호 가목·나목 및 다목에 따른 시내버스운송사업·농어촌버스운송사업 및 마을버스운송사업에 사용되는 자동차를 말한다.
   아. 제3호에 따른 운행차 정밀검사의 배출허용기준 중 배출가스 정밀검사를 무부하정지가동검사방법(휘발유·알코올 또는 가스사용 자동차) 및 무부하급가속검사방법(경유사용 자동차)로 측정하는 경우의 배출허용기준은 제2호의 운행차 수시점검 및 정기검사의 배출허용기준을 적용한다.
   자. 희박연소(Lean Burn) 방식을 적용하는 자동차는 공기과잉률 기준을 적용하지 아니한다.
   차. 1993년 이후에 제작된 자동차 중 과급기(Turbo charger)나 중간냉각기(Intercooler)를 부착한 경유사용 자동차의 배출허용기준은 무부하급가속 검사방법의 매연 항목에 대한 배출허용기준에 5%를 더한 농도를 적용한다.
   카. 수입자동차는 최초등록일자를 제작일자로 본다.
   타. 원격측정기에 의한 수시점검 결과 배출허용기준을 초과한 차량(휘발유·가스사용 자동차)에 대한 정비·점검 및 확인검사 시 배출허용기준은 제3호의 정밀검사 기준(휘발유·가스사용 자동차)을 적용한다.
2. 운행차 수시점검 및 정기검사의 배출허용기준(무부하검사방법을 말하며, 원격측정기 검사방법에 의한 운행차 수시점검은 제외한다)

정답 **1-57** ②

가. 휘발유(알코올 포함)사용 자동차 또는 가스사용 자동차

<table>
<tr><th>차종</th><th>제작일자</th><th>일산화탄소</th><th>탄화수소</th><th>공기과잉률</th></tr>
<tr><td rowspan="4">경자동차</td><td>1997년 12월 31일 이전</td><td>4.5 % 이하</td><td>1,200 ppm 이하</td><td rowspan="4">1±0.1 이내. 다만, 기화기식 연료공급장치 부착자동차는 1±0.15 이내, 촉매 미부착 자동차는 1±0.20 이내</td></tr>
<tr><td>1998년 1월 1일부터 2000년 12월 31일까지</td><td>2.5 % 이하</td><td>400 ppm 이하</td></tr>
<tr><td>2001년 1월 1일부터 2003년 12월 31일까지</td><td>1.2 % 이하</td><td>220 ppm 이하</td></tr>
<tr><td>2004년 1월 1일 이후</td><td>1.0 % 이하</td><td>150 ppm 이하</td></tr>
<tr><td>생략</td><td></td><td></td><td></td><td></td></tr>
</table>

1-58 대기환경보전법규상 운행차배출허용기준에 관한 사항으로 옳지 않은 것은 어느 것인가? [13-1]

① 희박연소(lean burn)방식을 적용하는 자동차는 공기과잉률 기준을 적용하지 아니한다.

② 1993년 이후에 제작된 자동차 중과급기(turbo charger)나 중간냉각기(intercooler)를 부착한 경유사용 자동차의 배출허용기준은 무부하급가속 검사방법의 매연 항목에 대한 배출허용기준에 5 %를 더한 농도를 적용한다.

③ 알코올만 사용하는 자동차는 탄화수소 기준만 적용한다.

④ 수입자동차는 최초등록일자를 제작일자로 본다.

1-59 대기환경보전법규상 운행차 배출허용기준 중 일반기준으로 옳지 않은 것은 어느 것인가? [15-4, 19-1]

① 건설기계 중 덤프트럭, 콘크리트믹서트럭, 콘크리트펌프트럭에 대한 배출허용기준은 화물자동차기준을 적용한다.

② 알코올만 사용하는 자동차는 탄화수소 기준을 적용하지 아니한다.

③ 1993년 이후에 제작된 자동차 중 과급기(Turbo charger)나 중간냉각기(Intercooler)를 부착한 경유사용 자동차의 배출허용기준은 무부하급가속 검사방법의 매연 항목에 대한 배출허용기준에 5 %를 더한 농도를 적용한다.

④ 희박연소(Lean Burn)방식을 적용하는 자동차는 공기과잉률 기준을 적용한다.

정답 1-58 ③ 1-59 ④

1-60 대기환경보전법규상 휘발유(알코올 포함) 사용 자동차 또는 가스 사용 자동차의 운행차 수시점검 및 정기검사의 배출허용 기준(무부하검사방법)으로 옳은 것은?(단, 2004년 1월 1일 이후 제작자동차 중 경자동차 기준으로 하며, 공기과잉률은 1±0.1이내 다만, 기화기식 연료공급장치 부착자동차는 1±0.15 이내, 촉매 미부착 자동차는 1±0.20 이내) [12-2]

① 일산화탄소 : 1.0 % 이하, 탄화수소 : 150 ppm 이하
② 일산화탄소 : 1.2 % 이하, 탄화수소 : 220 ppm 이하
③ 일산화탄소 : 2.5 % 이하, 탄화수소 : 400 ppm 이하
④ 일산화탄소 : 4.5 % 이하, 탄화수소 : 600 ppm 이하

1-61 대기환경보전법규상 정밀검사대상 자동차 및 정밀검사 유효기간 기준 중 차령 4년 경과된 "비사업용 승용자동차"의 정밀검사 유효기간은?(단, 해당 자동차는 자동차관리법에 따른다.) [13-4, 15-1]

① 1년　② 2년
③ 3년　④ 5년

해설 규칙. [별표 25] 정밀검사대상 자동차 및 정밀검사 유효기간

차종		정밀검사대상 자동차	검사유효기간
비사업용	승용자동차	차령 4년 경과된 자동차	2년
	기타자동차	차령 3년 경과된 자동차	1년
사업용	승용자동차	차령 2년 경과된 자동차	
	기타자동차	차령 2년 경과된 자동차	

1-62 다음은 대기환경보전법규상 자동차 운행정지 표지에 관한 사항이다. ( ) 안에 알맞은 것은? [13-1, 16-2]

> 바탕색은 (㉠)으로, 문자는 검정색으로 하며, 이 자동차를 운행정지기간 내에 운행하는 경우에는 대기환경보전법에 따라 (㉡)을 물게 됩니다.

① ㉠ 흰색, ㉡ 100만원 이하의 벌금
② ㉠ 흰색, ㉡ 300만원 이하의 벌금
③ ㉠ 노란색, ㉡ 100만원 이하의 벌금
④ ㉠ 노란색, ㉡ 300만원 이하의 벌금

정답 1-60 ①　1-61 ②　1-62 ④

해설 규칙. [별표 31] 운행정지 표지

(앞면)

운 행 정 지
자동차등록번호 : 점검당시 누적주행거리 : km
운행정지기간 : 년 월 일 ~ 년 월 일
운행정지기간 중 주차장소 :
위의 자동차에 대하여 「대기환경보전법」 제70조의2 제1항에 따라 운행정지를 명함.
(인)

134mm×190mm[보존용지(1급)120g/m²]

(뒷면)

이 표지는 "운행정지기간" 내에는 제거하지 못합니다.

[비고] 1. 바탕색은 노란색으로, 문자는 검정색으로 한다.
2. 이 표는 자동차의 전면유리 우측상단에 붙인다.

[유의사항] 1. 이 표는 운행정지기간 내에는 부착위치를 변경하거나 훼손하여서는 아니됩니다.
2. 이 표는 운행정지기간이 지난 후에 담당공무원이 제거하거나 담당공무원의 확인을 받아 제거하여야 한다.
3. 이 자동차를 운행정지기간 내에 운행하는 경우에는 「대기환경보전법」 제92조제12호에 따라 300만원 이하의 벌금을 물게 됩니다.

1-63 다음은 대기환경보전법령상 운행차정기검사의 방법 및 기준에 관한 사항이다. ( ) 안에 알맞은 것은? [14-2, 20-4]

> 배출가스 검사대상 자동차의 상태를 검사할 때 원동기가 충분히 예열되어 있는 것을 확인하고, 수랭식 기관의 경우 계기판 온도가 (㉠) 또는 계기판 눈금이 (㉡)이어야 하며, 원동기가 과열되었을 경우에는 원동기실 덮개를 열고 (㉢) 지난 후 정상 상태가 되었을 때 측정한다.

① ㉠ 25℃ 이상, ㉡ $\frac{1}{10}$ 이상, ㉢ 1분 이상

② ㉠ 25℃ 이상, ㉡ $\frac{1}{10}$ 이상, ㉢ 5분 이상

③ ㉠ 40℃ 이상, ㉡ $\frac{1}{4}$ 이상, ㉢ 1분 이상

④ ㉠ 40℃ 이상, ㉡ $\frac{1}{4}$ 이상, ㉢ 5분 이상

정답 1-63 ④

해설 규칙. [별표 22] 정기검사의 방법 및 기준

1. 자동차(이륜자동차는 제외한다)

검사항목	검사기준	검사방법
나. 배출가스 검사대상 자동차의 상태	검사대상 자동차가 아래의 조건에 적합한지를 확인할 것 1) 원동기가 충분히 예열되어 있을 것	가) 수랭식 기관의 경우 계기판 온도가 40℃ 이상 또는 계기판 눈금이 $\frac{1}{4}$ 이상이어야 하며, 원동기가 과열되었을 경우에는 원동기실 덮개를 열고 5분 이상 지난 후 정상상태가 되었을 때 측정

1-64 대기환경보전법령상 운행차배출허용기준을 초과하여 개선명령을 받은 자동차에 대한 운행정지표지의 색상 기준으로 옳은 것은? [21-1]

① 바탕색은 노란색, 문자는 검정색
② 바탕색은 흰색, 문자는 검정색
③ 바탕색은 초록색, 문자는 흰색
④ 바탕색은 노란색, 문자는 흰색

1-65 대기환경보전법규상 자동차 운행정지표지의 바탕색상은? [17-2]

① 회색
② 녹색
③ 노란색
④ 흰색

1-66 대기환경보전법규상 자동차 운행정지표지에 기재되는 사항으로 거리가 먼 것은 어느 것인가? [14-4, 18-2]

① 점검 당시 누적주행거리
② 운행정지기간 중 주차장소
③ 자동차 소유자 성명
④ 자동차 등록번호

1-67 대기환경보전법규상 휘발유를 연료로 사용하는 자동차연료 제조기준으로 옳지 않은 것은? [14-2]

① 90 % 유출온도(℃) : 170 이하
② 산소함량(무게%) : 2.3 이하
③ 황함량(ppm) : 50 이하
④ 벤젠함량(부피%) : 0.7 이하

정답 1-64 ① 1-65 ③ 1-66 ③ 1-67 ③

해설 규칙. [별표 33] 자동차 연료·첨가제 또는 촉매제의 제조기준

1. 자동차연료 제조기준

가. 휘발유

항목	제조기준
방향족화합물 함량(부피%)	24(21) 이하
벤젠 함량(부피%)	0.7 이하
납 함량(g/l)	0.013 이하
인 함량(g/l)	0.0013 이하
산소 함량(무게%)	2.3 이하
올레핀 함량(부피%)	16(19) 이하
황 함량(ppm)	10 이하
증기압(kPa 37.8℃)	60 이하
90% 유출온도(℃)	170 이하

나. 경유

항목	제조기준
10% 잔류탄소량(%)	0.15 이하
밀도 @15℃(kg/m^3)	815 이상 835 이하
황 함량(ppm)	10 이하
다환방향족(무게%)	5 이하
윤활성(μm)	400 이하
방향족 화합물(무게%)	30 이하
세탄지수(또는 세탄가)	52 이상

다. LPG

항목		제조기준
황 함량(ppm)		40 이하
증기압(40℃, MPa)		1.27 이하
밀도(15℃, kg/m^3)		500 이상 620 이하
동판부식(40℃, 1시간)		1 이하
100 ml 증발잔류물(ml)		0.05 이하
프로판 함량 (mol %)	11월 1일부터 3월 31일까지	25 이상 35 이하
	4월 1일부터 10월 31일까지	10 이하

라. 생략

마. 천연가스

항목	제조기준
메탄(부피%)	88.0 이상
에탄(부피%)	7.0 이하
C_3 이상의 탄화수소(부피%)	5.0 이하
C_6 이상의 탄화수소(부피%)	0.2 이하
황분(ppm)	40 이하
불활성가스(CO_2, N_2 등)(부피%)	4.5 이하

바. 바이오가스

항목	제조기준
메탄(부피 %)	95.0 이상
수분(mg/Nm^3)	32 이하
황분(ppm)	10 이하
불활성가스(CO_2, N_2 등)(부피%)	5.0 이하

1-68 대기환경보전법령상 자동차 연료 휘발유)의 제조기준 중 벤젠 함량(부피 %) 기준으로 옳은 것은? [12-1, 15-1, 20-4]

① 1.5 이하 ② 1.0 이하
③ 0.7 이하 ④ 0.0013 이하

1-69 대기환경보전법규상 휘발유를 연료로 사용하는 자동차연료 제조기준으로 옳지 않은 것은? [19-2]

① 90 % 유출온도(℃) : 170 이하 ② 산소함량(무게%) : 2.3 이하
③ 황 함량(ppm) : 50 이하 ④ 벤젠함량(부피%) : 0.7 이하

1-70 대기환경보전법규상 자동차연료 제조기준 중 휘발유의 90 % 유출온도(℃)기준은? (단, 2009년 1월 1일부터 적용기준) [13-2, 16-2]

① 150℃ 이하 ② 160℃ 이하
③ 170℃ 이하 ④ 180℃ 이하

정답 1-68 ③ 1-69 ③ 1-70 ③

1-71 대기환경보전법규상 자동차 연료 제조기준 중 매년 6월 1일부터 8월 31일까지 출고되는 휘발유의 증기압(kPa 37.8℃) 기준으로 옳은 것은? [16-4]

① 100 이하
② 80 이하
③ 63 이하
④ 60 이하

1-72 대기환경보전법규상 천연가스 연료 항목 중 그 제조기준 함량(%)이 가장 높은 항목은? [15-4]

① 메탄(부피%)
② 에탄(부피%)
③ C_3 이상의 탄화수소(부피%)
④ C_6 이상의 탄화수소(부피%)

1-73 대기환경보전법규상 자동차연료 제조기준 중 바이오가스의 항목에 따른 제조기준으로 옳지 않은 것은? [14-1]

① 메탄(부피%) : 85.0 이상
② 수분(mg/Nm^3) : 32 이하
③ 황분(ppm) : 10 이하
④ 불활성가스(CO_2, N_2 등)(부피%) : 5.0

1-74 다음은 대기환경보전법규상 첨가제 제조기준이다. ( ) 안에 알맞은 것은 어느 것인가? [14-2, 16-4]

> 첨가제 제조자가 제시한 최대의 비율로 첨가제를 자동차의 연료에 주입한 후 시험한 배출가스 측정치가 첨가제를 주입하기 전보다 배출가스 항목별로 (㉠) 초과하지 아니하여야 하고, 배출가스 총량은 첨가제를 주입하기 전보다 (㉡) 증가하여서는 아니 된다.

① ㉠ 10 % 이상, ㉡ 5 % 이상
② ㉠ 5 % 이상, ㉡ 5 % 이상
③ ㉠ 5 % 이상, ㉡ 3 % 이상
④ ㉠ 5 % 이상, ㉡ 1 % 이상

해설 규칙, [별표 33]

2. 첨가제 제조기준

가. 첨가제 제조자가 제시한 최대의 비율로 첨가제를 자동차연료에 혼합한 경우의 성분(첨가제+연료)이 제1호의 자동차연료 제조기준에 맞아야 하며, 혼합된 성분 중 카드뮴(Cd)·구리(Cu)·망간(Mn)·니켈(Ni)·크롬(Cr)·철(Fe)·아연(Zn) 및 알루미늄(Al)의 농도는 각각 1.0 mg/L 이하이어야 한다.

정답 1-71 ④ 1-72 ① 1-73 ① 1-74 ①

나. 첨가제 제조자가 제시한 최대의 비율로 첨가제를 자동차의 연료에 주입한 후 시험한 배출가스 측정치가 첨가제를 주입하기 전보다 배출가스 항목별로 10 % 이상 초과하지 아니하여야 하고, 배출가스 총량은 첨가제를 주입하기 전보다 5 % 이상 증가하여서는 아니 된다.
다.~마. 생략

1-75 다음은 대기환경보전법령상 환경부령으로 정하는 첨가제 제조기준에 맞는 제품의 표시방법이다. ( ) 안에 알맞은 것은? [12-2, 12-4, 13-4, 18-1, 20-4, 21-4]

> 표시크기는 첨가제 또는 촉매제 용기 앞면의 제품명 밑에 제품명 글자크기의 ( ) 에 해당하는 크기로 표시하여야 한다.

① 100분의 10 이상 ② 100분의 20 이상
③ 100분의 30 이상 ④ 100분의 50 이상

해설 규칙. [별표 34] 첨가제·촉매제 제조기준에 맞는 제품의 표시방법 등
2. 표시크기
첨가제 또는 촉매제 용기 앞면의 제품명 밑에 제품명 글자크기의 100분의 30 이상에 해당하는 크기로 표시하여야 한다.

1-76 다음은 대기환경보전법규상 자동차연료 첨가제 또는 촉매제 검사기관의 지정기준이다. ( ) 안에 해당되는 것으로 거리가 먼 것은? [12-2]

> 자동차연료 검사기관의 검사원 자격기준은 국가기술자격법 시행규칙에 의거 ( ) 직무분야의 기사자격 이상을 취득한 사람이어야 한다.

① 화공 ② 전기
③ 환경 ④ 자동차

해설 규칙. [별표 34의2] 자동차연료·첨가제 또는 촉매제
검사기관의 지정기준
1. 자동차연료 검사기관의 기술능력 및 검사장비 기준
가. 기술능력
1) 검사원의 자격 : 다음의 어느 하나에 해당하는 자이어야 한다.
가) 환경, 자동차 또는 분석 관련 학과의 학사학위 이상을 취득한 자
나) 「국가기술자격법 시행규칙」 별표 2에 따른 중직무분야 중 자동차, 화공, 안전관리(가스), 환경 분야의 기사 자격 이상을 취득한 자
다) 「환경분야 시험·검사 등에 관한 법률」 제19조에 따른 환경측정분석사

정답 1-75 ③ 1-76 ②

2) 검사원의 수

검사원은 4명 이상이어야 하며 그중 2명 이상은 해당 검사 업무에 5년 이상 종사한 경험이 있는 사람이어야 한다.

비고 : 휘발유·경유·바이오디젤 검사기관과 LPG·CNG·바이오가스 검사기관의 기술능력 기준은 같으며, 두 검사 업무를 함께 하려는 경우에는 기술능력을 중복하여 갖추지 아니할 수 있다.

나. 검사장비

1) 휘발유·경유·바이오디젤(BD100) 검사장비

순번	검사장비	수량	비고
1	가스크로마토그래피(Gas Chromatography, FID, ECD)	1식	
2	원자흡광광도계(Atomic Absorption Spectrophotometer) 또는 유도결합플라즈마원자분광광도계(Inductively Coupled Plasma Spectrophotometer)	1식	
3	분광광도계(UV/Vis Spectrophotometer)	1식	
4	황함량분석기(Sulfur Analyzer)	1식	1 ppm 이하 분석 가능
5	증기압시험기(Vapor Pressure Tester)	1식	
6	증류시험기(Distillation Apparatus)	1식	
7~16 생략			

1-77 대기환경보전법령상의 자동차 연료·첨가제 또는 촉매제 검사기관의 지정기준 중 자동차연료 검사기관의 기술능력 및 검사장비 기준에 관한 내용으로 옳지 않은 것은 어느 것인가? [21-2]

① 검사원은 2명 이상이어야 하며, 그중 한 명은 해당 업무에 10년 이상 종사한 경험이 있는 사람이어야 한다.

② 휘발유·경유·바이오디젤(BD100) 검사장비로 1 ppm 이하 분석이 가능한 황함량분석기 1식을 갖추어야 한다.

③ 검사원은 자동차, 화공, 안전관리(가스), 환경 분야의 기사 자격 이상을 취득한 사람이어야 한다.

④ 휘발유·경유·바이오디젤 검사기관과 LPG·CNG·바이오가스 검사기관의 기술능력 기준은 같으며, 두 검사 업무를 함께 하려는 경우에는 기술능력을 중복하여 갖추지 아니할 수 있다.

정답 1-77 ①

1-78 **대기환경보전법규상 자동차 연료·첨가제 또는 촉매제 검사기관의 지정기준 중 자동차 연료 검사기관의 기술능력 및 검사장비기준으로 옳지 않은 것은?** [13-2, 17-4]

① 검사원은 국가기술자격법 시행규칙에 따른 자동차, 화공, 안전관리(가스), 환경 분야의 기사 자격 이상을 취득한 사람이어야 한다.
② 검사원은 2명 이상이어야 하며, 그중 한 명은 해당 검사 업무에 5년 이상 종사한 경험이 있는 사람이어야 한다.
③ 휘발유·경유·바이오디젤(BD100) 검사를 위해 1 ppm 이하 분석가능한 황함량분석기 1식을 갖추어야 한다.
④ 휘발유·경유·바이오디젤 검사기관과 LPG·CNG·바이오가스 검사기관의 기술능력 기준은 같으며, 두 검사 업무를 함께 하려는 경우에는 기술능력을 중복하여 갖추지 아니할 수 있다.

1-79 **대기환경보전법규상 기관출력이 130 kW 초과인 선박의 질소산화물 배출기준(g/kWh)은?(단, 정격 기관속도 n(크랭크샤프트의 분당 속도)이 130 rpm 미만이며 2010년 12월 31일 이전에 건조한 선박의 경우)** [16-1]

① $9.0 \times n^{(-2.0)}$ 이하　② $45.0 \times n^{(-0.2)}$ 이하
③ 9.8 이하　④ 17 이하

해설 규칙. [별표 35] 선박의 배출허용기준

기관 출력	정격 기관속도 (n : 크랭크샤프트의 분당 속도)	질소산화물 배출기준(g/kWh)		
		기준 1	기준 2	기준 3
130 kW 초과	n이 130 rpm 미만일 때	17 이하	14.4 이하	3.4 이하
	n이 130 rpm 이상 2,000 rpm 미만일 때	$45.0 \times n^{(-0.2)}$ 이하	$44.0 \times n^{(-0.23)}$ 이하	$9.0 \times n^{(-0.2)}$ 이하
	n이 2,000 rpm 이상일 때	9.8 이하	7.7 이하	2.0 이하

[비고] 기준 1은 2010년 12월 31일 이전에 건조된 선박에, 기준 2는 2011년 1월 1일 이후에 건조된 선박에, 기준 3은 2016년 1월 1일 이후에 건조된 선박에 설치되는 디젤기관에 각각 적용하되, 기준별 적용대상 및 적용시기 등은 해양수산부령으로 정하는 바에 따른다.

1-80 **대기환경보전법령상 기관출력이 130 kW 초과인 선박의 질소산화물 배출기준(g/kWh)은?(단, 정격 기관속도 n(크랭크샤프트의 분당 속도)이 130 rpm 미만이며 2011년 1월 1일 이후에 건조한 선박의 경우이다.)** [20-4]

① 17 이하　② $44.0 \times n^{(-0.23)}$ 이하
③ 7.7 이하　④ 14.4 이하

정답 1-78 ② 1-79 ④ 1-80 ④

1-81 대기환경보전법규상 배출시설 및 방지시설 등과 관련된 개별 행정처분기준 중 각 해당행위에 대한 1차 행정처분기준이 "조업정지 10일"인 것은? [14-1]

① 배출시설 설치변경신고를 하지 아니한 경우
② 배출시설 및 방지시설의 운영에 관한 관리기록을 거짓으로 기재한 경우
③ 배출시설 가동 시에 방지시설을 가동하지 아니한 경우
④ 자가측정을 하지 아니한 경우

해설 규칙. [별표 36] 행정처분기준

2. 개별기준

가. 배출시설 및 방지시설등과 관련된 행정처분기준

위반사항	근거법령	행정처분기준			
		1차	2차	3차	4차
1) 법 제23조에 따라 배출시설설치 허가(변경허가를 포함한다)를 받지 아니하거나 신고를 하지 아니하고 배출시설을 설치한 경우	법 제38조				
가) 해당 지역이 배출시설의 설치가 가능한 지역인 경우		사용중지명령			
나) 해당 지역이 배출시설의 설치가 불가능한 지역일 경우		폐쇄명령			
2) 법 제23조제2항 또는 법 제23조제3항을 위반하여 변경신고를 하지 아니한 경우	법 제36조	경고	경고	조업정지 5일	조업정지 10일
3) 생략					
4) 법 제26조제1항에 따른 방지시설을 설치하지 아니하고 배출시설을 가동하거나 방지시설을 임의로 철거한 경우	법 제36조	조업정지	허가취소 또는 폐쇄		
5) 법 제26조제2항에 따른 방지시설을 설치하지 아니하고 배출시설을 운영하는 경우	법 제36조	조업정지	허가취소 또는 폐쇄		
6) 법 제30조에 따른 가동개시신고를 하지 아니하고 조업하는 경우	법 제36조	경고	허가취소 또는 폐쇄		

정답 1-81 ③

7) 법 제30조에 따른 가동개시신고를 하고 가동 중인 배출시설에서 배출되는 대기오염물질의 정도가 배출시설 또는 방지시설의 결함·고장 또는 운전미숙 등으로 인하여 법 제16조에 따른 배출허용기준을 초과한 경우	법 제33조 법 제34조 법 제36조				
가) 「환경정책기본법」 제22조에 따른 특별대책지역 외에 있는 사업장의 경우		개선명령	개선명령	개선명령	조업정지
나) 「환경정책기본법」 제22조에 따른 특별대책지역 안에 있는 사업장인 경우		개선명령	개선명령	조업정지	허가취소 또는 폐쇄
8) 법 제31조제1항을 위반하여 다음과 같은 행위를 하는 경우	법 제36조				
가) 배출시설 가동 시에 방지시설을 가동하지 아니하거나 오염도를 낮추기 위하여 배출시설에서 배출되는 대기오염물질에 공기를 섞어 배출하는 행위		조업정지 10일	조업정지 30일	허가취소 또는 폐쇄	
나) 방지시설을 거치지 아니하고 대기오염물질을 배출할 수 있는 공기조절장치·가지배출관 등을 설치하는 행위		조업정지 10일	조업정지 30일	허가취소 또는 폐쇄	
다) 부식·마모로 인하여 대기오염물질이 누출되는 배출시설이나 방지시설을 정당한 사유 없이 방치하는 행위		경고	조업정지 10일	조업정지 30일	허가취소 또는 폐쇄
라)~바) 9) 10) 11) 생략					
12) 다음의 명령을 이행하지 아니한 경우	법 제36조				
가) 법 제33조에 따른 개선명령을 받은 자가 개선명령을 이행하지 아니한 경우		조업정지	허가취소 또는 폐쇄		
나) 법 제34조 및 법 제36조에 따른 조업정지명령을 받은 자가 조업정지일 이후에 조업을 계속한 경우		경고	허가취소 또는 폐쇄		

13) 법 제39조제1항에 따른 자가측정을 위반한 다음과 같은 경우					
가) 자가측정을 하지 않거나(자가측정횟수가 적정하지 않은 경우를 포함한다) 측정방법을 위반한 경우	법 제36조	경고	경고	조업정지 10일	조업정지 30일
나) 다) 14) 15) 16) 17) 생략					

1-82 대기환경보전법규상 배출시설 가동 시에 방지시설을 가동하지 아니하거나 오염도를 낮추기 위하여 배출시설에서 배출되는 대기오염물질에 공기를 섞어 배출하는 행위에 대한 1차 행정처분 기준은? [17-4]

① 조업정지 30일
② 조업정지 20일
③ 조업정지 10일
④ 경고

1-83 대기환경보전법규상 배출시설 및 방지시설 등과 관련된 행정처분기준 중 "부식·마모로 인하여 대기오염물질이 누출되는 배출시설을 정당한 사유 없이 방치한 경우"의 3차 행정처분기준은? [17-2, 19-4]

① 개선명령
② 경고
③ 조업정지 10일
④ 조업정지 30일

1-84 대기환경보전법령상 배출시설 및 방지시설 등과 관련된 1차 행정처분기준이 조업정지에 해당하지 않는 경우는? [21-4]

① 방지시설을 설치해야 하는 자가 방지시설을 임의로 철거한 경우
② 배출허용기준을 초과하여 개선명령을 받은 자가 개선명령을 이행하지 않은 경우
③ 방지시설을 설치해야 하는 자가 방지시설을 설치하지 않고 배출시설을 가동하는 경우
④ 배출시설 가동개시 신고를 해야 하는 자가 가동개시 신고를 하지 않고 조업하는 경우

해설 ④의 경우 1차로 경고이다.

정답 1-82 ③ 1-83 ④ 1-84 ④

1-85 대기환경보전법규상 측정기기의 부착·운영등과 관련된 행정처분기준 중 굴뚝 자동 측정기기의 부착이 면제된 보일러(사용연료를 6개월 이내에 청정연료로 변경할 계획이 있는 경우)로서 사용연료를 6월 이내에 청정연료로 변경하지 아니한 경우의 4차 행정처분기준으로 가장 적합한 것은? [12-1, 15-1, 19-1]

① 조업정지 10일
② 조업정지 30일
③ 조업정지 5일
④ 경고

해설 규칙. [별표 36] 행정처분 기준
나. 측정기기의 부착·운영 등과 관련된 행정처분기준

위반사항	근거법령	행정처분기준			
		1차	2차	3차	4차
1) 가) 나) 다) 생략					
라) 영 별표 3 제2호라목에 따라 굴뚝 자동 측정기기의 부착이 면제된 보일러로서 사용연료를 6월 이내에 청정연료로 변경하지 아니한 경우	법 제36조	경고	경고	조업정지 10일	조업정지 30일
마) 2) 생략					
3) 법 제32조제3항제2호에 따른 부식·마모·고장 또는 훼손되어 정상적인 작동을 하지 아니하는 측정기기를 정당한 사유 없이 7일 이상 방치하는 경우	법 제36조	경고	경고	조업정지 10일	조업정지 30일
4) 5) 생략					
6) 법 제32조제4항에 따른 운영·관리기준을 준수하지 아니하는 경우	법 제32조 제5항·제6항				
가) 굴뚝 자동측정기기가 「환경분야 시험·검사 등에 관한 법률」 제6조제1항에 따른 환경오염공정시험기준에 부합하지 아니하도록 한 경우		경고	조치명령	조업정지 10일	조업정지 30일
나) 영 제19조제1항제1호의 굴뚝 원격 감시체제 관제센터에 측정자료를 전송하지 아니한 경우		경고	조치명령	조업정지 10일	조업정지 30일
7) 8) 생략					

정답 1-85 ②

1-86 대기환경보전법규상 측정기기의 부착·운영 등과 관련된 행정처분기준 중 "부식·마모·고장 또는 훼손되어 정상적인 작동을 하지 아니하는 측정기기를 정당한 사유 없이 7일 이상 방치하는 경우" 1차~4차 행정처분기준으로 옳은 것은? [18-2]

① 경고 – 경고 – 경고 – 조업정지 5일
② 경고 – 경고 – 경고 – 조업정지 10일
③ 경고 – 조업정지 10일 – 조업정지 30일 – 허가 취소 또는 폐쇄
④ 경고 – 경고 – 조업정지 10일 – 조업정지 30일

1-87 대기환경보전버규상 측정기기의 부착·운영 등과 관련된 행정처분기준 중 사업자가 부착한 굴뚝 자동측정기기의 측정자료를 관제센터로 전송하지 아니한 경우 각 위반 차수별(1차~4차) 해정처분기준으로 옳은 것은? [12-2, 20-2]

① 경고 – 조치명령 – 조업정지 10일 – 조업정지 30일
② 조업정지 10일 – 조업정지 30일 – 경고 – 허가취소
③ 조업정지 10일 – 조업정지 30일 – 조치이행명령 –사용중지
④ 개선명령 – 조업정지 30일 – 사용중지 – 허가취소

1-88 대기환경보전법규상 위임업무 보고사항 중 "자동차 연료 제조기준 적합여부 검사현황"의 보고횟수 기준은? [12-1, 14-1]

① 수시 ② 연 1회
③ 연 2회 ④ 연 4회

해설 규칙. [별표 37] 위임업무 보고사항

업무내용	보고횟수	보고기일	보고자
1. 환경오염사고 발생 및 조치 사항	수시	사고발생 시	시·도지사, 유역환경청장 또는 지방환경청장
2. 수입자동차 배출가스 인증 및 검사현황	연 4회	매분기 종료 후 15일 이내	국립환경과학원장
3. 자동차 연료 및 첨가제의 제조·판매 또는 사용에 대한 규제현황	연 2회	매반기 종료 후 15일 이내	유역환경청장 또는 지방환경청장

정답 1-86 ④ 1-87 ① 1-88 ④

4. 자동차 연료 또는 첨가제의 제조기준 적합 여부 검사현황	연료 : 연 4회 첨가제 : 연 2회	연료 : 매분기 종료 후 15일 이내 첨가제 : 매반기 종료 후 15일 이내	국립환경과학원장
5. 측정기기 관리대행업의 등록, 변경등록 및 행정처분 현황	연 1회	다음 해 1월 15일 까지	유역환경청장, 지방환경청장 또는 수도권 대기 환경청장

1-89 대기환경보전법규상 위임업무 보고사항 중 보고횟수가 연 1회인 것은? [19-2]

① 자동차 연료 제조·판매 또는 사용에 대한 규제현황
② 수입자동차 배출가스 인증 및 검사현황
③ 측정기기 관리대행업의 등록, 변경등록 및 행정처분 현황
④ 환경오염사고 발생 및 조치사항

1-90 대기환경보전법령상 위임업무 보고사항 중 "자동차 연료 및 첨가제의 제조·판매 또는 사용에 대한 규제현황" 업무의 보고횟수 기준은 어느 것인가?

[13-1, 15-2, 18-1, 18-2, 19-4, 20-2, 21-1]

① 연 1회　② 연 2회
③ 연 4회　④ 수시

1-91 대기환경보전법규상 위임업무 보고사항 중 보고 횟수가 "수시"에 해당하는 것은? [13-4, 14-4, 19-1]

① 수입자동차 배출가스 인증 및 검사현황
② 자동차 연료 제조기준 적합 여부 검사 현황
③ 환경오염사고 발생 및 조치 사항
④ 첨가제의 제조기준 적합 여부 검사현황

1-92 대기환경보전법규상 한국환경공단이 환경부장관에게 보고해야 할 위탁업무 보고사항 중 "자동차배출가스 인증생략 현황"의 보고횟수 기준은? [13-1, 14-2, 16-4, 20-1]

① 수시　② 연 1회
③ 연 2회　④ 연 4회

정답 1-89 ③ 1-90 ② 1-91 ③ 1-92 ③

해설 규칙. [별표 38] 위탁업무 보고사항

업무내용	보고횟수	보고기일
1. 수시검사, 결함확인 검사, 부품결함 보고서류의 접수	수시	위반사항 적발 시
2. 결함확인검사 결과	수시	위반사항 적발 시
3. 자동차배출가스 인증생략 현황	연 2회	매 반기 종료 후 15일 이내
4. 자동차 시험검사 현황	연 1회	다음 해 1월 15일까지

1-93 대기환경보전법규상 한국환경공단이 환경부장관에게 보고해야 할 위탁업무보고사항 중 "수시검사, 결함확인검사, 부품결함 보고서류의 접수"의 보고횟수 기준은? [15-1]

① 수시 ② 연 1회
③ 연 2회 ④ 연 4회

1-94 대기환경보전법규상 한국환경공단이 환경부장관에게 보고해야 할 위탁업무 보고사항 중 "자동차 시험 검사 현황"의 보고횟수 기준은? [15-4]

① 수시 ② 연 1회
③ 연 2회 ④ 연 4회

1-95 대기환경보전법령상 한국환경공단이 환경부장관에게 보고하여야 하는 위탁업무 보고사항 중 "결함확인검사 결과"의 보고기일 기준은? [21-2]

① 매 반기 종료 후 15일 이내
② 매 분기 종료 후 15일 이내
③ 다음 해 1월 15일까지
④ 위반사항 적발 시

정답 1-93 ① 1-94 ② 1-95 ④

대기환경관련법

4-1 환경정책기본법

1. 다음은 환경정책기본법상 용어의 뜻이다. ( ) 안에 알맞은 것은? [13-4]

> (　　)(이)라 함은 환경오염 및 환경훼손으로부터 환경을 보호하고 오염되거나 훼손된 환경을 개선함과 동시에 쾌적한 환경 상태를 유지·조성하기 위한 행위를 말한다.

① 환경복원　　② 환경정화
③ 환경개선　　④ 환경보전

해설 법. 제3조(정의) 이 법에서 사용하는 용어의 뜻은 다음과 같다.

1. "환경"이란 자연환경과 생활환경을 말한다.
2. "자연환경"이란 지하·지표(해양을 포함한다) 및 지상의 모든 생물과 이들을 둘러싸고 있는 비생물적인 것을 포함한 자연의 상태(생태계 및 자연경관을 포함한다)를 말한다.
3. "생물환경"이란 대기, 물, 토양, 폐기물, 소음·진동, 악취, 일조, 인공조명, 화학물질 등 사람의 일상생활과 관계되는 환경을 말한다.
4. "환경오염"이란 사업활동 및 그 밖의 사람의 활동에 의하여 발생하는 대기오염, 수질오염, 토양오염, 해양오염, 방사능오염, 소음·진동, 악취, 일조 방해, 인공조명에 의한 빛공해 등으로서 사람의 건강이나 환경에 피해를 주는 상태를 말한다.
5. "환경훼손"이란 야생동식물의 남획 및 그 서식지의 파괴, 생태계질서의 교란, 자연경관의 훼손, 표토의 유실 등으로 자연환경의 본래적 기능에 중대한 손상을 주는 상태를 말한다.
6. "환경보전"이란 환경오염 및 환경훼손으로부터 환경을 보호하고 오염되거나 훼손된 환경을 개선함과 동시에 쾌적한 환경 상태를 유지·조성하기 위한 행위를 말한다.
7. "환경용량"이란 일정한 지역에서 환경오염 또는 환경훼손에 대하여 환경이 스스로 수용, 정화 및 복원하여 환경의 질을 유지할 수 있는 한계를 말한다.
8. "환경기준"이란 국민의 건강을 보호하고 쾌적한 환경을 조성하기 위하여 국가가 달성하고 유지하는 것이 바람직한 환경상의 조건 또는 질적인 수준을 말한다.

답 ④

1-1 환경정책기본법상 용어의 정의 중 ( ) 안에 가장 적합한 것은? [13-2, 19-1, 21-2]

( )이란 일정한 지역에서 환경오염 또는 환경훼손에 대하여 환경이 스스로 수용, 정화 및 복원하여 환경의 질을 유지할 수 있는 한계를 말한다.

① 환경기준　② 환경용량
③ 환경보전　④ 환경보존

1-2 환경정책기본법령상 시·도로부터 해당 지역의 환경적 특수성을 고려하여 필요하다고 인정되어 보다 확대·강화된 별도의 환경기준을 설정 또는 변경한 경우, 누구에게 보고하여야 하는가? [18-2, 21-2]

① 국무총리　② 환경부장관
③ 보건복지부장관　④ 국토교통부장관

해설 법. 제12조(환경기준의 설정)

② 환경기준은 대통령령으로 정한다.

③ 특별시·광역시·특별자치시·도·특별자치도(이하 "시·도"라 한다)는 해당지역의 환경적 특수성을 고려하여 필요하다고 인정할 때에는 해당 시·도의 조례로 제1항에 따른 환경기준보다 확대·강화된 별도의 환경기준(이하 "지역환경기준"이라 한다)을 설정 또는 변경할 수 있다.

④ 특별시장·광역시장·특별자치시장·도지사·특별자치도지사(이하 "시·도지사"라 한다)는 제3항에 따라 지역환경기준을 설정하거나 변경한 경우에는 이를 지체 없이 환경부장관에게 통보하여야 한다.

1-3 환경정책기본법령상 대기 환경기준에 해당되지 않는 항목은? [21-1]

① 탄화수소(HC)　② 아황산가스(SO_2)
③ 일산화탄소(CO)　④ 이산화질소(NO_2)

해설 영. [별표 1] 환경기준

1. 대기

항목	기준
아황산가스(SO_2)	연간 평균치 : 0.02 ppm 이하 24시간 평균치 : 0.05 ppm 이하 1시간 평균치 : 0.15 ppm 이하
일산화탄소(CO)	8시간 평균치 : 9 ppm 이하 1시간 평균치 : 25 ppm 이하

정답 1-1 ② 1-2 ② 1-3 ①

이산화질소(NO_2)	연간 평균치 : 0.03 ppm 이하 24시간 평균치 : 0.06 ppm 이하 1시간 평균치 : 0.10 ppm 이하
미세먼지(PM-10)	연간 평균치 : 50 $\mu g/m^3$ 이하 24시간 평균치 : 100 $\mu g/m^3$ 이하
초미세먼지(PM-2.5)	연간 평균치 : 15 $\mu g/m^3$ 이하 24시간 평균치 : 35 $\mu g/m^3$ 이하
오존(O_3)	8시간 평균치 : 0.06 ppm 이하 1시간 평균치 : 0.1 ppm 이하
납(Pb)	연간 평균치 : 0.5 $\mu g/m^3$ 이하
벤젠	연간 평균치 : 5 $\mu g/m^3$ 이하

[비고] 1. 1시간 평균치는 999천분위수의 값이 그 기준을 초과해서는 안 되고, 8시간 및 24시간 평균치는 99백분위수의 값이 그 기준을 초과해서는 안 된다.
2. 미세먼지(PM-10)는 입자의 크기가 10 μm 이하인 먼지를 말한다.
3. 초미세먼지(PM-2.5)는 입자의 크기가 2.5 μm 이하인 먼지를 말한다.

1-4 환경정책기본법령상 SO_2의 대기환경기준으로 옳은 것은? (단, ㉠ 연간평균치, ㉡ 24시간 평균치, ㉢ 1시간 평균치) [12-4, 16-4, 19-1, 21-4]

① ㉠ 0.02 ppm 이하, ㉡ 0.05 ppm 이하, ㉢ 0.15 ppm 이하
② ㉠ 0.03 ppm 이하, ㉡ 0.06 ppm 이하, ㉢ 0.10 ppm 이하
③ ㉠ 0.05 ppm 이하, ㉡ 0.10 ppm 이하, ㉢ 0.12 ppm 이하
④ ㉠ 0.06 ppm 이하, ㉡ 0.10 ppm 이하, ㉢ 0.12 ppm 이하

1-5 환경정책기본법령상 아황산가스(SO_2)의 대기환경기준으로 옳게 연결된 것은 어느 것인가? [18-4]

• 24시간 평균치 : (㉠) ppm 이하
• 1시간 평균치 : (㉡) ppm 이하

① ㉠ 0.05, ㉡ 0.15
② ㉠ 0.06, ㉡ 0.10
③ ㉠ 0.07, ㉡ 0.12
④ ㉠ 0.08, ㉡ 0.12

정답 1-4 ① 1-5 ①

1-6 환경정책기본법령상 대기환경기준(1시간 평균치 기준)의 연결로 옳은 것은?(단, ㉠ 아황산가스(SO_2), ㉡ 이산화질소(NO_2)이다.) [18-1]

① ㉠ 0.05 ppm 이하, ㉡ 0.06 ppm 이하
② ㉠ 0.06 ppm 이하, ㉡ 0.05 ppm 이하
③ ㉠ 0.15 ppm 이하, ㉡ 0.10 ppm 이하
④ ㉠ 0.10 ppm 이하, ㉡ 0.15 ppm 이하

1-7 환경정책기본법령상 아황산가스(SO_2)의 대기환경기준으로 옳은 것은?(단, 1시간 평균치) [14-4]

① 0.05 ppm 이하　② 0.06 ppm 이하
③ 0.10 ppm 이하　④ 0.15 ppm 이하

1-8 환경정책기본법령상 일산화탄소의 대기환경기준은?(단, 8시간 평균치 기준) [16-2, 20-1, 21-2]

① 5 ppm 이하　② 9 ppm 이하
③ 25 ppm 이하　④ 35 ppm 이하

1-9 환경정책기본법령상 이산화질소(NO_2)의 대기환경기준은?(단, 24시간 평균치 기준) [14-4]

① 0.03 ppm 이하　② 0.05 ppm 이하
③ 0.06 ppm 이하　④ 0.10 ppm 이하

1-10 환경정책기본법령상 이산화질소(NO_2)의 대기환경기준은?(단, 연간평균치) [13-2]

① 0.02 ppm 이하　② 0.03 ppm 이하
③ 0.05 ppm 이하　④ 0.10 ppm 이하

1-11 환경정책기본법령상 미세먼지(PM-10)의 대기환경기준은?(단, 연간평균치 기준이다.) [14-2, 19-4, 20-4]

① 10 $\mu g/m^3$ 이하　② 25 $\mu g/m^3$ 이하
③ 30 $\mu g/m^3$ 이하　④ 50 $\mu g/m^3$ 이하

정답 1-6 ③　1-7 ④　1-8 ②　1-9 ③　1-10 ②　1-11 ④

1-12 환경정책기본법령상 미세먼지(PM-10)의 환경기준으로 옳은 것은?(단, 24시간 평균치) [20-2]

① 100 $\mu g/m^3$ 이하 ② 50 $\mu g/m^3$ 이하
③ 35 $\mu g/m^3$ 이하 ④ 15 $\mu g/m^3$ 이하

1-13 환경정책기본법령상 대기환경기준으로 옳지 않은 것은? [17-2]

① 미세먼지(PM-10) - 연간 평균치 50 mg/m^3 이하
② 아황산가스(SO_2) - 연간 평균치 0.02 ppm 이하
③ 일산화탄소(CO) - 1시간 평균치 25 ppm 이하
④ 오존(O_3) - 1시간 평균치 0.1 ppm 이하

해설 ① 50 mg/m^3 이하 → 50 $\mu g/m^3$ 이하

1-14 환경정책기본법령상 초미세먼지(PM-2.5)의 연간 평균치 기준은? [19-2]

① 15 $\mu g/m^3$ 이하 ② 35 $\mu g/m^3$ 이하
③ 50 $\mu g/m^3$ 이하 ④ 100 $\mu g/m^3$ 이하

1-15 환경정책기본법령상 오존(O_3)의 환경기준 중 8시간 평균치 기준 (㉠)과 1시간 평균치 기준 (㉡)으로 옳은 것은? [21-1]

① ㉠ 0.06 ppm 이하, ㉡ 0.03 ppm 이하
② ㉠ 0.06 ppm 이하, ㉡ 0.1 ppm 이하
③ ㉠ 0.03 ppm 이하, ㉡ 0.03 ppm 이하
④ ㉠ 0.03 ppm 이하, ㉡ 0.1 ppm 이하

1-16 환경정책기본법령상 납(Pb)의 대기환경기준으로 옳은 것은? [17-1]

① 연간 평균치 0.5 $\mu g/m^3$ 이하
② 3개월 평균치 1.5 $\mu g/m^3$ 이하
③ 24시간 평균치 1.5 $\mu g/m^3$ 이하
④ 8시간 평균치 1.5 $\mu g/m^3$ 이하

정답 1-12 ① 1-13 ① 1-14 ① 1-15 ② 1-16 ①

1-17 환경정책기본법령상 "벤젠"의 대기환경기준($\mu g/m^3$)은? (단, 연간 평균치) [14-1, 18-2, 20-2]

① 0.1 이하 ② 0.15 이하
③ 0.5 이하 ④ 5 이하

1-18 환경정책기본법령상 대기환경기준으로 옳지 않은 것은? [15-4]

① 이산화질소(NO_2) 24시간 평균치 : 0.06 ppm 이하
② 오존(O_3) 8시간 평균치 : 0.06 ppm 이하
③ 벤젠 연간 평균치 : 0.5 $\mu g/m^3$ 이하
④ 아황산가스(SO_2) 1시간 평균치 : 0.15 ppm 이하

1-19 환경정책기본법령상 대기환경기준으로 옳지 않은 것은? [12-1]

① SO_2 연간 평균치 : 0.02 ppm 이하 ② NO_2 연간 평균치 : 0.05 ppm 이하
③ O_3 8시간 평균치 : 0.06 ppm 이하 ④ Pb 연간 평균치 : 0.5 $\mu g/m^3$ 이하

1-20 환경정책기본법령상 대기환경기준으로 옳지 않은 것은? [19-1]

구분	항목	기준	농도
㉠	CO	8시간 평균치	9 ppm 이하
㉡	NO_2	24시간 평균치	0.10 ppm 이하
㉢	PM-10	연간 평균치	50 $\mu g/m^3$ 이하
㉣	벤젠	연간 평균치	5 $\mu g/m^3$ 이하

① ㉠ ② ㉡ ③ ㉢ ④ ㉣

1-21 환경정책기본법령상 각 항목별 대기환경기준으로 옳지 않은 것은? (단, 기준치는 24시간 평균치이다.) [20-1]

① 아황산가스(SO_2) : 0.05 ppm 이하
② 이산화질소(NO_2) : 0.06 ppm 이하
③ 오존(O_3) : 0.06 ppm 이하
④ 미세먼지(PM-10) : 100 $\mu g/m^3$ 이하

정답 1-17 ④ 1-18 ③ 1-19 ② 1-20 ② 1-21 ③

4-2 악취방지법

2. 악취방지법상에서 사용하는 용어의 뜻으로 옳지 않은 것은? [12-4]

① "상승악취"란 두 가지 이상의 악취물질이 함께 작용하여 사람의 후각을 자극하여 불쾌감과 혐오감을 주는 냄새를 말한다.
② "악취배출시설"이란 악취를 유발하는 시설, 기계, 기구, 그 밖의 것으로서 환경부장관이 관계 중앙행정기관의 장과 협의하여 환경부령으로 정하는 것을 말한다.
③ "악취"란 황화수소, 메르캅탄류, 아민류, 그 밖에 자극성이 있는 기체상태의 물질이 사람의 후각을 자극하여 불쾌감과 혐오감을 주는 냄새를 말한다.
④ "지정악취물질"이란 악취의 원인이 되는 물질로서 환경부령으로 정하는 것을 말한다.

해설 법. 제2조(정의) 이 법에서 사용하는 용어의 뜻은 다음과 같다.

1. "악취"란 황화수소, 메르캅탄류, 아민류, 그 밖에 자극성이 있는 물질이 사람의 후각을 자극하여 불쾌감과 혐오감을 주는 냄새를 말한다.
2. "지정악취물질"이란 악취의 원인이 되는 물질로서 환경부령으로 정하는 것을 말한다.
3. "악취배출시설"이란 악취를 유발하는 시설, 기계, 기구, 그 밖의 것으로서 환경부장관이 관계중앙행정기관의 장과 협의하여 환경부령으로 정하는 것을 말한다.
4. "복합악취"란 두 가지 이상의 악취물질이 함께 작용하여 사람의 후각을 자극하여 불쾌감과 혐오감을 주는 냄새를 말한다.
5. "신고대상시설"이란 다음 각 목의 어느 하나에 해당하는 시설을 말한다.
   가. 제8조제1항 또는 제5항에 따라 신고하여야 하는 악취배출시설
   나. 제8조의제2항에 따라 신고하여야 하는 악취배출시설

답 ①

2-1 악취방지법규에 의거 악취배출시설의 변경신고를 하여야 하는 경우로 가장 거리가 먼 것은? [17-1]

① 악취배출시설을 폐쇄하는 경우
② 사업장 명칭을 변경하는 경우
③ 환경담당자의 교육사항을 변경하는 경우
④ 악취배출시설 또는 악취방지시설을 임대하는 경우

해설 규칙. 제10조(악취배출시설의 변경신고)

① 법 제8조제1항 후단이나 제8조의2제2항 후단에 따라 악취배출시설의 변경신고를 하여야 하는 경우는 다음 각 호와 같다.

정답 2-1 ③

1. 악취배출시설의 악취방지계획서 또는 악취방지시설을 변경하는 경우(제5호에 해당하여 변경하는 경우는 제외한다)
2. 악취배출시설을 폐쇄하거나, 별표 2 제2호에 따른 시설 규모의 기준에서 정하는 공정을 추가하거나 폐쇄하는 경우
3. 사업장의 명칭 또는 대표자를 변경하는 경우
4. 악취배출시설 또는 악취방지시설을 임대하는 경우
5. 악취배출시설에서 사용하는 원료를 변경하는 경우

2-2 악취방지법상 악취방지계획에 따라 악취방지에 필요한 조치를 하지 아니하고 악취배출시설을 가동한 자에 대한 벌칙기준으로 옳은 것은? [19-4]

① 1천만원 이하의 벌금 ② 500만원 이하의 벌금
③ 300만원 이하의 벌금 ④ 100만원 이하의 벌금

해설 법. 제28조(벌칙) 다음 각 호의 어느 하나에 해당하는 자는 300만원 이하의 벌금에 처한다.
1. 제 10조에 따른 개선명령을 이행하지 아니한 자
2. 제 17조제1항에 따른 관계 공무원의 출입·채취 및 검사를 거부 또는 방해하거나 기피한 자
3. 제8조제4항을 위반하여 악취방지계획에 따라 악취방지에 필요한 조치를 하지 아니하고 악취배출시설을 가동한 자
4. 제8조제5항 및 제8조의2제3항에 따른 기간 이내에 악취방지계획에 따라 악취방지에 필요한 조치를 하지 아니한 자

2-3 악취방지법상 악취검사를 위한 관계공무원의 출입·채취 및 검사를 거부 또는 방해하거나 기피한 자에 대한 벌칙기준은? [20-1]

① 100만원 이하의 벌금 ② 200만원 이하의 벌금
③ 300만원 이하의 벌금 ④ 1,000만원 이하의 벌금

2-4 악취방지법상 악취 배출허용기준 초과와 관련하여 받은 개선명령을 이행하지 아니한 자에 대한 벌칙기준으로 옳은 것은? [18-1]

① 300만원 이하의 벌금에 처한다.
② 500만원 이하의 벌금에 처한다.
③ 1,000만원 이하의 벌금에 처한다.
④ 1년 이하의 징역 또는 1천만원 이하의 벌금에 처한다.

정답 2-2 ③ 2-3 ③ 2-4 ①

2-5 악취방지법상 악취로 인한 주민의 건강상 위해 예방 등을 위해 기술진단을 실시하지 아니한 자에 대한 과태료 부과기준으로 옳은 것은? [19-1]

① 500만원 이하의 과태료
② 300만원 이하의 과태료
③ 200만원 이하의 과태료
④ 100만원 이하의 과태료

해설 법. 제30조(과태료)
① 다음 각 호의 어느 하나에 해당하는 자에게는 200만원 이하의 과태료를 부과한다.
1. 제14조제2항에 따른 조치명령을 이행하지 아니한 자
2. 제16조의2에 따른 기술진단을 실시하지 아니한 자
3. 제16조의3제2항에 따른 변경등록을 하지 아니하고 중요한 사항을 변경한 자
4. 제16조의4에 따른 준수사항을 지키지 아니한 자

2-6 악취관리법상 악취배출시설 설치자가 환경부령으로 정하는 사항을 변경하려는 경우 변경신고를 해야 하는데 이 변경신고를 하지 아니한 경우 과태료 부과기준으로 옳은 것은? [15-4, 18-2]

① 50만원 이하의 과태료
② 100만원 이하의 과태료
③ 200만원 이하의 과태료
④ 500만원 이하의 과태료

해설 법. 제30조(과태료)
② 다음 각 호의 어느 하나에 해당하는 자에게는 100만원 이하의 과태료를 부과한다.
1. 제8조제1항 후단 및 제8조의2제2항 후단에 따른 변경신고를 하지 아니하거나 거짓으로 변경신고를 한 자
2. 제17조제1항에 따른 보고를 하지 아니하거나 거짓으로 보고한 자 또는 자료를 제출하지 아니하거나 거짓으로 제출한 자

2-7 악취방지법규상 지정악취물질에 해당하지 않는 것은? [14-2, 16-4, 20-2]

① 염화수소
② 메틸에틸케톤
③ 프로피온산
④ 부틸아세테이트

정답 2-5 ③ 2-6 ② 2-7 ①

해설 규칙. [별표 1] 지정악취물질

종류	적용시기
1. 아모니아 2. 메틸메르캅탄 3. 황화수소 4. 다이메틸설파이드 5. 다이메틸다이설파이드 6. 트라이메틸아민 7. 아세트알데하이드 8. 스타이렌 9. 프로피온알데하이드 10. 뷰틸알데하이드 11. n-발레르알데하이드 12. i-발레르알데하이드	2005년 2월 10일부터
13. 톨루엔 14. 자일렌 15. 메틸에틸케톤 16. 메틸아이소뷰틸케톤 17. 뷰틸아세테이트	2008년 1월 1일부터
18. 프로피온산 19. n-뷰틸산 20. n-발레르산 21. i-발레르산 22. i-뷰틸알코올	2010년 1월 1일부터

2-8 악취방지법규상 지정악취물질이 아닌 것은? [13-2]

① 황화수소 ② 이산화황
③ 다이메틸다이설파이드 ④ 아세트알데히드

2-9 악취방지법규상 지정악취물질이 아닌 것은? [16-1]

① 황화수소 ② 이산화황
③ 아세트알데하이드 ④ 다이메틸다이설파이드

2-10 악취방지법령상 지정악취물질에 해당하지 않는 것은? [21-4]

① 메틸메르캅탄 ② 트라이메틸아민
③ 아세트알데하이드 ④ 아닐린

정답 2-8 ② 2-9 ② 2-10 ④

2-11 악취방지법령상 지정악취물질이 아닌 것은? [15-2, 18-2, 20-4]

① 아세트알데하이드 ② 메틸메르캅탄
③ 톨루엔 ④ 벤젠

2-12 악취방지법령상 지정악취물질과 배출허용기준의 연결이 옳지 않은 것은? [21-2]

항목	구분	배출허용기준(ppm)	
		공업지역	기타지역
㉠	암모니아	2 이하	1 이하
㉡	메틸메르캅탄	0.008 이하	0.005 이하
㉢	황화수소	0.06 이하	0.02 이하
㉣	트라이메틸아민	0.02 이하	0.005 이하

① ㉠ ② ㉡ ③ ㉢ ④ ㉣

해설 규칙. [별표 3] 배출허용기준 및 엄격한 배출허용기준의 설정범위

1. 복합악취

구분	배출허용기준 (희석배수)		엄격한 배출허용기준의 범위 (희석배수)	
	공업지역	기타지역	공업지역	기타지역
배출구	1,000 이하	500 이하	500~1,000	300~500
부지경계선	20 이하	15 이하	15~20	10~15

2. 지정악취물질

구분	배출허용기준 (ppm)		엄격한 배출허용기준의 범위(ppm)	적용시기
	공업지역	기타지역	공업지역	기타지역
암모니아	2 이하	1 이하	1~2	2005년 2월 10일부터
메틸메르캅탄	0.004 이하	0.002 이하	0.002~0.004	
황화수소	0.06 이하	0.02 이하	0.02~0.06	
다이메틸설파이드	0.05 이하	0.01 이하	0.01~0.05	
다이메틸다이설파이드	0.03 이하	0.009 이하	0.009~0.03	
트라이메틸아민	0.02 이하	0.005 이하	0.005~0.02	
아세트알데하이드	0.1 이하	0.05 이하	0.05~0.1	
스타이렌	0.8 이하	0.4 이하	0.4~0.8	
프로피온알데하이드	0.1 이하	0.05 이하	0.05~0.1	

정답 2-11 ④ 2-12 ②

뷰틸알데하이드	0.1 이하	0.029 이하	0.029~0.1	
n-발레르알데하이드	0.02 이하	0.009 이하	0.009~0.02	
i-발레르알데하이드	0.006 이하	0.003 이하	0.003~0.006	
톨루엔	30 이하	10 이하	10~30	2008년 1월 1일부터
자일렌	2 이하	1 이하	1~2	
메틸에틸캐톤	35 이하	13 이하	13~35	
메틸아이소뷰틸케톤	3 이하	1 이하	1~3	
뷰틸아세테이트	4 이하	1 이하	1~4	
프로피온산	0.07 이하	0.03 이하	0.03~0.07	2010년 1월 1일부터
n-뷰틸산	0.002 이하	0.001 이하	0.001~0.002	
n-발레르산	0.002 이하	0.0009 이하	0.0009~0.002	
i-발레르산	0.004 이하	0.001 이하	0.001~0.004	
i-뷰틸알코올	4.0 이하	0.9 이하	0.9~4.0	

2-13 다음은 악취방지법규상 복합악취에 대한 배출허용기준 및 엄격한 배출허용기준의 설정범위이다. ( ) 안에 알맞은 것은? [13-1, 17-2]

구분	배출허용기준(희석배수)	
	공업지역	기타지역
배출구	1,000 이하	(㉠) 이하
부지경계선	20 이하	(㉡) 이하

① ㉠ 750, ㉡ 15 ② ㉠ 750, ㉡ 10
③ ㉠ 500, ㉡ 15 ④ ㉠ 500, ㉡ 10

2-14 악취방지법규상 지정악취물질의 배출허용기준 및 그 범위로 옳지 않은 것은 어느 것인가? [14-4, 18-4]

항목	구분	배출허용기준(ppm)	
		공업지역	기타지역
㉠	암모니아	2 이하	1 이하
㉡	메틸메르캅탄	0.008 이하	0.005 이하
㉢	황화수소	0.06 이하	0.02 이하
㉣	트라이메틸아민	0.02 이하	0.005 이하

① ㉠ ② ㉡ ③ ㉢ ④ ㉣

정답 **2-13** ③ **2-14** ②

2-15 악취방지법규상 다음 지정악취물질의 배출허용기준으로 옳지 않은 것은? [17-1]

	지정악취물질	배출허용기준(ppm)		엄격한 배출 허용기준범위(ppm)
		공업지역	기타지역	공업지역
㉠	톨루엔	30 이하	10 이하	10~30
㉡	프로피온산	0.07 이하	0.03 이하	0.03~0.07
㉢	스타이렌	0.8 이하	0.4 이하	0.4~0.8
㉣	뷰틸아세테이트	5 이하	1 이하	1~5

① ㉠
② ㉡
③ ㉢
④ ㉣

2-16 악취방지법규상 다음 지정악취물질의 배출허용기준(ppm)으로 옳지 않은 것은? (단, 공업지역) [12-1, 17-4]

① n-발레르알데히드 : 0.02 이하
② 톨루엔 : 30 이하
③ 프로피온산 : 0.1 이하
④ i-발레르산 : 0.004 이하

2-17 다음은 악취방지법규상 악취검사기관의 준수사항이다. ( ) 안에 알맞은 것은 어느 것인가? [13-4, 15-1, 19-1, 20-4]

> 검사기관이 법인인 경우 보유차량에 국가기관의 악취검사차량으로 잘못 인식하게 하는 문구를 표시하거나 과대표시를 하여서는 아니되며, 검사기관은 다음의 서류를 작성하여 (　　) 보존하여야 한다.
> 가. 실험일지 및 검량선 기록지
> 나. 검사결과 발송 대장
> 다. 정도관리 수행기록철

① 1년간
② 2년간
③ 3년간
④ 5년간

정답 2-15 ④ 2-16 ③ 2-17 ③

해설 규칙. [별표 8] 악취검사기관의 준수사항

1. 시료는 기술인력으로 고용된 사람이 채취해야 한다.
2. 검사기관은 「환경기술개발 및 자원에 관한 법률」 제18조의2제1항에 따라 국립환경과학원장이 실시하는 정도관리를 받아야 한다.
3. 검사기관은 「환경분야 시험·검사 등에 관한 법률」 제6조제1항제4호에 따른 환경오염공정시험기준에 따라 정확하고 엄정하게 측정·분석을 해야 한다.
4. 검사기관이 법인인 경우 보유차량에 국가기관의 악취검사차량으로 잘못 인식하게 하는 문구를 표시하거나 과대표시를 해서는 안 된다.
5. 검사기관은 다음의 서류를 작성하여 3년간 보존해야 한다.

가. 실험일지 및 검량선 기록지

나. 검사 결과 발송 대장

다. 정도관리 수행기록철

2-18 악취방지법규상 위임업무 보고사항 중 "악취검사기관의 지도·점검 및 행정처분 실적" 보고 횟수 기준은? [13-2, 17-1, 20-4]

① 연 1회

② 연 2회

③ 연 4회

④ 수시

해설 규칙. [별표 10] 위임업무 보고사항

업무 내용	보고 횟수	보고기일	보고자
1. 악취검사기관의 지정, 지정사항 변경보고 접수 실적	연 1회	다음 해 1월 15일까지	국립환경과학원장
2. 악취검사기관의 지도·점검 및 행정처분 실적	연 1회	다음 해 1월 15일까지	

정답 2-18 ①

4-3 실내공기질 관리법

3. 실내공기질 관리법상 용어의 정의로 옳지 않은 것은? [18-1]

① "공동주택"이라 함은 건축법 규정에 의한 공동주택을 말한다.
② "다중이용시설"이라 함은 불특정다수인이 이용하는 시설을 말한다.
③ "공기정화설비"라 함은 오염된 실내공기를 밖으로 내보내고 신선한 바깥공기를 실내로 끌어들여 실내공간의 공기를 쾌적한 상태로 유지시키는 설비를 말하며, 환기설비와 동일한 의미로 사용되는 것을 말한다.
④ "오염물질"이라 함은 실내공간의 공기오염의 원인이 되는 가스와 떠다니는 입자상 물질 등으로서 환경부령이 정하는 것을 말한다.

해설 법. 제2조(정의) 이 법에서 사용하는 용어의 정의는 다음과 같다.

1. "다중이용시설"이라 함은 불특정다수인이 이용하는 시설을 말한다.
2. "공동주택"이라 함은 「건축법」 제2조제2항제2호에 따른 공동주택을 말한다.

2의2. "대중교통차량"이란 불특정인을 운송하는 데 이용되는 차량을 말한다.

3. "오염물질"이라 함은 실내공간의 공기오염의 원인이 되는 가스와 떠다니는 입자상 물질 등으로서 환경부령이 정하는 것을 말한다.
4. "환기설비"라 함은 오염된 실내공기를 밖으로 내보내고 신선한 바깥공기를 실내로 끌어들여 실내공간의 공기를 쾌적한 상태로 유지시키는 설비를 말한다.
5. "공기정화설비"라 함은 실내공간의 오염물질을 없애거나 줄이는 설비로서 환기설비의 안에 설치되거나, 환기설비와는 따로 설치된 것을 말한다.

답 ③

3-1 다중이용시설 등의 실내공기질 관리법령상 대통령령이 정하는 규모의 다중이용시설에 해당되지 않는 것은? [16-4]

① 여객자동차터미널의 연면적 2천2백제곱미터인 대합실
② 공항시설 중 연면적 1천1백제곱미터인 여객터미널
③ 철도역사의 연면적 2천2백제곱미터인 대합실
④ 모든 지하역사

해설 영. 제2조(적용대상)

① 「실내공기질관리법」(이하 "법"이라 한다) 제3조제1항 각 호 외의 부분에서 "대통령령이 정하는 규모의 것"이란 다음 각 호의 어느 하나에 해당하는 시설을 말한다. 이 경우 둘 이상의 건축물로 이루어진 시설의 연면적은 개별 건축물의 연면적을 모두 합산한 면적으로 한다.

1. 모든 지하역사(출입통로·대합실·승강장 및 환승통로와 이에 딸린 시설을 포함한다)

정답 3-1 ②

2. 연면적 2천제곱미터 이상인 지하도상가(지상건물에 딸린 지하층의 시설을 포함한다. 이하 같다) 이 경우 연속되어 있는 둘 이상의 지하도상가의 연면적 합계가 2천제곱미터 이상인 경우를 포함한다.
3. 철도역사의 연면적 2천제곱미터 이상인 대합실
4. 여객자동차터미널의 연면적 2천제곱미터 이상인 대합실
5. 항만시설 중 연면적 5천제곱미터 이상인 대합실
6. 공항시설 중 연면적 1천5백제곱미터 이상인 여객터미널
7. 연면적 3천제곱미터 이상인 도서관
8. 연면적 3천제곱미터 이상인 박물관 및 미술관
9. 연면적 2천제곱미터 이상이거나 병상수 100개 이상의 의료기관
10. 연면적 500제곱미터 이상인 산후조리원
11. 연면적 1천제곱미터 이상인 노인요양시설
12. 연면적 430 제곱미터 이상인 어린이집
12의2. 연면적 430제곱미터 이상인 실내 어린이 놀이시설
13. 모든 대규모 점포
14. 연면적 1천제곱미터 이상인 장례식장(지하에 위치한 시설로 한정한다)
15. 모든 영화상영관(실내 영화상영관으로 한정한다)
16. 연면적 1천제곱미터 이상인 학원
17. 연면적 2천제곱미터 이상인 전시시설(지하에 위치한 시설로 한정한다)
18. 연면적 300제곱미터 이상인 인터넷컴퓨터 게임시설 제공업의 영업시설
19. 연면적 2천제곱미터 이상인 실내 주차장(기계식 주차장은 제외한다)
20. 연면적 3천제곱미터 이상인 업무시설
21. 연면적 2천제곱미터 이상인 둘 이상의 용도(「건축법」 제2조제2항에 따라 구분된 용도를 말한다)에 사용되는 건축물
22. 객석 수 1천석 이상인 실내 공연장
23. 관람석 수 1천석 이상인 실내 체육시설
24. 연면적 1천제곱미터 이상인 목욕장업의 영업시설

3-2 다중이용시설 등의 실내공기질 관리법의 적용대상이 되는 다중이용시설 중 대통령령이 정하는 규모기준으로 옳지 않은 것은? [15-1, 19-2]

① 항만시설 중 연면적 5천제곱미터 이상인 대합실
② 연면적 1천제곱미터 이상인 실내 주차장(기계식 주차장을 포함한다)
③ 연면적 2천제곱미터 이상인 지하도상가(연속되어 있는 2 이상의 지하도상가의 연면적 합계가 2천제곱미터 이상인 경우를 포함한다.
④ 연면적 430제곱미터 이상인 어린이집

정답 3-2 ②

3-3 실내공기질 관리법령의 적용 대상이 되는 대통령령으로 정하는 규모의 다중이용시설에 해당하지 않는 것은? [21-4]

① 모든 지하역사
② 여객자동차터미널의 연면적 2천2백제곱미터인 대합실
③ 철도역사의 연면적 2천2백제곱미터인 대합실
④ 공항시설 중 연면적 1천1백제곱미터인 여객터미널

3-4 실내공기질 관리법령상 이 법의 적용대상이 되는 시설 중 "대통령령이 정하는 규모의 것"에 해당하지 않는 것은? [21-1]

① 여객자동차터미널의 연면적 1천 5백제곱미터 이상인 대합실
② 공항시설 중 연면적 1천 5백제곱미터 이상인 여객터미널
③ 연면적 430제곱미터 이상인 어린이집
④ 연면적 2천제곱미터 이상이거나 병상수 100개 이상인 의료기관

3-5 환경부장관은 라돈으로 인한 건강피해가 우려되는 시·도가 있는 경우 해당 시·도지사에게 라돈관리계획을 수립하여 시행하도록 요청할 수 있다. 이때, 라돈관리계획에 포함되어야 하는 사항에 해당하지 않는 것은? (단, 그 밖에 라돈관리를 위해 시·도지사가 필요하다고 인정하는 사항은 제외) [21-4]

① 다중이용시설 및 공동주택 등의 현황
② 라돈으로 인한 건강피해의 방지 대책
③ 인체에 직접적인 영향을 미치는 라돈의 양
④ 라돈의 실내 유입 차단을 위한 시설 개량에 관한 사항

해설 법. 제11조의9(라돈관리계획의 수립·시행 등)

② 관리계획에는 다음 각 호의 사항이 포함되어야 한다.

1. 다중이용시설 및 공동주택 등의 현황
2. 라돈으로 인한 실내공기오염 및 건강피해의 방지대책
3. 라돈의 실내 유입 차단을 위한 시설 개량에 관한 사항
4. 그 밖에 라돈 관리를 위하여 시·도지사가 필요하다고 인정하는 사항

정답 3-3 ④ 3-4 ① 3-5 ③

3-6 **다음은 다중이용시설 등의 실내공기질 관리법규상 실내공기질의 측정사항이다. ( ) 안에 알맞은 것은?** [13-2]

> 실내공기질 측정대상 오염물질이 실내 공기질 권고기준 측정항목에 해당하는 경우에는 (㉠) 측정하여야 한다. 또한 다중이용시설의 소유자 등은 실내공기질 측정결과를 (㉡) 보존하여야 한다.

① ㉠ 연 1회, ㉡ 1년간
② ㉠ 연 2회, ㉡ 3년간
③ ㉠ 2년에 1회, ㉡ 10년간
④ ㉠ 2년에 1회, ㉡ 20년간

해설 규칙. 제11조(실내공기질의 측정)
③ 다중이용시설의 소유자 등은 측정대상오염물질이 별표 2의 오염물질 항목에 해당하면 1년에 한 번, 별표 3의 오염물질 항목에 해당하면 2년에 한 번 측정하여야 한다.
⑥ 다중이용시설의 소유자 등은 실내공기질 측정결과를 10년간 보존해야 한다.

3-7 **다중이용시설 등의 실내공기질 관리법상 시·도지사는 다중이용시설이 규정에 따른 공기질 유지기준에 맞지 아니하게 관리되는 경우에는 환경부령이 정하는 바에 따라 기간을 정하여 그 다중이용시설의 소유자 등에게 환기설비의 개선 등의 개선명령을 할 수 있는데, 이 개선명령을 이행하지 아니한 사업자에 대한 벌칙기준으로 옳은 것은?** [15-2]

① 7년 이하의 징역 또는 7천만원 이하의 벌금
② 5년 이하의 징역 또는 5천만원 이하의 벌금
③ 1년 이하의 징역 또는 1천만원 이하의 벌금
④ 200만원 이하의 벌금

해설 법. 제14조(벌칙)
① 다음 각 호의 어느 하나에 해당하는 자는 1년 이하의 징역 또는 1천만원 이하의 벌금에 처한다.
1. 제10조에 따른 개선명령을 이행하지 아니한 자
2. 제11조제1항을 위반하여 기준을 초과하여 오염물질을 방출하는 건축자재를 사용한 자
3. 제11조제3항에 따른 확인의 취소 및 같은 조 제4항에 따른 회수 등의 조치명령을 위반한 자
4. 거짓이나 그 밖의 부정한 방법으로 시험기관으로 지정을 받은 자
5. 시험기관에 종사하는 자로서 고의 또는 중대한 과실로 시험성적서를 사실과 다르게 발급한 자
6. 제11조의 4에 따른 업무정지 기간 중 확인업무를 한 자

정답 3-6 ③ 3-7 ③

3-8 실내공기질 관리법상 다중이용시설을 설치하는 자는 환경부령으로 정한 기준을 초과한 오염물질방출 건축자재를 사용해서는 안되는데, 이 규정을 위반하여 사용한 자에 대한 벌칙기준으로 옳은 것은? [19-4]

① 1년 이하의 징역 또는 1천만원 이하의 벌금
② 500만원 이하의 과태료
③ 200만원 이하의 과태료
④ 100만원 이하의 과태료

3-9 실내공기질 관리법령상 노인요양시설의 실내공기질 유지기준이 되는 오염물질 항목에 해당하지 않는 것은? [13-4, 18-2, 21-2]

① 미세먼지(PM-10) ② 폼알데하이드
③ 아산화질소 ④ 총부유세균

해설 규칙. [별표 2] 실내공기질 유지기준

<table>
<tr><th>오염물질 항목
다중이용시설</th><th>미세먼지 (PM-10) ($\mu g/m^3$)</th><th>미세먼지 (PM-2.5) ($\mu g/m^3$)</th><th>이산화탄소 (ppm)</th><th>폼알데하이드 ($\mu g/m^3$)</th><th>총부유세균 (CFU/m^3)</th><th>일산화탄소 (ppm)</th></tr>
<tr><td>가. 지하역사, 지하도상가, 철도역사의 대합실, 여객자동차 터미널의 대합실, 항만시설 중 대합실, 공항시설 중 여객터미널, 도서관·박물관 및 미술관, 대규모 점포, 장례식장, 영화상영관, 학원, 전시시설, 인터넷컴퓨터 게임시설 제공업의 영업시설, 목욕장업의 영업시설</td><td>100 이하</td><td>50 이하</td><td rowspan="3">1,000 이하</td><td>100 이하</td><td>–</td><td rowspan="2">10 이하</td></tr>
<tr><td>나. 의료기관, 산후조리원, 노인요양원, 어린이집, 실내 어린이 놀이시설</td><td>75 이하</td><td>35 이하</td><td>80 이하</td><td>800 이하</td></tr>
<tr><td>다. 실내 주차장</td><td>200 이하</td><td>–</td><td>100 이하</td><td>–</td><td>25 이하</td></tr>
<tr><td>라. 실내 체육시설, 실내 공연장, 업무시설, 둘 이상의 용도에 사용되는 건축물</td><td>200 이하</td><td>–</td><td>–</td><td>–</td><td>–</td><td>–</td></tr>
</table>

정답 3-8 ① 3-9 ③

[비고]

1. 도서관, 영화상영관, 학원, 인터넷컴퓨터게임시설제공업 영업시설 중 자연환기가 불가능하여 자연환기설비 또는 기계환기설비를 이용하는 경우에는 이산화탄소의 기준을 1,500 ppm 이하로 한다.
2. 실내 체육시설, 실내 공연장, 업무시설 또는 둘 이상의 용도에 사용되는 건축물로서 실내 미세먼지(PM-10)의 농도가 200 $\mu m/m^3$에 근접하여 기준을 초과할 우려가 있는 경우에는 실내 공기질의 유지를 위하여 다음 각 목의 실내공기정화시설(덕트) 및 설비를 교체 또는 청소하여야 한다.
   가. 공기정화기와 이에 연결된 급·배기관(급·배기구를 포함한다)
   나. 중앙집중식 냉·난방시설의 급·배기구
   다. 실내공기의 단순배기관
   라. 화장실용 배기관
   마. 조리용 배기관

3-10 실내공기질 관리법령상 "실내주차장"에서 미세먼지(PM-10)의 실내공기질 유지기준은? [21-2]

① 200 $\mu g/m^3$ 이하 ② 150 $\mu g/m^3$ 이하
③ 100 $\mu g/m^3$ 이하 ④ 25 $\mu g/m^3$ 이하

3-11 실내공기질 관리법령상 의료기관의 폼알데하이드 실내공기질 유지기준은? [18-4, 21-4]

① 10 $\mu g/m^3$ 이하 ② 20 $\mu g/m^3$ 이하
③ 80 $\mu g/m^3$ 이하 ④ 150 $\mu gm/m^3$ 이하

3-12 다중이용시설 등의 실내공기질 관리법규상 "실내주차장"의 CO(ppm) 실내공기질 유지기준은? [12-2]

① 200 이하 ② 150 이하 ③ 100 이하 ④ 25 이하

3-13 실내공기질 유지기준의 오염물질 항목으로만 짝지어진 것은? [16-2]

① 미세먼지, 라돈 ② 일산화탄소, 석면
③ 오존, 총부유세균 ④ 이산화탄소, 폼알데하이드

정답 3-10 ① 3-11 ③ 3-12 ④ 3-13 ④

3-14 다중이용시설 등의 실내공기질 관리법규상 "목욕장"의 일산화탄소 실내공기질 유지기준은? [13-2]

① 10 ppm 이하
② 25 ppm 이하
③ 100 ppm 이하
④ 150 ppm 이하

3-15 실내공기질 관리법규상 "어린이집"의 실내공기질 유지기준으로 옳은 것은 어느 것인가? [17-4]

① PM10($\mu g/m^3$) – 150 이하
② CO(ppm) – 25 이하
③ 총부유세균(CFU/m^3) – 800 이하
④ 폼알데하이드($\mu g/m^3$) – 150 이하

3-16 실내공기질 관리법규상 실내주차장의 ㉠ PM10($\mu g/m^3$), ㉡ CO(ppm) 실내공기질 유지기준으로 옳은 것은? [17-1]

① ㉠ 100 이하, ㉡ 10 이하
② ㉠ 150 이하, ㉡ 20 이하
③ ㉠ 200 이하, ㉡ 25 이하
④ ㉠ 300 이하, ㉡ 40 이하

3-17 실내공기질 관리법규상 "영화상영관"의 실내공기질 유지기준($\mu g/m^3$)은? [단, 항목은 미세먼지(PM–10)($\mu g/m^3$)이다.] [20-1]

① 10 이하
② 100 이하
③ 150 이하
④ 200 이하

3-18 실내공기질 관리법령상 공동주택 소유자에게 권고하는 실내 라돈 농도의 기준은 어느 것인가? [19-1, 21-4]

① 1세제곱미터당 148베크렐 이하
② 1세제곱미터당 348베크렐 이하
③ 1세제곱미터당 548베크렐 이하
④ 1세제곱미터당 848베크렐 이하

정답 3-14 ① 3-15 ③ 3-16 ③ 3-17 ② 3-18 ①

해설 규칙. [별표 3] 실내공기질 권고기준

오염물질 항목 / 다중이용시설	이산화질소 (ppm)	라돈 (Bq/m^3)	총휘발성 유기화합물 ($\mu g/m^3$)	곰팡이 (CFU/m^3)
가. 지하역사, 지하도상가, 철도역사의 대합실, 여객자동차 터미널의 대합실, 항만시설 중 대합실, 공항시설 중 여객터미널, 도서관·박물관 및 미술관, 대규모 점포, 장례식장, 영화상영관, 학원, 전시시설, 인터넷 컴퓨터 게임시설 제공업의 영업시설, 목욕장업의 영업시설	0.1 이하	148 이하	500 이하	–
나. 의료기관, 산후조리원, 노인요양시설, 어린이집, 실내 어린이 놀이시설	0.05 이하		400 이하	500 이하
다. 실내 주차장	0.30 이하		1,000 이하	–

3-19 실내공기질 관리법령상 "의료기관"의 라돈(Bq/m^3)항목 실내공기질 권고기준은 어느 것인가? [14-2, 17-2, 21-1]

① 148 이하 ② 400 이하
③ 500 이하 ④ 1,000 이하

3-20 다중이용시설 등의 실내공기질 관리법규상 "인터넷컴퓨터게임시설제공업 영업시설"의 총휘발성유기화합물($\mu g/m^3$)에 대한 실내공기질 권고기준은? (단, 총휘발성유기화합물의 정의는 환경분야 시험·검사 등에 관한 법률에 따른 환경오염공정시험 기준에서 정한다.) [13-1]

① 300 이하 ② 400 이하
③ 500 이하 ④ 1,000 이하

3-21 다중이용시설 등의 실내공기질 관리법규상 실내 주차장에서의 총휘발성유기화합물($\mu g/m^3$)의 실내공기질 권고기준은? [14-1]

① 600 이하 ② 800 이하
③ 1,000 이하 ④ 1,200 이하

정답 3-19 ① 3-20 ③ 3-21 ③

3-22 실내공기질 관리법규상 "산후조리원"의 현행 실내공기질 권고기준으로 옳지 않은 것은? [20-1]

① 라돈(Bq/m^3) : 5.0 이하 ② 이산화질소(ppm) : 0.05 이하
③ 곰팡이(CFU/m^3) : 500 이하 ④ 총휘발성유기화합물($\mu g/m^3$) : 400 이하

3-23 실내공기질 관리법규상 폼알데하이드의 신축 공동주택의 실내공기질 권고기준은? [13-1, 19-1]

① 30 $\mu g/m^3$ 이하 ② 210 $\mu g/m^3$ 이하
③ 300 $\mu g/m^3$ 이하 ④ 700 $\mu g/m^3$ 이하

해설 규칙. [별표 4의2] 신축 공동주택의 실내공기질 권고기준

1. 폼알데하이드 210 $\mu g/m^3$ 이하
2. 벤젠 30 $\mu g/m^3$ 이하
3. 톨루엔 1,000 $\mu g/m^3$ 이하
4. 에틸벤젠 360 $\mu g/m^3$ 이하
5. 자일렌 700 $\mu g/m^3$ 이하
6. 스티렌 300 $\mu g/m^3$ 이하
7. 라돈 148 Bq/m^3 이하

암기방법

톨루엔 : 천톨
자이렌 : 칠자
스티렌 : 쓰리
폼알데히드 : 폼이
벤젠 : 벤삼십
에틸벤젠 : 삼십육계

3-24 다중이용시설 등의 실내공기질 관리법규상 신축 공동주택의 실내공기질 권고기준으로 옳은 것은? [12-1, 18-1, 20-4]

① 스타이렌 360 $\mu g/m^3$ 이하 ② 포름알데히드 360 $\mu g/m^3$ 이하
③ 자일렌 360 $\mu g/m^3$ 이하 ④ 에틸벤젠 360 $\mu g/m^3$ 이하

3-25 실내공기질 관리법령상 신축 공동주택에 실내공기질 권고기준 중 "에틸벤젠" 기준으로 옳은 것은? [16-2, 17-2, 21-1]

① 210 $\mu g/m^3$ 이하 ② 300 $\mu g/m^3$ 이하
③ 360 $\mu g/m^3$ 이하 ④ 700 $\mu g/m^3$ 이하

정답 3-22 ① 3-23 ② 3-24 ④ 3-25 ③

3-26 실내공기질 관리법령상 신축 공동주택의 실내공기질 권고기준으로 틀린 것은 어느 것인가? [16-1, 20-2]

① 자일렌 : 600 $\mu g/m^3$ 이하
② 톨루엔 : 1,000 $\mu g/m^3$ 이하
③ 스티렌 : 300 $\mu g/m^3$ 이하
④ 에틸벤젠 : 360 $\mu g/m^3$ 이하

3-27 다중이용시설 등의 실내공기질 관리법규상 신축공동주택의 실내공기질 권고기준으로 옳은 것은? [15-4]

① 벤젠 30 $\mu g/m^3$ 이하
② 폼알데하이드 300 $\mu g/m^3$ 이하
③ 에틸벤젠 700 $\mu g/m^3$ 이하
④ 스티렌 210 $\mu g/m^3$ 이하

3-28 다중이용시설 등의 실내공기질 관리법규상 신축공동주택의 오염물질 항목별 실내공기질 권고기준으로 옳지 않은 것은? [16-4]

① 폼알데하이드 : 300 $\mu g/m^3$ 이하
② 에틸벤젠 : 360 $\mu g/m^3$ 이하
③ 자일렌 : 700 $\mu g/m^3$ 이하
④ 벤젠 : 30 $\mu g/m^3$ 이하

3-29 다중이용시설 등의 실내공기질 관리법규상 자일렌 항목의 신축공동주택의 실내공기질 권고기준은? [14-2, 17-1, 19-4]

① 30 $\mu g/m^3$ 이하
② 210 $\mu g/m^3$ 이하
③ 300 $\mu g/m^3$ 이하
④ 700 $\mu g/m^3$ 이하

3-30 실내공기질 관리법규상 신축공동주택의 오염물질 항목별 실내공기질 권고기준으로 옳지 않은 것은? [20-1]

① 폼알데하이드 : 300 $\mu g/m^3$ 이하
② 에틸벤젠 : 360 $\mu g/m^3$ 이하
③ 자일렌 : 700 $\mu g/m^3$ 이하
④ 벤젠 : 30 $\mu g/m^3$ 이하

정답 3-26 ① 3-27 ① 3-28 ① 3-29 ④ 3-30 ①

3-31 실내공기질 관리법규상 건축자재의 오염물질 방출 기준 중 "페인트"의 ㉠ 톨루엔, ㉡ 총휘발성유기화합물 기준으로 옳은 것은?(단, 단위는 $mg/m^2 \cdot h$) [18-4]

① ㉠ 0.05 이하, ㉡ 20.0 이하
② ㉠ 0.05 이하, ㉡ 4.0 이하
③ ㉠ 0.08 이하, ㉡ 20.0 이하
④ ㉠ 0.08 이하, ㉡ 2.5 이하

해설 규칙. [별표 5] 건축자재의 오염물질 방출기준

구분 \ 오염물질 종류		폼알데히드	톨루엔	총휘발성 유기화합물
1. 접착제		0.02 이하	0.08 이하	2.0 이하
2. 페인트		0.02 이하	0.08 이하	2.5 이하
3. 실란트		0.02 이하	0.08 이하	1.5 이하
4. 퍼티		0.02 이하	0.08 이하	20.0 이하
5. 벽지		0.02 이하	0.08 이하	4.0 이하
6. 바닥제		0.02 이하	0.08 이하	4.0 이하
7. 목질판상제품	1) 2021년 12월 31일까지 적용되는 기준	0.12 이하	0.08 이하	0.8 이하
	2) 2022년 1월 1일부터 적용되는 기준	0.05 이하	0.08 이하	0.4 이하

[비고] 위 표에서 오염물질의 종류별 측정단위는 $mg/m^2 \cdot h$로 한다. 다만, 실란트의 측정 단위는 $mg/m \cdot h$로 한다.

3-32 실내공기질 관리법규상 건축자재의 오염물질방출 기준이다. (　) 안에 알맞은 것은?(단, 단위는 $mg/m^2 \cdot h$) [19-2]

오염물질	접착제	페인트
톨루엔	0.08 이하	(㉠)
총휘발성유기화합물	(㉡)	(㉢)

① ㉠ 0.02 이하, ㉡ 0.05 이하, ㉢ 1.5 이하
② ㉠ 0.02 이하, ㉡ 0.1 이하, ㉢ 2.0 이하
③ ㉠ 0.08 이하, ㉡ 2.0 이하, ㉢ 2.5 이하
④ ㉠ 0.10 이하, ㉡ 2.5 이하, ㉢ 4.0 이하

정답 3-31 ④ 3-32 ③

CBT 대비 실전문제

- 1회 CBT 대비 실전문제
- 2회 CBT 대비 실전문제
- 3회 CBT 대비 실전문제

1회 CBT 대비 실전문제

제1과목

대기 오염 개론

1. 질소 산화물에 관한 설명으로 거리가 먼 것은? [16-4]

① 아산화질소(N_2O)는 성층권의 오존을 분해하는 물질로 알려져 있다.

② 아산화질소(N_2O)는 대류권에서 태양에너지에 대하여 매우 안정하다.

③ 전 세계의 질소 화합물 배출량 중 인위적인 배출량은 자연적 배출량의 약 70 % 정도 차지하고 있으며, 그 비율은 점차 증가하는 추세이다.

④ 연료 NO_x는 연료 중 질소 화합물 연소에 의해 발생되고, 연료 중 질소 화합물은 일반적으로 석탄에 많고 중유, 경유 순으로 적어진다.

해설 ③ 70 % → 10 %

2. 온실 효과와 지구 온난화에 관한 설명으로 옳은 것은? [21-4]

① CH_4가 N_2O보다 지구 온난화에 기여도가 낮다.

② 지구 온난화 지수(GWP)는 SF_6가 HFCs보다 작다.

③ 대기의 온실 효과는 실제 온실에서의 보온 작용과 같은 원리이다.

④ 북반구에서 대기 중의 CO_2 농도는 여름에 감소하고 겨울에 증가하는 경향이 있다.

해설 ① 기여도가 낮다. → 기여도가 높다.
② 보다 작다. → 보다 크다.
③ 같은 원리이다. → 다른 원리이다.

3. 다음 중 오존 파괴 지수가 가장 큰 것은? [21-4]

① CFC – 113 ② CFC – 114
③ Halon – 1211 ④ Halon – 1301

해설 Halon – 1301(CF_3Br)의 오존 파괴 지수(ODP)는 10.0이다.

4. 빛의 소멸 계수(σ_{ext})가 0.45 km^{-1}인 대기에서, 시정 거리의 한계를 빛의 강도가 초기 강도의 95 %가 감소했을 때의 거리라고 정의할 경우 이때 시정 거리 한계(km)는 얼마인가? (단, 광도는 Lambert–Beer 법칙을 따르며, 자연대수로 적용한다.) [13-4, 17-4, 20-2]

① 약 0.1 ② 약 6.7
③ 약 8.7 ④ 약 12.4

해설 $I = I_o \times e^{-k\rho L}$

여기서, $\rho = 1$이라 가정

$5 = 100 \times e^{-0.45 \times L}$

$$\therefore L = \frac{-\ln\left(\frac{5}{100}\right)}{0.45} = 6.65\text{km}$$

정답 1. ③ 2. ④ 3. ④ 4. ②

5. 대기 오염 모델 중 수용 모델의 특징에 관한 설명으로 옳지 않은 것은? [12-2]

① 측정 자료를 입력 자료로 사용하므로 시나리오 작성이 용이하며 미래 예측이 쉽다.

② 입자상 및 가스상 물질, 가시도 문제 등 환경 전반에 응용할 수 있다.

③ 지형, 기상학적 정보가 없는 경우도 사용이 가능하다.

④ 수용체 입장에서 영향 평가가 현실적으로 이루어질 수 있다.

해설 ① 용이하며 미래 예측이 쉽다. → 곤란하며 미래 예측이 어렵다.

6. 로스앤젤레스형 스모그의 특성과 가장 거리가 먼 것은? [12-1]

① 2차성 오염 물질인 스모그를 형성하였다.

② 습도가 70 % 이하의 상태에서 발생하였다.

③ 화학 반응은 산화 반응이고, 역전의 종류는 침강성 역전에 해당한다.

④ 대기 오염 물질과 태양광선 중 적외선에 의해 발생한 PAN, H_2O_2 등 광화학적 산화물에 의한 사건이다.

해설 ④ 적외선 → 자외선

7. 해륙풍에 대한 다음 설명 중 옳지 않은 것은? [12-1, 15-1]

① 낮에는 해풍, 밤에는 육풍이 발달한다.

② 해풍은 대규모 바람이 약한 맑은 여름날에 발달하기 쉽다.

③ 육풍은 해풍에 비해 풍속이 크고, 수직·수평적인 영향 범위가 넓은 편이다.

④ 해풍의 가장 전면(내륙 쪽)에서는 해풍이 급격히 약해져서 수렴 구역이 생기는데, 이 수렴 구역을 해풍 전선이라 한다.

해설 ③ 육풍은 해풍에 비해 → 해풍은 육풍에 비해

(이유는 해풍은 바다에서 부는 바람으로 바다는 육지보다 마찰 저항이 적다.)

8. 대기 오염 가스를 배출하는 굴뚝의 유효 고도가 87 m에서 100 m로 높아졌다면 굴뚝의 풍하측 지상 최대 오염 농도를 87 m일 때의 것과 비교하면 몇 %가 되겠는가? (단, 기타 조건은 일정) [15-1, 19-4]

① 47 % ② 62 %

③ 76 % ④ 88 %

해설 $C_{\max} = \dfrac{2Q}{\pi e u H_e^2}\left(\dfrac{C_z}{C_y}\right)$

$C_{\max} \propto \dfrac{1}{H_e^2}$

$100\% : \dfrac{1}{87^2}$

$x[\%] : \dfrac{1}{100^2}$

$\therefore x = 75.69\,\%$

9. 메탄 1 mol이 완전 연소할 때, AFR은? (단, 부피 기준) [18-2, 21-2]

① 6.5 ② 7.5 ③ 8.5 ④ 9.5

해설 $\text{AFR} = \dfrac{\text{공기 몰(mol)수}}{\text{연료 몰(mol)수}}$

$CH_4 + 2O_2 \rightarrow CO_2 + 2H_2O$

$\therefore \text{AFR} = \dfrac{\dfrac{1}{0.21} \times O_o}{1} = \dfrac{\dfrac{1}{0.21} \times 2}{1} = 9.52$

※ 부피 기준과 mol 기준은 값이 같다.

(이유 : 1 mol=22.4 L라는 비례 관계가 있으므로)

10. Richardson 수(R_i)에 관한 설명으로 옳지 않은 것은? [13-4, 17-1]

정답 5. ① 6. ④ 7. ③ 8. ③ 9. ④ 10. ①

① $R_i = \frac{g}{T} = \frac{\left(\frac{\Delta T}{\Delta Z}\right)^2}{\left(\frac{\Delta u}{\Delta z}\right)}$ 로 표시하며 $\frac{\Delta T}{\Delta Z}$ 는 강제 대류의 크기, $\frac{\Delta u}{\Delta z}$ 는 자유 대류의 크기를 나타낸다.
② $R_i > 0.25$일 때는 수직 방향의 혼합이 없다.
③ $R_i = 0$일 때는 기계적 난류만 존재한다.
④ R_i이 큰 음의 값을 가지면 대류가 지배적이어서 바람이 약하게 되어 강한 수직 운동이 일어나며, 굴뚝의 연기는 수직 및 수평 방향으로 빨리 분산한다.

해설 $R_i = \frac{g}{T} \times \frac{\frac{\Delta T}{\Delta Z}}{\left(\frac{\Delta u}{\Delta z}\right)^2}$

$\frac{\Delta T}{\Delta Z}$ 는 수직 방향의 온위 경도를 나타내고, $\frac{\Delta u}{\Delta z}$ 는 수직 방향의 풍속 경도로서 강제 대류의 크기를 나타낸다.

11. 다음 광화학적 산화제와 2차 대기 오염 물질에 관한 설명 중 가장 거리가 먼 것은? [17-1]
① PAN은 peroxyacetyl nitrate의 약자이며, $CH_3COOONO_2$의 분자식을 갖는다.
② PAN은 PBN(peroxybenzoyl nitrate)보다 100배 이상 눈에 강한 통증을 주며, 빛을 흡수시키므로 가시거리를 감소시킨다.
③ 오존은 섬모 운동의 기능 장애를 일으키며, 염색체 이상이나 적혈구의 노화를 초래하기도 한다.
④ 광화학 반응의 주요 생성물은 PAN, CO_2, 케톤 등이 있다.

해설 ② PAN은 PBN보다 → PBN은 PAN보다

12. 다음 중 London형 스모그에 관한 설명으로 가장 거리가 먼 것은? (단, Los Angeles형 스모그와 비교) [13-2, 18-2]
① 복사성 역전이다.
② 습도가 85 % 이상이었다.
③ 시정거리가 100 m 이하이다.
④ 산화 반응이다.

해설 ④ 산화 → 환원

13. 오존에 관한 설명으로 옳지 않은 것은? (단, 대류권 내 오존 기준) [19-4]
① 보통 지표 오존의 배경 농도는 1~2 ppm 범위이다.
② 오존은 태양빛, 자동차 배출원인 질소산화물과 휘발성 유기 화합물 등에 의해 일어나는 복잡한 광화학 반응으로 생성된다.
③ 오염된 대기 중 오존 농도에 영향을 주는 것은 태양빛의 강도, NO_2/NO의 비, 반응성 탄화수소 농도 등이다.
④ 국지적인 광화학 스모그로 생성된 Oxidant의 지표 물질이다.

해설 ① 1~2 ppm → 0.01~0.02 ppm

14. 대기 오염 물질별로 지표 식물을 짝지은 것으로 가장 거리가 먼 것은? [16-4]
① HF – 알팔파　　② SO_2 – 담배
③ O_3 – 시금치　　④ NH_3 – 해바라기

해설 불화수소의 지표 식물은 메밀이다.

15. 산성비에 관한 설명 중 ( ) 안에 알맞은 것은? [21-4]

일반적으로 산성비는 pH (㉠) 이하의 강우를 말하며, 이는 자연 상태의 대기 중에 존재하는 (㉡)가 강우에 흡수되었을 때의 pH를 기준으로 한 것이다.

정답 11. ② 12. ④ 13. ① 14. ① 15. ③

① ㉠ 3.6, ㉡ CO_2
② ㉠ 3.6, ㉡ NO_2
③ ㉠ 5.6, ㉡ CO_2
④ ㉠ 5.6, ㉡ NO_2

해설 산성비란 보통 빗물의 pH가 5.6보다 낮게 되는 경우를 말하는데, 이는 CO_2가 빗방울에 포화 상태로 흡수되었을 때의 pH 값이다.

16. 경도풍을 형성하는 데 필요한 힘과 가장 거리가 먼 것은? [16-1]

① 마찰력 ② 전향력
③ 원심력 ④ 기압 경도력

해설 경도풍은 등압선이 곡선인 경우 기압 경도력, 원심력, 전향력이 평형을 이루는 상태에서 부는 바람이다.

17. 지상 10 m에서의 풍속이 7.5 m/s라면 지상 100 m에서의 풍속은? (단, Deacon 식을 적용, 풍속 지수(P)=0.12이다.) [13-2, 15-2, 16-2, 17-4, 18-2]

① 약 8.2 m/s ② 약 8.9 m/s
③ 약 9.2 m/s ④ 약 9.9 m/s

해설 $\frac{U_2}{U_1} = \left(\frac{Z_2}{Z_1}\right)^P$

$\therefore U_2 = U_1 \times \left(\frac{Z_2}{Z_1}\right)^P = 7.5 \times \left(\frac{100}{10}\right)^{0.12}$

$= 9.88 \text{ m/s}$

18. Gaussian 연기 확산 모델에 관한 설명으로 가장 거리가 먼 것은? [15-4]

① 장·단기적인 대기 오염도 예측에 사용이 용이하다.
② 간단한 화학 반응을 묘사할 수 있다.
③ 선 오염원에서 풍하 방향으로 확산되어가는 plume이 정규 분포를 한다고 가정한다.
④ 주로 평탄 지역에 적용이 가능하도록 개발되어 왔으나 최근 복잡 지형에도 적용이 가능토록 개발되고 있다.

해설 ③ 선 오염원 → 점 오염원

19. 다음 기온 역전의 발생 기전에 관한 설명으로 옳은 것은? [15-2]

① 이류성 역전 – 따뜻한 공기가 차가운 지표면 위로 흘러갈 때 발생
② 침강형 역전 – 저기압 중심 부분에서 기층이 서서히 침강할 때 발생
③ 해풍형 역전 – 바다에서 더워진 바람이 차가운 육지 위로 불 때 발생
④ 전선형 역전 – 비교적 높은 고도에서 차가운 공기가 따뜻한 공기 위로 전선을 이룰 때 발생

해설 ② 저기압 중심 → 고기압 중심
③ 바다에서 더워진 바람이 차가운 육지 → 바다에서 차가운 바람이 더워진 육지
④ 차가운 공기가 따뜻한 공기 위로 → 따뜻한 공기가 차가운 공기 위로

20. 스테판 – 볼츠만의 법칙에 따르면 흑체 복사를 하는 물체에서 물체의 표면 온도가 1500 K에서 1997 K로 변화된다면, 복사에너지는 약 몇 배로 변화되는가? [14-1, 14-4, 18-4, 19-1]

① 1.25배 ② 1.33배
③ 2.56배 ④ 3.14배

해설 $Q \propto T^4$

$1 : 1500^4$

$x : 1997^4$

$\therefore x = \frac{1 \times 1997^4}{1500^4} = 3.14$배

정답 16. ① 17. ④ 18. ③ 19. ① 20. ④

제2과목

연소 공학

21. 연료의 종류에 따른 연소 특성으로 옳지 않은 것은? [20-4]

① 기체 연료는 부하의 변동 범위(turn down ratio)가 좁고 연소의 조절이 용이하지 않다.

② 기체 연료는 저발열량의 것으로 고온을 얻을 수 있고, 전열 효율을 높일 수 있다.

③ 액체 연료의 경우 회분은 아주 적지만, 재속의 금속 산화물이 장애 원인이 될 수 있다.

④ 액체 연료는 화재, 역화 등의 위험이 크며, 연소 온도가 높아 국부적인 과열을 일으키기 쉽다.

해설 기체 연료는 부하의 변동 범위가 넓고 연소의 조절이 용이하다.

22. 프로판과 부탄이 용적비 3 : 2로 혼합된 가스 1 Sm^3가 이론적으로 완전 연소할 때 발생하는 CO_2의 양(Sm^3)은? [12-1, 20-1]

① 2.7 ② 3.2

③ 3.4 ④ 3.9

해설 $C_3H_8 + 5O_2 \rightarrow 3CO_2 + 4H_2O$

1 3

$\frac{3}{5}$ x_1

$C_4H_{10} + 6.5O_2 \rightarrow 4CO_2 + 5H_2O$

1 4

$\frac{2}{5}$ x_2

$\therefore CO_2 = x_1 + x_2 = 3 \times \frac{3}{5} + 4 \times \frac{2}{5}$

$= 3.4\ Sm^3/Sm^3$

23. 유동층 연소에 관한 설명으로 거리가 먼 것은? [14-2, 19-4]

① 사용 연료의 입도 범위가 넓기 때문에 연료를 미분쇄할 필요가 없다.

② 비교적 고온에서 연소가 행해지므로 열생성 NO_x가 많고, 전열관의 부식이 문제가 된다.

③ 연료의 층내 체류 시간이 길어 저발열량의 석탄도 완전 연소가 가능하다.

④ 유동 매체에 석회석 등의 탈황제를 사용하여 로내 탈황도 가능하다.

해설 유동층 연소 방법은 화격자 연소 방법과 미분탄 연소 방법의 중간 형태이다.
②의 경우 미분탄 연소 장치의 단점이다.
유동층 연소 장치의 특징은 연소실 온도가 낮으므로 NO_x 생성이 적다.

24. 확산형 가스 버너인 포트형 사용 및 설계 시의 주의사항으로 옳지 않은 것은 어느 것인가? [13-4, 18-2]

① 구조상 가스와 공기압을 높이지 못한 경우에 사용한다.

② 가스와 공기를 함께 가열할 수 있는 이점이 있다.

③ 고발열량 탄화수소를 사용할 경우는 가스 압력을 이용하여 노즐로부터 고속으로 분출케 하여 그 힘으로 공기를 흡인하는 방식을 취한다.

④ 밀도가 큰 가스 출구는 하부에, 밀도가 작은 공기 출구는 상부에 배치되도록 하여 양쪽의 밀도 차에 의한 혼합이 잘 되도록 한다.

해설 밀도가 큰 가스 출구는 상부에, 밀도가 작은 공기 출구는 하부에 배치되도록 하여 양쪽의 밀도 차에 의한 혼합이 잘 되도록 한다.

정답 21. ① 22. ③ 23. ② 24. ④

25. 다음 중 기체 연료의 연소 방식에 해당되는 것은? [13-1, 16-2]

① 스토커 연소
② 회전식 버너(rotary burner) 연소
③ 예혼합 연소
④ 유동층 연소

해설 ①, ④는 고체 연료 연소 방식이고 ②는 액체 연료 연소 방식이다.

26. 다음 중 가솔린 자동차에 적용되는 삼원 촉매 기술과 관련된 오염 물질과 거리가 먼 것은? [12-1, 15-1, 17-1]

① SO_x
② NO_x
③ CO
④ HC

해설 삼원 촉매 기술은 촉매를 사용하여 NO_x, CO, HC를 무해한 CO_2, H_2O, N_2로 만드는 기술이다.

27. 석유에 관한 설명으로 틀린 것은 어느 것인가? [13-2, 16-2]

① 경질유는 방향족계 화합물을 10 % 미만 함유한다고 할 수 있다.
② 점도가 낮을수록 유동점이 낮아지므로 일반적으로 저점도의 중유는 고점도의 중유보다 유동점이 낮다.
③ 석유의 동점도가 감소하면 끓는점과 인화점이 높아지고, 연소가 잘된다.
④ 석유의 비중이 커지면 탄화수소비(C/H)가 증가한다.

해설 석유의 동점도가 감소하면 인화점은 낮아진다. 그래서 연소가 잘된다.

28. 액화 천연가스의 대부분을 차지하는 구성성분은? [16-1, 20-4]

① CH_4
② C_2H_6
③ C_3H_8
④ C_4H_{10}

해설 LNG의 주성분은 CH_4이다.

29. 아래의 조성을 가진 혼합 기체의 하한 연소 범위(%)는? [15-4, 19-2, 20-4]

성분	조성(%)	하한 연소 범위(%)
메탄	80	5.0
에탄	15	3.0
프로판	4	2.1
부탄	1	1.5

① 3.46
② 4.24
③ 4.55
④ 5.05

해설 $L\text{하한} = \dfrac{100}{\left\{\dfrac{80}{5}+\dfrac{15}{3}+\dfrac{4}{2.1}+\dfrac{1}{1.5}\right\}} = 4.24$

30. 어떤 화학 반응 과정에서 반응 물질이 25 % 분해하는 데 41.3분 걸린다는 것을 알았다. 이 반응이 1차라고 가정할 때, 속도 상수 $k(s^{-1})$는? [15-1, 18-1, 20-4]

① 1.022×10^{-4}
② 1.161×10^{-4}
③ 1.232×10^{-4}
④ 1.437×10^{-4}

해설 $C = C_o - e^{-k\cdot t}$(1차 반응식)

$0.75 = 1\times e^{-k\times 41.3\text{min}\times 60\text{s/min}}$

$\therefore\ k = \dfrac{-\ln 0.75}{41.3\times 60} = 1.1609\times10^{-4}\text{s}^{-1}$

정답 25. ③ 26. ① 27. ③ 28. ① 29. ② 30. ②

31. 메탄올 2.0 kg을 완전 연소하는 데 필요한 이론 공기량(Sm^3)은? [14-2, 16-1, 20-4]

① 2.5　　② 5.0
③ 7.5　　④ 10.0

해설 $CH_3OH + 1.5O_2 \rightarrow CO_2 + 2H_2O$

32 kg　$1.5 \times 22.4 Sm^3$

2 kg　$O_o [Sm^3]$

$$A_o = \frac{1}{0.21} \times O_o = \frac{1}{0.21} \times \frac{2 \times 1.5 \times 22.4}{32}$$

$= 10\ Sm^3$

32. 연소 배출 가스 분석 결과 CO_2 11.9 %, O_2 7.1 %일 때 과잉 공기 계수는 약 얼마인가? [13-1, 17-1, 20-1]

① 1.2　　② 1.5
③ 1.7　　④ 1.9

해설 $N_2 = 100 - (CO_2 + O_2)$

$= 100 - (11.9 + 7.1) = 81$

$$m = \frac{N_2}{N_2 - 3.76O_2} = \frac{81}{81 - 3.76 \times 7.1} = 1.49$$

33. 다음 중 유황 함유량이 1.5 %인 중유를 시간당 100톤 연소시킬 때 SO_2의 배출량(m^3/hr)은 얼마인가? (단, 표준 상태 기준, 유황은 전량이 반응하고, 이 중 5 %는 SO_3로서 배출되며, 나머지는 SO_2로 배출된다.) [13-2, 16-2, 17-4]

① 약 300　　② 약 500
③ 약 800　　④ 약 1,000

해설 $S + O_2 \rightarrow SO_2$

1 kmol　1 kmol

32 kg　$22.4\ m^3$

$100\ ton/h \times 10^3\ kg/ton \times 0.015 \times 0.95 : x [m^3/h]$

$$\therefore x = \frac{100 \times 10^3 \times 0.015 \times 0.95 \times 22.4}{32}$$

$= 997.5\ m^3/h$

34. A 기체 연료 2 Sm^3을 분석한 결과 C_3H_8 1.7 Sm^3, CO 0.15 Sm^3, H_2 0.14 Sm^3, O_2 0.01 Sm^3였다면 이 연료를 완전연소 시켰을 때 생성되는 이론 습연소 가스량(Sm^3)은? [16-4, 19-2]

① 약 41 Sm^3　　② 약 45 Sm^3
③ 약 52 Sm^3　　④ 약 57 Sm^3

해설 $A_o = \frac{1}{0.21}\{5C_3H_8 + 0.5CO + 0.5H_2 - O_2\}$

$= \frac{1}{0.21} \times \{5 \times 1.7 + 0.5 \times 0.15 + 0.5 \times 0.14 - 0.01\}$

$= 41.119\ Sm^3$

$G_{ow} = \{7C_3H_8 + CO + H_2\} + 0.79A_o$

$= \{7 \times 1.7 + 0.15 + 0.14\} + 0.79 \times 41.119$

$= 44.6\ Sm^3$

35. 공기압은 2~10 kg/cm^2, 분무화용 공기량은 이론 공기량의 7~12 %, 분무 각도는 30° 정도이며, 유량 조절 범위는 1 : 10 정도인 액체 연료의 연소 장치는 어느 것인가? [14-1, 14-2, 17-2]

① 유압식 버너
② 고압공기식 버너
③ 충돌 분사식 버너
④ 회전식 버너

해설 공기압이 2~7 kg/cm^2인 것은 고압공기식 버너이다.

36. 저위 발열량이 7,000 $kcal/Sm^3$의 가스 연료의 이론 연소 온도는? (단, 이론 연소 가스량은 10 m^3/Sm^3, 연료 연소 가스의 정압 비열은 0.35 $kcal/Sm^3$℃, 기준 온도는 15℃, 지금 공기는 예열되지 않으며, 연소 가스는 해리되지 않음) [17-4, 19-2, 20-4, 21-2, 21-4]

① 1,515　　② 1,825
③ 2,015　　④ 2,325

정답 31. ④　32. ②　33. ④　34. ②　35. ②　36. ③

해설 $t_o = \dfrac{H_l}{G_o C_{po}} + t_a$

$= \dfrac{7{,}000\text{kcal/Sm}^3}{10\text{Sm}^3/\text{Sm}^3 \times 0.35\text{kcal/Sm}^3 \cdot ℃} + 15℃$

$= 2{,}015℃$

37. 다음 기체 연료 중 고위 발열량(kcal/Sm^3)이 가장 낮은 것은 어느 것인가? [12-2, 12-4, 13-1, 16-2, 17-1, 20-1]

① Ethane
② Ethylene
③ Acetylene
④ Methane

해설 기체 연료 중 고위 발열량이 낮은 연료는 탄소수와 수소수가 적은 연료이다.

38. C 78 %, H 22 %로 구성되어 있는 액체 연료 1 kg을 공기비 1.2로 연소하는 경우에 C의 1 %가 검댕으로 발생된다고 하면 건연소 가스 1 Sm^3 중의 검댕의 농도(g/Sm^3)는? [12-2, 15-4, 17-1, 19-2, 21-1]

① 0.55　　② 0.75
③ 0.95　　④ 1.05

해설 검댕 농도 $= \dfrac{\text{검댕}}{G_d}$ [g/Sm^3]

$A_o = \dfrac{1}{0.21} \times \left\{ \dfrac{22.4}{12} \times 0.78 + \dfrac{11.2}{2} \times 0.22 \right\}$

$= 12.8\ \text{Sm}^3/\text{kg}$

$G_{od} = \dfrac{22.4}{12} \times 0.78 + 0.79 \times 12.8$

$= 11.568\ \text{Sm}^3/\text{kg}$

$G_d = 11.568 + (1.2 - 1) \times 12.8$

$= 14.128\ \text{Sm}^3/\text{kg}$

뒤집어서 풀면

$\therefore$ 검댕 농도 $= \dfrac{1\text{kg} \times 10^3\text{g/kg} \times 0.78 \times 0.01}{14.128\text{Sm}^3}$

$= 0.552\ \text{g/Sm}^3$

39. 중유 조성이 탄소 87 %, 수소 11 %, 황 2 %이었다면 이 중유 연소에 필요한 이론 습연소 가스량(Sm^3/kg)은? [16-4, 19-4]

① 9.63
② 11.35
③ 13.63
④ 15.62

해설 $A_o = \dfrac{1}{0.21} \times \left\{ \dfrac{22.4}{12} \times 0.87 + \dfrac{11.2}{2} \times \left(0.11 - \dfrac{0}{8}\right) + \dfrac{22.4}{32} \times 0.02 \right\}$

$= 10.73\ \text{Sm}^3/\text{kg}$

$G_{od} = \dfrac{22.4}{12} \times 0.87 + \dfrac{22.4}{32} \times 0.02 + \dfrac{22.4}{28} \times 0 + 0.79 \times 10.73$

$= 10.11\ \text{Sm}^3/\text{kg}$

$G_{ow} = G_{od} + \dfrac{22.4}{18} \times (9\text{H} + \text{W})$

$= 10.11 + \dfrac{22.4}{18} \times (9 \times 0.11 + 0)$

$= 11.342\ \text{Sm}^3/\text{kg}$

40. 액화 석유 가스(LPG)에 대한 설명으로 옳지 않은 것은? [16-4, 20-4]

① 황분이 적고 유독 성분이 거의 없다.
② 사용에 편리한 기체 연료의 특징과 수송 및 저장에 편리한 액체 연료의 특징을 겸비하고 있다.
③ 천연가스에서 회수되기도 하지만 대부분은 석유 정제 시 부산물로 얻어진다.
④ 비중이 공기보다 가벼워 누출될 경우 인화 폭발 위험성이 크다.

해설 비중이 공기보다 무거워 누출될 경우 인화 폭발 위험성이 크다.

정답 37. ④ 38. ① 39. ② 40. ④

제3과목

대기 오염 방지 기술

41. 전기 집진 장치에서 입구 먼지 농도가 10 g/Sm^3, 출구 먼지 농도가 0.1 g/Sm^{3}이었다. 출구 먼지 농도를 50 mg/Sm^{3}로 하기 위해서는 집진극 면적을 약 몇 배 정도로 넓게 하면 되는가? (단, 다른 조건은 변하지 않는다.) [14-2, 16-1, 18-2]

① 1.15배　② 1.55배
③ 1.85배　④ 2.05배

해설 $\eta=\dfrac{C_i-C_o}{C_i}$

$\eta_1=\dfrac{10-0.1}{10}=0.99$

$\eta_2=\dfrac{10-0.05}{10}=0.995$

$\eta=1-e^{-\frac{A\cdot W_e}{Q}}$, $\dfrac{W_e}{Q}=1$이라면

$e^{-A}=1-\eta$

$-A=\ln(1-\eta)$

$\dfrac{A_2}{A_1}=\dfrac{-\ln(1-\eta_2)}{-\ln(1-\eta_1)}=\dfrac{-\ln(1-0.995)}{-\ln(1-0.99)}$

$=1.15$배

42. 냄새 물질에 관한 다음 설명 중 가장 거리가 먼 것은? [17-1, 19-2]

① 물리화학적 자극량과 인간의 감각 강도 관계는 Ranney 법칙과 잘 맞다.
② 골격이 되는 탄소(C)수는 저분자일수록 관능기 특유의 냄새가 강하고 자극적이며, 8~13에서 가장 향기가 강하다.
③ 분자 내 수산기의 수는 1개일 때 가장 강하고 수가 증가하면 약해져서 무취에 이른다.
④ 불포화도가 높으면 냄새가 보다 강하게 난다.

해설 ① Ranney → Weber – Fechner (웨버–페히너)

43. 국소 배기 시설에서 후드의 유입 계수가 0.84, 속도압이 10 mmH$_2$O일 때 후드에서의 압력 손실(mmH$_2$O)은? [18-2, 20-1]

① 4.2　② 8.4
③ 16.8　④ 33.6

해설 $\Delta P=\dfrac{1-C_e^{\,2}}{C_e^{\,2}}\times V_p$

$=\dfrac{1-0.84^2}{0.84^2}\times 10$

$=4.17\ \text{mmH}_2\text{O}$

44. 압력 손실이 250 mmH$_2$O이고, 처리 가스량 30,000 m^3/h인 집진 장치의 송풍기 소요 동력(kW)은 얼마인가? (단, 송풍기의 효율은 80 %, 여유율은 1.25이다.) [12-2, 14-1, 15-2, 15-4, 20-1, 20-4]

① 약 25　② 약 29
③ 약 32　④ 약 38

해설 $\text{kW}=\dfrac{Q\cdot\Delta P}{\dfrac{102\text{kg}\cdot\text{m/s}}{\text{kW}}}\times\alpha$

$=\dfrac{30{,}000\text{m}^3/3{,}600\text{s}\times 250\text{kg/m}^2}{\dfrac{102\text{kg}\cdot\text{m/s}}{\text{kW}}\times 0.8}\times 1.25$

$=31.9\ \text{kW}$

45. 50 m의 높이가 되는 굴뚝 내의 배출 가스 평균 온도가 300℃, 대기 온도가 20℃일 때 통풍력(mmH$_2$O)은? (단, 연소 가스 및 공기의 비중을 1.3 kg/Sm^{3}이라고 가정한다.) [20-4, 20-4]

① 약 15　② 약 30
③ 약 45　④ 약 60

정답 41. ① 42. ① 43. ① 44. ③ 45. ②

해설 $Z=355\times H\times\left(\frac{1}{T_a}-\frac{1}{T_g}\right)$

$=355\times 50\times\left\{\frac{1}{(273+20)}-\frac{1}{(273+300)}\right\}$

$=29.6\ mmH_2O$

46. 전기 집진 장치의 장애 현상 중 먼지의 비저항이 비정상적으로 높아 2차 전류가 현저하게 떨어질 때의 대책으로 다음 중 가장 적합한 것은? [14-1, 17-1]

① baffle을 설치한다.
② 방전극을 교체한다.
③ 스파크 횟수를 늘린다.
④ 바나듐을 투입한다.

해설 해결 대책 3가지
(1) 스파크의 횟수를 늘리는 방법이 있다.
(2) 조습용 스프레이의 수량을 늘리는 방법이 있다.
(3) 입구의 분진 농도를 적절히 조절한다.

47. 원심력 집진 장치에 사용되는 용어에 대한 설명으로 틀린 것은? [13-1, 16-2]

① 임계 입경(critical diameter)은 100 % 분리 한계 입경이라고도 한다.
② 분리 계수가 클수록 집진율은 증가한다.
③ 분리 계수는 입자에 작용하는 원심력을 관성력으로 나눈 값이다.
④ 사이클론에서 입자의 분리 속도는 함진 가스의 선회 속도에는 비례하는 반면, 원통부 반경에는 반비례한다.

해설 분리계수 $=\frac{\text{원심력}}{\text{중력}}=\frac{U_t^2}{gR}$

48. 층류의 흐름인 공기 중의 입경이 2.2 μm, 밀도가 2,400 g/L인 구형 입자가 자유낙하하고 있다. 구형 입자의 종말 속도(m/s)는 어느 것인가? (단, 20℃에서 공기의 밀도는 1.29 g/L, 공기의 점도는 1.81× 10^{-4}poise) [15-1, 21-2]

① 3.5×10^{-6} ② 3.5×10^{-5}
③ 3.5×10^{-4} ④ 3.5×10^{-3}

해설 $U_g=\frac{g(\rho_p-\rho_a)d_p^2}{18\mu}$

$\rho_p=2,400\ g/L=2,400\ kg/m^3$

$\rho_a=1.29\ g/L=1.29\ kg/m^3$

$\mu=1.81\times10^{-4}$ poise
$=1.81\times10^{-4}\ g/cm\cdot s$
$=1.81\times10^{-4}\times10^{-3}\ kg/10^{-2}\ m\cdot s$
$=1.81\times10^{-5}\ kg/m\cdot s$

$\therefore\ U_g=\frac{9.8\times(2,400-1.29)\times(2.2\times10^{-6})^2}{18\times1.81\times10^{-5}}$
$=3.49\times10^{-4}\ m/s$

49. 외기 유입이 없을 때 집진 효율이 88 %인 원심력 집진 장치(cyclone)가 있다. 이 원심력 집진 장치에 외기가 10 % 유입되었을 때, 집진 효율(%)은? (단, 외기가 10 % 유입되었을 때 먼지 통과율은 외기가 유입되지 않은 경우의 3배) [13-1, 21-4]

① 54 ② 64
③ 75 ④ 83

해설 처음 상태의 집진 효율 : 88 %
처음 상태의 통과율=100−88=12 %
나중 상태의 통과율=12 %×3=36 %
나중 상태의 집진 효율=100−36=64 %

50. 10개의 bag을 사용한 여과 집진 장치에서 입구 먼지 농도가 25 g/Sm³, 집진율이 98 %였다. 가동 중 1개의 bag에 구멍이 열려 전체 처리 가스량의 $\frac{1}{5}$이 그대로 통과하였다면 출구의 먼지 농도는? (단, 나머지 bag의 집진율 변화는 없음) [18-1]

① 3.24 g/Sm³ ② 4.09 g/Sm³

정답 46. ③ 47. ③ 48. ③ 49. ② 50. ④

③ 4.82 g/Sm³ ④ 5.40 g/Sm³

해설 $C_o = 25\text{g/Sm}^3 \times \frac{1}{5} + 25\text{g/Sm}^3 \times \frac{4}{5} \times (1-0.98) = 5.40\ \text{g/Sm}^3$

51. 다음 세정 집진 장치 중 입구 유속(기본 유속)이 빠른 것은? [14-2, 17-1]

① jet scrubber
② venturi scrubber
③ theisen Washer
④ cyclone scrubber

해설 벤투리 스크러버의 throat(목부) 가스 속도는 60~90 m/s이다.

52. 사이클론의 운전 조건과 치수가 집진율에 미치는 영향으로 옳지 않은 것은 어느 것인가? [14-2, 21-1]

① 함진 가스의 온도가 높아지면 가스의 점도가 커져 집진율은 저하되나 그 영향은 크지 않은 편이다.
② 입구의 크기가 작아지면 처리 가스의 유입 속도가 빨라져 집진율과 압력 손실은 증가한다.
③ 출구의 직경이 작을수록 집진율은 증가하지만 동시에 압력 손실도 증가하고 함진 가스의 처리 능력도 떨어진다.
④ 동일한 유량일 때 원통의 직경이 클수록 집진율이 증가한다.

해설 원통의 직경이 작을수록 집진율이 증가한다.

53. 다음 중 적용 방법에 따른 충전탑(packed tower)과 단탑(plate tower)을 비교한 설명으로 가장 거리가 먼 것은 어느 것인가? [12-1, 16-4, 20-2]

① 포말성 흡수액일 경우 충전탑이 유리하다.
② 흡수액에 부유물이 포함되어 있을 경우 단탑을 사용하는 것이 더 효율적이다.
③ 온도 변화에 따른 팽창과 수축이 우려될 경우에는 충전제 손상이 예상되므로 단탑이 더 유리하다.
④ 운전 시 용매에 의해 발생하는 용해열을 제거해야 할 경우 냉각 오일을 설치하기 쉬운 충전탑이 유리하다.

해설 ④ 충전탑 → 단탑

54. 여과 집진 장치에 관한 설명으로 틀린 것은? [12-4, 16-1]

① 여과 자루 모양에 따라 원통형, 평판형, 봉투형으로 분류되며, 주로 원통형을 사용한다.
② $\frac{\text{여과 자루 길이}(L)}{\text{여과 자루 직경}(D)} \fallingdotseq 50$ 이상으로 많이 설계하고, 여과 자루 간의 최소 간격은 1.5 m 이상이 되어야 한다.
③ 간헐식의 경우는 먼지의 재비산이 적고 여포 수명이 연속식에 비해 길다.
④ 간헐식 중 진동형은 접착성 먼지 집진에는 사용할 수 없다.

해설 여과 자루의 길이는 3 m~12 m, 여과 자루의 직경은 0.15 m~0.45 m의 것을 많이 사용한다. 즉, $\frac{\text{여과 자루 길이}(L)}{\text{여과 자루 직경}(D)} \fallingdotseq 20$ 이하

55. 반지름 250 mm, 유효 높이 15 m인 원통형 백필터를 사용하여 농도 6 g/m³인 배출 가스를 20 m³/s로 처리하고자 한다. 겉보기 여과 속도를 1.2 cm/s로 할 때 필요한 백필터의 수는? [12-2, 12-4, 13-2, 17-4, 19-1, 20-4]

① 49 ② 62
③ 65 ④ 71

정답 51. ② 52. ④ 53. ④ 54. ② 55. ④

해설 $n = \frac{Q}{\pi D L V_f} = \frac{20}{3.14 \times 0.5 \times 15 \times 0.012}$
$= 70.7$개

56. 유체의 점성에 관한 설명으로 옳지 않은 것은? [12-2, 17-2, 21-1]

① 점성은 유체분자 상호 간에 작용하는 분자 응집력과 인접 유체층 간의 분자 운동에 의하여 생기는 운동량 수송에 기인한다.
② 액체의 점성 계수는 주로 분자 응집력에 의하므로 온도의 상승에 따라 낮아진다.
③ Hagen의 점성 법칙은 점성의 결과로 생기는 전단 응력은 유체의 속도 구배에 반비례한다.
④ 점성 계수는 온도에 의해 영향을 받지만 압력과 습도에는 거의 영향을 받지 않는다.

해설 ③ 반비례 → 비례

(이유 : $\tau = \mu \cdot \frac{du}{dy}$
여기서, τ : 전단 응력, μ : 점성 계수, $\frac{du}{dy}$: 속도 구배)

57. Henry 법칙이 적용되는 가스로서 공기 중 유해 가스의 분압이 16 mmHg일 때, 수중 유해 가스의 농도는 3.0 kmol/m^{3}이었다. 같은 조건에서 가스 분압이 435 mmH_2O가 되면 수중 유해 가스의 농도는 얼마인가? [12-1, 15-1, 15-4, 18-2]

① 1.5 kmol/m^3
② 3.0 kmol/m^3
③ 6.0 kmol/m^3
④ 9.0 kmol/m^3

해설 $P = H \cdot C$

$P \propto C$

16 mmHg : 3.0 kmol/m^3

$435\ \text{mmH}_2\text{O} \times \frac{760\ \text{mmHg}}{10{,}332\ \text{mmH}_2\text{O}}$: x [kmol/m^3]

$\therefore\ x = 5.99\ \text{kmol/m}^3$

58. 기상 총괄 이동 단위 높이가 2 m인 충전탑을 이용하여 배출 가스 중의 HF를 NaOH 수용액으로 흡수 제거하려 할 때, 제거율을 98 %로 하기 위한 충전탑의 높이는? (단, 평형 분압은 무시한다.) [15-1, 15-2, 16-1, 18-2, 18-4]

① 5.6 m ② 5.9 m
③ 6.5 m ④ 7.8 m

해설 $H = \text{NOG} \times \text{HOG} = \ln\left(\frac{1}{1-E}\right) \times \text{HOG}$
$= \ln\left(\frac{1}{1-0.98}\right) \times 2\ \text{m} = 7.82\ \text{m}$

59. NO 농도가 250 ppm인 배기가스 2,000 Sm^3/min을 CO를 이용한 선택적 접촉 환원법으로 처리하고자 한다. 배기가스 중의 NO를 완전히 처리하기 위해 필요한 CO의 양(Sm^3/h)은? [21-2]

① 30 ② 35
③ 40 ④ 45

해설 $NO + CO \rightarrow 0.5N_2 + CO_2$
22.4 Sm^3 : 22.4 Sm^3
2,000 Sm^3/min×60 min/h×250×10^{-6} : x [Sm^3/h]
$\therefore\ x = 30$ Sm^3/h

60. NO_x와 SO_x 동시 제어 기술에 관한 설명으로 옳지 않은 것은? [14-4, 19-1]

① NOXSO 공정은 감마 알루미나 담체의 표면에 나트륨을 첨가하여 SO_x와 NO_x를 동시에 흡착시킨다.
② CuO 공정은 알루미나 담체에 CuO를

정답 56. ③ 57. ③ 58. ④ 59. ① 60. ③

함침시켜 SO_2는 흡착 반응하고 NO_x는 선택적 촉매 환원되어 제거되는 원리를 이용하는 공정이다.

③ CuO 공정에서 온도는 보통 850~1,000℃ 정도로 조정하며, $CuSO_2$ 형태로 이동된 솔벤트 재생기에서 산소 또는 오존으로 재생된다.

④ 활성탄 공정은 S, H_2SO_4 및 액상 SO_2 등의 부산물이 생성되며, 공정 중 재가열이 없으므로 경제적이다.

해설 CuO 공정에서 온도는 보통 370~430℃로 조정하며, $CuSO_4$ 형태로 이송된 솔벤트는 재생기에서 수소 또는 메탄으로 재생된다.

제4과목

대기 오염 공정 시험 기준(방법)

61. 굴뚝 배출 가스 중 황산화물의 시료 채취 장치에 관한 설명으로 옳지 않은 것은 어느 것인가? [13-2, 17-1, 21-4]

① 시료 채취관은 배출 가스 중의 황산화물에 의해 부식되지 않는 재질, 예를 들면 유리관, 석영관, 스테인리스강관 등을 사용한다.

② 시료 중의 황산화물과 수분이 응축되지 않도록 시료 채취관과 흡수병 사이를 가열한다.

③ 시료 중에 먼지가 섞여 들어가는 것을 방지하기 위하여 채취관의 앞 끝에 적당한 여과재를 넣는다.

④ 가열 부분에 있어서의 배관의 접속은 채취관과 같은 재질, 혹은 보통 고무관을 사용한다.

해설 ④ 보통 고무관 → 실리콘 고무관

62. 고용량 공기 시료 채취기로 비산 먼지를 채취하고자 한다. 측정 결과가 다음과 같을 때 비산 먼지의 농도는? [19-2]

- 채취 시간 : 24시간
- 채취 개시 직후의 유량 : 1.8 m^3/min
- 채취 종료 직전의 유량 : 1.2 m^3/min
- 채취 후 여과지의 질량 : 3.828 g
- 채취 전 여과지의 질량 : 3.41 g

① 0.13 mg/m^3　② 0.19 mg/m^3
③ 0.25 mg/m^3　④ 0.35 mg/m^3

해설 흡인 공기량 $= \frac{Q_s + Q_e}{2} t$

여기서, Q_s : 포집 개시 직후의 유량(m^3/분)

Q_e : 포집 종료 직전의 유량(m^3/분)

t : 포집 시간(분)

$$V = \frac{(1.8+1.2)}{2} m^3/min \times 24\ h \times 60\ min/h = 2{,}160\ m^3$$

$$농도 = \frac{질량}{체적} = \frac{(3.828-3.419)g \times 10^3 mg/g}{2{,}160 m^3} = 0.189\ mg/m^3$$

63. 다음은 시험의 기재 및 용어에 관한 설명이다. ( ) 안에 알맞은 것은 어느 것인가? [16-2, 19-2]

> 시험 조작 중 "즉시"란 (㉠) 이내에 표시된 조작을 하는 것을 뜻하며, "감압 또는 진공"이라 함은 따로 규정이 없는 한 (㉡) 이하를 뜻한다.

① ㉠ 10초, ㉡ 15 mmH_2O
② ㉠ 10초, ㉡ 15 mmHg
③ ㉠ 30초, ㉡ 15 mmH_2O
④ ㉠ 30초, ㉡ 15 mmHg

정답 61. ④　62. ②　63. ④

64. 어떤 사업장의 굴뚝에서 실측한 배출 가스 중 A오염 물질의 농도가 600 ppm이었다. 이때 표준 산소 농도는 6 %, 실측 산소 농도는 8 %이었다면 이 사업장의 배출 가스 중 보정된 A오염 물질의 농도는?(단, A오염 물질은 배출 허용 기준 중 표준 산소 농도를 적용받는 항목이다.)

[14-1, 17-2, 18-1, 19-1, 20-4, 21-1, 21-4]

① 약 486 ppm ② 약 520 ppm
③ 약 692 ppm ④ 약 768 ppm

해설 $C = C_a \times \dfrac{21 - O_s}{21 - O_a}$

여기서, C : 오염 물질 농도(mg/Sm^3 또는 ppm)
O_s : 표준 산소 농도(%)
O_a : 실측 산소 농도(%)
C_a : 실측 오염 물질 농도 (mg/Sm^3 또는 ppm)

$$C = 600 \times \frac{21-6}{21-8} = 692.3\text{ppm}$$

65. 배출 가스 중 황산화물을 분석하기 위하여 중화 적정법에 의해 설파민산 표준시약 2.0 g을 물에 녹여 250 mL로 하고, 이 용액 25 mL를 분취하여 N/10-NaOH으로 중화 적정한 결과 21.6 mL가 소요되었다. 이때 N/10-NaOH 용액의 factor값은 얼마인가?(단, 설파민산의 분자량은 97.1이다.) [14-4, 17-4]

① 0.90 ② 0.95
③ 1.00 ④ 1.05

해설 설파민산 화학식 : NH_2SO_3H(1가)

N G C
1 : 97.1 : 1,000
x : 2 : 250

$$\therefore x = \frac{1 \times 2 \times 1{,}000}{97.1 \times 250} = 0.0823\text{ N}$$

$NVf = N'V'f'$

$$\therefore f' = \frac{NVf}{N'V'} = \frac{0.0823 \times 25 \times 1}{0.1 \times 21.6} = 0.952$$

66. 다음 자료를 바탕으로 구한 비산 먼지의 농도(mg/m^3)는? [15-1, 21-4]

- 채취 먼지량이 가장 많은 위치에서의 먼지 농도 : 115 mg/m^3
- 대조 위치에서의 먼지 농도 : 0.15 mg/m^3
- 전 시료 채취 기간 중 주 풍향이 90° 이상 변함
- 풍속이 0.5 m/s 미만 또는 10 m/s 이상이 되는 시간이 전 채취 시간의 50 % 이상임

① 114.9 ② 137.8
③ 165.4 ④ 206.7

해설 $C = (C_H - C_B) \times W_D \times W_S$
$= (115 \times 0.15)\text{mg/m}^3 \times 1.5 \times 1.2$
$= 206.7\text{mg/m}^3$

67. 배출 가스 중의 건조 시료 가스 채취량을 건식 가스 미터를 사용하여 측정할 때 필요한 항목에 해당하지 않는 것은 어느 것인가? [18-1, 21-1]

① 가스 미터의 온도
② 가스 미터의 게이지압
③ 가스 미터로 측정한 흡입 가스량
④ 가스 미터 온도에서의 포화 수증기압

해설 포화 수증기압은 습식 가스 미터에 포함된다.

건조 시료 가스 채취량(L)은 다음 식에 따라 계산한다.

㉮ 습식 가스 미터를 사용할 때

$$V_s = V \times \frac{273}{273+t} \times \frac{P_a + P_m - P_v}{760}$$

㉯ 건식 가스 미터를 사용할 때

$$V_s = V \times \frac{273}{273+t} \times \frac{P_a + P_m}{760}$$

여기서, V : 가스 미터로 측정한 흡인 가스량(L)

t : 가스 미터의 온도(℃)

P_a : 대기압(mmHg)

P_m : 가스 미터의 게이지압(mmHg)

P_v : t[℃]에서의 포화 수증기압(mmHg)

68. **분석 대상 가스별 흡수액으로 잘못 짝지어진 것은?** [19-2]

① 암모니아 – 붕산 용액(질량분율 0.5 %)
② 비소 – 수산화소듐 용액(질량분율 0.4 %)
③ 브롬 화합물 – 수산화소듐 용액(질량분율 0.4 %)
④ 질소 산화물 – 수산화소듐 용액(질량분율 0.4 %)

해설 질소 산화물의 흡수액은 황산+과산화수소수+증류수이다.

69. **다음 중 디에틸아민동 용액에서 시료 가스를 흡수시켜 생성된 디에틸 디티오카르바민산동의 흡광도를 435 nm의 파장에서 측정하는 항목은?** [13-4, 17-1]

① CS_2 ② H_2S
③ HCN ④ PAH

암기방법 이황가디디

이황 : 이황화탄소
가 : 가스 크로마토그래프법
디 : 디에틸디티오카르바민산법
디 : 디에틸아민동용액(흡수액)

70. **환경 대기 시료 채취 방법 중 측정 대상 기체와 선택적으로 흡수 또는 반응하는 용매에 시료 가스를 일정 유량으로 통과시켜 채취하는 방법으로 채취관 – 여과재 – 채취부 – 흡입펌프 – 유량계(가스 미터)로 구성되는 것은?** [13-4, 17-1, 21-4]

① 용기 채취법 ② 고체 흡착법
③ 직접 채취법 ④ 용매 채취법

해설 용매 포집법(용매 채취법)의 설명이다.

71. **환경 대기 중의 일산화탄소 측정 방법 중 수소염 이온화 검출기법은 시료 공기를 몰레큘러 시브(molecular sieve)가 채워진 분리관을 통과시켜 분리된 일산화탄소를 메탄으로 환원하여 수소염 이온화 검출기로 정량하는 방법이다. 이때 사용되는 운반 가스와 촉매로 가장 적합한 것은 어느 것인가?** [13-4]

① 질소와 백금(Pt)
② 수소와 니켈(Ni)
③ 헬륨과 팔라듐(Pd)
④ 수소와 오스뮴(Os)

해설 수소염 이온화 검출기법

운반 가스로는 수소를 사용하며 시료 공기를 몰레큘러 시브(molecular sieve, 흡착제)가 채워진 분리관을 통과시키면 분리된 일산화탄소는 니켈 촉매에 의해서 메탄으로 환원되는데, 수소염 이온화 검출기로 정량된다.

$$CO + 3H_2 \xrightarrow{Ni} CH_4 + H_2O$$

72. **굴뚝 배출 가스 중의 먼지를 연속적으로 자동 측정하는 광산란 적분법의 4가지 장치 구성부로 가장 거리가 먼 것은 어느 것인가?** [12-1, 15-2]

① 앰프부 ② 검출부
③ 농도 지시부 ④ 수신부

정답 68. ④ 69. ① 70. ④ 71. ② 72. ③

해설 장치 구성 및 측정 조작

㉮ 광산란 적분법

㉠ 시료 채취부 ㉡ 검출부

㉢ 앰프부 ㉣ 수신부

㉯ 베타(β)선 흡수법

㉠ 시료 채취부 ㉡ 검출부

㉢ 표시 및 기록부 ㉣ 수신부

㉰ 광투과법

㉠ 시료 채취부 ㉡ 검출 및 분석부

㉢ 농도 지시부 ㉣ 데이터 처리부

㉤ 교정 장치

73. 다음 중 물질을 취급 또는 보관하는 동안에 기체 또는 미생물이 침입하지 않도록 내용물을 보호하는 용기를 뜻하는 것은 어느 것인가? [20-4]

① 기밀 용기

② 밀폐 용기

③ 밀봉 용기

④ 차광 용기

해설 용기

㉮ 밀폐 용기라 함은 물질을 취급 또는 보관하는 동안에 이물이 들어가거나 내용물이 손실되지 않도록 보호하는 용기를 뜻한다.

㉯ 기밀 용기라 함은 물질을 취급 또는 보관하는 동안에 외부로부터의 공기 또는 다른 가스가 침입하지 않도록 내용물을 보호하는 용기를 뜻한다.

㉰ 밀봉 용기라 함은 물질을 취급 또는 보관하는 동안에 기체 또는 미생물이 침입하지 않도록 내용물을 보호하는 용기를 뜻한다.

㉱ 차광 용기라 함은 광선을 투과하지 않은 용기 또는 투과하지 않게 포장을 한 용기로서 취급 또는 보관하는 동안에 내용물의 광화학적 변화를 방지할 수 있는 용기를 뜻한다.

74. 시판되는 염산 시약의 농도가 35 %이고 비중이 1.18인 경우 0.1 M의 염산 1L를 제조할 때 시판 염산 시약 약 몇 mL를 취하여 증류수로 희석하여야 하는가? [18-4]

① 3 ② 6 ③ 9 ④ 15

해설 $NV=N'V'$ (염산 1 M=1 N)

$$0.1\times 1{,}000=\frac{1.18\times 10\times 35}{36.5}\times x$$

$$\therefore\ x=\frac{0.1\times 1{,}000}{\dfrac{1.18\times 10\times 35}{36.5}}=8.83\text{ mL}$$

75. 기체-액체 크로마토그래피에서 사용되는 고정상 액체(stationary liquid)의 조건으로 옳은 것은? [13-4, 20-4]

① 사용 온도에서 증기압이 낮고, 점성이 작은 것이어야 한다.

② 사용 온도에서 증기압이 낮고, 점성이 큰 것이어야 한다.

③ 사용 온도에서 증기압이 높고, 점성이 작은 것이어야 한다.

④ 사용 온도에서 증기압이 높고, 점성이 큰 것이어야 한다.

해설 고정상 액체의 구비 조건

㉮ 분석 대상 성분을 완전히 분리할 수 있는 것이어야 한다.

㉯ 사용 온도에서 증기압이 낮고, 점성이 작은 것이어야 한다.

㉰ 화학적으로 안정된 것이어야 한다.

㉱ 화학적 성분이 일정한 것이어야 한다.

76. 이론단수가 1,600인 분리관이 있다. 보유 시간이 20분인 피크의 좌우 변곡점에서 접선이 자르는 바탕선의 길이가 10 mm일 때, 기록지 이동 속도는? (단, 이론단수는 모든 성분에 대하여 같다.) [17-2]

① 2.5 mm/min ② 5 mm/min

③ 10 mm/min ④ 15 mm/min

정답 73. ③ 74. ③ 75. ① 76. ②

해설 $n=16\cdot\left(\frac{t_R}{W}\right)^2$

$$1{,}600=16\times\left(\frac{x\,\text{mm/min}\times 20\text{min}}{10\text{mm}}\right)^2$$

$$\therefore\ \left(\frac{1{,}600}{16}\right)^{\frac{1}{2}}=\frac{x\times 20}{10}$$

$$\therefore\ x=\frac{\left(\frac{1{,}600}{16}\right)^{\frac{1}{2}}\times 10}{20}$$

$$=5\text{ mm/min}$$

77. **원자 흡광 광도법에서 화학적 간섭을 방지하는 방법으로 가장 거리가 먼 것은 어느 것인가?** [12-2, 17-1]

① 이온 교환에 의한 방해 물질 제거
② 표준 첨가법의 이용
③ 미량의 간섭 원소의 첨가
④ 은폐제의 첨가

해설 ③ 미량의 → 과량의

[화학적 간섭을 피하는 방법]

㉮ 이온 교환이나 용매 추출 등에 의한 방해 물질의 제거
㉯ 과량의 간섭 원소의 첨가
㉰ 간섭을 피하는 양이온, 음이온 또는 은폐제, 킬레이트제 등의 첨가
㉱ 목적 원소의 용매 추출
㉲ 표준 첨가법의 이용

78. **대기 오염 공정 시험 기준상 고성능 이온 크로마토그래피의 장치 중 서프레서에 관한 설명으로 가장 거리가 먼 것은 어느 것인가?** [13-1, 20-2]

① 장치의 구성상 서프레서 앞에 분리관이 위치한다.
② 용리액에 사용되는 전해질 성분을 제거하기 위한 것이다.
③ 관형 서프레서에 사용하는 충전물은 스티롤계 강산형 및 강염기형 수지이다.
④ 목적 성분의 전기 전도도를 낮추어 이온 성분을 고감도로 검출할 수 있게 해준다.

해설 전해질을 물 또는 저전도도 용매로 바꿔줌으로써 전기 전도도 셀에서 목적이온 성분의 전기 전도도만을 고감도로 검출할 수 있게 해주는 것이다.

79. **굴뚝 연속 자동 측정기 측정 방법 중 도관의 부착 방법으로 옳지 않은 것은 어느 것인가?** [12-2, 17-4, 21-4]

① 도관은 가능한 짧은 것이 좋다.
② 냉각 도관은 될 수 있는 대로 수직으로 연결한다.
③ 기체·액체 분리관은 도관의 부착 위치 중 가장 높은 부분 또는 최고 온도의 부분에 부착한다.
④ 응축수의 배출에 쓰는 펌프는 충분히 내구성이 있는 것을 쓰고, 이때 응축수 트랩은 사용하지 않아도 좋다.

해설 기체 - 액체 분리관은 도관의 부착 위치 중 가장 낮은 부분 또는 최저 온도의 부분에 부착하여 응축수를 급속히 냉각시키고 배관계의 밖으로 빨리 방출시킨다.

80. **대기 오염 공정 시험 기준상 원자 흡수 분광 광도법(원자 흡광 광도법)과 자외선 가시선 분광법(흡광 광도법)을 동시에 적용할 수 없는 것은?** [14-4]

① 카드뮴 화합물
② 니켈 화합물
③ 페놀 화합물
④ 구리 화합물

해설 중금속인 경우 원자 흡광 광도법 또는 흡광 광도법 둘 다 가능하나 중금속이 아닌 페놀 화합물은 흡광 광도법으로만 가능하다.

정답 77. ③ 78. ④ 79. ③ 80. ③

제5과목

대기환경 관계법규

81. 대기환경보전법규상 한국환경공단이 환경부장관에게 보고해야 할 위탁업무 보고사항 중 "자동차배출가스 인증생략 현황"의 보고횟수 기준은? [13-1, 14-2, 16-4, 20-1]

① 수시　② 연 1회　③ 연 2회　④ 연 4회

해설 규칙. [별표 38] 위탁업무 보고사항

업무내용	보고횟수	보고기일
1. 수시검사, 결함확인 검사, 부품결함 보고서류의 접수	수시	위반사항 적발 시
2. 결함확인검사 결과	수시	위반사항 적발 시
3. 자동차배출가스 인증생략 현황	연 2회	매 반기 종료 후 15일 이내
4. 자동차 시험검사 현황	연 1회	다음 해 1월 15일까지

82. 환경정책기본법령상 SO_2의 대기환경기준으로 옳은 것은? (단, ㉠ 연간평균치, ㉡ 24시간 평균치, ㉢ 1시간 평균치) [12-4, 16-4, 19-1, 21-4]

① ㉠ 0.02 ppm 이하, ㉡ 0.05 ppm 이하, ㉢ 0.15 ppm 이하
② ㉠ 0.03 ppm 이하, ㉡ 0.06 ppm 이하, ㉢ 0.10 ppm 이하
③ ㉠ 0.05 ppm 이하, ㉡ 0.10 ppm 이하, ㉢ 0.12 ppm 이하
④ ㉠ 0.06 ppm 이하, ㉡ 0.10 ppm 이하, ㉢ 0.12 ppm 이하

83. 다음은 악취방지법규상 악취검사기관의 준수사항이다. ( ) 안에 알맞은 것은 어느 것인가? [13-4, 15-1, 19-1, 20-4]

> 검사기관이 법인인 경우 보유차량에 국가기관의 악취검사차량으로 잘못 인식하게 하는 문구를 표시하거나 과대표시를 하여서는 아니되며, 검사기관은 다음의 서류를 작성하여 (　　) 보존하여야 한다.
> 가. 실험일지 및 검량선 기록지
> 나. 검사결과 발송 대장
> 다. 정도관리 수행기록철

① 1년간　② 2년간　③ 3년간　④ 5년간

해설 규칙. [별표 8] 악취검사기관의 준수사항

1. 시료는 기술인력으로 고용된 사람이 채취해야 한다.
2. 검사기관은 「환경기술개발 및 지원에 관한 법률」 제18조의2제1항에 따라 국립환경과학원장이 실시하는 정도관리를 받아야 한다.

정답 **81.** ③　**82.** ①　**83.** ③

3. 검사기관은 「환경분야 시험·검사 등에 관한 법률」 제6조제1항제4호에 따른 환경오염공정시험기준에 따라 정확하고 엄정하게 측정·분석을 해야 한다.
4. 검사기관이 법인인 경우 보유차량에 국가기관의 악취검사차량으로 잘못 인식하게 하는 문구를 표시하거나 과대표시를 해서는 안 된다.
5. 검사기관은 다음의 서류를 작성하여 3년간 보존해야 한다.
   가. 실험일지 및 검량선 기록지
   나. 검사 결과 발송 대장
   다. 정도관리 수행기록철

84. 실내공기질 관리법령상 의료기관의 폼알데하이드 실내공기질 유지기준은? [18-4, 21-4]

① 10 $\mu g/m^3$ 이하 ② 20 $\mu g/m^3$ 이하
③ 80 $\mu g/m^3$ 이하 ④ 150 $\mu gm/m^3$ 이하

해설 규칙. [별표 2] 실내공기질 유지기준

85. 대기환경보전법상 ( )에 알맞은 기간은? [13-1, 16-1, 19-1, 19-4]

> 환경부장관은 대기오염물질과 온실가스를 줄여 대기환경을 개선하기 위하여 대기환경개선 종합계획을 ( )마다 수립하여 시행하여야 한다.

① 3년 ② 5년
③ 10년 ④ 20년

해설 법. 제11조(대기환경개선 종합계획 수립 등)
① 환경부장관은 대기오염물질과 온실가스를 줄여 대기환경을 개선하기 위하여 대기환경개선 종합계획(이하 "종합계획"이라 한다)을 10년마다 수립하여 시행하여야 한다.

86. 대기환경보전법령상 배출시설 설치허가 신청서 또는 배출시설 설치신고서에 첨부하여야 할 서류로 가장 거리가 먼 것은? [14-1, 20-4]

① 원료(연료를 포함한다)의 사용량 및 제품 생산량
② 배출시설 및 방지시설의 설치명세서
③ 방지시설의 상세 설계도
④ 방지시설의 연간 유지관리 계획서

해설 영. 제11조(배출시설의 설치허가 및 신고 등)
③ 법 제23조제1항에 따라 배출시설 설치허가를 받거나 설치신고를 하려는 자는 배출시설 설치허가신청서 또는 배출시설 설치신고서에 다음 각 호의 서류를 첨부하여 환경부장관 또는 시·도지사에게 제출하여야 한다.
1. 원료(연료를 포함한다)의 사용량 및 제품 생산량과 오염물질 등의 배출량을 예측한 명세서
2. 배출시설 및 대기오염방지시설(이하 "방지시설"이라 한다)의 설치명세서
3. 방지시설의 일반도

정답 **84.** ③ **85.** ③ **86.** ③

4. 방지시설의 연간 유지관리 계획서
5. 사용 연료의 성분 분석과 황산화물 배출농도 및 배출량 등을 예측한 명세서(법 제41조제3항 단서에 해당하는 배출시설의 경우에만 해당한다)
6. 배출시설 설치허가증(변경허가를 신청하는 경우에만 해당한다)

④ 법 제23조 제2항에서 "대통령령으로 정하는 중요한 사항"이란 다음 각 호와 같다.

1. 법 제23조 제1항 또는 제2항에 따라 설치허가 또는 변경허가를 받거나 변경신고를 한 배출시설 규모의 합계나 누계의 100분의 50 이상(제1항 제1호에 따른 특정대기 유해물질 배출시설의 경우에는 100분의 30 이상으로 한다) 증설, 이 경우 배출시설 규모의 합계나 누계는 배출구별로 신청한다.
2. 법 제23조 제1항 또는 제2항에 따른 설치허가 또는 변경허가를 받은 배출시설의 용도 추가

87. 대기환경보전법령상 초과부과금 산정기준에서 다음 중 오염물질 1킬로그램 당 부과금액이 가장 적은 것은? [16-1, 19-4]

① 이황화탄소 ② 암모니아
③ 황화수소 ④ 불소화물

해설 영. [별표 4] 초과부과금 산정기준

구분 / 오염물질		오염물질 1킬로그램 당 부과금액	배출허용기준 초과율별 부과계수								지역별 부과계수		
			20% 미만	20% 이상 40% 미만	40% 이상 80% 미만	80% 이상 100% 미만	100% 이상 200% 미만	200% 이상 300% 미만	300% 이상 400% 미만	400% 이상	Ⅰ 지역	Ⅱ 지역	Ⅲ 지역
황산화물		500	1.2	1.56	1.92	2.28	3.0	4.2	4.8	5.4	2	1	1.5
먼지		770	1.2	1.56	1.92	2.28	3.0	4.2	4.8	5.4	2	1	1.5
질소산화물		2,130	1.2	1.56	1.92	2.28	3.0	4.2	4.8	5.4	2	1	1.5
암모니아		1,400	1.2	1.56	1.92	2.28	3.0	4.2	4.8	5.4	2	1	1.5
황화수소		6,000	1.2	1.56	1.92	2.28	3.0	4.2	4.8	5.4	2	1	1.5
이황화탄소		1,600	1.2	1.56	1.92	2.28	3.0	4.2	4.8	5.4	2	1	1.5
특정유해물질	불소화합물	2,300	1.2	1.56	1.92	2.28	3.0	4.2	4.8	5.4	2	1	1.5
	염화수소	7,400	1.2	1.56	1.92	2.28	3.0	4.2	4.8	5.4	2	1	1.5
	시안화수소	7,300	1.2	1.56	1.92	2.28	3.0	4.2	4.8	5.4	2	1	1.5

[비고] 1. 배출허용기준 초과율(%)=(배출농도−배출허용기준농도)÷배출허용기준농도×100
2. Ⅰ지역 : 「국토의 계획 및 이용에 관한 법률」 제36조에 따른 주거지역·상업지역, 같은 법 제37조에 따른 취락지구, 같은 법 제42조에 따른 택지개발예정지구

정답 87. ②

3. Ⅱ지역 : 「국토의 계획 및 이용에 관한 법률」 제36조에 따른 공업지역, 같은 법 제37조에 따른 개발진흥지구(관광·휴양개발 진흥지구는 제외한다), 같은 법 제40조에 따른 수산자원보호구역, 같은 법 제42조에 따른 국가산업단지·일반산업단지·도시첨단산업단지, 전원개발사업구역 및 예정구역
4. Ⅲ지역 : 「국토의 계획 및 이용에 관한 법률」 제36조에 따른 녹지지역·관리지역·농림지역 및 자연환경보전지역, 같은 법 제37조 및 같은 법 시행령 제31조에 따른 관광·휴양개발진흥지구

88. 대기환경보전법규상 다음 연료(kg) 중 고체연료 환산계수가 가장 큰 연료는? [14-4]

① 무연탄 ② 목재 ③ 이탄 ④ 목탄

해설 규칙. [별표 3] 대기오염물질 배출시설

고체연료환산계수

연료 또는 원료명	단위	환산계수	연료 또는 원료명	단위	환산계수
무연탄	kg	1.00	유연탄	kg	1.34
코크스	kg	1.32	갈탄	kg	0.90
이탄	kg	0.80	목탄	kg	1.42
목재	kg	0.70	유황	kg	0.46
중유(C)	L	2.00	중유(A, B)	L	1.86
원유	L	1.90	경유	L	1.92
등유	L	1.80	휘발유	L	1.68
나프타	L	1.80	엘피지	kg	2.40
액화 천연가스	Sm^3	1.56	석탄타르	kg	1.88
메탄올	kg	1.08	에탄올	kg	1.44
벤젠	kg	2.02	톨루엔	kg	2.06
수소	Sm^3	0.62	메탄	Sm^3	1.86
에탄	Sm^3	3.36	아세틸렌	Sm^3	2.80
일산화탄소	Sm^3	0.62	석탄가스	Sm^3	0.80
발생로가스	Sm^3	0.2	수성가스	Sm^3	0.54
혼성가스	Sm^3	0.60	도시가스	Sm^3	1.42
전기	kW	0.17			

89. 대기환경보전법규상 대기오염방지시설과 가장 거리가 먼 것은?(단, 그 밖의 경우 등은 제외) [15-4, 19-4]

① 산화·환원에 의한 시설 ② 응축에 의한 시설
③ 미생물을 이용한 처리시설 ④ 이온교환시설

정답 **88.** ④ **89.** ④

해설 규칙. [별표 4] 대기오염 방지시설

1. 중력집진시설
2. 관성력집진시설
3. 원심력집진시설
4. 세정집진시설
5. 여과집진시설
6. 전기집진시설
7. 음파집진시설
8. 흡수에 의한 시설
9. 흡착에 의한 시설
10. 직접연소에 의한 시설
11. 촉매반응을 이용하는 시설
12. 응축에 의한 시설
13. 산화·환원에 의한 시설
14. 미생물을 이용한 처리시설
15. 연소조절에 의한 시설
16. 위 제1호부터 제15까지의 시설과 같은 방지효율 또는 그 이상의 방지효율을 가진 시설로서 환경부장관이 인정하는 시설

[비고] 방지시설에는 대기오염물질을 포집하기 위한 장치(후드), 오염물질이 통과하는 관로(덕트), 오염물질을 이송하기 위한 송풍기 및 각종 펌프 등 방지시설에 딸린 기계·기구류(예비용을 포함한다) 등을 포함한다.

90. 다음은 대기환경보전법령상 환경부장관 또는 시·도지사가 특정대기유해물질 배출시설 또는 특별대책 지역에서의 배출시설의 설치를 제한할 수 있는 경우에 관한 기준이다. ( ) 안에 알맞은 것은? [15-2]

배출시설 설치 지점으로부터 반경 1킬로미터 안의 상주 인구가 2만명 이상인 지역으로서 특정대기유해물질 중 한 가지 종류의 물질을 연간 (㉠) 이상 배출하거나 두 가지 이상의 물질을 연간 (㉡) 이상 배출하는 시설을 설치하는 경우

① ㉠ 5톤, ㉡ 10톤
② ㉠ 5톤, ㉡ 20톤
③ ㉠ 10톤, ㉡ 20톤
④ ㉠ 10톤, ㉡ 25톤

해설 영. 제12조(배출시설 설치의 제한) 법 제23조제8항에 따라 환경부장관 또는 시·도지사가 배출시설의 설치를 제한할 수 있는 경우는 다음 각 호와 같다.

1. 배출시설 설치 지점으로부터 반경 1킬로미터 안의 상주 인구가 2만명 이상인 지역으로서 특정대기유해물질 중 한 가지 종류의 물질을 연간 10톤 이상 배출하거나 두 가지 이상의 물질을 연간 25톤 이상 배출하는 시설을 설치하는 경우
2. 대기오염물질(먼지·황산화물 및 질소산화물만 해당한다)의 발생량 합계가 연간 10톤 이상인 배출시설을 특별대책지역(법 제22조에 따라 총량규제구역으로 지정된 특별대책지역은 제외한다)에 설치하는 경우

91. 대기환경보전법령상 초과부과금의 부과대상이 되는 오염물질이 아닌 것은 다음 중 어느 것인가? [13-2, 16-1, 20-1]

① 황산화물
② 염화수소
③ 황화수소
④ 페놀

정답 90. ④ 91. ④

해설 영. 제23조(배출부과금 부과대상 오염물질)

② 법 제35조제2항제2호에 따른 초과부과금(이하 "초과부과금"이라 한다)의 부과대상이 되는 오염물질은 다음 각 호와 같다.

1. 황산화물 2. 암모니아 3. 황화수소
4. 이황화탄소 5. 먼지 6. 불소화합물
7. 염화수소 8. 질소산화물 9. 시안화수소

92. 대기환경보전법령상 개선계획서를 제출하지 아니한 사업자의 오염물질 초과부과금의 위반횟수별 부과계수 비율기준으로 옳은 것은? [15-4]

① 처음 위반한 경우에는 100분의 100
② 처음 위반한 경우에는 100분의 105
③ 처음 위반한 경우에는 100분의 110
④ 처음 위반한 경우에는 100분의 120

해설 영. 제26조(연도별 부과금산정지수 및 위반횟수별 부과계수)

② 제24조제1항에 따른 위반횟수별 부과계수는 다음 각 호의 구분에 따른 비율을 곱한 것으로 한다.

1. 위반이 없는 경우 : 100분의 100
2. 처음 위반한 경우 : 100분의 105
3. 2차 이상 위반한 경우 : 위반 직전의 부과계수에 100분의 105를 곱한 것

④ 자동측정사업장의 경우에는 제3항에도 불구하고 30분 평균치가 배출허용기준을 초과하는 횟수를 위반횟수로 한다.

93. 대기환경보전법상 자동차의 운행정지에 관한 사항이다. ( )에 알맞은 것은 다음 중 어느 것인가? [13-1, 17-2]

> 환경부장관, 특별시장·광역시장·특별자치시장·특별자치도지사·시장·군수·구청장은 운행차 배출허용기준초과에 따른 개선명령을 받은 자동차 소유자가 이에 따른 확인검사를 환경부령으로 정하는 기간 이내에 받지 아니하는 경우에는 ( )의 기간을 정하여 해당 자동차의 운행정지를 명할 수 있다.

① 5일 이내 ② 7일 이내
③ 10일 이내 ④ 15일 이내

해설 법. 제70조의2(자동차의 운행정지)

① 환경부장관, 특별시장·광역시장·특별자치시장·특별자치도지사·시장·군수·구청장은 제70조제1항에 따른 개선명령을 받은 자동차 소유자가 같은 조 제2항에 따른 확인검사를 환경부령으로 정하는 기간 이내에 받지 아니하는 경우에는 10일 이내의 기간을 정하여 해당 자동차의 운행정지를 명할 수 있다.

정답 **92.** ② **93.** ③

94. **대기환경보전법령상 대기오염물질발생량의 합계가 연간 25톤인 사업장에 해당하는 것은 어느 것인가? (단, 기타사항 제외)** [15-4, 16-1, 19-2, 20-1]

① 1종 사업장 ② 2종 사업장
③ 3종 사업장 ④ 4종 사업장

해설 영. [별표 1의3] 사업장 분류기준

종별	오염물질발생량 구분
1종 사업장	대기오염물질발생량의 합계가 연간 80톤 이상인 사업장
2종 사업장	대기오염물질발생량의 합계가 연간 20톤 이상 80톤 미만인 사업장
3종 사업장	대기오염물질발생량의 합계가 연간 10톤 이상 20톤 미만인 사업장
4종 사업장	대기오염물질발생량의 합계가 연간 2톤 이상 10톤 미만인 사업장
5종 사업장	대기오염물질발생량의 합계가 연간 2톤 미만인 사업장

[비고] "대기오염물질발생량"이란 방지시설을 통과하기 전의 먼지, 황산화물 및 질소산화물의 발생량을 환경부령으로 정하는 방법에 따라 산정한 양을 말한다.

95. **대기환경보전법상 배출시설을 가동할 때에 방지시설을 가동하지 아니하거나 오염도를 낮추기 위하여 배출시설에서 나오는 오염물질에 공기를 섞어 배출하는 행위를 한 자에 대한 벌칙기준은?** [13-4]

① 7년 이하의 징역이나 1억원 이하의 벌금에 처한다.
② 5년 이하의 징역이나 3천만원 이하의 벌금에 처한다.
③ 1년 이하의 징역이나 500만원 이하의 벌금에 처한다.
④ 300만원 이하의 벌금에 처한다.

해설 법. 제89조(벌칙) 다음 각 호의 어느 하나에 해당하는 자는 7년 이하의 징역이나 1억원 이하의 벌금에 처한다.

1. 제23조제1항이나 제2항에 따른 허가나 변경허가를 받지 아니하거나 거짓으로 허가나 변경허가를 받아 배출시설을 설치 또는 변경하거나 그 배출시설을 이용하여 조업한 자
2. 제26조제1항 본문이나 제2항에 따른 방지시설을 설치하지 아니하고 배출시설을 설치·운영한 자
3. 제31조제1항제1호나 제5호에 해당하는 행위를 한 자
4. 제34조제1항에 따른 조업정지명령을 위반하거나 같은 조 제2항에 따른 조치명령을 이행하지 아니한 자
5. 제36조에 따른 배출시설의 폐쇄나 조업정지에 관한 명령을 위반한 자

5의2. 제38조에 따른 사용중지명령 또는 폐쇄명령을 이행하지 아니한 자

6. 제46조를 위반하여 제작차배출허용기준에 맞지 아니하게 자동차를 제작한 자

6의 2. 제46조 제4항을 위반하여 자동차를 제작한 자

7. 제48조제1항을 위반하여 인증을 받지 아니하고 자동차를 제작한 자

7의2. 제50조의 3에 따른 상환명령을 이행하지 아니하고 자동차를 제작한 자

정답 **94.** ② **95.** ①

8. 제60조를 위반하여 인증이나 변경인증을 받지 아니하고 배출가스저감장치, 저공해 엔진 또는 공회전제한장치를 제조하거나 공급·판매한 자
9. 제74조제1항을 위반하여 자동차연료·첨가제 또는 촉매제를 제조기준에 맞지 아니하게 제조한 자
10. 제74조제2항을 위반하여 자동차연료·첨가제 또는 촉매제의 검사를 받지 아니한 자
11. 제74조제5항에 따른 자동차연료·첨가제 또는 촉매제의 검사를 거부·방해 또는 기피한 자
12. 제74조제6항 본문을 위반하여 자동차연료를 공급하거나 판매한 자
13. 제75조에 따른 제조의 중지, 제품의 회수 또는 공급·판매의 중지명령을 위반한 자

96. **다음은 대기환경보전법령상 기본부과금 부과대상 오염물질에 대한 초과배출량 산정방법 중 초과배출량 공제분 산정방법이다. ( ) 안에 알맞은 것은?** [15-2]

3개월간 평균배출농도는 배출허용기준을 초과한 날 이전 정상 가동된 3개월 동안의 ( )를 산술평균한 값으로 한다.

① 5분 평균치
② 10분 평균치
③ 30분 평균치
④ 1시간 평균치

해설 영. [별표 5의2] 초과배출량공제분 산정방법

초과배출량공제분=(배출허용기준농도－3개월간 평균배출농도)×3개월간 평균배출유량

[비고]
1. 3개월간 평균배출농도는 배출허용기준을 초과한 날 이전 정상 가동된 3개월 동안의 30분 평균치를 산술평균한 값으로 한다.
2. 3개월간 평균배출유량은 배출허용기준을 초과한 날 이전 정상 가동된 3개월 동안의 30분 유량값을 산술평균한 값으로 한다.
3. 초과배출량공제분이 초과배출량을 초과하는 경우에는 초과배출량을 초과배출량공제분으로 한다.

97. **다음 중 대기환경보전법규상 특별시장·광역시장·도지사 또는 특별자치도지사가 설치하는 대기오염측정망에 해당하는 것은?** [12-2]

① 산성강하물측정망
② 광화학대기오염물질측정망
③ 지구대기측정망
④ 대기중금속측정망

정답 **96.** ③ **97.** ④

해설 규칙. 제11조(측정망의 종류 및 측정결과보고 등)

① 법 제3조제1항에 따라 수도권대기환경청장, 국립환경과학원장 또는 「한국환경공단법」에 따른 한국환경공단(이하 "한국환경공단"이라 한다)이 설치하는 대기오염 측정망의 종류는 다음 각 호와 같다.

1. 대기오염물질의 지역배경농도를 측정하기 위한 교외대기측정망
2. 대기오염물질의 국가배경농도와 장거리이동 현황을 파악하기 위한 국가배경농도 측정망
3. 도시지역 또는 산업단지 인근지역의 특정대기유해물질(중금속을 제외한다)의 오염도를 측정하기 위한 유해대기물질측정망
4. 도시지역의 휘발성유기화합물 등의 농도를 측정하기 위한 광화학대기오염물질측정망
5. 산성 대기오염물질의 건성 및 습성 침착량을 측정하기 위한 산성강하물측정망
6. 기후·생태계 변화유발물질의 농도를 측정하기 위한 지구대기측정망
7. 장거리이동 대기오염물질의 성분을 집중 측정하기 위한 대기오염집중측정망
8. 초미세먼지(PM-2.5)의 성분 및 농도를 측정하기 위한 미세먼지성분측정망

② 법 제3조제2항에 따라 특별시장·광역시장·특별자치시장·도지사 또는 특별자치도지사(이하 "시·도지사"라 한다)가 설치하는 대기오염 측정망의 종류는 다음 각 호와 같다.

1. 도시지역의 대기오염물질 농도를 측정하기 위한 도시대기측정망
2. 도로변의 대기오염물질 농도를 측정하기 위한 도로변대기측정망
3. 대기 중의 중금속 농도를 측정하기 위한 대기 중금속측정망

암기방법 (도)(도)한(중)

도 : 도시지역의
도 : 도로변의
중 : 중금속 농도

98. 대기환경보전법령상 환경부장관이 특별대책지역의 대기오염 방지를 위하여 필요하다고 인정하면 그 지역에 새로 설치되는 배출시설에 대해 정할 수 있는 기준은? [20-4]

① 일반배출허용기준
② 특별배출허용기준
③ 심화배출허용기준
④ 강화배출허용기준

해설 법. 제16조(배출허용기준)

⑥ 환경부장관은 「환경정책기본법」 제38조에 따른 특별대책지역(이하 "특별대책지역이라 한다)의 대기오염 방지를 위하여 필요하다고 인정하면 그 지역에 설치된 배출시설에 대하여 제1항의 기준보다 엄격한 배출허용기준을 정할 수 있으며, 그 지역에 새로 설치되는 배출시설에 대하여 특별배출허용기준을 정할 수 있다.

암기방법

새로 설치하면 특별이다.

정답 98. ②

99. **대기환경보전법규상 환경부장관이 대기오염물질을 총량으로 규제하고자 할 때 고시해야 하는 사항으로 거리가 먼 것은?** [15-1, 19-2]

① 총량규제구역
② 총량규제 대기오염물질
③ 대기오염물질의 저감계획
④ 규제기준농도

해설 규칙. 제24조(총량규제구역의 지정 등) 환경부장관은 법 제22조에 따라 그 구역의 사업장에서 배출되는 대기오염물질을 총량으로 규제하려는 경우에는 다음 각 호의 사항을 고시하여야 한다.

1. 총량규제구역
2. 총량규제 대기오염물질
3. 대기오염물질의 저감계획
4. 그 밖에 총량규제구역의 대기관리를 위하여 필요한 사항

암기방법 오구저

오 : 오염물질
구 : 구역
저 : 저감계획

100. **대기환경보전법규상 환경기술인의 보수교육기준은?(단, 규정된 교육기관이며, 정보통신매체를 이용하여 원격교육을 하는 경우 제외)** [13-2]

① 신규교육을 받은 날을 기준으로 1년마다 1회
② 신규교육을 받은 날을 기준으로 2년마다 1회
③ 신규교육을 받은 날을 기준으로 3년마다 1회
④ 신규교육을 받은 날을 기준으로 5년마다 1회

해설 규칙. 제125조(환경기술인의 교육)

① 법 제77조에 따라 환경기술인은 다음 각 호의 구분에 따라 「환경정책기본법」 제59조에 따른 환경보전협회, 환경부장관, 시·도지사 또는 대도시 시장이 교육을 실시할 능력이 있다고 인정하여 위탁하는 기관(이하 "교육기관"이라 한다)에서 실시하는 교육을 받아야 한다. 다만, 교육대상이 된 사람이 그 교육을 받아야 하는 기한의 마지막 날 이전 3년 이내에 동일한 교육을 받았을 경우에는 해당 교육을 받은 것으로 본다.
1. 신규교육 : 환경기술인으로 임명된 날부터 1년 이내에 1회
2. 보수교육 : 신규교육을 받은 날을 기준으로 3년마다 1회

② 제1항에 따른 교육기간은 4일 이내로 한다. 다만, 정보통신매체를 이용하여 원격교육을 하는 경우에는 환경부장관이 인정하는 기간으로 한다.

정답 99. ④ 100. ③

2회 CBT 대비 실전문제

제1과목

대기 오염 개론

1. 이동 배출원이 도심 지역인 경우, 하루 중 시간대별 각 오염물의 농도 변화는 일정한 형태를 나타내는데, 다음 중 일반적으로 가장 이른 시간에 하루 중 최대 농도를 나타내는 물질은? [18-2]

① O_3　② NO_2
③ NO　④ Aldehydes

해설 하루 중에서 최고의 농도를 나타내는 시간이 가장 빠른 것은 일산화질소(NO)이다.

2. 광화학 옥시던트 중 PAN에 관한 설명으로 옳은 것은? [20-4]

① 분자식은 $CH_3COOONO_2$이다.
② PBzN보다 100배 정도 강하게 눈을 자극한다.
③ 눈에는 자극이 없으나 호흡기 점막에는 강한 자극을 준다.
④ 푸른색, 계란 썩는 냄새를 갖는 기체로서 대기 중에서 강산화제로 작용한다.

해설 ② PBzN보다 → PBzN이 PAN보다
③ 눈에 자극이 없으나 → 눈에 자극이 있고
④ 무색, 냄새는 없는 기체이다.

3. 아황산가스가 식물에 미치는 영향으로 가장 거리가 먼 것은? [13-1]

① 생활력이 왕성한 잎이 피해를 많이 입으며, 고구마, 시금치 등이 약한 식물로 알려져 있다.
② 같은 농도에서는 낮보다는 야간에 피해를 많이 받는다.
③ 피해를 입은 부위는 황갈색 내지 회백색으로 퇴색된다.
④ 잎 뒤쪽 표피 밑의 세포(parenchyma)가 피해를 입기 시작한다.

해설 ② 낮보다는 야간에 → 야간보다는 낮에
(이유 : 광합성 작용을 방해하기 때문)

4. 역사적 대기 오염 사건에 관한 설명으로 옳은 것은? [13-4, 19-4]

① 포자리카 사건은 MIC에 의한 피해이다.
② 도쿄 요코하마 사건은 PCB가 주오염물질로 작용했다.
③ 런던 스모그 사건은 복사 역전 형태였다.
④ 뮤즈 계곡 사건은 PAN이 주된 오염물질로 작용한 사건이었다.

해설 ① MIC → H_2S
② PCB → 공업지대 배출가스
④ PAN → SO_2, H_2SO_4 등

5. 대기 환경 보호를 위한 국제 의정서와 설명의 연결이 옳지 않은 것은? [20-4]

① 소피아 의정서 – CFC 감축 의무
② 교토 의정서 – 온실가스 감축 목표
③ 몬트리올 의정서 – 오존층 파괴 물질의 생산 및 사용의 규제
④ 헬싱키 의정서 – 유황 배출량 또는 국

정답 1. ③　2. ①　3. ②　4. ③　5. ①

가 간 이동량 최저 30 % 삭감

해설 CFC 감축 의무는 몬트리올 의정서이고, 소피아 의정서는 산성비에 관련된 국제적 협약이다.

6. 열섬 현상에 관한 설명으로 가장 거리가 먼 것은? [12-4, 19-2]

① Dust dome effect라고도 하며, 직경 10 km 이상의 도시에서 잘 나타나는 현상이다.

② 도시 지역 표면의 열적 성질의 차이 및 지표면에서의 증발 잠열의 차이 등으로 발생된다.

③ 태양의 복사열에 의해 도시에 축적된 열이 주변 지역에 비해 크기 때문에 형성된다.

④ 대도시에서 발생하는 기후 현상으로 주변 지역보다 비가 적게 오며, 건조해져 코, 기관지 염증의 원인이 되며, 태양 복사량과 관련된 비타민 C의 결핍을 초래한다.

해설 열섬 현상은 대도시에서 발생하는 기후 현상으로 주변 지역보다 비가 많이 온다.

7. 환경 기온 감률이 다음과 같을 때 가장 안정한 조건은? [21-4]

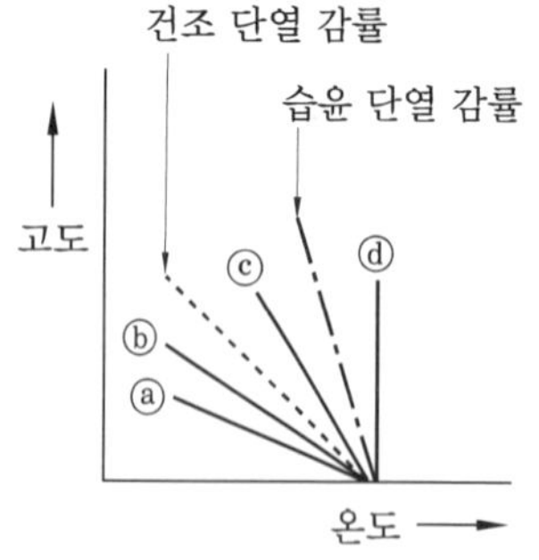

① ⓐ ② ⓑ ③ ⓒ ④ ⓓ

해설 가장 불안정한 조건은 ⓐ, 가장 안정한 조건은 ⓓ이다.

8. 다음 특정 물질 중 오존 파괴 지수가 가장 높은 것은? [12-4]

① Halon – 1211 ② Halon – 2402
③ HCFC – 31 ④ Halon – 1301

해설 ① 3.0 ② 6.0 ③ 적음 ④ 10.0

9. 굴뚝 배출 가스량 15 m^3/s, HCl의 농도 802 ppm, 풍속 20 m/s, $K_y = 0.07$, $K_z = 0.08$인 중립 대기 조건에서 중심축상 최대 지표 농도가 1.61×10^{-2} ppm인 경우 굴뚝의 유효고는? (단, Sutton의 확산식을 이용한다.) [13-1]

① 약 30 m ② 약 50 m
③ 약 70 m ④ 약 100 m

해설 $C_{\max} = \dfrac{2Q}{\pi e U H_e^2} \times \left(\dfrac{\sigma_z}{\sigma_y}\right)$

$$H_e = \sqrt{\frac{2Q}{\pi e U C_{\max}} \times \left(\frac{\sigma_z}{\sigma_y}\right)}$$

$$= \sqrt{\frac{2 \times 15 \times 802}{3.14 \times 2.72 \times 20 \times 1.61 \times 10^{-2}} \times \left(\frac{0.08}{0.07}\right)}$$

$= 99.99$ m

10. 국지풍에 관한 설명으로 옳지 않은 것은 어느 것인가? [14-4]

① 낮에 바다에서 육지로 부는 해풍은 밤에 육지에서 바다로 부는 육풍보다 강한 것이 보통이다.

② 곡풍은 경사면 → 계곡 → 주계곡으로 수렴하면서 풍속이 가속되기 때문에 낮에 산 위쪽으로 부는 산풍보다 더 강하게 부는 것이 보통이다.

③ 열섬 효과로 인해 도시의 중심부가 주위보다 고온이 되어 도시 중심부에서 상승 기류가 발생하고 도시 주위의 시골에서 도시로 부는 바람을 전원풍이라 한다.

정답 6. ④ 7. ④ 8. ④ 9. ④ 10. ②

④ 푄풍은 산맥의 정상을 기준으로 풍상쪽 경사면을 따라 공기가 상승하면서 건조 단열 변화를 하기 때문에 평지에서 보다 기온이 약 1℃/100 m율로 하강한다.

해설 곡풍은 낮에 계곡 → 경사면 → 정상으로 부는 바람이고, 산풍은 밤에 정상 → 경사면 → 계곡으로 부는 바람이다.

11. Panofsky에 의한 리차드슨 수(R_i)의 크기와 대기의 혼합 간의 관계에 관한 설명으로 옳지 않은 것은? [15-1, 20-1]

① $R_i = 0$: 수직 방향의 혼합이 없다.

② $0 < R_i < 0.25$: 성층에 의해 약화된 기계적 난류가 존재한다.

③ $R_i < -0.04$: 대류에 의한 혼합이 기계적 혼합을 지배한다.

④ $-0.03 < R_i < 0$: 기계적 난류와 대류가 존재하거나 기계적 난류가 혼합을 주로 일으킨다.

해설 $R_i = 0$일 때 중립이라 하며 기계적 난류만 존재한다.

12. 최대 혼합고도가 500 m일 때 오염 농도는 4 ppm이었다. 오염 농도가 500 ppm일 때 최대 혼합 고도는 얼마인가? [19-4]

① 50 m ② 100 m

③ 200 m ④ 250 m

해설 $C \propto \frac{1}{h^3}$

$4 : \frac{1}{500^3}$

$500 : \frac{1}{x^3}$

$\therefore x = \left(\frac{4}{500}\right)^{\frac{1}{3}} \times 500 = 100\ \text{m}$

13. 다음 중 침강 역전과 상대 비교한 복사 역전에 관한 설명으로 가장 거리가 먼 것은? [12-4]

① 복사 역전은 장기간 지속되어 단기적인 문제보다는 주로 대기 오염물의 장기 축적에 기여한다.

② 복사 역전은 지표 가까이에 형성되므로 지표 역전이라고도 한다.

③ 복사 역전은 대기 오염 물질 배출원이 위치하는 대기층에서 발생된다.

④ 복사 역전은 일출 직전에 하늘이 맑고 바람이 없는 경우에 강하게 생성된다.

해설 복사 역전은 단기간 지속된다. 장기간 지속되는 것은 침강 역전이다.

14. 아래 그림은 고도에 따른 풍속과 온도(실선 : 환경 감률, 점선 : 건조 단열 감률), 그리고 굴뚝 연기의 모양을 나타낸 것이다. 이에 대한 설명과 거리가 먼 것은? [18-1]

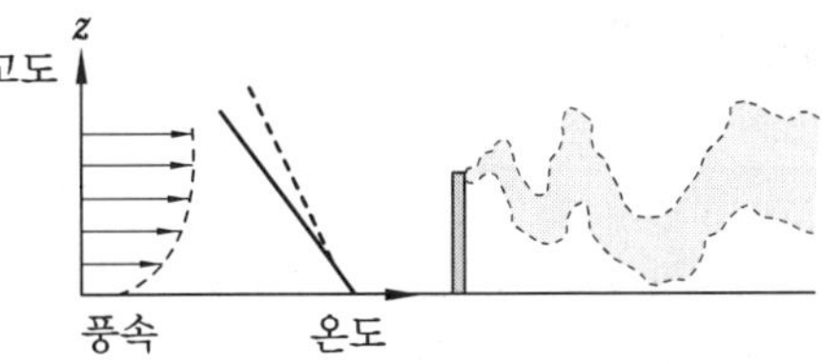

① 대기가 아주 불안정한 경우로 난류가 심하다.

② 날씨가 맑고 태양 복사가 강한 계절에 잘 발생하며 수직 온도 경사가 과단열적이다.

③ 일출과 함께 역전층이 해소되면서 하부의 불안정층이 연돌의 높이를 막 넘었을 때 발생한다.

④ 연기가 지면에 도달하는 경우 연돌 부근의 지표에서 고농도의 오염을 야기하기도 하지만 빨리 분산된다.

해설 looping(환상형, 파상형)은 대기가 절대 불안정할 때 나타나므로 맑은 날 오후에 대

정답 11. ① 12. ② 13. ① 14. ③

류가 매우 강하여 상하층 간에 혼합이 크게 일어날 때 발생하게 된다.

③의 설명은 fumigation(훈증형, 끌림형)의 설명이다.

15. **세류 현상(down wash)이 발생되지 않는 조건은?** [16-4, 21-1]

① 오염 물질의 토출 속도가 굴뚝 높이에서의 풍속과 같을 때
② 오염 물질의 토출 속도가 굴뚝 높이에서의 풍속의 2.0배 이상일 때
③ 굴뚝 높이에서의 풍속이 오염 물질 토출 속도의 1.5배 이상일 때
④ 굴뚝 높이에서의 풍속이 오염 물질 토출 속도의 2.0배 이상일 때

해설 세류 현상(down wash)을 방지하는 방법으로 토출 속도(V_s)가 풍속(u)보다 2배 이상 되게 하는 방법이 있다.

16. **바람장미에 관한 다음 설명 중 옳지 않은 것은?** [15-4]

① 대기 오염 물질의 이동 방향은 주풍(主風)과 같은 방향이며, 풍속은 막대 날개의 길이로 표시한다.
② 방향량(vector)은 관측된 풍향별 회수를 백분율로 나타낸 값이다.
③ 주풍은 가장 빈번히 관측된 풍향을 말하며, 막대의 길이를 가장 길게 표시한다.
④ 풍속이 0.2 m/s 이하일 때를 정온(calm) 상태로 본다.

해설 풍속은 막대의 굵기로 표시한다.

17. **배출 오염 물질과 관련 업종으로 가장 거리가 먼 것은?** [13-1]

① 암모니아 : 비료 공장, 냉동 공장, 표백, 색소 제조 공장
② 염소 : 석유 정제, 석탄 건류, 가스 공업
③ 비소 : 화학 공업, 유리 공업, 과수원의 농약 분무 작업
④ 불화 수소 : 알루미늄 공업, 요업, 인산 비료 공업

해설 염소는 소다 공업, 화학 공업, 농약 제조, 의약품 등에서 발생한다.

18. **자동차 내연 기관에서 휘발유(C_8H_{18})가 완전 연소될 때 무게 기준의 공기 연료비(AFR)는? (단, 공기의 분자량은 28.95이다.)** [13-2, 17-2, 18-1, 20-1, 21-4]

① 15 ② 30 ③ 40 ④ 60

해설 $C_8H_{18}+12.5O_2 \rightarrow 8CO_2+9H_2O$

$$\text{공연비(AFR, 무게비)}=\frac{\text{공기 무게}}{\text{연료 무게}}$$

$$=\frac{12.5\times\frac{1}{0.232}\times 32\text{kg}}{114\text{kg}}=15.1$$

19. **상온에서 무색이며, 자극성 냄새를 가진 기체로서 비중이 약 1.03(공기=1)인 오염 물질은?**

① 아황산가스 ② 포름알데히드
③ 이산화탄소 ④ 염소

해설 $\text{기체의 비중}=\frac{\text{분자량}}{29}$

∴ 분자량=기체의 비중×29=1.03×29
=29.87

20. **실내 오염 물질인 라돈에 관한 설명으로 옳지 않은 것은?** [12-2]

① 일반적으로 인체에 미치는 영향으로 폐암을 유발한다.
② 자연계에 널리 존재하며 주로 건축자재를 통해 인체에 영향을 미친다.
③ 흙 속에 방사선 붕괴를 일으키며, 화학

정답 15. ② 16. ① 17. ② 18. ③ 19. ② 20. ④

적으로는 거의 반응을 일으키지 않는다.

④ 라돈은 무색, 무취의 기체로 액화되면 갈색을 띠며, 반감기는 5.8일간으로 라듐의 핵분열 시 생성되는 물질이다.

해설 ④ 액화되면 갈색을 띠며 반감기는 5.8일 → 액화되어도 색을 띠지 않으며, 반감기는 3.8일

제2과목

연소 공학

21. 어떤 물질의 1차 반응에서 반감기가 10분이었다. 반응물이 $\frac{1}{10}$ 농도로 감소할 때까지의 얼마의 시간(분)이 걸리겠는가? [14-4, 15-2, 18-1, 20-2]

① 6.9 ② 33.2
③ 69.3 ④ 3.323

해설 $C = C_o \cdot e^{-k \cdot t}$

$$\frac{1}{2} = 1 \times e^{-k \times 10} \cdots ①$$

$$\frac{1}{10} = 1 \times e^{-k \cdot t} \cdots ②$$

①식에서 $K = \frac{-\ln\left(\frac{1}{2}\right)}{10} = 0.0693$

②식에서 $t = \frac{-\ln\left(\frac{1}{10}\right)}{0.0693} = 33.22\text{min}$

22. 다음 가스 중 1 Sm^3를 완전 연소할 때 가장 많은 이론 공기량(Sm^3)이 요구되는 것은 어느 것인가? (단, 가스는 순수 가스이다.) [13-4, 15-1, 20-2, 20-4]

① 에탄 ② 프로판
③ 에틸렌 ④ 아세틸렌

해설 ① $C_2H_6 + 3.5O_2 \rightarrow 2CO_2 + 3H_2O$
② $C_3H_8 + 5O_2 \rightarrow 3CO_2 + 4H_2O$
③ $C_2H_4 + 3O_2 \rightarrow 2CO_2 + 2H_2O$
④ $C_2H_2 + 2.5O_2 \rightarrow 2CO_2 + H_2O$
이론 산소량이 많이 요구되는 것이 이론 공기량도 많이 요구된다.

23. 다음 액화 석유 가스(LPG)에 대한 설명으로 거리가 먼 것은? [17-4, 21-2]

① 비중이 공기보다 무거워 누출 시 인화·폭발의 위험성이 높은 편이다.
② 액체에서 기체로 기화할 때 증발열이 5~10 kcal/kg로 작아 취급이 용이하다.
③ 발열량이 높은 편이며, 황분이 적다.
④ 천연가스에서 회수되거나 나프타의 분해에 의해 얻어지기도 하지만 대부분 석유 정제 시 부산물로 얻어진다.

해설 LPG의 기화 잠열은 90~100 kcal/kg이다. 다른 가연성 가스보다 큰 편이다.

24. 다음 연료 및 연소에 관한 설명으로 옳지 않은 것은? [13-2, 16-1]

① 휘발유, 등유, 경유, 중유 중 비점이 가장 높은 연료는 휘발유이다.
② 연소라 함은 고속의 발열 반응으로 일반적으로 빛을 수반하는 현상의 총칭이다.
③ 탄소 성분이 많은 중질유 등의 연소에서는 초기에는 증발 연소를 하고, 그 열에 의해 연료 성분이 분해되면서 연소한다.
④ 그을림 연소는 숯불과 같이 불꽃을 동반하지 않는 열분해와 표면 연소의 복합 형태라 볼 수 있다.

해설 ① 비점이 가장 높은 → 비점이 가장 낮은

25. 탄화도의 증가에 따른 연소 특성의 변화에 대한 설명으로 옳지 않은 것은 어느 것

정답 21. ② 22. ② 23. ② 24. ① 25. ④

인가? [19-2, 21-1]

① 착화 온도는 상승한다.
② 발열량은 증가한다.
③ 산소의 양이 줄어든다.
④ 연료비(고정 탄소 %/휘발분 %)는 감소한다.

해설 탄화도가 증가함에 따라 연료비는 증가한다.

26. 화염으로부터 열을 받으면 가연성 증기가 발생하는 연소로 휘발유, 등유, 알코올, 벤젠 등 액체 연료의 연소 형태는 어느 것인가? [13-4, 15-4, 18-4, 19-4, 21-4]

① 증발 연소 ② 자기 연소
③ 표면 연소 ④ 확산 연소

해설 휘발성이 강한 액체 연료는 증발 연소한다.

27. 다음 중 폭굉 유도 거리가 짧아지는 요건으로 거리가 먼 것은? [16-4, 21-1]

① 정상의 연소 속도가 작은 단일 가스인 경우
② 관속에 방해물이 있거나 관내경이 작을수록
③ 압력이 높을수록
④ 점화원의 에너지가 강할수록

해설 정상 연소 속도가 큰 혼합 가스일 경우 폭굉 유도 거리가 짧아진다.

28. 기체 연료의 이론 공기량(Sm^3/Sm^3)을 구하는 식으로 옳은 것은 어느 것인가? (단, H_2, CO, C_xH_y, O_2는 연료 중의 수소, 일산화탄소, 탄화수소, 산소의 체적비를 의미한다.) [14-1, 16-4]

① $0.21\{0.5H_2+0.5CO+\left(x+\frac{y}{4}\right)C_xH_y-O_2\}$

② $0.21\{0.5H_2+0.5CO+\left(x+\frac{y}{4}\right)C_xH_y+O_2\}$

③ $\frac{1}{0.21}\{0.5H_2+0.5CO+\left(x+\frac{y}{4}\right)C_xH_y-O_2\}$

④ $\frac{1}{0.21}\{0.5H_2+0.5CO+\left(x+\frac{y}{4}\right)C_xH_y+O_2\}$

해설 $H_2+0.5O_2 \rightarrow H_2O$

$CO+0.5O_2 \rightarrow CO_2$

$C_xH_y+\left(x-\frac{y}{4}\right)O_2 \rightarrow xCO_2+\frac{y}{2}H_2O$

29. C : 78(중량 %), H : 18(중량 %), S : 4(중량 %)인 중유의 $(CO_2)_{max}$은 약 몇 %인가? (단, 표준 상태, 건조 가스 기준이다.) [12-1, 12-2, 16-4, 18-4, 19-1, 20-2, 20-4]

① 20.6 ② 17.6
③ 14.8 ④ 13.4

해설 $CO_{2max}[\%]=\frac{CO_2}{G_{od}}\times 100$

$$A_o=\frac{1}{0.21}\times\left\{\frac{22.4}{12}\times 0.78+\frac{11.2}{2}\left(0.18-\frac{0}{8}\right)+\frac{22.4}{32}\times 0.04\right\}$$

$$=11.86\ Sm^3/kg$$

$$G_{od}=\frac{22.4}{12}\times 0.78+\frac{22.4}{32}\times 0.04+0.79\times 11.86$$

$$=10.853\ Sm^3/kg$$

$$\therefore CO_{2max}[\%]=\frac{\frac{22.4}{12}\times 0.78+\frac{22.4}{32}\times 0.04}{10.853}\times 100$$

$$=13.67\ \%$$

30. 중유 1 kg 속에 H 13 %, 수분 0.7 %가 포함되어 있다. 이 중유의 고위 발열량이 5,000 kcal/kg일 때 이 중유의 저위 발열량(kcal/kg)은? [13-4, 17-4, 19-1, 21-1, 21-2]

① 4,126 ② 4,294
③ 4,365 ④ 4,926

정답 26. ① 27. ① 28. ③ 29. ④ 30. ②

해설 $H_l = H_h - 600(9\text{H}+\text{W})$

$= 5{,}000 - 600 \times (9 \times 0.13 + 0.007)$

$= 4{,}293.8 \text{ kcal/kg}$

31. C : 85 %, H : 10 %, S : 5 %의 중량비를 갖는 중유 1 kg을 1.3의 공기비로 완전연소시킬 때, 건조 배출 가스 중의 이산화황 부피분율(%)은? (단, 황 성분은 전량 이산화황으로 전환) [15-4, 16-1, 21-2]

① 0.18 ② 0.27
③ 0.34 ④ 0.45

해설 $SO_2[\%] = \dfrac{\frac{22.4}{32}\text{S}}{G_d} \times 100$

$A_o = \dfrac{1}{0.21} \times \left\{ \dfrac{22.4}{12} \times 0.85 + \dfrac{11.2}{2}\left(0.1 - \dfrac{0}{8}\right) + \dfrac{22.4}{32} \times 0.05 \right\}$

$= 10.388 \text{ Sm}^3/\text{kg}$

$G_{od} = \left\{ \dfrac{22.4}{12} \times 0.85 + \dfrac{22.4}{32} \times 0.05 + \dfrac{22.4}{28} \times 0 \right\} + 0.79 \times 10.388$

$= 9.828 \text{ Sm}^3/\text{kg}$

$G_d = G_{od} + (m-1)A_o$

$= 9.828 + (1.3 - 1) \times 10.388$

$= 12.944 \text{ Sm}^3/\text{kg}$

$\therefore SO_2[\%] = \dfrac{\frac{22.4}{32} \times 0.05}{12.944} \times 100 = 0.27\,\%$

32. 저위 발열량이 5,000 kcal/Sm^{3}인 기체 연료의 이론 연소 온도(℃)는 약 얼마인가? (단, 이론 연소 가스량 15 Sm^3/Sm^3, 연료 연소 가스의 평균 정압 비열 0.35 kcal/Sm^3 · ℃, 기준 온도는 0℃, 공기는 예열하지 않으며, 연소 가스는 해리되지 않는다고 본다.) [14-4, 18-1, 20-2]

① 952 ② 994
③ 1,008 ④ 1,118

해설 $t_o = \dfrac{H_l}{G \cdot C_p} + t_a$

$= \dfrac{5{,}000\text{kcal/Sm}^3}{15\text{Sm}^3/\text{Sm}^3 \times 0.35\text{kcal/Sm}^3 \cdot ℃} + 0℃$

$= 952℃$

33. 고체 연료의 화격자 연소 장치 중 연료가 화격자 → 석탄층 → 건류층 → 산화층 → 환원층을 거치며 연소되는 것으로, 연료층을 항상 균일하게 제어할 수 있고 저품질 연료도 유효하게 연소시킬 수 있어 쓰레기 소각로에 많이 이용되는 장치로 가장 적합한 것은? [13-2, 18-2, 21-1]

① 체인 스토커(chain stoker)
② 포트식 스토커(pot stoker)
③ 산포식 스토커(spreader stoker)
④ 플라스마 스토커(plasma stoker)

해설 쓰레기 소각로에 널리 이용되는 장치는 체인 스토커이다.

34. 유압 분무식 버너에 관한 설명으로 옳지 않은 것은? [14-1, 17-2]

① 유량 조절 범위가 환류식의 경우는 1 : 3, 비환류식의 경우는 1 : 2 정도여서 부하 변동에 적응하기 어렵다.
② 연료의 분사 유량은 15~2,000 L/h 정도이다.
③ 분무 각도가 40~90° 정도로 크다.
④ 연료의 점도가 크거나 유압이 5 kg/cm^2 이하가 되면 분무화가 불량하다.

해설 연료의 분사 유량은 30~3,000 L/h 정도이다.

35. 다음 중 기체 연료의 확산 연소에 사용되는 버너 형태로 가장 적합한 것은 어느 것인가? [15-1, 20-2]

정답 31. ② 32. ① 33. ① 34. ② 35. ③

① 심지식 버너
② 회전식 버너
③ 포트형 버너
④ 증기 분무식 버너

해설 기체 연료의 확산 연소에 사용되는 버너는 포트형(port - type)과 버너형(burner - type)이 있다.

36. 기체 연료 연소 방식 중 예혼합 연소에 관한 설명으로 옳지 않은 것은 어느 것인가? [17-4, 20-2]

① 연소기 내부에서 연료와 공기의 혼합비가 변하지 않고 균일하게 연소된다.
② 역화의 위험이 없으며 공기를 예열할 수 있다.
③ 화염 온도가 높아 연소 부하가 큰 경우에 사용이 가능하다.
④ 연소 조절이 쉽고 화염 길이가 짧다.

해설 예혼합 연소는 역화의 위험이 있고, 공기를 예열하면 폭발의 위험이 있다.

37. 디젤 노킹을 억제할 수 있는 방법으로 옳지 않은 것은? [12-4, 16-4, 21-1]

① 회전 속도를 높인다.
② 급기 온도를 높인다.
③ 기관의 압축비를 크게 하여 압축 압력을 높인다.
④ 착화 지연 기간 및 급격 연소 시간의 분사량을 적게 한다.

해설 ① 높인다. → 낮춘다.

38. 연소 시 발생되는 NO_x는 원인과 생성 기전에 따라 3가지로 분류하는데, 분류항목에 속하지 않는 것은? [14-1, 17-2]

① Fuel NO_x
② noxious NO_x
③ prompt NO_x
④ thermal NO_x

해설 질소 산화물(NO_x)의 3가지 생성 기구
① Thermal NO_x(열적 NO_x)
② Fuel NO_x(연료 NO_x)
③ Promtp NO_x(화염 NO_x)

39. 가연성 가스의 폭발 범위에 따른 위험도 증가 요인으로 가장 적합한 것은 어느 것인가? [15-2]

① 폭발 하한 농도가 낮을수록 위험도가 증가하며, 폭발 상한과 폭발 하한의 차이가 클수록 위험도가 커진다.
② 폭발 하한 농도가 낮을수록 위험도가 증가하며, 폭발 상한과 폭발 하한의 차이가 작을수록 위험도가 커진다.
③ 폭발 하한 농도가 높을수록 위험도가 증가하며, 폭발 상한과 폭발 하한의 차이가 클수록 위험도가 커진다.
④ 폭발 하한 농도가 높을수록 위험도가 증가하며, 폭발 상한과 폭발 하한의 차이가 작을수록 위험도가 커진다.

해설 $H=\frac{U-L}{L}$

여기서, H : 위험도
U : 폭발 상한 농도(%)
L : 폭발 하한 농도(%)

40. 공기비가 클 경우 일어나는 현상에 관한 설명으로 옳지 않은 것은 다음 중 어느 것인가? [15-4, 21-4]

① SO_2, NO_2 함량이 증가하여 부식 촉진
② 가스 폭발의 위험과 매연 증가
③ 배기가스에 의한 열손실 증대
④ 연소실 내 연소 온도 감소

해설 ②의 경우는 공기비가 적을 경우에 일어나는 현상이다.

정답 36. ② 37. ① 38. ② 39. ① 40. ②

제3과목

대기 오염 방지 기술

41. **유해 가스 처리를 위한 흡수액의 구비 조건으로 거리가 먼 것은?** [19-4, 20-4]

① 용해도가 커야 한다.
② 휘발성이 적어야 한다.
③ 점성이 커야 한다.
④ 용매의 화학적 성질과 비슷해야 한다.

해설 흡수액은 점성이 적어야 한다.

42. **유해 가스 처리 시 사용되는 충전탑(packed tower)에 관한 설명으로 틀린 것은?** [13-1, 16-2, 21-1]

① 액분산형 흡수 장치로서 충전물의 충전 방식을 불규칙적으로 했을 때 접촉면적은 크나, 압력 손실이 커진다.
② 충전탑에서 hold-up이라는 것은 탑의 단위면적당 충전제의 양을 의미한다.
③ 흡수액에 고형물이 함유되어 있는 경우에는 침전물이 생기는 방해를 받는다.
④ 일정양의 흡수액을 흘릴 때 유해 가스의 압력 손실은 가스 속도의 대수값에 비례하며 가스 속도 증가 시 나타는 첫 번째 파괴점을 loading point라 한다.

해설 홀드 업(hold-up) : 충전층 내의 액 보유량을 말한다.

43. **악취 물질의 성질과 발생원에 관한 설명으로 가장 거리가 먼 것은?** [13-4, 19-4]

① 에틸아민($C_2H_5NH_2$)은 암모니아취 물질로 수산 가공, 약품 제조 시에 발생한다.
② 메틸메르캅탄(CH_3SH)은 부패 양파취 물질로 석유 정제, 가스 제조, 약품 제조 시에 발생한다.
③ 황화수소(H_2S)는 썩은 계란취 물질로 석유 정제, 약품 제조 시에 발생한다.
④ 아크롤레인(CH_2CHCHO)은 생선취 물질로 하수처리장, 축산업에서 발생한다.

해설 아크로레인은 불쾌한 냄새가 나며 호흡기에 심한 자극성 물질로 글리세롤 제조, 의약품 제조 시 발생한다.

44. **400 ppm의 HCl을 함유하는 배출 가스를 처리하기 위해 액가스비가 2 L/Sm³인 충전탑을 설계하고자 한다. 이때 발생되는 폐수를 중화하는 데 필요한 시간당 0.5 N NaOH 용액의 양은?(단, 배출 가스는 400 Sm³/h로 유입되며, HCl은 흡수액인 물에 100 % 흡수된다.)** [18-1]

① 9.2 L ② 11.4 L
③ 14.2 L ④ 18.8 L

해설 우선 NaOH 질량을 구하면

HCl : NaOH

$22.4\ Sm^3 : 40\ kg$

$400\ Sm^3/h \times 400 \times 10^{-6} : x\,[kg/h]$

$$\therefore\ x = \frac{400 \times 400 \times 10^{-6} \times 40}{22.4} = 0.2857\ kg$$

$= 285.7\ g/h$

비례식을 이용하면

N G C

1 : 40 g : 1,000 ml

0.5 : 285.7 g/h : x[ml/h]

$$\therefore\ x = \frac{1 \times 285.7 \times 1{,}000}{0.5 \times 40} = 14{,}285\ ml/h$$

$= 14.285\ L/h$

45. **외부식 후드의 특성으로 옳지 않은 것은?** [15-2, 18-2]

① 다른 종류의 후드에 비해 근로자가 방해를 많이 받지 않고 작업할 수 있다.
② 포위식 후드보다 일반적으로 필요 송

정답 41. ③ 42. ② 43. ④ 44. ③ 45. ④

풍량이 많다.

③ 외부 난기류의 영향으로 흡인 효과가 떨어진다.

④ 천개형 후드, 그라인더용 후드 등이 여기에 해당하며, 기류 속도가 후드 주변에서 매우 느리다.

해설 천개형 후드(캐노피형), 그라인더용 후드는 수형 후드에 속한다.

46. 원형 Duct의 기류에 의한 압력 손실에 관한 설명으로 옳지 않은 것은 다음 중 어느 것인가? [12-4, 15-1, 17-4, 21-2]

① 길이가 길수록 압력 손실은 커진다.

② 유속이 클수록 압력 손실은 커진다.

③ 직경이 클수록 압력 손실은 작아진다.

④ 곡관이 많을수록 압력 손실은 작아진다.

해설 ④ 작아진다. → 커진다.

$$\Delta P = \lambda \times \frac{l}{D} \times \frac{v^2}{2g} \times \gamma$$

47. 촉매 연소법에 관한 설명으로 거리가 먼 것은? [14-4, 17-2]

① 열소각법에 비해 체류 시간이 훨씬 짧다.

② 열소각법에 비해 NO_x 생성량을 감소시킬 수 있다.

③ 팔라듐, 알루미나 등은 촉매에 바람직하지 않은 원소이다.

④ 열소각법에 비해 점화 온도를 낮춤으로써 운용 비용을 절감할 수 있다.

해설 촉매 연소법에서 촉매로는 백금과 알루미나 등을 사용하는 데 Fe, Pb, Si, P 등과 SO_x는 촉매 수명 단축 물질로 촉매독이라 할 수 있다.

48. S함량 3 %의 벙커 C유 100 kL를 사용하는 보일러에 S함량 1 %인 벙커 C유로 30 % 섞어 사용하면 SO_2 배출량은 몇 % 감소하는가? (단, 벙커 C유 비중 0.95, 벙커 C유 중의 S는 모두 SO_2로 전환됨) [14-2, 15-1, 18-2, 20-1, 21-1]

① 16 % ② 20 % ③ 25 % ④ 28 %

해설 나중 상태 $S[\%] = \frac{70 \times 3 + 30 \times 1}{70 + 30}$

$= 2.4\,\%$

$$\text{감소율} = \frac{\text{처음상태 } S - \text{나중상태 } S}{\text{처음상태 } S} \times 100$$

$$= \frac{3 - 2.4}{3} \times 100 = 20\,\%$$

49. 직경이 15 cm인 원형관에서 층류로 흐를 수 있게 임계레이놀즈계수를 2,100으로 할 때, 최대 평균 유속(cm/s)은? (단, $\nu = 1.8 \times 10^{-6}\ \text{m}^2/\text{s}$) [16-2, 19-2, 21-1]

① 1.52 ② 2.52 ③ 4.59 ④ 6.74

해설 $Re = \frac{v \cdot d}{\nu}$

$$v = \frac{Re \times \nu}{d} = \frac{2{,}100 \times 1.8 \times 10^{-6}\,\text{m}^2/\text{s}}{0.15\text{m}}$$

$= 0.0252\,\text{m/s} = 2.52\,\text{cm/s}$

50. 가로 5 m, 세로 8 m인 두 집진판이 평행하게 설치되어 있고, 두 판 사이 중간에 원형 철심 방전극이 위치하고 있는 전기 집진 장치에 굴뚝 가스가 120 m^3/min로 통과하고, 입자 이동 속도가 0.12 m/s일 때의 집진 효율은? (단, Deutsh-Anderson 식 적용) [14-1, 18-4]

① 98.2 % ② 98.7 %
③ 99.2 % ④ 99.7 %

해설 $\eta = 1 - e^{-\frac{AW_e}{Q}} = 1 - e^{-\frac{2 \cdot H \cdot L \cdot W_e}{Q}}$

$= 1 - e^{-\frac{2 \times 5 \times 8 \times 0.12}{\frac{120}{60}}}$

$= 0.9917 = 99.17\,\%$

정답 46. ④ 47. ③ 48. ② 49. ② 50. ③

51. **습식 전기 집진 장치의 특징에 관한 설명으로 가장 거리가 먼 것은 다음 중 어느 것인가?** [14-1, 17-4, 18-1]

① 낮은 전기 저항 때문에 생기는 재비산을 방지할 수 있다.
② 처리 가스 속도를 건식보다 2배 정도 높일 수 있다.
③ 집진극면이 청결하게 유지되며 강전계를 얻을 수 있다.
④ 먼지의 저항이 높기 때문에 역전리가 잘 발생된다.

해설 역전리가 발생하는 것은 건식 전기 집진 장치이다.

52. **여과 집진 장치의 탈진 방식에 관한 설명으로 옳지 않은 것은?** [15-4, 21-2]

① 간헐식의 여포 수명은 연속식에 비해서는 긴 편이고, 점성이 있는 조대먼지를 탈진할 경우 여포 손상의 가능성이 있다.
② 간헐식은 먼지의 재비산이 적고 높은 집진율을 얻을 수 있다.
③ 연속식은 포집과 탈진이 동시에 이루어져 압력 손실의 변동이 크므로 저농도, 저용량의 가스 처리에 효율적이다.
④ 연속식은 탈진 시 먼지의 재비산이 일어나 간헐식에 비해 집진율이 낮고 여과 자루의 수명이 짧은 편이다.

해설 ③ 압력 손실의 변동이 크므로 저농도, 저용량 → 압력 손실이 거의 일정하므로 고농도, 고용량

53. **벤투리 스크러버에 관한 설명으로 가장 적합한 것은?** [13-4, 19-4]

① 먼지 부하 및 가스 유동에 민감하다.
② 집진율이 낮고 설치 소요 면적이 크며, 가압수식 중 압력 손실은 매우 크다.
③ 액가스비가 커서 소량의 세정액이 요구된다.
④ 점착성, 조해성 먼지 처리 시 노즐 막힘 현상이 현저하여 처리가 어렵다.

해설 벤투리 스크러버는 집진율이 높고 설치 소요 면적이 적다. 액가스비가 크다면 다량의 세정액이 요구되고, 습식이기 때문에 점착성, 조해성 먼지도 처리 가능하다.

54. **침강실의 길이 5 m인 중력 집진 장치를 사용하여 침강 집진할 수 있는 먼지의 최소입경이 140 μm였다. 이 길이를 2.5배로 변경할 경우 침강실에서 집진 가능한 먼지의 최소 입경(μm)은? (단, 배출 가스의 흐름은 층류이고, 길이 이외의 모든 설계 조건은 동일하다.)** [13-4]

① 약 70　② 약 89
③ 약 99　④ 약 129

해설 $1 = \frac{U_g \times L}{U_o \times H} = \frac{\frac{g(\rho_p - \rho_a)d_p^2}{18\mu} \times L}{U_o \times H}$

$d_p^2 \propto \frac{1}{L}$

$140^2 : \frac{1}{5}$

$x^2 : \frac{1}{5 \times 2.5}$

$\therefore\ x = 88.5\ \text{m}$

55. **입자상 물질의 크기 중 "마틴 직경(Martin diameter)"이란?** [14-2]

① 입자상 물질의 그림자를 2개의 등면적으로 나눈 선의 길이를 직경으로 하는 것
② 입자상 물질의 끝과 끝을 연결한 선 중 가장 긴 선을 직경으로 하는 것
③ 입경 분포에서 개수가 가장 많은 입자를 직경으로 하는 것

정답 51. ④　52. ③　53. ①　54. ②　55. ①

④ 대수 분포에서 중앙 입경을 직경으로 하는 것

해설 Martin 직경 : 입자의 투영 면적을 2등분하는 선의 길이

56. **배출 가스 중 먼지 농도가 2,500 mg/Sm³인 먼지를 처리하고자 제진 효율이 60 %인 중력 집진 장치, 80 %인 원심력 집진 장치, 85 %인 세정 집진 장치를 직렬로 연결하여 사용해 왔다. 여기에 효율이 85 %인 여과 집진 장치를 하나 더 직렬로 연결할 때, 전체 집진 효율 (㉠)과 이때 출구의 먼지 농도 (㉡)는 각각 얼마인가?** [14-2]

① ㉠ 97.5 %, ㉡ 62.5 mg/Sm³
② ㉠ 98.3 %, ㉡ 42.5 mg/Sm³
③ ㉠ 99.0 %, ㉡ 25 mg/Sm³
④ ㉠ 99.8 %, ㉡ 5 mg/Sm³

해설 $\eta_t = 1-(1-0.6)\times(1-0.8)\times(1-0.85)\times(1-0.85) = 0.998$

$C_o = C_i \times (1-\eta_t) = 2{,}500\times(1-0.998) = 5\ \text{mg/Sm}^3$

57. **A집진 장치의 입구 및 출구의 배출 가스 중 먼지의 농도가 각각 15 g/Sm³, 150 mg/Sm³이었다. 또한 입구 및 출구에서 채취한 먼지 시료 중에 포함된 0~5 μm의 입경 분포의 중량 백분율이 각각 10 %, 60 %이었다면 이 집진 장치의 0~5 μm의 입경 범위의 먼지 시료에 대한 부분 집진율(%)은?** [13-4, 15-2, 20-1]

① 90 % ② 92 %
③ 94 % ④ 96 %

해설 $\eta = \dfrac{C_i f_i - C_o f_o}{C_i f_i}\times 100 = \dfrac{15{,}000\times0.1 - 150\times0.6}{15{,}000\times0.1}\times100 = 94\ \%$

58. **중력식 집진 장치의 집진율 향상 조건에 관한 설명 중 옳지 않은 것은?** [19-1]

① 침강실 내 처리 가스의 속도가 작을수록 미립자가 포집된다.
② 침강실 입구폭이 클수록 유속이 느려지며 미세한 입자가 포집된다.
③ 다단일 경우에는 단수가 증가할수록 집진 효율은 상승하나, 압력 손실도 증가한다.
④ 침강실의 높이가 낮고, 중력장의 길이가 짧을수록 집진율은 높아진다.

해설 $\eta = \dfrac{U_g \times L}{U_o \times H}$이므로 침강실의 높이는 낮고 중력장의 길이는 길수록 집진율이 높아진다.

59. **원심력 집진 장치에 관한 설명으로 옳지 않은 것은?** [17-4]

① 배기관경(내경)이 작을수록 입경이 작은 먼지를 제거할 수 있다.
② 점착성이 있는 먼지의 집진에는 적당치 않으며, 딱딱한 입자는 장치의 마모를 일으킨다.
③ 침강 먼지 및 미세한 먼지의 재비산을 막기 위해 스키머와 회전깃, 살수 설비 등을 설치하여 제진 효율을 증대시킨다.
④ 고농도일 때는 직렬 연결하여 사용하고, 응집성이 강한 먼지인 경우는 병렬 연결하여 사용한다.

해설 집진율을 높이기 위해 직렬 연결하고, 유입 유량이 많을 때 병렬 연결하여 사용한다.

60. **세정 집진 장치의 특징으로 옳지 않은 것은?** [20-1]

① 압력 손실이 작아 운전비가 적게 든다.
② 소수성 입자의 집진율이 낮은 편이다.

정답 56. ④ 57. ③ 58. ④ 59. ④ 60. ①

③ 점착성 및 조해성 분진의 처리가 가능하다.
④ 연소성 및 폭발성 가스의 처리가 가능하다.

해설 특히 벤투리 스크러버에 대해서는 압력 손실이 크므로 동력비(운전비)가 많이 든다.

제4과목

대기 오염 공정 시험 기준(방법)

61. 굴뚝 배출 가스 중 황산화물의 침전 적정법(아르세나조Ⅲ법)에 관한 설명으로 옳지 않은 것은? [12-1]

① 시료를 과산화수소수에 흡수시켜 황산화물을 황산으로 만든다.
② 이소프로필 알코올과 초산을 가하고 아르세나조Ⅲ을 지시약으로 한다.
③ 수산화나트륨 용액으로 적정한다.
④ 시료 20 L를 흡수액에 통과시키고 이 액을 250 mL로 묽게 하여 분석용 시료 용액으로 할 때 전 황산화물의 농도가 약 50~700 ppm의 시료에 적용된다.

해설 침전 적정법(아르세나조 Ⅲ법) : 시료를 과산화수소에 흡수시켜 황산화물을 황산으로 만든 후 이소프로필 알코올과 초산을 가하고 아르세나조Ⅲ을 지시약으로 하여 초산바륨 용액으로 적정한다. 이 방법은 시료 20 L를 흡수액에 통과시키고 이 액을 250 mL로 묽게 하여 분석용 시료 용액으로 할 때 전 황산화물 농도가 약 50~700 ppm인 시료에 적용된다.

62. 수산화소듐(NaOH)용액을 흡수액으로 사용하는 분석 대상 가스가 아닌 것은 어느 것인가? [16-4]

① 염화수소　　② 브롬 화합물
③ 불소 화합물　　④ 벤젠

해설 벤젠의 흡수액은 니트로화산액이다.

암기방법
① 염화티질수
② 브티차수
③ 불란타질토수
④ 벤메가니

63. 저용량 공기 시료 채취기에 의해 환경 대기 중 먼지 채취 시 여과지 또는 샘플러 각 부분의 공기 저항에 의하여 생기는 압력 손실을 측정하여 유량계의 유량을 보정해야 한다. 유량계의 설정 조건에서 1기압에서의 유량을 20 L/min, 사용 조건에 따른 유량계 내의 압력 손실을 150 mmHg라 할 때, 유량계의 눈금 값은 얼마로 설정하여야 하는가? [18-2]

① 16.3 L/min　　② 20.3 L/min
③ 22.3 L/min　　④ 25.3 L/min

해설 $Q_r = 20 \times \sqrt{\dfrac{760}{760 - \Delta P}}$

$= 20 \times \sqrt{\dfrac{760}{760 - 150}} = 22.32 \text{ L/min}$

64. 환경 대기 중의 석면을 위상차 현미경법에 따라 측정할 때에 관한 설명으로 옳지 않은 것은? [21-4]

① 시료 채취 시 시료 포집면이 풍향을 향하도록 설치한다.
② 시료 채취 지점에서의 실내 기류는 0.3 m/s 이내가 되도록 한다.
③ 포집한 먼지 중 길이가 10 μm 이하이고 길이와 폭의 비가 5 : 1 이하인 섬유를 석면 섬유로 계수한다.
④ 시료 채취는 해당 시설의 실제 운영 조건과 동일하게 유지되는 일반 환경 상

정답 61. ③　62. ④　63. ③　64. ③

태에서 수행하는 것을 원칙으로 한다.

해설 ③ 10 μm 이하→5 μm 이상,
5 : 1 이하→3 : 1 이상

65. 다음 중 대기 오염 공정 시험 기준상 지하 공간 및 환경 대기 중의 벤조(a)피렌 농도를 측정하기 위한 시험 방법으로 가장 적합한 것은? [13-4]

① 이온 크로마토그래피법
② 비분산 적외선 분석법
③ 흡광차 분광법
④ 형광 분광 광도법

해설 분석 방법의 종류
㉮ 가스 크로마토그래프법(주시험법)
㉯ 형광 분광 광도법

암기방법 벤가형
벤 : 벤조(a)피렌
가 : 가스 크로마토그래프법(주시험법)
형 : 형광 분광 광도법

66. 굴뚝 배출 가스 중 아황산가스의 자동 연속 측정 방법에서 사용하는 용어의 의미로 옳은 것은? [15-4]

① 스팬 가스 : 90 % 교정 가스
② 제로 가스 : 공인 기관에 의해 아황산가스의 농도가 10 ppm 미만으로 보증된 표준 가스
③ 응답 시간 : 스팬 가스 보정치의 90 %에 해당하는 지시치를 나타낼 때까지 걸리는 시간
④ 교정 가스 : 연속 자동 측정기 최대 눈금치의 약 10 %와 90 %에 해당하는 보증된 표준 가스

해설 ② 10 ppm 미만→1 ppm 미만
③ 90 %→95 %
④ 약 10 %와 90 %→약 50 %와 90 %

67. 다음 중 기체-액체 크로마토그래프법에 사용되는 충전물 담체에 함침시키는 고정상 액체(stationary liquid)가 갖추어야 할 조건과 거리가 먼 것은? [12-1]

① 사용 온도에서 점성이 작은 것이어야 한다.
② 분석 대상 성분을 완전 분리할 수 있어야 한다.
③ 화학적 성분이 일정하여야 한다.
④ 사용 온도에서 증기압이 높아야 한다.

해설 ④ 증기압이 높아야→낮아야

68. 어떤 가스 크로마토그램에 있어 성분 A의 보유 시간은 10분, 피이크 폭은 8 mm였다. 이 경우 성분 A의 HETP(1 이론단에 해당하는 분리관의 길이)는? (단, 분리관의 길이는 10 m, 기록지의 속도는 매분 10 mm) [15-1]

① 2 mm ② 4 mm
③ 6 mm ④ 8 mm

해설 $n = 16 \cdot \left(\frac{t_R}{W}\right)^2$
$= 16 \times \left(\frac{10\text{mm/min} \times 10\text{min}}{8\text{mm}}\right)^2$
$= 2{,}500$
$\therefore \text{HETP} = \frac{L}{n} = \frac{10\text{m} \times 10^3\text{mm/m}}{2{,}500}$
$= 4\text{ mm}$

69. 굴뚝 배출 가스 중 황산화물을 중화적정법으로 분석할 때 사용하는 N/10 수산화나트륨 용액을 표정하기 위하여 설파민산 2.5 g을 정확히 달아 물에 녹여 250 mL 용량플라스크에 옮겨 넣고 물로 표선까지 채워 만들었다. 표정 시 적정에서 사용한 N/10 수산화나트륨 용액의 양이 250 mL일 경우 역가(f)는? (단, 설파민산(NH_2SO_3H)

정답 65. ④ 66. ① 67. ④ 68. ② 69. ③

의 분자량은 97) [12-4]

① 0.94 ② 0.97
③ 1.03 ④ 1.13

해설 우선 설파민산(NH_2SO_3H)

N G C
1 : 97 : 1,000
x : 2.5 : 250

$\therefore\ x = 0.103\text{N}$

$NVf = N'V'f'$

$0.103 \times 250 \times 1 = 0.1 \times 250 \times f'$

$f' = 1.03$

70. 기체 크로마토그래피법에 관한 설명으로 옳지 않은 것은? [16-4]

① 분리관 오븐의 온도 조절 정밀도는 ±0.5℃의 범위 이내 전원 전압 변동 10 %에 대하여 온도 변화 ±0.5℃ 범위 이내(오븐의 온도가 150℃ 부근일 때)이어야 한다.
② 보유 시간을 측정할 때는 2회 측정하여 그 평균치를 구하며 일반적으로 5~30분 정도에서 측정하는 피크의 보유 시간은 반복 시험을 할 때 ±5% 오차 범위 이내이어야 한다.
③ 분리관 유로는 시료 도입부, 분리관, 검출기기 배관으로 구성된다.
④ 가스 시료 도입부는 가스 계량관(통상 0.5 mL~5 mL)과 유로 변환 기구로 구성된다.

해설 ② 2회 → 3회, ±5 % → ±3 %

71. 자외선/가시선 분광법으로 측정한 A물질의 투과 퍼센트 지시치가 25 %일 때 A 물질의 흡광도는? [14-2, 16-4]

① 0.25 ② 0.50
③ 0.60 ④ 0.82

해설 자외선/가시선 분광법=흡광 광도법
흡광도는 투과도(t)의 역수의 상용대수를 말한다.

흡광도$(A) = \log\left(\frac{1}{t}\right) = \log\left(\frac{1}{0.25}\right) = 0.60$

72. 비분산 적외선 분광 분석법에서 사용하는 주요 용어의 의미로 옳지 않은 것은 어느 것인가? [16-1, 20-4]

① 스팬 가스 : 분석계의 최저 눈금값을 교정하기 위하여 사용하는 가스
② 스팬 드리프트 : 측정기의 교정 범위 눈금에 대한 지시값의 일정 기간 내의 변동
③ 정필터형 : 측정 성분이 흡수되는 적외선을 그 흡수 파장에서 측정하는 방식
④ 비교 가스 : 시료셀에서 적외선 흡수를 측정하는 경우 대조 가스로 사용하는 것으로 적외선을 흡수하지 않는 가스

해설 ① 최저 → 최고

73. 굴뚝의 측정공에서 피토관을 이용하여 측정한 조건이 다음과 같을 때 배출 가스의 유속은? [13-2, 16-4, 17-2, 18-4]

- 동압 : 13 mmH_2O
- 피토관 계수 : 0.85
- 가스의 밀도 : 1.2 kg/m^3

① 10.6 m/s ② 12.4 m/s
③ 14.8 m/s ④ 17.8 m/s

해설 배출 가스 평균 유속 $V = C\sqrt{\frac{2gh}{\gamma}}$

여기서, V : 배출 가스 평균 유속(m/초)
g : 중력 가속도(9.8 m/초^2)
C : 피토관 계수
γ : 굴뚝 내의 습한 배출 가스 밀도(kg/m^3)
h : 배출 가스 동압 측정치 ($mmH_2O = kg/m^2$)($h = \Delta P$)

정답 70. ② 71. ③ 72. ① 73. ②

$$\therefore\ V = C\sqrt{2g\frac{\Delta P}{\gamma}}$$

$$= 0.85 \times \sqrt{2 \times 9.8\text{m/s}^2 \times \frac{13\text{kg/m}^2}{1.2\text{kg/m}^3}}$$

$$= 12.38\ \text{m/s}$$

74. **원형 굴뚝의 단면적이 13~15 m^2인 경우 배출되는 먼지 측정을 위한 반경 구분 수 (㉠)와 측정점 수(㉡)는?** [12-2, 16-1]

① ㉠ 2, ㉡ 8　　② ㉠ 3, ㉡ 12
③ ㉠ 4, ㉡ 16　　④ ㉠ 5, ㉡ 20

해설 $A = \frac{3.14 \times D^2}{4}$ 이므로

$D = \sqrt{\frac{A \times 4}{3.14}}$ 이다.

$\therefore \sqrt{\frac{13 \times 4}{3.14}} \sim \sqrt{\frac{15 \times 4}{3.14}}$

$= 4.069 \sim 4.371\ \text{m}$

즉, 반경 구분 수는 4이고, 측정점 수는 16이다.

75. **굴뚝에서 배출되는 가스에 대한 시료 채취 시 주의해야 할 사항으로 거리가 먼 것은?** [18-2]

① 굴뚝 내의 압력이 매우 큰 부압(−300 mmH_2O 정도 이하)인 경우에는 시료 채취용 굴뚝을 부설한다.
② 굴뚝 내의 압력이 부압(−)인 경우에는 채취구를 열었을 때 유해 가스가 분출될 염려가 있으므로 충분한 주의를 필요로 한다.
③ 가스 미터는 100 mmH_2O 이내에서 사용한다.
④ 시료 가스의 양을 재기 위하여 쓰는 채취병은 미리 0℃ 때의 참부피를 구해 둔다.

해설 ② 부압(−) → 정압(+)

76. **굴뚝 배출 가스 중 먼지 농도를 반자동식 시료 채취기에 의해 분석하는 경우 채취 장치 구성에 관한 설명으로 옳지 않은 것은 어느 것인가?** [20-2]

① 흡인 노즐의 꼭지점은 80° 이하의 예각이 되도록 하고 주위 장치에 고정시킬 수 있도록 충분한 각(가급적 수직)이 확보되도록 한다.
② 흡인 노즐의 안과 밖의 가스 흐름이 흐트러지지 않도록 흡인 노즐 안지름(d)은 3 mm 이상으로 하고, d는 정확히 측정하여 0.1 mm 단위까지 구하여 둔다.
③ 흡입관은 수분 농축 방지를 위해 시료 가스 온도를 120±14℃로 유지할 수 있는 가열기를 갖춘 보로실리케이트, 스테인리스강 재질 또는 석영 유리관을 사용한다.
④ 피토관은 피토관 계수가 정해진 L형 피토관(C : 1.0 전후) 또는 S형(웨스턴형 C : 0.85 전후) 피토관으로써 배출 가스 유속의 계속적인 측정을 위해 흡입관에 부착하여 사용한다.

해설 흡인 노즐의 꼭짓점은 30° 이하의 예각이 되도록 하고 매끈한 반구 모양으로 한다.

77. **굴뚝 배출 가스 중 수분의 부피 백분율을 측정하기 위하여 흡습관에 배출 가스 10 L를 흡인하여 유입시킨 결과 흡습관의 중량 증가는 0.82 g이었다. 이때 가스 흡인은 건식 가스 미터로 측정하여 그 가스 미터의 가스 게이지압은 4 mmHg이고, 온도는 27℃이었다. 그리고 대기압은 760 mmHg이었다면 이 배출 가스 중 수분량(%)은 얼마인가?** [14-2, 18-1]

① 약 10 %　　② 약 13 %
③ 약 16 %　　④ 약 18 %

정답 74. ③　75. ②　76. ①　77. ①

해설 수분량(%)

$$= \frac{\frac{22.4L}{18g} \times 0.82g}{\left[10L \times \frac{273}{273+27} \times \frac{760+4}{760} + \frac{22.4L}{18g} \times 0.82g\right]} \times 100$$

$= 10.03\,\%$

78. 전기 아크로를 사용하는 철강 공장에서 외부로 비산 배출되는 먼지를 불투명도법으로 측정하는 방법에 관한 설명으로 옳은 것은? [16-1]

① 비탁도는 최소 1도의 단위로 측정값을 기록한다.

② 시료의 채취 시간은 60초 간격으로 비탁도를 측정한다.

③ 측정된 비탁도에 100 %를 곱한 값을 불투명도 값으로 한다.

④ 측정 시 태양은 측정자의 좌측 또는 우측에 있어야 하고, 측정 위치는 발생원으로부터 멀어도 1 km 이내이어야 한다.

해설 ① 최소 1도 → 최소 0.5도
② 60초 → 30초
③ 100 % → 20 %

79. 0.25 N의 수산화나트륨 용액 200 mL를 만들려고 한다. 필요한 수산화나트륨의 양은? [15-2]

① 2 g ② 4 g
③ 6 g ④ 8 g

해설 N : G : C

1 : 40g : 1,000mL

0.25 : x[g] : 200mL

$\therefore\ x = \frac{0.25 \times 40 \times 200}{1 \times 1,000} = 2\,g$

80. 다음은 굴뚝 배출 가스 중 아연 환원 나프틸에틸렌디아민법에 의한 질소 산화물 분석 방법이다. ( ) 안에 알맞은 것은 어느 것인가? [12-1]

> 시료 중의 질소 산화물을 (㉠) 존재하에서 물에 흡수시켜 질산 이온으로 만든다. 이 질산 이온을 분말 금속 아연을 사용하여 아질산 이온으로 환원한 후 (㉡) 및 나프틸에틸렌디아민을 반응시켜 얻어진 착색의 흡광도로부터 질소 산화물을 정량하는 방법이다.

① ㉠ 초산나트륨
㉡ 술포닐아미드

② ㉠ 초산나트륨
㉡ 페놀디술폰산

③ ㉠ 오존
㉡ 페놀디술폰산

④ ㉠ 오존
㉡ 술포닐아미드

해설 아연 환원 나프틸에틸렌디아민법 : 시료 중의 질소 산화물을 오존 존재하에서 물에 흡수시켜 질산 이온으로 만든다. 이 질산 이온을 분말 금속 아연을 사용하여 아질산 이온으로 환원한 후 술포닐아미드(sulfonilic amide) 및 나프틸에틸렌디아민(naphthyl ethylen diamine)을 반응시켜 얻어진 착색의 흡광도로부터 질소 산화물을 정량하는 방법으로서 배출 가스 중의 질소 산화물을 이산화질소로 하여 계산한다.

이 방법은 시료 중의 질소 산화물 농도가 10~1,000 V/Vppm의 것을 분석하는 데 적당하다 1,000 V/Vppm 이상의 농도가 진한 시료에 대해서는 분석용 시료 용액을 적당량의 물로 묽게 하여 사용하면 측정이 가능하다. 이 방법에서는 2,000 V/Vppm 이하의 아황산가스는 방해하지 않고 염소 이온 및 암모늄 이온의 공존도 방해하지 않는다.

정답 **78.** ④ **79.** ① **80.** ④

제5과목

대기환경 관계법규

81. 대기환경보전법상 대기오염 경보가 발령된 지역에서 자동차 운행제한이나 사업장 조업단축의 명령을 정당한 사유없이 위반한 자에 대한 벌칙기준으로 옳은 것은? [13-2]

① 1년 이하의 징역이나 1천만원 이하의 벌금에 처한다.
② 1년 이하의 징역이나 500만원 이하의 벌금에 처한다.
③ 500만원 이하의 벌금에 처한다.
④ 300만원 이하의 벌금에 처한다.

해설 법. 제92조(벌칙) 다음 각 호의 어느 하나에 해당하는 자는 300만원 이하의 벌금에 처한다.

1. 제8조제3항에 따른 명령을 정당한 사유없이 위반한 자
2. 제32조제5항에 따른 조치명령을 이행하지 아니한 자
3. 제38조의2제1항에 따른 신고를 하지 아니하고 시설을 설치·운영한 자

3의2. 제38조의2제6항에 따른 정기점검을 받지 아니한 자

4. 제42조에 따른 연료사용 제한조치 등의 명령을 위반한 자

4의2. 제43조제1항 전단에 따른 신고를 하지 아니한 자

5. 제43조제1항 전단 또는 후단을 위반하여 비산먼지의 발생을 억제하기 위한 시설을 설치하지 아니하거나 필요한 조치를 하지 아니한 자. 다만, 시멘트·석탄·토사·사료·곡물 및 고철의 분체상 물질을 운송한 자는 제외한다.
6. 제43조제4항을 위반하여 비산먼지의 발생을 억제하기 위한 시설의 설치나 조치의 이행 또는 개선명령을 이행하지 아니한 자
7. 제44조제1항, 제45조제1항 또는 제2항에 따른 신고를 하지 아니하고 시설을 설치하거나 운영한 자
8. 제44조제3항에 따른 조치를 하지 아니한 자
9. 제50조의2제2항 및 제50조의3제3항에 따른 평균 배출량 달성실적 및 상환계획서를 거짓으로 작성한 자
10. 제60조제1항에 따라 인증받은 내용과 다르게 결함이 있는 배출가스저감장치 또는 저공해엔진을 제조·공급 또는 판매한 자
11. 제62조제4항에 따른 이륜자동차정기검사 명령을 이행하지 아니한 자
12. 제70조의2에 따른 운행정지명령을 받고 이에 따르지 아니한 자
13. 「자동차관리법」 제66조에 따라 자동차관리사업의 등록이 취소되었음에도 정비·점검 및 확인검사 업무를 한 전문정비사업자
14. 제76조의5제1항을 위반하여 자료를 제출하지 아니하거나 거짓으로 자료를 제출한 자

법. 제93조(벌칙) 제40조제4항에 따른 환경기술인의 업무를 방해하거나 환경기술인의 요청을 정당한 사유없이 거부한 자는 200만원 이하의 벌금에 처한다.

정답 **81.** ④

82. 대기환경보전법령상 II지역의 기본부과금의 지역별 부과계수로 옳은 것은?(단, II지역은 「국토의 계획 및 이용에 관한 법률」에 따른 공업지역 등이 해당) [19-2]

① 0.5
② 1.0
③ 1.5
④ 2.0

해설 영. [별표 7] 기본부과금의 지역별 부과계수

구분	지역별 부과계수
I 지역	1.5
II 지역	0.5
III 지역	1.0

[비고] I, II, III지역에 관하여는 별표 4 비고란 제2호부터 제4호까지의 규정을 준용한다.

83. 대기환경보전법규상 특정대기유해물질이 아닌 것은? [13-2, 17-1]

① 니켈 및 그 화합물
② 이황화메틸
③ 다이옥신
④ 알루미늄 및 그 화합물

해설 규칙[별표 2] 특정 대기유해물질

84. 대기환경보전법규상 대기오염경보 단계별 대기오염물질의 농도기준으로 옳은 것은? (단, 오존농도는 1시간 평균농도를 기준으로 한 발령이다.) [12-4]

① 주의보 : 오존농도가 1 ppm 이상일 때,
경보 : 오존농도가 3 ppm 이상일 때
중대경보 : 오존농도가 5 ppm 이상일 때
② 주의보 : 오존농도가 0.1 ppm 이상일 때
경보 : 오존농도가 0.3 ppm 이상일 때
중대경보 : 오존농도가 0.5 ppm 이상일 때
③ 주의보 : 오존농도가 0.12 ppm 이상일 때
경보 : 오존농도가 0.3 ppm 이상일 때
중대경보 : 오존농도가 0.5 ppm 이상일 때
④ 주의보 : 오존농도가 1.2 ppm 이상일 때
경보 : 오존농도가 3 ppm 이상일 때
중대경보 : 오존농도가 5 ppm 이상일 때

정답 **82.** ① **83.** ④ **84.** ③

해설 규칙. [별표 7] 대기오염경보 단계별 대기오염물질의 농도기준

대상물질	경보단계	발령기준	해제기준
미세먼지 (PM-10)	주의보	기상조건 등을 고려하여 해당지역의 대기자동측정소 PM-10 시간당 평균농도가 150 $\mu g/m^3$ 이상 2시간 이상 지속인 때	주의보가 별령된 지역의 기상조건 등을 검토하여 대기자동측정소의 PM-10 시간당 평균농도가 100 $\mu g/m^3$ 미만인 때
	경보	기상조건 등을 고려하여 해당지역의 대기자동측정소 PM-10 시간당 평균농도가 300 $\mu g/m^3$ 이상 2시간 이상 지속인 때	경보가 별령된 지역의 기상조건 등을 검토하여 대기자동측정소의 PM-10 시간당 평균농도가 150 $\mu g/m^3$ 미만인 때는 주의보로 전환
초미세먼지 (PM-2.5)	주의보	기상조건 등을 고려하여 해당지역의 대기자동측정소 PM-2.5 시간당 평균농도가 75 $\mu g/m^3$ 이상 2시간 이상 지속인 때	주의보가 별령된 지역의 기상조건 등을 검토하여 대기자동측정소의 PM-2.5 시간당 평균농도가 35 $\mu g/m^3$ 미만인 때
	경보	기상조건 등을 고려하여 해당지역의 대기자동측정소 PM-2.5 시간당 평균농도가 150 $\mu g/m^3$ 이상 2시간 이상 지속인 때	경보가 별령된 지역의 기상조건 등을 검토하여 대기자동측정소의 PM-2.5 시간당 평균농도가 75 $\mu g/m^3$ 미만인 때는 주의보로 전환
오존	주의보	기상조건 등을 고려하여 해당지역의 대기자동측정소 오존농도가 0.12 ppm 이상인 때	주의보가 별령된 지역의 기상조건 등을 검토하여 대기자동측정소의 오존농도가 0.12 ppm 미만인 때
	경보	기상조건 등을 고려하여 해당지역의 대기자동측정소 오존농도가 0.3 ppm 이상인 때	경보가 별령된 지역의 기상조건 등을 검토하여 대기자동측정소의 오존농도가 0.12 ppm 이상 0.3 ppm 미만인 때는 주의보로 전환
	중대경보	기상조건 등을 고려하여 해당지역의 대기자동측정소 오존농도가 0.5 ppm 이상인 때	중대경보가 별령된 지역의 기상조건 등을 검토하여 대기자동측정소의 오존농도가 0.3 ppm 이상 0.5 ppm 미만인 때는 경보로 전환

[비고]

1. 해당 지역의 대기자동측정소 PM-10 또는 PM-2.5의 권역별 평균 농도가 경보 단계별 발령기준을 초과하면 해당 경보를 발령할 수 있다.
2. 오존 농도는 1시간당 평균농도를 기준으로 하며, 해당 지역의 대기자동측정소 오존 농도가 1개소라도 경보단계별 발령기준을 초과하면 해당 경보를 발령할 수 있다.

85. 대기환경보전법규상 정밀검사대상 자동차 및 정밀검사 유효기간 기준 중 차령 4년 경과된 "비사업용 승용자동차"의 정밀검사 유효기간은?(단, 해당 자동차는 자동차관리법에 따른다.) [13-4, 15-1]

① 1년　② 2년
③ 3년　④ 5년

해설 규칙. [별표 25] 정밀검사대상 자동차 및 정밀검사 유효기간

차종		정밀검사대상 자동차	검사유효기간
비사업용	승용자동차	차령 4년 경과된 자동차	2년
	기타자동차	차령 3년 경과된 자동차	1년
사업용	승용자동차	차령 2년 경과된 자동차	
	기타자동차	차령 2년 경과된 자동차	

86. 대기환경보전법규상 기관출력이 130 kW 초과인 선박의 질소산화물 배출기준(g/kWh)은?(단, 정격 기관속도 n(크랭크샤프트의 분당 속도)이 130 rpm 미만이며 2010년 12월 31일 이전에 건조한 선박의 경우) [16-1]

① $9.0 \times n^{(-2.0)}$ 이하
② $45.0 \times n^{(-0.2)}$ 이하
③ 9.8 이하
④ 17 이하

해설 규칙. [별표 35] 선박의 배출허용기준

기관 출력	정격 기관속도 (n : 크랭크샤프트의 분당 속도)	질소산화물 배출기준(g/kWh)		
		기준 1	기준 2	기준 3
130 kW 초과	n이 130 rpm 미만일 때	17 이하	14.4 이하	3.4 이하
	n이 130 rpm 이상 2,000 rpm 미만일 때	$45.0 \times n^{(-0.2)}$ 이하	$44.0 \times n^{(-0.23)}$ 이하	$9.0 \times n^{(-0.2)}$ 이하
	n이 2,000 rpm 이상일 때	9.8 이하	7.7 이하	2.0 이하

[비고] 기준 1은 2010년 12월 31일 이전에 건조된 선박에, 기준 2는 2011년 1월 1일 이후에 건조된 선박에, 기준 3은 2016년 1월 1일 이후에 건조된 선박에 설치되는 디젤기관에 각각 적용하되, 기준별 적용대상 및 적용시기 등은 해양수산부령으로 정하는 바에 따른다.

87. 실내공기질 관리법규상 폼알데하이드의 신축 공동주택의 실내공기질 권고기준은 얼마인가? [13-1, 19-1]

① 30 μg/m^3 이하
② 210 μg/m^3 이하
③ 300 μg/m^3 이하
④ 700 μg/m^3 이하

정답 **85.** ② **86.** ④ **87.** ②

해설 규칙. [별표 4의2] 신축 공동주택의 실내공기질 권고기준

1. 폼알데하이드 210 $\mu g/m^3$ 이하
2. 벤젠 30 $\mu g/m^3$ 이하
3. 톨루엔 1,000 $\mu g/m^3$ 이하
4. 에틸벤젠 360 $\mu g/m^3$ 이하
5. 자일렌 700 $\mu g/m^3$ 이하
6. 스티렌 300 $\mu g/m^3$ 이하
7. 라돈 148 Bq/m^3 이하

암기방법

톨루엔 : 천톨
자이렌 : 칠자
스티렌 : 쓰리
폼알데히드 : 폼이
벤젠 : 벤삼십
에틸벤젠 : 삼십육계

88. 대기환경보전법규상 위임업무 보고사항 중 "자동차 연료 제조기준 적합여부 검사 현황"의 보고횟수 기준은? [12-1, 14-1]

① 수시 ② 연 1회
③ 연 2회 ④ 연 4회

해설 규칙. [별표 37] 위임업무 보고사항

업무내용	보고횟수	보고기일	보고자
1. 환경오염사고 발생 및 조치 사항	수시	사고발생 시	시·도지사, 유역환경청장 또는 지방환경청장
2. 수입자동차 배출가스 인증 및 검사현황	연 4회	매분기 종료 후 15일 이내	국립환경과학원장
3. 자동차 연료 및 첨가제의 제조·판매 또는 사용에 대한 규제현황	연 2회	매반기 종료 후 15일 이내	유역환경청장 또는 지방환경청장
4. 자동차 연료 또는 첨가제의 제조기준 적합 여부 검사현황	연료 : 연 4회 첨가제 : 연 2회	연료 : 매분기 종료 후 15일 이내 첨가제 : 매반기 종료 후 15일 이내	국립환경과학원장
5. 측정기기 관리대행업의 등록, 변경등록 및 행정처분 현황	연 1회	다음 해 1월 15일 까지	유역환경청장, 지방환경청장 또는 수도권 대기 환경청장

정답 88. ④

89. 악취방지법규상 지정악취물질에 해당하지 않는 것은? [14-2, 16-4, 20-2]

① 염화수소
② 메틸에틸케톤
③ 프로피온산
④ 부틸아세테이트

해설 규칙. [별표 1] 지정악취물질

종류		적용시기
1. 아모니아 3. 황화수소 5. 다이메틸다이설파이드 7. 아세트알데하이드 9. 프로피온알데하이드 11. n-발레르알데하이드	2. 메틸메르캅탄 4. 다이메틸설파이드 6. 트라이메틸아민 8. 스타이렌 10. 뷰틸알데하이드 12. i-발레르알데하이드	2005년 2월 10일부터
13. 톨루엔 14. 자일렌 15. 메틸에틸케톤 16. 메틸아이소뷰틸케톤 17. 뷰틸아세테이트		2008년 1월 1일부터
18. 프로피온산 19. n-뷰틸산 20. n-발레르산 21. i-발레르산 22. i-뷰틸알코올		2010년 1월 1일부터

90. 대기환경보전법규상 측정망 설치계획을 고시할 때 포함될 사항과 거리가 먼 것은 어느 것인가? [17-2]

① 측정망 배치도
② 측정망 설치시기
③ 측정망 교체주기
④ 측정소를 설치할 토지 또는 건축물의 위치 및 면적

해설 규칙. 제12조(측정망설치계획의 고시)

① 유역환경청장, 지방환경청장, 수도권대기환경청장 및 시·도지사는 법 제4조에 따라 다음 각 호의 사항이 포함된 측정망설치계획을 결정하고 최초로 측정소를 설치하는 날부터 3개월 이전에 고시하여야 한다.

1. 측정망 설치시기
2. 측정망 배치도
3. 측정소를 설치할 토지 또는 건축물의 위치 및 면적

암기방법 시위배

시 : 시기
위 : 위치
배 : 배치도

정답 89. ① 90. ③

91. 대기환경보전법령상 "자동차 사용의 제한명령 및 사업장의 연료사용량 감축 권고" 등의 조치사항에 해당하는 대기오염경보 단계는? [13-4, 21-4]

① 경계 발령
② 주의보 발령
③ 경보 발령
④ 중대경보 발령

해설 영. 제2조(대기오염경보의 대상 지역 등)

1. 주의보 발령 : 주민의 실외활동 및 자동차 사용의 자제 요청 등
2. 경보 발령 : 주민의 실외활동 제한 요청, 자동차 사용의 제한 및 사업장의 연료사용량 감축 권고 등
3. 중대경보 발령 : 주민의 실외활동 금지 요청, 자동차의 통행금지 및 사업장의 조업시간 단축명령 등

암기방법 (주)(자제)를 (경)(제한)(감축)함을 (중)(금)(단)하게 여기자!

주 : 주의보 발령
자제 : 자제 요청
경 : 경보 발령
제한 : 제한 요청
감축 : 감축 권고
중 : 중대경보 발령
금 : 금지 요청
단 : 단축 명령

92. 대기환경보전법령상 배출시설의 변경신고를 하여야 하는 경우에 해당하지 않는 것은 어느 것인가? [21-2]

① 배출시설 또는 방지시설을 임대하는 경우
② 사업장의 명칭이나 대표자를 변경하는 경우
③ 종전의 연료보다 황함유량이 낮은 연료로 변경하는 경우
④ 배출시설에서 허가받은 오염물질 외의 새로운 대기오염물질이 배출되는 경우

해설 규칙. 제27조(배출시설의 변경신고 등)

① 법 제23조제2항에 따라 변경신고를 하여야 하는 경우는 다음 각 호와 같다.

1. 같은 배출구에 연결된 배출시설을 증설 또는 교체하거나 폐쇄하는 경우
2. 배출시설에서 허가 받은 오염물질 외의 새로운 대기오염물질이 배출되는 경우
3. 방지시설을 증설·교체하거나 폐쇄하는 경우
4. 사업장의 명칭이나 대표자를 변경하는 경우
5. 사용하는 원료나 연료를 변경하는 경우. 다만, 새로운 대기오염물질을 배출하지 아니하고 배출량이 증가되지 아니하는 원료로 변경하는 경우 또는 종전의 연료보다 황함유량이 낮은 연료로 변경하는 경우는 제외한다.
6. 배출시설 또는 방지시설을 임대하는 경우
7. 그 밖의 경우로서 배출시설 설치허가증에 적힌 허가사항 및 일일조업시간을 변경하는 경우

정답 **91.** ③ **92.** ③

93. 대기환경보전법령상 시·도지사가 대기오염물질 기준이내 배출량 조정 시 사업자가 제출한 확정배출량 자료가 명백히 거짓으로 판명되었을 경우에는 확정배출량을 현지조사 하여 산정하되 확정배출량의 얼마에 해당하는 배출량을 기준이내 배출량으로 산정하는가? [15-2, 18-4]

① 100분의 20　② 100분의 50
③ 100분의 120　④ 100분의 150

해설 영. 제30조(기준이내 배출량의 조정 등)

3. 사업자가 제29조제1항에 따라 제출한 확정배출량에 관한 자료가 명백히 거짓으로 판명된 경우 : 제1호에 따라 추정한 배출량의 100분의 120에 해당하는 기준이내 배출량

94. 대기환경보전법상 사업자는 조업을 할 때에는 환경부령으로 정하는 바에 따라 배출시설과 방지시설의 운영에 관한 상황을 사실대로 기록하여 보존하여야 하나 이를 위반하여 배출시설 등의 운영상황을 기록·보존하지 아니하거나 거짓으로 기록한 자에 대한 과태료 부과기준으로 옳은 것은? [19-1]

① 1,000만원 이하의 과태료
② 500만원 이하의 과태료
③ 300만원 이하의 과태료
④ 200만원 이하의 과태료

해설 법. 제94조(과태료)

① 다음 각 호의 어느 하나에 해당하는 자에게는 500만원 이하의 과태료를 부과한다.
1. 삭제
1의2. 제48조제3항을 위반하여 인증·변경인증의 표시를 하지 아니한 자
1의3. 제51조제5항 또는 제53조제4항에 따른 결함시정계획을 수립·제출하지 아니하거나 결함시정계획을 부실하게 수립·제출하여 환경부장관의 승인을 받지 못한 경우
1의4. 제58조의2제5항을 위반하여 보급실적을 제출하지 아니한 자
1의5. 제60조의2제6항에 따른 성능점검결과를 제출하지 아니한 자
2. 제76조의4제1항을 위반하여 자동차에 온실가스 배출량을 표시하지 아니하거나 거짓으로 표시한 자

② 다음 각 호의 어느 하나에 해당하는 자에게는 300만원 이하의 과태료를 부과한다.
1. 제31조제2항을 위반하여 배출시설 등의 운영상황을 기록·보존하지 아니하거나 거짓으로 기록한 자
1의2. 제39조제3항을 위반하여 측정한 결과를 제출하지 아니한 자
2. 제40조제1항을 위반하여 환경기술인을 임명하지 아니한 자
3. 제52조제3항에 따른 결함시정명령을 위반한 자
4. 제58조제1항에 따른 저공해자동차로의 전환 또는 개조 명령, 배출가스저감장치의 부착·교체 명령 또는 배출가스 관련 부품의 교체 명령, 저공해엔진(혼소엔진을 포함한다)으로의 개조 또는 교체 명령을 이행하지 아니한 자
5. 제58조의5제1항에 따른 저공해자동차의 구매·임차 비율을 준수하지 아니한 같은 항 제2호·제3호에 해당하는 자

정답 **93.** ③　**94.** ③

95. 대기환경보전법령상 일일 기준초과배출량 및 일일유량의 산정방법으로 옳지 않은 것은 어느 것인가? [19-4]

① 특정대기유해물질의 배출허용기준초과 일일오염물질배출량은 소수점 이하 셋째 자리까지 계산하고, 일반오염물질은 소수점 이하 둘째 자리까지 계산한다.

② 먼지의 배출농도 단위는 표준상태(0℃, 1기압을 말한다)에서는 세제곱미터당 밀리그램(mg/Sm^3)으로 한다.

③ 측정유량의 단위는 시간당 세제곱미터(m^3/h)로 한다.

④ 일일조업시간은 배출량을 측정하기 전 최근 조업한 30일 동안의 배출시설 조업시간 평균치를 시간으로 표시한다.

해설 영. [별표 5] 일일기준초과배출량 및 일일유량의 산정방법

가. 일일기준초과배출량의 산정방법

구분	오염물질	산정방법
일반 오염 물질	황산화물	일일유량×배출허용기준초과농도×10^{-6}×64÷22.4
	먼지	일일유량×배출허용기준초과농도×10^{-6}
	질소산화물	일일유량×배출허용기준초과농도×10^{-6}×46÷22.4
	암모니아	일일유량×배출허용기준초과농도×10^{-6}×17÷22.4
	황화수소	일일유량×배출허용기준초과농도×10^{-6}×34÷22.4
	이황화탄소	일일유량×배출허용기준초과농도×10^{-6}×76÷22.4
특정대기 유해물질	불소화합물	일일유량×배출허용기준초과농도×10^{-6}×19÷22.4
	염화수소	일일유량×배출허용기준초과농도×10^{-6}×36.5÷22.4
	시안화수소	일일유량×배출허용기준초과농도×10^{-6}×27÷22.4

[비고] 1. 배출허용기준초과농도=배출농도－배출허용기준농도

2. 특정대기유해물질의 배출허용기준초과 일일오염물질 배출량은 소수점 이하 넷째 자리까지 계산하고, 일반오염물질은 소수점 이하 첫째 자리까지 계산한다.

3. 먼지의 배출농도 단위는 표준상태(0℃, 1기압을 말한다)에서의 세제곱미터당 밀리그램(mg/Sm^3)으로 하고, 그 밖의 오염물질의 배출농도 단위는 피피엠(ppm)으로 한다.

나. 일일유량의 산정방법

일일유량=측정유량×일일조업시간

[비고] 1. 측정유량의 단위는 시간당 세제곱미터(m^3/h)로 한다.

2. 일일조업시간은 배출량을 측정하기 전 최근 조업한 30일 동안의 배출시설 조업시간 평균치를 시간으로 표시한다.

정답 95. ①

96. **대기환경보전법규상 자동차연료형 첨가제의 종류로 가장 거리가 먼 것은?** [12-2, 16-2]

① 세척제
② 다목적첨가제
③ 기관윤활제
④ 유동성향상제

해설 규칙. [별표 6] 자동차 연료형 첨가제의 종류

1. 세척제
2. 청정분산제
3. 매연억제제
4. 다목적첨가제
5. 옥탄가향상제
6. 세탄가향상제
7. 유동성향상제
8. 윤활성 향상제
9. 그 밖에 환경부장관이 자동차의 성능을 향상시키거나 배출가스를 줄이기 위하여 필요하다고 정하여 고시하는 것

97. **대기환경보전법규 중 측정기기의 운영·관리 기준에서 굴뚝배출가스 온도측정기를 새로 설치하거나 교체하는 경우에는 국가표준기본법에 따른 교정을 받아야 한다. 이때 그 기록을 최소 몇 년 이상 보관하여야 하는가?** [17-1]

① 2년 이상
② 3년 이상
③ 5년 이상
④ 10년 이상

해설 규칙. [별표 9] 측정기기의 운영·관리 기준

2. 굴뚝 자동측정기기의 운영·관리기준
   라. 환경부장관, 시·도지사 및 사업자는 굴뚝배출가스 온도측정기를 새로 설치하거나 교체하는 경우에는 「국가표준기본법」에 따른 교정을 받아야 하며, 그 기록을 3년 이상 보관하여야 한다.

98. **다음은 대기환경보전법령상 운행차정기검사의 방법 및 기준에 관한 사항이다. ( ) 안에 알맞은 것은?** [14-2, 20-4]

> 배출가스 검사대상 자동차의 상태를 검사할 때 원동기가 충분히 예열되어 있는 것을 확인하고, 수랭식 기관의 경우 계기판 온도가 (㉠) 또는 계기판 눈금이 (㉡)이어야 하며, 원동기가 과열되었을 경우에는 원동기실 덮개를 열고 (㉢) 지난 후 정상상태가 되었을 때 측정한다.

정답 **96.** ③ **97.** ② **98.** ④

① ㉠ 25℃ 이상, ㉡ $\frac{1}{10}$ 이상, ㉢ 1분 이상

② ㉠ 25℃ 이상, ㉡ $\frac{1}{10}$ 이상, ㉢ 5분 이상

③ ㉠ 40℃ 이상, ㉡ $\frac{1}{4}$ 이상, ㉢ 1분 이상

④ ㉠ 40℃ 이상, ㉡ $\frac{1}{4}$ 이상, ㉢ 5분 이상

해설 규칙. [별표 22] 정기검사의 방법 및 기준

1. 자동차(이륜자동차는 제외한다)

검사항목	검사기준	검사방법
나. 배출가스 검사대상 자동차의 상태	검사대상 자동차가 아래의 조건에 적합한지를 확인할 것 1) 원동기가 충분히 예열되어 있을 것	가) 수랭식 기관의 경우 계기판 온도가 40℃ 이상 또는 계기판 눈금이 $\frac{1}{4}$ 이상이어야 하며, 원동기가 과열되었을 경우에는 원동기실 덮개를 열고 5분 이상 지난 후 정상상태가 되었을 때 측정

99. 악취방지법규상 위임업무 보고사항 중 "악취검사기관의 지도·점검 및 행정처분 실적" 보고 횟수 기준은? [13-2, 17-1, 20-4]

① 연 1회 ② 연 2회
③ 연 4회 ④ 수시

해설 규칙. [별표 10] 위임업무 보고사항

업무 내용	보고 횟수	보고기일	보고자
1. 악취검사기관의 지정, 지정사항 변경보고 접수 실적	연 1회	다음 해 1월 15일까지	국립환경과학원장
2. 악취검사기관의 지도·점검 및 행정처분 실적	연 1회	다음 해 1월 15일까지	

100. 다중이용시설 등의 실내공기질 관리법령상 대통령령이 정하는 규모의 다중이용시설에 해당되지 않는 것은? [16-4]

① 여객자동차터미널의 연면적 2천2백제곱미터인 대합실
② 공항시설 중 연면적 1천1백제곱미터인 여객터미널
③ 철도역사의 연면적 2천2백제곱미터인 대합실
④ 모든 지하역사

정답 99. ① 100. ②

해설 영. 제2조(적용대상)

① 「실내공기질관리법」(이하 "법"이라 한다) 제3조제1항 각 호 외의 부분에서 "대통령령이 정하는 규모의 것"이란 다음 각 호의 어느 하나에 해당하는 시설을 말한다. 이 경우 둘 이상의 건축물로 이루어진 시설의 연면적은 개별 건축물의 연면적을 모두 합산한 면적으로 한다.

1. 모든 지하역사(출입통로·대합실·승강장 및 환승통로와 이에 딸린 시설을 포함한다)
2. 연면적 2천제곱미터 이상인 지하도상가(지상건물에 딸린 지하층의 시설을 포함한다. 이하 같다) 이 경우 연속되어 있는 둘 이상의 지하도상가의 연면적 합계가 2천제곱미터 이상인 경우를 포함한다.
3. 철도역사의 연면적 2천제곱미터 이상인 대합실
4. 여객자동차터미널의 연면적 2천제곱미터 이상인 대합실
5. 항만시설 중 연면적 5천제곱미터 이상인 대합실
6. 공항시설 중 연면적 1천5백제곱미터 이상인 여객터미널
7. 연면적 3천제곱미터 이상인 도서관
8. 연면적 3천제곱미터 이상인 박물관 및 미술관
9. 연면적 2천제곱미터 이상이거나 병상수 100개 이상의 의료기관
10. 연면적 500제곱미터 이상인 산후조리원
11. 연면적 1천제곱미터 이상인 노인요양시설
12. 연면적 430 제곱미터 이상인 어린이집

12의2. 연면적 430제곱미터 이상인 실내 어린이 놀이시설

13. 모든 대규모 점포
14. 연면적 1천제곱미터 이상인 장례식장(지하에 위치한 시설로 한정한다)
15. 모든 영화상영관(실내 영화상영관으로 한정한다)
16. 연면적 1천제곱미터 이상인 학원
17. 연면적 2천제곱미터 이상인 전시시설(지하에 위치한 시설로 한정한다)
18. 연면적 300제곱미터 이상인 인터넷컴퓨터 게임시설 제공업의 영업시설
19. 연면적 2천제곱미터 이상인 실내 주차장(기계식 주차장은 제외한다)
20. 연면적 3천제곱미터 이상인 업무시설
21. 연면적 2천제곱미터 이상인 둘 이상의 용도(「건축법」 제2조제2항에 따라 구분된 용도를 말한다)에 사용되는 건축물
22. 객석 수 1천석 이상인 실내 공연장
23. 관람석 수 1천석 이상인 실내 체육시설
24. 연면적 1천제곱미터 이상인 목욕장업의 영업시설

3회 CBT 대비 실전문제

제1과목 대기 오염 개론

1. 다음은 NO_2의 광화학 반응식이다. ㉠~㉣에 알맞은 것은 어느 것인가?(단, O는 산소 원자) [14-1, 17-2, 21-2]

[㉠] + hv → [㉡] + O
O + [㉢] → [㉣]
[㉣] + [㉡] → [㉠] +[㉢]

① ㉠ NO, ㉡ NO_2, ㉢ O_3, ㉣ O_2
② ㉠ NO_2, ㉡ NO, ㉢ O_2, ㉣ O_3
③ ㉠ NO, ㉡ NO_2, ㉢ O_2, ㉣ O_3
④ ㉠ NO_2, ㉡ NO, ㉢ O_3, ㉣ O_2

2. NO_x에 의한 광화학적 반응에서 HC가 존재 시 생성되는 자극성 물질과 가장 거리가 먼 것은? [12-4]

① 포름알데히드(HCHO)
② 아세틱 애시드(CH_3COOOH)
③ 퍼옥시 아세틸 니이트레이트($CH_3COOONO_2$)
④ 아크롤레인(CH_2CHCHO)

해설 아세틱 애시드는 초산을 말한다.

3. 바람을 일으키는 힘 중 기압 경도력에 관한 설명으로 가장 적합한 것은 어느 것인가? [14-2, 17-2]

① 수평 기압 경도력은 등압선의 간격이 좁으면 강해지고, 반대로 간격이 넓으면 약해진다.
② 지구의 자전 운동에 의해서 생기는 가속도에 의한 힘을 말한다.
③ 극지방에서 최소가 되며 적도 지방에서 최대가 된다.
④ gradient wind라고도 하며, 대기의 운동 방향과 반대의 힘인 마찰력으로 인하여 발생된다.

해설 ②의 설명을 전향력에 대한 설명이고, 전향력은 극지방에서 최대이고 적도 지방에서 최소가 된다.

gradient wind는 경도풍을 말하며, 원심력, 기압 경도력, 전향력 세 힘이 평형을 이루는 상태에서 바람은 계속 곡선인 등압선을 따라 분다.

4. Deacon 법칙을 이용하여 풍속 지수(P)가 0.28인 조건에서 지표 높이 10 m에서의 풍속이 4 m/s일 때, 상공의 풍속이 12 m/s가 되는 위치의 높이는 지표로부터 약 얼마인가? [12-2, 15-4]

① 약 200 m
② 약 300 m
③ 약 400 m
④ 약 500 m

해설 $U_2 = U_1 \times \left(\frac{Z_2}{Z_1}\right)^P$

$$12 = 4 \times \left(\frac{x}{10}\right)^{0.28}$$

$$\therefore \ x = \left(\frac{12}{4}\right)^{\frac{1}{0.28}} \times 10 = 505.8 \text{ m}$$

정답 1. ② 2. ② 3. ① 4. ④

5. 유효 굴뚝 높이 100 m인 연돌에서 배출되는 가스량은 10 m^3/s, SO_2의 농도가 1,500 ppm일 때 Sutton식에 의한 최대 지표 농도는?(단, $K_y = K_z = 0.05$, 평균 풍속은 10 m/s이다.) [17-2]

① 약 0.008 ppm
② 약 0.035 ppm
③ 약 0.078 ppm
④ 약 0.116 ppm

해설 $C_{max} = \frac{2Q}{\pi e U H_e^2}\left(\frac{C_z}{C_y}\right)$

$= \frac{2 \times 10 \times 1{,}500}{3.14 \times 2.72 \times 10 \times 100^2} \cdot \left(\frac{0.05}{0.05}\right)$

$= 0.035\ \text{ppm}$

6. 상자 모델을 전개하기 위하여 설정된 가정으로 가장 거리가 먼 것은? [13-1, 16-4]

① 오염물은 지면의 한 지점에서 일정하게 배출된다.
② 고려된 공간에서 오염물의 농도는 균일하다.
③ 고려되는 공간의 수직 단면에 직각 방향으로 부는 바람의 속도가 일정하여 환기량이 일정하다.
④ 오염물의 분해는 일차 반응에 의한다.

해설 상자 모델은 면적 배출원이다.

7. 다음 중 광화학 반응과 가장 관련이 깊은 탄화수소는? [21-4]

① Parafin계 탄화수소
② Olefin계 탄화수소
③ Acetylene계 탄화수소
④ 지방족 탄화수소

해설 광화학 반응을 가장 잘하는 탄화수소는 올레핀계(알켄족) 탄화수소이다.

8. 다음 대기 오염 물질 중 바닷물의 물보라 등이 배출원이며, 1차 오염 물질에 해당하는 것은? [13-1, 16-2, 19-4]

① N_2O_3　　② 알데히드
③ HCN　　④ NaCl

해설 바닷물의 물보라에는 소금이 포함되어 있다.

9. 먼지의 농도를 측정하기 위해 공기를 0.3 m/s의 속도로 1.5시간 동안 여과지에 여과시킨 결과 여과지의 빛 전달률이 깨끗한 여과지의 80 %로 감소했다. 1,000 m당 COH는? [15-1, 16-4, 21-1, 21-4]

① 6.0　② 3.0　③ 2.5　④ 1.5

해설 m당 $\text{COH} = \frac{100 \times \log\frac{I_o}{I_t} \times \text{거리(m)}}{\text{속도(m/s)} \times \text{시간(s)}}$

$= \frac{100 \times \log\left(\frac{1}{0.8}\right) \times 1{,}000\text{m}}{0.3\text{m/s} \times 1.5\text{h} \times 3{,}600\text{s/h}} = 5.9$

10. 질소 산화물(NO_x)에 의한 피해 및 영향으로 가장 거리가 먼 것은? [12-4]

① NO_2의 광화학적 분해 작용으로 대기 중의 O_3 농도가 증가하고 HC가 존재하는 경우에는 smog를 생성시킨다.
② NO_2는 가시광선을 흡수하므로 0.25 ppm 정도의 농도에서 가시거리를 상당히 감소시킨다.
③ NO_2는 습도가 높은 경우 질산이 되어 금속을 부식시키며 산성비의 원인이 된다.
④ 인체에 미치는 영향 분석 시 동물을 사용한 연구 결과에 의하면 NO_2는 주로 위장 장애 현상을 초래한다.

해설 ④ 주로 위장 장애 현상을 초래한다. → 주로 호흡기에 영향을 준다.

정답 5. ② 6. ① 7. ② 8. ④ 9. ① 10. ④

11. **유해 가스상 물질의 독성에 관한 설명으로 거리가 먼 것은?** [13-1, 19-2]

① SO_2는 0.1~1 ppm에서도 수 시간 내에 고등 식물에 피해를 준다.
② CO_2 독성은 10 ppm 정도에서 인체와 식물에 해롭다.
③ CO는 100 ppm까지는 1~3주간 노출되어도 고등 식물에 대한 피해는 약하다.
④ HCl는 SO_2보다 식물에 미치는 영향이 훨씬 적으며, 한계 농도는 10 ppm에서 수 시간 정도이다.

해설 CO_2는 독성이 없고, 많이 존재할 때는 질식 작용을 한다. 그리고 식물에는 광합성 작용으로 오히려 식물에 도움을 준다.

12. **유해 화학 물질의 생산, 저장, 수송, 누출 중의 사고로 인해 일어나는 대기 오염 재해 지역과 원인 물질의 연결로 거리가 먼 것은?** [17-4]

① 체르노빌 – 방사능 물질
② 포자리카 – 황화수소
③ 세베소 – 다이옥신
④ 보팔 – 이산화황

해설 보팔 사건은 메틸이소시아네이트(CH_3CNO) 가스 누출 사건이다.

13. **다음 중 CFC-12의 올바른 화학식은 어느 것인가?** [15-4, 17-4, 20-4]

① CF_3Br ② CF_3Cl
③ CF_2Cl_2 ④ $CHFCl_2$

해설 일의 수는 F의 수이고, 10의 수에 −1하면 H의 수이고, 100의 수에 +1하면 C의 수이고, 나머지 자리 수에는 Cl가 차지한다.

14. **바람을 일으키는 힘 중 전향력에 관한 설명으로 가장 거리가 먼 것은 어느 것인가?** [16-1, 19-1]

① 전향력은 운동의 속력과 방향에 영향을 미친다.
② 북반구에서는 항상 움직이는 물체의 운동 방향의 오른쪽 직각 방향으로 작용한다.
③ 전향력은 극지방에서 최대가 되고 적도 지방에서 최소가 된다.
④ 전향력의 크기는 위도, 지구 자전 각속도, 풍속의 함수로 나타낸다.

해설 전향력은 운동의 방향만을 변화시킬 뿐, 속력에는 아무런 영향을 미치지 않는다.

15. **확산 계수 $C_y = C_z = 0.05$, 풍속 $U = 4$ m/s, 굴뚝의 유효 고도 150 m, 오염 물질의 배출률 $Q = 50{,}000$ Sm³/h, 가스 중 SO_2 농도가 968.4 ppm일 때, 지상에 나타나는 SO_2의 최대 농도는 몇 ppm인가? (단, Sutton의 확산식 이용)** [12-1, 12-4]

① 약 0.010 ppm
② 약 0.027 ppm
③ 약 0.035 ppm
④ 약 0.072 ppm

해설 $$C_{max} = \frac{2Q}{\pi e U H_e^2} \cdot \left(\frac{C_z}{C_y}\right)$$
$$= \frac{2 \times \frac{50{,}000}{3{,}600} \times 968.4}{3.14 \times 2.72 \times 4 \times 150^2} \times \left(\frac{0.05}{0.05}\right)$$
$$= 0.0349 \text{ ppm}$$

16. **굴뚝에서 배출되는 plume의 유효상승고를 $\Delta h = d\left(\frac{W}{U}\right)^{1.4}$에 의해 계산하고자 한다. 굴뚝의 내경이 2 m, 풍속이 3 m/s라고 할 때, Δh를 4 m까지 상승시키려고 한다면 배출 가스의 분출 속도는?** [16-2]

① 약 5 m/s

정답 11. ② 12. ④ 13. ③ 14. ① 15. ③ 16. ①

② 약 8 m/s
③ 약 11 m/s
④ 약 14 m/s

해설 $\Delta h = d\left(\frac{W}{U}\right)^{1.4}$

$4 = 2\left(\frac{W}{3}\right)^{1.4}$

$\left(\frac{4}{2}\right)^{\frac{1}{1.4}} = \left(\frac{W}{3}\right)$

$\therefore\ W = \left(\frac{4}{2}\right)^{\frac{1}{1.4}} \times 3 = 4.922\ \text{m/s}$

17. 온위(Potential temperature)에 대한 설명으로 옳은 것은? [20-4]

① 환경 감률이 건조 단열 감률과 같은 기층에서는 온위가 일정하다.
② 환경 감률이 습윤 단열 감률과 같은 기층에서는 온위가 일정하다.
③ 어떤 고도의 공기 덩어리를 850 mb 고도까지 건조 단열적으로 옮겼을 때의 온도이다.
④ 어떤 고도의 공기 덩어리를 1,000 mb 고도까지 습윤 단열적으로 옮겼을 때의 온도이다.

해설 ② 습윤 단열 감률 → 건조 단열 감률
③ 850 mb → 1,000 mb
④ 습윤 단열적으로 → 건조 단열적으로
즉, 환경 감률선이 건조 단열 감률선과 일치하면 온위는 일정하다.
$\frac{\Delta Q}{\Delta Z} = 0$이면 중립

18. 아래 그림은 고도에 따른 대기의 기온 변화를 나타낸 것이다. 다음 중 대기 중에 섞인 오염 물질이 가장 잘 확산되는 기온 변화 형태는? [19-2]

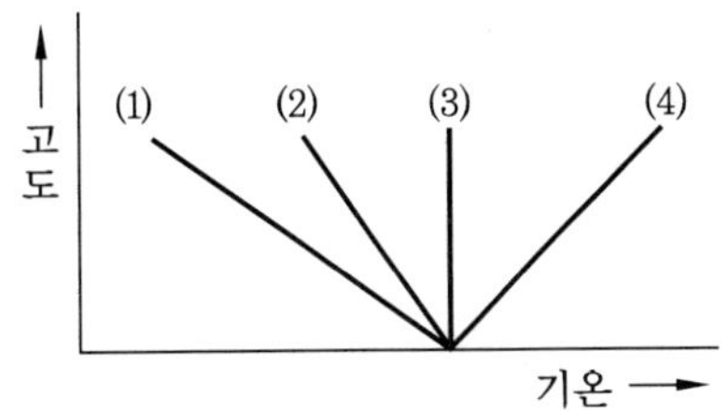

① (1) ② (2)
③ (3) ④ (4)

해설 (1) 경우를 과단열적이라 한다. 이때 오염 물질이 가장 잘 확산된다.

19. 맑은 여름날 해가 뜬 후부터 오후 최고 기온이 나타나는 시간까지의 연기의 분산형을 순서대로 가장 적합하게 나타낸 것은 어느 것인가? [14-4]

① fanning → fumigation → coning → looping
② fanning → looping → coning → lofting
③ fanning → looping → fumigation → lofting
④ fanning → trapping → looping → coning

해설 맑은 날 새벽까지 fanning(부채형)이 되고 오후에는 looping(환상형)이 된다.

20. 복사 이론에 관련된 법칙 중 최대 에너지 파장과 흑체 표면의 절대 온도가 반비례함을 나타내는 것은? (단, 상수 2897 적용) [12-1, 12-2, 20-4]

① 스테판 – 볼츠만의 법칙
② 플랑크 법칙
③ 빈의 변위 법칙
④ 플래밍 법칙

해설 빈의 변위 법칙

$\lambda_m = \frac{2897}{T}$

정답 17. ① 18. ① 19. ① 20. ③

제2과목

연소 공학

21. 메탄을 연소할 때 부피를 기준으로 한 부피 공연비(AFR)는 다음 중 어느 것인가? [15-2, 18-4]

① 6.84 ② 7.68
③ 9.52 ④ 11.58

해설 $CH_4 + 2O_2 \rightarrow CO_2 + 2H_2O$

$$AFR = \frac{공기}{연료} = \frac{\frac{2}{0.21}}{1} = 9.523$$

22. 연료의 연소 시 과잉 공기의 비율을 높여 생기는 현상으로 옳지 않은 것은 어느 것인가? [13-2, 20-2]

① 에너지 손실이 커진다.
② 연소 가스의 희석 효과가 높아진다.
③ 공연비가 커지고 연소 온도가 낮아진다.
④ 화염의 크기가 커지고 연소 가스 중 불완전 연소 물질의 농도가 증가한다.

해설 과잉 공기량이 많을 경우 처음에는 완전 연소로 불완전 연소 물질이 적지만 시간이 가면 연소 온도가 낮아져 불완전 연소가 된다. 즉, 처음부터 불완전 연소가 되는 것은 아니다. 그리고 화염의 크기는 작아진다(단염이 된다).

23. C : 80 %, H : 20 %인 액체 연료를 1 kg/min로 연소시킬 때 배기가스 성분이 CO_2 : 15 %, O_2 : 6 %, N_2 : 79 %였다면 실제 공급된 공기량(Sm^3/h)은 얼마인가? [12-1, 13-1, 15-1, 16-4, 19-1]

① 약 770 Sm^3/h
② 약 820 Sm^3/h
③ 약 980 Sm^3/h
④ 약 1,045 Sm^3/h

해설 $m = \frac{N_2}{N_2 - 3.76O_2}$

$$= \frac{79}{79 - 3.76 \times 6} = 1.39$$

$$A_o = \frac{1}{0.21} \times \left\{ \frac{22.4}{12} \times 0.8 + \frac{11.2}{2}\left(0.2 - \frac{0}{8}\right) + \frac{22.4}{32} \times 0 \right\}$$

$$= 12.44\ Sm^3/kg$$

$$\therefore A' = mA_o \times G_f$$

$$= 1.39 \times 12.44\ Sm^3/kg \times 1\ kg/min \times 60\ min/h$$

$$= 1,037\ Sm^3/h$$

24. 연소 가스 분석 결과 CO_2는 17.5 %, O_2는 7.5 %일 때 $(CO_2)_{max}$[%]는 얼마인가? [15-4, 19-4, 21-1, 21-2]

① 19.6 ② 21.6
③ 27.2 ④ 34.8

해설 $CO_{2max} = CO_2 \times m$

$$= CO_2 \times \frac{21}{21 - O_2}$$

$$= 17.5 \times \frac{21}{21 - 7.5} = 27.2\ \%$$

25. 프로판과 부탄을 1 : 1의 부피비로 혼합한 연료를 연소했을 때, 건조 배출 가스 중의 CO_2 농도가 10 %이다. 이 연료 4 m^3를 연소했을 때 생성되는 건조 배출 가스의 양(Sm^3)은? (단, 연료 중의 C성분은 전량 CO_2로 전환) [12-2, 21-2]

① 105 ② 140
③ 175 ④ 210

해설 $CO_2[\%] = \frac{CO_2[Sm^3]}{G_d[Sm^3]} \times 100$

$$\therefore G_d = \frac{CO_2[Sm^3]}{CO_2[\%]} \times 100$$

정답 21. ③ 22. ④ 23. ④ 24. ③ 25. ②

$C_3H_8 + 5O_2 \rightarrow 3CO_2 + 4H_2O$

$2\ Sm^3 \qquad 3 \times 2Sm^3$

$C_4H_{10} + 6.5O_2 \rightarrow 4CO_2 + 5H_2O$

$2\ Sm^3 \qquad 4 \times 2\ Sm^3$

$$\therefore\ G_d = \frac{(3 \times 2 + 4 \times 2)}{10} \times 100 = 140\ Sm^3$$

26. 메탄의 고위 발열량이 9,900 kcal/Sm^{3}이라면 저위 발열량(kcal/Sm^3)은 얼마인가? [17-2, 20-2]

① 8,540 ② 8,620
③ 8,790 ④ 8,940

해설 $H_l = H_h$ – 물의 증발 잠열

$CH_4 + 2O_2 \rightarrow CO_2 + 2H_2O$

$\therefore\ H_l = 9,900\ kcal/Sm^3 - 480\ kcal/Sm^3 \times 2\ Sm^3/Sm^3 = 8,940\ kcal/Sm^3$

27. 미분탄 연소 장치에 관한 설명으로 옳지 않은 것은? [13-4, 19-1]

① 설비비와 유지비가 많이 들고 재의 비산이 많아 집진 장치가 필요하다.
② 부하 변동의 적응이 어려워 대형과 대용량 설비에는 적합하지 않다.
③ 연소 제어가 용이하고 점화 및 소화 시 손실이 적다.
④ 스토커 연소에 적합하지 않은 점결탄과 저발열량탄 등도 사용할 수 있다.

해설 ② 적응이 어려워 대형과 대용량 설비에는 적합하지 않다. → 적응이 쉽고 대형과 대용량이 설비에 적합하다.

28. 고압기류 분무식 버너의 특징으로 거리가 먼 것은? [15-2, 18-2]

① 분무 각도는 60° 정도로 크고, 유량 조절 범위는 1 : 3 정도로 부하 변동에 대한 적응이 어렵다.
② 2~8 kg/cm^2 정도의 고압 공기를 사용하여 연료유를 무화시키는 방식이다.
③ 연료유의 점도가 커도 분무화가 용이한 편이다.
④ 분무에 필요한 1차 공기량은 이론 연소 공기량의 7~12 % 정도이면 된다.

해설 고압기류 분무식 버너(고압공기식 버너)의 분무 각도는 30° 정도로 적고, 유량 조절 범위는 1 : 10 정도로 부하 변동에 대한 적응이 쉽다.

29. 다음 중 확산 연소에 사용되는 버너로서 주로 천연가스와 같은 고발열량의 가스를 연소시키는 데 사용되는 것은 어느 것인가? [12-2, 13-1, 17-2, 18-2]

① 건타입 버너 ② 선회 버너
③ 방사형 버너 ④ 고압 버너

해설 기체 연료 연소 설비 중 확산 연소 방법인 방사형 버너는 천연가스와 같은 고발열량의 가스를 연소시키고, 선회 버너는 고로가스와 같은 저질 연료를 확산 연소시킨다.

30. 가솔린 기관의 노킹 현상을 방지하기 위한 방법으로 가장 적합하지 않은 것은 어느 것인가? [12-1, 21-4]

① 화염 속도를 빠르게 한다.
② 말단 가스의 온도와 압력을 낮춘다.
③ 혼합기의 자기 착화 온도를 높게 한다.
④ 불꽃 진행 거리를 길게 하여 말단 가스가 고온·고압에 충분히 노출되도록 한다.

해설 ④ 길게 하여 → 짧게 하여, 고온·고압에 충분히 노출되도록 한다. → 고온·고압에 노출되는 시간을 짧게 한다.

31. 매연 발생에 관한 설명으로 옳지 않은 것은? [13-2, 14-1, 19-1, 21-2]

정답 26. ④ 27. ② 28. ① 29. ③ 30. ④ 31. ④

① 연료의 C/H비가 클수록 매연이 발생하기 쉽다.
② 분해되기 쉽거나 산화되기 쉬운 탄화수소는 매연 발생이 적다.
③ 탄소 결합을 절단하기보다 탈수소가 쉬운 쪽이 매연이 발생하기 쉽다.
④ 중합 및 고리 화합물 등과 같이 반응이 일어나기 쉬운 탄화수소일수록 매연 발생이 적다.

해설 ④ 매연 발생이 적다. → 매연 발생이 많다.

32. 가로, 세로, 높이가 각각 1.0 m, 2.0 m, 1.0 m인 연소실에서 연소실 열발생률을 20×10^4 kcal/m³·h로 하도록 하기 위해서는 하루에 중유를 대략 몇 kg을 연소하여야 하는가? (단, 중유의 저발열량은 10,000 kcal/kg이며, 연소실은 하루에 8시간 가동한다.) [14-1]

① 320 ② 420
③ 550 ④ 650

해설 연소실 열발생률 $= \dfrac{G_f \times H_l}{V}$

$20\times10^4\ \text{kcal/m}^3\cdot\text{h}$

$= \dfrac{G_f[\text{kg/d}]\times 10{,}000\text{kcal/kg}\times \text{d/8h}}{(1\times2\times1)\text{m}^3}$

$\therefore\ G_f = \dfrac{20\times10^4\times(1\times2\times1)}{10{,}000\times\dfrac{1}{8}} = 320\ \text{kg/d}$

33. 프로판(C_3H_8)과 에탄(C_2H_6)의 혼합 가스 1 Sm³를 완전 연소시킨 결과 배기가스 중 이산화탄소(CO_2)의 생성량이 2.8 Sm³ 이었다. 이 혼합 가스의 mol비(C_3H_8/C_2H_6)는 얼마인가? [17-1, 17-2]

① 0.25 ② 0.5
③ 2.0 ④ 4.0

해설 $C_3H_8 + 5O_2 \rightarrow 3CO_2 + 4H_2O,$

1　　　　3

x　　　　y

$C_2H_6 + 3.5O_2 \rightarrow 2CO_2 + 3H_2O$

1　　　　2

$1-x$　　　　z

$y + z = 2.8 \cdots$ ①

$y = 3x \cdots$ ②

$z = 2\times(1-x) = 2-2x \cdots$ ③

②식과 ③식을 ①식에 대입하면

$3x + 2 - 2x = 2.8$

$\therefore\ x = 2.8 - 2 = 0.8$

$1 - x = 1 - 0.8 = 0.2$

$\therefore\ \dfrac{C_3H_8}{C_2H_6} = \dfrac{x}{1-x} = \dfrac{0.8}{0.2} = 4$

34. 프로판(C_3H_8) 1 Sm³을 완전 연소하였을 때, 건연소 가스 중의 CO_2가 8 % (V/V%)이었다. 공기 과잉 계수 m은 얼마인가? [13-1, 15-1, 16-4, 18-4]

① 1.32 ② 1.43
③ 1.52 ④ 1.66

해설 $C_3H_8 + 5O_2 \rightarrow 3CO_2 + 4H_2O$

1　5　3

$A_o = \dfrac{1}{0.21}\times O_o = \dfrac{1}{0.21}\times 5$

$= 23.8\ \text{Sm}^3/\text{Sm}^3$

$G_{od} = 3 + 0.79\times 23.8 = 21.8$

$CO_2[\%] = \dfrac{CO_2}{G_d}\times 100$

$= \dfrac{CO_2}{G_{od} + (m-1)A_o}\times 100$

$8\% = \dfrac{3}{21.8 + (m-1)\times 23.8}\times 100$

$\therefore\ m = 1.66$

35. 등가비(ϕ)에 관한 설명으로 옳지 않은 것은? [15-4]

정답 32. ① 33. ④ 34. ④ 35. ④

① 공기비$(m) = \frac{1}{\phi}$로 나타낼 수 있다.

② ϕ =1은 완전 연소 상태라고 할 수 있다.

③ $\phi = \frac{\left(\frac{\text{실제의 연료량}}{\text{산화제}}\right)}{\left(\frac{\text{완전 연소를 위한 이상적 연료량}}{\text{산화제}}\right)}$

로 나타낼 수 있다.

④ ϕ>1은 과잉 공기 상태로 질소 산화물이 증가한다.

해설 ϕ>1은 과잉 연료량 상태로 불완전 연소로 인한 일산화탄소(CO)가 증가한다.

36. **다음 중 연료 연소 시 공기비가 이론치보다 작을 때 나타나는 현상으로 가장 적합한 것은?** [12-1, 19-2]

① 완전 연소로 연소실 내의 연소실이 작아진다.

② 배출 가스 중 일산화탄소의 양이 많아진다.

③ 연소실 벽에 미연탄화물 부착이 줄어든다.

④ 연소 효율이 증가하여 배출 가스의 온도가 불규칙하게 증가 및 감소를 반복한다.

해설 공기가 작을 때 연료가 불완전 연소로 인하여 일산화탄소와 매연이 많아진다.

37. **암모니아의 농도가 용적비로 200 ppm인 실내 공기를 송풍기로 환기시킬 때 실내 용적이 4,000 m^3이고, 송풍량이 100 m^3/min이면 농도를 20 ppm으로 감소시키기 위한 시간은?** [15-2, 19-2]

① 82분 ② 92분

③ 102분 ④ 112분

해설 $C = C_o \times e^{-k \cdot t} \cdots ①$

$K = \frac{Q}{V} \cdots ②$

②식에서 $K = \frac{100\text{m}^3/\text{min}}{4{,}000\text{m}^3} = 0.025\text{min}^{-1}$

①식에 대입하면

$20 = 200 \times e^{-0.025 \times t}$

$\therefore\ t = \frac{-\ln\left(\frac{20}{200}\right)}{0.025} = 92.1\text{min}$

38. **표준 상태에서 CO_2 50 kg의 부피(m^3)는 얼마인가? (단, CO_2는 이상 기체라 가정한다.)** [15-2, 21-1]

① 12.73 ② 22.40

③ 25.45 ④ 44.80

해설 $50\text{kg} \times \frac{22.4\text{m}^3}{44\text{kg}} = 25.45\text{m}^3$

39. **기체 연료의 특징 및 종류에 관한 설명으로 옳지 않은 것은?** [14-4, 18-1, 20-1]

① 부하 변동 범위가 넓고 연소의 조절이 용이한 편이다.

② 천연가스는 화염 전파 속도가 크며, 폭발 범위가 크므로 1차 공기를 적게 혼합하는 편이 유리하다.

③ 액화 천연가스는 메탄을 주성분으로 하는 천연가스를 1기압 하에서 −160℃ 근처에서 냉각, 액화시켜 대량 수송 및 저장을 가능하게 한 것이다.

④ 액화 석유 가스는 액체에서 기체로 될 때 증발열(90~100 kcal/kg)이 있으므로 사용하는 데 유의할 필요가 있다.

해설 천연가스는 화염 전파 속도가 느리며, 폭발 범위(5~15 %)가 좁은 편이다.

40. **석탄의 탄화도가 증가하면 감소하는 것은?** [15-2, 16-1, 20-4]

정답 36. ② 37. ② 38. ③ 39. ② 40. ②

① 착화 온도 ② 비열
③ 발열량 ④ 고정 탄소

해설 탄화도가 증가함에 따라 착화 온도, 발열량, 고정 탄소는 증가하고, 비열은 감소한다.

제3과목

대기 오염 방지 기술

41. **냄새 물질의 화학 구조에 대한 설명으로 가장 거리가 먼 것은?** [13-2, 16-4]

① 골격이 되는 탄소수는 저분자일수록 관능기 특유의 냄새가 강하고 자극적이나 8~13에서 가장 향기가 강하다.
② 불포화도(2중 결합 및 3중 결합의 수)가 높으면 냄새가 보다 강하게 난다.
③ 분자 내 수산기의 수가 증가할수록 냄새가 강하다.
④ 락톤 및 케톤 화합물은 환상이 크게 되면 냄새가 강해진다.

해설 분자 내 수산기의 수는 1개일 때 냄새가 가장 강하고, 수가 증가하면 약해져서 무취에 이른다.

42. **염소 가스를 함유하는 배출 가스에 100 kg의 수산화나트륨을 포함한 수용액을 순환 사용하여 100 % 반응시킨다면 몇 kg의 염소 가스를 처리할 수 있는가?(단, 표준상태 기준)** [16-2]

① 약 82 kg ② 약 85 kg
③ 약 89 kg ④ 약 93 kg

해설 Cl_2(2가) : 2NaOH(1가)

71 kg : 2×40 kg

x[kg] : 100 kg

∴ $x = 88.75$ kg

43. **다이옥신의 처리 대책으로 가장 거리가 먼 것은?** [17-1, 21-2]

① 촉매 분해법 : 촉매로는 금속 산화물(V_2O_5, TiO_2 등), 귀금속(Pt, Pd)이 사용된다.
② 광분해법 : 자외선 파장(250~340 nm)이 가장 효과적인 것으로 알려져 있다.
③ 열분해 방법 : 산소가 아주 적은 환원성 분위기에서 탈염소화, 수소 첨가 반응 등에 의해 분해시킨다.
④ 오존 분해법 : 수중 분해 시 순수의 경우는 산성일수록, 온도는 20℃ 전후에서 분해 속도가 커지는 것으로 알려져 있다.

해설 오존 분해법은 없고 오존 산화법(수중에 함유된 다이옥신을 처리하는 방법)은 있다. 오존 산화법은 염기성 조건일 때 또는 온도가 높을 때 분해 속도가 빨라진다.

44. **환기 장치의 요소로서 덕트 내의 동압에 관한 설명으로 옳은 것은?** [13-4]

① 공기 밀도에 비례한다.
② 공기 유속의 제곱에 반비례한다.
③ 속도압과 관계없다.
④ 액체의 높이로 표시할 수 없다.

해설 $V_p = \dfrac{v^2}{2g} \times \gamma$

② 반비례한다. → 비례한다.
③ 관계없다. → 관계있다(동압=속도압).
④ 표시할 수 없다. → 표시할 수 있다(mmH_2O).

45. **송풍기 회전수(n)와 유체 밀도(ρ)가 일정할 때 성립하는 송풍기 상사 법칙을 나타내는 식은?(단, Q : 유량, P : 풍압, L : 동력, D : 송풍기의 크기)** [21-1]

① $Q_2 = Q_1 \times \left[\dfrac{D_1}{D_2}\right]^2$

정답 41. ③ 42. ③ 43. ④ 44. ① 45. ③

② $P_2 = P_1 \times \left[\frac{D_1}{D_2}\right]^3$

③ $Q_2 = Q_1 \times \left[\frac{D_2}{D_1}\right]^3$

④ $L_2 = L_1 \times \left[\frac{D_2}{D_1}\right]^3$

해설 상사 법칙

$$Q_2 = Q_1 \times \left(\frac{n_2}{n_1}\right) \times \left(\frac{D_2}{D_1}\right)^3$$

$$P_2 = P_1 \times \left(\frac{n_2}{n_1}\right)^2 \times \left(\frac{D_2}{D_1}\right)^2 \times \frac{\gamma_2}{\gamma_1}$$

$$L_2 = L_1 \times \left(\frac{n_2}{n_1}\right)^3 \times \left(\frac{D_2}{D_1}\right)^5 \times \frac{\gamma_2}{\gamma_1}$$

46. 유입구 폭이 20 cm, 유효 회전수가 8인 사이클론에 아래 상태와 같은 함진 가스를 처리하고자 할 때, 이 함진 가스에 포함된 입자의 절단 입경(μm)은? [15-1]

- 함진 가스의 유입 속도 : 30 m/s
- 함진 가스의 점도 : 2×10^{-5} kg/m · s
- 함진 가스의 밀도 : 1.2 kg/m^3
- 먼지 입자의 밀도 : 2.0 g/cm^3

① 2.78 ② 3.46
③ 4.58 ④ 5.32

해설 $D_{50} = \sqrt{\frac{9\mu W_i}{2\pi N_e V_i(\rho_p - \rho_a)}} \times 10^6$

$= \sqrt{\frac{9 \times 2 \times 10^{-5} \times 0.2}{2 \times 3.14 \times 8 \times 30 \times (2{,}000 - 1.2)}} \times 10^6$

$= 3.456\ \mu$m

47. 처리 가스 유량이 5,000 m^3/hr인 가스를 충전탑을 이용하여 처리하고자 한다. 충전탑 내 가스의 속도를 0.34 m/s로 할 경우 흡수탑의 직경은? [15-4, 21-1]

① 약 1.9 m ② 약 2.3 m
③ 약 2.8 m ④ 약 3.5 m

해설 $Q = A \cdot V = \frac{3.14 \times D^2}{4} \cdot V$

$\therefore D = \sqrt{\frac{Q \times 4}{3.14 \times V}} = \sqrt{\frac{\frac{5{,}000}{3{,}600} \times 4}{3.14 \times 0.34}}$

$= 2.28$ m

48. 벤투리 스크러버의 액가스비를 크게 하는 요인으로 옳지 않은 것은? [12-4, 14-2, 14-4, 15-4, 17-1, 17-4, 20-4]

① 먼지 입자의 친수성이 클 때
② 먼지의 입경이 작을 때
③ 먼지 입자의 점착성이 클 때
④ 처리 가스의 온도가 높을 때

해설 먼지 입자의 친수성이 적을 때(소수성일 때)액가스비를 크게 한다.

49. 3개의 집진 장치를 직렬로 조합하여 집진한 결과 총집진율이 99 %이었다. 1차 집진 장치의 집진율이 70 %, 2차 집진 장치의 집진율이 80 %라면 3차 집진 장치의 집진율은 약 얼마인가? [14-4, 16-1, 18-4, 19-4]

① 약 75.6 % ② 약 83.3 %
③ 약 89.2 % ④ 약 93.4 %

해설 $\eta_t = 1 - (1 - \eta_1) \times (1 - \eta_2) \times (1 - \eta_3)$

$0.99 = 1 - (1 - 0.7) \times (1 - 0.8) \times (1 - x)$

$\therefore x = 1 - \frac{(1 - 0.99)}{(1 - 0.7) \times (1 - 0.8)}$

$= 0.833 = 83.3$ %

50. 직경 10 μm인 입자의 침강 속도가 0.5 cm/s이었다. 같은 조성을 지닌 30 μm입자의 침강 속도는? (단, 스토크스 침강 속도식 적용) [13-1, 17-2]

정답 46. ② 47. ② 48. ① 49. ② 50. ④

① 1.5 cm/s ② 2 cm/s
③ 3 cm/s ④ 4.5 cm/s

해설 $U_g = \frac{g(\rho_p - \rho_a)d_p^2}{18\mu}$ 이므로

$U_g : d_p^2$

$0.5\ \mathrm{cm/s} : 10^2\ \mu\mathrm{m}^2$

$x[\mathrm{cm/s}] : 30^2\ \mu\mathrm{m}^2$

$\therefore\ x = 4.5\ \mathrm{cm/s}$

51. 입자상 물질에 관한 설명으로 가장 거리가 먼 것은? [14-2, 18-2]

① 공기동력학경은 stokes경과 달리 입자 밀도를 1 g/cm^{3}으로 가정함으로써 보다 쉽게 입경을 나타낼 수 있다.

② 비구형 입자에서 입자의 밀도가 1보다 클 경우 공기동력학경은 stokes경에 비해 항상 크다고 볼 수 있다.

③ cascade impactor는 관성 충돌을 이용하여 입경을 간접적으로 측정하는 방법이다.

④ 직경 d인 구형 입자의 비표면적은 $\frac{d}{6}$ 이다.

해설 구의 비표면적 $= \frac{\text{구의 표면적}}{\text{구의 체적}}$

$$= \frac{\pi d^2}{\frac{\pi d^3}{6}} = \frac{6}{d}$$

52. 집진 장치의 입구 쪽 처리 가스 유량이 300,000 m^3/h, 먼지 농도가 15 g/m^{3}이고, 출구 쪽 처리된 가스의 유량이 305,000 m^3/h, 먼지 농도가 40 mg/m^{3}일 때, 집진효율(%)은? [17-1, 21-4]

① 89.6 ② 95.3
③ 99.7 ④ 103.2

해설 $\eta = \frac{C_i Q_i - C_o Q_o}{C_i Q_i} \times 100$

$$= \frac{15{,}000 \times 300{,}000 - 40 \times 305{,}000}{15{,}000 \times 300{,}000} \times 100$$

$= 99.72\ \%$

53. 여과 집진 장치에 관한 설명으로 옳지 않은 것은? [14-1, 16-4]

① 수분이나 여과 속도에 대한 적응성이 높다.

② 폭발성 및 점착성 먼지의 처리에 적합하지 않다.

③ 여과재의 교환으로 유지비가 많이 든다.

④ 가스의 온도에 따라 여과재 선택에 제한을 받는다.

해설 여과 집진 장치는 습윤 상태에서는 여과포가 폐쇄될 수 있으므로 사용할 수 없다.

54. 다음 중 여과 집진 장치에서 여포를 탈진하는 방법이 아닌 것은? [13-1, 18-1]

① 기계적 진동(mechanical shaking)
② 펄스제트(pulse jet)
③ 공기역류(reverse air)
④ 블로다운(blow down)

해설 블로다운은 원심력 집진 장치에서 집진 효율 향상책으로 하나이다.

55. 온도 25℃ 염산 액적을 포함한 배출 가스 1.5 m^3/s를 폭 9 m, 높이 7 m, 길이 10 m의 침강 집진기로 집진 제거하고자 한다. 염산 비중이 1.6이라면 이 침강 집진기가 집진할 수 있는 최소 제거 입경(μm)은? (단, 25℃에서의 공기 점도 1.85×10^{-5} kg/m · s이다.) [14-1, 14-2, 17-1]

① 약 12 μm
② 약 19 μm
③ 약 32 μm
④ 약 42 μm

정답 51. ④ 52. ③ 53. ① 54. ④ 55. ②

해설 $1=\dfrac{U_g\times L}{U_o\times H}=\dfrac{\dfrac{g(\rho_p-\rho_a)d_p^2}{18\mu}\times L}{\dfrac{Q}{W\times H}\times H}$

$\therefore\ d_p=\left\{\dfrac{18\mu Q}{g(\rho_p-\rho_a)\times L\times W}\right\}^{\frac{1}{2}}$

$=\left\{\dfrac{18\times1.85\times10^{-5}\times1.5}{9.8\times(1{,}600-1.3)\times10\times9}\right\}^{\frac{1}{2}}$

$=1.88\times10^{-5}\text{m}=18.8\mu\text{m}$

56. 송풍기 회전판 회전에 의하여 집진 장치에 공급되는 세정액이 미립자로 만들어져 집진하는 원리를 가진 회전식 세정 집진 장치에서 직경이 10 cm인 회전판이 9,620 rpm으로 회전할 때 형성되는 물방울의 직경은 몇 μm인가? [18-4]

① 93　② 104
③ 208　④ 316

해설 $2\gamma=\dfrac{200}{N\sqrt{R}}$

$=\dfrac{200}{9{,}620\times\sqrt{5}}=9.29\times10^{-3}\text{cm}$

$=92.9\ \mu\text{m}$

57. 면적 1.5 m^{2}인 여과 집진 장치로 먼지 농도가 1.5 g/m^{3}인 배기가스가 100 m^3/min으로 통과하고 있다. 먼지가 모두 여과포에서 제거되었으며, 집진된 먼지층의 밀도가 1 g/cm^{3}라면 1시간 후 여과된 먼지층의 두께(mm)는? [14-4, 20-4]

① 1.5　② 3
③ 6　④ 15

해설 두께$=\dfrac{Ld}{\rho_p}=\dfrac{(C_i-C_o)\times V_f\times t}{\rho_p}$

여기서, $V_f=\dfrac{Q}{A}=\dfrac{100\text{m}^3/\text{min}}{1.5\text{m}^2}$

$=66.666\text{m/min}$

두께$=\dfrac{\left[\begin{array}{l}(1.5-0)\text{g/m}^3\times10^{-3}\text{kg/g}\times\\66.666\text{m/min}\times1h\times60\text{min}/h\end{array}\right]}{1{,}000\text{kg/m}^3}$

$=5.9999\times10^{-3}\text{m}$

$=5.9999\text{mm}$

58. 전기 집진 장치 내 먼지의 겉보기 이동 속도는 0.11 m/s, 5 m×4 m인 집진판 182매를 설치하여 유량 9,000 m^3/min를 처리할 경우 집진 효율은? (단, 내부 집진판은 양면 집진, 2개의 외부 집진판은 각 하나의 집진면을 가진다.) [15-4, 17-4]

① 98.0 %　② 98.8 %
③ 99.0 %　④ 99.5 %

해설 $\eta=1-e^{-\frac{A\cdot W_e}{Q}}$

$A=$ 한 개의 면적×2×(집진판 개수−1)

$=5\times4\times2\times(182-1)=7{,}240\text{ m}^2$

$\therefore\ \eta=1-e^{-\frac{7{,}240\times0.11}{\frac{9{,}000}{60}}}=0.995=99.5\%$

59. 공기의 유속과 점도가 각각 1.5 m/s와 0.0187 cp일 때 레이놀즈수를 계산한 결과 1,950이었다. 이때 덕트 내를 이동하는 공기의 밀도는? (단, 덕트의 직경은 75 mm이다.) [16-2]

① 0.23 kg/m^3
② 0.29 kg/m^3
③ 0.32 kg/m^3
④ 0.40 kg/m^3

해설 $Re=\dfrac{\rho_a\cdot\nu\cdot d}{\mu}$

$\mu=0.0187\text{cp}=0.0187\times0.01\text{poise}$

$=0.0187\times0.01\times0.1\text{kg/m}\cdot\text{s}$

$1{,}950=\dfrac{\rho_a\text{kg/m}^3\times1.5\text{m/s}\times0.075\text{m}}{0.0187\times0.01\times0.1\text{kg/m}\cdot\text{s}}$

$\therefore\ \rho_a=0.32\text{ kg/m}^3$

정답 56. ①　57. ③　58. ④　59. ③

60. 가스 중의 불화수소를 수산화나트륨 용액과 향류로 접촉시켜 90 % 흡수시키는 충전탑의 흡수율을 99.9 %로 향상시키고자 한다. 이때 충전층의 높이는?(단, 흡수액상의 불화수소의 평형 분압은 0으로 가정함) [12-2, 20-2]

① 81배 높아져야 한다.
② 27배 높아져야 한다.
③ 9배 높아져야 한다.
④ 3배 높아져야 한다.

해설 $H = \mathrm{NOG} \times \mathrm{HOG}$

$H \propto \mathrm{NOG}$

$H \propto \ln\left(\frac{1}{1-E}\right)$

$1 : \ln\left(\frac{1}{1-0.9}\right)$

$x : \ln\left(\frac{1}{1-0.999}\right)$

$\therefore\ x = 3$배

제4과목

대기 오염 공정 시험 기준(방법)

61. 분석 대상 가스 중 아세틸아세톤 함유 흡수액을 흡수액으로 사용하는 것은 어느 것인가? [14-2, 17-4]

① 시안화수소
② 벤젠
③ 비소
④ 포름알데히드

암기방법 포크아세액

62. 굴뚝 배출 가스 중의 황화수소 분석 방법에 관한 설명으로 옳은 것은 어느 것인가? [12-1, 18-4]

① 오르토톨리딘을 함유하는 흡수액에 황화수소를 통과시켜 얻어지는 발색액의 흡광도를 측정한다.
② 시료 중의 황화수소를 아연아민착염 용액에 흡수시켜 p-아미노디메틸아닐린 용액과 염화제이철 용액을 가하여 생성되는 메틸렌 블루의 흡광도를 측정한다.
③ 디에틸아민동 용액에 황화수소 가스를 흡수시켜 생성된 디에틸디티오카르바민산동의 흡광도를 측정한다.
④ 황화수소 흡수액을 일정량으로 묽게 한 다음 완충액을 가하여 pH를 조절하고, 란탄과 알리자린 콤플렉손을 가하여 얻어지는 발색액의 흡광도를 측정한다.

암기방법 황화메요아

63. 굴뚝 배출 가스량이 125 Sm^3/h이고 HCl 농도가 200 ppm일 때, 5,000 L 물에 2시간 흡수시켰다. 이때 이 수용액의 pOH는?(단, 흡수율은 60 %이다.) [20-2]

① 8.5 ② 9.3
③ 10.4 ④ 13.3

해설 pOH를 알기 위해서는 pH 값을 알아야 한다.
pH를 알기 위해서는 $[H^+]$의 mol/L 값을 알아야 한다.

$[H^+]$ M농도(mol/L)

$$= \frac{\left[\begin{array}{l} \text{불순물 농도}(\mathrm{mL/m^3}) \times \text{배기가스유량}(\mathrm{m^3/h}) \\ \times \text{시간}(\mathrm{h}) \times 10^{-3}\mathrm{L/mL} \times \frac{\text{분자량g}}{22.4\mathrm{L}} \\ \times \frac{1\mathrm{mol}}{\text{분자량g}} \times \frac{\text{흡수율}}{100} \end{array}\right]}{\text{물의 양}(\mathrm{m^3}) \times 10^3\mathrm{L/m^3}}$$

$$= \frac{\left[\begin{array}{l} 200\mathrm{mL/m^3} \times 125\mathrm{Sm^3/h} \times 2\mathrm{h} \\ \times 10^{-3}\mathrm{L/mL} \times \frac{36.5\mathrm{g}}{22.4\mathrm{L}} \times \frac{1\mathrm{mol}}{36.5\mathrm{g}} \times \frac{60}{100} \end{array}\right]}{5{,}000\mathrm{L}}$$

정답 60. ④ 61. ④ 62. ② 63. ③

$= 2.678 \times 10^{-4}$mol/L[HCl]
$= 2.678 \times 10^{-4}$M[HCl]
$= 2.678 \times 10^{-4}$M[H^+]
$\therefore$ pH $= -\log[H^+]$
$= -\log(2.678 \times 10^{-4})$
$= 3.572$
$\therefore$ pOH $= 14 - pH = 14 - 3.572$
$= 10.428$

64. 기체 – 고체 크로마토그래피에서 분리관 내경이 3 mm일 경우 사용되는 흡착제 및 담체의 입경 범위(μm)로 가장 적합한 것은?(단, 흡착성 고체 분말, 100~80 mesh 기준) [12-4, 18-2]

① 120~149μm
② 149~177μm
③ 177~250μm
④ 250~590μm

해설 흡착형 충전물

분리관 내경(mm)	흡착제 및 담체의 입경 범위(μm)
3	149~177(100~80 mesh)
4	177~250(80~60 mesh)
5~6	250~590(60~28 mesh)

65. 대기 오염 공정 시험 기준상 분석 시험에 있어 기재 및 용어에 관한 설명으로 옳은 것은? [13-1, 20-1]

① 시험 조작 중 "즉시"란 10초 이내에 표시된 조작을 하는 것을 뜻한다.
② "감압 또는 진공"이라 함은 따로 규정이 없는 한 10 mmHg 이하를 뜻한다.
③ 용액의 액성 표시는 따로 규정이 없는 한 유리 전극법에 의한 pH미터로 측정한 것을 뜻한다.
④ "정확히 단다"라 함은 규정한 양의 검체를 취하여 분석용 저울로 0.3 mg까지 다는 것을 뜻한다.

해설 ① 10초 → 30초
② 10 mmHg → 15 mmHg
④ 0.3 mg → 0.1 mg

66. 다음은 기체 크로마토그래피에 사용되는 검출기에 관한 설명이다. ( ) 안에 가장 적합한 것은? [19-1]

> ( )는 안정된 직류 전기를 공급하는 전원 회로, 전류 조절부, 신호 검출 전기 회로, 신호 감쇄부 등으로 구성되며, 둘 사이의 열전도도 차이를 측정함으로써 시료를 검출하여 분석한다. 모든 화합물을 검출할 수 있어 분석 대상에 제한이 없고, 값이 싸며 시료를 파괴하지 않는 장점이 있으나, 다른 검출기에 비해 감도가 낮다.

① Flame Ionization Detector
② Electron Capture Detector
③ Thermal Conductivity Detector
④ Flame Photometric Detector

해설 열전도도 검출기=TCD

67. 광원에서 나오는 빛을 단색화 장치에 의하여 좁은 파장 범위의 빛만을 선택하여 어떤 액층을 통과시킬 때 입사광의 강도가 1이고, 투사광의 강도가 0.5였다. 이 경우 Lambert – Beer 법칙을 적용하여 흡광도를 구하면? [18-4, 20-4, 21-4]

① 0.3 ② 0.5
③ 0.7 ④ 1.0

해설 $A = \log\left(\frac{I_o}{I_t}\right) = \log\left(\frac{1}{0.5}\right) = 0.3$

68. 원자 흡광 분석에 사용되는 불꽃 중 불꽃의 온도가 높아 불꽃 중에서 해리하기

정답 64. ② 65. ③ 66. ③ 67. ① 68. ④

어려운 내화성 산화물(refractory oxide)을 만들기 쉬운 원소 분석에 가장 적합한 것은? [12-2, 16-2, 21-2]

① 아세틸렌 - 공기
② 아세틸렌 - 산소
③ 수소 - 공기 - 아르곤
④ 아세틸렌 - 아산화질소

해설 불꽃을 만들기 위한 조연성 가스와 가연성 가스의 조합은 수소 - 공기, 아세틸렌 - 공기, 아세틸렌 - 아산화질소 및 프로판 - 공기가 가장 널리 이용된다.

이 중에서도 수소 - 공기와 아세틸렌 - 공기는 거의 대부분의 원소 분석에 유효하게 사용되며 수소 - 공기는 원자외 영역에서의 불꽃 자체에 의한 흡수가 적기 때문에 이 파장 영역에서 분석선을 갖는 원소의 분석에 적당하다.

아세틸렌 - 아산화질소 불꽃은 불꽃의 온도가 높기 때문에 불꽃 중에서 해리하기 어려운 내화성 산화물을 만들기 쉬운 원소의 분석에 적당하다.

프로판 - 공기 불꽃은 불꽃 온도가 낮고 일부 원소에 대하여 높은 감도를 나타낸다.

69. 굴뚝 배출 가스 유속을 피토관으로 측정한 결과가 다음과 같을 때 배출 가스 유속은? [14-2, 13-1, 17-4, 18-1, 20-1]

- 동압 : 100 mmH_2O
- 배출 가스 온도 : 295℃
- 표준 상태 배출 가스 비중량 : 1.2 kg/m^3(0℃, 1기압)
- 피토관 계수 : 0.87

① 43.7 m/s
② 48.2 m/s
③ 50.7 m/s
④ 54.3 m/s

해설 $V = C\sqrt{2g\dfrac{\Delta P}{\gamma}}$

$$= C\sqrt{2g\dfrac{\Delta P}{\gamma_o \times \dfrac{T}{T'} \times \dfrac{P'}{P}}}$$

$$= 0.87 \times \sqrt{2 \times 9.8 \times \dfrac{100}{1.2 \times \dfrac{1}{\dfrac{(273+295)}{273}}}}$$

$= 50.71$ m/s

70. 반경이 2.5 m인 원형 굴뚝의 먼지 측정을 위한 측정점 수는? [13-2, 14-4, 15-2, 18-2]

① 12 ② 16
③ 20 ④ 24

해설 반경이 2.5 m이면 직경은 5 m이다. 이때 반경 구분 수는 5이고, 측정점 수는 20이다.

71. 굴뚝 배출 가스 중 수분량이 체적 백분율로 10 %이고, 배출 가스의 온도는 80℃, 시료 채취량은 10 L, 대기압은 0.6기압, 가스 미터 게이지압은 25 mmHg, 가스 미터 온도 80℃에서의 수증기 포화압이 255 mmHg라 할 때, 흡수된 수분량(g)은 얼마인가? [14-1, 18-2, 20-1]

① 0.15 g ② 0.21 g
③ 0.33 g ④ 0.46 g

해설 $$X_w = \dfrac{\dfrac{22.4}{18} \times m_a}{V_s + \dfrac{22.4}{18} \times m_a} \times 100$$

우선, $V_s = V_m \times \dfrac{273}{273+t} \times \dfrac{P_a + P_m - P_v}{760}$

$$= 10 \times \dfrac{273}{(273+80)} \times \dfrac{(0.6 \times 760 + 25 - 255)}{760}$$

$= 2.299$ L

여기서, $$10\,\% = \dfrac{\dfrac{22.4}{18} \times m_a}{2.299 + \dfrac{22.4}{18} \times m_a} \times 100$$

정답 69. ③ 70. ③ 71. ②

$$\therefore m_a = \frac{\frac{10}{100} \times 2.299}{\left(\frac{22.4}{18} - \frac{10}{100} \times \frac{22.4}{18}\right)} = 0.205\,\text{g}$$

72. 비중이 1.88, 농도 97%(중량 %)인 농황산(H_2SO_4)의 규정 농도(N)는? [18-2]

① 18.6 N ② 24.9 N
③ 37.2 N ④ 49.8 N

해설 $$N농도 = \frac{비중 \times 10 \times \%}{1당량값} = \frac{1.88 \times 10 \times 97}{49} = 37.2\,\text{N}$$

73. 배출 가스 중 이황화탄소를 자외선 가시선 분광법으로 정량할 때 흡수액으로 옳은 것은? [17-2, 18-2, 20-1]

① 아연아민착염 용액
② 제일염화주석 용액
③ 다이에틸아민구리 용액
④ 수산화제이철암모늄 용액

해설 다이에틸아민구리＝디에틸아민동

74. 굴뚝 배출 가스 중에 포함된 포름알데하이드 및 알데하이드류의 분석 방법으로 거리가 먼 것은? [17-2, 21-4]

① 고성능 액체 크로마토그래피법
② 크로모트로핀산 자외선/가시선 분광법
③ 나프틸에틸렌디아민법
④ 아세틸아세톤 자외선/가시선 분광법

암기방법 포크아세액

75. 배출 가스 중 오르사트 가스 분석계로 산소를 측정할 때 사용되는 산소 흡수액은 어느 것인가? [15-2, 18-4, 21-4]

① 수산화칼슘 용액＋피로갈롤 용액
② 염화제일주석 용액＋피로갈롤 용액
③ 수산화칼륨 용액＋피로갈롤 용액
④ 입상 아연＋피로갈롤 용액

해설 산소 흡수액은 알칼리성 피로갈롤 용액이다.
※ 수산화칼륨 용액＝수산화포타슘 용액

76. 원자 흡수 분광법에 따라 분석하여 얻은 측정 결과이다. 대기 중의 납 농도(mg/m^3)는? [21-1]

- 분석 시료 용액 : 100 mL
- 표준 시료 가스량 : 500 L
- 시료 용액 흡광도에 상당하는 납 농도 : 0.0125 mg Pb/mL

① 2.5 ② 5.0
③ 7.5 ④ 9.5

해설 $$C = \frac{\left[\begin{array}{l}시료\ 용액\ 농도(\text{mg/mL}) \\ \times 시료\ 용액(\text{mL})\end{array}\right]}{건가스\ 체적(\text{m}^3)} = \frac{0.0125\text{mg/mL} \times 100\text{mL}}{500\text{L} \times 10^{-3}\text{m}^3/\text{L}} = 2.5\text{mg/m}^3$$

77. 대기 오염 공정 시험 기준 중 환경 대기 내의 아황산가스 측정 방법으로 옳지 않은 것은? [12-2, 14-1, 18-1]

① 적외선 형광법
② 용액 전도율법
③ 불꽃 광도법
④ 자외선 형광법

해설 아황산가스 자동 연속 측정법

암기방법 아용불자흡
아 : 아황산가스
용 : 용액 전도율법
불 : 불꽃 광도법
자 : 자외선 형광법(주시험법)
흡 : 흡광차 분광법

정답 72. ③ 73. ③ 74. ③ 75. ③ 76. ① 77. ①

78. 원자 흡수 분광 광도법에서 원자 흡광 분석 장치의 구성과 거리가 먼 것은 어느 것인가? [18-4]

① 분리관 ② 광원부
③ 단색화부 ④ 시료원자화부

해설 분리관(컬럼)은 가스 크로마트그래피법에 있는 장치이다.

암기방법 광시단측

79. 대기 오염 공정 기준에 의거, 환경 대기 중 각 항목별 분석 방법으로 옳지 않은 것은? [19-2]

① 질소 산화물 – 살츠만법
② 옥시던트 – 광산란법
③ 탄화수소 – 비메탄 탄화수소 측정법
④ 아황산가스 – 파라로자닐린법

해설 측정 방법의 종류
㉮ 자동 연속 측정 방법
㉠ 자외선 광도법
(ultra violate photometric method)
㉡ 화학 발광법
(chemiluminescent method)
㉢ 중성 요오드화칼륨법
(neutral buffered KI method)
㉣ 흡광차 분광법
㉯ 수동
㉠ 중성 요오드화칼륨법
(neutral buffered potassium iodide method)
㉡ 알칼리성 요오드화칼륨법
(alkalized potassium iodide method)

암기방법 옥자화중흡
옥 : 옥시던트
자 : 자외선 광도법(주시험법)
화 : 화학 발광법
중 : 중성 요오드화칼륨법
흡 : 흡광차 분광법

80. 온도 표시에 관한 설명으로 옳지 않은 것은? [17-2]

① "냉후"(식힌 후)라 표시되어 있을 때는 보온 또는 가열 후 실온까지 냉각된 상태를 뜻한다.
② 상온은 15~25℃, 실온은 1~35℃로 한다.
③ 찬 곳(冷所)은 따로 규정이 없는 한 0~5℃를 뜻한다.
④ 온수(溫水)는 60~70℃이고, 열수(熱水)는 약 100℃를 말한다.

해설 온도 표시
㉮ 온도의 표시는 셀시우스(Celsius)법에 따라 아라비아 숫자의 오른쪽에 ℃를 붙인다. 절대 온도는 K로 표시하고 절대 온도 0[K]는 −273℃로 한다.
㉯ 표준 온도는 0℃, 상온은 15~25℃, 실온은 1~35℃로 하고, 찬 곳은 따로 규정이 없는 한 0~15℃의 곳을 뜻한다.
㉰ 냉수는 15℃ 이하, 온수는 60~70℃, 열수는 약 100℃를 말한다.
㉱ "수욕상 또는 수욕 중에서 가열한다"라 함은 따로 규정이 없는 한 수온 100℃에서 가열함을 뜻하고 약 100℃ 부근의 증기욕을 대응할 수 있다.
㉲ "냉후"(식힌 후)라 표시되어 있을 때는 보온 또는 가열 후 실온까지 냉각된 상태를 뜻한다.
※ 각 조의 시험은 따로 규정이 없는 한 상온에서 조작하고 조작 직후 그 결과를 관찰한다.

정답 78. ① 79. ② 80. ③

제5과목

대기환경 관계법규

81. **대기환경보전법령상 환경부장관 또는 시·도지사가 배출부과금의 납부의무자가 납부기한 전에 배출부과금을 납부할 수 없다고 인정하여 징수를 유예하거나 징수금액을 분할 납부하게 할 경우에 관한 설명으로 옳지 않은 것은?** [13-2, 21-4]

① 부과금의 분할납부 기한 및 금액과 그 밖에 부과금의 부과·징수에 필요한 사항은 환경부장관 또는 시·도지사가 정한다.

② 초과부과금의 징수유예기간은 유예한 날의 다음 날부터 2년 이내이며 그 기간 중의 분할납부 횟수는 12회 이내이다.

③ 기본부과금의 징수유예기간은 유예한 날의 다음 날부터 2년 이내이며 그 기간 중의 분할납부 횟수는 4회 이내이다.

④ 징수유예기간 내에 징수할 수 없다고 인정되어 징수유예기간을 연장하거나 분할납부 횟수를 증가시킬 경우 징수유예 기간의 연장은 유예한 날의 다음날부터 5년 이내이며 분할납부 횟수는 30회 이내이다.

해설 영. 제36조(부과금의 징수유예·분할납부 및 징수절차)

② 법 제35조의4제1항에 따른 징수유예는 다음 각 호의 구분에 따른 징수유예기간과 그 기간 중의 분할납부의 횟수에 따른다.

1. 기본부과금 : 유예한 날의 다음 날부터 다음 부과기간의 개시일 전일까지, 4회 이내
2. 초과부과금 : 유예한 날의 다음 날부터 2년 이내, 12회 이내

③ 법 제35조의4제2항에 따른 징수유예기간의 연장은 유예한 날의 다음 날부터 3년 이내로 하며, 분할납부의 횟수는 18회 이내로 한다.

④ 부과금의 분할납부 기한 및 금액과 그 밖에 부과금의 부과·징수에 필요한 사항은 환경부장관 또는 시·도지사가 정한다.

82. **다음은 대기환경보전법규상 자가측정 자료의 보존기간 (　)이다. (　) 안에 가장 적합한 것은?** [19-2, 19-4, 20-1, 20-2]

> 법에 따라 사업자는 자가측정에 관한 기록을 보존하여야 하는데, 자가측정 시 사용한 여과지 및 시료채취기록지의 보존기간은 「환경 분야 시험·검사 등에 관한 법률」에 따른 환경오염공정시험기준에 따라 측정한 날부터 (　)(으)로 한다.

① 1개월　② 3개월　③ 6개월　④ 1년

해설 규칙. 제52조(자가측정의 대상 및 방법 등)

② 제1항에 따른 자가측정 시 사용한 여과지 및 시료채취기록지의 보존기간은 「환경분야 시험·검사 등에 관한 법률」 제6조제1항제1호에 따른 환경오염공정시험기준에 따라 측정한 날부터 6개월로 한다.

정답 **81.** ④　**82.** ③

83. 최초로 배출시설을 설치한 경우에 환경기술인의 임명신고 시기로 적절한 것은? [16-2]

① 배출시설 가동개시신고와 동시에 신고 ② 배출시설 설치완료신고와 동시에 신고
③ 배출시설 설치허가신청과 동시에 신고 ④ 환경기술인 임명과 동시에 신고

해설 영. 제39조(환경기술인의 자격기준 및 임명기간)

① 법 제40조제1항에 따라 사업자가 환경기술인을 임명하려는 경우에는 다음 각 호의 구분에 따른 기간에 임명하여야 한다.

1. 최초로 배출시설을 설치한 경우에는 가동개시 신고를 할 때
2. 환경기술인을 바꾸어 임명하는 경우에는 그 사유가 발생한 날부터 5일 이내. 다만, 환경기사 또는 환경산업기사 이상의 자격이 있는 자를 임명하여야 하는 사업장으로서 5일 이내에 채용할 수 없는 부득이한 사정이 있는 경우에는 30일의 범위에서 별표 10에 따른 4종·5종 사업장의 기준에 준하여 환경기술인을 임명할 수 있다.

84. 대기환경보전법규상 환경기술인의 준수사항과 가장 거리가 먼 것은? [14-1]

① 자가측정한 결과를 사실대로 기록할 것
② 자가측정은 정확히 할 것
③ 자가측정기록부를 보관기간 동안 보전할 것
④ 자가측정 시 사용한 여과지는 환경오염공정시험기준에 따라 기록한 시료채취기록지와 함께 날짜별로 보관·관리할 것

해설 규칙. 제54조(환경기술인의 준수사항 및 관리사항)

① 법 제40조제2항에 따른 환경기술인의 준수사항은 다음 각 호와 같다.

1. 배출시설 및 방지시설을 정상가동하여 대기오염물질 등의 배출이 배출허용기준에 맞도록 할 것
2. 제 36조에 따른 배출시설 및 방지시설의 운영기록을 사실에 기초하여 작성할 것
3. 자가측정은 정확히 할 것(법 제39조에 따라 자가측정을 대행하는 경우에도 또한 같다)
4. 자가측정한 결과를 사실대로 기록할 것(법 제39조에 따라 자가측정을 대행하는 경우에도 또한 같다)
5. 자가측정 시에 사용한 여과지는 「환경분야 시험·검사 등에 관한 법률」 제6조제1항제1호에 따른 환경오염공정시험기준에 따라 기록한 시료채취기록지와 함께 날짜별로 보관·관리할 것(법 제39조에 따라 자가측정을 대행한 경우에도 또한 같다)
6. 환경기술인은 사업장에 상근할 것. 다만, 「기업활동 규제완화에 관한 특별조치법」 제37조에 따라 환경기술인을 공동으로 임명한 경우 그 환경기술인은 해당 사업장에 번갈아 근무하여야 한다.

② 법 제40조제3항에 따른 환경기술인의 관리사항은 다음 각 호와 같다.

1. 배출시설 및 방지시설의 관리 및 개선에 관한 사항
2. 배출시설 및 방지시설의 운영에 관한 기록부의 기록·보존에 관한 사항
3. 자가측정 및 자가측정한 결과의 기록·보전에 관한 사항
4. 그 밖에 환경오염 방지를 위하여 유역환경청장, 지방환경청장, 수도권 대기환경청장 또는 시·도지사가 지시하는 사항

정답 83. ① 84. ③

85. **대기환경보전법령상 특별대책지역에서 환경부령에 따라 신고해야 하는 휘발성유기화합물 배출시설 중 "대통령령으로 정하는 시설"에 해당하지 않는 것은?(단, 그 밖에 휘발성유기화합물을 배출하는 시설로서 환경부장관이 관계중앙행정기관의 장과 협의하여 고시하는 시설 등은 제외한다)** [14-2, 19-4]

① 저유소의 저장시설 및 출하시설
② 주유소의 저장시설 및 주유시설
③ 석유정제를 위한 제조시설, 저장시설, 출하시설
④ 휘발성유기화합물 분석을 위한 실험실

해설 영. 제45조(휘발성유기화합물의 규제 등)

① 법 제44조제1항 각 호 외의 부분에서 "대통령령으로 정하는 시설"이란 다음 각 호의 시설(법 제44조 제1항제3호에 따른 휘발성유기화합물 배출규제 추가지역의 경우에는 제2호에 따른 저유소의 출하시설 및 제3호의 시설만 해당한다)을 말한다. 다만, 제38조의 2에서 정하는 업종에서 사용하는 경우는 제외한다.

1. 석유정제를 위한 제조시설, 저장시설 및 출하시설과 석유화학제품 제조업의 제조시설, 저장시설 및 출하시설
2. 저유소의 저장시설 및 출하시설
3. 주유소의 저장시설 및 주유시설
4. 세탁시설
5. 그 밖에 휘발성유기화합물을 배출하는 시설로서 환경부장관이 관계 중앙행정기관의 장과 협의하여 고시하는 시설

86. **대기환경보전법령상 인증을 생략할 수 있는 자동차에 해당하지 않은 것은?** [20-1]

① 훈련용 자동차로서 문화체육관광부장관의 확인을 받은 자동차
② 주한 외국군인의 가족이 사용하기 위하여 반입하는 자동차
③ 자동차제작자 및 자동차 관련 연구기관 등이 자동차의 개발 또는 전시 등 주행 외의 목적으로 사용하기 위하여 수입하는 자동차
④ 항공기 지상 조업용 자동차

해설 영. 제47조(인증의 면제·생략 자동차)

① 법 제48조제1항 단서에 따라 인증을 면제할 수 있는 자동차는 다음 각 호와 같다.

1. 군용 및 경호업무용 등 국가의 특수한 공용 목적으로 사용하기 위한 자동차와 소방용 자동차
2. 주한 외국공관 또는 외교관이나 그 밖에 이에 준하는 대우를 받는 자가 공용 목적으로 사용하기 위한 자동차로서 외교부장관의 확인을 받은 자동차
3. 주한 외국군대의 구성원이 공용 목적으로 사용하기 위한 자동차
4. 수출용 자동차와, 박람회나 그 밖에 이에 준하는 행사에 참가하는 자가 전시의 목적으로 일시 반입하는 자동차
5. 여행자 등이 다시 반출할 것을 조건으로 일시 반입하는 자동차
6. 자동차제작자 및 자동차 관련 연구기관 등이 자동차의 개발 또는 전시 등 주행 외의 목적으로 사용하기 위하여 수입하는 자동차

정답 **85.** ④ **86.** ③

7. 삭제
8. 외국인 또는 외국에서 1년 이상 거주한 내국인이 주거를 옮기기 위하여 이주물품으로 반입하는 1대의 자동차

② 법 제48조제1항 단서에 따라 인증을 생략할 수 있는 자동차는 다음 각 호와 같다.
1. 국가대표 선수용 자동차 또는 훈련용 자동차로서 문화체육관광부장관의 확인을 받은 자동차
2. 외국에서 국내의 공공기관 또는 비영리단체에 무상으로 기증한 자동차
3. 외교관 또는 주한 외국군인의 가족이 사용하기 위하여 반입하는 자동차
4. 항공기 지상 조업용 자동차
5. 법 제48조제1항에 따른 인증을 받지 아니한 자가 그 인증을 받은 자동차의 원동기를 구입하여 제작하는 자동차
6. 국제협약 등에 따라 인증을 생략할 수 있는 자동차
7. 그 밖에 환경부장관이 인증을 생략할 필요가 있다고 인정하는 자동차

87. **대기환경보전법규상 사업자가 스스로 방지시설을 설계·시공하고자 하는 경우에 시·도지사에 제출하여야 할 서류와 거리가 먼 것은?** [18-2]

① 기술능력 현황을 적은 서류
② 공정도
③ 배출시설의 공정도, 그 도면 및 운영규약
④ 원료(연료를 포함한다) 사용량, 제품생산량 및 오염물질 등의 배출량을 예측한 명세서

해설 규칙. 제31조(자가방지시설의 설계·시공)
1. 배출시설의 설치명세서
2. 공정도
3. 원료(연료를 포함한다) 사용량, 제품생산량 및 대기오염물질 등의 배출량을 예측한 명세서
4. 방지시설의 설치명세서와 그 도면(법 제26조제1항 단서에 해당되는 경우에는 이를 증명할 수 있는 서류를 말한다.)
5. 기술능력 현황을 적은 서류

88. **대기환경보전법규상 휘발성유기화합물 배출시설의 변경신고를 해야 하는 경우가 아닌 것은?** [17-2]

① 사업장의 명칭 또는 대표자를 변경하는 경우
② 휘발성유기화합물 배출시설을 폐쇄하는 경우
③ 휘발성유기화합물의 배출억제·방지시설을 변경하는 경우
④ 설치신고를 한 배출시설 규모의 합계 또는 누계보다 100분의 30 이상 증설하는 경우

해설 규칙. 제60조(휘발성유기화합물 배출시설의 변경신고)
① 법 제44조제2항에 따라 변경신고를 하여야 하는 경우는 다음 각 호와 같다.
1. 사업장의 명칭 또는 대표자를 변경하는 경우
2. 설치신고를 한 배출시설 규모의 합계 또는 누계보다 100분의 50 이상 증설하는 경우
3. 휘발성유기화합물의 배출 억제·방지시설을 변경하는 경우

정답 **87.** ③ **88.** ④

4. 휘발성유기화합물 배출시설을 폐쇄하는 경우
5. 휘발성유기화합물 배출시설 또는 배출 억제·방지시설을 임대하는 경우

89. **대기환경보전법령상 제작차 배출허용기준과 관련하여 대통령령으로 정하는 오염물질이 아닌 것은?(단, 휘발유·알코올 또는 가스를 사용하는 자동차에 한한다.)** [12-4]

① 일산화탄소 ② 매연
③ 탄화수소 ④ 알데히드

해설 영. 제46조(배출가스의 종류)

1. 휘발유, 알코올 또는 가스를 사용하는 자동차
가. 일산화탄소 나. 탄화수소 다. 질소산화물
라. 알데히드 마. 입자상 물질 바. 암모니아

암기방법 일탄질알입암

2. 경유를 사용하는 자동차
가. 일산화탄소 나. 탄화수소 다. 질소산화물
라. 매연 마. 입자상 물질 바. 암모니아

암기방법 일탄입매질암

90. **대기환경보전법령상 연료의 황함유량(%)이 "0.5 % 이하"인 경우 기본부과금의 농도별 부과계수로 옳은 것은?(단, 연료를 연소하여 황산화물을 배출하는 시설에 한하며, 황산화물의 배출량을 줄이기 위하여 방지시설을 설치한 경우와 생산공정상 황산화물의 배출량이 줄어든다고 인정하는 경우는 제외)** [12-1]

① 0.2 ② 0.4
③ 0.5 ④ 1.0

해설 영. [별표 8] 기본부과금의 농도별 부과계수

1. 법 제39조에 따른 측정 결과가 없는 시설
가. 연료를 연소하여 황산화물을 배출하는 시설

구분	연료의 황함유량(%)		
	0.5 % 이하	1.0 % 이하	1.0 % 초과
농도별 부과계수	0.2	0.4	1.0

나. 가목 외의 황산화물을 배출하는 시설, 먼지를 배출하는 시설 및 질소산화물을 배출하는 시설의 농도별 부과계수 : 0.15. 다만, 법 제23조제4항에 따라 제출하는 서류를 통해 해당 배출시설에서 배출되는 오염물질 농도를 추정할 수 있는 경우에는 제2호에 따른 농도별 부과계수를 적용할 수 있다.

정답 89. ② 90. ①

91. 대기환경보전법령상 비산배출의 저감대상 업종으로 거리가 먼 것은? [18-1]

① 제1차 금속제조업 중 제강업
② 육상운송 및 파이프라인 운송업 중 파이프라인 운송업
③ 의약물질 제조업 중 의약품 제조업
④ 창고 및 운송관련 서비스업 중 위험물품 보관업

해설 영. [별표 9의2] 비산 배출의 저감대상 업종

1. 코크스, 연탄 및 석유정제품 제조업
2. 화학물질 및 화학제품 제조업 : 의약품 제외
3. 1차 금속 제조업(제철업, 제강업 등)
4. 고무 및 플라스틱 제품 제조업
5. 전기장비 제조업
6. 기타 운송장비 제조업
7. 육상운송 및 파이프라인 운송업(파이프라인 운송업)
8. 창고 및 운송관련 서비스업(위험물품 보관업)

9~13. 생략

92. 대기환경보전법령상 3종 사업장의 환경기술인의 자격기준에 해당되는 자는? [13-4, 18-1]

① 환경기능사
② 1년 이상 대기분야 환경관련 업무에 종사한 자
③ 2년 이상 대기분야 환경관련 업무에 종사한 자
④ 피고용인 중에서 임명하는 자

해설 영. [별표 10] 사업장별 환경기술인의 자격기준

구분	환경기술인의 자격기준
1종 사업장(대기오염물질발생량의 합계가 연간 80톤 이상인 사업장)	대기환경기사 이상의 기술자격 소지자 1명 이상
2종 사업장(대기오염물질발생량의 합계가 연간 20톤 이상 80톤 미만인 사업장)	대기환경산업기사 이상의 기술자격 소지자 1명 이상
3종 사업장(대기오염물질발생량의 합계가 연간 10톤 이상 20톤 미만인 사업장)	대기환경산업기사 이상의 기술자격 소지자, 환경기능사 또는 3년 이상 대기분야 환경관련 업무에 종사한 자 1명 이상
4종 사업장(대기오염물질발생량의 합계가 연간 2톤 이상 10톤 미만인 사업장)	배출시설 설치허가를 받거나 배출시설 설치신고가 수리된 자 또는 배출시설 설치허가를 받거나 수리된 자가 해당사업장의 배출시설 및 방지시설 업무에 종사하는 피고용인 중에서 임명하는 자 1명 이상
5종 사업장(1종 사업장부터 4종 사업장까지에 속하지 아니하는 사업장)	

[비고]

1. 4종 사업장과 5종 사업장 중 특정대기유해물질이 포함된 오염물질을 배출하는 경우에는 3종

정답 **91.** ③ **92.** ①

사업장에 해당하는 기술인을 두어야 한다.

2. 1종 사업장과 2종 사업장 중 1개월 동안 실제 작업한 날만을 계산하여 1일 평균 17시간 이상 작업하는 경우에는 해당 사업장의 기술인을 각각 2명 이상 두어야 한다. 이 경우 1명을 제외한 나머지 인원은 3종 사업장에 해당하는 기술인 또는 환경기능사로 대체할 수 있다.
3. 공동방지시설에서 각 사업장의 대기오염물질 발생량의 합계가 4종 사업장과 5종 사업장의 규모에 해당하는 경우에는 3종 사업장에 해당하는 기술인을 두어야 한다.
4. 전체 배출시설에 대하여 방지시설 설치면제를 받은 사업장과 배출시설에서 배출되는 오염물질 등을 공동방지시설에서 처리하는 사업장은 5종 사업장에 해당하는 기술인을 둘 수 있다.
5. 대기환경기술인이 「물 환경 보전법」에 따른 수질환경기술인의 자격을 갖춘 경우에는 수질환경기술인을 겸임할 수 있으며, 대기환경기술인이 「소음·진동관리법」에 따른 소음·진동환경기술인 자격을 갖춘 경우에는 소음·진동환경기술인을 겸임할 수 있다.
6. 법 제2조제11호에 따른 배출시설 중 일반보일러만 설치한 사업장과 대기오염물질 중 먼지만 발생하는 사업장은 5종 사업장에 해당하는 기술인을 둘 수 있다.
7. "대기오염물질 발생량"이란 방지시설을 통과하기 전의 먼지, 황산화물 및 질소산화물의 발생량을 환경부령으로 정하는 방법에 따라 산정한 양을 말한다.

93. 대기환경보전법규상 관제센터로 측정결과를 자동전송하지 않은 먼지·황산화물 및 질소산화물의 연간 발생량의 합계가 80톤 이상인 사업장 배출구의 자가측정횟수 기준은? (단, 기타사항 등은 제외) [15-2, 18-4]

① 매일 1회 이상
② 매주 1회 이상
③ 매월 2회 이상
④ 2개월마다 1회 이상

해설 규칙. [별표 11] 자가측정의 대상·항목 및 방법

1. 영 제19조제1항제1호의 굴뚝원격 감시체제 관제센터로 측정결과를 자동전송하지 않는 사업장의 배출구

구분	배출구별 규모	측정횟수	측정항목
제1종 배출구	먼지·황산화물 및 질소산화물의 연간 발생량 합계가 80톤 이상인 배출구	매주 1회 이상	별표 8에 따른 배출 허용 기준이 적용되는 대기오염물질. 다만, 비산먼지는 제외한다.
제2종 배출구	먼지·황산화물 및 질소산화물의 연간 발생량 합계가 20톤 이상 80톤 미만인 배출구	매월 2회 이상	
제3종 배출구	먼지·황산화물 및 질소산화물의 연간 발생량 합계가 10톤 이상 20톤 미만인 배출구	2개월마다 1회 이상	
제4종 배출구	먼지·황산화물 및 질소산화물의 연간 발생량 합계가 2톤 이상 10톤 미만인 배출구	반기마다 1회 이상	
제5종 배출구	먼지·황산화물 및 질소산화물의 연간 발생량 합계가 2톤 미만인 배출구	반기마다 1회 이상	

정답 93. ②

94. 대기환경보전법규상 고체연료 사용시설 설치기준(석탄사용시설)에 관한 내용 중( )에 알맞은 것은? [15-4, 20-1]

> 배출시설의 굴뚝높이는 100 m 이상으로 하되, 굴뚝 상부 안지름, 배출가스 온도 및 속도 등을 고려한 유효굴뚝높이가 (   ) 이상인 경우에는 굴뚝높이를 60 m 이상 100 m 미만으로 할 수 있다.

① 150 m
② 250 m
③ 320 m
④ 440 m

해설 규칙. [별표 12] 고체연료 사용시설 설치기준

1. 석탄 사용시설
   가. 배출시설의 굴뚝높이는 100 m 이상으로 하되, 굴뚝상부 안지름, 배출가스 온도 및 속도 등을 고려한 유효굴뚝높이(굴뚝의 실제 높이에 배출가스의 상승고도를 합산한 높이를 말한다. 이하 같다)가 440 m 이상인 경우에는 굴뚝높이를 60 m 이상 100 m 미만으로 할 수 있다. 이 경우 유효굴뚝높이 및 굴뚝높이 산정방법 등에 관하여는 국립환경과학원장이 정하여 고시한다.
   나. 석탄의 수송은 밀폐 이송시설 또는 밀폐통을 이용하여야 한다.
   다. 석탄저장은 옥내저장시설(밀폐형 저장시설 포함) 또는 지하저장시설에 저장하여야 한다.
   라. 석탄연소재는 밀폐통을 이용하여 운반하여야 한다.
   마. 굴뚝에서 배출되는 아황산가스(SO_2), 질소산화물(NO_x), 먼지 등의 농도를 확인할 수 있는 기기를 설치하여야 한다.
2. 기타 고체연료 사용시설
   가. 배출시설의 굴뚝높이는 20 m 이상이어야 한다.
   나. 연료와 그 연소재의 수송은 덮개가 있는 차량을 이용하여야 한다.
   다. 연료는 옥내에 저장하여야 한다.
   라. 굴뚝에서 배출되는 매연을 측정할 수 있어야 한다.

95. 다음은 대기환경보전법규상 비산먼지 발생을 억제하기 위한 시설의 설치 및 필요한 조치에 관한 엄격한 기준이다. ( ) 안에 알맞은 것은? [20-1]

> 배출공정 중 "싣기와 내리기 공정"은 싣거나 내리는 장소 주위에 고정식 또는 이동식 물뿌림시설[물뿌림 반경 (㉠) 이상, 수압 (㉡) 이상]을 설치하여야 한다.

① ㉠ 3 m, ㉡ 2 kg/cm^2
② ㉠ 3 m, ㉡ 3 kg/cm^2
③ ㉠ 5 m, ㉡ 2 kg/cm^2
④ ㉠ 7 m, ㉡ 5 kg/cm^2

정답 94. ④ 95. ④

해설 규칙. [별표 15] 비산먼지의 발생을 억제하기 위한 시설의 설치 및 필요한 조치에 관한 엄격한 기준

배출공정	시설의 설치 및 조치에 관한 기준
1. 야적	가. 야적물질을 최대한 밀폐된 시설에 저장 또는 보관할 것 나. 수송 및 작업차량 출입문을 설치할 것 다. 보관·저장시설은 가능하면 한 3면이 막히고 지붕이 있는 구조가 되도록 할 것
2. 싣기와 내리기	가. 최대한 밀폐된 저장 또는 보관시설 내에서만 분체상물질을 싣거나 내릴 것 나. 싣거나 내리는 장소 주위에 고정식 또는 이동식 물뿌림시설(물뿌림 반경 7 m 이상, 수압 5 kg/cm^2 이상)을 설치할 것
3. 생략	

96. **다음은 대기환경보전법규상 자동차 운행정지 표지에 관한 사항이다. ( ) 안에 알맞은 것은?** [13-1, 16-2]

> 바탕색은 (㉠)으로, 문자는 검정색으로 하며, 이 자동차를 운행정지기간 내에 운행하는 경우에는 대기환경보전법에 따라 (㉡)을 물게 됩니다.

① ㉠ 흰색, ㉡ 100만원 이하의 벌금
② ㉠ 흰색, ㉡ 300만원 이하의 벌금
③ ㉠ 노란색, ㉡ 100만원 이하의 벌금
④ ㉠ 노란색, ㉡ 300만원 이하의 벌금

해설 규칙. [별표 31] 운행정지 표지

(앞면)

> 운 행 정 지
>
> 자동차등록번호 : 점검당시 누적주행거리 : km
> 운행정지기간 : 년 월 일 ~ 년 월 일
> 운행정지기간 중 주차장소 :
>
> 위의 자동차에 대하여 「대기환경보전법」 제70조의2 제1항에 따라 운행정지를 명함.
>
> (인)

134mm×190mm[보존용지(1급)120g/m^2]

(뒷면)

> 이 표지는 "운행정지기간" 내에는 제거하지 못합니다.

정답 96. ④

[비고] 1. 바탕색은 노란색으로, 문자는 검정색으로 한다.
2. 이 표는 자동차의 전면유리 우측상단에 붙인다.

[유의사항] 1. 이 표는 운행정지기간 내에는 부착위치를 변경하거나 훼손하여서는 아니됩니다.
2. 이 표는 운행정지기간이 지난 후에 담당공무원이 제거하거나 담당공무원의 확인을 받아 제거하여야 한다.
3. 이 자동차를 운행정지기간 내에 운행하는 경우에는 「대기환경보전법」 제92조제12호에 따라 300만원 이하의 벌금을 물게 됩니다.

97. 다음은 대기환경보전법규상 첨가제 제조기준이다. ( ) 안에 알맞은 것은? [14-2, 16-4]

첨가제 제조자가 제시한 최대의 비율로 첨가제를 자동차의 연료에 주입한 후 시험한 배출가스 측정치가 첨가제를 주입하기 전보다 배출가스 항목별로 (㉠) 초과하지 아니하여야 하고, 배출가스 총량은 첨가제를 주입하기 전보다 (㉡) 증가하여서는 아니 된다.

① ㉠ 10 % 이상, ㉡ 5 % 이상
② ㉠ 5 % 이상, ㉡ 5 % 이상
③ ㉠ 5 % 이상, ㉡ 3 % 이상
④ ㉠ 5 % 이상, ㉡ 1 % 이상

해설 규칙. [별표 33]

2. 첨가제 제조기준

가. 첨가제 제조자가 제시한 최대의 비율로 첨가제를 자동차연료에 혼합한 경우의 성분(첨가제+연료)이 제1호의 자동차연료 제조기준에 맞아야 하며, 혼합된 성분 중 카드뮴(Cd)·구리(Cu)·망간(Mn)·니켈(Ni)·크롬(Cr)·철(Fe)·아연(Zn) 및 알루미늄(Al)의 농도는 각각 1.0 mg/L 이하이어야 한다.

나. 첨가제 제조자가 제시한 최대의 비율로 첨가제를 자동차의 연료에 주입한 후 시험한 배출가스 측정치가 첨가제를 주입하기 전보다 배출가스 항목별로 10 % 이상 초과하지 아니하여야 하고, 배출가스 총량은 첨가제를 주입하기 전보다 5 % 이상 증가하여서는 아니 된다.

다.~마. 생략

98. 다음은 대기환경보전법령상 환경부령으로 정하는 첨가제 제조기준에 맞는 제품의 표시방법이다. ( ) 안에 알맞은 것은? [12-2, 12-4, 13-4, 18-1, 20-4, 21-4]

표시크기는 첨가제 또는 촉매제 용기 앞면의 제품명 밑에 제품명 글자크기의 ( )에 해당하는 크기로 표시하여야 한다.

① 100분의 10 이상
② 100분의 20 이상
③ 100분의 30 이상
④ 100분의 50 이상

해설 규칙. [별표 34] 첨가제·촉매제 제조기준에 맞는 제품의 표시방법 등

2. 표시크기

첨가제 또는 촉매제 용기 앞면의 제품명 밑에 제품명 글자크기의 100분의 30 이상에 해당하는 크기로 표시하여야 한다.

정답 97. ① 98. ③

99. 실내공기질 관리법령상 노인요양시설의 실내공기질 유지기준이 되는 오염물질 항목에 해당하지 않는 것은? [13-4, 18-2, 21-2]

① 미세먼지(PM-10) ② 폼알데하이드
③ 아산화질소 ④ 총부유세균

해설 규칙. [별표 2] 실내공기질 유지기준

<table>
<tr><th>오염물질 항목 / 다중이용시설</th><th>미세먼지 (PM-10) ($\mu g/m^3$)</th><th>미세먼지 (PM-2.5) ($\mu g/m^3$)</th><th>이산화 탄소 (ppm)</th><th>폼알데 하이드 ($\mu g/m^3$)</th><th>총부유 세균 (CFU/m^3)</th><th>일산화 탄소 (ppm)</th></tr>
<tr><td>가. 지하역사, 지하도상가, 철도역사의 대합실, 여객자동차 터미널의 대합실, 항만시설 중 대합실, 공항시설 중 여객터미널, 도서관·박물관 및 미술관, 대규모 점포, 장례식장, 영화상영관, 학원, 전시시설, 인터넷컴퓨터 게임시설 제공업의 영업시설, 목욕장업의 영업시설</td><td>100 이하</td><td>50 이하</td><td rowspan="3">1,000 이하</td><td>100 이하</td><td>–</td><td rowspan="2">10 이하</td></tr>
<tr><td>나. 의료기관, 산후조리원, 노인요양원, 어린이집, 실내 어린이 놀이시설</td><td>75 이하</td><td>35 이하</td><td>80 이하</td><td>800 이하</td></tr>
<tr><td>다. 실내 주차장</td><td>200 이하</td><td>–</td><td>100 이하</td><td>–</td><td>25 이하</td></tr>
<tr><td>라. 실내 체육시설, 실내 공연장, 업무시설, 둘 이상의 용도에 사용되는 건축물</td><td>200 이하</td><td>–</td><td>–</td><td>–</td><td>–</td><td>–</td></tr>
</table>

[비고]

1. 도서관, 영화상영관, 학원, 인터넷컴퓨터게임시설제공업 영업시설 중 자연환기가 불가능하여 자연환기설비 또는 기계환기설비를 이용하는 경우에는 이산화탄소의 기준을 1,500 ppm 이하로 한다.
2. 실내 체육시설, 실내 공연장, 업무시설 또는 둘 이상의 용도에 사용되는 건축물로서 실내 미세먼지(PM-10)의 농도가 200 $\mu m/m^3$에 근접하여 기준을 초과할 우려가 있는 경우에는 실내 공기질의 유지를 위하여 다음 각 목의 실내공기정화시설(덕트) 및 설비를 교체 또는 청소하여야 한다.
   가. 공기정화기와 이에 연결된 급·배기관(급·배기구를 포함한다)
   나. 중앙집중식 냉·난방시설의 급·배기구
   다. 실내공기의 단순배기관
   라. 화장실용 배기관
   마. 조리용 배기관

정답 **99.** ③

100. 악취방지법상 악취방지계획에 따라 악취방지에 필요한 조치를 하지 아니하고 악취배출시설을 가동한 자에 대한 벌칙기준으로 옳은 것은? [19-4]

① 1천만원 이하의 벌금
② 500만원 이하의 벌금
③ 300만원 이하의 벌금
④ 100만원 이하의 벌금

해설 법. 제28조(벌칙) 다음 각 호의 어느 하나에 해당하는 자는 300만원 이하의 벌금에 처한다.

1. 제 10조에 따른 개선명령을 이행하지 아니한 자
2. 제 17조제1항에 따른 관계 공무원의 출입·채취 및 검사를 거부 또는 방해하거나 기피한 자
3. 제8조제4항을 위반하여 악취방지계획에 따라 악취방지에 필요한 조치를 하지 아니하고 악취배출시설을 가동한 자
4. 제8조제5항 및 제8조의2제3항에 따른 기간 이내에 악취방지계획에 따라 악취방지에 필요한 조치를 하지 아니한 자

정답 **100.** ③

신개념 학습법
대기환경기사 필기

2024년 1월 10일 인쇄
2024년 1월 15일 발행

저　자 : 손금두
펴낸이 : 이정일

펴낸곳 : 도서출판 **일진사**
www.iljinsa.com
(우) 04317 서울시 용산구 효창원로 64길 6
전　화 : 704-1616 / 팩스 : 715-3536
이메일 : webmaster@iljinsa.com
등　록 : 제1979-000009호 (1979.4.2)

값 38,000 원

ISBN : 978-89-429-1902-4